国家科学技术学术著作出版基金资助出版

钢结构与钢-混凝土组合结构设计方法

童根树　著

中国建筑工业出版社

图书在版编目(CIP)数据

钢结构与钢－混凝土组合结构设计方法／童根树著
. －北京：中国建筑工业出版社，2022.6（2022.11重印）
ISBN 978-7-112-27316-4

Ⅰ.①钢… Ⅱ.①童… Ⅲ.①建筑结构－钢结构－结
构设计－研究②钢筋混凝土结构－结构设计－研究 Ⅳ.
①TU391.04②TU375.04

中国版本图书馆 CIP 数据核字(2022)第 063724 号

本书分钢结构和钢-混凝土组合结构两部分。

其中，钢结构部分内容包括：钢结构设计方法总论；框架稳定，钢结构的分类及配套稳定设计法，八种梁柱连接节点设计，锚栓力学模型和承载力，外包式柱脚解剖分析；抗震设计的重要概念、钢结构在地震作用下的稳定和基于性能的抗震设计；钢梁强度和稳定、塑性和弯矩调幅设计，支撑对弹塑性性能解剖，拉压撑和框架此消彼长的侧向力重分配，未加劲和各类加劲钢板墙的设计方法等。

钢-混凝土组合结构部分内容包括：钢管混凝土柱的强度理论，方、矩形钢管混凝土的套箍作用分析，压弯杆弹塑性稳定；考虑界面滑移钢-混凝土组合梁理论，栓钉抗滑移刚度，楼板有效宽度理论，楼板受压屈曲有效宽度；组合梁设计，组合梁腹板开孔设计等。

本书适合从事结构设计的专业人员阅读，亦可用作结构工程专业硕士和博士研究生高等钢结构设计理论课程的参考教材。

责任编辑：武晓涛　李笑然
责任校对：赵　颖

钢结构与钢-混凝土组合结构设计方法

童根树　著

*

中国建筑工业出版社出版、发行（北京海淀三里河路9号）
各地新华书店、建筑书店经销
北京红光制版公司制版
北京建筑工业印刷厂印刷

*

开本：787 毫米×1092 毫米　1/16　印张：56½　字数：1372 千字
2022 年 6 月第一版　　2022 年 11 月第三次印刷
定价：**198.00** 元
ISBN 978-7-112-27316-4
（38673）

版权所有　翻印必究
如有印装质量问题，可寄本社图书出版中心退换
（邮政编码　100037）

前　言

近三十年来各种类型的钢结构和钢-混凝土组合结构在我国获得了大范围的应用，结构工程师有幸参与了这个过程。钢结构应用的快速发展促进了对它们的设计方法的研究。由于研究手段的现代化，钢结构稳定理论、抗震设计理论和组合结构理论都取得了巨大的进展，钢结构及其配套新技术也不断出现。

要设计安全经济的钢结构和组合结构，离不开对其工作性能的深入把握。本书是作者三十余年来在钢结构与组合结构理论和设计方法方面的研究工作的总结，重视理论的同时偏向工程应用。大部分内容在国内钢结构相关规范和软件的培训班上介绍过。

本书分为两篇：钢结构设计方法与钢-混凝土组合结构设计方法。下面从以下六个方面进行系统介绍。

一、钢结构设计方法总论（约 9%）

这部分系统论述钢结构设计方法的理论体系，主要包括 3 章。

第 1 章对钢结构设计方法的三个层次进行论述、总结、讨论和扩展，内容涉及钢结构设计问题的各重要概念和方面，如截面分类、弹性和塑性内力分析方法、一阶分析、二阶分析与构件设计方法的配套、整体屈曲分析及其应用、两种刚度验算、钢结构中如何应用弯矩调幅法等，对抗震结构的能力设计法，尤其深入阐述了稳定计算的实质。

第 2 章对框架稳定性设计方法及其演化进行阐述和评述。这些方法包括计算长度法、修正的计算长度法、层稳定系数法和配合二阶分析采用的假想荷载法等。

第 3 章系统论述多层和高层钢结构和钢框架的分类、内力分析方法及其配套的稳定性设计方法，并提供了两个双重抗侧力体系中框架柱稳定计算的算例。

二、梁柱连接节点和柱脚（约 14%）

节点是结构体系中与梁柱构件同等重要的构件，本书尤其对柱脚进行了大篇幅的研究和介绍。

第 4 章介绍梁柱连接的分类，梁柱节点设计的共性问题、弱节点域的危害和强节点域的必要性，以及 8 种最常用梁柱刚性连接节点，特别是钢管束墙与钢梁连接节点的设计方法。

第 5 章介绍外露式柱脚、锚栓抗剪承载力的理论模型及其承载力计算公式，抗拉承载力、拉剪共同作用，锚栓拉力计算和柱脚极限状态设计法。重点介绍锚栓受剪时出现拉力的机理及其影响。

第 6 章对外包式柱脚的细部应力进行解剖分析，获得了外包柱脚和型钢混凝土柱的划分边界，进而提炼出设计方法；介绍埋入式柱脚的受力机理和各种设计公式。

三、钢结构抗震部分（约 15%）

第 7 章对钢结构抗震设计的重要问题进行评述；介绍重要的抗震设计的基本理论（地震力理论）和正在发展中并已经在部分国家获得应用的钢结构抗震设计方法；对一些重要

概念和重要参数，如延性、阻尼、后期刚度、自由度数（层数）、二阶效应等，对地震力的影响等进行论述；对地震作用下的弹塑性动力稳定性问题及其设计对策、倒塌谱等进行详细论述。

第8章专门介绍对钢结构抗震设计至关重要的面向抗震设计的截面分类。主要篇幅在截面延性系数、截面延性与结构延性的关系，为结构影响系数与截面宽厚比联系起来提供了一个理论方法。此外，还介绍与结构影响系数相联系的截面宽厚比分类指标。

第9章系统地总结和提出了钢结构的延性地震力计算方法及其配套的抗震设计措施，在总结归纳的基础上，发展了梁、柱、板、抗侧力结构体系的分类方法，设计了四个结构影响系数表。给出了能力设计法更为细化的设计公式。

四、抗侧力构件性能和设计方法（约 22%）

这部分介绍构件的性能和设计方法，共计 6 章。

第10章介绍钢梁的稳定和强度，重点在轮压下腹板承压应力计算的正确公式、单轴对称截面钢梁稳定计算的特殊性、双向弯矩作用。

第11章介绍钢结构中的弯矩调幅法和塑性设计，要点在通过弯矩调幅部分实现塑性设计的好处。

第12章介绍门式刚架，主要特色是楔形变截面构件的稳定和阶形柱的稳定，这些都是与钢结构设计标准相关的最新研究进展。

为弥补现有参考资料对支撑性能及其与框架的相互作用介绍的缺乏，增加了第13和14章。

第13章介绍人字支撑和交叉支撑的抗侧力性能随侧移增大出现的演化，阐述人字支撑架按照不平衡力设计钢梁和钢柱的必要性。

第14章介绍框架-支撑架双重抗侧力结构的性能，从而从源头上了解框架承担25%侧向力这一规定的必要性。提出了人字支撑横梁承受不平衡力的最低要求和放松条件，为框架抗侧承载力达到50%时可以放松对抗侧力构件的要求提供了依据。

第15章详细介绍未加劲和加劲钢板剪力墙的各类设计方法及其应用范围，提供了大量的钢板剪力墙案例、构造做法及其设计方法，本章的亮点是把加劲钢板墙分成一级区块、二级区块的设计思想。

五、钢管混凝土柱和多腔钢管混凝土墙（约 30%）

鉴于民用建筑大量采用钢管混凝土，本书特别纳入圆钢管混凝土柱和矩形钢管混凝土柱性能方面的内容，共计 6 章。

第16章介绍圆钢管混凝土轴心受压短柱的强度理论、钢管与混凝土的相互作用、Ottosen准则的应用，通过近 400 个试验数据对比分析了围压效率系数，从可靠性理论分析围压系数的合理取值，从而明确了主动围压试验数据的局限性，并列出了各种理论公式及其对比。

第17章介绍方、矩形钢管混凝土短柱理论，对钢管壁与混凝土的相互作用进行了分析，介绍方、矩形钢管对混凝土提供围压的塑性力学模型、在围压作用方面与圆钢管的等效系数，并与 300 多个试验数据进行了比较。

第18章介绍钢管混凝土理论模型和非线性分析理论，包括钢管二维塑性流动及其算例、围压下混凝土的应力-应变曲线和割线泊松比、钢管与混凝土相互作用分析、纤维模型下的钢管和混凝土的应力-应变曲线模型等。最后介绍混凝土与钢管界面粘结强度和刚度、界面传力分析。

第 19 章研究圆钢管和宽矩形、方形混凝土拉杆和受弯构件强度计算、压弯构件的稳定。特别是，提供了推导钢管混凝土压弯杆稳定计算公式的理论方法。

第 20 章介绍 L 形和 T 形多腔异形柱的强度曲面的旋转对称性质和曲线上的特征点与塑性中性轴位置的对应关系，提出了完整的计算公式。

第 21 章详细介绍钢管混凝土束墙结构技术的开发，重点在于开发一项新技术需要考虑的各个技术细节，对需要谨慎设计的案例的点评。

六、钢-混凝土组合梁设计理论及其应用（约 10%）

钢-混凝土组合梁以其出色的经济性而得到大量应用。但是组合梁及其设计方法的变化非常多，有弹性设计与塑性设计、完全组合与非完全组合、自重组合与非自重组合等，值得用较多的篇幅对其理论和设计方法的各个方面进行系统的阐述。

第 22 章系统全面地介绍考虑滑移影响的组合梁弹性弯曲理论，对栓钉承载力计算的力学模型和计算公式、栓钉抗滑移刚度的理论和取值进行论述，对组合梁的钢-混凝土的组合作用系数进行了理论推导，提出了通用而简单的公式。此外，还介绍了三个精度层次（考虑钢梁和/或楼板的剪切变形）的组合梁弯曲理论。

第 23 章对楼板参与组合梁工作的有效宽度的正交异形楼板模型进行介绍，研究楼板受压屈曲确定的有效宽度、纵向抗剪控制的有效宽度等，读者可以了解国内外规范规定不一致的背景原因。

第 24 章介绍各种简支和连续组合梁的设计方法，其中特别论述了不同的内力分析模型（变截面和等截面）与分析方法（塑性和弹性分析）、弯矩调幅的幅度。最后介绍组合梁开孔要求和开孔带来的额外计算，尤其是开孔部位楼板配筋加强和楼板-钢梁界面栓钉的加密要求。

在本书出版之际，向张磊、付波、赵伟、赵永峰、蔡志恒、罗贵发、杨洋、邢国然、夏骏、王金鹏、苏建、翁赟、扬章、李小刚、许照宇、李萧、叶赟、干申昊等博士以及众多硕士表示感谢，他们分别对框架设计的层稳定系数法、梁柱端板螺栓连接、钢支撑架、组合梁、钢管混凝土异形柱、抗震设计方法、钢结构的延性地震力理论、组合梁理论进行了深入仔细的研究。作者希望，本书的出版能够对我国钢结构与钢-混凝土组合结构设计方法和技术的发展起到一定的促进和推动作用。

赵梦梅编审及本书责任编辑武晓涛、李笑然在本书出版过程中进行了繁重而细致的工作，提出了许多宝贵的意见和建议，在此深表感谢。

铁木辛柯建筑结构设计事务所有限公司、杭萧钢构股份有限公司对作者研究工作给予了长期的支持，借此机会对他们表示深深的感谢。

童根树

2020 年 10 月 25 日于浙江大学

目　　录

第一篇　钢结构设计方法

第二篇　钢-混凝土组合结构设计方法

第一篇　钢结构设计方法

第 1 章 钢结构设计方法总论

本章的题目很大，因此只能提纲挈领地介绍和讲述。

所谓的设计方法，由三个层次的设计规定、公式和程序构成。

第一层次的方法是指安全度的考虑，包括荷载组合。

第二层次的方法是内力分析方法，是结构力学的内容。

第三层次的方法是指具体钢构件、连接等的设计，是专业课需要讲解的内容，例如：

- 截面和连接的强度设计计算；
- 构件的设计（稳定性设计计算）；
- 挠度的控制；
- 侧移的验算；
- 疲劳验算；
- 钢筋混凝土的裂缝宽度验算；
- 构造要求（宽厚比、长细比、轴压比、焊缝最小厚度等）。

下面逐步展开讲解各个层次的设计方法。

1.1 第一层次的设计方法：安全度的考虑

1.1.1 可靠度问题

第一层次的设计方法在现行国家标准《建筑结构可靠性设计统一标准》GB 50068—2018、《工程结构可靠性设计统一标准》GB 50153—2008 和《建筑结构荷载规范》GB 50009—2012 中做了详细规定。已经知道，我国采用以概率理论为基础的极限状态设计方法，但是全概率的方法是难以落到实处的，一是荷载和抗力等原始资料积累不易，二是极限状态的非线性以及概率运算本身的复杂性，因此在概率理论的指导下进行了简化，一次二阶矩法中出现的可靠性指标是在荷载和抗力均服从正态分布下的一种可靠性度量措施，但是从可靠性指标转换成可以实际操作的荷载和抗力分项系数时，已经偏离原来的可靠性理论了。

现在国际上比较通用的结构设计方法是荷载和抗力分项系数设计法（Load and Resistance Factored Design），简称 LRFD 设计法。

如果说在 20 世纪 70 年代结构设计采用单一的安全系数法的话，现在也可以叫作分项安全系数法。从分项安全系数的概念来理解分项系数的取值，就会变得非常简单：离散性大的、不确定性大的，采用的安全系数就大；活荷载比恒荷载变异性大，所以分项安全系数就大。正常情况下恒荷载的分项安全系数 $\gamma_D = 1.3$，活荷载的分项安全系数 $\gamma_L = 1.5$。而抗力的分项系数，对于钢材，屈服强度的变异性较小，所以取得较小。当 $6\text{mm} \leqslant t \leqslant 100\text{mm}$ 时，Q235 钢材 $\gamma_R = 1.090$，Q355 和 Q390 钢材 $\gamma_R = 1.125$；Q420 和 Q460 钢材，

当 $6mm \leqslant t \leqslant 40mm$ 时 $\gamma_R = 1.125$，当 $40mm < t \leqslant 100mm$ 时 $\gamma_R = 1.180$。对于混凝土，强度的变异性大，所以 $\gamma_R = 1.40$。还有结构的重要性系数 γ_0，根据破坏后果的严重程度，建筑结构划分为三个安全等级：破坏后果很严重的为重要建筑物，安全等级为一级，$\gamma_0 = 1.1$；破坏后果严重的为一般建筑物，安全等级为二级，$\gamma_0 = 1.0$；破坏后果不严重的为次要建筑物，安全等级为三级，$\gamma_0 = 0.9$。

1.1.2　荷载组合

《建筑结构可靠性设计统一标准》GB 50068—2018 对于荷载组合采用了比较抽象的表达式，对于低层建筑结构，将其展开表示为：

(1) $1.3D + 1.5L$（基本的恒荷载、活荷载组合）　　　　　　　　　　　　　(1.1a)

(2) $1.3D + 1.5L + 0.6 \times 1.5W$（活荷载为主的有风组合）　　　　　　　(1.1b)

(3) $1.3D + 0.7$（或 0.9）$\times 1.5L + 1.5W$（风荷载为主的组合）　　　　(1.1c)

(4) 0.9（或 1.0）$D + 1.5W$（风荷载下的倾覆验算，构件抗拉或反向弯矩的验算）

　　　　　　　　　　　　　　　　　　　　　　　　　　　　　　　　　　(1.1d)

(5) $1.3[D + 0.5$（或 0.8）$L] + 1.4E_h$（地震工况的验算）　　　　　　　(1.1e)

(6) $D + 0.5L + 1.4E_h$（地震工况的竖向构件抗拉、基础抗拉和倾覆验算）　(1.1f)

上述组合，如果展开，因为风荷载和地震作用均有 4 个方向，总共有 22 种。而竖向活荷载则存在棋盘式的荷载不利分布，因此对于某个构件（梁或者柱子），在上述每一个大类的荷载组合中，还必须先进行活荷载不利分布的预组合，这种预组合，对于每一个构件都是不同的，如图 1.1 所示。

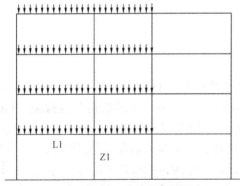
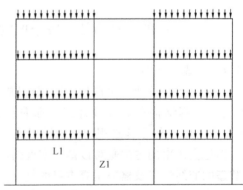

(a) Z1 轴力和 L1 右端弯矩的预组合　　　　　　　(b) L1 跨中弯矩和 Z1 弯矩的预组合

图 1.1　活荷载的预组合

梁和柱子的设计，还可以按照《建筑结构荷载规范》GB 50009—2012 第 5.1.2 条的规定，对活荷载进行折减，这条规定也是在预组合中加以实现。

(7) $1.3(D + 0.5L) + 1.4E_h + 0.5E_v$（对于大跨结构，还需要考虑的竖向地震作用组合）

　　　　　　　　　　　　　　　　　　　　　　　　　　　　　　　　　　(1.1g)

(8) $1.3(D + 0.5L) + 0.5E_h + 1.4E_v$（对于大跨结构，还需要考虑的竖向地震作用组合）

　　　　　　　　　　　　　　　　　　　　　　　　　　　　　　　　　　(1.1h)

(9) $D + 0.5L + \Omega_0 E_h$（某些构件和节点需要的组合）　　　　　　　　　(1.1i)

式中，Ω_0 是对特别重要的结构或竖向构件提出的"中震下保持弹性"的设计要求，

此时取 $\Omega_0 = 2^{1.55} = 2.93$（不同设防烈度略有调整）。当某些构件在正常组合下不满足能力设计法（Capacity Design Technique，或称为机构控制法，见1.5节）的设计要求时，就可以采用上述组合进行设计验算。

考虑假想荷载 H_n 的组合（二阶分析设计法用）是：

$$\begin{cases} 1.3D + 1.5L \pm H_n \\ 1.3D + 1.5L \pm (0.6 \times 1.5W + H_n) \\ 1.3D + 0.7 \times 1.5L \pm (1.5W + H_n) \\ 1.3(D + 0.5L) \pm (1.4E_h + 0.5H_n) \end{cases} \quad (1.1j)$$

式中，D、L、W 分别为恒荷载、活荷载和风荷载标准值，E_h 为常遇地震的地震作用，假想荷载 H_n 本身是采用重力荷载的设计值计算的，所以荷载系数取1.0。

对于高层建筑，荷载组合有：

(1) $1.3D + 1.5L$ (1.2a)

(2) $1.3D + 1.5L + 1.5W$ (1.2b)

(3) $1.3(D + 0.5L) + 1.4E_h + 0.2 \times 1.5W$ (1.2c)

(4) $D + 1.5W$（基础拉力，倾覆）   (1.2d)

(5) $0.9(D + 0.5L) + 1.4E_h$（基础拉力取1，倾覆取0.9）   (1.2e)

(6) $D + 0.5L + \Omega_0 E_h$（某些竖向构件和节点需要的组合，中震弹性的要求）   (1.2f)

高层建筑的荷载组合与低层的区别是：

(1) 在高层建筑中，没有式（1.1b）组合。

(2) 还要在地震作用组合中考虑20%的风荷载参与组合。

同样，关于上述荷载组合中的活荷载，对于每一个构件，活荷载要首先进行预组合。利用《建筑结构荷载规范》GB 50009—2012 第5.1.2条，能够减小用钢量。

关于式（1.2f）这个组合，是中震弹性要求，这是结构平面和竖向规则性不满足要求、结构高宽比超限、高度超限等情况下，为保证结构抗震安全而采用的一种措施。对于水平构件，一般不需要通过式（1.2f）的审查，但是也要注意某个水平构件是否非常重要，例如转换层的水平构件。

这里提到抗震设计的超限审查，当然还有其他的措施，例如扭转效应偏大的结构，规范不允许，但是实在无法调整到满足规范的规定，则可以采取其他措施来保证这种扭转效应较大的结构的抗震安全性，例如放大地震力（放大系数的大小与扭转效应的大小的平方成正比），见第9章。

考虑假想荷载 H_n 的组合（二阶分析设计法用）是：

$$\begin{cases} 1.3D + 1.5L \pm H_n \\ 1.3D + 1.5L \pm (1.5W + H_n) \\ 1.3(D + 0.5L) \pm (1.4E_h + 0.3W + 0.5H_n) \end{cases} \quad (1.2g)$$

1.2 第二层次的设计方法：内力分析方法

1.2.1 各种分析方法简介

1. 一阶弹性分析方法

它是结构力学提出的方法，是目前广泛采用的方法。其基本假定是：材料是理想弹性的，不考虑变形对平衡条件的影响。当然结构力学的基础是材料力学，其中最为重要的假定是平截面假定。

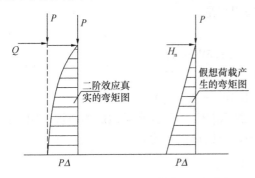

图 1.2　假想荷载法进行计算的二阶分析

2. 近似的二阶弹性分析方法

二阶分析的含义是考虑变形对平衡条件的影响。近似的二阶分析是指采用假想的水平力来代替，如图 1.2 所示，悬臂柱柱顶作用竖向荷载 P，在水平力作用时，柱顶产生侧移 Δ，竖向力也随动，这样竖向力对于柱底截面就产生了弯矩 $P\Delta$，为了考虑这个弯矩的影响，采用在柱顶施加水平力 $P\Delta/h$ 来近似考虑这个弯矩。近似之处在于：竖向力在柱子内产生的弯矩是曲线变化的，而假想水平力产生的弯矩图是线性变化的，如果以柱底弯矩相等的原则确定假想水平力，则会略微低估这个二阶效应。

这种近似方法的优点是：可以仍然采用一层柱一个单元，甚至采用多次线性分析的方法，计算简便。

这种考虑 $P\text{-}\Delta$ 效应的近似二阶分析方法，在应用于实际工程中时，要考虑缺陷的影响，缺陷包括残余应力、层初始倾斜。缺陷的影响可以引入假想水平力（Notional Load）等效地考虑，等效的原则是：采用二阶分析方法设计出来的柱子截面，要接近于传统的计算长度系数法设计出来的柱子。或者说，对同一个柱子，采用两种方法得到的柱子的承载力基本相等。

假想荷载的取值为：

$$H_{ni} = \frac{W_i}{250}\alpha_y\sqrt{0.5\left(1+\frac{1}{n_s}\right)} \tag{1.3}$$

式中，W_i 是第 i 层的楼层重力荷载的组合设计值（采用设计值后，假想荷载 H_{ni} 就以荷载系数 1.0 参与荷载组合），假想荷载按照每个柱子在每层平面中的分摊面积上的重力荷载计算该柱子在该层上施加的假想力，假想力的方向与风荷载或地震作用的方向相同。n_s 是框架层数。

$$\alpha_y = \frac{1}{2}(1+\varepsilon_k) = \frac{1}{2}\left(1+\sqrt{\frac{f_{yk}}{235}}\right) \tag{1.4}$$

式中，f_{yk} 是钢材屈服强度标准值。

3. 精确的二阶弹性分析方法

进行精确的二阶弹性分析时，一个柱子应划分成 2～4 个单元，必须考虑缺陷，其中整体性的缺陷可采用假想荷载来等代，构件的初始弯曲则应采用无侧移屈曲的屈曲波形，屈曲波形的方向分别取正和负参与组合，按照最大幅值为 $h/100～h/500$ 施加。可以采用有侧移屈曲的屈曲波形来考虑整体初始缺陷，此时顶部初始侧移的取值是：

$$\Delta_0 = \pm\frac{H}{250}\alpha_y\sqrt{0.5\left(1+\frac{1}{n_s}\right)} \tag{1.5}$$

用假想水平力来等效缺陷的影响，柱子的中部也要加假想水平力（如图1.3所示）。此时应精确按照稳定理论或者非线性分析理论的分析方法进行内力和侧移等的分析。

4. 二阶弹塑性分析方法

二阶弹塑性分析方法既要考虑变形的影响，又要考虑截面上塑性逐步开展的影响，当然还要考虑各种缺陷，包括残余应力、局部和整体的初始弯曲，其

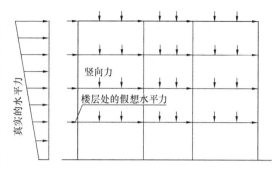

图1.3 考虑假想荷载的二阶分析

中初始缺陷最好按照第一阶屈曲波形的形式，按照最大幅值为 $h/1000\sim h/500$ 施加，如果屈曲波形中不包含整体的侧移，则还要加上整体初始侧移。

二阶弹塑性分析方法很多，有集中塑性铰法，每根构件划分 $2\sim4$ 个单元；有塑性区法，其考虑塑性铰是逐步形成且有一定的长度，单元不能少于4个。

1.2.2 为什么要发展二阶分析方法

线性分析方法已经应用了百年，所谓的线性就是指平衡条件建立在未变形的基础上。而几何非线性或二阶分析是将平衡条件建立在变形后的构件上。二阶分析方法为什么会发展？其原因如下：

（1）真正的平衡是建立在变形后状态的平衡。如图1.4、图1.5所示，所有结构建成后处于一种变形后的状态，因此真正的平衡是在变形后达到的状态，这是设计规范向二阶分析方法发展的重要原因。

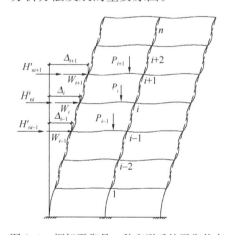

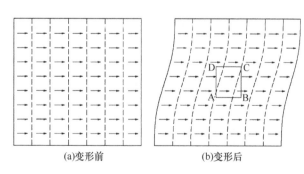

图1.4 框架平衡是一种变形后的平衡状态　　图1.5 块体承受水平分布力的平衡

（2）材料塑性、残余应力的因素，使得任何结构都不是在弹性阶段工作的。

如图1.6所示，钢构件存在很大的残余应力，特别是焊接截面，使得所谓的弹性分析并不符合实际情况，初始几何缺陷的存在也促使截面较早地发生屈服。

（3）计算机技术的发展，使得二阶分析已经变得容易。

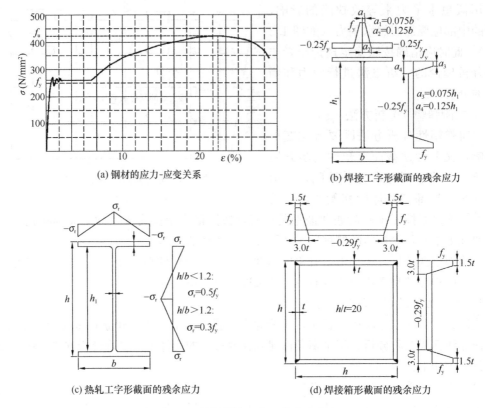

(a) 钢材的应力-应变关系
(b) 焊接工字形截面的残余应力

(c) 热轧工字形截面的残余应力
(d) 焊接箱形截面的残余应力

图 1.6　材料塑性和截面的残余应力

1.3　第三层次的设计方法：截面设计

1.3.1　五类截面的定义

根据截面承载力、塑性转动变形能力的不同，可以将钢构件的截面分为五类：

S1 类截面：截面形成塑性铰，而且还要有一定的塑性转动能力，称为 I 类塑性截面。此时图 1.7 的曲线 1 可以表示其弯矩-曲率关系，Φ_{p2} 一般要求达到 Φ_p 的 8～15 倍。

S2 类截面：截面形成塑性铰，但是不要求大的转动能力，称为 II 类塑性截面。此时的弯矩-曲率关系如图 1.7 曲线 2 所示；Φ_{p1} 大约是塑性弯矩 M_p 除以弹性初始刚度得到的曲率 Φ_p 的 2～3 倍。

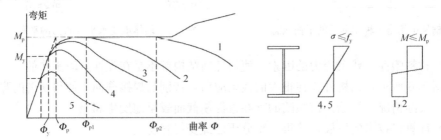

图 1.7　截面的分类及其转动能力

　　S3 类截面：允许部分开展塑性，称为弹塑性截面。其弯矩-曲率关系如图 1.7 曲线 3 所示。这类截面只在我国规范中引入，在欧美规范中将其归入Ⅲ类截面。

　　S4 类截面：钢截面的边缘最大应力不超过钢材的屈服强度（边缘纤维屈服准则），称为弹性截面。其弯矩-曲率关系如图 1.7 曲线 4 所示。

　　S5 类截面：允许钢构件的板件发生局部屈曲，称为薄柔截面。其弯矩-曲率关系如图 1.7 曲线 5 所示。

1.3.2　五类截面的定量指标

　　表 1.1、表 1.2 是五类截面的分类标准，可以作为参考。

两边支承板件的分类　　　　　　　　　　　　　表 1.1

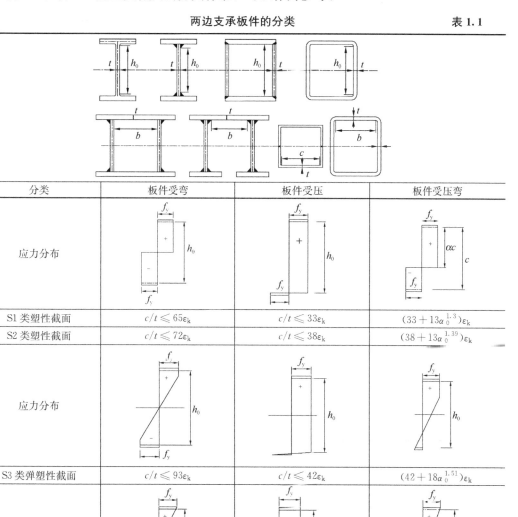

分类	板件受弯	板件受压	板件受压弯
应力分布			
S1 类塑性截面	$c/t \leqslant 65\varepsilon_k$	$c/t \leqslant 33\varepsilon_k$	$(33+13\alpha_0^{1.3})\varepsilon_k$
S2 类塑性截面	$c/t \leqslant 72\varepsilon_k$	$c/t \leqslant 38\varepsilon_k$	$(38+13\alpha_0^{1.39})\varepsilon_k$
应力分布			
S3 类弹塑性截面	$c/t \leqslant 93\varepsilon_k$	$c/t \leqslant 42\varepsilon_k$	$(42+18\alpha_0^{1.51})\varepsilon_k$
应力分布			
S4 类截面	$c/t \leqslant 124\varepsilon_k$	$h_0/t \leqslant 45\varepsilon_k$	$(45+25\alpha_0^{1.66})\varepsilon_k$
S5 类截面	250	100	
说明	应力以受压为正，$\varepsilon_k = \sqrt{235/f_{yk}}$，拉应变大于压应变时，取压应变区高度的两倍计算		

9

一边自由一边支承板件的分类标准　　　　表 1.2

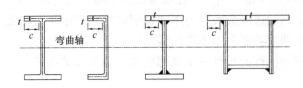

分类	板件受压	板件受压弯	
		自由边受压	自由边受拉
应力分布			
S1 类塑性截面	$c/t \leqslant 9\varepsilon_k$	$c/t \leqslant 9\varepsilon_k/\alpha$	$\dfrac{c}{t} \leqslant \dfrac{9\varepsilon_k}{\alpha\sqrt{\alpha}}$
S2 类塑性截面	$c/t \leqslant 11\varepsilon_k$	$c/t \leqslant 11\varepsilon_k/\alpha$	$\dfrac{c}{t} \leqslant \dfrac{11\varepsilon_k}{\alpha\sqrt{\alpha}}$
应力分布			
S3 类截面	$c/t \leqslant 13\varepsilon_k$	$c/t \leqslant 19.85\varepsilon_k\sqrt{k_{\sigma1}}$	$c/t \leqslant 19.85\varepsilon_k\sqrt{k_{\sigma2}}$
S4 类截面	$c/t \leqslant 15\varepsilon_k$	$c/t \leqslant 22.9\varepsilon_k\sqrt{k_{\sigma1}}$	$c/t > 22.9\varepsilon_k\sqrt{k_{\sigma2}}$
S5 类截面	20	30	40
说明	应力以受压为正，$\varepsilon_k = \sqrt{235/f_y}$。 $1 \leqslant \psi \leqslant -3: k_{\sigma1} = 0.57 - 0.21\psi + 0.07\psi^2$； $-1 \leqslant \psi \leqslant 0: k_{\sigma2} = 1.7 - 5\psi + 17.1\psi^2$； $0 \leqslant \psi \leqslant 1: k_{\sigma2} = \dfrac{0.578}{0.34+\psi}$； $\psi = \sigma_2/\sigma_1$		

1.3.3　不同类别截面的应用

1. 采用《冷弯薄壁型钢结构技术规范》GB 50018—2002 和《门式刚架轻型房屋钢结构技术规范》GB 51022—2015 进行设计的结构，一般采用 S5 类薄柔截面就可以了（图 1.8），但是采用规范 GB 51022 设计时，工字形截面的翼缘必须达到 S4 类截面的要求。

2. 其他截面设计的方法：

边缘纤维屈服准则：采用 S4 类截面；

截面形成塑性铰：采用 S2 类截面；

部分塑性开展：上述两者之间，采用 S3 类截面；

允许内力充分重分布的构件设计：塑性分析采用 S1 类截面。

图 1.8 允许局部屈曲的构件设计

1.4 各个层次设计方法的配套

第一层次，由结构的使用功能和重要性决定，第二层次和第三层次的方法的配套，构成了某项工程采用的设计方法。

各种不同的结构采用不同的内力分析方法和截面设计方法的组合。

1. E-E 法（Elastic-Elastic，弹性-弹性设计法）

线弹性内力分析，构件设计采用弹性极限状态设计。相应的规范是：

《冷弯薄壁型钢结构技术规范》GB 50018—2002；

《门式刚架轻型房屋钢结构技术规范》GB 51022—2015。

2. E-P 法（Elastic-Plastic，弹性-塑性设计法）

E-P 法 a：内力分析采用线弹性分析，构件设计利用了截面材料的塑性开展。

E-P 法 b：内力分析采用二阶线弹性分析，构件设计利用了截面材料的塑性开展。

按照《钢结构设计标准》GB 50017—2017 进行的设计介于 E-E 和 P-P 法之间。

3. P-P 法（Plastic-Plastic，塑性-塑性设计法）

内力分析采用塑性分析，截面设计也利用截面的塑性开展。

《钢结构设计标准》GB 50017—2017 第 10 章的设计方法，即是 P-P 设计法。

4. 二阶弹塑性分析方法

理想目标是将二阶弹塑性分析方法变为规范设计方法。它是将第二层次和第三层次的设计方法合成一个过程的方法，但是目前还远没有达到能够应用的程度。可以举出更多的理由，说明它作为设计方法还有很多的困难需要克服，例如：

（1）在高层建筑中，在设计柱子时，《建筑结构荷载规范》GB 50009—2012 第 5.1.2 条对活荷载是根据上部的楼层数量不同实行不同的折减系数，美国的 ASCE 7—2016 规范也是这样。表 1.3 示出了这个折减系数表，要在一次弹塑性分析中实施这个折减必须施加反向的荷载（图 1.9），进行多次的弹塑性分析，对于设计来说要花费的时间是令人生畏的。《建筑结构荷载规范》GB 50009—2012 第 5.1.2 条对梁因为分摊的面积较大而允许的对活荷载的折减也无法在一次弹塑性分析中实现。

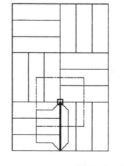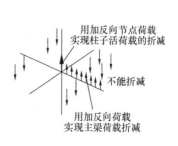

图 1.9 活荷载折减的实现

《建筑结构荷载规范》GB 50009—2012 的活荷载折减系数　　　　表 1.3

所考虑的柱子的上部楼层数	1	2～3	4～5	6～8	9～20	>20
上部楼层总的活荷载的折减系数	1.0	0.85	0.70	0.65	0.60	0.55

（2）活荷载的棋盘布置，无法在一次弹塑性分析完成预组合，不进行预组合，则弹塑性分析中运算的次数也是令人生畏的。

（3）同一座建筑中，不同建筑材料的使用，特别是混凝土材料的广泛应用，使得非线性分析变得困难。规范必须为每一种构件规定形成弯矩-曲率关系的方法，对构件分析，目前常采用纤维模型法，而考虑剪切变形的影响时需要额外的处理。

（4）整体结构弹塑性分析得到的极限承载力，实际上是最薄弱部位的极限承载力，比如一个钢梁形成了梁式破坏机构（三个塑性铰的破坏机构），弹塑性分析就难以继续进行，这种破坏并不是我们最希望了解的。

（5）某一种弹塑性非线性分析方法（求解的一个过程），对某一个结构是成功的，对另一个结构却不一定能够成功，例如，笔者就发现，对下一节图 1.17 所示的弱剪型支撑框架和强剪型支撑框架进行非线性分析，就很难采用同一种方法得到达到极限承载力后的平衡路径。

（6）弹塑性非线性分析方法，目前还无法主动考虑下一节的机构控制设计法的设计原则，而只能验证破坏机构。

1.5　机构控制设计法（能力设计法）

机构控制设计法或称为能力设计法（Capacity Design Technique），基本思想是：结构的破坏按照人们设想的形式发生。我们希望结构发生破坏时能够发生明显可见的变形（延性），通过塑性开展、塑性变形削减结构的刚度，充分错开结构瞬时周期与地震波的周期，从而使得结构对地震作用产生一定程度的免疫功能；塑性变形也吸收了地震波的能量，通过耗能削减地震响应。因此机构控制设计法对结构的抗震设计非常重要。

机构控制设计法采取的措施，是要避免脆性破坏先于塑性破坏发生。下列概念来自于这种方法：

（1）框架结构的强柱弱梁设计要求；

（2）钢结构的强节点弱杆件设计要求；

（3）钢筋混凝土剪力墙的强剪弱弯设计要求；

（4）偏心支撑框架（Eccentrically Braced Frames，EBF）中弱耗能梁段的设计；

（5）弱剪型支撑强框架的要求（放大支撑内力的设计方法将导致柱子首先发生无侧移屈曲，危险性比不放大支撑内力的设计方法危险性更大）；

（6）强钢梁，弱八（人）字支撑的设计思想；

（7）钢框架内嵌未加劲的钢板墙，钢板墙应首先出现拉力场现象。

下面详细介绍各个机构控制设计法的措施。

图 1.10（a）说明了强柱弱梁体系的四个优点。合理的设计应该使得柱脚最后形成塑性铰，要实现这个要求，只要在设计时将底层柱子的设计内力放大 1.5～2 倍。

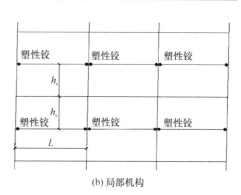

强柱弱梁体系的优点：
(1)不会形成薄弱层；
(2)钢梁内轴力很小，弯矩曲率滞回曲线饱满，延性好，耗能能力好；
(3)钢材抗拉强度能够在罕遇地震下发挥作用；
(4)倒塌机构中包含更多塑性铰，引发倒塌需要的地震能量更大。

要最后形成塑性铰

(a) 整体机构

塑性铰　　塑性铰　　塑性铰

h_s

h_s

塑性铰　　塑性铰　　塑性铰

L

(b) 局部机构

图 1.10　强柱弱梁体系的优点

图 1.10（b）显示，强柱弱梁体系的部分钢梁的两端形成塑性铰后，结构仍然具有较大的刚度。框架的抗侧刚度公式是：

$$K_0 = \frac{12E}{h_s^2}\Big(\sum_{i=1}^{n_s}\frac{L}{I_b} + \sum_{i=1}^{n_s+1}\frac{h_s}{I_c}\Big)^{-1} \tag{1.6}$$

式中，n_s 是跨数，L 是跨度，h_s 是层高，I_b 和 I_c 是梁和柱截面的惯性矩，E 是弹性模量。当框架某层的钢梁形成塑性铰，相邻层的钢梁无塑性铰，则相当于在刚度性质上两层合并为一层了，这一层的层高增加了一倍，这一层的抗侧刚度是：

$$K_2 = \frac{12E}{(2h_s)^2}\Big(\sum_{i=1}^{n_s}\frac{L}{I_b} + \sum_{i=1}^{n_s+1}\frac{2h_s}{I_c}\Big)^{-1} \tag{1.7}$$

换算成一层的抗侧刚度为 $K_1 = \beta K_0$，两层串联构成 K_2，所以 $\frac{1}{K_2} = \frac{1}{K_1} + \frac{1}{K_1} = \frac{2}{K_1}$，由此得到一层抗侧刚度 βK_0。如果所有柱截面相同，所有梁截面相同，折减系数 β（剩余刚度系数）为：

$$\beta = 2 \times \frac{1}{4}\frac{\displaystyle\sum_{i=1}^{n_s}\frac{L}{I_b} + \sum_{i=1}^{n_s+1}\frac{h_s}{I_c}}{\displaystyle\sum_{i=1}^{n_s}\frac{L}{I_b} + \sum_{i=1}^{n_s+1}\frac{2h_s}{I_c}} = \frac{1}{2}\frac{1 + \Big(1 + \frac{1}{n_s}\Big)\frac{I_b h_s}{I_c L}}{1 + \Big(1 + \frac{1}{n_s}\Big)\frac{2I_b h_s}{I_c L}} \tag{1.8}$$

设 $\frac{I_b h_s}{I_c L} = 0.5 \sim 1.0$、$n_s = 1 \sim 8$，则 $\beta = 0.3 \sim 0.367$，可见仍具有 30% 以上的刚度。如果连续两层形成塑性铰，则剩余刚度系数是：

$$\beta = \frac{1}{3}\frac{1 + \Big(1 + \frac{1}{n_s}\Big)\frac{I_b h_s}{I_c L}}{1 + \Big(1 + \frac{1}{n_s}\Big)\frac{3I_b h_s}{I_c L}} \tag{1.9}$$

设 $\frac{I_b h_s}{I_c L} = 0.5 \sim 1.0$、$n_s = 1 \sim 8$，则 $\beta = 0.143 \sim 0.194$，可见剩余刚度仍较大，这个刚度有助于保证框架在地震动力作用下的稳定性。

图 1.11 示出了四种节点加强的方法，分别是梁端翼缘加厚、梁端加腋、梁端翼缘加

宽和翼缘上下加贴板，四种方法均存在制作上的不方便。

图 1.12 介绍了通过削弱梁的截面来保证强节点的狗骨式翼缘开排孔和腹板开孔等节点。

图 1.13 是自由翼缘节点。所谓自由翼缘节点，是指梁腹板在离开柱子翼缘的距离为 5 倍梁翼缘厚度的地方提前切断，腹板与焊接在柱子上的节点板焊接。这种节点的上下翼缘是长厚比达到 5 的板件，承受拉压力而不容易屈曲，同时又能够适应很大的上下错动的变形，因此这种节点的变形能力较好。这个节点是很难做到强节点的，但是延性较好，使得地震作用下节点不会出现断裂裂缝，此时可以不再要求强节点弱构件的验算。

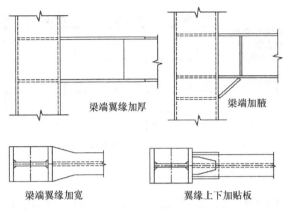

图 1.11　节点加强的方法

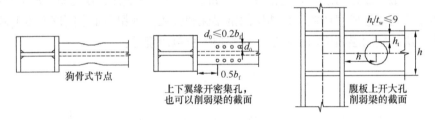

图 1.12　削弱梁的截面也可以保证强节点

全焊接节点（图 1.14）的抗震性能优于栓焊混合连接节点，后者腹板采用高强度螺栓连接的混合节点，在大震时腹板的高强度螺栓连接产生上下滑动，而上下翼缘是焊接的，滑动对上下翼缘提出了大的变形需求，此时如果上下翼缘刚度太大，就会产生很大的内力，使上下翼缘与柱的连接焊缝产生裂缝，从而导致破坏。

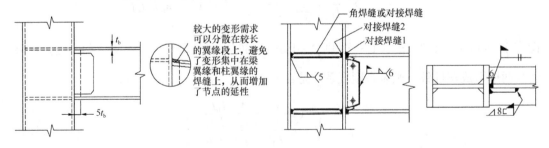

图 1.13　自由翼缘节点　　　　　　　图 1.14　全焊接节点

都是全焊接节点，梁翼缘与柱翼缘的对接焊缝的工艺孔的形状不同，也会带来节点抗震性能的变化。图 1.15 示出了两种工艺孔，左边是日本推荐采用的，也是我们目前推荐采用的，这种孔因为长度小，梁上下翼缘与腹板的整体性较强，在强震下，不易屈服，导致上下翼缘焊缝产生较大的应力，反而可能更加容易使节点产生破坏。右边节点的工艺孔较长，是美国推荐采用的一种工艺孔，它能将对节点的变形需求分布在较长的范围内，节点延性较好，更适合应用在强震区。

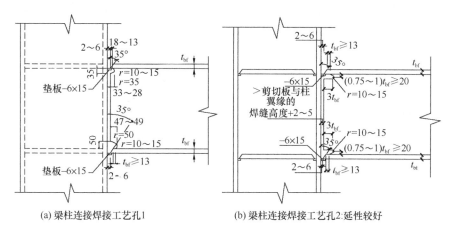

(a) 梁柱连接焊接工艺孔1   (b) 梁柱连接焊接工艺孔2：延性较好

图 1.15　两种梁柱节点焊接工艺孔

图 1.16 是偏心支撑框架的设计，其设计要点是要保证偏心梁段的腹板首先剪切屈服。

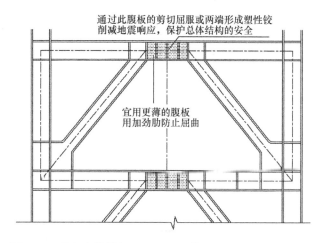

图 1.16　偏心支撑框架（Eccentrically Braced Frames，EBF）

图 1.17 描述了支撑设计的方法不同带来的破坏方式不同，延性不同。图中弱剪型支撑架是指斜支撑按照组合内力进行设计，并进行强框架弱剪型支撑的验算；而强剪型支撑架是按照放大了的内力（中国早期规范参照 UBC 规范，一般是放大到 1.3～1.5 倍）进行斜支撑截面的选择。从这个图看，虽然钢材本身有良好的延性，但是设计方法不当，结构延性也不一定好。

图 1.18 是角撑支撑架，地震作用下，主支撑杆受力，使得截面较小的角撑杆提前产生塑性铰，削减结构的刚度，减小地震作用。这种支撑架的设计要点是：主支撑杆最大内力的上限是使角撑屈服时的内力值。角撑截面小，自身变形能力大。角撑形成机构后，框架继续发挥抗侧力体系的作用。

图 1.19 是钢人字撑，要求支撑屈服/屈曲后，按照如图所示支撑杆在汇交点的不平衡力

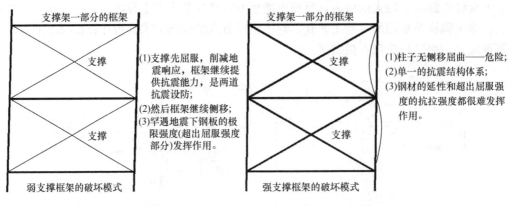

图 1.17 不同支撑设计方法下支撑架的破坏模式

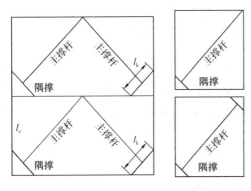

图 1.18 角撑支撑架（Knee Braced Frames，KBF）

与钢梁上承受的竖向荷载一起组合，进行钢梁的强度和稳定性设计验算，这导致对钢梁的设计要求会非常高，实际上已经导致了不合理的钢梁截面。此时，构成支撑架一部分的柱子将首先发生无侧移屈曲，支撑架将成为瘸腿支撑架。因此合理的人字支撑架设计，对构成支撑架的立柱的要求也很高。钢梁仍然要能够承受图 1.19 所示的不平衡力，再补充支撑架本身的强柱和强柱弱梁验算，使得支撑架一部分的框架也能够起到第二道抗震防线的作用。图 1.20 给出了横梁不加强的后果：

（1）受拉支撑永远达不到屈服，抗拉强度得不到发挥；

（2）压撑受压屈曲后强度迅速退化；

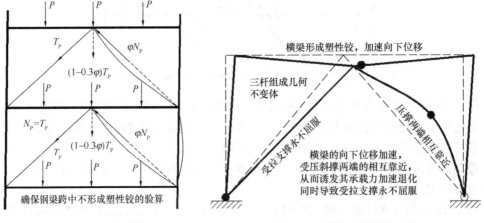

图 1.19 钢人字支撑

图 1.20 横梁不加强的后果

（3）退化的部分得不到抗拉强度发挥出来的部分的补偿，因而总的抗侧力退化严重；

（4）美国允许用，但是地震力取得大（大 50% 以上）。

不仅梁柱连接要求强柱弱梁、强节点弱杆件，交叉支撑和单斜支撑的节点也要求强节点弱杆件。如图 1.21 所示。

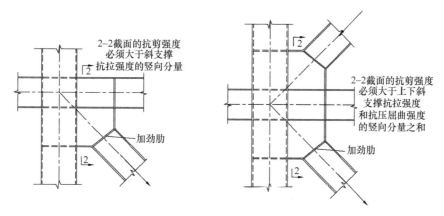

图 1.21 支撑的强节点弱杆件要求

从上面的介绍可知，目前的机构控制设计法，主要用于抗震设计。其中强柱弱梁、强剪弱弯、弱撑杆强框架的设计思路是促使结构的延性和耗能能力能够在地震时发挥作用的措施（延性是指抗侧承载能力保持不变或仅少量退化下的变形能力，耗能能力则包含了滞回曲线的饱满程度）。EBF 结构和 KBF 结构则属于有"保险丝"的结构，其中 KBF 中的角撑和 EBF 中腹板较薄的耗能梁段即属于"保险丝"。

图 1.22 是一个伸臂桁架，如何确定其中各个构件的屈服次序，对设计人员来说是有一点挑战性的，图中给出了一个构件强弱的次序。

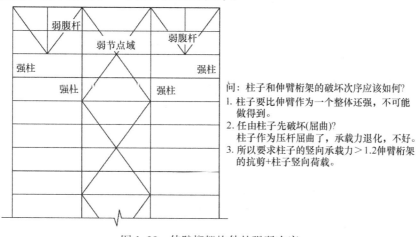

图 1.22 伸臂桁架构件的强弱次序

1.6 E-P 设计法的评论

目前，世界各国均广泛采用 E-P 设计方法，这个方法即：

（1）内力分析采用线性弹性的分析；

（2）构件设计采用利用截面塑性开展的极限状态设计法。

这种方法曾经被批评说是一种前后不一致的方法：前面是弹性，后面是塑性或弹塑性。

因此有人主张用前后一致的方法取代目前的方法，即内力分析也要考虑塑性开展，考虑二阶效应。我们的论断是 E-P 设计法是一种下限法，虽然前后不一致，却能够保证安全。

结构弹性分析考虑的条件：（1）内力分布与荷载之间的平衡条件；（2）胡克定律；（3）变形协调条件；（4）屈服条件（截面验算）。

结构塑性分析考虑的条件：（1）平衡条件；（2）变形协调条件：形成破坏机构的条件；（3）屈服条件（截面验算）。

结构塑性分析的上限定理——如果一个解（即内力分布）满足（1）平衡条件；（2）机构条件；（3）不检查屈服条件，则得到的解是上限解，即真正的承载力比计算显示的要小。

结构塑性分析的下限定理——如果一个解满足（1）平衡条件；（2）所有截面都不违背屈服条件（截面验算），则得到的解是下限解，即真正的承载力比计算显示的要大。

在 E-P 设计法中，（1）弹性内力分析得到的内力图是满足平衡条件的；（2）截面设计阶段，通过截面强度和杆件稳定性的验算，保证了每一个截面的内力都没有超过屈服条件所允许的范围。这两个条件满足下限定理的两个条件，因此 E-P 设计法是一种下限法，可以永远应用下去。但是要注意：塑性分析的这个下限定理未考虑二阶效应，所以判定 E-P 设计法是下限法的一个重要条件是，二阶效应得到正确的考虑。

1.7　关于塑性设计方法和弯矩调幅法

1. 塑性设计方法是一种很好的设计方法，掌握塑性分析方法对了解钢结构的真实性能非常有帮助。通过塑性变形调节内力分布，使得局部超载的危险性大大下降。

2. 地震区的钢结构特别适合采用塑性设计的方法进行设计，因为塑性设计的梁截面较小，强柱弱梁的设计思想更加容易实现；塑性设计的截面宽厚比小，延性更加好，附带的好处是延性及耗能能力可能更大，塑性等效阻尼更大。

3. 塑性设计方法与机构控制设计法结合，能够简化人工的设计工作量。实际上随着计算机软件的发展，已经不需要人工的方法了。

4. 如果钢梁不承担水平力，则对钢梁进行塑性设计，相当于给结构施加"预应力"，而且这种"预应力"不影响结构的延性。

5. 塑性设计方法是否存在一个固定的方法来求弯矩图？有，数学规划法（一种优化方法）。

6. 代替完全的塑性设计方法的是弯矩调幅法。该方法仅对梁的弯矩进行重分配，对柱子弯矩基本不重分配，简单，可以取得良好的经济效益。

下面对弯矩调幅法在钢框架中的应用进行考察。

一个单跨框架，取出反弯点之间的一个标准单元。图 1.23（a）是竖向荷载作用下弹性分析的弯矩图，图 1.23（b）则是梁两端支座弯矩调幅 1/3 后的弯矩图。如果 100% 卸载（实际情况不会出现这种情况），因为卸载对应的弯矩图总是弹性的［图 1.23（c）］，图 1.23（b）和图 1.23（c）叠加得到 100% 卸载后的弯矩图，如图 1.23（d）所示，这个弯矩图是残余弯矩图，是自相平衡的。注意梁上的弯矩是均匀的弯矩，与在梁截面上部布置预应力索，施加预应力得到的弯矩图相似。

然后再施加竖向荷载，则结构对荷载的响应是线性的，弯矩图总是图 1.23（a）与图

1.23（d）的叠加，其结果为图1.23（b）。不会再产生新的塑性变形。

因为民用建筑的总竖向荷载中，活荷载约占1/3，对调幅后的弯矩图［图1.23（b）］，假设活荷载全部卸载，则弯矩图变为图1.23（e）。如果承担水平力，则水平力产生的弯矩如图1.23（f）所示。

水平力的弯矩是不能加以调幅的。水平力和竖向力未经过调幅的弹性弯矩叠加得到图1.23（g），水平力弯矩和调幅后竖向力的弯矩图［图1.23（b）］叠加后的弯矩图是图1.23（h），图中$\gamma=0.7$是水平力的组合系数。对比（g）和（h）图，显然，第2种弯矩

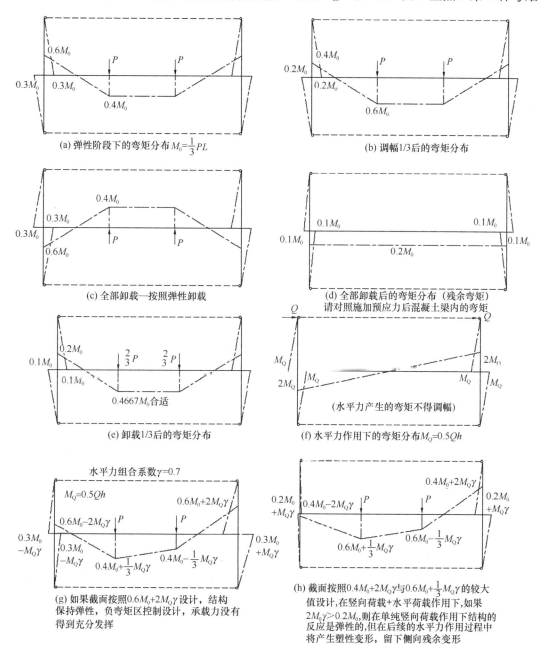

图 1.23 弯矩调幅法在钢框架结构中的应用

图的最大弯矩较小，但仍然比图 1.23（b）的支座弯矩 $0.4M_0$ 大，因此竖向荷载作用下，很可能不会出现图 1.23（b）的弯矩图，而是弹性弯矩图 1.23（a），或者介于图 1.23（a）和图 1.23（b）之间的弯矩图。此时再施加水平荷载，可能会很快出现塑性变形，此时塑性变形是侧向的变形，会导致结构出现残余侧向变形，而不是没有什么危害的竖向残余变形。因此，在《钢结构设计标准》GB 50017—2017 中，塑性设计应用于水平力不控制设计的结构中，例如：

（1）连续梁、平台梁、民用建筑中的连续次梁。这些梁不承担水平力。

（2）层数在 4 层以下的框架。此时水平力一般不控制设计，判断指标是侧移有 30% 以上的富余度。

（3）水平力 80% 以上由钢支撑架或钢筋混凝土剪力墙承受的双重抗侧力结构中的框架。即如果绝大部分（≥80%）水平力由支撑架（剪力墙）承受，则虽然是高层结构，其框架部分仍然可以采用塑性设计。笔者曾仔细阅读过美国一个 24 层的框架-支撑架钢结构采用塑性设计的算例。

1.8　钢结构采用弯矩调幅法

在钢筋混凝土结构中框架梁的竖向荷载的弯矩允许调幅 15%，其主要原因是框架梁的负弯矩区开裂，导致负弯矩区截面刚度下降，负弯矩下降，跨中正弯矩增加。弯矩调幅法应该同样可以在钢结构中得到应用，钢框架梁的负弯矩调幅的原因是塑性变形导致负弯矩段截面刚度下降。弯矩调幅的应用条件是梁的稳定性要通过构造（限制侧向无支撑的长度，或其他措施如梁腹板两侧的上下翼缘之间填混凝土，或箱形截面，或在上部有楼板的情况下，设置横向加劲肋阻止下翼缘的侧向屈曲）或通过计算得到保证。通过计算得到保证的方法必须注意：最大弯矩必须是截面的塑性弯矩或考虑截面塑性开展系数 $\gamma_x = 1.05$ 后的弯矩 $1.05M_y$，考虑弯矩沿长度的变化，求得抗弯承载力。

1. 弯矩调幅法只能应用于水平力不参与或不控制设计的结构构件设计。

2. 只对竖向荷载作用下产生的弯矩进行调幅，水平力产生的弯矩不能进行调幅。

3. 梁端弯矩调幅后，梁跨中的弯矩必须同时放大。

4. 如果有水平力参与组合，水平力产生的弯矩不可以进行调幅，因为这是不符合力学原理和框架的内外力平衡条件的。用调幅后的竖向荷载弯矩与水平力的弯矩进行组合，对应多层、低层房屋，理论上的组合是：

$(1.3D + 1.5L) \times$ 调幅系数 $+ 0.6 \times 1.5W$

$(1.3D + 0.7 \times 1.5L) \times$ 调幅系数 $+ 1.5W$

$1.3(D + 0.5L) \times$ 调幅系数 $+ 1.4E_h$

5. 对于框架结构，弯矩调幅后，柱子的弯矩不调幅，除非柱子的轴力很小，例如柱子的轴压比小于 0.15。

6. 调幅系数的建议值见表 1.4。

7. 如果是钢-混凝土组合梁，则应采用三段梁模型进行分析，负弯矩段取 $0.15L$，跨中正弯矩段取 $0.7L$，然后进行调幅。框架主梁一般调幅 10%～20%。

内力分析方法	截面宽厚比要求	备注
钢梁弯矩调幅设计方法的调幅幅度		表 1.4
简支梁	S1、S2、S3 类截面	
等截面连续梁塑性分析	S1 类截面	水平力组合不控制设计；侧移有 30％以上富余度的纯框架
等截面梁＋30％调幅	S1 类截面	
等截面梁＋20％调幅	S2 类截面	
等截面梁＋10％调幅	S3 类截面	
不能调幅	S4 类截面	

1.9　关于一阶弹性分析和二阶弹性分析

1. 所有结构都可以采用一阶弹性分析进行结构设计。

2. 所有结构都可以采用二阶弹性分析进行结构设计。

3. 什么是二阶弹性分析？

一阶分析：在变形前的位置上建立平衡方程；

二阶分析：在变形后的位置上建立平衡方程。

（1）二阶分析必须施加假想水平力。

（2）二阶分析会显示出与线性分析完全不同的整体共同性质，例如：

① 同一层剪力的分配与各柱的轴力有关。轴压力小的柱子可以得到更多的剪力，如图 1.24（a）所示。

② 上下层柱之间的弯矩分配。轴压力小的柱子分配得到更多的弯矩，如图 1.24（b）所示，线性分析得到的上下柱的弯矩为 $0.5M$，考虑轴力影响后，上柱得到更多的弯矩 $0.55M$，如果考虑到柱子因为轴力的影响刚度下降，梁端弯矩会下降一点，例如下降到 $0.96M$，则上柱弯矩可以下降到 $0.53M$，而下柱分配得到的弯矩则更加小。

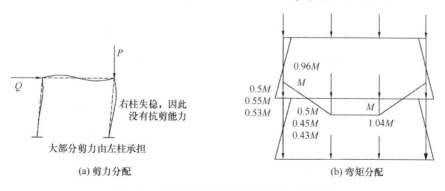

(a) 剪力分配　　　　　　　　　(b) 弯矩分配

图 1.24　二阶分析带来的弯矩和剪力的变化

③ 对比线性分析的结果。线性分析时柱端弯矩是按照线刚度的大小分配，线刚度大的柱子分配得到更多的弯矩；而二阶分析的结果相反，线刚度大的（稳定性好的）构件分配得到更小的弯矩。

总的来说，更容易失稳的（失稳倾向大的）构件分配得到较小的内力。因此二阶分析

21

会在一定程度上体现出强扶弱的特性，设计出来的截面较小，设计出来的结构整体安全度下降。为了不降低安全度，也为了考虑实际的初始缺陷和变形的影响，必须引入假想水平力。

1.10　如何看待屈曲分析得到的弹性临界荷载

压杆的失稳是最基本的稳定问题，弹性压杆的临界荷载（欧拉公式）是：

$$P_{\mathrm{E}} = \frac{\pi^2 EI}{h^2} \tag{1.10}$$

但是注意到，这个著名的公式并没有被直接用于设计，采用的是以下公式：

$$\frac{P}{A} \leqslant \varphi f \tag{1.11}$$

式中，P、A 分别是压杆的轴力和面积，φ 是压杆的稳定系数。φ 是根据压杆的长细比查表确定的。那么长细比这个参量是哪里来的呢？式（1.10）用应力表示为：

$$\sigma_{\mathrm{E}} = \frac{\pi^2 EI}{h^2 A} = \frac{\pi^2 EAi^2}{h^2 A} = \frac{\pi^2 Ei^2}{h^2} = \frac{\pi^2 E}{\lambda^2} \tag{1.12}$$

式中，i 是回转半径，$\lambda = h/i$ 是长细比。从上式可知，长细比 λ 来自欧拉公式。因此欧拉公式为我们提供了长细比这个参数。

为什么式（1.10）不直接用于设计？因为钢材要屈服，在弹塑性阶段失稳，式（1.10）就不再适用，而要采用切线模量理论。实际上压杆存在初始弯曲，则切线模量理论也不是精确的了，需要改用极限承载力理论来确定压杆的稳定承载力。

但是，即使是弹塑性阶段失稳，我们仍然发现，欧拉公式提供的长细比参数能够作为一个中间参数应用于弹塑性阶段的稳定性验算。

再来看板件屈曲的临界应力。腹板弯曲临界应力 σ_{cr}、局部承压临界应力 $\sigma_{\mathrm{c,cr}}$ 和剪切屈曲的临界应力 τ_{cr} 的计算公式为：

$$\sigma_{\mathrm{cr}},\ \sigma_{\mathrm{c,cr}},\ \tau_{\mathrm{cr}} = \frac{(K_\sigma,\ K_{\mathrm{c}},\ K_\tau)\pi^2 E}{12(1-\mu^2)}\left(\frac{t_{\mathrm{w}}}{h_0}\right)^2 \tag{1.13}$$

式中，t_{w} 和 h_0 分别是腹板的厚度和高度，K_σ、K_{c}、K_τ 分别是屈曲系数。

但是我们也没有发现式（1.13）直接用于承载力的验算，而是像欧拉公式一样，提供了板件长细比的计算公式，只不过此时的长细比，从式（1.13）看出，反映的是高厚比。《钢结构设计标准》GB 50017—2017 第 6.3.3 条给出了受弯计算的正则化高厚比 λ_{b}、腹板受剪计算的正则化高厚比 λ_{s} 和腹板局部承压计算的正则化高厚比 λ_{c}。这些正则化高厚比是这样确定的：

首先引入折算长细比 λ，即：

$$\frac{(K_\sigma,\ K_{\mathrm{c}},\ K_\tau)\pi^2 E}{12(1-\mu^2)}\left(\frac{t_{\mathrm{w}}}{h_0}\right)^2 = \frac{\pi^2 E}{\lambda^2} \tag{1.14}$$

对长细比 λ 除以临界应力等于屈服强度时的长细比 $\lambda_{\mathrm{Ey}} = \pi\sqrt{E/f_{\mathrm{y}}}$，得到正则化长细比，对三种应力状态分别写出这个正则化长细比（高厚比），即：

$$\frac{(K_\sigma,\ K_{\mathrm{c}},\ K_\tau)\pi^2 E}{12(1-\mu^2)}\left(\frac{t_{\mathrm{w}}}{h_0}\right)^2 = \frac{\pi^2 E}{\lambda_{\mathrm{b}}^2(\lambda_{\mathrm{c}}^2,\ \lambda_{\mathrm{s}}^2)} \cdot \frac{f_{\mathrm{y}}}{\pi^2 E} = \frac{f_{\mathrm{y}}}{\lambda_{\mathrm{b}}^2(\lambda_{\mathrm{c}}^2,\ \lambda_{\mathrm{s}}^2)} \tag{1.15}$$

就得到了规范给出的正则化高厚比。

从上面两个例子可以看出，弹性屈曲临界荷载，并不能直接地看作是承载力。弹性屈曲力提供的是长细比，通过长细比，计算出稳定系数，这个稳定系数才能够作为构件极限承载力的一个度量出现在设计验算公式中。之所以这样是因为：（1）钢材要屈服；（2）结构和构件有各种缺陷（残余应力和初始弯曲初始倾斜）。

弹性屈曲临界荷载提供的是长细比。这个概念或方法也被其他的屈曲形式所应用。例如单轴对称截面的弯扭屈曲，临界荷载 P_{cr} 为：

$$P_{cr} = \frac{1}{2k}\left[P_y + P_z - \sqrt{(P_y + P_z)^2 - 4kP_yP_z}\right] \tag{1.16}$$

式中，$P_y = \dfrac{\pi^2 EI_y}{h^2}$ 是工字形截面压杆绕弱轴弯曲屈曲临界荷载，$P_z = \dfrac{1}{r_0^2}\left(GI_t + \dfrac{\pi^2 EI_\omega}{h^2}\right)$ 是扭转屈曲的临界荷载，I_t 是自由扭转常数，I_ω 是截面的翘曲惯性矩，$k = 1 - \dfrac{e_0^2}{r_0^2}$，$r_0$ 是截面绕剪切中心的极惯性半径，e_0 是剪切中心到形心的距离，h 是两端铰支压杆的高度。

在《钢结构设计标准》GB 50017—2017 中，对弯扭失稳，给出了计算长细比的公式为：

$$\lambda_{yz} = \frac{1}{\sqrt{2}}\left[\lambda_y^2 + \lambda_z^2 + \sqrt{(\lambda_y^2 + \lambda_z^2)^2 - 4k\lambda_y^2\lambda_z^2}\right] \tag{1.17}$$

其中，$\lambda_z^2 = r_0^2 A \left/ \left(\dfrac{I_t}{2.6\pi^2} + \dfrac{I_\omega}{h^2}\right)\right.$ 是令 $P_z = \dfrac{1}{r_0^2}\left(GI_t + \dfrac{\pi^2 EI_\omega}{h^2}\right) = \dfrac{\pi^2 EA}{\lambda_z^2}$ 得到的，而令 $P_{cr} = \dfrac{\pi^2 EA}{\lambda_{yz}^2}$，经过一系列化简，即可以得到式（1.17）。由 λ_{yz} 查压杆的稳定系数表格，得到弯扭屈曲的稳定系数，代入式（1.11）计算压杆的稳定承载力。

还有一个例子是梁的弯扭失稳，简支梁弹性屈曲的临界弯矩为：

$$M_{cr} = C_1 \frac{\pi^2 EI_y}{l^2}\left[-C_2 a + C_3 \beta_y + \sqrt{(-C_2 a + C_3 \beta_x)^2 + \frac{I_\omega}{I_y}\left(1 + \frac{GI_t}{\pi^2 EI_\omega}\right)}\right] \tag{1.18}$$

式中，a 是荷载作用点在剪切中心之上的距离，β_x 是截面不对称性系数，以受压翼缘加大的截面为正，C_1、C_2、C_3 是屈曲系数。

在我国的《钢结构设计标准》GB 50017—2017 中，直接对式（1.18）进行简化，得到弹性稳定系数计算公式，然后在弹性稳定系数大于 0.6 的情况下，对弹性稳定系数进行折减。但是在欧洲，他们将临界弯矩表示成临界应力的形式，然后算出一个等效的长细比：

$$\sigma_{cr} = \frac{M_{cr}}{W_x(\text{或 } Z_{px})} = \frac{\pi^2 E}{\lambda_b^2} \tag{1.19}$$

式中，W_x 是受压最大边缘的截面抵抗矩（或称为截面模量），Z_{px} 是截面的塑性截面模量。从上式得到长细比，然后查类似于柱子曲线的梁稳定系数曲线，得到稳定系数 φ_b，然后代入式（1.20）验算稳定性。

$$\frac{M}{\varphi_b W_x(\text{或 } Z_{px})} \leqslant f \tag{1.20}$$

还有一个例子是第 2 章中的框架按照整层计算屈曲的一个例子。为了计算框架整层的弹塑性有侧移屈曲承载力，先计算整层的弹性屈曲荷载，将其转换成层的长细比，由层长细比查层稳定系数表，从而得到整层的弹塑性承载力。

总结：弹性屈曲分析得到的临界荷载（或临界荷载因子）并不能直接用于稳定承载力的计算，它提供的是一个长细比，是稳定性验算的一个中间量，通过长细比这个中间量，获得稳定系数，然后才能较准确地获得结构或构件的稳定承载力。

更推广一步：弹性临界荷载、弹性临界应力是构件、板件抵抗外荷载的一种弹性刚度。因为钢材要进入弹塑性阶段，所以弹性的刚度不能直接用于设计。

正则化长细比（正则化高厚比）的通用定义是：

$$\lambda = \sqrt{\frac{屈服承载力(屈服轴力,塑性弯矩,屈服应力)}{弹性屈曲临界力(轴力,弯矩,应力)}} \tag{1.21}$$

1.11 关于假想荷载法

随着计算技术和计算机运算速度的迅猛发展，以更为精确的二阶分析作为设计工具的想法也随之产生。作为最简单的二阶分析方法，假想荷载法（Notional Load Approach）被引入各个国家的钢结构设计规范中，包括我国的《钢结构设计标准》GB 50017—2017。

假想荷载法的三个要点分别是：

（1）第 i 层引入假想荷载 H_{ni}，即：

$$H_{ni} = \frac{\alpha_y}{250}\left[G_i\sqrt{0.5\left(1+\frac{1}{N_{sa,i}}\right)} - G_{i+1}\sqrt{0.5\left(1+\frac{1}{N_{sa,i}-1}\right)}\right] \tag{1.22}$$

式中，i 表示第 i 层，$G_i = \sum_{j=i}^{n} W_j$，$G_{i+1} = \sum_{j=i+1}^{n} W_j$，$W_i$ 是第 i 层的重力荷载值，$N_{sa,i} = n_s + 1 - i$ 是第 i 层以上（含 i 层）累积的层数，α_y 是钢材系数，对 Q235 和 Q345 分别取 1.0 和 1.106。

（2）进行弹性的二阶分析，常常是近似的二阶分析。

（3）取计算长度系数 1.0 进行压杆的平面内稳定性计算。

注意式（1.22）：特地引进 N_{sa}，与标准中采用的符号不同，它是施加假想荷载的楼层以上累积的楼层数。标准采用 $H_{ni} = \frac{\alpha_y}{250}W_i\sqrt{0.2+\frac{1}{n_s}}$、$\frac{2}{3} \leqslant \sqrt{0.2+\frac{1}{n_s}} \leqslant 1$，假想荷载与总层数发生关系，存在的问题是：一个两层的结构和一个 20 层结构的顶部两层，假想荷载是否应该一样？答案显然是应该一样。但是按照《钢结构设计标准》GB 50017—2017，两种情况的假想荷载是不一样的。表 1.5 以 20 层为例给出了各层应该施加的和累计施加的量。图 1.25 给出了按照累计楼层数理解 N_{sa} 时采用 $\sqrt{0.2+1/n_s}$ 带来的问题，说明了采用 $\sqrt{0.5+0.5/N_{sa}}$ 的必要性。

整体假想荷载取值的逻辑：以 n_s = 20 层结构为例（κ = 1/250） 表 1.5

楼层数	施加的量	累计
20	κW_{20}	κW_{20}
19	$\kappa(W_{19}+W_{20})\sqrt{0.5+0.5/2} - \kappa W_{20}$	$\kappa(W_{19}+W_{20})\sqrt{0.5+0.5/2}$
18	$\kappa(W_{18}+W_{19}+W_{20})\sqrt{0.5+0.5/3}$ $- \kappa(W_{19}+W_{20})\sqrt{0.5+0.5/2}$	$\kappa(W_{18}+W_{19}+W_{20})\sqrt{0.5+\frac{0.5}{3}}$
……	……	……

续表

楼层数	施加的量	累计
2	$\kappa \sum\limits_{i=2}^{n_s} W_i \cdot \sqrt{0.5+0.5/(n_s-1)} - \kappa \sum\limits_{i=1}^{n_s} W_i \cdot \sqrt{0.5+0.5/(n_s-2)}$	$\kappa \sum\limits_{i=2}^{n_s} W_i \cdot \sqrt{0.5+\dfrac{0.5}{n_s-1}}$
1	$\kappa \sum\limits_{i=1}^{n_s} G_i \cdot \sqrt{0.5+0.5/n_s} - \kappa \sum\limits_{i=2}^{n_s} G_i \cdot \sqrt{0.5+0.5/(n_s-1)}$	$\dfrac{1}{250} \sum\limits_{i=1}^{n} W_i \cdot \sqrt{0.5+\dfrac{0.5}{n}}$

假想荷载法的优点：（1）简化了框架柱计算长度系数的确定；（2）梁端弯矩可能更加精确。问题是：假想荷载法能够反映框架的极限状态吗？框架屈曲时，存在复杂的同层各柱之间的相互作用，假想荷载法能够反映这种作用吗？回答是不能，因为是进行近似的弹性分析，而且没有分析到荷载更大的时候，只有分析到大得多的荷载，这种柱与柱的相互作用才会体现出来。

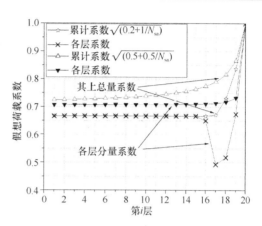

图 1.25　假想荷载系数比较

假想荷载法还存在这样一个缺陷：式（1.22）的假想荷载是通过与传统的计算长度系数法相互校准得到的，从已知的文献得知，它主要是对计算长度系数为 2.0 的柱子校准得到的。对于计算长度系数不是 2.0 的框架柱，是偏大的或是偏小的。

对框架柱计算长度系数大于 3.0 的结构，因为采用假想荷载法后，计算长度系数变为 1.0，与传统的计算长度系数相差很大，平面内稳定的计算公式为：

$$\frac{P}{\varphi A} + \frac{\beta_{mx} M_x}{\gamma_x W_x (1-0.8P/P'_{Ex})} \leqslant f \tag{1.23}$$

式中，β_{mx} 为等效弯矩系数，$P'_{Ex} = P_{Ex}/1.1$，$P_{Ex} = \dfrac{\pi^2 E I_x}{(\mu h)^2}$。可以想象，当计算长度系数为 3.0 和 1.0 时，式（1.23）的第 1 项相差很大，因为稳定系数会相差很大，而轴力相差却不大，对于弯矩项较小的框架来说，假想荷载法就可能偏不安全了。

而对框架柱本来的计算长度系数就接近于 1.0 的框架，例如大部分正常的框架柱，计算长度系数一般在 1.1～1.5 之间，如果是 1.3，则已经与二阶分析的 1.0 接近，加上式（1.22）的假想荷载并进行二阶分析后，弯矩项增加了，则二阶分析的承载力显得偏小了，即偏安全了。

美国进行的系统研究表明，假想荷载是与框架的抗侧刚度有关的，刚度越大，假想荷载越小，刚度越小，假想荷载越大。但是各国规范均没有将假想荷载与框架的抗侧刚度相联系，这里面包含的近似是不小的。而如果与抗侧刚度联系起来，则分析起来又麻烦了一步。

因为假想荷载是一个与传统的计算长度系数法校准得到的量，这使人产生这样的想法：如果我们用假想荷载法配合线性分析的方法与传统的计算长度系数方法进行校准，则可以得到更加简单的设计方法：假想荷载法＋线性分析＋无需任何的稳定性验算。例如我们可以取假想荷载为：

$$H_{\text{ni}} = \alpha_{\text{y}} \frac{W_i}{150} \sqrt{0.5\left(1 + \frac{1}{N_{\text{sa}}}\right)} \tag{1.24}$$

则设计时只要进行强度计算就可以了。

1.12　刚度验算：长细比和变形

"拉杆要限制长细比，因为如果拉杆刚度不足，容易在自重作用下弯曲，吊装和运输过程中弯曲，在振动荷载的微小激励下发生振动等"。

"压杆不仅和拉杆一样要限制长细比，而且限值要小。原因是：如果压杆刚度不足而造成弯曲，其不利影响远比拉杆严重。"

上述都是在高校教材《钢结构》中的论述，这些论述表明，验算长细比就是验算拉压杆的刚度。

另一方面，梁的刚度验算是验算挠度的大小。重级工作制吊车梁的水平刚度验算是验算吊车梁的制动结构在水平刹车力作用下的水平挠度不要超过跨度的 1/2000。

还有框架要验算风荷载作用下的总侧移和层间侧移，这是一种框架水平刚度的验算。

刚度被定义为抵抗变形的能力，因此刚度验算一般是与变形相联系的，因此验算梁的挠度是一种刚度验算，层间侧移的验算也是一种刚度验算。

为什么压杆的长细比验算也称为刚度验算呢？这要从压杆失稳的本质说起。柱顶承受轴力的悬臂柱，如果没有施加任何的水平力就会产生很大的弯曲变形，我们说悬臂柱发生了屈曲。注意刚度是抵抗变形的能力，现在没有水平力，悬臂柱就产生了水平的侧向弯曲变形，这说明屈曲时悬臂柱没有抗侧刚度。

柱子原本的抗侧刚度越大，则使柱子抗侧刚度消失所需要施加的荷载就越大。因此柱子的临界荷载的大小表示的是柱子的某种刚度，在有侧移屈曲时是抗侧刚度，在无侧移屈曲时是抗屈刚度（抗折刚度）。

由欧拉公式知道，压杆的临界荷载与长细比有关，因此反向推论两步就是：验算压杆的长细比就是验算压杆的临界荷载，验算压杆的临界荷载就是验算柱子的刚度。限制长细比不要太大，就是要保证压杆的稳定承载力（即抗侧刚度或抗屈刚度）不要太小。拉杆也是一样。

框架发生有侧移失稳也是框架抗侧刚度不足的表现，而层间侧移不满足要求也是层的抗侧刚度不满足要求的缘故。那么框架层间侧移的验算是否能够代替框架柱长细比的验算？回答是不能，因为侧移的大小涉及水平力的大小，而弹性结构的有侧移失稳与水平力无关。

1.13　不同设计方法中框架柱长细比的验算

1. 一阶分析设计法和二阶分析设计法中长细比的验算。

一阶分析设计法中，纯框架柱的计算长度系数是按照有侧移屈曲的模式取的，其值大于 1。二阶分析设计法中，框架柱的计算长度系数取 1，甚至可以按照无侧移屈曲模式来取值。这样导致不同的分析方法出现了不同的长细比。

而在钢结构设计中，有长细比验算。应该采用哪个长细比？答案是：一阶分析采用一阶分析的长细比，二阶分析采用二阶分析的长细比。

如此一来，二阶分析的长细比容易满足长细比限值要求。

之所以可以这样，要从对长细比进行限制的目的来分析。拉杆限制长细比的目的是避免运输过程中的损坏、使用过程中的下垂变形和有振动时厂房拉杆自身的振动。压杆限制长细比的目的则是保证最低的承载力、避免压力作用下压杆鼓曲变形过大。在纯框架的二阶分析设计法中，框架已经被施加了假想水平力，保证最低的侧向承载力的问题已经得到考虑，因此只需要保证框架柱本身的无侧移屈曲的承载力不要太低就可以了，所以可以采用计算长度系数1来计算长细比，进行长细比的验算。

2. 在第2章我们详细介绍框架柱稳定性的各种设计方法。其中有传统的计算长度系数法、修正的计算长度系数法（考虑同层各柱的相互作用）和整体屈曲分析的计算长度系数法（考虑层与层和柱与柱的相互作用）。如此一来，不同的计算长度系数，又出现了新的问题：到底采用哪个计算长度系数来计算长细比、进行框架柱的长细比验算？

后两种计算长度系数有这样的特点：轴压力小的，计算长度系数大，截面抗弯刚度大的，计算长度系数大。因此对这种因为计算方法原因出现的长细比超出规范对框架柱的长细比限值规定的情况，可以不予理会。或者说，长细比仍以传统的计算长度系数计算的长细比为标准进行验算。

桁架杆件、支撑杆等的长细比验算，不会出现上述可以引起误解的情况。

抗震设计常遇地震组合下的验算采用二阶分析时，组合中仍要包含0.5倍假想荷载。通过二阶分析，地震作用和假想荷载产生的侧移对应的二阶弯矩包含在了框架柱的弯矩中，框架柱截面必须更大才能满足要求。因此长细比仍然可按照二阶分析设计法取。在双重结构的情况下，二阶效应传递给了刚度较大的子结构，对子结构提出了更高的承载力需求，确保能够对框架提供侧向支持，因此框架柱计算长度可以取1。

但是这样一种方法，是否已经足够地反映了设防烈度下的二阶效应？7.7节将展开论述地震作用下的弹塑性动力二阶效应，这里只给出结论：在我国现行的地震力取法下，将地震力乘以式（7.57）计算的放大系数，然后采用二阶分析，计算长度取1.0，按此验算承载力和长细比。放大系数从刚性结构的1.0增加到0.75s左右的$1+3.4\theta$，再逐步下降到长周期结构（3s以上）的$1+2\theta$，与周期有关，这里θ是结构整体侧移的二阶效应系数。

在采用弹塑性推覆分析或弹塑性动力分析作为补充手段的情况下，这些比弹性二阶效应大的弹塑性二阶效应已经自动地包含其中，则在前一步的弹性设计中，按照普通二阶分析设计法，计算长度取为1.0进行设计和验算。

1.14 稳定计算的实质：保证真实钢结构稳定的剩余物理刚度

长期以来，钢结构稳定问题不断地困扰着工程设计人员，这源于学校对结构稳定理论知识的讲授不足。很多设计人员关于结构稳定的知识仅仅局限于《材料力学》和《钢结构》课程的介绍，两者均主要介绍单个构件弹性和弹塑性稳定。相对于实际工程结构的复杂多变，这是远远不够的，尤其是弹塑性稳定。下面仅以几个简单的例子来阐述隐藏在钢结构弹塑性稳定验算背后的实质：确保结构具有剩余物理刚度，用于抵抗重力荷载和压力的负刚度效应，确保构件和结构的稳定。

1.14.1 理想轴压弹性框架的屈曲及其对真实结构稳定性的意义

在结构力学有关框架屈曲的章节中，一般均假设框架在柱顶作用竖向荷载，梁上没有跨间分布荷载，假设框架为弹性，经过位移法屈曲分析得到：

$$P_{cr} = \frac{\pi^2 EI}{(\mu H)^2} \tag{1.25}$$

式中，μ 是框架柱的计算长度系数，H 是层高，EI 是框架柱截面的抗弯刚度。框架的失稳也可以近似地采用如下的简单准则：

$$K - \frac{(\sum P_i)_{cr}}{H} \approx 0 \tag{1.26}$$

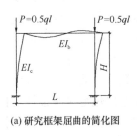

(a) 研究框架屈曲的简化图

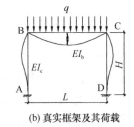

(b) 真实框架及其荷载

图 1.26　理想化框架和真实框架

式中，K 是弹性框架按照线性分析得到的正刚度，后面是荷载的负刚度。正负刚度相抵时框架发生屈曲。在研究框架屈曲得到式（1.25）、式（1.26）时，有一个假定是：荷载可以不加限制地按比例增加，直到框架发生屈曲。

对上述理想化的轴压弹性框架屈曲分析得到的计算长度系数，实际上是框架柱的抗侧柔度系数开根号，因而具有应用价值，可以用于框架柱的稳定性设计。

除此以外，上述分析的结果对我们保证真实结构的稳定性方面还有什么暗示？要分析这个问题，我们分析图 1.26（a）和（b）所示的结构，两者的对比见表 1.6。

理想化轴压框架与真实结构的对比　　　　表 1.6

比较内容	理想化轴压框架	真实结构
材料性质	无限弹性	弹塑性
构件内力	轴压	有弯矩、剪力和轴压力
荷载	假设可以随意增加直到屈曲	限于 50 年一遇的荷载组合
缺陷	无	残余应力、初始侧移、初始弯曲以及荷载偏心等
失稳原因	无限制增加直到屈曲的荷载负刚度：$-\sum P_i/H$	(1) 有限的荷载负刚度：$-\sum P_i/H$； (2) 材料塑性开展使物理刚度下降； (3) 缺陷影响
失稳准则的应用	（框架正刚度，已经给定）+（无限制增加的荷载负刚度）=0，由此推导得到临界荷载	（框架应该具有的正刚度）+（已经基本给定的荷载负刚度）=0，由此推导出框架应该具有的正刚度

观察表 1.6，我们得到如下两点印象：

（1）结构力学和稳定理论教科书介绍的弹性框架的屈曲，屈曲时框架由物理刚度矩阵所代表的刚度是正的，屈曲是因为不断增加的荷载负刚度（等于 $-\sum P_i/H$，有限元分析中的几何刚度矩阵）抵消了框架的物理正刚度（物理正刚度只取决于材料弹性模量和截面形状、构件长度、支座约束）。

（2）从第（1）点可以做出推论：真实的弹塑性结构失稳（达到极值点）时，框架仍然具有正的物理刚度。稳定性验算的目的是为了确保框架具有正的物理刚度，我们称之为剩余物理刚度（参照日本抗震设计中保有耐力的称呼，这里也可以称为框架应具有的保有刚度）。在极限状态下，这个剩余物理刚度由弹塑性物理刚度矩阵代表。

对于真实的弹塑性框架来说，因为重力荷载负刚度具有明确的、简单的计算公式，因此在极限状态下，框架层的剩余物理抗侧刚度必须满足：

$$K_{residual} > \frac{\sum P_i}{H} \tag{1.27}$$

式（1.27）与式（1.26）不同的是：式（1.26）中荷载被约定成可以无限制地增加直到屈曲，获得临界荷载（临界荷载与真实荷载的比值即为屈曲因子），而式（1.27）中的荷载是基本给定的（因为活荷载给定，楼板厚度变化不大，变化的是结构自重），实际结构设计进行各种验算的目的是使得结构的剩余物理抗侧刚度满足式（1.27）。

上述式（1.26）和式（1.27）的区别也是理论分析和实际设计的区别。

之所以称之为剩余物理刚度，是因为实际结构材料都是弹塑性的，梁上的分布荷载以及水平力在构件截面上产生轴力和弯矩，消耗掉材料部分承载力的同时也消耗了截面的和构件的物理刚度，从而影响了框架的整体抗侧刚度。弯矩如何消耗刚度在下面讨论。

1.14.2 Jezek 法对矩形截面弹塑性压弯杆的结论

Jezek（1937 年）提出了矩形截面两端简支压杆弹塑性稳定承载力的一个近似解析解。当塑性只出现在受压较大边缘一侧的情况下，其承载力为：

$$P_u = \frac{\pi^2 EI}{L^2}\left[1 - \frac{M}{3M_y(1 - P_u/P_p)}\right]^3 \tag{1.28}$$

式中，M 是弯矩，P_p 是全截面屈服的轴力，M_y 是边缘屈服弯矩，EI 是截面的抗弯刚度，L 是长度，P_u 是极限压力。此时截面的弹性区高度为：

$$\frac{h_e}{h} = 1 - \frac{M}{3M_y(1 - P_u/P_p)} \tag{1.29}$$

代入式（1.28）：

$$P_u = \frac{\pi^2 EI_e}{L^2} \tag{1.30}$$

这个式子表示：压杆达到极限荷载 P_u 时，压杆的截面是有物理刚度的，$EI_e = EI\left(\frac{h_e}{h}\right)^3$。

从上面可以知道，虽然这里存在弯矩，但是临界荷载（极限荷载）的表达式与没有弯矩的轴压杆的切线模量理论公式相同。弯矩在这里所起的对稳定性不利的作用是：使得压杆截面上应力增大，提前进入塑性，截面抗弯刚度减小，抗弯刚度减小后压杆的轴向稳定承载力由切线模量理论计算。弯矩对压弯杆稳定性的影响是通过减小截面的抗弯刚度间接地反映出来的。

1.14.3 压杆稳定系数曲线对应的物理刚度

当弹塑性压杆承担的轴力达到下式的值时，压杆达到稳定承载力极限状态：

$$P = \varphi P_p \tag{1.31}$$

式中，φ 是稳定系数，P_p 是全截面屈服时的压力。

稳定承载力极限状态，代表了压杆的刚度已经变为 0。但是我们注意到，压杆上作用的轴力 $P = \varphi P_p$ 具有负刚度，正是它导致了压杆的失稳。这从反面表明，压杆达到稳定承载力极限状态时，压杆本身具有正的物理刚度。假设压杆是悬臂柱，这个正刚度是抗侧刚度，采用 $(EI)_{e0}$ 表示在极限状态下压杆截面的加权平均的切线刚度，则根据式（1.31），可以得到：

$$\frac{3(EI)_{e0}}{H^3} = \frac{12}{\pi^2} \cdot \frac{\varphi P_p}{H} \tag{1.32}$$

因此

$$\varphi = \frac{\pi^2 (EI)_{e0}}{4H^2 \cdot P_p} \tag{1.33}$$

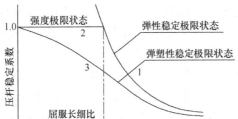

图 1.27　压杆稳定系数曲线

图 1.27 是压杆稳定系数简图，表 1.7 给出了图 1.27 中三条曲线的物理刚度和几何负刚度。

如果材料是无限弹性的，则截面的刚度并不会随应力的大小而改变，也不会随压杆的初始弯曲和残余应力的存在而变化。但是在材料处于弹塑性的状态下，情况发生了根本性的变化，轴压力增加，则应力增加，离开材料屈服的距离就越小，初弯曲和残余应力的存在，使得截面更早地屈服，从而减小截面的刚度，达到稳定极限状态时，截面的加权平均刚度也从最初的 EI 下降到了 $(EI)_{e0} = \dfrac{4}{\pi^2} \cdot \varphi P_p H^2$，这个刚度，我们称为剩余刚度，它是保证压杆稳定性的最小必须刚度。

悬臂柱稳定系数曲线对应的刚度　　　　表 1.7

曲线编号	物理刚度	几何刚度	压杆的总刚度
弹性稳定曲线 1	$\dfrac{3EI}{H^3}$	$-\dfrac{12}{\pi^2} \cdot \dfrac{P_E}{H}$	$=0$
强度曲线 2	0（全截面屈服）	$-\dfrac{12}{\pi^2} \cdot \dfrac{P_p}{H}$	<0（截面刚度为 0，杆件总刚度已经小于 0）
弹塑性稳定曲线 3	$\dfrac{3(EI)_{e0}}{H^3}$	$-\dfrac{12}{\pi^2} \cdot \dfrac{\varphi P_p}{H}$	$=0$

1.14.4　压弯杆平面内稳定验算：极限状态下剩余物理刚度与水平力的相关关系

压弯杆弯矩作用平面内稳定性验算公式是：

$$\frac{P}{\varphi A f_y} + \frac{M_x}{\gamma_x W_x f_y (1 - 0.8 P/P_{Ex})} = 1 \tag{1.34}$$

既然压弯杆在弯矩作用平面内的失稳中弯矩所起的不利作用是减小截面的抗弯刚度，那么式（1.34）更为本质的物理意义需要从这个方面来理解：式（1.34）左边的第 2 项实际上是一种对截面抗弯刚度的折减系数，正如上面式（1.28）表示的那样。它是在初始缺陷已经使得截面物理刚度发生折减（反映在稳定系数 φ 中）以后的进一步折减。式（1.34）返回切线模量理论的公式如下：

$$P = \frac{\pi^2 E I_e}{H^2} = \frac{\pi^2 E I_{e0}}{H^2}\left(1 - \frac{M_x}{\gamma_x W_x f_y(1 - 0.8P/P_{Ex})}\right) \tag{1.35}$$

式中，EI_{e0} 是名义上的轴压杆极限状态时的截面切线抗弯刚度，而 EI_e 是既有初始缺陷又有弯矩时压弯杆达到极限状态时的截面切线抗弯刚度。

这样式（1.34）的第 1 项可以表示为 $\dfrac{I_e}{I_{e0}}$，而 $\dfrac{P}{P_{Ex}} = \dfrac{I_e}{I}$。

如果是悬臂柱，并且在柱顶作用水平力 Q，则 $M_x = QH$，使得柱底截面（在没有轴力的情况下）出现有限屈服的水平力是 $Q_y = \gamma_x M_y/H$，则式（1.34）可以表示为：

相关作用曲线 1： $\qquad \dfrac{I_e}{I_{e0}} + \dfrac{Q}{Q_y(1 - 0.8I_e/I)} = 1 \tag{1.36}$

上式实际上表示了水平力和竖向力的相互作用。线性相关公式为：

相关作用曲线 2： $\qquad \dfrac{I_e}{I_{e0}} + \dfrac{Q}{Q_y} = 1 \tag{1.37}$

两式的对比如图 1.28 所示。式（1.37）表示，在极限状态下，水平力使得截面抗弯刚度的下降是线性的。而式（1.36）处于式（1.37）的下方表示：由于二阶效应，极限状态下截面的抗弯刚度（剩余抗弯刚度）以快于线性的速度下降。

上述对弹塑性压弯杆的讨论得到的结果有点出人意料，因为它与如下的认识似有不符：（1）在弹性稳定理论中有"弯矩对压杆稳定性没有影响"的结论；（2）在单纯受弯的情况下，只要截面边缘不屈服，截面抗弯刚度就不会下降。

对于弹塑性压杆，弯矩对压杆稳定性的影响却是：使得极限状态下压弯杆截面的有效抗弯刚度（剩余物理刚度）以快于线性的速度下降。

通过式（1.34）对压弯杆的弯曲失稳进行验算，其目的是使得压弯杆在扣除弯矩和缺陷影响后的剩余刚度能够大于压弯杆上的轴压荷载的负刚度。对于悬臂压弯杆，即：

$$\frac{P}{H}\text{（负的抗侧刚度的绝对值）} \leqslant \frac{\pi^2 E I_{e0}}{H^3}\left[1 - \frac{Q}{Q_y(1 - 0.8P/P_{Ex})}\right]\text{（剩余抗侧刚度）}$$

$$\tag{1.38}$$

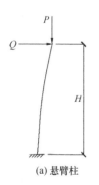

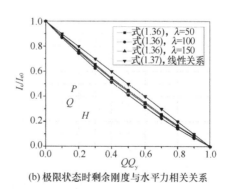

(a) 悬臂柱　　　　(b) 极限状态时剩余刚度与水平力相关关系

图 1.28　压弯杆平面内稳定验算公式的新解释

1.14.5 中间侧向支撑压杆的稳定性：支撑杆保有剩余刚度的必要性

图 1.29 所示的是中间侧向支撑的柱子，假设柱子和支撑杆都是无限弹性的，且柱子和支撑均是理想无缺陷的，则柱子的临界荷载是：

$$P_{cr} = \frac{\pi^2 EI}{L^2} + \left(\frac{\pi^2 EI}{(0.5L)^2} - \frac{\pi^2 EI}{L^2}\right)\frac{K_b}{K_{bth}} \tag{1.39}$$

式中，$K_{bth} = \dfrac{2P_{EI}}{l} = \dfrac{4}{L}\dfrac{4\pi^2 EI}{L^2}$ 是被支撑的压杆失稳模式发生变化（从关于柱子中心对称的失稳波形到反对称的两个半波）时的刚度，称为门槛刚度。$K_b = \dfrac{EA_b}{b}$ 是支撑杆的轴压刚度。

式（1.39）给予的印象仅仅是柱子临界荷载的增加正比于支撑的刚度。但是要注意，柱子临界荷载能够增加的先决条件是支撑具有正的刚度 $K_b > 0$，推论是：压杆在增加了的临界荷载处达到极限状态时，支撑杆本身不能同时达到极限状态。柱子临界荷载增加了 $\dfrac{3\pi^2 EI}{L^2}$，这部分增加的临界荷载是支撑的刚度提供的，柱子达到增加了的临界荷载时，支撑的刚度不能为 0。

考察图 1.29（b）所示的压杆和支撑杆均有初始弯曲，但是仍然是完全弹性的体系。此时压杆在轴力作用下产生弯曲，支撑杆内产生压力。继续增加荷载直到压杆发生两个半波的屈曲，此时支撑杆内的力是 F。

F 是一个力，支撑杆必须能够承受这个力，它代表的是一种强度要求。但是如果根据 F 来对支撑杆进行设计，在不考虑安全度和富余度的情况下，会出现什么情况？

会出现未能预料到的情况是：柱子真正的临界荷载达不到你希望的值。因为支撑在 F 作用下达到了极限状态，支撑杆在考虑了几何负刚度以后的轴压刚度等于 0。而保证轴压杆的临界荷载达到你希望的值（例如两个半波的屈曲的临界荷载）时，支撑杆的轴压刚度必须为正值。两者不符，柱子的临界荷载只好下降。

因此支撑设计必须能够保证在支撑杆内的轴力达到 F 后，支撑杆仍然有剩余刚度。这个剩余刚度实际上可以从式（1.39）导出。

正是上述原因，笔者在研究支撑问题时，采用了支撑杆本身的临界荷载 $F_E = \dfrac{\pi^2 EI_b}{b^2}$ 来设计支撑杆，不能用 F 来对支撑杆提强度要求。因为 $F_E > F$，所以支撑杆的内力达到 F 后，支撑尚未达到自身的极限状态，支撑杆还有剩余刚度为主压杆提供支撑。

采用 F_E 设计后实际上兼顾了对支撑杆的强度要求和刚度要求：支撑杆的承载力是 $F_E > F$，强度要求满足，而 $F < F_E$ 使得支撑杆有剩余刚度，并且这个剩余刚度刚好能够使压杆发生两个半波的屈曲。所以采用 F_E 设计的方法是统一了对支撑杆的强度要求和刚度要求的，无需再单独验算刚度要求。《钢结构设计标准》GB 50017—2017 的第 7.5.1 条对支撑杆的设计条文就是统一了强度和刚度要求的规定。

注意这里支撑杆的剩余刚度是支撑杆自身的物理轴压刚度（EA_b/b）减去几何轴压刚度以后的值，与上面压弯杆的截面剩余抗弯刚度有层次上的区别。这里是杆件的剩余轴压刚度，而支撑杆的每一个截面还处于完全弹性状态。

如果柱中间还作用有水平力 Q（例如厂房的山墙传来的力），则支撑杆不仅要对压杆提供支撑，使得压杆的承载力得到提高，还要承受水平力 Q。这个问题在性质上类似于压弯杆，压弯杆截面的刚度也起双重作用：承受弯矩和保证压杆能够承受轴压力、保持稳定。

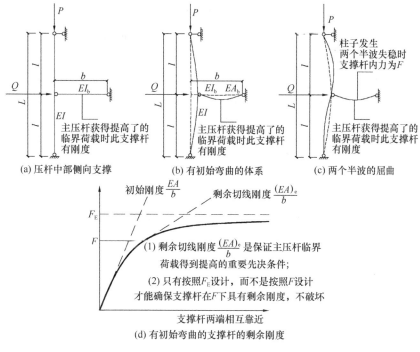

图 1.29 侧向支撑杆中的剩余刚度

假定压杆和支撑均为完全弹性，设压杆和支撑杆均存在初始弯曲：$w_0 = \dfrac{b}{500}$、$\Delta_0 = \dfrac{L}{500}$，采用与文献［1］中介绍的方法，可以得到对支撑杆的设计要求。

在仅有轴力时，理想体系对支撑杆的刚度要求，采用支撑杆欧拉荷载的形式来表达为 F_{E1}，有缺陷的体系，对支撑杆的要求提高，提高到 $(F_{E2})_{Q=0}$。

在仅有水平力 Q 的情况下，此时对支撑杆的设计要求是 $F_{E2} \approx Q$（采用约等于，是因为此时压杆作为一根不承受轴压荷载的杆件，作为一根简支梁，与支撑的轴压刚度一起抵抗水平力）。承受水平力的支撑杆的设计要求，一个直接的方法是参考式（1.37）的线性相加的公式：

$$F_E = (F_{E2})_{Q=0} + Q \tag{1.40}$$

精确的分析表明，线性相加的公式偏于不安全，比较精确的公式是：

$$F_E = (F_{E2})_{Q=0} + \frac{Q}{1 - 5(F_{E2})_{Q=0}/P_{El}} \tag{1.41}$$

上式右边第 1 项是保证压杆的竖向承载力的，而第 2 项是保证支撑能够承受水平力的。第 2 项的 $\dfrac{1}{1 - 5(F_{E2})_{Q=0}/P_{El}}$ 是一个放大系数，是因为水平力 Q 的作用，使压杆中间（支撑点处）的位移增大了（而不仅仅是初始弯曲 $L/500$），因此二阶效应增大，对支撑杆的设计要求自然进一步加大，如果仅仅采用简单相加，相当于没有考虑这个增加的二阶效应。

1.14.6　水平力作用下双重抗侧力体系中的稳定问题

纯框架发生侧移失稳时，在设置支撑后，框架的临界荷载得到提高。研究表明，设置支撑架后，框架临界荷载的增加量基本上正比于支撑架的侧倾刚度［图1.30（b）］，即：

$$\Sigma P_i = (\Sigma P_{icr})_{sway} + \left[(\Sigma P_{icr})_{nonsway} - (\Sigma P_{icr})_{sway}\right]\frac{S_b}{S_{bth}} \tag{1.42}$$

式中，S_b 是以力计量的支撑架的层侧倾刚度（传统的抗侧刚度 K 乘以层高），S_{bth} 是使得双重抗侧力结构中的框架发生无侧移屈曲的支撑门槛刚度。在材料无限弹性和荷载可以不加限制地增加直到屈曲这两个假定下，这个门槛刚度实际上近似等于框架无侧移失稳的承载力和有侧移失稳的承载力的差值，即：

$$S_{bth} \approx (\Sigma P_{icr})_{nonsway} - (\Sigma P_{icr})_{sway} \tag{1.43}$$

因为支撑架要为框架柱提供支持，在框架柱达到无侧移失稳的承载力时，支撑架本身的侧倾刚度不能为零，否则支撑架就没有能力对框架提供侧向支持了，即支撑架和框架柱不能同时达到极限状态。

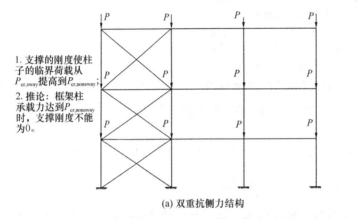

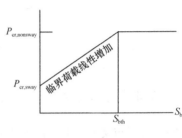

(a) 双重抗侧力结构　　　　　　　　　　　　(b) 临界荷载与支撑刚度的关系

图 1.30　双重抗侧力结构临界荷载

实际结构中支撑架起双重作用：承受水平荷载和保证框架柱的稳定性。支撑架将首先用于承受水平力。因为材料的弹塑性，支撑会屈服，如果支撑杆的面积刚好能够承受水平力，即支撑架达到了屈服或屈曲，刚度变为 0，则不再能够对框架柱子提供侧向支持，框架柱的承载力就应按照没有支撑支持那样进行设计，即按照有侧移屈曲决定计算长度系数，如图 1.30 所示。

因此对支撑架的设计要求是：在承受水平力之后还有余力（剩余强度和剩余刚度）保证整个结构的稳定性。这与通常的"同时达到极限承载力"的最优设计原则有很大的不同。当支撑架是剪切型时，根据这个要求，可以从理论上推导得到承受水平力的情况下，仍然能够使得框架按照无侧移的模式屈曲的强度和刚度综合要求：

$$\frac{S_{bthi}}{S_{bi}} + \frac{Q_i}{Q_{iy}} \leqslant 1 \tag{1.44}$$

满足上式，则这个双重抗侧力结构中的框架第 i 层发生的是无侧移失稳，是强支撑框架。式中，Q_i 是第 i 层承受的总水平力，Q_{iy} 是第 i 层支撑能够承受的总水平力。S_{bi} 是实际支撑架的线性弹性侧倾刚度，S_{bthi} 是其门槛刚度。

式（1.44）实际上完全类似于式（1.37）。

如果式（1.44）得到满足，框架柱就可以按照无侧移失稳计算稳定性，作用在框架部分的竖向荷载的二阶效应也将完全转嫁到支撑架上（这有点像门式刚架中的摇摆柱，其侧向稳定性依靠与之相连的框架，自己只要保证无侧移失稳就可以了）。支撑架的剩余侧倾刚度就是用来承担这部分二阶效应的。

1.14.7 本节小结

上面各小节介绍的压弯杆、侧向支撑的压杆和承受水平力的框架-支撑结构的稳定，是三个有所区别的稳定问题，但是其中都出现了缺陷或/和水平力在极限状态下对刚度的消耗。这也表明，在结构稳定问题中，剩余物理刚度是一个重要的概念，有了它，复杂的不同层次子结构组成的整体结构的稳定性能够得到更好的把握和解决。

对这三个不同问题的比较汇总在表 1.8 中。从表 1.8 可知这三个看似不同的问题的相似性。

三个稳定问题的比较   表 1.8

对比项	压弯杆平面内稳定	支撑杆问题	双重抗侧力体系
要求	压杆承担轴力	支撑杆起支撑作用，使得主压杆受更大的荷载	支撑使得框架柱计算长度减小
削弱稳定性的外力	弯矩 M	水平力 Q	水平荷载（风、地震）
缺陷	压杆初始弯曲，残余应力	压杆和支撑杆初始弯曲	框架柱初始弯曲和侧倾，支撑面内外的初始弯曲，残余应力
完全弹性时的性能	弯矩和初始弯曲对压杆弹性稳定没有影响	支撑杆有初始弯曲，水平力使得支撑杆轴压刚度不断减小，使被支撑压杆承载力下降	初始侧倾使支撑受压，有可能轻微减小支撑体系的刚度，从而减小对框架的支撑作用
弹塑性时水平力（弯矩）影响	弯矩增加了应力，使得截面提前屈服，刚度下降	水平力增加了支撑应力，使得支撑杆提前屈服和屈曲	水平荷载增加了支撑应力，使得支撑杆提前屈服和屈曲
初始缺陷的影响	轴力作用后出现二阶效应，附加弯矩增加应力，使得截面更早屈服，刚度下降	轴力作用后出现二阶效应，使得支撑杆受压，支撑杆轴压刚度减小	竖向荷载作用后出现二阶效应，支撑受力增加，更早屈服
附加一阶效应	弯矩产生了挠度，从而增加了二阶效应	水平力使柱中产生位移，增加了二阶效应	水平荷载产生侧移，二阶效应增加
水平力（弯矩）-轴力（竖向荷载）相关关系	因为附加的二阶效应，曲线一般下凹。但塑性开展潜力大的，弹塑性阶段刚度下降速度慢，可以改变相关关系曲线的形状：格构柱无塑性开展潜力，曲线下凹大；工字形曲线下凹较弱；矩形实心截面压杆相关曲线在长细比小时不下凹	因为水平力产生位移的附加二阶效应，曲线一般下凹	虽然有水平荷载产生位移，导致附加的二阶效应。但是结构体系的超静定，使得结构体系的刚度是逐步减小的，仿佛是有很大的塑性开展潜力，导致相关关系可以采用线性关系来表示

参 考 文 献

［1］　童根树. 钢结构的平面内稳定［M］. 北京：中国建筑工业出版社，2015.

［2］　童根树. 钢结构的平面外稳定［M］. 北京：中国建筑工业出版社，2013.

［3］　中华人民共和国住房和城乡建设部. 钢结构设计标准 GB 50017—2017［S］. 北京：中国建筑工业出版社，2017.

［4］　ASCE. Minimum Design Loads for Buildings and Other Structures：ASCE/SEI 7-10，Reston VA：ASCE，2010.

［5］　ZIEMIAN R D，MCGUIRE W，A method for incorporating live load reduction provisions in frame analysis［J］. Engineering Journal，First quarter，1992.

第 2 章 框架稳定设计方法的发展

框架是最常见的结构，钢框架会失稳众所周知。本科学生对稳定理论的理解基本上是仅限于材料力学中关于杆件的稳定理论，对结构稳定理论基本不了解或学习得很少。详细地介绍框架稳定理论不是本章的目的，本章只是介绍各种框架稳定的设计方法，它是稳定理论应用的最基本最常见的一个方面。

2.1 传统的计算长度系数法——框架柱稳定性设计的方法

框架柱的平面内稳定采用如下的公式：

$$\frac{P}{\varphi A} + \frac{\beta_{mx}M_x}{\gamma_x W_x(1 - 0.8P/P'_{Ex})} \leqslant f \tag{2.1}$$

式中各个量的物理意义在教科书上均有介绍。框架柱的计算长度系数用于确定上式中的两个量：稳定系数 φ 和欧拉临界荷载。

$$P'_{Ex} = \frac{\pi^2 EI}{1.1(\mu h)^2} \tag{2.2}$$

式中，μ 是框架柱的计算长度系数。如果框架发生侧移屈曲，如图 2.1 (b) 所示，计算长度系数 $\mu = \mu_{sw}$ 的计算公式是：

$$\mu_{sw} = \sqrt{\frac{7.5K_1K_2 + 4(K_1 + K_2) + 1.52}{7.5K_1K_2 + K_1 + K_2}} \tag{2.3}$$

如果框架柱发生的是无侧移屈曲，如图 2.1 (a) 所示，计算长度系数为：

$$\mu_{ns} = \sqrt{\frac{(1 + 0.41K_1)(1 + 0.41K_2)}{(1 + 0.82K_1)(1 + 0.82K_2)}} \tag{2.4}$$

以上两式中 $K_1 = \frac{i_{b1} + i_{b2}}{i_{c1} + i_{c2}}$、$K_2 = \frac{i_{b3} + i_{b4}}{i_{c2} + i_{c3}}$，是汇交于柱端的梁线刚度之和与柱线刚度之和的比值。

2.2 为什么计算长度系数法能够应用于框架柱的稳定设计

轴压杆的弹性屈曲临界荷载为 $P_E = \frac{\pi^2 EI}{(\mu h)^2}$。由此可以看出，稳定问题是一个刚度问题。如果结构处于弹性阶段，则结构的稳定性是与 f_y 没有关系的，就像结构的自振频率一样。

在设计人员的脑海中，自振频率是结构的一个特性，与强度并不发生关系，各种程序都依弹性假定计算建筑物的各阶自振频率和振型。而人们将稳定性验算与 f_y 联系起来，这是为什么？它源于这样的推导：临界应力 $\sigma_E = P_E/A$，而对比钢材的应力-应变关系，钢

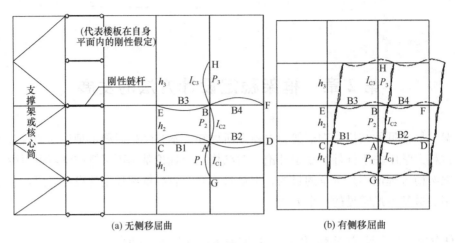

图 2.1　多层多跨框架的屈曲（七杆模型）

材会屈服，弹性临界荷载就变成了切线模量荷载，而切线模量的大小是与应力的大小有关系的。因此，虽然稳定性验算与钢材屈服强度 f_y 有关，但是实际上框架柱稳定性的验算是一种刚度验算。

那么计算长度系数 μ 为什么能够应用于框架柱的设计呢？

因为框架柱的计算长度系数就是框架柱的抗侧刚度系数。如图 2.2 所示的两端转动约束的柱子，转动约束刚度分别是 k_{z1}、k_{z2}，其抗侧刚度是：

$$K = \beta_k \frac{12EI}{h^3} \qquad (2.5a)$$

$$\beta_k = \frac{6K_1K_2 + K_1 + K_2}{6K_1K_2 + 4(K_1 + K_2) + 2} \qquad (2.5b)$$

式中，$K_1 = k_{z1}/6i$，$K_2 = k_{z2}/6i$。而柱子的计算长度系数由式（2.3）计算。对比式（2.3）和式（2.5b），可以得到 $\mu = \dfrac{1 \sim 1.1}{\sqrt{\beta_k}}$，因此计算长度系数以倒数的形式表示了框架柱的抗侧刚度，是一个抗侧柔度系数。

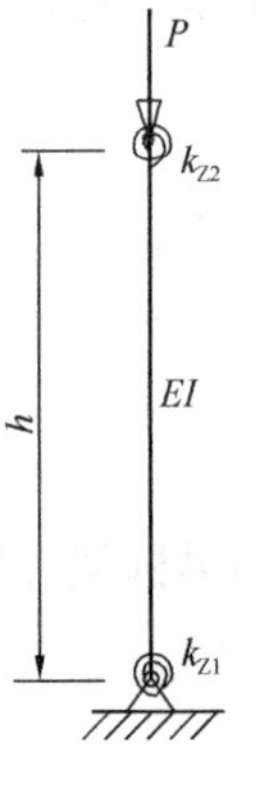

既然计算长度系数是一个抗侧柔度系数，而稳定计算是一种刚度（柔度的倒数）验算，计算长度系数自然就可以应用于稳定性的计算。

图 2.2　两端约束的柱子

但是传统的计算长度系数法遭到了较多的批评，见下面的 2.4 节。

2.3　框架有侧移失稳的一个简单判定准则

框架每一层的抗侧刚度可以从结构的线性分析直接得到。例如某一层的总剪力是 Q_i，而这一层的层间侧移 $\delta_i = \Delta_i - \Delta_{i-1}$ 也可以在线性分析后得到，则层抗侧刚度为：

$$K_i = \frac{Q_i}{\delta_i} \qquad (2.6)$$

框架的有侧移失稳，代表结构抗侧刚度的消失。是什么使得这个框架层从抗侧刚度 $K_i > 0$ 变为等于 0？显然是竖向荷载，竖向荷载仿佛是一种负刚度的因素，抵消了框架的正刚度。设这一层的竖向荷载为 W_i，框架的临界荷载是我们容易获得的，我们可以通过"事

后诸葛亮"的方式得到竖向荷载的等效负刚度,结果表明这个负刚度的计算公式为:

$$K_P = -\alpha_i \frac{W_i}{h_i} = -(1 \sim 1.216) \frac{W_i}{h_i} \qquad (2.7)$$

其中 $\alpha_i W_i = (\sum_{j=1}^{n} \alpha_j P_j)_i$,$P_j$ 是柱子的轴力,n 是柱子数量,如果其中有摇摆柱,则该摇摆柱的 $\alpha_j = 1$。因此框架有侧移屈曲的简单准则就变为:

$$K_i - \frac{1}{h_i}(\sum_{j=1}^{n} \alpha_j P_j)_i = 0 \qquad (2.8)$$

式中,P_j 是这一层的第 j 个柱子的轴力,$\alpha_j = 1 \sim 1.216$,这个系数的物理意义如图 2.3 所示,$\alpha = \frac{w}{w_r}$,即柱子以弯曲的方式发生有侧移屈曲和以刚体的方式发生有侧移屈曲,在柱顶侧移相同时,柱顶竖向位移的比值为:

$$\alpha = 1 + \left(\frac{12}{\pi^2} - 1\right) \frac{(1+3K_1)(1+3K_2)K_1 K_2 + 4(K_2 - K_1)^2}{5[1 + 2(K_1 + K_2) + 3K_1 K_2]^2} \qquad (2.9)$$

因为这个系数的变化范围非常小,从工程实用的角度看,取 1.1 的情况下,得到的临界荷载最大误差为 10%,如果换算到计算长度系数,则最大的误差只是 5%。因为实际框架柱的 α_i 在 1.05~1.15 之间的最多,取 1.1 计算的误差是很小的。

这样,我们推导得到的公式(2.8)就具有了非常重要的实际应用价值。例如图 2.4 所示的三跨五层框架,可以对每一层利用式(2.8)进行框架的稳定性分析。

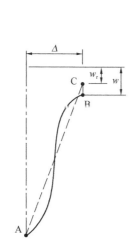

图 2.3 柱顶的竖向位移图

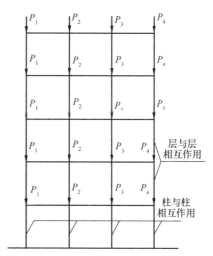

图 2.4 多层框架的屈曲

2.4 同层各柱的相互作用——修正计算长度系数法及其问题

对传统计算长度系数法应用于框架柱的设计,很久以来就不乏批评的声音,总结起来是:

(1)框架柱的计算长度系数是采用七杆模型(图 2.1 中的三根柱子、四根梁)在若干个理想化假定下得到的，这些假定与实际情况相差甚远。

（2）传统的计算长度系数法在确定计算长度系数时，不考虑柱子之间的相互作用。即隐含地认为同层的所有柱子有相同的失稳趋势，相互之间没有相互作用。而实际情况是：一个柱子不可能单独发生有侧移的屈曲，而只能是整层的有侧移失稳。

（3）计算长度系数来自于轴压框架模型，理想化的结构，这个结构的梁中没有弯矩，也没有初始侧移，实际框架梁上有荷载，有初始弯曲和弯矩。

（4）计算长度系数是弹性的，实际结构则是弹塑性的。

作者对上述问题进行了大量的分析。

对于第（1）个问题，虽然采用了理想化的假定，但是这样得到的计算长度系数却有明确的物理意义。因此应该从另外的角度来理解这些理想化假定的含义：理想化假定是为了明确地隔离其他柱子对于被研究柱子的影响。可以通过多跨框架的算例验证，采用每一个柱子的传统计算长度系数，可以用下式计算框架抗侧刚度：

$$K = \sum_{j=1}^{m} \alpha_j \frac{\pi^2 E I_j}{\mu_j^2 h_i^3} \qquad (2.10)$$

并与有限元线性分析得到的层抗侧刚度比较，结果表明两者非常符合。这说明，虽然确定计算长度系数时采用了一些理想化假定，隔离了同层的柱子与柱子的相互影响，也隔离了上下层柱子之间的相互影响，但是汇总后仍然能够精确地估算框架的抗侧刚度。如果存在摇摆柱，则该摇摆柱的计算长度系数是无穷大的，对抗侧刚度没有贡献，所以在式（2.10）中去掉了摇摆柱，只保留了框架柱，框架柱的数量是 m。

对于第（2）个问题，可以进行如下的分析，使得计算长度系数方法得以改进。在屈曲时，受力大的柱子失稳倾向大，将得到受力小的柱子的支援，受力大的柱子的计算长度系数将比传统的方法得到的小。对于同层各柱的这种相互作用，可以利用式（2.8）进行分析。得到修正的计算长度系数为：

$$\mu'_k = \sqrt{\frac{I_{ck}}{P_k} \frac{\sum_{j=1}^{n} \alpha_j P_j}{\sum_{j=1}^{m} (\alpha_j I_{cj}/\mu_j^2)}} = \sqrt{\frac{I_{ck}}{P_k} \frac{\sum_{j=1}^{n} P_j}{\sum_{j=1}^{m} (I_{cj}/\mu_j^2)}} \quad k = 1,2,3,\cdots,m \qquad (2.11a)$$

或

$$\mu'_k = \sqrt{\frac{\pi^2 E I_{ck}}{P_k h_i^3} \cdot \frac{1}{K_i} \cdot \sum_{j=1}^{n} (\alpha_j P_j)} \quad k = 1,2,3,\cdots,m \qquad (2.11b)$$

(a) 楼层整体屈曲

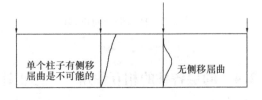

(b) 单个柱子的屈曲

图 2.5　框架的失稳模式

上述修正计算长度系数已经纳入《门式刚架轻型房屋钢结构技术规范》GB 51022—2015 和《冷弯薄壁型钢结构技术规范》GB 50018—2002，而《钢结构设计标准》GB 50017—2017 也允许采用这种修正的计算长度系数进行框架柱的稳定设计。但是，采用这种修正的计算长度系数会遇到一些困难：

（1）某些受力较大的柱子，得到其他受力小的柱子对它提供的支撑作用。当这种支撑作用足够大时，按照公式计算求得的计算长度就小于框架发生无侧移失稳时的计算长度，此时必须按照无侧移失稳来决定计算长度，如图 2.5（b）所示。这一点目前规范还没有提到。

（2）对某些轴力非常小的柱子（例如风荷载工况下），按照层稳定计算长度系数公式计算，因为它为其他柱子提供了约束，计算长度系数非常大，设计时柱子的长细比（刚度指标）如何控制，必须给出一个方案，以便合理地验算柱子的长细比。

（3）除了长细比指标外，这些轴力很小的柱子、轴力为零的柱子，甚至轴力为拉力的柱子，由于对其他柱子提供了支持，计算长度很大，如果根据这个计算长度算出的长细比查柱子稳定系数表格，稳定系数将很小（有可能查不到！实际工程中多次出现过这种情况）。这并不表明它的承载力已经消耗掉，但是如果按照常规方法计算，就会出现异常现象。

对于第（3）个问题，来源于目前各教科书对于稳定理论的讲解方式，作者已经在框架稳定理论的阐述中表明：初始缺陷和弯矩对于判断弹性结构的稳定性的条件没有影响，因为总势能的二阶导数的正负是判断稳定性的依据，而实际框架的小变形稳定理论的总势能的二阶导数中，并不会出现初始弯曲和弯矩项。这说明弯矩和初始倾斜对于框架的弹性稳定没有影响。

对于第（4）个问题，区分两种情况：框架梁先屈服，则对柱子的约束下降，柱子计算长度系数在理论上会增加；如果柱子的截面先部分屈服，则梁的约束相对增强，柱子计算长度系数将减小。美国规范允许考虑后一种情况，但是全世界仅美国这样做。笔者认为，这样做的理论依据不是很允分，因为，正像压杆的切线模量法一样，一端固定一端自由柱子进入弹塑性阶段，其计算长度系数仍然取 2。Chen W F 的研究表明，有缺陷的弹塑性柱，通过非线性分析得到的极限承载力反算计算长度系数，随长细比变化不大，表明计算长度系数可以按照弹性取值。

2.5　框架整体屈曲分析方法应用于设计——一种可能被误用的方法

有些著作，批评了传统的计算长度系数法，转而求助于对框架进行整体的屈曲分析。整体屈曲分析是这样进行的：

（1）对给定的荷载组合，采用线性分析方法对框架结构进行分析，得到所有框架柱子的轴力；

（2）以这一荷载工况的组合轴力 P_j 作为标准，乘以荷载因子 χ；

（3）形成有限元分析的刚度矩阵，进行特征值分析，得到临界荷载因子 χ_{cr}；

（4）求得的第 j 个柱子的临界荷载为 $\chi_{cr}P_j$，由下式求得计算长度系数 μ''。

$$\chi_{\mathrm{cr}} P_j = \frac{\pi^2 EI_j}{(\mu''_j h_i)^2} \tag{2.12}$$

但是这样获得的计算长度系数能够应用于设计吗？

首先，这样得到的计算长度系数 μ''_j 存在与式（2.11a）、式（2.11b）的 μ'_j 同样的问题。其次考察图 2.4 所示的框架，如果对图 2.4 的框架进行整体屈曲分析，会发现屈曲模式中底层的侧移最大，进一步分析发现，对于底层，按照整体屈曲分析得到的计算长度系数 μ''_j，与采用式（2.11a）、式（2.11b）计算得到的 μ'_j 相差不大，μ''_j 仅仅略微小于 μ'_j。而对于其他层，两者相差非常大，特别是顶层，框架柱的计算长度系数，在整体屈曲分析时的结果是式（2.11a）的几倍。这里就可以得到一个结论：整体屈曲分析反映的是最薄弱层（对图 2.4 是底层）的屈曲。

但是还可以提出一个问题：对于顶层，这种整体屈曲分析得到的计算长度系数远远大于修正的计算长度系数的情况，那么这么大的计算长度系数能够用于设计吗？

这要从计算长度系数的物理意义谈起。

传统的计算长度系数有明确的物理意义，因此能够应用于稳定性设计，因为稳定性验算就是刚度验算。而修正的计算长度系数，其物理意义就发生了改变，从式（2.11a）看，它是各个柱子的刚度分布和荷载分布的综合系数，在下面将会看到，它实际上就是层抗侧刚度系数。

但是整体屈曲分析得到的顶层的计算长度系数，就没有那么明确的物理意义了，这是因为框架是一种剪切型结构，剪切型结构层与层之间虽然有相互作用，但是这种相互作用非常弱，这样整体屈曲分析得到的顶层框架柱的计算长度系数，仅仅表示了顶层和底层的比例加载而已，即上面第（2）步的假定：所有柱子的轴力按照相同的比例因子 χ 增加。整体屈曲分析的计算长度系数中含有的刚度分布的含义已经被弱化到可以忽略的程度。

顶层第 k 个柱子的临界荷载为 $\chi_{\mathrm{cr}} P_k = \dfrac{\pi^2 EI_k}{(\mu''_k h_\mathrm{n})^2}$，消去临界荷载因子得到：

$$\mu''_k = \mu''_j \frac{h_i}{h_\mathrm{n}} \sqrt{\frac{P_j I_k}{P_k I_j}} \tag{2.13}$$

即因为比例加载，任意两个柱子的计算长度系数之间存在上式这样的关系。增大顶层柱子的惯性矩 I_k，对于薄弱层的计算长度系数 μ''_j 没有什么影响，这样 μ''_k 就变得主要取决于荷载的比例和自身的惯性矩 I_k，这种计算长度系数既不反映自身的抗侧刚度，也不反映顶层的抗侧刚度，因此不能应用于该柱子的稳定性设计。

但是一个单层的结构，可以应用整体屈曲分析得到的计算长度系数来进行设计。

接着可以问：屈曲分析得到的高阶屈曲波形是否具有应用价值？为了回答这个问题，图 2.6 给出了一个实际工程的框架的实际屈曲模态，观察第二个模态，它看上去是代表了第二层的屈曲，但是注意到，二层的梁几乎不变形，仿佛对第 1 层和第 2 层都提供了固定的约束。显然这不反映实际，得到的临界荷载因子偏高，不能用于确定二层柱子的计算长度。第三个屈曲模态是顶层梁的屈曲，第四模态是第三层的，但是它也不能模拟三层梁对三层柱的约束，加以应用将偏不安全。

因此必须求助于其他方法。

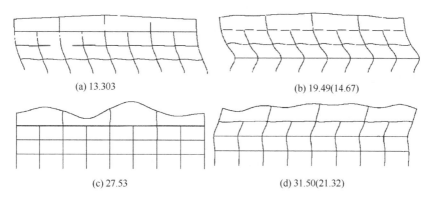

(a) 13.303

(b) 19.49(14.67)

(c) 27.53

(d) 31.50(21.32)

图 2.6 一个四层八跨框架的前四阶屈曲模态

2.6 层与层的相互作用——三层或二层模型

上面提起过，因为框架结构是剪切型结构，层与层的相互作用不是很大。但是如果要考虑层与层的相互作用，该如何进行呢？

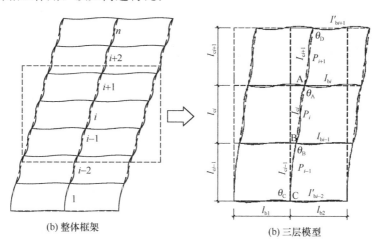

(b) 整体框架

(b) 三层模型

图 2.7 三层模型

如图 2.7（a）所示的多层框架，设要计算第 i 层各个柱子需考虑层与层和柱与柱相互作用的框架柱计算长度系数，则取出图 2.6（b）所示的三层模型，模型顶部和底部的梁实际上对与它们相连的上下层柱子提供约束，参与上述计算的梁的刚度是否要按照某个比例进行折减？严格说来应该折减，折减的方法可以有多种，最合理的方法是：

$$i'_{bi+1} = \frac{P_{i+1}/P_{cr,i+1}}{P_{i+1}/P_{cr,i+1} + P_{i+2}/P_{cr,i+2}} i_{bi+1} \tag{2.14}$$

式中，P_i 是第 i 层柱的轴力，P_{cri} 是按照传统的计算长度系数计算的临界荷载。对这个模型进行屈曲分析，得到中间层的计算长度系数是考虑了层与层和柱与柱相互作用的。作者提出了一种初等代数方法来求这种模型的计算长度系数，见文献［6］。

对每一层，应用上述模型，对于底层和顶层是两层模型，就可以得到每一层的考虑了

43

层与层和柱与柱相互作用的计算长度系数。

但是这样的分析确实有点麻烦，其必要性不大，因为层与层的相互作用影响不大。

2.7　假想荷载法

假想荷载法的三个要点分别是：

（1）引入假想荷载 H_{ni}，见第 1 章；

（2）进行弹性的二阶分析，常常是近似的二阶分析；

（3）取计算长度系数 1.0 进行压杆的平面内稳定性的计算。

$$\frac{P_{\mathrm{II}}}{A} + \frac{M_{x, \mathrm{II}}}{\gamma_x W_x} \leqslant f \tag{2.15}$$

$$\frac{P_{\mathrm{II}}}{\varphi_{x, \mathrm{ns}} A} + \frac{M_{x, \mathrm{sw}}}{\gamma_x W_{1x}(1 - 0.8N/N'_{Ex, \mathrm{sw}})} + \frac{\beta_{mx, \mathrm{ns}} M_{x, \mathrm{ns}}}{\gamma_x W_{1x}(1 - 0.8N/N'_{Ex, \mathrm{ns}})} \leqslant f \tag{2.16a}$$

$$\frac{P_{\mathrm{II}}}{\varphi_{y, \mathrm{II}} A} + \frac{\beta_{t, \mathrm{II}} M_{x, \mathrm{II}}}{\varphi_b \gamma_x W_x} \leqslant f \tag{2.16b}$$

式中，下标 II 代表二阶分析的内力，sw 代表有侧移屈曲和弯矩，ns 代表无侧移屈曲和弯矩。

2.8　基于层整体弹塑性失稳的框架稳定系数

考虑同层各柱相互作用的修正计算长度系数法存在着 2.4 节指出的第（2）和第（3）点问题，有必要提出新的考虑整层侧移失稳的框架柱稳定性验算方法。下面提出一个修改方案。

考虑同层各柱相互作用后第 i 个柱子的临界荷载为：

$$P_{Ei} = \frac{\pi^2 EI_i}{(\mu'_i h)^2} = \frac{\pi^2 EI_i}{h^2} \frac{KP_i}{P_{Ei0}} \bigg/ \sum_{j=1}^{n} \alpha_j \frac{P_j}{h} = KP_i \bigg/ \sum_{j=1}^{n} \alpha_j \frac{P_j}{h} \qquad i = 1, 2, \cdots, m \tag{2.17}$$

式中，n 为柱子所在层柱子总数，包括摇摆柱；m 为非摇摆柱总数。对摇摆柱 $\alpha_j = 1.0$，非摇摆柱 $\alpha_j = 1.2$。假设柱子长细比较大，在弹性范围内失稳，稳定系数为 $\varphi_i = P_{Ei}/A_i f_y$，先不引入抗力分项系数，则有：

$$\frac{P_i}{\varphi_i A_i} = \frac{P_i}{(P_{Ei}/A_i f_y) A_i} = \frac{P_i}{P_{Ei}} f_y \qquad i = 1, 2, \cdots, m \tag{2.18}$$

由式（2.18），$\dfrac{P_i}{P_{Ei}} = \sum_{j=1}^{n} \dfrac{\alpha_j P_j}{h} \bigg/ K$，因此式（2.18）成为：

$$\frac{P_i}{\varphi_i A_i} = \left(\sum_{j=1}^{n} \alpha_j P_j \bigg/ Kh \right) f_y = \eta_{\mathrm{story}} f_y \tag{2.19}$$

$$\eta_{\mathrm{st}} = \sum_{j=1}^{n} \alpha_j P_j / Kh \qquad (P_i \text{ 以压力为正}) \tag{2.20}$$

从式（2.19）可知，考虑整层失稳后，任何一个柱子平面内稳定性验算公式中的轴力项均有相同的数值，不管这个柱子轴力的大小还是受拉力。

轴心受压框架平面内的弹性稳定按下式计算：

$$\eta_{\text{story}} \leqslant 1 \tag{2.21}$$

如果结构处在弹塑性阶段工作，对 K 还宜做弹塑性调整。参照压杆弹塑性稳定的切线模量法以及随后发展出来的压杆稳定系数，可以对框架的切线抗侧刚度进行研究并提出框架按照整层失稳的层稳定系数。定义层正则化长细比为：

$$\bar{\lambda}_{\text{st}} = \sqrt{\sum_{j=1}^{m} \alpha_j P_{\text{P}j}/Kh} \cdot \sqrt{1 + \sum_{\text{摇摆柱}} P_k \Big/ \sum_{\text{框架柱}} \alpha_j P_j} \tag{2.22}$$

式中，$P_{\text{P}j}$ 是第 j 根柱全截面屈服时的轴力。定义层稳定系数为：

$$\varphi_{\text{st}} = \frac{\sum_{i=1}^{m} P_{\text{E}i}}{\sum_{i=1}^{m} P_{\text{P}i}} \approx \frac{Kh}{\sum_{i=1}^{m} P_{\text{P}i}} \tag{2.23}$$

式中，$i = 1,2,\cdots,m$ 为非摇摆柱。考虑弹塑性和缺陷影响的层稳定系数采用与规范柱子曲线相同的公式形式，即：

当 $\bar{\lambda}_{\text{st}} \leqslant 0.215$ 时

$$\varphi_{\text{story}} = 1 - \alpha_1 \bar{\lambda}_{\text{st}}^2 \tag{2.24a}$$

当 $\bar{\lambda}_{\text{st}} > 0.215$ 时

$$\varphi_{\text{story}} = \frac{1}{2\bar{\lambda}^2} \Big[\alpha_2 + \alpha_3 \bar{\lambda}_{\text{st}} + \bar{\lambda}_{\text{st}}^2 - \sqrt{(\alpha_2 + \alpha_3 \bar{\lambda}_{\text{st}} + \bar{\lambda}_{\text{st}}^2)^2 - 4\bar{\lambda}_{\text{st}}^2} \Big] \tag{2.24b}$$

式中，系数 α_1、α_2、α_3 按照表 2.1 取值。取 b 曲线还是取 c 曲线，根据柱子的制作方式等确定，与柱子稳定系数曲线的选择完全一样。

柱子强度曲线参数　　　　　　　　　　　　表 2.1

曲线		α_1	α_2	α_3
a		0.41	0.986	0.152
b		0.65	0.965	0.300
c	$\bar{\lambda} \leqslant 1.05$	0.73	0.906	0.595
	$\bar{\lambda} > 1.05$		1.216	0.302

笔者已经对大量的不同长细比、跨度和层数的框架进行了弹塑性分析，考虑了各种缺陷的影响，对上面提出的层稳定系数的计算公式进行了验证，结果表明，上述公式能够很精确地计算轴压框架（即无弯矩框架）的极限承载力。

这样轴心受压框架平面内稳定性验算公式成为：

$$\sum_{i=1}^{n} P_i \leqslant \varphi_{\text{st}} \sum_{i=1}^{m} P_{\text{P}i} \tag{2.25}$$

上述方法整层只要计算一次，利用稳定系数 φ_{st} 可以直接计算框架稳定极限荷载，不必逐一求出计算长度系数，也不必逐一进行单个构件的有侧移失稳验算，并且具有统一的稳定极限荷载参数值；而传统计算长度系数法得到的荷载参数一般情况下是不同的，不符合有侧移失稳时整层所有柱子同时失稳的现象。层稳定系数法求解过程简单明确：首先通过线性分析得到层间抗侧刚度 K，接着计算层正则化长细比 $\bar{\lambda}_{\text{st}}$，运用框架层稳定系数曲线公式得到层稳定系数。

层稳定系数法可以消除 2.4 节提到的修正计算长度系数法的第（2）、（3）个问题，对于第（1）个问题，则必须逐个计算每一根柱子的无侧移失稳的稳定系数，并对无侧移失稳进行验算。对于摇摆柱，则取计算长度系数为 1.0 进行稳定性的计算，即摇摆柱只需进行无侧移屈曲的验算。

2.9　按照整层失稳模式的稳定性设计公式

（1）设框架有 n 层，计算第 i 层的层正则化长细比：

$$\bar{\lambda}_{\mathrm{sti}} = \sqrt{\frac{1}{K_i h_i}\left(1.2\sum_{j=1}^{m_1} P_{\mathrm{P}j} + \sum_{k=1}^{m_2} P_{\mathrm{P}k}\right)_i} \quad i = 1, 2, \cdots, n \tag{2.26}$$

这里计算层共有 m 根柱子，其中框架柱为 m_1 根，摇摆柱为 m_2 根，$m_1 + m_2 = m$。$P_{\mathrm{P}j}$ 是第 j 根框架柱子全截面屈服时的轴力，$P_{\mathrm{P}k}$ 是该层摇摆柱的全截面屈服时的轴力，h_i 是第 i 层的层高，K_i 是该层的抗侧刚度。

（2）计算层稳定系数 φ_{sti}。计算 φ_{sti} 时，宜参照《钢结构设计标准》GB 50017—2017 对柱截面的稳定计算分类，根据本层各个柱子的截面类型，采用相应的柱子曲线计算。参照式（2.24a）、式（2.24b）。

（3）按照下式验算每一根框架柱的有侧移失稳的稳定性：

$$\frac{1}{\varphi_{\mathrm{sti}}\sum_{j=1}^{m_1} A_j}\sum_{j=1}^{n_1} P_j + \frac{\beta_{\mathrm{mx}}M_{\mathrm{x}}}{\gamma_{\mathrm{x}}W_{\mathrm{x}}\left(1 - \dfrac{0.8V_i}{K_i h_i}\right)} \leqslant f \tag{2.27}$$

式中，$V_i = \left(\sum_{j=1}^{m_1} P_j + \sum_{k=m_1+1}^{n_1} P_k\right)_i$。

（4）按照下式逐个柱子（包括摇摆柱）验算其无侧移失稳的承载力：

$$\frac{P}{\varphi_{\mathrm{x}}A} + \frac{\beta_{\mathrm{mx}}M_{\mathrm{x}}}{\gamma_{\mathrm{x}}W_{\mathrm{x}}(1 - 0.8P/P_{\mathrm{Ex'}})} \leqslant f \tag{2.28a}$$

式中，φ_{x} 是按照框架无侧移失稳时的计算长度系数确定的稳定系数，$P'_{\mathrm{Ex}} = \dfrac{\pi^2 EI_{\mathrm{x}}}{1.1\,(\mu_{\mathrm{ns}}h)^2}$ 是柱子无侧移弹性失稳时的临界荷载除以抗力分项系数，β_{mx} 按照无侧移失稳的规定计算，即：

$$\beta_{\mathrm{mx}} = 0.65 + 0.35\frac{M_{\mathrm{x,\,II}}}{M_{\mathrm{x,\,II}}} \tag{2.28b}$$

（5）框架柱的平面外，如果不是发生整层的失稳（例如框架平面外是强或弱支撑结构体系），则按照下式计算框架柱的平面外稳定：

$$\frac{P}{\varphi_{\mathrm{y}}A} + \eta\frac{\beta_{\mathrm{tx}}M_{\mathrm{x}}}{\varphi_{\mathrm{b}}W_{\mathrm{xl}}} \leqslant f \tag{2.29}$$

式中，φ_{y} 是框架柱平面外弯曲失稳的稳定系数；η 对 H 形截面柱子取 1，对箱形柱子取 0.7；β_{tx} 和 φ_{b} 参照《钢结构设计标准》GB 50017—2017 的规定计算。

（6）如果框架柱平面外也发生整层的失稳，则框架柱的平面外稳定性验算公式为：

$$\frac{1}{\varphi_{\mathrm{sti},\mathrm{y}}\sum\limits_{j=1}^{m_{1,\mathrm{y}}}A_j f}\sum\limits_{j=1}^{n_{1,\mathrm{y}}}P_j+\eta\frac{\beta_{\mathrm{tx}}M_{\mathrm{x}}}{\varphi_{\mathrm{b}}W_{\mathrm{x}i}f}\leqslant 1 \tag{2.30}$$

式中，$\varphi_{\mathrm{sti},\mathrm{y}}$ 参照平面内失稳的公式计算，$m_{1,\mathrm{y}}$ 表示 y 方向框架柱子的数量，不含摇摆柱，$n_{1,\mathrm{y}}$ 是柱子总数，含摇摆柱数量。

此时还需要验算所有柱子首先发生单个柱子无侧移失稳的可能性，取无侧移失稳的计算长度系数，按照式（2.30）验算平面外的稳定性。

（7）整层计算时，非抗震设计的框架层长细比的控制指标为：

$$\bar{\lambda}_{\mathrm{st}}\leqslant 1.3 \tag{2.31}$$

单个柱子的长细比不得大于 150。按照传统的计算长度系数计算，单个柱子的长细比不得大于 120。抗震设计的框架柱的长细比限值请参照现行《建筑抗震设计规范》GB 50011。

（8）双向压弯构件的稳定性验算。

1）两个正交方向均为有侧移失稳的双向压弯框架柱的稳定性验算公式为：

① y 方向（绕截面的强轴 x 轴）整层有侧移失稳时：

$$\frac{1}{\varphi_{\mathrm{st},\mathrm{x}}\sum\limits_{j=1}^{m_{1,\mathrm{x}}}A_j}\sum\limits_{j=1}^{n_{1,\mathrm{x}}}P_j+\frac{\beta_{\mathrm{mx}}M_{\mathrm{x}}}{\gamma_{\mathrm{x}}W_{\mathrm{x}}(1-0.8V_i/K_{\mathrm{x}i}h_i)}+\eta\frac{\beta_{\mathrm{ty}}M_{\mathrm{y}}}{\varphi_{\mathrm{by}}W_{\mathrm{y}}}\leqslant f \tag{2.32a}$$

② y 方向（绕截面的强轴 x 轴）按照不利柱子的无侧移失稳计算：

$$\frac{N}{\varphi_{\mathrm{x},\mathrm{ns}}A}+\frac{\beta_{\mathrm{mx}}M_{\mathrm{x}}}{\gamma_{\mathrm{x}}W_{\mathrm{x}}(1-0.8N/N_{\mathrm{Ex}})}+\eta\frac{\beta_{\mathrm{ty}}M_{\mathrm{y}}}{\varphi_{\mathrm{by}}W_{\mathrm{y}}}\leqslant f \tag{2.32b}$$

③ x 方向（绕截面的弱轴 y 轴）按照整层计算：

$$\frac{1}{\varphi_{\mathrm{st},\mathrm{y}}\sum\limits_{j=1}^{m_{1,\mathrm{y}}}A_j}\sum\limits_{j=1}^{n_{1,\mathrm{y}}}P_j+\eta\frac{\beta_{\mathrm{tx}}M_{\mathrm{x}}}{\varphi_{\mathrm{bx}}W_{\mathrm{x}}}+\frac{\beta_{\mathrm{my}}M_{\mathrm{y}}}{\gamma_{\mathrm{y}}W_{\mathrm{y}}\left(1-0.8\dfrac{V_i}{K_{\mathrm{y}i}h_i}\right)}\leqslant f \tag{2.32c}$$

④ x 方向（绕截面的弱轴 y 轴）按照不利柱子的无侧移失稳计算：

$$\frac{P}{\varphi_{\mathrm{y}}A}+\eta\frac{\beta_{\mathrm{tx}}M_{\mathrm{x}}}{\varphi_{\mathrm{bx}}W_{\mathrm{x}}}+\frac{\beta_{\mathrm{my}}M_{\mathrm{y}}}{\gamma_{\mathrm{y}}W_{\mathrm{y}}(1-0.8N/N_{\mathrm{Ey}})}\leqslant f \tag{2.32d}$$

2）y 方向（绕截面强轴失稳）是纯框架，x 向设置支撑的双向压弯框架柱的稳定计算规定如下：

① y 方向（绕 x 轴）按照整层有侧移失稳计算的公式是式（2.32a）。

② y 方向（绕 x 轴）按照不利柱子的无侧移失稳计算的公式是式（2.32b）。

③ x 方向（绕截面的弱轴 y 轴）的稳定性验算公式是：

$$\frac{N}{\varphi_{\mathrm{y}}A}+\eta\frac{\beta_{\mathrm{tx}}M_{\mathrm{x}}}{\varphi_{\mathrm{bx}}W_{\mathrm{x}}}+\frac{\beta_{\mathrm{my}}M_{\mathrm{y}}}{\gamma_{\mathrm{y}}W_{\mathrm{y}}(1-0.8N/N_{\mathrm{Ey}})}\leqslant f \tag{2.32e}$$

式中，φ_{y} 是考虑支撑作用以后的平面外计算长度系数。如果是强支撑框架，则按照无侧移失稳的计算长度系数计算。如果是弱支撑框架，则按照有侧移屈曲和无侧移屈曲之间支撑的抗侧刚度线性插值，或人为加强支撑使之满足强支撑要求。

④ 框架在两个方向均有支撑，则采用《钢结构设计标准》GB 50017—2017 的公式计算。其计算长度系数需考虑支撑的强弱对框架的失稳模式进行判定，参见 GB 50017—2017。

2.10　对公式的说明和一个算例

（1）本节给出了框架按照整层失稳的框架柱稳定性验算方法，称为层稳定系数法。层稳定系数法反映了框架有侧移失稳是整层失稳的特点，无需确定每个柱子有侧移失稳的计算长度系数，简化了稳定计算。

（2）悬臂柱的正则化长细比是：

$$\bar{\lambda}_x = \frac{\lambda_x}{\pi}\sqrt{\frac{f_y}{E}} = \frac{2h}{i_x\pi}\sqrt{\frac{f_y}{E}} = \sqrt{\frac{4h^2 f_y}{\pi^2 E i_x^2}} = \sqrt{\frac{4h^2 f_y A}{\pi^2 E I_x}} = 1.10265\sqrt{\frac{P_P}{Kh}} \approx \sqrt{\frac{P_P}{Kh}} \quad (2.33)$$

式中，$K = 3EI_x/h^3$ 是悬臂柱的抗侧刚度。$P_P = Af_y$ 是柱子全截面屈服荷载。式（2.26）的层长细比计算公式是上式的推广。

（3）层稳定系数的计算公式套用了《钢结构设计标准》GB 50017—2017 的柱子曲线，只是长细比采用层长细比代入。

（4）按照整层失稳计算，每个柱子的稳定性仍然要单独计算。在完全弹性的框架结构中，弯矩对框架的稳定性并没有影响，但是对材料为弹塑性的实际框架结构，弯矩使框架梁柱提早进入弹塑性而削弱框架的刚度，从而影响框架的稳定。式（2.27）是逐个柱子考虑弯矩对整体稳定性的影响，弯矩由线性分析确定。

框架整层有侧移失稳时，将在柱子的上下端或在强柱弱梁的情况下在梁端开展塑性，并且在所有的柱顶或梁端都接近形成塑性铰时达到层极限承载力，因此真正的整层计算稳定性的方法，对弯矩项也应该采用某种相加的方式处理。如果这样的话，与传统的计算长度系数法相比，框架层的可靠度偏低，故暂不推荐应用。特别是单跨框架，重力荷载在两个边柱产生的弯矩，相加后是抵消的，弯矩相加使得重力弯矩对稳定性的影响彻底消失。这显然不符合实际情况，偏于不安全。

针对每个柱子的重力荷载弯矩，扣除其影响后能够承担的侧向弯矩作为有效弯矩承载力，每个柱子的有效弯矩承载力相加应大于总的侧向弯矩。

式（2.27）仍然对每个柱子逐个计算，与传统方法相比，只是轴力项取整层失稳的计算公式。

（5）按照整层计算稳定性后，只能保证框架不发生整层的有侧移失稳。单个柱子是否会提前发生无侧移失稳是没有保证的，因此需要用式（2.29）单独验算。一般在轴力大，需要得到其他柱子的支援时才有可能发生无侧移失稳。摇摆柱则只需进行无侧移屈曲的验算。

【算例】设四层三跨框架，采用 Q235B 钢材，两边柱截面为 H490×300×10/16（$I = 0.61928 \times 10^9\,mm^4$），两中柱截面是 H400×300×8/12（$I = 0.3064 \times 10^9\,mm^4$），楼层梁为 H600×240×8/12（$I = 0.6252 \times 10^9\,mm^4$），屋顶梁为 H440×240×6/10（$I = 0.2589 \times 10^9\,mm^4$），边柱柱脚固定，中柱柱脚铰接。跨度为 8+6+8=22m，高为 4.5+4+4+4=16.5m。平面外采用较强的支撑体系。下面三层恒荷载 30kN/m，活荷载 21kN/m；屋顶层恒荷载 20kN/m，活荷载 6kN/m。

这个算例的中柱较小，边柱较大，以考察弹塑性阶段柱与柱之间的相互作用。底层总的轴力为 5246kN。其中第一层的抗侧刚度是 19338N/mm，四根柱子的总面积为

$48776mm^2$，层正则化长细比为 0.362，层稳定系数为 0.923，第一层按照式（2.27）的平面内稳定计算公式的轴力项为 116.58。边柱的弯矩为 $139kN \cdot m$，弯矩项的应力为 $54.96N/mm^2$，合计为 $171.5N/mm^2$，应力比为 0.80，而设计软件 STS 计算的平面内稳定的应力比为 0.59，即根据层稳定系数法，边柱因为向中柱提供稳定性的支持而应力比增大。中柱的弯矩仅为 $32.62kN \cdot m$，式（2.27）的弯矩项应力为 $21.29N/mm^2$，与轴力项相加后的应力为 $137.9N/mm^2$，应力比为 0.64，而 STS 软件的平面内计算结果为 0.98，已经用足。由计算结果可见中柱因为受到边柱的支持而应力比比 STS 软件计算显示的值要小。中柱的无侧移失稳验算公式（2.28a）的第 1 项为 $179.9N/mm^2$，应力比达到了 0.837，因此中柱的无侧移失稳比框架整体的有侧移失稳更早发生（实际可能是平面外的弯扭失稳最早发生）。

2.11 框架柱无侧移失稳与框架层整体有侧移失稳的相互作用

当一个结构存在两种破坏模式，且两种破坏模式对应的极限荷载相同或者接近时，这两种破坏模式往往存在不利的相互影响，使得极限承载力远小于按照任何一种破坏模式计算的极限荷载。在缀条式格构柱的单肢屈曲和整体屈曲的相互作用中我们已经对此有所了解，见文献 [6]。

实际框架柱轴力分布不均匀，受力较大的柱子得到其他受轴力较小的柱子的支援，其计算长度系数可能变成小于 1 而接近这个柱子无侧移屈曲的临界荷载，对这根柱子而言，可能就存在框架整层有侧移屈曲对无侧移屈曲的影响。

图 2.8（a）给出了焊接 H 形绕强轴失稳的单层单跨框架模型，图 2.8（b）给出了计算结果，图中 FM1、FM2、FM3（分别对应于 $\beta = 0$、0.5、1.0）三条曲线是 ANSYS 的分析结果，FM1（无侧移）、FM2（无侧移）是按照《钢结构设计标准》GB 50017—2017 对受力较大的柱按照无侧移失稳计算得到的承载力，然后整理成层稳定承载力的形式。图 2.8（b）同时也给出了柱子曲线 b。

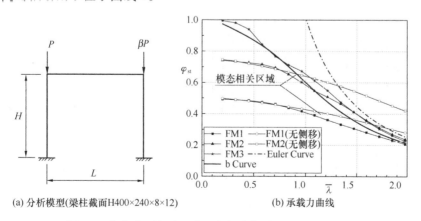

(a) 分析模型(梁柱截面H400×240×8×12)　　(b) 承载力曲线

图 2.8　框架柱无侧移屈曲和框架有侧移失稳的相互作用

注：FM1、FM2、FM3 的荷载参数 β 分别是 0、0.5 和 1.0，框架跨度 $L=4m$；层高 $H=2\sim$
30m，变化步长为 0.1

从图 2.8 可见，当框架的层长细比较小时，FM1 和 FM2 的曲线更接近无侧移失稳的曲线；而长细比很大时，框架弹性失稳，因此总是框架有侧移失稳的承载力较低，计算结果接近于按照有侧移失稳计算的柱子曲线。但是分析图 2.8（b）的整条曲线发现，在小长细比和大长细比之间，有一个区域，ANSYS 的计算结果总是小于按照整体有侧移失稳计算的承载力，也小于按照无侧移失稳计算的承载力。也就是说，在这个区域内，存在有侧移屈曲和无侧移屈曲的相互作用。在这个区域内，框架的破坏模式明显地呈现有侧移失稳和无侧移失稳相互作用的性质，不同层正则化长细比的 FM2 模型破坏模式如图 2.9（a）～（c）所示。

(a) 小长细比　　　　　　　　　(b) 中等长细比　　　　　　　　(c) 大长细比

图 2.9　不同层正则化长细比 FM2 模型的破坏模式

图 2.9 示意了三种不同正则化长细比框架模型 FM2 的破坏变形模式，可以观察到它们之间的区别十分明显。层正则化长细比较小时，左边超载柱出现较大的单向弯曲变形，而层整体侧移很小，破坏模式表现为单柱无侧移失稳；中等长细比时，变形中既包含层整体侧移，又有左柱的单向弯曲，模态相互作用十分明显；大长细比时，基本上以层整体侧移和框架柱双向弯曲变形为主，为典型的层有侧移失稳破坏模式。

这些框架的层稳定系数曲线和 FM2 的破坏变形图表明，由于框架失稳模态之间的相互作用，框架整层的屈曲系数和单个柱子的无侧移屈曲稳定系数均高估了框架的稳定承载力。

但是由于以下一些因素又使得这种相互作用的不利影响是有限的：

（1）最不利的柱子中的轴力并不会随着框架侧移的增加而有明显的增加；

（2）无侧移失稳时柱子的中部在极限状态要接近形成塑性铰，而框架有侧移失稳时，柱子是上下两端形成塑性铰，塑性铰形成的部位是不同的；

（3）多层框架中还存在上下柱子的相互作用，这种作用对最薄弱层的最不利柱子是有利的；

（4）因此上述分析揭示的相互作用，仅仅在单跨单层的框架中才明显。在最不利的情况下，这种相互作用对承载力的折减也不会超过 15%。因而基本上无需考虑。

参 考 文 献

[1] 中华人民共和国住房和城乡建设部. 钢结构设计标准：GB 50017—2017[S]. 北京：中国建筑工业出版社，2017.

[2] European Committee for Standardization. Eurocode 3：Design of steel structures Part 1-1：General rules and rules for buildings：EN 1993-1-1：2003[S]. Brussels：ECS，2003.

［3］　饶芝英，童根树. 钢结构稳定性的新诠释［J］. 建筑结构，2002，32(5)：12-15.

［4］　中华人民共和国住房和城乡建设部. 门式刚架轻型房屋钢结构技术规范：GB 51022 -2015［S］. 北京：中国建筑工业出版社，2015.

［5］　中华人民共和国住房和城乡建设部. 冷弯薄壁型钢结构技术规范：GB 50018—2002［S］. 北京：中国计划出版社，2002.

［6］　童根树. 钢结构的平面内稳定［M］. 北京：中国建筑工业出版社，2015.

［7］　邢国然. 框架按照层失稳模式的稳定性计算［D］. 杭州：浙江大学，2007.

［8］　饶芝英，童根树. 多高层钢结构的分类及其稳定性计算［J］. 建筑结构，2002，32(5)：7-11.

［9］　LUI E M，CHEN W F. Strength of H-columns With small end restraints［J］. Structural Engineer，1983，61B(1).

第3章 框架和结构的分类及稳定性验算

在建筑物的设计中，设计人员首先必须给建筑物定类，比如：确定建筑物的安全等级（一、二、三级）；确定建筑物的类别（甲、乙、丙、丁类）；对建筑场地进行划分（Ⅰ、Ⅱ、Ⅲ、Ⅳ类场地）；钢筋混凝土结构抗震设计要划分抗震等级（一、二、三、四级）；计算风荷载时要对地貌分类（A、B、C类）。各规范还根据建筑物的类型、层数、荷载类型等，有针对性地提出对设计很有价值、有时可以简化设计的分类规定，比如规定了抗震设计时何时采用反应谱基底剪力法、反应谱振型分解法和时程分析法等。各种分类的目的是为了建立概念框架，从而进行合理而方便的设计。

多层和高层钢结构的稳定性验算，长期以来没有得到比较顺畅的解决。高层钢结构中广泛采用的双重抗侧力结构体系中的框架柱的稳定性验算，随支撑架性质的不同而不同，因为支撑架本身分为剪切型、弯曲型和弯剪型，其失稳的特征具有明显的不同。除了目前的线性分析方法、近似的二阶分析方法、精确的二阶分析方法，对于高层结构，为保证结构整体稳定性，有整体的刚重比验算，还有构件稳定的计算，其中构件稳定计算对于整体来说是局部稳定。构件稳定的计算方法与采用的内力分析方法密切相关。

本章将介绍与钢结构稳定性验算有关的分类，并澄清一些概念。要透彻地理解本章的分类，可参考笔者的《钢结构的平面内稳定》一书。

3.1 框架分类1：强支撑框架和弱支撑框架、纯框架

当采用线性弹性分析内力、采用计算长度法计算框架柱的稳定性时，对框架进行如下的分类：

1. 强支撑框架：当框架-支撑结构体系中，支撑的抗侧刚度足够大，使得框架以无侧移的模式失稳时，这个框架称为强支撑框架。

2. 弱支撑框架是支撑架的抗侧刚度不足以使框架发生无侧移失稳的框架。

3. 纯框架是未设置任何支撑的框架结构，纯框架的整体失稳是有侧移失稳。

说明：纯框架的整体失稳模式是有侧移失稳，但是双重抗侧力结构中的框架部分［图3.1（a）、（b）的右侧框架］是发生有侧移的屈曲还是无侧移的屈曲，取决于支撑架的抗侧刚度。强支撑框架和弱支撑框架的区分是用于判断双重抗侧力结构中框架部分的失稳模式的。根据框架结构是发生有侧移失稳还是无侧移失稳，或者介于两者之间，选择和计算对应的框架柱的计算长度及承载力。

有侧移失稳是一种整体失稳［图3.1（a）］，无侧移失稳则是一种构件的失稳［图3.1（b）］，对于整体结构来说，无侧移失稳是一种局部构件的弯曲失稳。构件的失稳也可能导致整体结构的倒塌，必须加以验算。

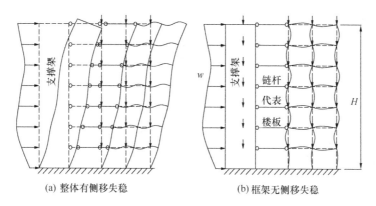

图 3.1 框架失稳模式的判定

3.2 框架分类 2：有侧移框架和无侧移框架

对于双重抗侧力结构体系中的框架，根据其水平力的分担比例，进行如下的分类：

1. 在双重抗侧力结构中，框架承受的总水平力小于等于总剪力的 20%，则这个框架可以看作无侧移框架。

2. 不满足上述规定的框架-支撑结构体系中的框架，是有侧移框架。

3. 纯框架是有侧移框架。

说明：有侧移框架和无侧移框架的区分，在没有计算机的时代，可以带来计算上的简化，在计算机时代，实用上已经没有必要。但是仍然可以根据这个分类，对结构的受力特性有一个初步的总体上的了解：有侧移框架是要承担水平力的，而无侧移框架依靠其他刚度更大的子结构来承担水平力。

应注意有侧移框架、无侧移框架和框架有侧移失稳（屈曲）、无侧移失稳（屈曲）在概念上的区别，前者是从框架侧向水平力的分担率上来区分，后者则是指失稳（屈曲）的模式，与水平力无关。

3.3 支撑架分类 1：依变形性质的分类

平面和竖向规则的双重抗侧力结构体系中的支撑架根据其侧向变形的形态分为弯曲型、剪切型和弯剪型支撑。

1. 当支撑架的截面性质满足下式时

$$\frac{\pi^2 EI_{B0.33}}{H^2 S_1} \leqslant \frac{0.12}{1 - 0.4 r_S^{0.7}} \tag{3.1}$$

支撑架是弯曲型的。

2. 当支撑架的截面性质满足下式时

$$\frac{\pi^2 EI_{B0.33}}{H^2 S_1} > \frac{7.5}{r_S^{0.7}} \tag{3.2}$$

支撑架是剪切型的。

3. 当支撑架的截面性质处于以下范围时

$$\frac{0.12}{1-0.4r_{\mathrm{S}}^{0.7}} < \frac{\pi^2 EI_{\mathrm{B0.33}}}{H^2 S_1} < \frac{7.5}{r_{\mathrm{S}}^{0.7}} \quad (3.3)$$

支撑架是弯剪型的。

式中，r_{S} 为支撑架顶层抗侧刚度与底层抗侧刚度的比值，计算抗侧刚度时应扣除本层弯曲变形和本层刚体位移的影响。

$S_1 = K_{\mathrm{B1}} h_1$，$K_{\mathrm{B1}}$ 是底层的层抗侧刚度，计算层抗侧刚度时要消除整体弯曲变形的影响，即在顶部施加水平力（或其他均布的水平力），在柱子上施加上下的力偶，以抵消水平力产生的弯矩（图 3.2）。这样每层就只有剪力，求得的位移与层剪力相除就可以得到层的抗侧刚度。h_1 是其层高。当底层为层高较高而被额外加强时，可以取为第 2 层。

$EI_{\mathrm{B0.33}}$ 是离地 $H/3$ 处楼层（称为刚度代表层）的支撑架截面的抗弯刚度，H 是结构的总高度。

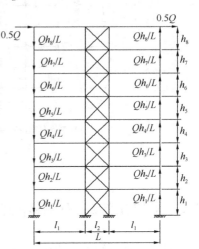

图 3.2 层抗侧刚度的求算

说明：支撑架的类型将对整体结构的屈曲模式产生影响，比如剪切型支撑时，结构整体失稳主要表现为薄弱层的有侧移失稳，即某个层的失稳，而弯曲型支撑下结构的失稳是一种整体侧向弯曲失稳。因此了解支撑架的类型是必要的。

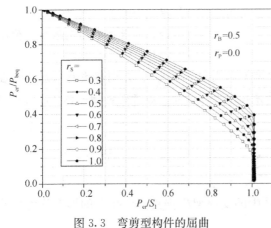

图 3.3 弯剪型构件的屈曲

支撑架是一根悬臂柱，这个柱子截面的抗弯刚度和截面的抗剪刚度沿高度基本上是线性变化的，轴向荷载也是线性变化的。这个柱子的临界荷载，以底层轴力为代表值，可以采用下式计算：

$$\frac{1}{P_1} = \frac{1}{P_{\mathrm{beq}}} + \left[1 - 0.4\left(r_{\mathrm{S}} - r_{\mathrm{P}}\right)^{0.7}\right]\frac{1}{S_1} \quad (3.4a)$$

$$P_1 = S_1 \quad (3.4b)$$

其精确的相关关系如图 3.3 所示。

式中：

$$P_{\mathrm{beq}} = \frac{\pi^2 E}{4\gamma H^2}\left[\frac{1}{3}\left(2I_1 + I_n\right)\right] \quad (3.4c)$$

$$\gamma = 0.28\left(1 + \frac{1}{8}r_{\mathrm{B}}\right) + \left[1 - 0.28\left(1 + \frac{1}{8}r_{\mathrm{B}}\right)\right]r_{\mathrm{P}} \quad (3.4d)$$

其中，$r_{\mathrm{B}} = I_n/I_1$，$r_{\mathrm{P}} = P_n/P_1$。在高层建筑中，假设每层的重量相同，则 $r_{\mathrm{P}} = 1/n \approx 0$，$\gamma \approx 0.3 + 0.7/n \approx 0.3$。

当 P_{beq} 与 $\dfrac{S_1}{\left[1 - 0.4\left(r_{\mathrm{S}} - r_{\mathrm{P}}\right)^{0.7}\right]}$ 相比小于等于 0.1，就是弯曲型的，这样得到式

（3.1）。如果临界荷载达到 $P_1 = S_1$，则支撑架是剪切型的，此时可以推导得到式（3.2）。处于两者之间属于弯剪型。

一根截面抗弯刚度无穷大，而抗剪刚度有限的柱子，在轴力作用下也会发生屈曲，这种屈曲称为剪切屈曲，其临界荷载就等于最弱截面的抗剪刚度。

3.4 支撑架分类2：强剪型支撑和弱剪型支撑

在各类荷载组合作用下，支撑架的弦杆先于斜腹杆达到极限状态的称为强剪型支撑架；如果斜腹杆先于弦杆达到极限状态则称为弱剪型支撑架。

3.5 结构分类：侧移不敏感结构和侧移敏感结构

一个结构根据其二阶效应的大小，划分成侧移敏感结构和侧移不敏感结构。

1. 一个结构如果满足下式：

剪切型结构：
$$\frac{V_i}{K_i h_i} < 0.1 \quad i = 1, 2, \cdots, n \tag{3.5a}$$

弯曲型结构：
$$\frac{4V_{0.7} H^2}{\sum \pi^2 EI_{B0.33}} \leqslant 0.1 \tag{3.5b}$$

弯剪型结构：
$$1/\eta_{\mathrm{cr}} \leqslant 0.1 \tag{3.5c}$$

则这个结构为侧移不敏感结构。

式中，V_i 为第 i 层及其以上各层的竖向荷载总和；K_i 为第 i 层的层抗侧刚度，是各片剪切型结构层抗剪刚度之和；不包含弯曲型和弯剪型支撑架截面的层抗侧刚度；h_i 为第 i 层的层高；$V_{0.7}$ 为离地面 $0.7H$ 处楼层（称为荷载代表层）以上的总竖向荷载；$EI_{B0.33}$ 为各片弯曲型支撑架截面的抗弯刚度，离嵌固端 $H/3$ 处的截面；η_{cr} 为屈曲因子，是整体结构最低阶弹性临界屈曲荷载与荷载设计值的比值。

2. 不满足上述条件的结构为侧移敏感结构。

说明：侧移敏感和不敏感结构的区分是依据二阶效应的大小，用于帮助选择内力的分析方法——采用一阶分析还是采用二阶分析。从式（3.5a）、（3.5b）、（3.5c）可知，结构对侧移是否敏感还和结构承受的竖向荷载有关。根据结构稳定理论，这是可以理解的——失稳代表刚度的消失。轴力使框架发生有侧移失稳时，框架原本具有的根据线性分析计算得到的抗侧刚度就被轴力的负刚度效应抵消掉，总的抗侧刚度消失。因此轴力对抗侧刚度有影响，从而对侧移也有影响。

侧移敏感和不敏感结构的区分是随着二阶分析方法的引入而提出的，在英国 BS5950 规范、欧洲 EC3 规范中均有这个分类。但是目前国内外只用式（3.5a）作为判断结构是否侧移敏感的依据，式（3.5a）实际上是从悬臂柱上推导来的，然后被推广到框架，但是对于弯曲型结构，式（3.5a）是不适合的，因为弯曲型结构的截面剪切刚度大。按照目前各国钢结构设计规范广泛使用的公式：

$$\frac{V_i \delta_i}{Q_i h_i} < 0.1 \tag{3.6}$$

式中，Q_i 是第 i 层总剪力，δ_i 是 Q_i 下的第 i 层层间侧移。如果按照这个式子，则弯曲型结构的顶部较易判断为侧移敏感结构，而底部的层间侧移小，较易被判断为侧移不敏感结构，而实际上，悬臂柱的二阶弯矩与一阶弯矩的比值沿高度变化不大，所以式（3.5a）不宜被推广应用到弯曲型结构。经过分析，用离地 $0.7H$ 的轴力和离地 $H/3$ 的截面抗弯刚度计算的式（3.5b）比较合适，其特点是式中采用了刚度代表层的刚度和荷载代表层的荷载作为整体量的一个度量。

对于弯剪型结构，构建一个公式是有难度的，因为弯曲型是整体性质很强、层与层之间相互影响很大的结构，而剪切型结构层与层之间的相互作用几乎可以忽略。式（3.5c）直接采用屈曲因子，避开了需要构建公式的困难。式（3.5c）可以应用于所有类型的结构。

上述的分类描述中实际上包含了结构的另一个分类：剪切型结构、弯剪型结构和弯曲型结构。这与剪切型支撑架、弯剪型支撑架和弯曲型支撑架的分类是不同的，因为支撑架本身仅是结构的一个部分，而一个结构中最常见的钢筋混凝土剪力墙-框架结构体系是弯曲型支撑架与框架的混合，应该如何将其分类，实际上并没有清晰的结论。

下一节的式（3.10a）、（3.10b）、（3.10c）给出的是二阶效应的计算公式，不同的结构有不同的计算公式。根据作者对等截面双重弯剪型抗侧力结构的研究，其二阶效应放大系数是：

$$\frac{1}{1-V/V_{cr}} = \frac{1}{1-1/\eta_{cr}} \tag{3.7}$$

其中，V 是总的竖向荷载，而 V_{cr} 是总的临界荷载，它是两个弯剪型结构各自单独作为一个结构时的临界荷载之和：

$$V_{cr} = P_{1cr} + P_{2cr} = \frac{1}{1+\pi^2 EI_1/4H^2 K_1 h} \cdot \frac{\pi^2 EI_1}{4H^2} + \frac{1}{1+\pi^2 EI_2/4H^2 K_2 h} \cdot \frac{\pi^2 EI_2}{4H^2} \tag{3.8a}$$

如果两个都是弯曲型结构，则：

$$V_{cr} = P_{1cr} + P_{2cr} = \frac{\pi^2 EI_1}{4H^2} + \frac{\pi^2 EI_2}{4H^2} \tag{3.8b}$$

如果其中一个是弯曲型结构，结构是框架（剪切型），则：

$$V_{cr} = P_{1cr} + P_{2cr} = \frac{\pi^2 EI_1}{4H^2} + K_2 h \tag{3.8c}$$

如果一个是弯剪型结构，一个是框架，则：

$$V_{cr} = P_{1cr} + P_{2cr} = \frac{\pi^2 EI_1}{4H^2 \left(1+\dfrac{\pi^2 EI_1}{4H^2 \cdot K_1 h}\right)} + K_2 h \tag{3.8d}$$

如果两个都是剪切型结构，则：

$$V_{cr} = P_{1cr} + P_{2cr} = K_1 h + K_2 h = S_1 + S_2 \tag{3.8e}$$

对比以上各个公式，我们了解了结构的抗剪刚度对稳定性的贡献方式的不同：

（1）两个结构的抗弯刚度（指标为 $\pi^2 EI/4H^2$）相对于其截面的抗剪刚度 $S = Kh$ 很大时，抗剪刚度对整体稳定性的贡献是相加的。

（2）两个结构的抗弯刚度（指标为 $\pi^2 EI/4H^2$）相对于其截面的抗剪刚度 $S = Kh$ 很

小时，抗弯刚度对整体稳定性的贡献是相加的。

（3）如果一个结构的抗弯刚度与其抗剪刚度是同一个数量级，则抗剪刚度发挥作用的方式是：削弱抗弯刚度（相当于一个结构的抗剪刚度与抗弯刚度是串联的关系），两个经过削弱的抗弯刚度相加（相当于两个结构自己内部先串联，然后再并联），得到总的临界荷载式（3.8a）。或者也可以说成是抗弯刚度首先削弱了其抗剪刚度，两个经过削弱的抗剪刚度相加（相当于两个结构自己内部先串联，然后再并联）得到总的临界荷载：

$$V_{cr} = P_{1cr} + P_{2cr} = \frac{1}{1 + 4S_1 H^2/\pi^2 EI_1}S_1 + \frac{1}{1 + 4S_2 H^2/\pi^2 EI_2}S_2 \quad (3.8f)$$

对于二阶效应的大小，对于多个剪切型或多个弯曲型子结构并联的情况，由式（3.5a）和式（3.5b）判断。但是对于两个不同类型的子结构并联的情况，情况不是那么简单。例如弯曲型支撑架和框架并联，其二阶效应的大小必须在宏观上加以把握，首先要把握每层截面和轴力不同的实际结构的临界荷载。多个弯曲型结构并联的临界荷载代表值是：

$$V_{0.7,cr} = \sum \frac{\pi^2 EI_{B0.33}}{4H^2} \quad (3.9a)$$

而一个弯曲型支撑架-框架的临界荷载是：

$$V_{0.7,cr} = \sum S_{0.7} + \sum \frac{\pi^2 EI_{B0.33}}{4H^2} \quad (3.9b)$$

如果是多个弯剪型支撑架和一个框架的并联，则临界荷载代表值是：

$$V_{0.7,cr} = \sum \frac{\frac{\pi^2 EI_{B0.33}}{4H^2} S_{B0.7}}{S_{B0.7} + (1 - 0.4 r_S^{0.7}) \frac{\pi^2 EI_{B0.33}}{4H^2}} + S_{F0.7} \quad (3.9c)$$

知道临界荷载的代表值后，可以得到二阶效应的一个总体估计，这个估计用于判断结构对于二阶效应的敏感性。

上述公式都比较复杂，因此可以采用屈曲因子 η_{cr}，用式（3.5c）判断，$1/\eta_{cr}$ 称为二阶效应系数。

3.6　关于线性分析和二阶分析及其稳定性验算

1. 侧移不敏感结构的内力分析可以只进行一阶线性弹性分析，此时，框架柱稳定设计时采用计算长度系数法；但是因为侧移不敏感结构发生有侧移失稳的可能性很小，作为近似计算，取计算长度系数为 1.0～1.5 进行框架柱的稳定计算也是可以接受的。

说明：侧移不敏感结构的抗侧移失稳能力较好，对稳定性验算做合理的简化是允许的。但是在理论上，仍是按照传统方法决定计算长度系数。

2. 侧移敏感结构必须采用以下几种方法之一考虑二阶效应的影响。

（1）框架柱计算长度系数法。此时内力采用线性弹性分析，确定框架柱计算长度系数应参照第 3.7 节的规定。

（2）放大系数法。对水平力产生的线性分析内力以及结构和荷载不对称性产生的侧移对应的线性分析内力乘以如下的放大系数以考虑二阶效应的影响：

1）框架结构和框架-剪切型支撑结构，将上述内力和位移乘以如下的系数：

$$\frac{1}{1-V_i/S_ih_i}$$ （3.10a）

2）单纯由弯曲型支撑架组成的结构，将上述内力和位移乘以如下的系数：

$$\frac{1}{1-V_{0.7}\left[0.5+\left(\frac{H_i}{H}\right)^2\right]\left(\sum\frac{\pi^2EI_{B0.33}}{4H^2}\right)^{-1}}$$ （3.10b）

3）框架-弯曲型和弯剪型支撑结构，将上述内力和位移乘以如下的系数：

$$\frac{1}{1-1/\eta_{cr}}$$ （3.10c）

式中，H_i 是第 i 层的总高度。

采用放大系数法，柱子计算长度可以取层高。

（3）框架内力分析采用考虑 $P\text{-}\Delta$ 效应的二阶分析方法。此时必须加上式（3.11a）规定的假想水平力。稳定性验算可以偏安全取层高作为计算长度。

（4）框架内力分析可以采用同时考虑 $P\text{-}\Delta$ 和 $P\text{-}\delta$ 效应的二阶弹性分析方法。此时每层柱子必须划分成 4 个及以上的单元，柱子必须考虑初始弯曲，弯曲幅值由《钢结构设计标准》GB 50017—2017 规定（1/400～1/150），且加上式（3.11a）的假想荷载。柱子平面内稳定计算可以采用无侧移失稳时的计算长度系数。

（5）梁截面强度计算和平面外稳定计算，在上述第（1）种计算长度系数法和第（2）种的弯矩放大系数法中，允许采用式（3.10a）～式（3.10c）放大后的弯矩计算，也可采用不放大的弯矩计算。

（6）两个正交方向的结构体系不一样时，宜采用相同的考虑二阶效应的方法。

说明：框架柱的稳定系数，是考虑柱截面上的残余应力、初始弯曲和荷载的初始偏心，对柱子进行二阶弹塑性分析得到的极限承载力除以柱截面的屈服轴力得到的，因此，轴压杆稳定性验算基本等价于（不是完全等价于）考虑初始缺陷的二阶分析加上对受力最大截面的强度计算。式（3.11a）是初始缺陷的等效水平力，和实际的荷载进行组合后，如果是进行精确的二阶弹性分析，只需要进行强度计算就可以了（图 3.4）。但是第（2）条的放大系数法和第（3）条的 $P\text{-}\Delta$ 分析是非常简化的二阶分析方法，为确保安全，取计算长度系数为 1.0 进行稳定性的计算。

第（4）条采用的二阶分析方法比第（2）条和第（3）条更加精确，所以可以取更小的、无侧移屈曲的框架柱计算长度系数进行柱子的稳定性验算。需要说明的是，$P\text{-}\Delta$ 效应可以采用假想荷载来代替，而 $P\text{-}\delta$ 效应也可以采用施加在柱子上的假想均布荷载来代替，见式（3.11d），但是这个假想荷载必须用该柱子的轴力来表示，而不是各层的荷载。每个柱子都是自己的轴力，在整体分析时就会极大高估假想荷载，就要在楼层处施加反向的假想荷载来抵消部分假想荷载，见式（3.11b）、式（3.11c）。因为柱子轴力事先未知，实际上式（3.11b）、式（3.11c）施加非常困难，所以建议采用柱子的初弯曲式（3.11c）更加方便。

第（5）条设计梁和梁柱节点时是否采用放大后的弯矩，由设计者进行选择。虽然二阶效应放大了侧移对应的弯矩，但是考虑二阶效应后，柱子的刚度减小，又会减小无侧移部分对应的弯矩，尤其是边柱。钢框架梁的超静定性质使其有弯矩重分布的能力。还有在

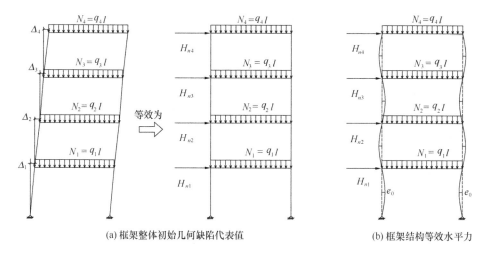

(a) 框架整体初始几何缺陷代表值   (b) 框架结构等效水平力

图 3.4   框架结构整体初始几何缺陷代表值及等效水平力

设计连接时，目前的连接设计的指标（焊缝和螺栓）采用的可靠度已经偏高，这些因素基本能够包容弯矩不增大所带来的潜在的偏不安全的可能。

值得说明的是，一般的结构按照弹性分析，其非线性效应是很小的，如果没有引入下面式（3.11a）的假想水平力，则二阶分析和一阶分析的结果常常没有明显的差别。这说明二阶弹性分析，理论上是能够考虑柱子与柱子在稳定性层面上的相互作用，但是因为一阶和二阶弹性分析结果差别不大，所以实际上二阶弹性分析仍然不能掌握实际的弹塑性结构在承载力极限状态下发生的柱子与柱子、不同子结构之间的真实的相互作用。要真正掌握这种相互作用，必须求助于弹塑性非线性分析，但是弹塑性非线性分析方法作为设计工具，也是有局限性的，参见第 3.9 节。

目前，国内外只有式（3.10a）的弯矩放大系数，或采用下式：

$$\frac{1}{1 - V_i \delta_i / Q_i h_i} \tag{3.10d}$$

但是对于弯曲型结构，式（3.10a）或式（3.10d）是不适合的，因为弯曲型结构的截面剪切刚度大。如果按照这个式子，则弯曲型结构的顶部层间侧移大，而底部的层间侧移小，顶部和底部的弯矩放大系数相差较大，而实际上悬臂柱的二阶弯矩与一阶弯矩的比值沿高度变化不大。所以式（3.10a）不宜被推广应用到弯曲型结构。经过分析，用离地 $0.7H$ 的总轴力和离地 $H/3$ 的截面抗弯刚度计算的式（3.10b）比较合适。

3. 当采用内力放大系数法、近似的二阶弹性分析或精确的二阶弹性分析时，必须在每层柱顶附加考虑如下的假想水平力：

$$H_{ni} = \frac{\alpha_y W_i}{250} \sqrt{0.5\left(1 + \frac{1}{n}\right)} \tag{3.11a}$$

式中，W_i 为第 i 楼层的总重力荷载设计值；n 为框架的总层数；α_y 为钢材强度影响系数。

$$\alpha_y = \frac{1}{2}\left(1 + \sqrt{\frac{f_y}{235}}\right) \tag{3.11b}$$

当采用更加精确的二阶弹性分析时，尚必须施加构件的初始弯曲，对《钢结构设计标准》GB 50017—2017 中柱子曲线 a、b、c、d，初始弯曲 e_0 或等效假想均布力 q_n 为：

$$e_0 = \left(\frac{1}{450}, \frac{1}{350}, \frac{1}{250}, \frac{1}{150}\right)\alpha_y \tag{3.11c}$$

$$q_n = \left(\frac{1}{450}, \frac{1}{350}, \frac{1}{250}, \frac{1}{150}\right)\alpha_y \frac{N}{l} \tag{3.11d}$$

式中，N、l 分别是该柱子的轴力和高度。

说明：本条参考了《钢结构设计标准》GB 50017—2017 第 5.2 节。假想荷载配合二阶弹性分析的设计方法，其优点是无需确定框架柱的计算长度系数，还有就是梁柱节点的弯矩略大，因此节点设计更加可靠。但是，相当多的连接设计都是等强设计，第 2 个优点并不是很明显。

目前的假想荷载的取值，是以计算长度系数为 2 的悬臂柱子，按照与计算长度系数法或者弹塑性非线性分析方法得到承载力相等的原则确定的。已有的研究表明，对于柱脚铰接的框架，其柱子计算长度系数大于 2 较多时，例如 3，相对传统的计算长度系数法，假想荷载法可能偏不安全。而对于柱脚刚接、梁的刚度较大的情况，其传统的计算长度系数小于 1.5，假想荷载法对比传统的计算长度系数法，它又偏保守。因此美国学者通过系统的分析研究，提出过考虑框架抗侧刚度因素的假想荷载，在抗侧刚度非常大时，假想荷载接近于 0，但是这样一来，事先就不能确定假想荷载，增加了复杂程度。

假想荷载配合二阶弹性分析的设计方法，并不能掌握极限状态下（即整层发生弹塑性有侧移失稳）不均匀受力的框架中存在的各个柱子之间的相互作用。综合起来，在不存在受力很小的或者受拉柱子的情况下（即各个柱子受力非常悬殊），还不如考虑柱与柱相互作用的修正计算长度系数法。原因在于，经过柱与柱的相互作用后，最不利的柱子的计算长度系数已经小于 1.0，此时的假想荷载法在引入假想荷载的情况下还取计算长度系数等于 1.0 进行设计，就显得非常保守。但是修正的计算长度系数法有自己的困难，详见第 2 章。

4. 内力采用放大系数法近似考虑二阶效应时，允许采用叠加原理进行内力组合，放大系数的计算统一采用如下荷载组合下的重力：

$$1.3D + 1.5[\phi L + 0.5(1 - \phi)L] \tag{3.12}$$

式中，D 是恒荷载；L 是活荷载；ϕ 是活荷载的准永久值系数。

说明：在框架柱设计时，活荷载允许采用《建筑结构荷载规范》GB 50009—2012 第 5.1.2 条规定的按照层数进行的折减，以考虑高层建筑各楼层的活荷载不可能同时达到规定的标准值这一实际情况。活荷载的这种折减，是在当前采用线性分析的软件中采用活荷载本身的预组合，然后再与其他荷载组合来实现的。当采用二阶分析时，理论上讲，应该采用荷载组合，而不是内力组合。在采用荷载组合的情况下，某根柱子的内力有多少是竖向活荷载产生的，已经难以区别开来，目前还未提出在二阶分析中对轴力的活荷载部分考虑层数进行折减的办法。但是在采用放大系数法进行简化的二阶内力计算时，由于是对线性分析的内力进行放大，在高层建筑中恒荷载为主要竖向荷载，而活荷载占 25%~30%，考虑活荷载的准永久部分后，短期活荷载占总竖向荷载的部分更加小，因此各种组合下按照式（3.10a）、式（3.10b）、式（3.10c）计算的放大系数变化不大，而且高层建筑的弹性二阶效应总的来说不大，进行弹性分析时非线性不严重，作为近似，允许采用叠加原理，以便于考虑活荷载的折减，达到经济的目的。

5. 当式（3.5a）、式（3.5b）、式（3.5c）左边的比值大于 0.20 时，宜采用二阶弹塑性分析的方法对框架进行承载力极限状态和使用极限状态的验算，见第 3.11 节的介绍。

说明：将考虑缺陷影响的二阶弹塑性分析直接用于设计，是钢结构设计方法的发展方向之一，适用于任何结构的设计，但是对二阶弹塑性分析的结果的解释要求有较高的专门知识，软件也可能存在一定的局限性。本条规定了这种分析方法的合适的应用范围及应用要求。二阶效应系数小于 0.2，采用这个方法当然更加可行。

如何进行二阶弹塑性非线性分析，将在第 3.11 节进行专门的讨论。

3.7 内力采用线性弹性分析时框架柱的计算长度系数

在内力采用线性分析的情况下，按照下面的规定确定计算长度系数。

1. 纯框架结构，发生有侧移失稳，框架柱计算长度系数为：

$$\mu_{sw} = \sqrt{\frac{7.5K_1K_2 + 4(K_1 + K_2) + 1.52}{7.5K_1K_2 + K_1 + K_2}} \tag{3.13}$$

式中，K_1 是汇交于柱子下端的梁的线刚度之和与柱子线刚度之和的比值，K_2 是汇交于柱子上端的梁的线刚度之和与柱子线刚度之和的比值。

2. 当框架发生无侧移失稳时，计算长度系数为：

$$\mu_{ns} = \sqrt{\frac{(1 + 0.41K_1)(1 + 0.41K_2)}{(1 + 0.82K_1)(1 + 0.82K_2)}} \tag{3.14}$$

式中，K_1 是汇交于柱子下端的梁的线刚度之和与柱子线刚度之和的比值，K_2 是汇交于柱子上端的梁的线刚度之和与柱子线刚度之和的比值。

3. 纯框架结构，当设有摇摆柱时，由式（3.13）计算得到的计算长度系数应乘以下面的放大系数：

$$\eta = \sqrt{1 + \left(1 + \frac{100}{f_{yk}}\right)\frac{\sum P_k}{\sum P_j}} \tag{3.15}$$

式中，$\sum P_k$ 为本层所有摇摆柱的轴力之和；$\sum P_j$ 为本层所有框架柱（即提供抗侧刚度的柱子）的轴力之和；f_{yk} 为钢材屈服强度标准值。

摇摆柱本身的计算长度系数为 1.0，即摇摆柱本身要保证自身不会发生无侧移屈曲。摇摆柱本身的有侧移稳定是要依靠其他框架柱的，无需计算。

说明：上述内容与《钢结构设计标准》GB 50017—2017 附录 D 内容相同，用公式计算，使用计算机计算更加方便。式（3.15）中引入了系数 $1 + 100/f_{yk}$，是因为，摇摆柱的存在，除了计算长度增大的作用，还具有放大缺陷影响的作用，缺陷放大到 $\sqrt{1 + \sum P_k / \sum P_j}$ 倍，其效果是使框架柱的柱子曲线从 b 曲线降为 c 曲线。但是目前又无法进行这样的规定，这里就采用继续放大计算长度系数来考虑。

4. 纯框架结构，当与计算柱同层的其他柱的稳定承载力有潜力时，可以考虑这些柱子的支持作用，采用整层失稳的方法计算框架柱的稳定性（见第 2 章）。

3.8　强支撑框架的判定准则

1. 当支撑架是剪切型时，如果支撑架的抗侧刚度满足式（3.16a）：

$$\frac{S_{ith}}{S_i} + \frac{Q_i}{Q_{iy}} \leqslant 1 \tag{3.16a}$$

则这个双重抗侧力结构中的框架是强支撑框架。式中，Q_i 是第 i 层承受的总水平力，Q_{iy} 是第 i 层支撑能够承受的总水平力，计算 Q_{iy} 时要扣除竖向荷载在支撑架构件内产生的内力 N_b 消耗掉的部分承载力，但是拉压力可以抵消：

$$Q_{iy} = \Sigma(\varphi_j A_{bj} f - N_{bj,D+L})\cos\alpha_j \tag{3.16b}$$

S_i 是支撑架在第 i 层的层抗侧刚度（以力的量纲表示），S_{ith} 是门槛刚度，由下式计算

$$S_{ith} = 2.2\left(\left(1+\frac{100}{f_{yk}}\right)\sum_{j=1}^{n} N_{j,\mathrm{ns}} - \sum_{j=1}^{m} N_{j,\mathrm{sw}}\right)_i \qquad i = 1,2,\cdots,n \tag{3.16c}$$

式中，$N_{j,\mathrm{ns}}$ 是框架柱和摇摆柱按照无侧移失稳的计算长度系数决定的压杆弹塑性承载力；$N_{j,\mathrm{sw}}$ 是框架柱按照有侧移失稳的计算长度系数决定的压杆弹塑性承载力；摇摆柱则取为 $N_{j,\mathrm{sw}} = 0$，所以可以不包含在 m 里面；m 是本层的框架柱子数量；n 是柱子总数量，含摇摆柱。

2. 当支撑架是弯曲型时，如果支撑架的抗侧刚度满足式（3.17a）：

$$\frac{(EI_{B0.33})_{th}}{EI_{B0.33}} + \frac{Q}{Q_{By}} \leqslant 1 \tag{3.17a}$$

则这个双重抗侧力结构中的框架是强支撑框架。式中，Q 是支撑架承受的总水平力；Q_{By} 是使支撑架发生破坏的总水平力，计算 Q_{By} 时要考虑竖向荷载使得支撑架的水平承载力发生改变（增加或减小）的影响；$EI_{B0.33}$ 是离地 $0.33H$ 处（刚度代表层）的支撑架截面抗弯刚度；$(EI_{B0.33})_{th}$ 是门槛刚度。

$$(EI_{B0.33})_{th} = \frac{5}{3}\left[\left(1+\frac{100}{f_{yk}}\right)\sum_{j=1}^{m} N_{j0.7,\mathrm{ns}} - \sum_{j=1}^{m} N_{j0.7,\mathrm{sw}} + P_{0.7}\right]H^2 \tag{3.17b}$$

式中，$N_{j0.7,\mathrm{ns}}$ 是离地 $0.7H$（荷载代表层）的柱按无侧移失稳的计算长度系数决定的轴压杆承载力；$N_{j0.7,\mathrm{sw}}$ 是离地 $0.7H$（荷载代表层）的柱按有侧移失稳的计算长度系数决定的压杆承载力，如果是摇摆柱，则取为 $N_{j0.7,\mathrm{sw}} = 0$；$P_{0.7}$ 是荷载代表层处支撑架上的竖向荷载之和；H 是建筑总高度。

3. 当支撑架是弯剪型时，要提出公式非常复杂。

上述各结构体系刚度计算都是比较复杂的，也不符合通常的习惯，《高层民用建筑钢结构技术规程》JGJ 99—2015 是控制应力比的方式来满足这些刚度要求。

说明：纯框架发生无侧移失稳。在设置支撑后，框架的临界荷载得到提高。研究表明，设置支撑架后，框架临界荷载的增加量基本上正比于支撑架的抗侧刚度。

对于剪切型支撑架，因结构的整体失稳表现为薄弱层的失稳，临界荷载（单位 kN）的增加量正比于支撑架的抗侧刚度（单位 kN/m）乘以层高（单位 m）。如果要求支撑架的刚度足以使框架柱发生无侧移失稳，则支撑架的刚度只要等于框架无侧移失稳的承载力

和有侧移失稳的承载力的差值就可以了。式（3.16c）和式（3.17b）引入系数 $1+100/f_{yk}$，该系数是考虑框架柱局部的二阶效应和要求支撑屈服（屈曲）不能先于框架屈曲而引入的系数，是考虑各种缺陷的影响而需要对支撑架的刚度进行放大。

因为支撑架要为框架柱提供支持，在框架柱达到无侧移失稳的承载力时，支撑架本身的抗侧刚度不能为零，否则支撑架就没有能力对框架提供侧向支持了，即支撑架和框架柱不能同时达到极限状态。

实际结构中，支撑架起双重作用：承受水平荷载和保证框架柱的稳定性。在结构承受水平力之后，支撑架承受水平力。如果支撑架的面积刚好能够承受水平力，即支撑架达到了屈服或屈曲，刚度变为0，则不再能够对框架柱子提供侧向支撑，框架柱的承载力就应按照没有支撑支持那样进行设计，即按照有侧移屈曲决定计算长度系数，如图3.5所示。

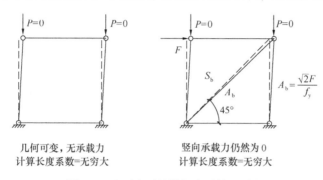

图 3.5　水平力对计算长度系数的影响

因此支撑架的设计要求是：在承受水平力之后还有余力保证整个结构的稳定性。这与通常的"同时达到极限承载力"的最优设计原则有很大的不同。根据这个要求可以从理论上推导得到式（3.16a）、式（3.17a），即水平承载力的要求和为框架提供侧向支持的要求相互叠加。

横向为框架、纵向是铰接中心支撑体系的结构，在多层建筑中应用比较广泛。框架柱的平面外计算长度系数并不是在设置纵向支撑后就自然地变为无侧移失稳的计算长度，而是要有额外的强度和刚度，这个额外的要求就是由式（3.16c）表示的。

对于弯曲型支撑架，结构的整体失稳与沿高度承受分布竖向荷载的变截面悬臂柱的失稳类似，具有很强的整体性，不能针对某个层进行计算，此时引入荷载代表层和刚度代表层的概念，采用类似的思路，提出了式（3.17a）、式（3.17b）。

如果支撑架（在承受可能的部分竖向荷载之后）仅能够承受水平力，则双重抗侧力结构中的框架柱应按照有侧移屈曲来决定其计算长度。在高层结构中，因为柱子大，而梁截面较小，柱子计算长度系数将达到5~10，为满足稳定性要求，柱子将变得更大。这种设计不是好设计。因此双重抗侧力结构体系设计的一个很重要的方面是：要使支撑架在承受水平力之余，还要有剩余刚度，对框架提供支撑。这很容易实现：控制支撑构件（包括构成支撑架一部分的柱子）的应力比小于等于0.7~0.8，一般均能够满足式（3.16a）、式（3.17a）的要求。

抗震设计中，支撑架还有强剪型支撑架和弱剪型支撑架的分类。

3.9　设有支撑架的结构中框架柱的稳定

1. 高层建筑钢结构的整体稳定性应符合下列规定：

（1）钢支撑结构、框架-钢支撑结构、钢框筒结构、伸臂结构和巨型框架结构应符合下式要求：

$$EJ_d \geqslant 0.7 H^2 \sum_{i=1}^{n} G_i \qquad (3.18a)$$

（2）钢框架结构应符合下式要求：

$$D_i \geqslant 5 \sum_{j=i}^{n} G_j / h_i \qquad (3.18b)$$

式中，D_i 是第 i 层的等效抗侧刚度，可以取该层剪力与层间位移的比值；h_i 是第 i 楼层的层高；G_i 是第 i 楼层的重力荷载设计值，取为 1.3 倍的永久荷载标准值和 1.5 倍的楼面可变荷载标准值的组合值；H 是房屋高度；EJ_d 是结构一个主轴方向的弹性等效侧向刚度，可按倒三角形分布荷载作用下结构顶点位移相等的原则，将结构的侧向刚度折算为竖向悬臂受弯构件的等效侧向刚度。

（3）采用刚重比的概念换算二阶效应系数的方法如下：

框架支撑结构，设刚重比为 $EJ_d / H^2 \sum\limits_{i=1}^{n} G_i = \alpha$，则二阶效应系数是：

$$\theta = \frac{0.7}{5\alpha} \qquad (3.18c)$$

对框架结构，设软件输出的刚重比是 $D_i \big/ \big(\sum\limits_{j=i}^{n} G_j / h_i \big) = \alpha$，则二阶效应系数是：

$$\theta = \frac{1}{\alpha} \qquad (3.18d)$$

说明：本条用于控制重力荷载的二阶效应不超过 20%，为了便于广大设计人员理解和应用，采用了《高层建筑混凝土结构技术规程》JGJ 3—2010 第 5.4.4 条相同的形式。

注意到式（3.4b）是二阶效应系数小于 0.1 的规定。二阶效应系数小于 0.2，就是

$$\frac{4V_{0.7} H^2}{\pi^2 EI_{B0.33}} \leqslant 0.2 \qquad (3.18e)$$

在各层重力荷载基本均匀的情况下，$V_{0.7} = 0.3 \sum\limits_{i=1}^{n} G_i$，所以

$$EI_{B0.33} = EI_{B1} \frac{2 + I_{Bn}/I_{B1}}{3} \geqslant \frac{0.3 \times 4}{0.2 \times \pi^2} H^2 \sum_{i=1}^{n} G_i = 0.608 H^2 \sum_{i=1}^{n} G_i \qquad (3.18f)$$

因为实际工程中 $I_{Bn} = (0.3 \sim 0.6) I_{B1}$，$EI_{B1} \geqslant \dfrac{3 \times 0.608}{2 + I_{Bn}/I_{B1}} H^2 \sum\limits_{i=1}^{n} G_i = (0.793 \sim$

$0.702) H^2 \sum\limits_{i=1}^{n} G_i$，此即式（3.18a）的来源。

2. 设有支撑架的结构，采用线性分析设计时，框架柱的计算长度系数按照如下规定：

（1）当不考虑支撑架对框架稳定性的支持作用时，框架柱计算长度按照式（3.13）计算。

（2）当框架的计算长度系数取 1.0 时，应保证支撑架能够对框架的侧向稳定提供支撑作用。

（3）当组成支撑架的各构件（包括立柱和斜支撑）的承载力的利用比满足下式时：

$$\rho \leqslant 1 - 3\theta \tag{3.19}$$

可以认为是能够对框架提供充分支持。式中，θ 是验算框架柱同层的二阶效应系数。如果是弯曲型支撑架，则柱子和斜撑的应力比不应超过式（3.19）的规定。

（4）对多层框架-支撑结构，支撑的剪力分担率较小，支撑架各构件的应力比应比式（3.19）更加严格，才能确保框架柱部分的计算长度系数可以取 1.0 设计，一般可以按照下式控制：

$$\rho \leqslant \left(1 - \frac{K_{\mathrm{F}}}{K_{\mathrm{F}} + K_{\mathrm{B}}}\right)(1 - 2.25\theta) \tag{3.20}$$

式中，K_{F}、K_{B} 分别是框架和支撑架的抗侧刚度。

说明 1：摇摆柱的框架验算方法的启示。

摇摆柱框架中的框架柱采用放大了的计算长度系数验算稳定性。原框架柱计算长度系数是 μ，设放大后计算长度是 $\mu' = \eta \cdot \mu$，长细比是 λ'，稳定系数是 φ'，假设验算的应力比 ρ' 等于 1.0，则：

$$\rho' = \frac{P}{\varphi' A f_{\mathrm{yk}}} + \frac{1}{1 - (P + N)/P_{\mathrm{Ex}}} \cdot \frac{\sigma_{\mathrm{M}}}{f_{\mathrm{yk}}} = 1 \tag{3.21}$$

记 $\sigma = P/A$，从上式可以求得：

$$(1 + n)\lambda^2 \left(\frac{\sigma}{f_{\mathrm{yk}}}\right)^2 - \left[1 + \varphi'(1 + n)\lambda^2\right]\frac{\sigma}{f_{\mathrm{yk}}} + \varphi'\left(1 - \frac{\sigma_{\mathrm{M}}}{f_{\mathrm{yk}}}\right) = 0 \tag{3.22}$$

式中，$n = \sum N / \sum P$。而如果不采用计算长度系数放大的方法，计算长度是 μ，长细比是 λ，稳定系数是 φ，应力比为：

$$\rho = \frac{P}{\varphi A f_{\mathrm{yk}}} + \frac{\sigma_{\mathrm{M}}}{(1 - P/P_{\mathrm{Ex}}) f_{\mathrm{yk}}} = \frac{\varphi'}{\varphi} \cdot \frac{P}{\varphi' A f_{\mathrm{yk}}} + \frac{1}{1 - P/P_{\mathrm{Ex}}} \cdot \frac{\sigma_{\mathrm{M}}}{f_{\mathrm{yk}}} \tag{3.23a}$$

$$\rho = \frac{\varphi'}{\varphi} + \left(\frac{1}{1 - (\sigma/f_{\mathrm{yk}})\lambda^2} - \frac{\varphi'}{\varphi} \frac{1}{1 - (\sigma/f_{\mathrm{yk}})(1 + n)\lambda^2}\right)\frac{\sigma_{\mathrm{M}}}{f_{\mathrm{yk}}} \tag{3.23b}$$

为了简化公式，稳定系数的计算公式取如下：

$$\varphi = \frac{1}{2}\left[1 + \frac{1 + 0.339\lambda}{\lambda^2} + \sqrt{\left(1 + \frac{1 + 0.339\lambda}{\lambda^2}\right)^2 - \frac{4}{\lambda^2}}\right] \tag{3.24a}$$

$$\varphi' = \frac{1}{2}\left[1 + \frac{1 + 0.339\lambda\sqrt{1 + n}}{(1 + n)\lambda^2} + \sqrt{\left(1 + \frac{1 + 0.339\lambda\sqrt{1 + n}}{(1 + n)\lambda^2}\right)^2 - \frac{4}{(1 + n)\lambda^2}}\right] \tag{3.24b}$$

ρ 即为不采用计算长度系数放大的方法，框架柱必须控制的应力比。表 3.1a、表 3.1b 给出了 $\sigma_{\mathrm{M}} = 0$ 和 $\sigma_{\mathrm{M}} = 0.5 f_{\mathrm{yk}}$ 时的计算结果。因此，控制应力比也是可以采用的一种方法，有弯矩作用，应力比可以控制得更宽松一点。

应力比 ρ 的限值（$\sigma_M = 0$）　　表 3.1a

n	正则化长细比							$\dfrac{1}{1+n}$
	0.4	0.5	0.6	0.7	0.8	0.9	1	
0.5	0.959	0.939	0.913	0.882	0.849	0.818	0.790	0.667
0.6	0.951	0.927	0.897	0.860	0.822	0.787	0.757	0.625
0.7	0.943	0.916	0.880	0.839	0.797	0.758	0.726	0.588
0.8	0.936	0.904	0.864	0.818	0.772	0.731	0.697	0.556
0.9	0.928	0.893	0.848	0.798	0.749	0.705	0.670	0.526
1	0.921	0.882	0.833	0.779	0.727	0.681	0.645	0.500
1.1	0.913	0.870	0.818	0.760	0.705	0.659	0.622	0.476

应力比 ρ 的限值（$\sigma_M = 0.5 f_{yk}$）　　表 3.1b

n	正则化长细比							$\dfrac{1}{1+n}$
	0.4	0.5	0.6	0.7	0.8	0.9	1	
0.5	0.964	0.948	0.930	0.912	0.894	0.879	0.867	0.667
0.6	0.957	0.939	0.918	0.897	0.878	0.861	0.848	0.625
0.7	0.951	0.929	0.906	0.883	0.862	0.845	0.831	0.588
0.8	0.944	0.921	0.895	0.870	0.848	0.829	0.815	0.556
0.9	0.938	0.912	0.884	0.857	0.834	0.815	0.801	0.526
1	0.932	0.904	0.874	0.846	0.822	0.802	0.788	0.500
1.1	0.926	0.896	0.864	0.835	0.810	0.790	0.776	0.476

说明 2：水平力影响支撑架稳定。

图 3.6（a）是四链杆几何可变机构，承受竖向荷载的能力为 0。图 3.6（b）增设了斜杆，形成铰接支撑架，但是这个支撑架承担水平力 F，且斜杆的面积刚刚好能够承受这个力。问题：这个支撑架是否具有承受竖向荷载的能力？

答案是没有。因为斜撑已经在应力-应变曲线的拐点上了，施加任何的竖向荷载，都会产生二阶效应（因为水平力的作用，支撑架已经有倾斜），驱动支撑进入屈服平台，从而使侧向变形快速增长（图 3.6c）。

结论是：水平力影响稳定性，影响计算长度。

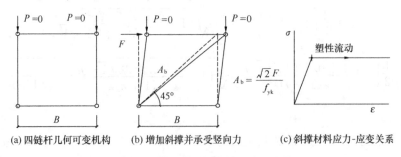

(a) 四链杆几何可变机构　　(b) 增加斜撑并承受竖向力　　(c) 斜撑材料应力-应变关系

图 3.6　水平力对计算长度系数的影响

说明 3：支撑-框架的弹塑性稳定。

考察图 3.7 所示简单框架的稳定性。根据弹性稳定理论的推论，其失稳准则是：

$$S_F + S_B - [(\Sigma P_i)_{cr} + \Sigma N] \approx 0 \tag{3.25}$$

式中，S_F、S_B 分别是框架和支撑架的抗侧刚度，以力为量纲。

记 Δ_0 为初始侧移，Δ 为荷载作用后产生的新的侧移，Δ_F 为 F 作用产生的线性侧移；对有初始几何缺陷的支撑架（图 3.8），Δ 由两部分组成：初始侧移的放大部分和水平力作用下产生的线性部分及放大部分。

$$\Delta = \frac{2P}{(2P_{E,sw} + S_B) - 2P}\,\Delta_0 + \frac{\Delta_F}{1 - 2P/(2P_{E,sw} + S_B)} \tag{3.26}$$

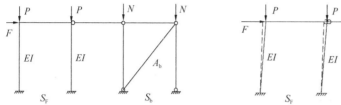
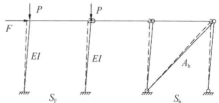

图 3.7　框架支撑弹塑性稳定　　　　图 3.8　有初始缺陷的支撑架

式中，$P_{E,sw}$ 是框架柱有侧移屈曲的临界荷载，根据稳定理论，它就是框架柱的抗侧刚度，图 3.7 的例子有两根框架柱，所以 $S_B = 2P_{E,sw}$。斜撑达到极限状态时框架柱上的荷载刚好达到无侧移屈曲承载力。

$$\sigma_d = E\varepsilon_d = E\frac{\Delta\cos\phi}{l_d} = f_{yd} \tag{3.27}$$

式中，f_{yd} 是斜支撑屈服强度标准值。将式（3.26）代入式（3.27）得到：

$$\frac{E\cos\phi}{l_d}\left(\frac{2P}{2P_{E,sw} + S_B - 2P}\,\Delta_0 + \frac{(2P_{E,sw} + S_B)\,\Delta_F}{2P_{E,sw} + S_B - 2P}\right) = f_{yd} \tag{3.28}$$

根据线性分析，水平力产生的线性侧移是：

$$\Delta_F = \frac{Fh}{S_B + S_F} = \frac{Fh}{S_B + 2P_{E,sw}} \tag{3.29}$$

将 Δ_F 代入式（3.28）得到：

$$\frac{E\cos\phi}{l_d f_{yd}}(2P\Delta_0 + Fh) = 2P_{E,sw} + S_B - 2P \tag{3.30}$$

移项，并要求竖向承载力达到无侧移屈曲的承载力：$P = P_{E,ns}$，得到对支撑的刚度需求是：

$$S_{B,th} = \left[\left(1 + \frac{E\cos\phi}{f_{yd}l_d}\Delta_0\right)2P_{E,ns} - 2P_{E,sw}\right] + \frac{E\cos\phi}{f_{yd}l_d}Fh \tag{3.31}$$

它是两部分的相加。式中引入了下标 th，代表阈值（门槛值），达到这个值，框架柱就按照无侧移的模式发生屈曲，继续增加斜撑的刚度是没有必要的。记：

$$\begin{cases} EA_{b,th}\sin\phi\cos^2\phi = \left(1 + \dfrac{E\cos\phi}{f_y l_d}\Delta_0\right)2P_{E,ns} - 2P_{E,sw} \\[2mm] EA_{bF}\cos^2\phi\sin\phi = \dfrac{E\cos\phi}{f_{yd}l_d}Fh = E\dfrac{F}{\cos\phi f_{yd}}\cos^2\phi\sin\phi \\[2mm] S_B = EA_b\sin\phi\cos^2\phi \end{cases} \tag{3.32}$$

则式 (3.31) 可以表达为 $A_b = A_{bF} + A_{b,th}$，变为设计公式：

$$\frac{A_{bF}}{A_b}\frac{f_{yd}}{f_{yd}} + \frac{A_{b,th}}{A_b} \leqslant 1 \tag{3.33}$$

注意到，线性分析中框架和支撑架是共同抵抗水平力的，所以斜支撑的内力是：

$$N_F = \frac{S_B}{S_B + S_F}\frac{F}{\cos\phi} \tag{3.34}$$

因而式 (3.33) 成为：

$$\frac{N_F}{N_{b,y}} \cdot \frac{S_B + S_F}{S_B} + \frac{A_{b,th}}{A_b} \leqslant 1 \tag{3.35}$$

记 $\rho = N_F / N_{b,y}$，它就是斜撑的应力比。

$$\rho \leqslant \frac{S_B}{S_B + S_F}\left(1 - \frac{A_{b,th}}{A_b}\right) \tag{3.36}$$

下面对 $A_{b,th}/A_b$ 进行简化：取 $\Delta_0 = h/1000$ 代入式 (3.32)：

$$\frac{A_{b,th}}{A_b} = \frac{EA_{b,th}\sin\phi\cos^2\phi}{EA_b\sin\phi\cos^2\phi} = \frac{1}{EA_b\sin\phi\cos^2\phi}\left[\left(1 + \frac{E\cos\phi}{1000f_y}\frac{h}{l_d}\right)2P_{E,ns} - 2P_{E,sw}\right] \tag{3.37}$$

因为 $\sin35°\cos35° = \sin55°\cos55° = 0.47, \sin45°\cos45° = 0.5$，因此：

$$\frac{A_{b,th}}{A_b} = \frac{(1.6 \sim 2.2)}{S_B}\left[\left(1 + \frac{100}{f_y}\right)2P_{u,ns} - 2P_{u,sw}\right] \tag{3.38}$$

注意式 (3.38) 的记号有变化：下标从 E 改为了 u，表示是弹塑性极限状态的承载力。右边还引入了 (1.6~2.2) 的系数，代表了残余应力和初始弯曲的影响。

进一步简化：(1) 分子减一个 $2P_{u,sw}$，分母加一个 S_F，最终结果变化不大；(2) 将无侧移屈曲的承载力改为框架实际承受的竖向重力，毕竟我们要用斜支撑保证稳定的是实际存在的重力荷载，这样做的同时，框架柱的计算长度系数也从小于 1 变为取几何长度（计算长度系数为 1.0）。即

$$\frac{A_{b,th}}{A_b} \Rightarrow \frac{(1.6 \sim 2.2)(1 + 100/f_{yd})(2P_{u,ns})}{S_B + S_F} \Rightarrow \frac{(1.6 \sim 2.2)(1 + 100/f_{yd})(\sum P)}{S_B + S_F}$$

$$\Rightarrow (1.6 \sim 2.2)\left(1 + \frac{100}{f_{yd}}\right)\theta \tag{3.39}$$

式中引入了刚重比的倒数：

$$\theta = \frac{\sum P}{S_B + S_F} \tag{3.40}$$

对多层框架-支撑结构，取缺陷系数 1.6，得到：

$$\rho \leqslant \frac{S_B}{S_B + S_F}(1 - 2.25\theta) \tag{3.41}$$

对高层结构，支撑架的分担率达到 80% 以上：

$$\rho \leqslant 1 - 2.2\left(1 + \frac{100}{f_{yk}}\right)\theta \tag{3.42}$$

说明 4：摇摆柱框架、高层双重抗侧力结构和防屈曲支撑的相似性（图 3.9）。

摇摆柱框架，类似于双重抗侧力体系，差别在于一个是单层，一个是多高层。单层有摇摆柱的框架，框架柱的计算采用放大了的计算长度。摇摆柱的计算长度系数本应该是无穷大，因为框架的侧向支撑作用，变为 1.0。

高层结构里面的框架柱，计算长度系数也是很大的，例如会达到 4.0 或 6.0。因为核心筒、支撑架的支撑作用，也变为了 1.0 甚至更小。

而防屈曲支撑，设计中要求核心构件的应力达到屈服，核心构件已经没有了刚度，但是外包构件提供了抗弯刚度，阻止了核心构件的屈曲。

三者共同的特点是：存在被支撑的构件和提供支撑的构件；两者变形协调。所以，钢结构稳定很奇妙——可以利用相邻构件的刚度来提高自己的承载力。

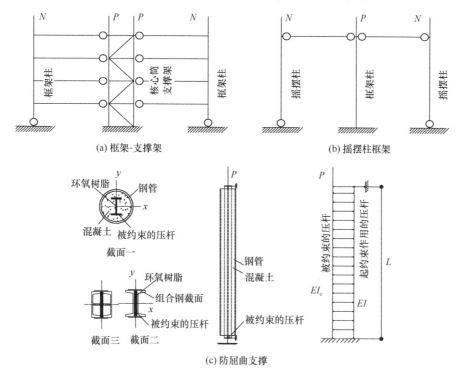

图 3.9　摇摆柱框架和高层双重抗侧力结构的相似性

3.10　弱支撑框架柱的计算长度系数

1. 剪切型支撑下的弱支撑框架，采用下式计算各个柱子的计算长度系数：

$$\frac{1}{\mu_j^2} = \frac{1}{\mu_{j,\mathrm{sw}}^2} + \left(\frac{1}{\mu_{j,\mathrm{ns}}^2} - \frac{1}{\mu_{j,\mathrm{sw}}^2}\right)\frac{S_i'}{S_{i\mathrm{th}}} \qquad i = 1,2,\cdots,n;\ j = 1,2,\cdots,m \qquad (3.43\mathrm{a})$$

式中，S_i' 是扣除水平力影响以后的支撑剩余刚度，即：

$$S_i' = S_i\left(1 - \frac{Q_i}{Q_{iy}}\right) = S_i(1 - \rho_i) \qquad (3.43\mathrm{b})$$

式中，$\mu_{j,\mathrm{sw}}$、$\mu_{j,\mathrm{ns}}$ 分别是柱子有侧移失稳和无侧移失稳的计算长度系数。

2. 弯曲型支撑架下的弱支撑框架，采用下式计算各个柱子的计算长度系数：

$$\frac{1}{\mu_j^2} = \frac{1}{\mu_{j,\mathrm{ns}}^2} + \left(\frac{1}{\mu_{j,\mathrm{ns}}^2} - \frac{1}{\mu_{j,\mathrm{sw}}^2}\right)\frac{EI_{\mathrm{B}0.33}'}{(EI_{\mathrm{B}0.33})_{\mathrm{th}}} \qquad i = 1,2,\cdots,n;\ j = 1,2,\cdots,m \qquad (3.44\mathrm{a})$$

式中，$EI_{\mathrm{B}0.33}'$ 是扣除水平力影响以后的支撑截面剩余抗弯刚度，即：

$$EI'_{B0.33} = EI_{B0.33}\left(1 - \frac{Q}{Q_{By}}\right) = (1 - \rho)EI_{B0.33} \tag{3.44b}$$

3. 弯剪型支撑架下的弱支撑框架，采用下式计算各个柱子的计算长度系数：

$$\frac{1}{\mu_j^2} = \frac{1}{\mu_{j,sw}^2} + \left(\frac{1}{\mu_{j,ns}^2} - \frac{1}{\mu_{j,sw}^2}\right)\left(\frac{(EI_{B0.3})_{th}}{EI'_{B0.3}} + \frac{S_{ith}}{S'_i}\right)^{-1} \quad i = 1,2,\cdots,n; \, j = 1,2,\cdots,m \tag{3.45}$$

式中，$EI'_{B0.33}$、S'_i 是扣除水平力影响以后的支撑截面剩余抗弯刚度和抗侧刚度，按照式 (3.44b) 和式 (3.43b) 计算。

4. 在弱支撑框架中，如果存在摇摆柱，则上面的框架柱的计算长度系数 $\mu_{j,sw}$ 是经过式 (3.15) 放大后的系数。摇摆柱本身的计算长度系数是 1.0。

说明：研究表明，框架临界荷载的增加量正比于支撑的抗侧刚度，临界荷载与支撑刚度的关系，对三种性质的支撑架可以分别表示为：

$$\left(\sum_{j=1}^m N_j\right)_i = \left(\sum_{j=1}^m N_{j,sw}\right)_i + \left[\left(\sum_{j=1}^m N_{j,ns}\right)_i - \left(\sum_{j=1}^m N_{j,sw}\right)_i\right]\frac{S'_i}{S_{ith}} \quad i = 1,2,\cdots,n \tag{3.46a}$$

$$\left(\sum_{j=1}^m N_j\right)_i = \left(\sum_{j=1}^m N_{j,sw}\right)_i + \left[\left(\sum_{j=1}^m N_{j,ns}\right)_i - \left(\sum_{j=1}^m N_{j,sw}\right)_i\right]\frac{EI'_{B0.3}}{(EI_{B0.3})_{th}} \quad i = 1,2,\cdots,n \tag{3.46b}$$

$$\left(\sum_{j=1}^m N_j\right)_i = \left(\sum_{j=1}^m N_{j,sw}\right) + \left[\left(\sum_{j=1}^m N_{j,ns}\right)_i - \left(\sum_{j=1}^m N_{j,sw}\right)_i\right]\left(\frac{(EI_{B0.3})_{th}}{EI'_{B0.3}} + \frac{S_{ith}}{S'_i}\right)^{-1} \quad i = 1,2,\cdots,n \tag{3.46c}$$

整层失稳时，每个柱子得到的临界荷载的增加量具有相同的比例，因此以上各式中的求和号可以取消，得到如下各式：

$$(N_j)_i = (N_{j,sw})_i + \left[(N_{j,ns})_i - (N_{j,sw})_i\right]\frac{S'_i}{S_{ith}} \quad j = 1,2,\cdots,m; \, i = 1,2,\cdots,n \tag{3.47a}$$

$$(N_j)_i = (N_{j,sw})_i + \left[(N_{j,ns})_i - (N_{j,sw})_i\right]\frac{EI'_{B0.3}}{(EI_{B0.3})_{th}} \quad j = 1,2,\cdots,m; \, i = 1,2,\cdots,n \tag{3.47b}$$

$$(N_j)_i = (N_{j,sw})_i + \left[(N_{j,ns})_i - (N_{j,sw})_i\right]\left(\frac{(EI_{B0.3})_{th}}{EI'_{B0.3}} + \frac{S_{ith}}{S'_i}\right)^{-1} \, j = 1,2,\cdots,m; \, i = 1,2,\cdots,n \tag{3.47c}$$

如果存在摇摆柱，上面的 $N_{j,sw}$ 根据式 (3.15) 放大后的计算长度系数计算确定。弱支撑框架中摇摆柱的承载力仍然按照计算长度系数是 1.0 计算。

将以上各式的临界荷载引入计算长度系数，即得到式 (3.43a)、式 (3.44a) 和式 (3.45)。

以下各式可以直接用于计算弱支撑框架柱的稳定系数，而无须去计算其计算长度系数，此时公式改写为：

$$(\varphi_j)_i = (\varphi_{j,sw})_i + \left[(\varphi_{j,ns})_i - (\varphi_{j,sw})_i\right]\frac{S'_i}{S_{ith}} \quad j = 1,2,\cdots,m; \, i = 1,2,\cdots,n \tag{3.48a}$$

$$(\varphi_j)_i = (\varphi_{j,\mathrm{sw}})_i + \left[(\varphi_{j,\mathrm{ns}})_i - (\varphi_{j,\mathrm{sw}})_i \right] \frac{EI'_{B0.3}}{(EI_{B0.3})_{\mathrm{th}}} \quad j = 1,2,\cdots,m;\ i = 1,2,\cdots,n$$

$$(3.48b)$$

$$(\varphi_j)_i - (\psi_{j,\mathrm{sw}})_i + \left[(\varphi_{j,\mathrm{ns}})_i - (\varphi_{j,\mathrm{sw}})_i \right] \left(\frac{(EI_{B0.3})_{\mathrm{th}}}{EI'_{B0.3}} + \frac{S_{i\mathrm{th}}}{S'_i} \right)^{-1} \quad j = 1,2,\cdots,m;\ i = 1,2,\cdots,n$$

$$(3.48c)$$

式中，$(\varphi_j)_i$、$(\varphi_{j,\mathrm{sw}})_i$、$(\varphi_{j,\mathrm{ns}})_i$ 分别是第 i 层第 j 个柱子的稳定系数、无侧移失稳的稳定系数、有侧移失稳的稳定系数。

3.11 设计中应用弹塑性非线性分析

1. 任何结构均可以采用弹塑性非线性分析作为设计方法或两阶段设计法的第二阶段的设计验算工具。所谓的两阶段设计法是指第一阶段采用目前的线性弹性内力分析，采用计算长度系数法进行设计，对重要的结构，特别是不规则的结构，进行第二阶段的验证，即采用较精确的弹塑性非线性分析的方法对极限承载力进行验证。

2. 弹塑性非线性分析方法采用塑性区法更合适，其次是塑性变形集中化处理的塑性铰法；对截面抗弯刚度采用类似于切线模量折减的方法来考虑塑性开展和初始缺陷影响，近似程度较大。

3. 弹塑性非线性分析作为设计方法，应对每一个荷载组合进行分析；作为两阶段设计法中的第二阶段设计工具，可选择第一阶段传统设计方法的设计计算中起控制作用的 1～3 种荷载组合进行弹塑性非线性分析。

4. 弹塑性分析时，要符合如下的规定：

（1）框架柱和框架主梁至少要划分 4 个单元；斜支撑要考虑受压承载力时，每一段应划分 4 个单元，只拉支撑可以只划分为一个只拉单元。柱端和梁端因为可能出现塑性变形，单元的长度应限制在 1～2 倍的截面高度。梁的跨中或集中荷载作用处应布置节点。

（2）钢材的应力-应变曲线为理想弹塑性，混凝土的应力-应变曲线参照《混凝土结构设计规范》GB 50010—2010，其中的屈服强度取规范规定的强度设计值，弹性模量取标准值。

（3）纯钢结构，在柱子是工字形截面的情况下，要考虑节点域变形的影响，或者要采取可靠措施保证它们的影响降低到最低限度。

考虑节点域变形影响时，节点域要设置单独的单元，节点域单元除了要考虑节点域的剪切变形外，还要考虑节点域作为柱子一部分的轴压和弯曲变形，也要考虑作为梁一部分的弯曲变形。

（4）当要考虑梁柱连接节点的转角对侧移和刚度的影响时，应该采用公认的合理的弯矩-转角方程，设置转动弹簧。

（5）纯钢柱和钢主梁应考虑腹板剪切变形的影响。

（6）整个结构分析时，结构有整体扭转，工字形截面柱子应注意约束扭转应力的影响。目前软件尚不能考虑开口截面的约束扭转，因为此时一个节点有 7 个自由度，而通常的分析一个节点是 6 个自由度。如果是圆钢管和方、矩形钢管柱子，型钢混凝土柱子，钢管混凝土柱子等，则无须考虑翘曲未知量。

（7）钢管混凝土柱子不必考虑钢管对混凝土的环箍作用，钢-混凝土组合主梁不必考虑界面滑移的影响，混凝土宜考虑开裂的影响。

（8）梁柱形心线的偏心要得到精确的模拟。

（9）钢构件应引入构件的初始弯曲，以考虑残余应力等影响，初始缺陷的取值在《钢结构设计标准》GB 50017—2017 中有规定，或按式（3.11c）确定。

（10）初始弯曲和初始倾斜的方向要与水平力的方向相同，以获得最不利的组合。

（11）无须考虑活荷载的棋盘式分布，无须考虑假想水平力。

（12）抗侧力构件（包括钢板剪力墙、各类纯钢支撑和钢板支撑剪力墙、竖缝剪力墙）的弹塑性性质参照专门规定，有限元分析时每层一个单元或者是每层一个超级单元，剪力墙和混凝土核心筒的弹塑性性能应参照《混凝土结构设计规范》GB 50010—2010 和《高层建筑混凝土结构技术规程》JGJ 3—2010 确定。

（13）非线性弹塑性分析允许按照《建筑结构荷载规范》GB 50009—2012 第 5.1.2 条的规定对活荷载进行折减，折减的方法是按照规定的折减量，在受荷面积大的钢梁上施加集中（如果活荷载是从次梁上传来的）的或者均布的向上活荷载，在梁柱节点部位施加向上的集中活荷载，要注意折减量的叠加（即梁上施加的向上活荷载将传递到柱子上，上部梁柱节点已经施加的折减量，在下层梁柱节点部位要扣除，保证每层柱子活荷载允许的折减量不要超出规范允许的值）。

抗震设计的结构，考虑了竖向活荷载的重力荷载代表值系数后，不得再进行任何的折减。

（14）非线性分析的输出结果：

① 各种荷载组合的荷载标准值下的挠度、风荷载标准值下的侧移和常遇地震作用下的侧移应满足限值要求。

② 在荷载组合设计值下产生的弹塑性变形，在水平力卸载后的残余侧移应小于 1/1000。

③ 竖向活荷载设计值下，结构能够承受的水平风荷载设计值的倍数 α_w（不应小于 1），风荷载施加到设计值后卸载，输出卸载后的残余侧移，该侧移不应大于 1/1000；并输出各个塑性铰截面的曲率，依据这个塑性铰截面的曲率，确定特定部位的截面宽厚比要求。

④ 抗震设计的结构，应输出结构能够承受的规范地震力标准值的倍数 α_E，这个倍数不得小于 1.3，并输出各杆端出现塑性转动的截面的最大曲率（塑性区法），依据这个塑性铰截面的曲率，确定特定部位的截面宽厚比的要求，并反向验证地震力的取值。

⑤ 没有水平力的组合，应输出竖向荷载组合设计值的倍数 α_G（不应小于 1），施加到荷载设计值后卸载，输出梁的残余挠度，残余挠度不宜大于 1/150。

⑥ 没有出现塑性变形的部位，应输出应力比。各个构件的应力比应尽量接近。

（15）应该采用业界公认的结构非线性分析原理和方法以及软件进行分析，软件必须内嵌至少两种非线性分析的增量-迭代策略，供分析选用。分析应由具备资质和经验的人员进行。

5. 整体弹塑性非线性分析只能预测构件、子结构或整体结构的破坏，不能预见节点的破坏，节点必须按照达到极限承载力时被连接截面的内力进行设计计算。规范的构造要求仍然要遵守。

说明：弹塑性非线性分析作为设计工具加以应用，虽然存在争议，但是在争议的同时，有些国家和地区正在将或已经将不同近似程度的非线性分析方法纳入规范。抗震设计的推覆分析已经广泛应用，弹塑性动力分析也已经在超限建筑的抗震审查上得到广泛应用。

各种近似的二阶弹性分析方法作为设计工具已经越来越广泛，比如目前的假想荷载配合二阶弹性分析的设计方法。因为需要引入假想荷载，而假想荷载是校准出来的，要求了解假想荷载取值的校准背景，对柔度较大的结构适当增加假想荷载。

虽然弹塑性非线性分析方法在理论上讲可以作为设计工具使用，但是目前资料上见到的例子均是比较单一的，例如纯钢框架，实际结构变化多样，特别是钢-混凝土的各种组合结构和混合结构，对这些结构进行非线性分析，材料层次和截面层次弯矩-曲率关系等规范上都应有规定。本节对弹塑性非线性分析的实施不在承载力方面做文章，而是在残余变形上，因为弹塑性分析的塑性开展深度最终是综合地体现在残余变形上。

应注意，弹塑性非线性分析所揭示的极限状态，往往是最薄弱构件或最薄弱子结构的破坏，在注意加强最薄弱部位的同时，不要使得其他构件和部位安全度太大（即应力比太小），否则弹塑性非线性分析将带来不经济的设计。

弹塑性非线性分析结果的可靠性有时依赖于结构的破坏模式，某根梁自己先出现塑性铰机构的破坏模式、结构在侧向水平力作用下整体达到侧向承载力的极限状态、某个受压力较大的柱子发生无侧移屈曲的局部破坏等。不同破坏模式适用的非线性分析增量-迭代策略可能不一样，要逐步地积累经验。

文献上介绍的弹塑性非线性分析方法非常多，精度水平不同，我们认为，就像压杆稳定的切线模量法已经过时一样，非线性分析的各种简化方法，例如集中塑性铰法、精细的集中塑性铰法等，因为其本身的简化假定，均是过渡性的方法，其分析的可靠性将随着计算机运算速度的迅速提高和内存容量的迅速扩大得到极大提高。

3.12 双重抗侧力结构中框架柱稳定算例

3.12.1 剪切型支撑架算例

某 8 层医院，长度 $8 \times 7.2 m = 57.6 m$，三跨 $8.1 m + 3.8 m + 8.1 m = 20 m$，底层层高 4m，其余层高 3.6m，总高 29.2m。横向结构体系是框架，纵向是支撑架，采用八字支撑。

恒荷载：含楼板自重 $3 kN/m^2$，内隔墙 $1 kN/m^2$，吊顶和管道及外墙分摊到每平方米上为 $1 kN/m^2$，总计 $5 kN/m^2$。活荷载：$2.5 kN/m^2$。风荷载：基本风压 $0.55 kN/m^2$。非地震区。

结构平面布置如图 3.10 所示。各构件物理参数见表 3.2～表 3.4。纵向有支撑，所以涉及框架柱在纵向稳定性验算时的计算长度系数的取值问题。经过计算机分析，纵向自振周期 1.7961s，根据这个自振周期，计算风振系数，考虑高度系数，得到纵向风剪力，支撑和框架各自分担的剪力在表 3.4 中给出。表 3.4 给出了支撑的承载力，层承载力 1 表示一根按照拉杆计算，一根按照压杆计算的层承载力。如果按照这个计算，则要求八字支撑的上梁能够承受拉杆和压杆承载力在竖向的不平衡分量，并要求两侧的柱子也要能够承受这个力产生的竖向力和弯矩。本设计因为不考虑抗震，未进行这样的验算，所以又提供了层承载力2，它是将两根支撑均按照压杆计算，且扣除了竖向荷载产生的轴力的影响的层承载力（即认为受压支撑失稳了，支撑架就达到了承载力的极限状态）。

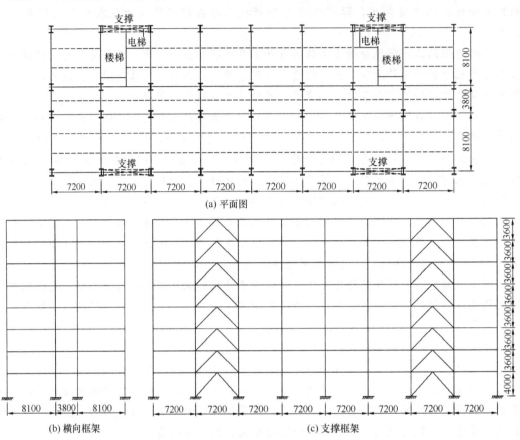

图 3.10 8层框架算例（单位：mm）

8 层框架构件有关物理参数 1   表 3.2

楼层	钢柱规格 （mm）	横向钢框架梁规格 （mm）	纵向框架梁规格 （mm）	有侧移屈曲计算 长度系数	绕弱轴回转半径 （mm）	无侧移失稳计算 长度系数
8	H440×260×8/12	H480×200×6/10	H400×220×6/10	1.10	60.61	0.62
7	H440×280×8/12	H480×200×8/10	H400×220×6/10	1.15	66.1	0.67
6	H480×300×8/12	H480×200×8/12	H400×220×6/10	1.18	70.55	0.7
5	H480×300×8/14	H480×210×8/12	H400×220×6/10	1.20	72.41	0.71
4	H480×300×10/14	H480×220×8/12	H400×220×6/10	1.23	69.83	0.73
3	H480×330×10/14	H480×230×8/12	H400×220×6/10	1.28	78.06	0.75
2	H480×330×10/18	H480×240×8/12	H400×220×6/10	1.35	81.28	0.79
1	H480×365×10/18	H480×250×8/12	H400×220×6/10	1.20	91.09	0.66

8 层框架构件有关物理参数 2　　　　　表 3.3

楼层	柱面积 （mm²）	φ_{ns}	φ_{sw}	$2.5(1.29\varphi_{ns}-\varphi_{sw})$	S_{th} （N/mm）	支撑层抗侧刚度 S （N/mm）	S_{th}/S
8	9658	0.880	0.693	1.104143	33057.819	352787.7	0.093705
7	10048	0.882	0.714	1.056873	32920.336	371404.2	0.088637
6	10848	0.885	0.733	1.023323	34413.119	390259.1	0.08818
5	12016	0.888	0.737	1.01974	37984.916	411763	0.092249
4	12920	0.876	0.708	1.053069	42177.536	430057.5	0.098074
3	13760	0.891	0.742	1.019366	43482.056	447865	0.097087
2	16320	0.889	0.736	1.027158	49451.493	468453.8	0.105563
1	17580	0.917	0.786	0.992198	46310.721	421658.8	0.10983

支撑构件物理参数　　　　　表 3.4

支撑	回转半径 （mm）	支撑长度 （mm）	长细比	稳定系数	支撑面积 （mm²）	受拉承载力 （kN）	受压承载力 （kN）	层承载力1 （kN）	层承载力2 Q_{yi}（kN）
$\phi102\times4$	34.7	5091	146.7	0.230	1232	381.92	87.8	1328.5	553.3
$\phi108\times4$	36.8	5091	138.3	0.255	1306	404.86	103.2	1436.9	614.1
$\phi114\times4$	38.9	5091	130.9	0.280	1382	428.42	120.0	1551.2	713.9
$\phi121\times4$	41.4	5091	123.0	0.311	1470	455.7	141.8	1689.9	857.6
$\phi127\times4$	43.5	5091	117.0	0.338	1546	479.26	161.9	1813.4	995.7
$\phi133\times4$	45.6	5091	111.6	0.364	1621	502.51	183.1	1939.2	1141.0
$\phi140\times4$	47.9	5091	106.3	0.393	1709	529.79	208.2	2087.5	1325.4
$\phi146\times4$	50.1	5381	107.4	0.387	1784	553.04	214.0	2280.6	1351.4

参照图 3.11，八字支撑的层抗侧刚度 S 为：

$$S=\frac{4EA_b A_d\cos^3\alpha}{L(A_b+2A_d\cos^3\alpha)} \tag{3.49}$$

推导抗侧刚度时，柱子内的轴力是不考虑的，这是因为柱子内的拉压力对应的是支撑架整体弯曲刚度。按照上式计算的支撑架层抗侧刚度在表 3.3 中给出。

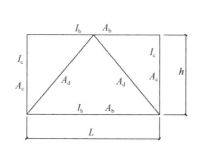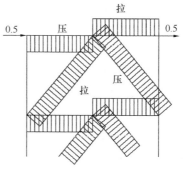

图 3.11　八字支撑抗侧刚度的计算

表 3.5 最后一栏给出了按照剪切型支撑架得到的判断。对应每一层 $\dfrac{S_{th}}{S}+\dfrac{Q}{Q_y}<1$ 均成立，因此框架柱的计算长度系数可以按照无侧移失稳的计算长度系数取用。

在表 3.5 的判断中，扣除了框架柱承受的剪力。如果要简化计算，不考虑框架分担的剪力，但也不考虑斜支撑本身承受的竖向荷载产生的轴力的影响（这样考虑是为了便于手工计算），则得到如表 3.6 所示的判断结果。

纵向框架柱失稳模式的判断　　　　　　　　　　　　　　　　表 3.5

楼层	纵向风荷载下的层剪力标准值（kN）	框架柱承受的部分（kN）	支撑承受的部分（kN）	支撑分担的百分比	恒荷载下支撑轴力（kN）	支撑层剪力设计值 Q（kN）	Q/Q_{yi}	$\dfrac{Q}{Q_{yi}}+\dfrac{S_{ith}}{S_i}$
8	142	62	80	56.3%	9.8	112	0.202	0.296
7	277	99	178	64.2%	13.9	249.2	0.406	0.494
6	399	135	264	66.2%	16.2	369.6	0.518	0.606
5	508	164	344	67.7%	18.2	481.6	0.562	0.654
4	604	172	432	71.5%	19.7	604.8	0.607	0.706
3	686	198	488	71.1%	21.3	683.2	0.599	0.696
2	756	203	553	73.1%	22.4	774.2	0.584	0.690
1	820	280	540	65.8%	23.7	756	0.559	0.669

简化判断方法的结果　　　　　　　　　　　　　　　　表 3.6

楼层	支撑层剪力设计值 Q	支撑按照压杆计算的承载力（kN）	Q/Q_{yi}	$\dfrac{Q}{Q_{yi}}+\dfrac{S_{ith}}{S_i}$
8	198.8	702.3	0.283	0.377
7	387.8	825.4	0.470	0.558
6	558.6	960.2	0.582	0.670
5	711.2	1134.2	0.627	0.719
4	845.6	1295.1	0.653	0.751
3	960.4	1464.8	0.656	0.753
2	1058.4	1665.9	0.635	0.741
1	1148	1711.7	0.671	0.781

3.12.2 弯曲型支撑架算例

1. 设计资料

这是箱形柱构件及配套支撑设计。某高层建筑，地下 4 层，地上 39 层，位于六度地震区，基本风压为 $w_0=0.55\text{kN/m}^2$，B 类地貌，场地土Ⅳ类。采用混凝土核心筒-钢框架混合结构体系，裙房 6 层。标准层平面尺寸是 33.6m×33.6m，核心筒平面尺寸是 16.8m×16.8m，地下 4 层是人防层，顶部荷载为 33kN/m²，地下 3 层和地下 2 层是车库，活荷载是 4kN/m²，地下 1 层和地上第 1~3 层是商场，活荷载是 5kN/m²，地下第 4~6 层是会议中心，活荷载是 3.5kN/m²，地上第 7 层以上是商住楼，活荷载是 2.5kN/m²。各层的层高见表 3.7。

框架柱采用箱形柱子，底部箱形柱的截面尺寸为 750mm×750mm，然后每隔 6 层箱形截面尺寸缩小 50mm，箱形截面的壁厚沿高度也依次递减，从底层的 36mm 减小到顶层的 16mm，柱子截面尺寸见表 3.7。柱子材料是 Q345C（$t=28\sim36$mm）和 Q345B（$t\leqslant25$mm）。

剪力墙混凝土强度等级为从下部的 C60 到上部的 C30。

在第 19 层和第 39 层设置腰架以增加抗侧力结构的宽度。但是没有考虑伸臂对结构整体稳定的有利作用。

高层建筑构件参数　　　　　　　　　　　　　　　　　　表 3.7

楼层	层高 （mm）	累计高度 （mm）	剪力墙厚度（mm）和 混凝土强度等级	柱截面（mm）
−4	4800	—	600，C60	箱形 750×750×36 内灌和外包混凝土
−3～−1	4800	—	600，C60	箱形 750×750×36 内灌和外包混凝土
1	4800	4800	600，C60	箱形 750×750×36
2、3	4500	13800	550，C60	箱形 750×750×36
4～6	4200	26400	550，C60	箱形 750×750×30
7～9	3400	36600	550，C50	箱形 700×700×30
10～12	3400	46800	550，C50	箱形 700×700×28
13～15	3400	57000	550，C50	箱形 650×650×28
16～18	3400	67200	500，C40	箱形 650×650×25
19～21	3400	77400	500，C40	箱形 600×600×25
22～24	3400	87600	400，C40	箱形 600×600×22
25～27	3400	97800	400，C40	箱形 550×550×20
28～30	3400	108000	350，C40	箱形 550×550×20
31～33	3400	118200	350，C40	箱形 500×500×20
34～36	3400	128400	300，C30	箱形 500×500×16
37～39	3400	138600	300，C30	箱形 500×500×16

在第 27 层，箱形柱的截面尺寸是 □550×550×20，$A=42400$ mm²，$I_x=1987.12\times10^6$ mm⁴，$W_x=7225891$ mm³，$i_x=216.486$mm，线刚度 $i_c=584447E$。主梁截面尺寸为 H500×240×10/16，$I_x=518.11\times10^6$ mm⁴，线刚度 $i_b=61697E$。

柱子的控制内力为 $N=3746$kN、$M_x=167$kN·m、$M_y=89$kN·m，在柱子弯矩较小的另一端，弯矩为 $M_x=77$kN·m、$M_y=34$kN·m，柱子在两个方向均为双曲率弯曲。已知上述内力不是来自地震荷载组合。试设计计算这个柱子。

2. 设计计算

（1）计算公式

按照《钢结构设计标准》GB 50017—2017 第 5.2.1 条，箱形截面柱子的强度计算公式是：

$$\frac{P}{A_n}+\frac{M_x}{\gamma_x W_{nx}}+\frac{M_y}{\gamma_y W_{ny}}\leqslant f \tag{3.50}$$

稳定性验算，按照《钢结构设计标准》GB 50017—2017 第 5.2.5 条采用如下公式：

$$\frac{N}{\varphi_x A} + \frac{\beta_{mx} M_x}{\gamma_x W_x (1 - 0.8 N / N_{Ex})} + 0.7 \frac{\beta_{ty} M_y}{W_y} \leq f \tag{3.51a}$$

$$\frac{N}{\varphi_y A} + \frac{\beta_{my} M_y}{\gamma_y W_y (1 - 0.8 N / N_{Ey})} + 0.7 \frac{\beta_{tx} M_x}{W_x} \leq f \tag{3.51b}$$

要采用上面的公式对柱子的稳定性进行计算，必须确定柱子的计算长度系数。

（2）结构整体失稳模式及框架柱的计算长度系数

从混合结构的受力特点看，这种结构的水平力主要由内部核心筒承担。结构的稳定性也由内部核心筒来保证。设重力荷载设计值为 10kN/m^2，则 $0.7H = 97.02\text{m}$，在第 27层、第 27～39 层，共 13 层，则 $33.6 \times 33.6 \times 13 \times 10 = 146765 \text{kN}$。

剪力墙截面的抗弯刚度则取离地面 $0.3H$ 处的剪力墙进行计算。$0.3H = 0.3 \times 138.6 = 41.58\text{m}$，在第 11 层。剪力墙厚度 550mm，混凝土强度等级 C50。$E_c = 34500 \text{N/mm}^2$，$f_c = 23.1 \text{N/mm}^2$。要使得框架柱发生无侧移失稳，剪力墙截面的抗弯刚度必须满足：

$$(EI_{B0.33})_{th} = \frac{5}{3} \left[\left(1 + \frac{100}{f_{yk}} \right) \sum_{j=1}^{m} N_{j0.7, ns} - \sum_{j=1}^{m} N_{j0.7, sw} + P_{0.7} \right] H^2 \tag{3.52}$$

这里求和是对每层 16 个框架柱（图 3.12）进行的。按照有侧移和无侧移失稳计算时，柱子的计算长度系数为：

角柱　　　　　　　$K_1 = K_2 = \dfrac{61697E}{2 \times 584447E} = 0.05278$

$$\mu_{01} = \sqrt{\frac{7.5 K_1 K_2 + 4(K_1 + K_2) + 1.52}{7.5 K_1 K_2 + K_1 + K_2}} = \sqrt{\frac{7.5 \times 0.05278^2 + 8 \times 0.05278 + 1.52}{7.5 \times 0.05278^2 + 2 \times 0.05278}} = 3.94$$

$$\mu_{11} = \frac{1 + 0.41 K_1}{1 + 0.82 K_1} = \frac{1 + 0.41 \times 0.05278}{1 + 0.82 \times 0.05278} = 0.98$$

边上的中间柱子　　$K_1 = K_2 = \dfrac{2 \times 61697E}{2 \times 584447E} = 0.10556$

$$\mu_{02} = \sqrt{\frac{7.5 K_1 K_2 + 4(K_1 + K_2) + 1.52}{7.5 K_1 K_2 + K_1 + K_2}} = \sqrt{\frac{7.5 \times 0.10556^2 + 8 \times 0.10556 + 1.52}{7.5 \times 0.10556^2 + 2 \times 0.10556}} = 2.882$$

$$\mu_{12} = \frac{1 + 0.41 K_1}{1 + 0.82 K_1} = \frac{1 + 0.41 \times 0.10556}{1 + 0.82 \times 0.10556} = 0.96$$

总共有 16 个框架柱，在一个主轴方向失稳时，计算长度系数按照 μ_{01} 取的有 4 个，按照 μ_{02} 取的有 6 个。还有 6 个柱子的梁与核心筒连接，计算长度系数还要另外确定。一般钢梁和核心筒的连接采用铰接，有侧移失稳时，梁的线刚度减半后参与计算，则：

$$K_1 = K_2 = \frac{0.5 \times 61697E}{2 \times 584447E} = 0.0264$$

$$\mu_{03} = \sqrt{\frac{7.5 K_1 K_2 + 4(K_1 + K_2) + 1.52}{7.5 K_1 K_2 + K_1 + K_2}} = \sqrt{\frac{7.5 \times 0.0264^2 + 8 \times 0.0264 + 1.52}{7.5 \times 0.0264^2 + 2 \times 0.0264}} = 5.470$$

无侧移失稳时，梁的线刚度应增大到 1.5 倍参与计算，所以

$$\mu_{13} = \frac{1 + 0.41 K_1}{1 + 0.82 K_1} = \frac{1 + 0.41 \times 0.0264 \times 3}{1 + 0.82 \times 0.0264 \times 3} = 0.97$$

长细比分别为：

$$\lambda_{01} = \frac{3.94 \times 3400}{216.48} = 61.9, \quad \lambda_{11} = \frac{0.98 \times 3400}{216.48} = 15.4$$

$$\lambda_{02} = \frac{2.882 \times 3400}{216.48} = 45.3, \ \lambda_{12} = \frac{0.96 \times 3400}{216.48} = 15.1$$

$$\lambda_{03} = \frac{5.470 \times 3400}{216.48} = 85.9, \ \lambda_{13} = \frac{0.97 \times 3400}{216.48} = 15.2$$

箱形柱子的稳定系数按照 b 曲线取值，稳定系数分别为：

$$\varphi_{01} = 0.7268, \ \varphi_{11} = 0.9752$$

$$\varphi_{02} = 0.8350, \ \varphi_{12} = 0.9752$$

$$\varphi_{03} = 0.5358, \ \varphi_{13} = 0.9752$$

柱子无侧移失稳和有侧移失稳的承载力的差值是：

$$(1.29 \times 0.9752 - 0.7268) \times 42400 \times 300 = 6757.0 \text{kN}$$

$$(1.29 \times 0.9752 - 0.8350) \times 42400 \times 300 = 5380.7 \text{kN}$$

$$(1.29 \times 0.9752 - 0.5358) \times 42400 \times 300 = 9186.5 \text{kN}$$

16 个框架柱总的承载力差值为：

$$4 \times 6757.0 + 6 \times 5380.7 + 6 \times 9186.5 = 114431.2 \text{kN}$$

核心筒承受的重力荷载，如果按照楼面面积分摊是总重力荷载的 51.9%，实际上，由于剪力墙本身比较重，可以假设核心筒承担的自重在按照面积分摊的基础上再乘以 1.5 的放大系数。

$$146765 \times 0.519 \times 1.5 = 114256.6 \text{kN}$$

为了使框架发生无侧移失稳，需要的剪力墙截面抗弯刚度为：

$$(EI)_{\text{th}} = \frac{5}{3} \times (114256.6 + 114431.2) \times 138.6^2 = 7.3218 \times 10^9 \text{kN} \cdot \text{m}^2$$

为了避免在本例题中涉及太多的剪力墙的细节，设 x 方向上剪力墙有 4 面墙（图 3.12），每面墙由两个高度为 6m 的带翼缘的剪力墙构成，翼缘宽度为 3000mm。剪力墙截面的抗弯刚度为：

$$E_c I_c = 34.5 \times 10^6 \times \left[8 \times 0.55 \times 6 \times 4.4^2 + 8 \times \frac{1}{12} \times 0.55 \times 6^3 + \frac{1}{2} \times 0.55 \times 12 \times 14.8^2 \right] \times 0.7$$

$$= 0.7 \times 45\ 303 \times 10^6 \text{ kN} \cdot \text{m}^2$$

$$= 31.712 \times 10^9 \text{ kN} \cdot \text{m}^2 > 4.33 \times 7.3218 \times 10^9 \text{ kN} \cdot \text{m}^2$$

即是门槛刚度的 4.33 倍，达到这个数值，这个结构中的框架柱基本上可以判断为无侧移失稳。式中 0.7 系数是考虑联肢剪力墙的层间剪切变形对剪力墙截面抗弯刚度的影响，这里仅做一个粗略的估计。而作为简化，取框架柱的计算长度系数为 1.0 较好。

一般剪力墙截面的抗弯刚度比要求的 $(EI)_{\text{th}}$ 大到 5 倍以上较好，因为剪力墙大部分的截面抗弯刚度将用于抵抗水平力的作用，剩余的刚度用于保持结构的整体稳定和减小框架柱的计算长度。

（3）设计验算

根据上面的计算，所有柱子均可以取计算长度系数 1.0 来计算稳定，稳定系数是 0.9752。

箱形截面的塑性开展系数为 $\gamma_x = \gamma_y = 1.05$。

$$\beta_{\text{mx}} = 0.65 + 0.35 \frac{M_{x1}}{M_x} = 0.65 - 0.35 \times \frac{77}{167} = 0.49$$

$$\beta_{tx} = 0.65 + 0.35\frac{M_{x1}}{M_x} = 0.65 - 0.35 \times \frac{77}{167} = 0.49$$

$$\beta_{my} = 0.65 + 0.35\frac{M_{y1}}{M_y} = 0.65 - 0.35 \times \frac{34}{89} = 0.52$$

$$\beta_{ty} = 0.65 + 0.35\frac{M_{y1}}{M_y} = 0.65 - 0.35 \times \frac{34}{89} = 0.52$$

$$N_{Ex} = \frac{\pi^2 EI}{L^2} = \frac{\pi^2 \times 206000 \times 1987.12 \times 10^6}{3400^2} = 349388.77 \text{kN}$$

$$1 - 0.8N/N_{Ex} = 1 - 0.8 \times 3746/349388.77 = 0.991$$

$$\frac{P}{A_n} + \frac{M_x}{\gamma_x W_{nx}} + \frac{M_y}{\gamma_y W_{ny}} = \frac{3746 \times 10^3}{42400} + \frac{167 \times 10^6}{1.05 \times 7225891} + \frac{89 \times 10^6}{1.05 \times 7225891}$$

$$= 88.35 + 21.01 + 11.73 = 122.1 < 300 \text{MPa}$$

$$\frac{P}{\varphi_x A} + \frac{\beta_{mx} M_x}{\gamma_x W_x(1 - 0.8N/N_{Ex})} + 0.7\frac{\beta_{tx} M_y}{W_y}$$

$$= \frac{3746 \times 10^3}{0.9752 \times 42400} + \frac{0.49 \times 167 \times 10^6}{1.05 \times 7225891 \times 0.991} + 0.7 \times \frac{0.52 \times 89 \times 10^6}{7225891}$$

$$= 90.6 + 10.9 + 6.4 = 107.9 < 300 \text{MPa}$$

$$\frac{N}{\varphi_y A} + \frac{\beta_{my} M_y}{\gamma_y W_{ny}(1 - 0.8N/N_{Ey})} + 0.7\frac{\beta_{tx} M_x}{W_x}$$

$$= \frac{3746 \times 10^3}{0.9752 \times 42400} + \frac{0.52 \times 89 \times 10^6}{1.05 \times 7225891 \times 0.991} + 0.7 \times \frac{0.49 \times 167 \times 10^6}{7225891}$$

$$= 90.6 + 6.15 + 7.55 = 104.3$$

长细比为 15.6，满足要求。柱子截面的宽厚比为 $\frac{550 - 40}{20} = 25.5$，满足要求。

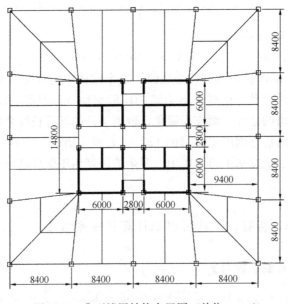

图 3.12　典型楼层结构布置图（单位：mm）

参 考 文 献

[1] 饶芝英，童根树. 钢结构稳定性的新诠释[J]. 建筑结构，2002，32(5)：12-14.

[2] ARISTIZABAL-OCHOA J D. Story stability of braced, partially braced and unbraced frames：classical approach[J]. Journal of Structural Engineering，1997，123(6)：799-807.

[3] 童根树，施祖元. 非完全支撑框架结构的稳定性[J]. 土木工程学报，1998，31(4)：31-37.

[4] 季渊，童根树，施祖元. 弯曲型支撑框架结构的临界荷载与临界支撑刚度研究[J]. 浙江大学学报，2002，36(5)：559-576.

[5] 饶芝英，童根树. 多高层钢结构的分类及其稳定性设计[J]. 建筑结构，2002，32(5)：7-11.

[6] 童根树，季渊. 多高层框架-弯剪型支撑结构的稳定性研究[J]. 土木工程学报，2005，38(5)：28-33.

[7] 陈骥. 钢结构稳定理论与设计[M]. 北京：科学出版社，2001.

[8] 陈绍蕃. 钢结构设计原理[M]. 北京：科学出版社，2001.

[9] BRIDGE R Q, CLARKE M J，et al. Effective length and notional load approaches for assessing frame stability：Implications for American steel design[M]. Reston VA：ASCE Publication，1997.

[10] 童根树. 钢结构的平面内稳定[M]. 北京：中国建筑工业出版社，2015.

[11] 童根树. 钢结构的平面外稳定[M]. 北京：中国建筑工业出版社，2013.

第 4 章　梁柱连接节点的分类及其设计

4.1　梁柱半刚性连接对于框架线性和非线性性能的影响

梁柱连接节点是钢结构中非常重要的部件，梁柱连接节点依据其强度和刚度进行分类，与框架梁的强度和刚度相比较，根据它们的相对大小进行判定，因为它承受的力就是梁端截面承受的力（剪力、弯矩）。

如果梁柱为半刚性，则梁和柱子不再能够保持直角，相当于图 4.1（a）、（b）的梁 A'、B' 和柱子 A、B 之间各插入一个转动弹簧，设弹簧的转动刚度为 k_z（在实际结构中 k_z 是节点弯矩达到与之相连的梁的塑性极限弯矩的 2/3 时的割线刚度）。取出标准层梁上、下各半层，即假设柱子的反弯点在柱子中间，得到如图 4.2 所示的两种受力情况下的计算简图。

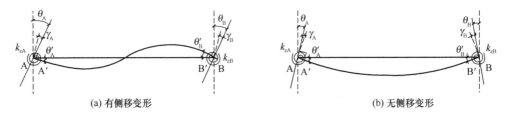

(a) 有侧移变形　　　　　　　　　　　　　　　(b) 无侧移变形

图 4.1　梁柱半刚性连接的影响

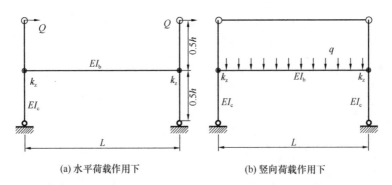

(a) 水平荷载作用下　　　　　　　　　　　　(b) 竖向荷载作用下

图 4.2　梁柱连接半刚性情况下框架的受力和变形

如图 4.2（a）所示，水平力作用下层间侧移受到梁柱连接节点相对转动的影响。梁柱刚接的层间侧移为：

$$\Delta = 4\int_0^{0.5h} \frac{M\overline{M}}{EI_c}\mathrm{d}x + 2\int_0^{0.5L} \frac{M\overline{M}}{EI_b} = \frac{Qh^3}{24EI_c} + \frac{QLh^2}{12EI_b} \tag{4.1}$$

在梁柱半刚性连接的情况下，有层间侧移时［图 4.1（a）］，设柱端产生转角 θ_{Ac}，θ_{Bc}

$= \theta_{Ac}$，如果梁柱完全刚性连接，则梁端转角和柱端转角相同。但是这里有半刚性连接，梁端产生转角 θ'_{Ab}，$\theta'_{Bb} = \theta'_{Ab}$，它没有 θ_{Ac} 这么大，设转动弹簧的转角为 γ_A，$\gamma_B = \gamma_A$，则存在如下的关系：

$$\theta_{Ac} = \theta'_{Ab} + \gamma_A \tag{4.2}$$

在框架发生侧移时，梁端的弯矩为 $M_{A'B'} = 6i_b\theta'_A = 0.5Qh$，在这里是不变的，转动弹簧中的弯矩与 $M_{A'B'}$ 相同，弹簧的转角为 $\gamma_A = M_{A'B'}/k_z = 0.5Qh/k_z$ 也不变，因为柱上弯矩也不变，因此 γ_A 的存在相当于柱子发生了一个刚体转动，它使侧移增加了 $\gamma_A h$，所以，考虑半刚性连接后的层间侧移为：

$$\Delta' = \frac{Qh^3}{24EI_c} + \frac{QLh^2}{12EI_b} + \frac{Qh^2}{2k_z} = \frac{Qh^3}{24EI_c} + \frac{Qh^2}{12i_b}\left(1 + \frac{6i_b}{k_z}\right) \tag{4.3}$$

因此只要将梁的线刚度乘以折减系数：

$$\alpha_{b1} = \frac{1}{1 + 6i_b/k_z} \tag{4.4}$$

即可以考虑半刚性连接对框架侧移的影响。

在无侧移的情况下，梁柱半刚性对梁的挠度产生影响，如图 4.2（b）所示。在刚性连接的情况下梁端弯矩和梁的挠度推导如下。简支梁在均布荷载下的梁端转角为：

$$\theta_{A0} = \frac{1}{2} \cdot \frac{1}{EI_b} \cdot \frac{2}{3} \cdot L \cdot \frac{1}{8}qL^2 = \frac{qL^3}{24EI_b} \tag{4.5}$$

现在梁端存在负弯矩 M_A，梁端产生的转角为 $\dfrac{M_A L}{2EI_b}$。柱端弯矩为 $0.5M_A$，柱端转角为

$2 \cdot \dfrac{1}{EI_c} \cdot \dfrac{1}{2} \cdot \dfrac{1}{2}h \cdot \dfrac{1}{2}M_A \cdot \dfrac{2}{3} \cdot \dfrac{1}{2} = \dfrac{M_A h}{12EI_c}$，转角协调要求：$\theta_{Ac} = \theta_{Ab}$。

$$\theta_{Ab} = \frac{qL^3}{24EI_b} - \frac{M_A L}{2EI_b} = \theta_{Ac} = \frac{M_A h}{12EI_c} \tag{4.6}$$

所以：

$$M_A = \frac{qL^3}{24EI_b} \bigg/ \left(\frac{h}{12EI_c} + \frac{L}{2EI_b}\right) = \frac{qL^2}{12(1 + i_b/6i_c)} \tag{4.7}$$

梁跨中的挠度为：

$$v = \frac{5qL^4}{384EI_b} - \frac{M_A L^2}{8EI_b} = \frac{5qL^4}{384EI_b} - \frac{qL^4}{96EI_b(1 + i_b/6i_c)} = \frac{qL^4}{384EI_b}\frac{1 + 5i_b/6i_c}{1 + i_b/6i_c} \tag{4.8}$$

在梁柱连接半刚性的情况下，梁端截面的转角 θ'_{Ab} 与柱子截面的转角 θ_{Ac} 不同，梁柱节点还要产生转角 γ_A。由于这个连接节点的转角，梁端截面弯矩减小，转角增大，而柱端截面转角减小，所以转角变形协调条件变为：

$$\theta_{Ac} + \gamma_A = \theta'_{Ab} \tag{4.9}$$

对比式（4.2）可以得知，竖向荷载和水平荷载下的转角关系是不相同的。将有关量代入式（4.9）得到：

$$\frac{qL^3}{24EI_b} - \frac{M_A L}{2EI_b} = \frac{M_A h}{12EI_c} + \frac{M_A}{k_z} \tag{4.10}$$

$$M_A = \frac{qL^2}{12(1 + 2i_b/k_z + i_b/6i_c)} \tag{4.11a}$$

引入记号 $i'_c = \dfrac{i_c k_z}{12i_c + k_z} = \alpha_c i_c$，则：

$$M_A = \frac{qL^2}{12(1+i_b/6i'_c)} \tag{4.11b}$$

梁跨中的挠度变为：

$$v = \frac{qL^4}{384EI_b} \cdot \frac{1+5(2i_b/k_z+i_b/6i_c)}{1+2i_b/k_z+i_b/6i_c} = \frac{qL^4}{384EI_b} \cdot \frac{1+5i_b/6i'_c}{1+i_b/6i'_c} \tag{4.12}$$

对比梁柱刚接时梁端弯矩和梁跨中弯矩可知，梁柱连接半刚性相当于使得柱子的线刚度折减系数为：

$$\alpha_c = \frac{1}{1+12i_c/k_z} \tag{4.13}$$

由此可知，在有侧移的情况下，梁柱半刚性的作用等效于使得梁对柱子的约束作用下降，可以用对梁线刚度的折减系数来考虑这种效应。而在无侧移的情况下，梁柱连接的半刚性，相当于使得柱子对梁的约束作用下降，其作用可以用对柱子的线刚度进行折减来考虑。

对比框架柱无侧移失稳时梁对柱子的约束作用，在梁柱半刚性连接的情况下要对梁的线刚度乘以下式的折减系数：

$$\alpha_{b2} = \frac{1}{1+2i_b/k_z} \tag{4.14}$$

它与式（4.13）计算公式不同，用途也不同。

但是在框架有侧移失稳的情况下，梁线刚度的折减系数仍然是式（4.4）。因此半刚性连接在线性分析和稳定分析中的影响，不是完全等效的。

对于半刚性连接节点的应用，关键是 k_z 的确定。影响 k_z 的因素很多，而且存在顺时针转动和逆时针转动时转动刚度不一样的可能性。

半刚性连接节点的优点是：（1）一般刚架梁端弯矩大于跨中弯矩，采用半刚性连接节点，梁端弯矩就可以向跨中分布了，使梁端弯矩和跨中弯矩接近，减小梁截面；（2）目前震害调查表明，半刚性连接节点很少在地震作用下破坏；（3）半刚性连接节点在现场一般采用螺栓连接，安装速度快。

半刚性连接节点的缺点是：降低框架的抗侧刚度。因此目前主要应用于双重抗侧力结构中水平力主要由支撑体系承担的结构，或水平力及水平侧移不控制设计的低层结构。

4.2　梁柱连接节点的分类

4.2.1　梁柱连接基于刚度的分类

根据 EC3 规定，如果梁柱连接节点的转动刚度小于等于被连接梁线刚度的 0.5 倍，即：

$$k_z \leqslant 0.5i_b \tag{4.15}$$

则连接可以被认为是铰接。在 $k_z = 0.5i_b$ 时，式（4.4）为 $\alpha_{b1} = 1/13$，即梁的线刚度被折减得很小了。

而对于竖向荷载作用下的情况，从式（4.11a）和式（4.12）得到弯矩和挠度为：

$$M_A = \frac{qL^2}{60(1+i_b/30i_c)} \tag{4.16a}$$

$$v = \frac{qL^4}{384EI_b} \cdot \frac{21 + 5i_b/6i_c}{5 + i_b/6i_c} = \frac{5qL^4}{384EI_b} \cdot \frac{21 + 5i_b/6i_c}{25 + 5i_b/6i_c} \quad (4.16b)$$

即梁端弯矩已经很小了，而挠度已经接近简支梁挠度的 84％ 以上。

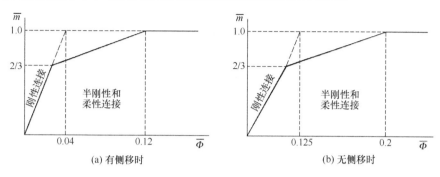

图 4.3 EC3 对梁柱刚接的分界（$\overline{m} = M/M_P$，$\overline{\Phi} = \Phi i_b/M_P$）

对于有侧移的情况，EC3 规定刚性连接连接的弯矩-曲率关系应位于图 4.3（a）所示的曲线之上，即：

$$\overline{m} = \frac{M}{M_P} \leqslant \frac{2}{3} : \frac{M}{M_P} = \frac{25i_b}{M_P}\Phi \text{（即 } k_z \geqslant 25i_b) \quad (4.17a)$$

$$\frac{2}{3} \leqslant \frac{M}{M_P} \leqslant 1 : \frac{M}{M_P} = \frac{4}{7} + \frac{25i_b}{7M_P}\Phi \text{（切线刚度 } k_{zt} = \frac{25i_b}{7}) \quad (4.17b)$$

注意，如果 $k_z = 25i_b$，此时式（4.4）的折减系数为：

$$\alpha_{b1} = \frac{1}{1 + 6/25} = \frac{25}{31} = 0.806 \quad (4.18)$$

从侧移增大的百分比不超过 20％ 出发，可以得到：

$$\frac{\Delta'}{\Delta} = 1 + \frac{2i_c}{2i_c + i_b} \cdot \frac{6i_b}{k_z} \leqslant 1.2 \quad (4.19a)$$

$$k_z \geqslant \frac{30i_b}{1 + i_b/2i_c} \quad (4.19b)$$

在无侧移的情况下，如果连接节点的弯矩-曲率关系高于图 4.3（b）所示的曲线，即：

$$\overline{m} = \frac{M}{M_P} \leqslant \frac{2}{3} : \frac{M}{M_P} = \frac{8i_b}{M_P}\Phi \text{（即 } k_z \geqslant 8i_b) \quad (4.20a)$$

$$\frac{2}{3} \leqslant \frac{M}{M_P} \leqslant 1 : \frac{M}{M_P} = \frac{3}{7} + \frac{20i_b}{7M_P}\Phi \left[\text{切线刚度 } k_{zt} = \frac{20i_b}{7} \right] \quad (4.20b)$$

则梁柱连接可以看成是刚性的，即忽略梁柱连接半刚性的影响。

在 $k_z = 8i_b$ 时，式（4.14）的值为 $\alpha_{b2} = 0.8$，而式（4.13）为 $\alpha_c = 1/(1 + 1.5i_c/i_b)$。从这个对比我们明白，EC3 对于无侧移情况的刚性连接的判断标准主要是从框架柱的无侧移屈曲计算长度系数的确定角度来进行的。而按照前面的分析，还应该按照式（4.13）的分类：令 $\alpha_c = 1/(1 + 12i_c/k_z) \geqslant 0.8$，得到 $k_z \geqslant 48i_c$，这个要求显然太高，不易达到。我们从梁端弯矩和跨中挠度出发，来决定刚性连接的分界——节点转动的影响使得梁端弯矩减小到刚接时的 80％ 作为分界标准，即：

$$\frac{M_A'}{M_A} = \frac{1 + i_b/6i_c}{1 + 2i_b/k_z + i_b/6i_c} = 0.8 \quad (4.21)$$

从上式可得：

$$k_z \geqslant \frac{8i_b}{1 + i_b/6i_c} \tag{4.22}$$

而要求节点转动使跨中挠度增加不超过 20%，即：

$$\frac{v'}{v} = \frac{1 + 5(2i_b/k_z + i_b/6i_c)}{1 + 2i_b/k_z + i_b/6i_c} \cdot \frac{1 + i_b/6i_c}{1 + 5i_b/6i_c} \leqslant 1.2 \tag{4.23}$$

得到：

$$k_z \geqslant \frac{i_b(38 - 10i_b/6i_c)}{1 + i_b/i_c + 5(i_b/6i_c)^2} \tag{4.24}$$

因为刚接或接近刚接的情况下，挠度不是一个控制因素，因此应主要参考式（4.22）决定梁柱刚接的分界，而式（4.22）的要求低于式（4.20a）的要求，由此看来，式（4.20a）的刚接连接分界标准对于稳定性验算确定柱子的计算长度系数和梁端弯矩的计算都是可以接受的。

在 EC3 的上述分界标准中均要求：

$$\frac{i_c}{i_b} \leqslant 10 \quad 即 \quad \frac{i_b}{i_c} \geqslant 0.1 \tag{4.25}$$

从式（4.19b）看，$i_b/i_c < 0.1$ 时，有侧移时的分界标准定在 $25\,i_b$ 有点偏低。而在式（4.22）中是没有问题的，但是如果参考到挠度式（4.24），$i_b/i_c = 0.1$ 时 $k_z \geqslant 34.35i_b$，即在梁的线刚度远小于柱子的线刚度的情况下，梁的挠度增加得较快。

4.2.2　梁柱连接基于强度和变形能力的分类

梁柱连接节点，根据连接的强度分为以下四类：

（1）铰接连接：连接有足够的转动能力，且其极限承载力小于等于被连接梁的塑性弯矩的 25%；

（2）欠强连接：连接有足够的转动能力，其极限弯矩在 $(0.25 \sim 1.0)M_{Pb}$；

（3）等强连接：连接有足够的转动能力，且其极限弯矩至少等于被连接梁的塑性弯矩；

（4）超强连接：连接极限弯矩至少等于被连接梁塑性弯矩的 1.2 倍，不要求连接的转动能力。

4.2.3　梁柱连接的综合分类

根据刚度和强度进行的分类见表 4.1。图 4.4 示出了几种分类的连接弯矩-曲率关系。

连接的分类　　表 4.1

刚度	强度			
	铰接	欠强	等强	超强
铰接	铰接-铰接	铰接-欠强	—	
半刚性	半刚性-铰接	半刚性-欠强	半刚性-等强	半刚性-超强
刚性	—	刚性-欠强	刚性-等强	刚性-超强
转动能力	要有足够转动能力	要有足够转动能力	要有足够转动能力	不检查转动能力

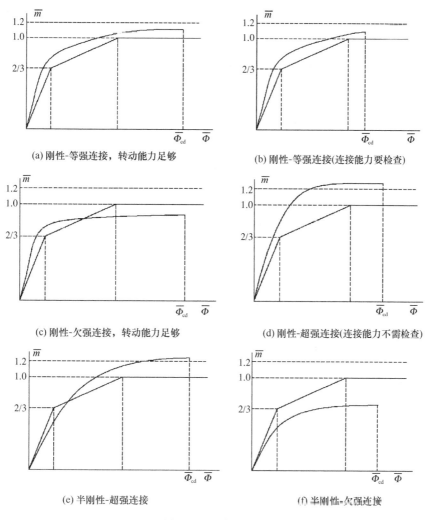

图 4.4 连接的分类

4.3 梁柱节点部位的设计

下面内容主要参照美国 FEMA350 的建议，但是不完全相同。

4.3.1 梁柱节点部位横向加劲肋的设置和设计

1. 局部应力的弹性分析

图 4.5（a）示出了梁柱节点目前规范规定不设柱内加劲肋时必须进行的柱腹板局部承压强度的计算，注意到在计算腹板的承压高度时有 1：2.5 的扩散角。

从弹性分析的角度来观测，应力在钢板中的扩散角是 30°，但是这里为什么是 1：2.5（68°）？这是因为柱翼缘的存在有助于应力扩散。半无限平面上的梁作用集中荷载 P，钢梁下反力是不均匀分布的，分布规律类似图 4.5（b）、（c）所示。计算最大的分布反力采用等效承压长度：

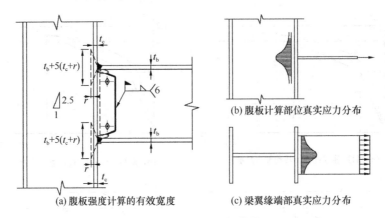

图 4.5　不设加劲肋时腹板和钢梁翼缘的应力分布

$$\begin{cases} \sigma_{yc} = \dfrac{P}{l_{wz}t_{wc}} \\ l_{wz} = \dfrac{3\sqrt{3}}{\sqrt[3]{4}} \cdot \sqrt[3]{\dfrac{I_{fc}}{t_{wc}}} = \dfrac{3\sqrt{3}}{\sqrt[3]{4}} \cdot \sqrt[3]{\dfrac{b_{fc}t_{fc}^3}{12t_{wc}}} = 1.43\sqrt[3]{\dfrac{b_{fc}}{t_{wc}}} \cdot t_{fc} = 2\beta_{elast}t_{fc} \\ \beta_{elast} = 0.714\sqrt[3]{\dfrac{b_{fc}}{t_{wc}}} \end{cases} \quad (4.26)$$

注意上式与梁翼缘厚度无关。

如果反过来计算梁翼缘上的等效传力宽度 [图 4.5（c）]，因为钢梁翼缘作为弹性地基的宽度是给定且有限的，柱翼缘的宽度方向作为弹性地基上的梁的宽度也是有限的，其应力分布可能更为均匀。但是上述公式仍可以用于近似考察梁翼缘内的应力的大小：

$$\begin{cases} \sigma_b = \dfrac{P}{l_{bz}t_{fb}} \\ l_{bz} = \dfrac{3\sqrt{3}}{\sqrt[3]{4}} \sqrt[3]{\dfrac{I_{fc}}{t_{fb}}} = \dfrac{3\sqrt{3}}{\sqrt[3]{4}} \sqrt[3]{\dfrac{b_{fc}t_{fc}^3}{12t_{fb}}} = 1.43\sqrt[3]{\dfrac{b_{fc}}{t_{fb}}} \cdot t_{fc} = 2\beta_{elast,b}t_{fc} \\ \beta_{elast,b} = 0.714\sqrt[3]{\dfrac{b_{fc}}{t_{fb}}} \end{cases} \quad (4.27)$$

下面只考察柱的腹板。如果 $b_{fc}/t_{fc} = 22$（Q355 材料翼缘的宽厚比限值）、$t_{fc}/t_{wc} = 1.5$，则式（4.26）计算结果是 $l_{wz} = 4.55t_{fc}$，即应力扩散角在柱翼缘范围内的扩散角是 1 : 2.275。考虑到塑性开展，在梁翼缘压力作用下，柱腹板产生局部屈服，屈服后，增加的压力无法直线传递，迫使柱翼缘弯曲向上、下两侧增大，必导致扩散角增大，可以达到 1 : 2.5 的扩散角。因此对于梁柱节点，1 : 2.5 的扩散角基本合理。但是否在任意情况下都合理，很难说，毕竟试验不能涵盖所有的梁柱参数范围。表 4.2 给出了不同柱翼缘宽厚比及翼缘和腹板厚度比下按照式（4.26）计算的单侧扩散比。

式（4.26）表示惯性矩越大，下部承压长度越长，这与我们的经验相符。图 4.6 示出了人通过淤泥的道路时采用垫板垫在淤泥上，如果垫板越厚（惯性矩越大、刚度越大），垫板越不易陷入淤泥（表示扩散越大），人越容易通过。因为压力被厚垫板扩散到了更大的范围。如果下部刚度大，例如很硬的土或岩土，则在上面垫板，压力是不会扩散的。这就表明，下部刚度越大，扩散越小。

梁柱节点柱腹板强度计算的单侧扩散比 $1:\beta_{\text{elast}}$ 的 β_{elast} 值 表 4.2

$\dfrac{b_{\text{fc}}}{t_{\text{fc}}}$	$t_{\text{fc}}/t_{\text{wc}}$		
	2	1.5	1
10	1.93	1.75	1.53
12	2.05	1.86	1.63
14	2.16	1.96	1.71
16	2.25	2.05	1.79
18	2.34	2.13	1.86
20	2.43	2.21	1.93
22	2.51	2.28	1.99
24	2.58	2.34	2.05
26	2.65	2.41	2.10
28	2.72	2.47	2.16
30	2.78	2.53	2.21

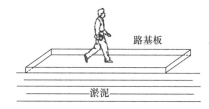

路基板

淤泥

淤泥上行走需要路基板,淤泥越硬,需要的垫板越薄,这条生活经验,包含了两个科学道理:
(1) 垫板越厚,压力扩散的宽度越大,扩散角越大;
(2) 淤泥越硬(硬塑、岩石),扩散角越小。

图 4.6 力的扩散

式(4.26)来源是半无限平面上的一根无限长的梁,作用集中荷载后,半无限平面(一种弹性地基)对梁的反力,见参考文献[2]。这个解是精确的,考虑梁翼缘的力(集中力)通过柱翼缘(相当于弹性地基上的梁)作用于腹板(弹性地基),因为腹板的反力是一种局部应力,根据圣维南原理,可以把腹板看成无限大来求局部应力。

通过以上的弹性分析,大致了解了 EC3 中扩散角 $1:2.5$ 的来源,也知道了它的局限性。

2. 不设置加劲肋的判断

(1) 如果工字形截面柱强轴方向与工字形截面梁连接,连接部位柱子翼缘的厚度满足:

$$t_{\text{fc}} \geqslant 1.35 \times 0.42 \sqrt{b_{\text{fb}} t_{\text{fb}} \frac{f_{\text{yb}}}{f_{\text{yc}}} C_{\text{R}}} , \quad C_{\text{R}} = \frac{R_{\text{yb}}}{R_{\text{yc}}} \tag{4.28a}$$

$$t_{\text{fc}} \geqslant 0.7 \sqrt[3]{\frac{t_{\text{fb}}}{b_{\text{fc}}}} \cdot b_{\text{fb}} \tag{4.28b}$$

则柱腹板上在梁翼缘对应部位可以不设置水平加劲肋。式中,1.35 是考虑了柱本身的轴压比和在翼缘压拉力作用下发生柱翼缘的局部弯曲而引入的附加系数,t_{fc} 是柱子翼缘厚度,f_{yc} 是规范规定的柱子材料的最小屈服强度,R_{yc} 是柱实际屈服强度和最小屈服强度的比值,f_{yb} 是规范规定的梁的最小屈服强度,R_{yb} 是钢梁实际屈服强度和最小屈服强度的比值,b_{fb}、t_{fb} 分别是梁翼缘宽度和厚度;R_{yb}、R_{yc} 对 Q235 取 1.2,对 Q355 取 1.1。式(4.28a)中这两个系数的比值 C_{R},在钢材相同的情况下,相互抵消,但是考虑到实际上钢梁和钢柱的材料存在概率意义上的差别，比值 R_{yb}/R_{yc} 应该按照表4.3取值：

C_R 取值 表4.3

钢梁材料	钢柱材料	C_R
Q355	Q235	1.0
Q235	Q235	1.1
Q355	Q355	1.05
Q235	Q355	1.15

以后遇到类似的两个比值相除，例如强柱弱梁的验算，可以按照相同的原则取值。

式（4.28b）来源于令式（4.27）的 $l_{bz} \geqslant b_{bf}$。

一般梁柱连接处均设置横向加劲肋。

（2）加劲肋的尺寸：

① 对于仅一侧有梁连接的柱子（边柱），加劲肋的厚度不得小于梁翼缘厚度的一半；

② 对应两侧都有梁连接的节点（中柱），加劲肋的厚度取两侧梁翼缘厚度较大者；

③ 加劲肋的宽度不小于向加劲肋传递拉压力的板件的宽度，但是通常加劲肋和柱翼缘齐平；

④ 加劲肋的宽厚比不得大于 $15\sqrt{235/f_{ys}}$，f_{ys} 是加劲肋的屈服强度；

⑤ 加劲肋按照压杆计算强度和稳定性，计算稳定性时，计算长度是柱子腹板高度，截面是加劲肋截面加两侧各12倍的柱子腹板厚度，稳定系数按照压杆柱子曲线 b 确定。

（3）加劲肋和柱子的焊接：

① 柱子内的加劲肋和柱翼缘的焊接采用全熔透焊接，焊接时采用垫板，焊缝质量等级为二级。垫板超出加劲肋部分应割去，使得垫板露出加劲肋外边不超出6mm，切口应磨平。

② 加劲肋和柱腹板的焊接，如果垂直方向有梁与节点刚接，则根据这个方向梁截面的大小，较小时采用角焊缝，与框架梁大小相当时宜采用全熔透焊接二级焊缝；如果另一个方向的梁与柱子铰接，则可以采用角焊缝，焊缝外观质量等级为二级。

热轧 H 型钢，采用 Rotary Straightened 方法调直的（对每米质量小于225kg 的，采用这种方法调直），在图4.7（a）中所示的区域内可能存在低韧性区，焊接操作应该避免这个区域。图4.7（b）的横向加劲肋的切角要求避开了这个低韧性区。

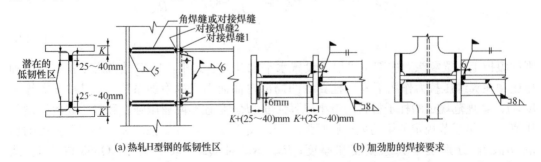

(a) 热轧H型钢的低韧性区　　　　　　　　(b) 加劲肋的焊接要求

图4.7 梁柱节点加劲肋焊缝

4.3.2 节点域的设计

1. 非抗震设计的节点域强度验算

从应力分析出发,步步经过简化,演化出规范中的公式。把过程呈现出来,有助于设计人员了解简化的过程,从而针对具体问题灵活应用规范条文。如图 4.8 (a) 所示,梁剪力与柱剪力的关系是:

$$V_b = \frac{H_c}{L_b} V_c \quad 即 \ V_b L_b = V_c H_c \tag{4.29}$$

图 4.8 (b) 所示为节点域受力。假设梁正应力符合弹性平截面假定,计算 1-1 剖面节点域上(下)边界的平均剪应力,剪力 $Q_{pz,0}$ 是左右翼缘内应力的合力与柱剪力之差,注意弯矩是柱表面的弯矩,因此:

$$Q_{pz,0} = 2\frac{V_b(0.5L_b - 0.5h_c)}{I_b}\frac{h_{b1}}{2}A_{fb} - V_c - \frac{V_b L_b}{I_b}\frac{h_{b1}}{2}A_{fb}\left(1 - \frac{h_c}{L_b}\right) - V_c$$
$$= \frac{V_c H_c}{I_b}\frac{h_{b1}}{2}A_{fb}\left(1 - \frac{h_c}{L_b}\right) - V_c \tag{4.30}$$

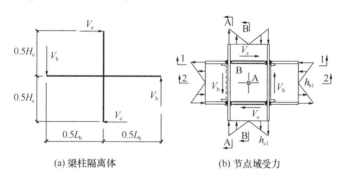

(a) 梁柱隔离体   (b) 节点域受力

图 4.8 节点域剪应力的计算

1-1 剖面上的平均剪应力是:

$$\tau_{pz,c0} = \frac{Q_{pz,0}}{h_{wc}t_{pz}} = \frac{V_c H_c}{h_{wc}t_{pz}}\left[\frac{A_{fb}h_{b1}}{2I_b}\left(1 - \frac{h_c}{L_b}\right) - \frac{1}{H_c}\right] \tag{4.31}$$

2-2 剖面上的平均剪应力是:

$$\tau_{pz,cm} = \frac{Q_{pz,m}}{h_{wc}t_{pz}} = \frac{V_c H_c}{h_{wc}t_{pz}}\left(\frac{S_{bm}}{I_b} - \frac{1}{H_c}\right) \tag{4.32}$$

式中,S_{bm} 是梁形心处的面积矩,t_{pz} 是节点域板厚,h_{wc} 是柱腹板净高。

同理可以得到 A-A、B-B 竖向剖面上的平均剪应力分别为:

$$\tau_{pz,b0} = \frac{V_c H_c}{h_{wb}t_{pz}}\left[\frac{A_{fc}h_{c1}}{2I_c}\left(1 - \frac{h_b}{H_c}\right) - \frac{1}{L_b}\right] \tag{4.33}$$

$$\tau_{pz,bm} = \frac{V_c H_c}{h_{wb}t_{pz}}\left(\frac{S_{cm}}{I_c} - \frac{1}{L_b}\right) \tag{4.34}$$

式中,S_{cm} 是柱形心处的面积矩,h_{wb} 是柱腹板净高。

可见,如果按照上述式子计算,节点域微元体的两个相互垂直的面上,就出现了剪应力不完全相同的结果。而弹性力学的微元体平衡要求这两个剪应力是相等的。这意味着节点域内,应力分布存在着一定的调整,比如截面正应力的分布偏离平截面假定的要求,以及节点域会带动部分梁柱截面参与相应方向的抗剪。

如果假设弯矩产生的正应力全部转移到了翼缘，则节点域的应力为：

$$Q_{pz,0} = 2\frac{V_b(0.5L_b - 0.5h_c)}{h_{b1}} - V_c = \frac{V_b L_b}{h_{b1}}\left(1 - \frac{h_c}{L_b}\right) - V_c \tag{4.35}$$

$$\begin{cases} \tau_{pz,c0} = \dfrac{Q_{pz,0}}{h_{wc}t_{pz}} = \dfrac{V_c H_c}{h_{b1}h_{wc}t_{pz}}\left(1 - \dfrac{h_c}{L_b} - \dfrac{h_{b1}}{H_c}\right) = \dfrac{V_c H_c}{V_{pz}}\left(1 - \dfrac{h_c}{L_b} - \dfrac{h_{b1}}{H_c}\right) \\[2mm] \tau_{pz,cm} = \dfrac{V_c H_c}{V_{pz}}\left(1 - \dfrac{h_{b1}}{H_c}\right) \\[2mm] \tau_{pz,b0} = \dfrac{V_c H_c}{h_{wb}h_{c1}t_{pz}}\left(1 - \dfrac{h_b}{H_c} - \dfrac{h_{c1}}{L_b}\right) \approx \tau_{pz,c0} \\[2mm] \tau_{pz,bm} = \dfrac{V_c H_c}{V_{pz}}\left(1 - \dfrac{h_{c1}}{L_b}\right) \end{cases} \tag{4.36}$$

可见，简化后节点域周边的剪应力满足了微元体相互垂直的面上剪应力相等的要求，而节点域中心点仍不满足。考虑到节点域中心的 2-2、B-B 截面，实际上其抗剪面会分别延伸到节点域外，所以节点域剪应力的计算可以以周边的 1-1、A-A 剖面为准，记 $\tau_{pz,b0} \approx \tau_{pz,c0} = \tau_{panel}$，注意到 $V_c H_c = V_b L_b = M_{b1} + M_{b2} = M_{c1} + M_{c2}$，则：

$$\tau_{panel} = \frac{M_{b1} + M_{b2}}{V_{pz}}\left[1 - \left(\frac{h_b}{H_c} + \frac{h_{c1}}{L_b}\right)\right] \leqslant f_v\sqrt{1 - \frac{\sigma_c^2}{f_{yk}^2}} \tag{4.37}$$

式中，V_{pz} 是节点域钢材的体积，不同截面计算如下：

工字形截面强轴：$V_{Pz} = h_b h_c t_{wc}$　　　　　　　　　　　　　　　　　　　(4.38a)

工字形截面弱轴：$V_{pz} = 2h_b h_c t_{fc}/1.5$　　　　　　　　　　　　　　　　　(4.38b)

圆钢管截面：$V_{pz} = \dfrac{\pi}{2}D^2 t$　　　　　　　　　　　　　　　　　　　　　(4.38c)

矩形钢管截面：$V_{pz} = 2h_b h_c t_{wc}$　　　　　　　　　　　　　　　　　　　(4.38d)

十字形柱截面：$V_{pz} = \left\{1 + \dfrac{5.2A_{f2}/A_{w1}}{h_b^2/b_2^2 + 3.12}\left[1 + \dfrac{1}{2.6(1 + 6A_{f1}/A_{w1})}\dfrac{h_b^2}{h_c^2}\right]\right\}h_b h_c t_{wc1}$

$$\tag{4.38e}$$

式（4.37）改写为：

$$\frac{M_{b1} + M_{b2}}{V_{pz}} \leqslant \left[1 - \left(\frac{h_b}{H_c} + \frac{h_{c1}}{L_b}\right)\right]^{-1} f_v\sqrt{1 - \frac{\sigma_c^2}{f_{yk}^2}} \tag{4.39a}$$

上式右边的分母，我们取用一组数据试算，$L_b = 9\text{m}, h_b = 600\text{mm}, H_c = 3.6\text{m}, h_{c1} = 600\text{mm}$，则：

$$\frac{600}{3600} + \frac{600}{9000} = \frac{7}{30}, \left[1 - \left(\frac{h_b}{H_c} + \frac{h_{c1}}{L_b}\right)\right]^{-1} = \frac{30}{23} = 1.304$$

因为实际项目中几何参数 h_{c1}、H_c、h_b、L_b 的取值，不一定能够使得 $1 - \left(\dfrac{h_b}{H_c} + \dfrac{h_{c1}}{L_b}\right) \leqslant \dfrac{3}{4}$ 成立，从上面的推导看，采用 4/3 是过于乐观了，建议采用 5/4。例如 $L_b = 9\text{m}$、$h_b = 500\text{mm}$、$H_c = 4\text{m}, h_{c1} = 600\text{mm}$，则：

$$\frac{500}{4000} + \frac{600}{9000} = \frac{23}{120}, \left[1 - \left(\frac{h_b}{H_c} + \frac{h_{c1}}{L_b}\right)\right]^{-1} = \frac{120}{97} = 1.237$$

因此建议采用：

$$\frac{M_{b1} + M_{b2}}{V_{pz}} = \frac{M_{c1} + M_{c2}}{V_{pz}} \leqslant \frac{5}{4}f_v\sqrt{1 - \frac{\sigma_c^2}{f_{yk}^2}} \tag{4.39b}$$

2. 节点域抗震设计方法的演化

梁柱节点域是非常重要的部位 [图 4.9 (a)]。1957 年，Popov EP 对这个部位进行试验研究，在往返水平力作用下，节点域剪切屈服表现出很好的滞回性能，延性好，滞回曲线饱满。因此从美国开始，引入了弱节点域的设计思路。例如，我国的《建筑抗震设计规范》GB 50011—2010（2016 年版）仍然保留如下的条文：

$$(0.6, 0.7)\frac{(M_{Pb1} + M_{Pb2})}{h_{b1}h_{c1}t_{pz}} \leqslant \frac{4}{3}f_{vy} \tag{4.40}$$

其中，h_{b1}、h_{c1} 分别是工字形截面的梁翼缘中面的距离、柱翼缘中面的距离，t_{pz} 是节点域柱腹板的厚度，系数 0.7 用于抗震等级一、二级，0.6 用于抗震等级三、四级。引入 0.6 和 0.7 的系数，人为地大幅度地减小了对节点域板厚的要求，造成了弱节点域。

但是，2002 年美国开始对梁柱节点域的规定做出改变，这也许与 1995 年北岭（Northridge）地震中发生了很多梁柱节点破坏有关。梁柱节点破坏主要的原因之一是节点域太弱。图 4.9 (b) 示出了节点域变形使得梁柱轴线不再能够保持直角而造成焊缝开裂的可能性增大的现象。图 4.10 示出了四种节点域的破坏模式（引自文献[12]）。

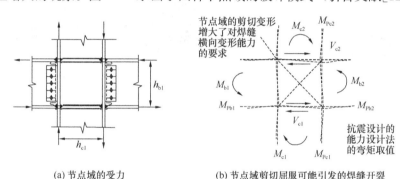

(a) 节点域的受力   (b) 节点域剪切屈服可能引发的焊缝开裂

图 4.9　节点域的受力与变形

抗震设计要求进行能力验算，即要假设左右的钢梁都已经达到了塑性铰弯矩，即梁端弯矩采用塑性弯矩代替，验算此时节点域的抗剪强度。

注意到美国 UBC1997 中 SECTION 2211 的第 8.3 条，计算梁柱节点域的剪力时取剪力为 $0.9 \times 0.9(M_{Pb1} + M_{Pb2})$，而抗力取为 $0.75 \times 0.6f_y h_c t_{pz}\left(1 + \dfrac{3b_{cf}t_{cf}^2}{h_c h_b t_{pz}}\right)$。在 SPSSB 的 2002 版本中，要求更加严格了：弯矩必须考虑钢梁内实际形成塑性铰的位置，然后计算到柱表面处的弯矩 $M_{face} = M_{Pb} + V_b a$（$V_b$ 是钢梁内塑性铰处剪力，a 是塑性铰到柱表面距离），然后采用（$M_{face1} + M_{face2}$）来计算节点域的剪力。AISC LRFD—2005 规定，节点域的强度是：

（1）当节点域变形对框架稳定的影响没有得到考虑时：

$$V_{u,pz} = \min\left(1.0, 1.4 - \frac{P}{P_P}\right) \times 0.6f_{yk}h_c t_{pz} \tag{4.41a}$$

（2）当节点域的弹塑性变形对框架稳定的影响已经得到考虑时：

$$V_{u,pz} = \min\left(1.0, 1.9 - 1.2\frac{P}{P_P}\right) \times 0.6f_{yk}h_c t_{pz}\left(1 + \frac{3b_{fc}t_{fc}^2}{h_c h_b t_{pz}}\right) \tag{4.41b}$$

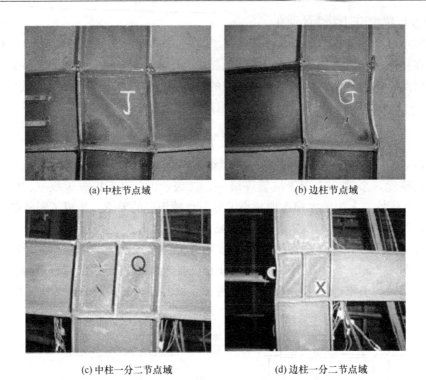

(a) 中柱节点域　　　　　　　　(b) 边柱节点域

(c) 中柱一分二节点域　　　　　(d) 边柱一分二节点域

图 4.10　节点域的破坏形式

弱节点域改为等强或超强强节点域，是一个重要的改进。

3. 弱节点域的危害

下面解释弱节点域带来的破坏性的影响：

（1）在式（4.40）中引入 0.7 系数，人为削弱了节点域，违背了强节点弱杆件的设计原则。

（2）根据能力设计法，以相邻构件屈服来决定本构件（或节点）的承载力需求。引入 0.7 以后，节点域先屈服了，如果用节点域屈服的承载力来确定对梁的设计要求，那是能力设计法错用。

（3）节点域薄弱，梁端弯矩将达不到梁截面自身的塑性铰弯矩，如图 4.11 所示。从而彻底破坏了框架设计的基础。

（4）节点域形成剪切铰，框架抗侧刚度急剧下降，容易引发地震下的动力失稳。

（5）塑性力学中的流动理论的分析表明，节点域剪切屈服后，剪切变形的增加，将导致腹板原本承担的竖向应力卸载，左右翼缘的竖向应力增大。

在塑性力学中，常常利用薄壁圆筒同时经受拉伸 P 和扭矩 T 以验证相关理论。由于管壁很薄，可以认为壁内的应力是均匀的，应力为：

$$\begin{cases} \sigma_z = \dfrac{P}{2\pi R t} \\[2mm] \tau_{\varphi z} = \dfrac{T}{2\pi R^2 t} \end{cases} \tag{4.42a}$$

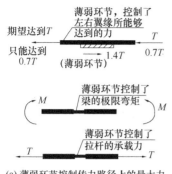

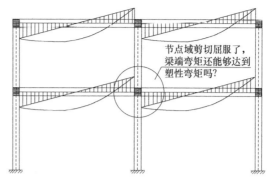

(a) 薄弱环节控制传力路径上的最大力　　　(b) 弱点节域，使得梁端弯矩达不到塑性弯矩

图 4.11　薄弱环节控制了相邻部件承受的力

设屈服应力是 f_y，记如下无量纲量：

$$\begin{cases} \sigma = \dfrac{\sigma_z}{f_y} \\[2mm] \tau = \dfrac{\tau_{\varphi z}}{f_y/\sqrt{3}} \\[2mm] \varepsilon = \dfrac{\varepsilon_z}{\varepsilon_y} \\[2mm] \gamma = \dfrac{\gamma_{\varphi z}}{\gamma_y} \end{cases} \tag{4.42b}$$

Mises 屈服准则变为：

$$\sigma^2 + \tau^2 = 1 \tag{4.42c}$$

按照塑性增量理论求解，Prantl-Reuss 本构关系为：

$$\mathrm{d}\varepsilon_z = \frac{1}{E}\mathrm{d}\sigma_z + \frac{2}{3}\sigma_z \mathrm{d}\lambda' = \mathrm{d}\varepsilon_{z,e} + \mathrm{d}\varepsilon_{z,p} \tag{4.42d}$$

$$\frac{1}{2}\mathrm{d}\gamma_{\varphi z} = \frac{1}{2G}\mathrm{d}\tau_{\varphi z} + \tau_{\varphi z}\mathrm{d}\lambda' = \mathrm{d}\gamma_{\varphi z,e} + \mathrm{d}\gamma_{\varphi z,p} \tag{4.42e}$$

式中，下标 e 代表弹性应变增量、p 代表塑性应变增量，$\mathrm{d}\lambda'$ 是比例系数。引入式 (4.42b) 的无量纲量得：

$$\begin{cases} \mathrm{d}\varepsilon = \mathrm{d}\sigma + \sigma\mathrm{d}\lambda \\ \mathrm{d}\gamma = \mathrm{d}\tau + \tau\mathrm{d}\lambda \end{cases} \tag{4.42f}$$

式中，$\mathrm{d}\lambda = 2G\mathrm{d}\lambda'$，从上式消去 $\mathrm{d}\lambda$ 得到：

$$\frac{\mathrm{d}\varepsilon - \mathrm{d}\sigma}{\mathrm{d}\gamma - \mathrm{d}\tau} = \frac{\sigma}{\tau} \tag{4.42g}$$

微分式 (4.42c)：$\sigma\mathrm{d}\sigma + \tau\mathrm{d}\tau = 0$，因此：

$$\begin{cases} \dfrac{\mathrm{d}\tau}{\tau} = -\dfrac{\sigma\mathrm{d}\sigma}{\tau^2} = -\dfrac{\sigma\mathrm{d}\sigma}{1-\sigma^2} \\[3mm] \dfrac{\mathrm{d}\sigma}{\sigma} = -\dfrac{\tau\mathrm{d}\tau}{1-\tau^2} \end{cases} \tag{4.42h}$$

从式 (4.42g)、式 (4.42h) 消去 τ 和 $\mathrm{d}\tau$ 得到：

$$\frac{\mathrm{d}\sigma}{\mathrm{d}\varepsilon} = \tau^2 - \sigma\tau\frac{\mathrm{d}\gamma}{\mathrm{d}\varepsilon} = \sqrt{1-\sigma^2}\left(\sqrt{1-\sigma^2} - \sigma\frac{\mathrm{d}\gamma}{\mathrm{d}\varepsilon}\right) \tag{4.42i}$$

类似地，消去 σ 和 $\mathrm{d}\sigma$ 得到：

$$\frac{\mathrm{d}\tau}{\mathrm{d}\gamma} = \sqrt{1-\tau^2}\left(\sqrt{1-\tau^2} - \tau\frac{\mathrm{d}\varepsilon}{\mathrm{d}\gamma}\right) \tag{4.42j}$$

已知某时刻应力、应变状态（即 σ_0、τ_0、ε_0、γ_0 已知），且接下去的变形路径 $\gamma = \gamma(\varepsilon)$ 已知，积分式（4.42i）、式（4.42j）可以得到 σ-ε 或 τ-γ 关系。已知 σ 或 τ，由式（4.42c）计算另外一个应力（图 4.12）。

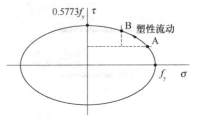

图 4.12　节点域应力状态的塑性流动

设 $\mathrm{d}\varepsilon = 0$，则式（4.42j）变为 $\mathrm{d}\gamma = \dfrac{\mathrm{d}\tau}{1-\tau^2}$；

设在某点时，$\tau = \tau_0$、$\gamma = \gamma_0$ 已知，积分得到：

$$\gamma - \gamma_0 = \frac{1}{2}\ln\left(\frac{1+\tau}{1-\tau} \cdot \frac{1-\tau_0}{1+\tau_0}\right) \tag{4.43}$$

如果 $\gamma > \gamma_0$，在地震时，节点域剪应变增加，则从上式看，必然要求 $\tau > \tau_0$，因为作为算例，如果 $\tau_0 = 0.5$，则 $\tau > 0.5$ 才能使上式大于 0，例如设 $\tau = 0.6$，则：

$$\ln\left(\frac{1+0.6}{1-0.6} \cdot \frac{1-0.5}{1+0.5}\right) = \ln\left(\frac{1.6}{0.4}\frac{0.5}{1.5}\right) = 0.28768 > 0$$

然后，由 $\sigma^2 + \tau^2 = 1$ 这一 Mises 屈服准则，σ（柱子腹板承担的重力荷载产生的竖向应力）必然下降，柱子内部的各个部位产生了应力重分布，即从腹板分布到翼缘。问题是：翼缘本身已经受力很大，这种重分布，将导致柱子翼缘的提前屈服。图 4.13 示出了一个例子：节点域的竖向平均压应力 100，被下降到了 80。

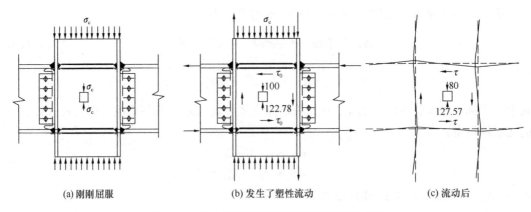

图 4.13　节点域过早剪切屈服将导致竖向卸载

4. 节点域的改进设计

综上所述，节点域的设计方法应该是：

中柱节点：
$$(0.8, 0.9)\frac{M_{\mathrm{Pb1}} + M_{\mathrm{Pb2}}}{V_{\mathrm{p}}} \leqslant \frac{5}{4} f_{\mathrm{vyk}}\sqrt{1 - \frac{\sigma_{\mathrm{c}}^2}{f_{\mathrm{yk}}^2}} \tag{4.44a}$$

边柱节点：
$$(1.0, 1.1)\frac{M_{\mathrm{Pb1}}}{V_{\mathrm{P}}} \leqslant \frac{5}{4} f_{\mathrm{vyk}}\sqrt{1 - \frac{\sigma_{\mathrm{c}}^2}{f_{\mathrm{yk}}^2}} \tag{4.44b}$$

式中，σ_c 是 1.3 $(D+0.5L)$ 组合下，框架柱内的轴压应力。上式与式（4.40）有几点不同：（1）考虑了柱内轴压应力的影响。（2）4/3 改为了 5/4，使更多的情况得到安全保证。（3）区分了中柱和边柱节点，因为边柱节点本身在重力荷载作用下的节点域已经有较大负担，地震发生时很容易进入剪切屈服，在中柱节点域，重力荷载下的节点域剪切应力比较小，甚至没有。而地震作用时一侧梁的弯矩与地震弯矩是叠加的，另一侧就是相减的，发生两根梁形成塑性铰的情况（强震）相对比较晚、比较少。（4）引入的系数从 0.6、0.7，增大到 0.8、0.9 和 1.0、1.1。

如果出现钢梁的塑性铰弯矩很大，而柱的塑性铰弯矩小的情况，节点域的验算公式如下所示。

中柱梁柱节点：

非顶层：
$$(0.8, 0.9)\frac{M_{Pc1}+M_{Pc2}}{V_p}C_R \leqslant \frac{5}{4}f_{vyk}\sqrt{1-\frac{\sigma_c^2}{f_{yk}^2}} \tag{4.45a}$$

顶层：
$$(0.8, 0.9)\frac{M_{Pc1}}{V_p}C_R \leqslant \frac{5}{4}f_{vyk}\sqrt{1-\frac{\sigma_c^2}{f_{yk}^2}} \tag{4.45b}$$

边柱节点：

非顶层：
$$(1.0, 1.1)\frac{M_{Pc1}+M_{Pc2}}{V_P}C_R \leqslant \frac{5}{4}f_{vyk}\sqrt{1-\frac{\sigma_c^2}{f_{yk}^2}} \tag{4.45c}$$

顶层：
$$(1.0, 1.1)\frac{M_{Pc1}}{V_p}C_R \leqslant \frac{5}{4}f_{vyk}\sqrt{1-\frac{\sigma_c^2}{f_{yk}^2}} \tag{4.45d}$$

式中，M_{Pc1}、M_{Pc2} 是考虑了柱内轴力影响的塑性弯矩。

5. 节点域的稳定性

节点域的屈曲，将导致柱子腹板本来承担的重力轴力部分卸载给翼缘，导致翼缘也跟着屈服和屈曲。美国抗震设计规程和我国的抗震设计规范均要求：
$$\frac{h_c+b_c}{t_{pz}} \leqslant 90 \tag{4.46}$$

在梁柱连接的节点域，节点域承受了压力、弯矩和剪力。在这三种应力作用下，其相关关系是：
$$\frac{\sigma_c}{\sigma_{cr}}+\frac{\sigma_b^2}{\sigma_{bcr}^2}+\frac{\tau^2}{\tau_{cr}^2}=1 \tag{4.47a}$$

式中，σ_{cr}、σ_{bcr}、τ_{cr} 分别是各个应力单独作用时的弹塑性屈曲应力，节点域的宽厚比保证了这些弹塑性临界应力均达到了屈服点。如果把上式推广到弹塑性阶段，则：
$$\frac{\sigma_c}{f_{yk}}+\frac{\sigma_b^2}{f_{yk}^2}+\frac{3\tau^2}{f_{yk}^2}-1 \tag{4.47b}$$

与节点域的 Mises 屈服准则 $\sqrt{\sigma_z^2+3\tau^2}=f_{yk}$ 相比，稳定验算计算公式实际上更为不利。

对于板件的稳定性，习惯于对板件的宽厚比进行限制。宽厚比的计算采用：
$$\lambda=\sqrt{\frac{f_{yk}}{\sigma_{cr,e}}} \tag{4.48a}$$

$$\lambda_b=\sqrt{\frac{f_{yk}}{\sigma_{bcr,e}}} \tag{4.48b}$$

$$\lambda_\tau = \sqrt{\frac{f_{yk}}{\sqrt{3} \cdot \tau_{cr,e}}} \tag{4.48c}$$

在弹性阶段，临界应力公式是：

$$\sigma_{cr,e} = \frac{4\pi^2 E}{12(1-\mu^2)} \frac{t_{pz}^2}{b_{panel}^2} \tag{4.48d}$$

$$\sigma_{bcr,e} = \frac{23.91\pi^2 E}{12(1-\mu^2)} \frac{t_{pz}^2}{b_{panel}^2} \approx 6\sigma_{cr,e} \tag{4.48e}$$

$$\tau_{cr,e} = \left(5.34 + 4\frac{h_{min}^2}{h_{max}^2}\right) \frac{\pi^2 E}{12(1-\mu^2)} \frac{t_{panel}^2}{h_{min}^2} \tag{4.48f}$$

在节点域，弯矩对稳定性的影响比较小，因此先忽略它，则：

$$\frac{\tau^2}{\tau_{cr}^2} = 1 - \frac{\sigma_c}{f_{yk}} \tag{4.49}$$

一般是以正则化长细比为 0.5、0.6、0.7 和 0.8 作为塑性有延性截面、塑性截面、部分塑性截面和弹性极限截面的分界。文献［10］建议采用正则化长细比限制代替直接的宽厚比，以考虑矩形节点域。考虑轴压比的影响，对节点域的宽厚比限值是：

S1 类节点域：

$$\lambda_\tau \leqslant 0.5\sqrt{1 - \frac{\sigma_c}{f_{yk}}} \tag{4.50a}$$

S2 类节点域：

$$\lambda_\tau \leqslant 0.6\sqrt{1 - \frac{\sigma_c}{f_{yk}}} \tag{4.50b}$$

S3 类节点域：

$$\lambda_\tau \leqslant 0.7\sqrt{1 - \frac{\sigma_c}{f_{yk}}} \tag{4.50c}$$

在节点域的高度和宽度相等的情况下，对 Q235，其宽厚比限值分别是 43 和 51.6，美国规范则要求是 45。式（4.50a）～式（4.50c）将不同宽高比、不同强度等级的节点域都隐含在 λ_τ 的计算公式中，并且考虑了轴压比的影响，考虑了延性等级，因此更加合理。

如果有连接垂直方向梁腹板的连接板［图 4.14（a）］，则节点域腹板的稳定性无须计算。因为此时柱腹板本身的宽厚比限制，再加上垂直的腹板连接板对节点域的分隔加劲作用，节点域不可能再屈曲，只要满足强度要求即可。

矩形钢管混凝土的节点域的宽厚比，可以按照空钢管的宽厚比乘以 1.4 进行验算［图 4.14（b）］。

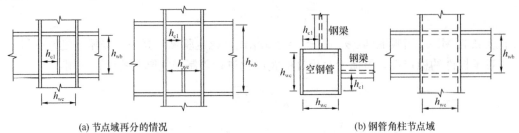

(a) 节点域再分的情况　　　　　　　　(b) 钢管角柱节点域

图 4.14　无需验算节点域抗剪稳定性的情况

4.3.3 梁柱连接节点域的设计计算总结

1. 梁杆节点域允许按照下面两种设计思路之一进行设计：

（1）节点域的屈服和梁内形成塑性铰同时发生；

（2）不允许节点域屈服。

这两种设计思路均比我国目前《建筑抗震设计规范》GB 50011—2010（2016 年版）的设计要求更严格。

2. 按照第（1）种设计思想，需要的节点域厚度应满足式（4.44a）、式（4.44b）或式（4.45a）～式（4.45d）。如果 $t_{req} > t_{wc}$，需要对节点域采用贴板加强，或局部加厚腹板，或采用腹板较厚的截面。

3. 采用贴板加强时，加强板厚度取为（$t_{req} - t_{wc}$），不能随便放大，但贴板厚度不小于 6mm。

4. 如果加强贴板的厚度达到或大于 $1.4t_{req} - t_{wc}$，则认为采用了不允许节点域屈服的设计思路。

5. 加强贴板的尺寸：加强板的宽度为柱子腹板平直部分的宽度（即扣除了热轧型钢的圆弧过渡部分或者焊缝高度部分），高度要保证伸出上下水平加劲肋各 150mm。

6. 加强板和柱子采用圆柱塞焊的方式固定，塞焊的间距不大于 $21\,t_p$，t_p 是加强板的厚度。加强板两侧和柱子翼缘采用对接焊接或角焊缝连接，焊缝质量外观等级为二级，上下和柱子腹板采用角焊缝连接，外观等级为二级。

7. 实际的节点域，往往存在垂直方向的梁，此时垂直方向的梁的腹板将节点域分成两半，垂直方向的梁翼缘到梁翼缘、梁腹板到梁腹板的传力要首先得到保证。在此前提下采取加强节点域的措施，如图 4.15 所示，此时要避免焊缝集中以及腹板与翼缘采用 K 形熔透或半熔透焊缝以便为加强贴板留出空间。注意此时加强贴板无须伸出柱水平加劲肋 150mm。

8. 在梁柱连接的节点域，当在柱子腹板中间没有连接垂直方向梁的连接板时，节点域腹板应按照式（4.50a）～式（4.50c）验算稳定性。

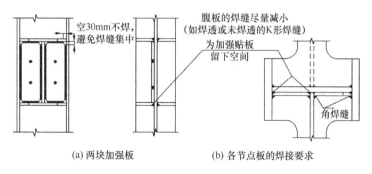

(a) 两块加强板　　　　(b) 各节点板的焊接要求

图 4.15　垂直方向有梁时的节点域加强

4.3.4 两种工艺孔

梁柱连接的焊接工艺孔，存在日本式和美国式两种，详细的构造如图 4.16 所示。与《高层民用建筑钢结构技术规程》JGJ 99—2015 的工艺孔相比，高度方向对钢梁腹板的削弱减小了，长度方向有所增大，特别是美国式工艺孔。

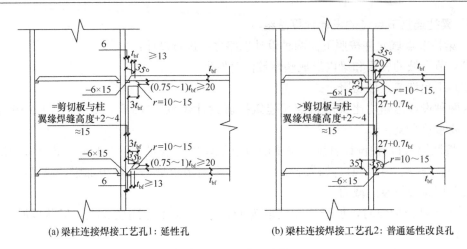

(a) 梁柱连接焊接工艺孔1：延性孔　　　　(b) 梁柱连接焊接工艺孔2：普通延性改良孔

图 4.16　两种工艺孔

两种工艺孔均可以采用。对坡口焊缝的垫板，美国 FEMA350 要求下翼缘的焊缝垫板要移去，并且磨平，上翼缘焊缝的垫板可以保留。这样做现场工作量将非常大。美国的这种要求，与其抗震设计方法配套：美国对延性很好的钢框架（称为特殊抗弯框架）的地震力取值非常小，因此地震真正发生时，要依靠很大的塑性变形来抵抗地震作用，对节点延性要求就非常高。而日本和我国的地震力取值较大，对延性的要求不如美国规范高。因此对垫板的处理可以放松，建议采取如下的做法（图 4.17）：

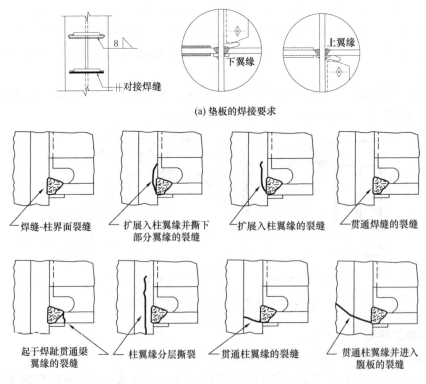

(a) 垫板的焊接要求

(b) 美国北岭地震对梁下翼缘的损害

图 4.17　垫板的焊接要求

（1）钢梁上翼缘的垫板保留，焊缝垫板必须焊接 6mm 角焊缝。

（2）钢梁下翼缘的垫板也保留，但垫板与柱子翼缘的焊缝要焊透。

4.4 一个高强度螺栓抗拉承载力的上限

梁柱连接采用外伸端板高强度螺栓连接，安装速度快，在抗震设计的结构中，还具有抗震性能好的优点。这种节点的设计有如下的内容：高强度螺栓的布置及其大小，端板厚度的确定，端板加劲肋，连接面柱子翼缘的加强，工字钢与端板的焊缝，柱加劲肋的尺寸及其焊接要求。

4.4.1 集中力下无孔板件的塑性铰机构

首先考察周边固支的多边形板在中间的某一点 C 处作用一集中力 P（图 4.18），这时板的破坏将是以 C 点为定点的角椎体，它的棱就是从周边角点到 C 点的正弯矩塑性铰线，负弯矩塑性铰线则在固定的周边，角椎体的高度就是塑性机构状态时在力 P 作用下的挠度。

因为是小挠度理论，板的挠度与板的其他尺寸比起来是很小的。根据塑性机构极限分析的内力功等于外力功的方程，得到：

$$P\Delta = m_{p+}\sum\theta_i l_i + m_p - \sum\theta'_i l_i{}' = 2m_p\sum(\cot\alpha_i + \cot\beta_i)\Delta \tag{4.51}$$

下标的正负号代表正负弯矩塑性铰线的塑性弯矩。

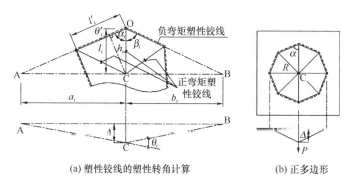

(a) 塑性铰线的塑性转角计算　　　(b) 正多边形

图 4.18　多边形板的塑性极限分析

参考图 4.18（a），设 C 点的挠度是 Δ，则正弯矩塑性铰线的塑性铰转角是 $\theta_i = \dfrac{\Delta}{a_i} + \dfrac{\Delta}{b_i}$；因为边长 $a_i = l_i\tan\alpha_i$、$b_i = l_i\tan\beta_i$，所以 $\theta_i = \dfrac{\Delta}{l_i}(\cot\alpha_i + \cot\beta_i)$，而负弯矩塑性铰线的塑性转角是：

$$\theta'_i l_i{}' = \frac{\Delta}{h_i}(l'_{i1} + l'_{i2}) = \frac{\Delta}{l_i\sin\alpha_i}l_i\cos\alpha_i + \frac{\Delta}{l_{i-1}\sin\beta_{i-1}}l_{i-1}\cos\beta_{i-1} = \Delta(\cot\alpha_i + \cot\beta_{i-1})$$

$$\tag{4.52}$$

所以　$P\Delta = m_{p+}\sum\theta_i l_i + m_{p-}\sum\theta'_i l_i{}' = m_{p+}\sum(\cot\alpha_i + \cot\beta_i)\Delta + m_{p-}\Delta\sum(\cot\alpha_i + \cot\beta_{i-1})$

$$\tag{4.53}$$

当薄板是正多边形 [图 4.18（b）]，且 P 作用在正多边形的形心时，$\alpha_i = \beta_i = \dfrac{\pi}{2} -$

$\dfrac{\pi}{n}$，上式变为：

$$P = 2m_{\mathrm{p+}}n\tan\dfrac{\pi}{n} + 2m_{\mathrm{p-}}n\tan\dfrac{\pi}{n} \tag{4.54}$$

计算发现，n 越大，得到的 P 就越小。$n = \infty$ 时相当于形成了一个塑性锥面，如图 4.19（a）所示。

$$P = 2\pi m_{\mathrm{p+}} + 2\pi m_{\mathrm{p-}} \tag{4.55}$$

如果正负塑性弯矩相等，则：

$$P = 4\pi m_{\mathrm{p}} \tag{4.56}$$

但是这个解是不正确的，因为它未能考虑正弯矩塑性铰线（面）上的径向弯矩对环向塑性弯矩的影响，考虑这个影响后，环向塑性弯矩沿着半径是变化的，弯矩的分布必须满足平衡条件，正确的解是：

$$P = \dfrac{2}{\sqrt{3}} \cdot 2\pi m_{\mathrm{p}} \tag{4.57}$$

在周边铰支的情况下，承载力是：

$$P = 2\pi m_{\mathrm{p}} \tag{4.58}$$

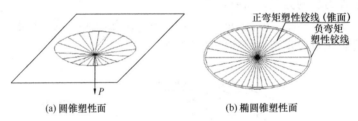

(a) 圆锥塑性面　　　　　　　(b) 椭圆锥塑性面

图 4.19　塑性面机构

铰支情况下的这个解是正确的，并且 Tresca 和 Mises 准则的结果一样。所以固支比铰支承载力仅大 15.47%，如果固支也采用 Tresca 准则，则 $P = 2\pi m_{\mathrm{p}}$，与铰支时完全一样，与下面的表 4.4 中 $R/a = 0$ 的结果一致。

图 4.19（b）是椭圆锥塑性面机构，也可以采用三角形机构取极限得到其极限荷载是：

周边刚接：
$$P \approx \dfrac{2}{\sqrt{3}}\pi m_{\mathrm{P}}\left(\dfrac{a}{b} + \dfrac{b}{a}\right) \tag{4.59}$$

周边铰支：
$$P = \pi m_{\mathrm{P}}\left(\dfrac{a}{b} + \dfrac{b}{a}\right) \tag{4.60}$$

式中，a、b 分别是椭圆的两个轴长。

4.4.2　高强度螺栓螺母下分布荷载的影响

实际高强度螺栓施加到钢板上的是分布荷载，如图 4.20（a）所示，轴对称圆板的平衡微分方程是：

$$\dfrac{\mathrm{d}m_{\mathrm{r}}}{\mathrm{d}r} + \dfrac{m_{\mathrm{r}} - m_{\theta}}{r} = Q_{\mathrm{r}} \tag{4.61}$$

式中，m_{r} 是径向截面上的弯矩，m_{θ} 是环向截面上的弯矩，Q_{r} 是径向截面上的剪力。

图 4.20（b）是板的 Tresca 屈服准则。首先要排除圆板中间部分的应力状态不在

图 4.20 (b) 所示的 AF 上。因为在 AF 上 $m_r = m_p$，所以平衡方程是（假设已经处在荷载作用部分的外侧）：

$$\frac{\mathrm{d}m_r}{\mathrm{d}r} + \frac{m_r - m_\theta}{r} = -\frac{P}{2\pi r} = Q_r \tag{4.62}$$

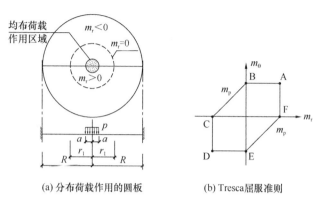

(a) 分布荷载作用的圆板　　(b) Tresca屈服准则

图 4.20　分布荷载作用的周边固支圆板

因为 $\dfrac{\mathrm{d}m_r}{\mathrm{d}r} = \dfrac{\mathrm{d}m_p}{\mathrm{d}r} = 0$，所以从上式得到 $m_\theta = m_p + \dfrac{P}{2\pi} > m_p$，而 $m_\theta > m_p$ 是不可能的。所以板件的中间部分，弯矩状态不在 AF 分支上，而是在 AB 分支上。

在半径 $0 \sim a$ 区域内，根据 Tresca 准则，$m_\theta = m_p$，平衡方程进一步演化为：

$$\frac{\mathrm{d}m_r}{\mathrm{d}r} + \frac{m_r - m_\theta}{r} = Q_r = -\frac{\pi r^2 p}{2\pi r} = -\frac{1}{2} rp \Rightarrow (rm_r)' = m_p - \frac{1}{2} pr^2 \Rightarrow m_r = m_p - \frac{1}{6} pr^2 + \frac{C}{r} \tag{4.63}$$

要求 $r \to 0$ 时，m_r 仍为有限值，这样可以得到 $C = 0$。最后得到：

$$0 \leqslant r \leqslant a : \begin{cases} m_\theta = m_p \\ m_r = m_p - \dfrac{1}{6} pr^2 \end{cases} \tag{4.64}$$

在 $a < r \leqslant r_1$ 区域，两个弯矩都是正的：$P = \pi a^2 p$、$m_\theta = m_p$。平衡方程一步步演化为：

$$\frac{\mathrm{d}m_r}{\mathrm{d}r} + \frac{m_r - m_\theta}{r} = Q_r = -\frac{P}{2\pi r} \Rightarrow (rm_r)' = m_p - \frac{P}{2\pi} \Rightarrow m_r = m_p - \frac{P}{2\pi} + \frac{C}{r} \tag{4.65}$$

径向弯矩在 $r = a$ 处的连续性要求：$m_{r,r=a} = m_p - \dfrac{P}{2\pi} + \dfrac{C}{a} = m_p - \dfrac{1}{6} pa^2$，求得：

$$C = \left(\frac{P}{2\pi} - \frac{1}{6} pa^2 \right) a = \left(\frac{\pi a^2 p}{2\pi} - \frac{1}{6} pa^2 \right) a = \frac{1}{3} pa^3 \tag{4.66}$$

这样得到：

$$a < r < r_1 : \begin{cases} m_\theta = m_p \\ m_r = m_p - \dfrac{pa^2}{2} + \dfrac{pa^3}{3r} \end{cases} \tag{4.67}$$

$m_r = 0$ 的半径 r_1 是：

$$r_1 = \frac{pa^3}{3(0.5pa^2 - m_p)} \tag{4.68}$$

从上式求得的 r_1 必须大于 a，式（4.67）才成立，下面进行判断：因为 $P = \pi a^2 p > 2\pi m_p$，所以要求 $0.5a^2 p > m_p$，则：

$$r_1 = \frac{pa^3}{3(0.5pa^2 - m_p)} > a \tag{4.69}$$

从上式得到 $P = \pi pa^2 < 6\pi m_p$。参考式（4.57），这个要求能够满足。

接下去是分析 $r_1 \leqslant r \leqslant R$ 的区域，在这个区域，$m_\theta > 0$、$m_r < 0$。参考图 4.20（b），Tresca 准则表示为：$m_\theta - m_r = m_p$，平衡方程可以转化为：

$$m_\theta = (rm_r)' + \frac{P}{2\pi} = m_r + m_p \Rightarrow m_r = \left(m_p - \frac{P}{2\pi}\right)\ln r + D \tag{4.70}$$

利用 $r = r_1$、$m_r = 0$ 求得待定系数 $D = -\left(m_p - \frac{P}{2\pi}\right)\ln r_1$，这样得到：

$$m_r = \left(m_p - \frac{P}{2\pi}\right)\ln \frac{r}{r_1} = \left(m_p - \frac{1}{2}pa^2\right)\ln \frac{r}{r_1} \tag{4.71}$$

在 $r = R$ 的环上形成了一个塑性铰环，在这个环上，曲率无穷大，弯矩则达到 $m_r = -m_p$。因此：

$$(m_p - 0.5a^2 p)\ln \frac{R}{r_1} = -m_p \tag{4.72}$$

记 $\chi = \dfrac{P}{2\pi m_p} = \dfrac{pa^2}{2m_p}$，把式（4.68）代入，则上式可以转化为：

$$\ln \frac{R}{r_1} = \ln\left[\frac{3R}{2a}\left(1 - \frac{1}{\chi}\right)\right] = \frac{1}{\chi - 1} \tag{4.73}$$

给定 $\dfrac{R}{a}$，从上式可以得到 $\chi = \dfrac{\pi pa^2}{2\pi m_p}$，结果如表 4.4 所示，在高强度螺栓的实用范围内。

$$P = \pi pa^2 = 2\chi\pi m_p \tag{4.74a}$$

$$\chi = 1.669 + \frac{3.8}{(R/a)^2}, \quad 2 \leqslant \frac{R}{a} \leqslant 5 \tag{4.74b}$$

参数 χ　　　　　　　　　　　　　　　　　　　　　　　　　表 4.4

R/a	2	2.2	2.5	3	4	5
χ	2.619	2.477	2.3195	2.1425	1.938	1.821
R/a	10	20	30	40	50	∞
χ	1.5845	1.448	1.393	1.3615	1.340	1

4.4.3　螺栓孔的影响

设圆板中间有半径为 b 的螺栓孔，它将影响板件的塑性极限承载力。此时 $P = \pi(a^2 - b^2)p$，$0 \leqslant r \leqslant b$ 是圆孔，则有边界条件 $m_{r,r=b} = 0$。在 $b \leqslant r \leqslant a$ 范围内作用均布荷载 p。平衡方程是：

$$\frac{dm_r}{dr} + \frac{m_r - m_\theta}{r} = Q_r = -\frac{(\pi r^2 - \pi b^2)p}{2\pi r} = -\frac{(r^2 - b^2)p}{2r} \tag{4.75a}$$

$$r\frac{dm_r}{dr} + m_r - m_\theta = -\frac{1}{2}(r^2 - b^2)p \tag{4.75b}$$

此时可能出现图 4.21（a）、（b）所示的两种情况：径向弯矩等于 0 的线处在 $b \leqslant r_1 < a$ 和 $r_1 > a$ 范围内。下面先写出图 4.21（b）所示的情况。

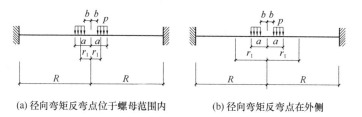

(a) 径向弯矩反弯点位于螺母范围内 (b) 径向弯矩反弯点在外侧

图 4.21 螺栓孔的影响

中心区域 $m_r > 0$、$m_\theta > 0$，则 $m_\theta = m_p$，可以求得 $m_r = m_p - \dfrac{1}{2} p \left(\dfrac{1}{3} r^2 - b^2 \right) + \dfrac{C}{r}$，待定系数通过 $m_{r,r=b} = 0$ 求得，$C = -m_p b - \dfrac{1}{3} p b^3$，这样得到：

$$b \leqslant r \leqslant a : \begin{cases} m_\theta = m_p \\ m_r = m_p + \dfrac{1}{2} p b^2 - \dfrac{b}{r} m_p - \dfrac{p b^3}{3r} - \dfrac{1}{6} p r^2 \end{cases} \tag{4.76}$$

判断 $m_{r,r=a} > 0$ 是否成立。记 $\beta = b/a$，因为 $m_{r,r=a} = (1-\beta) m_p + \dfrac{1}{6} p a^2 (2\beta^2 - 2\beta^3 + \beta^2 - 1) > 0$，$m_p > \dfrac{1}{6} p a^2 (1-\beta)(1+2\beta)$，即：

$$\chi = \frac{P}{2\pi m_p} = \frac{\pi p (a^2 - b^2)}{2\pi m_p} < 3 \left(\frac{1+\beta}{1+2\beta} \right) \tag{4.77}$$

因为实际上 $\beta = \dfrac{b}{a} \approx 0.6$，这时 $3 \left(1 - \dfrac{\beta}{1+2\beta} \right) \approx 2.15$，对照式（4.73），这个条件基本成立。因此最有可能出现的是 $r_1 > a$，除非 R/a 比较小，例如为 2.0 的情况。

下面求 $a < r \leqslant r_1$ 区域，两个弯矩都是正的，$P = \pi (a^2 - b^2) p$，$m_\theta = m_p$。

$$\begin{cases} \dfrac{\mathrm{d} m_r}{\mathrm{d} r} + \dfrac{m_r}{r} \dfrac{m_\theta}{r} = - \dfrac{P}{2\pi r} \\ m_r = m_p - \dfrac{P}{2\pi} + \dfrac{C}{r} \end{cases} \tag{4.78}$$

利用 $m_{r,r=a}$ 与式（4.78）求得 $C = \dfrac{1}{3} p (a^3 - b^3) - m_p b$，这样得到：

$$a \leqslant r \leqslant r_1 : \begin{cases} m_\theta = m_p \\ m_r = m_p - \dfrac{b}{r} m_p - \dfrac{(a^2 - b^2) p}{2} + \dfrac{p (a^3 - b^3)}{3r} \end{cases} \tag{4.79}$$

其中 r_1 是 $m_r = 0$ 的位置：$r_1 = \eta a$，$\eta = \dfrac{1}{1-\chi} \left[\beta - \dfrac{2}{3} \chi \dfrac{(1-\beta^3)}{(1-\beta^2)} \right] > 1$，即 $r_1 > a$。

接下去是分析区域 $r_1 \leqslant r \leqslant R$，此时 $m_\theta > 0$、$m_r < 0$。根据 Tresca 准则，$m_\theta - m_r = m_p$，得到：

$$m_r = \left(m_p - \frac{P}{2\pi} \right) \ln \frac{r}{r_1} \tag{4.80}$$

利用 $r = R$、$m_r = -m_p$，得到：

$$\ln\frac{R}{a}\frac{1-\chi}{\beta-\frac{2}{3}\frac{(1-\beta^3)}{(1-\beta^2)}\chi}=\frac{1}{(\chi-1)} \tag{4.81}$$

如果出现图 4.21 (a) 所示的情况 $\left[\text{此时}\ \chi>\frac{3(1+\beta)}{1+2\beta}\right]$，则：

$$b\leqslant r\leqslant r_1<a:\begin{cases}m_\theta=m_{\mathrm{p}}\\ m_{\mathrm{r}}=m_{\mathrm{p}}+\frac{1}{2}pb^2-\frac{b}{r}m_{\mathrm{p}}-\frac{pb^3}{3r}-\frac{1}{6}pr^2\end{cases} \tag{4.82}$$

$$x_1=\frac{r_1}{b}=\sqrt{\frac{1}{4}+2+\frac{3(1-\beta^2)}{\chi\beta^2}}-\frac{1}{2} \tag{4.83}$$

在 $r_1\leqslant r<a$ 范围内，$m_\theta>0, m_{\mathrm{r}}<0$，$m_\theta-m_{\mathrm{r}}=m_{\mathrm{p}}$，则：

$$m_{\mathrm{r}}=(m_{\mathrm{p}}+\frac{1}{2}pb^2)\ln\frac{r}{r_1}+\frac{1}{4}p(r_1^2-r^2) \tag{4.84a}$$

$$m_{\mathrm{r,r=a}}=\left(m_{\mathrm{p}}+\frac{1}{2}pb^2\right)\ln\frac{a}{r_1}+\frac{1}{4}p(r_1^2-a^2) \tag{4.84b}$$

在 $a\leqslant r\leqslant R$ 范围内，$m_\theta>0$、$m_{\mathrm{r}}<0$、$m_\theta-m_{\mathrm{r}}=m_{\mathrm{p}}$。根据 Tresca 准则，$m_\theta-m_{\mathrm{r}}=m_{\mathrm{p}}$，得到：

$$m_{\mathrm{r}}=m_{\mathrm{p}}(1-\chi)\ln\frac{r}{a}+(m_{\mathrm{p}}+\frac{1}{2}pb^2)\ln\frac{a}{r_1}+\frac{1}{4}p(r_1^2-a^2) \tag{4.85}$$

利用 $m_{\mathrm{r,r=R}}=-m_{\mathrm{p}}$ 得到：

$$(1-\chi)\ln\frac{R}{a}-(1+\chi\frac{\beta^2}{1-\beta^2})\ln\beta x_1+\chi\frac{(x_1^2\beta^2-1)}{2(1-\beta^2)}+1=0 \tag{4.86}$$

从式（4.81）、式（4.86）可以求得 $P\text{-}m_{\mathrm{p}}$ 的关系 $P=\chi 2\pi m_{\mathrm{p}}$，如表 4.5 所示，近似计算公式为：

$$\chi=1.545+\frac{3.4}{(R/a)^2} \tag{4.87}$$

开孔情况下的 χ　　　　　　　　　　　　　　　　表 4.5

$\dfrac{R}{a}$		$\beta=b/a$			
		0.55	0.575	0.6	0.625
	$\chi_{\lim}$	$\leqslant 2.2143$	<2.1977	<2.1818	<2.1667
5	式 (4.81)	1.684	1.679	1.675	1.671
4	式 (4.81)	1.781	1.777	1.773	1.765
3	式 (4.81)	1.956	1.953	1.948	1.945
2.5	式 (4.81)	2.113	2.110	2.106	2.103
2.2	式 (4.86)	2.229	2.226	2.224	2.221
2	式 (4.86)	2.39	2.389	2.388	2.387

在高强度螺栓应用的常遇几何参数范围，$\chi\approx 2$。

无孔比有孔承载力高 1.1 倍，对比见表 4.6。但是与将荷载看成点荷载的无孔的结果很接近，所以后面将不再考虑孔。另外上述塑性理论的推导求解采用了 Tresca 准则，如果采用更为精确的 Mises 屈服准则，求得的承载力还会提高 $11\%\sim15\%$，所以即使

式 (4.56)、式 (4.59) 看似来自不正确的推导，后面也将可以直接应用，且能够保证安全。

有孔无孔承载力对比　　　　　　　　　　　　　　　　　　表 4.6

R/a	无孔	有孔 ($\beta = 0.6$)	比值
2	2.619	2.388	1.0967
2.2	2.477	2.224	1.0999
2.5	2.3195	2.106	1.1014
3	2.1425	1.948	1.0998
4	1.938	1.773	1.0931
5	1.821	1.675	1.0872

4.4.4 EC 3 的规定

能够形成塑性铰的 [图 4.22 (a)]：$b_{\text{eff1}} = 2\pi e_{\text{f}}$ (4.88a)

半铰折板组合 [图 4.22 (b)]：$b_{\text{eff2}} = 4e_{\text{f}} + 1.25s$ (4.88b)

梁式塑性铰线 [图 4.22 (c)]： $b_{\text{eff3}} = p_{\text{s}}$ (4.88c)

$$b_{\text{eff}} = \min(b_{\text{eff1}}, b_{\text{eff2}}, b_{\text{eff3}})$$ (4.88d)

式中，e_{f} 是螺栓中心到受拉（腹）板边缘的距离；s 是螺栓中心到翼板（端板）边缘的距离，但是 $s \leqslant 1.25e_{\text{f}}$；$p_{\text{s}}$ 是上下两个连续排列的螺栓的间距（即两个螺栓之间没有加劲肋或其他板件）。

已知塑性铰线的有效宽度，就可以计算承载力，详见 4.5.4 节。

(a) 塑性铰　　　　　　(b) 半铰折板组合　　　　　(c) 梁式塑性铰线

图 4.22　一个螺栓可能是塑性铰机构模型

4.5 八种节点设计方法

4.5.1 改进的栓焊混合梁柱连接节点

1. 栓焊混合梁柱连接是指梁翼缘采用全熔透坡口对接焊缝与柱翼缘焊接，腹板采用摩擦型高强度螺栓与焊接在柱翼缘上的剪切板连接的节点，如图 4.23 所示。

2. 梁腹板与柱子上的剪切板的连接不宜采用栓焊混合；剪切板应比梁腹板厚 2mm（抗震设计时应厚 2~4mm，以更容易做到强节点弱构件的设计）。即：

$$t_{\text{tab}} \geqslant t_{\text{wb}} + (2 \sim 4)\text{mm}$$ (4.89)

3. 焊接要求：

（1）上下翼缘全熔透焊缝；

107

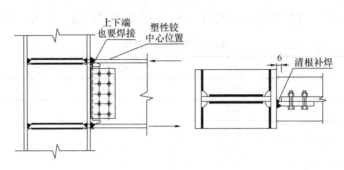

图 4.23　栓焊混合梁柱连接节点

（2）上翼缘焊缝的垫板和柱翼缘的焊缝焊脚高度为 6mm，满焊，焊缝外观质量等级为二级；

（3）下翼缘焊缝的垫板和柱翼缘采用熔透焊接，焊缝质量检验等级同下翼缘的对接焊缝；

（4）焊缝的工艺孔参照美式孔 [图 4.16（b）工艺孔 2]；

（5）焊接在柱翼缘上的剪切板与柱翼缘的焊接采用双面角焊缝或对接焊缝，必须与剪切板本身等强，角焊缝的外观质量等级为二级，对接焊缝的外观质量等级为二级（重要结构为一级）。

4. 柱子内的加劲肋、柱翼缘和腹板及其节点域的焊接参见第 4.3.1 节。

5. 设计方法：

（1）确定梁内塑性铰位置：如果梁端截面没有加强，则假设塑性铰出现最外排螺栓孔中心线上。如果有加强，则出现在加强部位的末尾，如图 4.24 所示。计算塑性铰弯矩 M_p（按照标准值 f_{yk} 计算，并考虑实际材料的屈服点比规范规定的最低屈服点高的因素 R_{yb}），即：

$$M_p = R_{yb} Z_p f_{yk} \tag{4.90}$$

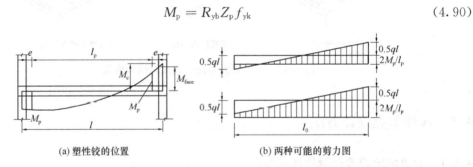

(a) 塑性铰的位置　　　　　　　　(b) 两种可能的剪力图

图 4.24　塑性铰位置

在美国，还要进一步考虑材料进入强化阶段后塑性铰截面弯矩进一步增加的影响，在塑性铰弯矩乘以 R_{yb} 的基础上再乘以 1.2 的系数。因为我国抗震设计方法对连接变形的要求较小，因此进入强化阶段没有美国那么严重。如果要考虑额外系数，则在考虑 R_{yb} 的基础上，再乘以一个系数，对 Q235 这个系数为 1.2，对 Q355 可以取为 1.1。

（2）根据塑性铰截面的位置和平衡条件，计算出梁柱连接面的弯矩 M_{face}、梁柱形心交点截面的弯矩 M_c。塑性铰部位的剪力是：

$$V_p = \frac{2M_p}{l_p} + \frac{1}{2}ql_p \tag{4.91}$$

式中，l_p 是两个塑性铰之间的距离。记 e 是塑性铰到柱翼缘的距离，则梁柱连接面的弯矩是：

$$M_{face} \approx M_p + V_p e \tag{4.92a}$$

它与式（4.91）的剪力一起用于验算强节点弱构件的要求，节点域的计算也采用这个弯矩。而柱形心线上的弯矩是：

$$M_c \approx M_p + V_p(e + 0.5h_c) \tag{4.92b}$$

它用于强柱弱梁的计算。

（3）计算梁柱连接面上的剪力（l_0 是梁的净跨）：

$$V_f = \frac{M_p + M_p}{l_p} + \frac{1}{2}ql_0 \tag{4.93}$$

可以根据 V_f 和 M_f 验算剪切板及其与梁腹板的连接螺栓和与柱子的焊接连接，螺栓按照承压型进行设计，设计强度取为标准值，并且考虑系数 R_{yb}。

（4）根据 M_{face} 验算上下翼缘的连接，注意弯矩的一部分已经分配到腹板连接板上。验算时也考虑 R_{yb} 系数。

（5）按照第 4.3.1 节设计柱子内的加劲肋。

（6）按照第 4.3.2 节设计节点域。

上面论述主要是对抗震设计的连接。对于非抗震设计，只要按照目前教科书上的方法即可。

经过 1994 年的北岭（Northridge）地震，人们发现传统的栓焊混合连接节点的抗震性能不是非常好。震后检查揭示：

（1）断裂出现在下翼缘的梁翼缘和柱翼缘的焊缝中，有时会延伸到柱子翼缘内，剥去柱子翼缘的一部分，或穿透柱翼缘厚度，进入柱腹板，还有进入梁柱节点域，在有些情况下，这种断裂甚至发生在结构述基本处于弹性反应阶段。梁柱连接出现上述破坏现象时，个别建筑物甚至没有明显的变形，因为防火保护层及建筑装修层的覆盖，发现这些断裂现象非常困难，代价也非常高昂。

（2）上述断裂发生后，节点刚度迅速丧失，梁腹板的高强度螺栓抗剪连接被迫挑起抗弯的重任，但是因为能力有限，所以很快破坏。

这种节点的抗震性能之所以没有预想的好，是因为：

（1）梁柱连接处弯矩最大，剪力也最大，而此处由于上下翼缘的焊接需要均开了焊接工艺孔，截面被削弱，没有得到补强，这个截面又是应力集中的截面。

（2）梁下翼缘与柱子翼缘的焊缝，一般是焊工坐在梁翼缘上焊接，虽然是俯焊，但是属于"野猫"位置，人骑在钢梁上翼缘，俯身向下进行焊接，操作位置不如焊接上翼缘的焊缝"舒适"。而且下翼缘的焊缝必然在腹板位置要中断焊接，造成中间部位的焊缝容易出现熔渣、气孔和未焊透。

（3）这个位置的垫板也阻碍了对焊缝根部的肉眼检查，超声波焊缝检查也难以准确地确定这个部位的缺陷，特别是这条焊缝的中间部位。

（4）翼缘一般假设仅承受弯矩，但是实际上，翼缘焊缝在弹性阶段就承受了很大的剪应力。

（5）承受了因为泊松比效应而产生的横向拉应力，双向拉应力导致塑性变形能力减弱。

（6）在腹板高强度螺栓产生向下的滑移时，将把很大的剪力卸载到上下翼缘焊缝上，这导致上下翼缘焊缝的过载和裂缝开展（图 4.25）。

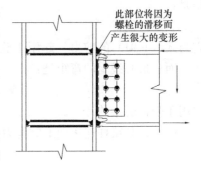

图 4.25　高强度螺栓的滑移

（7）传统的梁腹板工艺孔（即类似于图 4.16 工艺孔 1）的根部存在很大的应力集中，塑性变形不易被分布在较长的区域，很容易低周疲劳导致裂缝开展。

（8）梁柱连接的节点域，如果采用弱节点域的设计思想，如我国目前的《建筑抗震设计规范》GB 50011—2010（2016 年版），则在节点域剪切屈服后，梁柱翼缘之间的直角变为钝角，将增加对翼缘焊缝横向变形的要求［图 4.26（b）］，而焊缝金属表面横向往往有很大的焊接拉应力，所以焊缝更加容易开裂。

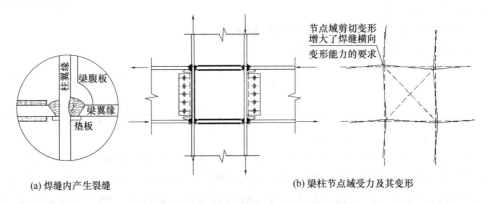

(a) 焊缝内产生裂缝　　　　　　　　　　　(b) 梁柱节点域受力及其变形

图 4.26　栓焊混合节点的破坏和节点域剪切变形对焊缝的变形要求

上述介绍的设计称为改进的栓焊混合连接，改进的地方如下：

（1）改进了工艺孔：推荐采用美式孔，而不是日式孔；

（2）上下翼缘焊缝衬板的处理：下面的衬条也要做坡口，满焊；

（3）腹板剪切板厚度增加到腹板厚度＋4mm；

（4）节点域腹板厚度增加了。

4.5.2　全焊接梁柱连接

全焊接连接的抗震性能优于栓焊混合连接，节点构造如图 4.27 所示。

1. 全焊梁柱连接是指梁翼缘采用全熔透坡口对接焊缝与柱翼缘焊接、腹板采用焊接的方法和焊接在柱翼缘上的剪切板连接的节点。

2. 不允许一块被连接板件采用焊缝和高强螺栓按照一定的比例共同传递同一个力。

3. 腹板连接板的作用是安装用，同时也是钢梁腹板端部与钢柱翼缘对接焊缝的垫板，连接板的厚度与钢梁腹板厚度相同。连接板与柱翼缘焊缝是单面对接焊缝，背后清根补焊，补焊的焊道厚度为 6mm［也可以完全依靠剪切板传递内力，此时剪切板厚度取腹板

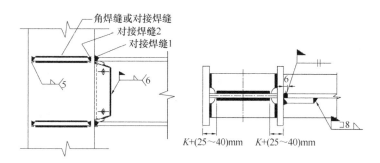

图 4.27 全焊接连接节点

厚度＋(2～4)mm]。

4. 焊接要求：

（1）上下翼缘全熔透焊缝；

（2）上翼缘焊缝的垫板和柱翼缘的焊缝焊脚高度为 6mm，满焊，焊缝外观质量等级为二级；

（3）下翼缘焊缝的垫板和柱翼缘采用熔透焊接，焊缝质量检验等级同下翼缘的对接焊缝；

（4）焊缝的工艺孔优先采用图 4.16(a) 所示延性孔；

（5）焊接在柱翼缘上的剪切板与柱翼缘的焊接采用双面角焊缝或对接焊缝，必须与剪切板本身等强，角焊缝的外观质量等级为二级，对接焊缝的外观质量等级为Ⅱ级（重要结构为Ⅰ级）；

（6）柱子内的加劲肋设计按照第 4.3.1 节要求。

5. 设计方法：

（1）确定梁内塑性铰位置：钢梁端部截面未加强的，取腹板连接板的外侧（图 4.27）。钢梁端部加强的，塑性铰出现在加强部位的尾部。按照式（4.90）计算塑性铰弯矩 M_p。

（2）根据塑性铰截面的位置和平衡条件，计算出梁柱连接面的弯矩 M_{face}，梁柱形心交点截面的弯矩 M_c，见式（4.92a）和式（4.92b）。

（3）计算梁柱连接面上的剪力 V_f，见式（4.93）。

（4）可以根据 V_f 和 M_f 设计剪切板及其与梁腹板、柱子的焊接连接，设计强度取为标准值，并且可以考虑 R_{yb} 系数。

（5）按照第 4.3.1 节内容设计柱子内的加劲肋。

（6）按照第 4.3.2 节内容设计节点域。

4.5.3 自由翼缘节点

自由翼缘节点的构造如图 4.28（a）所示。上下翼缘采用对接焊缝与柱子翼缘焊接连接，焊接垫板与图 4.17 相同。但是梁的腹板在离开柱翼缘 5～6 倍梁翼缘厚度处切断，通过一块较厚的腹板使板件与梁腹板相连。这块较厚的连接板采用熔透对接焊缝与柱子翼缘焊接，而与梁腹板的焊接是四周角焊缝围焊。

这个节点的设计计算和构造要求如下：

（1）确定塑性铰的位置，如图 4.28（a）所示。

（2）计算梁端连接面的弯矩 M_{face} 和梁柱形心线交点处的弯矩 M_c。

111

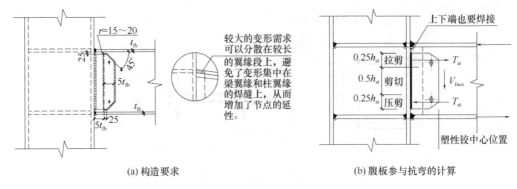

(a) 构造要求　　　　　　　　　　　(b) 腹板参与抗弯的计算

图 4.28　自由翼缘节点

（3）腹板连接板的高度是：$h_{st} = h_b - 50 - 2t_{fb}$。

（4）梁端剪力为 $V_{face} = \dfrac{2M_{face}}{l_0} + V_g$，$V_g$ 是竖向重力荷载产生的梁端剪力。

（5）参照图 4.28（b），假设只有连接板的一半高度被看成是用于抵抗 T_{st} 和 V_f 的，计算腹板连接板的厚度及其连接焊缝。

① 连接板的厚度按照完全替代腹板的要求，即：

$$\frac{1}{4}t_w h_{wb}^2 f_{yb} = \frac{1}{4}t_{st}h_{st}^2 f_{yb} \tag{4.94a}$$

$$t_{st} = t_w \frac{h_{wb}^2}{h_{st}^2} \geqslant t_w + 4\text{mm} \tag{4.94b}$$

② 腹板连接板与柱翼缘的焊接是对接Ⅱ级焊缝。

③ 腹板连接板与钢梁腹板的焊接采用角焊缝，要围焊，即连接板的背面也要与腹板焊接，这些角焊缝的抗扭矩的能力（可以考虑 R_y 系数）要等于腹板提供的塑性弯矩 $0.25R_{yb}(h_b - 2t_{fb})^2 t_{wb} f_{yb}$。

（6）柱加劲肋和节点域的设计同第 4.3.1 节和第 4.3.2 节的规定。

4.5.4　外伸端板螺栓连接节点

端板高强度螺栓连接的梁柱节点，计算端板厚度的最为正确的方法是类似于第 4.5.6 节的整体分析方法；但是那样的话，会出现多种类型的公式，所以目前都以单个区格确定端板厚度，然后取最大值。这样的方法偏于安全，尤其当最小厚度与最大厚度相差较大时偏安全较多。

1. 端板厚度的确定

端部被工字形截面和加劲肋划分成小的板块（图 4.29），各板块的边界条件有悬臂板（一边固定支承）、两相邻边支承和三边支承等（图 4.30）。注意孔削弱的影响被螺母下压力分布而非集中的有利影响抵消了，所以不再扣除孔的影响。

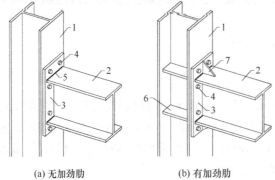

(a) 无加劲肋　　　　　(b) 有加劲肋

图 4.29　端板连接

1—柱；2—梁；3—端板；4—高强度螺栓；5—焊缝；
6—柱横向加劲肋；7—端板加劲肋

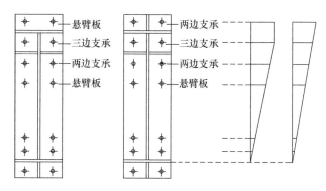

图 4.30 各板段的分布及沿高度螺栓拉力的分布

(1)悬臂板区格

端板厚度可根据螺栓的拉力或承载力要求由塑性铰线理论求得,《门式刚架轻型房屋钢结构技术规范》GB 51022—2015 中的伸臂类端板(即无加劲肋外伸部分)的塑性铰线分布如图 4.31(a)所示,螺栓线上有一条正弯矩塑性铰线,而在端板和梁翼缘外侧有一条负弯矩塑性铰线。采用塑性铰线理论,令外力功等于内力功可得到:

$$2N_t \times \Delta = m_p b\phi_y + m_p b\phi_y \tag{4.95}$$

式中,Δ 是梁翼缘离柱表面的距离,$\phi_y = \Delta/e_f$ 是塑性铰线的塑性转动角度,$m_p = 0.25t_p^2 f_{yk}$ 是端板塑性铰线的塑性弯矩,N_t 为螺栓拉力设计值(按照等强考虑可以取 N_t 为一个高强度螺栓受拉承载力设计值),e_f 为螺栓中心到梁翼缘的距离,b 为端板宽度,t_p 为端板厚度,f_{yk} 为端板材料屈服强度。从上式得到:

$$N_t = \frac{bt_p^2 f_{yk}}{4e_f} \tag{4.96}$$

$$t_{p1} = \sqrt{\frac{4e_f N_t}{bf_{yk}}} \tag{4.97}$$

因为塑性铰线在端板上,塑性变形能力较好,延性较好。此时螺栓拉力中有撬力 Q,其值最小是:

$$2Qc = \frac{bt_p^2 f_{yk}}{4} \tag{4.98}$$

螺栓的拉力是:

$$N_t^b = Q + N_t = \frac{bt_p^2 f_{yk}}{8c} + \frac{bt_p^2 f_{yk}}{4e_f} = N_t\left(1 + \frac{e_f}{2c}\right) \tag{4.99}$$

可见,如果塑性铰机构实现了,螺栓承受的撬力受比值 e_f/c 的影响,如果该比值是 1,则翘力是非常大的(接近 50%),要使翘力下降到拉力的 25%,该比值应接近 0.5,即 $c \approx 2e_f$。

如果取更小的板厚,则螺栓的承载力由塑性机构控制。因为《钢结构设计标准》GB 50017—2017 对高强度螺栓抗拉承载力取 $0.8P$,就是考虑了 25% 的撬力,如果按照螺栓的总拉力 $Q + N_t$ 不超过 $1.25 \times 0.8P$,则:

$$N_t^b = Q + N_t = \frac{bt_p^2 f_{yk}}{8c} + \frac{bt_p^2 f_{yk}}{4e_f} = 1.25N_t \tag{4.100}$$

由上式可以得到：

$$t_{p,Q=0.25P} = \sqrt{\frac{5 \times N_t e_f c}{b(0.5e_f + c)f_{yk}}} \tag{4.101a}$$

设 $c = e_f$，则：

$$t_{p,Q=0.25P} = \sqrt{\frac{5N_t e_f}{1.5bf_{yk}}} \approx \sqrt{\frac{3.333N_t e_f}{bf_{yk}}} \tag{4.101b}$$

这样求得的端板厚度比式（4.97）有所减小，节点的刚度将有比较大的下降。从这个比较发现，控制端板的厚度可以控制螺栓内出现的撬力。

实际上一般是 c 等于或略大于 e_f，此时如果外伸端板无加劲肋，按照式（4.97）确定的端板厚度，螺栓杆抗拉可能会首先达到极限状态。下面参照 EC 3 的规定考虑螺栓屈服拉长的塑性机构 [图 4.31（b）]，判断端板应该具有的板厚。图 4.31（b）所示的塑性机构的虚功方程是（螺栓拉力达到了屈服拉力 $N_{t,y}^b$）：

$$2N_t \times \Delta = m_p b \frac{\Delta}{e_f + c} + 2N_{t,y}^b \frac{c}{e_f + c}\Delta \tag{4.102}$$

即：

$$N_t = m_p \frac{0.5b}{e_f + c} + N_{t,y}^b \frac{c}{e_f + c} \tag{4.103}$$

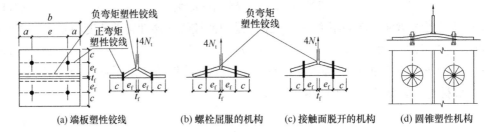

图 4.31 悬臂端板塑性铰线的三种情况

因为 $N_t^b = N_t + Q = N_{t,y}^b$，所以：

$$Q = N_{t,y}^b \frac{e_f}{e_f + c} - m_p \frac{0.5b}{e_f + c} \tag{4.104}$$

因为要求螺栓线上不形成塑性铰，Q 的最大值由螺栓截面不形成塑性铰线的条件确定，即：

$$2Qc < bm_p \tag{4.105}$$

即要求：

$$N_{t,y}^b \frac{e_f}{e_f + c} - m_p \frac{0.5b}{e_f + c} < \frac{bm_p}{2c} \tag{4.106a}$$

$$N_{t,y}^b e_f < bm_p \left(1 + \frac{e_f}{2c}\right) \tag{4.106b}$$

$$t_{p2} > \sqrt{\frac{4N_{t,y}^b e_f c}{b(c + 0.5e_f)f_{yk}}} \tag{4.107}$$

如果 $c = e_f$、$N_t = \frac{5}{9}N_{t,y}^b$（10.9s 高强度螺栓的允许拉力与屈服应力符合这个关系），则：

$$t_{p2}(\text{若 } c = e_f) > \sqrt{\frac{4N_{t,y}^b e_f}{1.5bf_{yk}}} = \sqrt{\frac{4.8N_t e_f}{bf_{yk}}} \approx 1.1t_{p1} \tag{4.108}$$

即只要厚度从式（4.97）增加到式（4.108），就会出现螺栓先屈服的情况。即出现第二种机构所需的板件厚度更大。注意这种破坏机构不是我们所希望的。

如果是第三种机构控制，如图4.31（c）所示，则 $m_{p}b = 2N_{t}e_{f}$，可以得到：

$$t_{p3} = \sqrt{\frac{8N_{t}e_{f}}{bf_{yk}}} \qquad (4.109)$$

即板件达到式（4.109）的厚度时，连接破坏前板件接触面全脱开，无翘力。

《门式刚架轻型房屋钢结构技术规范》GB 51022—2015 中的公式是：

$$t_{p,GB} = \sqrt{\frac{6N_{t}e_{f}}{bf}} \qquad (4.110)$$

这个公式将 4 改为了 6，厚度放大了 1.22 倍，这样设计的梁柱端板连接，虽然翘力小了，螺栓却有可能首先达到极限状态。对照式（4.108）和式（4.97）。建议系数 6 改为 5（对应单侧塑性区深度是 $0.113t$，承载力是 1.2 倍的板件屈服弯矩，与《钢结构设计标准》GB 50017—2017 对工字钢弱轴的塑性开展系数取 1.2 一致）：

$$t_{p,E} = \sqrt{\frac{5N_{t}e_{f}}{bf}} \qquad (4.111)$$

则各方面都兼顾——破坏模式相对较好，不会在使用极限状态就进入屈服，螺栓也有微量塑性伸长。

EC 3 的图 4.22（a）及图 4.31（d）所示塑性机构如何在设计中得到考虑？利用 EC 3 提供的有效宽度，计算式为：

$$\frac{2b_{effl}m_{P}}{e_{f}} = N_{t}^{b} = 4\pi m_{P} = \pi t_{p}^{2}f_{yk} \qquad (4.112a)$$

$$t_{p} = \sqrt{\frac{N_{t}^{b}}{\pi f_{yk}}} \leqslant \sqrt{\frac{N_{t,y}^{b}}{\pi f_{yk}}} \qquad (4.112b)$$

因为这个式子求出的端板厚度比较小，所以这个破坏模式不会控制端板的厚度。

（2）两相邻边支承的端板区格

对两相邻边支承的板，如图4.32（a）所示，在两个支承边汇交的附近，形成 1/4 圆锥塑性面或椭圆锥塑性面。记螺栓处的弯曲虚位移为 Δ，则可以建立如下的虚功方程：

$$\frac{\Delta}{e_{w}}m_{p}(c+c) + \frac{\Delta}{e_{f}}(a+a)m_{p} + m_{p}\frac{\pi}{2}\left(\frac{e_{w}}{e_{f}} + \frac{e_{f}}{e_{w}}\right)\Delta = N_{t}\Delta \qquad (4.113)$$

式中，e_{w} 是螺栓中心至腹板边缘的距离，c、a 分别是螺栓到端板边的距离。式中左边最后一项是 1/4 圆锥面的内功，考虑到 R/a 最常见的数值是 2.2~2.5，参考表4.5，可以直接应用式（4.56）、式（4.59）而无须考虑螺栓孔的影响。从上式得到：

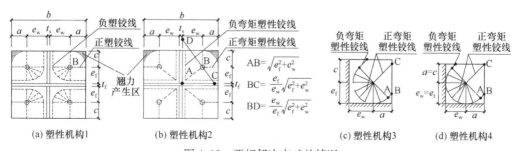

图 4.32 两相邻边支承的情况

$$N_t = \frac{1}{4} t_p^2 f_{yk} \left[\frac{2c}{e_w} + \frac{2a}{e_f} + \frac{\pi}{2} \left(\frac{e_w}{e_f} + \frac{e_f}{e_w} \right) \right] \tag{4.114}$$

$$t_{p2a} = \sqrt{\frac{8N_t e_f e_w}{[4(ce_f + ae_w) + \pi(e_w^2 + e_f^2)] f_{yk}}} \tag{4.115}$$

角部椭圆锥塑性面的承载力高于圆锥塑性面，因此有可能形成圆锥塑性面，此时：

$$\frac{\Delta}{e_{min}} m_p (c+c) + \frac{\Delta}{e_{min}} (a+a) m_p + \pi m_p \Delta = N_t \Delta \tag{4.116a}$$

$$N_t = \frac{1}{4} t_p^2 f_{yk} \left[\frac{2(c+a)}{e_{min}} + \pi \right] \tag{4.116b}$$

$$t_{p2b} = \sqrt{\frac{4e_{min} N_t}{(2c + 2a + \pi e_{min}) f_{yk}}} \tag{4.116c}$$

式中，$e_{min} = \min(e_w, e_f)$，图 4.32（b）所示机构的承载力高于图 4.32（a）所示的机构，因而无须考虑。

还有可能出现图 4.32（c）、（d）所示的机构。记 $e_{min} = \min(e_f, e_w)$、$c_{min} = \min(a, c)$，则：

$$\frac{\Delta}{e_{min}} (\sqrt{2}a - e_{min}) m_p + \frac{\Delta}{e_{min}} (\sqrt{2}c - e_{min}) m_p + \sqrt{2} c_{min} m_p \frac{2\Delta}{e_{min}} + 2\pi m_p \Delta = N_t \Delta \tag{4.117a}$$

$$N_t = \left[\sqrt{2} \frac{a+c}{e_{min}} - 2 + \sqrt{2} \frac{2c_{min}}{e_{min}} + 2\pi \right] m_P \tag{4.117b}$$

$$t_{p2c} = \sqrt{\frac{4e_{min} N_t}{[\sqrt{2}(a + c + 2c_{min}) + 4.28 e_{min}] f_{yk}}} \tag{4.117c}$$

通过算例发现，总是由式（4.115）给出最大的厚度，因此应从式（4.115）出发构建公式用于设计，采用弹性极限弯矩代替塑性弯矩，同时改用钢材强度设计值：

$$t_{p2} = \sqrt{\frac{12N_t e_f e_w}{[4(ce_f + ae_w) + \pi(e_w^2 + e_f^2)] f}} \tag{4.118}$$

《门式刚架轻型房屋钢结构技术规范》GB 51022—2015 中的公式为：

$$t_{p2,GB} = \sqrt{\frac{6e_f e_w N_t}{[e_w b + 2e_f(e_f + e_w)] f}} \tag{4.119}$$

式（4.119）的板厚小于式（4.118）2%～10%不等。

同样地，抗震设计不建议采用弹性极限弯矩，而是取中间值（单侧塑性开展深度 $0.113t$）：

$$t_{p2,E} = \sqrt{\frac{10N_t e_f e_w}{[4(ce_w + ae_w) + \pi(e_w^2 + e_f^2)] f}} \tag{4.120}$$

考虑到一般情况下，$e_f \approx e_w$、$b \approx 4 \times e_w$ 则有加劲端板厚度与无加劲端板厚度的比值：

$$\frac{t_{p2}}{t_{p1}} = \sqrt{\frac{be_w}{be_w + 2 \times e_f(e_w + e_w)}} \approx \frac{1}{\sqrt{2}} \tag{4.121}$$

这表明，《门式刚架轻型房屋钢结构技术规范》GB 51022—2015 中认为端板加劲肋使端板厚度降低到无加劲时的 0.7 倍。

（3）三边支承板格

图 4.33（a）所示的机构：

$$\frac{\Delta}{e_{\mathrm{f}}}(2a + 2a)m_{\mathrm{p}} + m_{\mathrm{p}}\pi\left(\frac{e_{\mathrm{f}}}{e_{\mathrm{w}}} + \frac{e_{\mathrm{w}}}{e_{\mathrm{f}}}\right)\Delta = N_{\mathrm{t}}\Delta \tag{4.122a}$$

$$N_{\mathrm{t}} = \left[\frac{4a}{e_{\mathrm{f}}} + \pi\left(\frac{e_{\mathrm{f}}}{e_{\mathrm{w}}} + \frac{e_{\mathrm{w}}}{e_{\mathrm{f}}}\right)\right]m_{\mathrm{p}} \tag{4.122b}$$

$$t_{\mathrm{p3a}} = \sqrt{\frac{4N_{\mathrm{t}}e_{\mathrm{f}}e_{\mathrm{w}}}{[4e_{\mathrm{w}}a + \pi(e_{\mathrm{f}}^2 + e_{\mathrm{w}}^2)]f_{\mathrm{yk}}}} \tag{4.122c}$$

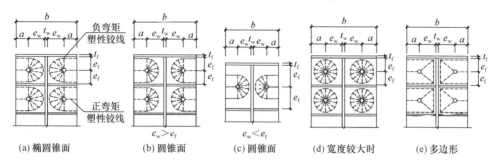

图 4.33　三边支承的板件的塑性铰机构

如图 4.33（b）、（c）所示，记 $e_{\min} = \min(e_{\mathrm{f}}, e_{\mathrm{w}})$，虚功方程是：

$$\frac{\Delta}{e_{\min}}(2a + 2a)m_{\mathrm{p}} + 2\pi m_{\mathrm{p}}\Delta = N_{\mathrm{t}}\Delta \Rightarrow N_{\mathrm{t}} = \left(\frac{4a}{e_{\min}} + 2\pi\right)m_{\mathrm{p}} \tag{4.123}$$

因此得到：

$$t_{\mathrm{p3b}} = \sqrt{\frac{2N_{\mathrm{t}}e_{\min}}{(2a + \pi e_{\min})f_{\mathrm{yk}}}} \tag{4.124}$$

图 4.33（d）在任何时候都是一个下限：

$$N_{\mathrm{t}} = 4\pi m_{\mathrm{p}} = \pi t^2 f_{\mathrm{yk}} \tag{4.125a}$$

$$t_{\mathrm{p3min}} = \sqrt{\frac{N_{\mathrm{t}}}{\pi f_{\mathrm{yk}}}} \tag{4.125b}$$

图 4.33（e）是早期采用的塑性铰线模型，推导的过程如下：

$$\frac{\Delta}{e_{\mathrm{w}}}m_{\mathrm{p}}(2e_{\mathrm{f}}) + 2\frac{\Delta}{e_{\mathrm{f}}}(e_{\mathrm{w}} + a + a)m_{\mathrm{p}} + 2m_{\mathrm{p}}\Delta\frac{\sqrt{e_{\mathrm{f}}^2 + e_{\mathrm{w}}^2}}{e_{\mathrm{w}}e_{\mathrm{f}}}(\sqrt{e_{\mathrm{f}}^2 + e_{\mathrm{w}}^2}) = N_{\mathrm{t}}\Delta \tag{4.126a}$$

$$m_{\mathrm{p}}(4e_{\mathrm{f}}^2 + 4e_{\mathrm{w}}^2 + 4ae_{\mathrm{w}}) = N_{\mathrm{t}}e_{\mathrm{w}}e_{\mathrm{f}} \tag{4.126b}$$

$$t_{\mathrm{p3c}} = \sqrt{\frac{e_{\mathrm{f}}e_{\mathrm{w}}N_{\mathrm{t}}}{(e_{\mathrm{f}}^2 + e_{\mathrm{w}}^2 + ae_{\mathrm{w}})f_{\mathrm{yk}}}} \tag{4.126c}$$

《门式刚架轻型房屋钢结构技术规范》GB 51022—2015 中的计算公式是：

$$t_{\mathrm{p3,GB}} = \sqrt{\frac{6e_{\mathrm{f}}e_{\mathrm{w}}N_{\mathrm{t}}}{[e_{\mathrm{w}}(b + 2b_{\mathrm{s}}) + 4e_{\mathrm{f}}^2]f}} \tag{4.127}$$

式中，b_{s} 是钢梁腹板一侧的加劲肋的宽度，式（4.126c）与式（4.127）是相同的。

　　对比各个式子发现，采用式（4.124）可以获得最大的端板厚度；不充分利用塑性，公式变为：

弹性：

$$t_{\mathrm{p3}} = \sqrt{\frac{3N_{\mathrm{t}}e_{\min}}{(2a + \pi e_{\min})f}} \tag{4.128a}$$

部分塑性：

$$t_{\mathrm{p3,E}} = \sqrt{\frac{2.5N_{\mathrm{t}}e_{\min}}{(2a + \pi e_{\min})f}} \tag{4.128b}$$

（4）其他情况的端板

将上述公式应用于端板连接节点，还会遇到看上去不一样的板块。如图 4.34（a）所示的节点，翼缘外侧的板块可以直接套用上述一系列公式，但是翼缘以下腹板两侧的板块，可以分为两种板块，一种是两相邻边支承的板块，此时两颗螺栓之间的距离是 p，对这个板块，取 $c = 0.5p$，代入公式（4.118）计算。接下去的一个板块，取宽度 $0.5p + e_w$，按照悬臂板计算。因为这颗螺栓距整个螺栓群的中心已经比较近，计算板件的厚度时，可以采用较小的螺栓拉力，如按照线性规律分布的螺栓拉力。或者按照英国的方法：顶部第 1 和第 2 排螺栓的拉力相同，从第 2 排拉力和中性轴之间的螺栓采用线性插值确定。

图 4.34（b）所示的平接的刚接节点，翼缘下的区格，看上去与图 4.34（a）的翼缘下的区格相同，实际上却不一样：紧挨翼缘的水平塑性铰线的塑性弯矩不是端板的塑性弯矩，而是梁翼缘的。但是在这个截面上，梁翼缘本身已经承受了很大的拉力，扣除拉力影响的翼缘塑性弯矩已经很小，可以简化为 0，即铰接边。这样图 4.34（a）所示的 1/4 塑性圆锥面机构不再能够形成，而是图 4.34（b）所示的折线形塑性铰线。对这个塑性铰线应用虚功方程：

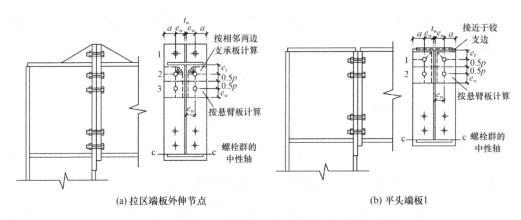

（a）拉区端板外伸节点　　　　　　（b）平头端板1

图 4.34　两种不太常见的梁柱端板连接节点

$$\frac{\Delta}{e_w} m_p (e_f + 0.5p + 0.5p) + \frac{\Delta}{e_f} a m_p + m_p \Delta \frac{\sqrt{e_f^2 + e_w^2}}{e_w e_f} (\sqrt{e_f^2 + e_w^2}) = N_t \Delta \qquad (4.129)$$

$$t_{p4} = \sqrt{\frac{4 N_t e_w e_f}{(e_f p + e_w a + e_w^2 + 2 e_f^2) f_{yk}}} \qquad (4.130)$$

如果出现图 4.35 所示的平接接头三边支承的板件，因为最上的边缘接近铰支，因此端板厚度的公式应重新推导：

$$\frac{\Delta}{e_w} m_p e_f + \frac{\Delta}{e_f} (a + a) m_p + m_p \Delta \frac{\sqrt{e_f^2 + e_w^2}}{e_w e_f} (\sqrt{e_f^2 + e_w^2}) + m_p \frac{\pi}{2} \left(\frac{e_f}{e_w} + \frac{e_w}{e_f} \right) \Delta = N_t \Delta$$

$$\qquad (4.131)$$

$$t_{p5} = \sqrt{\frac{4 N_t e_w e_f}{(3.57 e_f^2 + 2.57 e_w^2 + 2 a e_w) f_{yk}}} \qquad (4.132)$$

2. 端板外伸加劲肋设计要求

从上面的简单说明可知，端板加劲肋使得端板外伸部分由一边固支三边自由板变为两相邻边固支板。要对端板提供固支约束，加劲肋的强度和刚度，即加劲肋的长度和厚度必须满足一定的要求。而这一点各规范并未提出要求，近年国内几次试验出现加劲肋首先破坏，使得加劲肋不能起到应有的作用，如图 4.36 所示。

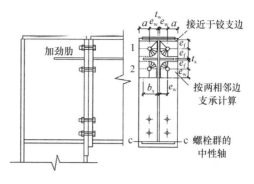

图 4.35 平头端板 2

FEMA 350（2000）建议端板外伸加劲肋的一个斜角取为 60°。这里建议加劲肋高长比取为 1：2（即加劲肋的一个斜角为 63.4°）。在应力向加劲肋传递的起点处，主应力轨迹线转折太激烈（图 4.37），会产生很大的应力集中，对于断裂的开始和发展有很大的推动作用，因此要加以避免。

(a) 柱翼缘与加劲肋和端板焊缝撕裂 　　　　(b) 柱翼缘与端板焊缝拉断，加劲肋断裂

图 4.36 试件典型破坏图

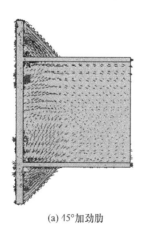 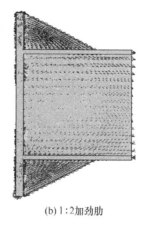

(a) 45°加劲肋 　　　　　　　　(b) 1：2加劲肋

图 4.37 不同加劲肋形状下主应力迹线（在弯矩达到梁截面塑性弯矩的 0.667 倍时）

除了加劲肋的形状，加劲肋的厚度也是很重要的。认为加劲肋要起到梁腹板的作用，

厚度必须大于或等于梁腹板的厚度。以往的研究均仅考虑了与梁腹板厚度的关系，没有考虑端板外伸部分及三角形加劲肋各自传力的区别。实际上三角形的加劲肋在传递力方面与长条的矩形板不同。三角形加劲肋在短边均布压力下的承载力可由下式计算：

$$P_y = k_y f_{yk} h_s t_s \qquad (4.133)$$

式中，h_s 是加劲肋高度，t_s 是其厚度，f_{yk} 是加劲肋材料的屈服强度，k_y 是三角形加劲肋的抗拉承载力与长矩形板承载力的比值。

设计了三角形加劲肋的试件，如图 4.38 所示。如图 4.38（a）所示，加拉力的板（模拟翼缘板）与端板是断开的，这样确保所有的力都通过加劲肋传递到钢板，弹塑性分析得到的加劲肋效率系数 k_y 如图 4.39 所示。对有限元计算得出的 k_y 进行拟合得到：

$$k_y = \frac{0.88}{0.75 + h_s/l_s} \qquad (4.134)$$

式中，l_s 是加劲肋的长度。图 4.39 给出了两者的对比，公式具有很高的精度。

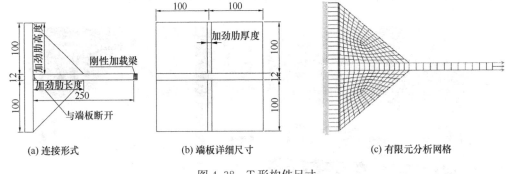

(a) 连接形式　　　　　　　(b) 端板详细尺寸　　　　　　(c) 有限元分析网格

图 4.38　T 形构件尺寸

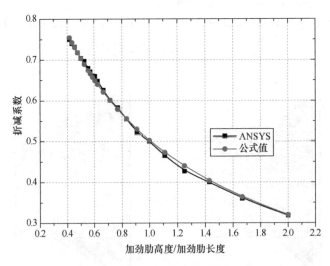

图 4.39　三角形加劲肋的效率系数

因为上文建议取加劲肋的高长比为 1 : 2，所以取 $k_y = 0.704$。接下去的问题是，实际的节点中，应该让加劲肋分担多少比例的拉力？

如图 4.40 所示，设置了加劲肋以后，向螺栓传递拉力的途径就有两个：一个是原来的由梁翼缘直接通过与端板的焊缝传递到端板，然后通过端板的抗弯变形（刚度）传递到高强度螺栓；另一个则是通过三角形加劲肋传递到端板，然后再传递到高强度螺栓。两个路径，在弹性状态以刚度较大的为主，在极限状态则以承载力较大的为主。

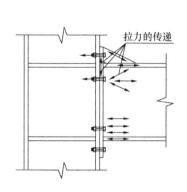

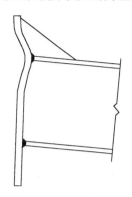

图 4.40　拉应力传递路径　　　　图 4.41　端板变形示意图

假设加劲肋厚度可由下式计算：

$$t_s = \frac{k_s \sum N_t}{0.704 h_s f_{yk}}$$　　　　　　　　　　　（4.135）

式中，$\sum N_t$ 为端板外伸部分全部（通常是 2 颗）高强度螺栓抗拉设计值，t_s、h_s 和 f_{yk} 同前，k_s 为加劲肋分担的荷载系数，即传递到螺栓的拉力（$\sum N_t$）中通过加劲肋传递的比例。

加劲肋厚度达到多少才能够使得式（4.118）的计算结果得以成立（即加劲肋能够与梁翼缘一样成为端板板块的固定支座）？从图 4.32（a）的塑性铰线看，加劲肋传递的力似乎达到 50% 就可以了。但是加劲肋是三角形的，纵向刚度小于翼缘，这是图 4.36（a）和图 4.41 所示的梁翼缘处端板首先拉开的原因。由于翼缘中心在端板接触面的相互拉开，三角形加劲肋的外侧承受的拉应变（拉应力）更大，更加容易屈服，加劲肋的连接焊缝更加容易拉断，加劲肋也就不能继续为端板提供固定支座，使得端板厚度减小。要避免这种情况的发生，不仅要考虑强度的因素，还要考虑刚度的因素，即通过三角形加劲肋传递的拉力要大于 50%。

为确定 k_s 的值，设计了五组 T 形构件连接包括有加劲肋和无加劲肋的模型，如图 4.42(a)、(b)所示。高强度螺栓为 10.9 级，端板加劲肋高长比为 1∶2，取不同的 k_a，由式(4.135)计算加劲肋厚度，并由式(4.119)计算端板厚度。施加拉力，得到各模型的荷载-变形曲线[T 形构件节点变形是 A、B 点的相对拉开，A、B 点位置见图 4.42(a)]。

选择 k_s 的原则是：采用式（4.135）确定加劲肋厚度，式（4.119）计算端板厚度，这样的加劲 T 形构件的刚度和承载力与按照式（4.110）计算端板厚度的无加劲 T 形构件具有基本相同的刚度和承载力。通过比较发现，取 $k_s = 0.85$ 才能够达到这个目的。原因是，采用式（4.119）计算的端板厚度仅为式（4.110）的 0.7，则端板的弯曲刚度仅为 35%，这样端板按照悬臂端板的传递路径，最多只能传递 35% 的荷载，其余的 65% 的拉力要通过加劲肋的传力机制来传递，即 k_s 至少为 0.65，但是考虑到加劲肋的纵向刚度不如梁翼缘的纵向刚度，传力路径也更长，1∶2 的板传力路径长 1/cos26.56°−1=11.2%，所以 k_s 可以加大到 1.112×0.65 = 0.723，并可以进一步加大到 0.85，即：

$$t_s = \frac{(0.723 \sim 0.85)\sum N_t}{0.704 h_s f_{yk}} = \frac{(1.03 \sim 1.2)\sum N_t}{h_s f_{yk}} \tag{4.136}$$

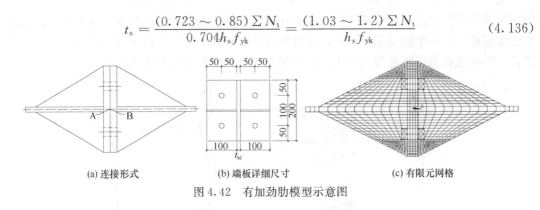

| (a) 连接形式 | (b) 端板详细尺寸 | (c) 有限元网格 |

图 4.42　有加劲肋模型示意图

由于端板外伸加劲肋应起到与梁腹板对端板同样的加劲肋作用，因此端板加劲肋的厚度不能小于梁腹板厚度。又考虑到端板加劲肋厚度的选择应使梁翼缘内外侧螺栓的拉力基本相等，能够同时达到螺栓的承载力，若加劲肋厚度过大，加大了外排螺栓承受的拉力，这使得外侧螺栓破坏时，内侧螺栓的承载力反而得不到充分的发挥。因此，由式（4.136）得到的加劲肋厚度，若小于梁腹板厚度 t_{bw}，表示梁的腹板厚度较大，则加劲肋厚度取梁腹板厚度；若大于 t_{wb}/k_y，表示钢梁腹板较薄。从钢梁翼缘内外螺栓受力均匀的角度考虑，加劲肋厚度有如下的情况：

计算的 $t_s < t_{wb}$ 时：

$$t_s = t_{wb} \tag{4.137a}$$

计算的 $t_s > \dfrac{t_{wb}}{0.704}$ 时：

$$t_s = \frac{t_{wb}}{0.704}（此时端板厚度要比式(4.110)略微增大） \tag{4.137b}$$

$$t_{wb} \leqslant t_s \leqslant \frac{t_{wb}}{0.704} = 1.42 t_{wb}（比较理想） \tag{4.137c}$$

式中，t_{bw} 为梁腹板厚度。式（4.137b）中引入 $k_y = 0.704$，是因为 k_y 相当于三角形板的承载力与矩形板的承载力的比值或承载力的效率系数，要让三角形加劲肋与矩形加劲肋起到相同的作用，其应取为 t_{bw}/k_y。

综合以上的分析，本文建议的加劲肋设计方法为：

（1）避免应力集中要求，加劲肋的高长比应为 1：2。

（2）强度要求，$t_s = \dfrac{0.85 \times \sum N_t}{0.704 \times h_s f} = \dfrac{1.2 \sum N_t}{h_s f}$，端板厚度按照式（4.118）计算（注意

两者是配套使用的，如果端板厚度达到式（4.110）计算的 0.8 倍，则可以取 $t_s = \dfrac{\sum N_t}{h_s f}$）。

（3）内外侧螺栓拉力均衡要求：$t_{bw} < t_s \leqslant t_{bw}/k_y$，因钢板具有塑性变形能力，这一条仅作参考。

对于抗震设计的结构，希望端板能够产生塑性变形，螺栓本身要较强，则端板和加劲肋的厚度不能随意加大，此时式（4.110）和式（4.119）中的 6 宜改为 5 以减小端板厚度，这样在地震作用下，端板内产生塑性变形，通过减小结构的刚度来削减地震反应，同时提供耗能能力，高强度螺栓也不容易破坏，此时可以放松强节点弱杆件的要求。

3. 螺栓拉力的计算

螺栓的拉力如何计算？钢结构教科书和设计手册均认为，高强度螺栓抗拉连接，连接面绕螺栓群形心转动，以此计算受拉区螺栓的拉力。但是有限元分析表明，在弯矩增大到一定值（比如 1/3 的梁截面塑性弯矩）时，受压应力的合力即汇集在下翼缘形心附近。并且在节点弯矩不大于 $0.667M_p$ 时，按照上述方法设计的节点，端板加劲肋传力是主要的。这表明当节点弯矩为 $0.667M_p$ 时，在受压侧无加劲肋的端板连接中，螺栓群的转动中心基本在梁受压翼缘中心线处，如图 4.43 所示，并且上部四个螺栓都达到了抗拉承载力。

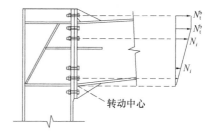

图 4.43 螺栓拉力计算时端板的
转动中心

在设置受压侧端板加劲肋的端板连接中，螺栓群的转动中心向下移动，移动的距离依赖于加劲肋的类型和梁的尺寸；一般情况下，按照上述建议的方法设计的端板加劲肋，转动中心可取为梁下翼缘与加劲肋组成的 T 形截面的形心，或保守地取为距梁下翼缘中线到螺栓中线距离的 1/3 处。增加受压侧端板加劲肋能够增加节点的抗弯力臂，从而减小受拉区螺栓的拉力，延缓螺栓破坏。

按照上述方法设置加劲肋的额外好处是：使得梁内的塑性铰外移到加劲肋的尾部。

4.5.5 矩形钢管（混凝土）柱的横隔板贯通式梁柱连接节点

1. 节点特性介绍

如图 4.44 所示，此节点在日本应用较为普遍，它有以下优点：

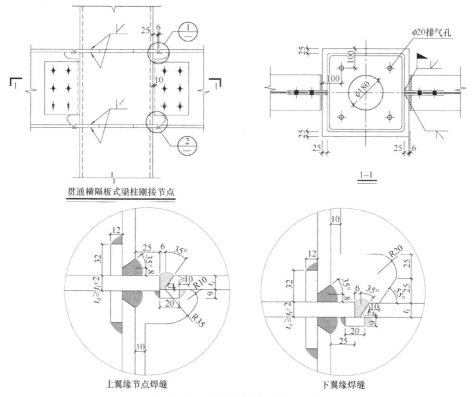

图 4.44 横隔板贯通式梁柱连接

123

（1）不采用电渣焊，避免了由电渣焊过高过猛的热量对钢材材质造成的损害；

（2）梁端弯矩不对柱壁板产生拉力，从而避免了层状撕裂的发生和柱壁板的平面外变形。

在中等和小规格的矩形钢管采用冷弯高频焊接工艺，厚度大时采用热弯焊接工艺生产时，采用这种节点，因为此时也无法再用电渣焊来焊接柱内横隔板了。另外，钢管的壁厚小于梁的翼缘厚度较多时，采用传统的内隔板的节点，就会出现厚板往薄板上焊接的情况，容易造成柱壁板焊缝热影响区相对柱板厚来说过大，此时采用横隔板贯通的节点就可以避免这种情况。

设计钢管柱子与工字钢梁连接的一个重要方面是要考虑梁腹板应力在梁柱连接面上要传递到梁的上下翼缘（图4.45），除非柱子的壁板非常厚，当壁板的宽厚比小于等于5～6时，可以认为腹板的应力能够完全直接地传递到柱子上，而在柱壁板的宽厚比达到15以上，通过壁板传递的应力就可以忽略了。

钢管混凝土柱子的受压区则有不同，如图4.46所示，受压区混凝土可以作为柱壁板的弹性地基，应力可以迅速扩散开来，只要扩散的宽度达到6倍的钢梁腹板厚度，刚度就可以相当；弹性阶段这个扩散宽度大约在3.2倍柱壁板厚度

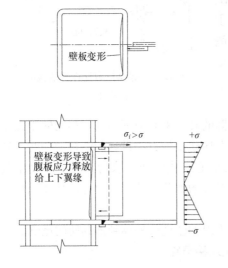

图4.45 钢梁腹板的应力因壁板的变形而卸载给上下翼缘

[图4.46（b）]，相当多的情况能够达到6倍钢梁腹板厚度；在承载力极限状态，柱壁板形成塑性铰线 [图4.46（c）]，其承载力也基本能够保证与钢梁腹板等强。因此钢管混凝土柱子的受拉区腹板的应力向受拉翼缘重分布，截面仿佛是单轴对称的（受拉区较小的单轴对称截面）。

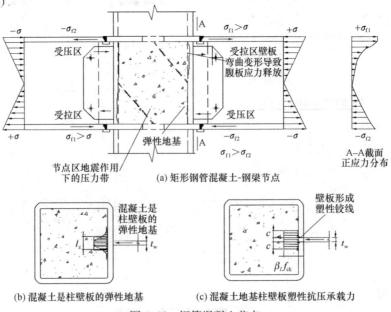

（a）矩形钢管混凝土-钢梁节点

（b）混凝土是柱壁板的弹性地基

（c）混凝土地基柱壁板塑性抗压承载力

图4.46 钢管混凝土节点

设计中如何考虑上述的腹板应力重分布？对于钢管柱，简化的方法是增大钢梁上下翼缘的厚度（图1.11），使得增大后的上下翼缘的塑性弯矩等于原截面的全截面塑性弯矩：

$$b'_f t'_f (h_{wb} + t'_f) f_{yb} = Z_{pb} f_{yb} \qquad (4.138)$$

抗剪则依然依靠腹板。

对于钢管混凝土柱与钢梁的连接，钢梁上翼缘也要按照上式来确定增大以后的截面。下翼缘是否增大，要看弯矩包络图中正负弯矩的比值，如果梁端正弯矩不到负弯矩的70%，则下翼缘无需增大。对于抗震结构，在验算强柱弱梁，计算梁的塑性弯矩时仅需要少量地考虑腹板的贡献［例如从梁翼缘内表面开始计算4倍柱壁板厚度（$4t_c$）的腹板参与提供塑性弯矩］。目前也有认为在腹板的拉压力作用下，柱壁板形成塑性铰线，由此计算腹板提供的塑性弯矩，达到这种塑性弯矩，节点的变形已经比较大了，而且计算结果表明，这部分的贡献也不大，除非柱壁板的厚度很大。

如果设计验算结果表明，梁端应力比低于0.7～0.8，则可以预料，不改变翼缘也能够保证安全。

在框架梁是钢-混凝土组合梁的情况，组合梁的内力分析模型影响钢梁部分的截面。我们希望采用分段变截面的模型，两端按照钢梁、中间段按照组合梁建模。分析出来的弯矩，如果不进行调幅，则钢梁上下翼缘在端部也无须增大厚度，这是因为，实际上允许弯矩调幅15%，不增大上下翼缘恰好能够让弯矩产生调幅。但是在分段变截面模型分析的基础上又进行弯矩调幅，则钢梁端部上下翼缘应该加大。翼缘加大的范围是1.2～1.5倍梁高。

这个节点的设计有以下要点：

（1）横隔板外伸出柱表面25mm；

（2）横隔板的厚度应比梁翼缘厚2mm或以上；横隔板和梁翼缘板的下表面要齐平；

（3）可以采用图4.16（a）或（b）中的任何一种工艺孔，其性能都更接近美式孔的梁柱连接，因为横隔板外伸25mm，相当于使得工艺孔水平方向拉长了；

（4）上下翼缘采用坡口对接焊缝，抗震设计的结构采用Ⅰ级焊缝，非抗震设计（6度及以下）可以采用Ⅱ级焊缝；

（5）腹板的抗剪连接板可以采用焊接或者高强度螺栓摩擦型连接，焊缝要求同前面的节点；

（6）这个节点的缺点是焊缝较多，但是如果焊缝采用机器人焊接，则生产效率高，质量可靠。图4.47是节点焊接机器人在焊接的情形，其中柱子能够自动翻转，焊接机器人则能够随着被焊接件的翻转自动调整焊条相对于焊缝的姿态。

图4.47 横隔板贯通的箱形柱的自动焊接

2. 四边固定柱壁板的塑性分析确定梁腹板的抗弯承载力

因为这种节点允许考虑一部分腹板参与梁柱节点的抗弯计算，但是如何决定参与的程度，即图4.48中的h_m，需要给出计算公式。下面进行柱壁板的塑性铰线分析。腹板上的塑性铰机构如图 4.49（a）所示，斜塑性铰线的长度是：

$$l_d = \sqrt{0.25b_j^2 + h_m^2} \tag{4.139}$$

剩余 CD 段的长度是：

$$l_{CD} = h_{wb} - 2h_m \tag{4.140}$$

斜塑性铰线的转动为：

$$\frac{\delta}{l_d/\tan\alpha} + \frac{\delta}{l_d\tan\alpha} , \tan\alpha = \frac{2h_m}{b_j} \tag{4.141}$$

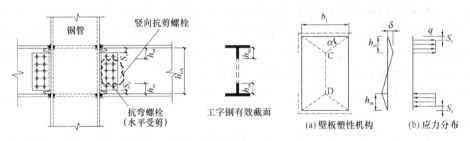

图 4.48　钢梁腹板部分参与梁柱节点抗弯　　　图 4.49　腹板的塑性铰机构

上边缘塑性铰线的转动是 δ/h_m，两个侧边的塑性铰线的转动为 $\delta/(b_j/2)$，如果应力简化为图 4.49（b）所示，则虚功方程：

$$2m_p\left(\frac{\delta}{l_d/\tan\alpha} + \frac{\delta}{l_d\tan\alpha}\right)l_d + m_p b_j \frac{\delta}{h_m} + 2m_p \frac{\delta}{b_j/2}h_m = \frac{1}{2}q\frac{(h_m - S_r)^2}{h_m}\delta \tag{4.142}$$

消去位移，并将柱壁板的塑性铰线的弯矩是 $m_P = t_c^2 f_{yc}/4$ 代入得到：

$$q\left[h_m - \left(2 - \frac{S_r}{h_m}\right)S_r\right] = t_c^2 f_{yc}\left(\frac{4h_m}{b_j} + \frac{b_j}{h_m}\right) \tag{4.143a}$$

宽度 b_j 实际上是一个未定的量，它与梁柱的宽度没有关系，因为上边缘是柱内横隔板，相对于钢梁腹板作用拉力 q，上边仅仅是一个支座边。b_j 取值应使 q 取最小值，这样求得：$b_j = 2h_m$，且 $q = t_{wb}f_{yw}$，代回上式得到：

$$t_w f_{wy}\left[h_m - (2 - S_r/h_m)S_r\right] = 4t_c^2 f_{yc} \tag{4.143b}$$

记

$$k = \frac{t_c f_{yc}}{t_{wb} f_{yw}} \tag{4.144}$$

得到确定 h_m 的方程：

$$h_m^2 - (2S_r + 4kt_c)h_m + S_r^2 = 0 \tag{4.145}$$

$$h_m = S_r + 2kt_c + \sqrt{(S_r + 2kt_c)^2 - S_r^2} \approx \left(2 - \frac{1}{1 + 2kt_c/S_r}\right)S_r + 4kt_c \tag{4.146}$$

h_m 实际上就是腹板参与抗弯的有效高度。腹板提供的抗弯承载力是：

$$M_{w,j} = (h_{wb} - h_m - S_r)q(h_m - S_r) \tag{4.147}$$

$$M_{w,j} = \left[h_{wb} - 4kt_c - 2\left(\frac{S_r + 3kt_c}{S_r + 2kt_c}\right)S_r\right]\left(\frac{3S_r + 4kt_c}{S_r + 2kt_c}\right)2t_c^2 f_{yc} \tag{4.148}$$

3. EC 3 的规定

上述推导过程中自然地得到了参数 k。我们注意到，欧洲钢结构设计标准中对图 4.50 所示的情况，也有这样的 k 参数，具体条文是：

工字形：$\qquad\qquad b_e = t_w + 2s + 5kt_f \qquad\qquad$ (4.149a)

箱形：$\qquad\qquad b_e = 2t_w + 2s + 5kt_f \qquad\qquad$ (4.149b)

其中 $k = t_c f_{yc}/t_p f_{yp} \leqslant 1$，即引入了 $k \leqslant 1$ 的要求。

回到我们的问题，式 (4.144) 中的 k 是否也需要引入这个要求？为了回答这个问题，我们对图 4.50 采用板件的塑性极限分析方法进行理论分析。

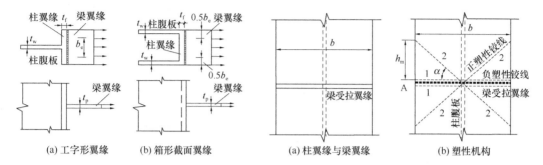

(a) 工字形翼缘　　　(b) 箱形截面翼缘　　　　(a) 柱翼缘与梁翼缘　　　(b) 塑性机构

图 4.50　背面无加劲肋的传力翼缘的有效宽度　　　图 4.51　工字钢翼缘的塑性机构分析

首先分析图 4.50 (a) 的情况。如图 4.51 所示，在钢梁受拉翼缘拉力的作用下，柱子的翼缘板形成了图中所示的三角形的塑性铰线，其中 1 是负弯矩塑性铰线，2 是斜的塑性铰线，柱翼缘边 A 点的位移为 Δ，则外力和内力虚功分别是：

$$W_{ext} = \frac{1}{2} \times q \times \frac{1}{2} b \times \Delta \times 2 = \frac{1}{2} q b \Delta = W_{interior} = 2(m_p b \theta_1 + 2m_p \theta_2 l_2) \quad (4.150)$$

式中，$\theta_1 = \dfrac{\Delta}{h_m}$，$\theta_2 = \dfrac{\Delta}{0.5b\sin\alpha}$，$l_2 = \sqrt{0.25b^2 + h_m^2}$。

$$l_2\theta_2 = \frac{l_2\Delta}{0.5b\sin\alpha} = \frac{l_2}{0.5b} \frac{\Delta}{h_m/l_2} = \frac{0.25b^2 + h_m^2}{0.5bh_m}\Delta \quad (4.151)$$

代入虚功方程得到：

$$qb = 8\left(\frac{b}{h_m} + \frac{2h_m}{b}\right)m_p \quad (4.152)$$

式中，h_m/b 的取值应使 qb 达到最小值，这样得到 $\dfrac{h_m}{b} = \dfrac{1}{\sqrt{2}}$，代入上式，得：

$$qb = 16\sqrt{2}m_p = 4\sqrt{2}t_c^2 f_{yc} \quad (4.153)$$

如果问题是根据钢梁翼缘板的屈服承载力来决定柱翼缘的厚度，则可以得到：

$$t_c = \frac{1}{2^{1.25}}\sqrt{A_{bf}\frac{f_{yb}}{f_{yc}}} = 0.42\sqrt{A_{bf}\frac{f_{yb}}{f_{yc}}} \quad (4.154)$$

如果问题是：给定柱翼缘的厚度决定钢梁能够传递的荷载，则式 (4.153) 已经给出了结果，采用有效宽度来表示，在有效宽度范围内，钢梁翼缘板内的应力达到屈服，则 $qb = b_{eff}t_{fb}f_{yb}$，代入得到：

$$b_{eff} = 4\sqrt{2}t_c \frac{t_c f_{yc}}{t_{fb}y_{yb}} = 5.66kt_c \leqslant b \quad (4.155)$$

考虑到柱子翼缘还承受竖向应力，竖向应力使塑性弯矩变为 $m_p' = m_p(1 - \sigma_{zc}^2/f_{yk}^2)$（假设斜的塑性铰线内的塑性弯矩进行同样的折减），由此得到的有效宽度是：

$$b_{\text{eff}} = 5.66 kt_{\text{c}} \sqrt{1 - \frac{\sigma_{\text{zc}}^2}{f_{\text{yk}}^2}} \leqslant b \tag{4.156}$$

由此我们大致了解了 EC 3 的式（4.149a）中的系数 5k 的来源。

可见从塑性极限分析的角度，这里的 k 并不需要限制其大小不超过 1。但是实际上，这里传力的是焊缝，其变形能力受到焊接质量的影响。柱子翼缘越厚，k 值越大，b_{eff} 也越大，钢梁翼缘焊缝中点的变形要求越大，限制 k 值有利于避免钢梁翼缘焊缝破坏。

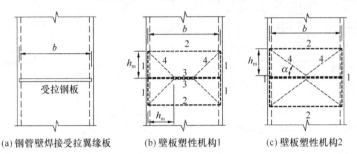

(a) 钢管壁焊接受拉翼缘板　　(b) 壁板塑性机构1　　(c) 壁板塑性机构2

图 4.52　钢管壁受拉的塑性铰线模型

图 4.52 是图 4.50（b）所示的钢管柱与翼缘连接的情况。塑性铰线 3 的位移是 Δ，内外虚功是：

$$W_{\text{ext}} = \frac{1}{2} q \times h_{\text{m}} \Delta \times 2 + q(b - 2h_{\text{m}}) \Delta = q(b - h_{\text{m}}) \Delta \tag{4.157}$$

$$W_{\text{interior}} = 2 \left[2m_{\text{p1}} h_{\text{m}} \theta_1 + m_{\text{p2}} b\theta_2 + m_{\text{p3}}(b - 2h_{\text{m}})\theta_3 + 2m_{\text{p4}} \theta_4 \sqrt{2} h_{\text{m}} \right] \tag{4.158}$$

其中 $\theta_1 = \theta_2 = \theta_3 = \dfrac{\Delta}{h_{\text{m}}}$，塑性铰线 4 的塑性转动是 $\theta_4 = \dfrac{\Delta}{\sqrt{2} h_{\text{m}}} + \dfrac{\Delta}{\sqrt{2} h_{\text{m}}} = \dfrac{\sqrt{2} \Delta}{h_{\text{m}}}$。

设 $m_{\text{p2}} = m_{\text{p3}} = m_{\text{p4}} = m_{\text{p}}$，则

$$W_{\text{interior}} = 4 \left[m_{\text{p1}} + m_{\text{p}} \left(\frac{b}{h_{\text{m}}} + 1 \right) \right] \Delta \tag{4.159}$$

首先讨论 $m_{\text{p1}} = m_{\text{p}}$，即柱腹板与柱翼缘等厚度。

$$W_{\text{interior}} = 4m_{\text{p}} \left(\frac{b}{h_{\text{m}}} + 2 \right) \Delta = q(b - h_{\text{m}}) \Delta \tag{4.160}$$

$$qb = \frac{4(b + 2h_{\text{m}})b}{h_{\text{m}}(b - h_{\text{m}})} m_{\text{p}} \tag{4.161}$$

$\dfrac{h_{\text{m}}}{b} = \dfrac{1}{1 + \sqrt{3}}$ 时 q 取最小值，即：

$$qb = (1 + \sqrt{3})^2 t_{\text{c}}^2 f_{\text{yc}} = 7.464 t_{\text{c}}^2 f_{\text{yc}} = b_{\text{eff}} t_{\text{fb}} f_{\text{yb}} \tag{4.162}$$

给定钢管柱壁厚，求钢梁翼缘板能够传递的拉力，采用有效宽度来表示是：

$$b_{\text{eff}} = 7.464 kt_{\text{c}} \tag{4.163}$$

其中 $k = \dfrac{t_{\text{c}} f_{\text{yc}}}{t_{\text{fb}} f_{\text{yb}}}$。

如果要求梁翼缘截面屈服，则所需要的钢管柱壁板的厚度为（考虑柱壁板内轴压应力影响）：

$$t_c = \frac{1}{1+\sqrt{3}} \sqrt{A_b \frac{f_{yb}}{f_{yc}}} \times \frac{1}{\sqrt{1-\sigma_{zc}^2/f_{yc}^2}} = \frac{0.366}{\sqrt{1-\sigma_{zc}^2/f_{yc}^2}} \sqrt{A_b \frac{f_{yb}}{f_{yc}}} \qquad (4.164)$$

然后讨论 $m_{pl}=0$，即柱腹板很薄，与柱翼缘厚度相比可以忽略：此时可以导得 $\frac{h_m}{b} = \frac{1}{1+\sqrt{2}}$。

$$qb = b_{eff} t_{fb} f_{yb} = (1+\sqrt{2})^2 t_c^2 f_{yc} \qquad (4.165)$$

$$b_{eff} = 5.828 k t_c \qquad (4.166)$$

$$t_c = \frac{1}{1+\sqrt{2}} \sqrt{b t_b \frac{f_{yb}}{f_{yp}}} = 0.414 \sqrt{A_b \frac{f_{yb}}{f_{yc}}} \qquad (4.167)$$

还要考虑可能出现如图 4.52（c）所示的塑性机构。经分析，两种情况的结果如下：

（a）柱腹板与翼缘板同厚，塑性弯矩连续（焊接时翼缘与腹板焊缝满焊），$\frac{b}{2h_m}=1$ 时 $q_f b$ 达到最小，$q_f b = 32 m_p = 8 t_c^2 f_{yc}$，$b_{eff} = 8 k t_c$；或者令 $q_f = t_{fb} f_{yb}$ 得到需要的柱壁板厚度：

$$t_c = \frac{1}{2\sqrt{2}} \sqrt{A_{bf} \frac{f_{yb}}{f_{yp}}} = 0.354 \sqrt{A_{bf} \frac{f_{yb}}{f_{yp}}} \qquad (4.168a)$$

（b）在 $m_{pl} \ll m_p$ 的情况下，取 $m_{pl}=0$，则 $\frac{h_m}{b} = \frac{1}{\sqrt{2}}$ 时 $q_f b$ 具有最小值：

$$q_f b = 16\sqrt{2} m_p, \quad b_{eff} = 4\sqrt{2} k t_c = 5.656 k t_c \qquad (4.168b)$$

或者令 $q_f = t_{fb} f_{yb}$，所以得到需要的柱子壁板厚度：

$$t_c = \frac{1}{2^{1.25}} \sqrt{A_{bf} \frac{f_{yb}}{f_{yp}}} = 0.42 \sqrt{A_{bf} \frac{f_{yb}}{f_{yc}}} \qquad (4.168c)$$

可见图 4.52（c）的塑性机构起控制作用。

上面是求柱子所需要的厚度，显然也没有要求 $k < 1$。因此 EC 3 要求 $k \leqslant 1$ 必然是从各个板件之间真实的变形协调能力、避免焊缝过早破坏的角度进行的限制。但是对于柱壁板很厚的情况，k 显然没有必要限制在小于等于 1 的范围。

4. 节点设计方法

节点的极限弯矩由钢梁翼缘和腹板两部分组成：

$$M_u^l = M_{uf}^l + M_{uw}^l \qquad (4.169a)$$

$$M_{uf}^l = A_{fb}(h_b - t_{fb}) f_{ub} \qquad (4.169b)$$

M_{uw}^l 由式（4.148）计算。注意：（1）一个是抗拉极限强度，一个是屈服强度；（2）一个是梁的，一个实际上是柱子的。其他方面，参照《高层民用建筑钢结构技术规程》JGJ 99—2015。

5. 钢管混凝土时

在受压区，混凝土作为柱壁板的弹性支座，有塑性承载力（见第 5 章 5.6.3 节），如图 4.53 所示，与钢梁腹板的屈服承载力对比取较小值，即：

$$\sigma_w t_{wb} = \min\left[(t_c \sqrt{2 f_{yc} \beta_l f_{ck}} + t_{wb} \beta_l f_{ck}), t_{wb} f_{ywb} \right] \qquad (4.170)$$

【算例】$f_{yc} = 345 \text{MPa}$，混凝土承载力局部承压提高系数 $\beta_l = 3$，对 C30、C40、C50 混凝土计算比值。

$$t_c \frac{\sqrt{2f_{yc}\beta_l f_{ck}} + t_{wb}\beta_l f_{ck}}{t_{wb}f_{ywb}} = \begin{Bmatrix} 0.591 \\ 0.683 \\ 0.751 \end{Bmatrix} \times \frac{t_c}{t_{wb}} + \begin{Bmatrix} 0.175 \\ 0.233 \\ 0.282 \end{Bmatrix} \tag{4.171}$$

可见，混凝土强度等级为 C50 时柱壁板与梁腹板同厚度，就可以保证梁腹板能够屈服；混凝土强度等级为 C40 时，柱壁板的厚度须达到梁腹板厚度的 1.15 倍（梁腹板是 6mm、8mm、10mm 时，柱壁板为 7mm、10mm、12mm 以上）；柱内混凝土强度等级为 C30 时，柱壁板厚度须达到梁腹板厚度的 1.4 倍以上（梁腹板是 6mm、8mm、10mm 时，柱壁板为 9mm、12mm、14mm 以上）。

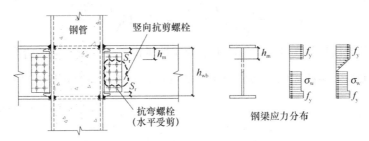

图 4.53 与钢管混凝土柱连接的梁端截面应力分布

因此，与钢管混凝土柱连接的钢梁的承载力接近于与工字钢柱强轴相连的钢梁（图 4.53）。

4.5.6 加厚钢管柱壁板的梁柱刚接节点

本节介绍钢管与钢梁同宽，钢梁直接焊接在加厚的钢管上的节点的设计方法（图 4.54）。此时直接依赖加厚的壁板形成塑性铰机构来传递梁端弯矩。塑性机构如图 4.55 所示，钢梁腹板与翼缘交点处的位移是 Δ，钢梁翼缘施加荷载 q_f，腹板施加荷载 q_w，外力功为：

$$W_{wai} = \frac{1}{2} \times q_f \times \frac{1}{2}b \times \Delta \times 2 + \frac{1}{2}q_w h_{m2}\Delta = \frac{1}{2}(q_f b + q_w h_{m2})\Delta \tag{4.172a}$$

式中，Δ 是梁腹板-翼缘交点的塑性位移。塑性铰线上的内力功为：

$$W_{interior} = 2m_{p1}h_{m1}\theta_1 + m_p b\theta_2 + 2m_p\theta_3\sqrt{0.25b^2 + h_{m1}^2} + 2m_{p1}h_{m2}\theta_1 + m_p b\theta_6 +$$
$$2m_p\theta_4\sqrt{0.25b^2 + h_{m2}^2} \tag{4.172b}$$

图 4.54 贴板节点

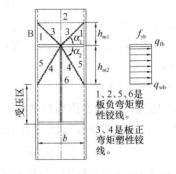

图 4.55 确定端板厚度的锥形塑性铰机构

式中，m_{pl} 是负弯矩铰线塑性弯矩，m_p 是正弯矩铰线的塑性弯矩。将塑性铰转角代入，内力功外力功相等：

$$2m_{pl}h_{ml}\frac{\Delta}{0.5b}+m_pb\frac{\Delta}{h_{ml}}+2m_p\left(\frac{\Delta}{l_3\tan\alpha_1}+\frac{\Delta}{l_3}\tan\alpha_1\right)l_3+2m_{pl}h_{m2}\frac{\Delta}{0.5b}+m_pb\frac{\Delta}{h_{m2}}+$$

$$2m_p\left(\frac{\Delta}{l_4\tan\alpha_2}+\frac{\Delta}{l_4}\tan\alpha_2\right)l_4=\frac{1}{2}(q_fb+q_wh_{m2})\Delta \tag{4.173a}$$

$$4m_{pl}\frac{h_{ml}+h_{m2}}{b}+m_pb\left(\frac{1}{h_{ml}}+\frac{1}{h_{m2}}\right)+2m_p\left(\frac{1}{\tan\alpha_1}+\tan\alpha_1+\frac{1}{\tan\alpha_2}+\tan\alpha_2\right)=\frac{1}{2}(q_fb+q_wh_{m2}) \tag{4.173b}$$

式中，$l_3=\sqrt{0.25b^2+h_{ml}^2}$，$l_4=\sqrt{0.25b^2+h_{m2}^2}$，$\tan\alpha_1=\frac{2h_{ml}}{b}$，$\tan\alpha_2=\frac{2h_{m2}}{b}$，略去负弯矩铰线的贡献（上式第 1 项），得到：

$$4m_p\left(\frac{b}{h_{ml}}+\frac{2h_{ml}}{b}+\frac{2h_{m2}}{b}+\frac{b}{h_{m2}}\right)=q_fb+q_wh_{m2} \tag{4.174}$$

左边括号内的值最小化，可以得到 $h_{ml}=\frac{1}{\sqrt{2}}b$。因为 $q_f=t_{fb}f_{yb}$，$q_w=t_{wb}f_{yb}$，$m_p=\frac{1}{4}t_P^2f_{yP}/1.25$，引入 1.25 相当于把塑性弯矩限制在 1.2 倍的弹性弯矩，与我国受弯构件的强度计算对应。最后得到：

$$t_p=\psi\sqrt{\frac{bt_{fb}f_{yb}}{1.25f_{yp}}}=1.118\psi\sqrt{\frac{A_{fb}f_{yb}}{f_{yp}}} \tag{4.175a}$$

$$\psi=\sqrt{\frac{1+\xi/\tau}{2\sqrt{2}+2\xi+1/\xi}}=0.45\sim0.67 \tag{4.175b}$$

式中，$\xi=\frac{h_{m2}}{b}=\frac{h_{wb}}{2b}$，$\tau=\frac{t_{fb}}{t_{wb}}$。系数 ψ 见表 4.7。

系数ψ 表 4.7

τ	ξ							
	0.5	1	1.5	2	2.5	3	3.5	4
1	0.507	0.586	0.620	0.640	0.652	0.661	0.667	0.672
1.25	0.490	0.556	0.582	0.596	0.604	0.609	0.613	0.616
1.5	0.478	0.535	0.555	0.564	0.569	0.572	0.574	0.575
1.75	0.470	0.519	0.535	0.541	0.543	0.544	0.545	0.545
2	0.463	0.507	0.519	0.522	0.523	0.522	0.521	0.520
2.25	0.458	0.498	0.507	0.508	0.507	0.505	0.503	0.501
2.5	0.454	0.490	0.496	0.496	0.493	0.490	0.487	0.484
2.75	0.450	0.484	0.488	0.485	0.482	0.478	0.474	0.471
3	0.447	0.478	0.481	0.477	0.472	0.467	0.463	0.459

强节点弱构件要求：节点用极限强度，钢梁用屈服强度乘以节点系数 $\eta_j=1.3$，此时塑性开展可以更加深，板件塑性铰曲率达到弹性屈服曲率的 5 倍以上，已经可以采用全塑性弯矩，所以：

$$t_{P,u}=\psi\sqrt{\frac{A_{fb}\eta_jf_{yb}}{f_{P,u}}} \tag{4.176a}$$

131

考虑到节点端板如果达到 f_u，可能板件形成塑性铰线的弯曲变形很大，焊缝会吃不消，可以考虑采用 $\dfrac{2f_{P,y}+f_{P,u}}{3}$ 代替 $f_{P,u}$ 计算，则：

$$t_{P,u} = \psi\sqrt{\frac{3f_{P,y}\eta_i}{(f_{P,u}+2f_{P,y})}\frac{A_{fb}f_{yb}}{f_{P,y}}} \tag{4.176b}$$

加厚的区域应延伸到钢梁上下的距离：因为 $h_{ml}=b/\sqrt{2}$，在 h_{ml} 处有塑性铰弯矩，切断点处弯矩为 0，因此应该是这个尺寸再延伸一段距离作为切断点。切断点到 h_{ml} 处的距离 d 应至少是 $d=t_P\sqrt{\dfrac{3f_{yp}}{4f_{ck}}}\approx 3.5t_p$，加厚区延伸到钢梁以上不小于 1.4 倍的钢梁宽度。

如果端板往上的尺寸不足，则图 4.55 中的塑性铰线 2 不会贡献塑性铰弯矩，此时的内力虚功和外力虚功相等得到的结果是：

$$4m_p\left(\frac{b}{2h_{ml}}+\frac{2h_{ml}}{b}+\frac{2h_{m2}}{b}+\frac{b}{h_{m2}}\right) = q_f b + q_w h_{m2} \tag{4.177}$$

上式括号内 $h_{ml}=0.5b$ 时有最小值。因为 $q_f=t_{fb}f_{yb}$、$q_w=t_{wb}f_{yb}$，所以得到：

$$t_p = 1.118\sqrt{\frac{1+\xi/\tau}{2+2\xi+1/\xi}}\sqrt{\frac{bt_{fb}f_{yb}}{f_{yp}}} \tag{4.178a}$$

式中，$\xi=\dfrac{h_{m2}}{b}=\dfrac{h_{wb}}{2b}$。强节点弱杆件要求：

$$t_p = \sqrt{\frac{1+\xi/\tau}{2+2\xi+1/\xi}}\sqrt{\frac{3\eta_i bt_{fb}f_{yb}}{2f_{Py}+f_{Pu}}} \tag{4.178b}$$

实际可以取外伸高度为楼板厚度（100~120mm），这样能够保证节点板不影响装修和防火涂层厚度。在楼板厚度为 100mm 且梁宽度为 130mm 和 150mm 时，上式分母中的常数 2 变为 2.4 左右，即：

$$t_p = \sqrt{\frac{1+\xi/\tau}{2.4+2\xi+1/\xi}}\sqrt{\frac{3\eta_i bt_{fb}f_{yb}}{2f_{Py}+f_{Pu}}} \tag{4.179}$$

4.5.7　狗骨式节点

狗骨式节点（Reduced Beam Section，RBS）的思路最早在 20 世纪 80 年代由比利时列日大学的 Plumier A 教授提出，1994 年美国北岭地震后，Plumier 教授自愿放弃专利。在形成正式规范条文以前，欧美日累计有 68 个试件（FEMA 355D）的试验研究。《高层民用建筑钢结构技术规程》JGJ 99—2015 全面引入了这些构造规定，图 4.56 是节点简图。各尺寸规定如下：

$$a = (0.5\sim0.75)b_f, \ b = (0.65\sim0.85)h_b, \ c = 0.2b_f, \ R = (4c^2+b^2)/8c \tag{4.180}$$

虽然有构造规定，但是实际应用存在一些需要澄清的问题，例如，截面削弱后对抗侧刚度的影响、对弯矩分布和挠度的影响等。参考国外资料并经笔者分析，这里给出如下的设计建议：

（1）内力分析按照等截面进行，重力荷载产生的弯矩进行 8% 的重分布，以考虑截面削弱带来的真实的弯矩变化。

（2）截面验算按照等截面验算，无须对削弱处的截面进行强度验算。

（3）竖向荷载作用下的跨中挠度增大 8% 以后再与挠度的限值进行对比。

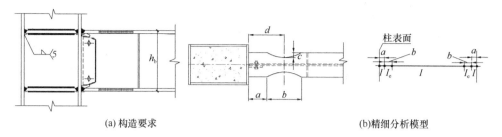

(a) 构造要求　　　　　　　　　　　　　　　(b)精细分析模型

图 4.56　狗骨式节点

（4）纯框架结构，侧移放大 8% 后，再与侧移限值进行对比。

（5）将纯框架的框架柱的计算长度系数乘以 1.04 后对框架柱进行稳定计算。

（6）对双重抗侧力结构，可以根据分担的剪力比值来进行侧移的放大，一般简单地取 5%。

（7）狗骨式梁柱节点无须采用任何的加强措施，只对焊缝质量等级提一级或二级熔透焊缝的要求。强柱弱梁的验算采用最窄截面形式塑性弯矩后推导出的梁柱形心线交点的弯矩，强节点弱构件的验算采用柱面的梁端弯矩。

（8）狗骨段切割要自动或半自动切割，不得进行人工切割操作，切割完毕后磨除毛刺。特别是在柱子这一侧的圆弧起点处不应有尖角。

（9）狗骨段完成 +50mm 处设置防畸变屈曲加劲肋一道。

上述（1）～（3）条建议适用于所有结构形式。上述 8% 的侧移和挠度的放大、弯矩的调幅，只适用于 $c=0.2b_f$ 的情况；如果 $c=0.15b_f$，则调整为 6%。c 的大小与狗骨段的中心到柱面距离的匹配为：$(0.2b_f, L/15)$，$(0.15b_f, L/18)$，L 为净跨。

狗骨式截面等效为等截面的惯性矩 $I_e=(0.43+0.57b_{min}/b_f)I$，$b_{min}$ 是狗骨段最小截面翼缘宽度，I 是未削弱截面的惯性矩。这个惯性矩只用于设计人员对放大系数、调幅系数有疑问时的精细化验证，此时模型如图 4.56（b）所示，该公式来自文献［6］。

削减 $0.2b_f$ 后，截面的塑性弯矩下降到原截面的 $\psi=(0.72\sim0.74)$。弯矩调幅 8%，梁端固定，重力荷载与水平力组合，支座弯矩是 M_{max}，求出弯矩 $0.725M_{max}$ 的位置 d/L，见表 4.8。表中 α 是重力弯矩与总弯矩的比值，在该比值是 0.6 左右时，狗骨中心位于 $L/15$ 处比较合适。

弯矩等于 $0.725M_{max}$ 的位置 d/L　　　　　　　　　　表 4.8

α	荷载形式			α	荷载形式		
	跨中集中	三分点	均布		跨中集中	三分点	均布
0.9	0.0669	0.0598	0.0475	0.55	0.0836	0.0766	0.0646
0.85	0.0688	0.0617	0.0494	0.5	0.0866	0.0798	0.0681
0.8	0.0709	0.0638	0.0514	0.45	0.0900	0.0833	0.0719
0.75	0.0731	0.0660	0.0536	0.4	0.0936	0.0871	0.0762
0.7	0.0755	0.0683	0.0560	0.35	0.0975	0.0913	0.0809
0.65	0.0780	0.0709	0.0586	0.3	0.1017	0.0959	0.0863
0.6	0.0807	0.0736	0.0615	0.25	0.1063	0.1010	0.0923

4.5.8　排孔削弱节点

排孔削弱节点（Hole-Reduced Beam Section，HRBS）（图 4.57）的原理是通过开孔使两侧截面提早发生屈服，排孔及附近截面的塑性转动累积，可以大幅度削弱对梁柱界面焊缝的塑性变形需求，从而保护节点焊缝。与狗骨式节点相比，其侧向稳定性无削弱，从而更易保证平面内塑性转角能力的增大。

如图 4.57 所示，节点各尺寸规定如下：

$$a = (0.5 \sim 0.75)b_f, \, b = (0.75 \sim 0.85)h_b \tag{4.181}$$

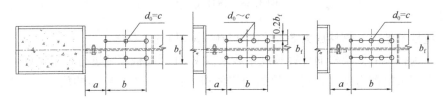

图 4.57　排孔削弱节点

图 4.58 示出了两个翼缘开 3 孔试件（IPE270，ST37）破坏时的情况，其中试件 1 的节点域用 8mm 钢板加强，试验在达到 4.5% 转角时终止。试件 2 的节点域未加强，试件在 5% 变形的第 2 个循环中在第一排螺栓截面断裂。

(a) 试件1,0.045rad　　　　　　　(b) 试件2,0.05rad

图 4.58　两个翼缘开孔试件的破坏模式

参考国外资料，这里给出如下的设计建议：

（1）孔的数量不少于 3 个。

（2）孔径按离柱面的距离从小到大排列，最小孔径不小于 $0.125b_f$，最大孔径不大于 $0.25b_f$。孔径在 $0.15 \sim 0.225b_f$ 之间变化为宜。

（3）孔中心间距为 $2.5 \sim 3.5d_0$，等间距排列。

（4）采用槽孔时，孔长与孔径之比宜取 1.5。

参 考 文 献

[1]　FEMA . Recommended seismic design criteria for new steel moment-frame buildings：FEMA 350 [S]. Washington D. C. ：FEMA，2000.

[2]　童根树. 钢结构的平面外稳定[M]. 修订版. 北京：中国建筑工业出版社，2013.

［3］ European Committee for Standardization ． Eurocode 3：Design of steel structures Part 1-8：Design of joints：EN 1993-1-8；2002［S］. Brussels：CEN，2002.

［4］ BALLIO G，MAZZOLANI F M. Theory and design of steel structures［M］. New York：Chapman and Hall，1979.

［5］ 王仁，熊祝华，黄文斌. 塑性力学基础［M］. 北京：科学出版社，1982.

［6］ Grubbs K V. The effect of the dogbone connection on the elastic stiffness of steel moment frames［D］. Austin：University of Texas at Austin，1997.

［7］ 中华人民共和国住房和城乡建设部. 高层民用建筑钢结构技术规程：JGJ 99—2015［S］. 北京：中国建筑工业出版社，2015.

［8］ 中华人民共和国住房和城乡建设部. 门式刚架轻型房屋钢结构技术规范：GB 51022—2015［S］. 北京：中国建筑工业出版社，2015.

［9］ FEMA. State of the art report on connection performance：FEMA 355D［S］. Washington D. C.：FEMA，2000.

［10］ 陈炯. 钢框架节点域的宽厚比限值和基于宽厚比的抗剪承载力验算［J］. 建筑钢结构进展，2012，14(4)：11-17，55.

［11］ VETR M G，MIRI M. Seismic behavior of a new reduced beam section connection by drilled holes arrangement（RBS_DHA）on the beam flanges through experimental studies［C］. Lisbon：WCEE，2012.

［12］ 袁继雄. 框架梁柱节点性能研究之测试方法与边界条件的分析［D］. 汕头：汕头大学，2008.

第5章　外露式锚栓钢柱脚的工作原理和设计方法

钢柱脚主要有三种形式：锚栓式、外包式和埋入式。本章论述锚栓外露式钢柱脚的受力机理及设计方法。论述分两个方面进行：一是单个锚栓的承载性能；二是已知柱脚截面内力，如何确定锚栓的拉力和剪力。

5.1　锚栓的类型

锚栓分钻孔锚栓（或植筋）和灌注锚栓。灌注锚栓的承载力来自锚栓杆身与混凝土的粘结和弯钩或扩大的端部对混凝土的承压。根据埋入端形状的不同，锚栓有 J 形锚栓、带钉头（螺栓的六角头或栓钉的钉头）的锚栓、带简单锚板的锚栓和带加劲锚板的锚栓四种，如图 5.1 所示。J 形锚栓是依靠粘结锚固的锚栓，J 形锚栓的弯钩（3.5 倍直径）是构造要求。带端承板的锚栓是承压型锚栓，但是端承板越大，端承板底面高度处基础混凝土有效抗拉截面越小，这种锚栓在我国得到广泛的应用。欧美国家则主张避免在锚栓端头设置大的板来提高抗拔强度，因为埋入长度足够的锚栓受拉力时，端头钢板所起的作用仅仅是从锚栓中心线向外延展被拔出的圆锥体（图 5.2），这对增强锚栓抗拉承载力所起的作用与增加埋深是一样的，而制作成本后者更低。增大端承板反而由于离混凝土基础或柱外边线的边距和锚栓净间距过小，引起基础混凝土截面严重削弱。所以图 5.1（b）所示小端头的锚栓在欧美得到广泛应用。

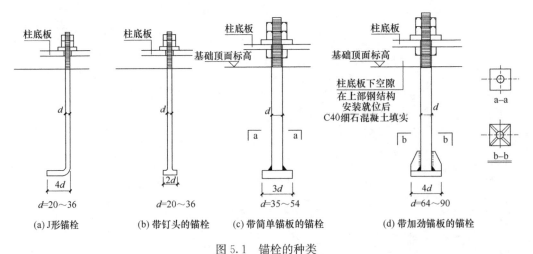

图 5.1　锚栓的种类

锚栓埋入素混凝土的深度由表面粘结力控制，图 5.3 示出了锚栓端头增加一直径为 $2d$ 的端头，就可以使粘结破坏面面积增大一倍，破坏面也从锚栓表面移到了混凝土内，埋入深度可以减半。

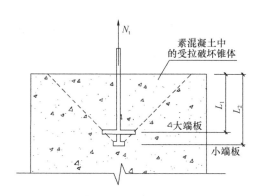

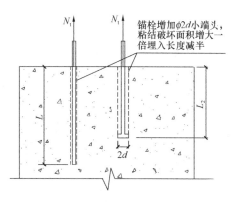

图 5.2　稍微增大埋深可以避免大的端承板　　　图 5.3　设置小端头可大幅度减小埋入长度

图 5.2 则表示，设置大的端承板，可以通过设置小的端头和稍微增加埋深来替代。

锚栓也可以像高强度螺栓那样施加预拉力，预拉力使柱底板紧紧地连接于混凝土上，使柱脚转动刚度明显增大。锚栓通常被预加载到锚栓承载能力的某个预定的程度（80%），外弯矩作用后，受拉侧底板下压力减小，而受拉锚栓的拉力增加很少，与高强度螺栓的受力机理相同。

图 5.4 是日本柱脚设计指南给出的密排高强度锚栓，采用配孔的方法加工柱脚底板，加强轴线测量定位，现场锚栓的安装也带上配孔模板，配孔模板的存在使得钢筋布置施工时对锚栓群的干扰减小，确保了所有锚栓都能够插入柱子底板，并且使得柱子在轴线上的

(a) 精确定位

(b) 锚栓带配孔板就位

(c) 预埋高强度锚栓

(d) 柱子就位后的情况

图 5.4　日本一柱脚安装过程简单示意

位置更加精确。

图 5.5 则是一系列国内钢结构柱脚的安装现场图,其中柱底板下部也有锚栓甚至加小垫板,用于调节间隙。大部分柱底板上开大孔,就位后加垫板与底板焊接。

(a) 刚接柱脚1　　　　　　　　　　　　(b) 高精度刚接柱脚安装情况

(c) 刚接柱脚2　　　　　　　(d) 箱形柱刚接柱脚3　　　　　　(e) 铰接柱脚

图 5.5　实际柱脚安装情况

5.2　国内外对锚栓研究的概况

国内研究钢柱脚的文献只有李德滋的文献 [1] ～ [5] 和于安麟等的文献 [6] ～ [8],前者研究静力性能,后者研究抗震性能。文献 [1] 研究锚栓拉力计算方法(相当于力学分析),对单个锚栓的承载力没有研究。文献 [6] ～ [8] 则在柱脚滞回曲线试验研究基础上提出了确定整个柱脚节点抗弯和抗剪承载力的方法。《钢结构设计标准》GB 50017—2017 规定柱脚锚栓不宜参与抵抗水平力,水平力应由底板和混凝土之间的摩擦力或设置抗剪键承担。在排列方面(套用普通螺栓排列的术语,锚栓的线距、栓距、端距和线距)规范没有规定,锚栓的埋设仅提出了埋深要求,柱脚应验算基础的压力不要超过混凝土的抗压强度。

国外则更关注单个锚栓承载力、破坏方式等的研究,例如文献 [14] ～ [18]。

5.2.1　锚栓仅受拉力情况

在拉力荷载作用下,其破坏形式有三种:

(1) 锚栓杆达到抗拉承载力极限。这是一种希望的锚栓破坏形式。锚栓拉断承载力为:

$$T_{ul} = A_e f_{yk} \tag{5.1}$$

式中,A_e 是锚栓有效抗拉面积,f_{yk} 是锚栓的屈服强度标准值,转换为设计公式时要改为抗拉强度设计值 f_t^a,Q235 锚栓 f_t^a 为 $140\,\mathrm{N/mm^2}$,比普通螺栓的抗拉强度设计值(已经在钢材强度设计值的基础上乘以 0.8 系数考虑螺栓撬力的影响）还要低。据文献［34］取值如此低是为了增大锚栓面积，增大柱脚刚度。

（2）基础混凝土与锚杆的粘结破坏。取粘结应力与混凝土抗拉强度 f_t 相同，则有：

$$T_{u2} = \pi d l_d f_t \tag{5.2}$$

式中，d 是锚栓杆直径，l_d 是埋入深度（由 $T_{u2} = T_{u1}$ 决定锚固长度）。由于粘结强度低，为了防止粘结破坏，要求较大的埋入深度。在埋入端端头设置螺母大小的六角头就可以防止粘结破坏，这种措施节省用钢量 30%～40%，因此欧美国家大都采用有钉头的锚栓，很少采用 J 形锚栓。带锚板的锚栓因使基础混凝土水平截面削弱太多并干扰锚栓周边的竖向配筋的布置，也较少使用。

（3）圆锥形混凝土达到抗拉承载力极限（图 5.6）。锚栓埋深不够且混凝土强度等级较低时会发生这种破坏。这时锚栓抗拉承载力由垂直于圆锥体表面的名义受拉应力决定。假设破坏面以 45° 角从锚栓端头开始向外拓展，混凝土的抗拉强度值为 f_t。拉应力沿破坏锥体面的分布是变化的，在埋设的最底端最大，在混凝土表面为 0，试验表明，破坏面上混凝土平均抗拉应力约为 $0.667f_t$。采用水平投影面进行计算，混凝土抗拉力计算简化为：

$$T_{u3} = 0.667 f_t \pi (l_d + 0.5 d_0) l_d \tag{5.3}$$

式中，d_0 是锚栓钉头直径。位于基础混凝土短柱边缘的锚栓只能产生部分的锥形混凝土破坏面，受拉抗力也会减小。

当锚栓排列紧密时，会出现如图 5.7 所示的受拉锥体重叠的情况，还有可能出现基础混凝土短柱段的边缘离开锚栓的距离太近的情况。

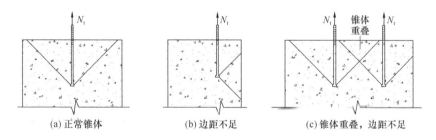

(a) 正常锥体　　　　　(b) 边距不足　　　　　(c) 锥体重叠，边距不足

图 5.6　受拉锚栓的锥体拔出和侧鼓

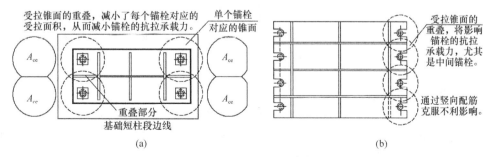

图 5.7　锚栓群受拉时周围混凝土受拉锥体的重叠

因此，当为锚栓群时（图 5.7），应考虑各锚栓破坏锥体相互重叠的情况，取：

$$T_{u3} = 0.667 A_{ce} f_t \tag{5.4}$$

式中，A_{ce} 是从属于该锚栓的锥体水平投影面积。如果锚栓边距很小，就会发生图 5.6 （b）所示的侧鼓劈裂破坏，它是由锚栓端头附近较大的局部挤压应力引起的。建议取最小边距为 $6d$ 和 100mm 的较大值，以防止侧面的侧鼓劈裂破坏，在基础内配置足够的竖向钢筋和箍筋也能够避免这种破坏。

由 $T_{u1} = T_{u2}$ 和 $T_{u1} = T_{u3}$ 可以确定锥体破坏决定的埋入长度，由两者确定的埋入长度比较见表 5.1。由表 5.1 可见，即使两者对锚栓设计强度取不同值，两者对锚栓的埋入要求也差别很大。

如果基础除了承受锚栓传来的力以外，还有其他荷载作用，即锚固锚栓的混凝土可能额外受拉压，对锚栓的抗拉承载力也有影响。如混凝土柱明显双向受拉，采用 45°应力破坏角就偏不安全。此时必须对结构设置加强箍筋以抵消受拉的影响。相反，混凝土双向受压时会增强锚栓的抗拉能力。

锚栓埋入长度比较　　　　　　　　　　　　　　　　表 5.1

混凝土强度等级	C20	C25	C30	C35
$T_{u1} = T_{u2}$ *	$25.5\,d$	$21.5\,d$	$18.7\,d$	$17.0\,d$
$T_{u1} = T_{u3}$ **	$7.7\,d$	$7.1\,d$	$6.6\,d$	$6.3\,d$

注：　*　取锚栓抗拉设计强度 140N/mm² 计算。

　　　**　取锚栓抗拉设计强度 215N/mm² 计算，当为锚栓群时，埋入长度要增大。

上面描述的是锚栓锚固在未配筋混凝土中的情况。如果混凝土内配了竖向钢筋，锥体破坏面与竖向钢筋相交，钢筋参与了抗拉，这时要求所有拉力传给钢筋，由此决定受拉锚栓附近应该具有的配筋量，而锚栓的埋入深度理论上可以适当减小，如图 5.8 所示。配置横向钢筋网，则可以增大锥体的倾斜角，可大幅度增大锥体面积，受压时可增大混凝土的局部承压强度。

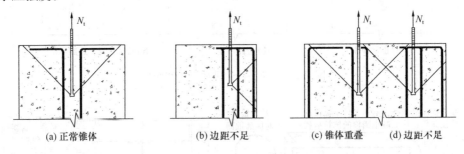

| (a) 正常锥体 | (b) 边距不足 | (c) 锥体重叠　　(d) 边距不足 |

图 5.8　在锚栓周围配置竖向钢筋穿透锥面

5.2.2　锚栓仅受剪力情况

不考虑锚栓参与抗剪，是由于在我国底板上锚栓孔往往是直径的两倍（这种粗放的构造对预埋锚栓位置精度要求很低）。相反，欧美国家可以依赖锚栓抗剪，并且有专门的（因为埋深小而不能用于抗拉的）抗剪锚栓。

剪力由锚栓通过承压传给周围混凝土，剪力使锚栓受弯，锚栓弯曲使前端混凝土压碎。试验表明，若不存在底板，高度约为螺栓直径 1/4 的楔形混凝土块能自由形成并完全破碎，此时锚栓节点的抗剪刚度急剧减小（图 5.9）。上部无约束的楔体向上翻转，锚栓实际上是受弯破坏。实际上，柱子底板或基础顶部盖板能限制混凝土楔体的移动，楔体就不能上移，在底板下产生向上的挤进压力，增加了由底板施加的压力，界面由此产生摩擦力，锚栓内也随之产生拉力。

锚栓的抗剪刚度（或称为抗滑移刚度）与剪力线和混凝土表面的距离有关。距离增大时，锚栓弯曲变形很明显，抗剪刚度减小。当底板与基础混凝土之间有一层较弱的后浇层隔开［图 5.10（a）］或高位锚栓，剪力作用下锚栓能较自由地弯曲变形。当柱脚侧移、锚栓向一侧倾斜时，锚栓中形成斜拉力，锚栓依然依靠混凝土的受拉锚固及前端混凝土承压来提供抗剪能力。

因此锚栓的抗剪能力决定于钢材强度和剪力线（剪力作用点）与混凝土表面的间距。若锚栓群组通过底板承受剪力，且底板埋置在混凝土中［图 5.10（c）］，荷载将以更加有效的方式传递开，因为此时底板下的混凝土受到更大的约束，而且底板边缘混凝土通过承压形成抗剪能力。

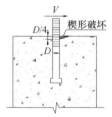

图 5.9　无底板时锚栓
受剪后前端混凝土
的楔形破坏

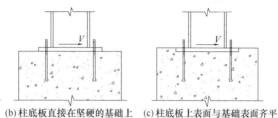

(a)柱底板在后浇层上　　(b)柱底板直接在坚硬的基础上　　(c)柱底板上表面与基础表面齐平

图 5.10　柱底板和基础相对位置

锚栓抗剪能力受到边距有限的限制，破坏形式将是一个半锥体被劈开（图 5.11），半锥体的顶点处在混凝土表面的锚栓承压面处。若锚栓边距不足，可在混凝土基础的短柱段的顶部设置三道加强封闭箍筋来防止此类剪切破坏，如图 5.12 所示。

柱脚抗剪能力可分为两个部分：一部分是柱脚与基础间的摩擦力，其大小一般可取 $(0.3 \sim 0.4)N$；另一部分是锚栓与混凝土基础组成的系统的抗剪能力（V_b），下面讨论的就是 V_b 的计算。

对锚栓抗剪承载能力极限状态的认识不同使人们在确定 V_b 时有不同的结果。

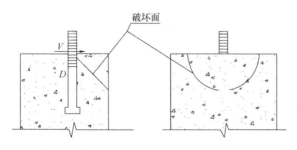

图 5.11　边距不足时锚栓受剪时基础的破坏

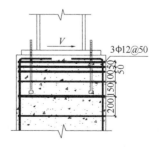

图 5.12　顶部加密箍筋

1. 丁安麟（文献［6］～［8］）等建议的方法

于安麟等认为：锚栓有良好的塑性变形能力，设计时应设置构造措施保证混凝土不被破坏，使锚栓-混凝土的破坏集中于锚栓。以锚栓弯剪破坏为基础的 V_b 为：

$$V_{\mathrm{b}} = \eta n_{\mathrm{V}} A_{\mathrm{e}} f_{\mathrm{vv}} \tag{5.5}$$

式中，η 为修正系数，用于考虑锚栓受力不均匀的影响，低位锚栓［图5.13（a）］可以取 0.65，高位锚栓［图5.11（b）］取 0.4。n_{V} 为参与抗剪的锚栓总数（当承受弯矩时 n_{V} 为受压区锚栓数，受拉侧锚栓不参与抗剪）。上式考虑了锚栓受剪后附近混凝土承压破坏导致的栓杆弯矩增加，使抗剪能力降低的因素。他们认为受拉侧的锚栓不参与抗剪。由于没有专门对单个锚栓的抗剪承载力进行研究，以柱脚整体抗剪承载力的形式表示。

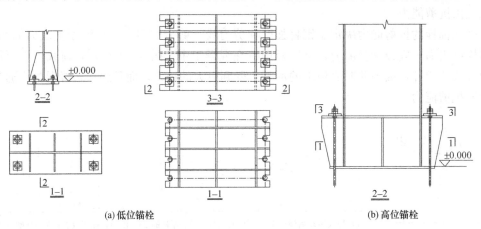

(a) 低位锚栓　　　　　　　　　　　　　　(b) 高位锚栓

图 5.13　低位锚栓和高位锚栓

2. 国外研究的结论

Klingner 等（文献［17］）对栓钉（锚固不足）和锚栓（锚固长度足够）的抗剪公式做了总结。式（5.6）、式（5.7）是根据对埋在混凝土中的单个锚栓进行的大量试验的结果（来自不同研究人员），经过比较分析得到的比较好的统计回归公式，与栓钉的承载力计算公式非常相似。

记 A_{s} 为锚栓毛截面面积，f_{u} 为锚栓抗拉极限强度，锚栓自身的极限抗剪承载力：

$$V_{\mathrm{bs}} = 0.75 A_{\mathrm{s}} f_{\mathrm{u}} \text{（抗力分项系数为 1.25）} \tag{5.6}$$

当锚固长度足够，锚栓周围混凝土局部受压破坏的承载力为（类似于栓钉承载力）：

$$V_{\mathrm{bc}} = 0.5 \times 0.25 \pi d_{\mathrm{e}}^2 \sqrt{E_{\mathrm{c}} f_{\mathrm{cyl}}} \text{（抗力分项系数为 1.5）} \tag{5.7}$$

式中，d_{e} 为锚栓直径，f_{cyl} 为圆柱体混凝土抗压强度。锚栓的抗剪承载力取上面两个中的较小值。

3. 英国的方法

根据英文教科书上的介绍，他们将锚栓看作普通螺栓。设计指标取与普通螺栓相同，但是在柱脚抗剪计算时完全忽略摩擦力的作用。他们对柱底板上孔径的要求是：当 $d \leqslant 20\text{mm}$ 时，$d_0 = d+5$；当 $d \geqslant 24\text{mm}$ 时，$d_0 = d+8$。在满足构造要求的情况下，锚栓承载力不由混凝土破坏控制。

5.2.3　锚栓既受拉力又受剪力情况

这种情况下的研究很少。当柱脚各板件强度和稳定得到保证，底板和整个柱脚的刚度都较大，柱脚的破坏可能有以下形式：

（1）受拉侧锚栓屈服，柱脚在有或没有微小滑移的情况下，刚体转动不断发展。

（2）基础外伸边缘尺寸过小，致使在底板压力作用下的混凝土基础边缘外被压裂（劈裂）。

（3）混凝土抗压强度不足，在压力作用下基础发生局部承压破坏。

（4）锚栓端部的锚固力不足，整个锚栓周围混凝土呈锥体拔出。

（5）锚栓粘结力不足被拔出。

（6）基础混凝土抗剪强度不足，使锚栓周围的混凝土沿 45°斜线剪坏。

（7）锚栓受剪对基础内混凝土施加了一种劈裂的力，基础内部混凝土被劈裂成左右两块。

（8）锚栓受剪弯曲时，与锚栓接触的混凝土产生永久变形，使柱脚节点刚度下降明显。

第（1）种锚栓屈服破坏时混凝土部分是完好的，此种受力作用能保证锚栓柱脚与基础的共同工作，只要锚栓钢材的延伸率比较大，锚栓变形就可以保证柱脚有稳定的变形能力，符合抗震对节点变形能力的要求。其余 7 种都与基础混凝土的破坏有关，这些破坏不能保证柱脚与基础共同工作，而且在破坏前也没有较大的变形能力，应在基础设计中使基础有足够的尺寸，或配足够的加强筋，保证这些破坏不出现。

（1）美国 ACI 349-85 计算方法（文献［16］）

锚栓设计由锚栓屈服破坏控制。按照 LRFD 设计法，锚栓承载能力设计值大于等于拉力和剪力共同作用下的等效拉力。

$$CN_v + N_t \leqslant \phi A_e f_{yk} \tag{5.8}$$

式中，$\phi = 0.9$（我国抗力分项系数的倒数）；C 为剪切系数，等于摩擦系数和 $\sqrt{3}$ 乘积的倒数，其值为：

当柱底板的顶面与基础混凝土表面齐平时，取 $C = 1/0.9 = 1.11$（摩擦系数为 0.52，$0.52\sqrt{3} = 0.9$）；

当柱底板的底面与基础混凝土表面齐平时，取 $C = 1/0.7 = 1.43$（摩擦系数为 0.40，$0.40\sqrt{3} = 0.7$）；

当柱底板下面有水泥砂浆垫层时，取 $C = 1/0.55 = 1.82$（摩擦系数为 0.32，$0.32\sqrt{3} = 0.55$）。

美国根据柱底板与混凝土表面的相对关系对摩擦系数取不同的值，无疑是一个合理的做法。

文献［27］认为柱脚承受较大剪力的同时还承受拉力，则要求设置专门的抗剪连接键。当承受剪力时柱脚没有拉力，则锚栓可以同时承受拉力和剪力，文献还给出了锚栓拉剪的算例。

（2）按照普通螺栓的拉剪联合作用曲线

$$\sqrt{\left(\frac{N_v}{N_v^b}\right)^2 + \left(\frac{N_t}{N_t^b}\right)^2} \leqslant 1 \tag{5.9}$$

抗拉与抗剪强度设计值取与普通螺栓完全相同（对 Q235，取 195N/mm² 和 120N/mm²）。剪力在所有锚栓中平均分配。

（3）于安麟等建议的方法（文献 [6] ～ [8]）

于安麟等建议，锚栓不考虑同时承受拉力和剪力。受压区锚栓不承受拉力，可以参与抗剪，抗剪能力由式（5.4）计算。受拉侧锚栓屈服时柱脚底板下的弯矩即为柱脚的抗弯承载力：

$$M_y = T_y(d_t + d_c) + Nd_c \qquad (5.10)$$

式中，d_t 和 d_c 分别是受拉锚栓和基础反力 R 至柱轴线的距离，$T_y = n_t A_e f_{yk}$ 为受拉锚栓屈服拉力，n_t 为受拉锚栓数，N 是柱脚轴力，压为正。从上式得到外力作用下所需的柱脚锚栓抗拉力为：

$$T_y = \frac{M_y - Nd_c}{d_c + d_t} \qquad (5.11)$$

具有合理破坏模式的钢柱脚，受拉侧锚栓先屈服，屈服时的水平荷载即为柱脚抗剪的承载力。

$$V_{max} = 0.4(T_y + N) + \eta n_V A_e \frac{f_{yk}}{\sqrt{3}} \qquad (5.12)$$

上式的摩擦抗力考虑了锚栓拉力使得基础混凝土反力增加的有利影响，是合理的。

但是实际上，在极端的状态下，会存在锚栓全部受拉，同时柱脚还有剪力的情况，例如铰接柱脚，此时必须考虑单个锚栓同时受拉又受剪的情况。

5.3　钢柱脚锚栓抗剪性能试验研究

5.3.1　锚栓与螺栓的区别

《钢结构设计标准》GB 50017—2017 规定柱脚锚栓不宜用以承受柱脚底部的水平剪力，而应由底板与混凝土基础间的摩擦力承担，剪力大于摩擦力时须设置抗剪键。抗剪键的设置需要在基础上设预留槽，待柱安装就位后进行二次灌浆和养护，这给实际施工带来了许多问题，比如需要在预留槽处打断基础梁的纵向钢筋、抗剪键部位二次灌浆混凝土不易捣实且不易检查施工质量等。因此，如果柱脚锚栓参与抗剪是可行的，则能够在钢结构（特别是轻钢厂房）的锚栓式柱脚中避免设置抗剪键，大大方便了柱脚的安装和基础的施工，加快了施工进度。

国际上许多规范允许锚栓参与抗剪，但是没有认识到锚栓与普通螺栓的差别，也没有考虑到锚栓与混凝土构件上预埋钢板上焊接的钢筋的差别。有些基于单根锚栓［没有柱脚底板，图 5.14（a）］的试验研究，这并不适用于柱脚锚栓的抗剪计算。锚栓在混凝土中预埋位置的精度，达不到钢构件之间的螺栓连接的精度要求，导致钢柱脚底板锚栓孔直径必须加大才便于安装，这便造成两种锚栓构造上的差别：

（1）底板上孔径略大于锚杆直径 ［图 5.14（b）］。锚栓预埋时需要采用与柱脚底板同样大小的辅助配孔板，即辅助板上的锚栓孔与柱脚底板上的孔是一起制作的，确保锚栓能够全部套入柱底板。

（2）柱底板开大孔，锚栓孔与锚杆间的间隙使得柱脚并不能直接抵抗水平剪力，故在螺母下设置较厚的开有普通孔径 d_0 的垫板，垫板在钢柱就位后与柱子底板焊接，如图

5.14（c）所示，通过垫板将水平剪力传递至锚栓。

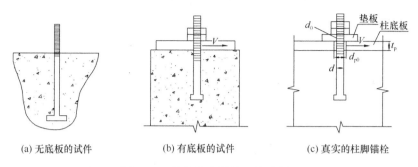

(a) 无底板的试件　　　　(b) 有底板的试件　　　　(c) 真实的柱脚锚栓

图 5.14　单根柱脚锚栓连接示意图

5.3.2　试验内容及结果

采用图 5.15 所示的试件研究锚栓柱脚的受剪性能。配筋混凝土块的两侧各有 2 根锚栓与各自的焊接槽钢底座连接，焊接槽钢的腹板模拟钢柱脚的底板。千斤顶施加竖向荷载于混凝土块的顶部。在混凝土的顶部和底部的 8 个角点分别布置位移计，测定混凝土块和槽钢界面竖向相对位移。

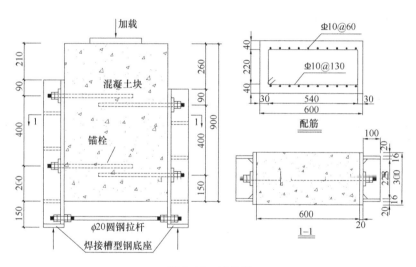

图 5.15　试件图

试验共 5 组，每组 3 个试件，每一试件包括 1 个混凝土块、4 根相同的锚栓、2 个 Q345B 槽钢底座和 1 根用于固定的 M24 圆钢螺杆。考虑锚栓直径、柱脚底板开孔直径、柱脚底板厚度的影响，各试件参数见表 5.2，d 为锚栓直径，d_0 为柱脚底板开孔直径，t_p 为柱脚底板厚度。垫板厚度 20mm，垫板上孔径为 $d+2$mm，混凝土块尺寸为 600mm（宽）×900mm（高）×300mm（厚），C30 商品混凝土，内配钢筋笼，钢筋为 Φ10。

采用 20mm 和 30mm 两种底板厚度，其中 30mm 厚度的底板通过在 20mm 厚度的底板上加焊一块孔径相同的 10mm 厚度的钢板来实现。锚栓选用 Q235 和 Q345，直径分别为 20mm（Q235）、24mm（Q345）和 30mm（Q235）、埋入混凝土的长度均为 400mm。受剪锚栓未做弯钩，钢-混凝土界面位于锚栓的螺纹处。

<table>
<tr><td colspan="6" align="center">试件组和试件编号及变化尺寸</td><td align="right">表 5.2</td></tr>
</table>

试件组编号	试件编号	d (mm)	d_0 (mm)	t_p (mm)	χ
M24D36T30	T1A，T1B，T1C	24	36	30	0.46
M24D36T20	T2A，T2B，T2C	24	36	20	0.68
M24D42T20	T3A，T3B，T3C	24	42	20	0.84
M20D32T20	T4A，T4B，T4C	20	32	20	0.72
M30D42T20	T5A，T5B，T5C	30	42	20	0.85

三个混凝土 150mm×150mm×150mm 立方体试件用于测定 28d 龄期混凝土轴心抗压强度，一个试件用于试验后期观察混凝土轴心抗压强度变化。试验测得抗压强度值见表 5.3。

混凝土标准试块的抗压强度试验值　　　　表 5.3

试件编号	荷载值（kN）	抗压强度（MPa）	平均值（MPa）	备注
C1	724	32.17		
C2	772	34.31	32.56	28d 龄期
C3	702	31.23		

各试件加载时混凝土龄期见表 5.4。

各试件加载时混凝土龄期　　　　表 5.4

试件编号	加载时混凝土龄期（d）	试件编号	加载时混凝土龄期（d）	试件编号	加载时混凝土龄期（d）
T1A	103	T2C	89	T4B	90
T1B	104	T3A	46	T4C	91
T1C	105	T3B	48	T5A	96
T2A	65	T3C	50	T5B	98
T2B	88	T4A	69	T5C	99

锚栓材性试验按照《金属材料　室温拉伸试验方法》GB/T 228—2002 的规定，分别选取同批锚栓各 3 根。在标准加载条件下，锚栓材性试验结果见表 5.5。

锚栓材性试验结果　　　　表 5.5

试件编号	弹性模量 E（N/mm²）	屈服强度 f_y（N/mm²）	f_y 平均值（N/mm²）	抗拉强度 f_u（N/mm²）	f_u 平均值（N/mm²）
M20-1	211.0	255		390	
M20-2	211.4	285	273.3	430	411.7
M20-3	207.0	280		415	
M24-1	216.8	360		535	
M24-2	216.2	365	363.3	535	535
M24-3	208.9	365		535	

试件编号	弹性模量 E (N/mm²)	屈服强度 f_y (N/mm²)	f_y 平均值 (N/mm²)	抗拉强度 f_u (N/mm²)	f_u 平均值 (N/mm²)
M30-1	217.1	298		454	
M30-2	214.8	295	296	452	453
M30-3	215.5	295		453	

5.3.3 试验结果与分析

1. 荷载-界面滑移曲线

五组 15 个试件的荷载-界面滑移曲线如图 5.16 所示,界面滑移是 8 个位移传感器的平均值。由于进行了预加载,在正式加载时荷载和位移从一开始就同步增长。在试验中,除了发生冲切破坏试件加载末期的上端位移传感器读数要小于下端的值,其他试件上下位移传感器的读数没有明显差异。

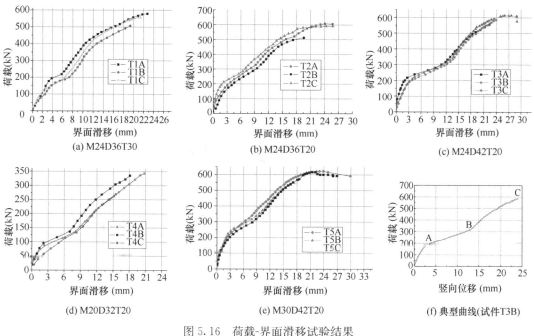

图 5.16 荷载-界面滑移试验结果

2. 破坏模式和现象

各试件有锚栓剪断和混凝土冲切破坏两种破坏模式。图 5.17(a)显示了 T3B 破坏的样子,因为四颗锚栓之一被剪断而结束试验。典型破坏现象的描述如下:

(1)锚栓变形破坏情况:

① 从加载后取出的锚栓看,如图 5.17(a)所示,锚栓局部弯剪塑性变形出现在上下两个剪切面,上部剪切面变形较为严重,有底板嵌入锚栓的压痕;

② 锚栓被剪断断口截面,如图 5.17(c)、(d)所示,可以看到部分锚栓被剪切的痕迹较为明显。

(2)从加载完成后各试件混凝土的破坏情况来看,依据混凝土破坏的程度分为以下三种情况:

① 混凝土局部承压破碎。锚栓前端混凝土受挤压压碎而剥落，压碎基本在底板孔壁范围，如图 5.17（b）、（c）和（d）所示。所有试件均有此类破坏，但 T1 组、T3A、T3B、T4 组、T5B 仅限于此类破坏。

② 受到锚杆冲压作用，八字形斜裂纹在混凝土块中发展。通过混凝土块上下角点位移传感器差值和试验观测判断，T2 组和 T3C 发生此类破坏。

③ 混凝土出现裂缝，发生冲切破坏，柱脚锚栓承载力急剧下降，锚栓并未剪断，仅有 T5A、T5C 发生此类破坏，如图 5.17（e）、（f）所示。

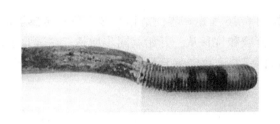

(a) 加载完成后变形的锚栓 (M24,T3B)　　　　(b) 底板孔壁下沿对锚杆的挤压(T3A)

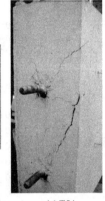

(c) T4C　　　　(d) T2A　　　　(e) T5A　　　(f) T5C

图 5.17　锚栓杆弯曲、截面断口和混凝土冲切破坏

根据试验观测，各混凝土块出现八字形斜裂纹时的荷载值，M24 锚栓组在 500kN 左右，M30 锚栓组在 600kN 左右，M20 锚栓组没有出现裂纹。

表 5.6 列出了混凝土锚栓周边混凝土局部承压破碎平均尺寸，测量之前用软毛刷配合吹气对压碎区域进行清理；受深度千分尺的端头尺寸限制和锚栓弯曲的影响，以及测量时孔清理程度的影响，H 测量值存在一定误差（偏小）。

混凝土局部破坏尺寸平均值　　　　　　　　　　表 5.6

试件组编号	L_1（mm）	H_2（mm）	H_1（mm）	L_2（mm）	图示
M24D36T30	14.7	5.3	41.9	45.1	
M24D36T20	15.7	4.7	49.2	52.6	
M24D42T20	14.5	6.6	47.7	48.3	
M20D32T20	10.5	3.5	28.6	35.2	
M30D42T20	14.5	6.3	56.3	78.5	

3. 锚栓抗剪工作性能的三阶段

从图 5.16 所示的 15 条试验曲线归纳出图 5.16 (f) 所示的典型曲线。荷载-位移曲线存在 A 和 B 两个转折点，受力状态可以大致分为 0A、AB 和 BC 这三个阶段。

(1) 在 0A 阶段，各锚栓首先发生弹性变形，随着荷载的增大，在弯矩较大的截面逐步进入塑性状态，此过程中锚栓周边受压一侧的混凝土可能局部受压崩裂 [图 5.18 (a)]。

(2) 在 AB 阶段，混凝土和底板之间的相对变形快速发展，说明：

① 锚栓前沿的混凝土压碎剥落继续快速发展 [图 5.18 (b)]；

② 螺栓杆截面塑性继续开展，弯矩有所增大，所以抗侧力也有所增强；

③ 直至 B 点处柱脚底板锚栓孔壁下沿与锚栓接触；

④ 在 B 点，栓杆的倾斜加大到 A 点的 2～3 倍，因此锚栓内的拉力也增大了，摩擦力继续增大，同时，拉力水平分量也提供部分抗剪能力，这也是荷载-滑移曲线继续上升的部分原因。

(3) 在 BC 阶段，锚栓和底板孔壁接触面扩大，因为不均匀受挤压力，底板嵌入锚栓，锚栓局部塑性变形很大，进入强化阶段；同时锚栓前沿混凝土压碎进一步加剧 [图 5.18 (c)]。

由于这种嵌入变形，阻止了底板与锚栓之间的相对滑动。因此，以底板与锚栓接触处为界，锚栓上下部分的受力开始分化。接触点以上部分锚栓承受的荷载基本保持不变（甚至减小），柱脚的新增滑移主要来自底板以下部分锚栓变形的贡献。在此阶段，较大的水平位移和混凝土对锚杆变形的阻止导致锚栓轴向受拉，这一拉力锚固于螺母和垫板，引起的底板与混凝土之间的压力，相应产生了界面摩擦力，对柱脚锚栓的抗剪承载力具有一定的贡献。最后，与底板接触处锚栓发生剪切破坏。A 点和 C 点对应的荷载对锚栓的受力性能具有重要意义。

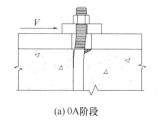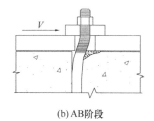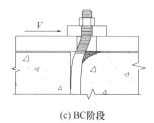

(a) 0A 阶段   (b) AB 阶段   (c) BC 阶段

图 5.18 三个阶段锚栓连接变形示意图

表 5.7 列出了各试件的试验结果，V_A 为 A 点的荷载-界面滑移曲线 [图 5.16 (f)] 的转折点对应的荷载值，δ_A 为其对应的滑移值；V_C 为极限荷载值，δ_C 为极限荷载对应的滑移值。由于部分试件在 A 点附近荷载-位移曲线的转折点并不明显，因此表中 V_A 统一取为 A 点附近荷载-位移曲线斜率最小时的荷载值。从表 5.7 可知，所有试件破坏时均达到了可观的水平变形 δ_C(18.12～25.97mm)，说明锚栓连接在剪力的作用下具有良好的延性和变形能力。各试件 A 点的水平位移小于 5mm，一般为 2～3mm。

主要试验结果 表5.7

试件组编号	试件编号	V_A (kN)	δ_A (mm)	V_A 平均值 (kN)	V_C (kN)	δ_C (mm)	破坏表征
M24D36T30	T1A	193	3.80	172.3	581	23.79	锚栓剪断
	T1B	178	5.37		507	19.35	锚栓剪断
	T1C	146	3.47		557	21.35	锚栓剪断
M24D36T20	T2A	250	4.48	236.7	590	25.75	混凝土冲切开裂锚栓剪断
	T2B	230	4.57		605	25.7	混凝土冲切开裂锚栓剪断
	T2C	230	5.63		512	19.56	混凝土冲切开裂锚栓剪断
M24D42T20	T3A	238	4.45	226.7	555	22.34	锚栓剪断
	T3B	221	5.43		584	23.91	锚栓剪断
	T3C	221	3.89		612	25.97	混凝土冲切开裂锚栓剪断
M20D32T20	T4A	88	2.28	86.7	343	20.75	锚栓剪断
	T4B	96	2.13		253	18.12	锚栓剪断
	T4C	114	3.50		269	15.49	锚栓剪断
M30D42T20	T5A	307	6.47	292.7	623	23.83	混凝土冲切破坏锚栓未断
	T5B	259	3.86		550	16.40	锚栓剪断混凝土未有开裂
	T5C	276	6.65		617	21.35	混凝土冲切破坏锚栓未断

4. 抗剪强度和抗滑移刚度的主要影响因素

（1）底板厚度

底板厚度影响体现在 M24D36T20、M24D36T30 两组试件，两者底板厚度分别为 20mm、30mm。对照表5.7所列 V_A 的值，M24D36T30 组平均承载力为 172.3kN，比 M24D36T20 组的平均承载力 236.7kN 下降了 27.2%，说明底板越厚，锚栓的承载力越小。必须在承载力计算中考虑底板厚度。

当锚栓和底板孔下边沿接触后，不同底板厚度的锚栓剪力方式接近，30mm 底板的极限承载能力（C点）仅略小于其他两组底板厚度为 20mm 的 M24 试件。这说明，A点对应荷载对受到的锚杆截面最大弯矩的影响较大。

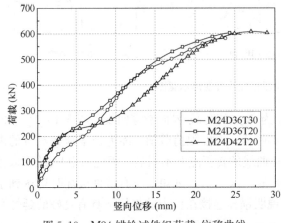

图5.19 M24 锚栓试件组荷载-位移曲线

底板厚度对锚栓-混凝土界面的初始抗滑移刚度也有巨大的影响，如图5.19所示，比较 M24D36T30 和 M24D36T20 的曲线发现，底板越厚，锚栓的受弯长度越长，抗滑移刚度越小，相同剪力下锚栓弯矩越大，锚栓越早进入屈服，在荷载-滑移曲线上使第一个转折点（A点）对应的荷载明显降低。

（2）柱脚底板孔径与锚杆外径差（$d_0 - d$）

底板孔径的影响由 M24D36T20、

M24D42T20 两组试件提供，二者 d_0-d 分别是 12mm、18mm。V_A 的值，M24D36T20 组的 236.7kN 比 M24D42T20 组的 226.7kN 高了 4.41%。

图 5.19 对采用 M24 锚栓的三组试件的平均荷载-位移进行了比较，曲线来自各自三个试件荷载位移曲线的平均值。锚栓孔越大，锚栓与底板孔壁接触越晚，AB 段对应的位移越大。因此直径差 d_0-d 对曲线的影响是使 AB 段拉长了，对极限承载力（C 点）影响不大（表 5.7）。

5.3.4 抗剪承载能力

1. A 点受力状态和承载力分析

从 A 点处单个锚栓分担的荷载 V_A 和位移 δ_A 可以计算和推测出：

（1）螺杆截面内的弯矩已经接近形成塑性铰；根据试验得到的钢材屈服强度 f_{yk} 和锚栓杆的有效面积计算的塑性弯矩 M_{Pe}，计算 $V_1=2M_{Pe}/t_p$，它是底板厚度范围内的锚栓作为固定梁两端形成塑性铰时的剪力。结果表明（表 5.10）：T2、T3、T4 三组的 V_1 与 V_A 非常接近，说明这三组试件已经形成了塑性铰。锚栓直径为 30mm 的 $V_1>V_A$，且大得较多，说明有其他原因，T1 组的 $V_1<V_A$。

（2）从 B 点的位移基本略大于 $0.5(d_0-d)$ = 6mm 和 9mm（T3 组）来看，在 B 点，底板孔壁后沿与锚栓在 B 点处已经接触，那么 A 点发生了什么？

除弹性变形外，有三点可以认定：一是与底板焊接的垫板上的螺栓孔径 = $d+(1.5\sim2)$mm，与栓杆全面顶紧接触，甚至在预加载阶段，已经使得锚栓杆与垫板孔壁接触；二是锚栓杆基本形成了塑性铰；三是锚栓前沿的混凝土因为受到挤压，有自由表面的部分出现了崩离。

图 5.20（a）示出了在无限弹性假设下锚栓前沿的混凝土压应力分布，毫无疑问，混凝土表面的应力最大，在荷载位移曲线上的 A 点，即在 V_A 这么大荷载的作用下，锚栓前端混凝土出现楔形的剥裂，并随水平剪力的增加有向前向上移动的趋势。

对半无限空间上的梁［图 5.21（a）］，梁下最大的反力是：

$$q=\frac{V_A}{l_z} \tag{5.13a}$$

$$l_z\approx4\sqrt[4]{\frac{EI_x}{E_c}} \tag{5.13b}$$

式中，l_z 相当于局部承压的计算长度，E 是梁（在这里是锚栓）的弹性模量，E_c 是半无限空间材料（在这里是混凝土）的弹性模量。对应试件，参考图 5.21（b），因为锚栓两侧混凝土的受拉开裂，锚栓前端的混凝土的压应力接近于半无限空间上的梁的模型。

将 $E=206000\text{N/mm}^2$、$E_c=30500\text{N/mm}^2$、$I_x=\frac{\pi d^4}{64}$ 代入，注意到 $V_A=0.5P$，得到：

$$\sigma_c=\frac{q}{d}=\frac{2V_A}{l_z d}=\frac{V_A}{1.528d^2} \tag{5.13c}$$

式中，σ_c 达到了混凝土立方强度 f_{cu} 的 2～2.5 倍约 60～80MPa。在这么大压应力的作用下，C30 混凝土必然出现混凝土压碎而脱落，如图 5.20（b）所示。

在锚栓的前端，混凝土有一块自由表面，其长度在力的作用方向是 $0.5(d_0-d)$。在荷载-滑移曲线的 A 点，底板与混凝土之间总的滑移量是 δ_A，对 δ_A 进行了读数，数据在表

5.7 中给出，每一组中的平均数在表 5.8 中给出。为了以后应用，拟合 δ_A 的公式如下：

$$\delta_A = d/6 \tag{5.13d}$$

该式与实测平均数据的对比见表 5.8。

A 点处的滑移 $\delta_{A,av}$
表 5.8

试件组编号	M24D36T30	M24D36T20	M24D42T20	M20D32T20	M30D42T20
$\delta_{A,av}$ (mm)	4.21	4.89	4.59	2.64	5.66
$d/\delta_{A,av}$	5.60	4.90	5.23	7.58	5.30

观察图 5.20（a）极限状态下锚栓弯曲变形图，对于 A 点，假设这个位移的一半产生于混凝土表面以下，一半在混凝土表面以上，则锚栓前沿的混凝土自由表面长度 $\approx 0.5(d_0 - d + \delta_A)$。

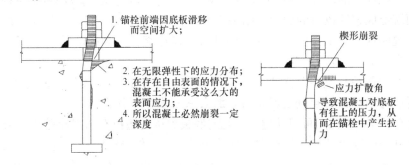

(a) 弹性状态下混凝土对锚栓的压力　　　　(b) 楔形崩裂后的压力传递

图 5.20　锚栓前沿混凝土受压崩裂的解释

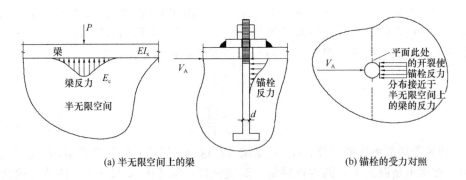

(a) 半无限空间上的梁　　　　(b) 锚栓的受力对照

图 5.21　锚栓前端的混凝土压应力的估算

混凝土崩裂是楔形的，假设角度是 30°，如图 5.20（b）所示，锚栓杆自由长度从 t_p 增加到 l：

$$l = t_p + \frac{1}{\sqrt{3}}\left[\frac{1}{2}(d_0 - d) + \frac{1}{2}\delta_A\right] = t_p + \frac{1}{\sqrt{3}}\left[\frac{1}{2}(d_0 - d) + \frac{1}{12}d\right] \tag{5.14}$$

其中，t_p 还是占主导地位的因素。

2. 受剪锚栓的锚杆拉力

图 5.20（b）提供了锚栓产生拉力的一个解释：锚栓前端的混凝土受力大、被压碎，有向前上方移动变形的趋势，即往上推底板，底板与混凝土的界面将产生压应力，为了平

衡，锚栓内产生拉力。

锚栓拉力的出现也可以采用混凝土的泊松比效应来解释：前端混凝土受压而产生泊松比向上膨胀的效应，挤压了柱底板，竖向力的平衡需要锚栓产生拉力。

受剪锚栓锚杆内产生拉力，图 5.22 提供了更重要的解释：界面产生滑移，滑移时如果锚栓的上端能够自由地下降，则锚栓杆内不会产生拉力。但是现在的情况是，锚栓的上端被垫板和螺母锚固在底板上，无法自由下移，或者说下移的过程中遇到了混凝土的强大抵抗，产生了拉力。

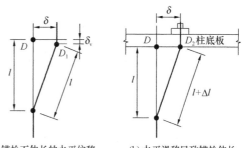

(a)锚栓不伸长的水平位移　(b)水平滑移导致锚栓伸长

图 5.22　锚栓杆受剪时因柱底板的存在而被迫拉长的解释

根据 ABAQUS 有限元模型的非线性分析结果，以及 Cook（1989 年）的博士学位论文（文献［25］）的解释，锚栓内的拉力，即使是在弹性阶段，也达到了锚栓剪力的 50%～60%。

在图 5.20（b）所示的推力角是 30°的假设下，锚栓内的拉力是：

$$T = Q\tan\theta = Q\tan 30° = \frac{Q}{\sqrt{3}} = 0.5773Q \tag{5.15}$$

相应地就会出现摩擦抗力 Q_{friction}：

$$Q_{\mathrm{friction}} = \mu_{\mathrm{c}} T = 0.4T = 0.4Q/\sqrt{3} \tag{5.16}$$

式中，μ_{c} 是混凝土-钢界面的摩擦系数，取 0.4。

至此，我们应该注意到：如果没有柱脚底板，锚栓内就不会有这个拉力，也不会有这个摩擦力，可见底板的存在增加了柱脚的抗剪能力。

3. 锚栓的抗剪承载力

根据上面的描述，图 5.23 示出了三个计算锚栓抗剪承载力的模型。这些模型都有上下两个塑性铰，混凝土反力分别是均布、线性分布和二次抛物线分布。上部塑性铰位于底板的下表面，这个截面是有螺纹的截面，塑性弯矩是 M_{Pe}，因为剪力和拉力的影响，塑性弯矩下降到 M_{Pel}。根据材料力学知识，剪力为 0 的截面弯矩最大，因此下部塑性铰出现在锚杆内剪力为 0 的地方。塑性铰位于自由表面下面距离为 a 的地方，其塑性弯矩为 M_{P2}。

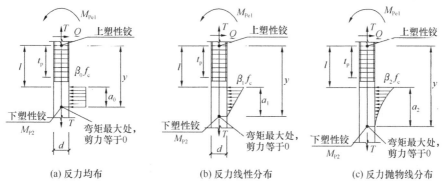

(a) 反力均布　　　　　(b) 反力线性分布　　　　　(c) 反力抛物线分布

图 5.23　锚栓抗剪屈服承载力计算模型

锚栓截面的弯矩-拉力相关公式采用如下的抛物线公式，精度高且偏于安全：

$$\frac{M}{M_{\text{Pe}}} = 1 - \frac{T^2}{T_{\text{ye}}^2} \tag{5.17}$$

式中，$T_{\text{ye}} = A_{\text{e}} f_{\text{yk}}$，$f_{\text{yk}}$ 是锚栓的屈服强度，A_{e} 是锚栓的有效截面面积。当存在剪力的时候，剪应力使得钢材的有效抗拉屈服强度下降到：

$$f_{\text{y}\tau} = f_{\text{y}}\sqrt{1 - \frac{3\tau^2}{f_{\text{y}}^2}} = f_{\text{y}}\sqrt{1 - \frac{Q^2}{Q_{\text{ye}}^2}} \tag{5.18}$$

式中，$Q_{\text{ye}} = A_{\text{e}} f_{\text{y}}/\sqrt{3}$。存在剪力的情况下，锚栓的拉力-弯矩相关曲线表示为：

$$\frac{M}{M_{\text{Pe}\tau}} = 1 - \frac{T^2}{T_{\text{ye}\tau}^2} \tag{5.19a}$$

$$T_{\text{ye}\tau} = A_{\text{e}} f_{\text{y}\tau} = A_{\text{e}} f_{\text{yk}}\sqrt{1 - 3\tau^2/f_{\text{yk}}^2} = \sqrt{3} Q_{\text{ye}}\sqrt{1 - Q^2/Q_{\text{ye}}^2} \tag{5.19b}$$

减小了的塑性弯矩 M_{Pe1} 的计算公式是：

$$M_{\text{Pe1}} = M_{\text{Pe}\tau}\left(1 - \frac{T^2}{T_{\text{ye}\tau}^2}\right) = M_{\text{Pe}}\sqrt{1 - \frac{Q^2}{Q_{\text{ye}}^2}}\left(1 - \frac{Q^2}{3 T_{\text{ye}\tau}^2}\right) = M_{\text{Pe}}\sqrt{1 - \frac{Q^2}{Q_{\text{ye}}^2}}\left[1 - \frac{Q^2}{9(Q_{\text{ye}}^2 - Q^2)}\right]$$

$$\tag{5.20}$$

先研究混凝土反力是均布的模型。利用下部塑性铰截面剪力为 0 的性质，得到距离为 $a_0 = \dfrac{Q}{\beta_0 f_{\text{ck}} d}$，式中，$\beta_0$ 是混凝土局部承压强度提高系数，在锚栓前端高度局部化的多向压应力作用下，该值在 4.5 以上，甚至可以高达 9~12。f_{ck} 是混凝土强度的标准值。最大弯矩是：

$$M = M_{\text{P2}} = -M_{\text{Pe1}} + Q(l + a_0) - \frac{1}{2}(\beta_0 f_{\text{ck}} d) a_0^2 = -M_{\text{Pe1}} + Ql + \frac{Q^2}{2\beta_0 f_{\text{ck}} d}$$

考虑拉力影响的塑性弯矩 M_{P2}：

$$M_{\text{P2}} = M_{\text{P}}\left(1 - \frac{T^2}{T_{\text{y}}^2}\right) = M_{\text{P}}\left(1 - \frac{Q^2}{3 T_{\text{y}}^2}\right) = M_{\text{P}}\left(1 - \frac{Q^2}{9 Q_{\text{y}}^2}\right) = M_{\text{p}}\left(1 - \frac{Q^2}{14.8 Q_{\text{ye}}^2}\right) \tag{5.21}$$

式中，$Q_{\text{y}} = A f_{\text{y}}/\sqrt{3}$，式中还引入了 $A_{\text{e}} \approx 0.78A$ 的近似关系。让 $M = M_{\text{P2}}$，得到：

$$\frac{1}{2}\frac{Q^2}{\beta_0 f_{\text{ck}} d} + Ql - M_{\text{Pe}}\sqrt{1 - \frac{Q^2}{Q_{\text{ye}}^2}}\left[1 - \frac{Q^2}{9(Q_{\text{ye}}^2 - Q^2)}\right] - M_{\text{P}}\left(1 - \frac{Q^2}{14.8 Q_{\text{ye}}^2}\right) = 0$$

$$\tag{5.22a}$$

记 $\psi = Q/Q_{\text{ye}}$，上式变为：

$$\frac{Q_{\text{ye}}^2}{\beta_0 f_{\text{ck}} d}\psi^2 + 2l Q_{\text{ye}}\psi - 2M_{\text{Pe}}\sqrt{1 - \psi^2}\left[1 - \frac{\psi^2}{9(1 - \psi^2)}\right] - 2M_{\text{P}}\left(1 - \frac{\psi^2}{14.8}\right) = 0$$

$$\tag{5.22b}$$

求出 ψ，锚杆提供的抗剪承载力是 ψQ_{ye}。从式（5.22b）求解需要迭代，级数展开，略去高阶项得到：

$$\sqrt{1 - \psi^2}\left[1 - \frac{\psi^2}{9(1 - \psi^2)}\right] \approx 1 - \frac{1}{2}\psi^2 - \frac{\psi^2}{9} = 1 - \frac{11}{18}\psi^2 \tag{5.23a}$$

代入式（5.22b）得到：

$$\left(\frac{Q_{\text{ye}}^2}{\beta_0 f_{\text{c}} d} + \frac{M_{\text{P}}}{7.4} + \frac{11 M_{\text{Pe}}}{9}\right)\psi^2 + 2l Q_{\text{ye}}\psi - 2(M_{\text{Pe}} + M_{\text{p}}) = 0 \tag{5.23b}$$

因此

$$Q = \psi Q_{\text{ye}} \tag{5.24a}$$

$$\psi = \frac{2lQ_{ye} + \sqrt{(2lQ_{ye})^2 + 8\left(\dfrac{Q_{ye}^2}{\beta_0 f_{ck} d} + \dfrac{M_P}{7.4} + \dfrac{11M_{Pe}}{9}\right)(M_{Pe} + M_P)}}{2\left(\dfrac{Q_{ye}^2}{\beta_0 f_{ck} d} + \dfrac{M_P}{7.4} + \dfrac{11M_{Pe}}{9}\right)} \qquad (5.24b)$$

将 $d_e = 0.883d$、$M_{Pe} = 0.689M_P$、$Q_{ye} = 0.78Q_y$、$M_P = \dfrac{1}{6}d^3 f_{yk}$代入式（5.24b），得到：

$$\psi = \frac{-1.17\pi l/d + 3\sqrt{(0.39\pi l/d)^2 + 0.1531(2.25175 f_{yk}/\beta_0 f_{ck} + 0.9771)}}{2.25175 f_{yk}/\beta_0 f_{ck} + 0.9771}$$

$$(5.24c)$$

一颗锚栓总的抗剪承载力是：

$$V_A = Q + 0.4\frac{Q}{\sqrt{3}} = 1.231\psi Q_{ye} \qquad (5.25)$$

式（5.24c）相对于未经简化的方程解，误差不到 0.5%。但是它仍然太长。如果略去拉力对塑性弯矩的影响，则可以得到如下的方程。

$$\frac{Q_{ye}^2}{\beta_0 f_{ck} d}\psi^2 + 2lQ_{ye}\psi - 2M_{Pe}\sqrt{1-\psi^2} - 2M_P = 0 \qquad (5.26a)$$

并可进一步简化为：

$$\left(\frac{Q_{ye}^2}{\beta_0 f_{ck} d} + M_{Pe}\right)\psi^2 + 2lQ_{ye}\psi - 2(M_P + M_{Pe}) = 0 \qquad (5.26b)$$

式（5.26b）的解比式（5.22b）的解大 1.2%～3.1%。这意味着拉力对锚杆抗剪承载力的影响是比较小的（但是对摩擦力的影响大）。如果进一步略去剪力对塑性弯矩的影响，则：

$$\frac{Q_{ye}^2}{\beta_0 f_{ck} d}\psi^2 + 2lQ_{ye}\psi - 2(M_{Pe} + M_P) = 0 \qquad (5.27a)$$

解为：

$$Q_0 = \psi Q_{ye} = \sqrt{(\beta_0 lf_{ck} d)^2 + 2(M_P + M_{Pe})\beta_0 f_{ck} d} - \beta_0 lf_{ck} d \qquad (5.27b)$$

式（5.27）的解比式（5.22）精确解高 5%～10%，这个 5%～10% 就是锚栓内剪力和拉力对锚杆承载力的综合影响。取 $\beta_0 = 4.5$，并将式（5.27）乘以 0.925 以考虑剪力和拉力的影响，得到：

$$Q_0 = \psi_0 Q_{ye} = 4.162 lf_{ck} d\left(\sqrt{1 + \frac{d^2}{8l^2}\cdot\frac{f_{yk}}{f_{ck}}} - 1\right) \qquad (5.28)$$

如果锚杆的反力是线性分布的，则 $a_1 = \dfrac{2Q}{\beta_1 f_{ck} d}$，式中 β_1 是与线性分布对应的局部承压强度提高系数，β_1 应该大于 β_0，因为此时的混凝土压力更加不均匀了。平衡方程要求：

$$M_{P2} = -M_{Pe1} + Ql + \frac{2}{3}\frac{Q^2}{\beta_1 f_{ck} d} \qquad (5.29a)$$

求解 ψ 的方程是：

$$\frac{Q_{ye}^2}{\beta_1 f_{ck} d}\psi^2 + 1.5lQ_{ye}\psi - 1.5M_{Pe}\sqrt{1-\psi^2}\left(1 - \frac{\psi^2}{9(1-\psi^2)}\right) - 15M_P\left(1 - \frac{\psi^2}{14.8}\right) = 0$$

$$(5.29b)$$

同样地，略去剪力和拉力的影响可以获得简单的公式：

$$Q_1 = \psi_1 Q_{ye} = \sqrt{(0.75\beta_1 l f_{ck} d)^2 + 1.5(M_P + M_{Pe})\beta_1 f_{ck} d} - 0.75\beta_1 l f_{ck} d \quad (5.29c)$$

假设混凝土的反力图是抛物线形，从锚杆的变形看，这可能是最接近实际的，则：

$$\sigma_c = \beta_2 f_{ck}\left(1 - \frac{x}{a_2}\right)^2 \quad (5.30a)$$

$$a_2 = \frac{3Q}{\beta_2 f_{ck} d} \quad (5.30b)$$

局部受压承载力提高系数 β_2 应当稍大于 β_1。弯矩平衡方程是：

$$M_{P2} = -M_{Pe1} + Ql + \frac{3}{4}\frac{Q^2}{\beta_2 f_{ck} d} \quad (5.30c)$$

求解 ψ 的方程是：

$$\frac{Q_{ye}^2}{\beta_2 f_{ck} d}\psi^2 + \frac{4}{3}l Q_{ye}\psi - \frac{4}{3}M_{Pe}\sqrt{1-\psi^2}\left[1 - \frac{\psi^2}{9(1-\psi^2)}\right] - \frac{4}{3}M_P\left(1 - \frac{\psi^2}{14.8}\right) = 0 \quad (5.30d)$$

同样地，略去拉力与剪力对锚栓杆塑性弯矩的影响，可以得到：

$$Q_2 = \psi_2 Q_{ye} = -\frac{2}{3}l\beta_2 f_{ck} d + \sqrt{\left(\frac{2}{3}l\beta_2 f_{ck} d\right)^2 + \frac{4}{3}(M_{Pe} + M_P)\beta_2 f_{ck} d} \quad (5.30e)$$

对照以上各个方程发现，如果取 $\beta_0 = 0.75\beta_1 = \frac{2}{3}\beta_2$，三个方程式（5.22b）、式（5.29b）和式（5.30e）给出的结果完全一样。即使取 $\beta_0 = \beta_1 = \beta_2 = 4.5$，三个公式给出的结果差别也仅在 8%，如表 5.9 所示。表 5.10 给出了混凝土反力均布模型与试验结果的比较，两者符合良好，并且偏于安全。T5 组因为破坏模式是混凝土劈裂破坏，试验结果偏低。由此看来，混凝土本身承载力高，才能充分发挥锚栓的抗剪能力。

对承载力对锚杆拉力的敏感度也进行了分析，拉力小了，摩擦力就小，但是锚栓本身的承载力有所增加，总体上影响不大。V_A 计算表明：如果角度是 20°，总抗剪承载力减小 1.4%～3.1%；如果角度是 45°，承载力增加 0.2%～1.5%；即使角度是 0°，模型的承载力也仅减小 5.3%～10.1%。

三个模型的计算结果 表 5.9

试件	ψ（$\beta_0 = \beta_1 = \beta_2 = 4.5$）			a (mm)			V_A（计算值，kN）		
	均布	线性	抛物线	均布	线性	抛物线	均布	线性	抛物线
T1	0.511	0.485	0.474	16.13	30.63	44.88	39.58	38.01	37.30
T2	0.435	0.417	0.410	13.71	26.34	38.78	48.24	45.69	44.57
T3	0.530	0.502	0.489	16.72	31.66	46.34	46.54	44.20	43.17
T4	0.501	0.481	0.472	9.91	19.04	28.04	23.82	22.89	22.47
T5	0.609	0.575	0.561	19.56	36.99	54.10	70.57	66.72	65.05

ETAG（1997）（文献 [24]）提出如下的公式计算锚栓的承载力。

$$V_{Rk.s} = \frac{2 \times 1.2 \cdot W_{el} \cdot f_u}{0.5d + t_p} \quad (5.31)$$

式中，W_{el} 是锚栓截面弹性模量，f_u 是锚栓材料的抗拉极限强度。式（5.31）是假设锚栓

杆的自由长度是 $t_p+0.5d$，两端固定，两端形成塑性铰，但是塑性铰弯矩是 $1.2W_{el}f_u$。式（5.31）的计算结果也在表 5.10 中给出，其结果低于建议公式，也低于试验结果。差别来自于它没有考虑摩擦力，其次是建议模型中两塑性铰间距大很多，采用了屈服强度而不是极限强度，但是采用了截面的弹塑性模量。从试验呈现的破坏形状及数据结果看，建议的模型更符合，因此采用式（5.27），计算出不同板厚和不同直径锚栓抗剪承载力系数 ψ，见表 5.11。

试验结果总结   表 5.10

试件组编号	试件编号	V_A (kN) (试验值) 每个锚栓	δ_A (mm)	V_A (kN) 均值 (计算值)	ETAG 公式计 算值 (kN)	$\eta=\dfrac{V_A}{Q_{ye}}$	$V_1=\dfrac{2M_{Pe}}{t_p}$	l (mm)
M24D36T30	T1A	48.3	3.80	43.1 (39.58)	28.3	0.652	38.4	34.56
	T1B	44.5	5.37		28.3	0.601	38.4	35.01
	T1C	36.5	3.47		28.3	0.493	38.4	34.47
M24D36T20	T2A	62.5	4.48	59.17 (48.24)	37.1	0.844	57.7	24.76
	T2B	57.5	4.57		37.1	0.777	57.7	24.78
	T2C	57.5	5.63		37.1	0.777	57.7	25.09
M24D42T20	T3A	59.5	4.45	56.7 (46.54)	37.1	0.804	57.7	26.48
	T3B	55.3	5.43		37.1	0.747	57.7	24.45
	T3C	55.3	3.89		37.1	0.747	57.7	26.32
M20D32T20	T4A	22.0	2.28	24.83 (23.82)	17.6	0.569	25.1	24.12
	T4B	24.0	2.13		17.6	0.621	25.1	24.08
	T4C	28.5	3.50		17.6	0.737	25.1	24.47
M30D42T20	T5A	76.8	6.47	70.2 (70.57)	56.1	0.801	94.2	25.33
	T5B	64.8	3.86		56.1	0.676	94.2	24.58
	T5C	69.0	6.65		56.1	0.720	94.2	25.38

系数ψ（$f_{yk}=235\text{MPa}$，$f_{ck}=20.1\text{MPa}$）   表 5.11

t_p	d									
	20	24	30	33	36	39	42	45	51	60
20	0.500	0.504	0.528	0.512	0.499	0.487	0.476	0.466	0.477	0.502
25	0.433	0.444	0.473	0.462	0.452	0.442	0.432	0.423	0.434	0.459
30	0.380	0.395	0.427	0.419	0.412	0.405	0.397	0.389	0.401	0.426
35	0.338	0.355	0.387	0.383	0.378	0.372	0.367	0.361	0.373	0.398
40	0.304	0.322	0.354	0.352	0.349	0.345	0.340	0.336	0.348	0.373
45	0.276	0.294	0.326	0.325	0.323	0.321	0.317	0.313	0.326	0.351
50	0.252	0.270	0.302	0.302	0.301	0.300	0.297	0.294	0.307	0.331
55	0.232	0.250	0.281	0.282	0.282	0.281	0.279	0.277	0.289	0.313
60	0.215	0.233	0.262	0.264	0.265	0.264	0.263	0.261	0.274	0.297

5.3.5　锚栓的极限承载力

剪力-滑移曲线最高点的抗剪极限承载力 V_c 用螺纹截面净截面上的平均极限剪应力来表示，并且表示成极限抗拉强度的一个百分比 τ_u/f_u，在表 5.12 中给出。五组试件的平均值分别是：0.726、0.753、0.773、0.715 和 0.598。第 5 组的值明显低于前面四组，是因为混凝土趋于破坏。

试验结果总结　　　　　　　　　　　　　　　　　　表 5.12

试件组编号	试件编号	V_C (kN)	δ_C (mm)	τ_u/f_u	τ_u/f_u 平均值
M24D36T30	T1A	581	23.79	0.769	0.726
	T1B	507	19.35	0.671	
	T1C	557	21.35	0.738	
M24D36T20	T2A	590	25.75	0.781	0.753
	T2B	605	25.7	0.801	
	T2C	560	19.56	0.678	
M24D42T20	T3A	555	22.34	0.735	0.773
	T3B	584	23.91	0.773	
	T3C	612	25.97	0.81	
M20D32T20	T4A	343	20.75	0.85	0.715
	T4B	253	18.12	0.627	
	T4C	269	15.49	0.667	
M30D42T20	T5A	623	23.83	0.624	0.598
	T5B	550	16.40	0.551	
	T5C	617	21.35	0.618	

τ_u/f_u 大于 0.5773，这样的结果在国外类似（例如栓钉抗剪）的研究中系统性地出现，从材料本身的抗剪极限强度方面已经无法解释。

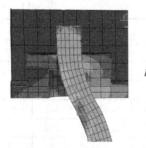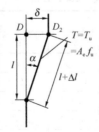

图 5.24　极限状态下锚栓受力简图

试件达到极值点时界面滑移 δ_C 达到了 15.5～26mm，五个试件平均是 21.58mm。破坏后敲碎混凝土挖出锚栓，图 5.17（a）示出了锚栓弯曲的样子，测量其弯曲段与未弯曲部分（变形前）构成的角度，三个锚栓分别达到了 20°、27°和 31°，平均为 25°。考虑到图 5.22 描述的锚杆拉力产生的机理，可以判断极限状态下锚栓已经全截面受拉（图 5.24）。锚杆拉力达到了 $A_e f_u$，根据其弯曲角度，其水平分力是（0.342～0.515）$A_e f_u$，竖向分力为（0.940～0.857）$A_e f_u$。

竖向分力伴随着界面压力，从而产生摩擦抗力，总抗剪承载力是：

$$V_u = (\sin\alpha + \mu_c \cos\alpha)A_e f_u = (\sin\alpha + 0.4\cos\alpha)A_c f_u = \xi A_e f_u \tag{5.32}$$

式中，α 是锚栓达到极限承载力时出现的弯折角度，当 $\alpha = 20°$、25°、30°时，$\xi = 0.718$、

0.785、0.846，都大于 0.7。由此我们完美地解释了试验结果大于 $0.5773A_e f_u$ 的原因。

荷载-滑移曲线的 A 点锚栓内存在弯矩，在极限状态的 C 点却未考虑弯矩。需要引用塑性力学的塑性流动理论解释：已经受弯屈服的塑性铰截面，强迫它整个截面产生拉伸应变，弯曲塑性铰的受压应变区逐步减小，截面上拉力合力增大，弯矩相应减小，如图5.25 所示。

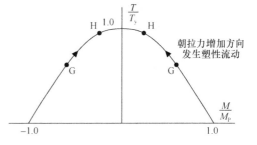

图 5.25　锚栓杆截面上弯矩和拉力的塑性流动

因此，在确保混凝土破坏不会首先发生的条件下，锚栓抗剪极限强度可以取为：

$$V_u = 0.7A_e f_u \tag{5.33}$$

T5 组试件，在曲线的 A 点处，混凝土因为被槽钢遮盖，未能观察出混凝土的表现，但是从承载力模型的计算结果看，可以发现微裂缝的发育还是丰富的。极限状态出现了劈裂、斜裂缝等，说明边距不够，周围的配筋也需要加强。建议是：边距应该从传统的 $5d$ 增加到 $6d$，锚栓至锚栓的受力方向的间距应不小于 $15d$。至于配筋，混凝土需要承接锚栓传来的剪力，要采用配筋来限制混凝土中的裂缝，配筋需要进行计算。

5.4　大直径锚栓的抗剪性能

上文的 M30 试件出现了混凝土先于锚栓破坏的情况。有必要进一步了解较大直径锚栓的抗剪性能。锚栓直径包括 M24、M30、M36 和 M39，强度为 Q235 和 Q345，通过增大基础混凝土的宽度（从 300mm 增大到 390mm）和配筋率来尽量避免混凝土的前期破坏。

5.4.1　试件设计

图 5.26（a）～（c）分别为试件加载装置、柱脚底板构造和基础混凝土配筋图。基础混凝土尺寸：390mm×600mm×950mm。7 组试件用 T6～T12 表示，其中 T7 组只有 1 个试件，其他每组各有 3 个相同的试件，分别用 A、B 与 C 表示，试件参数如表 5.13 所示，d 为锚栓直径，d_0 为柱脚底板孔径，t_p 为柱脚底板厚度。T8 为 M30D48T32，代表 d 为 30mm、d_0 为 48mm、t_p 为 32mm。

柱脚底板采用 Q345，底板厚度为 32mm 或 40mm，垫板孔径为 $d+2$mm，柱脚底板构造如图 5.26（b）所示。基础混凝土强度等级为 C30，混凝土强度 $f_{cu}=32.56$MPa，配筋如图 5.26（c）所示，钢筋采用 HRB335 级钢筋。锚栓 M24、M30、M36 选用 Q235，M39 选用 Q345，各锚栓分别选 3 根进行材性试验，结果如表 5.14 所示。表中，f_y 为锚栓屈服强度，f_u 为锚栓抗拉强度，E 为锚栓弹性模量。

					试件的参数	表 5.13

编号	名称	d (mm)	d_0 (mm)	t_p (mm)	χ
T6	M24D48T32	24	48	32	0.68
T7	M30D42T32	30	42	32	0.54

续表

编号	名称	d (mm)	d_0 (mm)	t_p (mm)	χ
T8	M30D48T32	30	48	32	0.66
T9	M36D48T32	36	48	32	0.59
T10	M36D48T40	36	48	40	0.47
T11	M39D51T32	39	51	32	0.55
T12	M39D65T40	39	65	40	0.64

锚栓的材性试验结果　　　　　　　　　　表 5.14

试件	f_y (MPa)	f_u (MPa)	E (GPa)	试件	f_y (MPa)	f_u (MPa)	E (GPa)
M24	290	440	199	M36	288	456	207
M30	284	447	198	M39	358	552	207

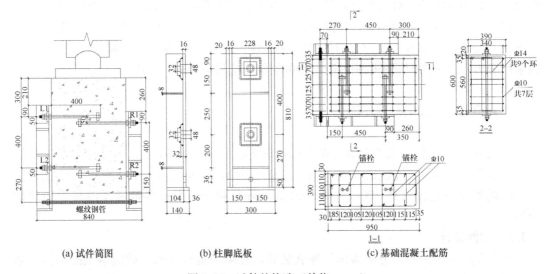

| (a) 试件简图 | (b) 柱脚底板 | (c) 基础混凝土配筋 |

图 5.26　试件的构造（单位：mm）

5.4.2　试验现象及破坏模式

试验结果如表 5.15 所示，表中，V_A、V_C 分别为荷载-相对位移曲线中 A 点、C 点的荷载，δ_A、δ_C 分别为荷载-相对位移曲线中 A 点、C 点的相对位移。其中，T7、T9、T10、T11 无明显滑移段（T11B 除外），难以识别 δ_A 与 V_A。试件的破坏模式可大致分为 3 类：

(1) 锚栓剪切破坏，周围混凝土无明显可见裂缝：当锚栓直径较小时（M24、M30），剪力作用下柱脚底板相对基础混凝土滑移，混凝土受压处受到锚栓的挤压作用，前端混凝土出现小块楔形翘裂；混凝土受拉处与锚栓分开，柱脚底板下沿与锚栓强烈挤压，最终可以部分嵌入锚栓，锚栓局部应力和局部塑性应变变大，发生锚栓剪切破坏，如图 5.27(a)所示（T6B、T8C）。基础混凝土宽度由 300mm 增加到 390mm，且基础配筋率增加，因此 M30 试件发生锚栓剪切破坏。

(2) 混凝土冲切破坏：当锚栓直径较大（M39），在剪力作用下，随着柱脚底板的滑移，锚栓变形加大，受冲压侧混凝土出现放射状裂缝，裂纹宽度逐渐扩大、延伸，最终试件荷载无法增加，混凝土发生冲切破坏，形成八字形斜裂纹，如图 5.27（b）所示（T11A、B 和 T12A、B）。由于受到柱脚底板封堵作用，混凝土表面可见滑移留下的铁锈。

（3）锚栓剪切破坏，周围混凝土存在冲切裂缝：M36 锚栓（T9、T10）试件的试验现象介于上述两者之间，其中 5 个试件最终发生锚栓剪切破坏，3 个试件虽然最后锚栓剪断，但周围混凝土存在冲切裂缝，如图 5.27（c）所示（T9C、T10A）。

由于试件浇筑、安装等误差，各试件中 4 根锚栓与垫板孔壁的相对位置可能存在差异，锚栓与垫板的接触有先后，使得 4 根锚栓的受力不均匀。这可能导致相同的试件在荷载-相对位移曲线以及破坏荷载上存在一定的差异。比如，T11A 破坏模式为 2，而 T11B、T11C 破坏模式为 3，以及 T6A、T6B 总相对位移明显比 T6C 小等。

T6B-L2(M24)　　　　　T8C-L1(M30)

(a) 锚栓剪切破坏

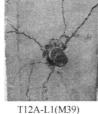

T11A(M39)　　T12A(M39)　　T11A-L1(M39)　　　T11B-R1(M39)　　　　T12A-L1(M39)　　　T12B-L1(M39)

(b) 混凝土冲切破坏

T9C-R1(M36)　　　　　T10A-L1(M36)

(c) 锚栓剪切破坏，混凝土有冲切裂缝

图 5.27　破坏模式（L、R 指左侧和右侧；1、2 指上和下）

5.4.3　荷载-相对位移曲线

各试件的荷载-相对位移曲线如图 5.28（a）～（g）所示。F 为荷载，Δx 为混凝土基础与柱脚底板的相对位移。从图 5.28 可以看出，本次试验的荷载-滑移曲线可分为两种类型：类型一存在两个较为明显的转折点 A 和 B；类型二曲线则不存在明显的转折点，无明显滑移段，锚栓形成塑性铰（A 点）和底板下沿与锚栓接触顶紧（B 点）不存在明显的先后关系（图 5.29）。两种曲线类型与下面两个因素相关：

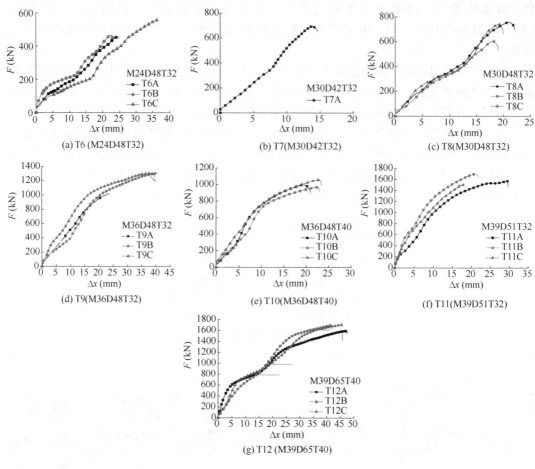

图 5.28　各组试件荷载-相对位移曲线

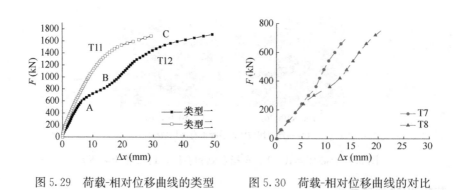

图 5.29　荷载-相对位移曲线的类型　　图 5.30　荷载-相对位移曲线的对比

（1）柱脚底板孔径与锚栓直径的差值 $d_0 - d$：差值越大，锚栓形成塑形铰后与底板孔壁的距离越大，则曲线的滑移段越长。两种曲线对比见图 5.30 的试件 T7（D42）和 T8（D48）荷载-相对位移曲线。

（2）柱脚底板厚度：底板厚度越大，锚栓自由段越长，因而同样的 $d_0 - d$ 下，底板下沿越容易与锚栓接触，因此滑移段越小。

试验结果 表 5.15

试件名称	试件编号	δ_A (mm)	V_A (kN)	$\overline{V_A}$ (kN)	δ_C (mm)	V_C (kN)	$\overline{V_C}$ (kN)	破坏模式
M24D48T32	T6A	3.52	112		24.29	457		R1 锚栓剪断
	T6B	2.48	138	115	22.40	467	494	L2 锚栓剪断
	T6C	3.58	95		36.13	557		R1 锚栓剪断
M30D42T32	T7A	—	—	—	13.74	694	694	L2 锚栓剪断
M30D48T32	T8A	4.11	187		20.86	756		R2 锚栓剪断
	T8B	5.08	209	209	18.03	604	700	R2 锚栓剪断
	T8C	4.30	230		18.95	739		L1 锚栓剪断
M36D48T32	T9A	—	—		23.55	1015		L1 和 L2 锚栓剪断,混凝土有冲切裂缝
	T9B	—	—	—	40.18	1305	1209	混凝土冲切破坏
	T9C				37.27	1306		R1 锚栓剪断,混凝土有冲切裂缝
M36D48T40	T10A				19.00	997		L1 锚栓剪断
	T10B				22.13	969	1007	L1 锚栓剪断
	T10C				22.46	1056		L2 锚栓剪断,混凝土有冲切裂缝
M39D51T32	T11A				29.56	1570		混凝土冲切破坏
	T11B	2.73	560	—	20.94	1696	1589	R2 锚栓剪断,混凝土有冲切裂缝
	T11C	—	—		17.84	1501		R2 锚栓剪断,混凝土有冲切裂缝
M39D65T40	T12A	3.65	536		47.44	1596		混凝土冲切破坏
	T12B	5.28	413	520	41.81	1700	1668	混凝土冲切破坏
	T12C	6.29	611		45.83	1709		混凝土冲切破坏

由于锚栓上部用两个螺母固定,假定锚栓两端固支。先假设锚栓自由段的长度为底板厚度。记 W 为锚栓截面抵抗矩,x 为锚栓边缘屈服时的相对位移,可以得到如下关系:

$$x = \frac{Wf_y t_p^2}{6EI} = C\frac{f_y t_p^2}{d} < \delta_A \leqslant \frac{1}{2}(d_0 - d) \tag{5.34a}$$

其中,δ_A 为锚栓形成塑性铰时的相对位移,C 为常数。从上式可以大致判断:

$$2C < \frac{(d_0 - d)d}{f_y t_p^2} \tag{5.34b}$$

考虑上面表达式,引入以下无量纲化参数:

$$\chi = \frac{\sqrt{(d_0 - d)d}}{t_p\sqrt{f_y/235}} \tag{5.35}$$

式中,χ 为反映滑移段长度的参数,如表 5.13 所示。对比试验结果可知,滑移段的长度和

χ 相关性很大，χ 越大滑移段越明显。当 $\chi \geqslant 0.6$ 时，荷载-相对位移曲线基本为类型一（如 T2～T5、T6、T8 和 T12 组）；当 $\chi < 0.6$ 时，荷载-相对位移曲线基本为类型二（如 T7、T9、T10 和 T11 组）。实际试件的荷载-相对位移曲线还受到多种因素的影响，式 (5.35) 参数只能用于定性分析，比如对于 T1 组试件，$\chi = 0.46$，但在试验曲线中也可观察到很短的滑移段。

5.4.4 抗剪承载力计算

1. 第一阶段抗剪承载力

荷载-相对位移曲线上的 A 点的承载力，采用式 (5.25)、式 (5.28) 计算，结果见表 5.16。表中，$V_{test,A}$ 为试验荷载-相对位移曲线中 A 点的荷载值，取同组三个试件的平均值，试件 T7、T9、T10、T11 的荷载-相对位移曲线为类型二，无明显滑移段，不作为对比试件。

荷载-相对位移曲线为类型一的试件（T2～T5、T6、T8、T12），计算值和试验值比较接近。类型二试件（如 T7、T11）更早进入强化段。如图 5.29、图 5.30 所示，在类型一试件形成塑性铰时（δ_A），类型二试件在相对位移为 δ_A 时对应的荷载比类型一大。因此，式 (5.25)、式 (5.28) 作为计算类型二试件的抗剪承载力相对安全。

计算值与实验值的对比　　　　　　　　　　　　　表 5.16

试件	V_A(kN)[式(5-25)、式(5-28)]	$V_{test,A}$ (kN)	$V_A/V_{test,A}$
T6	118	115	1.02
T8	223	209	1.07
T12	467	520	0.90

2. 极限抗剪承载力

钢柱脚锚栓连接的极限抗剪承载力 V_u 与净截面抗拉强度 T_u 的比值 η_{test} 见表 5.17，η_{test} 均大于 0.5773（为锚栓全截面剪切破坏的承载力对应的系数）。考虑到锚栓直径较大，锚栓受拉屈服的可能性变小，需要对极限状态提出一个稍微有所修正的模型。

试验极限承载力系数的计算　　　　　　　　　　　表 5.17

试件编号	试验值（kN）	$A_e f_u$ (kN)	η_{test}
T6	494	621	0.79
T7	694	1003	0.69
T8	700	1003	0.70
T9	1209	1490	0.81
T10	1007	1490	0.68
T11	1589	2154	0.74
T12	1668	2154	0.77

实心圆截面拉力和弯矩的相关公式，非常接近于抛物线，即：

$$\frac{M}{M_{pu}} = 1 - \frac{T^2}{T_u^2} \tag{5.36}$$

式中，M、T 分别为锚栓截面弯矩、拉力，M_{pu} 为锚栓极限塑性弯矩。由于锚栓上同时存在拉力、剪力和弯矩，式（5.36）需考虑锚栓截面剪应力的影响。假设截面上剪应力均匀分布，根据 Mises 屈服准则，则在剪应力影响下，拉压极限应力 $f_{\mathrm{u\tau}}$ 减小为 $f_{\mathrm{u\tau}} = f_{\mathrm{u}}\sqrt{1-3\tau^2/f_{\mathrm{u}}^2}$，则剪应力影响下的锚栓极限塑性弯矩 $M_{\mathrm{pu\tau}}$、锚栓极限拉力 $T_{\mathrm{u\tau}}$ 分别减小为：

$$M_{\mathrm{pu\tau}} = M_{\mathrm{pu}}\sqrt{1-\frac{3\tau^2}{f_{\mathrm{u}}^2}} \tag{5.37a}$$

$$T_{\mathrm{u\tau}} = T_{\mathrm{u}}\sqrt{1-\frac{3\tau^2}{f_{\mathrm{u}}^2}} \tag{5.37b}$$

得到极限状态时锚栓截面的拉应力：

$$\sigma = \sqrt{f_{\mathrm{u}}^2 - 3\tau^2 - f_{\mathrm{u}}\frac{M}{M_{\mathrm{pu}}}\sqrt{f_{\mathrm{u}}^2-3\tau^2}} \tag{5.38}$$

假定锚栓形成塑性铰后弯矩不再增大，后续锚栓抵抗水平力主要来自锚杆倾斜受拉。加载后期，锚栓与柱底板孔壁下沿挤压，锚栓局部剪力变大，极限状态应出现在锚栓与底板孔壁下沿接触的截面（试验中的锚栓剪断也发生在该截面，如图 5.31 所示）。根据 5.3.4 节模型，混凝土与底板交界面的锚栓截面弯矩为塑性弯矩的 $0.76\sim0.86$ 倍，平均为

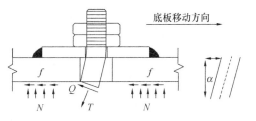

图 5.31　极限状态计算模型

0.81 倍。加载后期，锚栓拉力逐渐变大，根据实心圆截面拉力与弯矩的塑性流动，随着拉力变大，弯矩将变小。锚栓截面很难达到全塑性，因此取锚栓截面最终弯矩为锚栓形成塑性铰时的 0.7 倍。

$$\frac{M}{M_{\mathrm{pu}}} = 0.7\frac{0.81M_{\mathrm{py}}}{M_{\mathrm{pu}}} = 0.7\frac{0.81f_{\mathrm{y}}}{f_{\mathrm{u}}} = 0.36 \tag{5.39}$$

其中，M 为锚栓截面最终弯矩，M_{py} 为锚栓塑性弯矩。比值 f_{y}、f_{u} 见表 5.14。

极限状态下，截取基础混凝土与底板接触面以上部分锚栓和底板作为受力分析对象。锚栓连接的抗剪计算简图如图 5.31 所示。当锚栓倾斜角为 α 时，锚栓连接的极限抗剪承载力 V_{u} 的公式为：

$$\begin{aligned}V_{\mathrm{u}} &= A_{\mathrm{e}}\tau(\cos\alpha - 0.4\sin\alpha) + A_{\mathrm{e}}\sigma(\sin\alpha + 0.4\cos\alpha)\\&= \eta T_{\mathrm{u}}\end{aligned} \tag{5.40}$$

其中，η 为极限承载力系数。式（5.38）、式（5.40）对于确定的倾斜角 α，V_{u} 存在唯一的最大值。对不同的倾斜角 α，求式（5.40）的最大值，得到对应的极限承载力系数 η 见表 5.18。取式（5.40）最大值，对应的截面拉应力、截面剪应力的变化如图 5.32 所示，该图显示，当底板与混凝土的相对位移变大时，锚栓被拉长，截面拉应力随

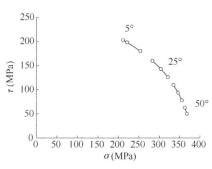

图 5.32　锚栓截面应力随
锚栓倾斜角的变化

165

之变大，而截面剪应力相应减小。

极限承载力系数随倾斜角的变化　　　　　　表 5.18

α	5	10	15	20	25	30	35	40	45
η	0.63	0.66	0.68	0.71	0.73	0.76	0.78	0.8	0.82

极限承载力系数的对比　　　　　　表 5.19

试件编号	δ_C (mm)	a_2 (mm)	α (°)	η	η_{test}	试件编号	δ_C (mm)	a_2 (mm)	α (°)	η	η_{test}
T1	21.50	44.74	26	0.74	0.73	T7	13.74	48.41	16	0.69	0.69
T2	23.67	37.54	32	0.77	0.77	T8	19.28	49.75	21	0.71	0.70
T3	24.07	38.70	32	0.77	0.77	T9	33.67	53.07	32	0.77	0.81
T4	18.12	31.87	30	0.76	0.72	T10	21.20	58.96	20	0.71	0.68
T5	20.53	40.54	27	0.74	0.59	T11	22.78	59.04	21	0.71	0.74
T6	27.61	47.41	30	0.76	0.79	T12	45.02	67.30	34	0.78	0.77

如表 5.18 所示，锚栓后期倾斜角度越大，锚栓连接的极限承载力系数 η 越大。假定最终锚栓倾斜角 α 满足：$\tan\alpha = \delta_c/a_2$，由表 5.19 可知，通过式（5.40）计算所得 T2、T3、T6、T9、T12 的锚栓倾斜角 α 和极限承载力系数 η 较大，同时上述试件的试验结果 η_{test} 也较大，η 与 η_{test} 符合良好。T5（M30）组试件，混凝土宽度为 300 mm 且配筋不足，混凝土过早发生冲切破坏，最后极限抗剪承载力远低于其他组。除去 T5 组，其余组 η 与 η_{test} 符合良好。试件破坏时，锚栓最终倾斜角绝大部分在 20° 以上，故式（5.33）对 M39 的锚栓仍然适用。

更大的锚栓需要更高强度的混凝土、更高的竖向配筋率、更密且直径更大的箍筋和更大的边距与之匹配。

5.5　受拉锚栓的抗剪承载力，拉剪共同作用

因为外弯矩或外拉力作用，迫使锚栓受拉。受拉锚栓的抗剪承载力与上述试验的情况不同：

（1）因为混凝土泊松比膨胀产生的拉力消失，底板锚固作用产生的拉力也消失；

（2）受拉区的锚栓，底板与混凝土之间的摩擦力＝0。

此时，计算模型如图 5.33 所示，弯矩的平衡要求有：

$$M = -M_{Pe1} + Q(l + a_0) - \frac{1}{2}(\beta f_{ck}d)a^2 = -M_{Pe1} + Ql + \frac{1}{2}\frac{Q^2}{\beta f_c d} = M_{P2} \quad (5.41a)$$

其中：
$$M_{Pe1} = M_{Pe\tau}\left(1 - \frac{T^2}{T_{ye\tau}^2}\right) = M_{Pe}\sqrt{1 - \frac{Q^2}{Q_{ye}^2}}\left(1 - \frac{T^2}{T_{ye\tau}^2}\right)$$

$$= M_{Pe}\sqrt{1 - \frac{Q^2}{Q_{ye}^2}}\left[1 - \frac{T^2}{T_{ye}^2(1 - Q^2/Q_{ye}^2)}\right] \quad (5.41b)$$

式中利用了 $T_{ye\tau} = f_{y\tau}A_e = A_e f_y\sqrt{1 - \frac{Q^2}{Q_{ye}^2}}$，$M_{P2} = M_P\left(1 - \frac{T^2}{T_y^2}\right)$。

因为 $d_e = 0.883d$，可以得到 $M_{Pe} = 0.6885M_P$、$Q_y = 1.2826Q_{ye}$，最后得到如下相关

关系：

$$\frac{T}{T_{ye}} = \sqrt{\frac{\left[1 - \left(0.39\sqrt{3}\pi\frac{l}{d}\frac{Q}{Q_{ye}} + \frac{0.78^2\pi^2 f_y}{16\beta_0 f_{clk}}\frac{Q^2}{Q_{ye}^2}\right)\right]\sqrt{1 - \frac{Q^2}{Q_{ye}^2}} + 0.6885\left(1 - \frac{Q^2}{Q_{ye}^2}\right)}{\left(0.6084\sqrt{1 - \frac{Q^2}{Q_{ye}^2}} + 0.6885\right)}}$$

$$(5.42a)$$

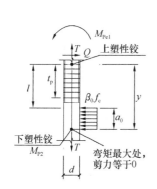

图 5.33　受拉锚栓的抗剪承载力

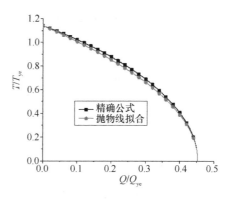

图 5.34　受拉锚栓的拉力与剪力相关关系

通过试算，上式给出的拉力和剪力的相关关系如图 5.34 所示，拟合公式是：

$$\left(\frac{T}{T_{ye}}\right)^2 + \frac{Q}{Q_0} = 1 \qquad (5.42b)$$

式（5.42b）与普通螺栓拉剪作用相关公式（5.9）有所不同。单个锚栓的承载力总结见表 5.20。

单个锚栓的承载力的总结　　　　　　　　　　　　　　　　表 5.20

承载力类别	纯剪承载力设计值	抗拉承载力设计值	拉剪共同作用
受压区锚栓	$V_{bolt} = 1.138Q_0$	无外拉力，无外压力	
受拉区锚栓	$V_{bolt} = Q_0$	$T_{bolt} = A_e f = T_{ye}$	$T^2/T_{ye}^2 + Q/Q_0 = 1$
备注	$Q_0 = 4.5 l f_c d\left(\sqrt{1 + \frac{d^2}{8l^2}\cdot\frac{f}{f_c}} - 1\right)$ 摩擦系数取设计值 0.3 $l = t_p + \frac{1}{2\sqrt{3}}\left(d_0 - \frac{5}{6}d\right)$	柱脚锚栓 无撬力影响	

5.6　锚栓内力的计算

本节解决柱脚截面剪力 Q、轴力 N 和弯矩 M 作用下单个锚栓受到的剪力 N_v 和轴力 N_t 的计算。

5.6.1　剪力在锚栓中的分配

剪力作用下，各个锚栓分配到的剪力，基于一些简单的假设：

1. 假设摩擦力参与抗剪，锚栓不参与抗剪。此时计算摩擦抗力时，摩擦系数应采用设计值 0.3，而不是平均值 0.4。

2. 摩擦力不足时，采用抗剪键或采用锚栓抗剪，此时不能考虑摩擦力。

3. 利用锚栓抗剪时，此时有两种情况：

（1）假设摩擦力不参与抵抗剪力，所有锚栓平均参与抗剪；

（2）也可以假设摩擦力不参与抗剪，只有受压区锚栓参加抗剪。

5.6.2　弯矩和轴力作用下的锚栓拉力计算

我国柱脚设计中，传统的计算方法来自苏联，虽然苏联学者很清楚柱底板下混凝土的反力是不均匀的，柱腹板和柱翼缘正对下部的混凝土的反力最大，但是仍然假定柱底板下的混凝土应力是符合平截面假定的。

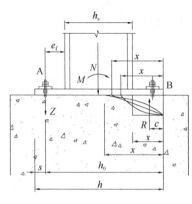

图 5.35　锚栓拉力的计算

图 5.35 示出了单向弯曲柱脚锚栓拉力和混凝土反力。各种计算方法采用不同的混凝土压应力分布曲线。按照弹性设计倾向采用三角形分布，考虑弹塑性性能采用抛物线图形（$\sigma = a\sqrt{x}$）分布，极限状态下也可以采用矩形分布。当按半无限空间弹性理论计算时，可以近似地认为是二次抛物线（$p = ax^2$），各种分布示于图 5.35。混凝土压应力分布曲线一经确定，c 与 x 即具有固定的几何关系（c 为受压应力图形合力 R 距边端的距离，x 为受压区长度），对给定的外荷 N、M，有三个未知量：锚栓拉力 Z、混凝土最大压应力 σ 和混凝土受压边长度 x。但是只能建立两个平衡方程式：

$$R \times \lambda h_0 = N(e + h_0 - 0.5h) \text{ 或 } Z \times \lambda h_0 = M - N(0.5h - c) \tag{5.43a}$$

$$R = N + Z \tag{5.43b}$$

式中，R 为混凝土的压应力合力，$e = M/N$，h_0 为锚栓至压力最大侧底板边的距离，λh_0 为锚栓至压应力图形重心 O 的距离（图 5.35），h 为底板长度。

上述 2 个方程有 3 个未知量，必须建立第 3 个方程式。各国建立第 3 个方程所采用的假定不同，造成了目前丰富多彩的锚栓内力计算方法。

5.6.3　促使混凝土局部承压强度与柱子截面板件等强的柱底板厚度

下面介绍的方法充分考虑了钢柱腹板和翼缘下混凝土反力的不均匀。如图 5.36 所示，假设无限大的基础上有无限大的板，上又有无限长的竖板，其上均匀作用线荷载。这是一个平面应变问题，取出一条来分析，则得到一个半无限平面上的一根梁上作用着一个集中荷载。记底板厚度为 t_P，设柱截面的板件向下的压应力是 σ，则按照弹性状态计算，混凝土的等效承压宽度是（取 $E = 206000\text{MPa}$，$E_c = 30000\text{MPa}$）：

$$l_z = \frac{1}{0.385}t_P\sqrt[3]{\frac{E}{6E_c}} \approx 2.72t_P \tag{5.44}$$

此宽度用于验算混凝土的局部承压强度。柱底板单位宽度上的弯矩是：

$$M = \frac{2}{3\sqrt{3}}\sigma t \cdot t_P\sqrt[3]{\frac{E}{6E_c}} = \frac{2}{3\sqrt{3}}\sigma t \cdot t_P \times 1.046 = 0.4026\sigma t \cdot t_P \tag{5.45}$$

式中，t 是上部钢柱截面的壁厚。此弯矩用于计算底板的弹性极限强度：

$$M = 0.4026\sigma t \cdot t_P \leqslant \frac{1}{6}t_P^2 f_P\left(t_P \geqslant 2.415\frac{f}{f_P}t\right) \tag{5.46}$$

如果柱底板的强度为 265MPa、钢柱强度为 295MPa，则底板的厚度要求是 $t_P = 2.689t$。在这样的厚度下，考虑到局部承压宽度不大，把承压宽度增加一个柱壁板厚度，则承压强度要求：

$$(2.72t_P + t)\beta_l f_c \geqslant tf \tag{5.47}$$

式中，β_l 是局部承压强度提高系数。从上式得到：

$$t_P \geqslant \frac{1}{2.72}\left(\frac{f}{\beta_l f_c} - 1\right)t \tag{5.48}$$

取 $f = 295\text{MPa}$、$f_c = 14.3\text{MPa}$、$\beta_l = 2$，得到 $t_P \geqslant 3.425t$，可见局部承压控制。如果 $\beta_l = 2.5$ 和 $\beta_l = 3$，则底板厚度分别是 $t_P \geqslant 2.666t$，$t_P \geqslant 2.16t$。

如果采用极限状态法，如图 5.36（c）所示，宽度为 c 的底板下承受混凝土局部承压应力 $\beta_l f_c$，在这个均布压力作用下，底板与钢柱壁板的根部形成塑性铰，即：

$$\frac{1}{2} \cdot \beta_l f_c \cdot c^2 = \frac{1}{4}t_P^2 f_P \tag{5.49}$$

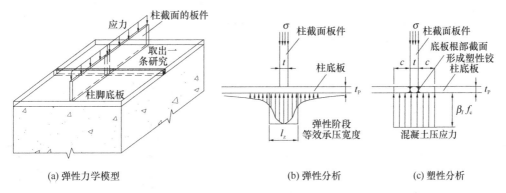

图 5.36 柱子底板厚度的确定

假设 $\beta_l = 2$，从上式得到：

$$c = t_P\sqrt{\frac{f_P}{2\beta_l f_c}} = \alpha t_P \tag{5.50}$$

这种方法确定的底板厚度直接满足了底板的弯曲强度和下部混凝土的局部承压强度的要求。局部承压的总宽度是 $t + 2c = t + 2\alpha t_P$，$(2\alpha t_P + t)\beta_l f_c \geqslant tf$，$\sqrt{2}t_P\sqrt{f_P\beta_l f_c} + t\beta_l f_c \geqslant tf$，则

$$t_P \geqslant \frac{1}{2\alpha}\left(\frac{f}{\beta_l f_c} - 1\right)t \tag{5.51}$$

作为算例，取 $\beta_l = 2$、$f = 295\text{MPa}$、$f_P = 265\text{MPa}$、$f_c = 14.3\text{MPa}$、$\alpha = \sqrt{\dfrac{f_P}{2\beta_l f_c}} =$

$\sqrt{\dfrac{265}{2 \times 2 \times 14.3}} = 2.152$，则

$$t_P \geqslant \left(2.152\sqrt{\frac{295}{265}} - \frac{1}{2 \times 2.152}\right)t = 2.0387t$$

如果取 $\beta_l = 2.5$ 和 3 时，则应分别取 $t_P \geqslant 1.772t$ 和 $t_P \geqslant 1.57t$。可见 β_l 的取值很重要，应仔细参考钢筋混凝土结构设计规范的规定，并考虑柱脚受力特点加以确定。从上面的分析看，塑性设计时，β_l 宜取 2，弹性设计（应力更加不均匀）时，β_l 可以取 3。

上述这种方法，直接确定了受压区底板的厚度，没有考虑各板件之间的相互支持，偏于安全。

5.6.4　基于极限状态的锚栓拉力计算

混凝土反力作用使柱脚底板向上弯曲，使得各点反力分布不均匀。在混凝土的分布反力作用下，柱脚受压区的底板内也形成了塑性铰线。

设底板按照悬臂板外伸，根部形成塑性铰弯矩，则在混凝土分布反力达到混凝土抗压强度设计值 $2f_c$，有效的外伸宽度 c 由式（5.50）计算，对 Q235B 和 Q345B 以及不同的混凝土强度等级，有效宽度系数列于表 5.21。

底板有效宽度系数 α 　　　　　　表 5.21

混凝土强度等级	C20	C25	C30	C35	C40	C45
Q235B（$f=205\text{MPa}$）	2.311	2.075	1.893	1.752	1.638	1.558
Q345B（$f=295\text{MPa}$）	2.772	2.489	2.271	2.101	1.965	1.870

极限状态下底部混凝土按照矩形应力分布、应力为 2 倍混凝土抗压强度设计值，受压带宽如下：

柱子钢板两侧各外伸 c，与柱子壁板厚度 t，以及在有角焊缝的情况下，每条焊缝可以考虑 $0.7h_f$ 的宽度，形成宽度为 $2c+t+1.4h_f$ 的受压带，如图 5.37 所示。

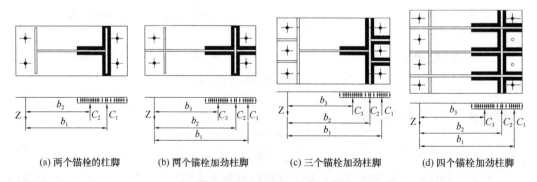

(a) 两个锚栓的柱脚　　(b) 两个锚栓加劲柱脚　　(c) 三个锚栓加劲柱脚　　(d) 四个锚栓加劲柱脚

图 5.37　有效的底板受压带

图 5.37 示出了四种柱脚，第一种柱底板没有布置加劲肋，因此

$$C_1b_1 + C_2b_2 = N(0.5h_s + e_f) + M \tag{5.52a}$$

$$C_1 + C_2 + N = Z \tag{5.52b}$$

式中，e_f 是锚栓中心到柱子边缘的距离（图 5.35），h_s 是钢柱截面高度。

实际上，类似于钢筋混凝土梁计算时必须首先计算出受压区的高度，这里也是必须计算出这个高度，$C_1 = (b_f + 2c_1)(t_f + 2c + 2h_{fe})$，式中 c_1 是翼缘边到底板边的距离，但是 c_1 的取值不应大于 c。

从式（5.52a）计算 C_2：

$$C_2b_2 = N(0.5h_s + e_f) + M - C_1b_1 \tag{5.53a}$$

如果 $C_2 b_2 < 0$，则表示受压区未进入腹板范围，可以取 $C_2 = 0$ 计算：

$$C_1 = \frac{N(0.5h_s + e_f) + M}{b_1} \tag{5.53b}$$

从而得到锚栓拉力 $Z = C_1 + N$。

如果 $C_2 b_2 > 0$，则表示受压区进入了腹板，设进入腹板的宽度是 x_{wc}，因为

$$C_2 = 2f_c x_{wc}(t_w + 2h_{fe,w} + 2c_w)，\ b_2 = e_f + h_s - (t_f + h_{fe} + c_w) - 0.5x_{wc}$$

于是得到：

$$\begin{aligned} C_2 b_2 &= 2f_c x_{wc}(t_w + 2h_{fe,w} + 2c_w)[e_f + h_s - (t_f + h_{fe} + c_w) - 0.5x_{wc}] \\ &= N(0.5h_s + e_f) + M - C_1 b_1 \end{aligned} \tag{5.53c}$$

从上式求出 x_{wc}，从而得到各个部分的压力和锚栓总拉力。

图 5.37 的后三种柱脚受压区分成 3 个区块，平衡条件如下：

$$C_1 b_1 + C_2 b_2 + C_3 b_3 = N(0.5h_s + e_f) + M \tag{5.54a}$$

$$C_1 + C_2 + C_3 + N = Z \tag{5.54b}$$

计算各区块的压力时，可以取压应力为 $2f_c$。取底板厚度不大于式（5.51）的值，先假设 C_2、C_3、b_1、b_2 是已知的，从式（5.54a）计算出 $C_3 b_3 = M_3$。

如果 $M_3 < 0$，则表示混凝土受压区未进入钢柱截面的腹板下部，取 $C_3 = 0$。接下去就不是求受压区的高度，而是计算受压区的压应力。已知 C_1、C_2 部分的面积分别是 A_{c1}、A_{c2}，则混凝土压应力是：

$$\sigma_c = \frac{N(0.5h_s + e_f) + M}{A_{c1} b_1 + A_{c2} b_2} \leqslant 2f_c \tag{5.55}$$

$C_1 = A_{c1}\sigma_c$、$C_2 = A_{c2}\sigma_c$，代入式（5.54b）求得锚栓总拉力。

如果 $M_3 = C_3 b_3 > 0$，则表示受压区进入了钢柱腹板下部，这时：

$$C_3 = 2f_c x_{wc}(t_w + 2h_{fe,w} + 2c_w) \tag{5.56a}$$

$$b_3 = e_f + h_s - (t_f + h_{fe} + c_w) - 0.5x_{wc} \tag{5.56b}$$

于是得到：

$$\begin{aligned} C_3 b_3 &= 2f_c x_{wc}(t_w + 2h_{fe,w} + 2c_w)[e_f + h_s - (t_f + h_{fe} + c_w) - 0.5x_{wc}] \\ &= N(0.5h_s + e_f) + M - C_1 b_1 - C_2 b_2 \end{aligned} \tag{5.56c}$$

从上式求出 x_{wc}，从而得到各个部分的压力和锚栓总拉力。

如果进入腹板的受压区的高度达到了柱子的全高，此时锚栓可以仅按构造要求配置。

得到锚栓总拉力，计算每个锚栓拉力，选择锚栓直径，接下去要按照受拉区的要求确定柱底板厚度。柱脚底板的加劲肋，在图 5.37（c）所示一侧 3 个锚栓的情况下，因为加劲肋传递的力使得柱子的翼缘往内压或者往外拉，为了尽可能地减小这种作用，要求加劲肋高度至少是加劲肋宽度的 3 倍。

5.6.5 受拉区柱脚底板厚度的确定

锚栓拉力确定后，锚栓拉力不仅用于选择锚栓的直径，还要求柱子底板能够承担这个拉力。

锚栓承受拉力与梁柱的外伸端板高强度螺栓连接相似，但是也有明显的不同：

（1）高强度螺栓有预拉力，锚栓则基本没有；这使得锚栓受拉后，柱底板很快地提离下部混凝土。

（2）高强度螺栓被连接的是两块刚度相当的钢板，而锚栓则是连接钢板和弹性模量仅为钢板的 1/（6~8）的混凝土，这使得钢柱底板基本不承受撬力。

（3）锚栓经常有较大的孔，但是同时有较大较厚的锚栓垫板，且与柱底板焊接。

上述前两个特点使得柱脚底板不能完全照搬梁柱连接计算端板厚度的公式，但是推导公式的思路则完全可以参照。考虑到锚栓开大孔，但是有厚的垫板，实际取用时在这些公式上可以调整。

情况 1：柱子无外伸加劲肋的部分［图 5.38（a）］，此时只有一条塑性铰线，因此柱脚底板的厚度为：

$$t_P = \sqrt{\frac{6N_t e_f}{0.5bf}} \geqslant \sqrt{\frac{N_t}{\pi f}} = t_{Pmin} \tag{5.57a}$$

式中，N_t 是一个锚栓承受的拉力。

情况 2a：两相邻边支承的板［图 5.38（b）］，此时 $\dfrac{e_f}{e_w} < \dfrac{e_f + c}{e_w + a}$，塑性铰线如图 5.38（b）所示，利用板的塑性铰线机构分析方法得到：

$$t_P = \sqrt{\frac{6N_t e_w e_f}{[ce_f + 2ae_w + ae_f^2/e_w + 0.5\pi(e_w^2 + e_f^2)]f}} \geqslant t_{Pmin} \tag{5.57b}$$

情况 2b：两相邻边支承的板［图 5.38（c）］，此时 $\dfrac{e_f}{e_w} > \dfrac{e_f + c}{e_w + a}$，塑性铰线如图 5.38（c）所示，此时

$$t_P = \sqrt{\frac{6N_t e_w e_f}{[ae_w + 2ce_f + ce_w^2/e_f + 0.5\pi(e_w^2 + e_f^2)]f}} \geqslant t_{Pmin} \tag{5.57c}$$

情况 3：三边支承的板块［图 5.38(d)］，$e_{min} = min(0.5b, e_f)$，塑性铰线如图 5.38（d）所示。

$$t_P = \sqrt{\frac{6N_t e_{min}}{(4c - d_0 + 2\pi e_{min})f_{yk}}} \geqslant t_{Pmin} \tag{5.57d}$$

情况 4：四边支承的区块，则：

$$t_P = \sqrt{\frac{N_t}{\pi f}} = t_{Pmin} \tag{5.57e}$$

底板厚度取以上各区格厚度的最大值。

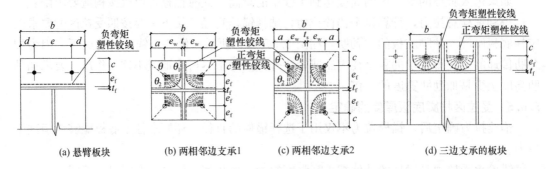

（a）悬臂板块　　（b）两相邻边支承1　　（c）两相邻边支承2　　（d）三边支承的板块

图 5.38　承受锚栓拉力的柱脚底板

计算完柱子底板、锚栓等，为了顺利地传递锚栓拉力到基础，锚固长度范围内的锚栓

周围应有等强的基础竖向钢筋；并且这个竖向钢筋也要满足自己的锚固长度要求。为了保证基础混凝土短柱的抗剪强度，在基础顶部没有室内地面的情况下，例如边柱的室外地面高度与室内有高差，或比较靠近的排水沟，应增加顶部加密箍筋，箍筋间距参照外包混凝土柱子为50mm。避免基础顶部附近的冲切破坏。基础短柱周边的竖向钢筋，应满足抗弯的要求，并满足最小配筋率要求。

锚栓经常有较大的孔，这是不利的一面，但是同时有较大较厚的锚栓垫板，把应力扩散开来，互相抵消。垫板与柱底板焊接，形成组合作用，极大地增大了正弯矩塑性铰线的塑性弯矩，还有可能稍微改变负弯矩塑性铰线的走向，综合起来，需要的底板厚度有所减小。

参 考 文 献

[1] 李德滋. 钢柱脚锚栓的应力分析和设计[C]//全国钢结构标准技术委员会. 钢结构研究论文报告选集. 北京：[出版者不详]，1982.

[2] 李德滋. 缩小钢柱脚柱轮廓尺寸对上部钢框架性能的影响[C]//全国钢结构标准技术委员会. 钢结构研究论文报告选集. 北京：[出版者不详]，1982.

[3] 李德滋. 钢柱柱脚靴梁和底板的应力分析和设计[C]//全国钢结构标准技术委员会. 钢结构研究论文报告选集. 北京：[出版者不详]，1982.

[4] 李德滋. 在柔性钢柱柱脚底板作用下的混凝土基础承载力的试验研究[C]//全国钢结构标准技术委员会. 钢结构研究论文报告选集. 北京：[出版者不详]，1982.

[5] 李德滋. 钢柱柱脚底板的弹性有限元分析和试验研究[C]//全国钢结构标准技术委员会. 钢结构研究论文报告选集. 北京：[出版者不详]，1982.

[6] 于安麟，等. 钢柱脚在不同弯剪比时的抗剪性能研究[J]. 工业建筑，1994，1：23-27.

[7] 于安麟，等. 露出型钢柱脚抗剪性能研究(1) [J]. 工业建筑，1992，5：24-27.

[8] 于安麟，等. 露出型钢柱脚抗剪性能研究(2) [J]. 工业建筑，1992，6：29-33.

[9] CONARD R F. Tests of grouted anchor bolts in tension and shear[J]. ACI journal，1969.

[10] LEE M M，BURDETTE E G. Anchorage of steel building components to concrete[J]. AISC engineering journal，1985(1)：33-38.

[11] ADIHARDJO R，SOLTIS L. Combined shear and tension on grouted base details[J]. AISC engineering journal，1979，16(1)：23-26.

[12] CHIPP J G，EDWARD R，HANINGER. Design of headed anchor bolts[J]. AISC engineering journal，1983(2)：58-69.

[13] MCMACKIN P J，SLUTTER R G，FISHER J W. Headed steel anchor under combined loading[J]. AISC engineering journal，1973，10(2)：43-52.

[14] DEWOLF J T，SARISLEY E F. Column base plates with axial loads and moments[J]. Journal of the structural division，1980，106(11)：2167-2184.

[15] ACI Committee 349. Proposed addition to code requirements for nuclear safety related concrete structures (ACI349-76) and Addition to Commentary on code requirements for nuclear safety related concrete structures(ACI349-76) [J]. ACI journal，1978，75(8)：329-347.

[16] American Concrete Institute. Code Requirements for Nuclear Safety Related Structures：ACI349-85 [S]. Chicago：ACI，1985.

[17] KLINGNER R E，MENDONCA J A. Shear capacity of short anchor bolts and welded studs：a literature review[J]. ACI Journal，1982，79(5)：339-349.

［18］　MARSH M L，BURDETTE E G．Multiple bolt anchorages：method for determining effective projected area of overlapping stress cones［J］．AISC engineering journal，1985，35(1)．

［19］　CANNON R W，GODFREY D A，MOREADITH F L．Guide to the design of anchor bolts other steel embedments［J］．Concrete international，1981，3(7)：28-41．

［20］　FISHER J M．Structural details in industrial buildings［J］．AISC engineering journal，1981，18(3)．

［21］　KHAROD U J．Anchor bolt design for shear and tension［J］．AISC engineering journal，1980，17(1)：22-23．

［22］　CLARKE A B，COVERMAN S H．Structural steelwork：limit state design［M］．London：Chapman and Hall Ltd，1986．

［23］　American Concrete Institute．Building code requirements for structural concrete：ACI 318-2002［S］．Chicago：ACI，2002．

［24］　European Organisation for Technical Approvals．Guideline for european technical approval of metal anchors for use in concrete：ETAG 001［S］．Brussels：EOTA，1997．

［25］　COOK R A．Behavior and design of ductile multiple-anchor steel-to-concrete connections［D］．Austin：The University of Texas at Austin，1989．

［26］　COOK R A，KLINGNER R E．Ductile multiple-anchor steel-to-concrete connections［J］．Journal of structural engineering，1992，118(6)：1645-1665．

［27］　UEDA T，KITIPORNCHAI S，LING K．Experimental investigation of anchor bolts under shear［J］．Journal of structural engineering，1990，116(4)：910-924．

［28］　崔瑶，李浩，刘浩，等．外露式钢柱脚受剪性能试验研究［J］．建筑结构学报，2017，8(7)：51-58．

［29］　崔瑶，李浩，刘浩，等．外露式钢柱脚恢复力特性分析［J］．工程力学，2018，35(7)：232-242．

［30］　艾文超，童根树，张磊，等．钢柱脚锚栓连接受剪性能试验研究［J］．建筑结构学报，2012，33(3)：80-88．

［31］　TONG G S，CHEN R，ZHANG L．Models to predict shear resistances of anchor bolts［J］．Advances in Structural Engineering，2017，20(12)：1933-1947．

［32］　丁磊．外露式钢柱脚锚栓连接的抗剪性能［D］．杭州：浙江大学，2019．

［33］　崔佳，魏明钟，赵熙元，等．钢结构设计规范理解与应用［M］．北京：中国建筑工业出版社，2004．

第6章 外包式和埋入式钢柱脚设计方法

6.1 引言

外包式刚接柱脚如图6.1所示。这种柱脚是20世纪80年代从日本引进的，图6.1示出了这种柱脚具体的构造要求。外包式柱脚的钢筋混凝土包脚高度、截面尺寸和箍筋配置（特别是顶部加强箍筋）对柱脚的内力传递和恢复力特性有较大影响，包脚高度和混凝土层厚要足够，为了纵筋可靠地锚固，在顶部，纵筋要做成弯钩状，下弯不得小于150mm。

图6.2示出了外包式柱脚的五种破坏模式。

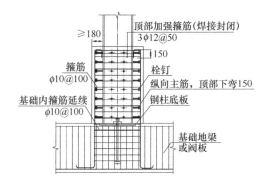

图6.1 外包式柱脚构造

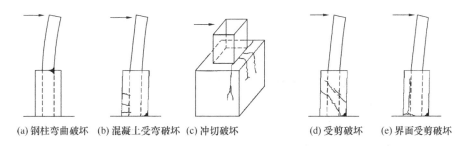

(a)钢柱弯曲破坏 (b)混凝土受弯破坏 (c)冲切破坏 (d)受剪破坏 (e)界面受剪破坏

图6.2 外包式柱脚的破坏模式

6.2 外包式柱脚传力分析

6.2.1 轴力的传递

《高层民用建筑钢结构技术规程》JGJ 99—2015没有明确柱子的轴力是否全部由柱底板传递到下部的混凝土基础上，有些文献要求全部通过柱底板传递。

（1）传递到外包混凝土内的轴力的上限是按照钢截面和外包混凝土截面的轴压刚度进行分配的。

（2）栓钉是柔性抗剪件，钢-混凝土界面将产生滑移，传递到混凝土的压力一般为 $20\%\sim30\%$。

（3）从承载力角度分析，传递到混凝土的轴力受到钢与混凝土截面轴压承载力之比的限制。

下面按照组合构件理论来对外包式柱脚的轴力传递进行分析。记 E_cA_c 为混凝土轴压刚度，E_sA_s 为钢截面的轴压刚度，q_u 为单位高度上的混凝土与钢柱界面上的剪力，钢柱子的轴力为 N_s，混凝土柱子承受的轴力为 N_c，参考图 6.3，微元平衡方程为：

$$\frac{\mathrm{d}N_c}{\mathrm{d}x} = -q_u \tag{6.1a}$$

$$\frac{\mathrm{d}N_s}{\mathrm{d}x} = q_u \tag{6.1b}$$

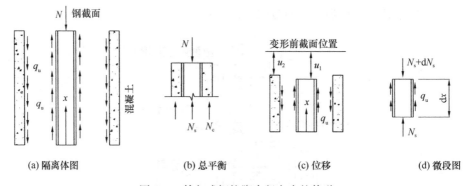

(a) 隔离体图　　　(b) 总平衡　　　(c) 位移　　　(d) 微段图

图 6.3　外包式钢柱脚中竖向力的传递

钢柱和混凝土柱各自的轴力与各自的应变的关系是：

$$N_s = E_sA_su_1' \text{（以压为正）} \tag{6.2a}$$

$$N_c = E_cA_cu_2' \text{（以压为正）} \tag{6.2b}$$

总体平衡方程是 $N_s + N_c = N$，即 $E_sA_su_1' + E_cA_cu_2' = N$。这里 N 作为荷载以向下为正。式（6.2a）乘以 E_cA_c，式（6.2b）乘以 E_sA_s，得到：

$$E_cA_cN_s = E_cA_cE_sA_su_1', \quad E_sA_sN_c = E_sA_sE_cA_cu_2'$$

两式相减，并求导一次得到：

$$E_cA_cN_s' - E_sA_sN_c' = E_cA_cE_sA_s(u_1'' - u_2'')$$

利用式（6.2a）和式（6.2b）得到：

$$(E_cA_c + E_sA_s)q_u = E_cA_cE_sA_s(u_1'' - u_2'')$$

钢-混凝土界面栓钉提供的抗滑移刚度为 k_{st}（单位是 $\mathrm{N/mm^2}$），界面上钢和混凝土的竖向位移差是 s，它是钢柱截面向下位移 u_1 和混凝土柱截面向下位移 u_2 的差值：$u_1 - u_2 = s$，单位高度上的界面抗滑移力 q_u 为：

$$q_u = k_{st}s \tag{6.3}$$

q_u 作用在钢柱上是向上的，作用在混凝土上则是向下的。定义：

$$E_sA_0 = \frac{E_sA_sE_cA_c}{E_sA_s + E_cA_c} \tag{6.4a}$$

即

$$\frac{1}{E_s A_0} = \frac{1}{E_s A_s} + \frac{1}{E_c A_c} \tag{6.4b}$$

则得到平衡微分方程：

$$E_s A_0 s'' - ks = 0 \tag{6.5}$$

记 $\rho = \sqrt{k/E_s A_0}$，则上式的解为：

$$s = C_1 \sinh\rho x + C_2 \cosh\rho x \tag{6.6}$$

边界条件是：固定端 $x = 0$ 时，$s = 0$。上端 $x = h_r$ 时，因为 $N_c = 0$，所以 $E_c A_c u'_2 = 0$、$u'_2 = 0$，而钢柱内的轴力 $N_s = N$，所以 $E_s A_s u'_1 = N$、$u'_1 = N/E_s A_s$，因此顶部的边界条件为：

$$s' = u'_1 - u'_2 = \frac{N}{E_s A_s}$$

将以上边界条件代入得到：$C_2 = 0$、$C_1 = \dfrac{N}{E_s A_s \rho \cosh\rho h_r}$。所以：

$$s = \frac{N\sinh\rho x}{E_s A_s \rho \cosh\rho h_r} \tag{6.7}$$

$$q_u = k_{st} s = \frac{k_{st} N\sinh\rho x}{E_s A_s \rho \cosh\rho h_r} \tag{6.8a}$$

$$\frac{q_u h_r}{N} = \frac{\rho h_r}{\cosh\rho h_r} \cdot \frac{E_c A_c}{E_s A_s + E_c A_c} \cdot \sinh\rho x \tag{6.8b}$$

钢柱子的轴力：

$$N_s = N - \int_x^{h_r} q_u \mathrm{d}x = N\left[1 - \frac{E_c A_c}{E_c A_c + E_s A_s} \cdot \left(1 - \frac{\cosh\rho x}{\cosh\rho h_r}\right)\right] \tag{6.9}$$

在底部截面钢柱子的轴力为：

$$N_s = N\left(1 - \frac{1}{1 + E_s A_s/E_c A_c} \cdot \frac{\cosh\rho h_r - 1}{\cosh\rho h_r}\right) = \frac{E_s A_s}{E_c A_c + E_s A_s} N\left(1 + \frac{E_c A_c}{E_s A_s} \frac{1}{\cosh\rho h_r}\right) \tag{6.10}$$

其中

$$\rho h_r = h_r \sqrt{\frac{k_{st}}{E_s A_0}} \tag{6.11}$$

式中，k_{st} 是界面抗滑移刚度，其单位是 $\mathrm{N/mm^2}$。设外包混凝土范围内栓钉总数是 n，外包高度是 h_r，则：

$$k_{st} = \frac{1.4 n N_v^s}{h_r} \tag{6.12}$$

式中，1.4 是参考欧美日学者的研究，认为栓钉的抗滑移刚度按照栓钉承担极限承载力的 50% 时界面产生 0.5mm 的原则确定的，而规范的承载力是设计值，将其转换为标准值，乘以 1.4。

在底部，混凝土承受的压力为：

$$N_c = N - N_s = \left(1 - \frac{1}{\cosh\rho h_r}\right) \cdot \frac{E_c A_c}{E_c A_c + E_s A_s} \cdot N \tag{6.13}$$

即按刚度分配的基础上乘以折减系数 $1 - \dfrac{1}{\cosh\rho h_r}$。

下面举三个算例说明外包柱脚中轴力的传递。

【算例 1】 钢柱截面 H500×500×20/30，外包混凝土 180mm，栓钉直径 19mm，纵向间距 150mm，$h_r = 1.2$m，每个界面上共 8 颗栓钉，$N_v^s = 80$kN/mm，$n = (1200/150)\times 8 = 64$，$A_s = 38800\,\text{mm}^2$，$k_{st} = 1.4\times 80000\times 64/1200 = 5973.3\,\text{N/mm}^2$，$A_c = 860\times 860 - 38800 = 700800\,\text{mm}^2$，$E_s = 206000\,\text{N/mm}^2$，$E_c = 30000\,\text{N/mm}^2$，$E_s A_0 = \dfrac{206\times 388\times 30\times 7008}{206\times 388 + 30\times 7008}\times 10^5$

$= 5791.1\times 10^6\,\text{N}$，$\rho h_r = 1200\sqrt{\dfrac{5973.3}{5791\times 10^6}} = 1.21874$，$\cosh\rho h_r = 1.8393$。

轴压刚度比：$\beta_{sc} = \dfrac{E_s A_s}{E_c A_c} = \dfrac{206000\times 38800}{30000\times 700800} = \dfrac{206\times 388}{300\times 700.8} = 0.380175$

抗压强度比：$\dfrac{A_s f}{A_c f_c} = \dfrac{205\times 38800}{14.3\times 700800} = 0.7937$

$$N_s = -\frac{N}{1+\beta_{sc}}\left(\beta_{sc} + \frac{1}{\cosh\rho h_r}\right) = -\frac{N}{1+0.38}\left(0.38 + \frac{1}{1.8393}\right) = -0.6694N$$

即被传递到混凝土的部分为 33%，因此可以假设传递 30% 的钢柱轴力到周围的混凝土。

如果按照刚度分配，则：

$$N_c = \frac{E_c A_c}{E_c A_c + E_s A_s}N = \frac{30\times 7008}{30\times 7008 + 206\times 388}N = 0.7245N$$

这说明外包式柱脚内的柱子轴力不可能按照刚度分配。如果按照抗压强度分配，则：

$$\frac{A_c f_c}{A_c f_c + A_s f_s}N = \frac{N}{1 + 300\times 38800/(700800\times 14.3)} = 0.4626N$$

即按照组合柱子的理论，混凝土部分分配到的轴力也达不到按照强度比分配的比例（图 6.4）。

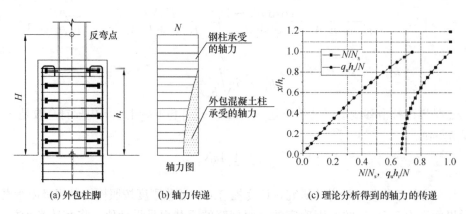

(a) 外包柱脚　　(b) 轴力传递　　(c) 理论分析得到的轴力的传递

图 6.4　外包式柱脚中力的传递

【算例 2】 如果是钢管混凝土柱子，则在应用上面的式子时用 $A_s' = A_s + A_c/\alpha_E$ 代替前述的 A_s，而 A_c 只计算钢管外面的混凝土。设方钢管截面为 450mm×25mm，外包 200mm 厚 C30 混凝土，管内混凝土也是 C30，钢管内混凝土换算成钢截面：所以 $A_s' = 65800\,\text{mm}^2$。外

包混凝土面积 $A_c = 850^2 - 450^2 = 520000 \text{ mm}^2$，$E_sA_0 = \dfrac{206000 \times 65800 \times 30 \times 5200}{206 \times 658 + 30 \times 5200} = 7252.83 \times 10^6 \text{N}$，$h_r = 1200\text{mm}$，$N_v^s = 80000\text{N/mm}$，$n = (1200/150) \times 8 = 64$，$k_{st} = 5973.3\text{N/mm}^2$，$\rho h_r = 1200\sqrt{\dfrac{5973.3}{7252.83 \times 10^6}} = 1.089017$，$\cosh\rho h_r = 1.65395$，$1 - \dfrac{1}{\cosh\rho h_r} = 0.395386$，$N_c = \dfrac{0.395386 E_c A_c}{E_c A_c + E_s A_s}N = \dfrac{0.395386 \times 30 \times 5200}{30 \times 5200 + 206 \times 658}N = \dfrac{0.395386}{1.8689}N = 0.2116N$。即传递到混凝土的轴力有 21.16%。

【算例 3】算例 2 的栓钉直径改为 22mm，则：

$$N_v^s = 0.43 \times 0.7854 \times 22^2\sqrt{30000 \times 14.3} = 107061\text{N/mm}, \quad \rho h_r = 1.089017 \times \sqrt{\dfrac{107061}{80000}}$$

$= 1.25981$，$\cosh\rho h_r = 1.90423$，$1 - \dfrac{1}{\cosh\rho h_r} = 0.47485$，$N_c = 0.2116\dfrac{0.47485}{0.395386}N = 0.254N$。即栓钉刚度增加 107061/80000−1=33.8%，混凝土分担的力增加 20%。

【算例 4】如果栓钉直径是 22mm，但改为 3 排，则每个截面栓钉数量是 12 个，水平间距是 50mm+175mm+175mm+50mm，纵向间距是 150mm，仍然满足栓钉排列的要求。则 $h_r = 1200\text{mm}$、$N_v^s = 107061\text{N/mm}$。

$$n = (1200/150) \times 12 = 96, \quad k_{st} = 1.4 \times 107061 \times 96/1200 = 11990.83\text{N/mm}^2$$

$$\rho h_r = 1200\sqrt{\dfrac{11990.83}{7252.83 \times 10^6}} = 1.54295, \quad \cosh\rho h_r = 2.44606, \quad 1 - \dfrac{1}{\cosh\rho h_r} = 0.59118$$

$$N_c = \dfrac{0.59118 E_c A_c}{E_c A_c + E_s A_s}N = \dfrac{0.59118}{1.8689}N = 0.3163N, \text{这说明传递到混凝土部分的力很难超过}$$

30%。

【算例 5】钢管混凝土柱子，则在应用上面的式子时用 $A_s' = A_s + A_{c1}/\alpha_E$ 代替上面的 A_s，A_{c1} 是管内混凝土的面积，而 A_c 只计算钢管外面的混凝土。设方钢管截面为 900mm× 25mm，外包 200mm 厚 C50 混凝土，管内混凝土也是 C50，$E_c = 34500 \text{ N/mm}^2$，钢管内混凝土换算成钢截面：$A_s' = 87500 + \dfrac{850^2}{5.971} = 208501.2 \text{ mm}^2$。外包混凝土面积 $A_c = 1300^2 - 900^2 = 88 \times 10^4 \text{ mm}^2$，得到：

$$E_s A_0 = \dfrac{206000 \times 208501.2 \times 34.5 \times 8800}{206 \times 2085.012 + 34.5 \times 8800} = 17787.17 \times 10^6 \text{ N}$$

$$h_r = 3 \times 900 = 2700\text{mm}$$

$$N_v^s = \min\left(0.43\dfrac{\pi}{4} \times 22^2\sqrt{34500 \times 23.1}, 1.169 \times \dfrac{\pi}{4} \times 22^2 \times 215\right)$$

$$= \min(145.92, 95.54) = 95.54\text{N/mm}$$

一个面 5 颗栓钉 $n = (2700/150) \times 5 \times 4 = 360$，$k_{st} = 1.4 \times 95.54 \times 360/2700 = 17834.13 \text{ N/mm}^2$，$\rho h_t = 2700\sqrt{\dfrac{17834.13}{17787.17 \times 10^6}} = 2.707129$。

$$\cosh\rho h_r = 7.526457, \quad 1 - \frac{1}{\cosh\rho h_r} = 0.867135, \quad N_c = \frac{0.867135 E_c A_c}{E_c A_c + E_s A_s} N =$$

$$\frac{0.867135 \times 34.5 \times 8800}{34.5 \times 8800 + 206 \times 2085.012} N = \frac{0.867135}{2.414732} N = 0.359102 N \text{。}$$

即较大的钢管混凝土柱的外包柱脚，意味着较大的外包高度和较多的栓钉数量，传递到混凝土的轴力的百分比有一定的提高，本算例可达 36%。

上面的分析假设钢柱柱脚底板部位是没有竖向位移的，实际上底板下部是基础筏板或大的地梁，压力作用下还是会产生往下的压缩位移。此时，上部的钢柱与外包混凝土的界面相对位移的差别增大，从钢柱传入外包混凝土的竖向力增加。

6.2.2　弯矩的传递

图 6.5 将钢柱与外包混凝土各自取出，画出界面上可能的作用力。钢柱在反弯点处的剪力 Q 的作用下，外包混凝土对钢柱的反力有：钢柱正面的 p_1，背面的栓钉对钢柱施加的拉力 t_1，在钢柱两个侧面上的界面剪应力 τ。在钢柱的底部，则有可能出现反力 p_2、τ_2 等，它们的方向取决于柱底的运动方向。

通过上述隔离体图，我们得到的一个直观感觉是：钢柱推着外包混凝土，所以混凝土与钢柱不是共同工作的，外包混凝土是钢柱的支座，体现这一部分作用的力是 p_1、τ_1、t_1。但是，界面剪力 q_u 具有与钢柱共同抗弯的含义，q_u 是促使外包混凝土与钢柱共同工作的因素。

（1）我们先假设：钢柱与外包混凝土完全地共同弯曲，此时，弯矩的传递正比于抗弯刚度，外包混凝土处在截面的外围，处在对抗弯比较有利的位置上。设钢截面为 H500×500×20/30，其截面抗弯刚度 $E_s I_s = 206000 \times 1.7987 \times 10^9 = 3.7053 \times 10^{14} \text{N} \cdot \text{mm}^2$，而外包混凝土截面的抗弯刚度为：$0.85 E_c I_c = 0.85 \times 30000 \times \left(\frac{1}{12} \times 860 \times 860^3 - 0.17987 \times 10^{10} \right) = 1.11653 \times 10^{15} \text{N} \cdot \text{mm}^2$。两者占总抗弯刚度的比例分别为：

钢：
$$\frac{E_s I_s}{E_s I_s + E_c I_c} = 0.25$$

混凝土：
$$\frac{E_c I_c}{E_s I_s + E_c I_c} = 0.75$$

弯矩按抗弯刚度分配：柱底部弯矩大部分由外包混凝土承受。

（2）但是到了柱底截面，钢截面弯矩 $M_s = -E_s I_s y''$ 突然断了，所以柱底截面会突然出现弯矩的重分布：钢截面弯矩要转变成让混凝土来承受。设钢柱轮廓面积范围内混凝土的惯性矩是 I_{core}，则：

$$\frac{E_c I_c}{E_c I_c + E_c I_{c,core}} = \frac{500 \times 500^3}{900 \times 900^3} = 0.09526$$

因此，即使两者完全共同工作，钢柱子底部的弯矩占总弯矩比例也不到 10%。所以，柱子不大时，可以假设柱底弯矩等于 0，弯矩 100% 由混凝土承受。

但是如果钢柱轮廓截面增大，而外包混凝土的外包厚度不增加，则核心部分承受的比例会增大。例如钢柱和外包混凝土的轮廓各增长 100mm、200mm、300mm 时，它们的比值分别是：

$$\frac{E_c I_c}{E_c I_c + E_c I_{c,\text{core}}} = \frac{600 \times 600^3}{1000 \times 1000^3} = 0.1296; \quad \frac{700^4}{1100^4} = 0.164; \quad \frac{800^4}{1200^4} = 0.1975$$

这说明，根据柱截面和混凝土截面的相对大小，柱脚底部可能存在一部分不可忽略的弯矩。

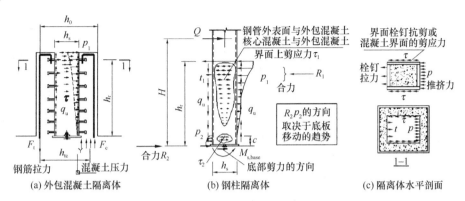

图 6.5 钢柱与外包混凝土的相互作用

（3）外包混凝土的顶面，混凝土承担的弯矩为 0，但是钢截面有弯矩，此处钢截面的弯矩是 M_1，因此钢截面有曲率 $y'' = -M_1/EI \neq 0$，因为变形协调要求，按照 $M_c = -E_c I_c y''$ 计算，混凝土顶部将出现弯矩，这是一个矛盾。

这说明：外包混凝土与钢截面在起始处是一个剧烈调整的地方，外包混凝土顶部应加强与钢柱的连接（例如箍筋加大加密、竖向钢筋与钢柱子设法焊接），以利于钢-混凝土的共同工作。

（4）底部钢柱中止，弯矩大部分转移到外包混凝土部分，因此可画出弯矩示意图如图 6.6 所示。

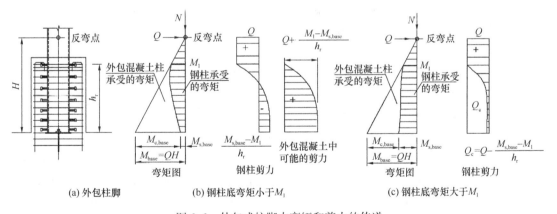

图 6.6 外包式柱脚中弯矩和剪力的传递

6.2.3 剪力的分布和传递

1. 柱子承受的总剪力是 Q，按照常理，钢柱承担一部分，外包混凝土柱子承担一部分。

$$Q = Q_s + Q_c \tag{6.14}$$

2. 但是因为图 6.6(b) 所示的弯矩图，外包混凝土承担的剪力决定于钢柱底部能够承

181

受的弯矩。如果 $M_{s,base} < M_1$，则混凝土部分的剪力比钢柱承担的剪力还大，因为 $Q_c = \dfrac{dM_c}{dz}$，其值沿高度的平均值为：

$$Q_{c,av} = \frac{M_{base} - M_{s,base}}{h_r} \tag{6.15}$$

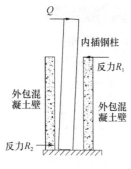

图 6.7　外包式柱脚的
原理之一（$M_{s,base} < M_1$）

式中，M_{base} 是柱脚弯矩，M_1 是外包混凝土顶部处钢柱的弯矩，$M_{s,base}$ 是钢柱脚底部的弯矩，h_r 是从上部第 1 肢箍筋起算到钢柱底板底面的距离。

3. 因此，如果 $M_{s,base} < M_1$，从上面的内力传递看，上述这个剪力 Q_c 不是靠钢柱柱底板与底部混凝土的摩擦力所传递的，因为按照图 6.6(b) 所示的剪力图，钢柱底部的剪力是反向的，如图 6.7 所示的一个更加简明的柱脚传力原理图。钢柱底部的剪力是反向的——柱底摩擦不能用于抵抗外剪力。

4. 相反，如果出现 $M_{s,base} > M_1$，则外包混凝土内的剪力如图 6.6(c) 所示，外包混凝土的剪力小于总剪力，外包混凝土与钢柱在一定程度上共同工作。

上述仅仅是粗浅的分析，更详细的分析见 6.3 节。

6.3　外包式柱脚弯矩和剪力传递的隔离体分析

下面讨论在极限状态下钢柱和外包混凝土之间的力的传递。

6.3.1　假定（与外包混凝土钢柱脚的设计原则相符合）

1. 钢柱柱底截面承担的弯矩为 $M_{s,base}$；

2. 极限状态下钢柱两个翼缘表面焊接的栓钉的抗剪强度达到了极限状态（如果没有栓钉，则是界面粘结应力达到极限状态）。

6.3.2　弯矩平衡

柱脚截面的弯矩是 $M_{base} = QH$，这里 H 是柱子反弯点到柱脚的距离。由外包混凝土内的配筋和混凝土受压承担的弯矩是 $M_{c,base}$。

$$M_{c,base} + M_{s,base} = M_{base} \tag{6.16}$$

如图 6.8 所示，设混凝土压力的合力与受拉区拉力合力的距离是 h_{tc}，则：

$$M_{c,base} = F_t h_{tc} + F_{t2} h_{tc2} = M_{c,base1} + M_{c,base2} \tag{6.17}$$

式中，F_t 是最左侧受拉钢筋屈服的合力，h_{tc} 是这部分钢筋与混凝土受压区合力的距离，F_{t2} 是钢柱两侧的混凝土内的钢筋的受拉部分承担的拉力，h_{tc2} 是这部分拉力到混凝土压力合力作用点的距离。

按照目前的外包式柱脚设计方法，根据 F_t 来确定一个面的栓钉的直径和数量（如果没有布置栓钉，则需依靠混凝土与钢截面的粘结力）。我们注意到，在图 6.8(b) 所示的 A-A 剖面上还有钢柱两侧的混凝土，如图 6.8(c) 所示，混凝土界面上的剪切应力也可以与钢筋拉力 F_t 起部分的平衡作用，记这部分的剪力是 F_τ，因此栓钉的剪力就不需要达到 F_t，仅需要达到 F_{stud}（F_{stud} 也可以包含界面上的粘结力，如果这个粘结力能够与栓钉共同工作的话），则：

$$F_{\text{stud}} + F_{\tau} = \int (q_{u1} + \tau_{AA}) dA = F_t \tag{6.18a}$$

$$F_{\text{stud2}} + F_{\tau 2} = \int (q_{u2} + \tau_2) dA = F_{t2} \tag{6.18b}$$

在高度为 h_r 的钢柱翼缘面上，栓钉上的剪力换算到单位高度上的数值是：

$$q_{u1} = \frac{F_{\text{stud}}}{h_r} = \frac{\kappa_1 F_t}{h_r} \tag{6.18c}$$

$$q_{u2} = \frac{F_{\text{stud2}}}{h_r} = \frac{\kappa_2 F_{t2}}{h_r} \tag{6.18d}$$

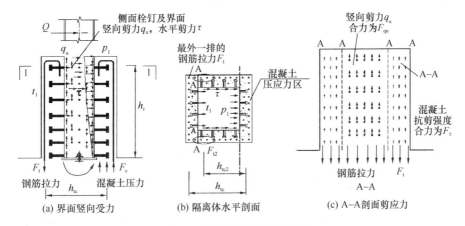

图 6.8 外包柱脚隔离体分析

式中，κ_1、κ_2 是栓钉提供的竖向剪力占纵向钢筋拉力的百分比。为了竖向的平衡，钢柱的右侧翼缘必然作用着类似的，但是方向是与左侧的 q_{u1} 相反的力。类似的，侧面上的 q_{u2} 也有与之平衡的竖向力。左右翼缘上的 q_{u1} 构成分布力矩 $m_{qu1} = q_{u1} h_s$，两个侧面上的 q_{u2} 构成分布力矩 $m_{qu2} = \frac{2}{3} q_{u2} h_s$，总的力矩为（$h_s$ 是钢柱截面高度）：

$$M_{qu1} = q_{u1} h_s \cdot h_r = \frac{F_{\text{stud}}}{h_r} h_s \cdot h_r = \frac{F_{\text{stud}} h_{tc}}{h_{tc}} h_s = \frac{\kappa_1 h_s}{h_{tc}} M_{c,\text{base1}} \tag{6.19a}$$

$$M_{qu2} = q_{u2} \cdot \frac{2}{3} h_s \cdot h_r = \frac{2}{3} \cdot \frac{F_{\text{stud2}}}{h_r} h_s \cdot h_r = \frac{2}{3} \frac{F_{\text{stud2}} h_{tc2}}{h_{tc2}} h_s = \frac{2\kappa_2 h_s}{3 h_{tc2}} M_{c,\text{base2}} \tag{6.19b}$$

计算 M_{qu2} 时采用的力臂是 $\frac{2}{3} h_s$，是一个假设的数字，也是基本合理的数。

钢柱表面的竖向界面力提供的弯矩是：

$$M_{qu} = M_{qu1} + M_{qu2} = \frac{h_s}{h_{tc}} \kappa_1 M_{c,\text{base1}} + \frac{2h_s}{3 h_{tc2}} \kappa_2 M_{c,\text{base2}} < M_{c,\text{base}} \tag{6.20}$$

由图 6.8(b) 可见，在考虑剪力 Q 和界面竖向剪力 q_u 等后，柱脚截面还存在柱底弯矩 $M_{s,\text{base}}$，钢柱界面上还作用着水平方向的力：p_1、τ_1、t_1、p_2、τ_2 等，他们合成的弯矩即为 $M_{\text{base}} - M_{qu} - M_{s,\text{base}}$。

6.3.3 界面水平力提供的弯矩

如果将外包混凝土看成是钢管，钢柱内插在钢管里，钢柱上作用水平剪力，最先产生的反力将是图 6.7 所示的在外包钢管上下的水平反力。因此钢柱上将产生图 6.5(b) 所示的右侧翼缘上部的承压力 p_1 和左侧翼缘下部（高度为 c）的承压力 p_2，还有一部分是两翼缘之间的核心混凝土与外包混凝土界面上的水平剪应力 τ_1 和 τ_2。背面混凝土与钢柱有分离的可能，因此栓钉内产生拉力 t_1。

p_1、t_1 和 τ_1 的合力为 R_1，p_2 和 τ_2 的合力为 R_2，水平力平衡要求为：

$$R_1 = Q + R_2 \tag{6.21}$$

钢柱柱底弯矩为 $M_{s,\text{base}}$，它由柱脚锚栓的布置能够提供的抗弯承载力计算，按照钢柱脚的方法计算承载力。对柱底中心取力矩平衡，得到：

$$M_{\text{base}} = M_{\text{qu}} + \int_c^{h_r} \left[\oint (p_1 + \tau_1 + t_1) \mathrm{d}s \right] z \mathrm{d}z - \int_0^c \left[\oint (p_2 + \tau_2) \mathrm{d}s \right] z \mathrm{d}z + M_{s,\text{base}} \tag{6.22}$$

即

$$M_{c,\text{base}} = M_{\text{qu}} + \int_c^{h_r} \left[\oint (p_1 + \tau_1 + t_1) \mathrm{d}s \right] z \mathrm{d}z - \int_0^c \left[\oint (p_2 + \tau_2) \mathrm{d}s \right] z \mathrm{d}z \tag{6.23}$$

从上式可以判断钢柱内的弯矩图如图 6.6(b) 或（c）所示。

在极限状态下，我们推测，钢柱左侧下部翼缘没有分布的反力，或者即使有，也是出现在钢柱底板附近很小的范围，例如底板端板与混凝土的承压，以及少量的锚栓反力，如图 6.5(b) 所示。

图 6.6(b) 示出了 $M_{s,\text{base}} < M_1$ 时的柱子的总弯矩图和钢柱部分的弯矩图，也示出了钢柱部分和混凝土部分的剪力图，混凝土部分的剪力最大值为 $Q + R_2$，钢柱内的负剪力是 R_2，外包柱子的总剪力是 Q。实际上，只要钢柱柱脚能够抵抗的弯矩小于外包混凝土顶部截面处的弯矩 $M_{s,\text{base}} < M_1$（因为钢柱内的剪力等于钢柱弯矩的导数），外包段钢柱内的剪力与上部的剪力就是相反的。略去 p_2、τ_2 的影响，式（6.22）成为：

$$M_{\text{base}} = M_{\text{qu}} + \int_0^{h_r} \left[\oint (p_1 + \tau_1 + t_1) \mathrm{d}s \right] z \mathrm{d}z + M_{s,\text{base}} \tag{6.24}$$

记

$$M_{\text{qu}} = \psi M_{c,\text{base}} = \psi (M_{\text{base}} - M_{s,\text{base}}) \tag{6.25a}$$

$$\psi = \frac{h_s}{h_{tc}} \kappa_1 \frac{M_{c,\text{base1}}}{M_{c,\text{base}}} + \frac{2h_s}{3h_{tc2}} \kappa_2 \frac{M_{c,\text{base2}}}{M_{c,\text{base}}} \tag{6.25b}$$

则

$$\int_c^{h_r} \left[\oint (p_1 + \tau_1 + t_1) \mathrm{d}s \right] z \mathrm{d}z = (1 - \psi)(M_{\text{base}} - M_{s,\text{base}}) \tag{6.26a}$$

图 6.5(b) 中假设 p_1 和 τ_1 是均布、线性、二次抛物线和三次抛物线分布（图 6.9），则式（6.26）要求：

$$\left(\frac{1}{2}, \frac{1}{3}, \frac{1}{4}, \frac{1}{5} \right) \left[\oint (p_1 + \tau_1 + t_1) \mathrm{d}s \right]_{\max} \times h_r^2 = (QH - M_{s,\text{base}})(1 - \psi) \tag{6.26b}$$

$$\left[\oint (p_1 + \tau_1 + t_1) \mathrm{d}s \right]_{\max} \times h_r = \frac{(QH - M_{s,\text{base}})(1 - \psi)}{\left(\frac{1}{2}, \frac{1}{3}, \frac{1}{4}, \frac{1}{5} \right) h_r} \tag{6.26c}$$

反力为

$$R_1 = \left(1, \frac{1}{2}, \frac{1}{3}, \frac{1}{4} \right) \left[\oint (p_1 + \tau_1 + t_1) \mathrm{d}s \right]_{\max} \times h_r \tag{6.27}$$

由式（6.26c）得到：

$$R_1 = \left(1, \frac{1}{2}, \frac{1}{3}, \frac{1}{4} \right) \frac{(QH - M_{s,\text{base}})(1 - \psi)}{\left(\frac{1}{2}, \frac{1}{3}, \frac{1}{4}, \frac{1}{5} \right) h_r} \tag{6.28a}$$

$$\frac{R_1}{Q} = \left(2, \frac{3}{2}, \frac{1}{3}, \frac{5}{4}\right)\frac{QH - M_{\text{s,base}}}{Qh_r}(1 - \psi) \tag{6.28b}$$

如果 p_1、τ_1、t_1 的合力非常靠近顶部，相当于仅顶部有集中水平反力：

$$R_1 = \frac{QH - M_{\text{s,base}}}{h_r}(1 - \psi) \tag{6.28c}$$

实际的压力分布：弹性阶段，接近顶部的集中力，弹塑性阶段接近 z^3，可以取 1.2 的系数，得到：

$$\frac{R_1}{Q} = 1.2\left(\frac{H}{h_r} - \frac{M_{\text{s,base}}}{Qh_r}\right)(1 - \psi) \tag{6.29a}$$

考虑到外包混凝土作为混凝土柱，其抗剪强度比较低，因此希望传递到外包混凝土中的剪力尽可能小，至少不放大，即要求 $R_1 \leqslant Q$。从式（6.29a）可知，增大 $M_{\text{s,base}}$ 和增大 ψ 都可以达成这个目标。即：

$$\frac{R_1}{Q} = 1.2\left(\frac{H}{h_r} - \frac{M_{\text{s,base}}}{Qh_r}\right)(1 - \psi) \leqslant 1 \tag{6.29b}$$

式（6.29b）可以看成是对外包高度的一个要求。

在推导上述公式的时候，实际上有一个假定：水平力 p_1、t_1、τ_1 等是能够与界面竖向剪力 q_u 等同时存在的。这要求外包混凝土柱脚的各个部位（栓钉、混凝土的剪切面 A-A）具有延性。但是我们知道，混凝土本身的剪切破坏延性较小，主要依靠箍筋而获得一定的延性，这表明，外包柱脚的箍筋应给予较高的要求，比如类似于混凝土梁端的箍筋加强区的要求。

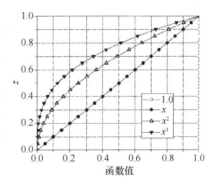

图 6.9　$\oint(p_1 + t_1 + \tau_1)\mathrm{d}z$
沿高度的分布

6.3.4　分情况讨论

1. 作为一个合格的设计，$F_t = F_{\text{stud}} + F_\tau$、$F_{t2} = F_{\text{stud2}} + F_{\tau2}$ 总是成立的。接下去，作为一个基本合理的近似，可以假设 $h_{\text{tc2}} = \frac{2}{3}h_{\text{tc}}$，$\kappa_2 = \kappa_1$，则：

$$\psi = \frac{h_s}{h_{\text{tc}}}\kappa_1\frac{M_{\text{c,base1}}}{M_{\text{c,base}}} + \frac{2h_s}{3h_{\text{tc2}}}\kappa_2\frac{M_{\text{c,base2}}}{M_{\text{c,base}}} = \kappa_1\frac{h_s}{h_{\text{tc}}} \tag{6.30a}$$

因此式（6.29b）成为：

$$\frac{R_1}{Q} = 1.2\left(\frac{H}{h_r} - \frac{M_{\text{s,base}}}{Qh_r}\right)\left(1 - \kappa_1\frac{h_s}{h_{\text{tc}}}\right) \leqslant 1 \tag{6.30b}$$

2. 注意到 κ_1 是栓钉提供的纵向抗剪的百分比，栓钉的延性较好，而混凝土本身的抗剪延性差，两部分合起来的抗剪能力不是两者抗剪承载力的简单相加。截面较小的柱 κ_1 略小，因为混凝土 A-A 部分 [图 6.8(c)] 面积占比大。钢截面较大时，κ_1 取值较大，因为钢截面占比较大 [图 6.8(c)]。由此看来 $\kappa_1 \propto \frac{h_s}{h_{\text{tc}}}$。另外一方面，截面越大，比值 $\frac{M_{\text{s,base}}}{QH}$ 也越大，因为外包的厚度似乎未与钢柱截面的大小联系起来。因此 $\frac{M_{\text{s,base}}}{QH} \propto \beta\frac{h_s}{h_{\text{tc}}}$，所以式（6.30b）可以粗略地表达为（取 $\beta = 0.05 \sim 0.2$）：

$$\frac{R_1}{Q} = 1.2\left(\frac{H}{h_r} - \beta\frac{h_s}{h_{tc}}\frac{QH}{Qh_r}\right)\left(1 - \frac{h_s}{h_{tc}}\frac{h_s}{h_{tc}}\right) = 1.2\frac{H}{h_r}\left(1 - \beta\frac{h_s}{h_{tc}}\right)\left[1 - \left(\frac{h_s}{h_{tc}}\right)^2\right] \leqslant 1 \tag{6.31}$$

式（6.31）可以作为外包高度的一个略微保守的要求。

【算例 6】 假设底部柱子的反弯点是在柱高的 2/3 处，底层层高 4.5m，钢柱截面高度 500mm，外包混凝土厚度 200mm，$h_{tc} = 500 + 200 + 200 - 50 - 100 = 750$mm，外包部分高度取 2.5 倍钢柱截面高度，从式（6.31）得到 $1.2 \times \left(1 - 0.2\frac{500}{750}\right)\left(1 - \frac{500^2}{750^2}\right) \times \frac{2}{3} \times 4.5 = 1.733$m $> h_r = 1.25$m，式（6.31）不成立，外包混凝土在很大的程度上是钢柱的支座。如果 $\kappa_1 = 1$，即所有纵向钢筋的拉力都是由界面栓钉传递的，则：$1.2 \times \left[1 - (0, 0.1, 0.2)\frac{500}{750}\right]\left(1 - \frac{500}{750}\right) \times \frac{2}{3} \times 4.5 = (1.2, 1.12, 1.2)$m $< h_r = 1.25$m，外包混凝土与钢柱共同受力，虽然不是 100% 地共同工作，但 κ_1 起了很大的作用，即栓钉布置越多，外包高度可以减小。

如果混凝土柱截面高度是 750mm，外包高度不变，因为截面较大，取 $\kappa_1 = 1$，则 $1.2 \times \left(1 - 0.1\frac{750}{1000}\right)\left(1 - \frac{750^2}{1000^2}\right) \times \frac{2}{3} \times 4.5 = 1.457$m $< h_r = 2.5 \times 0.75 = 1.875$m，可见，如果按照式（6.31），在层高不变、反弯点高度不变的情况下，钢柱截面增大，需要的外包高度反而下降。是否合理，回过头来还会讨论。但是至少说明，外包高度还需要由其他因素确定，比如说外包厚度还需要与钢截面尺寸联系起来，一个 250mm 厚的外包混凝土层，不一定能够胜任对一个 900mm×900mm×25mm 钢管混凝土柱提供内力转换的任务。因此也许需要引入外包层厚度 t_{hnt}，按照如下公式取值：

$$t_{hnt} = \frac{h - h_s}{2} = \max\left(200, \frac{h_s}{3}\right) \tag{6.32}$$

上面的确定方法仅仅是从抗弯承载力的贡献上来分析的。在地下室有较多的剪力墙和基坑围护的挡土钢筋混凝土墙，则柱子的外包厚度可以放松要求。

6.3.5 结论

1. 作为偏于安全的简化，按照与纵筋等强布置栓钉，则 $\kappa_1 = 1$，且略去钢柱柱脚截面的弯矩 $M_{s.base}$，如果实际采用的外包高度为：

$$h_r > 1.2\left(1 - \frac{h_s}{h_{tc}}\right)H \tag{6.33}$$

则表示此时 $R_1 < Q$，混凝土和钢柱截面内出现同方向的剪力，钢柱和外包混凝土共同抵抗外剪力，外包混凝土与钢柱在抗弯方面仿佛是劲性混凝土组合柱。

2. 在 $h_r < 1.2\left(1 - \frac{h_s}{h_{tc}}\right)H$ 的情况下，外包混凝土剪力反而更大，钢柱仿佛是支承在外包混凝土中。

3. 外包厚度宜随钢截面的增大而增大。

6.4 外包式柱脚的设计方法

根据上面的分析，对外包式柱脚的设计方法建议如下：

6.4.1 包脚高度

从上面的分析可以知道，如果钢柱表面不设置栓钉，则需要的外包高度更大。

H形截面柱子，不小于 2.5 倍柱截面高度。箱形截面柱子和矩形钢管混凝土截面柱子，不小于 3 倍柱截面高度。

必要时外包混凝土高度还应考虑式（6.34a）的要求，外包高度尚宜满足：

$$h'_r = h_r + 50\text{mm} \geqslant 1.2(1 - \frac{h_s}{h_{tc}})H + 50\text{mm} \tag{6.34a}$$

在弯矩较大的柱脚，没有地下室的结构，外包高度宜增大 20%：

$$h'_r = h_r + 50\text{mm} \geqslant 1.5(1 - \frac{h_s}{h_{tc}})H + 50\text{mm} \tag{6.34b}$$

当外包高度更大时，可以考虑外包混凝土对底层钢柱的刚度增强作用，因为满足式（6.34a）和式（6.34b）的外包高度，可以肯定地说，钢柱与外包混凝土是共同工作的。

6.4.2 外包混凝土的厚度和栓钉布置要求

1. H形截面柱子外包混凝土厚度 $\geqslant$ 180mm，箱形截面柱子外包混凝土厚度 $\geqslant$ 200mm，并不宜小于钢柱子截面高度的 1/3。外包混凝土最低强度等级 C30。

2. 包脚高度内应按照构造要求尽量多地布置栓钉，栓钉直径为 19mm 或者 22mm，不宜更小。构造要求为：栓钉竖向间距大于等于 $6d_s$，横向间距大于等于 $4d_s$，栓钉中心到钢柱边距离是 50mm。

6.4.3 钢柱底板的厚度

1. 按照弹性方法

底板厚度按照如下的方法确定：参考图 6.10a，设底板厚度为 t_p，设柱截面的板件向下的压应力是 σ，则按照弹性状态计算，混凝土的等效承压宽度是（取 $E = 206000\text{MPa}$、$E_c = 30000\text{MPa}$）：

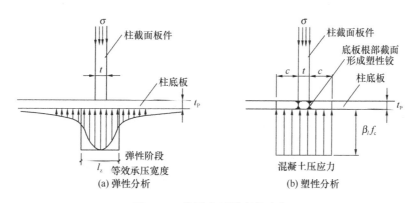

图 6.10 柱子底板厚度的确定

$$l_z = \frac{1}{0.385}t_P \sqrt[3]{\frac{E}{6E_c}} \approx 2.72t_P \tag{6.35}$$

这个承压长度公式是地基基础里面的单位宽度的梁，梁高等于板厚，梁上作用集中荷载，底部半无限平面（基础竖向切出单位宽度的基础薄片）对梁的反力的最大值计算的等效承压长度。参见文献［8］。此宽度用于验算混凝土的局部承压强度。柱底板单位宽度上

的弯矩是:

$$M = \frac{2}{3\sqrt{3}}\sigma_s t \cdot t_P \sqrt[3]{\frac{E}{6E_c}} = \frac{2}{3\sqrt{3}}\sigma_s t \cdot t_P \times 1.046 = 0.4026\sigma_s t \cdot t_P \tag{6.36a}$$

式中,σ_s 是柱壁板应力,取钢材屈服强度设计值 f,则:

$$M = 0.4026 f t \cdot t_P \leqslant \frac{1}{6}t_P^2 f_P \tag{6.36b}$$

$$t_{P,s} \geqslant 2.415 \frac{f}{f_P}t \tag{6.36c}$$

此弯矩用于计算底板强度,f_P 是底板强度设计值。如果柱底板的强度为 265MPa、钢柱的强度为 300MPa,则底板的厚度要求是 $t_P = 2.72t$。在这个厚度下,考虑到局部承压宽度不大,把承压宽度增加一个柱壁板厚度,则混凝土局部承压强度要求:

$$t_{P,c} \geqslant \frac{1}{2.72}\left(\frac{f}{\beta_l f_c} - 1\right)t \tag{6.36d}$$

取 $f = 295\text{MPa}$、$f_c = 14.3\text{PMa}$、$\beta_l = 2$,得到 $t_P \geqslant 3.425t$,可见局部承压控制。如果 $\beta_l = 2.5$ 和 $\beta_l = 3$,则 $t_{P,c} \geqslant 2.666t$、$t_{P,c} \geqslant 2.16t$。

2. 按照塑性方法

采用极限状态法,如图 6.10(b) 所示,宽度为 c 的底板下承受混凝土局部承压应力 $\beta_l f_c$,在这个均布压力作用下,底板与钢柱壁板的根部形成塑性铰,即:$\frac{1}{2} \cdot \beta_l f_c \cdot c^2 = \frac{1}{4}t_P^2 f_P$,假设 $\beta_l = 2$,从上式得到:

$$c = t_P\sqrt{\frac{f_P}{2\beta_l f_c}} = \alpha t_P \tag{6.37}$$

这种方法确定的底板厚度,直接满足底板的弯曲强度和下部混凝土的局部承压强度的要求。局部承压的总宽度是:

$$t + 2c = t + 2\alpha t_P \tag{6.38a}$$

$$(2\alpha t_P + t)\beta_l f_c \geqslant t f \tag{6.38b}$$

$$t_P \geqslant \frac{1}{2\alpha}\left(\frac{f}{\beta_l f_c} - 1\right)t = \left(\alpha\sqrt{\frac{f}{f_P}} - \frac{1}{2\alpha}\right)t \tag{6.38c}$$

作为算例,取 $\beta_l = 2$、$f = 295\text{MPa}$、$f_P = 265\text{MPa}$、$f_c = 14.3\text{MPa}$,则

$$\alpha = \sqrt{\frac{f_P}{2\beta_l f_c}} = \sqrt{\frac{265}{2 \times 2 \times 14.3}} = 2.152,\ t_P \geqslant \left(2.152\sqrt{\frac{295}{265}} - \frac{1}{2 \times 2.152}\right)t = 2.0387t$$

如取 $\beta_l = 2.5, 3$,则 $t_P \geqslant 1.772t$、$t_P \geqslant 1.57t$。可见塑性设计时,β_l 宜取 2,弹性设计时 β_l 可以取 3。

3. 柱脚整体计算

参考图 6.11,工字钢柱子的柱底混凝土局部承压面积为:$A_c = 2(2c + t_f)(b_f + 2c) + (h_w - 2c)(2c + t_w)$,此时钢柱的底板的大小为 $(b_f + 2c) \times (h + 2c)$。

方钢管柱柱底局部承压混凝土的面积为:$A_c = (b + 2c)^2 - (b - t - 2c)^2$。

此时钢柱底板的大小要考虑到为了安装柱子需要的临时锚栓的布置。安装锚栓建议采用 M24~M42,底板的大小为 $(b + 2c) \times (b + 2c)$。根据钢筋混凝土设计规范计算局部承压

强度：

$$\frac{N}{A_c} \leqslant 1.35\beta_c\beta_l f_c \qquad (6.39)$$

式中，β_c 对强度等级≤C50 的取为 1.0，对强度等级为 C80 的取为 0.8，之间采用线性插值。$\beta_l = 3$ 是局部承压时混凝土强度提高系数。为了确保安全，在柱脚设计中建议采用 2（C50 及以下）：

$$\frac{N}{A_c} \leqslant 1.35 \times 2 \times \beta_c f_c \qquad (6.40)$$

选择 t_p 使得上式得到满足为止。

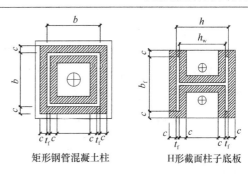

矩形钢管混凝土柱 　　H形截面柱子底板

图 6.11 钢柱底板下混凝土有效承压面积

虽然上面分析表明外包混凝土将实际承担 20%～30% 的轴力，但是因为上述设计方法偏于安全，所以可以按照上述方法计算底板厚度。如果这样计算得到的底板厚度太大，则允许分配一部分钢柱压力到混凝土，分配的比例可以按照式（6.13）计算，或者直接分配混凝土承担的比例为 $N_c = (0.2 \sim 0.3)N$，但是分配比例不宜超过按照抗压强度比分配的 80%，即 $\frac{0.8A_c f_c}{A_s f + A_c f_c}N$，否则应加大外包混凝土的厚度。

6.4.4 钢柱部分柱脚的抗弯承载力

计算钢柱底部的"混凝土-锚栓"中柱子承受 N 时能够提供钢截面抗弯承载力 $M_{steel+N}$，要采用第 5 章的方法计算。

计算外包混凝土中的配筋：外包式柱脚的设计要求在钢柱柱底，柱脚弯矩要全部传递到混凝土柱子部分，因为对称配筋，可以按照下式计算配筋量：

$$M \leqslant 0.9A_{sg}f_y h_0 + M_{steel+N} \qquad (6.41)$$

式中，A_{sg} 是一边的配筋面积，h_0 是受拉钢筋的中心到混凝土受压边缘的距离，上式是假设受压区钢筋和受拉区钢筋的间距为 $0.9h$，$M_{steel+N}$ 是柱脚处，钢截面的锚栓和轴力能够提供的抗弯能力。尽可能多提供 $M_{steel+N}$ 不仅对柱脚的抗弯能力有好处，而且还使得钢柱和外包混凝土的共同工作的程度增加。因此应尽量采用大锚栓，数量也可以增加。

6.4.5 栓钉的计算

按照下式验算栓钉数量：栓钉承受的界面剪力有弯矩产生的部分 $\frac{M}{h_s - t_f}$ 和钢柱传递给混凝土部分的为 $N_c = (0.2 \sim 0.3)N$ 的力。其中弯矩部分采用与纵向钢筋等强代替：

$$A_{sg}f_y + \frac{1}{4}N_c = A_{sg}f_y + \frac{1}{4}(0.2N - 0.3N) \leqslant n_f N_v^s \qquad (6.42)$$

式中，n_f 是一个翼缘外表面布置的栓钉数量，N_v^s 是一个栓钉的承载力，取 $0.25N_c$ 是因为 H 形和矩形均有四个面，每个面承担 1/4。如果上式得不到满足，则继续加密栓钉，在不能再加密的情况下要增加外包的高度。

如果栓钉的数量和布置无法满足式（6.42），则可以考虑如图 6.8(c) 所示的 A-A 部分的抗剪能力，增大外包混凝土内的箍筋直径并加密，并采用焊接封闭箍筋或者螺旋矩形箍和螺旋箍技术。也可以增加外包高度，以便容纳更多栓钉。

在满足式（6.42）受力要求的前提下，钢柱底板应尽量小，但是伸出柱边不得小于

189

c，如图 6.12(a) 和图 6.12(b) 所示。在计算中考虑了钢柱向混凝土柱子传递轴力的情况下，为了尽量减小柱子底板的尺寸，矩形钢管底部、截面板件的中部允许开孔以布置安装锚栓，如图 6.12(c) 所示，开孔的大小按照传力的比例确定，但是不得大于边长的 30%。不宜将四角开孔，除非有加劲措施。

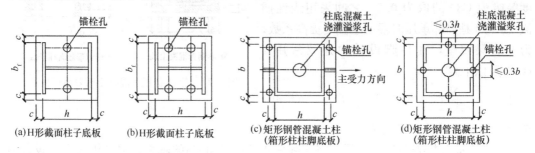

图 6.12　钢柱底板开锚栓孔及底板大小（计算 $M_{steel+N}$ 采用的截面）

6.4.6　外包壁的冲切力强度验算

图 6.2(c) 给出了外包混凝土的冲切破坏，图 6.13 示出了外包混凝土顶部部分的受力情况。从图中的传力可以看出，外包柱子中的顶部箍筋非常重要，否则外包混凝土就有水平冲切破坏的可能。根据式（6.28），混凝土承担的冲切力还是不小的。

单位高度上的冲切力就是 $\left[\oint(p_1+t_1+\tau_1)\mathrm{d}s\right]_{\max}$，但是因为水平反力的绝大部分都集中在外包混凝土的顶部，因此可以直接取 R_1 作为冲切力、取一定高度作为抗冲切的截面，进行抗冲切验算。

$$R_1 = 1.2\left(\frac{H}{h_r}-\frac{M_{s,\mathrm{base}}}{h_r}\right)(1-\psi)Q \tag{6.43}$$

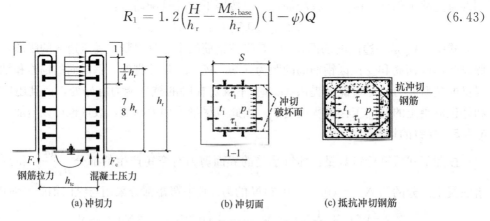

图 6.13　外包混凝土的冲切破坏

抗冲切验算的外包混凝土的高度，与式（6.43）匹配的高度是 $0.25h_r$，如图 6.13(a) 所示。从图 6.13(b) 看，这个 R_1 并不是全部由前部的混凝土冲切承受，如果有布置较密的栓钉，两侧界面栓钉的界面剪力，以及背部的栓钉抗拉，均能够共同抵抗这个冲切力。因此计算公式如下：

布置了较多栓钉：

$$\frac{1}{3}R_1 \leqslant \frac{1}{4}h_r \times 2S \times 0.07f_c + \sqrt{2}A_{\mathrm{pun}}f_{ys} \tag{6.44a}$$

未布置栓钉，则箍筋要增加：

$$\frac{1}{2}R_1 \leqslant \frac{1}{4}h_r \times 2S \times 0.07f_c + \sqrt{2}A_{pun}f_{ys} \tag{6.44b}$$

式中，S 的取值包括了柱子侧面的宽度，如图 6.13(b) 所示；A_{pun} 是抗冲切钢筋的面积。

6.4.7　纵向界面抗剪计算

对图 6.2(e) 所示的破坏模式进行计算，计算公式是：

$$F_{stud} + 0.7F_\tau \geqslant A_{sg}f_y \tag{6.45a}$$

或没有栓钉时：

$$0.7(F_{bond} + F_\tau) \geqslant A_{sg}f_y \tag{6.45b}$$

式中，F_{stud} 是界面上所有栓钉能够传递的竖向剪力；没有栓钉时，F_{bond} 是钢柱表面粘结力能够传递的竖向剪力；F_τ 是外包混凝土部分的竖向剪力，如图 6.8(c) 所示；A_{sg} 是一侧受拉纵向钢筋的总面积。式中引入折减系数 0.7，一是考虑栓钉和混凝土界面抗剪的不同步达到最大值；或者是粘结力持久以后会有所退化松动。

图 6.2(e) 所示的破坏模式，是钢柱-混凝土界面竖向抗剪能力不足造成的（F_{stud} 或 F_{bond} 太小）。因此如果能够做到 $F_{stud} \geqslant A_{sg}f_y$，则可以彻底避免图 6.2(e) 所示的破坏。由此可知配置栓钉的重要性。据详日本不要求配置栓钉，参照时要非常慎重。

图 6.2(a) 和图 6.2(b) 所示的受弯破坏是我们所希望的，也是需要计算的。接下去就剩下图 6.2(c) 所示的破坏模式计算：外包柱脚的斜截面抗剪强度计算。

6.4.8　柱脚的抗剪强度计算

《高层民用建筑钢结构技术规程》JGJ 99—2015 给出了算法。根据文献 [9] 的说明，日本学者提出了多个计算方法，但未能取得统一意见。这本解说中介绍的一个公式是：

$$Q_{capacity} = b_e h_j (f_{c,v} + 0.5f_{ys}\rho_s) \tag{6.46}$$

式中，b_e 是外包混凝土截面的总宽度减去钢柱的宽度（即受剪方向的两个外包厚度）；h_j 是混凝土受拉与受压侧应力合力之间的距离，按照理解可以取为 $0.9h_0$；$f_{c,v}$ 是混凝土的抗剪强度，如果按照我国的规范，应该是 $0.07f_c$；f_{ys} 是箍筋的强度设计值；ρ_s 是箍筋的配筋率，是按照外包面积计算的，即 $\rho_s = \dfrac{A_{sw}}{b_e s}$，$s$ 是箍筋的间距，$A_{sw} = n_s A_{wl}$，A_{wl} 是箍筋面积，正常的两肢箍 $n_s = 2$，$\rho_s > 1.2\%$ 时取 1.2%。

如果采用图 6.17 的模型来计算外包混凝土中的剪力，如图 6.14 所示，则柱脚抗剪的计算公式应为：

$$R_1 = Q\left(1 + \frac{M_1}{h_r}\right) = \frac{H}{h_r}Q \leqslant 0.9b_e h_0(0.07f_c + 0.5f_{ys}\rho_s) \tag{6.47}$$

式中，M_1 是外包混凝土顶部处钢柱截面弯矩。当然这是一个非常保守的公式，这种模型的钢-混凝土界面上，没有任何的竖向剪力，外包混凝土完全是钢柱的支座，调动外包混凝土抗弯的能力，完全靠水平反力。在这种模型下，钢柱脚下部的摩擦力与外包混凝土部分的剪力是反方向的，因此不仅不能考虑摩擦抗力，还要考虑其不利作用，式（6.47）左边就是这个放大了的剪力。如果

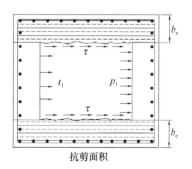

图 6.14　外包式柱脚的抗剪
承载力计算

$H = 3\text{m}$、$h_\text{r} = 1.25\text{m}$，则 $R_1 = \dfrac{H}{h_\text{r}}Q = \dfrac{3}{1.25}Q = 2.4Q$。可见，有可能混凝土内的剪力比外剪力大很多。

前面建议柱子底板应该尽量小的原因就是因为钢柱底下的剪力很可能是反向的，为了增大混凝土的抗剪能力，应该尽量缩小底板尺寸。

但是，钢-混凝土界面不可能没有竖向剪力，此时的 R_1 按照式（6.31）计算：

$$R_1 = \frac{1.2H}{h_\text{r}}\left(1 - \beta\frac{h_\text{s}}{h_\text{tc}}\right)\left[1 - \left(\frac{h_\text{s}}{h_\text{tc}}\right)^2\right]Q \leqslant 0.9b_\text{e}h_0(0.07f_\text{c} + 0.5f_\text{ys}\rho_\text{s}) \quad (6.48)$$

【算例 7】混凝土承担的剪力是柱剪力的倍数见下式，$H = 3\text{m}$，$h_\text{r} = 2.5 \times 0.5 = 1.25\text{m}$。

$$1.2 \times \frac{3}{1.25}\left(1 - 0.2\frac{500}{750}\right)\left(1 - \frac{500^2}{750^2}\right)Q = 1.387Q$$

即混凝土内的剪力与外剪力接近或超出外剪力有限。如果增大外包高度，就可以减小外包混凝土内的剪力。

式（6.47）和式（6.48），两个公式计算得到的混凝土内的剪力差别巨大，到底哪个更加正确呢？分析公式（6.28b）和式（6.28c），使得混凝土内剪力减小的根本原因是 M_qu 的存在。图 6.15 再次显示出：底部截面弯矩相同、总弯矩图相同的情况下，有界面剪力 q_u 和没有界面剪力 q_u，外包混凝土内的水平剪力是不同的。图 6.15(c) 和图 6.15(b) 的混凝土的剪力分别是：

$$R = \frac{M_\text{pc}}{h_\text{r}} \quad (6.49\text{a})$$

$$R_1 = \frac{M_\text{pc} - q_\text{u}h_\text{s}h_\text{r}}{h_\text{r}} = \frac{M_\text{pc}}{h_\text{r}} - q_\text{u}h_\text{s} \quad (6.49\text{b})$$

所以 $R_1 < R$。参照图 6.8(c)，A-A 剖面的外包混凝土部分的竖向剪力 F_τ，按剪力互等定律，$\tau_{xy} = \tau_{yx}$，这部分剪力也是钢柱两侧外包混凝土内的剪力。F_τ 并没有被包含在 M_qu 里面，在公式（6.30b）中计算外包混凝土的剪力时，扣除的部分 $\kappa_1 h_\text{s}/h_\text{tc}$ 并没有包含 F_τ，也就是说，F_τ 对应的混凝土剪力已经在公式（6.31）中得到反映。因此公式（6.48）是正确的。

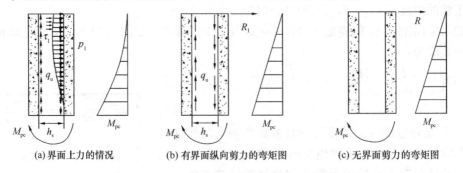

(a) 界面上力的情况   (b) 有界面纵向剪力的弯矩图   (c) 无界面剪力的弯矩图

图 6.15 外包混凝土内剪力计算的再探讨

栓钉的剪力 q_ul 部分，处在翼缘的混凝土中，与图 6.14 的抗剪面积无关，因此抗剪强度的计算中不需要考虑这个部分。

6.4.9 抗震设计的强剪弱弯

对于抗震设计的结构，根据强剪弱弯的原则，即按照下面的式（6.50）计算出外包混凝土承担的剪力，式中两个取较小值。是因为钢截面部分可能出现塑性铰，也可能是混凝土部分首先出现塑性铰（图 6.16）。

$$1.2\chi\min\left(\frac{M_{\text{P,con}}}{h_{\text{r}}}, \frac{M_{\text{Ps}}}{H-h_{\text{r}}}H\frac{1}{h_{\text{r}}}\right) \leqslant 0.9b_{\text{e}}h_0(0.07f_{\text{ck}}+0.5f_{\text{ys,k}}\rho_{\text{s}}) \tag{6.50a}$$

式中，1.2 是抗震设计要求的超强系数，χ 是外包混凝土水平剪力折减系数，参考式（6.48），计算公式是：

$$\chi = \left(1-\beta\frac{h_{\text{s}}}{h_{\text{tc}}}\right)\left[1-\left(\frac{h_{\text{s}}}{h_{\text{tc}}}\right)^2\right] \tag{6.50b}$$

同时要对栓钉的承载力进行强剪弱弯验算：一个翼缘上的栓钉的总的承载力应该能够承担翼缘外侧钢筋全部屈服的轴拉力。

$$A_{\text{sg}}f_{\text{y}} \leqslant n_{\text{s}}N_{\text{v}}^{\text{s}} \tag{6.51}$$

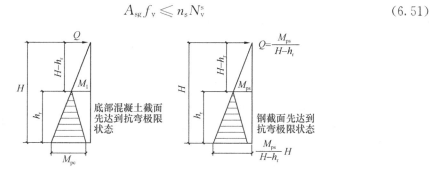

图 6.16 外包混凝土强剪弱弯的控制

上述抗震设计要求是：左边如果按照设计值计算，则验算式子的右边也采用设计值，左边采用标准值，则右边也采用标准值。栓钉承载力的标准值是：在混凝土破坏控制时为设计值乘以 1.4，栓钉受剪破坏时为设计值乘以 1.25，即：

$$\min(1.4\times0.43A_{\text{st}}\sqrt{f_{\text{c}}E_{\text{c}}}, 1.25\times0.7A_{\text{st}}f_{\text{u}}) \tag{6.52}$$

6.4.10 一个外包式柱脚构造实例

图 6.17 示出了作者设计的一个外包柱脚实例，该工程地处西宁。除了满足上述计算

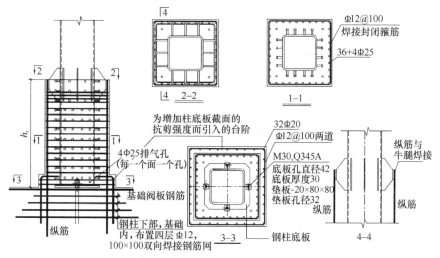

图 6.17 一个外包式柱脚的实例

外，最突出的一个特点是外包混凝土顶部的构造。因为外包混凝土顶部及附近截面，按照材料力学理论，此处是数学和物理上的奇点，表明混凝土和钢部分在此处容易脱开或者出现分离。所以在顶部焊接了牛腿和竖板，竖板用于与外包混凝土中的竖向钢筋焊接，使得外包混凝土与钢柱在此处截面就能够尽早共同工作。

还有一个特点是，在柱脚底部，有意做出钢筋混凝土小台阶包裹柱脚。因为此处是钢柱与混凝土基础阀板的交接面，底板的外伸使得混凝土的有效截面大大削弱，这个截面的抗剪强度可能不够（该项目是坡地建筑，一边有山体，一边是无地下室的回填部分），所以做出台阶，并配上竖向钢筋和箍筋，增大这个截面的抗剪强度。

另外，外包混凝土部分的顶部设置顶部盖板，可以尽早带动混凝土参与钢柱的工作，可以参考图 18.26、图 21.28 和图 21.29。

6.4.11 不采用栓钉的设计需要注意的事项

据说在日本，现在的外包式柱脚不再要求钢柱表面布置栓钉，那么此时就需要依靠钢-混凝土界面的粘结力，此时 F_{stud} 部分变为了界面粘结力 F_{bond}，显然这个力要比不布置栓钉时小，在往复地震作用下，界面也更容易滑移，是否完全地能够依靠粘结力的 q_u 部分，尚无确切数据，估计也只能依靠一定比例的剩余粘结强度。因此，此时的外包高度需要增高，以补偿缺栓钉而导致的界面抗剪强度下降，以及地震作用下的界面粘结力的退化。

不采用栓钉，有如下影响：

(1) 则图 6.8(c) 中的 F_τ 就必须起比较大的作用。

(2) 式（6.30）中的 κ_1 取值可能会比较小，因而外包式柱脚需要采用较高的高度。

(3) 意味着 M_{qu} 比较小，而且地震作用下，比较不可靠。

《混凝土结构设计规范》GB 50010—2010 规定，地震作用下钢筋的锚固长度增大到 $1.05 \sim 1.15$ 倍。光面钢筋的粘结强度设计值是 $1.56 f_t$，所以非抗震设计时，可以利用粘结强度为 f_t 来计算 M_{qu}（即假设钢板与混凝土的粘结强度低于光圆钢筋与混凝土的粘结强度约 50%），而抗震设计则考虑粘结强度仅为 $0.3 f_t$ 计算。

表 6.1 给出了一个算例，在上述粘结强度取值的情况下，钢柱界面的竖向抗剪承载力与采用栓钉时的竖向承载力对比：设混凝土是 C40、$f_t=1.71\text{MPa}$，则 $f_t b_s h_s=1.71 \times 150 \times 150=38.475$。

栓钉强度和粘结强度的对比   表 6.1

C40	栓钉间距			栓钉直径		
f_t	b_s	h_s	$f_t b_s h_s$	$\phi 19$	$\phi 22$	$0.3 f_t b_s h_s$
1.71	100	150	25.65	71.26	95.54	7.695
1.71	150	150	38.475	71.26	95.54	11.54
1.71	200	150	51.3	71.26	95.54	15.39
1.71	100	200	34.2	71.26	95.54	10.26
1.71	150	200	51.3	71.26	95.54	15.39
1.71	200	200	68.4	71.26	95.54	20.52

(4) 较厚的外包厚度：按照冲切力的计算公式，没有栓钉是冲切力增大，对冲切强度的要求也提高了，外包厚度或者冲切钢筋的面积要增大。

（5）此时 A-A 剖面的 F_τ 仍然是存在的，而 $F_t = F_{bond} + F_\tau$ 仍然是成立的，这是柱脚截面的纵向钢筋发挥其屈服强度所必须的要求，此时柱脚高度由下式确定：

$$\chi h_r b_s f_{bond} + b_c h_r [\tau_{A-A}] \geqslant F_t \tag{6.53}$$

式中，χ 是界面粘结强度与 A-A 剖面抗剪共同作用系数，如何取值尚不可知，偏安全可取 $0.3 \sim 0.5$，高烈度区取低值，多层地下室结构取较大值。

文献［3］的试验表明，在其他条件相同的条件下，布置了栓钉的柱脚下，柱脚的水平承载力提高，延性系数提高，破坏模式也从剪切破坏为主的弯剪破坏变成弯曲破坏。

6.5 埋入式钢柱脚的传力分析与设计

6.5.1 中柱的埋入式柱脚

埋入式柱脚的构造如图 6.18 所示，顾名思义就是将钢柱埋入钢筋混凝土基础中，基础可以是基础梁、独立基础和片筏基础。柱脚传递轴力、剪力和弯矩。

（1）轴力的传递：与外包式柱脚没有本质的区别，只是此时参与传力的混凝土面积有所增加。由于栓钉属于柔性连接件，达到其极限抗滑移承载力之前要经受较大的变形，而与组合梁不同的是，这里钢柱脚底部下面也是钢筋混凝土，它不能与栓钉破坏时的变形协调，因此栓钉的承载力很可能得不到发挥。

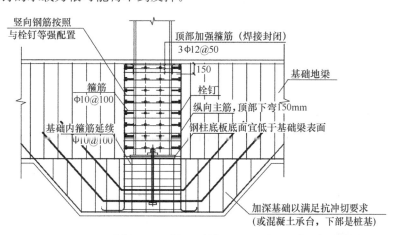

图 6.18 埋入式柱脚构造

从钢柱传递到周围混凝土的力，按照对外包式柱脚的分析，不宜超过、实际也很难超过 30%，以 6.2.1 节外包式柱脚的算例 3 为例，一个横截面上布置了 12 颗直径为 22mm 的栓钉，将其作为埋入式柱脚算例，假设混凝土面积增加一倍，其他参数不变，则，

$$k_{st} = 11990.83 \text{N/mm}^2$$

$$E_s A_0 = \frac{206000 \times 65800 \times 30 \times 5200 \times 2}{206 \times 658 + 30 \times 5200 \times 2} = 9449.48 \times 10^6 \text{N}$$

$$\rho h_r = 1200 \sqrt{\frac{11990.83}{9449.48 \times 10^6}} = 1.351767$$

$$\cosh \rho h_r = 2.061515$$

$$1 - \frac{1}{\cosh\rho h_{\mathrm{r}}} = 0.51492$$

$$N_{\mathrm{c}} = \frac{0.51492 E_{\mathrm{c}} A_{\mathrm{c}}}{E_{\mathrm{c}} A_{\mathrm{c}} + E_{\mathrm{s}} A_{\mathrm{s}}} N = \frac{0.51492}{1.43445} N = 0.359 N$$

这说明，即使这种情况下通过栓钉传递到混凝土部分的力也仅为 36%。因此在设计时，如果不采取其他措施，钢柱柱底的混凝土仍然起到主要传递轴力的作用。

（2）弯矩和水平剪力的传递（图 6.19、图 6.20）：水平剪力对于基础地梁来说产生轴压力，而弯矩也是在地梁内产生弯矩来平衡，在地梁的反力作用下，中柱四周的混凝土处于受压状态，对于锚固钢柱非常有利。但是钢柱的存在使得基础梁上皮钢筋不好贯通，所以要在钢柱对应部位焊接腹板加劲肋和翼缘外侧焊接钢板，用于焊接锚固中断的地梁上皮钢筋，如图 6.21 所示。

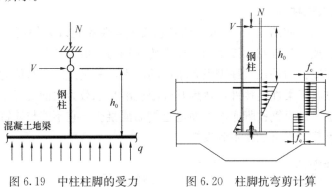

图 6.19　中柱柱脚的受力　　　　图 6.20　柱脚抗弯剪计算

钢柱周围的混凝土地梁的箍筋要加密，以防止在往复地震（或风荷载）作用下发生混凝土压碎。因此中柱柱脚的设计步骤如下：

（1）埋深：H 形截面柱子，埋深为 2～2.5 倍截面高度；箱形柱子或矩形钢管混凝土柱子，埋深为 2.5～3.0 倍截面高度；采取措施，经计算满足要求时，也可以采用 2 倍截面高度的埋深。

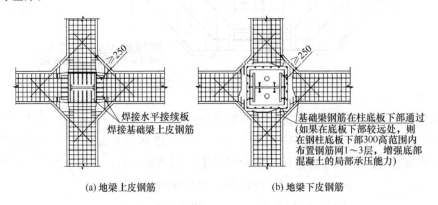

(a) 地梁上皮钢筋　　　　　　　　　(b) 地梁下皮钢筋

图 6.21　埋入式柱脚部位基础梁钢筋

从柱脚刚度方面考虑，钢柱埋入深度应达到：

$$h_{\mathrm{d}} = \sqrt[4]{\frac{EI_{\mathrm{x}}}{E_{\mathrm{c}}}} \tag{6.54}$$

式中，E_c 为基础混凝土弹性模量；EI_x 为埋入柱截面的抗弯刚度。

不同方钢管混凝土柱的埋深计算结果见表 6.2，H 型钢柱的埋深见表 6.3 表中，b 为埋入柱截面的宽度。这两个算例表格呈现出的结果更为合理：埋入深度不仅与截面的轮廓尺寸相关，与板件的厚度也有关系。式（6.54）是采用半无限空间上的一根梁承受集中力的模型得到的，如果筏板上皮有较多的钢筋与柱子对应部位的水平加劲肋焊接，则埋入深度可以适当减小。

方钢管混凝土柱的埋入深度　　　　　　　　表 6.2

方钢管截面，$E = 206000\text{MPa}$		管内混凝土 C50，$E_c = 34500\text{MPa}$ 筏板混凝土 C40，$E_c = 32500\text{MPa}$	
宽度 b（mm）	厚度 t（mm）	钢管混凝土截面时埋深 l_z/b	纯钢截面时埋深 l_z/b
500	60	3.14	3.08
500	50	3.07	2.99
500	40	2.98	2.87
500	30	2.87	2.71
500	25	2.80	2.61
500	20	2.72	2.49
500	16	2.64	2.37
500	12	2.56	2.22

H 型钢柱的埋入深度　　　　　　　　表 6.3

H 型钢柱截面（mm）			纯钢截面
$h = b$	t_f	t_w	l_z/h
500	80	60	3.14
500	60	40	3.00
500	50	35	2.90
500	40	30	2.78
500	30	20	2.61
500	25	18	2.52
500	20	14	2.39

此时强度计算公式推导如下：如果筏板（基础）表面截面处钢柱截面的剪力和弯矩是 V、M，柱子宽度为 b、埋深为 h_d，则：

$$\frac{V}{b\,h_d} + \frac{M + 0.5Vh_d}{bh_d^2/6} = f_c \tag{6.55a}$$

$$h_d = \frac{2}{bf_c}\left[V + \sqrt{V^2 + 1.5bf_c M}\right] \tag{6.55b}$$

$$\frac{2}{b\,h_d}(V + \sqrt{V^2 + 1.5bf_c M}) \leqslant f_c \tag{6.55c}$$

比较不保守的公式是利用矩形的应力分布（图 6.20 右侧），此时

$$\left(\frac{V}{b h_d \sigma_c}\right)^2 + \frac{M + 0.5V h_d}{0.25 b h_d^2 \sigma_c} = 1 \tag{6.56a}$$

可以求得：
$$\sigma_c = \left[\frac{2M}{b h_d^2} + \frac{V}{b h_d} + \sqrt{\left(\frac{2M}{b h_d^2} + \frac{V}{b h_d}\right)^2 + \left(\frac{V}{b h_d}\right)^2}\right] \leqslant f_c \tag{6.56b}$$

此式是《钢结构设计标准》GB 50017—2017 中的公式，应用于圆形截面时，因为混凝土应力沿宽度分布不均匀，取 $0.8 f_c$ 作为允许应力，b 应用钢管直径 d 代入。实际的柱脚在筏板面有配筋，这些配筋可以穿过柱子或者焊接在牛腿翼缘上，纵向钢筋如果比较密，在抵抗这个柱脚弯矩上有较大的作用。

（2）混凝土外皮离开柱子的最小距离应大于等于 250mm。

（3）在包脚高度范围内应按照构造要求，尽量多地布置栓钉，栓钉直径为 19mm 或者 22mm，不宜更小。构造要求为：栓钉竖向间距大于等于 $6d_s$，横向间距大于等于 $4d_s$，栓钉中心到钢柱边的距离是 50mm，还要考虑栓钉的施焊空间；栓钉的数量要保证能够承担柱轴力的 30%～35%。

（4）钢柱周围的竖向架立钢筋，四角应取不小于 4ϕ20。

（5）柱子底板的计算是与外包式柱脚一样的，但是构造要求与外包式不同，外包式柱脚的底板要尽量地小，而这里可以适当加大，但是也不宜大很多，除非底板采用加劲肋加强。计算柱子底板的厚度时，假设柱轴力的 70%～60% 通过柱子底板传递。

（6）箍筋的布置和其他要求见图 6.21。

式（6.56b）也可以改为求埋深的形式，令 $\sigma_c = f_c$，求得需要的埋深为：
$$h_d \geqslant \frac{V}{b f_c} + \sqrt{\frac{2V^2}{b^2 f_c^2} + \frac{4M}{b f_c}} \tag{6.56c}$$

上式应用于圆钢管柱时，宽度应采用直径代入，f_c 应采用 $0.8 f_c$ 代入。式（6.56c）是对埋深的最小要求。

6.5.2　边柱和角柱：抵抗水平冲切

如果是边柱或角柱，则要注意钢柱外侧的混凝土厚度不得小于 250mm。竖向力的传递与中柱基本相同，钢柱底板传递的竖向力仍要求达到 70%。因为下部混凝土抗冲切的需要，钢柱外侧距混凝土外皮仅有 250mm 往往是不够的。

需要注意的是弯矩和剪力的传递。弯矩和剪力的方向可以变化，使得混凝土发生水平冲切破坏，如图 6.22 所示，因此设计的关键是要布置竖向架立筋和水平 U 形钢筋，阻止这种冲切破坏。冲切钢筋的数量可以按照如图 6.20 所示的混凝土压力的合力，按照钢筋混凝土规范计算。

6.5.3　基础竖向冲切不够的处理

如果采用筏板基础，或者独立基础下部没有桩，基础底部又不想向下挖深以布置混凝土满足抗冲切的要求时，此时 70% 的钢柱轴力难以依靠栓钉传递，因而应在筏板基础和基础地梁内布置水平钢梁，如图 6.23 所示，此时栓钉承受的轴向荷载不宜超过 20%，钢梁截面高度不宜超过混凝土梁高的 2/3，钢梁伸出长度为高度的 1.5～2 倍。钢柱底板不再传递竖向轴力。

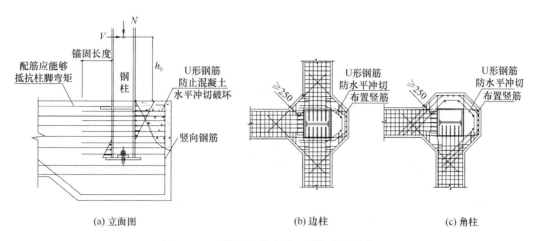

（a）立面图　　　　（b）边柱　　　　（c）角柱

图 6.22　边柱和角柱布置：抵抗水平冲切

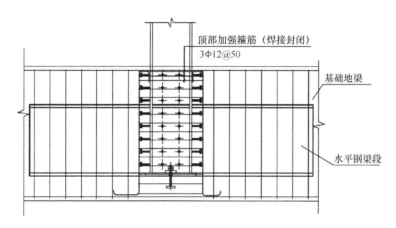

图 6.23　埋入式柱脚布置短梁段用于抗冲切

参 考 文 献

［1］　童根树，郭立湘. 外包式钢柱脚设计方法研究［J］. 工业建筑，2008，38(10)：102-107.

［2］　中华人民共和国住房和城乡建设部. 高层民用建筑钢结构技术规程：JGJ 99—2015［S］. 北京：中国建筑工业出版社，2016.

［3］　WU X，LIN H H，WEI L. Seismic performance of concrete-encased column base for hexagonal concrete-filled steel tube：experimental study［J］，Journal of constructional steel research，2016，121：352-369.

［4］　郭中华. 外包式钢柱脚节点性能试验研究［D］. 北京：北京林业大学，2011.

［5］　李健. 外包式方钢管柱脚节点抗震性能研究［D］. 北京：中国矿业大学，2019.

［6］　王毅，陈以一，土伟，等. 钢管混凝土外包式柱脚抗弯性能试验研究［J］. 建筑结构，2009，39(6)：5-8.

［7］　匡小波，李贤，李健. 外包式圆钢管混凝土柱脚滞回性能研究［J］. 建筑结构学报，2017，38(增1)：190-197.

［8］　童根树. 钢结构的平面外稳定［M］. 北京：中国建筑工业出版社，2013.

［9］　日本建筑学会. 钢构造限界状态设计指针·同解说：AIJ 2000［S］. 东京：日本建筑学会，2010.

第7章 钢结构抗震设计漫谈

7.1 弹性结构对地震的反应及其设计采用的地震力

7.1.1 弹性结构经历的地震力

一个弹性结构在地震作用下，承担了多大的地震力或地震作用？这要采用结构动力学的方法加以分析。这是它与恒荷载和竖向活荷载的不同之处，与风力也有所不同：如果无需考虑风的动力作用，风力是直接依风速决定的，如果要考虑风的动力作用，则总的风力要考虑结构的动力特性才能决定。地震作用更要考虑结构的动力特性，通过动力学分析加以确定。

单自由度的弹性动力学方程是：

$$m\ddot{y} + c\dot{y} + ky = -ma_g \tag{7.1}$$

式中，m 指质量，c 是阻尼系数，k 是刚度系数，$F = ky$ 是结构的弹性地震力，a_g 是地震地面加速度波，y 是相对于地面的位移。即地震作用时地面不仅有地震加速度，地面还有位移，这个地面位移是不出现在式（7.1）中的。从上式可以得到结构的弹性地震力 $F = ky$。它也可以表示为：

$$F = ky = -m(\ddot{y} + a_g) - c\dot{y} \tag{7.2}$$

实际结构阻尼比很小，阻尼力 $c\dot{y}$ 这一项总是很小的，特别是从简谐振动的知识了解到，位移和加速度最大时速度等于 0，式（7.2）两项的最大值不是同时达到的，因此进一步忽略阻尼力得到：

$$F = ky = -m(\ddot{y} + a_g)$$

从上式得到，弹性结构经历的最大地震力，可以采用绝对最大加速度表示：

$$F_{max} = ky_{max} = -m(\ddot{y} + a_g)_{max} \tag{7.3}$$

如果取 F_{max} 作为地震力进行结构的设计，使其有相应的抵抗 F_{max} 这么大地震作用的承载力，则结构就可以在整个地震作用期间保持弹性，结构没有任何破坏的现象。

7.1.2 弹性加速度反应谱——单一的设计要求

对一个给定的结构进行分析，只获得一个特定周期对应的地震力。而一个地区各种结构都经受相同的地震，对不同的结构进行分析，即周期从短到长变化，得到图 7.1 所示的位移、速度和加速度反应谱。

反应谱的概念最早由 Biot M A 在 1932 年提出，由 Housner G W（1941 年）进一步推进在抗震设计中应用。对于抗震设计来说，最有用的是加速度谱，因为加速度谱才是计算地震力的关键。

为了方便设计，在地震作用下，对不同周期结构［图 7.2(a)］进行的分析，得到对应的绝对最大加速度，除以地震波本身的加速度得到加速度动力放大系数谱，记为 β 谱：

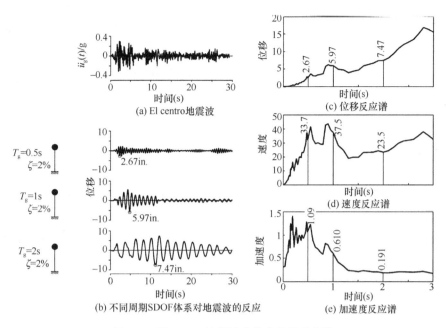

图 7.1 El centro 地震波南北分量的反应谱

$$\beta = \frac{(\ddot{y} + \ddot{a}_g)_{\max}}{\ddot{a}_{g\max}} \tag{7.4}$$

画出 $\beta\text{-}T$ 的关系，即为地震波对应的加速度谱（S_a 谱）。

对大量的地震波，按照不同的场地分类，分别求解其放大系数谱，对横坐标（周期）采用"特征周期"标准化，然后进行统计分析，求得几何平均谱（即中位数谱）和均方差 σ_β 谱。根据各个国家抗震设防的要求，采用中位数谱（因为谱值满足极值分布或对数正态分布，不应采用算术平均谱 $\beta_{\text{mean}} = \dfrac{1}{n}\sum\limits_{i=1}^{n}\beta_i$，而应该采用几何平均谱 $\beta_{\text{median}} = \left(\prod\limits_{i=1}^{n}\beta_i\right)^{1/n}$）或者一定保证率的 $\Bigg[$ 通常是 90% $\left(\beta_{90\%} = \beta_{\text{mean}}\left(1 + \dfrac{\sigma_\beta^2}{\beta_{\text{mean}}^2}\right)^{0.78156}\right)$ 或 84.13% $\Big(\beta_{84.13\%} = \beta_{\text{mean}}$ $\sqrt{1 + \dfrac{\sigma_\beta^2}{\beta_{\text{mean}}^2}}$，$\beta_{\text{median}} = \dfrac{\beta_{\text{mean}}}{\sqrt{1 + \sigma_\beta^2/\beta_{\text{mean}}^2}}\Big)\Bigg]$ 的加速度谱作为规范的依据。图 7.2(b) 表示的是一般的动力系数谱的形状，而图 7.3 对各国在第 Ⅱ/B 类场地下的反应谱进行了比较。

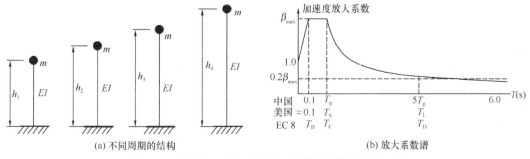

图 7.2 中美欧地震动力系数反应谱的形状和分段记号

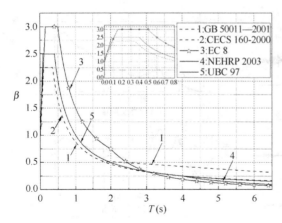

图 7.3　各国在第Ⅱ/B类场地下的弹性反应谱

我国采用的是算术平均谱，而不是 90％ 保证率的谱。在谱的平台部分，最大值是 2.25，是所有规范中最低的。对核反应堆这种极其重要的结构，美国采用 90％ 保证率的谱。

采用弹性谱决定地震力，则：

$$F_{\mathrm{E}} = Z\beta W \tag{7.5}$$

式中，Z 是地震区域系数，简称地震系数，它是地震最大加速度与重力加速度的比值，W 是结构的重量。

弹性反应谱的形状，多多少少让我们想起有阻尼的单自由度体系承受简谐荷载时的强迫振动，其公式为：

$$\frac{u(t)}{p_0/k} = \beta_{\mathrm{d}}\sin(\omega t - \phi) \tag{7.6a}$$

$$\frac{\dot{u}(t)}{p_0/\sqrt{km}} = \beta_{\mathrm{v}}\cos(\omega t - \phi) \tag{7.6b}$$

$$\frac{\ddot{u}(t)}{p_0/m} = -\beta_{\mathrm{a}}\sin(\omega t - \phi) \tag{7.6c}$$

式中，ω 是简谐荷载的频率，ξ 是阻尼比，ϕ 是相位角，为：

$$\phi = \arctan\frac{2\xi T_{\mathrm{g}}/T}{1 - (T_{\mathrm{g}}/T)^2} \tag{7.7a}$$

$\omega_{\mathrm{g}} = \sqrt{k/m}$ 是单自由度体系的自振频率。β_{d}、β_{v}、β_{a} 分别是位移、速度和加速度的动力放大系数，改用周期来表示，记 $T_{\mathrm{g}} = 2\pi/\omega_{\mathrm{g}}$、$T = 2\pi/\omega$，则：

$$\beta_{\mathrm{a}} = \frac{T_{\mathrm{g}}^2/T^2}{\sqrt{(1 - T_{\mathrm{g}}^2/T^2)^2 + 4\xi^2 T_{\mathrm{g}}^2/T^2}} \tag{7.7b}$$

$$\beta_{\mathrm{v}} = \frac{T}{T_{\mathrm{g}}}\beta_{\mathrm{a}} = \frac{T_{\mathrm{g}}/T}{\sqrt{(1 - T_{\mathrm{g}}^2/T^2)^2 + 4\xi^2 T_{\mathrm{g}}^2/T^2}} \tag{7.7c}$$

$$\beta_{\mathrm{d}} = \frac{T^2}{T_{\mathrm{g}}^2}\beta_{\mathrm{a}} = \frac{1}{\sqrt{(1 - T_{\mathrm{g}}^2/T^2)^2 + 4\xi^2 T_{\mathrm{g}}^2/T^2}} \tag{7.7d}$$

画出图形如图 7.4 所示，对比图 7.3，其三个重要特征非常相似：加速度谱起点 1.0，共振点动力系数最大，然后衰减很快，最后趋向于 0。考虑到地震波含有较多的周期分量，图 7.3 的动力放大系数的峰值部分有一平台段也就毫不奇怪了。

图 7.4(c) 是位移的放大系数，当周期很长时，结构对荷载的反应接近静态，放大系数接近 1；而当周期很短，位移的方向和荷载的方向是相反的（相位角接近 $180°$），因此位移接近于 0。

β_{a} 最大值发生在 $T_{\mathrm{g}}\sqrt{1 - 2\xi^2}$，最大值是 $\dfrac{1}{2\xi\sqrt{1 - \xi^2}}$。

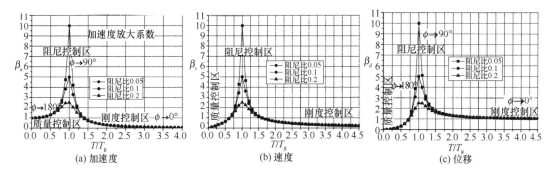

图 7.4 SDOF 体系简谐振动的放大系数

β_v 最大值发生在 $T_g\sqrt{1-2\xi^2}$，最大值是 $\dfrac{1}{2\xi}$。

β_d 最大值发生在 $\dfrac{T_g}{\sqrt{1-2\xi^2}}$，最大值是 $\dfrac{1}{2\xi\sqrt{1-\xi^2}}$（与加速度放大系数最大值相同）。

7.1.3 四对数坐标图、Newmark-Hall 谱、特征周期的定义和物理意义

在强迫振动分量中，各动力放大系数存在如下的关系：

$$\frac{\beta_a}{T_g/T} = \beta_v = \frac{T_g}{T}\beta_d \tag{7.8a}$$

或

$$\frac{\beta_a}{\omega/\omega_g} = \beta_v = \frac{\omega}{\omega_g}\beta_d \tag{7.8b}$$

记 $x = \lg\dfrac{\omega}{\omega_g}$、$y = \lg\beta_v$，则可以得到以下各个量的对数值之间的关系式：

$$y = x + \lg\beta_d \tag{7.8c}$$

$$y = -x + \lg\beta_a \tag{7.8d}$$

四对数坐标图示意如图 7.5 所示，单自由度体系强迫振动各个量的放大系数，用四对数坐标图表示在图 7.6 中。

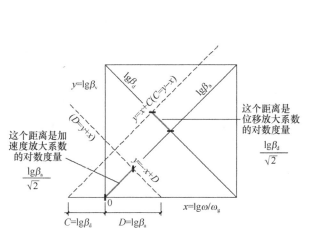

图 7.5 四对数坐标图示意

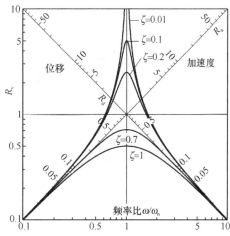

图 7.6 SDOF 体系简谐振动放大系数
的四对数坐标图

把地震波在 SDOF 体系中的动力反应画在四对数坐标图上，如图 7.7 所示。如果还是按照普通坐标系，则加速度反应谱如图 7.8 所示。

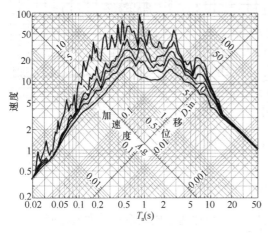
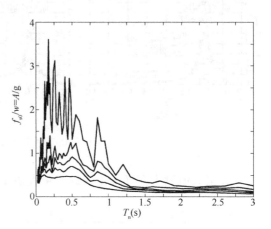

图 7.7　四对数坐标反应谱图
（El centro 地震波，阻尼比分别为
0%、2%、5%、10%、20%）

图 7.8　加速度反应谱
（El centro 地震波，阻尼比分别为
0%、2%、5%、10%、20%）

图 7.7 所示的四对数坐标图由 Veletsos A S 和 Newmark N M 在 1960 年引入。对计算结果取对数，差别较大的数值在对数坐标图中看上去相差很小，这样在曲线的拟合上就可以提出一些粗放的方法。图 7.9 示出了地震波的最大加速度、最大速度和最大位移三折线（见 Chopra 的动力学），同时画出了 SDOF 体系阻尼比为 0.02 时的最大加速度、最大速度和最大位移反应。图 7.10 则是阻尼比为 0.05 时反应谱曲线的简化。这样简化的曲线，画成普通坐标图，就是图 7.3 的样子，其中 bc 段是加速度反应谱的平台段（等加速度区域），cd 段是等速度区段，接下去则是等位移区段。图 7.3 这样的反应谱称为 Newmark-Hall 谱，加速度、速度、位移三段的表达式分别是：平台 C_0、C_1/T 和 C_2/T^2。偏离这个规律的，例如 $C_1/T^{0.9}$，其反应谱已经偏离了原本的 N-H 谱。

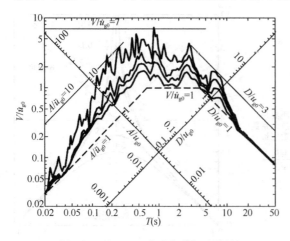
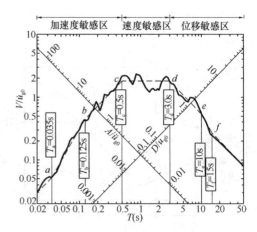

图 7.9　Elcentro 波反应谱与地震波
最大位移、速度和加速度对比
（阻尼比分别为 2%、5%、10%、20%）

图 7.10　反应谱的理想化

图 7.10 所示的各个线段的交点，重要的是 T_c 和 T_d，是速度的平台段与加速度平台段和位移平台段的交汇点，是反应谱的重要周期，被称为特征周期。但是它们随着场地类别、震源的不同而不同，同一条地震波，阻尼不同，也有变化。在弹塑性阶段，它们也随延性系数而变化。这两个周期的数值，在更大的程度上是依赖于判断，巴西抗震规范的反应谱放弃了这种谱。

关于地震波作用下位移、速度、加速度三者之间的关系，式（7.8a）、式（7.8b）在无阻尼体系中才成立，小阻尼情况下近似成立，阻尼比大于 5％ 以上时，误差越来越大，原因在于动力方程式［式（7.12）］中有阻尼项。根据位移谱，利用式（7.8a）、式（7.8b）计算的速度谱和加速度谱，称为伪（pseudo）速度谱和伪加速度谱。目前欧洲的 Eurocode、美国 ASCE 7 的反应谱严格遵循 N-H 谱：等加速度的平台段、T^{-1} 的等速度段和 T^{-2} 的等位移段，见表 7.1。偏离这样的指数规律的谱，就不完全是 N-H 谱。澳大利亚 AS 1170.4—2007 的谱是两种：静力分析法是 N-H 谱，振型分解反应谱法则没有等加速度段。新西兰则在等加速度和等速度段之间插入一个 $T^{-0.75}$ 段。墨西哥 MOC-2008 分为三段，除了等加速度段，后两段的指数都不是简单的 -1 和 -2，因此已经不能算是 N-H 谱。中国抗震规范和中国台湾地区抗震规范采用的也不是 N-H 谱。

Newmark-Hall 谱 表 7.1

	Eurocode 8，Part 1.1	ASCE 7-16
超短周期	$0 \leqslant \dfrac{T}{T_C} \leqslant \dfrac{T_B}{T_C}: S_e = a_g S\left[1 + \dfrac{T}{T_B}(2.5\eta - 1)\right]$	$0 \leqslant \dfrac{T}{T_S} \leqslant \dfrac{T_0}{T_S}: S_e = S_{DS}\left(0.4 + 0.6\dfrac{T}{T_0}\right)$
等加速度段	$\dfrac{T_B}{T_C} \leqslant \dfrac{T}{T_C} \leqslant 1: S_e = a_g S \cdot \eta \cdot 2.5$	$\dfrac{T_0}{T_S} \leqslant \dfrac{T}{T_S} \leqslant 1: S_e = S_{DS}$
等速度段	$\dfrac{T_C}{T_D} \leqslant \dfrac{T}{T_D} \leqslant 1: S_e = a_g S \cdot \eta \cdot 2.5\dfrac{T_C}{T}$	$\dfrac{T_S}{T_L} \leqslant \dfrac{T}{T_L} \leqslant 1: S_e = \dfrac{S_{D1}}{T}$
等位移段	$1 < \dfrac{T}{T_D} < \dfrac{4}{T_D}: S_e = a_g S \cdot \eta \cdot 2.5\dfrac{T_C}{T_D}\left(\dfrac{T_D}{T}\right)^2$	$\dfrac{T}{T_L} > 1: S_e = \dfrac{S_{D1}}{T_L}\left(\dfrac{T_L}{T}\right)^2$

特别值得一提的是智利用于振型分解法的谱为：

$$\beta_{\mathrm{Chilean}} = \frac{1 + 4.5(T_i + T_0)^p}{1 + (T_i/T_0)^3},$$

四类场地 $(T_0; p) = (0.15, 0.3, 0.75, 1.2;$
$\qquad\qquad 2, 1.5, 1, 1)$ （7.9）

抗震设防分区 3 中四类场地的地震放大系数谱如图 7.11 所示，它彻底放弃了 N-H 谱的范畴。

7.1.4 三水准设防目标——三种地震作用

抗震设防的目标在《建筑抗震设计规范》GB 50011—2010（2016 年版）的总则中有标准的阐述：

（1）遭受低于本地区抗震设防烈度

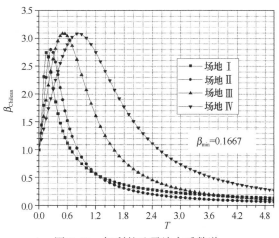

图 7.11 智利的地震放大系数谱

的多遇地震（小震）影响时，不受损坏或不需修理可继续使用；

（2）遭受本地区抗震设防烈度的地震（中震）影响时，可能损坏，经一般修理或不需修理仍可继续使用；

（3）当遭受高于本地区抗震设防烈度预估的罕遇地震（大震）影响时，不致倒塌或发生危及生命的严重破坏。

上述三个水准设防目标的描述，意味着我们有三种方法来决定地震力：

（1）结构在小震下要基本保持弹性，这时直接采用式（7.6），采用小震的地震系数 Z 就能够决定地震作用，这个地震作用记为 F_{E1}。

（2）目前国际上对"不倒"有比较统一的认识，钢框架结构的层间侧移角在 $\dfrac{1}{50} \sim \dfrac{1}{20}$ 之间（钢结构二阶效应系数很小时可以达到 1/20）而不发生倒塌，一般层间侧移角的限值小于 $[\rho_{st}] = \dfrac{1}{15 + 300\theta}$（$\theta$ 是二阶效应系数），就能够保证其"不倒"；剪力墙等带支撑的结构，层间侧移角在 $\dfrac{1}{50} \sim \dfrac{1}{120}$，则也能够保证结构物不倒。

根据上述"不倒"的要求，利用结构的弹性-塑性性质，即利用结构所具有的初始刚度、结构所具有的延性 μ（结构的塑性变形能力，如图 7.12 所示），反推出对结构的层间屈服强度的要求，这个屈服强度在底层的值即为设计要采用的地震力，记为 F_{E3}。按照图 7.12，理想弹塑性结构地震力为：

$$F_{Ek} = F_y = k\Delta_y = k\frac{[\Delta_{max}]}{\mu} \tag{7.10}$$

这里特别强调的是延性系数 μ 是结构的一种能力，正如 F_y 是结构的一种水平承载力一样。

上述这种决定地震力的方法即是目前非常流行的"基于性能的抗震设计方法"。

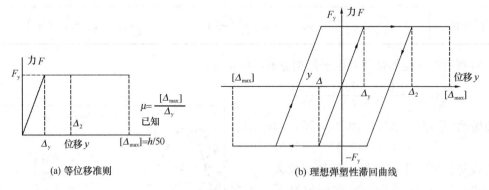

（a）等位移准则　　　　　　　　　　　　（b）理想弹塑性滞回曲线

图 7.12　由大震不倒要求反推理想弹塑性结构的地震力

需要说明的是，虽然从概率论的角度，存在多遇地震（小震）、偶遇地震（中震）和罕遇地震（大震）的说法，但是规范只针对设防地震（中震）展开，即仅对中震提出计算要求，罕遇地震不倒的要求依赖于超强性能和设计中考虑的分项系数。日本受 1994 年阪神地震的影响，引入了直下型地震的说法，认为罕遇地震是 1000~1500 年一遇的垂直方向加速度也很大的直下型地震。

（3）对于设防目标中的中震可修，可以肯定的是，中震下一般的结构将出现塑性变形，我们在第 1 章总论中提到，水平力作用下产生水平的塑性位移，即水平的不可恢复的变形。水平的不可恢复的层间侧移限制在多少是可修复的呢？很遗憾没有侧移量的限值。

因此无法给出本应该有的中震可修对应的水平地震力，但仍然要给它一个记号：F_{E2}。F_{E2} 与 F_{E3} 的关系将在下面进行探讨，可以发现有时 $F_{E2} = F_{E3}$，有时 $F_{E2} = F_{E1}$，取决于按照哪个地震力进行结构的抗震设计。

在三水准设防目标的描述中有"抗震设防烈度"的概念。这个概念非常重要，结构抗震设计要设防的最重要的目标是：在遭遇本地区抗震设防烈度的地震作用下，可能损坏，经一般修理仍可使用。通俗地说，丙类建筑抗震设防是针对中震的。

7.1.5 为什么不按照弹性反应要求对结构进行设计

如果按照式（7.5）计算地震作用，则结构在未来遭受达到设防烈度的地震（中震）作用下，结构仍然处于弹性阶段，因此结构是安全的。

第 1 个原因是：式（7.5）的地震作用，是国民经济无法承受的，如设防烈度是 8 度，则地震系数 $Z = 0.2$，取 $\beta = \beta_{\max} = 2.5$，则 $F_E = 0.5W$，相当于竖向荷载 50% 的水平力作用在结构上，这个结构得非常强大才能抵抗这个水平力。因此采用式（7.5），经济上无法承受。

第 2 个原因是：过去结构经历地震发生损坏或不损坏，使得我们意识到，让结构经受一定程度的塑性变形，对结构的安全并没有什么大的影响。

第 3 个原因是：从图 7.3 的弹性反应谱知道，结构经受的地震作用，受到本身刚度性质（即周期）的影响，如果刚度越小，周期就越长，则地震力越小。由此可以推论：如果在地震过程中，结构的刚度也能够逐步减小（通过塑性变形），特别是在最大地震加速度到来之前发生塑性变形，刚度下降，结构的瞬时切线自振周期就会增大，加速度谱就会后移到长周期阶段，则这个结构遭受的地震作用将显著地下降。

第 4 个原因可能是这样的：建筑的设计使用年限一般是 50 年，而抗震设防的真正目标是中震，约 475 年一遇，这与取 50 年一遇的风荷载作为风载标准值不同，因此如果采用风荷载取值相同的做法，取 50 年一遇的地震作用，就得到小震地震作用 F_{E1}。但是要注意，由于地震的巨大破坏力，设防的真正目标是中震，甚至是大震，不是小震。这么长寿的建筑，实际上要经历过几十次维护和若干次大修，因此真正地震到来时，让其产生一定的塑性变形，然后进行维修，也是可以接受的。

7.2 结构的弹塑性地震反应及其设计目标

7.2.1 结构的弹塑性地震反应分析

因为结构的设防目标是中震，而中震作用下结构是要进入弹塑性阶段的，接下去的问题是：弹性结构利用式（7.1）的分析得到弹性地震力，弹塑性结构该如何得到地震力？

对于弹塑性结构，则需要知道其力-位移的往复加载的关系，称为滞回曲线。图 7.12（b）是理想弹塑性结构（EPP 结构）的滞回曲线。弹塑性结构的运动方程是：

$$m\ddot{y} + c\dot{y} + F = -ma_g \tag{7.11}$$

F 则随结构所处的状态取不同的值。从上式得到

$$F = -m(\ddot{y} + a_g) - c\dot{y} \tag{7.12}$$

上式看上去与式（7.2）的右侧没有什么不同，但是对弹塑性结构，F 要在整个数值积分过程中引用图 7.12(b) 的滞回曲线，因此 F 的最大值是 F_y，即弹塑性结构经历的最大地震力受到结构本身的屈服强度的限制。初始选择的结构屈服强度大，则地震力就大；初始选择的结构屈服强度小，则结构受到的地震作用就小。这样一来，结构受到的地震作用可以人为地加以控制和调节。

那么初始刚度相同，但是屈服力不同的两个结构（例如截面相同，但是采用了两种不同屈服强度的钢材），在弹塑性变形方面有什么不同？很显然，屈服强度小的结构，屈服得更早，从而侧移可能会更大，至少不会小于屈服强度大的结构的最大侧移。这样对弹塑性结构进行抗震设计的目标是：选择合适的屈服强度 $F_E = F_y$，使得结构的最大侧移被限制在结构的允许变形的范围内，即变形被限制在"大震不倒"的范围内。

7.2.2　对弹塑性结构设计的双重要求：延性和承载力及其两者之间的妥协

增加 $F_E = F_y$，则屈服位移 Δ_y 增大，弹塑性反应分析得到的结构最大位移 Δ_{max} 不变或减小，比值就会减小。μ_{req} 称为与地震作用力 $F_E = F_y$ 相应的对结构的延性需求，即：

$$\mu_{req} = \frac{\Delta_{max}}{\Delta_y} \tag{7.13}$$

$F_E = F_y$ 越大，则 μ_{req} 越小；$F_E = F_y$ 越小，则 μ_{req} 越大。因此抗震设计在决定地震力时，要在 μ_{req} 和 F_y 之间取得某种平衡，如果取得 F_y 大，则截面大，材料费。F_y 过小，则延性需求太大，可能超出结构的塑性变形能力：

$$\mu_{cap} = \mu \frac{\Delta_{max}}{\Delta_y} \tag{7.14}$$

按照"大震不倒"的要求，通过理论分析，找出使 $\mu_{req} = \mu_{cap}$ 的 $F_E = F_y$，这样的地震力就是 F_{E3}，下面 7.4.1 节的计算步骤中的 F_{yu} 就是这个 F_{E3}。

那么中震可修对应的地震力如何确定？设想我们选择 F_{E3} 进行结构的抗震设计，首先要明白中震下结构也是要进入塑性的，进入塑性则结构的屈服强度也是 $F_y = F_{E3}$，因此 $F_{E2} = F_{E3}$。只是中震下，结构的最大位移不是 $\Delta_{max} = [\Delta_{max}]$，而是图 7.12 中的 Δ_2，这个位移属于"可修"的范围。

如果小震弹性地震力 $F_{E1} > F_{E3}$（在某些延性很好的结构中是可能出现这种情况的），选择 F_{E1} 进行结构的抗震设计，则我们发现 $F_{E2} = F_{E1}$。

7.3　国际上两种地震力理论

从上面的分析可见，存在两种地震力 F_{E1} 和 F_{E3}，下面对它们进行讨论。

7.3.1　小震弹性地震力理论及其背后隐藏的实质

小震地震力理论是我国规范采用的。它是这样发展出来的：

1978 年的《工业与民用建筑抗震设计规范》TJ 11—78 采用如下公式计算地震力：

$$F_{Ek} = C\beta ZW = \frac{\beta}{R}ZW \tag{7.15}$$

式中，C 称为结构影响系数。表 7.2 是《工业与民用建筑抗震设计规范》TJ 11—78 中的结构影响系数。

《工业与民用建筑抗震设计规范》TJ 11—78 中的结构影响系数　　表 7.2

结构类型		C
框架结构	钢	0.25
	钢筋混凝土	0.35
铰接排架	钢柱	0.3
	钢筋混凝土柱	0.35
	砖柱	0.40
烟囱，水塔	钢	0.35
	钢筋混凝土	0.40
	砖	0.5
木结构		0.25
无筋砌体结构		0.45
多层内框架或底层全框架结构		0.45
钢筋混凝土框架-抗震墙（抗震支撑）		0.30～0.35
钢筋混凝土抗震墙结构		0.35～0.40

我国对 C 的解释是结构弹塑性变形的系数、高阶振型影响系数和阻尼影响系数的乘积。现在高阶振型影响系数在等效质量的计算中考虑，并引入顶部附加地震作用来考虑高阶振型的影响，阻尼影响系数也被分离出来，从而 C 系数变为比较单一的弹塑性变形的影响系数。

由于《建筑抗震设计规范》GBJ 11—89 主要针对钢筋混凝土结构，钢筋混凝土结构的 C 在 0.35 上下变化。这个 0.35 正好与那时国际上提出的地震强度的概率模型上的 50 年一遇的地震强度（50 年超越概率 63%）和 475 年一遇的地震强度（475 年超越概率 10%）的比值接近。所以在 1989 年就引入了小震地震力的概念，抹去了结构影响系数的概念。

地震强度的概率模型是年超越概率：

$$H(a_{\mathrm{g}}) \sim \kappa a_{\mathrm{g}}^{-\upsilon} \tag{7.16}$$

上式表示，加速度越大，年超越概率越小。通俗地讲就是地震加速度越大，发生的概率越小。指数 υ 与地震的强度 a_{g} 也有关，一般在 3 左右，地震的强度较大时，这个指数一般在 2 左右，曾经看到日本的资料取 $1/\upsilon = 0.54$，所以在日本 $\upsilon = 1.85$，指数越小，表示发生强震的可能性越大。

50 年一遇的地震，其 50 年不遇的概率为 $\left(\frac{49}{50}\right)^{50} = 0.364$，50 年内发生的概率为 $1-0.364 = 63.6\%$。475 年一遇的地震，其 50 年不遇的概率是 $\left(\frac{474}{475}\right)^{50} = 0.9$，50 年内发生的概率是 10%。1500 年一遇的地震，其 50 年不遇的概率是 $\left(\frac{1499}{1500}\right)^{50} = 0.967$，50 年内发生的概率是 3.3%。

重现期 T_{return}、设计基准期 $T_{\mathrm{design\ base}}$（50 年）与超越概率 P_{R} 的关系为：$T_{\mathrm{return}} =$

$$-\frac{T_{\text{design base}}}{\ln(1-P_R)}。$$

按照我国《建筑抗震设计规范》GBJ 11—89 的解释,小震烈度比设防烈度小 1.55 度(不同设防烈度有差别),式(7.16)中的指数大约是 2.1,则 50 年一遇和 475 年一遇的地震加速度的比值是:

$$\frac{1}{475}=k_0a_{g475}^{-2.1},\ \frac{1}{50}=k_0a_{g50}^{-2.1},\ \frac{a_{g50}}{a_{g475}}=\left(\frac{50}{475}\right)^{1/2.1}=0.342=2^{-1.55}$$

这个 0.342 与钢筋混凝土结构的结构影响系数的平均值 0.35 接近。罕遇地震与常遇地震的加速度比值是 $\frac{a_{g1500}}{a_{g50}}=\left(\frac{1500}{50}\right)^{1/2.1}=5$,实际是在 6.94(6 度)~4.43(9 度)范围内变化(表 7.3)。

各设防烈度的加速度(cm/s^2)和换算的指数 v 表 7.3

设防烈度	6	7	7.5	8	8.5	9
常遇	18	35	55	70	110	140
偶遇	50	100	150	200	300	400
罕遇	125	220	310	400	510	620
指数 v	1.755	1.850	1.967	1.951	2.217	2.286
a_{g475}/a_{g50}	2.778	2.857	2.727	2.857	2.727	2.857
a_{g1500}/a_{g50}	6.944	6.286	5.636	5.714	4.636	4.429

7.3.2　承载力抗震调整系数 γ_{RE} 的物理意义及其对延性钢结构的影响

但是,钢筋混凝土分框架结构和剪力墙结构等,它们的结构影响系数也是不一样的,前者为 0.3~0.35,后者为 0.35~0.4,采用小震地震力以后,这种区别也被抹掉了,怎么办?《建筑抗震设计规范》GBJ 11—89 又在承载力抗震调整系数 γ_{RE} 上加以区别。抗震墙取 0.85,而混凝土梁取 0.75(表 7.4)。砖石结构原来的结构影响系数取 0.45,现在取成小震地震力了,地震力取小了,承载力抗震调整系数就取 1.0,相对于钢筋混凝土框架,实际上仍是取结构影响系数 1/0.8×0.35=0.4375≈0.45。

由此看来,如果是对单一材料单一抗侧力构件类别的结构,虽然《建筑抗震设计规范》GBJ 11—89 引入了小震地震力的概念,其本质还是考虑结构弹塑性变形(延性)的影响而进行的对中震弹性地震力的折减。

承载力抗震调整系数 γ_{RE} 物理意义的第 2 个方面来自于安全系数的取法。在允许应力设计法的时代,西方国家,特别是美国,对风荷载和地震作用组合,将允许应力提高 1/3。对于风荷载,我国和美国的区别是在风荷载的计算上自动得到的处理:我国按照 10min 的平均风速作为计算风压,而美国是按照 30s~1min 的平均风速计算风压(风速大小不同取时距不同),两者的差别是,我国的风荷载比美国小约 30%,这样在允许应力上就无须调整。对抗震设计,则需要参照美国的做法加以调整,在《工业与民用建筑抗震设计规范》TJ 11—78 中,则是对安全系数乘以 0.8,相当于允许应力提高 25%。

《建筑抗震设计规范》GBJ 11—89 的承载力抗震调整系数　　　　表 7.4

材料	结构构件	受力状态	γ_{RE}
钢	柱	偏压	0.7
	钢结构厂房柱间支撑		0.8
	钢筋混凝土厂房柱间支撑		0.9
	构件焊缝		1.0
砌体	两端均有构造柱、芯柱的抗震墙	受剪	0.9
	其他抗震墙	受剪	1.0
钢筋混凝土	梁	受弯	0.75
	轴压比≤0.15 的柱	偏压	0.75
	轴压比>0.15 的柱	偏压	0.80
	抗震墙	偏压	0.85
	各类构件	受剪，偏拉	0.85

但是在设计方法改为荷载和抗力分项系数法后，这种提高如何加以考虑？在我国是引入 γ_{RE}，本来取 $\gamma_{RE} = 0.8$ 就可以了，但是为了弥补引入的"小震地震力理论"无法考虑"延性对地震力的影响"这一缺憾，又在 γ_{RE} 中结合了不同构件的延性差别这一因素。

这样来分析，结合 7.3.1 节在结构构件延性差异方面的考虑，承载力抗震调整系数的物理意义是：

（1）地震作用是短期荷载，允许应力可以提高（提高系数为 1.25，$\gamma_{RE} = 0.8$）。

说明：这一条来源于《工业与民用建筑抗震设计规范》TJ 11—78 的规定。验算建筑物在静力荷载和地震作用共同作用下的结构抗震强度时，设计安全系数应取不考虑地震作用数值的 80%，但不小于 1.10。

砖砌体受剪、受拉、受弯时为 2.0，砖石墙体受压时为 1.85，钢筋混凝土构件受拉、受弯时为 1.12，钢筋混凝土构件受压、受剪时为 1.25 等。钢结构，对 A3 钢材为 1.128，对 16Mn 钢材为 1.16。

（2）考虑不同构件与钢筋混凝土梁柱延性的差异。以 $\gamma_{RE} = 0.8$ 作为钢筋混凝土框架柱轴压比大于 0.15 时的延性为基础，上下调整。

但是，上述承载力抗震调整系数的引入对于《建筑抗震设计规范》GBJ 11—89 以钢筋混凝土结构和砌体结构为对象的规范来说，还勉强可以接受。将承载力抗震调整系数推广到一般钢结构就有问题了，因为延性好的钢框架结构的结构影响系数可以取值 0.25，其承载力抗震调整系数按理应该取：$\gamma_{RE} = \dfrac{0.25}{0.35} \times 0.8 = 0.571$，但是取如此低的承载力调整系数，又带来了巨大的问题，见下一段的讨论。《建筑抗震设计规范》GBJ 11—89 中没有钢梁，仅有钢柱和钢支撑的承载力抗震调整系数，可以认为《建筑抗震设计规范》GBJ 11—89 仅针对砌体结构和钢筋混凝土结构，仅少量地包含钢支撑厂房，不包含民用钢结构。

γ_{RE} 也可以理解为对荷载作用进行折减，因为按照下面的公式：

$$1.2G_{eq} + 1.3F_{Ek} = \frac{R_k}{\gamma_R \gamma_{RE}} \Rightarrow 1.2\gamma_{RE}G_{eq} + 1.3\gamma_{RE}F_{Ek} = \frac{R_k}{\gamma_R} \tag{7.17}$$

在引入 γ_{RE} 后，实际操作的结果是，γ_{RE} 对重力荷载也进行了折减，因为梁柱构件 $\gamma_{RE}=0.75$，$1.2 \times 0.75 = 0.9$，相当于竖向重力荷载仅取 0.9 倍，即这不符合分项系数法的做法，而是沿用了《工业与民用建筑抗震设计规范》TJ 11—78 对大安全系数 K 的做法，从承载力角度，这是非常危险的。即使考虑抗力分项系数 $\gamma_R = 1.087$，钢材采用标准值来计算，$1.087 \times 1.2 \times 0.75 = 0.9783$，也不到 1.0。何况这个 1.087，我们现在宁愿将其看成是对钢板厚度负公差的一种补偿（注意到在我国的钢板尺寸标准中，某些常用板厚的负公差达到 10% 仍然算是合格品）。

从这个乘数可以知道，0.75 是承载力抗震调整系数的下限了，取更小的值已经不可能了，这也是《建筑抗震设计规范》GB 50011—2010（2016 年版）对钢结构梁柱也取 0.75，而不是本应该取 0.6 的原因。还可以注意到，在《建筑抗震设计规范》GBJ 11—89 中对钢柱 $\gamma_{RE} = 0.7$，而不是取《建筑抗震设计规范》GB 50011—2010（2016 年版）的 0.75。

从 R/γ_{RE} 这个表达式看，可能导致这样的理解：钢材 Q235 的承载力可以调整到 $215/0.75 = 286.7\text{N/mm}^2$，这不太可能。因为地震作用对钢材的加载速度还远没有达到使钢材的屈服点有明显提高的程度。

因此要保留小震地震力的概念，又要考虑延性差别，比较合理的方法是采用下式进行抗震设计：

$$1.2G_{eq} + \chi_D F_{Ek} \leqslant \frac{R_k}{\gamma_R} \tag{7.18}$$

式中，χ_D 可称为地震力延性调整系数。对砖石结构取 1.3，对钢筋混凝土框架结构取 1.0，钢筋混凝土剪力墙结构和筒体结构取 1.15，对延性很好的钢框架取 0.6。上海高层钢结构技术规程曾引入了这个系数。

采用容许应力设计法，地震组合下，容许承载力提高 33%，在改用 LRFD 法（分项系数法）后，美国最先的处理方法是对地震作用取标准值＝设计值进行组合，即地震作用的分项系数取 1.0，但是恒荷载系数是 1.2，活荷载系数是 1.0。后来恒荷载部分演变为需要同步考虑 20% 的竖向地震。美国和欧洲的这种方法更加简单，而且从可靠度方面讲，更加合理。

7.3.3 中日欧美的简单化延性地震力理论

延性地震力理论的地震即是上面所说的 F_{E3}。

1. 等位移准则和等能量准则

简单化的延性地震力方法来源于等位移准则和所谓的等能量准则（Newmark & Hall's Rule，1973）。

（1）等位移准则：对于周期足够长的结构，其弹性反应的最大位移和弹塑性反应的最大位移是相等的。设结构的延性是 μ，$\mu = \frac{\Delta_{max}}{\Delta_y} = \frac{\Delta_e}{\Delta_y}$，根据图 7.13(a)，则：

$$F_y = \frac{1}{\mu}F_e, \text{ 即 } R = \mu \tag{7.19}$$

（2）等能量准则：对于短周期结构，弹性结构吸收的最大能量和弹塑性结构吸收的最大能量相等。根据图 7.13(b)，可以得到：

$$F_y = \frac{1}{\sqrt{2\mu-1}} F_e, \text{ 即 } R = \sqrt{2\mu-1} \tag{7.20}$$

等位移准则可以得到简单的理论上的推导，而等能量准则实际上是一种大胆的假定，没有充分的理论根据。不管是等位移准则还是等能量准则，设计采用的地震力都与结构的延性有关。

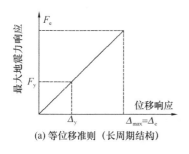 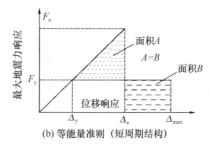

图 7.13 等位移准则和等能量准则

2. 美国 ASCE 7-16 的延性地震力方法

美国、欧洲的计算地震力的公式是中震弹性地震力除以结构性能系数（System Performance Factor），例如美国 ASCE 7-16 的地震基底剪力计算公式是：

$$F_{Ek} = I\frac{Z\beta W}{R} \geqslant 0.11C_a ZIW \tag{7.21a}$$

$$T \leqslant 0.2T_s: \qquad \beta = \beta_{DS}[0.4 + 0.6T/(0.2T_s)] \tag{7.21b}$$

$$0.2T_s \leqslant T \leqslant T_s = \frac{\beta_1}{\beta_{DS}}: \qquad \beta = \beta_{DS} \tag{7.21c}$$

$$T_s < T \leqslant T_L: \qquad \beta = \beta_1/T \tag{7.21d}$$

$$T > T_L: \qquad \beta = \frac{\beta_{DS}T_L}{T^2} \tag{7.21e}$$

式中，T 为结构在地震作用方向上的基本周期；I 为建筑重要性系数，分别是 1.5、1.25 和 1.0（相当于我国的甲、乙、丙类建筑）；β_{DS} 和 β_1 均是与场地类别及地震系数 Z 有关的系数，由地震区划图和计算公式给出，非常复杂；W 为结构等效总重力荷载；R 是结构性能系数，或称为地震力折减系数，从 1.5（未采取任何抗震措施的素混凝土墙和砌体墙）到 8.0（延性很好的钢框架等）变化。

美国 R 的取值长期以来备受争议，因此美国 FEMA 联合加州 ATC 等机构发展出了一套完整的校验结构抗震性能系数 R（综合性的系数）的方法，即 2009 年的 FEMA P695：

（1）选用 R 值（通常是 ASCE 7-5/10 中的值）来设计算例，算例数量覆盖 1～20 层，通常是 1、2、4、8、12、20 层，设计类别 SDC（抗震设计类别）D_{max} 和 SDC D_{min}，重力荷载分轻和重，短周期和长周期结构，一种体系的算例最大数量达 24 个、48 个或 72 个（一般至少 20 个）；

（2）建立尽可能反映实际性能的二阶弹塑性分析模型；

（3）进行 Pushover 分析（确定超强系数和总体延性系数），确定层间侧移角最大容许值；

（4）进行 44 条地震波的增量动力分析（IDA），IDA 时地震波的最大加速度逐渐增加，画出最大谱加速度-最大层间侧移角曲线，共 44 条；

（5）根据倒塌层间侧移角处的这 44 个最大加速度数据，构造失效概率-失效时的谱加速度曲线，失效概率低于一定百分比（例如 10%）的为容许的谱加速度，如果这个谱加速度低于给定地区的这个周期的谱加速度，则说明 R 值偏大，应减小 R 重新设计算例并进行弹塑性动力分析。

FEMA P695 是采用案例法对某一类体系（ASCE 7-10 中列出了 82 种体系）进行性能系数的校准而建立的方法。但是，目前看到的校验资料可知，校准采用的大震不倒的侧移限值非常宽松：钢筋混凝土剪力墙达到 2.9%～7.3%（高宽比大的墙体侧移限值大），带连梁的钢筋混凝土核心筒结构更大。钢框架和钢框架-木板剪力墙达到 5%～10%，这么大的侧移限值，研究表明，框架已经由弹塑性动力二阶效应导致的动力失稳控制。

这个方法在某种程度上与下面介绍的弹塑性反应谱的方法是一致的，因为它要求尝试不同的 R 值（Trial Value of R）。采用 FEMA P695 方法的一系列论文得到的零星结论也与反应谱方法一致：例如钢筋混凝土框架的短周期 R 值应减小，高的钢框架的底部因为二阶效应而使 R 减小，R 值应与周期挂钩等。而下面将要介绍的弹塑性反应谱方法正是可以给出 R 值与周期的连续关系，且把周期、二阶效应、阻尼影响、多自由度效应、后期刚度、破坏模式（强梁弱柱和低轴压比的弱柱强梁，强剪型支撑弱框架和弱剪型支撑强框架）等因素分离出来进行研究，研究 R 值与这些因素的关系。

3. 欧洲抗震规范 Eurocode 8

欧洲抗震规范 Eurocode 8 允许结构在地震作用下进入非线性状态，即设计地震作用力通常小于相应的弹性反应值。为了避免在设计过程中进行复杂的非线性分析，欧洲抗震规范采用在弹性反应谱的基础上除以反映不同延性等级的性能系数 q 得到弹塑性反应谱。性能系数 q 的值与结构的体系能量耗散能力有关。其中 q 为：

$$q = q_0 k_D k_R k_W / 1.5 \tag{7.22}$$

式中，q_0 为性能系数基本值，对于钢筋混凝土框架结构体系及连肢剪力墙结构体系，$q_0 = 5.0$，对于非连肢剪力墙结构体系，$q_0 = 4.0$；k_D 为反映结构延性等级的系数，对高、中、低三种延性等级，k_D 分别取 1.0、0.75、0.5，有点类似于前面式（7.18）的延性调整系数 χ_D；k_R 为反映结构规则性的系数，对于规则结构和不规则结构，k_R 分别为 1.0 和 0.8；k_W 为含墙结构体系的主导破坏模式系数，对于框架和等效框架双重体系，取 1.0。对普通钢结构 $q = 2\sim4$，延性好的钢结构 $q = 2.5\sim6.5$。

这种统一用一个与周期无关的系数除以弹性反应谱的方法，都是采用了等位移准则。但是我们都知道，短周期结构等位移准则是不成立的。短周期结构按照等位移准则计算的地震力是偏小的，对应的弹性位移也偏小。为了弥补这个缺陷，Eurocode 8 对短周期采用附录 B 的一个公式，对短周期结构的位移进行放大，采用放大了的侧移 d_r，与容许侧移进行比较：

$$d_{\text{i}} = \left[\frac{1}{q} + \left(1 - \frac{1}{q}\right)\frac{T_{\text{c}}}{T}\right]qd_{\text{e}} \leqslant 3qd_{\text{e}} \quad T \leqslant T_{\text{c}} \tag{7.23}$$

这个公式的推导，需要依据后面将要介绍的弹塑性反应谱理论获得的 R 谱才能进行。其中 d_{e} 是设计截面采用的基底剪力下的侧移，qd_{e} 相当于设防地震烈度下的位移，是等位移准则的结果，而中括号内的系数是短周期结构的位移放大系数（图 7.14）。这个系数也已经在美国公路桥抗震设计规范 AASHTO 中采用，FEMA 450 也采纳了这个公式。

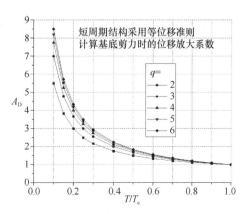

图 7.14 短周期结构的位移放大系数

4. 日本建筑标准法规

日本建筑法规（BSL）明确规定了两个水准的设计地震，第一水准为中等强度地震（EQ1），第二水准为强烈地震（EQ2）。在中等强度地震作用下，要求结构几乎没有损坏；在第二水准地震作用下，结构的极限抗剪能力必须大于极限地震剪力：

$$V_{\text{un}} = D_{\text{s}}F_{\text{es}}C_{i}W_{i} \tag{7.24}$$

式中，C_i 为楼层剪力系数；W_i 为结构的总重量；D_{s} 为结构影响系数（考虑结构延性对地震弹性反应谱进行折减的作用），对于延性良好的结构，$0.25 \leqslant D_{\text{s}} \leqslant 0.35$，对于延性较差的结构，$D_{\text{s}}$ 取较大值，但最大值不超过 0.55；F_{es} 为结构布置系数以考虑结构刚度在平面和竖向分布的不规则影响。可见，在日本规范中延性好的结构比延性差的结构，对极限抗剪能力的要求可以降低 1.83 倍。

与美国和欧洲相比，日本的地震剪力最大，因此短周期地震作用采用等位移准则计算结构偏小的影响相对小一点，但是仍然存在。

5.《建筑工程抗震性态设计通则》CECS 160：2004（以下简称《通则》）

《通则》考虑了结构变形能力对抗震性能的影响，对结构中总水平地震作用标准值的取值为：

$$F_{\text{Ek}} = C\eta_{\text{h}}\alpha_1 G_{\text{eq}} \tag{7.25}$$

式中，F_{Ek} 为结构总水平地震作用标准值；C 为结构影响系数，不同结构取不同值；α_1 为相应于结构基本自振周期的水平地震影响系数；η_{h} 为阻尼影响系数；G_{eq} 为结构等效总重力荷载。从 C 不同的取值可以看出，《通则》引入了不同结构不同材料的非线性反应对地震基底剪力的影响，《通则》认为当结构开始屈服和非弹性变形时，结构的有效周期趋于增长，对许多结构这导致地震作用减小，而且非弹性作用，亦即滞变阻尼导致大量耗能。但耗能能力对结构抗震性能的影响程度到底有多大，结构耗能能力发挥抗震作用受哪些因素影响，究竟是如何影响的，还需要定量化。目前，虽然已经认识到结构超承载力和非弹性性状均对结构影响系数有重要影响，且这些影响有显著差异，但还没有足够的有效研究以支持在规范中分开来考虑它们。此外，《通则》中结构影响系数 C 的确定，很大程度上要基于对各种结构体系在过去地震中的抗震性态的工程判断，只有通过大量的地震震害数据分析才能减少确定 C 的主观性。这就需要从最基本的结构滞回模型出发，全面考察延性、阻尼、塑性耗能能力和后期刚度等因素对结构抗震能力的影响。

7.4　精细化的（Refined）延性地震力理论及其应用

7.4.1　结构影响系数的弹塑性数值分析研究

美国规范的 R，Eurocode 8 的 q，日本规范的 D_s 以及《通则》CECS 160 的 C，是否能从理论上加以确定？笔者曾投稿一篇文章在某英文期刊，评阅意见中有截然相反的观点，有的学者认为这些系数是经验的，不是理论性的，而相反的意见认为这些系数从一开始就是从理论上得到的，确定的方法是 Housner 的等位移和能量准则。国际上在 20 世纪 80 年代就对这个系数进行了理论研究，进入 20 世纪 90 年代以后，这些研究增加很多，对 SDOF 体系，可以说已经接近尾声，已经进入最为艰难的多自由度体系和二阶效应影响等领域。笔者也投入了这方面的研究。这些研究认为，通过试验或弹塑性的拟动力分析，在结构的延性、滞回曲线已知的情况下，结构影响系数是可以从理论上加以确定的，下面就是决定结构影响系数的步骤。

（1）选择与结构符合的滞回曲线模型；

（2）结构体系参数初始化：质量 m，初始刚度 k，系统屈服后的刚度与初始刚度的比值 α，阻尼比 ξ 和目标延性 μ；

（3）输入地震波；

（4）计算弹性地震力 $F_e = F_y(\mu = 1)$；

（5）给定地震剪力变化量：ΔF_y；

（6）计算 $F_{y\mu} = F_y = F_e - \Delta F_y$ 和 $\Delta_y = F_{y\mu}/K$，K 是初始刚度；

（7）利用式（7.12）进行弹塑性动力数值分析，得到最大位移 $\Delta_{\max}$；

（8）计算 $\mu_{req} = \dfrac{\Delta_{\max}}{\Delta_y}$；

（9）如果 $\mu_{req} < \mu$，增大 ΔF_y，回到第（5）步，否则减小 ΔF_y，回到第（5）步；如果 $\dfrac{|\mu_{req} - \mu|}{\mu} \leqslant 1\%$，则进入下一步；

（10）计算

$$R_\mu = \frac{F_e}{F_{y\mu}} = \frac{K\Delta_{e,\max}}{K\Delta_y} = \frac{\Delta_{e,\max}}{\Delta_y} \tag{7.26}$$

并输出 R_μ $\left(\text{也可以输出弹塑性动力放大系数 } \beta_{y\mu} = \dfrac{F_{y\mu}}{ma_{g\max}} = \dfrac{F_{E3}}{ma_{g\max}}\right)$；

（11）改变结构的初始刚度 K，以改变周期，不断重复，直到得到地震力折减系数谱（R_μ 谱）；

（12）对大量的地震波进行计算分析，并进行数据的处理（对特征周期标准化），得到标准化的、可供设计使用的 R_μ 谱（对数正态分布的中位数谱或 90% 保证率的谱）。

7.4.2　结构影响系数的数据整理

对计算结果如何进行统计，目前存在着多种方法。

第 1 种方法是：地震波选自同一类场地，假设有 n 条（例如 20～100 条），进行分析，对同一个周期下的 n 个数据直接计算算术平均值、方差。目前大多数文献采用这种方法；

新西兰抗震设计规范（2009）引入了这个方法的 R_μ 谱，见式（7.32）。这种谱的一个例子如图 7.15 所示，其特点是：（1）从 1 开始迅速增加，逐渐过渡到水平段，当延性系数从 2、3、4、5、6 变化，R_μ 值逐步从 0.45s、0.6s、0.95s、1.05s、1.15s 开始满足等位移准则；（2）曲线没有明显的峰值点。曲线的拟合采用：

$$R_\mu = \mu + (1-\mu)\mathrm{e}^{-a\frac{T}{\mu}}, \quad a = 22、19、16、10 \tag{7.27}$$

第 2 种方法是：Meli & Avila（1988）在分析了 1985 年 9 月 19 日墨西哥大地震记录后首次发现，对某些周期段，R_μ 会远高于等位移准则的数值，Krawinkler & Rahnama（1992）对这个现象进行了剖析，Miranda（1993）则指出，对软弱场地，多条地震波分析得到的 R_μ 值直接相加的数据处理方法不妥，应对周期横坐标采用场地的卓越周期 T_{gE} 标准化，即横坐标采用 T/T_{gE}，其中 T_{gE} 是地震输入能量谱峰值处的周期，也是速度谱峰值周期（不是加速度谱峰值周期）。这种标准化的方法只针对墨西哥城及类似的软弱场地。

进一步，Ordaz M 和 Pérez-Rocha（1998）利用 R_μ 谱峰值处的周期与弹性位移谱峰值处的周期相等或非常接近的事实，对各类场地的 R_μ 谱利用位移谱峰值处的周期进行标准化，而不仅仅是对软弱场地上的 R_μ 谱。注意式（7.26），R_μ 是弹性体系的最大位移与弹塑性体系的屈服位移的比值。弹性位移出现峰值的地方（记为 T_{gD}）与加速度谱出现峰值的地方（记为 T_{ga}）明显不同，如图 7.1(c) 和图 7.1(e) 所示。在统计平均的意义上，T_{gD} 是 T_{ga} 的 5~7 倍，基本上就是 R_μ 谱值出现峰值的地方，Δ_y 虽然也随周期而变化，但是其影响处于非常次要的地位。这个方法已经进入了墨西哥 2007 规范。

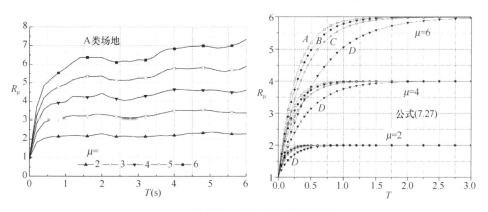

图 7.15 A 类场地，直接相加得到的平均谱

第 3 种方法是：笔者于 2010 年前后提出的双周期标准化的 R_μ 谱。笔者 2003 年开始研究 R_μ 谱，开始只采用 R_μ 峰值处的周期 T_{gR} 进行标准化，但是加速度谱在 T_{ga} 处有峰值，意味着我们需要两个周期来构建弹塑性基底剪力谱。后来发现，R_μ 谱在 T_{ga} 处也有小峰值，如图 7.16 所示。图 7.16(a) 中，R_μ 峰值所对应的前三个峰值周期为 T_{g1}、T_{g2} 和 T_{g3}，按峰值高低相应的周期分别为 1.0s、0.7s 和 0.3s；而对于绝对加速度弹性反应谱 S_a，其第一、二、二高峰值所对应的特征周期分别为 0.26s、0.70s 和 0.95s，即 S_a 谱最高峰值所对应的周期较小。在弹塑性体系中，弹塑性加速度反应谱 $S_{a(\mu)}$ 仍保持最大峰值对应的周期较小的特点。ATYC_N00W 记录（墨西哥 1985 年地震）特征周期的谱曲线如图 7.16(b) 所示，弹性绝对加速度谱对高频（短周期）分量更为敏感，第一特征周期 T_{g1} 对

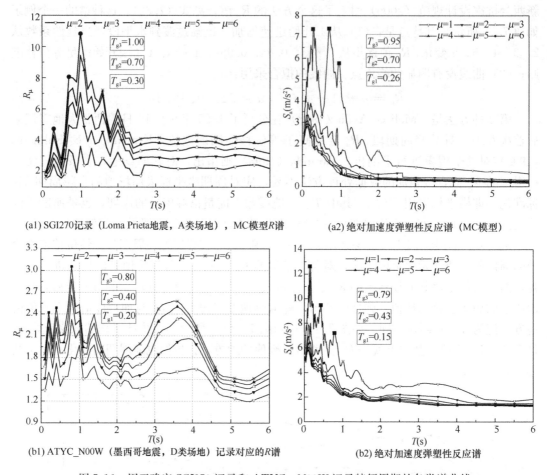

(a1) SGI270记录 (Loma Prieta地震, A类场地), MC模型R谱

(a2) 绝对加速度弹塑性反应谱 (MC模型)

(b1) ATYC_N00W (墨西哥地震, D类场地) 记录对应的R谱

(b2) 绝对加速度弹塑性反应谱

图7.16 用于确定 SGI270 记录和 ATYC_N00W 记录特征周期的各类谱曲线

应的加速度峰值要比第三特征周期 T_{g3} 对应的大得多, 在本例中将近 1.5 倍; 而 R_μ 谱是在 T_{g3} 处最大。中间有个 T_{g2} 让人联想到速度谱可能在 T_{g2} 处为最大, 但是通过考察大量地震波发现不是如此, 速度谱绝大部分仍然在 T_{g3} 处最大。

上述两个算例表明 (还有其他的大量的算例同样表明), 弹性结构加速度响应峰值发生的周期 T_{ga} 和地震力折减系数最大值发生的周期 $T_{gR} \approx T_{gD}$ 是不一致的, 后者比前者大。研究表明 $T_{gR} \approx T_{gD} \approx T_{gE}$。

四类场地统计平均意义上的 T_{ga} 分别为: 0.307s、0.364s、0.404s、0.494s; T_{gR} 分别为: 2.244s、2.096s、2.347s、3.166s; 粗略地认为就是我国规范的 T_g 和 $5T_g$。

花费很大精力求峰值周期, 其目的是为了更为准确地确定弹塑性地震力, 而按照目前世界各国的做法, 求地震力时, 弹性绝对加速度反应谱和地震力折减系数是用于确定地震力的, 因此图 7.16 中的 R_μ 谱和弹性绝对加速度响应谱 S_a 谱是我们最为关心的。因此都需要将横坐标进行标准化: 分为三段 $0 \sim T_{ga}$、$T_{ga} \sim T_{gR}$ 和 $T_{gR} \sim 6T_{gR}$ 三个阶段。每条地震波在每段内计算的数据点数固定, 例如分别是 10、40、80 个点, 总共 131 个数据点, 对 n 条地震波的各 131 个数据点顺次进行数据处理。对来自美国的四类场地共 370 条地震波 (每类场地 80 条到 120 条) 进行了分析得到了标准化的 R_μ 谱 (如图 7.17 所示是其中

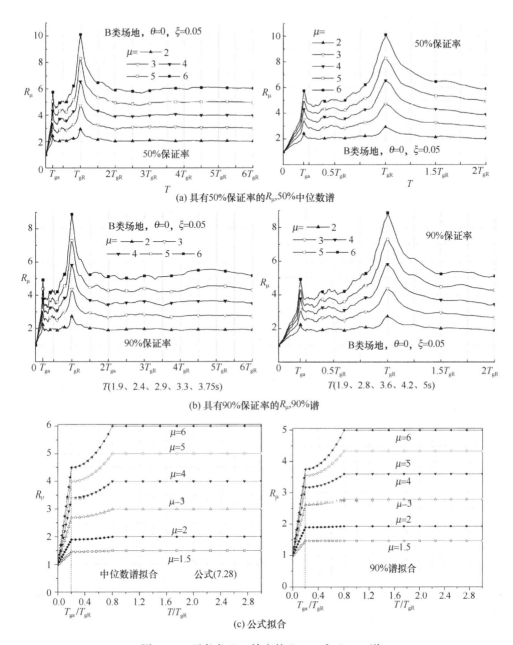

图 7.17 不考虑 P-Δ 效应的 $R_{\mu,50\%}$ 和 $R_{\mu,90\%}$ 谱

的一张）、B 类场地的中位数谱和 90% 保证率的谱。在采用上述标准化处理后，其他场地的 R_μ 与 B 类场地非常类似，这表明了标准化处理的正确性和必要性。

因为数据点符合极值分布或者对数正态分布，因此不能采用算术平均值（英文是 mean，统计学是数学期望），而是采用中位数谱（英文是 median，极值分布下的 50% 保证率谱），并且 90% 保证率的谱的计算公式也与普通正态分布的不一样，公式如下：

数学期望是算术平均值 $R_{\text{mean}} = \dfrac{1}{n}(R_1 + R_2 + \cdots + R_n)$，方差 $\sigma_R = \sqrt{\dfrac{(R_i - R_{\text{mean}})^2}{n}}$

中位数是几何平均值 $R_{\text{median}} = R_{50\%} = (R_1 R_2 \cdots R_n)^{1/n}$

90% 的数据是 $R_{90} = \dfrac{R_{\text{mean}}}{(1 + \sigma_R^2/R_{\text{mean}}^2)^{1.78156}}$

从图 7.17 可见:

(1) 地震力折减系数不是一个常数,而是随周期变化的一个量。

(2) 延性越大,折减系数越大。

(3) 理论上讲,绝对刚性结构的地震力折减系数为 1.0,计算表明,此时的系数确实接近 1。

(4) 周期从 0 增大,折减系数迅速增大,在 T_{ga} 处达到一个小的峰值,然后平缓增大,在 $0.5\,T_{\text{gR}}$ 处开始速度加快,在 R 谱的峰值周期 T_{gR} 处达到最大,然后又迅速下降,在中位数谱上接近 μ。

(5) 在 $T > 0.75 T_{\text{gR}}$ 时应用等位移准则,偏于安全。平台段 90% 保证率的数据是 $1 + 0.8(\mu - 1)$。

对 R_μ 谱极值性质的一个解释:在弹性振动时 ($\mu = 1.0$),结构因共振效应而在弹性反应谱上出现图 7.1(c) 位移谱、图 7.1(e) 加速度谱上的峰值和图 7.3 所示简化后的反应谱高位平台,当结构发生弹塑性振动(EPP 滞回模型),即使延性很小(比如仅为 1.2),也能够避免共振的发生,所以在特征周期对应处,以上两种情况的比值(弹性/弹塑性)即地震力调整系数 R 的值会很大。这个峰值特性表示的是:延性(塑性变形)能有效地防止结构的共振反应。注意增加阻尼仅仅是减小共振反应,而塑性变形则是消除共振反应,可见塑性变形对于削减地震反应是多么重要。

精细化的延性地震力理论应考虑上述理论分析的结论,同时还要考虑其他因素,如滞回曲线模型不同(模型中能够体现后期刚度的变化、强度退化、曲线捏拢、滑移等现象)、阻尼比变化,还有自由度变化、多自由度的情况下振型的变化(剪切型、弯剪型还是弯曲型)、二阶效应等的影响。真实结构还有破坏模式的影响,已有的研究表明,框架结构满足强柱弱梁的,其 R_μ 值大于不满足强柱弱梁的框架。对这些因素在目前的情况下,都已经能够通过理论分析定量地加以确定,但是某些因素尚未充分开展。即使是单自由度体系,采用单层框架模型(梁上或柱顶形成塑性铰的时间与柱脚形成塑性铰的时间不一样)和采用葫芦串模型,前者的 R_μ 值要高于后者。

如果将弹性地震力除以图 7.17 所示的地震力折减系数,我们将发现,在 R_μ 谱的特征周期附近,地震力会折减得很多,目前的地震力计算方法偏于安全很多。而对于刚度更大、周期更小的结构,采用了等位移准则的地震力计算方法得到的地震力偏小。不幸的是,这后一种情况就是出现在砖石结构的低层、特别是农居建筑中。

从图 7.17 可以知道,等位移准则在结构的周期大于 $2\,T_{\text{gR}}$ 时在平均的意义上能够严格成立,而等能量准则仅在双线性弹性(有可以完全恢复的塑性变形,即无耗能能力)的体系中在 T_{ga} 处是成立的。

采用两个周期标准化的谱是中位数谱和 90% 保证率谱。

中位数谱(弹性加速度谱采用 90% 保证率时):

$$T \leqslant T_{\text{ga}}: \qquad R_\mu = 1 + (1 - 0.05\mu)(\mu - 1)T/T_{\text{ga}} \qquad (7.28a)$$

$$T_{\text{ga}} < T \leqslant 0.8 T_{\text{gR}}: \quad R_\mu = 1.05\mu - 0.05\mu^2 + 0.05\mu(\mu - 1)\left(\frac{T - T_{\text{ga}}}{T_{\text{aR}} - T_{\text{ga}}}\right)^2 \qquad (7.28b)$$

$T > 0.8T_{gR}$:
$$R_\mu = \mu \tag{7.28c}$$

90%保证率谱（弹性加速度谱采用中位数谱时）：

$T \leqslant T_{ga}$:
$$R_\mu = 1 + \frac{(86 - 7\mu)}{80}(\mu - 1)\frac{T}{T_{ga}} \tag{7.28d}$$

$T_{ga} < T \leqslant 0.8T_{gR}$:
$$R_\mu = \frac{93\mu - 7\mu^2 - 6}{80} + \frac{13\mu - 18}{240}(\mu - 1)\left(\frac{T - T_{ga}}{T_{gR} - T_{ga}}\right)^2 \tag{7.28e}$$

$T > 0.8T_{gR}$:
$$R_\mu = \frac{(31 - \mu)}{30} \cdot \mu \tag{7.28f}$$

7.4.3 精细化延性地震力理论在各国规范中的应用

1. 欧洲抗震规范 Eurocode 8 中附录 B 公式的推导

前面提到，欧洲抗震规范 Eurocode 8 中附录 B 的公式，即式（7.23），是参考了图 7.15 的曲线，简化为图 7.18 所示的两折线形式。采用这样的形式，R_μ 只分为短周期和长周期两段（如果参照图 7.17，则应该分为三段，弹性位移与弹塑性位移将具有图 7.19 所示的三种情况）。两段的分界周期记为 $T_{B0} = \chi T_{gR} \cdot \chi < 1$。下面推导弹塑性位移。

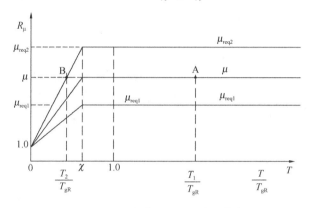

图 7.18 理想化的 R_μ-T 关系曲线

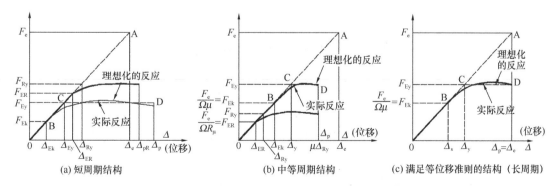

图 7.19 各种周期结构的弹塑性位移与弹性位移的关系

（1）长周期结构（$T > \chi T_{gR}$）

对于满足等位移准则的结构（$T > \chi T_{gR}$），如图 7.18 所示，设计采用的地震力 $F_{Ek} = \frac{F_e}{R}$，R 的取值暂时未定，F_e 是设防地震弹性地震力。因为结构具有的超强特性（相对于承载力的标准值），记 Ω 为超强系数，结构实际的屈服荷载为 $F_{Ey} = \Omega F_{Ek} = \dfrac{\Omega}{R} F_e$。比值为：

$$R_{devlp} = \frac{F_e}{F_{Ey}} = \frac{R}{\Omega} = \frac{F_e}{F_{Ek}} \frac{F_{Ek}}{F_{Ey}} \tag{7.29a}$$

是这个结构在设防烈度地震下实际开展的延性［下面的讨论均是在概率中位数（median）意义上的值］。

现在，因为结构将被要求设计成具有延性 μ，则：$\mu_{req} = R_{devlp} = \mu$，而 $R = F_e/F_{Ek}$ 是确定基底剪力标准值时采用的系数，按照式（7.29a），我们得到：

$$R = \Omega R_{devlp} = \Omega \mu_{req} = \Omega \mu \tag{7.29b}$$

即在决定结构的性能系数时，超强系数是其构成因素之一，并且超强系数和延性系数相乘就得到结构性能系数。这就是超强系数可以直接与延性系数相乘得到结构影响系数的理论根据。

如果取式（7.29b）的 R 作为结构性能系数，在式（7.15）中加以应用，则设防烈度地震下结构的延性将能够得到充分的发挥，按照等位移准则，设防地震下结构的弹塑性位移 Δ_p 和中震弹性位移 Δ_e 将满足：

$$\Delta_p = \Delta_e = \mu \Delta_y = \mu \frac{F_{Ey}}{K} = \mu \frac{F_{Ey}}{F_{Ek}} \frac{F_{Ek}}{K} = \mu \Omega \Delta_{Ek} = R \Delta_{Ek} (T \geqslant \chi T_{gR}) \tag{7.29c}$$

即设防地震下的位移，如果要借用设计地震力下的弹性位移 Δ_{Ek} 来推算，则需要将结构性能系数乘回去。由此判断，Eurocode 8 计算设防烈度下的侧移公式是正确的，而美国 ASCE 7—2016 引入小于 R 的系数 C_d（约是 0.7 倍的 R）来放大位移，0.7 系数没有理论依据。

（2）短周期结构（$0 \leqslant T \leqslant \chi T_{gR}$）

此时的 R_μ 小于 μ，合理的地震力是 $F_{ER} = \dfrac{F_e}{\Omega R_\mu}$（此处直接引入超强系数，$F_{Ry} = \Omega F_{ER}$）。但是按照 $F_{Ek} = \dfrac{F_e}{\mu \Omega}$ 确定的地震力去设计，地震力 F_{Ek} 是偏小了，得到的 $F_{Ey} = \Omega F_{Ek}$ 也偏小了，这个结构在设防地震下对延性的需求 $\mu_{req2} > \mu$。

如果采用 F_{ER} 设计，结构设防地震下的弹塑性位移将为：

$$\Delta_{pR} = \mu \Delta_{Ry} = \mu \frac{F_{Ry}}{K} = \mu \frac{\Omega F_{ER}}{K} = \mu \Omega \Delta_{ER} = \mu \Omega \cdot \frac{F_e}{R_\mu \Omega K} = \frac{\mu}{R_\mu} \Delta_e > \Delta_e = \mu \Omega \Delta_{Ek} \tag{7.30a}$$

采用 F_{Ek} 设计，设防地震弹塑性位移为（图 7.18 中 B 点对应的标记为 μ_{req2} 的三折线）：

$$\Delta_p = \mu_{req2} \Delta_y = \mu_{req2} \Omega \frac{F_{Ek}}{K} = \mu_{req2} \Omega \Delta_{Ek} = \frac{\mu_{req2}}{\mu} \mu \Omega \Delta_{Ek} = \frac{\mu_{req2}}{\mu} \Delta_e > \Delta_e \tag{7.30b}$$

Δ_p 和 Δ_{pR} 之间的相对大小要看下面的比值：

$$\frac{\Delta_p}{\Delta_{pR}} = \frac{R_\mu}{\mu} \cdot \frac{\mu_{req2}}{\mu} \tag{7.30c}$$

图 7.18 的简化模型，在 $0 \leqslant T \leqslant \chi T_{gR}$ 范围内有：

$$R_{\mu} = 1 + (\mu - 1)\frac{T}{\chi T_{gR}} \tag{7.30d}$$

因为现在对短周期段采用了等位移准则，地震力是 $F_{Ek} = \dfrac{F_e}{R} = \dfrac{F_e}{\mu\Omega}$，设结构周期是 T_2，图 7.18 中标记为 μ 的水平线在 $T/T_{gR} = 0 \sim 1$ 范围的水平延长线在 T_2/T_{gR} 处的点为 B，过 B 点，实际上有标记为 μ_{req2} 的二折线，这条二折线对应的 μ 就是此时对结构的延性需求 μ_{req2}。在式（7.30d）中令 $R_{\mu} = \mu$（因为现在的规范在这个周期范围内仍然是按照 μ 计算的），从式（7.30d）可以得到式（7.30d）右边的 μ 即为 μ_{req2}：

$$\mu = 1 + (\mu_{req2} - 1)\frac{T_2}{\chi T_{gR}} \Rightarrow \mu_{req2} = 1 + (\mu - 1)\frac{\chi T_{gR}}{T_2} \tag{7.30e}$$

所以

$$\frac{\Delta_p}{\Delta_{pR}} = \frac{1}{\mu^2} \cdot \left[1 + (\mu - 1)\frac{T_2}{\chi T_{gR}}\right] + \left[1 + (\mu - 1)\frac{\chi T_{gR}}{T_2}\right]$$

$$= 1 + \frac{(\mu - 1)}{\mu^2}\left[\frac{T_2}{\chi T_{gR}} + \frac{\chi T_{gR}}{T_2} - 2\right] \tag{7.30f}$$

注意到上式中括弧内式子大于 0，所以在短周期时上式将大于 1。因此在短周期结构中，规范地震力取值小了，总的弹塑性位移仍会增大，弹塑性位移增大系数将大于 1。此时结构可能要具有足够大的延性来包容这样大的弹塑性位移。

从式（7.30b）得到

$$\Delta_p = \left[\frac{1}{\mu} + \left(1 - \frac{1}{\mu}\right)\frac{\chi T_{gR}}{T}\right]\Delta_e \quad 0 < T/\chi T_{gR} < 1 \tag{7.31}$$

上式与式（7.23）形式上相同，由此我们得到了 Eurocode 8 公式的来源，美国 FEMA 450（2003）也有这个公式，见该规范式（A5.2-4）。但是式（7.31）的 χT_{gR} 与 Eurocode 8 的 T_c（加速度谱的特征周期）不同，Eurocode 8 的 T_c 是加速度谱平台段的终点，远小于 χT_{gR}，这是 Eurocode 8 对 R_{μ} 谱的认识不足造成的，下面的新西兰规范、墨西哥规范是基本正确的。

2. 新西兰和澳大利亚抗震规范

新西兰规范 NZS 1170.5：2004 的弹性加速度反应谱是：

$$S_{a,NZL} = \beta_a Z \cdot R_r \cdot N(T, D) \tag{7.32a}$$

其中，R_r 是重现期系数，对使用极限状态取 0.25，承载力极限状态取 1.0。

$N(T, D)$ 是近场地震系数，距离断裂带 20km 以上取 1.0，2km 以内取大值，周期 5s 时取 1.72，之间按照距离线性插值；设计采用的弹塑性加速度谱公式是：

$$S_{ep,a,NZL} = \frac{S_P}{k_{\mu}}S_{a,NZL} \geqslant (0.05Z + 0.02)R_r \tag{7.32b}$$

对 A、B、C、D 场地：

$$k_{\mu} = \begin{cases} \mu & T \geqslant 0.7s \\ 1 + (\mu - 1)T/0.7 & T < 0.7s \end{cases} \tag{7.32c}$$

对 E 类场地：

$$k_\mu = \begin{cases} \mu & T \geqslant 1.0\text{s}, \ \mu \leqslant 1.5 \\ 1.5 + (\mu - 1.5)T & T < 1.0\text{s}, \ \mu > 1.5 \end{cases} \tag{7.32d}$$

式中，k_μ 就是 R_μ，式（7.32c）就是 $\chi T_{gR} = 0.7\text{s}$ 时图 7.18 的拟合公式。S_P 对 $\mu = 1$ 的结构取 1.0，$\mu = 1.25$ 的结构取 0.9，$\mu \geqslant 3$ 的结构取 0.7，之间采用插值。这个系数类似于超强系数的倒数。低延性结构 $S_P = 1.3 - 0.3\mu$。

澳大利亚 AS 1170.4—2007 给出了延性系数建议，见表 7.5。

延性系数和 S_P 表 7.5

结构类型	μ	$1/S_P$	结构类型	μ	$1/S_P$
特殊抗弯框架	4	1.5	普通中心支撑	2	1.3
中等抗弯框架	3	1.5	特殊中心支撑	4	1.5
普通抗弯框架	2	1.3	其他钢结构	2	1.3
中等延性中心支撑	3	1.5			

3. 墨西哥规范 MOC—2008

设计用的弹塑性加速度是：

$$a_{ep}(T) = \frac{a_e(T)}{\Omega \rho R_\mu} \tag{7.33a}$$

式中，Ω 是超强系数，取值在 2 到 3.5 之间，ρ 是冗余度系数，考虑多道防线的意思，取值 0.8、1 和 1.25。

$$R_\mu = \begin{cases} 1 + (\mu - 1)\sqrt{\dfrac{\beta}{k}}\left(\dfrac{T_c}{T_b}\right)^{0.5r} \cdot \dfrac{T}{T_c} & T \leqslant T_b \\[2mm] 1 + (\mu - 1)\sqrt{\dfrac{\beta}{k}} \cdot \left(\dfrac{T}{T_c}\right)^{1-0.5r} & T_b < T \leqslant T_c \\[2mm] 1 + (\mu - 1)\sqrt{\dfrac{p\beta}{k}} & T > T_c \end{cases} \tag{7.33b}$$

$$p = k + (1-k)\left(\frac{T_c}{T}\right)^2 \tag{7.33c}$$

式中，β 是反应谱阻尼影响系数，k 是弹性加速度反应谱位移段（$T > T_c$）的一个系数，与场地土的特征周期 T_s 有关，$T_a = 0.35T_s$，$T_b = 1.2T_s$，$T_c = \max(2\text{s}, T_b)$，$r = T_s$，$r = 0.5 \sim 1.0$，$A_{amax}$ 是加速度平台段的动力放大系数。k 计算如下：

$$k = \begin{cases} \min(1.5, 2 - T_s) & T_s \leqslant 1.65\text{s} \\ \max(0.35, \beta/A_{amax}) & T_s > 1.65\text{s} \end{cases} \tag{7.33d}$$

图 7.20 示出了墨西哥的结构影响系数取值。

4. 美国 FEMA 355F

（1）美国 ASCE 7-16 抗震设计部分的一组三个系数 R、C_d、Ω，逐步系统性地接受 FEMA P695 这一文件所要求的校准检验。如果算例达到 72 个，其结果多多少少往弹塑性动力系数谱方法靠近了。

（2）FEMA 355F 这一文本提出了如下基底剪力系数公式：

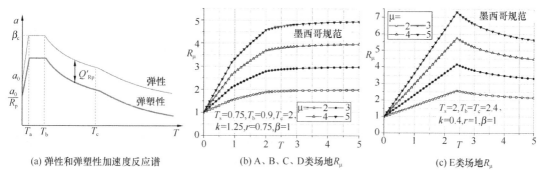

(a) 弹性和弹塑性加速度反应谱　　(b) A、B、C、D类场地R_μ　　(c) E类场地R_μ

图 7.20　墨西哥规范结构影响系数取值

$$C' = \frac{C_1 C_2 C_3 C_4}{R} \tag{7.34}$$

其中，C_1 是短周期阶段地震力调整系数，$T_1 \leqslant 0.1\mathrm{s}$ 时为 1.5，加速度谱平台段结束处为 1.0，之间用线性插值，这就是考虑了图 7.15 的短周期阶段的谱曲线。但是考虑的程度和周期范围还未到位。C_2 是滞回模型中强度和刚度退化的影响系数。C_3 是二阶效应导致的地震力增大系数。C_4 是超强影响系数。

5. 智利抗震规范 NCh 433.Of96（2009 修订版）

智利规范荷载组合为 $1.4(D+L\pm E)$，地震作用公式是 $F_{\mathrm{Ek}} = I\beta_{\mathrm{Chilean}}Z/R$，$\beta_{\mathrm{Chilean}}$ 见式（7.9），R 是：

$$R = 1 + \frac{T}{0.1T_0 + T/R_0}, \quad R_0 = 3 \sim 11 \tag{7.35}$$

R 最大值是 12，因此与美国靠近。但是智利抗震规范引入了 1.4 的荷载系数，真正 R 等于 $R/1.4$。

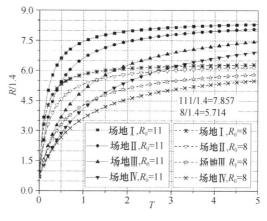

图 7.21　智利的结构性能系数 R

从各个方面，如反应谱的形状和表达式、结构影响系数 R 的大小水平(图 7.21)、地震力沿高度分布、震害的检验等来评价，智利抗震规范都是比较合适的。在 2010 年 8.8 级引发海啸的地震发生后，美国 2012 年发布了一份报告，对智利的抗震规范规定给出了肯定意见，参见文献 [44]。

7.4.4　能力谱方法及其与延性地震力理论的联系

目前，国际上流行一种对结构的抗震性能进行验证的方法，称为能力谱法（图 7.22）。其要点是：

（1）假设基底剪力为 1，按照规范的方法将这个基底剪力沿高度进行分布（Eurocode 8 规定采用两种分布：按照第一振型规律分布和沿高度均匀分布）。

（2）以比例参数 V_b，增加总水平力地震力，竖向荷载及其分布则保持不变，对结构进行弹塑性的推覆分析，得到 V_b 与结构顶点水平位移 u_t 的关系曲线；从这条曲线上，确定这个结构的延性系数 μ_r（两种分布得到的结果中取较小值）。

（3）实际结构是多自由度体系，必须建立结构的等效单自由度体系，其方法是取出多自由度体系的第一振型，设标准化的振型为 $\{\boldsymbol{\Phi}_1\}$，其顶点振型位移分量是 1.0；则：

$$\{\boldsymbol{\Phi}_1\}^{\mathrm{T}}[\boldsymbol{M}]\{\boldsymbol{\Phi}_1\} = M_1^* \tag{7.36a}$$

$$\{\boldsymbol{\Phi}_1\}^{\mathrm{T}}[\boldsymbol{K}]\{\boldsymbol{\Phi}_1\} = K_1^* \tag{7.36b}$$

以上两式分别是第一振型的质量和刚度，这里 $[\boldsymbol{M}]$ 和 $[\boldsymbol{K}]$ 分别是质量矩阵和刚度矩阵。而 $\omega_1 = \sqrt{K_1^* / M_1^*}$ 是其圆频率。这就是其等效的单自由度体系（也可以采用均匀分布水平力下的位移作为 $\{\boldsymbol{\Phi}_1\}$）。

（4）将推覆分析得到的 V_b-u_t 曲线转换为用谱加速度 A 和谱位移 D 的能力谱曲线。转换方法是：将 V_b 除以第一振型质量 M_1^*，得到加速度 A：

$$A = V_b / M_1^* \tag{7.37a}$$

因为顶点振型位移已经被标准化为 1，因此 u_t 对应的谱位移 D 为：

$$D = u_t \tag{7.37b}$$

（5）对不同自振周期的弹塑性单自由度体系，对给定的延性系数 μ_r，输入给定烈度的大量地震波，采用 7.4.1 节"精细化延性地震力理论"相同的步骤，可以确定其加速度反应谱（中位数谱或是一定保证率的谱），也可以同时确定其位移反应谱（中位数谱或者是一定保证率的谱），还可以构造出加速度-位移谱。即对应于周期 T_i，有加速度谱值 S_{ai}，同时还有位移谱值 S_{di}，这样在以横坐标为 S_d、竖坐标为 S_a 的坐标系中得到了一个点（S_{di}，S_{ai}），改变自振周期可以得到一系列这样的点，得到不同延性下的 S_a-S_d 曲线，这些曲线称为需求谱曲线。

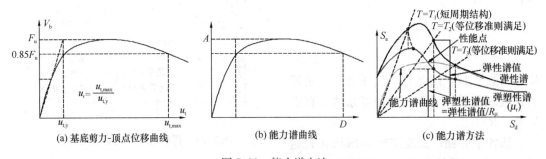

图 7.22　能力谱方法

（6）将能力谱 A-D 曲线画在 S_a-S_d 坐标系中，如果与需求谱曲线存在交点，这个交点称为性能点，其坐标为（$S_{d,x}$，$S_{a,x}$），则振型基底剪力为：

$$F_{E1}^* = M_1^* S_{a,x} \tag{7.38}$$

式中，$S_{a,x}$ 为加速度，$S_{d,x}$ 为顶点的位移，也是结构在给定地震作用下的顶点最大位移。这个位移如果满足大震不倒（中国）或中震不倒（欧美）的要求，则设计获得通过。

在推覆分析中，同步记录底部剪力与各层的层间位移的关系曲线，在顶部位移的性能点对应的基底剪力处，标记出层间位移，并与容许的罕遇地震作用下的侧移进行比较，就可以获得各层的验算结果。

式（7.36）的振型基底剪力，因为是在结构性能点上的，因此这个结构能够承受，并不要求设计人员按照它对结构进行重新的设计。

将能力谱 A-D 曲线画在 S_a-S_d 坐标系中，如果与需求谱曲线不存在交点，则说明能力谱在需求谱的下面，能力不足，需要放大地震力或增大结构的延性能力，重新设计。

上述的能力谱方法步骤的表述，不同文献有微小的差别。比如早期是采用放大了的阻尼（等效阻尼）等代塑性延性的作用以获得需求谱。

上述的能力谱方法的第（5）步正是精细化延性地震力理论的步骤。延性地震力理论应用于设计时，必须对结构的延性系数 μ 进行事先设定，然后设计时按照设定的延性系数进行设计指标（长细比、轴压比、截面板件宽厚比）的控制，这些指标是与延性密切相关的。

能力谱方法则通过弹塑性推覆分析得到结构具有的延性 μ_r，并根据 $S_{d,x}$ 进行侧移的验算对比。在 $S_{d,x}$ 这个位移状态下，还要了解推覆分析中各个构件的状态信息，特别是塑性铰出现在何处，塑性转角等于多少，不同大小的塑性铰转角，对应有不同的宽厚比限值。这种细节方面，要从推覆分析中输出详细的数据，才能对结构进行全面的考核。

能力谱方法的一个重要假定是即使在弹塑性地震响应阶段，结构仍然按照弹性第一振型在振动。实际上这是不可能的，剪切型结构塑性变形主要集中在薄弱层，薄弱层刚度如果下降较多，而上部楼层的抗侧刚度下降很小，则上部楼层的动力位移部分出现整体刚体位移，因此需要假定沿高度均布的侧向力分布模式进行计算。如果是弯曲型结构，下部 1/5 范围内出现抗侧力结构的截面刚度下降的可能性大，此时，上部楼层的动力响应中刚体转动的分量增大。另外一个方面，静力弹塑性推覆分析得到的延性系数和动力弹塑性的情况下的延性系数是不一样的，后者因为存在刚度和承载力的退化而减小，也存在高阶振型的影响。

所以目前动力弹塑性分析已经成为重要的验算工具。以动力弹塑性分析作为工具进行研究的精细化延性地震力理论，能够考虑各种因素的影响。

7.4.5 地震力的政治和经济因素

地震作用的破坏力太大，为维持某些关键部门的自始至终的运转，建筑物根据重要性进行了分类，在我国分为甲、乙、丙、丁四类建筑。在操作上，我国对甲类建筑要进行地震安全性评价，抗震措施要提高一度采用，乙类建筑的地震作用与丙类建筑相同，但构造措施提高一度采用。欧美等国家则比较简单，直接对地震力乘以一个重要性系数，一般甲类建筑取 1.5，乙类建筑取 1.25，其他则与丙类建筑完全相同。这里需要说明的是：构造措施的提高，意味着延性的提高，因而地震作用可以减小。

甲类建筑，如果地震力乘以 1.5 的系数，相当于使抗震设防的标准从中震的 475 年一遇增加到 1070 年一遇，因为按照地震强度的超越概率分布式，1070 年一遇的地震加速度是 475 年一遇的地震强度的 $\left(\frac{1070}{475}\right)^{0.5} = 1.5$ 倍，如果按照欧洲规范 Eurocode 8 的指数 3 计算，则是 1600 年一遇的地震。1.25 的重要性系数，相当于使得抗震设防烈度提高到 740 年一遇，按照指数 3 计算是 930 年一遇的地震。

7.4.6 欧美日的结构影响系数中究竟包含了哪些因素？

从上面各节的说明可知，我国规范的地震力虽然是引入了小震地震力的概念，但是通过承载力抗震调整系数，实际上对地震力进行了调整，等同于《工业与民用建筑抗震设计规范》TJ 11—78 的采用结构影响系数来计算地震力。但是对钢结构，有点浪费。

结构影响系数在《工业与民用建筑抗震设计规范》TJ 11—78 中是 $C = 0.25 \sim 0.45$，砖烟囱为 0.5。在《建筑工程抗震性态设计通则（试用）》CECS 160：2004 中是 $0.25 \sim 0.5$，日本的结构影响系数是 $D_s = 0.25 \sim 0.55$，美国的是 $\frac{1}{R} = \frac{1}{8} \sim \frac{1}{1.5} = 0.125 \sim 0.667$，欧洲则对普通结构取 $\frac{1}{q} = \frac{1}{4} \sim \frac{1}{1.5} = 0.25 \sim 0.667$，对延性好的结构取 $\frac{1}{q} = \frac{1}{6.5} \sim \frac{1}{2.5} = 0.154 \sim 0.4$。设防烈度都是 500 年左右一遇的地震，美国和日本的差别为什么会如此之大？

这就要看结构影响系数的构成了。在美国将结构的超强系数也包含在 R 中。即：

$$R = R_\mu \Omega \tag{7.39}$$

式中，Ω 是超强系数。对钢结构，超强系数有四部分：

（1）钢材的抗拉强度 f_u 超出屈服强度 f_{yk} 的部分，超强系数为 $\alpha_1 = f_u / f_{yk}$；

（2）结构的超静定性质：从第一个塑性铰出现到形成破坏机构的荷载增加的百分比 α_2；

（3）实际工程使用的钢材的屈服强度比规范规定的最低屈服强度大，这部分记为 α_3；

（4）在有些情况下还有第 4 部分 α_4：其他荷载组合下需要的截面更大，则对地震组合来说这个结构就是超强的。

在美国，Ω 被取得很大，可以达到 $2 \sim 3$，可以认为，他们是令 $\Omega = \alpha_1 \alpha_2$。$\alpha_3$ 则在强柱弱梁的验算中考虑：对梁的塑性弯矩取为 $\Sigma \alpha_3 M_{Pb}$，要求柱子的塑性极限弯矩 ΣM_{Pc} 以一定的百分比超过 $\Sigma \alpha_3 M_{Pb}$。墨西哥与美国接近。注意在具体的结构设计上，Ω 被用于控制破坏机构：柱子采用被 Ω 放大的地震力来设计，梁则不变，很容易满足强柱弱梁要求。

而在欧洲，即使对于延性较好的结构，$q = (2.5 \sim 6.5)\alpha_2$，$\alpha_2 = 1.1 \sim 1.3$，未包含 α_1。新西兰和澳大利亚的 $\Omega = 1 \sim 1.5$，延性好的取大值，大致与欧洲接近。

因此可以这样看待我国和日本的结构延性系数的构成：C 和 D_s 只包含了延性的因素；欧洲的 Eurocode 8、新西兰和澳大利亚规范包含了延性和超静定的因素；而美国规范则包含了延性、超静定及钢材的抗拉强度和屈服强度的比值。

7.4.7　采用弹塑性反应谱的抗震设计

因为现在基底剪力的计算采用 $\beta_{ep} = \beta_e / R$ 的公式，这涉及弹性动力放大系数谱和折减系数谱，两个谱都有离散性，直接构造弹塑性动力放大系数谱（β_{ep} 谱），能够带来一定的方便性。图 7.23 给出了弹塑性动力放大系数谱的形状，它与系统具有的延性系数有关，延性系数大，β_{ep} 谱小。

图 7.23(a) 是同一类场地的大量地震波的弹塑性动力放大系数直接平均得到的谱（文献 [38]、[39]），图 7.23(b) 是周期标准化后的谱（文献 [20]），后者保留了地震波峰值周期处的峰值特征，在实际应用时，在 T_{ga} 处应做扁平化处理（因为特地场地 T_{ga} 的确定具有较大的误差）。

弹塑性反应谱曲线比弹性反应谱曲线光滑，因为塑性变形对削减峰值反应的作用更加明显。采用图 7.23(a) 的方法是一种粗放的标准化（仅根据场地类别标准化，而不是对每一个具体场地标准化），曲线无须分段，拟合出的公式简单。应用时应事先确定延性系数，例如高延性、次高延性分别对应 $\mu = 5, 4$，中等延性取 $3（2.5 \sim 3.5）$，低延性取 $1.5 \sim 2$。

直接采用 β_{ep} 谱，是一种较好的计算地震作用的方法。图 7.24 给出了三种弹塑性地震

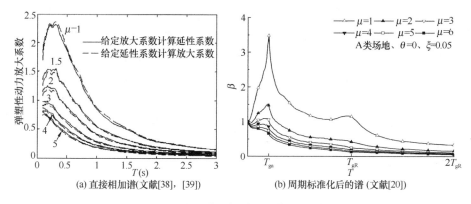

图 7.23 弹塑性动力放大系数谱

影响系数谱，其中 a/v 是指最大加速度与最大速度的比值，该比值分高、中、低三档，弹塑性地震影响系数谱有所不同。

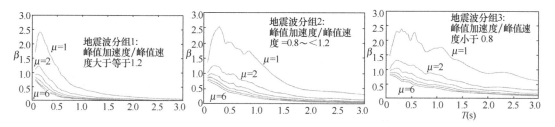

图 7.24 不同加速度平台值与速度平台值的比值及弹塑性地震系数谱（文献 [43]）

7.5 层间侧移限值与地震力

7.5.1 内力分析时的刚度取值

侧移的大小在内力分析时获得。内力分析时构件的刚度取值，对于钢结构来说，比较容易规定，对于涉及钢和混凝土的结构，例如钢管混凝土，或者钢框架与钢筋混凝土核心筒构成的混合结构，混凝土开裂和徐变都会带来内力的重分配，就存在混凝土部分的刚度要不要折减的问题。

对于钢管混凝土柱，欧洲、美国和日本对混凝土部分提供的抗弯刚度都进行了折减，日本折到了 20%，欧洲居中。对混凝土提供的轴压刚度则打折少或者不打折。是否打折，这影响到侧移限值的规定：即如果折减系数小，则侧移可以放宽。不打折，则侧移必须相应地加严。

混凝土部分提供的刚度打折与否，还影响到双重抗侧力混合结构的各子结构间的水平力的分配，对核心筒混凝土打折（比如说 50%~60%），可以使外围框架获得更多的侧向力分配，有利于改善混合结构的抗震性能。

7.5.2 侧移限值与地震作用

在设防烈度地震下结构将进入弹塑性阶段，如果对于侧移施加过严的限制，则设防烈度地震下结构不会出现塑性变形或仅个别地方出现塑性变形。目前，按我国抗震规范设计的大量的高层建筑，采用推覆分析（Pushover Analysis），得到的力-侧移曲线基本是处在直线的上升段，曲线后期的斜率与初始斜率相比仅有少量的下降。

不出现塑性变形，结构大部分处在弹性阶段，则意味着结构在真正的设防烈度地震作用下，承受的地震力比计算书中按照规范采用的大，因为规范是考虑了约等于 2.83＝1/0.34 的延性系数来对弹性地震力进行折减的，采用了一个在中震下都基本保持弹性的结构，地震力的折减就很少或基本上没有折减。这时最好采用中震弹性地震力，所有荷载都采用标准值，构件的承载力也采用标准值，并考虑实际材料的超强系数（1.1～1.3），对每个构件按照下式验算：

$$D_k + 0.5L_k + F_{ek} \leqslant (1.1 \sim 1.3)R_k \tag{7.40}$$

对于竖向构件，上式能够得到满足，则结构的安全度是没有问题的。对于水平构件，包括斜支撑，不满足是不要紧的，因为竖向构件是保证不倒的，而水平构件是我们希望它们首先屈服以削减地震作用的。

在这种情况下，如果推覆分析采用的模型适当，能够反映出构件的无侧移屈曲和弯扭失稳、有侧移弯曲和弯扭失稳、塑性铰的形成，推覆到中震对应的地震烈度以上，则结构的抗震安全性也不会有什么问题。但是有些破坏形式是推覆分析不能考虑的：连接的强度，基础部分的强度等，需要额外计算。

表 7.6 汇总了美欧日和我国的侧移验算规定或者建议。可以看出，对于混凝土结构，我们的要求是很严的。这种很严格的要求是从"小震弹性"的要求出发得到的：要求钢筋混凝土结构基本不开裂或开裂很少、很小，相应地，计算中截面刚度按照未开裂刚度计算。美国则取折减开裂后的刚度，混凝土梁取名义刚度的 0.35 倍，相应的侧移限值就宽松。

各规范对侧移验算要求汇总　　　　　　　　　　　　　　　　表 7.6

资料来源	专门的使用极限状态验算	地震力标准值下的侧移验算	偶遇地震侧移验算	罕遇地震侧移验算
美国 UBC 1997	无，内力分析混凝土刚度折减	无	$h/50$	无
美国 SEAOC 1996	无，内力分析混凝土刚度折减	$h/200$	无	无
美国 FEMA 450	无	无	$h/100 \sim h/50$	无
欧洲 Eurocode 8	95 年一遇，$h/200$，弹塑性计算位移	无	无	无
日本建筑中心（建筑法令）	无	$h/200$	无	无
日本建筑学会（学会编撰的设计指针）	钢结构 8 年一遇，混凝土结构 20 年一遇，$h/200$，混凝土刚度打折	无	混凝土结构 $h/100 \sim h/80$	1994 年阪神地震后混凝土结构要求验算构件塑性转角
中国 GB 50011	无（小震侧移验算相当于 50 年一遇的地震，按照弹性计算侧移）	$h/1000 \sim h/550$，钢结构 1/300，刚度不打折	无	钢结构 $h/50$，混凝土结构 $h/120 \sim h/50$
中国 CECS 160	无	无	$h/125$	钢结构 $h/50 \sim h/35$

7.6 耗能能力——客观地认识其作用

7.6.1 地震输入一个结构的能量

抗震设计保证构件具有耗能能力非常重要。假设对图 7.2(a) 的体系施加 $a_0\sin\omega t$ 的地震动，假设结构是弹性的，且没有阻尼，则：

$$m\ddot{y} + ky = -ma_0\sin\omega t \tag{7.41a}$$

可以看出，$y = A\sin\omega t$，对上式加以积分以求得能量：

$$\int_0^{nT}(m\ddot{y}+ky)\mathrm{d}y = -\int_0^{nT}ma_0\sin\omega t\mathrm{d}y \tag{7.41b}$$

上式右边是荷载所做的功，$T = \omega/2\pi$，将位移代入可以发现，左右两边均为 0。即动力荷载对于无阻尼弹性系统是不做功的，即不会向系统输入能量，这是因为系统内储存的弹性势能会释放出来。

如果系统有阻尼，则动力学方程为：

$$m\ddot{y} + c\dot{y} + ky = -ma_0\sin\omega t \tag{7.41c}$$

利用动力学知识得知 $y = A\sin(\omega t + B)$，对上式进行积分则得到荷载的功等于阻尼消耗的功：

$$\int_0^{nT}(m\ddot{y}+c\dot{y}+ky)\mathrm{d}y = -\int_0^{nT}ma_0\sin\omega t\mathrm{d}y = \int_0^{nT}c\dot{y}\mathrm{d}y$$

$$= n\int_0^{T}c\dot{y}\mathrm{d}y = nW_c \tag{7.41d}$$

对比无阻尼系统得知，因为结构有阻尼耗能，所以荷载就不断地向系统输入能量，每一个循环输入的能量数相同，均等于 W_c。

如果是弹塑性无阻尼系统，则可以发现，虽然位移不再能够用正弦函数来表示，但因为荷载的周期性，位移响应仍然具有周期性，特别在稳态振动阶段，所以

$$\int_0^{nT}(m\ddot{y}+c\dot{y}+F)\mathrm{d}y = -\int_0^{nT}ma_0\sin\omega t\mathrm{d}y = \int_0^{nT}(c\dot{y}+F)\mathrm{d}y$$

$$= n\int_0^{T}(c\dot{y}+F)\mathrm{d}y = n(W_c + W_P) \tag{7.41e}$$

式中，W_P 是每一个循环所做的塑性功。

通过以上简单的分析，有以下结论：

（1）一个没有阻尼的弹性系统，外荷载是不做功的。系统具有吸能能力（阻尼的或塑性的），会导致动力荷载在振动过程中不断做功，不断地向系统输入能量。

（2）阻尼的存在能够减小位移从而减小塑性耗能。

（3）特别值得一提的是：系统的耗能能力越大，在共振条件下的减振作用更为显著；但外荷载向系统输入的能量就越多。塑性耗能比阻尼耗能更有利于结构振动位移的控制。即使位移延性系数只有 $1.2\sim1.5$，塑性耗能对削减共振位移响应也比阻尼有效。没有阻尼时，塑性变形同样能够且更快地消去瞬态的不规则的振动。

7.6.2 耗能能力和延性系数在抗震中的作用

进一步考察耗能能力在抗震设计中的作用，是通过图 7.25(a) 所示的三种滞回曲线

模型的结构体系在输入地震加速度记录后的弹塑性反应。因为地震波的随机性，需要在统计平均的意义上评价三种模型的结构在抗震性能上的差别。假设三种模型的延性、阻尼比、后期刚度和初始刚度相同。

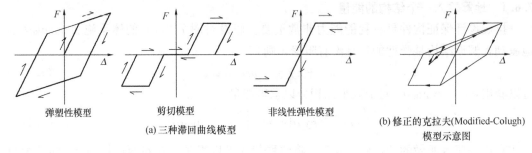

图 7.25　滞回曲线模型

三种模型，第一种 EPP 模型具有理想的耗能能力，而第二种是剪切滑移模型 SSP，相当于长细比非常大的交叉支撑体系的层剪力-层侧移的滞回模型，它具有一次性的耗能能力，第三种是双线性弹性 BIL，虽然有屈服台阶，却在卸载后按照原加载路线返回，因此没有任何的耗能能力。

图 7.26 给出了 B 类场地 88 条地震波作用下三种模型下的算术平均 R 谱和 90％保证率谱的比较，对比的结论如下：

（1）对算术平均谱 $R_{\mu 50\%}$，可以细分为如下结论：

① 在地震力调整系数谱的 T_{gR} 处，R_μ 值从大到小排列的模型是 EPP、SSP、BIL；差别在 15％～35％之间，没有预先想象的那么大。而在 T_{gR} 处，R 谱的值很大是因为在此处避免了共振，上述三种模型都能够通过刚度削减而有效地避免共振。

② 在 $T > 2T_{gR}$ 的长周期段，三种模型的 R_μ 值接近，显示长周期阶段成立的等位移准则不依赖于滞回模型的耗能能力，而在于屈服和刚度下降。

③ 在 $T_{ga} < T < T_{gR}$ 这一不包含两特征周期的周期段，适用于短周期的等能量准则只在 BIL 模型中成立；SSP 和 EPP 模型的 R_μ 均大于等能量准则的预测值，表示在这个周期段，耗能能力作用明显。

④ 所有模型，$T = 0$ 处，$R_\mu = 1$。

⑤ C_{ov}：延性越大，协方差越大；三种模型的协方差差别：SSP 在 T_{gR} 处最大，而 EPP 模型在 T_{ga} 略大处最大；其中 SSP 模型最大，大延性 EPP 模型较小，小延性 BIL 模型最小。

（2）考察 90％保证率的谱显示，虽然三者的平均谱差别不是很大，但是 90％保证率的谱差别较大，具体是：

① 在 $T_{ga} < T < T_{gR}$ 的开区间，BIL 模型的 $R_{\mu, 90\%}$ 值较小，基本不随周期增大，且延性增大，$R_{\mu, 90\%}$ 增大的百分比也很小。而 EPP 模型在这个周期区间内，$R_{\mu, 90\%}$ 随周期增大而增大。这显示了在这个周期阶段，耗能能力对降低地震作用非常明显。实际工程的多层和小高层的周期处在这个周期段的很多，保证实际结构具有良好的耗能能力非常重要。SSP 模型处在两者之间，更加接近于 BIL 模型。

② 长周期段，三种滞回曲线模型的 $R_{\mu, 90\%}$ 接近。

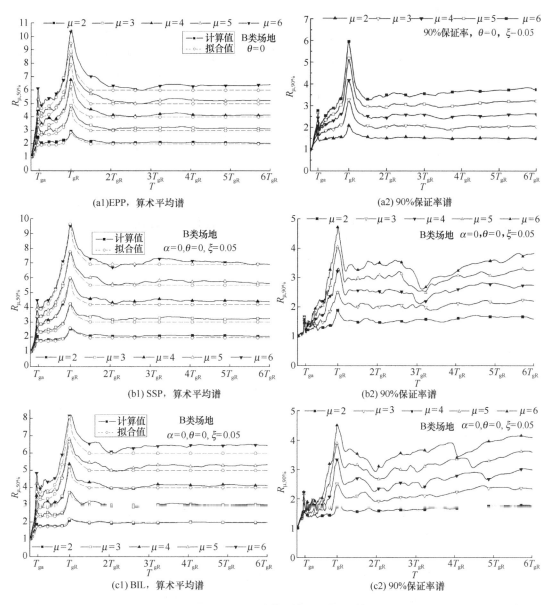

图 7.26 三种滞回模型下的 R 谱

③ $T < T_{ga}$ 段，EPP 模型的 R 值最大。

（3）上述结论，在实践中有重要的指导意义。目前，欧美等地将长细比很大的支撑、很薄的钢板剪力墙、桁架梁中间节间的腹杆采用能很快屈曲的腹杆形式，斜撑端部节点板采用能够很快形成板铰的构造等列为抗震性能最好的一类构件，具有这些构造的抗震构件，均呈现出 SSP 模型的特征，如果用于周期处在 $T_{ga} < T < T_{gR}$ 范围内的结构，需要有配套的设计措施作为补偿，例如要求框架部分的承载力不能小于 50%。

对 R 谱（从而对设计采用的地震力）有决定性影响的是延性，即经受大的非线性变形而不断裂的能力；耗能能力削减了反应的离散性；耗能能力的作用在短周期和中等周期的结构中也很关键，实际在这个周期段的结构占比很大。对长周期（周期 $> 5T_g$）结构，

233

耗能能力影响减弱。

如果结构有非线性变形，却没有耗能能力［图 7.25(a) 的第三种模型］，地震来时会怎么样？结构振动而具有的动能和势能会到哪里去？答案是：反射到地基中去，地基通过地基土的阻尼和塑性变形消耗掉这些能量。地基土的阻尼比一般可达到 10%，而且建筑物下面的地基土体积巨大，能够有效地消耗能量。

研究也表明，修正的克拉夫模型［图 7.25(b)］的平均 R 谱，比 EPP 模型还略高，这表明在承载力不退化的情况下，刚度有一定程度的退化不一定有副作用。但是承载力退化的不利影响是很大的。

上面是将延性和耗能能力作为两个独立变量的研究结果，实际结构中的延性和耗能能力往往是相关的：延性好，耗能能力就好。所以强调耗能能力有时候即是强调延性，比如偏心支撑框架（EBF）的耗能梁段就是这样。而对斜支撑杆，长细比大的容易受压屈曲，耗能能力不理想，但是延性却可能很好。

7.6.3　对欧美日强调延性却不强调耗能能力的抗震设计规定的理解

美国 ASCE 7—2016 有如下规定：

（1）特殊中心支撑框架（SCBF），结构性能系数 $R = 6$，其中对支撑长细比的限值，对 A36（相当于我国 Q235）为 166.67，这种支撑的受压承载力不考虑退化。而普通中心支撑框架（OCBF），结构性能系数 $R = 3.25$（2010 年），长细比限值为 120（结构性能系数小，表示抗震性能不好）。

双重抗侧力体系 SCBF+SMRF：$R = 7$。这里 SMRF 是指特殊抗弯框架，双重抗侧力体系要求框架能够提供 25% 的侧向承载能力。SCBF 中支撑的宽厚比限制比 OCBF 中的更加严格，因此能够经受更大的塑性变形而不发生局部屈曲。

但是长细比增大，支撑杆更容易发生屈曲，滞回曲线更加不丰满，单个循环的耗能能力更差。美国为什么对 SCBF 在规定比 OCBF 更加严格的宽厚比的同时，对长细比却反而更加放宽？

（2）特殊桁架梁抗弯框架（STMF），结构性能系数是 $R = 7$。当梁为桁架时，桁架中部 1/2 跨度范围内必须布置总长度为跨度 10%～50% 的特殊的桁架段，特殊桁架段内或者无任何斜腹杆，或者只能是由扁钢制作的 X 形交叉腹杆体系，这样的扁钢很容易屈曲。为什么使用容易屈曲的桁架腹杆，抗震性能反而被认为比较好呢？

（3）中心支撑端部不能与梁翼缘和柱翼缘靠得太近，如图 7.27 所示。我国《建筑抗

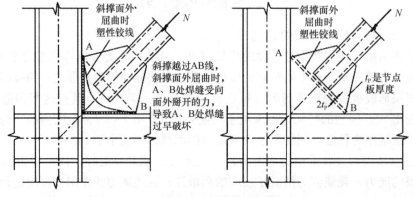

图 7.27　中心支撑节点板的构造要求

震设计规范》GB 50011—2010（2016 年版）第 8.4.2 条的第 4 款也引入这个构造规定，这种构造可以使节点板在大震时产生平面外屈曲，对支撑的平面外屈曲的约束小，支撑更容易屈曲。为什么美国抗震规范要规定一种使支撑更加容易发生平面外屈曲的构造呢？

参照最原始的研究资料发现，空出 $2t_p$（最好是 $3t_p$），就可以在这条空出的板条内形成塑性铰线，避免节点板与梁柱焊接的端部 A、B 两点因支撑平面外屈曲、带动 A、B 点出现很大的平面外受力和变形，这种平面外的受力和变形导致 A、B 点焊缝过早开裂，反而损害了支撑整体的延性和耗能能力。我国的设计人员很可能会采取对节点板边缘加劲的方式来避免这种破坏的发生。

（4）图 7.28 是薄钢板开了很多槽，使得钢板变成一根根排列的细长的钢板条。这种结构也出现在日本的抗震结构设计中，并且得到创新奖。这种结构抗侧刚度很小，侧向承载力也不大，滞回曲线呈现出很明显的剪切滑移特征，但是变形能力很大。

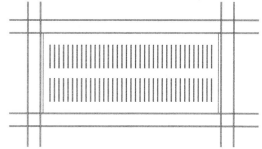

图 7.28　钢板条剪力墙用于结构抗震

上述四点，均可以被理解为重延性而把耗能能力放在第 2 位的典型例子。但是从前面小节的 R 谱的分析结论可以判断，这样长细比过于宽松的设计，对短周期、中等周期结构的影响是两面的：一方面削减了刚度，增加了框架部分的抗侧力百分比和刚度百分比；另一方面，它削减了所需要的耗能能力，增大了地震反应的离散性和不确定性，所以要慎重。

7.7　地震作用下的二阶效应和稳定性

地震作用下的框架柱稳定性如何进行验算，这是一直萦绕在作者心头的问题，因为在 1988 年 4 月于美国明尼阿波利斯（Minneapolis）举行的美国结构稳定研究会（Structural Stability Research Council）年会上，有加拿大学者 Springfield 认为：抗震框架形成强柱弱梁机构，框架柱的计算长度系数没有意义，但是形成机构后的稳定性如何保证或者如何计算，一直没有解决方案。

通过最近几年对抗震问题的研究，笔者认为应在两个层次上解决这个问题：

（1）一是规范规定的地震力下的稳定性验算问题，此时应该按照与风荷载组合下的稳定性验算一样的方法进行稳定性的计算。

（2）二是设防烈度地震下考虑二阶效应（即失稳效应）后对框架结构的延性（弹塑性变形）需求问题，因为梁端形成塑性铰一般出现在中震（或大震），而在中震（或大震）下保证安全的关键是：弹塑性变形不要超出结构的变形能力。不超出结构变形能力的关键是使结构具有足够的刚度和层间屈服强度。

因此，框架结构在设防烈度地震作用下的稳定性问题，就转换为考虑失稳效应（即二阶效应）使得对结构的强度需求提高的问题，也即二阶效应如何增大地震力？通过研究地震力二阶效应增大系数，并应用于结构设计时的地震力放大，就可以保证结构在中震（或大震）下的稳定性。增大系数公式表现为作分母用的地震力折减系数 R 的减小。

考虑了地震力的增大系数，并在设计中按照放大了的地震力进行设计，就能够保证结构在中震（或大震）下的安全性，无须为框架结构形成机构而倒塌担心。

二阶效应是使结构刚度减小、产生失稳的一种效应。它稍微延长结构的自振周期，因而能够稍微减小弹性地震力。弹塑性结构因为自身物理刚度因屈服而退化，二阶效应增加，还可能会导致动力失稳。在抗侧屈服强度下降时，弹塑性总位移增大速度超出等位移准则所确定的最大位移的 2 倍，可以定义为抗震结构的动力失稳。

7.7.1 二阶效应系数决定了可资利用的延性系数

本节回答这样一个问题：一个结构的延性系数（能力）确定后，能够百分之百地加以利用吗？采用静力推演，基于震后可以投入使用、大震不倒等的要求，可以确定可资利用的延性系数的限值。

图 7.29 所示的简化模型中，记 K_0 为初始弹性刚度；θ 为二阶效应系数，$\theta = \dfrac{P_s}{K_0 H}$；$F_{y0}$ 为不考虑二阶效应的结构的屈服承载力；P_s 为地震发生时的重力荷载；P_u 为地震发生后重新投入使用的荷载设计值；μ 为延性系数（$\mu_{capacity}$）；θ_u 为震后投入使用的二阶效应系数，按照设计值计算；Δ_y 为屈服位移。

平衡方程为： $$M_{Pc} = FH + P\Delta \tag{7.42}$$

假设是矩形截面： $$M_{Pc} = (1 - P^2/P_P^2)M_P = \text{Constant} \tag{7.43}$$

所以

$$F = \frac{M_{Pc} - P\Delta}{H} = \frac{M_{Pc}}{H} - \frac{P}{H}\Delta = F_{y0} - \frac{P}{H}\Delta \tag{7.44}$$

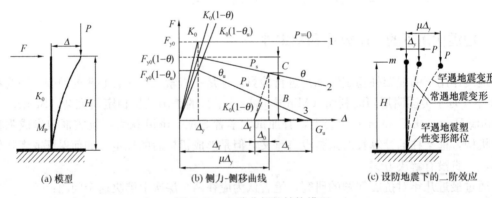

(a) 模型　　(b) 侧力-侧移曲线　　(c) 设防地震下的二阶效应

图 7.29　二阶分析的结构模型

图 7.29(b) 示出了侧向力-侧向位移曲线，有三条，分别对应于二阶效应系数为 0、θ 和 θ_u 三种情况。二阶效应系数为 θ 的曲线，顶点位移仍然为 Δ_y，但是对应的侧向力是 $F_{y0}(1-\theta)$；二阶效应系数为 θ_u 的曲线，顶点位移也是 Δ_y，对应的侧向力是 $F_{y0}(1-\theta_u)$。

地震作用来了，在二阶效应系数为 θ 的曲线上达到了延性系数 μ 对应的位置。然后地震过去了，按照 $K_0(1-\theta)$ 的刚度卸载，留下的不可恢复的位移是 Δ_f。

$$\Delta_f = \mu\Delta_y - \Delta_0 \tag{7.45a}$$

式中，Δ_0 是卸载掉的位移；B 是开始卸载时的荷载；C 是加载过程的荷载下降量。

$$\Delta_0 = \frac{B}{K_0(1-\theta)} \tag{7.45b}$$

$$B = F_{y0}(1-\theta) - C \tag{7.45c}$$

$$C = \theta K_0 \Delta_y (\mu - 1) \tag{7.45d}$$

将式 (7.45d) 代入式 (7.45c)，然后代入式 (7.45b)，利用 $F_{y0} = K_0 \Delta_y$，得到：

$$\Delta_0 = \Delta_y \frac{1 - \mu\theta}{1 - \theta} \tag{7.45e}$$

将式 (7.45e) 代入式 (7.45a)，得到残余变形：

$$\Delta_f = \Delta_y \frac{\mu - 1}{1 - \theta} \tag{7.45f}$$

由于这个永久变形，以及震后重力荷载增加了 $P_u - P_s$，会带来侧移的增加，增加的侧移记为 Δ_i（因为此时并未施加水平力，因此变形的增加在图 7.29(b) 中表现为横坐标线上一段），由下式给出：

$$\Delta_i = \frac{(P_u - P_s)\Delta_f}{K_0 H (1 - \theta_u)} \tag{7.45g}$$

式中 $\theta_u = \dfrac{P_u}{K_0 H}$。最终位移是：

$$G_u = \Delta_f + \Delta_i = \Delta_y \frac{\mu - 1}{1 - \theta}\Big[1 + \frac{(P_u - P_i)}{K_0 H(1 - \theta_u)}\Big] \tag{7.45h}$$

记 $\lambda = \dfrac{P_u}{P_s}$，则 $\theta_u = \lambda\theta$，$G_u = \dfrac{\Delta_y}{\theta_u} = \dfrac{\Delta_y}{\lambda\theta}$。

$$G_u = \Delta_y \frac{\mu - 1}{1 - \theta}\Big(1 + \frac{P_s(\lambda - 1)}{K_0 H(1 - \lambda\theta)}\Big) = \Delta_y \frac{\mu - 1}{1 - \theta}\Big(1 + \frac{\theta(\lambda - 1)}{1 - \lambda\theta}\Big)$$

$$= \Delta_y \frac{\mu - 1}{1 - \lambda\theta} \tag{7.45i}$$

另一方面，从图 7.29(b) 所示的曲线可以算出：

$$G_u = \Delta_y + \frac{F_{y0} H(1 - \theta_u)}{P_u} = \Delta_y + \frac{K_0 \Delta_y H(1 - \theta_u)}{P_u} = \Delta_y\Big[1 + \frac{(1 - \theta_u)}{\theta_u}\Big]$$

$$= \frac{\Delta_y}{\theta_u} \tag{7.45j}$$

两式相等得到 $\Delta_y \dfrac{\mu - 1}{1 - \lambda\theta} = \dfrac{\Delta_y}{\theta_u} = \dfrac{\Delta_y}{\lambda\theta}$，即 $\dfrac{\mu - 1}{1 - \lambda\theta} = \dfrac{1}{\lambda\theta}$，从而得到 $\mu = \dfrac{1}{\lambda\theta}$。

此式表明了可资利用的延性系数的一个上限（表 7.7），记为 μ_{limit}。

$$\mu_{\text{usable}} = \mu_{\text{limit}} = \frac{1}{\lambda\theta} \leqslant \mu_{\text{capacity}} \tag{7.45k}$$

在计算 λ 时，还要考虑震后承载力的退化，钢结构可以取 0.85（因为大多数的学者采用退化 15% 来确定延性系数）。假设活荷载是恒荷载的 0.4 倍，则

$$\lambda_1 = \frac{1}{\beta_{\text{capacity}}} \frac{(1.2D + 1.4L)}{D + 0.5L} = \frac{1}{0.85} \cdot \frac{1.2D + 1.4 \times 0.4D}{D + 0.5 \times 0.4D} = \frac{1.76}{0.85 \times 1.2} = 1.7255$$

$$\mu_{\text{limit},1} = \frac{1}{1.7255\theta} = \frac{0.58}{\theta} \tag{7.46a}$$

震后不使用，只保证不拆除，则

$$\lambda_3 = \frac{1}{\beta_{\text{capacity}}} \frac{(D + 0.5L)}{D + 0.5L} = \frac{1}{0.85}$$

$$\mu_{\text{limit},3} = \frac{0.85}{\theta} \tag{7.46b}$$

中震可修，简单地取平均值：

$$\mu_{\text{limit},2} = \frac{0.85 + 0.58}{2\theta} = \frac{0.715}{\theta} \tag{7.46c}$$

可利用的延性系数上限   表 7.7

θ	震后可用 $\mu_{\text{limit},1}$ 甲类建筑	震后可修 乙类建筑	震后不倒 丙类建筑
0.10	5.795	7.148	8.5
0.12	4.830	5.956	7.083
0.13	4.458	5.498	6.538
0.14	4.140	5.106	6.071
0.15	3.864	4.765	5.667
0.17	3.409	4.205	5.000
0.18	3.220	3.971	4.722
0.2	2.898	3.574	4.250
比值	1.467	1.233	1
ASCE 地震力放大系数	甲类建筑 1.5	乙类建筑 1.25	丙类建筑 1.0

这样，如果给定了一个结构的二阶效应系数 θ，能够被利用的延性系数也就决定了。但是，上述推演，仅仅是静力的。

7.7.2　地震作用下二阶效应的拟静力公式

如图 7.29(c) 所示，若常遇地震作用下的位移是 $\Delta_{\text{y,II}}$，则弹性体系的二阶总弯矩是：

$$F_{\text{Ek}}h + P\Delta_{\text{y,II}} = \frac{F_{\text{Ek}}h}{1-\theta} \tag{7.47a}$$

即

$$P\Delta_{\text{y,II}} = \frac{\theta}{1-\theta}F_{\text{Ek}}h \tag{7.47b}$$

设防地震作用下位移是 $\mu\Delta_{\text{y,II}}$，如果静力地看，此时二阶弯矩是：

$$F_{\text{Ek}}h + P \cdot \mu\Delta_{\text{y,II}} = F_{\text{Ek}}h + \mu F_{\text{Ek}}h\left(\frac{\theta}{1-\theta}\right) = \left(1 + \frac{\mu\theta}{1-\theta}\right)F_{\text{Ek}}h = \frac{1+(\mu-1)\theta}{1-\theta}F_{\text{Ek}}h$$

$$\tag{7.48}$$

即二阶弯矩放大系数是：

$$A_{\text{M}} = \frac{1+(\mu-1)\theta}{1-\theta} \tag{7.49}$$

因为在弹性设计时通过二阶分析可以考虑静力放大部分 $1/(1-\theta)$，因此要保证二阶效应在不进行动力分析的情况下得到考虑，基底剪力应该乘以放大系数：

$$A_{\text{Fe}} = 1+(\mu-1)\theta \tag{7.50}$$

Rosenblueth（1965）曾建议在设计中采用以下的强度放大系数：

$$\alpha = \frac{1}{1-\mu\theta} \tag{7.51}$$

该公式被 1977 年的墨西哥抗震规范采用。但是后来的规范要求按照最大的弹塑性位移计算二阶效应，与采用式（7.50）的效果接近。欧洲抗震规范 Eurocode 8 Part 1（2006）则仍然采用式（7.51）。

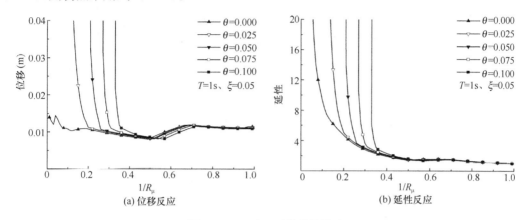

图 7.30　R 和 θ 对位移的影响

7.7.3　地震作用下的动力失稳现象

图 7.30 为单自由度体系在 Elcentro 地震波作用下，不同二阶效应系数时的位移和延性反应（采用 EPP 模型，阻尼比 $\xi=0.05$，周期 $T=1.0$s）。从图中可以看出，$\theta>0$ 时，当 R_μ 增大到一定程度后，位移急剧增大，失稳是一种位移急剧增大的现象，静力失稳也是位移急剧增大，因此认为发生了动力失稳，而且 θ 越大，发生动力失稳的 R_μ 值越小；延性开展具有相同的表现，因此对于延性的利用，应该限制在一定范围内，以避免发生动力失稳。要注意的是，在图 7.30（b）中，虽然 $\theta=0$ 时延性也存在急剧增大的反应，但与 $\theta>0$ 时的急剧增大有着本质的不同，前者是因为调整系数增大后，屈服位移 Δ_y 减小，使得 $\mu=\Delta_{\max}/\Delta_y$ 增大，后者是因为发生动力失稳，使得 $\Delta_{\max}$ 偏离了 $\theta=0$ 的曲线，急剧增大。

考虑 P-Δ 效应后可以发现，随着二阶效应系数 θ 和延性系数 μ 的增大〔对比图 7.31（a）、（b）〕，不同延性时的调整系数曲线越来越接近，意味着 θ 增大后，延性系数 μ 对调整系数 R_μ 越来越敏感，可以理解为，延性系数越大，给定 θ 下的二阶效应影响越大。

7.7.4　动力弹塑性分析获得的动力放大系数

真正的放大系数可采用弹塑性动力分析获得，即考虑二阶效应后的 $R_{\mu\theta}$ 与不考虑二阶效应的 $R_{\mu0}$ 的比值。注意考虑二阶效应后，周期也发生了改变，所以这个比值还涉及弹性谱的比值：

$$R_{\mu\theta}=\frac{F_{e\theta}(T_\theta)}{F_{y\mu\theta}(T_\theta,\mu)} \tag{7.52a}$$

$$R_{\mu0}=\frac{F_e(T)}{F_{y\mu}(T,\mu)} \tag{7.52b}$$

$$T_\theta=\frac{T}{\sqrt{1-\theta}} \tag{7.52c}$$

由于 $1/(1-\theta)$ 部分在杆件设计的过程中加以考虑，或者直接采用静力弹性二阶分析

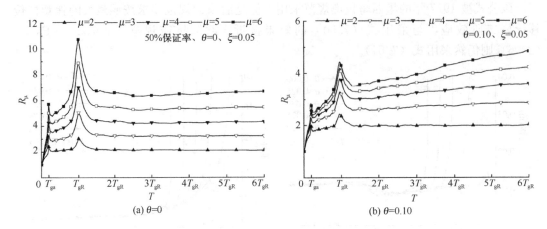

(a) $\theta=0$　　　　　　　　　　　　　(b) $\theta=0.10$

图 7.31　考虑二阶效应后，不同延性系数对应的 R_μ 相互靠近

考虑，这部分的放大系数要在基底剪力的放大系数中事先扣除，因此定义

$$A_{F,\mu\theta} = \frac{(1-\theta) \times R_{\mu,\theta=0}(T/T_{gR})}{R_{\mu\theta}(T_\theta/T_{gR})} = (1-\theta)\frac{F_{y\mu\theta}}{F_{y\mu}} \cdot \frac{F_e}{F_{e\theta}} \qquad (7.53)$$

经过大量的分析发现，下式是在 $T_{ga} < T < T_{gR}$ 范围内的平均值，可以用来近似动力二阶效应。

$$A_{F,dyn} = 1 + (0.9 + 0.1\mu)(\mu-1)\theta \qquad (7.54)$$

图 7.32 给出了静力推导的式（7.50）和动力统计中位数式（7.54）的比较，可见在这个范围内动力二阶效应的放大系数比静力的大。

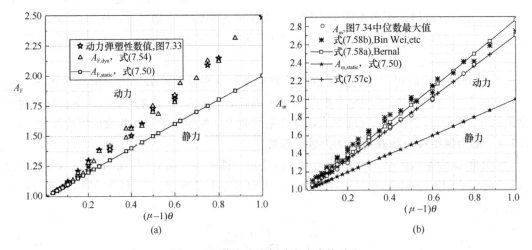

图 7.32　静力公式与动力公式的对比

在其他周期范围内，二阶效应的影响不一样。对 EPP 模型（后期刚度仅为 0.005），C 类场地，102 条地震波，计算结果如图 7.33 所示，折减系数可以取为：

$$A_{F,\mu\theta} = 1 + (A_{F,dyn} - 1)\frac{T}{T_{ga}} \qquad \frac{T}{T_{ga}} < 1 \qquad (7.55a)$$

$$A_{F,\mu\theta} = A_{F,dyn} \quad T = T_{ga} \sim T_{gR} \tag{7.55b}$$

$$A_{F,\mu\theta} = \left(1 - 0.01(20\theta_e + 1)(\mu-1)^{1-\theta_e}\sqrt{\frac{T}{T_{gR}} - 1}\right)A_{F,dyn} \quad \frac{T}{T_{gR}} > 1 \tag{7.55c}$$

图 7.33 显示出了这个公式，在长周期阶段，二阶效应影响有所减小。

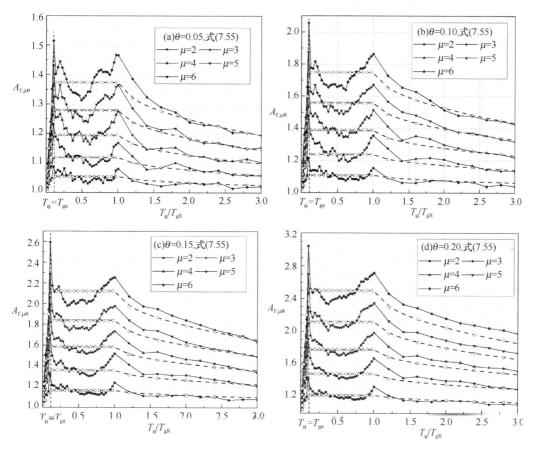

图 7.33　二阶效应基底剪力放大系数谱（横坐标标准化，C 类场地）

因为目前国际上只采用场地类别区分反应谱，即反应谱只按照场地类别来标准化，未按照每一条地震波的峰值周期标准化，所以图 7.34 给出 102 条地震波直接相加的结果，即：

$$A_{F,\mu\theta} = \frac{(1-\theta) \times R_{\mu,\theta=0}(T)}{R_{\mu\theta}(T_\theta)} = (1-\theta)\frac{A_{y\mu\theta}}{F_{y\mu}} \cdot \frac{F_e}{F_{e\theta}} \tag{7.56}$$

拟合结果是：

$$A_{\mu\theta} = 1 + (A_m - 1)\left[\sin\left(\frac{2\pi}{3}T_\theta\right)\right]^{0.55+\theta_e} \quad (T_\theta \leqslant 0.75s) \tag{7.57a}$$

$$A_{\mu\theta} = B + (A_m - B)e^{-(2\theta_e+0.5)(T_\theta-0.75)^2} \quad (T_\theta > 0.75s) \tag{7.57b}$$

$$A_m = 1 + 1.7(\mu-1)\theta_e \tag{7.57c}$$

$$B = (1.2\mu - 0.015)\theta_e - 1.8\mu + 1.05 \tag{7.57d}$$

二阶效应导致的基底剪力放大系数，其他作者提出的公式为：

241

Bernal（1987）提出的式子：

$$A_{\mathrm{m,Bernal}} = 1 + 1.87(\mu - 1)\theta_{\mathrm{e}} \tag{7.58a}$$

Bin Wei，etc（2012）提出的式子：

$$A_{\mathrm{m,Wei}} = \left[1.05 + \left(2 - \frac{1}{e^{0.85(\mu - 1)}}\right)\mu\theta_{\mathrm{e}}\right](1 - \theta_{\mathrm{e}}) \tag{7.58b}$$

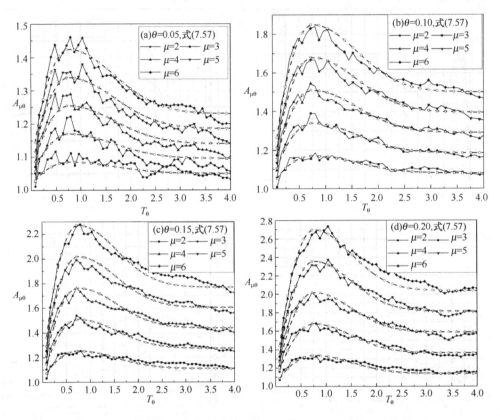

图 7.34　二阶效应基底剪力放大系数谱（横坐标未标准化，C 类场地）

各个公式的比较如图 7.32(b) 所示，可见大小差不多。差别产生的原因是地震波数量不同，数据处理不同，有的用平均值，我们用中位数值（较低）。

上述研究只针对 SDOF 体系，对 MDOF 体系，高阶振型部分的二阶效应的影响是不显著的，因为以高阶振型的形状为屈曲波形的临界荷载比较高，二阶效应低于一阶振型。因此以上公式适用于 MDOF 体系，但是考虑二阶效应后 MDOF 体系中薄弱层的影响非常大，因此避免出现薄弱层是高层结构抗震设计的很重要的一个方面。

7.7.5　抗震规范对二阶效应的考虑

目前只有欧洲规范 Eurocode 8 和新西兰规范对二阶效应的考虑与静力二阶效应不同。

美国 ASCE 7-16 的第 12.8.7 条规定，抗震结构的二阶效应系数不能超过如下限值：

$$\theta \leqslant \theta_{\max} = \frac{0.5}{\rho_{\sigma}C_{\mathrm{d}}} \leqslant 0.25 \tag{7.59}$$

式中，ρ_{σ} 是应力比，C_{d} 为位移放大系数。表 7.8 给出了 $\rho_{\sigma} = 0.9$ 时美国 ASCE 7-16 规范对高延性结构（$R = 6 \sim 8$）的二阶效应限值的规定。可见，要利用高延性，二阶效应系数的限制是严格的。ρ_σ 的倒数 $1/\rho_\sigma$ 可以理解为超强系数，超强系数大的结构，式（7.59）的限制不算严格。

			应力比 ρ_σ		
C_d	0.6	0.7	0.8	0.9	1
4	0.208	0.179	0.156	0.139	0.125
4.5	0.185	0.159	0.139	0.123	0.111
5	0.167	0.143	0.125	0.111	0.100
5.5	0.152	0.130	0.114	0.101	0.091
6	0.139	0.119	0.104	0.093	0.083
6.5	0.128	0.110	0.096	0.085	0.077

美国 ASCE 7-16 规范对 $R=6\sim8$ 结构的二阶效应限值 $\theta_{\max}$ 的规定　　表 7.8

新西兰规范明确要求：

（1）$\mu\theta \leqslant 0.3$，这与 Eurocode 8 一致，这应该是非常严格的要求。

（2）Method A：地震基底剪力改为 $F_{Ek} + k_p G_{eq}$，$k_p = 0.015 + 0.0075(\mu - 1)$，$0.015 \leqslant k_p \leqslant 0.03$。这个规定相当于额外增加（$0.015\sim0.03$）$G_{eq}$ 的基底剪力。

（3）Method B：将地震作用力产生的位移放大到 μ 倍，计算二阶效应。这样做基本上就是式（7.49），因为式（7.49）就是这样推导出来的。

这样看来，新西兰规范比较严格，但是 Eurocode 8 的规定更加严格。$\mu\theta \leqslant 0.3$ 似乎是没有必要的。

抗震规范如果引入式（7.57）这一地震力放大系数，采用弹性二阶分析的方法设计结构，就能够保证地震作用下的动力稳定性。

7.7.6 倒塌谱

近十余年出现了一种新谱，称为倒塌谱（Collapse Capacity Spectrum，CCS）。它是在对结构滞回曲线进行精确模拟的情况下，考虑二阶效应而建立的一种谱。在理想弹塑性的情况下，这种谱相当于取延性系数为无限大的谱，因而构成了前面介绍的考虑了二阶效应影响的 $R_{\mu\theta}$ 的上限。例如文献［40］给出的 CCS 谱（图 7.35），将其重新拟合并简化，是：

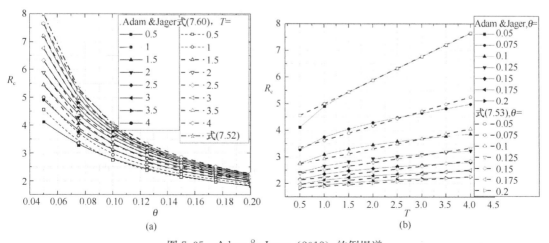

图 7.35 Adam & Jager（2012）的倒塌谱

$$R_{c,\mu=\infty} = 1.0 + \frac{0.156 + (0.051 - 0.135\theta)T}{\theta}, \quad T \geqslant 0.5s \tag{7.60}$$

在具有明显峰值、峰值后急剧下降的滞回曲线下，CCS 接近延性系数等于峰值处的延性系数的 $R_{\mu\theta}$ 谱。有峰值但是峰值后下降缓慢的 CCS 处于 $R_{\mu\theta}$ 谱和式（7.60）之间，见文献 [41]。采用退化 15% 定义此时的延性系数，从而利用现成的 $R_{\mu\theta}$ 谱，这样的谱已经接近 CCS 谱。

7.8　阻尼、后期刚度、滞回曲线和多自由度等对弹塑性反应谱的影响

7.8.1　阻尼的影响

弹性体系，阻尼的影响是相当大的，《建筑抗震设计规范》GB 50011—2010（2016 年版）对阻尼比为 0.02 的钢结构，采用的阻尼影响系数最大（反应谱的平台段），达到 1.32（阻尼比为 0.5 的钢结构，阻尼影响系数为 1.0）。那么对于弹塑性体系，情况如何？

阻尼的存在能够减小位移从而减小塑性耗能。这说明如果没有阻尼，则塑性耗能能够发挥更大的作用，因此阻尼比从 0.05 减小到 0.02，不利影响就不会有对弹性体系那么大。但是不是对于弹塑性体系，阻尼比的作用就无关紧要了？定量的分析表明不是这样的。

衡量阻尼影响的定量指标是它对 R 谱的影响：

$$A_\zeta = \frac{R_{\mu\zeta}}{R_{\mu(\zeta=0.05)}} = \frac{F_{e,\zeta}}{F_{y\mu\zeta}} \cdot \frac{F_{y\mu(\zeta=0.05)}}{F_{e(\zeta=0.05)}} = \frac{F_{e,\zeta}}{F_{e(\zeta=0.05)}} \Big/ \frac{F_{y\mu\zeta}}{F_{y\mu(\zeta=0.05)}} = \frac{\eta_2}{\beta_\zeta} \tag{7.61a}$$

计算阻尼比为 0.02、0.035 和 0.05，滞回模型相同的体系的 R 谱，以 0.05 作为标准（1.0）的话，可以发现，在 T_{gR} 附近，阻尼小的 R 谱较大。在 T_{gR} 处阻尼比 0.02 的 R 谱值是 0.05 的谱值的 1.16 倍左右，而 0.035 的谱值是 0.05 的谱值的 1.07 倍，这些都是统计平均意义上的数值，因而具有普遍的参考价值。这个放大值与延性几乎没有关系。因此，弹塑性体系，塑性耗能与阻尼耗能存在此消彼长的关系，阻尼的作用没有弹性体系中那么大。

Eurocode 8 的阻尼放大系数是：

$$\eta_{2,EC8} = \sqrt{\frac{10}{5 + 100\zeta}} \tag{7.61b}$$

日本的阻尼放大系数：

$$\eta_{2,Japan} = \frac{1.5}{1 + 10\zeta} \tag{7.61c}$$

我国 2010 版抗震规范：

$$\eta_{2,China} = 1 + \frac{0.05 - \zeta}{0.08 + 1.6\zeta} \tag{7.61d}$$

与日本的几乎一样，Eurocode 8 略小。它们直接进入弹性反应谱的计算。根据式（7.61a），研究结果表明：

$$A_\xi = \left(\frac{0.06}{0.01 + \zeta}\right)^{0.22} \tag{7.61e}$$

我国抗震规范的 η_2 与 A_ξ 相除，得到阻尼比的影响系数。

在规范的层面，阻尼的影响分两个阶段：使用极限状态的验算，侧移小，建筑物对地震的响应是弹性的，此时阻尼影响大；在承载力计算阶段，钢结构的侧移比较大，非结构部分提供的阻尼增大，耗能能力占主导地位，阻尼影响减弱。因此 Eurocode 8 在后一种计算中不考虑阻尼影响。

在我国，η_2 已经在弹性反应谱中考虑，所以

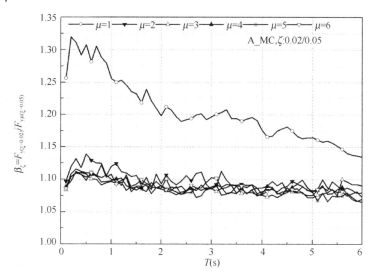

图 7.36　阻尼对基底剪力的影响

$$F_{y\mu,\zeta} = \beta_\zeta F_{y\mu(\zeta=0.05)} = \beta_\zeta \frac{F_{e,\zeta=0.05}}{R_{\mu,\zeta=0.05}} = \beta_\zeta \frac{F_{e,\zeta=0.05}}{R_{\mu,\zeta=0.05}} \frac{F_{e,\zeta}}{F_{e,\zeta}} =$$

$$\frac{\beta_\zeta}{\eta_2} \frac{F_{e,\zeta}}{R_{\mu,\zeta=0.05}} = \frac{1}{A_\zeta} \frac{F_{e,\zeta}}{R_\mu} \tag{7.61f}$$

如图 7.36 所示，$\beta_{\zeta=0.02} \approx 1.07 \sim 1.12$，近似为

$$\beta_\zeta = \sqrt{\frac{19}{14 + 100\zeta}} \tag{7.61g}$$

7.8.2　后期刚度的影响

钢结构的后期刚度来自如下的几个方面：

（1）材料的抗拉强度超出屈服强度的部分，这部分要在变形很大时发挥作用。

（2）双重抗侧力结构的主要抗侧力结构屈服，次要结构还没有屈服；这种体系往往有比较明确的双线性的荷载-位移关系。

（3）超静定体系，塑性铰逐步形成。这种体系有连续的刚度下降，直到达到极限强度。

研究表明，后期刚度系数 α 如果小于等于 0.1，则对地震力折减系数有影响，但是如果再增大，其影响继续增大非常缓慢；延性越大，则后期刚度的影响就更大。后期刚度大，则地震力折减系数大，设计时就可以采用较小的地震力。

即在延性相同的情况下，超静定结构、双重抗侧力结构允许采用较小的地震力。粗略的增大系数计算公式如下：

$$A_{aK} = 1 + 1.25\alpha\sqrt{\mu-1} \leqslant 1 + 0.125\sqrt{\mu-1} \tag{7.62}$$

在结构影响系数中考虑超强系数，与考虑后期刚度实际上是一回事，因此 $\Omega = A_{aK}$。

245

但是式（7.62）给我们一个强烈的提醒：延性高的结构才具有较高的超强系数。欧洲 Eurocode 8 的 α_u 以及新西兰的 S_P 系数反映了这个规律。

7.8.3　滞回曲线形状的影响

图 7.25 三种滞回曲线都是理想化的。实际的滞回曲线有很多，适用于钢筋混凝土结构的修正的克拉夫（Modified-Clough）模型 [图 7.25(b)] 及其以后的大量的不同的修正，考虑屈曲的支撑模型、支撑-框架复合模型、捏拢的模型、刚度或/和强度退化的模型等。

大量的模型，大量的地震波，每一条 R 谱曲线要按照 0.02s 的间隔计算到 6s，300 个数据，每一个数据均要迭代，数据处理工作量是超乎想象的，计算量巨大。

但是有限的计算结果已经表明：只要延性相同，则不同模型的平均 R 谱曲线相近，这主要归因于前面说到的三个原因：长周期结构的等位移准则、刚性结构的 R 谱值和特征周期处避免共振的效应。已有的结果表明，修正的克拉夫模型的 R 谱值比 EPP（理想弹塑性）模型的 R 谱值还要大，即设计采用的地震力反而可以更小。这主要是因为，修正的克拉夫模型的刚度退化，导致"现时自振周期"拉长，结构的绝对加速度反应反而可以减小。

所以，在等延性的假定下，有些结论出乎人的意料，但都能够得到理论上的解释。

因为决定 R 谱值的决定性因素是延性，所以判断结构抗震性能的好坏，一定要从延性出发，其次才是考虑耗能能力。比如从钢筋混凝土（修正的克拉夫模型）的延性（也许只有 3），没有钢结构的延性（很容易达到 4）那么大；钢筋混凝土结构的刚度大、质量重，地震力就大等方面来综合考虑。

但是首先强度退化的模型的 R 值比较小，其次耗能能力差的模型的 R 值离散型也大，导致 T_{gR} 以下具有 90% 保证率的谱曲线较低，地震作用增大。

7.8.4　多自由度的影响

多层的多自由度体系，研究起来工作量更大。但是目前国内外多个以试验性设计的多层案例的研究表明，多层体系，地震力要放大，地震力折减系数 R 要减小，记地震力放大系数为 A_{mDoF}。目前的研究结果，取得以下结论：

（1）A_{mDoF} 主要取决于自由度数。即如果层数相同，周期长的结构，该系数仅比周期短的结构有小量增大。

（2）在短周期阶段还与周期有关。

（3）与延性系数有弱相关，延性系数大，则 A_{mDoF} 有小量增大。

（4）A_{mDoF} 与结构的破坏模式相关。满足强柱弱梁的框架，该数值较小。

多自由度体系的地震力放大系数，众多文献的研究结果都比较大。多自由体系的弹塑性反应有个特点：底部几层特别是底层，塑性变形集中，导致底层的延性很快消耗，这导致底层强度必须放大，而此时中部 50% 以上楼层的延性尚未充分发挥作用，顶部几层也会出现塑性变形集中，但是总体上塑性变形程度不如底层。

下式是在单跨满足强柱弱梁框架下分析得到的，其中强度沿高度的变化：顶层抗侧强度与底层抗侧强度的比值 λ_F，顶层抗侧刚度与底层抗侧刚度的比值 λ_K，两者满足 $\lambda_F = \lambda_K^{0.5}$。实际工程满足 $\lambda_F = \lambda_K^{0.75} \sim \lambda_K^{0.25}$，与取指数 0.5 的结果变化不大。横坐标未标准化：

$$T \leqslant T_{ga}: \qquad A_{mDF} = 1 + [(A_{mDF})_{max} - 1] \frac{T}{T_{ga}} \qquad (7.63a)$$

$$T > T_{ga}: \qquad A_{mDF} = (A_{mDF})_{max} = \frac{1}{n^\gamma}, \ \gamma = \frac{0.156n}{10} + \frac{5}{3n\mu^2} \qquad (7.63b)$$

表 7.9 列出了多自由度体系基底剪力放大系数。对于多跨结构，该系数可有所减小。

多自由度体系基底剪力放大系数 n^γ　　　　　　　　　表 7.9

层序号	μ				
	2	3	4	5	6
1	1	1	1	1	1
2	1.181	1.090	1.059	1.046	1.038
3	1.226	1.127	1.094	1.079	1.071
4	1.260	1.163	1.130	1.116	1.108
5	1.296	1.203	1.172	1.158	1.151
6	1.339	1.250	1.220	1.206	1.199
7	1.389	1.302	1.273	1.260	1.253
8	1.445	1.360	1.332	1.319	1.312
9	1.507	1.424	1.396	1.384	1.377
10	1.576	1.495	1.467	1.454	1.448

在历史上，美国的 UBC 1994 曾经用 $1/T^{2/3}$ 作为加速度反应谱的下降段，下降段指数从 1 改为 2/3 被认为是用来考虑多自由度体系弹塑性的影响，如果认为周期与自由度数量成正比，例如 $T = 0.12n$，则这个指数 2/3 相当于式（7.63b）的指数 $\gamma = 0.1667$。从文献资料看，最大指数有 0.26，因此 0.1667 在众多文献的数值中是中等偏下的。作者研究表明，在后期刚度比较大的情况下，该指数可以减小到 0.11～0.14。

实际结构的周期，上限 $T_{max} = 0.5\sqrt{H}$，下限 $T = 0.2\sqrt{H}$（美国、新西兰等规范计算周期采用指数 0.75），则 $T \sim n^{0.5}$，如果取式（7.63b）的指数 $\gamma = 0.125$，则弹塑性反应谱的下降段是 $1/T^{0.75}$，相当于地震力放大了 $T^{0.25}$ 倍。如果 $T = 3$、4、5、6s，放大系数是 1.316、1.414、1.495 和 1.565。

考虑到所有的研究都被底层的延性开展决定了 A_{mDF}，而抗震规范对底部是规定了加强区的，加强区的剪力要放大，A_{mDF} 在某种意义上可以理解为是这个放大系数，但是规范规定的放大系数还不能覆盖 A_{mDF}。所以对 MDOF 体系，又开展了使得各层的平均延性系数达到给定的 μ 时对应的 MDOF 体系的 R_μ，并与 SDOF 体系进行比较，计算 $A_{mDF} = R_{\mu,SDOF}/R_{\mu,MDOF}$，并且输出开展了的最大延性与平均延性的比值。前一个比值就是基底剪力放大系数，整体计算采用：

$$A_{mDF} = n^{0.05} \qquad (7.64)$$

后一个比值（最大延性与平均延性的比）就是底部加强区的剪力放大系数，在底部楼层的构件设计时采用。

7.9 影响钢结构延性发挥作用的设计方法

7.9.1 放大支撑斜杆内力却未关注破坏机构的设计

在多高层钢框架-支撑结构体系中，早期的《高层民用建筑钢结构技术规程》JGJ

99—1998 和《建筑抗震设计规范》GB 50011—2001 中对支撑构件的设计采用内力放大系数 1.3～1.5，支撑设计中还考虑了支撑受压屈曲引起的承载力折减。这样做的结果可能导致柱子先于支撑屈服或屈曲。这些做法都是参照了美国 UBC 1994/1997。后来美国取消了，我国现在也取消了。

上述设计方法或许来源于混凝土剪力墙的抗震设计，Eurocode 8 对钢筋混凝土结构也纳入了这种剪力放大。混凝土剪力墙的抗剪破坏是脆性的，为了避免这种脆性破坏先于剪力墙截面弯曲破坏，欧美日各国在剪力墙的设计时，均对剪力乘以 1.2～1.6 不等的系数，并与弯曲破坏时的剪力值进行比较，取大值进行剪力墙的抗剪强度设计。在钢框架-支撑结构中，也许在早期，支撑也是承担剪力，且受压支撑的滞回曲线也不丰满，所以混凝土剪力墙设计方法推广到支撑的设计上，就是要放大支撑设计内力。

钢框架-支撑结构的抗震性能和剪力墙的性能有明显的差别。剪力墙抗剪不破坏，是保证剪力墙首先发生延性较好的弯曲破坏；而钢支撑结构体系，如果支撑不发生破坏，则柱子首先发生破坏，柱子的这种破坏是一种无侧移失稳，如图 7.37 所示。而柱子发生无侧移失稳时，结构的延性是较差的（除非柱子的正则化长细比小于 0.2）。这与混凝土剪力墙弯曲破坏时延性较好完全不同。因此混凝土剪力墙的设计方法不能不加思考地推广到钢框架-支撑结构体系中。

这种放大支撑内力的设计方法，在作为支撑架一部分的柱子的几何长细比小于 30 时可能不会有什么危害，因为这时主要是强度破坏（柱子屈服），梁柱节点向下发生位移时，周围的梁，包括上部楼层的梁将能够提供一定的帮助，将竖向力传递到周围的柱子上，使之少量卸载。

对图 7.37(a) 所示的结构，注意到这样一个现象：结构向右振动时，右侧柱子向下轴向屈服，则反向时柱子可能受拉，但是因为柱子本来承受竖向荷载，使柱子产生受拉屈服是不容易的（否则基础也要被提离地基了），因此，柱子往往并不能提供往返的滞回耗能能力，柱子的塑性应变往受压方向逐步累积。即虽然材料有滞回耗能、为抗震提供阻尼的能力，但是由于设计方法的缘故，柱子并不能发挥这种能力。

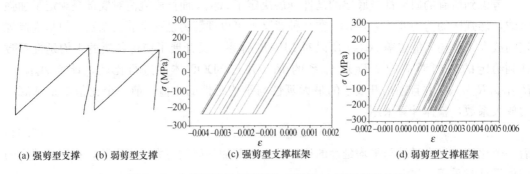

(a) 强剪型支撑　　(b) 弱剪型支撑　　　　(c) 强剪型支撑框架　　　　　　(d) 弱剪型支撑框架

图 7.37　支撑框架的变形图及支撑的 $\sigma\varepsilon$ 滞回反应曲线

图 1.19 显示了人字支撑，在放大支撑内力后，要求上面的梁能够承受拉压支撑的向下的不平衡力和梁上的竖向重力荷载，导致梁截面过大，而柱子是按照未放大的内力设计，柱子将首先发生无侧移屈曲。

作为支撑架一部分的柱子无侧移失稳先于支撑的屈服发生时，支撑架属于强剪型

［图 7.37(c)］；当支撑的屈服先于框架柱无侧移失稳发生时，支撑架属于弱剪型［图 7.37 (d)］。所以强剪型支撑框架和弱剪型支撑框架的区别在于支撑与框架柱之间的破坏的顺序。由抗震的"能力设计法"可知，在抗震设计中要保证柱不首先发生破坏，故在支撑设计完成后应按照支撑先屈服的原则验算框架柱的承载力，这是一种能力设计法的措施。

弱剪型支撑架，支撑先屈服，然后作为支撑架一部分的框架和其他不是支撑架一部分的框架一起构成第 2 道防线，支撑屈服后，削减了刚度，地震作用随之减小，因此在结构的往返运动中，为结构提供了滞回耗能（塑性阻尼）。

图 7.37(c) 示出了一个强剪型支撑在地震作用下的应力-应变关系，可见强剪型支撑架的支撑即使屈服，也不能发挥滞回耗能能力。另一个方向之所以不能屈服，是因为柱子发生了屈曲，限制了支撑中内力和变形的发展。而弱剪型支撑往返都可能屈服。

强剪型支撑架的柱子先发生屈曲，但是柱子因为本来就承担了竖向荷载，要使柱子反向受拉屈服不是很容易，也不是我们所希望的，因此柱子也不能发挥滞回耗能能力。

7.9.2 对"保险丝"构件提出过高的要求

EBF 的耗能梁段，分为剪切型、弯曲型和弯剪型。剪切型的延性较好，工字钢耗能梁段的腹板应该较薄，以使其更早地屈服。因此耗能段腹板的宽厚比限值压比普通梁更宽松，用横向加劲肋来防止腹板屈曲。

7.9.1 节的弱剪型支撑，也可以理解为"保险丝"，特别是在支撑的长细比较大时，对支撑提出过高的设计要求，导致预想的设计目标（延性较好的破坏形式）不能达成。

7.9.3 抵抗水平地震力的构件承担竖向荷载

例如，图 1.19 所示的人字支撑，如果承担了竖向荷载，这时会出现什么情况？首先支撑杆截面更大了，不易实现弱剪型支撑架的设计原则。

（1）首先两个斜杆均受压；

（2）地震来时，两根斜杆一拉一压；

（3）压力与压力叠加先屈曲，即压杆更早屈曲；

（4）拉杆则推迟屈服，有可能使得支撑杆也像上面分析的柱子一样出现单侧塑性变形，不能实现滞回耗能。

再如，带竖缝的剪力墙（Slit Wall），每一肢剪力墙均是高宽比为 2 的混凝土压弯构件，其设计要点是不能主动承受竖向荷载，如果在构造上让其承受较大的竖向荷载，则这种竖缝剪力墙的破坏是脆性的。在不承担竖向荷载的情况下，水平力作用下，混凝土开裂，产生大量的斜向细裂缝，使得整体侧向变形能力较好，大量的裂缝使得墙板为结构提供的阻尼增大，塑性阻尼也增大。如果承担竖向荷载，则混凝土很快就会崩裂。

再如，被美日两国学者认为抗震性能非常优越的防屈曲支撑（Buckling Restrained Braces），抗震设计的一个关键就是它们不能或者尽可能小地承担竖向荷载。允许屈曲的钢板剪力墙、钢板支撑剪力墙等，也宜尽量减小它们承担的竖向荷载。

总之，要获得抗震性能优越的结构体系，就要设计为用于抵抗侧力的构件不要传递竖向荷载，不能避免时则要尽量减小其因为结构的超静定性质而传递的份额。实际工程中常用的措施是支撑构件在主体结构结顶、大部分竖向荷载（楼板重量）全部施加完毕后，再对支撑构件实行最终的焊接或高强度螺栓终拧，在此之前均为临时固定。

但是，承担竖向荷载的不利影响不应被扩大，毕竟钢筋混凝土剪力墙就是既能承受竖向重力荷载又能抵抗侧向地震力的，所以在第 15 章将详细地对这个问题展开讨论，并提出设计措施。

7.9.4　框架柱轴压比、长细比和宽厚比过大等

根据前面的阐述，决定地震力的最重要的因素是延性，影响钢构件延性的因素有：

（1）钢构件的截面宽厚比。这在第 1 章已经提出，根据承载力及变形能力将截面划分为 5 类，宽厚比越小，延性越好，耗能能力越好（图 1.7）。

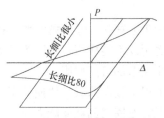

图 7.38　长细比对延性和耗能能力的影响

（2）以轴力来抗震的杆件（支撑架的立柱、支撑斜杆）的长细比。如果杆件两端的节点没有问题，则轴力抗震杆件长细比越小，延性越好，耗能能力越好（图 7.38）；对于支撑杆，长细比很大时，延性好，但是耗能能力小。但是支撑是被要求成对布置的，考察支撑的抗震性能不能只看受压支撑，必须成对考察，按"支撑对"考察，拉撑优秀的性能能够部分补偿压撑屈曲带来的性能恶化。

宽厚比太大、长细比太大的构件，达到最大承载力后，荷载-位移曲线很快转为下降段，延性也不好。

（3）框架柱的轴压比。轴压比越小，在竖向力保持不变的情况下（地震作用时，总竖向力是不变的），水平力-侧移曲线在越过极值点后下降越慢，因此延性越好。钢构件恒活组合下的轴压比如果超过 0.8，则这根杜子不宜作为支撑架的立柱。

梁一般不承受轴力或承受轴力很小，延性最好，这也是我们希望在梁上形成塑性铰的原因。

在这里延性系数被定义为荷载从最大承载力下降 15% 时的变形与经过理想化处理的弹性极限变形的比值。在水平力达到极限承载力后，水平荷载随变形增加下降得越快（因为二阶效应和屈服、刚度退化而下降），延性就越差。

影响结构延性的因素有：

（1）构件的延性。取决于上述三个因素。

（2）连接节点的延性。采用应力集中小以及延性较好的构造或者采用强节点弱构件的验算和构造措施，使得节点在地震时以延性较大的模式发生破坏。

（3）双重抗侧力结构中框架的剪力分担率。框架部分分担得越多，结构体系的延性越好。

（4）确保"保险丝"的设计思路得以实现。

7.10　抗震设计的荷载组合及其验算公式

7.10.1　合理的地震作用：结构影响系数应该包含的因素

上面已经说明，我国和日本的结构延性系数 C 只包含了延性的因素；欧洲包含了延性和超静定的因素；而美国则包含了延性、超静定及钢材的抗拉强度和屈服强度的比值。

美国的北岭（Northridge）地震的震害表明，按照美国规范设计的结构，对结构延性的要求比较高，而实际的钢结构制作能力，特别是节点焊缝，即使按照美国的焊接质量标

准，也难以保证节点的延性。我们应该学习的是美国为保证延性而采取的各种构造，因为延性是最重要的。但考虑实际的制作安装质量，地震力应该取的比美国大。

我国和日本的地震力是比较大的，1994 年日本阪神地震的震害表明，除了产生与美国类似的破坏外，还有作为支撑架一部分的柱子横腰断裂的震害。这说明，日本 1980 年前后的设计方法中的破坏机构控制不到位。

欧洲 Eurocode 8 规范的地震力比美国大，但是仍然大幅小于日本的地震力。我国目前采用的地震力计算公式与日本接近，多年来建设行业的经济指标也已经习惯和适应了这么大的地震力，如果能够再学习美国的强调延性的设计方法，就可以按照中震设计而能够抵抗罕遇地震。

根据精细化延性地震力理论，结构影响系数 C 为：

$$\frac{1}{C} = R = \frac{R_\mu}{A_\xi A_\theta A_{\mathrm{mDF}}} \tag{7.65}$$

式中，R_μ 是延性折减系数，它是最重要的决定性系数，以阻尼比为 0.05 的理想弹塑性结构体系为基准建立这个系数。A_ξ 是阻尼修正系数（阻尼比 0.05 的体系为 1.0）。A_θ 是二阶效应修正系数（不考虑二阶效应的体系为 1.0）。A_{mDF} 是多自由度体系修正系数。超强系数和后期刚度影响系数用于按照设防烈度设计的建筑抵抗罕遇地震的，所以在计算基底剪力时不宜引入。滞回模型（不同材料的不同结构体系）应单独考虑，独立提出 R_μ。

7.10.2 抗震可靠度问题：设计验算公式的推导

式（7.18）结合小震地震力，考虑延性修正系数，引入了荷载组合。实际上，非抗震的荷载组合要考虑可靠度，抗震设计也要考虑可靠度。但是抗震的可靠度与非抗震组合的可靠度不同，因为中震下结构要发生塑性变形，抗震设计的目标是限制塑性变形，采取的措施却是采用力的方式。

采用数值方法计算结构影响系数，给定的是 μ，得到的 R 对同样最大加速度的大量地震波是不同的，是一个随机变量，既然这样，就存在一个可靠度问题。而弹性加速度谱上每一个周期对应的谱值也是随机变量。这样我们就有这样两组数据（分别应该是中位数谱和 90% 保证率谱）：$S_{\mathrm{a,median}}$ 与 $S_{\mathrm{a,90\%}}$ 和 R_{median} 与 $R_{90\%}$。弹性加速度谱除以 R 谱才能得到地震力，那么我们采用哪两个数据来相除？

GB 50011 的谱是弹性加速度平均谱，结构影响系数为 0.35，等效于 R 约等于 2.83。

既然抗震设计的目的是限制塑性变形的开展，则设计公式是：

$$\mu_{\mathrm{req}} \leqslant \mu_{\mathrm{cap}} \tag{7.66a}$$

令上式取等式，然后从 μ_{cap} 可以推出 F_{y_μ}，即地震力 F_{E3}，然后用 F_{E3} 去设计一个结构，使得这个结构的强度 $F_y \geqslant F_{E3}$，同时要采取一系列措施使得结构的延性能力不低于 μ_{cap}。考虑其他荷载组合得到

$$D + 0.5L + F_{E3} \leqslant F_y \tag{7.66b}$$

出于可靠度的考虑，必须从式（7.66）开始。与计算 R 不同，最大加速度相同（即同一个烈度）的大量地震波下，对已经给定了屈服承载力的结构的延性需求（即最大延性反应 $\Delta_{\max}/\Delta_y$）是不同的，为了可靠起见，μ_{req} 应该取 $\bar{\mu}_{\mathrm{req}}(1 + C_\mu^2)^{0.7816}$，其中 $C_\mu = \sigma_\mu/\bar{\mu}_{\mathrm{req}}$，

注意 $\bar{\mu}_{\mathrm{req}} \neq \mu_{\mathrm{median}}$，前者 $\bar{\mu}_{\mathrm{req}}$ 是算术平均值，而后者 μ_{median} 是几何平均值，$\mu_{\mathrm{median}} = \dfrac{\mu_{\mathrm{req}}}{\sqrt{1 + \sigma_\mu^2/\bar{\mu}_{\mathrm{req}}^2}}$，

这里符号上加"—"表示平均。

如果 μ_{cap} 也有离散性，且也服从极值分布或对数正态分布的话，应该取

$\dfrac{\overline{\mu_{cap}}}{(1+C_{\mu,cap}^2)^{0.7816}}$，其中 $C_{\mu,cap}=\dfrac{\sigma_{\mu,cap}}{\overline{\mu_{cap}}}$。因此式（7.66a）成为（仍然是两个标准值的关系，

未引入分项系数）：

$$\overline{\mu_{req}}(1+C_\mu^2)^{0.7816} \leqslant \frac{\overline{\mu_{cap}}}{(1+C_{\mu,cap}^2)^{0.7816}} \tag{7.67}$$

而决定地震力的过程是给定 μ，得到离散的 F_{E3}，从可靠度角度讲，应该取 $\overline{F}_{E3}(1+$

$C_{F3}^2)^{0.7816}$，其中 $C_{F3}=\dfrac{\sigma_{F3}}{\overline{F}_{E3}}$，才能与式（7.67）对应。如果从四个统计参数 $S_{a,media}$，$S_{a,90\%}$

$R_{90\%}$ 和 R_{median} 中选择两个计算 $\overline{F}_{E3}(1+C_{F3}^2)^{0.7816}$，则应该取

$$\frac{S_{a,90\%}}{R_{median}} \text{ 或者 } \frac{S_{a,media}}{R_{90\%}} \tag{7.68}$$

计算表明，两者是接近的。

因为我国采用弹性反应谱是平均谱，欧美日采用的也是平均谱，因此应该采用 $R_{90\%}$ 谱来计算结构影响系数，此时按照图 7.17(b)，即使对于平均延性为 6 的情况，在长周期的情况下，结构影响系数 C 也只有 0.2 左右（5 的倒数），平均延性为 2 的长周期结构，$C \approx 1/1.8 = 0.55$。这样看来，如果不考虑超强、阻尼、滞回性能的差别等因素，日本和我国的结构影响系数，对于长周期阶段最小 C 值从目前的 0.25 降为 0.2，当然同时要考虑式（7.65）中的其他参数，特别是二阶效应。

地震力 F_{E3} 的取值已经考虑了 90% 的保证率，如果在式（7.66b）中的其他项再引入附加的荷载系数 1.2 和抗力分项系数 1.1，以及实际工程材料存在的超强系数 α_3（见 7.4.6 节），都将使结构实际遭受的地震力增加，延性需求会下降，是偏安全的。总的位移是否会减小？在等位移准则适用的范围内是不会下降的。Eurocode 8 的设计表达式是采用标准值组合，而美国有一段时间也采用标准值组合，现在对重力荷载部分叠加考虑 20% 的垂直地震作用，然后乘以 1.2 的系数，再与地震作用标准值组合叠加，实际上补偿了 ASCE 7 对高延性结构地震力折减过大的不利影响。

7.10.3 动力弹塑性分析决定的地震力，其效应为什么能够与恒、活荷载效应线性组合

小震地震力 F_{E1} 的引入，既与小震地震力和中震弹性地震力的比值碰巧与钢筋混凝土结构的结构影响系数平均值 0.35 相同有关，也与"小震弹性"（或小震不坏）的要求密切相关，这个要求被解读成是与其他荷载效应线性组合的先决条件，即结构保持弹性，地震效应才能与其他荷载的效应线性地加以组合。

但是，通过上面各小节的分析知道，我国规范对于钢筋混凝土结构和砌体结构的延性差别对地震力的影响的考虑，已经隐藏在 γ_{RE} 中了。

那么，从"大震不倒"反推的地震力 F_{E3} 经线性分析得到的地震作用效应能否与恒荷载和活荷载的荷载效应线性地组合呢。我们的回答是：两者可以线性组合。

这涉及对抗震设计的理论或者方法的理解：

（1）抗震设计的目的是：使得结构在扣除结构为承担自重 D、活荷载 L 和可能存在

的其他荷载所消耗的承载力（记为 R_{D+L}）以后，仍具有一部分承载力 R_E（可以称为剩余承载力，在日本称为保有耐力），来防止结构在设防烈度的地震作用下，产生过大的变形；

（2）对 R_{D+L} 大小的要求是按照荷载效应的大小来确定和提出的；

（3）对 R_E（剩余承载力）的要求是通过地震力（基底剪力 F_{E3}）的形式来确定的；

（4）两部分的承载力 R_{D+L} 和 R_E 线性地叠加，以得到对结构总承载力的要求；

（5）所以普通荷载效应和地震力效应是可以线性地加以组合，线性组合只是两种承载力叠加的一种实现形式。

即小震地震力理论是从结构力学的线性叠加原理出发来理解地震作用组合的，而这里是从各种荷载对结构的承载力需求的角度理解荷载组合的：恒、活荷载对承载力的需求和地震作用对承载力的需求可以线性相加，表现为地震作用效应和其他荷载效应可以线性地相加。

7.11 设防烈度与抗震等级

根据前面的阐述，决定地震力的最重要的因素是延性。我国虽然采用了小震地震力的概念，但是又通过承载力抗震调整系数来体现了各种结构构件和结构体系在延性上的差别。

理论上讲，同一种材料、同一种结构体系，决定地震力（基底剪力）取值的结构影响系数相同，则要求结构所应具有的延性也相同，即结构应该具有的延性与抗震设防烈度无关。这样推论，就可以明白，钢截面宽厚比的限值、长细比的限值、轴压比的限值都应该与设防烈度无关，也即按照当前我国抗震设计规范的地震力理论，这些限值均不应与建筑抗震设防烈度发生关系。

在这里还是要回到结构影响系数的构成问题，见 7.4.6 节。超强系数的 α_4 部分在所有国家中均没有包含。但是不同设防烈度下的 α_4 确实会有所不同。例如 6 度和 7 度设防的建筑，在风荷载较大的情况下，基底总的风剪力设计值可能比基底总的地震剪力标准值大很多，风荷载控制设计，则 $\alpha_4 > 1.0$（一般而论，实际上，每个构件的 α_4 均不相同）。而 8 度设防的建筑，在风荷载又比较小的情况下，地震作用控制设计，此时 $\alpha_4 = 1$。

如果 $\alpha_4 > 1$，则虽然按照常遇地震（或按照延性）计算地震力，但是这个结构在设防烈度地震作用下，它所经受的地震力是大于按照常遇地震（或按照延性）计算的地震力的，因为这个结构的抗震承载力（此时等于抗风承载力）比常遇地震（延性）地震力所要求的抗震承载力大，结构在地震下处在弹性反应的范围较宽。但是结构在中震作用下所要求的延性位移反应比小震地震力（或延性地震力）所要求的要小，所以宽厚比可以放宽。

但是如果某个结构，处于基本风压很小的地区，在 7 度抗震设防烈度下就已经是地震作用组合控制，那么在设防烈度是 7 度和 8 度的地区分别建造这个结构，设计时钢截面的宽厚比和构件的长细比的限值是否可以有所区别呢？此时 7 度区和 8 度区结构的 α_4 均等于 1.0。构成超强系数的四个因素中的钢材因素 α_1 和 α_3 以及超静定因素 α_2 是一样的。但是还有一个影响因素会影响地震力的取值：7 度设防和 8 度设防区的结构，因为各种使用条件一样，总的竖向荷载相同，仅在用钢量上有 $10\sim20\mathrm{kg/m^2}$ 的差别，而 8 度设防地区的结构水平地震作用较大，截面势必较大，因此各个柱子平均的轴压比是不同的（8 度区框架柱的平均轴压比较小，延性较好）。因此如果 7 度和 8 度区的结构采用相同的结构影响系数的话，8 度区的宽厚比限值和长细比限值可以比 7 度区的放宽，但是我国抗震规范的宽厚比和长细比的限值正好相反。

参 考 文 献

［1］　中华人民共和国建设部. 高层民用建筑钢结构技术规程：JGJ 99—1998 ［S］. 北京：中国建筑工业出版社，1998.

［2］　中华人民共和国住房和城乡建设部. 建筑抗震设计规范：GB 50011—2010 ［S］. 北京：中国建筑工业出版社，2010

［3］　American Institute Steel Construction. Seismic provisions for structural steel buildings：ANSI/AISC 341-16 ［S］. Chicago：AISC，2016.

［4］　European Committee for Standardization. Eurocode 8：Design of structures for earthquake resistance—Part 1：general rules，seismic actions and rules for buildings：EN 1998-1-1：2004 ［S］. Brussels：CEN，2004.

［5］　ASCE. Minimum design loads for buildings and other structures：ASCE/SEI 7-16 ［S］. Reston VA：ASCE，2016.

［6］　黄金桥，童根树. 不同滞回模型下单自由度系统的位移和能量反应 ［J］. 浙江大学学报（工学版），2005，39（1）：123-130，142.

［7］　黄金桥. 钢结构弹塑性动力学和抗震设计理论研究 ［D］. 杭州：浙江大学，2005.

［8］　童根树，赵永峰. 修正 Clough 滞回模型下的地震力调整系数 ［J］. 土木工程学报，2006，39（10）：34-41.

［9］　Building Seismic Safety Council. NEHRP Recommended provisions for seismic regulations for new buildings and other structures Part1：Provisions：FEMA 450 ［S］. Washington D. C.：Building seismic safety council，National Institute of Building Sciences，2003.

［10］　日本建筑中心. 建筑物的构造规定：建筑基准法施行令第 3 章的解说与运用：1997 年版 ［M］. ［出版地不详］：［出版者不详］，1997.

［11］　日本建筑学会. 钢构造限界状态设计指针·同解说：AIJ2010 ［S］. 东京：日本建筑学会，2010.

［12］　日本建筑学会. 钢筋混凝土建造物的韧性保证型耐震设计指针·同解说 ［S］. 东京：日本建筑学会，1999.

［13］　中国工程建设标准化协会. 建筑工程抗震性态设计通则（试用）：CECS 160：2004 ［S］. 北京：中国计划出版社，2004.

［14］　Seismology Committee of Structural Engineers Association of California. SEAOC blue book，recommended lateral force requirements and commentary ［M］. Sacramento，California：SEAOC，1996.

［15］　MELI R，AVILA J A. The Mexico Earthquake of September 19，1985—Analysis of building response ［J］. Earthquake spectra，1989，5（1）：1-17.

［16］　ORDAZ M，PÉREZ-ROCHA L E. Estimation of strength-reduction factors for elastoplastic systems：a new approach ［J］. Earthquake engineering and structural dynamics，1998，27（9）：889-901.

［17］　叶赟. 多种滞回模型下单自由度体系的弹塑性反应谱分析 ［D］. 杭州：浙江大学，2013.

［18］　童根树，叶赟. 承载力退化体系中各延性系数下的地震力计算 ［J］. 同济大学学报（自然科学

版），2013，41（8）：1133-1139，1157.

[19] TONG G S, HUANG J Q. Seismic force modification factor for ductile structures [J]. Journal of Zhejiang University (Science)，2005，6（8）：813-825.

[20] 蔡志恒. 双周期标准化的弹塑性反应谱研究 [D]. 杭州：浙江大学，2011.

[21] 童根树，蔡志恒，张磊. 双周期标准化的位移放大系数谱 [J]. 重庆大学学报（自然科学版），2011，34（10）：68-75.

[22] ZHAO Y F, TONG G S. Inelastic displacement amplification factor for ductile structures with constant strength reduction factor [J]. Advances in structural engineering，2010，13（1）：15-28.

[23] TONG G S, ZHAO Y F. Seismic force modification factors for Modified-Clough hysteretic model [J]. Engineering structures，2007，29（11）：3053-3070.

[24] 童根树. 与抗震设计有关的结构和构件的分类及结构影响系数 [J]. 建筑工程与科学学报，2007，24（3）：65-75.

[25] 赵永峰，童根树. 双折线弹塑性滞回模型的结构影响系数 [J]. 工程力学，2008，25（1）：61-70.

[26] TONG G S, ZHAO Y F. $P\text{-}\Delta$ effects on seismic force modification factors for Modified-Clough and EPP hysteretic models [J]. Advances in structural engineering，2009，12（4）：547-558.

[27] TONG G S, ZHAO Y F. Inelastic yielding strength demand coefficient spectra [J]. Soil Dynamics and earthquake engineering，2008，28（12）：1004-1013.

[28] 赵永峰，童根树. 剪切滑移滞回模型的结构影响系数 [J]. 工程力学，2009，26（4）：73-81.

[29] 童根树，赵永峰. 中日欧美抗震规范结构影响系数的构成及其对塑性变形需求的影响 [J]. 建筑钢结构进展，2008，10（5）：53-62.

[30] ZHAO Y F, TONG G S. An investigation of characteristic periods of seismic ground motions [J]. Journal of earthquake engineering，2009，13（4）：540 - 565.

[31] 赵永峰，童根树. 弹塑性屈服强度需求系数谱 [J]. 浙江大学学报（工学版），2009，43（10）：1909-1914.

[32] 李天翔，童根树，张磊. 基于曲率延性的弯曲型结构地震作用折减系数 [J]. 浙江大学学报（工学版），2018，52（7）：1310-1319，1344.

[33] 顾强. 钢结构滞回性能及抗震设计 [M]. 北京：中国建筑工业出版社，2009.

[34] Standards New Zealand. Structural design actions：Part 5：Earthquake actions New Zealand：NZS 1170. 5：2004 [S]. Wellington：Standards New Zealand，2004.

[35] 谢礼立，马玉宏，翟长海. 基于性态的抗震设防与设计地震动 [M]. 北京：科学出版社，2009.

[36] ATC, FEMA. Quantification of Building Seismic Performance Factors：ATC-63 Project report：FEMA P695 [R]. Washington D. C. ：FEMA，2008.

[37] BERNAL D. Amplification factors for inelastic dynamic $P\text{-}\Delta$ effects in earthquake analysis [J]. Earthquake engineering and structural dynamics，1987，15（5）：635-651.

[38] JARENPRASERT S, BAZÁN E, BIELAK J. Inelastic Spectrum-based approach for seismic design spectra [J]. Journal of structural engineering，2006，132（8）：1284-1292.

[39] BORZI B, ELNASHAI A S. Refined force reduction factors for seismic design [J]. Engineering structures ，2000，22（10）：1244-1260.

[40] ADAM C, JÄGER C. Seismic collapse capacity of basic inelastic structures vulnerable to the P-delta effect [J]. Earthquake engineering and structural dynamics，2012，41（4）：775-793.

[41] IBARRA L F. Global collapse of frame structures under seismic excitations [D]. Stanford，CA：Stanford University，2004.

[42] WEI B, XU Y, LI J Z. Treatment of P-Delta effects in displacement-based seismic design for SD-OF systems [J]. Journal of bridge engineering. 2012, 17 (3): 509-518.

[43] HUMAR J L, RAHGOZAR M A. Application of inelastic response spectra derived from seismic hazard spectral ordinates for Canada [J]. Canadian journal of civil engineering, 1996, 23 (5): 1051-1063.

[44] HAMBURGER R, BONELLI P, LAGOS R, et al. Comparison of U. S. and Chilean building code requirements and seismic design practice 1985 - 2010: NIST GCR 12-917-18 [R]. Gaithersburg, MD: NIST, 2012.

[45] 中华人民共和国住房和城乡建设部. 高层民用建筑钢结构技术规程：JGJ 99—2015 [S]. 北京：中国建筑工业出版社，2015.

第8章　截面延性和宽厚比分类

8.1　引言

8.1.1　结构影响系数、截面延性系数和结构延性系数

延性地震力理论用结构影响系数 C 对中震弹性地震力进行折减。C 的构成中若只考虑 R_μ，则由等位移准则可推出结构延性需求 $\mu_d = R_\mu = C^{-1}$，μ_d 是结构的侧移延性系数，框架可以采用杆件两端在地震反应过程中的最大相对位移与杆件屈服位移的比值。构件延性以截面延性为基础，位移延性系数 μ_d 是杆件层次，曲率延性系数 μ_ϕ 是截面层次。μ_ϕ 的定义是杆端截面形成塑性铰后的最大曲率和截面塑性铰曲率 $\Phi_P = M_P/EI$ 的比值。曲率延性系数 μ_ϕ 是确定截面板件宽厚比的重要因素。

Fukumoto 等对循环荷载下受压板件弹塑性变形性能进行了试验研究，搜集了轴压荷载作用下的短柱试验数据，建立了钢结构试验数据库 NDSS（Numerical Data-base for Steel Structures）。Fukumoto 将试验平均压应力 σ_{av}-应变 ε 曲线按板件宽厚比大小分成了三种类型，有强化段、下降段和中间性质的曲线。根据 NDSS 的试验数据，文献［10］给出了受压板件延性系数的拟合计算式：

$$\mu_c = \frac{\varepsilon_{max}}{\varepsilon_y} = \frac{2}{\lambda^2} - 1 \quad (\lambda \leqslant 1.0) \quad （不包含退化） \tag{8.1}$$

$$\lambda = \sqrt{\frac{f_{yk}}{\sigma_{cr}}} = \frac{1.052}{\sqrt{k}} \cdot \frac{b}{t} \sqrt{\frac{f_{yk}}{E}} \tag{8.2}$$

式中，μ_c 为采用压应变定义的受压板件的延性系数，ε_{max} 取 σ_{av}-ε 曲线最大平均压应力所对应的压应变（即不包括退化段），$\varepsilon_y = f_{yk}/E$ 为屈服应变，λ 为板件正则化宽厚比，E 为钢材弹性模量，f_{yk} 为屈服应力，k 为板件弹性屈曲系数。

文献［13］研究了四边简支板的宽厚比、边长比、初始几何缺陷和残余应力对其屈曲性能、变形能力和承载能力等的影响。在确定的边长比、初始挠度和残余应力下，通过参数分析给出了具有不同宽厚比的四边简支板件和三边简支一边自由板件的变形能力的回归公式：

文献［13］四边简支：　$\mu_c = \dfrac{\varepsilon_{max}}{\varepsilon_y} = \dfrac{1.6}{\lambda^2} - 1 \quad (\lambda \leqslant 1.0)$ \hfill (8.3)

文献［13］三边简支一边自由：　$\mu_c = \dfrac{\varepsilon_{max}}{\varepsilon_y} = \dfrac{1.4}{\lambda^2} - 1 \quad (\lambda \leqslant 1.0)$ \hfill (8.4)

文献［14］用 ABAQUS 对压弯荷载下箱形钢截面短柱进行了弹塑性大变形分析，采用截面最大边缘压应变来定义截面曲率延性，拟合了箱形截面曲率延性和均匀受压板延性系数公式：

均匀受压板：

$$\mu_c = \frac{0.07}{(\lambda - 0.2)^{2.53}} + 1.85 \leqslant 20 \quad (\lambda > 0.2) \quad (包含 5\% 下降) \tag{8.5}$$

箱形截面：

$$\mu_{bc\text{-}b} = \frac{0.108(1 - P/P_y)^{1.09}}{(\lambda - 0.2)^{3.26}} + 3.58(1 - P/P_y)^{0.839} \leqslant 20 \quad (\lambda > 0.2) \quad (包含 5\% 下降) \tag{8.6}$$

$$\mu_{bc\text{-}b} = \frac{0.0032}{(\lambda - 0.2)^{4.81}} + 2.18 \leqslant 20 \quad (\lambda > 0.2) \quad (不包含下降) \tag{8.7}$$

式中，μ_c 为采用 σ_{av}-ε 曲线下降段 $0.95\sigma_{max}$ 处所对应的压应变值计算得到的受压板件延性系数；$\mu_{bc\text{-}b}$ 为压弯荷载作用下箱形截面的延性系数，式（8.6）和式（8.7）的区别在于前者采用弯矩-边缘压应变曲线下降段 $0.95M_u$ 处所对应的应变值计算，而后者采用 M_u 处所对应的应变值计算，文中根据分析结果认为式（8.7）与轴压比无关，故该式可用于均匀受压情况。

Gardner 等搜集了普通低碳钢的短柱受压试验数据（文献 [15]），拟合了受压板件延性系数计算公式：

$$\mu_c = \frac{1.05}{\lambda^{3.15 - 0.95\lambda}} \tag{8.8}$$

图 8.1 将各个公式进行了对比，各式差别非常大。单块板时，式（8.5）值最大，因为该式是根据极限承载力下降 5% 时的压应变计算的延性系数，而其他各式都是取极限承载力对应的压应变来计算延性系数。截面的延性系数大于单块板件的延性系数。

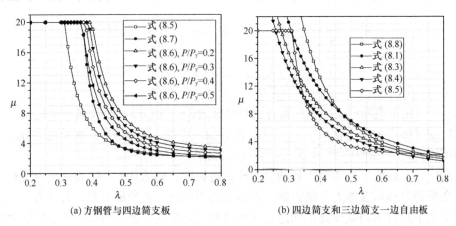

(a) 方钢管与四边简支板　　　　　(b) 四边简支和三边简支一边自由板

图 8.1　各种板件压缩延性系数公式比较

文献 [7] 采用悬臂柱模型和具有曲线段的弯矩-曲率滞回模型，建立了基于曲率延性的地震力调整系数 C，分析了曲线段、后期刚度系数对 C 的影响，并对基于曲率延性的调整系数和基于位移延性的调整系数进行了对比。截面边缘屈服到塑性铰弯矩这一段存在曲线段，而不是被简化为理想弹塑性关系，曲线段对提高延性性能系数 R_μ 是有利的，但有利影响仅限于延性 μ 值较小时。曲率延性随位移延性增大而增大，曲率延性远大于位移延性。文中拟合了曲率延性和位移延性的关系式：

$$\mu_\phi = A(\mu_d - 1)^B + 1 \tag{8.9a}$$

$$A = (0.91 - 0.16r)\alpha^{-0.5} + 0.7 \tag{8.9b}$$

$$B = 0.56 + 0.14 (r-1)^2 \tag{8.9c}$$

式中，A、B 为计算系数，α 为材料的强化模量和弹性模量之比，r 为全截面屈服弯矩和材料非线性开始出现时的弯矩比值。文献 [47] 通过理论方法研究了钢结构体系在弹塑性阶段的荷载-位移曲线，对一系列悬臂柱和三杆框架进行了推覆分析，考察其曲率延性和位移延性的关系。

8.1.2 截面分类方法及其问题

Eurocode 3 根据截面承载力和塑性转动变形能力，将钢构件截面分为四类。我国《钢结构设计标准》GB 50017—2017 分为 5 类，见 1.3 节。S1 类为第 Ⅰ 类塑性截面，也称为特厚实截面（Plastic Section）；S2 类是第 Ⅱ 类塑性设计截面，也称厚实截面（Compact Section）；S4 类是弹性截面，也称非厚实截面（Elastic Section）；S5 类是薄柔截面，也称为超屈曲设计截面（Slender Section）；S3 类是我国为了考虑截面塑性开展系数 1.05 而引入的。

这种截面分类思路被世界各国规范所广泛采用 。文献 [22] 对中美日欧规范中关于 H 形截面构件的截面分类进行了对比分析，日本 AIJ2010 设计指南（不是国家标准）考虑了翼缘和腹板的相互作用，其他规范都把板件简化为腹板和翼缘。规范对截面的分类均是基于截面绕强轴弯曲的这种受力情况。以两个 H 形截面为例，发现不同的规范给出了不一样的分类结果，比如对截面 H300×200×6×10，AIJ2010 认为是 Ⅱ 类截面，而 Eurocode 3 在杆件受压为主时认为是 Ⅳ 类截面。

Mazzolani 等研究了压力作用下箱形铝合金构件的板件屈曲性能，采用截面平均压应变定义截面的曲率延性系数 μ_ϕ，通过试验和理论分析，拟合了截面的曲率延性系数 μ_ϕ 和腹板及翼缘宽厚比的关系式，给出了截面分类的 μ_ϕ 限值如下：Ⅰ 类截面：$\mu_\phi \geqslant 12.3$；Ⅱ 类截面：$4.7 \leqslant \mu_\phi \leqslant 12.3$；Ⅲ 类截面：$2.3 \leqslant \mu_\phi \leqslant 4.7$；Ⅳ 类截面：$\mu_\phi \leqslant 2.3$。$\mu_\phi$ 公式考虑了翼缘和腹板的相互作用，在截面分类上也改进了以往的做法，将分类与截面的曲率延性系数直接联系了起来。

《建筑抗震设计规范》GB 50011—2010 根据抗震等级采用不同的宽厚比。可以提出疑问的是：《钢结构设计标准》GB 50017—2017 的 S1～S5 分类是抗震设计需要的分类吗？本章介绍新的分类原则：基于结构影响系数的截面分类方法。

8.2 不同边界条件下受压板的延性系数

8.2.1 四边简支矩形板的压力-压缩变形分析

1. 有限元模型及分析方法介绍

图 8.2 所示的矩形板 $a \times b \times t$，纵向作用均布压力，简支边界条件，加载边保持为直线，非加载边可自由变形。考虑几何和材料非线性，初始几何缺陷及残余应力，钢材本构关系选用二次塑流模型（图 8.3）：

$$\sigma = E\varepsilon \qquad\qquad (\varepsilon \leqslant \varepsilon_y) \tag{8.10a}$$

$$\sigma = f_{yk} \qquad\qquad (\varepsilon_y \leqslant \varepsilon \leqslant k_1\varepsilon_y) \tag{8.10b}$$

$$\sigma = k_3 f_{yk} + \frac{E(1-k_3)}{\varepsilon_y(k_2-k_1)^2}(\varepsilon - k_2\varepsilon_y)^2 \qquad (\varepsilon \geqslant k_1\varepsilon_y) \tag{8.10c}$$

式中，$E = 206\text{MPa}$，为钢材弹性模量；f_{yk} 为屈服应力，ε_y 为屈服应变；k_1、k_2、k_3 为曲线形状参数。对于 Q235 钢，$f_{yk} = 235\text{N/mm}^2$，$k_1 = 10$，$k_2 = 50.5$，$k_3 = 1.4$。初始几何缺陷采用弹性一阶屈曲波形，幅值取板件宽度的 1/2000、1/1000、1/500 和 1/250。残余应力采用图 8.4 所示两种截面腹板的残余应力分布模式，残余应力幅值 σ_r 取 $(0.2 \sim 0.5)f_{yk}$。

图 8.2　均压四边简支板　　　　图 8.3　应力-应变关系

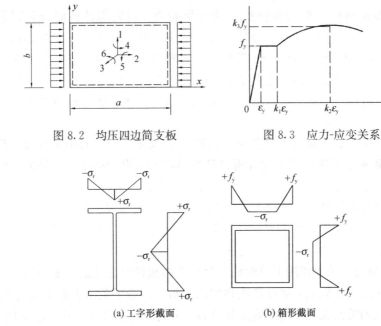

(a) 工字形截面　　　　　　　(b) 箱形截面

图 8.4　工字形和箱形截面腹板残余应力

2. 分析方法验证

将受压板件的极限承载力和平均压应力-压应变曲线作为验证手段。Winter 公式如下：

$$P_u = \rho b_e t f_{yk} \tag{8.11a}$$

$$\rho = \left(1 - \frac{0.22}{\lambda}\right)\frac{1}{\lambda} \leqslant 1 \tag{8.11b}$$

式中，b_e 是有效宽度，λ 为板件的正则化宽厚比，P_u 为板件受压极限承载力。

对于 Q235 钢，几何缺陷幅值取板件宽度的 1/1000，残余应力采用图 8.4 (a) 分布，$\sigma_r = 0.3 f_{yk}$。对 $b = 100\text{mm}$、$a/b = 1$、宽厚比 b/t 在 $17 \sim 45$ 之间的 11 个算例进行了分析，得到极限受压承载力，与 Winter 公式进行对比，见表 8.1。宽厚比小于 22 时有限元结果与 Winter 公式相差较大；其他情况下二者符合很好。误差原因是宽厚比较小的板件在受压过程中，板件截面的平均应力会大于屈服强度。

极限受压承载力比较   表 8.1

宽厚比 b/t	ANSYS P_{u1} (kN)	Winter 公式 P_{u2} (kN)	$\dfrac{P_{u1}}{P_{u2}}$	宽厚比 b/t	ANSYS P_{u1} (kN)	Winter 公式 P_{u2} (kN)	$\dfrac{P_{u1}}{P_{u2}}$
17	160.21	138.24	1.16	27	86.69	87.04	1.00
18	145.57	130.56	1.14	30	77.94	78.33	1.00
19	133.33	123.68	1.05	35	66.94	67.14	1.00
20	122.55	117.50	1.04	40	58.05	57.08	1.02
22	106.50	106.82	1.00	45	50.24	47.35	1.06
25	93.81	94.00	1.00				

文献 [13] 和文献 [45] 对压力作用下的矩形板进行了弹塑性分析。对 21 个均匀受压板模型进行压力-压缩变形分析，模型参数如表 8.2 所示，平均应力-应变曲线（σ_{av}/f_{yk}-$\varepsilon/\varepsilon_y$）和文献曲线对比如图 8.5（a）～（g）所示，极限压应力和压缩延性 μ_c 的比较见表 8.2，μ_c 定义为曲线下降段应力为 $0.85\sigma_{max}$ 处的应变与屈服应变的比值。由表 8.2 和图 8.5 可知，各模型的极限压应力相差不大，σ_{u1}/σ_{u2} 的平均值为 1.00，变异系数为 0.04；大部分曲线上升段和下降段均比较接近，压缩延性系数比值 μ_{c1}/μ_{c2} 的平均值为 0.99，变异系数为 0.13。

简支矩形板模型参数及极限压应力和压缩延性的比较   表 8.2

编号	$\dfrac{b}{t}$	$\dfrac{a}{b}$	几何缺陷幅值	残余应力模式	幅值 σ_r/f_{yk}	ANSYS σ_{u1}/f_{yk}	文献 [7, 10] σ_{u2}/f_{yk}	$\dfrac{\sigma_{u1}}{\sigma_{u2}}$	ANSYS μ_{c1}	文献 [7, 10] μ_{c2}
CSS-1	20	1.000	1/1000	—	—	1	1	1.00	—	—
CSS-2	40	1.000	1/1000	—	—	0.988	1	0.99	—	—
CSS-3	55	0.875	1/1000	—	—	0.906	0.842	1.08	1.54	1.65
CSS-4	60	1.000	1/1000	—	—	0.804	0.801	1.00	1.66	1.80
CSS-5	80	0.875	1/1000	—	—	0.618	0.602	1.03	—	—
CSS-6	30	1.000	1/100	箱形腹板	0.277	0.909	0.889	1.02		
CSS-7	30	1.000	1/1000	箱形腹板	0.277	—	1.033	0.97		
CSS-8	30	1.000	1/10000	箱形腹板	0.277	1.002	1.064	0.94		
CSS-9	30	1.000	1/1000	—	—	—	1.025	0.98		
CSS-10	40	1.000	1/100	箱形腹板	0.277	0.797	0.763	1.04	3.88	3.81
CSS-11	40	1.000	1/1000	箱形腹板	0.277	0.966	0.920	1.05	3.11	3.10
CSS-12	40	1.000	1/10000	箱形腹板	0.277	—	1.007	0.99	4.33	3.12
CSS-13	40	1.000	1/1000	—	—	0.996	1.002	0.99	2.76	2.60
CSS-14	60	1.000	1/100	箱形腹板	0.277	0.629	0.600	1.05	4.00	4.83
CSS-15	60	1.000	1/1000	箱形腹板	0.277	0.644	0.657	0.98	3.37	3.44
CSS-16	60	1.000	1/10000	箱形腹板	0.277	0.649	0.657	0.99	3.23	3.44
CSS-17	60	1.000	1/1000	—	—	0.804	0.782	1.03	1.66	1.77
CSS-18	80	1.000	1/100	箱形腹板	0.277	0.53	0.515	1.03	4.08	4.35
CSS-19	80	1.000	1/1000	箱形腹板	0.277	0.524	0.546	0.96	3.62	3.59
CSS-20	80	1.000	1/10000	箱形腹板	0.277	0.522	0.546	0.96	3.18	3.59
CSS-21	80	1.000	1/1000	—	—	0.605	0.603	1.00	2.37	2.50

3. 残余应力对四边简支板压缩延性的影响

对 $a/b=1$、b/t 为 35 和 45 的四边简支板，图 8.5（h）、（i）、（j）和（k）给出了残余应力对板件压缩延性的影响。考虑了两种残余应力分布的四种幅值，初弯曲均取 $b/1000$。残余应力均使极值点前板件的受压刚度降低，但极值点后曲线下降段与无残余应力的曲线基本重合。大宽厚比板件（$b/t=45$），残余应力会使板件承载力略有下降（工字形降低 5％，箱形降低 10％），但曲线下降段不受影响，板件延性系数 μ_c 反而有所增大。在后面

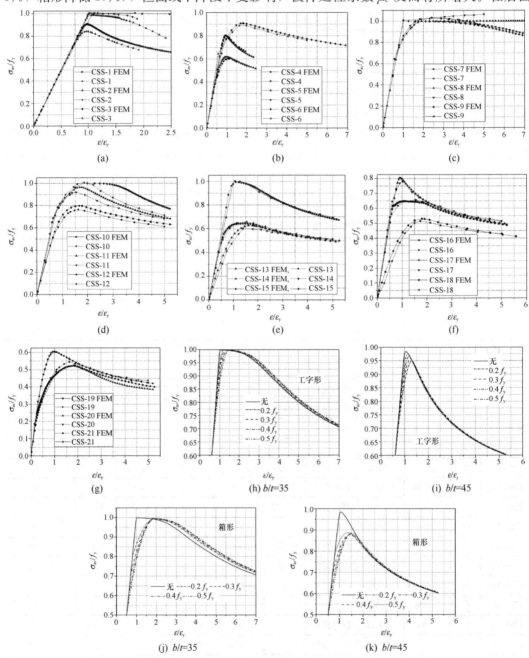

图 8.5　平均压应力-压应变曲线比较[（a）～（g）]和残余应力对板件压缩延性的影响[（h）～（k）]

的计算中残余应力均取工字形截面腹板的分布模式，幅值取 $0.3f_{yk}$。

4. 初始几何缺陷对四边简支板压缩延性的影响

图 8.6 为不同缺陷幅值四边简支板的平均应力-应变曲线，$a/b=1$，b/t 为 35 和 45。几何缺陷使板件受压承载力降低，对曲线下降段有不利影响。宽厚比为 45 的板件，缺陷幅值为 1/2000、1/1000、1/500、1/250 的 μ_c 分别为 2.2、2.1、2.1、2.3；宽厚比为 35 的板件，μ_c 分别为 5.1、4.4、3.7、3.3。可知随着缺陷幅值增大，大宽厚比板件压缩延性基本不受影响，小宽厚比的板件压缩延性会逐渐减小，缺陷幅值 $b/250$ 是 $b/2000$ 的 8 倍，μ_c 下降了约 35%。考虑到研究的板件主要用于抗震，板件较厚，后面的计算统一取缺陷幅值为 $b/1000$。

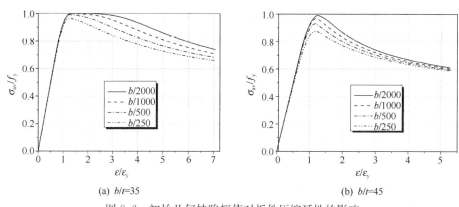

(a) $b/t=35$ (b) $b/t=45$

图 8.6 初始几何缺陷幅值对板件压缩延性的影响

5. 长宽比 a/b 对四边简支板压缩延性的影响

对长宽比 $a/b=0.7\sim3$、宽厚比 $b/t=35$、40、45、50 的四边简支板进行平均应力-压缩变形分析，获得曲线如图 8.7（a）～（d）所示。相同宽厚比、不同长宽比板件的曲线上升

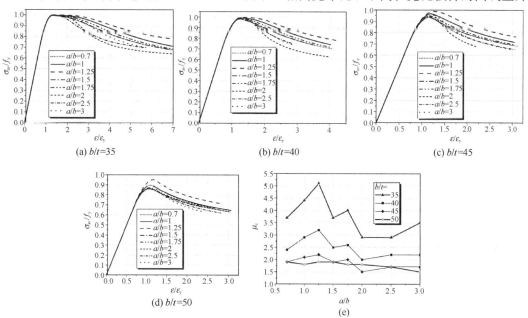

(a) $b/t=35$ (b) $b/t=40$ (c) $b/t=45$

(d) $b/t=50$ (e)

图 8.7 不同长宽比的简支板平均应力-应变曲线和不同长宽比的简支板压缩延性比较

段重合，极值点也接近，但各曲线下降段存在较大差异。不同长宽比的板件压缩延性比较如图 8.7（e）所示，μ_c 随长宽比没有简单地单调增加或递减，各模型的 μ_c 均在 $a/b=1.25$ 时达到最大值；大于 1.25 之后 μ_c 随 a/b 增加有一定的波动，但幅度不大。根据板件屈曲理论：$a/b<\sqrt{2}$ 时屈曲半波数为 1；$a/b=\sqrt{2}\sim\sqrt{6}$ 时半波数为 2；$a/b=\sqrt{6}\sim\sqrt{12}$ 时半波数为 3。屈曲半波数大于 1 后 μ_c 变化不大。

8.2.2　四边简支板的压缩延性系数

取 $b=100\text{mm}$、$a=(175\sim300)\text{ mm}$、$b/t=5\sim50$、Q235 钢，分析了 108 个模型，无量纲化平均压缩应力-应变曲线绘于图 8.8 中。板件宽厚比较小时（$b/t<24$），曲线有明显的屈服点和屈服平台，并存在强化段；宽厚比大于 30 的曲线只有上升段和下降段，没有明显屈服平台。所有曲线可归纳为图 8.9 所示两种类型。板件压缩延性系数可定义为 $\mu_c=\varepsilon_{cu}/\varepsilon_{cy}$，$\varepsilon_{cu}$ 为板件的极限压应变，取压缩应力-应变曲线下降段 $0.85f_u$ 处所对应的压应变值（图 8.9）。ε_{cy} 为板件的屈服压应变，取 $\varepsilon_{cy}=\varepsilon_y$。各模型的压缩延性系数（记为 μ_{css}）与 λ 的关系绘于图 8.10 中，λ 较小时（<0.215），μ_{css} 随 λ 变化不大，当 $\lambda>0.215$ 之后 μ_{css} 随着 λ 增大迅速减小，$\lambda>0.7$ 之后 μ_{css} 减小趋缓并趋近于 1。μ_{css} 与 λ 关系近似为：

$$\mu_{css}=50-49\tanh\frac{4.2(\lambda-0.25)}{\lambda^{(0.1+0.6\lambda)}}\leqslant 50 \tag{8.12}$$

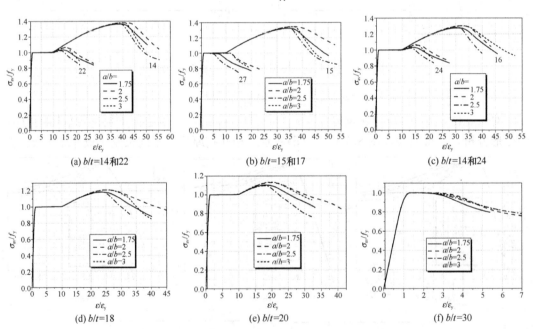

图 8.8　简支矩形板的压缩应力-应变曲线

图 8.10 绘出了式（8.12）的曲线。

8.2.3　其他边界条件矩形板的压缩延性系数

分析了下列四种矩形板：两加载边均为简支。

（1）两非加载边一边简支一边自由（压缩延性系数记为 μ_{csf}）；

（2）两非加载边一边固支一边自由（压缩延性系数记为 μ_{cf0}）；

（3）两非加载边均为固支（压缩延性系数记为 μ_{cff}）；

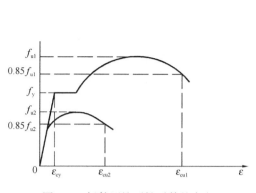

图 8.9　板件压缩延性系数的定义

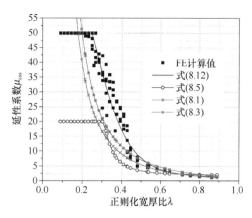

图 8.10　μ_{css} 与 λ 的关系曲线

（4）两非加载边一边固支一边简支（压缩延性系数记为 μ_{cfs}）。

前两种板残余应力采用工字形翼缘上的分布，后两种板采用工字形腹板上的分布［图 8.4（a）］。计算结果绘于图 8.11～图 8.14。分别取板件屈曲系数 $0.425+(b/a)^2$、1.28、6.97、5.42 代入式（8.2）计算正则化宽厚比。拟合公式如下：

$$\mu_{\text{csf}} = 50 - 49\tanh\frac{4(\lambda - 0.3)}{\lambda^{0.95}} \leqslant 50 \tag{8.13a}$$

$$\mu_{\text{cff}} = \mu_{\text{cf0}} = 50 - 49\tanh\frac{5.5(\lambda - 0.215)}{\lambda^{0.1}} \leqslant 50 \tag{8.13b}$$

$$\mu_{\text{cfs}} = 50 - 49\tanh\frac{5(\lambda - 0.215)}{\lambda^{0.1}} \leqslant 50 \tag{8.13c}$$

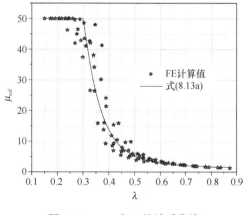

图 8.11　μ_{csf} 与 λ 的关系曲线

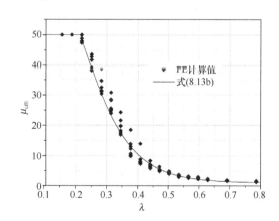

图 8.12　μ_{cf0} 与 λ 的关系曲线

表 8.3 给出了三种四边支承板件 μ_{c} 的比较，可知只有在板件宽厚比较小时，将边界条件由简支改为固支，板件的延性会提高很多；宽厚比大于 45 之后，边界条件对板件延性的影响减小。

表 8.4 给出了两种三边支承板件 μ_{c} 的比较，可知 μ_{cff} 要远大于 μ_{csf}。在实际工程中，很少有其他板件会对三边支承板件提供约束，故这一类板件的压缩延性系数取 μ_{csf} 可能更接近实际。

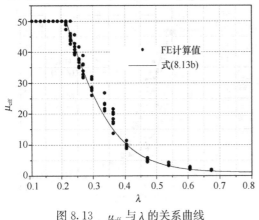

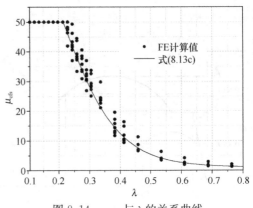

图 8.13　μ_{cff} 与 λ 的关系曲线　　　　　　图 8.14　μ_{cfs} 与 λ 的关系曲线

四边支承板的压缩延性系数　　　　　　　　　　　　　表 8.3

宽厚比	非加载边边界条件			宽厚比	非加载边边界条件		
	两边简支	简支固支	两边固支		两边简支	简支固支	两边固支
18	25.4	34.0	41.6	35	3.2	4.2	5.5
20	19.6	27.1	34.0	40	2.1	2.5	3.2
22	15.1	21.2	27.2	45	1.6	1.7	2.1
25	10.2	14.5	19.0	50	1.3	1.4	1.5
27	7.9	11.2	14.8	55	1.2	1.2	1.3
30	5.5	7.6	10.2				

三边支承板的压缩延性系数　　　　　　　　　　　　　表 8.4

宽厚比	非加载边边界条件		宽厚比	非加载边边界条件	
	简支自由	固定自由		简支自由	固定自由
6	12.1	50.0	11	2.2	17.5
7	7.3	48.5	12	1.8	13.7
8	4.9	39.0	13	1.6	9.7
9	3.5	30.5	14	1.5	7.3
10	2.7	23.3	15	1.4	5.5

8.2.4　屈服强度对板件压缩延性系数的影响

选用 Q345 钢材，取 $b=100$mm，长宽比 $a/b=3$，对宽厚比 b/t 在 $10\sim40$ 之间的 11 个均匀受压四边简支板进行压力-压缩变形分析，计算压缩延性系数，以散点图绘于图 8.15 中。图上实线是式 (8.12)，可知式 (8.12) 可用于 Q345 钢材的受压延性计算。

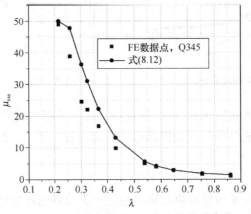

图 8.15　Q345 钢材的 μ_{css} 与 λ 的关系曲线

8.3 简支受弯板、压弯板及受弯翼缘板的延性系数

8.3.1 简支矩形板的弯矩-曲率分析

图 8.16 所示矩形板边缘应力分别为 σ_1、σ_2，以压为正。定义 $\beta = 1 - \sigma_2/\sigma_1$，纯弯板延性系数 μ_b 可定义为：$\mu_b = \phi_u/\phi_y$，ϕ_u 为板件的极限曲率，取弯矩-曲率（M-ϕ）曲线下降段 $0.85M_u$ 处所对应的曲率值（图 8.17）。$\phi_y = 2\varepsilon_y/b$ 为板件边缘纤维达到材料屈服应变时的曲率值。压弯板件延性系数 μ_{bc} 有两种定义，分别是用板件边缘纤维压应变和用板件曲率来定义：

$$\mu_{bc\varepsilon} = \varepsilon_{fcu}/\varepsilon_{fcy} \tag{8.14a}$$

$$\mu_{bc\phi} = \phi_u/\phi_y \tag{8.14b}$$

式中，ε_{fcu} 为板件边缘纤维的极限压应变，取弯矩-边缘纤维压应变（M-ε_{fc}）曲线下降段 $0.85M_u$ 处所对应的压应变值（图 8.18）。ε_{fcy} 为板件边缘纤维开始屈服时的压应变，取 $\varepsilon_{fcy} = \varepsilon_y$。

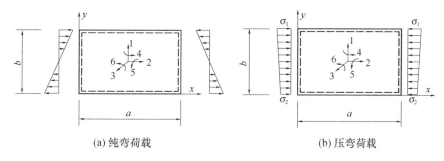

(a) 纯弯荷载　　　　　　　　　　(b) 压弯荷载

图 8.16　简支矩形板计算简图

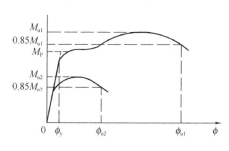

图 8.17　板件曲率定义的延性系数

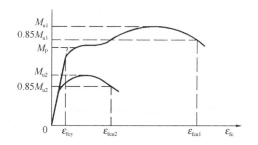

图 8.18　板件边缘纤维压应变定义的延性系数

将板件最大压应变和另一侧的压应变分别记为 ε_1 和 ε_2，ε_{av}、$\Delta\varepsilon$ 分别为板件平均应变和应变增量，则 $\varepsilon_1 = \varepsilon_{av} + \Delta\varepsilon$，$\varepsilon_2 = \varepsilon_{av} - \Delta\varepsilon$，$\mu_{bc\phi} = \dfrac{2\Delta\varepsilon/b}{2\varepsilon_y/b} = \dfrac{\Delta\varepsilon}{\varepsilon_y}$，$\mu_{bc\varepsilon} = \varepsilon_1/\varepsilon_y$，则有：

$$\mu_{bc\varepsilon} = \frac{\varepsilon_{av} + \Delta\varepsilon}{\varepsilon_y} = \varepsilon_{av}/\varepsilon_y + \mu_{bc\phi} \tag{8.15}$$

8.3.2 板件的 M-ε_{fc} 曲线和 M-ϕ 曲线基本性质

对 $a/b = 1 \sim 3$、b/t 为 60 和 125 的四边简支矩形板进行弯矩-曲率分析，其中对 $b/t =$

60 的板件考虑了轴压比为 0、0.25、0.50、0.75 四种情况。得到的弯矩-边缘纤维压应变 (M-ε_{fc}) 曲线和弯矩-曲率 (M-ϕ) 曲线如图 8.19 所示。$b/t=60$ 时截面可形成塑性铰并具有塑性转动能力，曲线甚至会进入强化阶段。$b/t=125$ 时曲线达到极值点后很快进入下降段，塑性转动能力要小很多。

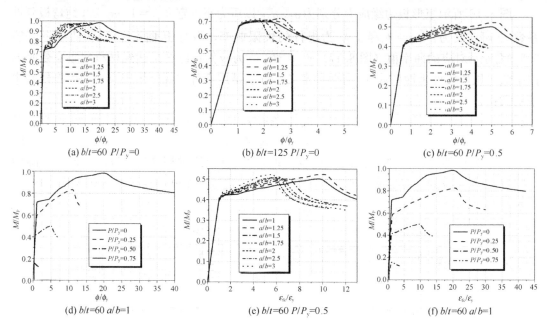

图 8.19　受弯板 M-ϕ 曲线，压弯板的 M-ϕ、M-ε_{fc} 曲线

随轴压比增加，板件极限弯矩变小，变形能力也变差。当轴压比不大时 ($P/P_y=0.25$)，还会进入强化阶段，板件变形能力降低不多；轴压比较大时 ($P/P_y=0.50$)，极限弯矩只有纯弯时的一半，曲线虽然仍有强化阶段，但板件的延性已明显降低；当 $P/P_y=0.75$ 时，板件能承受的最大弯矩已经很小，曲线在达到屈服弯矩以后即进入下降段，板件延性远低于纯弯时的情况。板件变形能力大致随着长宽比的增加而逐渐降低，当 $a/b<1.5$ 时，曲线的下降段出现得较晚，板件的变形能力较好；当 $a/b>1.5$ 之后，各曲线之间已比较接近。后面拟合延性系数计算式时，以 $a/b=1.75\sim3$ 的数据作为拟合依据。

8.3.3　简支矩形板的弯曲延性系数

取 $b=100\text{mm}$、$a/b=1.75\sim3$，改变板厚以取得不同的宽厚比，b/t 变化范围为 18～125，材料为 Q235，对轴压比为 0～0.75 之间的模型进行分析，M-ε_{fc} 曲线和 M-ϕ 曲线绘于图 8.20～图 8.23 中。

$\mu_{bc\varepsilon}$、$\mu_{bc\phi}$ 与板件正则化宽厚比 λ 的关系绘于图 8.24 和图 8.25 中。屈曲系数 μ_{bc} 在 λ 较小时都有一个平台段。轴压比增大，平台段结束的 λ 值变小，轴压比为 0 时约为 0.325，轴压比为 1 时约为 0.22。平台段之后，μ_{bc} 随着 λ 增大迅速减小，轴压比为 0 时 μ_{bc} 逐渐趋于 2，轴压比为 1 时 μ_{bc} 逐渐趋于 1。数据拟合得到 μ_b、$\mu_{bc\varepsilon}$、$\mu_{bc\phi}$ 与 λ 的关系式如式 (8.16)～式 (8.18) 所示。

$$\mu_b = 50 - 48\tanh\frac{4.2(\lambda-0.325)}{\lambda^{0.8}} \leqslant 50 \tag{8.16}$$

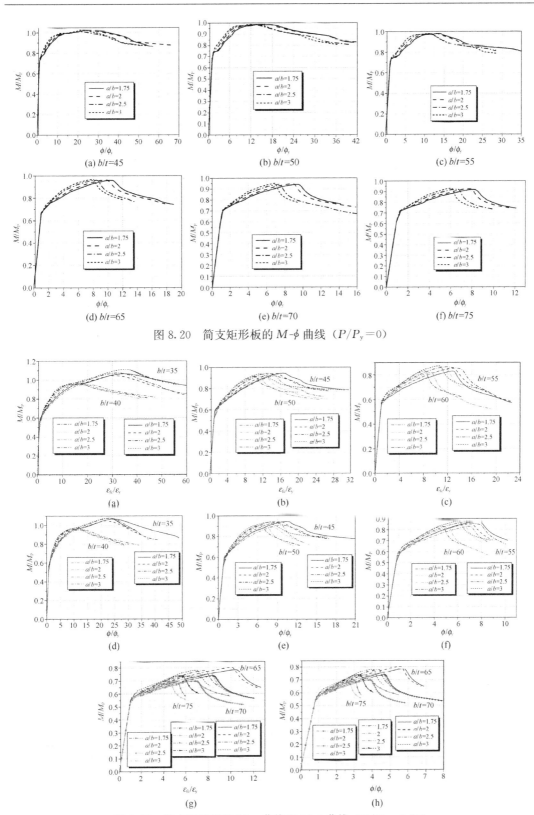

图 8.20 简支矩形板的 M-ϕ 曲线 ($P/P_y = 0$)

图 8.21 简支矩形板的 M-ε_{fc} 曲线和 M-ϕ 曲线 ($P/P_y = 0.25$)

269

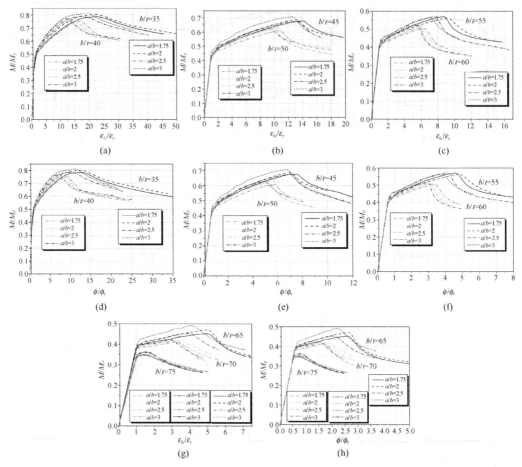

图 8.22　简支矩形板的 $M\text{-}\varepsilon_{\text{fc}}$ 曲线和 $M\text{-}\phi$ 曲线（$P/P_{\text{y}}=0.50$）

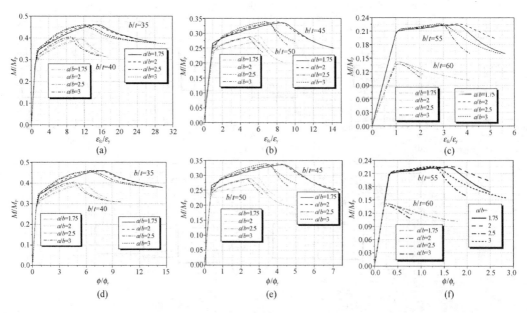

图 8.23　简支矩形板的 $M\text{-}\varepsilon_{\text{fc}}$ 曲线和 $M\text{-}\phi$ 曲线（$P/P_{\text{y}}=0.75$）

$$\mu_{\text{bcε}} = 50 - (48 + p)\tanh(\chi + 2.4p^{1.8p^2+1.1}) \leqslant 50 \tag{8.17}$$

$$\mu_{\text{bcφ}} = 50 - (48 + p)\tanh(\chi + 2.4p^{p^2+0.62}) \leqslant 50 \tag{8.18}$$

式中，$\chi = \dfrac{4.2(\kappa\lambda - 0.325)}{(\kappa\lambda)^{0.8-0.4p^{1/3}}}$，$\kappa = \sqrt{\dfrac{k}{23.9}}$，$p = P/P_y$，$k = 4 + 2\beta + 2\beta^3$，$\beta = 1 - \dfrac{\sigma_2}{\sigma_1} = 1 - \dfrac{p - 1.5 + p^2}{p + 1.5 + p^2}$。

从图 8.24 和图 8.25 可知，式（8.16）～式（8.18）基本上能够反映不同轴压比作用下板件的延性系数的变化规律。图 8.24（a）～（d）以虚线形式绘出了式（8.6）的 $\mu_{\text{bc-b}}$ 与 λ 的关系曲线，可知，式（8.6）仅在纯弯时与式（8.17）差别不大，轴压比在 0.25～0.75 之间式（8.6）曲线偏低。原因是文献［15］的计算模型是箱形截面，且取承载力下降了 5%处的变形计算延性系数，而这里取下降 15%。式（8.17）、式（8.18）取 $P/P_y = 1$ 与式（8.12）比较见表 8.5，可见三式基本吻合。要特别指出的是，根据 $\mu_{\text{bcφ}}$ 的定义，$P/P_y = 1$ 时 $\mu_{\text{bcφ}}$ 应该为 0，式（8.18）只是与均匀受压的情况在数值上保持一致，此时 $\mu_{\text{bcφ}}$ 的定义要用 μ_c 来代替。图 8.25 给出了式（8.17）和式（8.18）在轴压比为 0.25～0.75 之间的曲线，压弯状态下 $\mu_{\text{bcε}}$-λ 曲线要高于 $\mu_{\text{bcφ}}$-λ 曲线。

延性系数公式比较 （$P/P_y = 1$）								表 8.5
b/t	式(8.12)	式(8.17/18)	b/t	式(8.12)	式(8.17/18)	b/t	式(8.12)	式(8.17/18)
15	36.6	40.6	25	10.2	9.1	40	2.1	2.3
18	25.4	25.1	27	7.9	7.0	45	1.6	1.8
20	19.6	18.4	30	5.5	5.0	50	1.3	1.5
22	15.1	13.6	35	3.2	3.2	55	1.2	1.3

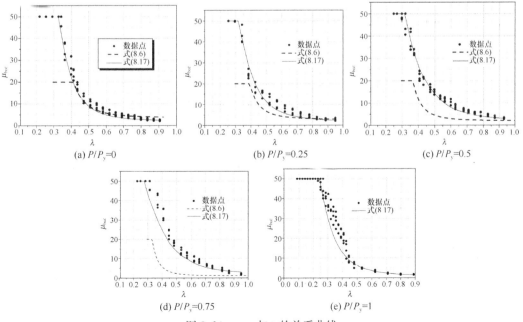

图 8.24 $\mu_{\text{bcε}}$ 与 λ 的关系曲线

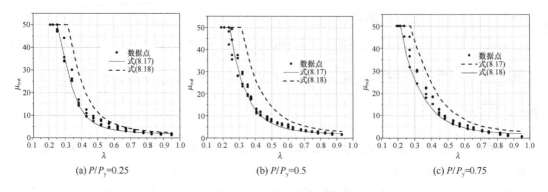

(a) $P/P_y=0.25$　　　　　(b) $P/P_y=0.5$　　　　　(c) $P/P_y=0.75$

图 8.25　$\mu_{bc\phi}$ 与 λ 的关系曲线

8.3.4　翼缘板的弯矩-曲率分析

工字形截面绕弱轴弯曲时，翼缘板处于纯弯的应力状态，翼缘板与腹板交接处可简化为简支边界条件，其计算简图如图 8.26 所示。Q235 钢材，取宽度 $2b=200\text{mm}$、$a/b=1\sim3$、$b/t=5\sim25$ 的翼缘板进行弯矩-曲率分析，共 126 个模型。得到的弯矩-曲率曲线特征与简支矩形板的相同，故翼缘板的弯曲延性系数 μ_{bf} 也相同，μ_{bf} 与 λ 的关系绘于图 8.27 中，计算 λ 时取屈曲系数 $k=1.13$，该系数是通过对大量翼缘板算例进行弹性屈曲分析得到的。对数据进行拟合得到：

$$\mu_{bf} = 50 - 48\tanh\frac{5(\lambda - 0.25)}{\lambda^{0.1}} \leqslant 50 \tag{8.19}$$

工字形截面绕强轴弯曲时，翼缘板受压，仍将翼缘板与腹板交接处简化为简支边界条件，则翼缘板的延性系数是式（8.13a）的 μ_{csf}。将翼缘板受弯延性和受压延性进行比较见表 8.6，可见受弯时的延性远远大于受压延性。弱轴受弯时，翼缘宽厚比可以适当放松。

翼缘板受弯延性和受压延性比较　　　　　　　　　　　　表 8.6

宽厚比	受弯延性 μ_{bf}	受压延性 μ_{csf}	宽厚比	受弯延性 μ_{bf}	受压延性 μ_{csf}
6	50	12.1	11	22.6	2.2
7	50	7.3	12	17.4	1.8
8	45.3	4.9	13	13.4	1.6
9	36.6	3.5	14	10.4	1.5
10	29	2.7	15	8.1	1.4

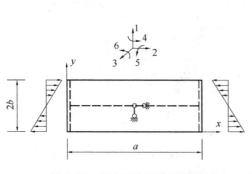

图 8.26　受弯翼缘板计算简图

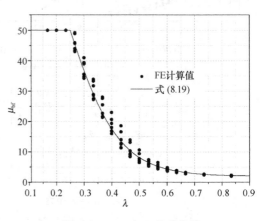

图 8.27　μ_{bf} 与 λ 关系曲线

8.3.5 屈服强度对板件弯曲延性系数的影响

取 $f_{yk}=345\text{N/mm}^2$，其余与前面相同。弯曲延性系数结果绘于图 8.28 中，可见式 (8.18) 与 Q345 钢材的计算点符合较好。

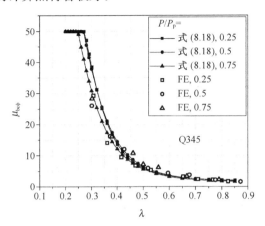

图 8.28 Q345 钢材的 $\mu_{bc\phi}$ 与 λ 的关系曲线

8.4 受弯和压弯条件下工字形截面的延性系数

8.4.1 受弯和压弯荷载作用下工字形截面的非线性分析

Eurocode 3 分别规定了工字形截面腹板和翼缘的宽厚比限值，事实上腹板和翼缘存在相互作用，可提高截面的塑性转动能力。当腹板宽厚比不超过 40 时，第Ⅲ类截面的翼缘宽厚比限值可放宽到 20，而 Eurocode 3 规定的限值是 14。可见忽略板件间相互作用得到的宽厚比限值会过于严格。日本建筑学会钢结构极限状态设计指针 AIJ2010 建议的板件宽厚比相关关系式是：

$$A^2\left(\frac{b}{t}\varepsilon_k\right)^2 + B^2\left(\frac{h}{t_w}\varepsilon_k\right)^2 = 1 \tag{8.20}$$

式中，h 为腹板中线高度，t_w 为厚度，b 为翼缘板宽度，t 为厚度，$\varepsilon_k=\sqrt{f_y/235}$，$f_y$ 为屈服应力，A 和 B 是与板件分级有关的常数。下面对轴压比在 $0\sim0.8$ 之间的工字形截面模型进行分析（图 8.29）。

模型长度为 L，截面上的压应力沿腹板中线高度方向线性变化。最大、最小边缘应力分别记为 σ_1、σ_2，以压为正，定义 $\beta=(\sigma_1-\sigma_2)/\sigma_1$，边界条件为：约束两端截面腹板的自由度 3，翼缘板的自由度 1，约束腹板中心点的自由度 2。考虑几何与材料非线性，初始几何缺陷采用弹性一阶屈曲波形，幅值取腹板高度的 $1/2000$、$1/1000$、$1/500$、$1/250$，残余应力分布模型如图 8.4 (a) 所示，残余应力幅值 σ_r 取 $0.3f_y$、$0.5f_y$、$0.7f_y$。

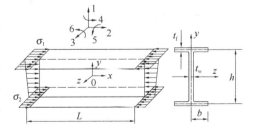

图 8.29 工字形截面模型计算简图

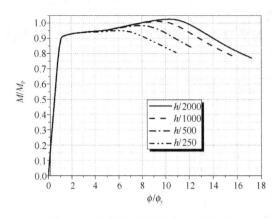

图 8.30　初始缺陷幅值对 $\mu_{\text{bc-I}}$ 的影响

初始几何缺陷幅值分别取腹板高度的 1/2000、1/1000、1/500、1/250，对纯弯工字形截面模型进行非线性分析，各模型的 $M\text{-}\phi$ 曲线如图 8.30 所示，可知各曲线的线性段和塑性段的前半段均相重合，但随着缺陷幅值的增大，极限弯矩会降低，下降段也出现得越早，截面延性减小。工字形截面的延性系数 $\mu_{\text{bc-I}} = \phi_{\text{u}} / \phi_{\text{y}}$，$\phi_{\text{u}}$ 为极限曲率，取弯矩-曲率曲线下降段 $0.85M_{\text{u}}$ 处所对应的曲率值。$\phi_{\text{y}} = 2\varepsilon_{\text{y}}/b$ 为板件边缘纤维达到材料屈服应变时的曲率值。缺陷幅值 $h/250$ 是 $h/2000$ 的 8 倍，相对应的 $\mu_{\text{bc-I}}$ 只下降了约 25%，说明工形截面延性下降的幅度不是很大。考虑到研究的板件主要用于抗震，板件较厚，故对后面的计算模型均取缺陷幅值为腹板高度的 1/1000。

8.4.2　工字形截面的延性系数

取翼缘外伸宽度 $b=500\text{mm}$，长度 L 的变化范围为 $4b\sim6b$，腹板高度 h 的变化范围为 $2b\sim6b$，$b/t_{\text{f}} = 9 \sim 15$，$h/t_{\text{w}} = 30 \sim 70$。Q235 钢材，轴压比为 $0\sim0.8$，共分析了 5 组共 1225 个模型。图 8.31 绘出了无量纲化 $M\text{-}\phi$ 曲线，M_{P} 为截面的塑性弯矩。所有模型的延性系数 $\mu_{\text{bc-I}}$ 绘于图 8.32 中。

随轴压比增加，截面极限弯矩越来越小，变形能力也越来越差。当轴压比不大时（$P/P_{\text{y}}=0.2$），与纯弯相比，极限弯矩降低不是很大，但截面的变形能力下降了很多。轴压比较大时（$P/P_{\text{y}}=0.4\sim0.6$），极限弯矩大幅下降，但截面延性比 $P/P_{\text{y}}=0.2$ 时下降得不多。当 $P/P_{\text{y}}=0.8$ 时，虽然极限弯矩已经很小，但截面仍然具有一定延性。当翼缘宽厚比和轴压比一定时，随着腹板宽厚比的降低，$\mu_{\text{bc-I}}$ 逐渐增加，但当轴压比较大时，$\mu_{\text{bc-I}}$ 增加的幅度减小（图 8.33、图 8.34）。

为拟合 $\mu_{\text{bc-I}}$ 的计算公式，按照式（8.2）计算截面的正则化宽厚比 λ，并按不同的轴压比将 $\mu_{\text{bc-I}}$ 与截面正则化宽厚比 λ 的关系绘于图 8.35 中。文献 [23] 给出了非均匀受压的工字形截面屈曲系数 k 的计算式，如式（8.21）～式（8.23）所示。其中 K_{w0} 为均匀受压时工字形截面的屈曲系数，K_{w2} 为纯弯时工字形截面的屈曲系数，$K_{\text{w}\beta}$ 为非均匀受压时工字形截面的屈曲系数 k。

$$\frac{1}{K_{\text{w0}}^{6t^2}} = \frac{1}{K_{\text{w0a}}^{6t^2}} + \frac{1}{K_{\text{w0b}}^{6t^2}} \tag{8.21}$$

式中，$K_{\text{w0a}} = [1.2 - \tanh(t+0.1)^{4.4}]\eta^2 + \{1 - 2.25t + 2.5t\tanh[(t+0.1)^{4.4}]\}\eta$
$\qquad\qquad + 0.07 - 0.703t + 1.48t^2 - 1.56t^2\tanh[(t+0.1)^{4.4}]$

$K_{\text{w0b}} = 4.78 + 2.11\tanh(t^{1.1} - 0.9)$，$t = \dfrac{t_{\text{f}}}{t_{\text{w}}}$，$\eta = \dfrac{h}{b}t$

$$\frac{1}{K_{\text{w2}}^{6\sqrt[4]{t}}} = \frac{1}{K_{\text{wa}}^{6\sqrt[4]{t}}} + \frac{1}{K_{\text{wb}}^{6\sqrt[4]{t}}} \tag{8.22}$$

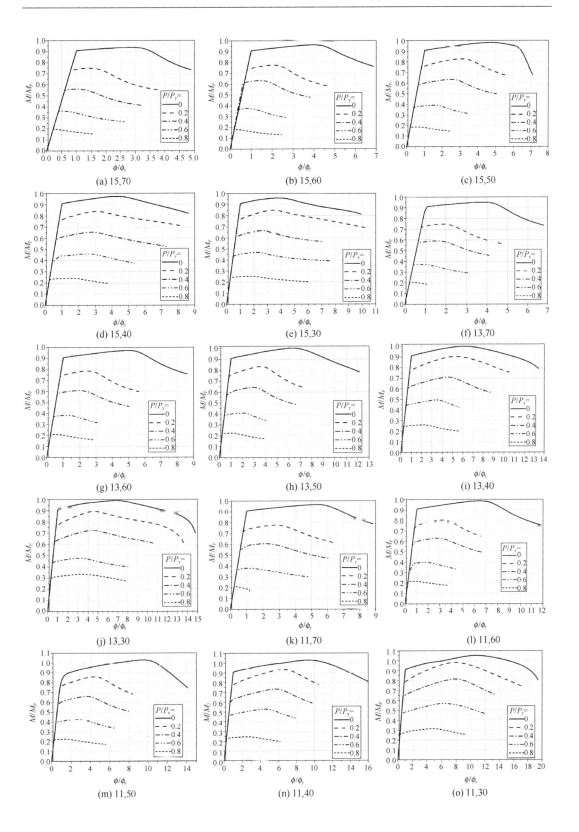

(a) 15,70 (b) 15,60 (c) 15,50

(d) 15,40 (e) 15,30 (f) 13,70

(g) 13,60 (h) 13,50 (i) 13,40

(j) 13,30 (k) 11,70 (l) 11,60

(m) 11,50 (n) 11,40 (o) 11,30

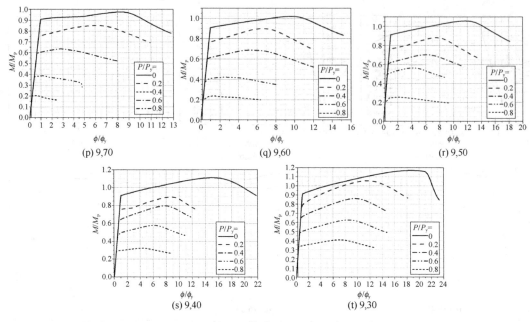

图 8.31　工字形截面模型的弯矩-曲率曲线（$L/2b=2$、$h/2b=2$，分图号后数字是 $b/t_f,h/t_w$）

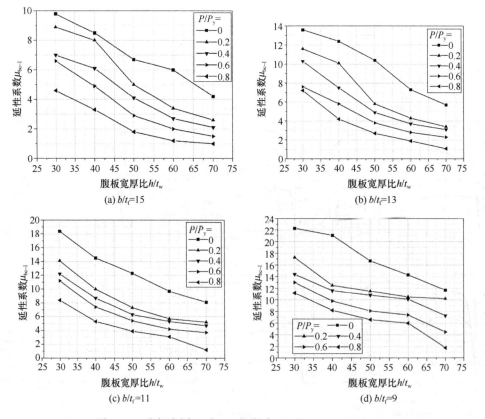

图 8.32　腹板宽厚比对 $\mu_{bc\text{-}I}$ 的影响（$L/2b=2$，$h/2b=2$）

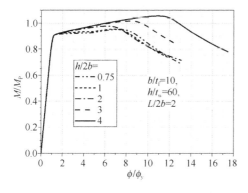

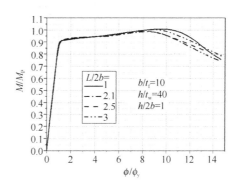

图 8.33 高宽比对 $\mu_{\text{bc-I}}$ 的影响   图 8.34 长宽比对 $\mu_{\text{bc-I}}$ 的影响

式中，$K_{\text{wa}} = [1.6 - 1.17\tanh(t^2 + 0.2)]\eta^2 + [1.11 - 3.15t + 2.92t\tanh(t^2 + 0.2)]\eta -$

$\qquad 0.023 - 0.638t + 2t^2 - 1.83t^2\tanh(t^2 + 0.2)$

$K_{\text{wb}} = 27.5 + 11.85\tanh(t^{1.5} - 1.7)$

$$\left(\frac{0.5\beta}{K_{\text{w2}}}\right)^{\alpha} K_{\text{w}\beta}^{\alpha} + \frac{(1 - 0.5\beta)}{K_{\text{w0}}} K_{\text{w}\beta} = 1 \tag{8.23}$$

式中，$\alpha = 1.57 + 0.43\tanh\chi$

$$\chi = \eta^{1.5 - 0.45\delta} - 5.94 - 2.67\tanh(t^{2.5} - 2.75)$$

$$\delta = e^{-10(t - 1.15)^2}$$

图 8.35 显示，随 λ 增大，$\mu_{\text{bc-I}}$ 迅速减小，最后趋于定值。该定值在轴压比 $p = P/P_{\text{P}}$ < 0.6 时约等于 1，高轴压比（$p = 0.8$）时会小于 1 并趋向于 0。另外，当采用 λ 为横坐标

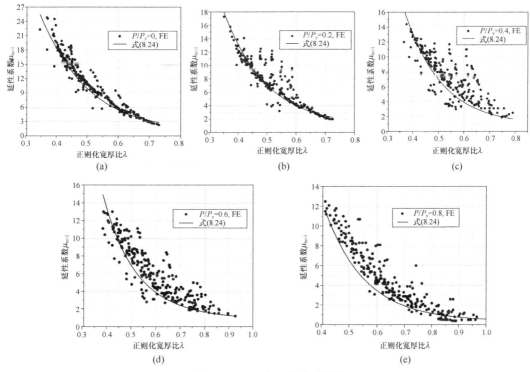

图 8.35 $\mu_{\text{bc-I}}$ 与 λ 的关系曲线

时 $\mu_{bc\text{-}1}$ 的离散性要比按宽厚比时小很多，这为拟合 $\mu_{bc\text{-}1}$ 提供了方便：

$$\mu_{bc\text{-}1} = 50 - (49 + p^2)\tanh\left[\frac{3.7(\lambda - 0.22 + 0.066\tanh p^{0.01})}{\lambda^{0.15}}\right] \leqslant 50 \qquad (8.24)$$

同样研究了式（8.24）对 Q345 钢材的适用性，结论是肯定的。

8.5　受弯和压弯条件下箱形截面的延性系数

8.5.1　受弯和压弯荷载作用下箱形截面的非线性分析

如图 8.36 所示，考虑几何与材料非线性，初始几何缺陷采用一阶屈曲波形，残余应力分布如图 8.4（b）所示。残余应力和初始弯曲的影响如图 8.37 和图 8.38 所示。最终分析时缺陷幅值取腹板高度的 1/1000，残余应力幅值 σ_r 取 $0.3f_{yk}$。

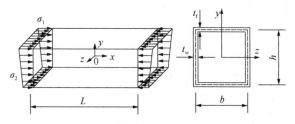

图 8.36　箱形截面模型计算简图

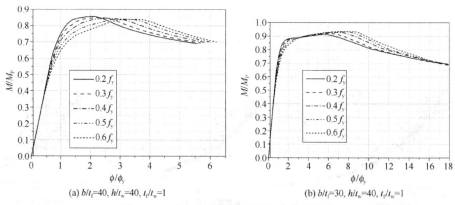

(a) $b/t_f=40$, $h/t_w=40$, $t_f/t_w=1$　　　(b) $b/t_f=30$, $h/t_w=40$, $t_f/t_w=1$

图 8.37　残余应力幅值对 M-ϕ 曲线的影响

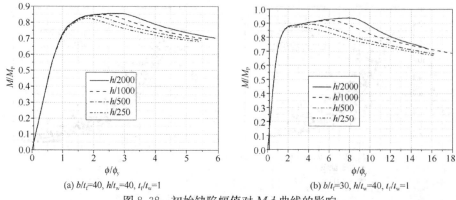

(a) $b/t_f=40$, $h/t_w=40$, $t_f/t_w=1$　　　(b) $b/t_f=30$, $h/t_w=40$, $t_f/t_w=1$

图 8.38　初始缺陷幅值对 M-ϕ 曲线的影响

1. 厚度比 t_f/t_w 对箱形截面延性的影响

取 $L/h=2$、$t_f/t_w=1$、1.5、2，对 $h/t_w=40$、$b/t_f=40$ 和 $h/t_w=40$、$b/t_f=30$ 的两组纯弯箱形截面模型进行非线性分析，$M\text{-}\phi$ 曲线如图 8.39 所示。每组曲线的下降段差异较大，特别是第一组曲线 $t_f/t_w=2$ 的延性要远大于另两个模型，说明厚度比 t_f/t_w 对箱形截面延性影响较大。

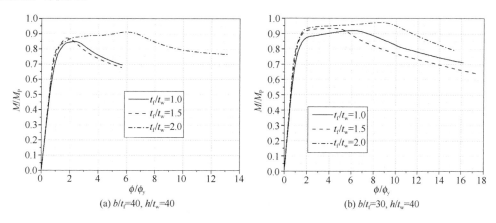

(a) $b/t_f=40$, $h/t_w=40$ (b) $b/t_f=30$, $h/t_w=40$

图 8.39 厚度比 t_f/t_w 对 $M\text{-}\phi$ 曲线的影响

2. 长高比 L/h 对箱形截面延性的影响

取 $t_f/t_w=1$、$L/h=0.5\sim2.5$，对 $h/t_w=40$、$b/t_f=40$ 和 $h/t_w=40$、$b/t_f=30$ 的两组纯弯箱形截面模型进行非线性分析，$M\text{-}\phi$ 曲线如图 8.40 所示。极值点出现的位置和曲线下降段差异很大。延性系数 $\mu_{bc\text{-}b}$ 随长高比 L/h 的变化如图 8.41 所示，两组模型分别在 $L/h=1.0$ 和 0.7 处的延性达到最大值，然后随 L/h 的增大，$\mu_{bc\text{-}b}$ 迅速下降，趋于稳定。对模型进行弹性屈曲分析可知，两组模型分别在 $L/h=0.5\sim1.0$ 和 $0.5\sim0.7$ 时屈曲半波数为 1，$L/h=1.5\sim2$ 和 $1.0\sim1.5$ 时屈曲半波数为 2；$L/h=2.5$ 和 2.0 时屈曲半波数为 3。结合 $\mu_{bc\text{-}b}$ 随 L/h 的变化趋势，可观察到 $\mu_{bc\text{-}b}$ 和屈曲半波数之间存在这样一种规律：在半波数为 1 的 L/h 范围，$\mu_{bc\text{-}b}$ 随 L/h 的增大而增大；当 L/h 增大到使屈曲半波数为 2 时，$\mu_{bc\text{-}b}$ 迅速下降；L/h 继续增大到使屈曲半波数为 3 时，$\mu_{bc\text{-}b}$ 和屈曲半波数为 2 时的值相差不大。故后面将以屈曲半波数为 2 和 3 的模型数据来拟合 $\mu_{bc\text{-}b}$ 的计算公式。

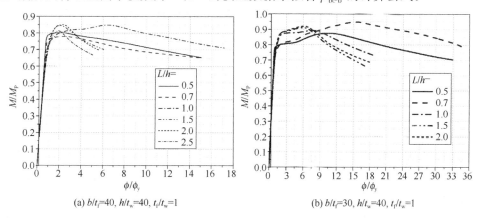

(a) $b/t_f=40$, $h/t_w=40$, $t_f/t_w=1$ (b) $b/t_f=30$, $h/t_w=40$, $t_f/t_w=1$

图 8.40 长高比 L/h 对 $M\text{-}\phi$ 曲线的影响

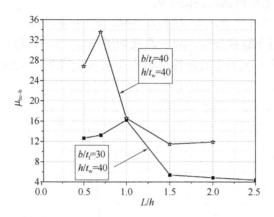

图 8.41　延性系数 $\mu_{\text{bc-b}}$ 与 L/h 的关系

8.5.2　箱形截面延性系数的计算公式

Q235 钢材，$h=1000\text{mm}$，$L/h=1.0\sim2.5$，$h/b=1\sim2$，$t_{\text{f}}/t_{\text{w}}=1\sim2$，对 $b/t_{\text{f}}=20\sim50$，$h/t_{\text{w}}=20\sim120$ 的箱形截面进行非线性分析，轴压比为 $0\sim0.8$，共分析了 5 组共 610 个模型。图 8.42 绘出了无量纲化 $M\text{-}\phi$ 曲线，M_{P} 为截面的塑性弯矩。延性系数 $\mu_{\text{bc-b}}$ 绘于图 8.43 中。

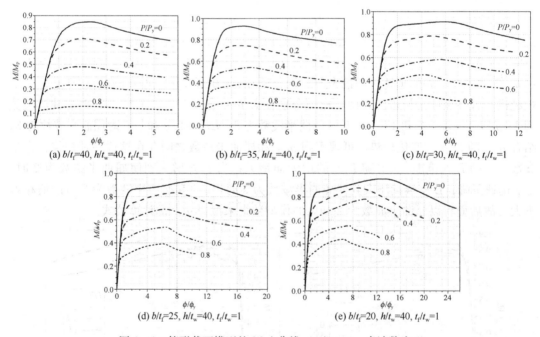

图 8.42　箱形截面模型的 $M\text{-}\phi$ 曲线（$t_{\text{f}}/t_{\text{w}}=1$，半波数为 2）

由图 8.42 和图 8.43 可知，随轴压比增加，极限弯矩减小，变形能力下降。$P/P_{\text{y}}=0.8$ 时，虽然极限弯矩已经很小，但截面仍然具有一定的延性。当腹板宽厚比和轴压比一定时，随着翼缘宽厚比的降低，$\mu_{\text{bc-b}}$ 逐渐增加，但当轴压比较大时，$\mu_{\text{bc-b}}$ 增加的幅度减小。这说明腹板和翼缘的宽厚比限值应采用相关关系来表示，若忽略板件间相互作用，分别规定腹板宽厚比和翼缘宽厚比的限值，有些情况下会过于保守。

图 8.43 直观反映出 $\mu_{bc\text{-}b}$ 与翼缘宽厚比的关系，但从前面分析得知，截面延性还同厚度比有关。为拟合 $\mu_{bc\text{-}b}$ 的计算公式，按照式 (8.2) 计算截面正则化宽厚比 λ，并按不同的轴压比将 $\mu_{bc\text{-}b}$ 与 λ 的关系绘于图 8.44 中。

文献 [23] 研究了薄壁截面的局部稳定，给出了非均匀受压的箱形截面屈曲系数 k 的计算式，如式 (8-25) ～ 式 (8-28) 所示。其中 K_{w0} 为均匀受压时箱形截面的屈曲系数，K_{w2} 为纯弯时箱形截面的屈曲系数，$K_{w\beta}$ 即为非均匀受压时箱形截面的屈曲系数 k。

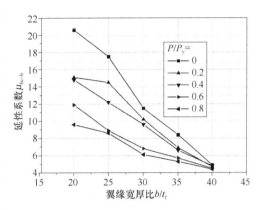

图 8.43 翼缘宽厚比对 $\mu_{bc\text{-}b}$ 的影响
($t_f/t_w = 1$，半波数为 2)

$$K_{w0} = 4 + 1.12\delta + \left[2.85 + \frac{0.33}{100}\left(\frac{h}{b} - 1\right)^2 - 1.12\delta\right]\left(\frac{t_f}{2t_w} - 0.5\right)^{(t_w/t_f)^2} \quad (8.25)$$

$$\frac{1}{K_{w2}^{6\sqrt[4]{t}}} = \frac{1}{K_{wa}^{6\sqrt[4]{t}}} + \frac{1}{K_{wb}^{6\sqrt[4]{t}}} \quad (8.26)$$

$$K_{wa} = 10.65 - 13t + \left[4.25 + 10.5(t-1)^{2/3}\right]\eta + \frac{3.25}{t^{3.2}}\eta^2 \quad (8.27a)$$

$$K_{wb} = 28.5 + 10.5\tanh(t^{1.1} - 0.9) \quad (8.27b)$$

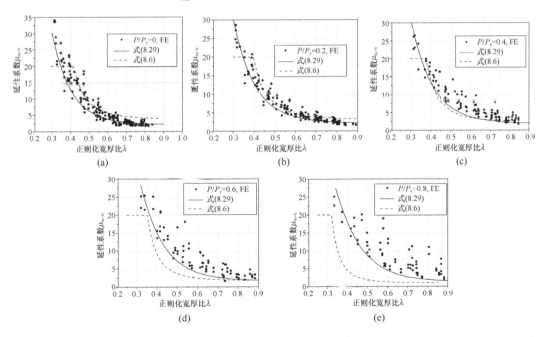

(a) (b) (c)

(d) (e)

图 8.44 $\mu_{bc\text{-}b}$ 与 λ 的关系曲线

$$t = \frac{t_f}{t_w}, \ \eta = \frac{h}{b}t, \ \delta = \left(\frac{h}{b} - 1\right)^{\left(0.4 - 0.02\frac{h}{b}\right)}$$

$$\left(\frac{0.5\beta}{K_{w2}}\right)^{\alpha} K_{w\beta}^{\alpha} + \frac{(1-0.5\beta)}{K_{w0}} K_{w\beta} = 1 \tag{8.28}$$

式中，$\alpha = 1.025 + 0.373 \left(\dfrac{h^2 t_f}{b^2 t_w}\right)^2 \leqslant 2$。

从图 8.44 可见，随着 λ 的增大，$\mu_{bc\text{-}b}$ 迅速减小，最后逐渐趋于定值 2。当 λ 为横坐标时，$\mu_{bc\text{-}b}$ 的离散性要比按宽厚比时小很多，这就为拟合 $\mu_{bc\text{-}b}$ 公式提供了思路，结果是：

$$\mu_{bc\text{-}b} = 50 - (48 + p^2)\tanh\left[\frac{4.5}{\lambda^{0.4}}(\lambda - 0.24 - 0.04\tanh p^4)\right] \leqslant 50 \tag{8.29}$$

与有限元结果相比大多数情况下偏于安全。

图 8.44 还以虚线形式给出了式（8.6）的曲线。该式在 $P/P_y \leqslant 0.4$ 时略大于式（8.29），$P/P_y = 0.6$ 和 0.8 时与式（8.29）相差较大。式（8.6）的 $\mu_{bc\text{-}b}$ 是按承载力下降 5% 的变形值所定义的延性系数，且公式是以轴压比为 $0\sim0.5$、方钢管、长高比为 0.7 的模型数据拟合得到的。从前面对长高比和延性关系所做的分析可知，长高比为 0.7 的模型 $M\text{-}\phi$ 曲线下降段出现得较晚，另外这里是按承载力下降 15% 的变形值来定义延性，这两个因素相互抵消，所以两个式子在 $P/P_y = 0.4$ 时相差不是很大。$P/P_y = 0.6$ 和 0.8 时超过了式（8.6）拟合的数据范围。

将截面的延性系数（图 8.44）和板件的延性系数（图 8.25）进行对比可知，截面延性系数的数据点离散性增大了。

8.6 面向抗震设计的钢截面分类

8.6.1 面向抗震设计的截面分类方法

根据延性地震力理论，结构影响系数相同，对结构侧移延性的需求也相同。结构侧移延性系数随结构体系而不同，例如框架，是层延性系数。钢筋混凝土剪力墙和钢支撑架则复杂得多，涉及多自由度弯曲型体系，似乎应基于截面延性。面向框架结构进行研究，层延性可以用构件延性代替。

构件延性建立在截面延性基础上，由截面延性需求可以确定截面板件宽厚比限值。本节尝试提出面向抗震设计的截面分类方法：以结构影响系数 $C = 0.25$、0.3、0.35、0.45 和 0.55 来确定截面的分类，并记为 S1E、S2E、S3E、S4E、S5E。这种分类与本章开头介绍的 S1～S5 分类是不同的。

从国际观点看，构成结构影响系数的还有超强系数，它代表结构超静定次数和多道抗震防线，其值变化大。因此分两种情况来考虑截面分类：一是不考虑超强系数，对结构的延性需求是：

$$\mu_{d,req} = C^{-1} \tag{8.30}$$

二是按照薄壁构件设计的结构，结构影响系数取 0.55（日本），此时对截面的宽厚比无特殊要求，相当于用超强系数来抵抗地震作用，对结构的延性要求是 1.0。据此反推超强系数取值是 $1/0.55 = 1.82$。把这个系数应用到延性更好的三类截面，对结构的延性需求是：

$$\mu_{d,req} = 0.55C^{-1} \tag{8.31}$$

有了对结构的延性需求，依据式（8.9a）～式（8.9c），反推对构件截面的曲率延性需求。工字形和箱形截面的塑性开展系数，腹板所占比重越大，塑性开展能力越大。对焊接工字梁，r 通常大于 1.1；对轧制的工字钢和 H 型钢，箱形截面，r 可高达 1.2，本节取 $r=1.1$（多道抗震设防的、超静定次数高的，也可以取较大值）。后期刚度系数 $\alpha=0.01$ 和 0.03 时，截面延性系数与位移延性系数的关系是：

$$\mu_{\phi,0.01} = 8.04(\mu_d - 1)^{0.56} + 1 \tag{8.32a}$$

$$\mu_{\phi,0.03} = 4.94(\mu_d - 1)^{0.56} + 1 \tag{8.32b}$$

根据式（8.32a）、式（8.32b）可得到每一类截面所对应的截面延性需求，见表 8.7。由第 8.2～8.5 节拟合的板件和截面延性系数公式即可给出各类截面的板件宽厚比限值。

不考虑和考虑超强系数时抗震 5 类截面的延性需求 表 8.7

截面条件		$r=1.1, \alpha=0.01$					$r=1.1, \alpha=0.03$				
类别		S1E	S2E	S3E	S4E	S5E	S1E	S2E	S3E	S4E	S5E
C		0.25	0.3	0.35	0.45	0.55	0.25	0.3	0.35	0.45	0.55
无超强	$\mu_{d,req}$	4	3.33	2.86	2.22	1.82	4	3.33	2.86	2.22	1.82
	$\mu_{\phi,req}$	15.90	13.93	12.39	9.99	8.19	10.15	8.94	8	6.52	5.42
有超强	$\mu_{d,req}$	2.2	1.83	1.57	1.22	1	2.2	1.83	1.57	1.22	1
	$\mu_{\phi,req}$	9.91	8.24	6.86	4.44	1	6.47	5.45	4.60	3.11	1

8.6.2 不考虑板件间相互作用的截面宽厚比分界

对受压的四边简支板、三边简支一边自由板和受压弯荷载的四边简支板，宽厚比与正则化宽厚比 λ 的关系分别为（Q235 钢材）：

$$\frac{b_0}{t} = 56.29\lambda \tag{8.33a}$$

$$\frac{b_1}{t} = 18.36\lambda \tag{8.33b}$$

$$\frac{h_w}{t_w} = 28.14\sqrt{4 + 2\beta + 2\beta^3}\lambda \tag{8.33c}$$

三种板件的延性系数公式为式（8.12）、式（8.13a）、式（8.16），由对截面的延性需求反推板件宽厚比限值，表 8.8 和表 8.9 列出了不考虑和考虑超强系数时各类截面的板件宽厚比限值。

不考虑和考虑超强系数时受压板件的宽厚比限值 表 8.8

截面条件		$r=1.1, \alpha=0.01$					$r=1.1, \alpha=0.03$				
类别		S1E	S2E	S3E	S4E	S5E	S1E	S2E	S3E	S4E	S5E
无超强	$\mu_{\phi,req}$	15.90	13.93	12.39	9.99	8.19	10.15	8.94	8	6.52	5.42
	b_0/t	21.6	22.6	23.5	25.2	26.7	25	26.1	26.9	28.6	30.2
	b_1/t_f	5.5	5.7	5.9	6.3	6.7	6.3	6.6	6.8	7.2	7.7
有超强	$\mu_{\phi,req}$	9.91	8.24	6.86	4.44	1	6.47	5.45	4.60	3.11	1
	b_0/t	25.2	26.6	28.1	32	40	28.6	30	31.6	35.5	40
	b_1/t_f	6.3	6.8	7.1	8.2	15	7.3	7.7	8.1	9.4	15

不考虑和考虑超强系数时压弯板件的宽厚比限值　　　　表 8.9

截面条件		$r=1.1,\ \alpha=0.01$					$r=1.1,\ \alpha=0.03$				
类别		S1E	S2E	S3E	S4E	S5E	S1E	S2E	S3E	S4E	S5E
$\mu_{\phi,req}$		15.90	13.93	12.39	9.99	8.19	10.15	8.94	8	6.52	5.42
无超强 $\dfrac{P}{P_P}=$	0	61.5	61.5	63.3	66.8	70.3	66.5	68.6	70.8	75	79.6
	0.25	45.3	45.3	46.8	49.5	52.2	49.3	51	52.5	55.6	58.7
	0.5	38.4	38.4	39.7	42.1	44.5	41.9	43.4	44.8	47.5	50.2
	0.75	31.7	31.7	32.7	34.8	36.9	34.7	36	37.1	39.5	41.7
	1	22.6	22.6	23.5	25.2	26.7	25	26.1	26.9	28.6	30.2
$\mu_{\phi,req}$		9.91	8.24	6.86	4.44	1	6.47	5.45	4.60	3.11	1
有超强 $\dfrac{P}{P_P}=$	0	66.9	70.3	73.9	85.5	150	75.2	79.5	84.3	101	150
	0.25	49.5	52	54.8	62.7	115	55.7	58.8	62	72	115
	0.5	42.2	44.4	46.9	53.4	90	47.6	50	52.8	60.8	90
	0.75	34.9	36.9	38.9	44.5	65	39.5	41.7	44	50.2	65
	1	25.2	26.6	28.1	32	40	28.6	30	31.6	35.5	40

从表 8.8 和表 8.9 可看出，考虑超强系数的板件宽厚比限值要比不考虑超强系数的情况宽松。增大后期刚度系数 α 可以减小对截面的延性需求。

表 8.8 和表 8.9 右下部分（有超强，$r=1.1$，$\alpha=0.03$）的数据已经处在目前工程技术人员可以接受的范围，但是纯压荷载作用下的三边简支一边自由的板件分类界限，本节方法还是更加严格。考虑超强系数 1.1，后期刚度系数 $\alpha=0.03$ 的压弯板件（四边简支板）宽厚比限值在图 8.45 中表示。

可用下式来近似计算，最大误差不超过 6%，式中 $p=P/P_P$。

四边简支板：
$$\left[\frac{b_0}{t}\right]_{0.03,1.1}=\left(76-47p^{0.5(1+p)}\right)\mathrm{e}^{(C-0.25)^2(7-3p^2)} \tag{8.34a}$$

三边简支一边自由板：$\left[\dfrac{b_1}{t}\right]_{1.1,0.03}=4.55+7C+\mathrm{e}^{70(C-0.25)^3}$ (8.34b)

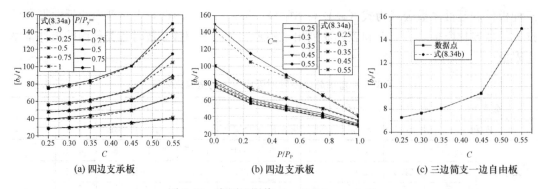

(a) 四边支承板　　　　　　(b) 四边支承板　　　　　(c) 三边简支一边自由板

图 8.45　宽厚比限值 ($\alpha=0.03$，$r=1.1$)

8.6.3　工字形截面的宽厚比分界

工字形截面延性系数计算式见式（8.24）。表 8.10 列出了不考虑和考虑超强系数时各类截面延性需求以及对应的正则化宽厚比限值 $[\lambda]_H$。可见考虑超强系数、增大后期刚度系数 α 可减小对截面的延性需求。

不考虑和考虑超强系数时抗震 5 类截面的正则化宽厚比限值   表 8.10

截面条件		$r=1.1,\alpha=0.01$					$r=1.1,\alpha=0.03$				
类别		S1E	S2E	S3E	S4E	S5E	S1E	S2E	S3E	S4E	S5E
无超强 $\dfrac{P}{P_P}=$	$\mu_{d,req}$	4	3.33	2.86	2.22	1.82	4	3.33	2.86	2.22	1.82
	$\mu_{\phi,req}$	15.90	13.93	12.39	9.99	8.19	10.15	8.94	8	6.52	5.42
	0	0.424	0.445	0.464	0.499	0.531	0.496	0.517	0.535	0.570	0.602
	0.2	0.370	0.391	0.409	0.444	0.476	0.441	0.462	0.480	0.514	0.545
	0.4	0.369	0.390	0.408	0.442	0.474	0.439	0.459	0.477	0.511	0.542
	0.6	0.367	0.388	0.406	0.439	0.470	0.437	0.456	0.474	0.506	0.536
	0.8	0.365	0.385	0.403	0.436	0.466	0.434	0.452	0.469	0.500	0.529
有超强 $\dfrac{P}{P_P}=$	$\mu_{d,req}$	2.2	1.83	1.57	1.22	1	2.2	1.83	1.57	1.22	1
	$\mu_{\phi,req}$	9.91	8.24	6.86	4.44	1	6.47	5.45	4.60	3.11	1
	0	0.500	0.530	0.561	0.638	0.750	0.571	0.601	0.631	0.709	0.750
	0.2	0.445	0.475	0.505	0.581	0.740	0.515	0.545	0.575	0.651	0.740
	0.4	0.443	0.472	0.502	0.577	0.730	0.512	0.542	0.570	0.644	0.730
	0.6	0.440	0.469	0.499	0.569	0.720	0.508	0.536	0.563	0.632	0.720
	0.8	0.437	0.465	0.493	0.560	0.710	0.502	0.528	0.554	0.617	0.710

将 $[\lambda]_H$ 与板件宽厚比联系起来，即下式：

$$\frac{h}{t_w}\varepsilon_k=\sqrt{\frac{kE}{235}}\frac{\lambda}{1.052} \tag{8.35a}$$

$$\frac{b}{t_f}\varepsilon_k=\frac{1}{\eta}\frac{h}{t_w}\varepsilon_k \tag{8.35b}$$

$$\eta=\frac{h}{b}\cdot\frac{t_f}{t_w} \tag{8.35c}$$

取 $h/b=1.25\sim6$、$t_f/t_w=1\sim4$，通过上述步骤可得到图 8.46~图 8.48 所示不考虑和考虑超强系数、$\alpha=0.01$ 和 0.03 时的 h/t_w-b/t_f 相关关系。从图可知，h/t_w-b/t_f 相关关系外凸明显。腹板宽厚比为 0 时，翼缘宽厚比限值只和结构影响系数 C 有关，这是因为受弯和压弯状态下，受压翼缘板为均匀受压，所以轴压比的变化不影响其宽厚比限值。而当翼缘宽厚比为 0 时，结构影响系数和轴压比的变化均会影响到腹板宽厚比的取值。轴压比一定时，结构影响系数越大，腹板宽厚比限值越宽松。轴压比越大，腹板宽厚比限值越小。可以用式（8.36）来近似计算工字形截面的板件宽厚比限值相关关系，不考虑和考虑超强系数时，公式中各参数分别由式（8.37）和式（8.38）给出。

$$\left(\frac{b}{At_f}\varepsilon_k\right)^m+\left(\frac{h}{Bt_w}\varepsilon_k\right)^{1.2}=1 \tag{8.36}$$

不考虑超强系数时（$r=1.1$，$\alpha=0.01$）：

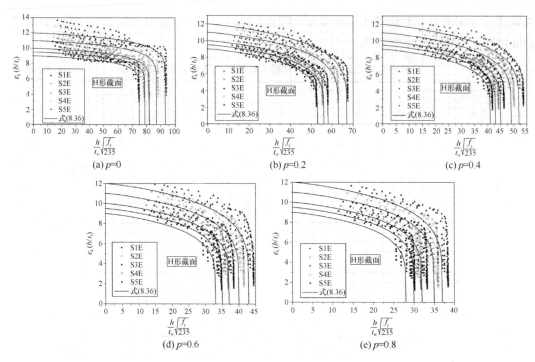

图 8.46 工字形截面 h/t_{w}-b/t_{f} 相关关系（不考虑超强系数，$\alpha = 0.01$，$r = 1.1$）

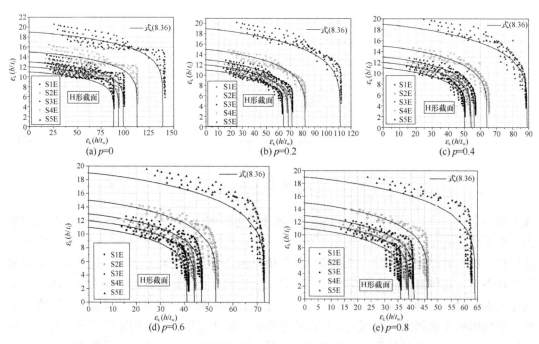

图 8.47 工字形截面 h/t_{w}-b/t_{f} 相关关系（考虑超强系数，$\alpha = 0.01$，$r = 1.1$）

$$m = 12 - 9.21\tanh p^{0.01} \tag{8.37a}$$

$$A = 6.5 + 10C \tag{8.37b}$$

$$B = 74 + 50\tanh(C - 0.25)^{0.8} - [49 + 35\tanh(C - 0.25)^{0.9}]\tanh(p^{1.6} + p^{0.6}) \tag{8.37c}$$

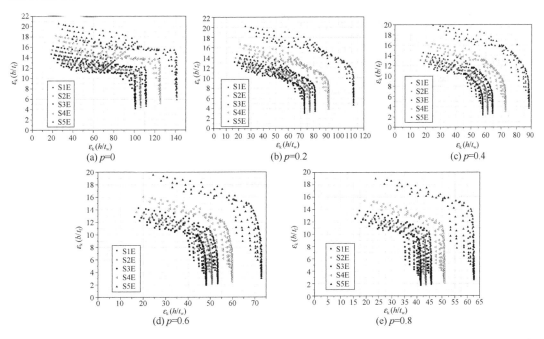

图 8.48 工字形截面 h/t_w-b/t_f 相关关系（考虑超强系数，$\alpha = 0.03$，$r = 1.1$）

考虑超强系数时（$r = 1.1$，$\alpha = 0.01$）：

$$m = 7 - 2.64\tanh p^{0.01} \tag{8.38a}$$

$$A = 6 + 20C + 420\tanh[(C - 0.25)^5] \tag{8.38b}$$

$$B = 88 + 240\tanh(C - 0.25)^{1.4} - \\ [57 + 140\tanh(C - 0.25)^{1.4}]\tanh[p^{1.6} + p^{0.5 + 930\tanh(C - 0.25)^7}] \tag{8.38c}$$

图 8.49 分别给出了 Eurocode 3 和 AIJ2010 对工字形梁板件的 5 类截面分类曲线，同时绘出了式（8.36）的曲线。不考虑超强系数时，式（8.36）偏严。考虑了超强系数之后，S4E 类截面分界相当于 Eurocode 3 的 Ⅲ、Ⅳ 类截面分界。总体来看，考虑了超强系数之后的宽厚比限值比 Eurocode 3 的宽松，更接近于 AIJ2010 的限值水平，但在腹板宽厚比较小时，翼缘宽厚比限值仍然比 AIJ2010 的限值偏于严格。

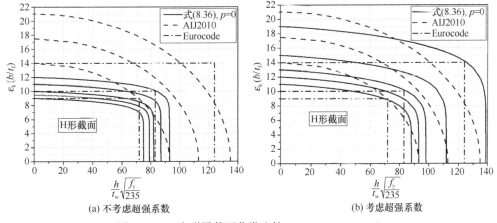

图 8.49 工字形梁截面分类比较（$\alpha = 0.01$，$p = 0$）

对比图 8.49（b）曲线转弯部分（这部分才是实际应用的范围）与板件的宽厚比限值可知，翼缘板的宽厚比限值按照截面延性确定，S1E～S4E 可以放宽 20%～25%，S5E 不变；而腹板的 S5E 的宽厚比限值有所加严，S2E、S34、S4E 有所放宽。

8.6.4　箱形截面的宽厚比分界

表 8.11 列出了不考强和考虑超强系数时的各类截面延性需求以及相对应的正则化宽厚比限值 $[\lambda]_{box}$。取 $h/b=1\sim4$、$t_f/t_w=1\sim2$，将表列的正则化长细比限值转化为图 8.50 和图 8.51 所示的不考虑和考虑超强系数时 $\alpha=0.01$ 的 $h/t_w\text{-}b/t_f$ 相关关系。

不考虑和考虑超强系数时抗震 5 类截面的正则化宽厚比限值（Q235）　　　表 8.11

截面条件		$r=1.1,\ \alpha=0.01$					$r=1.1,\ \alpha=0.03$				
类别		S1E	S2E	S3E	S4E	S5E	S1E	S2E	S3E	S4E	S5E
无超强 $\dfrac{P}{P_P}=$	$\mu_{d,Req}$	4	3.33	2.86	2.22	1.82	4	3.33	2.86	2.22	1.82
	$\mu_{\phi,req}$	15.90	13.93	12.39	9.99	8.19	10.15	8.94	8	6.52	5.42
	0	0.373	0.388	0.403	0.430	0.457	0.428	0.445	0.460	0.491	0.523
	0.2	0.373	0.389	0.403	0.430	0.457	0.428	0.446	0.460	0.491	0.521
	0.4	0.373	0.395	0.403	0.430	0.456	0.428	0.452	0.460	0.489	0.519
	0.6	0.377	0.410	0.406	0.432	0.458	0.431	0.469	0.460	0.490	0.519
	0.8	0.387	0.434	0.416	0.442	0.467	0.440	0.495	0.470	0.498	0.524
有超强 $\dfrac{P}{P_P}=$	$\mu_{d,Req}$	2.2	1.83	1.57	1.22	1	2.2	1.83	1.57	1.22	1
	$\mu_{\phi,req}$	9.91	8.24	6.86	4.44	1	6.47	5.45	4.60	3.11	1
	0	0.431	0.456	0.483	0.561	0.730	0.493	0.522	0.554	0.658	0.730
	0.2	0.431	0.457	0.483	0.561	0.720	0.492	0.522	0.553	0.653	0.720
	0.4	0.431	0.463	0.482	0.556	0.710	0.491	0.528	0.549	0.642	0.710
	0.6	0.433	0.480	0.483	0.553	0.700	0.491	0.543	0.546	0.630	0.700
	0.8	0.443	0.506	0.491	0.555	0.690	0.499	0.568	0.55	0.623	0.690

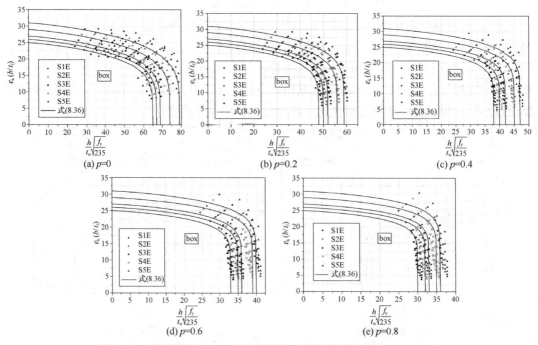

(a) $p=0$ 　(b) $p=0.2$ 　(c) $p=0.4$ 　(d) $p=0.6$ 　(e) $p=0.8$

图 8.50　箱形截面 $h/t_w\text{-}b/t_f$ 相关关系（不考虑超强系数，$\alpha=0.01$）

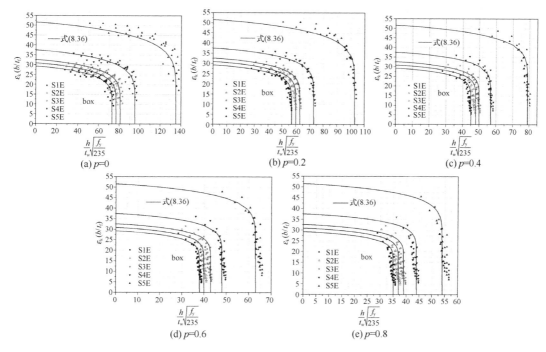

图 8.51 箱形截面 h/t_w-b/t_f 相关关系（考虑超强系数，$\alpha=0.01$）

经过数据拟合发现仍然可以用式（8.36）来近似计算箱形截面的板件宽厚比相关关系，不考虑和考虑超强系数时，公式中相关系数分别由式（8.39）和式（8.40）给出。

不考虑超强系数时（$r=1.1$　$\alpha=0.01$）：

$$m = 5 + 5p \tag{8.39a}$$

$$A = 20 + 20C \tag{8.39b}$$

$$B = 65 + 55\tanh(C-0.25)^{1.1} - [41 + 43\tanh(C-0.25)^{1.3}]\tanh(p^{1.5} + p^{0.7}) \tag{8.39c}$$

考虑超强系数时（$r=1.1$，$\alpha=0.01$）：

$$m = 7 \tag{8.40a}$$

$$A = 18 + 40C + 2900\tanh[(C-0.25)^5] \tag{8.40b}$$

$$B = 51.5 + 90C + 5500\tanh(C-0.25)^{4.5} - [31.75 + 55C + 2300\tanh(C-0.25)^4]\tanh(p^{1.5} + p^{0.7}) \tag{8.40c}$$

图 8.52 分别给出了 Eurocode 3 和《钢结构设计标准》GB 50017—2017 对箱形梁板件的 S4 类和 S5 类截面分类曲线，图上同时绘出了式（8.36）的曲线。从宽厚比限值来看，《钢结构设计标准》GB 50017—2017 的 S1 类和 S2 类截面相当于 Eurocode 3 的 I 类截面，S3～S5 类截面对应 II～IV 类截面，但 III 类截面的腹板宽厚比限值比 S4 类截面要放宽很多。不考虑超强系数时，I-E～IV-E 类截面宽厚比限值要比 Eurocode 3 和《钢结构设计标准》GB 50017—2017 严格。考虑了超强系数之后的 I-E～III-E 类截面分界和《钢结构设计标准》GB 50017—2017 的 S1～S3 类截面分界比较接近，IV-E 类截面分界相当于 Eurocode 3 的 III、IV 类截面分界。

对比图 8.52（b）曲线转弯部分（这部分才是实际应用的范围）与 8.6.2 节板件的宽厚比限值可知，同样参数下翼缘板的宽厚比限值基本相同，而箱形截面腹板的 S5E 的宽厚比限值有所加严，S2E、S34、S4E 稍有放宽。

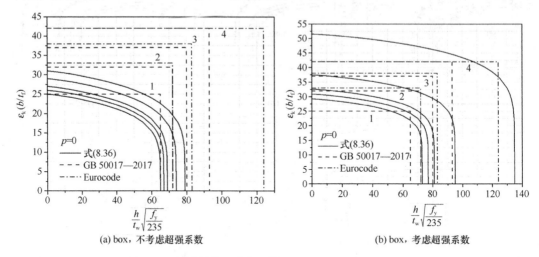

(a) box，不考虑超强系数　　　　　　　　(b) box，考虑超强系数

图 8.52　箱形梁截面分类比较（$a=0.01$，$r=1.1$，$p=0$）

参 考 文 献

[1] 谢礼立，马玉宏，翟长海 . 基于性态的抗震设防与设计地震动[M]. 北京：科学出版社，2009.

[2] 日本地震工学会 . 基于性能的抗震设计——现状与课题[M]. 王雪婷，译 . 北京：中国建筑工业出版社，2012.

[3] 欧阳丹丹，付波，童根树 . 矩形钢管截面延性等级和板件宽厚比相关关系[J]. 浙江大学学报，2016，50(2)：271-281.

[4] 付波，童根树 . 工字形截面的延性系数和面向抗震设计的钢截面分类[J]. 工程力学，2014，31(6)：173-189.

[5] 童根树，赵永锋 . 中日欧美抗震规范结构影响系数的构成及其对塑性变形需求的影响[J]. 建筑钢结构进展，2008，10(5)：53-62.

[6] 赵永峰 . 精致化延性抗震设计理论[D]. 杭州：浙江大学，2008.

[7] 蔡志恒 . 双周期标准化的弹塑性反应谱研究[D]. 杭州：浙江大学，2011.

[8] 付波 . 板件延性系数和面向抗震设计的钢截面分类[D]. 杭州：浙江大学，2014.

[9] FUKUMOTO Y，KUSAMA H. Cyclic behaviour of plates under in-plane loading[J]. Engineering structures，1985，7(1)：56-63.

[10] FUKUMOTO Y，KUSAMA H. Local instability tests of plate elements under cyclic uniaxial loading [J]. Journal of structural engineering，1985，111(5)：1051-1067.

[11] ITOH Y，USAMI T，FUKUMOTO Y. Experimental and numerical analysis database on structural stability[J]. Engineering structures，1996，18(10)：812-820.

[12] FUKUMOTO Y，LEE G C. Stability and ductility of steel structures under cyclic loading [M]. London：CRC Press，1992.

[13] 董永涛，张耀春 . 均匀受压钢板件的变形能力和承载能力[J]. 钢结构，1997，12(2)：20-26.

[14] ZHENG Y，USAMI T，GE H B. Ductility of thin-walled steel box stub-columns[J]. Journal of

structural engineering, 2000, 126(11): 1304-1311.

[15] GARDNER L. The continuous strength method[J]. Proceedings of the institution of civil engineers structures and Buildings, 2008, 161 (3): 127-133.

[16] GARDNER L, WANG F C. Influence of strain hardening on the behavior and design of steel structures[C]. 7th EUROMECH Solid Mechanics Conference, Lisbon, Portugal, September 7-11, 2009.

[17] European Committee for Standardization . Eurocode 3: Design of steel structures-Part 1-5: plated structural elements: EN1993-1-1: 2006[S]. Brussels: CEN, 2006.

[18] European Committee for Standardization. Eurocode 8: Design of structures for earthquake resistance-Part 1: general rules, seismic actions and rules for buildings: EN 1998-1-1: 2004[S]. Brussels: CEN, 2004.

[19] American Institute Steel Construction. Seismic provisions for structural steel buildings: ANSI/AISC 341-2005[S]. Chicago: AISC, 2005.

[20] American Institute Steel Construction. An American national standard specification for structural steel building: ANSI/AISC 360-2005[S]. Chicago: AISC, 2005.

[21] 日本建筑学会. 钢构造限界状态设计指针·同解说: AIJ2010 [S]. 东京: 日本建筑学会, 2010.

[22] CHEN Y Y, CHENG X, NETHERCOT D A. An overview study on cross-section classification of steel H-sections[J]. Journal of constructional steel research, 2013, 80(3): 386-393.

[23] 彭国之. 薄壁截面的局部稳定性研究[D]. 杭州: 浙江大学, 2012.

[24] FAELLA C, MAZZOLANI F M, PILUSO V, et al. Local buckling of aluminum members: testing and classification [J]. Journal of structural engineering, 2000, 126(3): 353-360.

[25] MAZZOLANI F M, PILUSO V, RIZZANO G. Local buckling of aluminum alloy angles under uniform compression[J]. Journal of structural engineering , 2011, 137(2): 173-184.

[26] KATO B. Rotation capacity of H-section members as determined by local buckling[J]. Journal of constructional. steel research, 1989, 13(2-3): 95-109.

[27] KATO B. Deformation capacity of steel structures[J]. Journal of constructional. steel research, 1990, 13: 33-94.

[28] BEG D, HLADNIK L. Slenderness limit of class 3 I cross-sections made of high strength steel [J] Journal of constructional steel research, 1996, 38(3): 201-217.

[29] GIONCU V, PETCU D. Available rotation capacity of wide-flange beams and beam-columns Part 1. theoretical approaches [J]. Journal of constructional steel research, 1997, 43(1-3): 161-217.

[30] GIONCU V, PETCU D. Available rotation capacity of wide-flange beams and beam-columns Part 2. experimental and numerical tests [J]. Journal of constructional steel research, 1997, 43(1-3): 219-244.

[31] NAKASHIMA M. Variation of ductility capacity of steel beam-columns [J]. Journal of structural engineering, 1994, 120(7): 1941-1960.

[32] 石永久, 王萌, 王元清. 结构钢材循环荷载下的本构模型研究[J]. 工程力学, 2012, 29(9): 92-98.

[33] VAYAS I. Stability and ductility of steel elements [J]. Journal of constructional steel research, 1997, 44: 23-50.

[34] KAPPOS A J. Evaluation of behaviour factors on the basis of ductility and overstrength studies [J]. Engineering structures, 1999, 21(9): 823-835.

[35] USAMI T, FUKUMOTO Y. Welded box compression members[J]. Journal of structural engineering, 1984, 110(10): 2457-70.

［36］ MAMAGHANI I H P, C, MIZUNO E, et al. Cyclic behavior of structural steels I: experiments ［J］. Journal of engineering mechanics，1995，121(11)：1158-1164.

［37］ MAMAGHANI I H P, USAMI T, MIZUNO E. Cyclic elastoplastic large displacement behavior of steel compression members［J］. Journal of structural engineering，1996，42A(3)：135-145.

［38］ GAO S B, USAMI T, GE H B. Ductility of steel short cylinders in compression and bending ［J］. Journal of engineering mechanics，1998，124(2)：176-183.

［39］ GAO S B, USAMI T, GE H B. Ductility evaluation of steel bridge piers with pipe sections ［J］. Journal of engineering mechanics，1998，124(3)：260-267.

［40］ 董永涛，张耀春. 建筑用钢循环塑性本构模型［J］. 哈尔滨建筑工程学院学报，1993，26(5)：106-112.

［41］ WHITE D W, BARTH K E. Strength and ductility of compact-flange I-girders in negative bending ［J］. Journal of constructional. steel research，1998，45(3)：241-280.

［42］ EARLS C J. Influence of material effects on structural ductility of compact I-shaped beams ［J］. Journal of structural engineering，2000，126(11)：1268-1278.

［43］ EARLS C J. Geometric factors influencing structural ductility in compact I-shaped beams［J］. JSE, ASCE，2000，126(7)：780-789.

［44］ FUKUMOTO Y. Reduction of structural ductility factor due to variability of steel properties［J］. Engineering structures，2000，22(2)：123-127.

［45］ CHENG X, CHEN Y Y, NETHERCOT D A. Experimental study on H-shaped steel beam-columns with large width-thickness ratios under cyclic bending about weak-axis［J］. Engineering structures，2013，49(4)：264-274.

［46］ HARDING J E, HOBBS R E, NEAL B G. The elasto-plastic analysis of imperfect square plates under in-plane loading ［J］. Proceedings of the ICE - Civil Engineering，Part 2，1977，63(3)：137-158.

［47］ 李天翔. 可恢复性能高层斜交网格体系抗震性能与地震力折减系数谱研究［D］. 杭州：浙江大学，2018.

［48］ 叶赟. 多种滞回模型下单自由度体系的弹塑性反应谱分析［D］. 杭州：浙江大学，2013.

第9章 面向抗震设计的结构和构件分类及结构影响系数

9.1 一般建筑的性能化抗震设计方法

非抗震设计区别于抗震设计的是：整体稳定通过在整体分析中考虑缺陷和二阶效应或在构件设计阶段考虑计算长度系数，内力分析完成后只需要进行构件的强度和稳定性验算，满足构造要求。抗震设计除了执行与非抗震设计相同的内容外，还需要对结构的塑性破坏机构进行控制，即要进行第二阶段设计验算。控制破坏模式，确保发生延性破坏，这种控制称为"性能化抗震设计"。

衡量结构的抗震性能有三个方面：承载力的高低（为此承载性能被划分为5个等级）、延性系数（为此划分为5个延性等级）和耗能能力（即滞回曲线是否呈丰满形状）。承载力的退化会影响延性系数，延性系数一般被定义为水平抗侧承载力从最高点处下降15%时的侧移与屈服侧移的比值。耗能能力的差别在各个不同建筑材料和结构体系对应的性能系数中进一步体现。

性能化抗震设计可通过以下四个方面实现：

（1）根据对结构性能要求的不同，选用不同的性能系数，见式（9.3a）和表9.2a、表9.2b。

（2）进行延性开展机构的控制：

1）采用能力设计法，进行塑性开展机构的控制；

2）引入构件系数 $1.1\eta_y$，引导相邻构件的相对强弱符合延性开展的要求；

3）引入连接系数 η_j，确保连接不先于构件破坏；

4）引入相邻构件材料相对强弱系数，确保延性开展机构的实现。

构件系数采用 $1.1\eta_y$，1.1是考虑材料硬化，η_y 考虑实际屈服强度超出设计屈服强度（见表9.1），当超强系数取值太高，将增加结构的用钢量；太低，则现有钢材合格率太低，综合权衡，《钢结构设计标准》GB 50017—2017，采用了结合钢号考虑的系数。

钢材超强系数 η_y 表9.1

不屈服或后屈服构件的材料	首先屈服的构件材料	
	Q235	Q355
Q235	1.15	1.05
Q355、Q420	1.2	1.1

（3）根据不同的性能要求，采用不同的抗震构造（板件宽厚比、构件轴压比、长细比）。

（4）通过对承载力和延性间权衡，使得结构在相同的安全度下，更具经济性。

一般来说，钢结构构件的承载性能系数应符合下列要求：

（1）对框架结构，同层框架柱的承载性能系数应高于框架梁。

（2）对支撑结构和框架-中心支撑结构的支撑系统，同层框架柱的承载性能系数应高于框架梁，框架梁的承载性能系数宜高于斜支撑。

（3）框架-偏心支撑结构的支撑系统，同层框架柱的承载性能系数应高于支撑，支撑的承载性能系数宜高于框架梁，框架梁的承载性能系数不应低于消能梁段。

（4）节点域及其连接件，承载力应符合强节点弱杆件的要求。

（5）可以人为赋予某个构件较大或较小的承载性能系数，人为控制破坏模式。

荷载组合
$$\gamma_G S_{Ge} + C(S_{Ehk} + 0.36 S_{Evk}) \leqslant R \tag{9.1}$$

式中，S_{Ehk} 为水平地震作用标准值的构件内力，多层和高层结构在底部加强区的弹塑性动力反应有集中现象，延性开展增大，这一现象采用底部加强区的承载力增大来补偿（剪力和弯矩放大）；S_{Evk} 为竖向地震作用标准值的构件内力（$0.36=0.5/1.4$）；γ_G 为重力荷载代表值的荷载系数；S_{Ge} 为重力荷载代表值效应。

结构的抗震设计具有循环论证、自我实现的性质，即选定一个性能系数计算地震作用，进行内力分析，并依此验算耗能构件的承载力，则这些耗能构件的性能系数必不低于事先设定的值。结构抗震设计的这种性质，简化了性能化抗震设计方法。

9.2 承载力和延性分级以及结构影响系数

基底剪力的计算公式是：

$$F_{Ek} = C\beta\left(\frac{\ddot{a}_{gmax}}{g}\right)W \tag{9.2}$$

根据第 7 章的详细介绍，已经可以将结构影响系数的诸多因素区分开来表达。

$$C = C_0 \frac{A_\theta A_{mDF}}{A_\zeta} = \frac{A_\theta A_{mDF}}{\mu A_\zeta} \tag{9.3a}$$

$$A_{mDF} = n^{0.05} \tag{9.3b}$$

$$A_\zeta = \left(\frac{0.06}{0.01+\zeta}\right)^{0.22} \tag{9.3c}$$

$$A_\theta = 1 + (\mu-1)\theta \tag{9.3d}$$

式（9.3）中 A_ζ 放在分母，是因为弹性反应谱中已经有阻尼调整系数 η_2 将钢结构的地震力放大：

$$\eta_2 = 1 + \frac{0.05-\zeta}{0.08+1.6\zeta} \tag{9.4}$$

这里的 A_ζ 放在分母表示把阻尼的影响折减一部分，因为在弹塑性阶段，阻尼的作用下降了，但是没有完全消失，所以真正的基底剪力阻尼调整系数是 η_2/A_ζ。

在中短周期范围内，结构影响系数应按照下式进行放大：

$$A_T = \frac{C_0}{R_\mu} \tag{9.5a}$$

$$\mu = \frac{1}{C_0} \tag{9.5b}$$

即实际上是取下式而不是式（9.3a）。

$$C = \frac{A_\theta A_{mDF}}{A_\zeta} \cdot \frac{1}{R_\mu} \tag{9.6}$$

R_μ 按式（7.28）取（钢结构分离出二阶效应后，$\mu - 6$ 是比较容易达到的，这里最大取 5 是考虑了保证率）。

低层和高层结构 C 分别见表 9.2a、表 9.2b。

低层结构的 C 表 9.2a

μ		5	4	3.125	2.5	2
C_0		0.2	0.25	0.32	0.4	0.5
阻尼比，层数	θ	\multicolumn{5}{c}{C, 式（9.3）}
0.02，1层	0.05	0.206	0.247	0.304	0.369	0.451
	0.1	0.240	0.279	0.333	0.395	0.472
	0.15	0.275	0.311	0.362	0.421	0.494
	0.2	0.309	0.343	0.392	0.446	0.515
0.05，1层	0.05	0.240	0.288	0.354	0.430	0.525
	0.1	0.280	0.325	0.388	0.460	0.550
	0.15	0.320	0.363	0.422	0.490	0.575
	0.2	0.360	0.400	0.456	0.520	0.600
0.02，2层	0.05	0.213	0.256	0.315	0.382	0.467
	0.1	0.249	0.289	0.345	0.409	0.489
	0.15	0.284	0.322	0.375	0.436	0.511
	0.2	0.320	0.356	0.405	0.462	0.533
0.05，2层	0.05	0.248	0.298	0.366	0.445	0.544
	0.1	0.290	0.336	0.402	0.476	0.569
	0.15	0.331	0.375	0.437	0.507	0.595
	0.2	0.373	0.414	0.472	0.538	0.631
0.02，3层	0.05	0.218	0.261	0.321	0.390	0.476
	0.1	0.254	0.295	0.352	0.417	0.499
	0.15	0.290	0.329	0.383	0.444	0.522
	0.2	0.327	0.363	0.414	0.472	0.544
0.05，3层	0.05	0.254	0.304	0.374	0.454	0.555
	0.1	0.296	0.343	0.410	0.486	0.581
	0.15	0.338	0.383	0.446	0.518	0.607
	0.2	0.380	0.423	0.482	0.549	0.634
0.02，5层	0.05	0.223	0.268	0.329	0.400	0.489
	0.1	0.261	0.302	0.361	0.428	0.512
	0.15	0.298	0.337	0.393	0.456	0.535
	0.2	0.335	0.372	0.424	0.484	0.558
0.05，5层	0.05	0.260	0.312	0.384	0.466	0.569
	0.1	0.303	0.352	0.421	0.499	0.596
	0.15	0.347	0.393	0.457	0.531	0.623
	0.2	0.390	0.434	0.494	0.564	0.650

高层结构的 C 表 9.2b

θ	μ / C_0 / 阻尼比，层数	5 / 0.2	4 / 0.25	3.125 / 0.32	2.5 / 0.4	μ / C_0 / 阻尼比，层数	5 / 0.2	4 / 0.25	3.125 / 0.32	2.5 / 0.4
			C，式（9.3）					C，式（9.3）		
0.05		0.231	0.277	0.341	0.414		0.248	0.297	0.365	0.444
0.1	0.02，10 层	0.270	0.313	0.374	0.443	0.02，40 层	0.289	0.336	0.401	0.475
0.15		0.308	0.349	0.407	0.472		0.330	0.374	0.436	0.506
0.2		0.347	0.385	0.439	0.501		0.372	0.413	0.471	0.537
0.05		0.269	0.323	0.397	0.482		0.289	0.346	0.426	0.517
0.1	0.05，10 层	0.314	0.365	0.435	0.516	0.05，40 层	0.337	0.391	0.467	0.553
0.15		0.359	0.407	0.473	0.550		0.385	0.436	0.507	0.589
0.2		0.404	0.449	0.512	0.583		0.433	0.481	0.548	0.625
0.05		0.239	0.287	0.353	0.429		0.251	0.300	0.370	0.449
0.1	0.02，20 层	0.279	0.324	0.387	0.459	0.02，50 层	0.292	0.339	0.405	0.480
0.15		0.319	0.362	0.421	0.489		0.334	0.378	0.441	0.512
0.2		0.359	0.399	0.455	0.519		0.376	0.418	0.476	0.543
0.05		0.279	0.334	0.411	0.499		0.292	0.350	0.430	0.523
0.1	0.05，20 层	0.325	0.378	0.451	0.534	0.05，50 层	0.340	0.395	0.472	0.559
0.15		0.372	0.421	0.490	0.569		0.389	0.441	0.513	0.596
0.2		0.418	0.465	0.530	0.604		0.438	0.486	0.555	0.632
0.05		0.244	0.293	0.360	0.438		0.253	0.303	0.373	0.453
0.1	0.02，30 层	0.285	0.331	0.395	0.468	0.02，60 层	0.295	0.342	0.409	0.485
0.15		0.326	0.369	0.429	0.499		0.337	0.382	0.445	0.516
0.2		0.366	0.407	0.464	0.529		0.379	0.421	0.480	0.548
0.05		0.284	0.341	0.420	0.510		0.295	0.353	0.434	0.528
0.1	0.05，30 层	0.332	0.385	0.460	0.545	0.05，60 层	0.344	0.399	0.476	0.565
0.15		0.379	0.430	0.500	0.581		0.393	0.445	0.518	0.601
0.2		0.427	0.474	0.541	0.616		0.442	0.491	0.560	0.638

其中 C_0 与《钢结构设计标准》GB 50017—2017 第 17 章"钢结构性能化设计"中表 17.2.2-1 是一致的，见表 9.5 的说明。表中除以 1.25 是分离出一个平均的二阶效应后，再乘以差别化的二阶效应系数。平均的二阶效应是按照 $1+(3-1)\times 0.125 = 1.25$，即延性系数是 3，二阶效应系数是 0.125，这个数据是针对 8 度设防区的 20～30 层建筑建立的。

C_0 与《钢结构设计标准》GB 50017—2017 的关系及评论 表 9.3

承载力性能	承载性能 3（高）	承载性能 4	承载性能 5（中）	承载性能 6	承载性能 7（低）
C 原本定量	0.63	0.5	0.4	0.32	0.25
乘以 1.11 后	0.7	0.55	0.45	0.35	0.28
除以 1.25 分离二阶效应	0.504	0.4	0.32	0.256	0.2

续表

承载力性能		承载性能3(高)	承载性能4	承载性能5(中)	承载性能6	承载性能7(低)
C_0		0.5	0.4	0.32	0.25	0.2
延性系数需求		2	2.5	3.125	4	5
塑性开展描述	多遇	完好0	完好0	完好0	完好0	基本完好0.5
	设防	完好0	基本完好0.5	轻微变形1	1.5	中等变形2
	罕遇	轻微变形1	1.5	中等2.125	3	显著变形4
匹配延性等级		延性等级V	延性等级VI	延性等级III	延性等级II	延性等级I
截面类别		S5E	S4E	S3E	S2E	S1E
能否抵御罕遇地震的评论		超强系数不低于2.9才可以	超强系数不低于2.3才可以	一般能，超强系数不低于1.83	能1.43	能1.15
应用		低烈度区	中低烈度区	中高烈度	高烈度	高烈度
		低层，多层	多层，小高层	小高层，高层	高层	高层
Eurocode 8对应		低延性$q=1.5\sim2$	中延性$q=2.5\sim4$		高延性$q>4$	
		CLASS 3	CLASS 2		CLASS 1	

　　表9.4是欧洲抗震规范的结构影响系数。之所以引用 Eurocode 8，是因为 Eurocode 8 有相对完整的逻辑。对照上面的 C_0，我们未考虑 $\Omega=\alpha_u/\alpha_1$，且明确引入了 A_θ 和 A_{mDF}，对钢结构考虑了地震力的阻尼增大系数 β_ζ。因此，与 Eurocode 8 比较，上面的公式还是非常保守的，在30层的高延性钢结构设计时，式（9.6）给出的结构影响系数是 Eurocode 8 的 1.25(二阶)×1.2(超强)×1.1854(层数)×1.0885(阻尼)=1.9355 倍，相当于罕遇地震设防了。

Eurocode 8 中钢结构的 q 值和延性等级的对应关系　　　　　　　　表 9.4

结构体系		中等延性(DCM)	高延性结构(DCH)
	抗弯框架	4	5Ω
中心支撑框架	交叉支撑	4	4
	人字支撑	2	2.5
	偏心支撑体系	4	5Ω
	倒摆形结构	2	2Ω
钢框架-支撑双重结构(框架能够承担25%)		4	4Ω
钢框架内嵌	砖墙和素混凝土墙与钢框架不连接	2	2
	钢筋混凝土墙	3Ω	4Ω
	钢筋混凝土墙+钢连梁	3Ω	4.5Ω

$\Omega=\alpha_u/\alpha_1$，α_1 是形成第一个塑性铰时的水平力，α_u 是形成足够多的塑性铰导致整体失去稳定性的水平力。这个比值宜通过弹塑性分析确定。默认的数值是：单跨单层框架 1.1；单跨多层框架 1.2；多跨多层框架 1.3；支撑架结构 1.2。

　　Eurocode 8（包括美国 ASCE 7）存在的问题是，如何将 q 与截面分类联系起来，CLASS 2 的分类要面对 $q=2.5$、3、3.5 和 4 等不同数值，似乎未完全到位。

9.3 构件和板件的分类

9.3.1 板件的分类

　　表9.5给出了板件的分类标准，这个表格的具体数值是根据第8章的宽厚比与结构影

响系数的关系确定的。五个类别，S1E～S5E，基本上对应的宽厚比数据是正则化宽厚比 0.5、0.55、0.6、0.71 和 0.924；腹板是 0.535、0.575、0.605、0.675 和 0.924。从 S1E 到 S5E，级差逐级增大。

S1E、S2E、S3E 是截面达到塑性弯矩后在保持承载力不变的情况下产生塑性转动能力的截面，其中 S1E 的塑性转动能力最高（$\Phi_P > 10$），S2E 次之（$\Phi_P = 6 \sim 10$），S3E 的塑性转动能力最小（$\Phi_P = 3 \sim 6$）。S4E 要求截面的弯矩到达塑性弯矩，但不要求塑性转动能力（$\Phi_P = 2 \sim 3$ 仅要求从屈服到塑性铰形成这一过程的塑性转动）。S5E 是弹性截面，表示它的抗弯能力为截面边缘屈服弯矩。

板件的分类　　　　　　　　　　　　　　　　　　　表 9.5

构件	板件	C_0 0.2	0.25	0.32	0.4	0.5
		截面板件分类				
		S1E	S2E	S3E	S4E	S5E
柱子	工字形和 T 形截面翼缘外伸部分宽厚比 b/t	$9\varepsilon_k$	$10\varepsilon_k$	$11\varepsilon_k$	$13\varepsilon_k$	$17\sqrt{235/\sigma}$
	箱形柱翼缘在两腹板之间部分宽厚比	$30\varepsilon_k$	$32\varepsilon_k$	$34\varepsilon_k$	$38\varepsilon_k$	$52\varepsilon_\sigma$
	工字形和箱形柱子腹板高厚比 h_w/t_w	$(66-36p)\varepsilon_k$	$(68-38p)\varepsilon_k$	$(74-41p)\varepsilon_k$	$(88-53p)\varepsilon_k$	$(125-83p)\varepsilon_k$
		$0.535\varepsilon_{wy}$	$0.57\varepsilon_{wy}$	$0.605\varepsilon_{wy}$	$0.675\varepsilon_{wy}$	$0.925\varepsilon_{wy}$
	圆钢管径厚比	$50\varepsilon_k^2$	$60\varepsilon_k^2$	$70\varepsilon_k^2$	$90\varepsilon_k^2$	120
	圆钢管混凝土径厚比	$70\varepsilon_k^2$	$84\varepsilon_k^2$	$98\varepsilon_k^2$	126	168
	矩形钢管混凝土壁板	$45\varepsilon_k$	$48\varepsilon_k$	$51\varepsilon_k$	$57\varepsilon_k$	$78\varepsilon_k$
梁	工字形截面翼缘外伸部分宽厚比 b/t	$9\varepsilon_k$	$10\varepsilon_k$	$11\varepsilon_k$	$13\varepsilon_k$	$17\varepsilon_\sigma$
	箱形梁翼缘在两腹板之间部分宽厚比	$30\varepsilon_k$	$32\varepsilon_k$	$34\varepsilon_k$	$38\varepsilon_k$	$52\varepsilon_\sigma$
	工字形腹板高厚比 $h_w/t_w(p=0)$	$70\varepsilon_k$	$76\varepsilon_k$	$82\varepsilon_k$	$100\varepsilon_k$	$138\sqrt{\dfrac{235}{\sigma}}$
工字形梁两翼缘间填混凝土	翼缘	$10\varepsilon_k$	$11\varepsilon_k$	$12\varepsilon_k$	$15\varepsilon_k$	$20\varepsilon_k$
	腹板且混凝土能够防止腹板屈曲	$80\varepsilon_k$	$85\varepsilon_k$	$90\varepsilon_k$	$110\varepsilon_k$	$150\varepsilon_k$

注：1. $\varepsilon_k = \sqrt{235/f_{yk}}$，$f_{yk}$ 和 f 分别是钢材的屈服强度和强度设计值。

2. $p = P/P_P$ 是轴压比。

3. 钢管的径厚比是指外径和厚度的比值。

4. b、t、h_w、t_w 分别是工字形截面翼缘外伸宽度、翼缘厚度、腹板净高和腹板厚度。

5. $-\infty \leqslant \psi = \dfrac{\sigma_{min}}{\sigma_{max}} \leqslant 1$，$\alpha_0 = \dfrac{\sigma_{max} - \sigma_{min}}{\sigma_{max}} = 1 - \psi$，$\sigma_{max}$ 取腹板边缘压应力较大侧的值，以压为正，另一侧的应力为 σ_{min}。

6. $\varepsilon_{wy} = \left(\dfrac{h_0}{t_w}\right)_{Ey} = \pi\sqrt{\dfrac{(4 + 2\alpha_0 + 2\alpha_0^3)E}{10.92 f_{yk}}}$。　　　　　　　　　　　　　　　　　　　(9.7)

表 9.5 说明：设计梁柱时采用哪一类截面，对结构的延性有重要的影响，并从而决定钢结构的地震力的取值。由于多高层建筑结构形式和性能多样，不宜要求在所有地区、所有结构均采用宽厚比限制很严的设计。

本表对抗震设计的建筑，将板件的宽厚比分成 5 类，与《钢结构设计标准》GB 50017—2017 第 17 章的安排一致。S1E 具有塑性转动能力，S4E 能够到达塑性铰弯矩，而 S5E 截面边缘纤维屈服。

美国、欧洲、日本均对板件按照宽厚比分类，但是具体做法不同。欧洲 Eurocode 3 仅根据板件的应力分布和两纵向边是否有与之相连的板件来进行分类，不区分梁和柱子。欧洲的抗震规范在宽厚比分类上完全引用 Eurocode 3。日本则区分梁和柱子。美国采用类似于欧洲的做法，但是在根据受力状态及板件两纵边的支承条件进行分类时，具体又联系到梁和柱子中的应用。美国将 P-Ⅰ 类放在抗震设计规程中，在钢结构设计规范中仅包含 P-Ⅱ 和 P-Ⅲ 类的分类标准。

根据受力状态进行板件的分类是合理的，因此本条参照的这个思路。但是某些构件只有柱子才采用，所以还是将梁和柱子的板件分列。相同受力条件的板件，在梁和柱子中的分类标准是相同的。

截面的分类，按照整个截面整体考虑，就会与整个截面的轴压比 $p = P/P_P$ 发生关系，如果按照单块板件考虑，就只与板件本身的弹性计算的边缘纤维应力比发生关系。

9.3.2 柱子的分类

因为抗震设计普遍采用强柱弱梁的设计要求，抗侧力体系中的柱子有三大类：

第一大类是允许形成塑性铰。柱子形成塑性铰，一方面对宽厚比提出要求，另一方面，对柱内形成塑性铰带来的后果需有清醒的认识并采取措施：形成薄弱层，对二阶效应特别敏感。纯框架结构的框架柱上形成塑性铰，容易形成薄弱层机构，导致薄弱层很快动力失稳，式（9.3d）给出的二阶效应基底剪力放大系数就不足以涵盖这部分的不利作用，因此对轴压比施加比较严格的限制。

允许出现塑性铰的柱子，Eurocode 8 的限制是很严格的：（1）柱脚；（2）多层框架的顶层柱；（3）单层框架的柱子且轴压比小于等于 0.3。美国 ANSI/AISC 341-16（Seismic Provisions for Structural Steel Buildings，SPSSB，2016）除了上述相同的部位和规定，还增加了：（4）不满足强柱弱梁的柱子提供的抗侧能力不大于总抗侧能力的 20%；（5）本层的抗侧承载力的富余度比上层的富余度高 50% 以上时，此时可以确定本层不会成为薄弱层。美国规范的这两条无疑是正确的，却需要付出很多的计算工作。

允许形成塑性铰的柱子可以继续细分：第 1 类是顶部楼层因为轴压比小而可以放手让其形成塑性铰，当 C_0 取不同数值时，允许的轴压比也不一样，所以这一类可以派生出 3 个子类，分别对应于 C_0＝0.2、0.25 和 0.32。底层柱脚是不得不形成塑性铰，其轴压比较大，但是有特殊的设计要求：柱脚塑性铰的形成时间是在上部比较充分地塑性开展后的后期。如果较早就形成塑性铰是不允许的，确保在比较后期才形成塑性铰的方法是在设计底层柱脚时对地震弯矩、剪力和轴力乘以放大系数 1.2～1.6 以后再进行组合。这样设计后，柱脚的塑性铰转角也比较小，宽厚比限值、轴压比限值均比第 1 类放宽，归入下面的第二大类。

第二大类就是不会形成塑性铰的柱子，但是仍需要有一定的抗弯能力，因而需要限制轴压比。

第三大类是非抗侧力体系的一部分的柱子。

压弯杆平面内稳定的计算公式是：

$$\frac{N}{\varphi A f}+\frac{\beta_{mx}M_x}{\gamma_x W_{nx}f(1-0.8N/N_{Ex})}\leqslant 1 \tag{9.8a}$$

取 $\beta_{mx}=1$，稳定系数取 b 曲线，并用 $\varphi=(1+\lambda^{2.724})^{-0.734}$ 近似，代入上式得到：

$$m=(1-0.8n\lambda^2)[1-n(1+\lambda^{2.724})^{0.734}] \tag{9.8b}$$

式中，$n=N/Af$，$m=M_x/\gamma_x W_{nx}f$。

给定轴压比和长细比，可以列出表 9.6。给定 m，输入不同的轴压比，求出长细比，会发现，轴压比和长细比的关系呈很理想的线性关系，这为拟合公式带来了方便。根据 m = 0.6、0.5、0.4 确定 C-Ⅰ大类的三个小类，根据 $m=0.2$ 确定第二大类，并要求轴压比不超过 0.8。这样得到表 9.7。λ 分别取截面两个主轴方向的长细比的较大值，$n=N/N_P$，N_P 是使柱子全截面屈服的轴力，N 是地震组合 $(D+0.5L)+F_{Ek}$ 工况下的轴力。图 9.1 表达了 5 个类别的轴压比限值与长细比的关系，并给出了长细比的限值。因为取等效弯矩系数为 1.0，对于有支撑的结构，给出的轴压比限值偏于安全，因此根据具体结构可以适当放宽，但是不宜放宽超过 40% 以及轴压比不应超过 0.8。

给定轴压比和长细比下的弯矩承载力　　　　　　　　　　　　表 9.6

长细比	轴压比											
	0.25	0.3	0.35	0.4	0.45	0.5	0.55	0.6	0.65	0.7	0.75	0.8
0.05	0.750	0.700	0.649	0.599	0.549	0.499	0.449	0.399	0.349	0.299	0.249	0.200
0.1	0.748	0.698	0.648	0.598	0.547	0.497	0.447	0.397	0.347	0.297	0.247	0.198
0.15	0.746	0.695	0.644	0.594	0.544	0.493	0.443	0.393	0.343	0.293	0.244	0.194
0.2	0.742	0.691	0.640	0.589	0.538	0.488	0.437	0.387	0.337	0.287	0.237	0.188
0.25	0.736	0.685	0.633	0.581	0.530	0.479	0.429	0.378	0.328	0.278	0.229	0.179
0.3	0.730	0.677	0.624	0.572	0.520	0.469	0.418	0.367	0.317	0.267	0.217	0.168
0.35	0.721	0.667	0.614	0.560	0.508	0.456	0.404	0.353	0.302	0.252	0.203	0.154
0.4	0.712	0.656	0.601	0.547	0.493	0.440	0.388	0.336	0.285	0.235	0.185	0.137
0.45	0.700	0.643	0.586	0.530	0.476	0.422	0.369	0.317	0.265	0.215	0.165	0.117
0.5	0.687	0.627	0.569	0.512	0.456	0.401	0.347	0.294	0.243	0.192	0.143	0.095
0.55	0.672	0.610	0.550	0.491	0.434	0.378	0.323	0.270	0.218	0.167	0.118	0.071
0.6	0.655	0.591	0.529	0.468	0.409	0.352	0.297	0.243	0.191	0.141	0.092	0.045
0.65	0.637	0.570	0.506	0.443	0.383	0.325	0.268	0.214	0.162	0.112	0.064	0.018
0.7	0.617	0.547	0.481	0.416	0.355	0.295	0.238	0.184	0.132	0.083	0.036	
0.75	0.595	0.523	0.454	0.388	0.324	0.264	0.207	0.153	0.101	0.053	0.008	
0.8	0.572	0.497	0.426	0.358	0.293	0.232	0.175	0.121	0.071	0.024		
0.85	0.548	0.470	0.396	0.326	0.261	0.199	0.142	0.089	0.040			
0.9	0.522	0.441	0.365	0.294	0.228	0.166	0.110	0.058	0.011			
0.95	0.495	0.411	0.333	0.261	0.194	0.133	0.078	0.028				
1	0.467	0.381	0.301	0.228	0.161	0.101	0.048	0.001				
1.05	0.439	0.349	0.268	0.194	0.128	0.070	0.020					

长细比	轴压比											
	0.25	0.3	0.35	0.4	0.45	0.5	0.55	0.6	0.65	0.7	0.75	0.8
1.1	0.409	0.318	0.235	0.162	0.097	0.041						
1.15	0.379	0.286	0.203	0.130	0.067	0.015						
1.2	0.349	0.254	0.170	0.099	0.039							
1.25	0.318	0.222	0.139	0.070	0.014							
1.3	0.287	0.191	0.109	0.043								
1.35	0.257	0.160	0.081	0.019								
1.4	0.227	0.131	0.055									
1.45	0.20											
1.5	0.17											
1.55	0.14											
1.6	0.11											

柱子分类：轴压比和长细比限值　　　　　　　　　　　　　　　表 9.7

类别	C-Ⅰa	C-Ⅰb	C-Ⅰc	C-Ⅱ	C-Ⅲ
轴压比限值	$n \leqslant 0.45(1-0.6\lambda)$	$n \leqslant 0.6(1-0.6\lambda)$	$n \leqslant 0.7(1-0.575\lambda)$	$n \leqslant 0.9(1-0.5\lambda)$ $n \leqslant 0.8$	满足承载力要求
长细比限值	$60\varepsilon_k$	$80\varepsilon_k$	$100\varepsilon_k$	$120\varepsilon_k$	$120\varepsilon_k$ 或 $150\varepsilon_k$
剩余抗弯能力不低于	0.6	0.5	0.4	0.2	满足承载力要求

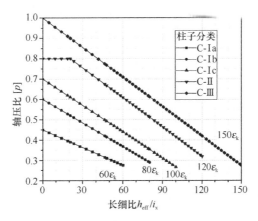

图 9.1　柱子根据轴压比和长细比分类

说明：柱子根据长细比和轴压比进行分类。明确的柱子分类只有日本建筑学会的《钢构造限界状态设计指针·同解说》1998 年版做过介绍，书中对柱子和梁都进行分类，然后和板件的分类一起，决定框架的分类。最后根据框架的分类来决定计算地震力的结构影响系数，见表 9.8a 和表 9.8b。

日本建筑学会对构件的分类 表 9.8a

梁/柱类别	板件分类			
	P-Ⅰ	P-Ⅱ	P-Ⅲ	P-Ⅳ
L-Ⅰ，C-Ⅰ-1	S-Ⅰ-1			
L-Ⅰ，C-Ⅰ-2		S-Ⅰ-2		
L-Ⅱ，C-Ⅱ			S-Ⅱ	
L-Ⅲ，C-Ⅲ				S-Ⅲ

日本建筑学会建议的结构影响系数 表 9.8b

构件类别	S-Ⅰ-1	S-Ⅰ-2	S-Ⅱ	S-Ⅲ
框架结构	0.25	0.3	0.35	0.45
框架-支撑结构	上面对应栏数值 $\times (1+0.4\beta_{br}\ \bar{\lambda}_{br}) \leqslant 0.5$			0.5

表中 β_{br} 是支撑水平承载力和整层水平承载力的比值，$\bar{\lambda}_{br}$ 是支撑杆正则化长细比，是支撑长细比 λ_{br} 与欧拉屈服长细比 $\pi\sqrt{E/f_{yk}}$ 之比值，这里 E 是钢材的弹性模量。

9.3.3 梁的分类及其放松要求的可能性

1. 梁按照表 9.9 进行分类，分类的目的在于确定与结构影响系数相应的验算指标。

梁的分类 表 9.9

梁上翼缘的支撑情况	分类				
	B-Ⅰ	B-Ⅱ	B-Ⅲ	B-Ⅳ	B-Ⅴ
工字钢梁上翼缘有楼板，$\bar{\lambda}_{bf}$	$\leqslant 0.4$	$0.4 \sim 0.55$	$0.55 \sim 0.7$	$0.7 \sim 0.95$	$0.95 \sim 1.2$
梁上翼缘无楼板，$\bar{\lambda}_b$	$\leqslant 0.3$	$0.3 \sim 0.45$	$0.45 \sim 0.65$	$0.65 \sim 0.9$	$0.9 \sim 1.2$
适用的结构影响系数	0.2	0.25	0.32	0.4	0.5

注：1. $\bar{\lambda}_{bf} = \sqrt{f_{yk}/\sigma_{crf}}$，这里：

$$\sigma_{crf} = 0.58E\sqrt{\frac{b_{f2}t_w^3}{t_{f2}h_w^3}} \tag{9.9}$$

　　式中，b_{f2}、t_{f2} 分别是工字钢梁下翼缘的宽度和厚度，h_w、t_w 分别是工字钢截面腹板的高度和厚度。这是要防止梁负弯矩区的畸变屈曲。

2. $\bar{\lambda}_b = \sqrt{M_{cr}/M_P}$，$M_P$ 是截面的全塑性弯矩，M_{cr} 是梁的弹性失稳的临界弯矩，按照《钢结构设计标准》GB 50017—2017 和有关结构稳定理论计算。这是要防止梁的整体弯扭失稳。

3. 适用的结构影响系数是指，按照 9.2 节选用结构影响系数后，对梁进行验算时，梁的长细比验算的指标取值，截面的宽厚比仍选用 S1E、S2E、S3E、S4E 和 S5E。

2. 当梁的长细比指标 $\bar{\lambda}_{bf}$ 不能满足时，在梁高小于等于 600mm 时，宽度满足宽高比大于等于 1/3 的，在离开梁柱连接面 1.5 倍梁高 h_b 处设置与梁等宽的横向加劲肋，在负弯矩区离开梁柱连接面 3 倍梁高的长度范围内，栓钉必须是两列，列间距不应小于梁高的 0.2 倍，栓钉直径不小于 $\phi16$，并在楼板内，垂直于梁方向布置楼板上下层的直径不小于 $\phi10@100$ 的 HRB 钢筋，长度在梁两侧伸出梁轴线不小于 6 倍楼板厚。当梁高大于 600mm，且宽高比小于 0.4 时，宜增设加劲肋，或采取其他措施确保负弯矩区不会畸变屈曲（例如翼缘之间内填有钢丝网固定的混凝土）。

当楼板为有肋的压型钢板做底模的楼板时，如果压型钢板肋方向与梁平行，则上述措施的梁高分界标准调整为 400mm，且截面的宽高比不小于 0.5。

说明：在日本的《钢构造限界状态设计指针·同解说》中梁根据弯扭失稳的长细比进行分类，并且和宽厚比分类一起对构件进行分类，从而决定结构影响系数。

结构抗震，要依赖塑性铰的形成。塑性铰一般要求出现在梁上。像要求板件承受较大应力和应变的循环而不发生板件的失稳一样，对梁的整体，要求它发生往复的塑性铰转动而不发生整体的弯扭失稳，也是保证延性的要求。因此梁的分类是与结构影响系数密切相关的。

但是实际上梁上翼缘有楼板，这种梁的弯扭失稳实际上是负弯矩区的下翼缘的平面外失稳，是一种畸变屈曲。因此应根据梁上翼缘是否有楼板区别对待。

对畸变屈曲，这里提出的计算正则化长细比的方法是简化的方法。如果在相互垂直的梁之间直接加水平隅撑或采取本条后面给定的措施（图 9.2），则无须计算，这根梁就可以划分为 B-Ⅰ。这里引入 B-Ⅰ、B-Ⅱ和 B-Ⅲ，并提出加横向加劲肋的措施，为高层钢结构住宅内避免使用令人不快的水平隅撑创造了条件。

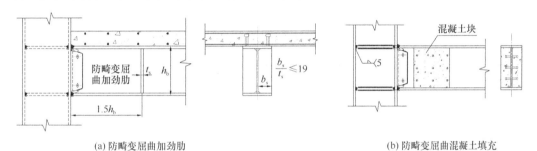

(a) 防畸变屈曲加劲肋　　　　　　　　　　　　(b) 防畸变屈曲混凝土填充

图 9.2　防止框架梁负弯矩区畸变屈曲的加劲肋及其构造

3. 钢梁的跨度与截面宽厚比等级选用的关系，如图 9.3 所示，设柱子是刚体，层间侧移角 ρ 一定，图中的 δ 就可以计算出来，$\delta = 2 \times 0.5 \rho_{\rm st} L = \rho_{\rm st} L$。梁内剪力是 $Q_{\rm b}$，则弹性阶段 $\delta_{\rm e} = \dfrac{Q_{\rm b} L^3}{12 E I_{\rm b}}$。层弹性侧移角为 $\rho_{\rm ste} = \dfrac{Q_{\rm b} L^2}{12 E I_{\rm b}}$，假设形成塑性铰，$M_{\rm Pb} = 0.5 Q_{\rm b} L$，此时 δ 记为：

$$\delta_{\rm y} = \frac{M_{\rm Pb} L^2}{6 E I_{\rm b}} = \frac{1.15 I_{\rm b} f_{\rm y} L^2}{0.5 h_{\rm b} \times 6 E I_{\rm b}} = \frac{1.15 f_{\rm y} L^2}{3 E h_{\rm b}} \tag{9.10a}$$

在弹塑性阶段 $\delta = \delta_{\rm y} + \theta_{\rm p} L = \rho_{\rm st} L$，所以 $\rho_{\rm st} = \theta_{\rm P} + \dfrac{\delta_{\rm y}}{L} = \theta_{\rm P} + \dfrac{1.15 f_{\rm y} L}{3 E h_{\rm b}}$，$\rho_{\rm st}$ 取规范允许值，对钢梁的塑性转动角要求为：

$$\theta_{\rm P} = [\rho_{\rm st}] - \frac{1.15 f_{\rm y} L}{3 E h_{\rm b}} \tag{9.10b}$$

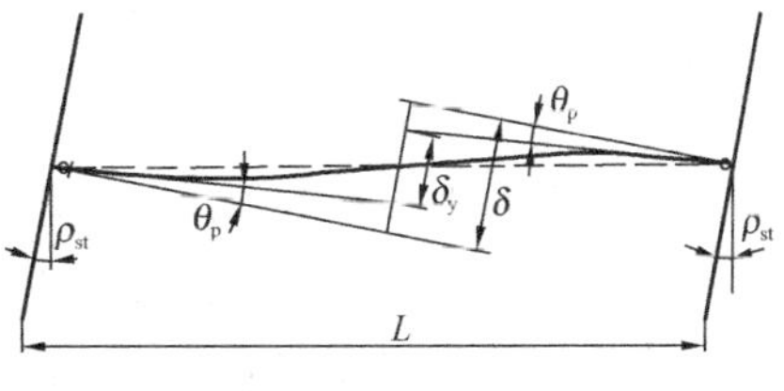

图 9.3　框架侧移与钢梁的塑性转动的关系

式中，$[\rho_{\rm st}]$ 是给定的［可取为 $1/(15 + 300\theta)$］。从上式看，钢梁跨度在常用的范围内，随跨度增大，$L/h_{\rm b}$ 有所增大（但是不是按比例增大），塑性铰转动需求随跨度增大而有所减小。另一方面，在梁柱节点的验证性试件中，一般采用长度 a 为 900～1000mm 的钢梁，梁端位移与试验段的长度的比值 δ/a 达到 0.035

被判断为达到高延性的要求。而实际的钢梁跨度绝大部分大于1.8m，更长的钢梁，塑性区的长度更长，假设塑性弯矩是弹性极限弯矩的1.15倍，则单侧进入塑性屈服区的长度是：

$$\Delta L_{ep} = \frac{1}{2}\left(1 - \frac{1}{1.15}\right)L = \frac{0.15}{2.3}L = \frac{L}{15.33} \tag{9.10c}$$

塑性变形就会分摊到更长的长度上，对每个截面的塑性变形要求就按比例下降。由此可以大致推断得知，跨度达到1.8m满足高延性需求，而跨度达到3.6m的，对塑性应变的需求就会减小一半。保守一点跨度达到6m及以上的钢梁，在$C_0 = 0.2$体系中可以采用$C_0 = 0.25$这一级的板件宽厚比和长细比。

0.035在实际工程中是图9.3的$\delta/L = \rho_{st} = 1/28.6$，要求很高。如果按照罕遇地震作用下侧移限值为1/50反推，只需要0.02弧度。美国的标准要求0.035，与层间侧移角限值1/33.3对应。

9.3.4 框架分类

框架根据梁柱及其板件的分类，划分为5类（表9.10）。F-1：延性优；F-2：延性良；F-3：延性中；F-4：延性小；F-5：延性低。

框架分类 表9.10

框架分类	F-1	F-2	F 3	F-4	F-5
C_0	0.2	0.25	0.32	0.4	0.5
梁板件类别	S1E	S2E	S3E	S4E	S5E
框架梁	B-Ⅰ	B-Ⅱ	B-Ⅲ	B-Ⅳ	B-Ⅴ
框架柱	C-Ⅱ	C-Ⅱ	C-Ⅱ	C-Ⅱ	C-Ⅲ
柱板件类别	S2E	S3E	S3E	S4E	S5E

注：1. 除柱脚外，柱子形成塑性铰的，满足C-Ⅰa、C-Ⅰb和C-Ⅰc要求，柱截面宽厚比相应满足S1E、S2E和S3E要求；

2. 柱脚形成塑性铰的，宽厚比满足相应类别要求；

3. 上述两种柱子内形成塑性铰的情况，不影响前面的框架分类。

9.4 抗侧力构件的分类

9.4.1 延性抗侧力构件

表9.11列出了部分内嵌抗侧力构件和与其匹配的钢框架，其中钢板支撑剪力墙和带竖缝钢筋混凝土剪力墙仅在《高层民用建筑钢结构技术规程》JGJ 99—2015中给出，偏心支撑、防屈曲支撑有多本规范给出规定。表9.11给出的6类抗侧力构件延性好，无法也无须再分级，直接列为延性等级Ⅰ，抗震性能最好的，与其匹配的框架等级为F-1。特殊中心支撑框架是斜支撑的长细比在$\bar{\lambda}_{br} = 1.3 \sim 2.0$范围的框架，这个范围内，不考虑支撑抗压承载力，内力分析时不参与重力荷载的工况（这需要在软件开发上采用生死单元技术，重力荷载工况，拉撑不进入计算模型），框架的抗侧承载力的分担率也必须达到50%以上，宽厚比按照表9.12的S1E级。

表9.11的各类结构，如果框架采用更低级别，例如F-2、F-3，则结构影响系数取值

分别为 0.25 和 0.32，更低级别不太合适。

抗侧力构件及与其匹配的钢框架　　　　　　　　表 9.11

编号	抗侧力构件	框架	C_0
1	偏心钢支撑（EBF）	F-1	0.2
2	防屈曲支撑（BRB）	F-1	0.2
3	钢板支撑剪力墙（JGJ 99—2015）	F-1	0.2
4	未加劲钢板剪力墙	F-1	0.2
5	带竖缝的钢筋混凝土剪力墙（JGJ 99—2015）	F-1	0.2
6	特殊中心支撑-框架	F-1	0.2

9.4.2 中心交叉支撑和成对的单斜支撑，钢板墙

普通中心交叉支撑或成对单斜支撑是应用最广泛的抗侧力构件。在中心支撑体系的规定上，欧洲、美国和日本采用的方法差别很大。比如 Eurocode 8，如果考虑斜支撑的抗压，则要求采用弹塑性非线性分析方法来设计；只考虑抗拉的，长细比必须很大。美国则区分特殊中心支撑和普通中心支撑，两者 R 值不同，前者为 6，后者为 3.25；如果与框架构成双重抗侧力体系（框架提高 25% 以上的抗侧力），则取 7；支撑的宽厚比按照塑性设计的宽厚比。

人字支撑则主要是根据其上钢梁能够承受的不平衡力来分级。

综合说来，支撑根据板件宽厚比、长细比和采用的设计方法进行分级。

表 9.12 给出了根据宽厚比/径厚比的分级。

根据宽厚比/径厚比的抗侧力构件分级　　　　　　表 9.12

截面	S1E	S2E	S3E	S4E	S5E
H形和T形截面翼缘外伸部分宽厚比 b/t，角钢肢宽厚比	$8\varepsilon_k$	$9\varepsilon_k$	$10\varepsilon_k$	$13\varepsilon_k$	$15\varepsilon_k$
箱形柱翼缘/腹板，工字形截面腹板	$25\varepsilon_k$	$27\varepsilon_k$	$30\varepsilon_k$	$35\varepsilon_k$	$48\varepsilon_k$
钢管外径径厚比 D/t	$40\varepsilon_k^2$	$50\varepsilon_k^2$	$62\varepsilon_k^2$	$80\varepsilon_k^2$	100

交叉支撑和钢板剪力墙根据长细比分类，主要分成三类，见表 9.13，分类的依据见第 13 章。

（1）长细比小于 0.35，滞回曲线饱满，长细比在 0.6~1.0 是退化最严重的，其他长细比范围退化也非常严重。

（2）但是讲述的是成对的支撑，有一杆受压另一杆必然受压，压杆承载力随侧移增加退化，拉杆的抗拉能力却随侧移增加而同步发挥，这样总的来说，成对的支撑抗侧力能力退化不是那么不堪。所以支撑根据长细比无须过于细分。

（3）设计方法是以压撑的抗压承载力作为选择支撑截面的依据，而实际受力最终是一拉一压，这样就抗侧力来说，成对的支撑抗侧承载力方面有富余，长细比越大，这个富余度越大。拉撑的这个富余度使得成对的支撑的承载力退化不那么严重，见第 13 章的图 13.14。

（4）尽管如此，中心支撑在地震的往复荷载作用下，必然经历失稳-拉直的过程，滞回曲线随长细比的不同变化很大。当长细比小时滞回曲线丰满而对称，当长细比大时，滞回曲线形状复杂、不对称，受压承载力不断退化，存在一个拉直的不受力的滑移阶段。有

滑移的阶段，就需要与框架构成双重体系，以便在这个滑移阶段提供一定的刚度。

（5）支撑的设计，长细比不是最关键的，关键的是防止局部屈曲部位过大的、集中的塑性变形导致开裂。两端部节点尽量减小应力集中，节点板在支撑杆平面外屈曲时不要产生过大的计算中未能考虑的应力，导致焊缝过早破坏（图 7.27）。

长细比较大的支撑杆，因为传递的力较小，在节点部位更加容易设计成延性好的节点。长细比大的构件，结构的刚度小，更容易处在长周期范围，地震力更小。

支撑架和钢板剪力墙分类等级   表 9.13

抗侧力构件		1 级	2 级	3 级
拉压中心支撑	长细比	$\bar{\lambda}_{br} \leqslant 0.35$	$0.35 < \bar{\lambda}_{br} \leqslant 0.6$, $1.0 < \bar{\lambda}_{br} \leqslant 1.3$	$0.6 < \bar{\lambda}_{br} \leqslant 1.0$
	宽厚比	S1E，S2E，S3E	S1E，S2E，S3E	S2E，S3E，S4E
	备注	可为独立支撑架	需要与框架构成双重体系	需要与框架构成双重体系
	C_0	0.2～0.32	0.25～0.4	0.25～0.5
人字支撑	宽厚比	S1E，S2E，S3E	S1E，S2E，S3E	S2E，S3E，S4E
	不平衡力	$(1-\eta_\theta \varphi) \sin\alpha N_{P,br}$	$0.5(1-\eta_\theta \varphi)\sin\alpha N_{P,br}$	
	备注	可为独立支撑架	需要与框架构成双重体系	需要与框架构成双重体系
	C_0	0.2，0.25，0.32	0.32	0.5
加劲钢板墙	轴压比	0.5	0.6	0.7

注：1. $\bar{\lambda}_{br} = \dfrac{\lambda_{br}}{\pi}\sqrt{\dfrac{f_{yk}}{E}}$，$\lambda_{br}$ 是支撑构件的长细比。

2. 支撑杆屈曲后的剩余承载力系数与层间侧移角的关系是：

$$\eta_\theta = \frac{0.63}{(100\theta)^{0.1}} + \left(1 - \frac{0.63}{(100\theta)^{0.1}}\right)\tanh\left(\frac{2.45}{(100\theta)^{0.55}} - 7\bar{\lambda}\right) \tag{9.11}$$

中心支撑在各类结构中应用非常广泛。根据支撑的长细比进行分类，根据类别来确定结构影响系数。虽然欧美同行认为长细比大的支撑，抗震性能更好，但配套的设计规定使得其应用是有条件的。美国 AISC 的 SPSSB 指出，每一列支撑，如果按照仅受拉设计的话，由受拉的支撑提供的抗力不得大于 70%，也不得小于 30%。即对框架的承载力的要求比较高，如果是框架-中心支撑体系，支撑长细比很大，受压承载力很小，则框架部分应能够承担 30%～70% 的水平地震作用。

对支撑的分类，还需要考虑支撑截面的宽厚比的因素。支撑截面的宽厚比是否要随支撑的长细比变化？这需要进行详细的反推分析。

支撑按照不同的长细比分类的目的是取不同的结构影响系数。

结构影响系数大，地震力大，结构的截面大，但是地震作用下的侧移的限值是相同的，例如都是 $\dfrac{1}{200}$，罕遇地震作用下的侧移，按照等位移准则反推，是 $\dfrac{1}{C}\dfrac{1}{200}$。

压杆的承载力与跨中截面挠度的关系可以由下式计算：

$$\frac{P}{A} + \frac{Pd_0}{\gamma_x W_x(1 - P/P_E)} = f_y \tag{9.12}$$

式中，d_0 是初始挠度。由此得到稳定系数：

$$\varphi = \frac{1}{2}\left[1 + \frac{1+\varepsilon_0}{\lambda^2} - \sqrt{\left(\frac{1+\varepsilon_0}{\lambda^2}\right)^2 - \frac{4}{\lambda^2}}\right] \tag{9.13}$$

式中，取 $\varepsilon_0 = \dfrac{Ad_0}{\gamma_x W_x} = 0.22\lambda$，$\lambda$ 是正则化长细比；屈曲后的承载力假设满足 $\dfrac{P}{A} +$

$\dfrac{P(d_0 + d)}{\gamma_x W_x(1 - P/P_E)} = f_y$，$d$ 是屈曲后出现的挠度，由上式得到压杆的剩余承载力为：

$$\eta_\theta \varphi = \frac{1}{2}\left[1 + \frac{1+\varepsilon_0+\varepsilon}{\lambda^2} - \sqrt{\left[\frac{1+\varepsilon_0+\varepsilon}{\lambda^2}\right]^2 - \frac{4}{\lambda^2}}\right] \tag{9.14}$$

式中，$\varepsilon = \dfrac{Ad}{\gamma_x W_x}$。现在要求给定侧移角下的支撑斜杆的弯曲角度。支撑杆屈曲后跨中截面挠度为 d，跨中截面形成塑性铰，如果 d 全部是塑性变形引起的，则跨中截面塑性铰的转角是 $2 \times d/(0.5L_d) = 4d/L_d$。已知侧移角 θ，由式（9.11）计算 η_θ，式（9.13）计算稳定系数，从而得到 $\eta_\theta \varphi$，利用式（9.14）可以求得 ε，并从下式求得支撑屈曲后与层间侧移角 θ 对应的跨中截面塑性铰转角 $4d/L_d$。

$$\varepsilon = \frac{Ad}{W_x} = \frac{1.19 \times 93d}{L_d}\lambda = 27.67\lambda \cdot \frac{4d}{L_d} \tag{9.15}$$

由图 9.4 可知，针对相同的侧移角，按照 $4d/L_d$ 计算的塑性铰转角，长细比大于 0.5 时较大，对应地，宽厚比限值较严。但是传统认为，长细比小的，宽厚比限制较严，因为长细比较小时，虽然从图 9.4 看塑性角较小，但是轴压塑性变形较大。由此综合考虑，宽厚比限值，只应与侧移角发生联系，而不应与长细比发生联系。支撑屈曲后截面的塑性铰转动，从层间侧移角 1/100 时的 0.15～0.225rad 增加到 1/50 时的 0.25～0.375rad。层间侧移角增加 1/100，对支撑杆塑性转动的要求增加 0.1～0.15rad。因此结论是：支撑截面的宽厚比限值不与长细比发生联系。

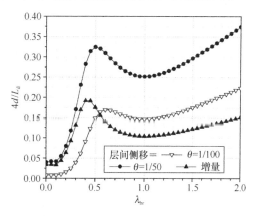

图 9.4　支撑屈曲后截面的塑性转动和长细比的关系

初步的经验以及钢结构的特点表明，加劲钢板墙不会出现抗剪强度控制设计的情况，因此以前根据剪切屈曲应力计算的正则化长细比来分类，没有实际的操作意义。因此这里提出根据轴压比来分类，参照了钢筋混凝土剪力墙。

9.5　结构影响系数

结构影响系数 C 取值的大小，直接关系到结构的安全度，因此不可避免地要和地震作用的分项系数通盘考虑。

对于地震作用的荷载分项系数：欧美取 1.0，即取标准值进行设计；日本取 100 年一遇的地震，分项系数是 1.4，20 世纪 90 年代取 50 年一遇的地震时是 2.0；智利取荷载系数 1.4，但是 R 值取值与美国早期类似，这样相当于取标准值，是 $R=12/1.4=8.57$；见式 (7-35)。按照智利控制规范设计，被认为是 1985—2010 年期间智利地震损失较小的原因，可以参考。总体上来说，国际上在抗震设计的目标陈述上相似，但是具体做法上有巨大差异。

参考欧洲的做法（最大结构影响系数 $5\Omega=5.5\sim6.5$），智利的经验（最大影响系数为 8.57），地震作用采用标准值，恒荷载部分采用 1.2 系数，抗力采用设计值，即如下组合似乎是合适的：

$$1.2(D+0.7L)+F_{Ek}\leqslant R_k/\gamma_R \tag{9.16}$$

其中活荷载参与组合是采用 $0.7L$，但是参与计算地震力是 $0.5L$ 部分（包括计算周期采用的质量），因为设防地震下，民用建筑的活荷载会产生滑动，滑动的活荷载不能百分之百地算成是参与了地震作用。美国 ASCE 7 采用这样的思路：计算地震作用的活荷载与参与组合的活荷载不一样。

9.5.1 结构影响系数

高层钢结构的结构体系较多，抗侧力构件又划分为各种等级，双重抗侧力结构中支撑构件承担的水平地震力的比例不同，抗震性能也不同，因而存在多种组合，这也就是美国 ASCE 7-16 列出了 80 多种结构的原因。

框架结构分类见表 9.10，延性抗侧力构件组成的结构见表 9.11。其他结构的结构影响系数见表 9.14～表 9.17。

表 9.14

单一结构的结构影响系数

结构体系	截面宽厚比分类或支撑分类	C_0	说明	补充要求
中心支撑结构体系	1级，S1E	0.2	支撑架梁柱满足 F-1	支撑架的梁柱需刚接，其余梁柱铰接时增加 0.05
	2级，S1E	0.25	支撑架梁柱满足 F-2	
	3级，S1E	0.25	支撑架梁柱满足 F-2	
外钢框筒结构	S1E	0.2	满足强柱弱梁要求的部位柱子按照 S2E	内部柱子按照只承受竖向荷载设计时增加 0.05
	S2E	0.25	满足强柱弱梁要求的部位柱子按照 S3E	
	S3E	0.32	梁柱按照 S3E	
交错桁架结构	柱子宽厚比满足 S2E，底层柱子满足 S1E	0.32	桁架中间段无腹杆节间及两侧各一个节间的弦杆宽厚比满足 S1E 要求。其余节间按照 S2E	底层无桁架时，底层柱应满足 3 倍地震作用的组合下的强度和稳定性要求

注：1. 在双重抗侧力结构中，如果框架分担的水平力达到 75% 时，该结构也看作为框架结构。

2. 在双重抗侧力结构中，中心支撑分担的水平力达到 75% 时，该结构看成是单一的中心支撑结构。

3. 交错桁架结构要注意垂直方向的结构体系，结构影响系数不同，可能决定了柱子的宽厚比要求。

4. 交错桁架结构的底层如果布置其他抗侧力结构，转换层楼板按照规定加强，底层的地震剪力放大 1.6 倍参加组合，进行设计。

延性双重抗侧力结构的结构影响系数　　　　表 9.15

结构体系	框架部分截面宽厚比等级	框架剪力分担率		
		≤0.25	0.25~0.5	>0.5
框架-偏心支撑结构和框架-防屈曲支撑结构	F-1	0.2	0.2	0.2
	F-2	0.25	0.25	0.25
	F-3	0.25	0.32	0.32
框架-竖缝剪力墙结构	F-1	0.25	0.25	0.2
	F-2	0.25	0.25	0.25
	F-3	0.32	0.32	0.32

注：1. 框架-钢板支撑结构的地震力调整系数取框架-偏心支撑结构对应的数值+0.05。

　　2. 柱子不形成塑性铰（满足强柱弱梁要求的）部位，柱子的宽厚比可以降低一级，但不得低于 S3E。

中心支撑-框架双重结构的结构影响系数　　　　表 9.16

框架等级	抗侧力构件等级及框架剪力分担率								
	1 级			2 级			3 级		
	≤0.25	0.25~0.5	>0.5	≤0.25	0.25~0.5	>0.5	≤0.25	0.25~0.5	>0.5
F-1	0.2	0.2	0.2	0.32	0.25	0.25	0.32	0.25	0.25
F-2	0.25	0.25	0.25	0.32	0.25	0.25	0.32	0.32	0.25
F-3		0.32	0.32		0.32	0.32		0.32	0.32

注：1. 钢框架-钢板剪力墙结构取为上表数值。

　　2. 当框架梁和现浇剪力墙采用铰接和接近铰接的半刚性连接时，应按照上表数值增加 0.075。

　　3. 当满足强柱弱梁的要求时，柱截面的宽厚比可以降低一级。

巨型结构和带伸臂结构的结构影响系数　　　　表 9.17

结构体系	板件宽厚比	C_0	说明
巨型框架结构	S1E，腹杆 1、2 级	0.2	组成巨型框架体系的柱子、空间桁架的立柱、支撑架的立柱和伸臂相连的柱子需在两倍地震作用组合下满足承载力要求
巨型空间桁架	S2E，腹杆 1、2 级	0.25	
带或不带腰架和/或顶架的伸臂结构体系	S3E，腹杆 3 级	0.32	

注：1. 立柱在满足二倍地震力的组合下的承载力要求时，在结构影响系数为 0.32 时，这些柱子的宽厚比可以放宽到 S2E。

　　2. 伸臂结构实际上就是巨型半框架结构，因此放在巨型结构一起列表。

9.5.2　地震作用的调整

在《建筑抗震设计规范》GB 50011—2010 的 3.4 节中，对建筑的规则性作了具体的规定，当结构布置不符合抗震规范规定的要求时，延性性能受到不利影响，承载力要求必须提高。在欧洲 Eurocode 8 规范中，不规则系数一般取为 1.25。

1. 扭转不规则结构地震作用的放大：偶然偏心的取值从 0.05L 增大到：

$$0.05\left(\frac{\delta_{max}}{1.2\delta_{av}}\right)^2 L \leqslant 0.15L \tag{9.17}$$

式中，δ_{max} 是楼层最大的侧移，δ_{av} 是楼层平均侧移。

2. 底部加强区地震作用调整（地震作用效应乘以放大系数后再组合），然后进行承载力验算：Ⅰ级 1.6，Ⅱ级 1.5，Ⅲ级 1.4，Ⅳ级 1.3，Ⅴ级 1.2。以考虑多自由度体系延性反应不均匀、底部延性开展更大的情况。并且底部加强区的高度比目前的抗震规范规定的更高一点：按照 1/6 高度确定，1/6 高度处的楼层不调整，在 1/6 高度处到底部嵌固端之间插值。

多自由度体系的弹塑性反应，除了在底部几层塑性变形会高于平均值外，顶部几层也会由于高阶振型的作用而出现较大的塑性变形。但是顶部几层因为轴压比较小，在同一套构造指标下，延性比下部要好，因此基本可以不调整。或仅在顶部 1/10 楼层做少量调整：地震作用效应乘以 1.2、1.15、1.1、1.05 或 1 后再参与组合，然后验算承载力。

9.6　能力设计法：性能化设计要求

9.6.1　能力设计法的措施

本书 1.5 节比较详细地介绍了能力设计法。能力设计法的目的是控制结构的破坏模式（屈服机制、塑性机构），是要避免脆性破坏先于塑性破坏发生，所以早期也称为破坏机构控制法。

1. 强柱弱梁的设计要求

对于圆或方钢管混凝土柱：

$$\Sigma\left(1+\frac{\alpha_{ck}}{1-\alpha_{ck}}\frac{P}{P_P}-\frac{1}{1-\alpha_{ck}}\frac{P^2}{P_p^2}\right)M_{Px0} \geqslant 1.1\eta_y\sum Z_{Pb}f_{yb} \tag{9.18a}$$

对于圆钢管柱：

$$\Sigma\left[1-\left(\frac{P}{P_P}\right)^{5/3}\right]Z_{p,c}f_{yk,c} \geqslant 1.1\eta_y\sum Z_{pb}f_{yb} \tag{9.18b}$$

对于方钢管柱：

$$\Sigma\left[1-\left(\frac{P}{P_P}\right)^{1.5}\right]Z_{p,c}f_{yk,c} \geqslant 1.1\eta_y\sum Z_{pb}f_{yb} \tag{9.18c}$$

对于工字形截面绕强轴：

$$\Sigma\left[1-\left(\frac{P}{P_p}\right)^{\frac{1+0.4(A_w/A_f)^{0.75}}{1+0.125(A_w/A_f)P}}\right]Z_{p,c}f_{y,c} \geqslant 1.1\eta_y\sum Z_{pb}f_{yb} \tag{9.18d}$$

对于工字形截面绕弱轴：

$$\Sigma\left[1-\left(\frac{P}{P_p}\right)^{2+A_w/A_f}\right]Z_{p,c}f_{y,c} \geqslant 1.1\eta_y\sum Z_{pb}f_{yb} \tag{9.18e}$$

强柱弱梁免除的条款：

（1）多层框架的顶层柱和单层框架柱的柱顶。此处在梁端或柱顶形成塑性铰，性能差别不大，可以放松要求。

（2）任何情况下本层不会是薄弱层 [判断依据是本层的层抗侧承载力的富余度，例如富余 40%，比上层的富余度（如上层仅富余 10%）高 50% 以上，即如果上层的富余度是

22%，就不能被判断为足够]，因此层间侧移发展有限，无须满足强柱弱梁的要求。

（3）不满足强柱弱梁的柱子承担的剪力有限（总量不超过 20%），因此无须满足强柱弱梁的要求。

（4）非耗能梁段、柱子和斜撑形成了一个几何不变的三角形，梁柱节点不会发生相对的塑性转动，因此无须满足强柱弱梁的要求。

（5）柱子的轴压比（标准值比上标准值）不超过 0.2。

2. 受拉斜撑或构件受拉区域的截面要求

$$1.25 A f_y \leqslant A_n f_u \tag{9.19}$$

式中，A 为受拉构件或构件受拉区域的毛截面面积；A_n 为受拉构件或构件受拉区域的净截面面积，当构件多个截面有孔时，应取最不利截面；f_y、f_u 为受拉构件或构件受拉区域钢材屈服强度和抗拉强度最小值。

3. 钢结构的强节点弱杆件设计要求

梁柱节点：

$$M_{uj} \geqslant \eta_j Z_{Pb} f_{yb} \tag{9.20a}$$

斜撑节点：

$$N_{uj} \geqslant 1.1 \eta_y A_{br} f_{ybr} \tag{9.20b}$$

4. 钢筋混凝土剪力墙的强剪弱弯的设计要求

参与组合的地震剪力乘以放大系数后再进行组合，放大系数：延性等级 Ⅰ、Ⅱ、Ⅲ、Ⅳ、Ⅴ 的放大系数分别是 1.6、1.5、1.4、1.3、1.2。

5. 偏心支撑框架（Eccentrically Braced Frames，EBF）

确保耗能连梁首先形成剪切屈服或弯曲型侧移机构；框架-偏心支撑结构中非消能梁段的框架梁，应按压弯构件计算；计算弯矩及轴力效应时，其非塑性耗能区内力调整系数宜按 $1.1\eta_y$ 采用。

6. 钢框架内嵌未加劲的钢板剪力墙

进行强框架弱剪力墙验算，见第 15 章。

9.6.2 人字支撑系统的机构控制

强钢梁和钢柱，弱八（人）字支撑的设计思想；人字形、V 形支撑系统中的框架梁在支撑连接处应保持连续，并按压弯构件计算，其轴力的取值按照支撑点处的不平衡剪力式（9.23a）、式（9.23b）计算；弯矩效应宜按不计入支撑支点作用的梁承受重力荷载和支撑屈曲时不平衡力作用计算，竖向不平衡力计算宜符合下列规定：

除顶层和出屋面房间的框架梁外，竖向不平衡力可按下列公式计算：

$$V = \eta_{red}(1 - \eta \varphi_{br}) A_{br} f_{yk} \sin\alpha \tag{9.21a}$$

$$\eta_{red} = 1.25 - 0.75 \frac{V_{P,F}}{V_{br,k}}, \ 0.3 \leqslant \eta_{red} \leqslant 1 \tag{9.21b}$$

式中，A_{br} 是支撑杆截面面积（mm²）；φ_{br} 是支撑的稳定系数；$V_{P,F}$ 是框架独立形成侧移机构时的抗侧承载力标准值（N）；$V_{br,k}$ 是支撑发生屈曲时，由人字形支撑提供的抗侧承载力标准值（N）；η 是压撑屈曲后承载力退化后的剩余承载力系数，计算公式是：

$$\eta = 0.65 + 0.35 \tanh(4 - 10.5\lambda_{br}) \tag{9.22}$$

式中，λ_{br} 是支撑最小长细比；α 是支撑与横梁的交角。

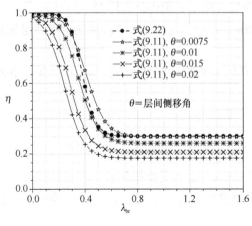

图 9.5 压撑剩余承载力系数

式（9.22）是从式（9.11）修改而来，与式（9.11）的对比如图 9.5 所示。

在双重抗侧力体系中，不平衡力的取值可以减小，所以引入折减系数 $\eta_{\rm red}$。引入这个系数的依据见第 14 章，当框架和人字支撑能够提供相同的抗侧承载力时（不是相同抗侧刚度），人字撑屈曲后抗侧力出现的退化，被框架抗侧力的增长所抵消，因而不会出现总的抗侧承载力下降的现象，此时这个折减系数是 0.5。$\eta_{\rm red}$ 不得小于 0.3。

人字形或 V 形支撑，支撑斜杆与立柱的汇交点［图 9.6（a）］，柱边竖向抗剪极限承载力不宜小于按下式计算的剪力 $V_{\rm jv}$ 的 $1.1\eta_{\rm y}$ 倍：

$$V_{\rm jv} = A_{\rm br} f_{\rm yk} \sin\alpha + V_{\rm G} \tag{9.23a}$$

式中，$V_{\rm G}$ 是在重力荷载代表值作用下的横梁梁端剪力（对于人字形或 V 形支撑，不应计入支撑的作用）。

拉压斜撑交汇处、钢梁下翼缘下表面［图 9.6（a）］的水平抗剪承载力不小于 $V_{\rm jh}$ 的 $1.1\eta_{\rm y}$ 倍：

$$V_{\rm jh} = A_{\rm br} f_{\rm yk} (1 + \varphi) \cos\alpha \tag{9.23b}$$

顶层和出屋面房间的框架梁，竖向不平衡力宜按式（9.21a）计算的 50% 取值。

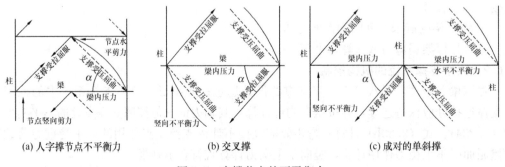

图 9.6 支撑节点的不平衡力

9.6.3 交叉支撑的设计要求

1. 强柱弱支撑验算要求：

中心支撑结构中支撑架的柱子，以及框架-中心支撑结构中支撑架的柱子，除承担地震工况组合下重力荷载代表值产生的轴力和弯矩外，还应能够承受支撑杆受拉屈服产生的竖向分力。否则支撑架的柱子必须满足二倍地震力的组合下的强度和稳定性要求。

在多层的情况下，这个竖向分力可以这样求得：

（1）按照规范规定的地震力沿高度的分布，计算各层支撑内力和作为支撑架一部分的柱子内力；

（2）然后支撑地震内力与其他荷载产生的内力组合，在其他内力不变的情况下，按照比例增加支撑地震内力；

（3）判断哪一层支撑将首先屈服或达到极限承载力，达到承载力时被增大了的支撑地震工况内力与原地震内力的比值最小的层就是支撑的薄弱层［图9.7（a）显示第1层是薄弱层］；

（4）这个比值用于乘以柱子的地震内力（未组合前的），以放大支撑架中柱子的地震工况组合中的地震作用部分内力；

（5）支撑架柱子要能够承受这个放大了的地震内力和其他荷载产生的内力的组合。

上述放大柱子内力的方法是相对弱支撑验算［图9.7（a）］。还有一种绝对弱支撑的验算［图9.7（b）］，此时所有楼层的支撑均屈服，要求柱子此时仍然保持不屈服，但是柱子的内力也无须取大于将地震作用放大3倍的组合内力（即中震地震力）。

2. 交叉支撑系统中的框架梁，应按压弯构件计算；轴力可按式（9.24）计算，计算弯矩效应时按照内力分析的结果乘以 $1.1\eta_y$

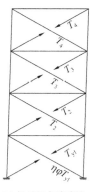

(a) 相对弱支撑验算

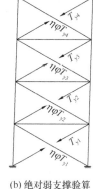

(b) 绝对弱支撑验算

图 9.7　两种弱支撑强框架的验算

放大，然后按照压弯杆计算端部截面的强度，按照跨中截面计算稳定性，跨中截面应考虑楼板有效宽度的作用。

$$N_{\text{beam}} = (A_{\text{br1}}\cos\alpha_1 - A_{\text{br2}}\cos\alpha_2)f_{yk} \tag{9.24}$$

3. 支撑系统的节点计算应符合下列规定：

交叉支撑结构、成对布置的单斜支撑结构的支撑系统，上、下层支撑斜杆交汇处节点的极限承载力不宜小于按下列公式确定的竖向不平衡剪力 V_{jv}［图9.6（b）］的 $1.1\eta_y$ 倍：

$$V_{jv} = \eta_1\varphi_{\text{br1}}A_{\text{br1}}f_y\sin\alpha_1 + A_{\text{br2}}f_y\sin\alpha_2 + V_G \tag{9.25a}$$

$$V_{jv} = A_{\text{br1}}f_y\sin\alpha_1 + \eta_2\varphi_{\text{br2}}A_{\text{br2}}f_y\sin\alpha_2 - V_G \tag{9.25b}$$

式中，η_1、η_2 是受压支撑剩余承载力系数，按式（9.22）计算；V_{Gb} 是梁在重力荷载代表值作用下截面的剪力值（N）；A_{br1}、A_{br2} 分别是上、下层支撑截面面积（mm^2）；α_1、α_2 分别是上、下层支撑斜杆与横梁的交角。

当为屈曲约束支撑，节点部位也有不平衡力，此时不考虑屈曲，不考虑退化。

当同层同一竖向平面内有两个支撑斜杆汇交于一个柱子时［图9.6（c）］，该节点的极限承载力不宜小于左右支撑屈服和屈曲产生的不平衡力的 $1.1\eta_y$ 倍。

9.6.4　罕遇地震作用下的侧移限值

罕遇地震下的侧移限值，实际上取决于地震力的计算方法，即地震力计算时采用了多大的延性系数，利用了多大的超强系数以及是否考虑了二阶效应带来的地震作用放大系数。设计时满足宽厚比、长细比、轴压比等构造要求，满足承载力要求，罕遇地震作用下的稳定性应自然得到保证，因而侧移的限值主要在于验算延性的开展是否限定在计算地震作用采用的延性系数以内。

但是，弹塑性动力地震作用得到的侧移，仍然希望设定限值（表9.18）。钢结构如果没有轴力，侧移可以很大而不会有倒塌的危险；轴力大了就容易动力失稳而倒塌，因此罕遇地震作用下的侧移限值与二阶效应系数联系起来是合理的，即：

$$[\rho] = \left[\frac{\Delta_i}{h_i}\right]_{\max} = \frac{1}{15 + 300\theta} \tag{9.26a}$$

或

$$[\rho] = \left[\frac{\Delta_i}{h_i}\right]_{\max} = \frac{1}{20 + 300\theta} \tag{9.26b}$$

弹塑性地震作用下侧移限值　　　　　　　　　　　　表 9.18

二阶效应系数	侧移限值	二阶效应系数	侧移限值
0	1/15 (1/20)	0.125	1/52.5 (1/57.5)
0.025	1/22.5 (1/27.5)	0.15	1/60 (65)
0.05	1/30 (1/35)	0.175	1/67.5 (72.5)
0.075	1/37.5 (1/42.5)	0.2	1/75 (1/80)
0.1	1/45 (1/5)		

这个侧移限值为规范对高烈度地震区（因为二阶效应系数较小）减小地震作用提供了指引，创造了条件。

ASCE 7-16 引入了规定：对动力弹塑性分析获得的侧移，其限值可以放宽到静力弹塑性分析限值的 2 倍。2005 和 2010 版本是允许放宽到 1.25 倍。实际上可能是：短周期时放宽到 2 倍合适，长周期时放宽到 1.25 倍合适。

9.7 超限钢结构建筑的性能化抗震设计

9.7.1 FEMA 350 的性能目标

图 9.8 和表 9.19 给出了美国 FEMA 350（2000）的性能目标。充分运行的性能 A，显然是要满足使用方提出的侧移要求。而丙类建筑的性能 B 是震后可以继续运行，少量的损伤不妨碍使用。

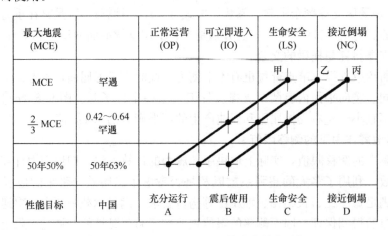

图 9.8　FEMA 350（2000）给出的性能目标

FEMA 350（2000）的性能目标   表 9.19

地震水准	建筑抗震设防类别		
	甲类	乙类	丙类
多遇地震	A	AB	B
设防烈度地震	B	BC	C
预估的罕遇地震	C	CD	D

9.7.2 性能化设计对比案例

设 30 层住宅钢结构，$\zeta = 0.02$，分别位于 8、8.5 和 9 度设防区，丙类建筑，$C_0 = 0.2$。表 9.20 给出了对比情况。可以判断，按照上述设计方法设计的结构能够天然地满足丙类建筑的设计要求。对表内的数据说明如下：

（1）9 度设防地区考虑近震效应设计，则二阶效应系数 θ 大致在 $0.05 \sim 0.06$。6 度设防区如果风荷载较小，则二阶效应系数可能接近 0.2。按照等位移准则估算侧移。

（2）常遇地震的地震力高于乘以 C 后得到的延性地震力，但是结构固有的超强系数必定大于 1.323，所以仍然能够保证小震弹性。超强系数来自：①本身钢材强度指标采用了设计值；②钢材本身必定有所超强；③结构的超静定性质，构件的各个截面和各个构件不是在同一个组合工况达到承载力；④能力设计法的贯彻实施带来很可观的超强系数。

（3）罕遇地震下侧移限值与二阶效应系数有很大的关系。但是本章考虑了二阶效应系数对地震作用的影响，计算 C 时已经引入地震力放大系数 A_θ，对不同二阶效应系数采用了不同的放大系数，所以侧移限值就不应再作区别了，都取为 1/50。实际上如果二阶效应系数小于 0.05，侧移达到 1/30 也能够保证不倒。

不同设防烈度丙类设防结构不同水准地震下的性能判断   表 9.20

设防烈度	8	8.5	9	备注
a_g（cm/s²）	200	300	400	
二阶效应系数	0.125	0.1	0.075	见文内说明
结构影响系数 C	0.305	0.285	0.265	
小震地震力对应折减系数 C_{freq}	0.35	0.35	0.35	
C_{freq}/C	1.146	1.228	1.323	见文内说明
设防地震下延性开展 $\mu_{devlp} = 1/C$	3.275	3.509	3.779	
延性能力 $\mu = 1/C_0$	5	5	5	
地震侧移限值	1/300	1/300	1/300	满足丙类建筑性能 B
设防地震下侧移 $= \mu_{devlp}/300$	1/91.6	1/85.5	1/79.4	满足丙类建筑性能 C
罕遇地震/设防地震加速度比值 ξ	2	1.7	1.55	
罕遇地震侧移 $= \xi\mu_{devlp}/300$	1/45.8	1/50.3	1/51.2	满足丙类建筑性能 D

对于扭转不规则的结构，采用地震力放大系数，也容易满足丙类建筑的要求。而甲乙类建筑，则通过引入地震作用放大系数 1.5 和 1.25 来满足要求。例如表 9.20 的例子，如果地震力放大到 1.5 倍，则估算结构的性能判断见表 9.21。是否合适要看 1/75 是否能够作为"生命安全"的标准。

不同设防烈度假想的甲类设防结构不同水准地震下的性能判断　　　　表 9.21

设防烈度	8	8.5	9	备注
a_g (cm/s²)	200	300	400	
二阶效应系数	0.125	0.1	0.075	可进一步减小
结构影响系数 $1.5C$	0.458	0.427	0.397	
小震地震力对应折减系数 C_{freq}	0.35	0.35	0.35	
$C_{freq}/1.5C$	0.764	0.819	0.882	
设防地震下延性开展 $\mu_{devlp}=1/1.5C$	2.184	2.339	2.519	
延性能力 $\mu=1/C_0$	5	5	5	
地震侧移限值	1/450	1/450	1/450	甲类性能 A
设防地震下侧移 $=\mu_{devlp}/300$	1/137.4	1/128.2	1/119.1	甲类性能 B
罕遇地震/设防地震加速度比值 ξ	2	1.7	1.55	
罕遇地震侧移 $=\xi\mu_{devlp}/300$	1/68.7	1/75.4	1/76.8	甲类性能 C

9.7.3　《高层民用建筑钢结构技术规程》JGJ 99—2015 的性能化设计

《高层民用建筑钢结构技术规程》JGJ 99—2015 的性能化设计，完全转录自《高层建筑混凝土结构技术规程》JGJ 3—2010，地震作用的取值未能够反映钢结构抗震性能的优越性，应在设防烈度和罕遇地震的强度计算中除以 1.4 以考虑钢结构在抗震性能上的优势。下面的讨论约定是在延性等级Ⅰ级上展开的，低延性等级在超限建筑中不应采用。

结构抗震性能目标应综合考虑抗震设防类别、设防烈度、场地条件、结构的特殊性、建造费用、震后损失和修复难易程度等各项因素选定。结构抗震性能目标可分为 A、B、C、D 四个等级（与图 9.8 一样），但是结构抗震性能分为 1、2、3、4、5 五个水准（表 9.22），每个性能目标均与一组在指定地震地面运动下的结构抗震性能水准相对应。4 个等级 5 个水准，这就不能完全一一对应了。

《高层民用建筑钢结构技术规程》JGJ 99—2015 结构抗震性能目标　　　　表 9.22

地震水准	性能目标			
	A	B	C	D
多遇地震	1	1	1	2
设防烈度地震	1	2	3	4
预估的罕遇地震	2	3	4	5
可能采用场景	甲类超限建筑	乙类超限建筑 甲类建筑	丙类超限建筑 乙类建筑	丙类建筑
等效于采用地震力放大系数	1.5×1.25	1.5	1.25	1

结构抗震性能水准可按表 9.23 进行宏观判别，表中 $\mu_p=\mu-1$ 表示延性中纯粹塑性开展的部分，下标 p 表示塑性变形部分。用设防烈度地震作用或罕遇地震作用进行承载力计算代替延性目标的控制，也算是特色。实际上只要采用引入结构延性系数正常的地震作用，对不同构件引入地震作用放大系数就可以了，机构控制法或能力设计法的目的就是这

个，例如前面的 $1.1\eta_y$ 就是对柱子提出的地震作用放大系数，只不过是该系数放在钢梁的承载力上，然后用于验算柱子。如果采用更为直接的方法，可以采用类似表 9.24 所示的地震作用放大系数，然后通过静力或者是动力弹塑性分析，确认罕遇地震作用下侧移不超过 1/50。

各性能水准结构预期的震后性能状况的要求

表 9.23

性能水准	宏观变形 μ_p	塑性开展程度（曲率延性 Φ_P，梁段剪切延性，节点梁段转角 θ_{eP}）			继续使用性能
		关键构件	普通竖向构件	耗能构件	
1	完好无损坏	无损坏	无损坏	无损坏	可以
塑性开展	0	0	0	0	
2	基本完好，轻微损坏	无损坏	无损坏	轻微损坏	稍加修理
塑性开展	1	1	1	2/0.005	
3	轻度损坏	轻微损坏	轻微损坏	轻度，部分中度	一般修理
塑性开展	2	2	2~3	4/0.01	
4	中度损坏	轻度损坏	部分中度损坏	中度，部分比较严重	修复加固后可使用
塑性开展	3	3	4~5	8/0.025	
5	比较严重损坏	中度损坏	部分构件严重损坏	比较严重	需大修排险替换
塑性开展	4	4	5~6	12/0.035	

注："关键构件"是指该构件的失效可能引起结构的连续破坏或危及生命安全的严重破坏，一般是指竖向构件，超高层建筑中少量抗侧力构件；"普通竖向构件"是指"关键构件"之外的竖向构件；"耗能构件"包括框架梁、消能梁段、延性墙板及屈曲约束支撑等。普通支撑也可以作为耗能构件，因为设防地震或罕遇地震时它们是第一批出现屈曲的构件，此时采用层间侧移延性来判断它们的塑性开展程度。

不同构件的地震作用放大系数

表 9.24

性能水准	目标地震水平	计算地震水平	放大系数 A_F			应用场景
			关键构件	普通竖向构件	耗能构件	
2	罕遇地震	偶遇×C	$2.5\eta_y$	$1.8 \times 1.1\eta_y$	1.5×1.2	甲类超限
3	罕遇地震	偶遇×C	$2\eta_y$	$1.5 \times 1.1\eta_y$	1.5	乙类超限，甲类
4	罕遇地震	偶遇×C	$1.5\eta_y$	$1.25 \times 1.1\eta_y$	1.25	丙类超限，乙类
5	罕遇地震	偶遇×C	$1.3\eta_y$	$1.1\eta_y$	1	丙类，新技术不超限建筑

按照《高层民用建筑钢结构技术规程》JGJ 99—2015 的性能化设计，不同抗震性能水准的结构设计按照如下规定进行：

（1）第 1 性能水准的结构，应满足弹性设计要求。在多遇地震作用下，其承载力和变形应符合本规程的有关规定；在设防烈度地震作用下，结构构件的抗震承载力应符合下式规定：

常遇地震：梁 $\qquad S_{Ge} + (CS_{Ehk}^* + 0.36C_v S_{Evk}^*) \leqslant R_k$ （9.27a）

常遇地震：梁 $\qquad S_{Ge} + (CS_{Ehk}^* + 0.36C_v S_{Evk}^*) \leqslant R_k$ （9.27b）

式中，S_{Ehk}^* 是水平地震作用标准值的构件内力，无须考虑与抗震等级有关的增大系数；S_{Evk}^* 是竖向地震作用标准值的构件内力，无须考虑与抗震等级有关的增大系数。

系数 0.36 是目前控制规范的荷载系数的比值 $0.5/1.4 \approx 0.36$；

C_v 是应用于竖向地震作用的结构影响系数，要进行判断是否与水平地震影响系数相同。

（2）第 2 性能水准的结构，在设防烈度地震下，关键构件及普通竖向构件的抗震承载力宜符合式（9.27），耗能构件的抗震承载力应符合下式要求：

$$S_{Ge} + \frac{S_{Ehk}^* + 0.36S_{Evk}^*}{1.4} \leqslant R_k \tag{9.28}$$

式中，R_k 是截面极限承载力，按钢材的屈服强度计算。

注意：除以 1.4 是钢结构相比于混凝土结构，地震作用可以折减到 $C_{steel}/C_{concrete} = 0.25/0.35 = 1/1.4$，其次是与目前被广泛接受的钢结构按照 2 倍地震作用，就可以放宽构造要求，放宽或免除能力设计法要求的做法对应，即二倍地震力 $= 2^{1.55}/1.4 = 2.09 \approx 2$。

（3）第 3 性能水准的结构应进行弹塑性计算分析，在设防烈度地震下，关键构件及普通竖向构件的抗震承载力应符合式（9.28），水平长悬臂结构和大跨度结构中关键构件的抗震承载力尚应符合下式：

$$S_{Ge} + \frac{0.36S_{Ehk}^* + S_{Evk}^*}{1.4} \leqslant \Omega R_k \tag{9.29}$$

部分耗能构件进入屈服阶段，但不允许发生破坏。在预估的罕遇地震作用下，结构薄弱部位的最大层间位移应满足 $1/(15 + 300\theta)$。

（4）第 4 性能水准的结构应进行弹塑性计算分析，在设防烈度地震下，关键构件的抗震承载力应符合式（9.28）的要求，水平长悬臂结构和大跨度结构中的关键构件的抗震承载力尚应符合式（9.29）的要求；允许部分竖向构件以及大部分耗能构件进入屈服阶段，但不允许发生破坏。在预估的罕遇地震作用下，结构薄弱部位的最大层间位移应不大于 $1/50$。

（5）第 5 性能水准的结构应进行弹塑性计算分析，在预估的罕遇地震作用下，关键构件的抗震承载力宜符合式（9.30）的要求：

$$S_{Ge} + \frac{S_{Ehk}^* + 0.36S_{Evk}^*}{1.4} \leqslant \Omega R_k \tag{9.30}$$

式中，Ω 是体系的超强系数，一般不低于 1.3。较多的竖向构件进入屈服阶段，但不允许发生破坏，且同一楼层的竖向构件不宜全部屈服；允许部分耗能构件发生比较严重的破坏；结构薄弱部位的层间位移小于等于 $1/(15 + 300\theta)$。

9.7.4　扩展的 N2 方法

本书 7.4.4 节介绍了推覆分析法，被 Fajfar P 称为 N2 法，N 代表弹塑性和几何非线性的分析，2 代表该方法涉及的两个计算模型：即原始模型（推覆分析）和提炼出的广义单自由度模型。从广义单自由度模型的动力二阶弹塑性非线性分析以获得 $R_{\mu\theta}$ 谱，并确定性能点。但是这种推覆分析方法给定了地震力沿高度的分布，未能反映高阶振型的影响。因而需要引入不太复杂的补充规定（太复杂的所谓改进，不如直接进行二阶弹塑性动力分析），Fajfar P 引入的补充规定如下：

（1）假定高阶振型的振动是弹性的，并且大小也与弹性结构一样；

（2）弹性的高阶振动与第一阶的弹塑性振动仍然可以采用叠加原理；

（3）各层的弹塑性需求（层间位移）可以取两个结果里面的较大值得到：一是采用本书 7.4.4 节的推覆分析结果；二是设弹性振型分解反应谱方法分析得到的各层各控制点（形心、平面边缘点，因为扭转变形，平面上各点位移不一样）位移 $\Delta_{i,j}$、顶部位移形心 $\Delta_{\text{rf,e}}$，令顶部侧移与推覆分析的顶部位移 $\Delta_{\text{rf,pushover}}$ 相等，其他各点位移同比例增大或缩小，即顶部位移变为 $\Delta_{\text{rf,pushover}}$，其他点位移变为 $\Delta_{i,j} \dfrac{\Delta_{\text{rf,pushover}}}{\Delta_{\text{rf,e}}}$，按照这个位移计算层间侧移；

（4）与层间容许侧移角进行比较。

这就是拓展了的 N2 方法，或者称与弹性反应谱法结合的推覆法。

依据有限元的分析发现，随着塑性变形开展越大，高阶振型和扭转的程度会减小，因此上述假定导致的结果被认为大多数情况是偏于安全的，据介绍将纳入 Eurocode 8 规范。

扭转特别不规则的结构需要采用动力二阶弹塑性分析。

9.8 自振周期与屈曲因子的关系

9.8.1 弯曲型结构

均布质量 m，变截面弯曲型悬臂柱的自振周期是：

$$T_{\text{b}} = \frac{2\pi H^2}{1.875^2} \sqrt{\frac{m}{E(0.8I_1 + 0.2I_{\text{n}})}} \tag{9.31}$$

其中，I_1、I_{n} 分别是底部和顶部截面的抗弯刚度，H 是悬臂柱的高度，E 是弹性模量。

m 是质量同时也是重力荷载，重力荷载导致屈曲，以底部截面轴力作为计量标准的临界荷载是：

$$P_{\text{Blcr}} = (mgH)_{\text{cr}} = \frac{\pi^2 E(2I_1 + I_{\text{n}})}{3 \times 4 \times 0.28(1 + 0.25r_{\text{B}})H^2} \tag{9.32}$$

式中，$r_{\text{B}} = I_{\text{n}}/I_1$ 是顶底截面惯性矩的比值。当然实际荷载不会导致屈曲，实际荷载仅仅是弹性屈曲荷载的 5%～20%。记屈曲因子：

$$\Lambda_{\text{cr}} = \frac{(mgH)_{\text{cr}}}{mg} \tag{9.33}$$

从式（9.31）和式（9.32）可以得到周期与屈曲因子之间的关系：

$$T_{\text{b}} = 5\gamma_{\text{b}} \sqrt{\frac{H}{\Lambda_{\text{cr}}g}}, \quad \gamma_{\text{b}} = \sqrt{\frac{0.375(2 + r_{\text{B}})}{(1 + 0.125r_{\text{B}})(0.8 + 0.2r_{\text{B}})}} \tag{9.34}$$

$$\Lambda_{\text{cr}} = \frac{25H}{gT_{\text{b}}^2} = 2.55\frac{H}{T_{\text{b}}^2} \tag{9.35}$$

屈曲因子或二级效应系数是钢结构设计的一个重要的控制指标，但是这个控制指标的工况与计算周期的地震工况不同，因而质量和重力有差别，其比值是 R_{LD}，设 $L = 0.4D$，则

$$R_{\text{LD}} = \frac{1.3D + 1.5L}{D + 0.5L} = \frac{1.3D + 1.5 \times 0.4D}{D + 0.5 \times 0.4D} = \frac{1.9}{1.2}\left(\text{荷载系数 1.2，1.4 时是}\frac{1.76}{1.2}\right)$$

$$\tag{9.36a}$$

$$\Lambda_{cr} = 2.55 \times \frac{1.2}{1.9} \times \frac{H}{T_b^2} = 1.61\,\frac{H}{T_b^2}\left(荷载系数1.2,1.4\,时,\Lambda_{cr} = 1.738\,\frac{H}{T_b^2}\right)$$

$$(9.36b)$$

$$T_b = 1.268\sqrt{\frac{H}{\Lambda_{cr}}} = 3.974\sqrt{\frac{H}{\Lambda_{cr}g}}\quad\left(T_b = 1.319\sqrt{\frac{H}{\Lambda_{cr}}} = 4.129\sqrt{\frac{H}{\Lambda_{cr}g}}\right)\quad(9.36c)$$

$$T_b\,|_{\Lambda_{cr}=5} = 1.268\sqrt{\frac{H}{\Lambda_{cr}}} = 0.567\,\sqrt{H}$$

$$(9.36d)$$

9.8.2　剪切型结构

剪切型结构的第一周期是：

$$T_s = \frac{4H}{\sqrt{0.7+0.3r_s}}\sqrt{\frac{m}{S_1}} \tag{9.37}$$

式中，$r_s = S_n/S_1$ 为顶层和底层的抗剪刚度的比值，S_1 是底部截面的抗剪刚度。一般剪切型结构以底部截面的剪切屈曲作为屈曲模式，其临界荷载是：

$$(qH)_{cr} = (mgH)_{cr} = S_1 \tag{9.38}$$

因此得到屈曲因子与周期的关系是：

$$\begin{cases} T_s = \dfrac{4H}{\sqrt{0.7+0.3r_s}}\sqrt{\dfrac{m}{S_1}} = \dfrac{4}{\sqrt{0.7+0.3r_s}}\sqrt{\dfrac{1.2}{1.9\Lambda_{cr}g}}\ \sqrt{H} = \dfrac{3.1794}{\sqrt{0.7+0.3r_s}}\sqrt{\dfrac{H}{\Lambda_{cr}g}} \\[2mm] T_s = 3.18\gamma_s\sqrt{\dfrac{H}{\Lambda_{cr}g}},\ \gamma_s = \dfrac{1}{\sqrt{0.7+0.3r_s}} \\[2mm] T_s\,|_{\Lambda_{cr}=5,r_s=0.4} = 0.5014\,\sqrt{H} \end{cases} \tag{9.39}$$

$$\Lambda_{cr} = \frac{1.631H}{(0.7+0.3r_s)T_s^2} \tag{9.40}$$

考虑到荷载组合的不同，则：

$$\Lambda_{cr} = \frac{1.03H}{(0.7+0.3r_s)T_s^2}\left[荷载系数,1.2,1.4\,时,\Lambda_{cr} = \frac{1.112H}{(0.7+0.3r_s)T_s^2}\right] \tag{9.41}$$

参数 γ_b 和 γ_s 见表9.25a和表9.25b。

参数 γ_b　　　　　　表 9.25a

r_B	γ_b	r_B	γ_b	r_B	γ_b
0.2	0.9789	0.35	0.9851	0.6	0.9929
0.25	0.9811	0.4	0.9869	0.7	0.9952
0.3	0.9832	0.5	0.9901	1	1

参数 γ_s　　　　　　表 9.25b

r_s	γ_s	r_s	γ_s	r_s	γ_s
0.2	1.147	0.35	1.115	0.6	1.066
0.25	1.136	0.4	1.104	0.7	1.0483
0.3	1.125	0.5	1.085	0.8	1.031

9.8.3　弯剪型结构

弯剪型悬臂柱的自振周期是：

$$T=\sqrt{T_s^2+T_b^2}=\sqrt{\frac{16}{0.7+0.3r_s}\cdot\frac{mH^2}{S_1}+\frac{4\pi^2H^2}{(1.875)^4}\cdot\frac{mH^2}{E(0.8I_1+0.2I_n)}} \quad (9.42)$$

而弯剪型悬臂柱的屈曲荷载是分段的。

$$S_1>0.4r_s^{0.7}P_{B1cr}：P_{1cr}=(mgH)_{cr}=\frac{S_1}{S_1/P_{B1cr}+(1-0.4r_s^{0.7})}\leqslant S_1 \quad (9.43a)$$

$$S_1\leqslant0.4r_s^{0.7}P_{B1cr}：P_{1cr}=(mgH)_{cr}=S_1 \quad (9.43b)$$

式 (9.42) 改写为：

$$T=\sqrt{\frac{P_1H}{g}}\sqrt{\frac{16}{0.7+0.3r_s}\cdot\frac{1}{S_1}+25.02\gamma_b^2\cdot\frac{1}{P_{B1cr}}} \quad (9.44)$$

(1) $S_1>0.4r_s^{0.7}P_{B1cr}$，此时 $T=5\gamma_b\sqrt{\frac{P_1H}{P_{1cr}g}}\cdot\sqrt{P_{1cr}}\sqrt{\frac{16}{25\gamma_b^2(0.7+0.3r_s)}\cdot\frac{1}{S_1}+\frac{1}{P_{B1cr}}}$,

$$T=5\sqrt{\frac{H}{\Lambda_{cr}g}}\times\sqrt{\frac{S_1/P_{B1cr}+0.64/(0.7+0.3r_s)}{S_1/P_{B1cr}+1-0.4r_s^{0.7}}}\approx5\sqrt{\frac{H}{\Lambda_{cr}g}} \quad (9.45)$$

假设 $\frac{S_1}{P_{B1cr}}=k(0.4r_s^{0.7})$，则：

$$T=5X\sqrt{\frac{H}{\Lambda_{cr}g}} \quad (9.46a)$$

$$X=\sqrt{\frac{0.4kr_s^{0.7}+0.64/(0.7+0.3r_s)}{0.4kr_s^{0.7}+1-0.4r_s^{0.7}}} \quad (9.46b)$$

因为根号中分子分母的两个系数比较接近，见表 9.26，可见 X 的数值接近于 1.0。

系数对比 表 9.26

r_s	$\dfrac{0.64}{(0.7+0.3r_s)}$	$1-0.4r_s^{0.7}$	r_s	$\dfrac{0.64}{(0.7+0.3r_s)}$	$1-0.4r_s^{0.7}$
0.2	0.8421	0.8703	0.6	0.7273	0.7203
0.25	0.8258	0.8484	0.7	0.7033	0.6884
0.3	0.8101	0.8278	0.8	0.6809	0.6578
0.35	0.7950	0.8082	0.9	0.6598	0.628439
0.4	0.7805	0.7894	1	0.64	0.6
0.5	0.7529	0.7538			

(2) $S_1<0.4r_s^{0.7}P_{B1cr}$，此时 $P_{1cr}=S_1$，$T=\sqrt{\frac{P_1H}{S_1g}}\cdot\sqrt{S_1}\sqrt{\frac{16}{0.7+0.3r_s}\cdot\frac{1}{S_1}+25.0198\gamma_b^2\cdot\frac{1}{P_{B1cr}}}$,

$$T=\frac{4}{\sqrt{0.7+0.3r_s}}\sqrt{\frac{H}{\Lambda_{cr}g}}\cdot\sqrt{1+\frac{25\gamma_b^2(0.7+0.3r_s)}{16}\cdot\frac{S_1}{P_{B1cr}}} \quad (9.47)$$

设 $\frac{S_1}{P_{B1cr}}=k(0.4r_s^{0.7})$，则：

$$T=4X\sqrt{\frac{H}{\Lambda_{cr}g}} \quad (9.48a)$$

$$X = \sqrt{\frac{1 + 0.625k(0.7 + 0.3r_s)r_s^{0.7}}{0.7 + 0.3r_s}}$$ (9.48b)

式（9.46b）和式（9.48b）计算的 X 值见表 9.27。

参数 X 表 9.27

r_s	k					
	0	0.5	1	1.5	2	2.5
	式（9.48b）		式（9.46b）			
0.2	1.1471	1.1904	1.2322	1.2333	1.2343	1.2351
0.25	1.1359	1.1869	1.2358	1.2368	1.2377	1.2384
0.3	1.1251	1.1834	1.2389	1.2398	1.2405	1.2412
0.35	1.1146	1.1799	1.2418	1.2425	1.2431	1.2436
0.4	1.1043	1.1765	1.2444	1.2450	1.2454	1.2458
0.5	1.0847	1.1700	1.2495	1.2495	1.2496	1.2496
0.6	1.0660	1.1640	1.2544	1.2538	1.2534	1.2531
0.7	1.0483	1.1586	1.2593	1.2580	1.2571	1.2563
0.8	1.0314	1.1537	1.2643	1.2622	1.2607	1.2595
0.9	1.0153	1.1494	1.2694	1.2664	1.2642	1.2625
1	1.0000	1.1456	1.2748	1.2707	1.2677	1.2655

结论：弯剪型的近似计算公式更接近于弯曲型的公式。

9.8.4 弯剪型结构屈曲波形和振型的对比

结构的振动与屈曲，在矩阵位移法分析上，两者具有相同的物理刚度矩阵，但是振动分析的质量矩阵和屈曲分析的几何刚度矩阵有所不同，反映在振型和屈曲波形上也有所区别。

剪切型悬臂柱屈曲是最薄弱截面（框架的薄弱层）的屈曲，其他层是随动，发生刚体位移；但是剪切型悬臂柱的振动具有整体性质，如图 9.9 所示。剪切型屈曲模态和振动模态差异较大，振动高阶模态会出现位移变号的情况，但屈曲模态只是发生屈曲的位置在逐渐提高，其位移没有变号。

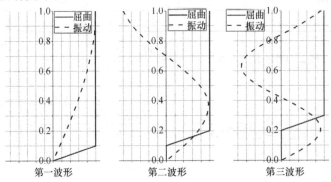

图 9.9 剪切型悬臂柱屈曲与振动波形
（$r_B = 1.0$，$r_s = 1.0$）

　　但是弯曲型悬臂柱的屈曲具有整体性质，为了解悬臂柱的振动波形与屈曲波形之间的差异，可借助 SAP2000 计算得到构件振动和屈曲的前三阶波形。悬臂柱屈曲需要考虑的轴力分布与振动时需要考虑的质量分布一一对应。当 m 为常数时，对应的轴力分布应当为沿轴线的均布轴力，悬臂柱自由端和固定端的轴力比 r_P 应等于 0。但由于有限元计算中分割的单元数 n 为有限个，故计算模型中，$m=$ 常数对应的轴力比 $r_P = 1/n$。

　　以线质量为常数的悬臂柱为例选取计算模型，模型柱长为 8m，固定端截面保持不变，其惯性矩 $I_1 = 2.755 \times 10^8\ \text{mm}^4$，抗剪刚度 $S_1 = 1377.6\text{kN}$，沿轴线悬臂柱的惯性矩和抗剪刚度均线性变化。将悬臂柱分为 10 个单元，通过附加节点质量，控制其线质量不变，取线质量为 0.2kg/mm，故而 $r_P = 0.1$，该比值可通过在节点附加相同的节点荷载实现。图 9.9～图 9.11 绘出了不同条件下悬臂柱屈曲和振动的前三阶波形图。

　　对图 9.10～图 9.11 分析，第 1 振型和第 1 屈曲波形重合，因此屈曲因子和振动周期有完美的一一对应关系。观察其反弯点位置可以发现，振动的第二模态反弯点位置低于屈曲。对第三模态，屈曲和振动均有两个反弯点。其中第一个反弯点位置，振动低于屈曲，且当 r_B 较大时，两者的位置十分接近；第二个反弯点位置，屈曲低于振动。此外，振动模态和屈曲模态的第一个反弯点位置随 r_B 的减小都会有略微的上升。

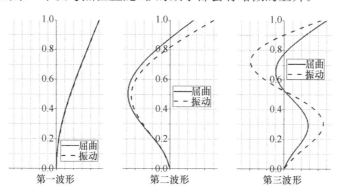

图 9.10　弯曲型悬臂柱屈曲与振动波形
（$r_B = 1.0$，$r_s = 1.0$）

9.8.5　联肢剪力墙结构

　　图 9.12 是联肢剪力墙结构，顶部轴力、惯性矩、连梁刚度（带下标 T）与底部的轴力、惯性矩、连梁刚度（带下标 B）的比例是：

$$r_P = \frac{P_T}{P_B},\ r_s = \frac{P_{s,T}}{P_{s,B}},\ r_w = \frac{I_{w,T}}{I_{w,B}},\ r_0 = \frac{I_{0,T}}{I_{0,B}},\ r_w = r_0 \tag{9.49}$$

式中，P 是两个墙肢轴力之和；I_w 是两个墙肢绕自身形心轴的惯性矩之和；$I_0 = \frac{A_1 A_2}{A_1 + A_2} l^2$，$A_1$、$A_2$ 是两个墙肢的面积，l 是两个墙肢形心之间的距离；P_s 是连梁提供给结构的抗剪刚度，计算公式为：

$$P_s = Kl^2 \tag{9.50a}$$

$$K = \frac{12EI_{bs}}{hb^3} \tag{9.50b}$$

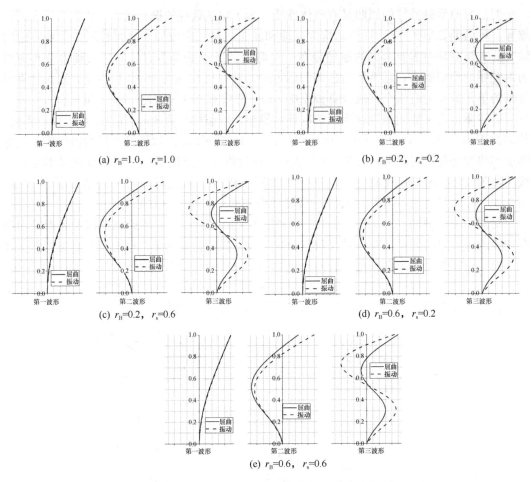

图 9.11　弯剪型悬臂柱屈曲与振动波形

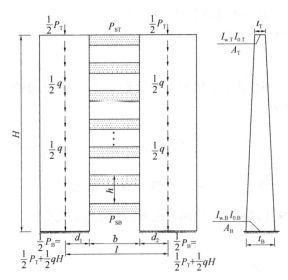

图 9.12　变刚度变轴力联肢剪力墙结构

$$I_{bs} = \frac{I_b}{1 + 12EI_b/S_b b^2} \quad (9.50c)$$

式中，I_b 是连梁的惯性矩，S_b 是连梁截面的剪切刚度，b 是连梁的跨度，h 是层高。

联肢剪力墙结构的临界荷载计算公式为两部分之和：

$$P_{cr,B} = P_{B1cr,B} + P_{BS2cr,B} \quad (9.51a)$$

式中，$P_{cr,B} = q_{cr}H + P_{T,cr}$，$q_{cr}$ 为沿高度的均布荷载临界值，$P_{T,cr}$ 为顶部额外集中力临界值。第一部分是两个墙肢作为独立结构的临界荷载：

$$P_{B1cr,B} = \frac{\pi^2 EI_{w,B}(2 + r_w)}{12\gamma_{wP}H^2} \quad (9.51b)$$

$$\gamma_{wP} = 0.28\left(1 + \frac{1}{8}r_w\right) + \left[1 - 0.28\left(1 + \frac{1}{8}r_w\right)\right]r_P \tag{9.51c}$$

第二部分是两个墙肢作为上下弦（只考虑轴压刚度），连梁作为缀板构成的悬臂缀板柱（弯剪型柱）的临界荷载：

$$r_s \geqslant r_P: \qquad \frac{P_{Bs2cr,B}}{P_{2bcr,B}} + \left[1 - 0.55(r_s - r_P)^{0.5(1-r_s+r_P)}\right]\frac{P_{Bs2cr,B}}{P_{s,B}} = 1 \tag{9.51d}$$

$$r_s < r_P: \qquad \frac{P_{Bs2cr,B}}{P_{2bcr,B}} + \left[1 - 0.086\left(\frac{1}{r_s} - 1\right)^{0.7}\left(\frac{r_P - r_s}{1 - r_s}\right)^{r_s}\right]\frac{r_P P_{Bs2cr,B}}{r_s P_{s,B}} = 1 \tag{9.51e}$$

$$P_{2bcr,B} = \frac{\pi^2 E(2I_{0,B} + I_{0,T})}{12\gamma_{wP}H^2} \tag{9.51f}$$

注意这个临界荷载与式（9.43a）、式（9.43b）不同，因为受到第一部分的影响，这里的临界荷载比式（9.43a）、式（9.43b）大。

联肢墙的自振频率计算公式是：

$$\omega^2 = \omega_{B1}^2 + \omega_{Bs2}^2 \tag{9.52a}$$

$$\omega_{B1} = \frac{(1.875)^2}{H^2}\sqrt{\frac{EI_{w,B}(0.8 + 0.2r_w)}{m_B(0.2 + 0.8r_m)}} \tag{9.52b}$$

$$\frac{1}{\omega_{Bs2}^2} = \frac{1}{\omega_{2b}^2} + \frac{1}{\omega_{2s}^2} \tag{9.52c}$$

$$\omega_{2b} = \frac{(1.875)^2}{H^2}\sqrt{\frac{EI_{0,B}(0.8 + 0.2r_0)}{m_B(0.2 + 0.8r_m)}} \tag{9.52d}$$

$$\omega_{2s} = \frac{\pi}{2H}\sqrt{\frac{P_{s,B}(0.7 + 0.3r_s)}{m_B(0.3 + 0.7r_m)}} \tag{9.52e}$$

式中，ω_{B1} 是两个墙肢作为独立结构、以绕自身惯性矩作为刚度的频率；ω_{Bs2} 是悬臂缀板柱的频率；ω_{2b}、ω_{2s} 是缀板柱的弯曲分量和剪切分量对应的频率。m 是分布质量，沿高度假设是线性分布，其中联肢墙自重用面积代表；因为实际结构有分摊面积 A_{floor}，顶部和底部的分布质量的比值是：

$$r_m = \frac{m_T}{m_B} = \frac{A_T h + A_{floor}(D_{slab} + L)}{A_B h + A_{floor}(D_{slab} + L)} \tag{9.53}$$

式中，D_{slab} 和 L 是楼板恒荷载和活荷载；r_m 通常取值在 $0.8 \sim 1.0$。

临界荷载和自振频率的关系如下所示。引入记号：

$$\Lambda_{cr1} = \frac{P_{B1cr,B}}{m_B g} \tag{9.54a}$$

$$\Lambda_{cr2} = \frac{P_{B2cr,B}}{m_B g} \tag{9.54b}$$

$$\Lambda_{cr} = \Lambda_{cr1} + \Lambda_{cr2} = \frac{P_{B1cr,B} + P_{Bs2cr,B}}{m_B g} \tag{9.54c}$$

下面 r_P 取为 0 以便比较，因为自振频率公式中顶部没有附加集中的大质量。式（9.52b）和式（9.52c）表达为：

$$\omega_{B1} = 2.051\mu\sqrt{\frac{\Lambda_{cr1} g}{H}} \tag{9.55a}$$

$$\omega_{Bs2} = 2.051\mu\nu\sqrt{\frac{\Lambda_{cr2} g}{H}} \tag{9.55b}$$

式中，$\mu=\sqrt{\dfrac{(0.8+0.2r_{\mathrm{B}})(1+0.125r_{\mathrm{B}})}{(0.2+0.8r_{\mathrm{m}})(2+r_{\mathrm{B}})}}=0.62\sim0.68$，$\nu=\sqrt{\dfrac{P_{\mathrm{s,B}}+[1-0.55r_{\mathrm{s}}^{0.5(1-r_{\mathrm{s}})}]P_{\mathrm{b2cr,B}}}{P_{\mathrm{s,B}}+\dfrac{0.64}{(0.7+0.3r_{\mathrm{s}})}P_{\mathrm{b2cr,B}}}}=$

$0.85\sim1.0$。

最后可以得到：

$$\omega=2.051\mu\sqrt{\frac{(\Lambda_{\mathrm{cr1}}+\nu^{2}\Lambda_{\mathrm{cr2}})g}{H}}\approx1.333\sqrt{\frac{(\Lambda_{\mathrm{cr1}}+\Lambda_{\mathrm{cr2}})g}{H}}=1.333\sqrt{\frac{\Lambda_{\mathrm{cr}}g}{H}} \tag{9.56a}$$

$$T=\frac{2\pi}{\omega}=4.713\sqrt{\frac{H}{\Lambda_{\mathrm{cr}}g}} \tag{9.56b}$$

于是我们得到了与式（9.46a）和式（9.48a）类似的自振周期与屈曲因子关系的公式。

9.8.6 通过自振周期控制二阶效应

既然屈曲因子与周期有非常一致的关系，就可以通过周期来判断二阶效应的大小。计算屈曲因子的重量与计算自振周期的质量的比值是 1.6 左右，高层建筑的二阶效应系数不能够超过 0.2，则

$$\theta=\frac{1.6m_{\mathrm{B}}g}{P_{\mathrm{cr,B}}}=\frac{1.6m_{\mathrm{B}}g}{P_{\mathrm{crw1}}+P_{\mathrm{cr2}}}=\frac{1}{\Lambda_{\mathrm{cr1}}+\Lambda_{\mathrm{cr2}}}\leqslant[\theta]_{\mathrm{limit}}=0.2 \tag{9.57}$$

$$T\leqslant4.713\sqrt{\frac{H}{5\times9.81\times1.6}}=0.532\sqrt{H} \tag{9.58}$$

对于剪切型结构（多层框架）则取：

$$T\leqslant0.476\sqrt{H} \tag{9.59}$$

如果是钢筋混凝土结构，上述系数乘以 0.7，分别得到：

$$T\leqslant0.372\sqrt{H} \tag{9.60a}$$

$$T\leqslant0.333\sqrt{H} \tag{9.60b}$$

参 考 文 献

[1] 中华人民共和国住房和城乡建设部. 建筑抗震设计规范：GB 50011—2010[S]. 北京：中国建筑工业出版社，2010.

[2] 中国工程建设标准化协会. 建筑工程抗震性态设计通则(试用)：CECS 160：2004[S]. 北京：中国计划出版社，2004.

[3] European Committee for Standardization. Eurocode 8：Design of structures for earthquake resistance—Part 1：general rules, seismic actions and rules for buildings：EN 1998-1-1：2004[S]. Brussels：CEN，2004.

[4] International Conference of Building Officials. 1997 Uniform Building Code：Volume 2 structural engineering design provisions[S]. Whittier, California：International Conference of Building Officials，1997.

[5] Seismology Committee of Structural Engineers Association of California. SEAOC blue book, recommended lateral force requirements and commentary[M]. Sacramento, California：SEAOC，1996.

[6] Building Seismic Safety Council. NEHRP Recommended provisions for seismic regulations for new buildings and other structures Part1：Provisions：FEMA 450[S]. Washington D. C. ：Building seismic safety council，National Institute of Building Sciences，2003.

[7] 日本建筑中心. 建筑物的构造规定：建筑基准法施行令第 3 章的解说与运用：1997 年版[M].［出

版地不详]：[出版者不详]，1997.

[8] 日本建筑学会．钢构造限界状态设计指针•同解说：AIJ2010 [S]．东京：日本建筑学会，2010．

[9] 日本建筑学会．钢筋混凝土建造物的韧性保证型耐震设计指针•同解说[S]．东京：日本建筑学会，1999．

[10] UANG C M，MAAROUF A. Deflection amplification factor for seismic design provisions [J]．Journal of structural engineering，1994，120(8)：2423-2436．

[11] TONG G S，ZHAO Y F. An investigation of characteristic periods of seismic ground motions [J]．Journal of earthquake engineering，2009，13(4)：540-565．

[12] 国家基本建设委员会．工业与民用建筑抗震设计规范：TJ 11—78[S]．北京：中国建筑工业出版社，1979．

[13] 中华人民共和国建设部．建筑抗震设计规范：GBJ 11—89[S]．北京：中国建筑工业出版社，1989．

[14] CLOUGH R W，PENZIEN J. Dynamics of Structures[M]．New York：McGraw-Hill，1975．

[15] American Institute Steel Construction. Seismic provisions for structural steel buildings：ANSI/AISC 341-2005[S]．Chicago：AISC，2005．

[16] 童根树，赵永峰．修正 Clough 滞回模型下的地震力调整系数[J]．土木工程学报，2006，39(10)：34-41．

[17] KRESLIN M，FAJFAR P. The extended N2 method considering higher mode effects in both plan and elevation[J]．Bulletin of earthquake engineering，2012，10(2)：695-715．

[18] KRESLIN M，FAJFAR P. The extended N2 method taking into account higher mode effects in elevation[J]．Earthquake engineering & structural dynamics，2011，40(14)：1571-1589．

[19] FAJFAR P，MARUSIC D，PERUS I. Torsional effects in the pushover-based seismic analysis of buildings[J]．Journal of earthquake engineering，2005，9(6)：831-854．

[20] FAJFAR P. Analysis in seismic provisions for buildings：past，present and future[J]．Bulletin of earthquake engineering，2018，16(7)：2567-2608．

[21] CHO C H，LEE C H，KIM J J. Prediction of column axial forces in inverted V-braced seismic steel frames considering brace buckling [J]．Journal of structural engineering，2011，137 (12)：1440-1450．

[22] 中华人民共和国住房和城乡建设部．高层民用建筑钢结构技术规程：JGJ 99—2015[S]．北京：中国建筑工业出版社，2015．

第 10 章　钢梁的稳定和强度——世界观点

本书纳入这一章，既是为了改进我国钢梁的设计，也是为编制规范提供一个案例。

10.1　《钢结构设计规范（试行）》TJ 17—74

《钢结构设计规范（试行）》TJ 17—74 是我国第一本钢结构设计规范，后有《钢结构设计规范》GBJ 17—88 和 GB 50017—2003。TJ 17—74 中钢梁弯扭失稳稳定系数采用边缘纤维应力来定义，记为 φ_w：

$$\varphi_w = \frac{\sigma_{cr}}{f_{yk}} = \frac{M_{cr}}{W_x f_{yk}} = \frac{M_{cr}}{M_{yk}} \tag{10.1}$$

式中，M_{cr} 是钢梁弹性屈曲弯矩，f_{yk} 是钢材屈服强度，W_x 是钢梁受压最大纤维的截面模量，M_{yk} 是受压最大边缘屈服时的弯矩。在弹塑性阶段，采用如下公式修正：

$$\varphi'_w = \frac{\varphi_w^2}{\varphi_w^2 + 0.16} \tag{10.2}$$

式（10.1）基于边缘纤维屈服准则定义钢梁稳定系数，与采用边缘纤维屈服进行钢梁强度计算的规定配套。在随后版本中，安全系数拆分为荷载分项系数和材料抗力分项系数，强度设计也根据截面宽厚比的不同分为考虑塑性开展和不考虑塑性开展，钢梁稳定系数的演化就变得复杂起来。

10.2　钢梁稳定系数的来源

依据 20 世纪 80 年代的研究，钢梁稳定系数主要参考资料有文献［1］～文献［4］。主要工作介绍如下：

（1）采用切线模量法研究弹塑性稳定。通过放大残余应力来考虑初始弯曲和荷载偏心的影响以拟合试验数据。但是从文献［2］的介绍看，残余应力也很小，最大受拉残余应力为 $0.41 f_y$ 左右。

（2）试验主要是热轧工字形截面，见表 10.1。

我国早期的钢梁试验　　　　表 10.1

试验年份	试件编号	工字钢规格	屈服强度(kg/cm²)	强度试件取样部位	弹性模量 E (N/mm²)	塑性弯矩 M_P (kN·m)	试验极限弯矩 M_x (kN·m)	$\dfrac{M_x}{M_P}$	$\dfrac{L}{i_y}$	正则化长细比 $\lambda = \sqrt{M_P/M_{cr}}$	试件形式
1978	L-1	I18	3150	腹板材性	204000	66.5	44	0.6617	170	1.191	浙江大学，外伸试验段纯弯
1978	L-2	124a	3100	腹板材性	207000	134.5	84	0.6245	183.9	1.282	

试验年份	试件编号	工字钢规格	屈服强度 (kg/cm^2)	强度试件取样部位	弹性模量 E (N/mm^2)	塑性弯矩 M_P $(kN \cdot m)$	试验极限弯矩 M_x $(kN \cdot m)$	$\dfrac{M_x}{M_P}$	$\dfrac{L}{i_y}$	正则化长细比 $\lambda = \sqrt{M_P/M_{cr}}$	试件形式
1972	L-3	I24a	3500	腹板材性	210000	151.9	84.2	0.5543	169.4	1.289	天津大学，简支
1972	L-4	I24a	3500	腹板材性	210000	151.9	89.6	0.59	169.4	1.289	
1980	L-5	I24b	2740	翼缘	201600	117.9	91	0.7718	110.7	0.892	浙江大学，外伸试验段纯弯
1980	L-6	I24b	2740	翼缘	201600	117.9	98.5	0.8355	88.5	0.764	
1980	L-7	I24b	2740	翼缘	201600	117.9	111	0.9415	51.4	0.499	
1986	BS-30-1	焊接						0.57077		1.1226	浙江大学，简支
1986	BS-40-1	焊接						0.44925		1.336	
1986	BS-40-2	焊接						0.50224		1.347	

这些试验的数据中，1）1972 和 1978 年的试验数据，其中屈服应力取自腹板；2）1980年的三根梁试验，上翼缘、腹板、下翼缘的屈服强度分别是 $2740kg/cm^2$、$2864kg/cm^2$ 和 $2599kg/cm^2$，整理数据采用 $2740kg/cm^2$；3）有外伸段的试验，两个支承点之间是中间纯弯段，在外伸端千斤顶加载的试验，千斤顶作用位置的影响理论上如何反映，比较困难；试验数据的整理是采用测量应变，找出中间试验段内出现的侧向弯曲的反弯点位置，然后按照两端简支计算。

（3）所以，文献 [2] 和文献 [3] 最终是以切线模量法为依据。文献 [2] 和文献 [4] 提出公式分别是：

文献[2]：
$$0 \leqslant \lambda \leqslant \sqrt{2}, \quad \varphi_b = \frac{M'_{cr}}{M_P} = 1 - 0.25\lambda^2 \tag{10.3a}$$

$$\lambda > \sqrt{2}, \quad \varphi_b = 1/\lambda^2 \tag{10.3b}$$

文献[4]：
$$0 \leqslant \lambda \leqslant 1.358, \quad \varphi_b = \frac{M'_{cr}}{M_P} = 1 - 0.3845\lambda^2 + 0.1\lambda^3 \tag{10.4a}$$

$$\lambda > 1.358, \quad \varphi_b = 1/\lambda^2 \tag{10.4b}$$

式中，$\lambda = \sqrt{M_P/M_{cr}}$。式（10.3）与 Dibley（截面是 UC8X8/58、UB8X5.25/17、UB12X4/19、UC6X6/20 和 UB10X4/15，热轧截面）和 Fukumoto（热轧截面）的试验结果的对比如图 10.1 所示。注意没有出现国内试验与建议式的对比。式（10.4）比式（10.3）有下降，如图 10.2 所示。标出热轧截面的 Dibley 和 Fukumoto 的试验点可发现，式（10.4）更接近但仍高于试验点下限，在长细比=0.8~1.0 范围内，试验下限是 0.72~0.76 之间，式（10.4）是在 0.716~0.805 之间。文献 [4] 晚于文献 [2]，所以 GBJ 17—88 以式（10.4）作为依据。

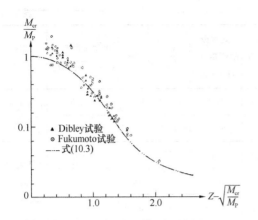
图 10.1　式（10.3）与部分热轧梁试验结果的对比

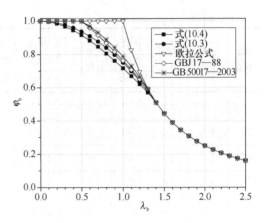
图 10.2　式（10.4）和式（10.3）的对比

10.3　文献［5］的评述

文献［5］是配合《钢结构设计规范》GBJ 17—88 的颁布实施而撰写的规范讲解用书，该书中评述："文献［1］、文献［2］和文献［4］以切线模量为基础，根据前述假定，采用有限单元法，算出了只考虑残余应力影响的非弹性临界弯矩 M'_{cr}。取无量纲坐标画出曲线如图 10.3 所示。图中 $M_P = W_P f_y$ 为梁的塑性铰弯矩，M_{cr} 为弹性临界弯矩。

在非弹性范围，残余应力不同时，焊接工字钢和热轧工字钢的相对临界弯矩 M'_{cr}/M_P 都在一定范围内变化，由于轧制梁的残余应力较小，故临界弯矩稍高一些。图 10.3 中画出了临界弯矩的包络线，它们的变动范围不大，为了便于应用，建议统一采用一条回归曲线，其表达式为式（10.4a）和式（10.4b）。

式（10.4a）和式（10.4b）所表达的非弹性临界弯矩 M'_{cr} 与梁全塑性极限弯矩 M_P 有关，但是我国规范对梁整体稳定计算是采用边缘屈服弯矩 $M_{yk} = W_x f_{yk}$ 作为梁的极限抗弯能力，因此必须予以变换。令非弹性范围的整体稳定系数为 $\varphi'_b = M'_{cr}/M_{yk}$，则

$$\frac{M'_{cr}}{M_P} = \frac{M'_{cr}}{\gamma_F M_{yk}} = \frac{\varphi'_b}{\gamma_F} \tag{10.5}$$

式中，γ_F 为截面的形状系数。弹性范围的整体稳定系数为：

$$\varphi_b = \frac{M_{cr}}{M_{yk}} \tag{10.6}$$

$$\lambda^2 = \frac{M_P}{M_{cr}} = \frac{\gamma_F M_{yk}}{M_{cr}} = \frac{\gamma_F}{\varphi_b} \tag{10.7}$$

将式（10.6）和式（10.7）代入式（10.4a）中，得

$$\frac{\varphi'_b}{\gamma_F} = 1 - 0.384 \frac{\gamma_F}{\varphi_b} + 0.1 \frac{\gamma_F^{1.5}}{\varphi_b^{1.5}} \tag{10.8}$$

对工字形截面，取 $\gamma_F = 1.1$，得

$$\varphi'_b = 1.1 - 0.384 \frac{1.1^2}{\varphi_b} + 0.1 \times 1.1^{2.5} \frac{1}{\varphi_b^{1.5}} = 1.1 - \frac{0.4646}{\varphi_b} + \frac{0.1269}{\varphi_b^{1.5}} \tag{10.9}$$

弹性与非弹性交界处 $\lambda = 1.358$，由式（10.7）可知 $\varphi_b = \dfrac{\gamma_F}{\lambda^2} = \dfrac{1.1}{1.358^2} = 0.5965 \approx 0.6$，所以规定："当 $\varphi_b > 0.6$ 时，应用式（10.9）算出的 φ'_b 代替 φ_b。"

（1）在 $\lambda = 0.6 \sim 1.358$（相当于 $\varphi_b = 0.6 \sim 3.06$ 或 $\varphi'_b = 0.6 \sim 0.97$）范围，《钢结构设计规范》GBJ 17—88 的稳定系数有所降低；但比国际标准化组织 ISO/TC 167/Sel 第 3 类截面和日本福本秀士等人经过大量热轧梁试验而得的曲线为高。

（2）弹性阶段和非弹性阶段，均未考虑初始弯曲、初始扭转、荷载作用初偏心等几何缺陷的影响。可以认为，将上述不利影响考虑在抗力分项系数 γ_R 中是否合适，尚待研究。另外，非弹性阶段采用平均值曲线（图 10.3），也需要进行可靠度分析，才能确定其偏差是否在允许范围。

（3）工字形截面简支梁，根据 $\varphi'_b = 0.95$ 导出了无须计算稳定性的梁的无支撑长度，与梁的强度计算公式 $\dfrac{M_x}{\gamma_x W_x} \leqslant f$ 不衔接，在界限处，

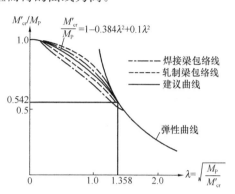

图 10.3 钢梁稳定系数建议公式

相差两个 5%，达 10%（注：即如果 $L_1/b = 13$，承载力是 $1.05 W_x f$，而 $L_1/b = 13.1$ 时承载力是 $0.9499 W_x f$，长度相差很小的两个梁，承载力差 10%）。

10.4 对现行钢梁稳定计算公式的结论

以上是稳定系数式（10.9）的来源，从上面的描述，可以确定几点：

（1）钢梁稳定系数最早是按照 $\dfrac{M'_{cr}}{M_p} = \dfrac{M'_{cr}}{\gamma_F M_{yk}}$ 来研究的，只是规范对梁稳定约定 M_{yk} 是最大值，所以就改为了 M'_{cr}/M_{yk}；也就是说，《钢结构设计规范》GBJ 17—88 对钢梁稳定系数的定义没有适应强度计算方法的改变。

（2）《钢结构设计规范》GBJ 17—88 弹塑性阶段稳定系数包含了塑性开展系数 $\gamma_F = 1.1$，但又规定 $\varphi'_b = M'_{cr}/M_{yk} \leqslant 1.0$，看似未利用塑性开展系数，实际上却应用了 1.1，大于 1.05。这带来了如下逻辑不顺的规定：

1）对正则化长细比很小（$\lambda_b \leqslant 0.345$）的梁，具有塑性开展潜力，规范却不允许利用塑性开展潜力（但又通过"无须验算稳定性"的表格，避开了这个问题，实际利用了塑性开展系数 1.05）。

2）对长细比为 $0.345 < \sqrt{M_p/M_{cr}} \leqslant 1.358$ 的梁利用了塑性开展潜力，取 $\gamma_x = \gamma_F = 1.1$，却不是 $\gamma_x = 1.05$！

3）对 $\sqrt{M_{yk}/M_{cr}} > 1.291$ 的梁，没有利用塑性开展潜力，因为这一段采用了弹性屈曲临界弯矩。其结果是：需要稳定性验算的钢梁的安全度比仅需强度计算的钢梁的安全度低。

（3）另一方面，对于没有塑性开展能力（即翼缘宽厚比限值是 13～15）的梁，却在

φ'_b 的公式中考虑了 1.1 的塑性开展系数。对这种梁（翼缘宽厚比 13～15）的弹塑性失稳，正确的稳定系数是：

$$\varphi'_b = 1.0 - \frac{0.384}{\varphi_b} + \frac{0.1}{\varphi_b^{1.5}} \qquad (10.10)$$

（4）弹性阶段失稳的曲线 $\varphi_b = 1/\lambda_b^2$，正则化长细比小于 1.8 时，因为未能考虑初始弯曲和扭转的影响，仍然偏于不安全；正则化长细比大于 1.8 时，平面内变形对稳定性有有利影响，因此稳定系数曲线采用弹性曲线，没有问题。

（5）《钢结构设计规范》GBJ 17—88 进展到《钢结构设计规范》GB 50017—2003，非弹性稳定系数变为：

$$\varphi'_b = 1.07 - 0.282/\varphi_b \qquad (10.11)$$

稳定系数又有提高，最大提高了 3.4%，如图 10.2 的对比所示。

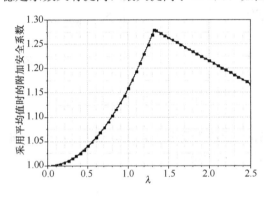

图 10.4　压杆稳定系数引入的附加安全系数

（6）从图 10.3 看出（这个图也在 GBJ 17—88 和 GB 50017—2003 规范的条文说明中出现），稳定系数曲线取的是切线模量理论计算出来的焊接截面和热轧截面的平均值，未考虑可靠度问题。

在《钢结构设计规范》TJ 17—74 和 1977 年四校合编的《钢结构》教材中均有提及：当压杆稳定系数曲线采用平均值时应引入附加安全系数（图 10.4），但是钢梁却没有这个系数。附加安全系数（记为 K_t）的公式是：

$$\lambda \leqslant \lambda_c : K_t = 1 + 0.28 \frac{\lambda^2}{\lambda_c^2} \qquad (10.12a)$$

$$\lambda_c < \lambda \leqslant 250 : K_t = 1.28 - 0.13 \frac{\lambda - \lambda_c}{250 - \lambda_c} \qquad (10.12b)$$

式中，$\lambda_c = 1.3245\pi\sqrt{E/f_{yk}}$，$\lambda$ 是压杆长细比。附加安全系数是稳定系数变为 95% 保证率的标准值。

（7）对于长细比较大钢梁，切线模量理论等于弹性屈曲理论，这未能反映初弯曲及荷载初偏心的影响，即将初偏心和初弯曲等效为残余应力的方法对于长细比较大的情况是偏不安全的。根据压杆稳定性研究，长细比大的，初始弯曲影响较大；长细比小的，残余应力影响较大。因此对长细比大的，采用残余应力等效模拟初弯曲的影响，是不合适的。

（8）钢梁稳定计算未能区分焊接截面和热轧截面。即使是从图 10.3 的情况看，对焊接截面，稳定系数取值接近了切线模量理论结果的上限，显然是偏不安全的。

10.5　国际上的试验数据

国际上进行了大量的钢梁稳定试验，有文献进行了汇总。图 10.5～图 10.7 来自文献 [11]。

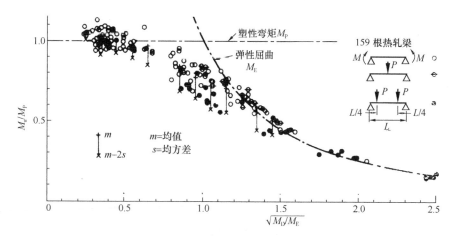

图 10.5　159 根热轧型钢梁的试验点

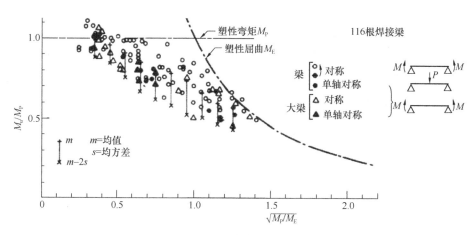

图 10.6　116 根焊接梁的试验点

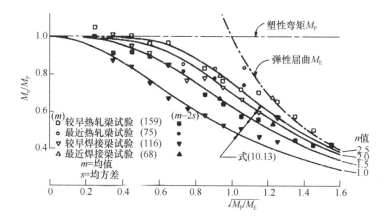

图 10.7　热轧梁和焊接梁试验点的平均值和 97.72% 保证率的点与 ECCS 曲线对比

图 10.5 是 159 根热轧梁的试验点汇总图。这张试验汇总图与图 10.1 对比，试验点多了，试验点的下限也更低了。原因是：早期研究人员"为了验证切线模量理论"而对试件制作质量和荷载对中要求较高，后来的试验则更强调实际情况，强调"normal, commercially available"，在正则化长细比是 1.0 的位置，试验曲线的下限数据约为 0.6～0.61。

图 10.6 是 116 根焊接梁的试验汇总，其中也包括了单轴对称截面的梁，注意到：

（1）焊接梁的试验点低于热轧梁。

（2）在正则化长细比为 1.0 处，焊接梁的试验点的下限是 0.50～0.51。

（3）焊接梁试验点的离散性明显比热轧梁大，这意味着，如果都采用 95% 保证率的曲线，焊接梁的曲线比热轧梁的曲线要低较多。

（4）表 10.2 中记录了文献［12］1986 年的三根焊接梁的试验结果，试验点明显位于式（10.4）下部，表 10.2 给出了对比，式（10.4）偏大 9%～23%。

文献［12］焊接梁试验与式（10.4）对比　　　　表 10.2

试验年份	试件编号	制作方式	正则化长细比	试验稳定系数	式（10.4）	式（10.4）/试验结果
1986	BS-30-1	焊接	1.123	0.571	0.658	1.152
1986	BS-40-1	焊接	1.336	0.449	0.553	1.231
1986	BS-40-2	焊接	1.347	0.502	0.547	1.090

图 10.7 是 418 个试验点经统计（分热轧和焊接截面梁）各两批共四批数据的平均值（50% 保证率）和平均值减两倍均方差（97.72% 保证率）的点，及其与 ECCS 公式的对比，所谓 ECCS 公式是指：

$$\varphi_{b} = \frac{1}{(1 + \lambda_{b}^{2n})^{1/n}} \tag{10.13}$$

其中，指数 n 可以取不同值。图 10.7 中取 $n=1$、1.5、2 和 2.5 四条曲线与试验点均值和 97.72% 保证率点的对比，Fukumoto 建议采用 97.72% 保证率的曲线。表 10.3 给出了 $3n$ 取不同值时，在 $\lambda_{b}=1$ 处的稳定系数值，注意到热轧和焊接梁在正则化长细比为 1.0 处稳定系数是 0.630 和 0.5，分别是热轧梁（图 10.5）和焊接梁（图 10.6）试验点的下限。

Fukumoto 建议的 ECCS 公式的指数　　　　表 10.3

制作方法	保证率	ECCS 公式的指数	正则化长细比为 1.0 时的稳定系数
热轧梁	平均值 50%	2.5	0.758
	97.72% 保证率	1.5	0.630
焊接梁	平均值 50%	2.0	0.707
	97.72% 保证率	1.0	0.500

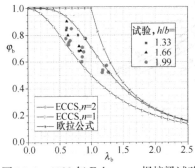

图 10.8　1988 年 Fukumoto 焊接梁试验点与 ECCS 曲线对比

长细比大于 1.8 的热轧梁试验结果与弹性欧拉曲线非常符合，原因是：长细比大的梁，平面内弯曲变形的有利影响增大，见 Trahair 对屈曲前变形影响进行研究的文献［13］。

图 10.8 是 Fukumoto 在 1988 年做的试验（因而不在图 10.7 的 418 个试验点之列），试验的详细资料见表 10.4。从图 10.8 得出两点结论：本次试验的点处在图 10.7 的平均值与 97.72% 保证率的曲线之间，也就是说本次试验的均值更低，但是离散程度有所减

小。ECCS 曲线取 $n=1$ 仍然非常好地预测了试验点的下限。$n=2$ 曲线是本次试验的上限。

一个细节：本次试验的截面有三种高宽比——1.33、1.66、1.99，截面高宽比大 ($h/b=1.99$) 的结果比截面高宽比小 (1.66、1.33) 的稳定系数小。

Fukumoto 等 1988 年所做焊接工字形梁试验结果汇总 表 10.4

编号	截面高宽比	翼缘屈服强度 (MPa)	腹板屈服强度 (MPa)	试验极限弯矩 M_u (kN·m)	$\dfrac{M_u}{M_P}$	正则化长细比 $\sqrt{M_P/M_{cr}}$
B1B-A1	1.981	296.8	329.5	40.11	0.759	0.67
B1B-A2	1.988	331.8	305.3	46.97	0.848	0.69
B1B-A3	1.986	338.1	337.6	43.62	0.71	0.863
B1B-B1	1.986	296.8	329.5	35.5	0.674	0.883
B1B-B2	1.990	331.8	305.3	43.64	0.775	0.912
B1B-C1	1.987	296.8	329.5	30.5	0.573	1.237
B1B-C2	1.986	331.8	305.3	29.81	0.523	1.266
B2B-A1	1.983	286	291.6	53.35	0.729	0.646
B2B-A2	1.982	287.8	302.3	54.52	0.745	0.649
B2B-A3	1.984	282.2	322.7	59.12	0.775	0.601
B2B-B1	1.982	286	291.6	43.93	0.601	0.854
B2B-B2	1.983	287.8	302.3	47.07	0.637	0.86
B2B-C1	1.982	286	291.6	37.17	0.521	1.171
B2B-C2	1.984	287.8	302.3	39.03	0.539	1.179
B3B-A1	1.327	239.5	320.7	33.24	0.838	0.607
B3B-A2	1.328	251.4	322.1	35.32	0.854	0.614
B3B-B1	1.330	239.5	320.7	31.79	0.801	0.792
B3B-B2	1.331	251.4	322.1	27.66	0.681	0.807
B4B-A1	1.666	261.9	291.6	43.13	0.799	0.634
B4B-A2	1.663	264.9	295.6	49.31	0.902	0.615
B4B-B1	1.665	261.9	291.6	37.38	0.684	0.836
B4B-B2	1.665	264.9	295.6	40.67	0.718	0.81

文献 [41] 介绍了高强钢 Q460GJ 截面为 H270×8×180×16/180×8 的钢梁试验，钢梁跨度是 3m、3.5m、4m 和 4.5m，试验结果与规范的对比如图 10.9 所示，可见 GB 50017—2013 也是偏高。

图 10.10 给出了热轧和焊接连续梁的试验点，引自文献 [11]。稳定系数与简支梁接近。

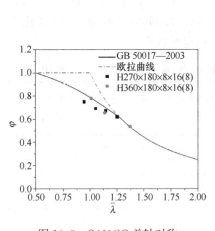

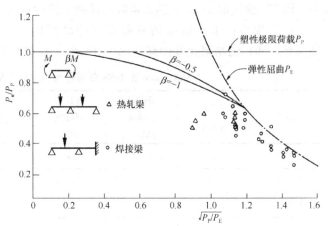

图 10.9　Q460GQ 单轴对称
截面钢梁试验对比

图 10.10　热轧和焊接连续梁试验点

10.6　国际上的理论分析

Yoshida H 和 Maegawa K 研究了工字形截面弯曲梁的弹塑性极限强度，包括直梁和弯曲程度很小因此可以理解成是直梁的初始侧向弯曲的梁。分析了高宽比分别是 2.0（截面 A：H200×100×5.6/8.5）和 2.73（截面 B：H600×220×12/19）的梁。残余应力：第一种是热轧截面，腹板和翼缘都是直线分布；第二种是翼缘是轧制边（或火焰切割后经刨边加工）的焊接截面（图 10.11），两端简支。三种荷载形式：纯弯、均布荷载和跨中集中荷载。主要结论是：

（1）热轧截面梁的承载力高于焊接截面梁，且差别显著，特别在正则化长细比为 1.0 及其两侧；

（2）稳定系数：跨中集中荷载＞均布荷载＞纯弯，且正则化长细比越小差距越大；

（3）截面 A（高宽比 2.0）的钢梁稳定系数高于截面 B（高宽比 2.73）的稳定系数；

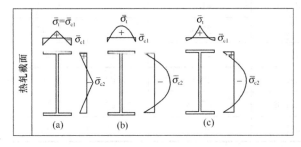

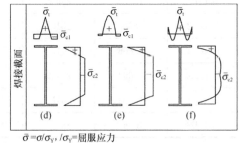

$\bar{\sigma}=\sigma/\sigma_Y,\ /\sigma_Y=$屈服应力

图 10.11　文献 [16]、[17] 采用的残余应力分布

Yoshida H 和 Maegawa K 进一步研究了直梁的弯扭屈曲，其中分析了五种模型。

模型 1：用曲梁模拟梁的平面外初始弯曲，曲梁矢跨比 $\dfrac{L}{8R}=\dfrac{v_{0m}}{L}$，$R$ 是曲梁半径，L 是跨度；

模型 2：梁是直的，但是均布荷载或集中荷载相对于形心有偏心 e；

模型 3：竖向力 P 作用在梁上翼缘，同一位置作用水平力 P_z 模拟初始缺陷，比值 $\gamma=P_z/P$ 给定；

模型 4：梁同时有初始弯曲和荷载偏心；

模型 5：直梁，因此可以采用屈曲分析，无须非线性分析。

五种模型中，考虑图 10.11 六种残余应力分布，热轧截面三种，焊接截面三种。研究了三种荷载：纯弯、均布荷载和跨中集中荷载。文献 [17] 的主要结论是：

（1）模型 1、2、4，模型 1 的初弯曲＝模型 2 的荷载偏心＝模型 4 的初弯曲＋偏心的情况下，三者的结果相差不大；但是不同初弯曲幅值的钢梁稳定系数差别很大（图 10.12 中 δ_r 即为钢梁稳定系数）。即使初始弯曲幅值是跨度的 1/5000，稳定系数也比切线模量理论（不考虑初始弯曲）的结果有明显下降。

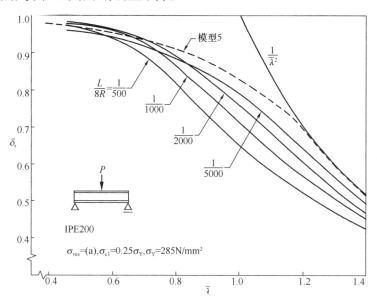

图 10.12 初始弯曲对 IPE200 钢梁稳定系数的影响

（2）正则化长细比 1.1 附近，初弯曲钢梁的承载力远小于模型 5 仅考虑残余应力的屈曲分析结果。

（3）截面的高宽比对稳定系数有不应忽视的影响。在图 10.13 中 W8×31（H203×203×7.2/11）、IPE200（H200×100×5.6/8.5）、IPE600（H600×220×12/19）和 W27×94（H684×254×12.4/18.9）的高宽比分别是 1.0、2.0、2.73 和 2.69。此图表明，截面高宽比在 1～2 之间，稳定系数差别更明显，而 2～2.7 之间的差别减小，但也不可忽略。

（4）荷载形式也是影响稳定系数大小的重要因素。对截面高宽比大于 2.0 的热轧截面构件，采用 ECCS 公式的指数是：跨中集中荷载 $n=2.0$；均布荷载 $n=1.65$；纯弯梁 $n=1.5$。

（5）在长细比较小的范围，同时存在残余应力和初始弯曲，承载力反而比仅存在残余应力的钢梁高，该文及文献 [16] 分析了其原因：初始弯曲反而使得翼缘的屈服区仅在翼缘的一侧出现，而没有初弯曲或初弯曲很小时，塑性屈服区会在整个翼缘宽度上出现，使

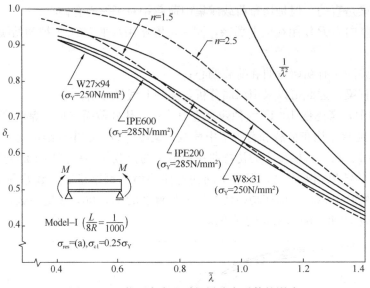

图 10.13 截面高宽比对钢梁稳定系数的影响

得无初始弯曲的梁承载力反而偏低。

文献 [11] 和文献 [6] 也以较大的篇幅提及了荷载形式对钢梁稳定系数的影响，弯矩线性变化时的稳定系数远大于纯弯的情况，原因在于塑性仅在弯矩最大截面开展，而这个弯矩最大截面是在梁的支座处，对稳定性影响较小。对跨中承受集中荷载的简支梁，文章认为相当于弯矩线性变化情况下的两端弯矩比是 0.7 的情况；承受均布荷载的简支梁，其稳定系数相当于弯矩线性变化情况下的两端弯矩比是 0.9 的情况；在简支梁承受关于跨中对称的两个集中荷载时，其稳定系数相当于两端弯矩比为如下的梁：

$$0.7 + 0.6\frac{a}{L} \leqslant 1.0 \tag{10.14}$$

式中，a 是两个集中荷载的距离，L 是简支梁的跨度。

文献 [19] 是 2009 年对钢梁的又一项系统研究，论文分析了：

（1）7 种简支梁（均布荷载，跨中集中荷载，弯矩线性变化，弯矩比分别是 1、0.5、0、-0.5、-1.0）；

（2）三种屈服强度（S235、S355、S460）；

（3）热轧和焊接截面（即两种残余应力，如图 10.11 所示），初始弯曲是 $l/1000$；

（4）三种不同高宽比的截面：HEA500（H490×300×12/23、高宽比 1.63），IPE220（H220×110×5.9/9.2、高宽比 2.0），IPE500（H500×200×10.2/16、高宽比 2.5）。

计算了 1331 根梁，对比 Eurocode 3 稳定系数并进行统计分析。Eurocode 3 的钢梁稳定系数是全世界最低的。该文提供的大量稳定系数曲线表明，Eurocode 3 给出的全世界最低的钢梁稳定系数是基本符合计算结果的。

10.7 世界各国规范对比

（1）Eurocode 3：Part 1-1（文献 [20]）：

有两套钢梁弯扭屈曲稳定系数计算公式，看来也是无法调和欧洲众多国家不同研究结果的产物, 见式 (10.15a)、式 (10.15b) 和表 10.5。

$$\varphi_{b} = \frac{1}{\phi_{LT} + \sqrt{\phi_{LT}^{2} - \beta\lambda_{b}^{2}}} \leqslant \min\left(1, \frac{1}{\lambda_{b}^{2}}\right) \tag{10.15a}$$

$$\phi_{LT} = 0.5[1 + \alpha_{LT}(\lambda_{b} - \lambda_{b0}) + \beta\lambda_{b}^{2}] \tag{10.15b}$$

图 10.14 和图 10.15 给出了两套方法的曲线, 方法 1 相对于方法 2 是高的更高, 低的更低。方法 2 的曲线处在方法 1 的最高曲线和最低曲线之间。

Eurocode 3: Part1-1 的钢梁稳定系数曲线参数 表 10.5

截面	范围	一般情况 (方法 1)				热轧或等效焊接截面 (方法 2)			
		曲线	α_{LT}	β	λ_{b0}	曲线	α_{LT}	β	λ_{b0}
热轧工字形	$h/b \leqslant 2$	a	0.21	1	0.2	b	0.34	0.75	0.4
	$h/b > 2$	b	0.34	1	0.2	c	0.49	0.75	0.4
焊接工字形	$h/b \leqslant 2$	c	0.49	1	0.2	c	0.49	0.75	0.4
	$h/b > 2$	d	0.76	1	0.2	d	0.76	0.75	0.4
其他截面		d	0.76	1	0.2	d	0.76	0.75	0.4

已知葡萄牙采用了 Eurocode 3 的方法 1, 英国采用 Eurocode 3 的方法 2。德国 DIN 18800 (1990) 采用的是 ECCS 公式, 对焊接和热轧截面, 公式的指数分别是 2.0 和 1.5。

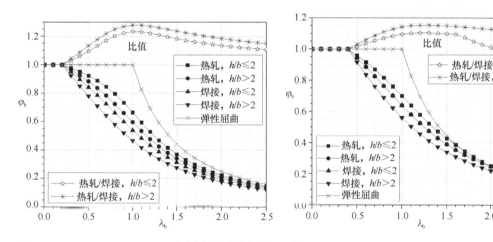

图10.14 Eurocode 3: Part1-1 钢梁稳定系数方法 1　图10.15 Eurocode 3: Part1-1 钢梁稳定系数方法 2

(2) 美国 1999 年的 LRFD 钢结构设计规范是:

$$L < L_{p}: \varphi_{b} = 1 \tag{10.16a}$$

$$L \leqslant L_{r}: \varphi_{b} = \frac{M_{n}}{M_{P}} = C_{b}\left[1 - \left(1 - \frac{M_{r}}{M_{P}}\right)\frac{L - L_{p}}{L_{r} - L_{P}}\right] = C_{b}\left[1 - \left(1 - \frac{M_{r}}{M_{P}}\right)\frac{\lambda_{b} - \lambda_{p}}{\lambda_{r} - \lambda_{p}}\right] \leqslant 1 \tag{10.16b}$$

$$L > L_{r}: \varphi_{b} = 1/\lambda_{b}^{2} \tag{10.16c}$$

式中, $M_{r} = W_{x}(f_{y} - \sigma_{r})$ 是受压残余应力最大点达到屈服所需要施加的弯矩; 热轧截面 $\sigma_{r} = 69\text{MPa} = 0.3 \times 235$; 焊接截面 $\sigma_{r} = 114\text{MPa} = 0.485 \times 235$ (在 AISC 2005 规范中, 统一取 $\sigma_{r} = 0.3f_{yk}$)。

热轧截面 $\lambda_{r} = 1.282$, 对应稳定系数 0.608; 焊接截面 $\lambda_{r} = 1.494$, 对应稳定系数 0.448。

可见 AISC LRFD 1999 规范对稳定系数进行弹塑性折减的起始点不同。热轧截面的稳定系数大于焊接截面的稳定系数。

$L_p \sim L_r$ 这一段稳定系数按照长度线性下降，随正则化长细比的关系分析如下：

$M_{cr} = \dfrac{C}{L}$（翘曲刚度可忽略）$\sim M_{cr} = \dfrac{C}{L^2}$（自由扭转刚度可忽略）之间的关系，如果是 $M_{cr} = \dfrac{C}{L^{1.6}}$，则正则化长细比与长度的关系是 $\lambda \sim L^{0.8}$，即 $L \approx \lambda^{1.25}$，稳定系数以略快于线性的速度下降。如果 $M_{cr} = \dfrac{C}{L}$，则正则化长细比与长度的关系是 $\lambda \sim L^{0.5}$，即 $L \approx \lambda^2$，稳定系数以抛物线速度下降。

$\dfrac{L_P}{i_y} = 0.56\pi\sqrt{\dfrac{E}{f_y}}$，相当于正则化长细比为 $\lambda_{b0} = 0.4 \sim 0.47$。

假设截面的塑性开展系数是 1.15，那么热轧截面在 $\varphi_b = 0.7/1.15 = 0.609$ 处与欧拉曲线相交；焊接截面在 $\varphi_b = 0.515/1.15 = 0.448$ 处与欧拉曲线相交。

假设 $L \sim \lambda^{1.5}$，热轧截面 $\lambda_{b0} = 0.46$，焊接截面 $\lambda_{b0} = 0.4$，AISC 1999 的稳定系数曲线如图 10.16 所示，热轧和焊接截面的稳定系数相差很小，因此 AISC LRFD 2005 将热轧和焊接的差别取消了，对高强钢材有所下降，对 A36（相当于 Q248）的焊接梁稳定系数还提高了约 $3\% \sim 4\%$。式（10.4）计算结果比美国规范低。

（3）加拿大 2001 规范，只有热轧型钢梁稳定系数的规定：

$$\varphi_b = 0.67 \sim 1.0 : \varphi_b = \frac{M_n}{M_P} = 1.15(1 - 0.28\lambda_b^2) \leqslant 1.0 \tag{10.17a}$$

$$\varphi_b < 0.67 : \varphi_b = 1/\lambda_b^2 \tag{10.17b}$$

稳定系数定义，一类二类截面分母用 M_P，三类截面分母用 M_{yk}，参见文献［30］的解释。据介绍，加拿大的公式只依据了 Dibley 在 1969 年的一项试验数据，因而其曲线是最高的（图 10.17）。针对加拿大规范，已有新的建议提出，其中主要目标是增加焊接截面的钢梁稳定系数，同时对热轧截面提出了修订意见。图 10.18 是引自文献［12］的介绍：采用 ECCS 曲线，热轧截面取 $n = 3.1$，焊接截面 $n = 1.9$，这样，热轧截面的稳定系数也有所下降，焊接截面下降更多。

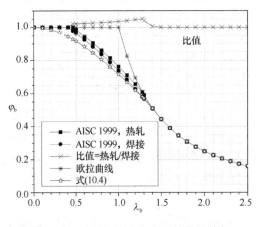

图 10.16　AISC 1999 稳定系数曲线算例

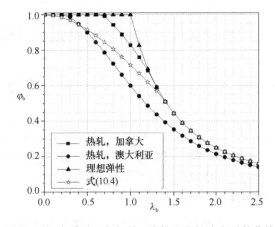

图 10.17　加拿大/澳大利亚热轧工字钢稳定系数曲线

（4）澳大利亚只规定了热轧截面，是取 159 个热轧截面梁的稳定系数的试验结果的下限曲线：

$$\varphi_b = 0.6 \left[\sqrt{\lambda_b^4 + 3} - \lambda_b^2 \right] \leqslant 1.0$$

(10.18)

同样规定了稳定系数的定义：对一类截面采用 M_P 作分母，对三类截面用 M_{yk} 作分母。在 $\lambda_{b0} = 0.2582$ 时，$\varphi_b = 1.0$。图 10.17 画出了加拿大和澳大利亚曲线与式（10.4）的对比。

（5）英国 BS 5950-1：2000 的规定如下：

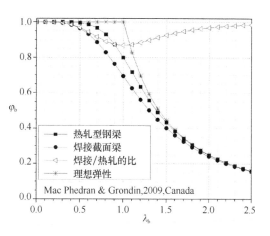

图 10.18　加拿大钢结构规范的新建议

$$\varphi_b = \frac{1}{2}\left(1 - \frac{1+\eta}{\lambda_b^2}\right) - \frac{1}{2}\sqrt{\left(1 + \frac{1+\eta}{\lambda_b^2}\right)^2 - \frac{4}{\lambda_b^2}}$$

(10.19)

其缺陷参数值规定得比较复杂，图 10.19 画出了英国曲线及其与式（10.4）的对比，英国曲线低很多。

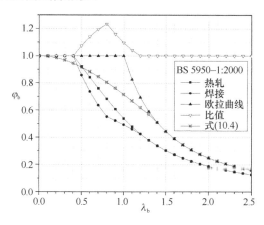

图 10.19　BS 5950-1：2000 稳定系数曲线

（6）日本"钢构造界限状态设计指针-同解说"明确说明，曲线是依据 106 个热轧纯弯梁和 67 个焊接纯弯梁的试验点的平均值拟合的：

$$\lambda_b \leqslant \lambda_{b0} = 0.3 \text{ 时}: \varphi_b = 1.0$$

(10.20a)

$$\lambda_{b0} \leqslant \lambda_b \leqslant \frac{1}{\sqrt{0.6}} = 1.291:$$

$$\varphi_b = 1 - 0.4036(\lambda_b - 0.3)$$

(10.20b)

$$\lambda_b > 1.291: \varphi_b = 1/\lambda_b^2$$

(10.20c)

日本 Fukumoto 进行过很多试验，但是指针的 2010 年版里面被参考的仅仅是他在 1966 年完成的一个试验。图 10.20（b）是试验点和式（10.20）的对比，在正则化长细比为 1.0 处，试验点下降约 0.55。

对各国的荷载组合也进行了对比，最终总结是：活荷载分项系数大的，钢梁稳定系数也大，钢梁稳定系数取试验点的平均值（大致）；活荷载分项系数小的，钢梁稳定系数也小，钢梁稳定系数取试验点的下限值（大致）；中国 2018 年前是：活荷载分项系数最小，钢梁稳定系数取平均值、比较大，荷载系数改为 1.3 和 1.5 后有改善。

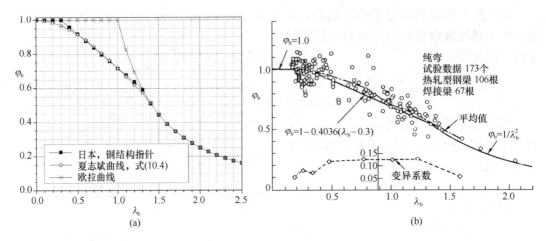

图 10.20　日本钢梁稳定系数曲线

10.8　美国 AISC LRFD 钢梁稳定系数的可靠指标

文献［26］参考试验资料专门研究了美国规范钢梁稳定公式的可靠性指标，很有参考价值。

美国规范中，一般可靠性指标 β 是 3.0，而 2.9 也是可以接受的。中国规范中，安全等级为二级的建筑可靠性指标要求是 3.2，允许上下浮动 0.25，即 2.95～3.45。

可靠性指标的计算与荷载组合有关，美国规范中基本组合是 $1.2D+1.6L$，可靠性指标计算公式（荷载和抗力都假设为对数正态分布）是：

$$Z = \ln R - \ln S \tag{10.21a}$$

$$\beta = \frac{\mu_Z}{\sigma_Z} = \frac{\mu_{\ln R} - \mu_{\ln S}}{\sqrt{\sigma_{\ln R}^2 + \sigma_{\ln S}^2}} = \frac{1}{\sqrt{\ln(1+V_R^2)+\ln(1+V_S^2)}} \cdot \ln\left(\frac{\mu_R}{\mu_S}\sqrt{\frac{1+V_S^2}{1+V_R^2}}\right)$$

$$\approx \frac{1}{\sqrt{V_R^2+V_S^2}} \cdot \ln\frac{\mu_R}{\mu_S} \tag{10.21b}$$

$$\mu_{R,d} = \phi_R \mu_{Rk} = \phi_R \frac{\mu_R}{\rho_R}, \rho_R = \frac{1}{1-1.645V_R} \tag{10.21c}$$

$$\mu_{S,d} = \mu_{Dk}(1.2+1.6\mu_{Lk}/\mu_{Dk}) \tag{10.21d}$$

$$\mu_S = \mu_D + \mu_L = (\rho_D + \rho_L\mu_{Lk}/\mu_{Dk})\mu_{Dk} = \frac{\mu_{S,d}(\rho_D+\rho_L\mu_{Lk}/\mu_{Dk})}{(1.2+1.6\mu_{Lk}/\mu_{Dk})} \tag{10.21e}$$

$$\mu_{Dk} = \rho_D\mu_D \cdot \mu_{Lk} = \rho_L\mu_L \cdot \rho_D = \frac{1}{1+1.645V_D}, \rho_L = \frac{1}{1+1.645V_L} \tag{10.21f}$$

并利用在验算点上抗力设计值等于荷载效应设计值：

得到：
$$\mu_{S,d} = \mu_{R,d} \tag{10.21g}$$

$$\beta \approx \frac{1}{\sqrt{V_R^2+V_S^2}}\ln\left[\frac{\rho_R}{\phi_R}\cdot\frac{1.2+1.6(L/D)}{\rho_D+\rho_L(L/D)}\right] \tag{10.21h}$$

式中，V_R、V_S 分别是抗力和荷载的标准差系数，ρ_D、ρ_L、ρ_R 是平均值和标准值的比（标准值一般是较高保证率的值，例如 95％ 或 97.72％ 保证率，很少是 50％ 保证率），$\phi=0.9$ 是校准的目标抗力分项系数。

式 (10.21) 表明: 荷载分项系数大的, 可靠性指标就大, 因为 1.2 和 1.6 都在分子上。抗力折减系数 ϕ_R 小, 则可靠性指标也更高。美国规范中这个数是 0.9, 因此用式 (10.21) 来反推可靠性指标 [给定 β, 从式 (10.21) 算出一个抗力分项系数 ϕ_R]。

图 10.21 (a) 是美国公式与 154 个热轧工字钢梁试验结果的对比, 表明美国公式是平均值。对比的数据中, 1975 年以后的试验很少, 为验证切线模量理论的试验数据比较多。

图 10.21 (b) 是美国公式与 123 个焊接工字钢梁试验结果的对比, 表明美国公式对焊接梁也接近平均值。对比图 10.21 (a)、(b) 可看出: 焊接梁的离散性大, 热轧梁的离散性小。文献 [28] 的钢梁稳定系数比 AISC LRFD 2005 的焊接梁还略小, 校准得到的抗力分项系数是: 中等长细比的, 0.78; 大长细比的, 0.84; 小长细比的, 0.89。

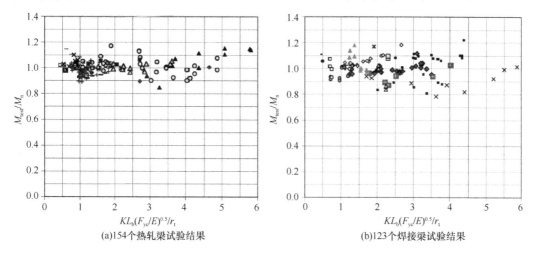

(a)154个热轧梁试验结果   (b)123个焊接梁试验结果

图 10.21   AISC LRFD 钢梁稳定系数与结果的对比

文献 [15] 有非常详细的 22 个焊接梁的试验数据, 没有纳入统计分析。有选择地挑选了数据, 类似加拿大规范。

图 10.22 是式 (10.21) 计算得到的可靠性指标, 其中抗力折减系数 $\phi = 0.9$。横坐标是无量纲化的长细比, $c = 3.14$ 时相当于正则化长细比等于 1.0, 因此 $c \leqslant 1$ 相当于正则长细比小于等于 0.32。从图 10.22 可得到如下几点:

(1) 长细比越大, 可靠性越小, 正则化长细比大于等于 1.274 ($c \geqslant 4$) 的可靠性指标最小;

(2) 即使活荷载系数取 1.6, 可靠性指标仍然是活荷载越大, 可靠性越小 (图中 L/D 是活荷载与恒荷载标准值的比值);

(3) 焊接梁的可靠性指标明显低于热轧型钢梁, 但在 $1 \leqslant c \leqslant 2$ 范围却高于热轧梁;

(4) 大量的情况下可靠指标小于 2.9, 1/3 以上小于 2.5;

(5) 如果参照 $L/D = 5$ 对应的曲线来判断吊车梁, 可靠性指标在 2.5 上下, 远小于 3.2 这一要求 (注意这是在荷载系数是 1.6 的情况下的可靠性指标)。

参考图 10.16、式 (10.4) 和美国曲线的对比, 式 (10.4) 低于美国公式很小。因此从文献 [26] 引出结论: 采用接近美国规范的钢梁稳定系数, 可靠性指标偏低。考虑到我

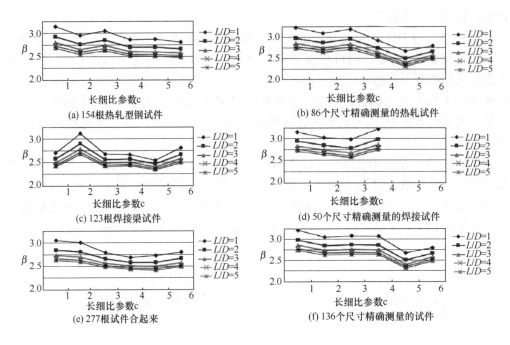

图 10.22　美国公式的可靠性指标 β

国板件负公差更为严重，抗力分项系数却与口美相同，可靠性不足的程度更严重（Fuku-moto 在 1988 年的试验表明，试件正公差的要略多于负公差的，而且负公差也不严重）。

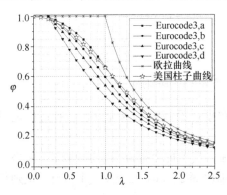

图 10.23　美国 AISC 规范的柱子曲线与
欧洲规范柱子曲线的比较

美国 AISC 规范在其他问题上也不同，例如：（1）不放弃 ASD 法。（2）坚持采用单条柱稳定系数曲线。图 10.23 给出了美国柱子曲线和 Eurocode 3 曲线的对比，长细比大的范围，它比 Eurocode 3 曲线 a 还高。在重要的长细比范围内，d 曲线仅为 a 曲线的 0.70～0.75 倍，相差 1.3 倍的安全系数。（3）AISC 规范的栓钉承载力是 $V_s^d = 0.5 A_s \sqrt{E_c f_c'}$。系数 0.5 比我国规范的 0.43 高，比 Eurocode 4 的更高，而式子中 f_c' 是混凝土圆柱体抗压强度标准值，取圆柱体抗压强度的 0.85 倍，比我国高 37.6%。美国学者经过可靠性分析，建议栓钉引入抗力折减系数 $\phi = 0.62 \sim 0.68$，以满足可靠性指标 3.0 的要求。

10.9　欧洲 Eurocode 3 钢梁稳定系数公式的可靠性指标

文献［19］是 Nethercoto 参与研究 Eurocode 3 钢梁弯扭失稳可靠性的文章，依据 1331 个有限元分析数据。先设定可靠性指标是 $0.8 \times 3.8 = 3.04$，采用 Eurocode 3 的稳定系数曲线，抗力分项系数应取多大？主要结论是：

（1）Eurocode 3 钢梁稳定方法 2 对中等偏小以下的长细比，略微偏于不安全（即稳定系数偏大），原因是方法 2 的 $\lambda_{b0}=0.4$ 偏大。但总体来说方法 2 比较好（偏差系数最小）。

（2）文章建议是：如果采用方法 1（即钢梁稳定系数采用柱子曲线），则抗力分项系数可以取 1.0，但是高强钢 Q460 应取 1.1；如果采用方法 2，抗力分项系数是 1.1，Q460 是 1.2。

Eurocode 3 的方法 1 是全部规范中钢梁稳定系数最低的。正则化长细比等于 1.0 时，焊接梁 $h/b>2$，稳定系数仅为 0.467，小于 0.5～0.52，小于图 10.6 焊接梁试验点的下限。

可靠性指标 3.04 设定合理，也在我国可接受的范围。考虑到 Eurocode 3 的抗力分项系数是 1.0，如果将 Eurocode 3 方法 1 的钢梁稳定系数用在中国，可靠性指标能够达到 3.04。

中国规范还有塑性开展系数 1.05，这个规定对 1 类和 2 类截面（这两类截面抗弯承载力可以达到塑性铰弯矩）可靠性指标还会更高，因为 Eurocode 3 采用的是塑性弯矩。这一简单且宏观的对比表明，我国钢梁稳定系数的最低值可取比 Eurocode 3 方法 1 的最低曲线略大。

但是对 3 类、4 类和 5 类截面，采用 Eurocode 3 的钢梁稳定系数方法 1，可靠性指标与 3.04 接近。

10.10 国内近年的研究

（1）陈绍蕃教授 2008 年发表于《钢结构》的三篇文章，指出了现行规范内一系列相互不一致的方法，重要的有三点：

1）现行规范的钢梁弹塑性稳定系数对焊接梁明显不安全；弹性稳定简化公式对焊接梁略偏不安全。

2）稳定计算和强度计算不衔接。稳定系数定义如果保持不变（即分母总是采用弹性极限弯矩），对 $\lambda_b \leqslant 0.4$ 陈绍蕃教授提出了三条曲线，对翼缘宽厚比满足塑性设计规定的，稳定系数可以达到 1.16，对翼缘宽厚比为 13～15 的，稳定系数最大是 1.0：

$$b_f/t_f \leqslant 9 : \varphi_b = 1.16 - \lambda_b^2 \tag{10.22a}$$

$$9 < b_f/t_f \leqslant 13 : \varphi_b = 1.05 - 0.125\lambda_b^2 \tag{10.22b}$$

$$b_f/t_f = 13 \sim 15 : \varphi_b = 1.0 \tag{10.22c}$$

3）这三篇文章，提出了焊接梁和轧制梁不同的长细比计算公式，焊接截面通过长细比放大来使稳定系数下降。

（2）郭彦林与姜子钦提出的建议是（稳定系数定义式的分母是弹性极限弯矩）：

$$\lambda_b \leqslant 2 : \varphi_b = \frac{1.05}{1 + 0.8\lambda_b^2} \tag{10.23a}$$

$$\lambda_b \geqslant 2 : \varphi_b = 1/\lambda_b^2 \tag{10.23b}$$

在正则化长细比为 1 时，其值是 0.583，长细比等于 0 时与塑性开展系数 $\gamma_x = 1.05$ 衔接，介于 Eurocode 3 的 b～c 曲线之间，更靠近 b 曲线一点；式（10.23a）是 ECCS 公式 $\varphi_b = \frac{1}{1 + \lambda_b^2}$ 的变体，1.05 就是 γ_x，引入 0.8 则抬高了曲线，导致长细比很大时与欧拉曲线不靠近，所以需要式（10.23b）来双控。我国规范正则化长细比采用 $\sqrt{M_y/M_{cr}}$ 计算，ECCS 采用 $\sqrt{M_p/M_{cr}}$，即 ECCS 公式修改成我国《钢结构设计标准》GB 50017—2017 稳定系数的定义，则 ECCS 公式可以转化为：

$$\varphi_b = \frac{\gamma_F}{1 + (M_P/M_y)\lambda_b^2} = \frac{\gamma_F}{1 + \gamma_F \lambda_b^2} \tag{10.23c}$$

调整分母里面的系数 γ_F 就可以得到抬高或压低的曲线。

（3）我们对变截面和等截面钢梁进行了比较系统的研究，提出公式：

$$\varphi_b = \frac{1}{(1 - \lambda_{b0}^{2n} + \lambda_b^{2n})^{1/n}} \leqslant 1.0 \tag{10.24}$$

上式可称为修正的 ECCS 公式。

在杆件（压杆和梁）稳定系数表达式的选择上，Perry-Robertson 公式为：

$$\varphi_b = \frac{1}{2}\left\{ 1 + \frac{1 + \alpha(\lambda_b - \lambda_{b0})}{\lambda_b^2} - \sqrt{\left[1 + \frac{1 + \alpha(\lambda_b - \lambda_{b0})}{\lambda_b^2}\right]^2 - \frac{4}{\lambda_b^2}} \right\} \tag{10.25}$$

式（10.24）和式（10.25）都是通用公式，可以通过 λ_{b0} 和 n 或 α 和 λ_{b0} 调节曲线的高低。但是在小长细比阶段，式（10.24）高一点，更适合用作梁稳定系数的公式。

式（10.24）的参数是随着宽高比而变化的：

热轧截面：
$$\lambda_{b0} = \frac{1}{(1+\gamma)^{0.25+k_\sigma/12}}\left[0.1 + 0.27\sqrt{5 - 3.77k_\sigma} - \frac{h}{30(20 + k_\sigma)b}\right] \tag{10.26a}$$

$$n = \frac{(2.15 - 0.25k_\sigma)}{\sqrt[3]{h/b}}\lambda_b^{0.1+0.05\gamma} \tag{10.26b}$$

焊接截面：
$$\lambda_{b0} = \frac{1}{(1+\gamma)^{0.25+k_\sigma/12}}\left[0.27\sqrt{5 - 3.77k_\sigma} - \frac{h}{30(20 + k_\sigma)b}\right] \tag{10.27a}$$

$$n = \frac{(1.5 + 0.1\gamma - 0.1k_\sigma)}{\sqrt[3]{h/b}}\lambda_b^{0.05\gamma} \tag{10.27b}$$

式中，γ 是线性变截面梁的楔率；k_σ 是两端截面上的应力比，见式（12.6d）和式（12.6e）。

对简支梁，$\lambda_{b0} = \sqrt{C_1} \cdot \lambda_{b0}|_{k_\sigma=1}$，指数 n 取值相同。

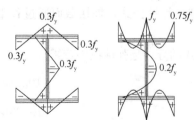

图 10.24　热轧梁和焊接梁残余应力模型

表 10.6 给出了 n 的数值以及分析时考虑的缺陷，其中焊接截面的残余应力考虑得比较大，图 10.24 是热轧梁和焊接梁残余应力模型。

式（10.26）和式（10.27）大致能够反映试验数据的下限。例如焊接截面的下限基本上就相当于 $n = 1$ 的曲线，式（10.27b）在 $h/b = 3$ 的指数是 1.04。而热轧梁试验点的下限就大致在 $n = 1.25 \sim 1.5$ 的一个数据，在 $h/b = 3$ 时式（10.26b）在正则化长细比为 1.0 处给出了 $n = 1.491$ 这一最小值。

钢梁热轧和焊接工字形截面上下分别处在受压和受拉区域，虽然残余应力分布对称，但钢梁在弹塑性阶段屈服后截面变得不对称，剪切中心对热轧截面是下移，对翼缘为火焰切割边的焊接截面是上移。Trahair 的分析表明，上移使得临界弯矩有所提高，下移则有所下降；下移使得 Wagner 效应对钢梁稳定不利，上移则使得 Wagner 效应对钢梁稳定有利。这种差别是式（10.26b）和式（10.27b）两个指数随长细比呈现不同规律的原因。

等截面梁式（10.24）的指数 n 表 10.6

正则化长细比	热轧，三角形分布残余应力 $\pm 0.3f_y$，$L/1000$ 初始弯曲，$h/b =$			焊接，抛物线分布的残余应力，翼缘自由边残余拉应力 $0.75f_y$，腹板翼缘交界处 f_y，$L/1000$ 初始弯曲，$h/b =$		
	1.0	2.0	3.0	1.0	2.0	3.0
0.5	2.006	1.592	1.391			
1	2.150	1.706	1.491			
1.5	2.239	1.777	1.552	1.5	1.191	1.040
2	2.304	1.829	1.598			
2.5	2.356	1.870	1.634			

（4）式（10.26b）和式（10.27b）表达的 ECCS 公式的指数与截面的宽高比有关。回过头来查阅历史资料也发现，在文献 [14]（有中译本）中就有 6 幅图介绍了这个现象，6 幅图涵盖了截面高宽比 1.0～3.1 的工字形截面，不同的荷载形式（跨中集中荷载、均布荷载、一端弯矩的均布荷载和另一端弯矩的集中荷载），横向荷载相对于形心线的偏心，不同的钢号等级，等等。六幅图都显示，截面高宽比小的，稳定系数较大（图 10.25）。因此在历史上，ECCS 一直关心工字形截面的宽高比对稳定系数的影响，文献 [17]、[19] 进行的大量

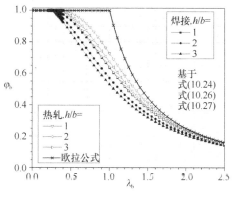

图 10.25 式（10.24/26/27）
纯弯钢梁的稳定系数

细致的分析也揭示了截面高宽比的影响。国际上也只有 Eurocode 3 针对钢梁截面的不同高宽比规定了不同的钢梁稳定系数曲线。

《钢结构设计标准》GB 50017—2017 中压杆稳定系数也有根据热轧截面高宽比采用不同柱子曲线的规定，Eurocode 3 的柱子曲线也是，但是随截面高宽比的变化规律与钢梁是相反的，高宽比大的压杆稳定系数反而大。这种压杆稳定系数和钢梁稳定系数随截面高宽比变化规律的不一致，原因是：

（1）弹塑性阶段，屈服区逐步形成，截面变为单轴对称；高宽比大的塑性开展潜力大，抵抗绕强轴的初始弯曲的能力大。

（2）钢梁平面外的抗弯刚度的下降也没有压杆那么快。因为钢梁的上下翼缘屈服区域不一样，上翼缘的屈服与压杆一样，而下翼缘的屈服区域相反。两个翼缘中，总有一个翼缘因为部分屈服而使得绕弱轴的抗弯刚度下降不怎么厉害，这样截面绕弱轴的切线抗弯刚

度就不会下降得那么快。

（3）这种上下翼缘不一样的屈服区，使得平面外抗弯刚度下降较慢，翘曲刚度相应地下降也比较慢，特别是对宽的截面，从而对截面较宽的钢梁比较有利。

（4）钢梁的受拉区对钢梁侧向稳定起牵制作用，这样受拉区与受压区越近，牵制作用越大，稳定系数越高。压杆则没有这样的作用。

上述这些差别使得钢梁表现出与压杆不同的规律。

10.11　钢梁稳定性的基本规律和稳定系数公式

10.11.1　钢梁稳定性的基本规律

综上所述，钢梁稳定性具有如下的规律：

（1）热轧梁的稳定系数高于焊接截面梁。

（2）焊接梁稳定系数的离散性高于热轧梁。

（3）在正则化长细比为 1.0 时，钢梁稳定系数最小值：对于焊接梁约为 0.5，对于热轧梁约为 0.6。

（4）钢梁的稳定系数受截面高宽比影响：高宽比大的，稳定系数低。

（5）钢梁稳定系数取值，也受荷载分项系数的影响。荷载分项系数大的，可以取接近于平均值的曲线，荷载分项系数小的，应取具有较高保证率的曲线。

（6）稳定系数也受荷载类型的影响。

10.11.2　可靠性问题

从可靠性理论知道，抗力分项系数 γ_R 和荷载系数 γ_D、γ_L 与可靠性指标 β 的关系是（假设各个变量都是正态分布，假设标准值取为 95% 保证率的点，$\beta = 3.2$）：

$$\gamma_R = \frac{1 - k_R V_R}{1 - 0.75\beta V_R} = \frac{1 - 1.645 V_R}{1 - 2.4 V_R} \tag{10.28a}$$

$$\gamma_D = \frac{1 + 0.75\beta V_D}{1 + k_D V_D} = \frac{1 + 2.4 V_D}{1 + 1.645 V_D} \tag{10.28b}$$

$$\gamma_L = \frac{1 + 0.75\beta V_L}{1 + k_L V_L} = \frac{1 + 2.4 V_L}{1 + 1.645 V_L} \tag{10.28c}$$

式中，V_R、V_D、V_L 分别是抗力、恒荷载和活荷载的变异系数，即各自的方差和数学期望的比值。k_R、k_D、k_L 是抗力、恒荷载、活荷载标准值与平均值的比值，如取 95% 保证率的值作为标准值，则 $k_R = k_D = k_L = 1.645$。（注：如果抗力采用平均值，则中心抗力分项系数应该采用 $\gamma_{R0} = \dfrac{1}{1 - 2.4 V_R}$，荷载如果采用平均值，则中心荷载分项系数是 $\gamma_{D0} = 1 + 2.4 V_D$、$\gamma_{L0} = 1 + 2.4 V_L$，它们是中心分项安全系数。）

如果是对数正态分布，则：

$$\gamma_R = \frac{\mu_{R,5\%}}{\mu_{R,d}} = \frac{e^{0.75\beta\sqrt{\ln(1+V_R^2)}}}{(1+V_R^2)^{1.645}} = \frac{e^{2.4\sqrt{\ln(1+V_R^2)}}}{(1+V_R^2)^{1.645}} \tag{10.29a}$$

$$\gamma_D = \frac{\mu_{D,d}}{\mu_{D,95\%}} = \frac{e^{0.75\beta\sqrt{\ln(1+V_D^2)}}}{(1+V_D^2)^{1.645}} = \frac{e^{2.4\sqrt{\ln(1+V_D^2)}}}{(1+V_D^2)^{1.645}} \tag{10.29b}$$

$$\gamma_L = \frac{\mu_{L,d}}{\mu_{L,95\%}} = \frac{e^{0.75\beta\sqrt{\ln(1+V_L^2)}}}{(1+V_L^2)^{1.645}} = \frac{e^{2.4\sqrt{\ln(1+V_L^2)}}}{(1+V_L^2)^{1.645}} \tag{10.29c}$$

确定 γ_D、γ_L 是荷载规范的任务，而确定 γ_R 应该是具体结构规范的任务。但规范目前只管材料指标，不同长细比和宽厚比下的稳定承载力，需要在制定压杆、梁、压弯杆、板件的稳定承载力时，针对不同的长细比和宽厚比，确定各自的抗力分项系数。因 $\beta = 3.2$ 已给定，γ_R 也已确定，例如 $\gamma_R = 1.108$，V_R 是可以对试验结果进行分析得到的，因为对不同的长细比 V_R 是不一样的。为保证达到规定的可靠性，则从式（10.28a）知道需要变化 k_R，但是目前都不变化 k_R，由此得到的可靠性指标也会在目标指标 3.2 附近上下浮动，规范也规定允许可靠性指标上下浮动 0.25。

从式（10.28a）可以知道，抗力的标准值必须取有较高保证率的值，通常至少 85％ 保证率是需要的，相当于取 $\mu_R - \sigma_R$；如果要求 95％ 保证率，则取 $\mu_R - 1.645\sigma_R$（均值 -1.645 倍方差）处的值。

10.11.3　规范公式的构建

构建钢梁稳定系数的公式，需要考虑几个问题：

1. 是以边缘纤维屈服弯矩 M_y 为准还是以塑性弯矩 M_P 为准？

（1）从参考的所有资料看，对 1、2 类截面在国际上是以 M_P 为准的，式（10.3）和式（10.4）也是以 M_P 为准的；对 3 类截面，是以边缘纤维屈服为准的，对 4 类截面是以扣除板件局部屈曲影响为准的，这在我国的薄钢规范以及 Eurocode 3 和 AISC 都是如此。《钢结构设计规范》GBJ 17—88、《钢结构设计规范》GB 50017—2003 和《钢结构设计标准》GB 50017—2017 的问题是稳定系数的定义没有随着设计方法的发展而发展。

（2）M_P 在中国变为了 $\gamma_x M_y$，这是中国规范的一个特色。

（3）如果不以 M_P 为准，继续对全部类别的截面以 M_y 为准，会继续掩盖《钢结构设计规范》GBJ 17—88、《钢结构设计规范》GB 50017—2003 和《钢结构设计标准》GB 50017—2017 中的一个严重疏忽：对翼缘宽厚比限值为 15 的钢梁，钢梁稳定系数偏高了 10％ 和 13.4％。对于这种梁，本应采用式（10.10），而实际上是采用了式（10.9）。

2. 关于焊接梁和热轧梁采用不同的稳定系数问题

考虑到第 10.11.1 小节的第（1）和第（2）两条规律，采用 95％ 保证率的热轧和焊接钢梁的稳定系数曲线有明显的差别（图 10.26），因此适当修改钢梁的稳定系数：

（1）应采用大致有 95％ 保证率的钢梁稳定系数，以符合式（10.28a）的要求；

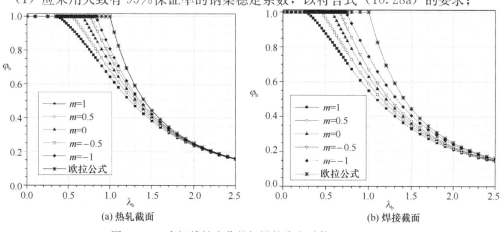

图 10.26　弯矩线性变化的钢梁的稳定系数（$h/b = 2$）

（2）只要决定采取有保证率的曲线，则必然要求区分热轧钢梁和焊接钢梁。

采用式（10.28a）要求有大量的试验数据，我国自己的试验数据偏少，好在有文献［11］和文献［15］，现在还有数值分析的手段：只要残余应力和初始弯曲取值基本合理，材料的屈服强度取标准值，得到的数值结果基本接近 95% 保证率的曲线。这也是文献［19］考察欧洲规范 Eurocode 3 的可靠性的方法。

3. 钢梁稳定系数曲线构造的技术问题

（1）钢梁稳定系数从 1.0 开始下降的起始点 λ_{b0} 在哪里？

从各国规范资料上看，$\lambda_{b0} = 0.4$ 最大。澳大利亚规范取 $\lambda_{b0} = 0.2582$；欧洲规范 Eurocode 3 的方法 1 取 $\lambda_{b0} = 0.2$；日本规范取 $\lambda_{b0} = 0.3$。从试验资料上看，例如本章的试验资料图 10.5 和图 10.6，热轧梁 $\lambda_{b0} = 0.2 \sim 0.25$ 比较合适，而焊接梁 $\lambda_{b0} = 0.1 \sim 0.15$ 差不多。因此参考澳大利亚规范，对热轧梁取 $\lambda_{b0} = 0.25$，焊接梁取 $\lambda_{b0} = 0.15$。

（2）热轧梁和焊接梁稳定系数的上下限曲线在哪里？

从图 10.5、图 10.7 可知，热轧梁稳定系数的下限在长细比 1.0 处试验点不到 0.6，而 ECCS 曲线 $n = 1.5$ 在此处的稳定系数是 0.630，因此热轧梁的下限应该是 $n<1.5$，但是大于焊接梁的下限 $n=1$。焊接梁的下限则在图 10.7、图 10.8 和图 10.20 中明确无误地告诉我们，是 ECCS $n = 1.0$ 的曲线。

综合考虑以上因素，构造如式（10.24）、式（10.26）、式（10.27）所示。表 10.7 给出了纯弯稳定系数，图 10.26 给出了弯矩线性变化时钢梁的稳定系数。

根据式（10.24）、式（10.26）、式（10.27）计算的纯弯钢梁稳定系数　　　表 10.7

长细比	焊接，截面高宽比＝			热轧，截面高宽比＝		
	1.0	2.0	3.0	1.0	2.0	3.0
0.25	1	1	1	1	1	1
0.3	0.998	0.992	0.983	1	1	1
0.35	0.988	0.972	0.955	1	1	1
0.4	0.974	0.948	0.925	0.999	0.995	0.990
0.45	0.958	0.921	0.892	0.993	0.983	0.972
0.5	0.938	0.893	0.858	0.985	0.968	0.952
0.6	0.889	0.830	0.788	0.959	0.927	0.901
0.7	0.831	0.763	0.717	0.919	0.873	0.841
0.8	0.767	0.696	0.650	0.865	0.811	0.774
0.9	0.701	0.631	0.587	0.799	0.742	0.706
1	0.635	0.570	0.530	0.727	0.673	0.639
1.1	0.573	0.514	0.478	0.654	0.606	0.576
1.2	0.515	0.464	0.431	0.584	0.544	0.517
1.4	0.417	0.378	0.353	0.463	0.436	0.418
1.6	0.339	0.311	0.292	0.369	0.352	0.339
1.8	0.278	0.258	0.244	0.298	0.287	0.279
2	0.232	0.217	0.206	0.244	0.238	0.232
2.4	0.166	0.158	0.152	0.172	0.169	0.166

10.12 单轴对称截面简支梁的稳定系数

单轴对称截面钢梁在吊车梁中应用广泛（图 10.27），稳定系数如何定义？问题在于受压边缘屈服弯矩 $M_{y1} = W_{x1} f_y$ 大于塑性弯矩 $M_{Px} = Z_{Px} f_y$（见表 10.8）。在受压翼缘宽厚比等于（13~15）ϵ_k 之间时，受压区没有塑性开展能力，还只能取受压边缘屈服弯矩作为截面的极限弯矩，记为 M'_{y1}，是受拉区已经进入塑性的受压边缘屈服弯矩。三个弯矩的相对大小是 $M_{y1} > M_{Px} > M'_{y1}$。

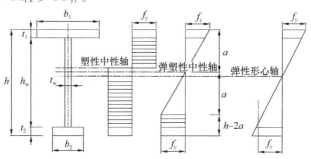

(a) 截面　　(b) 塑性弯　　(c) 上边缘刚屈服　　(d) 弹性假设

图 10.27　单轴对称截面的弯矩

单轴对称截面各特征弯矩及其比值　　表 10.8

编号	h (mm)	t_w (mm)	$b_1 \times t_1$ (mm×mm)	b_2 (mm)	t_2 (mm)	Z_{Px} (mm³)	W_{x1} (mm³)	W'_{x1} (mm³)	F_1	F_2	F_3	F_4
1	900	8		300	18	6255792	5623059	5623707	1.113	1	0.899	1
2				300	10	5066768	5260977	4760013	0.963	0.743	0.772	0.905
3				150	18	4837279	5154899	4566316	0.938	0.700	0.746	0.886
4				150	10	4109955	4823588	3933410	0.852	0.575	0.675	0.815
5	600	8	300×18	300	18	3778992	3447196	3448168	1.096	1	0.912	1
6				300	10	2940388	3254533	2820547	0.903	0.707	0.783	0.867
7				150	18	2765479	3182860	2664330	0.869	0.656	0.755	0.837
8				150	10	2208555	2977869	2152902	0.742	0.512	0.691	0.723
9	300	8		300	18	1662192	1513209	1515153	1.098	1	0.910	1
10				300	10	1175494	1453306	1150216	0.809	0.666	0.824	0.791
11				150	18	1064196	1411549	1046510	0.754	0.602	0.798	0.741
12				150	10	757559	1326855	746744	0.571	0.436	0.763	0.563
13	416	10	380×18	150	18	1830970	2548114	1796246	0.719	0.542	0.754	0.705
14	736			150	18	4221370	4967993	4062877	0.850	0.607	0.715	0.818
15	986			150	18	6445120	7062108	6096341	0.913	0.648	0.710	0.863
16	410			260	12	1987720	2576957	1943755	0.771	0.599	0.776	0.754
17	730			260	12	4445320	5043750	4229360	0.881	0.654	0.742	0.839
18	980			260	12	6721570	7175845	6277169	0.937	0.690	0.736	0.875
19	416			380	18	3083320	2824367	2826143	1.092	1	0.916	1
20	736			380	18	6136120	5567732	5568736	1.102	1	0.907	1
21	986			380	18	8877370	7949495	7950245	1.117	1	0.895	1

定义两种稳定系数和两种长细比：

$$\lambda_{b,y} = \sqrt{\frac{M_y}{M_{cr}}}, \varphi_b = \varphi_{b,y} = \frac{M_u}{M_{y1}} \leqslant \frac{M_P}{W_{x1}f_y} = \frac{Z_{px}}{W_{x1}} = F_1 < 1 \tag{10.30a}$$

$$\lambda_{b,p} = \sqrt{\frac{M_P}{M_{cr}}}, \varphi_b = \varphi_{b,p} = \frac{M_u}{M_p} \tag{10.30b}$$

还有受拉边缘（受拉区）首先屈服导致刚度下降的问题，所以引入参数 $F_2 = \dfrac{W_{x2}}{W_{x1}}$、$F_3 = \dfrac{W_{x2}}{Z_{px}}$，其中 W_{x2} 是受拉边缘纤维的截面模量。

取初始弯曲 $u_{0u}(0) = u_{0m} + h_{s1}\theta_{0m} = \dfrac{L}{1000}$，$u_{0m}$ 和 θ_{0m} 的比值由屈曲波形确定，取图 10.24 所示各板件内自相平衡的残余应力。几种单轴对称截面钢梁的稳定系数如图 10.28 所示，图中 $\delta = I_2/I_y$（表 10.9）。

构件截面尺寸（腹板 $h_w \times t_w = 700\text{mm} \times 10\text{mm}$，$b_1 \times t_1 = 380\text{mm} \times 18\text{mm}$）　　　表 10.9

编号	下翼缘	I_2/I_y	F_1	F_2	F_3	编号	下翼缘	I_2/I_y	F_1	F_2	F_3
9	300×12	0.247	0.904	0.700	0.774	13	220×10	0.097	0.804	0.568	0.706
10	260×18	0.243	0.971	0.796	0.819	14	220×11	0.106	0.820	0.588	0.717
11	260×15	0.211	0.923	0.725	0.786	15	220×12	0.115	0.836	0.608	0.728
12	260×12	0.175	0.871	0.654	0.751	16	220×13	0.123	0.851	0.628	0.738

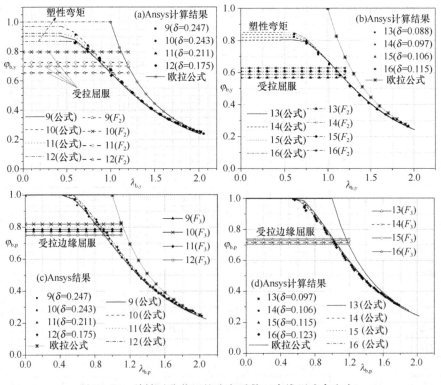

图 10.28　单轴对称截面的稳定系数（直线型残余应力）

对这些曲线进行分析，可以得出以下结论：

（1）对于稳定系数 $\varphi_{b,y}$，每种截面稳定系数的最大值，小于对应的 F_1；$\varphi_{b,y}$ 曲线，在 $\lambda_b > 1$ 时基本重合为一条曲线（不同单轴对称截面稳定系数曲线的归一性好）；$\lambda_b < 1$ 时，稳定系数与 F_1 的值有关。

（2）稳定系数 $\varphi_{b,p}$ 曲线，单轴对称截面的 $\varphi_{b,p}$ 高于双轴对称截面的 $\varphi_{b,p}$，单轴对称程度越大（δ 越小），$\varphi_{b,p}$ 越大；但是在 $\delta \leqslant 0.25$ 后继续增加不对称性的程度，稳定系数不再增大。

（3）小长细比范围内的稳定系数大于受拉屈服弯矩对应的值，表示受拉区屈服，并开展一定深度后的弯扭失稳。因此如果引入 $\varphi_{b,y} \leqslant F_1$，受拉区的屈服验算可以不再进行。

根据 24 组截面的稳定系数数据点拟合稳定系数公式，采用修正的 ECCS 公式：

$$\varphi_{b,p} = \frac{1}{(1 - \lambda_{b0,p}^{2n} + \lambda_{b,p}^{2n})^{1/n}} \tag{10.31a}$$

$$\varphi_{b,y} = \frac{F_1}{(1 - F_1^n \lambda_{b0,y}^{2n} + F_1^n \lambda_{b,y}^{2n})^{1/n}} \tag{10.31b}$$

式（10.31b）是式（10.31a）换算来的，两个公式实际是同一个公式，因为有如下关系：

$$\lambda_{b,p} = \sqrt{F_1} \lambda_{b,y}, \quad \varphi_{b,y} = F_1 \varphi_{b,p}$$

式中，$\lambda_{b0,p}$ 是钢梁稳定系数 $\varphi_{b,p}$ 从 1.0 开始下降的长细比；$\lambda_{b0,y} = \lambda_{b0,p} / \sqrt{F_1}$。

采用式（10.26）和式（10.27）类似的拟合公式，得到 λ_{b0}，n 的取值如式（10.32a）～式（10.33b）所示。对跨中承受集中荷载的简支梁，文献认为相当于弯矩线性变化情况下两端弯矩比是 $k_\sigma = 0.7$ 的情况；简支梁承受关于跨中对称的两个间距为 a 的集中荷载时，$k_\sigma = 0.7 + 0.6a/L \leqslant 1$。

直线型残余应力：
$$\lambda_{b0} = \frac{0.1 + 0.27\sqrt{5 - 3.77k_\sigma}}{(2\delta)^{0.25 + k_\sigma/12}} - \frac{h}{30(2 + k_\sigma)b} \tag{10.32a}$$

$$n = \frac{2.15 - 0.25k_\sigma}{(2\delta)^{0.15}} \lambda_b^{0.1} \sqrt[3]{\frac{b}{h}} \tag{10.32b}$$

抛物线型残余应力：
$$\lambda_{b0,p} = \frac{1}{(2\delta)^{0.25 + k_\sigma/12}} \left[0.27\sqrt{5 - 3.77k_\sigma} - \frac{h}{30(2 + k_\sigma)b} \right] \tag{10.33a}$$

$$n = \frac{1.5 - 0.1k_\sigma}{(2\delta)^{0.15}} \sqrt[3]{\frac{b}{h}} \tag{10.33b}$$

已经验证，上述公式对荷载作用点高度在轨道顶面和剪切中心，以及两点荷载均有良好精度。式（10.32a）～式（10.33b）引入了截面宽高比这个参数，所以也对不同宽高比的截面进行了稳定分析，并与公式进行了对比，精度良好。

对没有塑性开展能力的受压区，需要计算 M'_{y1}，并以此定义稳定系数。参照图 10.27 （c），利用合成轴力为 0 可以得到计算 a 的方程：

$$a^2 - \frac{1}{2}\left(h + \frac{b_2 t_2 - b_1 t_1}{t_w} + t_1 - t_2 \right) a - \frac{t_1^2}{4}\left(\frac{b_1}{t_w} - 1 \right) = 0 \tag{10.34a}$$

然后求得 M'_{y1}：

$$M'_{y1} = \left\{ b_1 t_1 \left(a - t_1 + \frac{t_1^2}{3a} \right) + b_2 t_2 \left(h - a - \frac{t_2}{2} \right) + \frac{t_w}{3a}\left[a^3 + (a - t_1)^3 \right] + \right.$$

$$\left. \frac{t_w}{2}(h-2a-t_2)(h-t_2) \right\} f_y \tag{10.34b}$$

稳定系数修改为：

$$\lambda_{b,y}=\sqrt{\frac{M_y}{M_{cr}}},\varphi_b=\varphi_{b,y}=\frac{M_u}{M_{yl}}\leqslant\frac{M'_{yl}}{W_{xl}f_y}=F_4\leqslant 1 \tag{10.34c}$$

$$\lambda_{b,p}=\sqrt{\frac{M'_{yl}}{M_{cr}}},\varphi_b=\varphi_{b,p}=\frac{M_u}{M'_{yl}} \tag{10.34d}$$

$$\varphi_{b,p}=\frac{1}{(1-\lambda_{b0,p}^{2n}+\lambda_{b,p}^{2n})^{1/n}} \tag{10.34e}$$

$$\varphi_{b,y}=\frac{F_4}{(1-F_4^n\lambda_{b0,y}^{2n}+F_4^n\lambda_{b,y}^{2n})^{1/n}}\leqslant F_4 \tag{10.34f}$$

无制动梁的吊车梁的稳定性设计公式仍保持不变：

$$\frac{M_x}{\varphi_{b,y}W_{xl}}+\frac{M_y}{t_1b_1^2/6}\leqslant f \tag{10.35}$$

式中第 2 项是仅上翼缘承受轨道水平刹车力，所以抵抗矩取 $t_1b_1^2/6$ 。

10.13　受弯构件的强度

如果不发生板件的局部屈曲，梁截面能够承受的弯矩可以达到甚至因为部分进入强化阶段而超过截面的全塑性弯矩 M_{Px} 。因此欧洲和美国以 M_P 作为梁截面抗弯承载力的依据：

$$M_x\leqslant M_{Px} \tag{10.36}$$

但是对于简支梁，弯矩最大达到截面的塑性弯矩，梁的挠度会很大，在极限弯矩达到以前出现不能够极限承载的变形，荷载卸载后的残余挠度也会比较大。因此应引入对塑性变形的限制，这种做法最早由法国在 1966 年引入。ECCS 在 1978 年的钢结构设计建议中提出采用残余应变为屈服应变的 7.5% 作为标准。根据文献［42］的介绍，这个指标是根据 Q355，梁的跨高比是 30 制定的一个标准，按照这个残余应变确定卸载后的残余挠度略小于 $L/1000$ 。对 Q235，同样的残余挠度，允许的残余应变是 $0.117\varepsilon_y$ 。

纯弯简支梁允许的残余挠度是 $\frac{L}{1000}$ 时，允许的残余应变是 $\frac{1}{250\,(L/h)}$ ，与钢材强度等级无关，但是如果把这个残余应变表达为屈服应变的一个比值，则 $\frac{1}{250\,(L/h)}=$ $\frac{1}{0.2852\,(L/h)}\cdot\frac{235}{f_y}\cdot\varepsilon_y$ 。

（1）按这个标准，Q235 钢梁的塑性开展深度可以比 Q345 钢梁更深，塑性开展系数更大。

（2）同样，按这个标准，短梁比长梁的塑性开展深度可以更深。

（3）上面依据的是纯弯简支梁。跨中残余挠度还与荷载的分布有关，例如跨中集中荷载下的挠度小于均布荷载下的挠度，更小于上面基于纯弯得到的残余挠度。集中荷载作用下，允许比纯弯有更深的塑性开展。

按照 Q355，残余应变是 $0.075\varepsilon_y$ ，跨高比 30 得到的梁截面塑性开展系数 γ_x

见表 10.10。

塑性开展系数　　　　　　　　　　　　　　　　　表 10.10

塑性开展系数	圆管	工字形、槽形强轴	工字形弱轴	T 形强轴	T 形弱轴	双拼角钢对称轴	槽形弱轴
γ_x ($\varepsilon_r = 7.5\% \varepsilon_{yQ355}$)	1.093	1.05～1.12	1.185	1.2～1.23	1.2	1.22～1.29	1.22
γ_x (规范)	1.15	1.05	1.2	1.05/1.2	1.2	1.05/1.2	1.05/1.2

苏联采用边缘纤维应变为 3 倍屈服应变对应的弯矩作为截面的抗弯承载力的依据，这样确定的塑性开展系数见表 10.11。

苏联的塑性开展系数　　　　　　　　　　　　　　　　　表 10.11

截面形式	A_f/A_w	γ_x	γ_y	截面形式	A_f/A_w	γ_x	γ_y
工字形和双槽钢拼成的工字钢	0.25	1.19	1.47	槽钢平放	0.5	1.6	1.07
	0.5	1.12			1.0		1.12
	1.0	1.07			2.0		1.19
	2.0	1.04					
T 形.双角钢拼成 T 形		1.6	1.47	圆钢管		1.26	1.26

注：如果钢梁存在纯弯段，则塑性开展系数取 $1 + 0.5(\gamma_0 - 1)$，γ_0 是上述表列数据。

因此，我国只允许部分利用截面的塑性开展深度带来的承载力，即：

$$M_x \leqslant \gamma_x M_y \tag{10.37}$$

式中，M_y 是绕强轴弯曲的边缘屈服弯矩。$1 \leqslant \gamma_x \leqslant \gamma_{Fx}$，$\gamma_{Fx}$ 是截面形状系数。对双轴对称工字形截面设定 $\dfrac{h}{b} = 1 \sim 4$、$\dfrac{t_f}{t_w} = 1 \sim 3$，在满足 $\dfrac{2b}{t_f} \leqslant 26\varepsilon_k$、$\dfrac{h_w}{t_w} \leqslant 124\varepsilon_k$ 的条件下，$\gamma_{Fx} \approx 1.080 \sim 1.247$，均值是 1.1385（Q345 是 1.140，因此截面形状系数与钢材牌号关系不大）（图 10.29）。对工字形截面取 $\gamma_x = 1.05$，相当于利用了塑性开展潜力部分（0.1385）的 36.1%（平均）。

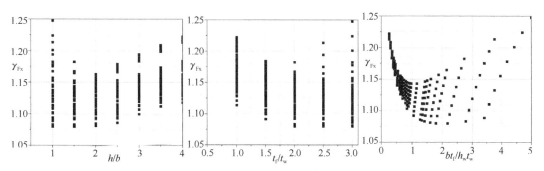

图 10.29 双轴对称工字形截面的截面形状系数

γ_x 对可靠度有直接的影响，因此像 ECCS 和苏联的建议一样，即使是对同一类截面，也根据塑性开展潜力的不同采用不同的开展系数，也是有意义的。例如可以采用如下的式子：

$$\gamma_x = 1 + 0.4(\gamma_{Fx} - 1) \tag{10.38a}$$

$$\gamma_y = 1 + 0.4(\gamma_{Fy} - 1) \tag{10.38b}$$

或更为科学的做法是翼缘全部屈服，腹板塑性开展深度在 0.113 倍腹板深度，即

$$M'_P = M_{Pf} + 1.2M_{yw} = \left(bt_f h_1 + \frac{1}{5}t_w h_w^2\right)f_y \tag{10.39}$$

对箱形截面，规范规定采用 $\gamma_x = 1.05$，这对于方钢管，截面的形状系数显然比较保守，条文说明中箱形截面的塑性开展系数偏低，箱形截面的塑性开展系数应该介于 1.05～1.2，参见表 10.12。箱形截面梁的塑性开展系数应大于工字形截面梁，但是它又应该小于工字形截面绕弱轴的塑性开展系数，经过分析发现，可以近似地表示为：

$$\gamma_x = 1 + 0.05\left(\frac{h}{b}\right)^{0.7} \tag{10.40a}$$

$$\gamma_y = 1.05 \tag{10.40b}$$

或采用式（10.38a）、式（10.38b）计算。

另外一个可能更为合理的方法是，取翼缘塑性弯矩和腹板弹性弯矩的 1.2 倍之和作为承载力。

箱形截面的塑性开展系数 表 10.12

截面号	b (mm)	h (mm)	t_f (mm)	t_w (mm)	γ_{Fx}	γ_x (式 10.38a)	γ_x (式 10.40a)	γ_{Fy}	γ_y (式 10.38b)	γ_y (式 10.40b)
J1-1	400	400	10	10	1.153	1.0612	1.05	1.153	1.0612	1.05
J1-2	400	400	15	10	1.131	1.0524	1.05	1.197	1.0788	1.05
J1-3	400	400	20	10	1.125	1.05	1.05	1.233	1.0932	1.05
J1.5-1	400	600	15	15	1.197	1.0788	1.066	1.131	1.0524	1.05
J1.5-2	400	600	20	15	1.175	1.07	1.066	1.156	1.0624	1.05
J1.5-3	400	600	25	15	1.162	1.0648	1.066	1.179	1.0716	1.05
J2-1	400	800	20	20	1.233	1.0932	1.081	1.125	1.05	1.05
J2-2	400	800	30	20	1.199	1.0796	1.081	1.155	1.062	1.05
J2-3	400	800	40	20	1.182	1.0728	1.081	1.182	1.0728	1.05
J3-1	400	1200	30	30	1.288	1.1152	1.108	1.129	1.0516	1.05
J3-2	400	1200	35	30	1.273	1.1092	1.108	1.137	1.0548	1.05
J3-3	400	1200	40	30	1.260	1.104	1.108	1.145	1.058	1.05

翼缘要利用截面的塑性开展，其宽厚比必须小于等于 $13\varepsilon_k$，同时腹板应小于等于 $93\varepsilon_k$。

对 T 形截面，规范对翼缘侧和腹板端部采用了 1.05 和 1.2 两个不同的系数，ECCS 和苏联均未进行这样的区分。图 10.30 所示是 T 形截面在轴力和弯矩作用下形成塑性铰的情况。面积 $A = bt + (h-t)t_w$、形心轴位置 $h_1 = [bt^2 + (h^2-t^2)t_w]/2A$、$h_2 = h - h_1$。惯性矩 $I_x = \frac{1}{3}t_w[h_2^3 + (h_1-t)^3] + bt(h_1-0.5t)^2 + \frac{1}{12}bt^3$，截面抵抗拒 $W_{xf} = \frac{I_x}{h_1}$、$W_{xw} = \frac{I_x}{h_2}$。

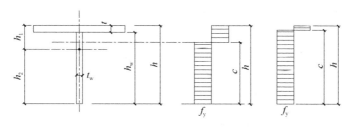

图 10.30 T 形截面塑性铰

首先计算无轴力时的塑性铰弯矩。如果 $bt > (h-t)t_w$（中性轴在翼缘内），$c = h - \dfrac{A}{2b}$，则：

$$M_P = \left[\frac{A^2}{8b} + \frac{1}{2}(h-t)t_w\left(h+t-\frac{A}{b}\right) + \frac{1}{2}b\left(t-\frac{A}{2b}\right)^2\right]f_y = Zf_y \qquad (10.41a)$$

如果 $bt < (h-t)t_w$（中性轴在腹板上），$c = \dfrac{A}{2t_w}$，$h_{11} = \dfrac{bt^2 + [(h-c)^2 - t^2]t_w}{A}$，则：

$$M_P = \frac{1}{2}Af_y \times (h - 0.5c - h_{11}) = Zf_y \qquad (10.41b)$$

$$\gamma_{Fxf} = \frac{Z}{W_{xf}} \qquad (10.42a)$$

$$\gamma_{Fxw} = \frac{Z}{W_{xw}} \qquad (10.42b)$$

选择三种截面，计算得到的 γ_{Fxf}、γ_{Fxw} 见表 10.13。可见 γ_{Fxf} 很小，小于 1，从这个数值上看，翼缘似乎没有塑性开展能力。γ_{Fxw} 则很大，规范仅利用 1.2 的系数似乎偏小了。

T 形截面翼缘和腹板的塑性开展系数　　　　　　　　　　　　　　表 10.13

T 形截面	γ_{Fxf}	γ_{Fxw}
T125×250×9/14，宽 T	0.374	1.863
T200×200×12/14，方 T	0.616	1.783
T400×200×25/25，窄 T	0.968	1.741

下面推导偏压杆的公式：

（1）中性轴在腹板

$$P = [bt + (h-t-c)t_w - ct_w]f_y = (A - 2ct_w)f_y \qquad (10.43a)$$

记 $P_P = Af_y$，$p = P/P_P$，$m = M/M_P$。从上式得到 $c = \dfrac{A}{2t_w}(1-p)$，弯矩是：

$$M = 2ct_w(h_2 - 0.5c)f_y = \frac{A}{2t_w}(1-p)\left[2h_2 - \frac{A}{2t_w}(1-p)\right]f_y \qquad (10.43b)$$

弯矩对 c 求导等于 0 得到 $c = h_2$，最大弯矩是：

$$M_{\max} = bt(h_1 - 0.5t)f_y + 0.5t_w f_y[(h_1-t)^2 + h_2^2] = h_2^2 t_w f_y \qquad (10.43c)$$

此时 $p = 1 - \dfrac{2h_2 t_w}{A}$。如果 $p = 0$，$c = \dfrac{A}{2t_w} < h_w$，则 $M_P = A\left(h_2 - \dfrac{A}{4t_w}\right)$。

（2）中性轴在翼缘（$c' = h - c$）

$$P = [c'b-(h-t)t_{\mathrm{w}}-(t-c')b]f_{\mathrm{y}} = 2(c'b-A)f_{\mathrm{y}}, c' = \frac{A}{2b}(1+p) \quad (10.44\mathrm{a})$$

$$M = 2c'b(h_1-0.5c')f_{\mathrm{y}} = \frac{A}{2b}(1+p)\left(2h_1-\frac{A}{2b}(1+p)\right)f_{\mathrm{y}} \quad (10.44\mathrm{b})$$

如果 $p=0$，$c'=\dfrac{A}{2b}$，则 $M_{\mathrm{P}}=\dfrac{A}{2b}\left(2h_1-\dfrac{A}{2b}\right)f_{\mathrm{y}}$。

图 10.31 画出了轴力和弯矩相关曲线，图中还给出了边缘纤维屈服准则曲线和规范曲线。

边缘屈服：　　　　　　　　$p+\gamma_{\mathrm{Fxf}}m=1$ 　　　　　　　　　　　　　（10.45a）

边缘屈服：　　　　　　　　$p+\gamma_{\mathrm{Fxw}}m=1$ 　　　　　　　　　　　　　（10.45b）

规范：　　　　　$p+\dfrac{\gamma_{\mathrm{Fxf}}}{\gamma_{\mathrm{x1}}}m=p+\dfrac{\gamma_{\mathrm{Fxf}}}{1.05}m=1$ 　　　　　　　　（10.46a）

规范：　　　　　$p+\dfrac{\gamma_{\mathrm{Fxw}}}{\gamma_{\mathrm{x2}}}m=p+\dfrac{\gamma_{\mathrm{Fxw}}}{1.2}m=1$ 　　　　　　　　（10.46b）

从图 10.31 可见，虽然 $\gamma_{\mathrm{Fxf}}<1$，但是取 $\gamma_{\mathrm{x1}}=1.05$ 是没有问题的。

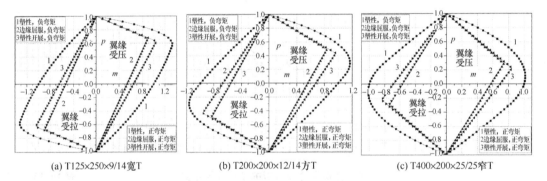

(a) T125×250×9/14 宽 T　　　(b) T200×200×12/14 T　　　(c) T400×200×25/25 窄 T

图 10.31　T 形截面轴力和弯矩作用相关关系

H 形截面在双向弯矩作用下，形成双向塑性铰。M_{x}、M_{y} 两者的相关关系处在直线和圆之间，如图 10.32 所示，可以表示为：

$$\left(\frac{M_{\mathrm{x}}}{M_{\mathrm{px}}}\right)^{1.6}+\left(\frac{M_{\mathrm{y}}}{M_{\mathrm{py}}}\right)^{1.6}=1 \quad (10.47)$$

规范公式是：

$$\frac{M_{\mathrm{x}}}{\gamma_{\mathrm{x}}M_{\mathrm{x,y}}}+\frac{M_{\mathrm{y}}}{\gamma_{\mathrm{y}}M_{\mathrm{y,y}}}=1 \quad (10.48)$$

实际上可以表示为：

$$\rho=\sqrt[1.6]{\left(\frac{M_{\mathrm{x}}}{\gamma_{\mathrm{x}}M_{\mathrm{y,y}}}\right)^{1.6}+\left(\frac{M_{\mathrm{y}}}{\gamma_{\mathrm{y}}M_{\mathrm{y,y}}}\right)^{1.6}}\leqslant f \quad (10.49)$$

对箱形截面柱子，塑性铰状态的公式是：

$$\left(\frac{M_{\mathrm{x}}}{M_{\mathrm{px}}}\right)^{1.7}+\left(\frac{M_{\mathrm{y}}}{M_{\mathrm{py}}}\right)^{1.7}=1 \quad (10.50)$$

变为设计公式是：

$$\rho=\sqrt[1.7]{\left(\frac{M_{\mathrm{x}}}{\gamma_{\mathrm{x}}M_{\mathrm{y,x}}}\right)^{1.7}+\left(\frac{M_{\mathrm{y}}}{\gamma_{\mathrm{y}}M_{\mathrm{y,y}}}\right)^{1.7}}\leqslant 1 \quad (10.51)$$

上述公式与规范的线性式的对比如图 10.32 所示。Eurocode 3 就采用了与式（10.47）和式

（10.50）类似的公式，对圆钢管截面，指数是 2.0。采用指数公式，对两个方向的弯矩所消耗的承载力接近的时候，会经济得多。例如设 $\dfrac{M_x}{\gamma_x M_{x,y}} = \dfrac{M_y}{\gamma_y M_{y,y}} = 0.5$，按照规范公式，承载力已经消耗完了，但是如果按照式（10.49），应力比仅为 $[0.5^{1.6} + 0.5^{1.6}]^{1/1.6} = 0.771$。

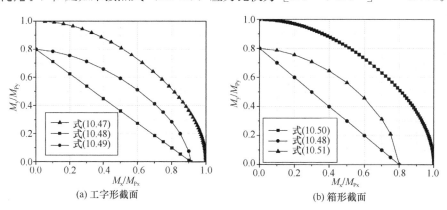

图 10.32　H/箱形截面在双向弯矩作用下的强度

而如果对圆形和圆钢管截面采用这种指数形式的相关公式，存在的不合理（x 方向弯矩产生的最大应力点与 y 方向产生的最大应力点不重合，两个应力不能直接相加）也就自然消失了。

10.14　在轮压作用下的强度计算

工字形截面吊车梁腹板上边缘的局部承压应力的计算公式是：

$$\sigma_c = \frac{P}{l_z t_w} \tag{10.52}$$

式中，P 是轮压，t_w 是工字梁腹板厚度，l_z 是等效承压长度。对于等效承压长度的计算，欧洲规范 Eurocode 3（Part6：Crane Supporting Structures），苏联和英国（BS5950）均采用如下公式计算：

$$l_z = 3.25 \sqrt[3]{\frac{I_r + I_f}{t_w}} \tag{10.53}$$

式中，I_r 是轨道惯性矩，I_f 是上翼缘绕自身中面的惯性矩。

参照图 10.33，图中 h_r 为轨道的高度，h_y 为自梁顶面至腹板计算高度上边缘的距离。日本钢结构设计准则和英国规范 BS 5950：2000 为简化计算也规定可按1∶1扩散到腹板计算高度边缘：

$$I_z = 2(h_r + h_y) \tag{10.54}$$

我国规范（TJ 17—74 和 GBJ 17—88）是从苏联的钢结构设计规范演变而来，接触长度 50mm 基础上，两侧按照1∶1扩散：

$$I_z = 50 + 2(h_r + h_y) \tag{10.55}$$

《钢结构设计规范》GB 50017—2003 则取接触长度 50mm，然后在轨道范围内按照1∶1扩散，在 h_y 高度范围内按照1∶2.5扩散。《钢结构设计标准》GB 50017—2017 保留

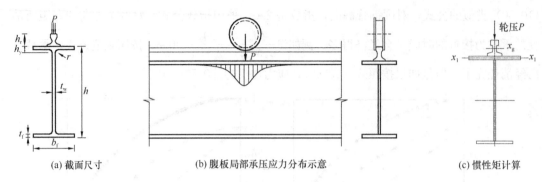

(a) 截面尺寸　　　　(b) 腹板局部承压应力分布示意　　　　(c) 惯性矩计算

图 10.33　轮压作用下吊车梁腹板承压应力

了 2003 版本的公式（图 10.34），采用

$$l_z = 50 + 2h_r + 5h_y \tag{10.56}$$

从式（10.55）到式（10.56），增大了 $3h_y$。从未有 1：2.5 的扩散比例被国外应用于吊车梁腹板承压应力计算的明确描述，相反这些规范都有式（10.53）和按照 1：1 扩散的简化计算规定，且取 $a=0$。

图 4.5、表 4.2 和式（4.27）已经介绍过，1：2.5 的规定源自于梁柱连接节点，而式（4.27）的依据是式（10.53），对于吊车梁，也要从这个公式出发。式（10.53）表示，惯性矩越大，下部承压长度越长，这与经验相符，图 4.6 给出了这样的经验。

查阅资料发现，式（10.53）来自半无限平面上无限长地基梁上作用集中力时计算梁下压力的一个公式，见文献 [43]，是基于级数解获得 3.25 这个系数。精确解的系数是 $3\sqrt{3}/\sqrt[3]{4}=3.2734$，其中梁采用了平截面假定。吊车梁上的"轨道和上翼缘"被看成了"轨道"，吊车梁腹板被看成了轨道的弹性地基，计算轨道下表面、腹板上边缘承压应力时，这个弹性地基梁模型基本成立，见文献 [45]。砖墙上设水平圈梁、圈梁上有立柱，计算立柱部位圈梁下的砖墙反力也可以采用这个公式，以计算砖墙的局部强度。水利水电钢闸门设计也要用到此公式。

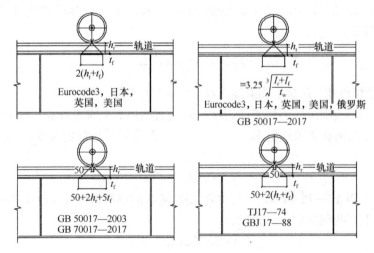

图 10.34　承压长度的历史演化

然而有限元分析发现，轨道梁的变形仅出现在很短的范围内（图 10.35），轨道梁实际上是短梁，截面剪切变形不能忽略。考虑剪切变形后，相比于剪切刚度无限大（满足材料力学的平截面假定的梁），往两侧扩散荷载的能力下降了。经精确的数学解析求解，其扩散长度仍可以采用类似于式（10.53）的公式表达，但是公式的系数从 3.25 下降为 2 左右。考虑到轨道有两种类型（图 10.36），一种是轻轨，另一种是起重机专用轨道，两种轨道的剪切变形影响不一样，计算公式也有差别。

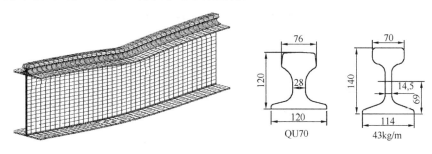

图 10.35　轨道的变形　　　　　　图 10.36　两种轨道

另外，梁被模拟成一条线，梁上荷载作用点的高度就无法考虑了。轮压作用在轨道上表面，这有利于荷载的扩散。考虑这个因素后，式（10.53）的这个系数又从 2 左右增大到 $2.6 \sim 2.8$。

考虑轨道剪切变形的弹性力学理论解，采用 Fourier 变换，自然地出现以下重要参数：

$$L = \sqrt[3]{\frac{2I}{t_w}} \tag{10.57a}$$

$$\alpha_s = \frac{k_s EI}{L^2 GA} \tag{10.57b}$$

轨道梁下的反力是：

$$y(x) = \frac{P}{\pi L} \int_0^{+\infty} \frac{(1 + \alpha_s t^2) \cos(u/L)}{1 + \alpha_s t^2 + t^3} \cdot \frac{\sin(at/2L)}{at/2L} dt \tag{10.58}$$

式中，a 是轨道顶部的轮压扩散到轨道形心线上的等效长度，如图 10.37 所示。将不同轨道参数代入式（10.58）得到表 10.14 和表 10.15，其中参数 C 为下式中的系数。

$$l_z = \frac{P}{\sigma_{cmax} t_w} = C \sqrt[3]{\frac{I_x}{t_w}} = C \sqrt[3]{\frac{I + I_f}{t_w}} \tag{10.59}$$

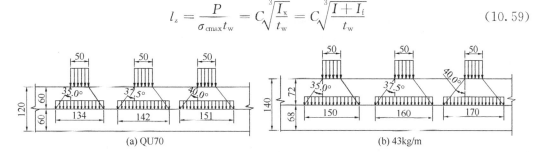

图 10.37　应力在轨道内的扩散

最后得到：

铁路轨道（33kg/m、43kg/m、50kg/m 等规格）：

$$l_z = 2.61\sqrt[3]{\frac{I + I_f}{t_w}} \tag{10.60a}$$

QU70 和 QU80 等起重机轨道：

$$l_z = 2.83\sqrt[3]{\frac{I + I_f}{t_w}} \tag{10.60b}$$

式（10.53）与式（10.60a）、（10.60b）比较，相差 20% 和 14%。

QU70 起重机轨道的扩散系数 C　　　　　　　　　表 10.14

| t_w | α_s | L | $a = 134$ | | $a = 142$ | | $a = 150.8$ | |
| | | | $\alpha = 35°$ | | $\alpha = 37.5°$ | | $\alpha = 40°$ | |
			κ	C	κ	C	κ	C
4	0.2306	176.751	1.389	2.849	1.373	2.884	1.357	2.918
6	0.3022	154.406	1.407	2.813	1.387	2.855	1.367	2.896
8	0.3661	140.287	1.417	2.793	1.393	2.841	1.370	2.889
10	0.4248	130.231	1.422	2.783	1.395	2.836	1.370	2.889
12	0.4798	122.552	1.424	2.779	1.395	2.837	1.368	2.894
16	0.5812	111.346	1.422	2.783	1.390	2.848	1.359	2.913

铁路轨道（43kg/m）的扩散系数 C　　　　　　　　表 10.15

| t_w | α_s | L | $a = 150$ | | $a = 160$ | | $a = 170$ | |
| | | | $\alpha = 35°$ | | $\alpha = 37.5°$ | | $\alpha = 40°$ | |
			κ	C	κ	C	κ	C
4	0.4295	194.940	1.556	2.543	1.527	2.591	1.500	2.638
6	0.5628	170.296	1.586	2.496	1.550	2.553	1.517	2.609
8	0.6818	154.724	1.600	2.474	1.560	2.538	1.522	2.601
10	0.7911	143.633	1.605	2.466	1.561	2.536	1.520	2.605
12	0.8934	135.164	1.606	2.465	1.558	2.540	1.514	2.615
16	1.0823	122.804	1.597	2.478	1.545	2.563	1.496	2.647

　　表 10.16 给出了不同轨道及考虑了工字梁上翼缘的惯性矩后按照式（10.60）计算的承压长度，翼缘厚度设定为腹板厚度的 1.5 倍左右，翼缘宽厚比则为 13。不考虑翼缘自身惯性矩的结果与表 10.16 相比相差仅约 1%。表 10.17 给出了式（10.60）与 1∶1 扩散计算的比值（没有初始宽度 50mm），比值大于 1.0 的被看成是利用了梁腹板的塑性开展。从结果看，不同腹板厚度近似程度不一样，且式（10.54）承压长度随翼缘厚度的变化规律也与式（10.60）完全相反。采用固定扩散角的简化公式与腹板厚度不发生联系，是不合理的。相同的简化公式也不适用于不同钢轨。对 QU70 起重机轨道和 33kg/m 铁路轨道两种轨道，高度都是 120mm，按照式（10.60）计算的承压长度是不一样的，但是按照简化公式，却是一样的。

按照式（10.60），系数 2.61 和 2.83 计算的承压长度（mm，考虑了上翼缘惯性矩）

表 10.16

轨道型号				24kg/m	33kg/m	38kg/m	43kg/m	50kg/m	QU70	QU80	QU100	QU120
两倍高度 $2h_r$（mm）				214	240	268	280	304	240	260	300	340
惯性矩（cm^4）				486	821.9	1204.4	1489	2037	1082	1547.4	2864.73	4923.79
t_w(mm)	t_f(mm)	b_f(mm)	I_f(mm^4)									
5	8	210	8960	258.7	308.1	350.0	375.6	416.9				
6	10	260	21667	243.7	290.1	329.4	353.5	392.4	344.7			
8	12	300	43200	221.7	263.8	299.5	321.4	356.7	313.4	352.9		
10	16	400	136533	207.1	245.5	278.7	298.9	331.6	291.7	328.3	402.6	
12	18	450	218700	196.0	232.1	262.9	281.8	312.5	275.2	309.5	379.2	453.7
14	22	550	488033		222.8	251.5	269.3	298.1	263.6	295.6	361.3	431.8
16	25	650	846354			242.9	259.6	286.7	254.7	284.9	347.0	414.0
18	28	700	1280533				251.8	277.6	247.9	276.3	335.3	399.2
20	30	800	1800000					270.1	242.7	269.5	325.6	386.7

式（10.60）与 1∶1 扩散计算的比值 $\dfrac{2h_r+2t_f}{(2.61,2.83)\sqrt[3]{(I_x+I_{fx})}/t_w}$

表 10.17

t_w (mm)	24kg/m	33kg/m	38kg/m	43kg/m	50kg/m	QU70	QU80	QU100	QU120
5	0.982	0.909	0.880	0.852	0.825				
6	1.083	1.000	0.965	0.933	0.902	0.754			
8	1.236	1.137	1.095	1.058	1.021	0.842	0.805		
10	1.420	1.302	1.248	1.204	1.158	0.932	0.889	0.825	
12	1.551	1.422	1.362	1.313	1.261	1.003	0.956	0.886	0.829
14		1.571	1.503	1.448	1.389	1.077	1.028	0.952	0.889
16			1.618	1.560	1.496	1.139	1.088	1.009	0.942
18			1.668	1.600	1.194	1.144	1.062	0.992	
20				1.681	1.236	1.187	1.106	1.034	

10.15 弯扭构件的强度及整体稳定

弯扭构件设计的一般原则如下：

（1）当钢梁以自身扭转抵抗外荷载时，应在强度和稳定性的计算中考虑自由扭转和约束扭转产生的应力；

（2）钢梁的扭转作为一种次应力出现，扭转不会自由发展的构件，无须考虑扭转作用；

（3）在抗剪强度计算中可不考虑开口薄壁截面的自由扭转应力；

（4）受扭构件宜采用闭口截面形式；当采用开口截面形式时，首先应考虑双轴对称或单轴对称形式。

本节公式均为偏于安全的理论公式,也可用于开口截面。

(1) 荷载偏离截面弯心但与主轴平行的闭口截面弯扭构件,其抗弯强度可按下列公式计算:

$$\frac{M_x}{\gamma_x W_{nx}} + \frac{B_\omega}{\gamma_\omega W_\omega} \leqslant f \tag{10.61}$$

$$W_\omega = \frac{I_\omega}{\omega} \tag{10.62}$$

式中,M_x 是构件的弯矩设计值;B_ω 是与所取弯矩同一截面的双力矩设计值;W_{nx} 是对截面主轴 x 轴的净截面模量;γ_ω 是截面塑性发展系数,可取 $\gamma_\omega = \gamma_y$;W_ω 是与弯矩引起的应力同一验算点处的毛截面扇性模量;ω 是主扇性坐标;I_ω 是扇性惯性矩。

荷载偏离截面弯心但与主轴平行的弯扭构件,承受弯矩及扭矩的共同作用。截面中的正应力由两部分组成,即弯矩在截面中引起的正应力和双力矩在截面中引起的正应力。截面承受的扭矩分为自由扭矩和翘曲扭矩两部分,自由扭矩使截面只产生剪应力,翘曲扭矩使截面产生翘曲正应力和翘曲剪应力,其中翘曲正应力有其相应的内力,这个内力是由翘曲正应力 σ_ω 产生的双力矩,即本条公式中的 B_ω。

(2) 荷载偏离截面弯心但与主轴平行的闭口截面弯扭构件,其抗剪强度可按下式计算:

$$\tau = \frac{V_y S_x}{I_x t_w} + \frac{T_\omega S_\omega}{I_\omega t_w} + \frac{T_{st}}{2 A_0 t_w} \leqslant f_v \tag{10.63}$$

式中,V_y 是计算截面沿 y 轴作用的剪力设计值;T_ω 是构件截面的约束扭转力矩设计值;T_{st} 是构件截面的自由扭转力矩设计值;I_x 是构件对 x 轴的毛截面惯性矩;A_0 是闭口截面中线所围的面积;S_ω 是扇性静矩;S_x 是计算剪应力处以上(或以下)毛截面对 x 轴的面积矩。

荷载偏离截面弯心但与主轴平行的弯扭构件,承受弯矩及扭矩的共同作用。截面中的剪应力由三部分组成,即弯矩引起的剪应力、翘曲扭矩引起的剪应力和自由扭矩引起的剪应力。应用薄膜比拟关系式 $T_{st} = 2V$,式中 $V \approx \tau t_w A_0$,从而得到自由扭矩作用下剪应力与扭矩的关系。当构件截面为开口截面时,不考虑自由扭矩引起的剪应力。

(3) 荷载偏离截面弯心但与主轴平行的闭口截面弯扭构件,可按下式计算其稳定性:

$$\frac{M_{max}}{\varphi_b \gamma_x W_x f} + \frac{B_\omega}{\gamma_\omega W_\omega f} \leqslant 1.0 \tag{10.64}$$

式中,M_{max} 是跨间对主轴 x 轴的最大弯矩设计值。

荷载偏离截面弯心但与主轴平行的弯扭构件,承受弯矩及扭矩的共同作用。扭矩的存在,对钢梁的整体稳定不利,式 (10.64) 用翘曲正应力来考虑扭矩对钢梁整体稳定的不利作用。

参 考 文 献

[1] 张显杰,夏志斌. 钢梁侧扭屈曲的归一化研究[C]//全国钢结构标准技术委员会. 钢结构研究论文报告选集:第二册. 北京:[出版者不详],1983.

[2] 张显杰,夏志斌. 钢梁屈曲试验的计算机模拟[C]//全国钢结构标准技术委员会. 钢结构研究论文报告选集:第二册. 北京:[出版者不详],1983.

［3］ 卢献荣，夏志斌. 验算钢梁稳定的简化方法［C］//全国钢结构标准技术委员会. 钢结构研究论文报告选集：第二册. 北京：［出版者不详］，1983.

［4］ 夏志斌，潘有昌，张显杰. 焊接工字钢梁的非弹性侧扭屈曲［J］. 浙江大学学报，1985，19（增刊）：93-105.

［5］ 魏明钟. 钢结构设计新规范应用讲评［M］. 北京：中国建筑工业出版社，1991.

［6］ TRAHAIR N S. Flexural-torsional buckling of structures［M］. London：Taylor & Francis Group，1993.

［7］ 西安冶金建筑学院，等. 钢结构［M］. 北京：中国建筑工业出版社，1977.

［8］ 中华人民共和国冶金工业部. 钢结构设计规范（试行）：TJ 17—74［S］. 北京：中国建筑工业出版社，1975.

［9］ 中华人民共和国冶金工业部. 钢结构设计规范：GBJ 17—88［S］. 北京：中国计划出版社，1989.

［10］ 中华人民共和国建设部. 钢结构设计规范：GB 50017—2003［S］. 北京：中国计划出版社，2003.

［11］ NETHERCOT D A，TRAHAIR N S. Design of laterally unsupported beams［M］// NARAYANAN R. Beams and beam-columns，stability and strength. London：Applied Science Publishers，1983.

［12］ 陈其石，潘有昌，夏志斌. 有初缺陷工字形钢梁的整体稳定极限荷载［J］. 浙江大学学报，1986，20（5）：46-59.

［13］ VACHARAJITTIPHAN P，WOOLCOCK S T，TRAHAIR N S. Effect of in-plane deformation on lateral Buckling［J］. Journal of Structural Mechanics，1974，3（1）：29-60.

［14］ European Convention for Constructional Steelworks. Manual of the Stability of Steel Structures［M］. Brussels：ECCS，1977.

［15］ KUBO M，FUKUMOTO Y. Lateral-torsional buckling of thin-walled I-beams［J］. Journal of structural engineering，1988，114（4）：841-855.

［16］ YOSHIDA H，MAEGAWA K. Ultimate strength analysis of curved I-beams［J］. Journal of engineering mechanics，1983，109（1）：192-214.

［17］ YOSHIDA H，MAEGAWA K. Lateral instability of I-Beams with imperfections［J］. Journal of structural engineering，1984，110（8）：1875-1892.

［18］ 赵熙元. 钢结构材料手册［M］. 北京：中国建筑工业出版社，1994.

［19］ REBELO C，LOPES N，DA SILVA L S，et al. Statistical evaluation of the lateral-torsional buckling resistance of steel I-beams：Part 1 Variability of the Eurocode 3 resistance model［J］. Journal of constructional steel research，2009（65）：818-831

［20］ European Committee for Standardization . Eurocode 3：Design of steel structures—Part 1-1：general rules and rules for buildings：EN 1993-1-1：2005 ［S］. Brussels：CEN，2005.

［21］ American Institute of Steel Construction. Load and Resistance Factor Design specification for structural steel buildings［S］. Chicago：AISC，1999.

［22］ Canadian Standards Association. Limit state design of steel structures：CAN/CSA-S16-01［S］. Winnipeg：CSA，2001.

［23］ Standards Association of Australia . Steel Structures：AS 4100—1998［S］. Homebush，NSW：Standards Association of Australia，1998.

［24］ British Standards Institution. Structural use of steelwork in buildings：Part 1 code of practice for design：rolled and welded sections：BS 5950-1：2000 ［S］. London：British Standards Institution，2000.

［25］ 日本建筑学会. 钢构造界限状态设计指针·同解说：AIJ2010 ［S］. 东京：日本建筑学会，2010.

［26］ WHITE D W，JUNG S K. Unified flexural resistance equations for stability design of steel I-section members: uniform bending tests[J]. Journal of structural engineering, 2008, 134(9): 1450-1470.

[27] MELCHERS R E. Structural reliability analysis and prediction[M]. New York: Ellis Horwood Limited, 1987.

[28] YURA J A, GALAMBOS T V, RAVINDRA M K. Bending resistance of steel beams[J]. Journal of structural engineering, 1978, 104(9): 1355-1369.

[29] MACPHEDRAN I, GRONDIN G Y. A proposed simplified Canadian Beam design approach[C]// Proceedings of the SSRC annual stability conference. Phoenix, AZ.

[30] ZIMIAN R D. Guide to stability design criteria for metal Structures[M]. Hoboken, N. J.: John Wiley & Sons, 2010.

[31] BAKER K A, KENNEDY D J L. Resistance factors for laterally unsupported steel beams and biaxially loaded steel beam-columns[J]. Canadian journal of civil engineering, 1984, 11(4): 1008-1019.

[32] 李桂青. 结构可靠度[M]. 武汉：武汉工业大学出版社，1989.

[33] 陈绍蕃. 双轴对称工字形截面无支撑简支梁的整体稳定[J]. 钢结构，2008，23(8)：6-13.

[34] 陈绍蕃. 单轴对称工字形截面无支撑简支梁的稳定承载力[J]. 钢结构，2008，23(8)：14-19.

[35] 陈绍蕃. 有约束梁的整体稳定[J]. 钢结构，2008，23(8)：20-25，41.

[36] 郭彦林，姜子钦. 纯弯等截面焊接工字形梁稳定系数研究[J]. 建筑科学与工程学报，2012，29(2)：89-95.

[37] 李兰香，童根树. 工字形截面压弯杆的平面外弯扭屈曲[J]. 工业建筑，2018，48(7)：140-145.

[38] NETHERCOT D A, TRAHAIR N S. Design of laterally unsupported beams[M]// NARAYANAN R. Beams and beam columns, stability and strength. London: Applied Science Publishers, 1983.

[39] TRAHAIR N S. Inelastic lateral buckling of beams[M]// NARAYANAN R. Beams and beam-columns, stability and strength. London: Applied Science Publishers, 1983.

[40] 童根树. 钢结构的平面外稳定[M]. 北京：中国建筑工业出版社，2013.

[41] Kang B K, Yang B, Zhang Y, et al. Global buckling of laterally-unrestrained Q460GJ beams with singly symmetric I-sections[J]. Journal of constructional steel research, 2018, 145 : 341-351.

[42] 陈绍蕃. 钢结构设计原理[M]. 3 版. 北京：科学出版社，2005.

[43] 高尔布诺夫-盾沙道夫. 弹性地基上结构物的计算[M]. 华东工业建筑设计院，译. 北京：中国工业出版社，1963.

[44] 别列尼亚. 金属结构[M]. 颜景田，译. 哈尔滨：哈尔滨工业大学出版社，1988.

[45] TONG G S, XUAN Z J. Revisiting the bearing stresses in webs of crane runway girders under wheel loads[J]. Advances in Structural Engineering, 2018, 21(9): 1792-1801.

[46] 陈其石，夏志斌，潘有昌. 纯弯曲工字形钢梁的腹板局部稳定及其与整体稳定的相关性[J]. 浙江大学学报(自然科学版)，1988(3)：6-14.

第 11 章 塑性和弯矩调幅设计

塑性分析和塑性设计，是结构设计师达到自如境界的阶梯。

11.1 塑性设计的基本概念

11.1.1 钢材的弹塑性

我国最常用的钢材为 Q235 和 Q355，图 11.1 是 Q235 的拉伸应力-应变曲线。

从应力-应变曲线可以得到几个重要的指标：

（1）钢材的弹性模量 $E = 206\,\mathrm{kN/mm^2}$，它是钢材材料层次的刚度。

（2）钢材屈服强度 $f_y = 235\mathrm{N/mm^2}$ 和 $355\mathrm{N/mm^2}$，决定了弹性阶段的范围，同时它是用应力表示的稳定极限承载力的上限。与这个应力对应的应变 $\varepsilon_y = f_y/E$。

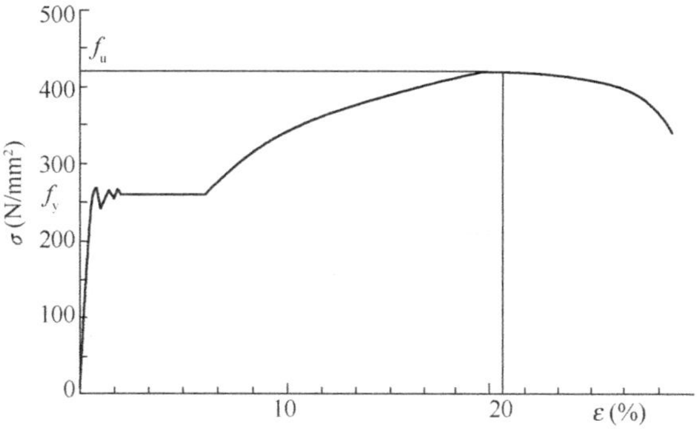

图 11.1 Q235 钢材的应力-应变曲线

（3）钢材具有非常好的延性。应力-应变曲线上有一个水平段。由于很多构件在进入极限承载力前材料不会进入强化阶段，这个水平段使得我们在进行理论研究时可以采用材料是理想弹塑性的假设。强化开始的应变记为 ε_{st}，它一般为 $1.5\% \sim 3\%$。

（4）强化阶段应力继续上升，对碳素钢强化模量 E_{st} 通常为弹性模量的 $1/70 \sim 1/30$。

（5）极限抗拉强度，对 Q235 为 $375\mathrm{N/mm^2}$，对 Q345 为 $470\mathrm{N/mm^2}$。钢材拉断时的极限拉应变为 $\varepsilon_u = 20\%$ 以上。

钢材应力-应变曲线的屈服平台是塑性设计的基础。

11.1.2 截面的受弯和压弯承载力计算

1. 对钢梁，弯矩 M_x（对工字形截面 $M_x \leqslant \gamma_x W_{nx} f$，轴为强轴）作用在一个主平面内的受弯构件，其弯曲强度应符合下式要求：

$$M_x \leqslant \gamma_x W_{nx} f \tag{11.1}$$

式中，W_{nx} 是塑性铰截面对 x 轴的弹性净截面模量；γ_x 是截面塑性开展系数。

塑性设计采用 $\gamma_x W_x f$，而不是塑性弯矩 $M_P = Z_x f$，Z_x 是截面的塑性抵抗矩，原因在 11.1.15 节解释。

2. 对于压弯或拉弯构件的塑性设计，我国《钢结构设计标准》GB 50017—2017 采用了如下简化的联合作用方程：

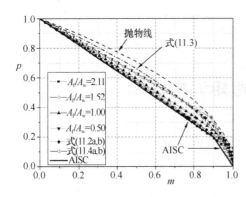

图 11.2 截面绕强轴压弯极限强度曲线

当 $\dfrac{P}{A_n f} \leqslant 0.13$ 时：

$$M \leqslant \gamma_x W_{nx} f \qquad (11.2a)$$

当 $\dfrac{P}{A_n f} > 0.13$ 时：

$$\frac{P}{A_n f} + 0.87 \frac{M}{\gamma_x W_{nx} f} = 1 \qquad (11.2b)$$

式中，A_n 是净截面面积。

图 11.2 给出了表 11.1 所列的四种截面的相关曲线以及式（11.2）的拟合曲线。表中 A_w、A_f、A 分别是工字形截面的腹板面积、翼缘面积和全截面面积，h、h_w 分别是截面高度和腹板高度，t_w、t_f 分别是腹板和翼缘厚度。由图 11.2 可见，所有曲线具有外凸的特点。对绕强轴压弯，采用直线式来代替是永远偏于安全的。美国 AISC 360-16 规范采用两折线拟合公式，是所有算例的下限。

工字形截面参数　　　　　　　　　　　　表 11.1

h (mm)	b (mm)	t_w (mm)	t_f (mm)	A_f (mm²)	A_w (mm²)	$\dfrac{A_f}{A_w}$	h_f (mm)	h_w (mm)	$\dfrac{h}{h_w}$	$\dfrac{h_f}{h_w}$	$\dfrac{1}{2}+\dfrac{A_f}{A}$	$\dfrac{A}{2A_w}+\dfrac{1}{4}$
180	200	8	13	2600	1232	2.11	167	154	1.169	1.084	0.904	2.860
240	200	8	13	2600	1712	1.52	227	214	1.121	1.061	0.876	2.269
350	200	8	13	2600	2592	1.00	337	324	1.080	1.040	0.834	1.753
680	200	8	13	2600	5232	0.50	667	654	1.040	1.020	0.749	1.247

3. 圆钢管截面 ［图 11.3（c）］ 轴力 P 和弯矩 M 的相关关系可用下式表示：

$$\frac{M}{\gamma_x W_x f} + \left(\frac{P}{A f}\right)^{5/3} = 1 \qquad (11.3)$$

4. 矩形钢管截面 ［图 11.3（b）］ 可采用下列公式：

若 $0.3 \leqslant \dfrac{P}{A f} \leqslant 1$：

$$\frac{P}{A f} + 0.75 \frac{M}{\gamma_x W_x f} = 1 \qquad (11.4a)$$

若：$0 \leqslant \dfrac{P}{A f} \leqslant 0.3$：

$$\frac{P}{3 A f} + \frac{M}{\gamma_x W_x f} = 1 \qquad (11.4b)$$

5. 压弯构件的压力 N 不应大于 $0.6 A_n f$。

6. 钢管混凝土的塑性铰强度见第 19 章。

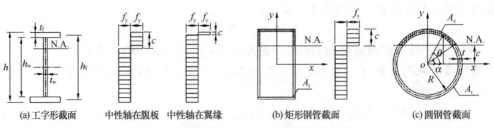

(a) 工字形截面　中性轴在腹板　中性轴在翼缘　(b) 矩形钢管截面　(c) 圆钢管截面

图 11.3 三种截面压力和弯矩相关关系的推导

11.1.3 受弯构件的抗剪强度计算

1. 剪力 V 假定由腹板承受，剪切强度应符合下式要求：

工字形截面：

$$V \leqslant h_w t_w f_v \tag{11.5a}$$

矩形钢管和矩形钢管混凝土截面：

$$V \leqslant 2h_w t_w f_v \tag{11.5b}$$

圆钢管混凝土截面：

$$V \leqslant 0.5\pi(r+t)t f_v \tag{11.5c}$$

式中，h_w、t_w 是腹板高度和厚度；f_v 是钢材抗剪强度设计值；r 是圆管的内半径；t 是钢管的壁厚。

2. 受弯构件的剪力 $V \geqslant 0.5 h_w t_w f_v$ 时，截面塑性极限弯矩应该按照如下应力分布计算：

上下翼缘的应力是 f，腹板的正应力是 $f\sqrt{1-\left(\dfrac{V}{h_w t_w f_v}\right)^2}$。

11.1.4 压弯截面形成塑性铰后的塑性流动

梁柱截面在轴压力和弯矩作用下形成塑性铰后，如果继续使这个截面产生拉应变，导致在截面的屈服面上内力位置从 A 流动到了 B（图 11.5），即轴压力在下降，弯矩在增加。如果在塑性铰［图 11.4（c）］状态下继续增加轴向拉应变，则内力状态在屈服面图（图 11.5）上是从 B 向 C 流动，拉力不断增加，弯矩会减小，直至截面上的弯矩几乎消失，如图 11.5 的第四象限所表示的流动方向。

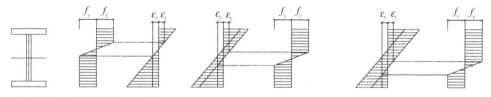

(a) 工字形截面 (b) 塑性铰状态A (c) 应变图 (d) 增加均匀应变 (e) 新塑性铰状态B (f) 继续增加均匀应变 (g) 新塑性状态C

图 11.4　塑性铰状态的变化

如果在图 11.4（b）的状态下，当前的应力为 0 的位置的轴向应变继续保持为 0 不变化，而绕这点的曲率继续增加，则截面上应力的合力在屈服面上保持在 A 点不动。注意此时截面几何形心处的应变也是在增加的，即要截面上的内力在屈服面上不动，曲率和形心的轴向应变却会变化。

11.1.5 在轴力和弯矩作用下的弹塑性性能

1. 表征截面弹塑性工作性能的曲线，对轴心受力杆件是轴力-平均轴向应变的关系，如图 11.6 所示。全截面屈服的轴力记为 $P_P = A f_y$。

2. 对梁而言，表征截面弹塑性性能的是弯矩 M-曲率 Φ 关系，如图 11.7 所示。

3. 截面在压力和弯矩作用下，开始在弹性阶

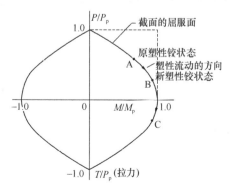

图 11.5　塑性铰变化在屈服面上的反映

段工作，当残余应力和作用的应力之和达到屈服强度时，截面进入弹塑性阶段，此后弯矩和截面变形之间的关系不再是线性的。而且轴力不同，极限弯矩也不一样。此时表征其弹塑性性能的是 M-P-Φ 曲线。

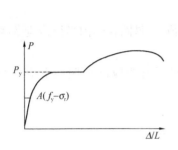

图 11.6　轴力-平均轴向应变的关系

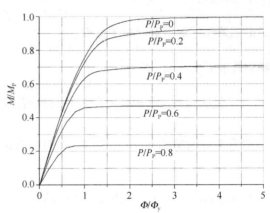

图 11.7　M-P-Φ 曲线

图 11.7 是 M-P-Φ 曲线的一个例子。截面为 H600×300×5/10，残余应力采用三角形分布，最大残余应力是 $0.3f_y$。曲线的终点是截面边缘纤维的最大应变达到钢材最大拉伸应变（伸长率）时对应的曲率。由图可见，由于轴力的存在，截面能够承受的最大弯矩降低了。记轴力为 P 时截面能够承受的最大弯矩为 M_{Pc}，它可以通过截面在轴力和弯矩作用下截面形成塑性铰时的应力分布得到。

11.1.6　框架在塑性转动过程中的内力重分布

1. 考察图 11.8 柱脚固定框架仅承受竖向荷载的情况。随着竖向荷载的增加，在梁端形成塑性铰，且竖向荷载继续增大，此时梁端弯矩增大还是减小？假设是增大的，则柱子剪力就增大，梁内轴压力增大，弯矩必须减小，由此推断弯矩不会增大。然后又假设梁端弯矩是减小的，则柱内剪力减小，梁内弯矩可以增大。由此正反假设可以得到结论：梁端在形成塑性铰以后弯矩保持不变，梁内轴力也保持不变，新增的荷载按照简支梁的弯矩叠加到梁上直到梁跨中形成塑性铰。

2. 如果是在柱顶形成塑性铰（强梁弱柱），则情况有所不同：柱顶形成塑性铰之后，梁上荷载还可以增加，柱轴力也增大，则柱顶弯矩必然减小，这样，除了增加的荷载产生的弯矩以简支梁弯矩叠加到原先存在的弯矩图上外，柱顶弯矩减小的部分也被重分布到梁的跨中，使得梁跨中截面更早地形成塑性铰。

3. 图 11.9 是一柱脚铰接框架。如果没有竖向荷载，则左右柱顶同时形成塑性铰，一个是拉弯塑性铰，一个是压弯塑性铰；或者在梁内形成左右端的压弯塑性铰。之后继续增加变形，水平荷载不会再增大，塑性铰的内力也不会变化，即塑性铰截面的内力在屈服面上不流动。

如果是先作用竖向荷载，再作用水平荷载，则在 A 处先形成塑性铰，接下去增加的水平力产生的弯矩如图 11.9（d）所示，直至 B 截面也形成塑性铰。在这个过程中，A 截面的塑性铰弯矩不变，因为右柱已经上下为铰，水平无剪力增量，截面 A 轴力不变化。

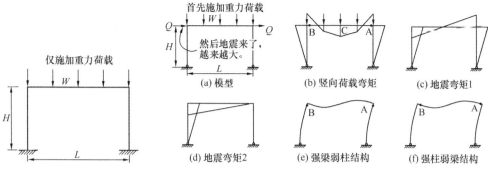

图 11.8　柱脚固定框架　　　　　图 11.9　框架在水平作用下塑性铰的性能

11.1.7　塑性极限分析的上下限定理

1. 对结构的内力进行塑性分析，须满足平衡条件、所有截面不违背屈服条件（即弯矩小于等于塑性弯矩）、结构形成塑性形变机构的几何条件，同时满足这三个条件的内力分布才是真实的塑性内力分布。对应的荷载是真实的塑性极限荷载。

2. 塑性分析的上限定理：在三大条件中，内力分布只满足平衡条件、结构形成形变机构，但截面的屈服条件不一定处处满足，则此时的荷载是结构真实极限承载力的上限。

3. 塑性分析的下限定理：在三大条件中，只满足平衡条件、所有截面不违背屈服条件，则此时的荷载是结构真实极限承载力的下限。

11.1.8　塑性铰附近的局部失稳

采用塑性设计的结构构件，板件的宽厚比参照表 11.2，应符合如下规定：

压弯和受弯构件的截面板件宽厚比等级　　　　　　　　表 11.2

构件	截面板件宽厚比等级		S1 级（限值）	S2 级（限值）	S3 级（限值）
框架柱、压弯构件	H 形截面	翼缘 b/t	$9\varepsilon_k$	$11\varepsilon_k$	$13\varepsilon_k$
		H 形截面腹板 h_0/t_w	$(33+13\alpha_0^{1.3})\varepsilon_k$	$(38+13\alpha_0^{1.39})\varepsilon_k$	$(42+18\alpha_0^{1.51})\varepsilon_k$
	箱形截面	壁板（腹板）间翼缘 b_0/t	$30\varepsilon_k$	$35\varepsilon_k$	$40\varepsilon_k$
	圆管截面	径厚比 D/t	$50\varepsilon_k^2$	$70\varepsilon_k^2$	$90\varepsilon_k^2$
	圆管混凝土柱	径厚比 D/t	$70\varepsilon_k^2$	$85\varepsilon_k^2$	$100\varepsilon_k^2$
	矩形钢管混凝土截面	壁板间翼缘 b_0/t	$45\varepsilon_k$	$50\varepsilon_k$	$60\varepsilon_k$
受弯构件	工字形截面	翼缘 b/t	$9\varepsilon_k$	$11\varepsilon_k$	$13\varepsilon_k$
		腹板 h_0/t_w	$65\varepsilon_k$	$72\varepsilon_k$	$93\varepsilon_k$
	箱形截面	壁板（腹板）间翼缘 b_0/t	$25\varepsilon_k$	$32\varepsilon_k$	$40\varepsilon_k$

注：1. ε_k 为钢号修正系数，其值为 235 与钢材牌号比值的平方根。

2. b 为工字形、H 形截面的翼缘外伸宽度，t、h_0、t_w 分别是翼缘厚度、腹板净高和腹板厚度。对轧制型截面，不包括翼缘腹板过渡处圆弧段；对于箱形截面，b_0、t 分别为壁板间的距离和壁板厚度；D 为圆管截面外径。

3. $\alpha_0 = 1 - \dfrac{\sigma_{min}}{\sigma_{max}}$，$\sigma_{max}$ 是以受压为正的压应力最大值，σ_{min} 是板件另外一侧的应力。

4. 箱形截面梁及单向受弯的箱形截面柱，其腹板限值可根据 H 形截面腹板采用。

5. 腹板的宽厚比，可通过设置加劲肋减小。

（1）形成塑性铰并发生塑性转动的截面，截面宽厚比应不超过 S1 类截面的宽厚比限值；

（2）最后形成塑性铰的截面，截面宽厚比不应超过 S2 类截面的宽厚比限值；

（3）不形成塑性铰的截面，宽厚比不超过 S3 类截面的宽限值。

11.1.9　调幅幅度的确定

连续梁和框架梁调幅的幅度、截面类别、挠度验算的规定见表 11.3 和表 11.4。

钢梁调幅幅度、截面类别和位移验算　　　　　　　　　　　　　表 11.3

调幅幅度	截面类别	跨中截面类别	挠度增大系数	1~5 层框架侧移增大系数	支撑-框架结构的侧移增大系数
15	S1	S3	1.0	1.0	1.0
20	S1	S3	1.0	1.05	1.05

钢-混凝土组合梁调幅幅度、截面类别和侧移验算　　　　　　表 11.4

梁分析模型	调幅幅度	负弯矩截面类别	跨中截面类别	挠度增大系数	侧移增大系数
变截面模型	5	S2	S2	1.0	1.0
	10	S1	S2	1.05	1.05
等截面模型	15	S2	S3	1.0	1.0
	20	S1	S3	1.0	1.05

组合梁的弯矩调幅，主要是楼板混凝土开裂引起的，因此可以采用 S2 类截面。

11.1.10　连续梁的弹塑性畸变失稳

当工字钢梁受拉的上翼缘有楼板或刚性铺板与钢梁可靠连接时，形成塑性铰的截面，其截面尺寸应满足下式的要求时，下翼缘可以不设置隔撑等防止受压下翼缘侧向失稳的措施：

$$\sqrt{\frac{f_y}{\sigma_{cr,d}}} \leqslant 0.45 \qquad (11.6)$$

$$\sigma_{cr,d} = \frac{E}{\sqrt{3}}\sqrt{\frac{b_{f2}t_w^3}{t_{f2}h_w^3}} \qquad (11.7)$$

式中，b_{f2}、t_{f2} 分别是工字钢梁受压下翼缘的宽度和厚度，h_w、t_w 分别是工字钢截面腹板的高度和厚度。

当不满足式（11.6）的要求时，应采取如下措施之一保证受压下翼缘的侧向稳定：布置间距不大于 1.5 倍梁高的加劲肋或工字钢腹板两侧填充与腹板有可靠拉结的混凝土，使得楼板对钢梁的侧向约束传导到受压下翼缘；填充混凝土时，混凝土应离开柱表面一倍梁高，以避免梁端形成钢-混凝土组合截面，造成强梁弱柱的情况。

11.1.11　塑性设计的钢梁的侧向长细比限值

1. 受压构件的长细比不宜大于 $120\sqrt{235/f_y}$。

2. 当钢梁的上翼缘没有通长的刚性铺板、防止侧向弯扭屈曲的构件时，在构件出现塑性铰的截面处，必须设置侧向支承（图 11.10）。该支承点与其相邻支承点间构件的长细比 λ_y 应符合下列要求：

当 $-1 \leqslant \dfrac{M_1}{W_{px}f} \leqslant 0.5$ 时：

$$\lambda_{y} \leqslant \left(60 - 40\frac{M_{1}}{\gamma_{x}W_{x1}f}\right)\sqrt{\frac{235}{f_{y}}} \qquad (11.8)$$

当 $0.5 < \dfrac{M_{1}}{W_{px}f} \leqslant 1$ 时:

$$\lambda_{y} \leqslant \left(45 - 10\frac{M_{1}}{\gamma_{x}W_{x1}f}\right)\sqrt{\frac{235}{f_{y}}} \qquad (11.9)$$

式中,λ_{y} 为弯矩作用平面外的长细比,$\lambda_{y} = l_{1}/i_{y}$,$l_{1}$ 为侧向支承点间距离,i_{y} 为截面绕弱轴的回转半径;M_{1} 为与塑性铰相距 l_{1} 的侧向支承点处的弯矩;当长度 l_{1} 内为同向曲率时,$M_{1}/W_{x1}f$ 为正;当为反向曲率时,$M_{1}/W_{x1}f$ 为负。

对不出现塑性铰的构件区段,其侧向支承点间距应参考规范关于弯矩作用平面外的整体稳定计算确定。

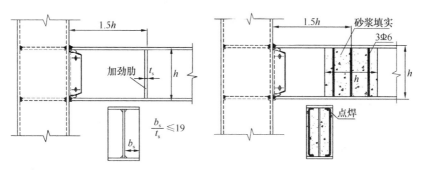

图 11.10　避免畸变屈曲的措施

11.1.12　塑性设计构件的平面内稳定计算

1. 有侧移失稳的计算长度系数,按照弹性假定查表得到的值应放大 10%。无侧移失稳的计算长度系数可以取 1.0。对于由支撑架提供支持的框架柱,计算长度系数取值应按照《钢结构设计标准》GB 50017—2017 第 8 章的规定计算,并放大 10%。

2. 弯矩作用在一个主平面内的压弯构件,其平面内稳定性应符合下列公式的要求:

$$\frac{N}{\varphi_{x}Af} + \frac{\beta_{mx}M_{x}}{\gamma_{x}W_{x1}f(1 - 0.8N/N_{Ex})} \leqslant 1 \qquad (11.10)$$

式中,W_{x1} 是对 x 轴按毛截面计算的受压边缘截面模量;φ_{x} 是轴压失稳的稳定系数;β_{mx} 是等效弯矩系数;N_{Ex} 是按照有侧移失稳计算长度系数计算的弹性临界力。

3. 钢管混凝土压弯构件的平面内稳定计算公式是:

$$\frac{N}{\varphi_{x}Af} + (1 - \alpha_{c})\frac{\beta_{mx}M_{x}}{M_{ux}f(1 - 0.8N/N_{Ex})} \leqslant 1 \qquad (11.11a)$$

$$\frac{\beta_{mx}M_{x}}{M_{ux}(1 - 0.8N/N_{Ex})} \leqslant 1 \qquad (11.11b)$$

11.1.13　弯矩作用平面外的稳定性

对于工字形截面、箱形截面,弯矩作用平面外的稳定性应符合下列公式的要求:

$$\frac{N}{\varphi_{y}Af} + \eta\frac{\beta_{tx}M_{x}}{\varphi_{b}\gamma_{x}W_{x1}f} \leqslant 1 \qquad (11.12)$$

式中,φ_{y} 是压杆弯矩作用平面外的稳定系数;φ_{b} 是压杆作为梁发生弯扭失稳的稳定系数;η 是截面影响系数,对工字形截面取 1.0,对箱形截面取 1.4;β_{tx} 是弯扭失稳等效弯矩系数,平面外有侧移失稳时取 1.0，平面外无侧移失稳时取 $\beta_{tx} = 0.6 + 0.4 M_2/M_1$。

对于钢管混凝土柱子，式（11.12）中弯矩承载力改为钢管混凝土截面的塑性纯弯承载力。

11.1.14　门式刚架梁的隔撑

门式刚架中变截面段的塑性设计，应确保在变截面段内不形成塑性铰。变截面段的平面外稳定，应在每一根檩条与钢梁上设置隔撑（图 11.11），按式（11.12）进行平面外稳定验算。此时隔撑及其连接的设计应按照下式取值：

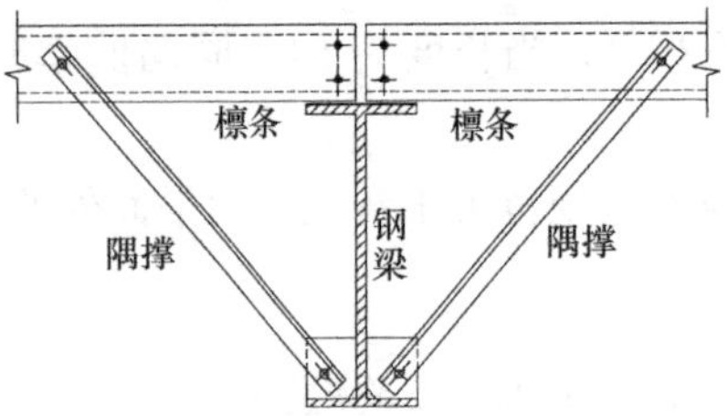

图 11.11　塑性设计的轻型门式刚架梁的侧向支撑

$$N = \frac{Af}{60\cos\theta}\sqrt{\frac{f_y}{235}} \qquad (11.13)$$

式中，A 是实腹斜梁被支撑翼缘的截面面积；f 是实腹斜梁钢材的强度设计值；f_y 是实腹斜梁钢材的屈服强度；θ 是隔撑与檩条轴线的夹角。

当隔撑成对布置时，隔撑的计算轴压力可取按公式（11.13）计算值之半。

11.1.15　塑性设计的抗弯极限承载力设计值的说明

式（11.1）的右边采用 $\gamma_x W_{nx} f$，而不是截面的塑性弯矩，原因如下：

（1）在简支梁的情况下，塑性设计方法和《钢结构设计标准》GB 50017—2017 第 6 章的设计方法，结果一致。这保证了塑性设计带来的好处仅限于来自内力的重分布，而不是来自截面的塑性开展深度。

（2）对连续梁采用 $\gamma_x W_{nx} f$，可以使得正常使用状态，弯矩最大截面的屈服区深度得到一定程度的控制，减小使用阶段梁的变形。例如，对于承受均布荷载的多跨连续梁的中间跨，假设跨中和支座的塑性弯矩相同，则塑性弯矩满足：

$$\frac{1}{16}(1.3q_{Dk} + 1.5q_{Lk})l^2 = \gamma_x W_x f$$

设 $q_{Dk} = 4\text{kN/m}, q_{Lk} = 2\text{kN/m}$，$\frac{1}{16}(1.3\times 4 + 1.5\times 2)l^2 = 0.5125l^2 = \gamma_x W_x f$；使用极限状态采用标准值弹性分析，支座弯矩 $\frac{q_k}{12}l^2 = \frac{4+2}{12}l^2 = 0.5l^2 = 1.025 \times 0.5125l^2 = 1.025\gamma_x W_x f = 1.076 W_x f < W_x f_y$，即使用极限状态尚未边缘屈服，弹性分析的挠度适用。如果采用 $M_P = Z_x f$，则使用阶段理论上已经进入塑性状态（因为 1.025＞1）。实际上因为材料存在超强，仍可能在弹性状态。

对于边跨，塑性设计的弯矩是 $\frac{1}{11.66}(1.3q_{Dk} + 1.5q_{Lk})l^2 = 0.70326l^2 = \gamma_x W_x f$。

使用极限状态采用弹性分析：设连续梁是三跨或以上，第 1 内支座负弯矩为 $0.107q_k l^2 = 0.642l^2 = 0.913 \times 0.70326l^2 = 0.913\gamma_x W_x f = 0.959 W_x f = 0.87 W_x f_y$，使用极限状态尚未有塑性开展。如果是两跨连续梁，支座弯矩 $0.125q_k l^2 = 0.75l^2 = 1.0665 \times 0.70326l^2 = 1.0665\gamma_x W_x f = 1.018 W_x f_y$，理论上有少量进入塑性，实际则不会。但如采用 $M_P = Z_x f$，则使用阶段支座截面塑性开展已经居于腹板一定深度。

所以采用 $\gamma_x W_x f$ 作为抗弯承载力设计值，基本可以保证使用极限状态仍然处在弹性状态。

（3）对单层和没有设置支撑架的多层框架，如果形成塑性机构（几何可变），如图 11.12 所示，则框架结构的物理刚度已经达到 0 的状态，但是此时框架上还有竖向重力荷载。重力荷载对于结构是一种负的刚度（几何刚度），因此在物理刚度已经为 0 的情况下，结构的总刚度（物理

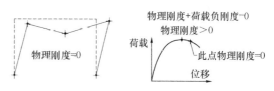

图 11.12　塑性机构
状态的整体刚度

刚度与几何刚度之和）为负，按照结构稳定理论，此时已经超过了结构稳定承载力极限状态，荷载-位移曲线进入了卸载阶段。为避免这种情况的出现，在塑性弯矩的利用上应进行限制。

（4）式（11.10）与弹性设计公式完全相同，因为只有轴力具有负刚度，按照失稳的本质，轴力才是促使压弯杆失稳的因素。对于弹塑性压杆，弯矩会使压杆提前屈服，弯矩减小了极限状态下压杆抵抗轴力负刚度的截面正刚度，式（11.10）的第二项体现的是压弯杆截面刚度的减小量。根据这个考察，对于塑性设计，目前平面内稳定设计公式的弯矩项也可以理解为对抵抗轴力负刚度的刚度折减。因此继续使用目前的平面内稳定计算公式，只是《钢结构设计规范》GB 50017—2003 公式中的塑性弯矩 M_P 计算取部分塑性开展的弯矩 $\gamma_x W_x f$，使得验算在真正形成机构之前，结果更加合理一点。

在文献［5］中，分析了图 11.13 所示的算例，在竖向荷载与水平荷载按照比例加载的情况下，线性的机构分析，得到的塑性机构如图 11.13（b）所示，是 10 个塑性铰，但是对框架进行二阶弹塑性分析，则会发现极限状态下仅形成 4 个塑性铰［图 11.13（c）］。这个例子进一步表明，在稳定极限状态，框架不可能形成塑性机构。有必要在塑性设计时采取措施确保按照塑性机构分析得到的内力，进行设计的框架结构能够保证安全。

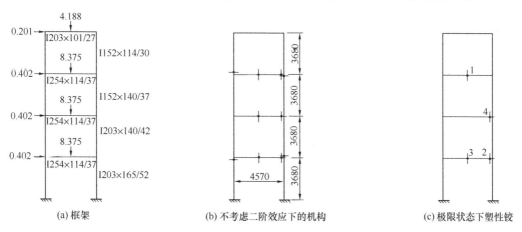

图 11.13　塑性机构状态的整体刚度

（5）但塑性设计相对于弹性设计，毕竟出现了从第一个塑性铰形成到形成塑性铰机构这样的过程，在这个过程中，框架的刚度比弹性刚度下降，柱子的计算长度相应应该适当增大。本书第 11.1.12 小节规定计算长度系数增大到 1.1 倍，相当于塑性设计的框架抗侧

刚度比弹性设计的框架抗侧刚度小约 20%，从直观判断，这应能够保证塑性设计的框架的可靠度不低于弹性设计的框架。

总结：《钢结构设计标准》GB 50017—2017，引进的保守措施有两项：（1）采用 $\gamma_x W_x f$；（2）计算长度系数放大 10%。如此，确保了塑性设计的框架的安全度不低于弹性设计。

11.1.16　塑性设计连续梁的变形验算

1. 变形验算仍采用荷载的标准值组合。

2. 标准值组合下的挠度计算采用弹性分析。

3. 标准值组合下的弹性分析弯矩超出设计值组合下的塑性弯矩时，应考虑塑性变形对挠度的影响，此时可以直接对挠度值放大，将放大后的挠度与挠度限值进行比较。参见表 11.3、表 11.4（1.05 的系数是在荷载系数是 1.2/1.4 时确定的，现在改为 1.3/1.5，已经可以不放大了）。

11.1.17　双重抗侧力结构中框架部分的塑性设计及适用条件

1. 在一个结构中，如果设置了支撑，如图 11.14 所示，且支撑足够强大（有定量的标准，见下面第 3 条），则这个结构中的框架梁部分可以进行塑性设计。

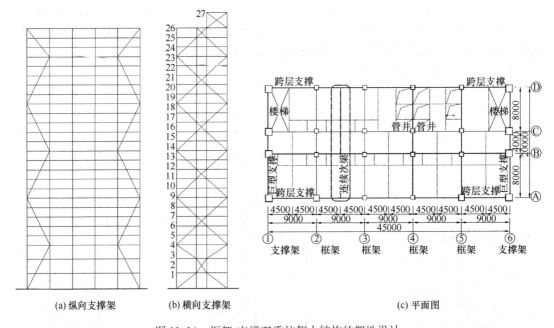

(a) 纵向支撑架　　(b) 横向支撑架　　　　　　　　　　(c) 平面图

图 11.14　框架-支撑双重抗侧力结构的塑性设计

2. 此时框架可以按照只承受竖向荷载来设计。即钢梁的设计仅须考虑作用在钢梁上的竖向荷载，其塑性弯矩可以参考第 11.2 节。求得梁的弯矩后，梁端剪力可以求得，然后柱子的轴力可以得到，柱的弯矩分为中柱和边柱。对于边柱，梁端弯矩按照上下柱的线刚度分配或各分配一半，就可以保证节点的弯矩平衡。对中柱，为了获得较大的柱端弯矩，可以考虑一侧作用了 $1.3 q_{Dk} + 1.5 q_{Lk}$ 的荷载，另一侧作用了 q_{Dk} 的荷载，然后按照 $M_{Pb} - \dfrac{1}{12} q_{Dk} L^2$ 作为梁的弯矩在上下柱中分配，柱的轴力仍取满荷载时的轴力。活荷载产生的轴力部分，可以按照《建筑结构荷载规范》GB 50009—2012 第 5.1.2 条的规定进行折减。

3. 所谓支撑体系足够强，一般是指：

(1) 应能够承受所有水平力，而不仅仅是按照抗侧刚度分到的水平力。

(2) 还应能够对整个结构体系中的框架部分提供稳定性支持。为了这个目的，支撑架应能够承担如下的假想水平力设计值：

$$Q_{ni} = \frac{1}{250}(1.3D_i + 1.5L_i)\sqrt{0.5 + \frac{1}{2n_s}} \tag{11.14}$$

式中，Q_{ni} 是施加于每一层的总假想荷载设计值；n_s 是框架的层数；D_i 是本层总的恒荷载标准值（包括框架承担的恒荷载）；L_i 是本层总的活荷载标准值（包括框架承担的活荷载）。

支撑体系中的梁，承受重力荷载的弯矩和水平荷载（包括假想水平力）作用下的轴力。

支撑架中的柱子，承受重力荷载的轴力和弯矩及水平力（包括假想力）产生的竖向轴力。

支撑架中的斜撑杆，应考虑竖向重力产生的轴力和水平力（包括假想力）产生的轴力。

上述承担假想水平力的要求，可以用限制斜撑与支撑架的柱子应力比小于等于 $1-3\theta$ 来代替，θ 为二阶效应系数。

11.2　连续梁的塑性内力分析及设计

11.2.1　内力分布必须满足的条件

1. 塑性分析方法的优点是：

(1) 无须考虑活荷载的不利分布；

(2) 连续梁各跨可以单独分析。

2. 塑性分析需要满足的三个条件是：

(1) 平衡条件：处处满足内力和外力之间的平衡；

(2) 屈服条件：每一个截面上的内力都不违背屈服条件，即形成塑性铰的条件；

(3) 机构条件：形成几何上许可的塑性铰链机构。

11.2.2　超静定和连续梁的塑性分析方法：边跨和中间跨

1. 连续梁的边跨

图 11.15 是连续组合梁的塑性分析的边跨计算模型和中间跨计算模型。M_{P1} 是跨中截面的塑性极限弯矩，M_{P2} 是支座截面的塑性极限弯矩。设梁承受均布荷载 q，在图 11.15

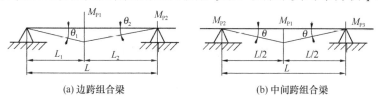

(a) 边跨组合梁　　　　　　　(b) 中间跨组合梁

图 11.15　连续组合梁的塑性分析

（a）中，跨内的塑性铰的位置离开边支座的距离为 L_1 ，则 $L_2 = L - L_1$ 。形成塑性机构时，内支座塑性铰转角为 θ_2 ，跨内塑性铰转角为 $\theta_1 + \theta_2$ 、$\theta_1 = \dfrac{L_2}{L_1}\theta_2$ ，内外功相等得到：

$$\frac{1}{2}q(L^2 - LL_1)L_1 = M_{P1}L + M_{P2}L_1 \tag{11.15}$$

（1）对于等截面纯钢梁，则 $M_{P1} = M_{P2} = M_P$ ，$L_1 = (\sqrt{2} - 1)L$ ，所需的塑性铰弯矩为：

$$M_{P1} = M_{P2} = M_P = \frac{1}{11.657}qL^2 \tag{11.16}$$

由这个弯矩选择钢梁截面。如果采用调幅法，相当于调幅 31%（两跨连续梁，$0.69 \times 0.125 = 1/11.594$）或调幅 17%（三跨及以上的连续梁）。

（2）在组合梁的情况下，支座塑性弯矩和跨中塑性铰弯矩不相等。连续组合梁的设计宜要求：

$$M_{P2} \geqslant 0.7M_{P1} \tag{11.17}$$

设 $M_{P2} = 0.7M_{P1}$ ，则 $L_1 = 0.434L$ 。塑性铰弯矩为：

$$M_{P1} = \frac{1}{10.615}qL^2 \tag{11.18a}$$

$$M_{P2} = \frac{1}{15.165}qL^2 \tag{11.18b}$$

这相当于等截面连续梁模型弹性分析的支座弯矩调幅 48%（两跨连续梁，$0.52 \times 0.125 = 1/15.38$）或调幅 38%（三跨及以上的连续梁）。或相当于变截面连续梁模型弹性分析的支座弯矩调幅 30%～33%或 20%～23%。

2. 连续梁的中间跨

图 11.15（b）是连续组合梁的塑性分析的中间跨计算模型。设两个支座的塑性弯矩不相同，则

$$\frac{1}{2}qL_1L_2L = M_{P1}L + M_{P2}L_2 + M_{P3}L_1 \tag{11.19}$$

（1）对于等截面纯钢梁，则 $M_{P1} = M_{P2} = M_{P3} = M_P$ ，$L_1 = 0.5L$

$$M_{P1} = M_{P2} = M_{P3} = M_P = \frac{1}{16}qL^2 \tag{11.20}$$

（2）对于组合梁，设 $M_{P2} = M_{P3} = 0.7M_{P1}$ ，$L_1 = 0.5L$

$$M_{P1} = \frac{1}{13.6}qL^2 \tag{11.21a}$$

$$M_{P2} = M_{P3} = \frac{1}{19.429}qL^2 \tag{11.21b}$$

（3）组合梁存在第一内支座和中间的内支座塑性铰弯矩不同的情况。对于第二跨的两个支座的情况经常是这样，因为按照弹性分析第一内支座的弯矩比其他内支座的弯矩大得多。参考式（11.21b）和式（11.18b），已知 $M_{P2} = \dfrac{1}{15.165}qL^2$、$M_{P3} = \dfrac{1}{19.429}qL^2$ ，从式（11.19）求得 $L_1 = 0.5145L$ ，结果是

$$\begin{cases} M_{P1} = \dfrac{1}{15.06}qL^2 \\[2mm] M_{P2} = \dfrac{1}{15.165}qL^2 \\[2mm] M_{P3} = \dfrac{1}{19.429}qL^2 \end{cases} \tag{11.22}$$

即 $M_{P1} \approx M_{P2}$，$M_{P3} \approx 0.777M_{P1}$。此时跨中截面的弯矩一般不控制设计。

也可以假设 $M_{P2} = M_{P3} = \dfrac{1}{19.429}qL^2$，$L_1 = 0.44853L$，此时第一跨的跨中弯矩就增大到

$$M_{P1} = \frac{1}{9.941}qL^2 \tag{11.23}$$

比式（11.18a）增大了 6.77%。此时第 1 跨的跨中弯矩是第一内支座弯矩的 1.954 倍，考虑到跨中是组合梁，这个倍数是能够达到的，但使用极限状态的挠度应加以注意。

11.2.3 算例 1

【算例 1】如图 11.16 所示，三跨连续次梁，跨度分别为 8m、4m 和 8m。设 4.5m 是次梁间距，3.45m 是次梁上部砌筑的轻质隔墙的高度。楼面均布恒荷载是 $3.5 + 1.5 = 5\mathrm{kN/m^2}$，活荷载是 $2.5\mathrm{kN/m^2}$，转化为次梁的线荷载，如图 11.16（a）所示。

$q_{Dk} = 4.5\mathrm{m} \times 5\mathrm{kN/m^2} + 3.45\mathrm{m} \times 1.5\mathrm{kN/m^2} = 27.675\mathrm{kN/m}$

$q_{Lk} = 4.5\mathrm{m} \times 2.5\mathrm{kN/m^2} = 11.25\mathrm{kN/m}$

集中力：$P_{Dk} = 3.45\mathrm{m} \times 1.5\mathrm{kN/m^2} \times 4.5\mathrm{m} = 23.3\mathrm{kN}$

荷载的设计值：$q = 1.3q_{Dk} + 1.5q_{Lk} = 52.85\mathrm{kN/m}$，$P = 1.3P_{Dk} = 30.29\mathrm{kN}$

计算简图如图 11.16（a）所示，塑性机构如图 11.16（b）所示，其中跨中的塑性铰离开边支座的距离 x 待定。

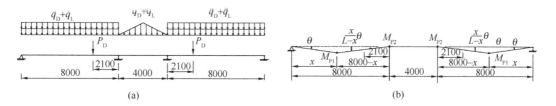

(a)   (b)

图 11.16 三跨连续次梁

采用塑性机构分析法，由内力虚功等于外力虚功得：

$$\frac{1}{2} \cdot x \cdot x\theta \cdot q + \frac{1}{2} \cdot (L-x) \cdot x\theta \cdot q + \frac{x}{L-x}\theta \times 2.1 \cdot P = M_{P1}\left(\theta + \frac{x}{L-x}\theta\right) + M_{P2}\frac{x}{L-x}\theta$$

$$\frac{1}{2}qx^2 + \frac{1}{2}q(L-x)x + \frac{2.1x}{8-x}P = M_{P1}\left(1 + \frac{x}{8-x}\right) + M_{P2}\frac{x}{8-x}$$

$$8M_{P1} + xM_{P2} = 4qx(8-x) + 2.1xP$$

设 $\dfrac{M_{P2}}{M_{P1}} = \mu$，则 $M_{P1} = \dfrac{4qx(8-x) + 2.1xP_D}{8 + x\mu}$，在 $\mu = 0.5$ 时，经计算得到 $x =$

3.72m 时弯矩最大，$M_{P1} = 365.38$kN·m，$M_{P2} = 182.69$kN·m。

选择截面：H340×140×6/12，$\gamma_x W_x f = 1.05 \times 624636 \times 305 = 200.04$kN·m $>$ 182.69kN·m，腹板宽厚比 $(340-24)/6 = 52.67 \leqslant 65\epsilon_k = 52.885$，可行。

跨中截面按照组合梁设计，钢截面仍然是 H340×140×6/12，钢-混凝土组合梁（楼板厚度 120mm，C30 混凝土）组合截面塑性极限弯矩是 $M_{P1} = 416.65$kN·m，满足承载力要求。采用的栓钉是 ϕ19@200。梁的挠度约为 23.9mm（施工时梁下设支撑），满足使用极限状态下的挠度要求。有限元软件计算表明，在使用极限状态，该梁处在弹性阶段。为避免负弯矩区的畸变屈曲，应按照图 11.10 设置防畸变屈曲的加劲肋。

11.2.4　算例 2

【算例 2】 如图 11.17 所示五跨等跨度的连续次梁。恒荷载 4.5 kN/m²，活荷载 10 kN/m²，次梁间距 2.25m，化成作用在次梁上的线荷载是：$q_{Dk} = 2.25$m × 4.5 kN/m² $= 10.125$kN/m，$q_{Lk} = 2.25$m × 10 kN/m² $= 22.5$kN/m。

设计值：$q = 1.3 \times 10.125 + 1.4 \times 22.5 = 44.6625$kN/m，假设第 2、3、4 跨的支座弯矩相同，与跨中弯矩的比值是 0.7，则 $M_{P1} = 210.2$ kN·m，$M_{P2} = 147.1$ kN·m。

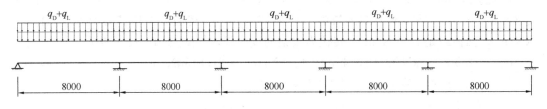

图 11.17　五跨连续梁的塑性设计

如果第一内支座的弯矩取为 $M_{P2} = 147.1$ kN·m，则第一跨的跨中塑性铰的位置（离开边支座的距离是 x）和弯矩计算如下：

$$\frac{1}{2} \cdot x \cdot x\theta \cdot q + \frac{1}{2} \cdot (L-x) \cdot x\theta \cdot q = M_{P1}\left(\theta + \frac{x}{L-x}\theta\right) + M_{P2}\frac{x}{L-x}\theta, M_{P1}$$

$$= \frac{1}{2}qx(L-x) - \frac{x}{L}M_{P2}$$

这样得到：塑性铰位置是 $x = 3.59$m，$M_{P1} = 287.5$ kN·m。钢截面是 H300×140×6/10，$\gamma_x W_x f = 1.05 \times 465795.6 \times 305 = 149.17$kN·m > 147.1kN·m。

跨中截面按照组合梁设计，钢截面仍是 H300×140×6/10，钢-混凝土组合梁（楼板厚度 120mm，C30 混凝土）组合截面塑性极限弯矩是 $M_{P1} = 338.42$kN·m，满足承载力要求。采用的栓钉是 ϕ19@200。梁的挠度约为 24.8mm（边跨）和 13.1mm（中间跨）（弹性计算，未设临时支撑），满足使用极限状态下的挠度要求。有限元软件计算表明，在使用极限状态，该梁第一内支座的弯矩为 164.8kN·m，已经大于 $W_x f_y = 160.7$kN·m，但是大得不多，且在内支座的抗弯承载力计算时未考虑楼板内钢筋的作用，因此可以认为，该梁在使用极限状态仍处在弹性阶段。为避免负弯矩区的畸变屈曲，应按照图 11.10 设置防畸变屈曲的加劲肋。

11.3 门式刚架的塑性内力分析和设计

11.3.1 塑性内力分析的静力平衡法和设计

静力平衡法是将假定的塑性机构中各个塑性铰弯矩 $M_{\mathrm{P}i}$ 作为未知量，建立各段的平衡方程并求解。此法适用于超静定次数较少的单跨框架和连续梁。对于超静定次数为 n 的超静定结构，应出现 $n+1$ 个塑性铰才能形成塑性铰机构，由此可以建立 $n+1$ 个平衡方程，求解出 $n+1$ 个未知量，得到弯矩图。计算步骤为：

（1）将结构的超静定约束以赘余力代替，使结构转换为静定的基本体系；超静定次数是 n，则未知量弯矩数是 n 个。

（2）建立各构件段的静力平衡方程。

（3）求解方程。根据塑性分析的下限定理，可人为确定某个塑性铰弯矩，使之满足平衡条件，依据这样得到的弯矩与荷载之间的关系，设计截面、验算构件稳定性，是能够保证安全的。

（4）可以依据经验，或借助弹性分析的内力分布，设定各个未知弯矩之间的比值。

11.3.2 刚架内力塑性分析的机构控制法

1. 采用塑性机构分析法决定刚架的内力分布并依此进行截面和构件的设计，塑性铰的位置可以人为地加以控制。门式刚架中设置变截面就是用于控制塑性铰不要出现在梁端，并使截面的大小与弹性弯矩图接近。

2. 内力分析的塑性机构法的原理：在 n 次超静定结构上布置 $n+1$ 个塑性铰，使结构形成塑性铰机构。此时各塑性铰上均作用着各截面的塑性铰弯矩，记为 $M_{\mathrm{P}i}$。利用虚功原理求这些塑性铰弯矩与外荷载的关系，并利用求得的塑性铰弯矩，计算各构件的轴力、剪力和其他截面的弯矩，然后进行截面的强度验算和构件的稳定性验算。

虚功原理如下：给塑性铰机构一个机构变形（虚位移），外力在这个虚位移上做的虚功等于所有塑性铰弯矩做的内虚功，即·

$$\sum_k \int_l q_k(x)v_k(x)\mathrm{d}x + \sum_j F_j v_j = \sum_i M_{\mathrm{P}i}\theta_i \tag{11.24}$$

式中，$q_k(x)$ 是第 k 个构件上的分布荷载，$v_k(x)$ 是其虚位移，其方向与 $q_k(x)$ 的方向一致。如果某个构件上的分布荷载可以分解为垂直于构件轴线和平行于构件轴线方向的荷载，则两个方向上的荷载的虚功应叠加。F_j 是集中荷载，v_j 是 F_j 作用点在 F_j 方向上的虚位移。θ_i 是塑性铰处的塑性转角。

式（11.24）看似仅有一个方程，而未知量却有很多个，其实不完全是这样。例如结构中可能形成局部性的塑性机构，如梁式机构，仅某根（某些）梁自身出现了三个塑性铰，形成了机构，此时对局部的机构也可以采用式（11.24）计算截面的弯矩，因此式（11.24）可以应用多次。

如果事先指定各个塑性铰弯矩之间的比例，从式（11.24）可以马上得到塑性弯矩，并得出刚架的弯矩图。

11.4 多层规则框架的塑性破坏机构控制和塑性设计

11.4.1 多层框架的塑性分析

1. 可以采用塑性机构控制的方法，限定塑性机构的类型。例如，进行强柱弱梁验算，确保塑性铰不出现在柱上。

2. 以三层三跨框架为例，跨度 L，层高 h，总高 H。设重力均布荷载 q，q 在不同荷载组合中取不同的值。水平力（风荷载或者是地震作用）被简化为作用在楼层位置，大小为 W_1、W_2、W_3。

3. 如果形成图 11.18（a）所示的塑性铰，则梁的弯矩可以采用式（11.21a）、式（11.21b）或式（11.20），梁的弯矩与水平荷载无关。柱的弯矩是按照悬臂柱计算的，设边柱的塑性弯矩分别是 M_{Ps1}、M_{Ps2}、M_{Ps3}，中柱的塑性铰弯矩是 M_{Pm1}、M_{Pm2}、M_{Pm3}，其中下角标 s 表示边柱，m 表示中柱，1、2、3 表示楼层。柱的弯矩分别是：

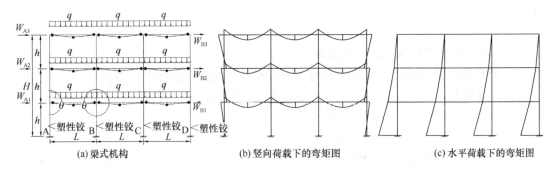

(a) 梁式机构　　　　　　　(b) 竖向荷载下的弯矩图　　　　　　　(c) 水平荷载下的弯矩图

图 11.18　梁式机构下弯矩分布

$$\begin{cases} 2M_{Ps3} + 2M_{Pm3} = W_3 h \\ 2M_{Ps2} + 2M_{Pm2} = 2W_3 h + W_2 h \\ 2M_{Ps1} + 2M_{Pm1} = 3W_3 h + 2W_2 h + W_1 h \end{cases} \tag{11.25}$$

给定中柱和边柱的塑性弯矩比，就可以从上式决定柱子弯矩中的由水平力产生的部分，并与重力荷载产生的弯矩相加，得到总的柱内的塑性弯矩。其中重力荷载产生的弯矩是：

$$M_{Ps3} = M_{Pb}, M_{Ps2} = 0.5M_{Pb}, M_{Ps1} = 0.5M_{Pb} \tag{11.26a}$$

$$M_{Pm3} = M_{Pm2} = M_{Pm1} = 0 \tag{11.26b}$$

因为在图 11.18（a）的塑性机构中，柱内并没有形成塑性铰，在设计时可将求得的弯矩乘以 1.2 的系数，确保柱内不形成塑性铰，同时进行强柱弱梁验算。

这种塑性铰机构对应的荷载组合是：$1.3D + 1.5L$ 和 $1.3D + 1.5L + 0.6 \times 1.5W$。

4. 对图 11.19（a）所示的塑性侧移机构，虚功方程是：

$$W_1 h\theta + W_2 2h\theta + W_3 3h\theta = 2M_{Ps1}\theta + 2M_{Pm1}\theta + 2M_{Pb}\theta \times 9 \tag{11.27a}$$

$$W_1 h + 2W_2 h + 3W_3 h = 18M_{Pb} + 2M_{Ps1} + 2M_{Pm1} \tag{11.27b}$$

在顶层，因为一个中柱截面与两个梁截面的弯矩平衡，顶层柱的轴力小，强柱弱梁可以不满足，此时会出现图 11.19（b）所示的塑性机构，它的虚功方程是：

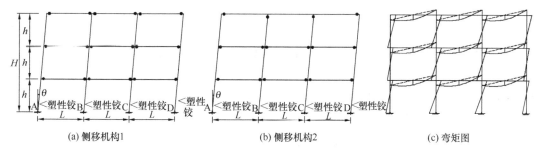

(a) 侧移机构1　　　　　　　(b) 侧移机构2　　　　　　　(c) 弯矩图

图 11.19　多层框架的塑性侧移机构

$$W_1 h\theta + W_2 2h\theta + W_3 3h\theta = 2M_{Ps1}\theta + 2M_{Pm1}\theta + 2M_{Pb}\theta$$

$$+ 2M_{Pm3}\theta + 2M_{Pb}\theta \times 6 \tag{11.28a}$$

$$W_1 h + 2W_2 h + 3W_3 h = 14M_{Pb} + 2M_{Ps1} + 2M_{Pm1} + 2M_{Pm3} \tag{11.28b}$$

弯矩图如图 11.19（c）所示。可能的荷载组合是 $1.3D + 0.7 \times 1.5L + 1.5W$ 和 $D + 1.5W$，$1.3G_e + 1.4F_E$。

5. 对图 11.20（a）所示的机构，采用塑性内力分析的机构法，可以求得塑性弯矩是：

$$W_1 h\theta + W_2 2h\theta + W_3 3h\theta + \frac{1}{2} \times \frac{1}{2} qL \times (0.5L\theta) \times 2 \times 9$$

$$= 9(2M_{Pb}\theta + 2M_{Pb}\theta) + 2M_{Ps1}\theta + 2M_{Pm1}\theta \tag{11.29a}$$

$$W_1 h + 2W_2 h + 3W_3 h + 2.25qL^2 = 36M_{Pb} + 2M_{Ps1} + 2M_{Pm1} \tag{11.29b}$$

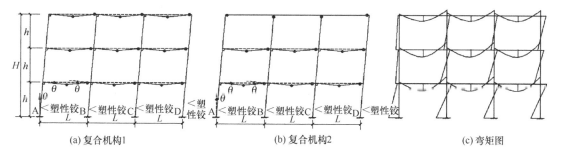

(a) 复合机构1　　　　　　　(b) 复合机构2　　　　　　　(c) 弯矩图

图 11.20　多层框架的塑性复合机构

对图 11.20（b）所示的机构，虚功方程是：

$$W_1 h\theta + W_2 2h\theta + W_3 3h\theta + \frac{1}{2} \times \frac{1}{2} qL \times (0.5L\theta) \times 2 \times 6$$

$$= 6(2M_{Pb}\theta + 2M_{Pb}\theta) + 2M_{Ps1}\theta + 2M_{Pm1}\theta + 2M_{Pb}\theta + 2M_{Pm3}\theta \tag{11.30a}$$

$$W_1 h + 2W_2 h + 3W_3 h + \frac{3}{2} qL^2 = 26M_{Pb} + 2M_{Ps1} + 2M_{Pm1} + 2M_{Pm3} \tag{11.30b}$$

这种机构可能的荷载组合是 $1.3D + 0.7 \times 1.5L + 1.5W$ 和 $D + 1.5W$，$1.3G_e + 1.4F_E$。

塑性机构分析法只获得一个方程，但有三个未知量。从中柱的塑性机构控制的要求，可以知道：

$$\begin{cases} M_{\mathrm{Pm2}} + M_{\mathrm{Pm1}} \geqslant 1.2 \times 2M_{\mathrm{Pb}} & (11.31\mathrm{a}) \\ M_{\mathrm{Pm3}} + M_{\mathrm{Pm2}} \geqslant 1.2 \times 2M_{\mathrm{Pb}} & (11.31\mathrm{b}) \end{cases}$$

决定了各个截面的塑性弯矩的相对比例后，可以求出各个截面的弯矩。

还有一种塑性侧移机构是仅在柱子内形成塑性铰，这是必须避免的。

11.4.2 多层框架的弯矩调幅法

图 11.21 是一个四层八跨工业厂房，跨度 9m，层高 5.4m，纵向柱距 8m，次梁间距

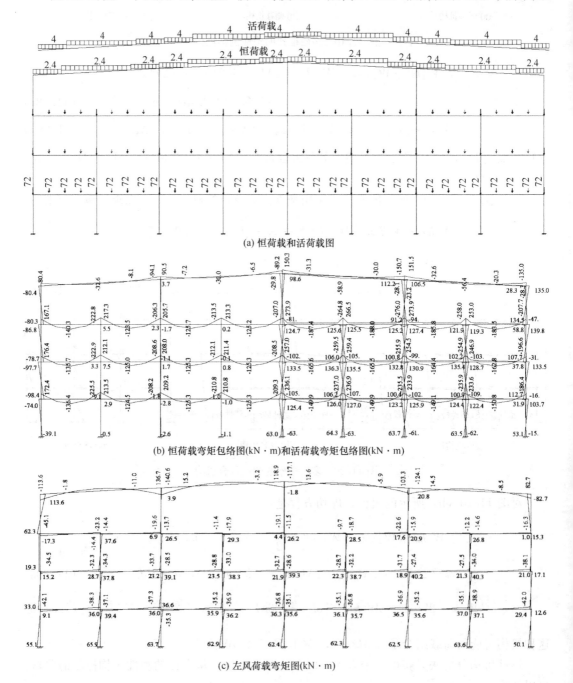

(a) 恒荷载和活荷载图

(b) 恒荷载弯矩包络图(kN·m)和活荷载弯矩包络图(kN·m)

(c) 左风荷载弯矩图(kN·m)

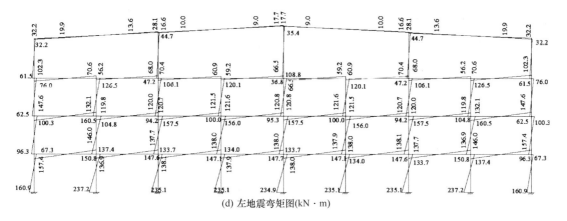

(d) 左地震弯矩图(kN·m)

图 11.21 框架及各工况下的弯矩图

是 2.25m。图 11.21（a）是恒荷载和活荷载图，其中楼层的活荷载和恒荷载是相同的。
表 11.5 给出了第四层第三跨的楼面梁的弯矩调幅设计表。结果是：调幅系数为 0.8 的钢
梁截面 H500×200×10×14；调幅系数为 0.85 的钢梁截面 H520×200×10×14；不调幅
的钢梁截面为 H550×220×10×14。

第四层第三跨框架梁弯矩调幅设计表 表 11.5

调幅系数		恒荷载	活荷载	风荷载	地震作用	恒荷载跨中	活荷载跨中
	荷载系数	1.3	1.5	1.5	1.4	1.3	1.5
	弯矩标准值 (kN·m)	213.5	266.5	22.6	70.4	125.7	188
0.8	0.80	170.8	213.2			168.4	241.3
	弯矩设计值 (kN·m)	222.0	319.8	33.9	98.6	218.9	362.0
0.85	0.85	181.5	226.5			157.7	228
	弯矩设计值 (kN·m)	235.9	339.8	33.9	98.6	205.0	342.0
1.0	弯矩设计值 (kN·m)	277.6	399.8	33.9	98.6	163.4	282.0

	组合后弯矩设计值 (kN·m)：梁端			组合后弯矩设计值 (kN·m)：跨中		
调幅系数	0.8	0.85	1.0	0.8	0.85	1.0
1.3D+1.5L	541.8	575.7	677.3	580.9	547.0	445.4
1.3D+1.5L+0.9W	562.2	596.0	697.6			
1.3D+1.05L+1.5W	479.8	507.7	591.3			
1.3D+0.65L+1.4E	480.5	504.4	576.0			

11.5 高层结构中框架部分的塑性设计

1. 设计方法参照第 11.1.17 节的规定。

2. 如图 11.22 所示三跨框架梁，跨度分别为 8m、4m 和 8m。参考图 11.14（c），框架②③④⑤按照仅承受竖向荷载设计，其中标

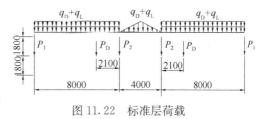

图 11.22 标准层荷载

准层框架梁上和梁柱节点荷载如图 11.22 所示。荷载标准值和设计值如下：

$$q_{Dk} = 4.5\text{m} \times 5 \text{ kN/m}^2 + 3.45\text{m} \times 1.5 \text{ kN/m}^2 + 1.5 \text{ kN/m} = 29.2 \text{kN/m}$$

$$q_{Lk} = 4.5\text{m} \times 2.5 \text{ kN/m}^2 = 11.25 \text{kN/m}$$

$$P_{Dk} = 3.45\text{m} \times 1.5 \text{ kN/m}^2 \times 4.5\text{m} = 23.3 \text{kN}$$

$$q = 1.3q_{Dk} + 1.5q_{Lk} = 54.84 \text{kN/m} , P = 1.3P_{Dk} = 30.29 \text{kN}$$

$$P_{1Dk} = 29.2 \times 4 + \frac{2.1}{8} \times 23.3 + 1.5 \times 9 = 136.42 \text{kN}$$

$$P_{1Lk} = 11.25 \times 4 = 45 \text{kN}$$

$$P_{2Dk} = 29.2 \times (4+2) + \frac{5.9}{8} \times 23.3 + 1.5 \times 9 = 205.88 \text{kN}$$

$$P_{2Lk} = 11.25 \times 6 = 67.5 \text{kN}$$

框架梁虽然跨中正弯矩部分实际上仍是组合梁，为了在使用极限状态下不要进入塑性状态，仍然按照纯钢梁设计。采用塑性机构分析法：内力虚功等于外力虚功。

$$\frac{1}{2} \cdot x \cdot x\theta \cdot q + \frac{1}{2} \cdot (L-x) \cdot x\theta \cdot q + \frac{x}{L-x}\theta \times 2.1 \cdot P = 2M_P\left(\theta + \frac{x}{L-x}\theta\right)$$

$$\frac{1}{2}qx^2 + \frac{1}{2}q(L-x)x + \frac{2.1x}{8-x}P = 2M_P\left(1 + \frac{x}{8-x}\right)$$

$$M_P = \frac{4qx(8-x) + 2.1xP}{16}$$

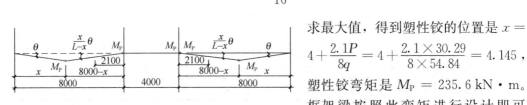

图 11.23　框架梁塑性机构

求最大值，得到塑性铰的位置是 $x = 4 + \frac{2.1P}{8q} = 4 + \frac{2.1 \times 30.29}{8 \times 54.84} = 4.145$，塑性铰弯矩是 $M_P = 235.6 \text{ kN} \cdot \text{m}$。框架梁按照此弯矩进行设计即可（图 11.23）。

下面的计算假设下部三层的活荷载是上部标准层的 1.5 倍。恒荷载则补足 1.8m 层高差带来的隔墙重量。表 11.6 是框架立柱的设计内力，采用简单的逐层相加的方式获得，弯矩则是梁端弯矩在上下柱之间的分配。也可以采用弹性分析对两端固支梁的固端弯矩在上下柱之间进行分配，其中活荷载乘以《建筑结构荷载规范》GB 50009—2012 第 5.1.2 条允许的活荷载折减系数。

表 11.7 是一片横向支撑架分担的假想水平力和风荷载，其中计算风荷载时采用的参数是：周期 3.12s，基本风压 0.4 kN/m²，B 类地貌。表中给出了支撑架的立柱承担的重力荷载的轴力。

表 11.8 对支撑斜杆假想了设计计算，钢材是 Q345B，并给出了层间剪切侧移。

表 11.9 为支撑架的边立柱设计。因为假想荷载和风荷载均乘以 1.1，相当于近似地考虑了二阶效应，因此，计算长度系数取 1.0。对比框架柱，支撑立柱的截面大很多，这是因为把所有水平力都吸引到了巨型跨层支撑的缘故，角柱拉力较大。

也可以在弹性分析方法中对框架梁进行弯矩调幅，然后再进行钢梁的设计，立柱的设计则与平常相同，柱子的计算长度系数取 1.0，对支撑架的应力比，则与弹性设计方法相同。

框架立柱设计内力 表11.6

楼层	层高（m）	边柱轴力设计值		中柱轴力设计值		活荷载折减系数	中柱内力设计值 1.3D+1.5L		边柱内力设计值 1.3D+1.5L		一榀框架的假想荷载（kN）
		恒荷载（kN）	活荷载（kN）	恒荷载（kN）	活荷载（kN）		轴力（kN）	弯矩（kN·m）	轴力（kN）	弯矩（kN·m）	
27	—	329.2	135.0	495.4	202.5	1	697.9	216	464.2	235.6	6.69
26	3.6	658.4	270.0	990.8	405	0.95	1375.6	108	914.9	118	6.50
25	3.6	987.6	405.0	1486.2	607.5	0.9	2033.0	108	1352.1	118	6.31
24	3.6	1316.7	540.0	1981.6	810	0.85	2670.1	108	1775.7	118	6.11
23	3.6	1645.9	675.0	2477.0	1012.5	0.8	3287.0	108	2185.9	118	5.92
22	3.6	1975.1	810.0	2972.4	1215	0.75	3883.7	108	2582.6	118	5.72
21	3.6	2304.3	945.0	3467.8	1417.5	0.7	4460.1	108	2965.8	118	5.53
20	3.6	2633.5	1080.0	3963.2	1620	0.65	5016.2	108	3335.5	118	5.33
19	3.6	2962.7	1215.0	4458.6	1822.5	0.6	5552.1	108	3691.7	118	5.14
18	3.6	3291.9	1350.0	4954.0	2025	0.6	6169.0	108	4101.9	118	5.92
17	3.6	3621.0	1485.0	5449.4	2227.5	0.6	6785.9	108	4512.0	118	5.92
16	3.6	3950.2	1620.0	5944.8	2430	0.6	7402.8	108	4922.2	118	5.92
15	3.6	4279.4	1755.0	6440.0	2632.5	0.6	8019.0	108	5332.4	118	5.92
14	3.6	4608.6	1890.0	6935.7	2835	0.6	8636.7	108	5742.6	118	5.92
13	3.6	4937.8	2025.0	7431.1	3037.5	0.6	9253.6	108	6152.8	118	5.92
12	3.6	5267.0	2160.0	7936.5	3240	0.6	9870.5	108	6563.0	118	5.92
11	3.6	5596.2	2295.0	8421.9	3442.5	0.6	10487.4	108	6973.2	118	5.92
10	3.6	5925.3	2430.0	8917.3	3645	0.6	11104.3	108	7383.3	118	5.92
9	3.6	6254.5	2565.0	9412.7	3847.5	0.6	11721.2	108	7793.5	118	5.92
8	3.6	6583.7	2700.0	9908.1	4050	0.6	12338.1	108	8203.7	118	5.92
7	3.6	6912.9	2835.0	10403.5	4252.5	0.55	12742.4	108	8472.2	118	3.88
6	3.6	7242.1	2970.0	10898.9	4455	0.55	13349.1	108	8875.6	118	5.82
5	3.6	7571.3	3105.0	11394.3	4657.5	0.55	13955.9	108	9279.0	118	5.82
4	3.6	7900.5	3240.0	11889.7	4860	0.55	14562.7	108	9682.5	118	5.82
3	5.4	8275.3	3439.5	12505.4	5161.5	0.55	15344.2	177	10167.0	177	7.29
2	5.4	8650.1	3639.0	13121.1	5463	0.55	16125.7	177	10651.5	177	7.29
1	6.0	—	—	—	—	—	—	—	—	—	—

一片横向支撑架（分担宽度 23m）的内力　　　　　　　　　　表 11.7

楼层	标高 (m)	风压高度系数	风振和高度综合系数 $\beta_z\mu_z$	楼层风力 W (kN)	楼层假想力 Q_n (kN)	1.5W+Q_n (kN)	层剪力设计值 (kN)	风倾覆力矩标准值 (kN·m)	中柱轴力 1.3D+1.5L (kN)	边柱轴力 1.3D+1.5L (kN)	倾覆力矩设计值 (kN·m)
27	99.6	1.99	4.12	88.76	17.14	150.3	150.3	0.0	—	—	0.0
26	96	1.97	4.02	173.26	16.64	276.5	426.8	319.5	349.0	252.1	541.0
25	92.4	1.95	3.92	168.98	16.14	269.6	696.4	1262.8	687.8	497.4	2077.5
24	88.8	1.93	3.82	164.67	15.64	262.7	959.1	2814.4	1016.5	736.0	4584.7
23	85.2	1.90	3.72	160.33	15.15	255.5	1214.7	4958.9	1335.1	967.9	8037.4
22	81.6	1.88	3.62	155.97	14.65	248.6	1463.3	7680.5	1643.5	1193.0	12410.4
21	78	1.85	3.52	151.56	14.15	241.5	1704.8	10963.7	1941.8	1411.3	17678.4
20	74.4	1.83	3.42	147.13	13.65	234.3	1939.2	14792.4	2230.0	1622.9	23815.7
19	70.8	1.80	3.31	142.65	13.15	227.1	2166.3	19150.8	2508.1	1827.7	30796.7
18	67.2	1.77	3.21	138.13	15.15	222.3	2388.6	24022.8	2776.1	2025.8	38595.4
17	63.6	1.74	3.10	133.57	15.15	215.5	2604.1	29392.0	3084.5	2250.9	47194.5
16	60	1.71	3.00	128.95	15.15	208.6	2812.7	35242.0	3393.0	2476.0	56569.4
15	56.4	1.68	2.89	124.28	15.15	201.6	3014.3	41556.3	3701.4	2701.1	66695.2
14	52.8	1.65	2.78	119.55	15.15	194.5	3208.8	48318.0	4009.9	2926.2	77546.7
13	49.2	1.61	2.67	114.75	15.15	187.3	3396.0	55510.1	4318.3	3151.3	89098.2
12	45.6	1.58	2.55	109.87	15.15	179.9	3576.0	63115.3	4626.8	3376.4	101323.9
11	42	1.54	2.44	104.90	15.15	172.5	3748.5	71116.0	4935.2	3601.5	114197.4
10	38.4	1.50	2.32	99.83	15.15	164.9	3913.4	79494.4	5243.7	3826.6	127691.9
9	34.8	1.45	2.20	94.64	15.15	157.1	4070.5	88232.1	5552.1	4051.7	141780.0
8	31.2	1.41	2.07	89.30	15.15	149.1	4219.6	97310.5	5860.6	4276.8	156433.7
7	27.6	1.36	1.95	83.80	9.92	135.6	4355.2	106710.4	6169.0	4501.9	171624.1
6	24	1.30	1.81	78.09	14.90	132.0	4487.2	116412.0	6371.2	4656.1	187302.8
5	20.4	1.24	1.67	72.11	14.90	123.1	4610.3	126394.7	6674.6	4877.8	203456.7
4	16.8	1.17	1.53	82.22	14.90	138.2	4748.5	136637.0	6978.0	5099.5	220053.7
3	11.4	1.04	1.28	82.92	18.67	143.1	4891.6	152444.5	7281.3	5321.2	245695.7
2	6	0.86	0.99	67.23	18.67	119.5	5011.1	168699.7	7672.1	5583.5	272110.1
1	—	—	—	—	0.00	0.00	—	187164.4	8062.9	5845.8	302176.6

在一个结构中，设置了支撑且支撑足够强大（有定量的标准），则这个结构中的框架部分可以利用塑性设计。此时框架可以按照只承受竖向荷载来设计。即钢梁的设计仅须考虑作用在钢梁上的竖向荷载，其塑性弯矩可以参考图 11.15（b）确定。求得梁的弯矩后，梁端剪力可以求得，然后柱子的轴力可以得到，柱子的弯矩分为中柱和边柱。对于边柱，梁端弯矩按照上下柱的线刚度分配或各分配一半，就可以保证节点的弯矩平衡。对于中柱，为了获得较大的柱端弯矩，可以考虑一侧作用了 $1.3q_{Dk}+1.5q_{Lk}$ 的荷载，另一侧作用

了 q_{Dk} 的荷载，然后按照 $M_{Pb} - \dfrac{1}{12}q_{Dk}L^2$ 作为梁的弯矩在上下柱中分配，柱的轴力仍取满荷载时的轴力。

也可以在整体结构的弹性分析中对竖向荷载负弯矩进行调幅，跨中弯矩相应增大的方法，达到塑性设计的效果。

支撑架的斜支撑设计（Q345B）及层间剪切侧移　　　　表 11.8

楼层	斜杆轴力设计值（kN）	计算面积（mm²）	方钢管支撑		长细比	作为压杆的稳定系数	$2EA_d \times \cos^2\alpha\sin\alpha$（kN）	层间剪切侧移（mm）
			厚度（mm）	宽度（mm）				
27	—	—			—			—
26	101.1	505.2	6	150	91.5	0.488	935419102.5	0.61
25	287.2	1434.8	6	150	91.5	0.488	935419102.5	1.79
24	468.6	2341.1	6	150	91.5	0.488	935419102.5	2.95
23	645.3	3224.1	8	200	68.6	0.667	935419102.5	2.29
22	817.3	4083.5	8	200	68.6	0.667	935419102.5	2.91
21	984.6	4919.2	8	200	68.6	0.667	935419102.5	3.51
20	1147.0	5731.0	10	250	54.9	0.771	935419102.5	2.62
19	1304.7	5637.6	10	250	54.9	0.771	1461592348	2.98
18	1457.5	6298.0	10	250	54.9	0.771	1461592348	3.33
17	1607.1	6944.4	10	250	54.9	0.771	1461592348	3.67
16	1752.1	7570.9	10	250	54.9	0.771	1461592348	4.00
15	1892.4	8177.3	10	250	54.9	0.771	1461592348	4.32
14	2028.1	8138.1	12	300	45.7	0.831	2104692981	3.21
13	2158.9	8663.2	12	300	45.7	0.831	2104692981	3.42
12	2284.9	9168.8	12	300	45.7	0.831	2104692981	3.61
11	2406.0	9654.6	12	300	45.7	0.831	2104692981	3.80
10	2522.0	10120.3	12	300	45.7	0.831	2104692981	3.98
9	2633.0	10565.5	12	300	45.7	0.831	2104692981	4.15
8	2738.7	10989.6	12	300	45.7	0.831	2104692981	4.31
7	2839.0	10908.8	14	350	39.2	0.867	2864721001	3.28
6	2930.2	11259.5	14	350	39.2	0.867	2864721001	3.39
5	3019.1	11600.8	14	350	39.2	0.867	2864721001	3.48
4	3101.9	11585.7	16	400	34.3	0.892	3741676410	2.74
3	2864.5	13208.8	16	400	61.5	0.723	3891693025	4.06
2	4108.9	16159.0	16	400	42.8	0.848	2882758459	5.64
1	3131.5	14788.7	16	400	63.7	0.706	3888231410	4.75

支撑架的边立柱设计　　　　　　表 11.9

楼层	支撑架边立柱		管内混凝土	方钢管		弯曲层间侧移(mm)	总层间侧移(mm)	层间侧移角	其他柱截面	
	轴力(kN)	拉力(kN)		厚度(mm)	宽度(mm)				厚度(mm)	宽度(mm)
27	—	—	—	—	—	—	—	—	—	—
26	278.1	167.9	C30	8	350	5.54	6.15	1/585.5	8	350
25	597.3	282.8	C30	8	350	5.54	7.33	1/490.9	8	350
24	956.4	345.8	C30	8	350	5.53	8.48	1/424.3	8	350
23	1354.3	358.1	C30	8	350	5.52	7.81	1/460.9	8	350
22	1789.6	321.0	C30	8	350	5.49	8.40	1/428.8	8	350
21	2261.2	235.7	C30	8	350	5.43	8.94	1/402.7	8	350
20	2767.9	103.4	C30	10	400	5.35	7.97	1/451.7	10	400
19	3308.4	−74.7	C30	10	400	5.25	8.23	1/437.2	10	400
18	3881.4	−297.2	C40	10	400	5.13	8.46	1/425.3	10	400
17	4519.9	−537.5	C40	10	450	4.99	8.66	1/415.7	10	450
16	5195.7	−815.1	C40	10	450	4.82	8.83	1/407.9	10	450
15	5907.6	−1128.7	C40	10	450	4.63	8.95	1/402.1	10	450
14	6654.4	−1477.3	C40	12	500	4.42	7.63	1/471.8	12	500
13	7434.9	−1859.5	C40	12	500	4.19	7.61	1/473.0	12	500
12	8247.7	−2274.1	C40	12	500	3.95	7.56	1/476.2	12	500
11	9091.7	−2719.9	C40	14	600	3.69	7.49	1/480.8	14	500
10	9965.6	−3195.5	C40	14	600	3.44	7.42	1/485.3	14	500
9	10868.0	−3699.7	C40	14	600	3.18	7.33	1/490.8	14	500
8	11797.6	−4231.0	C50	16	650	2.91	7.23	1/498.2	14	550
7	12753.0	−4788.2	C50	16	650	2.64	5.93	1/607.6	14	550
6	13661.0	−5423.3	C50	16	650	2.36	5.75	1/626.2	14	550
5	14659.4	−6029.4	C50	16	700	2.06	5.55	1/648.9	14	600
4	15679.0	−6656.8	C50	16	700	1.76	4.49	1/801.1	14	600
3	17133.5	−7719.0	C50	16	700	2.02	6.09	1/887.2	14	600
2	18665.7	−8787.2	C50	18	750	1.26	6.90	1/782.4	16	600
1	20373.5	−10031.0	C50	18	750	0.49	5.24	1/1145.6	16	600

参 考 文 献

［1］ 童根树. 钢结构的平面内稳定[M]. 北京：中国建筑工业出版社，2015.

［2］ CHEN W F，ATSUTA T. Theory of beam-columns：Volume 2 space behavior and design[M]. New York ：McGraw-hill Book Company，1977.

［3］ WHITE D W. Plastic hinge methods for advanced analysis of steel frames [J]. Journal of constructional steel research，1993，24(2)：121-152.

［4］ Joint Committee of Welding ResearchCouncil. American Society of Civil Engineering. Plastic design in steel：A guide and commentary[M]. 2nd ed. Reston VA：ASCE，1971.

［5］ MRAZIK A，SKALOUD M，TOCHACEK M. Plastic design of steel structures[M]. Chichester：Ellis Horwood Limited，1987.

［6］ 王仁，熊祝华，黄文斌. 塑性力学基础[M]. 北京：科学出版社，1982.

第12章 门式刚架结构

12.1 门式刚架结构形式与布置

12.1.1 结构形式

门式刚架仅承受刚架平面内的各种荷载，垂直方向荷载由各种支撑承担。山形门式刚架（图12.1）其屋面斜坡适应排水的需要（坡度大于2%～3%），也适应在屋面安装其他辅助构筑物的需要（坡度小于1∶5），因而在较大跨度的单层房屋建筑中得到广泛应用。例如单层大跨结构，如大型仓库、场馆建筑等，跨度不宜大于48m，檐口高度不宜大于18m。还有各类工业厂房，一般吊车起重量不宜大于20t，桥式吊车工作级别为A1～A5，悬挂吊车起重量不宜大于3t。更大起重量的，也可应用，但是截面板件宽厚比限制更为严格。

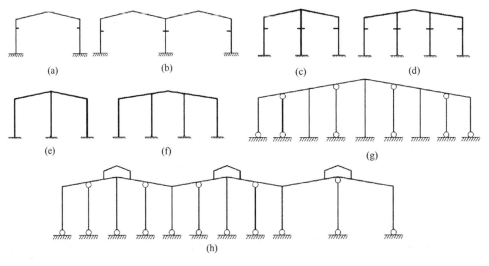

图12.1 山形门式刚架形式

门式刚架结构由柱子和屋面梁组成，边柱与屋面梁应采用刚接，无桥式吊车时中柱可以与基础和屋面梁都铰接，即采用摇摆柱，但摇摆柱的数量不宜超过柱子总数的一半。门式刚架抗侧移刚度依赖于梁—柱节点的刚性，必要时应将柱脚设计为刚接，以获得更大的抗侧刚度。中柱柱脚可以以较小的基础成本设计成刚性接，以获得整片刚架较大的抗侧刚度。为节省用钢量，梁柱构件可根据弯矩图分布设计成变截面形式。门式刚架主体结构上布置屋面檩条和墙梁用来承受围护体系上的各种荷载，其结构组成如图12.2所示。

1. 主体结构柱和屋面梁可设计为实腹式H形构件或格构式构件，柱底根据建筑物刚度的需要可设计成刚接或铰接，实腹式构件虽然用钢量稍多一点，但其制作简单方便，应

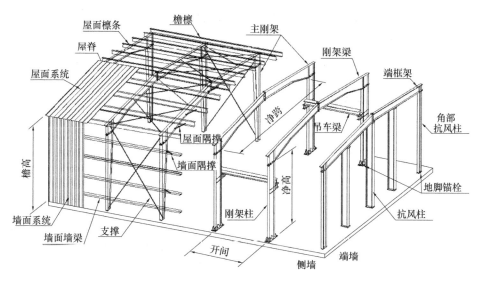

图 12.2 门式刚架轻钢结构体系组成

用广泛。

2. 次结构屋面檩条、墙梁采用冷弯薄壁型钢构件为宜，当柱距大于 12m 时，采用桁架式檩条较为经济，作为受弯构件组成的次结构，通过螺栓连接于主体刚架，用来承受围护板传来的各种荷载，并将其传给主体结构；主体结构支承次结构，但次结构对主体结构有侧向支撑作用，可提高主体结构的整体稳定性。

3. 围护体系围护板由辊压成型的金属薄板或其他轻型材料复合构成，通过一定的方式连接于次结构，用来承受风、雪、施工等荷载；次结构支承围护板，但围护板对次结构有侧向支撑作用，在一定程度上可提高次结构的整体稳定性。

4. 围护板与次结构连接在一起，在围护板平面内具有较强的抗剪刚度，或称作蒙皮效应，此蒙皮效应使得平面受力体系的门式刚架具有一定的空间结构性能。图 12.3 示出的是纵向作用，更重要的是横向的蒙皮作用。但是这种蒙皮作用必须符合一定条件才能加以利用，例如屋面不能开大的长条的采光窗。

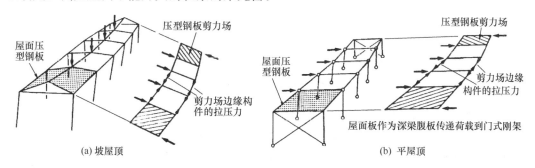

图 12.3 压型钢板屋面的蒙皮效应（Stressed Skin）示意图

5. 屋面支撑和柱间支撑宜按拉杆设计，可采用张紧的交叉圆钢支撑；当结构含有 5t 以上吊车时，柱间支撑应采用角钢支撑或其他型钢支撑；对于夹层结构部分的柱间支撑应采用角钢支撑或其他型钢支撑。

6. 将不同尺寸的门式刚架元素按照建筑需要进行排列组合，可得到如下各种结构形式：（a）带局部夹层；（b）带气楼、带女儿墙、带坡屋面；（c）单斜坡；（d）带挑檐；（e）多跨单脊双坡；（f）多跨多脊多坡；（g）高低跨组合；（h）桁架式门式刚架。可以满足各种单层建筑结构的需要。

7. 跨中柱子上、下端为铰接的摇摆柱，连续布置不宜超过 3 根；当屋面梁跨度大于 24m 时，摇摆柱连续布置不宜超过 2 根；当屋面梁跨度大于 36m 时，不宜做成摇摆柱。

8. 当刚架单跨超过 60m 时，可考虑做成桁架式门式刚架较为经济。

12.1.2　结构布置

1. 柱网布置与建筑的生产工艺或使用需要密切相关，从结构方面考虑有以下原则：

(1) 跨度以 21～27m 较为经济；

(2) 柱距以 6～10m 为宜，以适合选用冷弯薄壁型钢檩条；荷载越大，柱距宜越大；

(3) 屋面坡度常取 3%～12%，在雨水较多的地区宜取其中的较大值。

2. 满足以下条件，可不设结构的温度伸缩缝且免于计算结构的温度应力：

(1) 横向温度区间不大于 150m；

(2) 当纵向构件采用螺栓连接，纵向温度区间不大于 300m；

(3) 当纵向构件采用焊缝连接，纵向温度区间不大于 120m；

(4) 带有吊车的结构，纵向温度区间不大于 120m。

3. 不满足以上条件需设置温度伸缩缝或计算温度应力。伸缩缝构造可采用两种做法：对简单的门式刚架结构，使檩条的连接采用螺栓长形孔，且在该处均设置允许胀缩的防水包边板。当需设置温度伸缩缝时，宜设置双柱。厂房横向总宽度较大的，无吊车的一跨有意采用高低跨布置，可显著降低横向温度应力，并能改善中间跨的采光和通风换气（图 12.4）。厂房横向在没有吊车的跨也可以在屋面梁支承处采用椭圆孔或可以滑动的支座释放温度应力。计算温度应力时，参照荷载规范，温度取值是 50 年重现期的月平均最高气温和月平均最低气温（作为基本气温），温度效应的荷载系数是 1.5。厂房纵向结构，当能够确保采用全螺栓连接时，允许对温度效应进行折减，折减系数取 0.35。

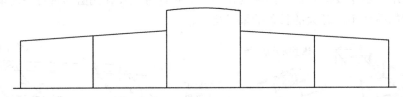

图 12.4　高低跨释放温度应力，改善中间跨采光通风

4. 支撑布置应符合以下要求：

(1) 在温度区段或分期建设的区段中，应设立能独立构成空间稳定结构的支撑体系。

(2) 柱间支撑不必每个柱列都布置，但带柱间支撑的柱列间距不宜超过 60m；同一柱列的柱间支撑间距不宜超过 45m，如图 12.5 所示，同一柱列不宜布置刚度相差较大的柱间支撑。

(3) 一般情况下，无须设置纵向水平支撑，但对以下情况应设置屋盖纵向水平支撑：

1) 当有空中驾驶室的桥式吊车时；

2）当有抽柱时，在抽柱区段及两端向外延伸一个柱间距设置屋面纵向水平支撑；

3）当有高低跨相连时。

（4）当以下情况中有 2 种同时出现时，宜在边柱位置设置通长的屋盖纵向水平支撑与横向水平支撑共同形成封闭式支撑体系：

1）檐口高度超过 15m；

2）在海边或陆地大风地区；

3）独立结构体系非矩形且高低差距较大，连为一个整体受力的结构体系；

4）刚架柱距大于 10m。

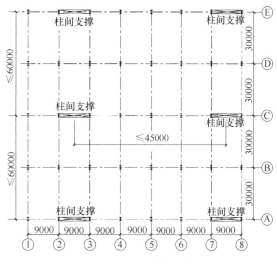

图 12.5　柱间支撑的布置

5. 墙架结构：

（1）山墙可设置由斜梁、抗风柱和墙面檩条组成的山墙墙架，抗风柱可直接铰接支承斜梁，利用墙面板蒙皮效应可将山墙架按无侧移刚架计算，如墙面有通长开洞，不便利用蒙皮效应，则应设置柱间交叉拉杆支撑，仍按无侧移刚架计算，或将边柱与梁刚接形成门式刚架，按门式刚架设计。

（2）当抗震设防烈度不高于 8 度时，外墙可采用金属压型板材或砌体结构，但外墙不宜采用嵌砌方式；当为 9 度时，外墙宜采用金属压型墙板或其他柔性材料组成的轻质墙板。

12.1.3　主体刚架与纵向受力体系的计算简图

图 12.6 是门式刚架简图，边柱为变截面，中柱为等截面，钢梁则随弯矩图的形状为变截面。

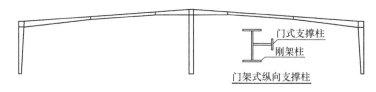

图 12.6　刚架构件形式

1. 与横向刚架垂直方向的支撑体系由屋面横向水平支撑和柱间支撑共同组成，承受所有纵向的各种作用，如风荷载、吊车制动力、地震作用等，其传力路径为：建筑的端部山墙面直接承受纵向风力作用，山墙面的抗风柱承受由墙梁（檩）传来的水平力，由自身的抗弯将山墙面一半的纵向荷载直接传给柱底基础，另一半荷载传到柱顶，由屋面交叉支撑形成的横向水平支撑（桁架）承受，由横向水平支撑（桁架）传给柱间支撑，再传到基础上。

2. 图 12.7 为一个跨度为 2 倍厂房跨度的屋面横向水平支撑桁架和柱间支撑组成的体系，令交叉支撑中的压杆退出工作后，转化为静定结构体系。

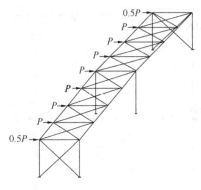

图 12.7　支撑体系计算模型

3. 屋面横向水平支撑和柱间支撑可以有多道，其纵向力由两端的一道支撑各自承受山墙上传来的纵向力。也可以纵向力加总，然后各道横向水平支撑平分。但是考虑支撑传力滞后效应，当支撑道数超过 4 道时，仅按 4 道支撑受力计算。

横向刚架的计算内力与纵向受力体系的内力无需进行叠加，但计算有柱间支撑的基础反力时，需要考虑这两者的叠加，对纵向荷载产生的内力可考虑乘上组合系数 0.6。

12.1.4　刚架梁、柱截面形式与尺寸选择

1. 一般情况下，刚架梁与柱均采用双轴对称的 H 形截面形式。当柱底刚接时，宜采用等截面形式，否则，宜采用变截面；中柱宜为等截面柱；屋面梁宜采用变截面形式，为简便制作，对跨中区段的屋面梁采用等截面形式。变截面构件宜采用腹板变高度方式，两构件相接处的截面高度应相同，翼缘的宽度和厚度可以不相同。各种变截面门式刚架形式见图 12.14～图 12.17。

2. 屋面梁与柱子相连处为变截面构件的大头，高度宜取跨度的 1/30 左右，小头高度宜为大头高度的 0.40～0.60；构件大头翼缘宽度宜为截面高度的 1/5～1/2.5，柱子的截面宽度大于或等于所连接的屋面梁宽度；边柱顶部的截面抗弯模量宜与所相连的梁端抗弯模量大致相等。

12.2　变截面刚架梁的计算与构造

本节的计算方法仅适用于屋面梁坡度不大于 1∶5、梁的轴向力忽略不计的情况。强度计算采用有效净截面，稳定性计算采用有效截面，变形和各种稳定系数计算采用毛截面。

12.2.1　强度计算

一般情况下，针对变截面构件的大头和小头按照弹性理论进行强度验算，不做塑性设计计算，但可进行屈曲后强度利用的设计，考虑屈曲后强度的计算见第 12.2.3 节。

构件截面的强度应按下式计算：

（1）正应力计算：

$$\frac{M_x}{\gamma_x W_{x,en}} \leqslant f \tag{12.1}$$

（2）剪应力验算：

$$\frac{V_y S}{I_x t_w} \leqslant f_v \tag{12.2}$$

式中，M_x、V_y 分别为验算截面处的弯矩和剪力；$W_{x,en}$ 为有效净截面抗弯模量；γ_x 为塑性发展系数，根据翼缘和腹板的宽厚比，H 形构件取 1.0 或 1.05；I_x、S、t_w 分别为截面惯性矩、验算剪应力处以上截面对中和轴的面积矩、腹板厚度；f、f_v 分别为钢材的抗弯设计值和抗剪设计值。

（3）在剪力 V_y 和弯矩 M_x 共同作用下的强度应符合下列要求：

当 $V_y \leqslant 0.5V_d$ 时 $\qquad\qquad M_x \leqslant M_e$ $\qquad\qquad$ (12.3a)

当 $0.5V_d < V_y < V_d$ 时 $\qquad M_x \leqslant M_f + (M_e - M_f)\left[1 - (\frac{V_y}{0.5V_d} - 1)^2\right]$ $\qquad$ (12.3b)

式中，V_d 为腹板抗剪承载力设计值，按式 (12.16) 计算；M_e 为构件有效截面所能承担的弯矩值，$M_e = W_{x,e}f$；M_f 为构件两翼缘所能承担的弯矩值，即：

$$M_f = \left(A_{f1}y_{e,c} + A_{f2}\frac{y_{e,t}^2}{y_{e,c}}\right)f \quad (12.4)$$

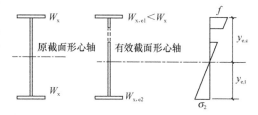

图 12.8 有效截面应力计算

$W_{x,e}$ 为构件有效截面抗弯模量；A_{f1}、A_{f2} 分别为受压翼缘和受拉翼缘面积；$y_{e,t}$、$y_{e,c}$ 分别为有效截面的形心轴到上下翼缘的距离，见图 12.8。

梁腹板应在与中柱连接处、较大集中荷载作用处和翼缘转折处设置横向加劲肋。

12.2.2 变截面梁整体稳定计算

上下翼缘均为侧向自由的变截面钢梁，如图 12.9 所示的托梁段，平面外稳定应按下式计算：

$$\frac{M_{x1}}{\gamma_x \varphi_b W_{x,e1}} \leqslant f \qquad\qquad (12.5)$$

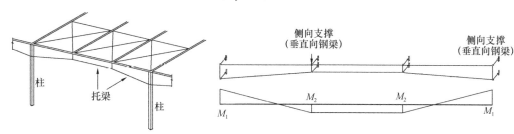

图 12.9 变截面托梁（抽柱引起）的稳定性验算

式中，M_{x1} 是所计算构件段大头截面的弯矩。

$$\varphi_b = \frac{1}{(1 - \lambda_{b0}^{2n} + \lambda_b^{2n})^{1/n}} \qquad\qquad (12.6a)$$

$$n = \frac{1.51}{\lambda_b^{0.1}}\sqrt[3]{\frac{b_1}{h_1}} \qquad\qquad (12.6b)$$

$$\lambda_{b0} = \frac{0.55 - 0.25k_\sigma}{(1+\gamma)^{0.2}} \qquad\qquad (12.6c)$$

γ 是梁段的楔率：

$$\gamma = (h_1 - h_0)/h_0 \qquad\qquad (12.6d)$$

k_σ 是小端截面压应力除以大端截面压应力，k_M 是弯矩比，是较小弯矩除以较大弯矩。

$$k_\sigma = k_M\frac{W_{x1}}{W_{x0}} \qquad\qquad (12.6e)$$

$$k_M = \frac{M_{x0}}{M_{x1}} \qquad\qquad (12.6f)$$

λ_{b} 是正则化长细比：

$$\lambda_{\mathrm{b}} = \sqrt{\frac{\gamma_{\mathrm{x}} M_{\mathrm{yk}}}{M_{\mathrm{cr}}}} \quad (M_{\mathrm{yk}} = W_{\mathrm{xl}} f_{\mathrm{yk}}) \tag{12.6g}$$

M_{cr} 是楔形变截面梁的弹性临界弯矩。

$$M_{\mathrm{cr}} = C_1 \frac{\pi^2 E I_{\mathrm{y}}}{L^2} \left[\beta_{\mathrm{x}\eta} + \sqrt{\beta_{\mathrm{x}\eta}^2 + \frac{I_{\omega\eta}}{I_{\mathrm{y}}} \left(1 + \frac{GJ_{\eta}L^2}{E\pi^2 I_{\omega\eta}} \right)} \right] \tag{12.7}$$

其中：

$$C_1 = 0.46 k_{\mathrm{M}}^2 \eta^{0.346} - 1.32 k_{\mathrm{M}} \eta^{0.132} + 1.86 \eta^{0.023} \leqslant 2.75 \tag{12.8a}$$

η 是受拉翼缘惯性矩与受压翼缘惯性矩之比：

$$\eta = I_{\mathrm{yB}} / I_{\mathrm{yT}} \tag{12.8b}$$

$\beta_{\mathrm{x}\eta}$ 是截面不对称系数：

$$\beta_{\mathrm{x}\eta} = 0.45 (1 + \gamma \eta_{\sigma}) h_0 \frac{I_{\mathrm{yT}} - I_{\mathrm{yB}}}{I_{\mathrm{y}}} \tag{12.8c}$$

$$\eta_{\sigma} = 0.55 + \frac{0.04}{\sqrt[3]{\eta}} \cdot (1 - k_{\sigma}) \tag{12.8d}$$

I_{y} 是绕弱轴惯性矩：

$$I_{\mathrm{y}} = I_{\mathrm{y0}} , \quad I_{\mathrm{y0}} = \frac{1}{12} t_{\mathrm{T}} b_{\mathrm{T}}^3 + \frac{1}{12} t_{\mathrm{B}} b_{\mathrm{B}}^3 \tag{12.8e}$$

I_{wy} 是扇形惯性矩：

$$I_{\omega\eta} = I_{\omega 0} \cdot (1 + \gamma \eta)^2 , \quad I_{\omega 0} = I_{\mathrm{yT}} \cdot h_{\mathrm{sT0}}^2 + I_{\mathrm{yB}} \cdot h_{\mathrm{sB0}}^2 \tag{12.8f}$$

J_{η} 是圣维南常数：

$$J_{\eta} = J_0 + \frac{1}{3} (h_0 - t_{\mathrm{f}}) t_{\mathrm{w}}^3 \gamma \eta , \tag{12.8g}$$

$$J_0 = \frac{1}{3} b_{\mathrm{T}} t_{\mathrm{T}}^3 + \frac{1}{3} b_{\mathrm{B}} t_{\mathrm{B}}^3 + \frac{1}{3} (h_0 - 2 t_{\mathrm{f}}) t_{\mathrm{w}}^3 \tag{12.8h}$$

式中，h_{sT0}、h_{sB0} 分别是小端截面上下翼缘的中面到剪切中心的距离；I_{yT}、I_{yB} 分别是小端截面上下翼缘绕弱轴的惯性矩；h_0 是小端截面高度；b_1、h_1 分别是大端截面宽度和高度；b_{T}、t_{T}、b_{B}、t_{B} 分别是翼缘的宽度和厚度；L 是梁段平面外计算长度；$W_{\mathrm{x,el}}$ 是构件大头有效截面最大受压纤维的截面模量；W_{xl} 是构件大头毛截面受压最大纤维的截面模量，W_{x0} 是小端截面的截面模量，取与 W_{xl} 同一侧的边缘纤维计算。

12.2.3　一个翼缘侧向有支撑的变截面梁整体稳定计算

门式刚架变截面梁上翼缘有均匀布置的檩条，檩条上安装屋面板，可以认为梁上翼缘的侧向位移被阻止，但截面的扭转还可以发生。在下翼缘受压时，这种钢梁可发生绕定点轴的扭转失稳（图 12.10）。

这种钢梁的临界弯矩为：

$$M_{\mathrm{cr}} = \frac{1}{2(e_1 - \beta_{\mathrm{x}})} \left[GJ + \frac{\pi^2}{L^2} (EI_{\mathrm{y}} e_1^2 + EI_{\omega}) \right] \tag{12.9a}$$

$$\beta_{\mathrm{x}} = 0.45 h \frac{I_1 - I_2}{I_{\mathrm{y}}} \tag{12.9b}$$

式中，e_1 是梁截面的剪切中心到檩条形心线的距离；I_1 是下翼缘（未连接檩条的翼缘）绕

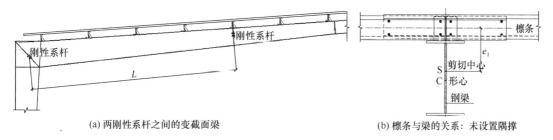

图 12.10 一个翼缘有侧向支撑的变截面梁段的稳定

弱轴的惯性矩；I_2 是与檩条连接的翼缘的绕弱轴的惯性矩；J 是自由扭转常数，以大端截面计算；I_ω 是截面的翘曲惯性矩，以大端截面计算；I_y 是截面绕弱轴的惯性矩，$I_y = I_1 + I_2$；L 是刚性系杆之间的距离。

求得 M_{cr} 后，由式（12.6g）计算正则化长细比 λ_b，由式（12.6d）、式（12.6e）和式（12.6f）分别计算在计算长度范围内的 γ、k_M、k_σ，由式（12.6a）、式（12.6b）和式（12.6c）计算稳定系数 φ_b，代入式（12.5）验算变截面梁段的稳定。

12.2.4 隔撑-檩条体系支撑的变截面梁整体稳定计算

1. 屋面梁和檩条之间设置的隔撑（采用角钢 L50×4～L75×6），满足以下条件时，下翼缘受压的屋面梁的平面外计算长度可以考虑隔撑的作用：

（1）当斜梁的负弯矩区每一道檩条处都布置隔撑，且在屋面梁的两侧均设置隔撑。

（2）隔撑的上支承点的位置不低于檩条形心线。

（3）隔撑能够承受一定的压力：

$$N_k = \frac{A_{bf} f}{60\cos\alpha}\sqrt{\frac{f_{yk}}{235}} \tag{12.10}$$

式中，A_{bf} 为钢梁下翼缘的面积，α 是隔撑与水平面的夹角。

（4）隔撑两端螺栓应能承担 N_k 的两倍的剪力或与隔撑等强。

（5）当檩条腹板高厚比大于 100 时，应采取措施减少隔撑支撑点处的侧面位移。

符合上述条件时，隔撑支撑斜梁的临界弯矩计算公式是：

$$M_{cr} = \frac{GJ + 2(e_1 + e_2)\sqrt{k_b(EI_y e_1^2 + EI_\omega)}}{2(e_1 - \beta_x)} \tag{12.11}$$

$$k_b = \frac{1}{l_{kk}} \cdot \frac{6EI_p}{\beta e l_p^2 (3 - 4\beta)\tan\alpha} \tag{12.12}$$

式中，$e = e_1 + e_2$，e_2 是剪切中心到下翼缘中心的距离；β 是隔撑与檩条的连接点离开主梁的距离与檩条跨度的比值；l_p 是檩条的跨度；I_p 是檩条截面绕强轴的惯性矩；l_{kk} 是相邻隔撑的间距；J、I_y、I_ω 分别是大端截面的自由扭转常数、绕弱轴惯性矩和翘曲惯性矩。

求得 M_{cr} 后，由式（12.6g）计算正则化长细比 λ_b，由式（12.6d）、式（12.6e）和式（12.6f）计算三倍隔撑间距范围内的 γ、k_M、k_σ，由式（12.6a）、式（12.6b）和式（12.6c）计算稳定系数 φ_b，代入式（12.5）验算变截面梁段的稳定。γ、k_M、k_σ 也可以偏安全地都取 1.0。

2. 隔撑作为钢梁的侧向支撑，与传统的支撑有根本的不同（图 12.12）：隔撑的远端（与檩条连接的一端）是可动的［图 12.11（b）］，隔撑对梁侧向稳定的作用取决于檩条截面惯性矩，与隔撑本身几乎没有关系，见式（12.12）。即隔撑对钢梁的侧向支撑，实际上是檩条的抗弯刚度提供的，隔撑起到了一个传递媒介的作用。

支撑的远端是可移动时，这种支撑称为相对支撑（relative bracing），隔撑是一种相对支撑。相对支撑对被支撑构件的支撑作用取决于远端移动的程度。两根平行压杆的中部用刚性系杆相连，如果两压杆同时失稳，则这根刚性系杆对稳定性没有任何作用。

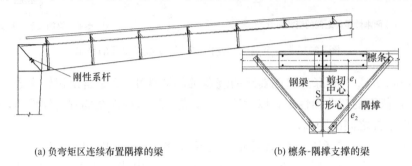

(a) 负弯矩区连续布置隔撑的梁　　　　　(b) 檩条-隔撑支撑的梁

图 12.11　檩条-隔撑体系支撑的屋面梁

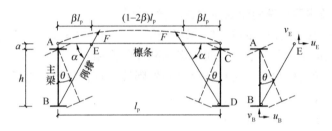

图 12.12　隔撑对梁的侧向支撑作用

3. 檩条-隔撑体系对屋盖梁的平面外稳定的作用，直接在临界弯矩计算公式中考虑。如果梁比较小，檩条截面比较大，檩条-隔撑体系的约束作用相对比较大，临界弯矩相对比较大，等效换算的计算长度可能小于两倍檩距。如果梁截面大，檩条截面小，檩条-隔撑体系对钢梁的侧向支撑作用相对较弱，按照式（12.11）计算的临界弯矩，其等效换算的计算长度可能大于两倍檩距。直接采用式（12.11）计算临界弯矩，避免了需要确定计算长度的问题。

4. 应用式（12.11）的前提是在每一道檩条处都布置了隔撑，这是将隔撑对梁受压翼缘的约束进行连续化处理［式（12.12）中除以 l_{kk}］的一个先决条件。如果每隔一根檩条布置一根隔撑，假设间隔 3m 设一根隔撑，这么大的距离进行连续化处理，则梁的跨度或相邻刚性系杆的间距应在 9m 以上。此时由式（12.10）计算得到的临界弯矩还应与取两倍檩距作为计算长度、按照式（12.9）计算得到的临界弯矩进行比较，取较小值进行弹塑性稳定系数的计算。

12.2.5　梁受压板件的局部稳定与屈曲后强度计算

1. 梁的受压翼缘自由外伸宽度 b 与其厚度 t 之比，应符合下式要求：

$$\frac{b}{t} \leqslant 15\sqrt{\frac{235}{f_{yk}}} \tag{12.13}$$

梁的腹板的高度 h_w 与其厚度 t_w 之比，应符合下式要求：

$$\frac{h_{\mathrm{w}}}{t_{\mathrm{w}}} \leqslant 250 \sqrt{\frac{235}{f_{\mathrm{yk}}}} \tag{12.14}$$

2. 当腹板高厚比满足下面条件时，可不设置横向加劲肋：

$$\tau \leqslant \varphi_{\tau,\mathrm{ep}} f_{\mathrm{v}} \tag{12.15a}$$

式中，f_{v} 是抗剪强度设计值；$\varphi_{\tau,\mathrm{ep}}$ 是弹塑性剪切屈曲的稳定系数，为：

$$\varphi_{\tau,\mathrm{ep}} = \min\left[1.0, \frac{1}{(0.738 + \lambda_{\mathrm{s}}^6)^{1/3}}\right] \tag{12.15b}$$

λ_{s} 是与腹板剪切屈曲的正则化宽厚比，按式（12.19a）计算。

3. 当腹板不满足式（12.15）条件时，需设置横向加劲肋，且加劲肋间距与腹板板幅大端高度之比小于等于3，并进行屈曲后强度计算。

（1）腹板高度变化的区格，其抗剪承载力设计值应按下列公式计算：

$$V_{\mathrm{d}} = \chi_{\mathrm{tap}} \varphi_{\mathrm{ps}} h_{\mathrm{w1}} t_{\mathrm{w}} f_{\mathrm{v}} \leqslant h_{\mathrm{w0}} t_{\mathrm{w}} f_{\mathrm{v}} \ (h_{\mathrm{w0}}/t_{\mathrm{w}} \leqslant 80\varepsilon_{\mathrm{k}}) \tag{12.16}$$

$$\varphi_{\mathrm{ps}} = \min\left[1.0, \frac{1}{(0.51 + \lambda_{\mathrm{s}}^{3.2})^{1/2.6}}\right] \tag{12.17}$$

式中，h_{w1}、h_{w0} 分别是楔形腹板大端和小端腹板高度，小端宜满足 $h_{\mathrm{w0}}/t_{\mathrm{w}} \leqslant 80\sqrt{235/f_{\mathrm{yk}}}$；$\chi_{\mathrm{tap}}$ 是腹板剪切屈曲后抗剪强度的楔率折减系数（表12.1），计算公式为：

$$\chi_{\mathrm{tap}} = 1 - 0.35\alpha_{\mathrm{p}}^{0.2} \gamma_{\mathrm{p}}^{2/3} \tag{12.18}$$

式中，γ_{p} 是区格的楔率，$\gamma_{\mathrm{p}} = h_{\mathrm{w1}}/h_{\mathrm{w0}} - 1$；$\alpha_{\mathrm{p}}$ 是区格的长度与高度之比，$\alpha_{\mathrm{p}} = a/h_{\mathrm{w1}}$；$a$ 是加劲肋间距，见图12.13。

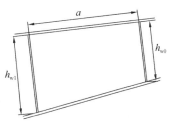

图 12.13 变截面梁加横向加劲肋

抗剪承载力楔率折减系数 χ_{tap} 表 12.1

α_{p}	γ_{p}						
	0	0.05	0.1	0.15	0.2	0.25	0.3
1	1	0.952	0.925	0.901	0.88	0.861	0.843
1.25	1	0.95	0.921	0.897	0.875	0.855	0.836
1.5	1	0.948	0.918	0.893	0.87	0.849	0.83
1.75	1	0.947	0.916	0.889	0.866	0.845	0.825
2	1	0.945	0.913	0.886	0.863	0.84	0.82
2.25	1	0.944	0.911	0.884	0.859	0.837	0.816
2.5	1	0.943	0.909	0.881	0.856	0.833	0.812
2.75	1	0.942	0.908	0.879	0.853	0.83	0.808
3	1	0.941	0.906	0.877	0.851	0.827	0.805

（2）参数 λ_{s} 应按下式计算：

$$\lambda_{\mathrm{s}} = \frac{h_{\mathrm{w1}}/t_{\mathrm{w}}}{37 \sqrt{k_{\tau}} \sqrt{235/f_{\mathrm{y}}}} \tag{12.19a}$$

当 $\dfrac{a}{h_{\mathrm{w1}}} \leqslant 1.0$ 时 $\quad k_{\tau} = 4 + 5.34/(a/h_{\mathrm{w1}})^2 \tag{12.19b}$

当 $\dfrac{a}{h_{w1}} \geqslant 1$ 时　$k_\tau = \eta_s [5.34 + 4/(a/h_{w1})^2]$　　　　　　(12.19c)

式中，η_s 是屈曲系数的楔率修正系数（表 12.2），计算式为：

$$\eta_s = 1 + \gamma_p^{0.25} \frac{0.25\sqrt{\gamma_p} + \alpha_p - 1}{\alpha_p^{2-0.25\sqrt{\gamma_p}}}$$　　　　　　(12.19d)

剪切屈曲系数的楔率修正系数 η_s　　　　　　表 12.2

α_p	γ_p									
	0	0.1	0.2	0.3	0.4	0.5	1	1.5	2	3
1	1	1.044	1.075	1.101	1.126	1.149	1.25	1.339	1.42	1.57
1.5	1	1.149	1.19	1.221	1.248	1.272	1.369	1.449	1.521	1.65
2	1	1.16	1.201	1.231	1.257	1.28	1.372	1.447	1.514	1.637
2.5	1	1.153	1.191	1.22	1.244	1.265	1.352	1.423	1.488	1.605
3	1	1.142	1.177	1.204	1.227	1.247	1.329	1.397	1.459	1.573
3.5	1	1.131	1.164	1.189	1.21	1.229	1.307	1.372	1.431	1.542
4	1	1.121	1.152	1.175	1.195	1.213	1.287	1.35	1.407	1.515
6	1	1.091	1.116	1.135	1.151	1.166	1.228	1.282	1.333	1.431
8	1	1.073	1.094	1.11	1.124	1.136	1.191	1.239	1.285	1.376

4. 梁腹板利用屈曲后强度时，其中间加劲肋除承受集中荷载和翼缘转折产生的压力外，还应承受拉力场产生的压力，该压力应按下式计算：

$$N_s = V_y - 0.9\varphi_{\tau,ep} h_w t_w f_v$$　　　　　　(12.20)

式中，N_s 是拉力场产生的压力；$\varphi_{\tau,ep}$ 是腹板剪切屈曲稳定系数（不利用屈曲后强度），按式（12.15b）计算；h_w、t_w 分别是腹板的高度和厚度。

验算加劲肋稳定性时，其截面应包括每侧 $15t_w\sqrt{235/f_{yk}}$ 宽度范围内的腹板面积，计算长度取 h_w。

12.2.6　构造要求

1. 根据跨度、高度和荷载的不同，门式刚架的梁采用变截面或等截面实腹焊接 H 形截面。变截面构件通常改变腹板的高度，做成楔形，如图 12.6 所示；结构构件在安装单元内一般不改变翼缘截面；邻接的安装单元可采用不同的翼缘截面和腹板厚度，两单元相接处的截面高度应相等。

2. 梁大头截面高度约为跨度的 1/30，小头截面高度约为大头高度的 2/5~3/5，翼缘的宽度约为梁高度的 1/5~2/5，构件大头处腹板的高厚比不宜大于 150，当控制焊接变形技术水平较高时，可适当提高腹板高厚比。

3. 斜梁可根据运输条件划分为若干个单元。一个单元构件本身采用焊接，单元构件之间通过端板以高强度螺栓连接。用高强度螺栓满足充分预张拉条件以保证节点刚度，螺栓直径与端板厚度通过计算确定，见第 4 章的 4.5.4 节，端板厚度不宜小于高强度螺栓的直径，端板可布置加劲肋以提高节点连接刚度，减小螺栓连接的杠杆撬力。端板加劲肋的长度宜不小于其宽度的 1.5 倍，加劲肋的端头宜切有不小于 10mm 的边以方便绕焊。翼缘处的加劲肋厚度宜不小于翼缘厚度和腹板厚度的 1.4 倍，腹板处的加劲肋厚度宜比腹板厚度大 2mm。

4. 梁腹板应在与柱子连接处、较大集中荷载作用处和翼缘转折处设置横向加劲肋，横向加劲肋的宽度和厚度应与梁、柱翼缘尺寸配置相同。其余处如需设置横向加劲肋，宜在腹板两侧成对配置，其尺寸应符合下列要求：

外伸宽度（mm）：

$$b_s \geqslant h_w/30 + 40 \tag{12.21a}$$

厚度（mm）：

$$t_s = b_s/15 \tag{12.21b}$$

5. 屋盖梁的上翼缘受压应力作用时，其侧向稳定性依靠屋面系统中的檩条起支撑作用；梁的下翼缘受压应力作用时，其侧向稳定性部分地依靠连接在檩条上的隅撑起支撑作用。在梁柱节点处应加密布置隅撑，应在节点的每一边至少连续布置两道隅撑，其余区段如不会出现弯矩反号，可每隔一根檩条布置隅撑。

12.3　变截面柱的计算与构造

强度计算采用有效净截面，变形计算和各种稳定计算采用毛截面。

12.3.1　强度计算

一般情况下，变截面构件的大头和小头按照弹性理论进行强度验算，不做塑性设计计算，但可进行屈曲后强度利用的设计。构件截面的强度应按下式计算：

（1）正应力计算：

$$\frac{N}{A_{en}} + \frac{M_x}{W_{enx}} \leqslant f \tag{12.22}$$

（2）剪应力验算：

$$\frac{V_y S}{I_x t_w} \leqslant f_v \tag{12.23}$$

式中，N、M_x、V_y 分别为验算截面处的轴向力、弯矩和剪力；A_{en}、W_{enx} 分别为有效净截面积和有效抗弯模量；I_x、S、t_w 分别为截面惯性矩、验算剪应力处以上截面对中和轴的面积矩、腹板厚度；f、f_v 分别为钢材的抗弯设计值和抗剪设计值。

（3）在剪力 V_y、弯矩 M_x 和轴力 N 共同作用下的强度，应符合下列要求：

当 $V_y \leqslant 0.5V_d$ 时

$$\frac{N}{A_e} + \frac{M_x}{W_{ex}} \leqslant f \tag{12.24a}$$

当 $0.5V_d < V_y \leqslant V_d$ 时 $\quad M_x \leqslant M_f^N + (M_e^N - M_f^N)\left[1 - \left(\frac{V_y}{0.5V_d} - 1\right)^2\right] \tag{12.24b}$

式中，V_d 是腹板抗剪承载力设计值，按式（12.16）计算；M_e^N 是兼承轴力时，有效截面所能承担的弯矩值：

$$M_e^N = M_e - NW_{ex}/A_e \tag{12.24c}$$

M_f^N 是兼承轴力时，两翼缘所能承担的弯矩值：

$$M_f^N = \left(A_{f1} y_{e,c} + A_{f2} \frac{y_{e,t}^2}{y_{e,c}}\right)\left(f - \frac{N}{A_e}\right) \tag{12.24d}$$

A_e 是轴力和弯矩共同作用下的有效截面面积。

式（12.24b）可以改写为：

$$\frac{M}{M_e} \leqslant \left(1 - \frac{N}{A_e f}\right)\left\{\frac{M_f}{M_e} + \left(1 - \frac{M_f}{M_e}\right)\left[1 - \left(\frac{V}{0.5V_d} - 1\right)^2\right]\right\} \tag{12.24e}$$

12.3.2　变截面柱的计算长度

1. 小头铰接的变截面门式刚架柱有侧移弹性屈曲临界荷载及计算长度系数由如下公式计算：

$$N_{cr} = \frac{\pi^2 E I_1}{(\mu H)^2} \tag{12.25}$$

$$\mu = 2\kappa \left(\frac{I_1}{I_0}\right)^{0.145} \sqrt{1 + \frac{0.38}{K}} \tag{12.26a}$$

$$K = \frac{K_z}{6 i_{c1}} \left(\frac{I_1}{I_0}\right)^{0.29} \tag{12.26b}$$

式中，μ 是变截面柱换算成以大端截面为准的等截面柱的计算长度系数；I_0 是立柱小端截面的惯性矩；I_1 是立柱大端截面的惯性矩；H 是楔形变截面柱的高度；K_z 是梁对柱子的转动约束；i_{c1} 是线刚度，$i_{c1} = E I_1 / H$；κ 是铰接柱脚嵌固系数，取值：销轴式的铰支，$\kappa = 1.0$；平板式的铰支，$\kappa = 1 - 0.15 \left(\frac{h_0}{h_1}\right)^{0.75}$，$h_0$、$h_1$ 分别是小端和大端截面的高度；如果柱脚固支（柱脚固支时柱子一般应等截面），则 $\kappa = 1.2$。

2. 在确定框架梁对框架柱的转动约束时：

（1）在梁的两端都与柱子刚接时，假设梁的变形形式使得反弯点出现在梁的跨中，取出半跨梁，远端铰支，在近端施加弯矩，求出近端的转角，由下式计算转动约束：

$$K_z = M/\theta \tag{12.27}$$

（2）刚架梁近端与柱子简支，转动约束为 0。

3. 楔形变截面梁对框架柱的转动约束：

（1）刚架梁形式一（图 12.14）：

$$K_{z1} = 3 i_1 (I_0/I_1)^{0.2} \tag{12.28}$$

式中，$i_1 = \dfrac{E I_1}{s}$；I_0 是变截面梁跨中小端截面的惯性矩；I_1 是变截面梁檐口大端截面的惯性矩；s 是变截面梁的斜长。

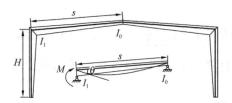

图 12.14　刚架梁形式一
及其转动刚度计算模型

图 12.15　刚架梁形式二及其
转动刚度计算模型

（2）刚架梁形式二（图 12.15）：

$$\frac{1}{K_z} = \frac{1}{K_{11,1}} + \frac{2s_2}{s} \frac{1}{K_{12,1}} + \left(\frac{s_2}{s}\right)^2 \frac{1}{K_{22,1}} + \left(\frac{s_2}{s}\right)^2 \frac{1}{K_{22,2}} \tag{12.29}$$

$$\begin{cases} K_{11,1} = 3i_{11}R_1^{0.2} \\ K_{12,1} = 6i_{11}R_1^{0.44} \\ K_{22,1} = 3i_{11}R_1^{0.712} \\ K_{22,2} = 3i_{21}R_2^{0.712} \end{cases} \tag{12.30}$$

式中，R_1 是与立柱相连的变截面梁段，远端截面惯性矩与近端截面惯性矩之比，$R_1 = I_{10}/I_{11}$；R_2 是第 2 变截面梁段，近端截面惯性矩与远端截面惯性矩之比，$R_2 = I_{20}/I_{21}$；s 是与立柱相连的第 1 段变截面梁的斜长与第 2 段变截面梁的斜长之和，$s = s_1 + s_2$；s_1 是与立柱相连的第 1 段变截面梁的斜长；s_2 是第 2 段变截面梁的斜长；i_{11} 是以大端截面惯性矩计算的线刚度，$i_{11} = \dfrac{EI_{11}}{s_1}$；$i_{21}$ 是以第 2 段远端截面惯性矩计算的线刚度，$i_{21} = \dfrac{EI_{21}}{s_2}$；$I_{10}$、$I_{11}$、$I_{20}$、$I_{21}$ 是变截面梁惯性矩，如图 12.15 所示。

（3）刚架梁形式三（图 12.16）：

$$\frac{1}{K_z} = \frac{1}{K_{11,1}} + 2\left(1 - \frac{s_1}{s}\right)\frac{1}{K_{12,1}} + \left(1 - \frac{s_1}{s}\right)^2\left(\frac{1}{K_{22,1}} + \frac{1}{3i_2}\right)$$
$$+ \frac{2s_3(s_2 + s_3)}{s^2}\frac{1}{6i_2} + \left(\frac{s_3}{s}\right)^2\left(\frac{1}{3i_2} + \frac{1}{K_{22,3}}\right) \tag{12.31}$$

式中，
$$\begin{cases} K_{11,1} = 3i_{11}R_1^{0.2} \\ K_{12,1} = 6i_{11}R_1^{0.44} \\ K_{22,1} = 3i_{11}R_1^{0.712} \\ K_{22,3} = 3i_{31}R_3^{0.712} \end{cases} \tag{12.32a}$$

$$\begin{cases} R_1 = \dfrac{I_{10}}{I_{11}} \\ R_3 = \dfrac{I_{30}}{I_{31}} \end{cases} \tag{12.32b}$$

$$\begin{cases} i_{11} = \dfrac{EI_{11}}{s_1} \\ i_2 = \dfrac{EI_2}{s_2} \\ i_{31} = \dfrac{EI_{31}}{s_3} \end{cases} \tag{12.32c}$$

式中，I_{10}、I_{11}、I_2、I_{30}、I_{31} 为变截面梁惯性矩，如图 12.16 所示。

当中间柱是框架柱时［图 12.17（a）］，钢梁对边柱和中柱的约束，按照反弯点在跨

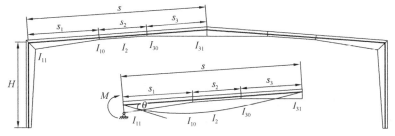

图 12.16　刚架梁形式三及其转动刚度计算模型

中截面确定。当中间柱是摇摆柱时［图 12.17（b）］，钢梁对边柱的约束，取反弯点在摇摆柱柱顶。

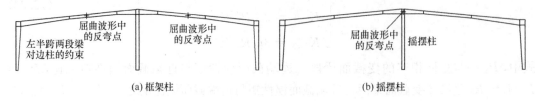

图 12.17　中柱分别是框架柱和摇摆柱时钢梁对柱子的约束

4. 当为阶形柱或两段柱子时，如图 12.18 所示，下柱和上柱的计算长度按照以下公式确定：

下柱计算长度系数：
$$\mu_1 = \sqrt{\gamma} \cdot \mu_2 \tag{12.33a}$$

上柱计算长度系数：
$$\mu_2 = \sqrt{\frac{6K_1K_2 + 4(K_1 + K_2) + 1.52}{6K_1K_2 + K_1 + K_2}} \tag{12.33b}$$

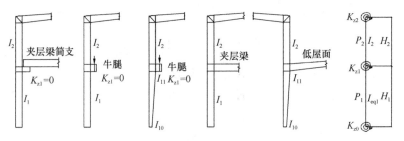

图 12.18　变截面阶形刚架柱的计算模型

$$\begin{cases} K_2 = \dfrac{K_{z2}}{6i_{c2}} \\[2mm] K_1 = \dfrac{K_{z1}}{6i_{c2}} + \dfrac{b + \sqrt{b^2 - 4ac}}{12a} \end{cases} \tag{12.34a}$$

$$a = (a_1b_1\gamma - a_2b_2)i_{c2}^2 \tag{12.34b}$$

$$b = (K_{z0}i_{c1}\gamma b_1 - \gamma c_2 a_1 - i_{c1}a_3 b_2 + c_1 a_2)i_{c2} \tag{12.34c}$$

$$c = i_{c1}(c_1 a_3 - K_{z0}c_2\gamma) \tag{12.34d}$$

$$\begin{cases} a_1 = K_{z0} + i_{c1} \\ a_2 = K_{z0} + 4i_{c1} \\ a_3 = 4K_{z0} + 9.12i_{c1} \end{cases} \tag{12.34e}$$

$$\begin{cases} b_1 = K_{z2} + 4i_{c2} \\ b_2 = K_{z2} + i_{c2} \end{cases} \tag{12.34f}$$

$$\begin{cases} c_1 = K_{z1}K_{z2} + (K_{z1} + K_{z2})i_{c2} \\ c_2 = K_{z1}K_{z2} + 4(K_{z1} + K_{z2})i_{c2} + 9.12i_{c2}^2 \end{cases} \tag{12.34g}$$

$$\gamma = \frac{N_2 H_2}{N_1 H_1} \frac{i_{c1}}{i_{c2}} \tag{12.34h}$$

式中，K_{z0} 是柱脚对柱子提供的转动约束；柱脚铰支时，$K_{z0}=0.5i_{c1}$，柱脚固定时，$K_{z0}=50i_{c1}$；K_{z1} 是中间梁（低跨屋面梁，夹层梁）对柱子提供的转动约束，按照前述第 3 条确定；K_{z2} 是屋面梁对上柱柱顶的转动约束，按照前述第 3 条确定；i_{c1} 是下柱线刚度，下柱为变截面时 $i_{c1}=\dfrac{EI_{11}}{H_1}\left(\dfrac{I_{10}}{I_{11}}\right)^{0.29}$；$i_{c2}$ 是上柱线刚度，$i_{c2}=\dfrac{EI_2}{H_2}$；I_1、I_2、I_{10}、I_{11} 是柱子的惯性矩，如图 12.18 所示；N_1、N_2 分别是下柱和上柱的轴力；H_1、H_2 分别是下柱和上柱的高度。

5. 当为二阶柱或三阶柱时，下柱、中柱和上柱的计算长度，按照图 12.19 所示模型确定，或按照以下公式计算：

$$\mu_1=\sqrt{\gamma_1}\cdot\mu_2 \tag{12.35a}$$

$$\mu_2=\sqrt{\frac{6K_1K_2+4(K_1+K_2)+1.52}{6K_1K_2+K_1+K_2}} \tag{12.35b}$$

$$\mu_3=\sqrt{\gamma_3}\cdot\mu_2 \tag{12.35c}$$

中柱 BC：

$$\begin{cases} K_1=K_{b1}-\dfrac{\eta}{6} \\[2mm] K_2=K_{b2}-\dfrac{\xi}{6} \end{cases} \tag{12.36a}$$

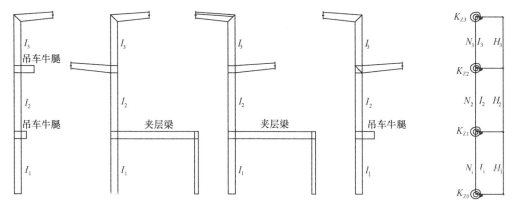

图 12.19 三阶刚架柱的计算模型

式中，ξ、η 由以下公式给出的三组解中之一确定：

$$\eta_j=2\sqrt[3]{r}\cos\left[\frac{\theta+2(j-2)\pi}{3}\right]-\frac{b}{3a},j=1,2,3 \tag{12.36b}$$

$$\xi_j=\frac{6(e_3\eta_j+e_4)}{e_1\eta_j+e_2},j=1,2,3 \tag{12.36c}$$

在式（12.36b）、（12.36c）给出的三组解中，满足式（12.36d）的 K_1、K_2 为唯一有效解（每一段柱子都要满足）：

$$\begin{cases} K_1>-\dfrac{1}{6} \\[2mm] K_2>-\dfrac{1}{6} \\[2mm] 6K_1K_2+K_1+K_2>0 \end{cases} \tag{12.36d}$$

式中，$r=\sqrt{\dfrac{m^3}{27}}$，$\theta=\arccos\dfrac{-n}{\sqrt{-4m^3/27}}$，$\Delta=\dfrac{n^2}{4}+\dfrac{m^3}{27}$，$m=\dfrac{3ac-b^2}{3a^2}$，$n=\dfrac{2b^3-9abc+27a^2d}{27a^3}$

$a=\gamma_1 a_2 g_4-a_1 g_1$，$b=\gamma_1 a_2 g_5+6\gamma_1 K_{b0}K_{c1}g_4-a_1 g_2-6K_{c1}a_3 g_1$

$c=\gamma_1 a_2 g_6+6\gamma_1 K_{b0}K_{c1}g_5-a_1 g_3-6K_{c1}a_3 g_2$，$d=6K_{c1}(\gamma_1 K_{b0}g_6-a_3 g_3)$

$e_1=a_2 b_1 \gamma_1-a_1 b_2 \gamma_3$，$e_2=6K_{c1}(K_{b0}\gamma_1 b_1-a_3 b_2 \gamma_3)$

$e_3=K_{c3}(\gamma_3 K_{b3}a_1-b_3 a_2 \gamma_1)$，$e_4=6K_{c1}K_{c3}(\gamma_3 K_{b3}a_3-\gamma_1 K_{b0}b_3)$

$a_1=6K_{b0}+4K_{c1}$，$a_2=6K_{b0}+K_{c1}$，$a_3=4K_{b0}+1.52K_{c1}$

$b_1=6K_{b3}+4K_{c3}$，$b_2=6K_{b3}+K_{c3}$，$b_3=4K_{b3}+1.52K_{c3}$

$c_1=6K_{b1}+4$，$c_2=6K_{b1}+1$

$d_1=6K_{b2}+4$，$d_2=6K_{b2}+1$

$f_1=6K_{b1}K_{b2}+K_{b2}+K_{b1}$，$f_2=6K_{b1}K_{b2}+4(K_{b2}+K_{b1})+1.52$

$g_1=e_3-\dfrac{1}{6}d_2 e_1$，$g_2=f_1 e_1-c_2 e_3-\dfrac{1}{6}d_2 e_2+e_4$，$g_3=f_1 e_2-c_2 e_4$，

$g_4=e_3-\dfrac{1}{6}d_1 e_1$，$g_5=f_2 e_1-c_1 e_3-\dfrac{1}{6}d_1 e_2+e_4$，$g_6=f_2 e_2-c_1 e_4$

$K_{b0}=\dfrac{K_{z0}}{6i_{c2}}$，$K_{b1}=\dfrac{K_{z1}}{6i_{c2}}$，$K_{b2}=\dfrac{K_{z2}}{6i_{c2}}$，$K_{b3}=\dfrac{K_{z3}}{6i_{c2}}$，$K_{c1}=\dfrac{i_{c1}}{i_{c2}}$

$K_{c3}=\dfrac{i_{c3}}{i_{c2}}$，$\gamma_1=\dfrac{N_2 H_2}{N_1 H_1}\dfrac{i_{c1}}{i_{c2}}$，$\gamma_3=\dfrac{N_2 H_2}{N_3 H_3}\dfrac{i_{c3}}{i_{c2}}$

式中，i_{c1}、i_{c2}、i_{c3} 分别是下柱、中柱和上柱的线刚度，$i_{c1}=\dfrac{EI_1}{H_1}$，$i_{c2}=\dfrac{EI_2}{H_2}$，$i_{c3}=\dfrac{EI_3}{H_3}$。

6. 当有摇摆柱时（图 12.20），确定梁对框架柱的转动约束时应假设梁远端铰支点在摇摆柱的柱顶，且这样确定的框架柱的计算长度系数应乘以如下的放大系数：

$$\eta=\sqrt{1+\dfrac{\sum N_j/h_j}{\sum P_i/H_i}} \tag{12.37}$$

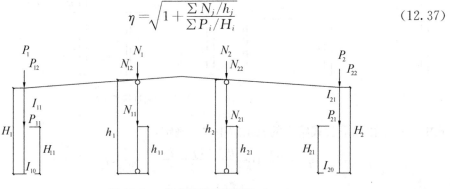

图 12.20　带有摇摆柱的框架

式中，N_j 是换算到柱顶的摇摆柱的轴压力，$N_j=\dfrac{1}{h_j}\sum\limits_{k}N_{jk}h_{jk}$；$N_{jk}$ 是第 j 个摇摆柱上第 k 个竖向荷载，h_{jk} 是其作用的高度；P_i 是换算到柱顶的框架柱的轴压力，$P_i=\dfrac{1}{H_i}\sum\limits_{k}P_{ik}H_{ik}$；$P_{ik}$ 是第 i 个柱子上第 k 个竖向荷载，H_{ik} 是其作用的高度。

中间无竖向荷载的摇摆柱的计算长度系数为 1.0。

如摇摆柱的柱中作用有竖向荷载，可考虑上下柱段的相互作用决定各柱段的计算长度

系数，即：

$$\mu = 0.75 + 0.25\frac{N_2}{N_1} \tag{12.38}$$

7. 当采用二阶分析时：

(1) 在重力荷载作用点处施加大小为重力荷载的 0.5% 的水平假想荷载。

(2) 等截面单段柱的计算长度系数取 1.0。

(3) 有吊车厂房，二阶或三阶柱各柱段的计算长度系数，按照柱顶无侧移、柱顶铰接的模型查表确定，在有夹层或高低跨时，各柱段的计算长度系数取 1.0。

(4) 柱脚铰接的单段变截面柱子的轴力和计算长度系数 μ_r 分别是：

$$N_{cr} = \frac{\pi^2 EI}{(\mu_r H)^2} \tag{12.39a}$$

$$\mu_r = \frac{1 + 0.035\gamma}{1 + 0.54\gamma}\sqrt{\frac{I_1}{I_0}} \tag{12.39b}$$

式中，$\gamma = h_1/h_0 - 1$ 是楔率；h_0、h_1 分别是小头和大头截面的高度；I_0、I_1 分别是小头和大头截面的惯性矩；H 是变截面柱的柱高。

二阶分析中，柱子的计算长度取 1，变截面柱子，要换算成大端截面的，μ_r 是换算系数。

8. 单层多跨房屋，当各跨屋面梁的标高无突变（无高低跨）时，可以考虑各柱相互支援作用，采用修正的计算长度系数进行刚架柱的平面内稳定计算。修正的计算长度系数如下：

$$\mu'_j = \kappa\frac{\pi}{h_j}\sqrt{\frac{EI_{cj}}{P_j \cdot K}\left(1.2\sum\frac{P_i}{h_i} + \sum\frac{N_k}{h_k}\right)} \tag{12.40a}$$

$$\mu'_j = \kappa\frac{\pi}{h_j}\sqrt{\frac{EI_{cj}}{1.2P_j\sum(P_{crj}/h_j)}\left(1.2\sum\frac{P_i}{h_i} + \sum\frac{N_k}{h_k}\right)} \tag{12.40b}$$

式中，N_k、h_k 分别是摇摆柱上的轴力和高度；K 是在檐口高度作用水平力求得的刚架的抗侧刚度。

屋面梁在一个标高上时，框架有侧移失稳是一种整体失稳，存在着柱子与柱子的相互支援作用，考虑这种相互支援后的计算长度系数计算公式就是式（12.40a）或者式（12.40b），求得的计算长度系数如果小于 1，应取 1.0。

9. 单层门式刚架的等截面柱，计算长度系数的计算公式为：

$$\mu_{sw} = \sqrt{\frac{7.5K_1K_2 + 4(K_1 + K_2) + 1.52}{7.5K_1K_2 + K_1 + K_2}} \tag{12.41}$$

其中，$K_1 = k_{z1}/6i_c$，k_{z1} 是柱脚-基础的节点给予柱子的转动约束；i_c 是柱子本身的线刚度。由于 k_{z1} 的不确定性，实际应用时，当为铰支座：销轴式的铰支 $K_1 = 0.0$，平板式的铰支 $K_1 = 0.1$；如果是固定支座：$K_1 = 10.0$。

$K_2 = k_{z2}/6i_c$，k_{z2} 是柱上端的梁对柱子的转动约束。

10. 上述第 1~8 条确定的框架柱计算长度系数适用于屋面坡度不大于 1:5 的情况，超过此值时应考虑横梁轴向力的不利影响，对柱顶转动约束乘以小于 1 的系数进行折减，该系数取值可不小于 0.6。

12.3.3　整体稳定计算

1. 变截面柱在刚架平面内的稳定应按下列公式计算：

$$\frac{N_1}{\eta_t \varphi_x A_{e1}} + \frac{\beta_{mx} M_1}{(1 - N_1/N_{cr})W_{e1}} \leqslant f \tag{12.42a}$$

$$N_{cr} = \pi^2 E A_{e1}/\lambda_1^2 \tag{12.42b}$$

$$\bar{\lambda}_1 \geqslant 1.2 : \eta_t = 1 \tag{12.42c}$$

$$\bar{\lambda} < 1.2 : \eta_t = \frac{A_0}{A_1} + \left(1 - \frac{A_0}{A_1}\right) \times \frac{\bar{\lambda}_1^2}{1.44} \tag{12.42d}$$

式中，N_1 是大端的轴向压力设计值；M_1 是大端的弯矩设计值；A_{e1} 是大端的有效截面的面积；W_{e1} 是大端有效截面最大受压纤维的截面模量；φ_x 是杆件轴心受压稳定系数，楔形柱可由《钢结构设计标准》GB 50017—2017 查得，计算长细比时取大端截面的回转半径；β_{mx} 是等效弯矩系数，有侧移刚架柱的等效弯矩系数 β_{mx} 取 1.0；N_{cr} 是欧拉临界力；λ_1 是按照大端截面计算的，考虑计算长度系数的长细比 $\lambda_1 = \dfrac{\mu H}{i_{x1}}$，$i_{x1}$ 为大端截面绕强轴的回转半径；μ 为计算长度系数；H 为柱高；$\bar{\lambda}_1$ 是正则化长细比，$\bar{\lambda}_1 = \dfrac{\lambda_1}{\pi}\sqrt{\dfrac{E}{f_y}}$；$A_0$、$A_1$ 分别是小端和大端截面的毛截面面积。

注：当柱最大弯矩不出现在大端时，M_1 和 W_{e1} 分别取最大弯矩和该弯矩所在截面的有效截面模量。

2. 变截面柱的平面外稳定应分段按下列公式计算：

$$\frac{N_1}{\eta_{ty} \varphi_y A_{e1} f} + \left(\frac{M_1}{\varphi_b \gamma_x W_{x1} f}\right)^{1.3-0.3k_\sigma} \leqslant 1 \tag{12.43}$$

$$\bar{\lambda}_{1y} \geqslant 1.0 : \eta_{ty} = 1 \tag{12.44a}$$

$$\bar{\lambda}_{1y} < 1.0 : \eta_{ty} = \frac{A_0}{A_1} + \left(1 - \frac{A_0}{A_1}\right) \times \bar{\lambda}_{1y}^2 \tag{12.44b}$$

式中，$\bar{\lambda}_{1y}$ 是绕弱轴的正则化长细比，$\bar{\lambda}_{1y} = \dfrac{\lambda_{1y}}{\pi}\sqrt{\dfrac{f_y}{E}}$；$\lambda_{1y}$ 是绕弱轴的长细比，$\lambda_{1y} = \dfrac{L}{i_{y1}}$；$i_{y1}$ 是大端截面绕弱轴的回转半径；φ_y 是轴心受压构件弯矩作用平面外的稳定系数，以大端为准，按《钢结构设计标准》GB 50017—2017 的规定采用，计算长度取纵向柱间支撑点间的距离；N_1 是所计算构件段大端截面的轴压力；M_1 是所计算构件段大端截面的弯矩；k_σ 是大小端截面弯矩产生的应力比值，由弯矩计算；φ_b 是稳定系数，按式（12.6a）计算。

当不能满足式（12.43）的要求时，应设置侧向支撑点或隅撑，并验算每段的平面外稳定。

说明：1. 轴力项也取自大端，便于退化成等截面的公式。

2. 压弯杆的平面外稳定，等截面构件的等效弯矩系数 $\beta_{tx} = 0.65 + 0.35 M_0/M_1$，因为实际框架柱的两端弯矩往往引起双曲率弯曲，$\beta_{tx}$ 将小于 0.65，这样对弯矩的折减很大，在特定的区域会偏于不安全。本条采用的相关公式，弯矩项的指数在 1.0～1.6 变化，曲线外凸。相关曲线外凸，等效于考虑弯矩变号对稳定性的有利作用，又避免了特定区域的不安全。

压弯杆的平面外计算长度通常取侧向支承点之间的距离，若各段线刚度差别较大，确定计算长度时可考虑各段间的相互约束。

12.3.4 柱子受压板件的局部稳定计算

1. 柱子翼缘的宽厚比和腹板的高厚比限值与梁相同，当腹板受剪及受压利用屈曲后强度时，应按有效宽度计算截面特性。截面的受拉区部分全部有效，受压区部分的有效宽度应按下式计算：

$$h_e = \rho h_c \tag{12.45a}$$

式中，h_c 是腹板受压区宽度；ρ 是有效宽度系数，按本节第 2 条的规定采用。

2. 有效宽度系数 ρ 应按下式计算：

$$\rho = \min\left[1.0, \frac{1}{(1-\lambda_{p0}^{1.25}+\lambda_p^{1.25})^{0.9}}\right] \tag{12.45b}$$

$$\lambda_{p0} = 0.5 + 0.5\sqrt{1-0.22(3+\beta)} \tag{12.45c}$$

式中，λ_p 是与板件受弯、受压有关的正则化宽厚比，按本节第 3 条规定采用。

3. 参数 λ_p 应按下列公式计算：

$$\lambda_p = \frac{h_w/t_w}{28.1\sqrt{k_\sigma}\sqrt{235/f_{yk}}} \tag{12.46a}$$

$$k_\sigma = \frac{16}{\sqrt{(1+\beta)^2 + 0.112(1-\beta)^2} + (1+\beta)} \tag{12.46b}$$

式中，$\beta = \sigma_2/\sigma_1$ 为截面边缘正应力比值（图 12.21），该比值按照全截面有效计算，$1 \geqslant \beta \geqslant -1$。$k_\sigma$ 是杆件在正应力作用下的屈曲系数。

当板边最大应力 $\sigma_1 < f$ 时，计算 λ_p 可用 $\gamma_R\sigma_1$ 代替式 (12.46a) 中的 f_{yk}，γ_R 为抗力分项系数，对 Q235 和 Q345 钢，$\gamma_R = 1.1$。

4. 腹板有效宽度 h_e 应按下列规则分布（图 12.21）：
当截面全部受压，即 $\beta > 0$ 时：

$$\begin{cases} h_{e1} = \dfrac{2h_e}{5-\beta} \\ h_{e2} = h_e - h_{e1} \end{cases} \tag{12.47}$$

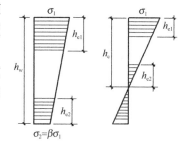

图 12.21 有效宽度的分布

当截面部分受拉，即 $\beta < 0$ 时：

$$\begin{cases} h_{e1} = 0.4h_e \\ h_{e2} = 0.6h_e \end{cases} \tag{12.48}$$

12.3.5 柱子计算长度和容许长细比

1. 平面外计算长度的确定：边柱有规则的墙檩时采用与梁相同的计算方法。中柱或边柱无墙檩时，取侧向支撑点之间的距离。

2. 平面内计算长度的确定：平面内计算长度应取为 $h_0 = \mu h$。摇摆柱的计算长度系数 μ 取 1.0。

3. 容许长细比：当刚架无吊车荷载时，柱子的容许长细比不宜大于 180；当刚架柱直接承受吊车荷载时，柱子的容许长细比不宜大于 150。

12.3.6 构造要求

1. 刚架的柱底铰接时，柱子宜做成变截面构件；柱底刚接时，柱子宜做成等截面构件，吊车吨位较大时，可考虑做成阶梯柱。当为变截面柱时，柱底截面高度不宜小于250mm，柱顶截面高度参照与之相连的斜梁截面高度，或比斜梁截面高度略小，加厚柱子翼缘厚度使之惯性模量与此处斜梁惯性模量相当。

2. 凡承受吊车荷载或支承托架梁的中柱，柱子与梁应做成刚接，当吊车吨位大于 5t 时，柱底也宜做成刚接。

3. 其他构造要求可直接参照第 12.2.6 节，此时，柱子的侧向稳定性依靠连接在墙梁上的隅撑起支撑作用，其隅撑的作用和布置与斜梁体系相类似。

12.4　连接和节点设计

12.4.1　刚架节点设计

1. 门式刚架主体构件之间的连接宜采用高强度螺栓端板连接，节点的刚度依靠端板厚度和高强度螺栓的预拉力保证，螺栓直径主要根据预拉力的需要确定，常规采用M16～M24 螺栓。

2. 斜梁与柱子的节点形式，可采用端板竖放 [图 12.22 (a)]、端板横放 [图 12.22 (b)]、端板斜放 [图 12.22 (c)] 三种。斜梁的拼接应使端板与斜梁上边缘垂直 [图 12.22 (d)]。当斜梁与刚架柱连接节点为刚性连接时，应采用端板外伸式，且宜设加劲肋以加强端板刚度，减小受拉螺栓的杠杆撬力。

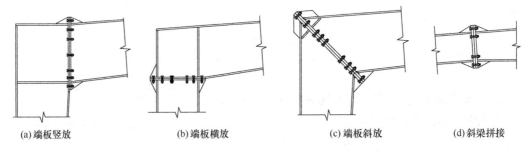

(a)端板竖放　　　　(b)端板横放　　　　(c)端板斜放　　　　(d)斜梁拼接

图 12.22　梁-柱刚架节点

3. 端板式高强度螺栓连接的刚性节点，边柱与斜梁的节点转动刚度 R 应按下列公式计算。当多跨刚架的中柱为摇摆柱时，边柱与斜梁节点转动刚度 R 应提高到 1.6 倍或 2.0 倍。

$$R \geqslant 25EI_b/l_b \tag{12.49}$$

式中，I_b 是刚架横梁跨间的平均截面惯性矩；l_b 是刚架横梁的跨度；E 是钢材的弹性模量。

梁-柱节点转动刚度 R 由节点域剪切变形对应的刚度 R_1（若柱子没有与梁翼缘对应的加劲肋，还要计及柱腹板受拉和受压形成的转动）和连接的弯曲刚度（包括端板弯曲、螺栓拉伸和柱翼缘弯曲刚度）R_2 所组成，按下列公式计算：

$$R = \frac{1}{1/R_1 + 1/R_2} = \frac{R_1 R_2}{R_1 + R_2} \tag{12.50a}$$

$$\begin{cases} R_1 = Gh_1h_{0c}t_p \\ R_2 = \dfrac{6EI_eh_1^2}{1.1e_0^3} \\ I_e = \dfrac{b_et_e^3}{12} \end{cases} \quad (12.50\text{b})$$

式中，G 是钢材的剪切模量；h_1 是节点域的高度，取梁翼缘板中心间的距离；h_{0c} 是节点域的宽度，取柱子的腹板宽度；t_p 是节点域腹板厚度；I_e 是端板绕自身中面的惯性矩；e_0 是端板外伸部分的螺栓中心到其加劲肋外边缘的距离；b_e、t_e 分别是端板的宽度和厚度。

设置斜加劲肋的梁柱节点可显著提高其转动刚度［图 12.23（b）］，此时节点域转动刚度可按下式计算：

$$R_1 = Gh_1h_{0c}t_p + Eh_1A_{st}\cos^2\alpha\sin\alpha \quad (12.51)$$

式中，A_{st} 是两条斜加劲肋的总截面面积；α 是斜加劲肋与水平线的夹角。

4. 节点的构造要求：

（1）端板的厚度不宜小于螺栓的直径；

（2）加劲肋的厚度不宜小于构件腹板的厚度，长度宜为宽度的 2.0 倍；

（3）螺栓的布置符合《钢结构设计标准》GB 50017—2017 的规定。

5. 端板厚度计算，按照第 4 章梁柱节点设计的端板式梁柱节点设计方法进行。

6. 门式刚架斜梁与柱相交的节点板域如图 12.23（a）所示，应按下式验算剪应力：

$$\tau = \frac{M}{h_{0c}h_{0b}t_p} \leqslant f_v \quad (12.52)$$

式中，h_{0c}、h_{0b}、t_p 分别是节点域的高度（梁截面高度）、宽度（柱截面高度）和厚度；M 是节点承受的弯矩，对于多跨刚架中间柱处，应取两侧斜梁弯矩的代数和或柱端弯矩［图 12.23（c）］；f_v 是节点域钢材的抗剪强度设计值。式（12.52）不满足时，应增设斜加劲肋，如图 12.23（b）所示。

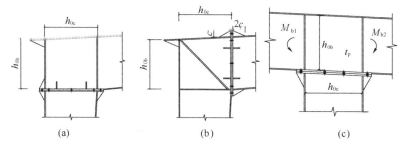

图 12.23 梁柱节点板域

7. 在端板设置螺栓处，应按下列公式验算构件腹板的强度：

当 $N_{t2} \leqslant 0.4P$ 时：

$$\frac{0.4P}{e_wt_w} \leqslant f \quad (12.53\text{a})$$

当 $N_{t2} > 0.4P$ 时：

$$\frac{N_{t2}}{e_wt_w} \leqslant f \quad (12.53\text{b})$$

式中，N_{t2} 是翼缘内第二排一个螺栓的轴向拉力设计值；P 是高强度螺栓的预拉力；t_w 是腹板厚度；f 是腹板钢材的抗拉强度设计值。

12.4.2　铰接节点的设计

1. 门式刚架的摇摆中柱及端框架的抗风柱，适宜采用铰接节点方式。铰接节点的螺栓应布置在构件截面的内部，螺栓直径根据所承受的拉力与剪力确定，常规采用 M16～M24 螺栓。

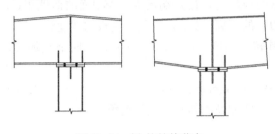

图 12.24　梁-柱铰接节点

2. 斜梁与柱子宜采用柱顶端板连接方式。斜梁下翼缘在节点连接处应适当加厚，其厚度与节点处柱子端板厚度一致，如图 12.24 所示。

3. 节点的构造要求：

（1）端板的厚度不宜小于螺栓的直径；

（2）加劲肋的厚度不宜小于构件腹板的厚度，长度宜等于其宽度的 2 倍。

12.4.3　柱脚节点设计

1. 门式刚架柱脚宜采用平板式铰接柱脚，如图 12.25 所示；也可采用刚接柱脚，如图 12.26 所示。

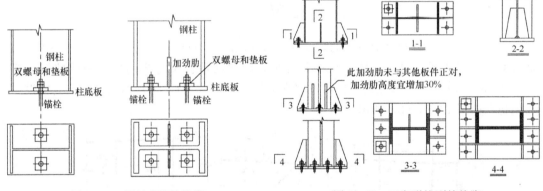

图 12.25　平板式铰接柱脚　　　　　图 12.26　工字形柱刚接柱脚

2. 计算带有柱间支撑的柱脚锚栓在风荷载作用下的上拔力时，应计入柱间支撑产生的最大竖向分力，且不考虑活荷载（雪荷载）、积灰荷载和附加荷载影响，恒荷载分项系数应取 1.0。计算柱脚锚栓的受拉承载力应采用螺纹处的有效截面面积。

3. 水平剪力由底板与混凝土基础间的摩擦力来承受，摩擦系数可取 0.4，计算摩擦力时应考虑屋面风吸力产生的上拔力的影响，若不满足则应设置抗剪键。对于平板式柱脚构造，在柱脚底板上表面加焊加强垫板之后，可以考虑地脚锚栓参与承受水平剪力，计算时，仅由受压一侧的锚栓（取一半锚栓数量）承受水平剪力计算，按螺纹处的有效面积计算抗剪承载力，锚栓抗剪承载力为按照普通螺栓计算的抗剪承载力的 0.3～0.6 倍，见第 5 章。

4. 柱底板厚度不宜小于锚栓的直径，柱子的腹板与底板可采用双面角焊缝，焊脚高度与腹板厚度相同，柱子翼缘与底板焊缝：当翼缘厚度小于 12mm 时，可采用与翼缘等强度的双面角焊缝；当翼缘厚度不小于 12mm 时，宜采用全熔透角对接焊缝，或半熔透的角对接组合焊缝。柱底为刚接时，柱底板宜采用加劲肋，加劲肋厚度与所连接的柱子板件厚度相同，采用角焊缝连接，焊脚高度不大于加劲肋厚度。

5. 柱脚基础锚栓连接构造要求如下（图 12.27）：

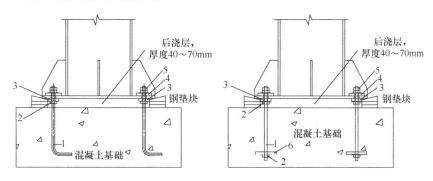

图 12.27　柱脚锚栓基础构造

1—锚栓；2—螺母；3—托板；4—垫板；5—双螺母和垫圈；6—锚板

（1）柱底板的锚栓孔径为锚栓直径＋12mm，待柱子安装定位后，将柱底板上面的加强垫板用角焊缝围焊在底板上，角焊缝高度约为加强垫板厚度的一半。加强垫板边长为 2.5～3.0 倍的锚栓直径，厚度取 0.5 倍的柱底板厚度，中心开孔径比锚栓直径大 1.5～2.0mm；当柱脚外露时，柱底板上面的螺母需采用双螺母以防松动。

当采用图 5.4 所示的锚栓定位配孔板时，配孔板和柱脚底板上的孔径取杆径＋2～3mm。此时螺母下不再需要垫板 。

（2）锚栓的基本锚固长度 l_a 为：当锚栓采用 Q235 钢时，对于 C30 混凝土基础，取 20d；当锚栓采用 Q355 钢时，对于 C30 混凝土基础，取 30d。

（3）锚栓下端锚固构造：当锚栓规格小于 M42 时，端部做长度为 4d 的 90°弯钩；当锚栓规格不小于 M42 时，端部采用锚板加标准垫圈和标准螺母方式。锚板厚度约取锚栓直径的一半，边长取 2.5 倍锚栓直径，中心处开孔，孔径比锚栓直径大 2mm。攻丝扣长度约为 2.5 倍的锚栓直径。当采用本款规定的锚板锚固构造措施后，锚栓的预埋锚固长度可减至基本锚固长度 l_a 的 60％。

（4）锚栓顶部攻标准丝扣，攻丝长度 $l_0 \approx 5$ 倍的锚栓直径＋120mm。其中，柱底板下面的螺母功能是支撑柱子的自重并通过旋动螺母调节柱子安装标高；柱底板下面的垫板厚度及开孔尺寸与柱底板上面的加强垫板相同，但边长可取 3 倍的锚栓直径。

（5）柱底板混凝土砂浆灌浆层厚：当锚栓规格小于 M42 时，柱底板混凝土砂浆灌浆层厚度可取 70mm；当锚栓规格不小于 M42 时，混凝土砂浆灌浆层厚度宜取 100mm。

（6）首榀刚架柱安装时，铰接柱子宜在柱子的四角采用钢垫块，加塞必要的楔块填实，使柱子稳固。已安装好风缆绳且后续刚架安装均与之连接具有抗风保障时，柱底四角可不采用钢垫块。

6. 柱脚计算见本书第 5 章。

12.5　抽柱区的刚架结构设计

12.5.1　刚架结构的计算简图

1. 门式刚架结构为平面受力体系，结构分析时，只需对某些标准刚架和端框架进行平面受力体系分析，按照柱距划分计算单元，当柱距不是均匀分布时，该刚架的负荷区域取柱子两侧间距各一半。当因建筑需要在局部区域抽去某些柱子，此时应根据具体的柱网布置来划分计算单元。

2. 如图 12.28 所示，当轴线④刚架有抽柱，其侧向刚度将明显降低，可设置纵向水平支撑将抽柱的刚架与相邻刚架相连，以使各刚架的侧向位移趋于相同。

3. 当有抽柱时，可用托梁替代抽柱支撑屋面梁，仍可采用平面结构体系进行计算分析，托梁的支座反力直接加在连接的柱顶上，托梁对于屋盖梁的弹性支撑作用可用一根与托梁等刚度的虚拟柱子代替，如图 12.29 所示的中柱，用下式可得到虚拟柱子的截面积：

$$A_c = \frac{48I_b h_c}{l_b^3} \tag{12.54}$$

式中，l_b 为托梁跨度；I_b 为托梁主惯性矩；h_c 为虚拟柱的长度，可取托梁中性轴至地面之间的距离。

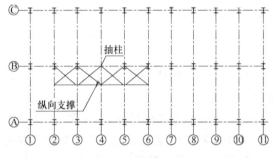

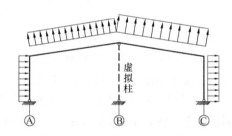

图 12.28　抽柱处的局部纵向水平支撑布置　　　　图 12.29　用虚拟柱子代替托梁作用

12.5.2　刚架结构的计算与构造

1. 有抽柱的刚架侧向刚度小于无抽柱的刚架侧向刚度，但设有纵向支撑后，各刚架趋于按各自的侧向刚度承担横向水平荷载，可按平面结构体系计算，将相关刚架用刚性系杆串联在一起作为计算单元，以图 12.30 的抽柱情况为例，第④轴和第⑤轴线刚架均抽了 B 柱和 C 柱，计算第④轴（第⑤轴与之相同）刚架时，可将其与一榀相邻无抽柱刚架组合在一起计算；第⑫轴刚架抽了 A、B 柱和 C 柱，计算第⑫轴刚架时，应将其与左右相邻刚架组合在一起来计算。每榀刚架负担各自区域内的荷载，托梁的支座反力直接加在柱子顶上，其横向水平荷载的作用通过刚性系杆的连接（图 12.31）会自动按各榀刚架的刚度进行分配，可一次性计算出各刚架的内力和位移。

2. 因第④轴和第⑤轴刚架都抽了 B 柱和 C 柱，托梁承受两个屋盖梁荷载，应按图 12.32 模型的挠度 Δ_1 确定等刚度虚拟柱子的截面，此时，应按下式计算虚拟柱子的截面面积：

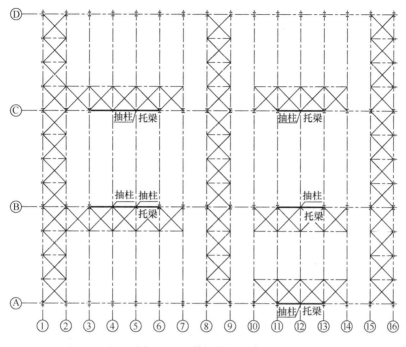

图 12.30　抽柱的柱网布置

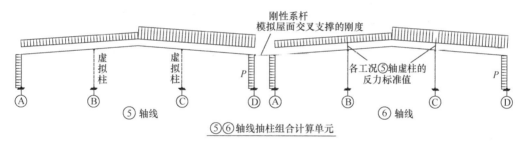

图 12.31　抽柱的计算单元

注：1. ④、⑤轴刚架 B 柱和 E 柱为虚拟柱；⑩轴刚架 C 柱和 D 柱为虚拟柱。

　　2. 与④、⑤轴线相邻刚架 B 柱和 E 柱为非摇摆柱；与⑩轴相邻刚架 C 柱和 D 柱为非摇摆柱。

图 12.32　支承两片屋盖梁的托梁刚度计算模型

$$A_c = \frac{162 I_b h_c}{5 l_b^3} \tag{12.55}$$

3. 托架梁一般采用简支梁模式与柱子连接，可以做成等截面梁，也可做成变截面。为改善结构的空间整体性能，支承托架梁的柱子不宜采用摇摆柱，如图 12-30 的抽柱情况，第④、⑤轴刚架抽了 B 柱和 C 柱，则支承托架梁的第③、⑥轴刚架的 B 柱和 C 柱不宜用摇摆柱；同理，与第⑫轴相邻的第⑪轴和第⑬轴刚架的 A、B 柱和 C 柱不宜用摇摆柱。

417

图 12.9 是连续规则地抽柱的一个案例，已用于多个项目，其中一个是位于秦皇岛的铁路超长站台屋盖结构，另一个是奇瑞汽车第一期 98000m² 的厂房。纵向的托梁被设计成变截面连续梁，取得良好的经济效益。

12.5.3 托架梁的计算与构造

1. 被支承的屋盖梁与托架梁可采用叠接，也可采用平接。

（1）如为叠接 [图 12.33 (a)]，屋面梁为连续梁，宜加设隔撑连接屋盖梁与托梁，屋盖梁上翼缘处的隔撑用于稳定屋面梁；托梁下翼缘处的隔撑，用作风拔力作用下托梁下翼缘受压时的侧向支撑。

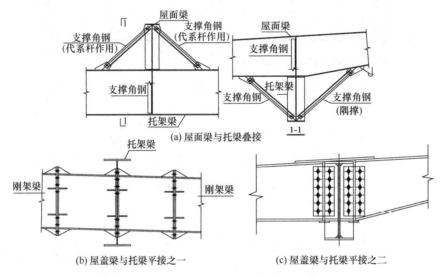

图 12.33 托架梁与屋盖梁的连接

（2）如为平接 [图 12.33 (b)、(c)]，被支承的屋盖梁为刚接，屋盖梁直接作为托梁的侧向支撑。

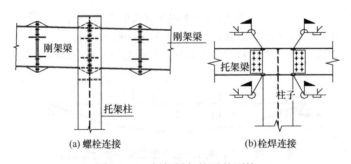

图 12.34 托架梁与柱子的刚接

2. 托架梁与柱子的连接通常采用铰接形式，由托架梁的腹板与柱子腹板用高强度螺栓连接；当被支承屋盖梁与托架梁平接，且托架梁连续布置时，托架梁与柱子可采用刚接形式，如图 12.34 所示，图 12.34 (a) 为端板式高强度螺栓连接，图 12.34 (b) 为栓焊连接，翼缘焊缝承担弯矩，腹板高强度螺栓承担剪力。如采用刚接形式应注意柱子不均匀沉降对托架梁的不利影响。

3. 计算托架梁的整体稳定时，其跨中处的屋面梁可作为托架梁的侧向支撑，当屋盖梁与托架梁为叠接时，托架梁下翼缘加上隅撑后［图 12.33（a）］，屋盖梁可视为托架梁的侧向支撑，可计算竖向重力荷载与风拔力作用两种工况下的整体稳定。

12.6　带局部夹层的刚架结构设计

1. 当刚架带有钢筋混凝土夹层之后，必须考虑抗震设计，夹层部分的柱、梁、楼盖及与之直接相连的刚架柱，应按照现行《建筑抗震设计规范》GB 50011 的要求进行抗震设计，与夹层结构不直接相连的钢结构部分，如图 12.35 中的屋盖梁和 C 轴柱子，可按照 2 倍的地震力计算的内力参与组合。

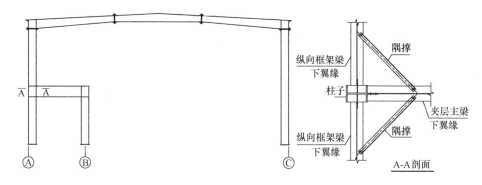

图 12.35　带夹层的刚架

2. 带夹层的门式刚架仍可采用平面结构体系模式，平面外方向宜采用柱间支撑体系，夹层部分的纵向柱列应按照夹层标高布置上、下层柱间支撑，C 轴线柱间支撑可不用分层。B 轴线的柱间支撑刚度不宜与 A 轴线的下柱支撑刚度相差很大，以避免地震作用偏心过大带来的不利影响。

3. 夹层主梁及纵向柱列框架梁应与柱子刚接，并符合抗震构造要求，与主梁相连的次梁可采用铰接，次梁通过腹板与主梁的加劲板用螺栓连接。主梁的下翼缘与纵向框架梁的下翼缘之间宜设置隅撑（图 12.35 中 A-A 剖面），提高两者下翼缘受压时的稳定性，如构造困难，也可在离梁端约 1.5 倍梁高处设置与梁翼缘宽度齐平的加劲板。

4. 当钢筋混凝土夹层结构长度超过 60m 时，宜设置结构温度伸缩缝，楼层面的混凝土在浇筑时应设置后浇带。

参 考 文 献

［1］　童根树. 钢结构的平面外稳定［M］. 北京：中国建筑工业出版社，2013.
［2］　童根树. 钢结构的平面内稳定［M］. 北京：中国建筑工业出版社，2015.
［3］　中华人民共和住房和城乡建设部. 门式刚架轻型房屋钢结构技术规范：GB 51022—2015［S］. 北京：中国建筑工业出版社，2015.

第 13 章　人字支撑和交叉支撑的静力弹塑性分析

13.1　引言

人字形支撑体系，因适合民用建筑跨度为层高的 2～3 倍的框架立面布置，且允许在中部布置门窗洞口，成为多高层钢结构建筑常用的抗侧体系之一。它属于中心支撑，能提供较大的抗侧刚度和侧向承载力以抵抗水平地震作用和风荷载。

大长细比压撑容易发生屈曲，压撑压力随着层间侧移的发展而减小，拉撑拉力仍可以增加，节点处产生竖向不平衡力，直至横梁形成塑性铰，形成图 13.1 所示的侧移机构。塑性机构使得拉撑不再能够屈服，人字支撑的抗侧承载力和后期刚度由侧移机构控制。与压撑屈曲、拉撑能够屈服的侧移机构相比，抗侧承载力和刚度大幅度下降。形成这种塑性机构的体系，美国称为普通中心支撑框架（Ordinary Concentrically Braced Frame，OCBF），计算基底剪力的性能系数仅为 3.25。

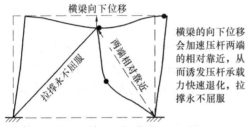

图 13.1　横梁未加强的人字支撑的破坏模式及其后果

高烈度地震区，人字支撑框架一般应按特殊中心支撑框架（Special Concentrically Braced Frame，SCBF）设计，对这种体系美国 ASCE 7—2016 计算基底剪力的性能系数 $R = 6$，即设计计算时地震力取得较小。但此时人字支撑框架须采取如下措施：

（1）支撑跨横梁应连续，并按不考虑支撑支点作用的梁验算重力荷载和支撑屈曲后不平衡力作用下的承载力。不平衡力应按拉撑的屈服承载力和压撑屈曲承载力的 0.3 倍的差值计算。

（2）横梁与人字支撑交汇处的上下翼缘应设置侧向支撑；或者取翼缘屈服内力的 2% 作为横向水平力施加到下翼缘上（无楼板时尚应施加到上翼缘上），横梁应能够承受这个假想力。

（3）SCBF 的支撑长细比放宽到 $174\sqrt{235/f_{yk}}$。

（4）按照比塑性设计还要严格的规定来限制支撑的板件宽厚比。

因此，对人字支撑体系，美国有两种选择，不验算不平衡力的 OCBF 和验算不平衡力的 SCBF。我国对于人字支撑，有上述（1）、（2）的规定，长细比则限制得非常严，在多遇地震作用效应组合下，压撑的设计强度还引入了稳定承载力降低系数 $\psi = 1/(1 + 0.35\lambda_{n,br})$，$\lambda_{n,br}$ 为支撑的正则化长细比。

13.2 单层横梁加强型人字支撑对的静力弹塑性分析

13.2.1 有限元分析模型

在罕遇地震作用下人字支撑对中的压撑首先发生弹塑性屈曲，随后拉压支撑的轴力大小不再相等，支撑跨横梁受到拉压撑轴力竖向分力的作用，竖向分力的合力即为横梁承受的竖向不平衡力。为了避免人字撑形成如图 13.1 所示的破坏机构，必须加强横梁，即设计横梁时考虑如下的不平衡力：

$$F_{\text{unb,GB}} = (1 - 0.3\varphi)A_{\text{zc}}f_{\text{yk}}\sin\alpha \tag{13.1}$$

式中，A_{zc} 为支撑截面面积，φ 为压撑绕弱轴的稳定系数，α 为支撑斜杆与水平线的夹角 [图 13.2（a）]，f_{yk} 为材料屈服强度标准值。

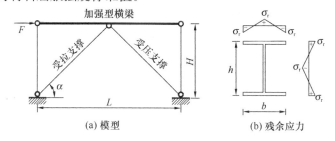

图 13.2 横梁加强型人字支撑对的几何模型

通过推覆分析可以揭示单层横梁加强型人字支撑对的抗侧力性能，模型如图 13.2（a）所示。设计模型考虑以下三个因素的影响：

（1）横梁强弱。根据 1 倍、1.5 倍和 2 倍 $F_{\text{unb,GB}}$ 分别加强横梁（下文简称 1 倍横梁、1.5 倍横梁和 2 倍横梁），以及刚性横梁。

（2）斜角。α 为 30°时，$H = 2828\text{mm}$、$L = 9796\text{mm}$；α 为 45°时，$H = 4000\text{mm}$、$L = 8000\text{mm}$；α 为 60°时，$H = 4898\text{mm}$、$L = 5656\text{mm}$。三种角度的支撑轴线长度均为 $l_{\text{zc}} = 5656\text{mm}$。

（3）支撑长细比。以 5 为等差从 10 变化到 150。采用工字形截面，宽度等于高度，翼缘的宽厚比取 13，腹板高厚比取 20。支撑截面高度见表 13.1。柱子和横梁截面也均采用工字形截面，为了忽略柱子的影响，柱子的截面尺寸取为相应横梁截面尺寸的 1.5 倍（等比例扩大）。

横梁加强型人字支撑框架体系中支撑截面高度（mm）　　表 13.1

λ	150	145	140	135	130	125	120	115	110	105
h_{cz}	167.63	173.42	179.61	186.27	193.39	201.17	209.55	218.63	228.61	239.45
λ	100	95	90	85	80	75	70	65	60	55
h_{cz}	251.45	264.65	279.34	295.84	314.33	335.27	359.23	386.85	419.1	457.2
λ	50	45	40	35	30	25	20	15	10	
h_{cz}	502.9	558.8	628.6	718.3	838	1005.8	1257	1676	2510	

梁和柱采用梁单元模拟，支撑会进入大变形和弹塑性阶段，采用板壳元模拟，模拟钢

支撑各部件屈服、支撑整体屈曲及屈曲后的大变形、支撑局部屈曲等。梁、柱和支撑的材料均为理想弹塑性材料，其屈服强度为 $235\ \text{N/mm}^2$，弹性模量为 $206\ \text{kN/mm}^2$，泊松比为 0.3。

对支撑考虑了初始弯曲和残余应力两种缺陷，初始弯曲位移为 $y_0 = d_0 \sin(\pi x / l_{zc})$，$d_0$ 为压撑中点最大初始挠度，绕弱轴弯曲；残余应力如图 13.2（b）所示，σ_r 为峰值残余应力。柱子曲线 b 对应的缺陷取值是 $d_0 = l_{zc}/1000$，$\sigma_r = 0.3 f_{yk}$。梁和柱均没有考虑初始缺陷。一共有 348 个单层人字支撑对模型，共获取了 348 组数据。

13.2.2　单层人字支撑对的抗侧力性能

1. 抗侧力-层间侧移角曲线

成对布置的人字支撑对，必须将拉撑与压撑合起来，考察其整体性能。图 13.3 描绘了四种支撑长细比的人字支撑对的整体抗侧力随层间侧移角的变化规律。纵坐标 F/V_B 为水平荷载 F 与压撑屈曲时人字支撑对的抗侧承载力 V_B 的比值，V_B 如下式所示：

$$V_B = 24 A_{zc} f_{yk} \cos\alpha \tag{13.2}$$

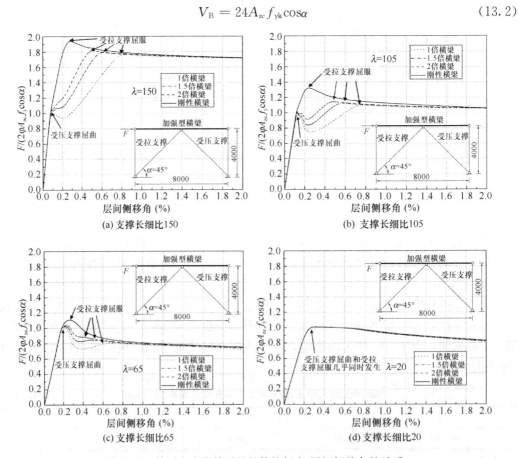

图 13.3　单层人字支撑对的整体抗侧力-层间侧移角的关系

从图 13.3 可见，随侧移不断增加，人字支撑对先后发生压撑屈曲和拉撑屈服，这两个性能转化点把人字支撑对的抗侧力性能分为弹性阶段、压撑屈曲-拉撑屈服阶段和塑性机构阶段。横梁加强程度越大，人字支撑对的抗侧刚度就越大，抗侧承载力增加就越快（大长细比支撑）或减少越缓慢（中小长细比支撑）。这是因为横梁越刚强，其跨中挠度小，拉撑得到的锚固作用越大，拉撑拉力就增长更快，受拉屈服所需层侧移角越小；压撑两端相互靠近更为困难，其承载力退化越慢。

图 13.3 显示，虽然压撑屈曲后的抗压承载力都随侧移增加、支撑两端相对靠近而出现明显下降，但是人字支撑对的抗侧能力却不一定下降（较大或较小的长细比）或下降不大（中等长细比）。其原因在于：拉撑因为得到横梁的锚固，其抗拉承载力的不断发挥，补偿了压撑压力的退化。这个现象揭示了将成对布置的拉压支撑当作一个整体来考察的必要性。

长细比为 65 的人字支撑对，在压撑屈曲后整体抗侧力出现了较大幅度的折减（图 13.3）。这个现象说明，欧美日等地区或国家规范将中等长细比的支撑列为抗震性能最差的一类支撑，是有一定道理的。

2. 整体抗侧极限承载力及超强系数

把压撑屈曲时人字支撑对的抗侧承载力称为"抗侧屈曲承载力"，记为 V_B；把人字支撑对在承载力极限状态时的抗侧承载力称为"抗侧极限承载力"，记为 V_u（即图 13.3 中人字支撑对的整体抗侧力最大值）。图 13.4 绘制了 348 个人字支撑对的比值，即超强系数 Ω，$\Omega = V_u/V_B$。从这些数据点可以看出：

（1）长细比越大，Ω 越大，这是因为支撑稳定系数 φ 越小，作为分母的抗侧承载力 V_B 就越小，而构成抗侧极限承载力中的拉撑的屈服承载力不受支撑长细比影响。

（2）横梁是一个较小的影响因素。横梁增强，Ω 略大的原因在于：压撑发生屈曲后其轴力随侧移增加而发生的退化有少量减慢，对应的剩余受压承载力略微增大。

（3）支撑角 α 对抗侧峰值的影响可以忽略。

（4）在 1～2 倍加强横梁时，支撑长细比在 93 以下（恰好是欧拉屈服长细比 $\lambda_{Ey} = \pi\sqrt{E/f_{yk}}$），超强系数 Ω 接近于 1。这是因为抗侧极限承载力和抗侧屈曲承载力出现的时刻很接近的缘故。

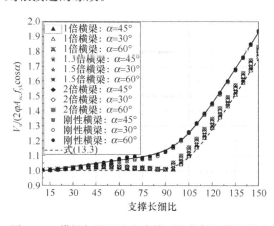

图 13.4　横梁加强型人字支撑对的抗侧极限承载力

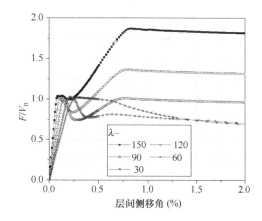

图 13.5　不同长细比的抗侧力-
层间侧移角曲线对比

（5）式（13.3）是根据一倍加强横梁的数据拟合出来的，式中 $\lambda_{n,br}$ 为支撑正则化长细比：

$$\Omega = \left(\frac{V_u}{V_B}\right)_{min} = \sqrt[9]{1 + (1.524\lambda_{n,br} - 0.704)^9} \qquad (13.3)$$

图 13.5 给出了一倍横梁加强人字支撑对的抗侧力-层间侧移角曲线对比。其中屈曲后都有压杆下降段，然后回升。表 13.2 给出了屈曲后曲线不下降的最大长细比、下降最大的长细比和后期承载力回升的长细比。

横梁加强型人字支撑对的抗侧力变化的三个区域　　　　　　　　表 13.2

横梁强弱	抗侧力基本不 发生变化的长细比上限	抗侧力退化 最大的长细比	抗侧力后期会上升的 最小长细比
1 倍	28	70	>104～115
1.5 倍	30	65～70	>95～102
2 倍	30	60～65	>90～95
刚性	35	60～65	>80

3. 拉压支撑的轴力-层侧移角关系

"压撑屈曲"是拉压支撑轴力变化的分水岭。这点之前压撑和拉撑轴力相同，汇交处没有竖向不平衡力；压撑屈曲后，随层侧移角增加，拉撑在加强横梁的锚固下其轴力继续增加直至屈服；压撑轴力则先后经历了"快速折减"和"缓慢折减"，如图 13.6 所示。

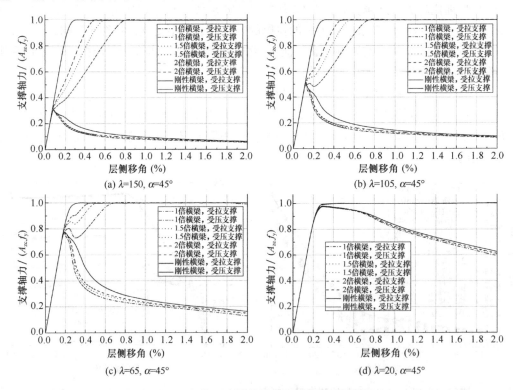

图 13.6　拉压支撑的轴力-层侧移角的关系

屈曲后压撑本身出现弯曲变形，有 P-δ 效应弯矩；出现弯矩，则轴力必然下降。"快速折减"阶段一般发生在压撑屈曲到拉撑屈服这一阶段，拉撑拉力随侧移角增加而增加，导致不平衡力增加，横梁竖向挠度也随之增加，压撑两端相互靠近与侧移和横梁竖向挠度增加相伴随。"缓慢折减"对应于拉撑屈服后，此后拉撑轴力基本不变，不平衡力增加很小。

"压撑屈曲"后，人字撑整体抗侧力是增加还是减少？取决于其后拉撑轴力增加的速度能否抵消压撑轴力减小的速度。横梁越强，拉撑轴力增加的速度越快，压撑轴力减小的速度也越慢；支撑长细比越大，压撑稳定系数越小，屈曲越早，轴力下降得越小，拉撑轴力增加得越多。

4. 压撑屈曲后的承载力折减系数

提取各横梁加强型人字支撑对在层侧移角分别为 0.5%、1.0%、2.0% 和 3.0% 时压撑承载力的折减系数 η（即剩余承载力与屈曲承载力比值），如图 13.7 所示。支撑有 3 种倾角，横梁有 4 种加强程度，一个长细比支撑有 12 个折减系数。对这些折减系数进行加权平均（倾角为 45° 的支撑权重系数为 2；其他的权重系数为 1），根据这些平均数据拟合层侧移角为 0.5%、1.0%、2.0% 和 3.0% 时压撑的折减系数公式为：

$$\eta_{0.5\%} = -1.596 + 1.220\sqrt{\lambda_{n,br}} + 0.737/\lambda_{n,br} \tag{13.4a}$$

$$\eta_{1\%} = 2.005 + 1.521\lambda_{n,br} - 3.272\sqrt{\lambda_{n,br}} \tag{13.4b}$$

$$\eta_{2\%} = -0.541 + 0.225\lambda_{n,br} + 0.487/\sqrt{\lambda_{n,br}} \tag{13.4c}$$

$$\eta_{3\%} = -0.562 + 0.235\lambda_{n,br} + 0.446/\sqrt{\lambda_{n,br}} \tag{13.4d}$$

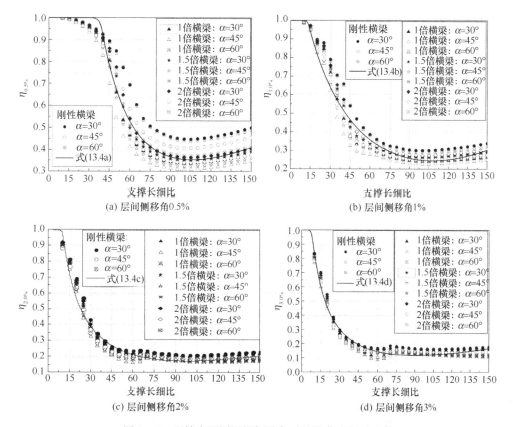

图 13.7 压撑在不同层间侧移角时的承载力折减系数

1 倍加强横梁已经使得横梁截面变得很大，实际工程很难实施高于 1 倍的加强要求。下面拟合了 1 倍加强横梁的压撑剩余承载力系数计算公式：

$$\eta_\theta = \frac{0.63}{(100\theta)^{0.1}} + \left(1 - \frac{0.63}{(100\theta)^{0.1}}\right)\tanh\left(\frac{2.45}{(100\theta)^{0.55}} - 7\bar{\lambda}\right), \theta \geqslant 0.5\% \qquad (13.5)$$

式中，θ 为层侧移角。上式适用于层间侧移角大于等于 0.5% 的情况，如图 13.8 所示。

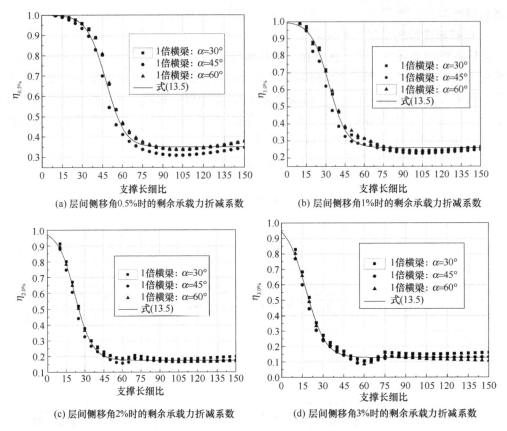

(a) 层间侧移角0.5%时的剩余承载力折减系数　　(b) 层间侧移角1%时的剩余承载力折减系数

(c) 层间侧移角2%时的剩余承载力折减系数　　(d) 层间侧移角3%时的剩余承载力折减系数

图 13.8　1 倍加强横梁人字支撑对中的压撑的抗压承载力折减系数

5. 横梁承担的实际不平衡力

1 倍加强横梁的人字撑架，长细比大于 70 的支撑斜杆与层间侧移角 0.5% 和 1% 对应的剩余承载力分别是 $0.36\varphi A_{zc} f_{yk}$ 和 $0.26\varphi A_{zc} f_{yk}$，规范取 $0.3\varphi A_{zc} f_{yk}$ 的规定介于这两者之间，可以理解为对应于层间侧移角约为 0.75%。在图 13.9 中注意到，在层间侧移角达到 0.75% 时，拉撑也恰好刚刚屈服，如果抗震设防的目标是在层间侧移角达到 0.75% 时横梁刚好能够形成塑性铰，则现在的不平衡力计算公式 $(1-0.3\varphi)A_{zc} f_{yk}\sin\alpha$ 对于长细比大于 70 的支撑是合适的，而对于长细比更小的压撑，取剩余承载力仅为 30% 偏于保守，例如长细比是 40，此时的 $\eta_{0.75\%} = 0.6$，不平衡力为 $F_{unb} = (1-0.6\varphi)A_{zc} f_{yk}\sin\alpha$。对任何的侧移角和长细比的人字支撑，竖向不平衡力计算公式如下：

$$F_{unb} = (1 - \eta_\theta \varphi)A_{zc} f_{yk}\sin\alpha \qquad (13.6)$$

图 13.9 显示出不同侧移角下的不平衡力与规范规定的不平衡力的比值，可以看出，小长细比的支撑，不平衡力小于规范值，而长细比在 30~120 之间时，随侧移角的不同，有可能不平衡力比规范值大。如果要求中震下横梁不形成机构，估计中震层间侧移角应在 0.7%~1.0% 之间，此时的不平衡力在长细比 60~120 之间时比规范略大，支撑长细比小

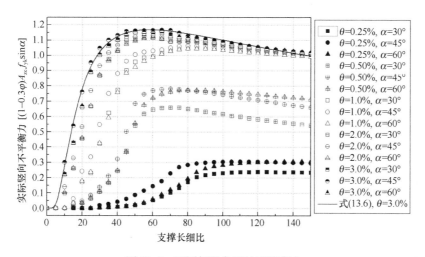

图 13.9 不同侧移角下的不平衡力

时比规范规定偏大较多。

6. 压撑屈曲所对应的层剪切侧移角

图 13.10 给出了人字支撑对的压撑屈曲时层间侧移角的有限元值（FEM），压撑屈曲时最大层间侧移角为 0.3% 左右（支撑长细比为 10 时），长细比大于 60 时，压撑屈曲的层间侧移角小于 1/500。当钢材为 Q345 时，小长细比支撑屈曲时的层间侧移角有所增大。

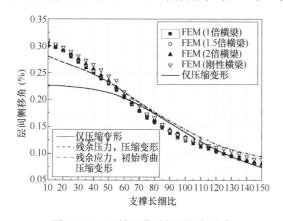

图 13.10 压撑屈曲时的层间侧移角
（$\alpha = 45°$ 的人字支撑架）

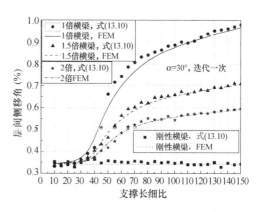

图 13.11 拉撑屈服时的层间侧移角

拉撑屈服对应的层间侧移角，可以归结为支撑杆的拉长，横梁因为承受不平衡力向下移动，使拉撑屈服延迟。拉撑受拉全截面屈服时，拉撑的伸长量 δ_y 为：

$$\delta_y = \left(1 + \frac{\sigma_r}{f_{yk}}\right)\varepsilon_y\sqrt{0.25L^2 + H^2} = \left(1 + \frac{\sigma_r}{f_{yk}}\right)\frac{F_y}{EA_{zc}}\sqrt{0.25L^2 + H^2} \quad (13.7)$$

假设拉撑拉力刚达到全截面屈服的轴力 $A_{zc}f_{yk}$ 时，压撑的轴力是 $\varphi_r A_{zc}f_{yk}$，拉、压支撑间的竖向不平衡力为 $(1 - \varphi_r)A_{zc}f_{yk}\sin\alpha$。在这个不平衡力作用下，简支横梁跨中挠度公式为：

$$\Delta_{\mathrm{v}} = \left(\frac{L^3}{48EI_{\mathrm{B}}} + \frac{L}{4GA_{\mathrm{BW}}} \right) A_{\mathrm{zc}} f_{\mathrm{yk}} (1 - \varphi_{\mathrm{r}}) \sin\alpha \tag{13.8}$$

式中，I_{B}、A_{Bw} 为横梁截面绕强轴的惯性矩和腹板面积。横梁跨中支撑点处的变形协调条件为：

$$\Delta \cos\alpha - \Delta_{\mathrm{v}} \sin\alpha = \delta_{\mathrm{y}} \tag{13.9}$$

所以拉撑屈服时的层间侧移角为：

$$\left(\frac{\Delta}{H} \right)_{\mathrm{yielding}} = \left(\frac{L^2}{24EI_{\mathrm{B}}} + \frac{1}{2GA_{\mathrm{BW}}} \right) F_{\mathrm{y}} (1 - \varphi_{\mathrm{r}}) \sin\alpha + \frac{(1 + \sigma_{\mathrm{r}}/f_{\mathrm{yk}}) F_{\mathrm{y}}}{EA_{\mathrm{zc}} \sin\alpha \cos\alpha} \tag{13.10}$$

式中，φ_{r} 是拉撑屈服时压撑的剩余承载力系数，它与支撑稳定系数的比值 $\eta = \varphi_{\mathrm{r}}/\varphi$ 由式 (13.4) 或式 (13.5) 给出。由于事先并不知道层间侧移角 Δ/H，无法直接算出 φ_{r}，需要迭代计算。考虑到支撑受拉屈服时的层间侧移角在 1.0% 以内，可以先将 $\varphi_{\mathrm{r}} = \eta_{0.5\%}\varphi$ 或 $\varphi_{\mathrm{r}} = \eta_{1.0\%}\varphi$ 代入式 (13.10) 计算出一个层间侧移角，代入式 (13.5) 得到折减系数，计算表明迭代一次就可以。对于长细比中等或较大的支撑而言，直接把 $\varphi' = \eta_{1.0\%}\varphi$ 代入式 (13.10) 计算得到的结果与有限元结果符合较好；对于长细比较小的支撑而言，需要迭代一次。

从式 (13.10) 和图 13.11 都可以发现：

(1) 横梁竖向变形使拉撑屈服对应的层侧移角增加；横梁越弱，拉撑屈服侧移越大。

(2) 长细比越大，拉撑屈服侧移也越大。这是因为长细比越大，压撑稳定系数就越小，剩余承载力就越小，从而导致不平衡力越大。

(3) 支撑长细比小于 60 后，拉撑屈服时的层间侧移开始快速递减至一个很低的值，长细比小于 30 时约为 0.35%。原因是：支撑长细比在 35~60 之间时，压撑屈曲承载力接近于拉撑的屈服承载力 [图 13.6 (c)]，拉撑屈服时，压撑恰好处于"快速折减"阶段，小量侧移变化即可引起压撑承载力的大幅度变化，从而导致不平衡力和横梁挠度的大幅度变化。长细比越小，压撑屈曲承载力就越接近拉撑屈服承载力，拉撑屈服时，压撑的剩余承载力就越大，不平衡力和横梁挠度就越小，进而导致拉撑屈服所需的层侧移角就越小。当支撑长细比小于 30 时，压撑屈曲和拉撑屈服基本上同时发生 [图 13.6 (d)]。拉撑屈服时，压撑承载力来不及折减，不平衡力很小，横梁竖向挠度基本上为 0，此时拉撑屈服时所需层间侧移角很小，且横梁强弱对它的影响可忽略。

13.3　横梁未充分加强型人字支撑对的静力弹塑性分析

13.3.1　为什么分析这样的模型

对普通人字撑框架，美国允许支撑跨横梁不考虑不平衡力的作用，作为补偿，基底剪力取得较大，即性能系数 R 较小。对于特殊人字支撑框架，美国抗震规范 ANSI 对于单层或多层房屋中顶层的支撑跨横梁，也不再要求考虑人字拉压支撑的竖向不平衡力。我国 2016 版抗震规范也提出了类似建议。对于已建房屋的加固，建筑的主要结构构件（如梁、柱）可能无法再改变，往往是直接在框架内增加钢支撑。有可能添加人字支撑最为合适，但是横梁可能无法承受拉压支撑间的不平衡力。

非抗震区，钢结构支撑体系设计时并不考虑这些抗震原则，人字支撑跨的横梁也无须考虑不平衡力的作用。但是随着近年来恶劣气候的频繁出现（例如，2005 年美国飓风"卡特里娜"导致 792 人丧生、无数房屋破坏；2011 年美国飓风导致 342 人丧生、无数房屋破坏），受压支撑也可能屈曲，未加强的横梁也会受到不平衡力的作用并形成塑性铰。有必要对这类横梁未加强人字支撑的性能进行考察。

基于这些原因，本节对横梁未充分加强人字支撑对进行研究，帮助判断：（1）单层或顶层的人字支撑对的横梁是否应该适当加强（例如按照规范计算的不平衡力的 50% 来加强）；（2）加固房屋时，是否可以随便增设人字支撑对，是否需要考虑横梁承受不平衡力的能力；（3）对非抗震区，尤其是自然环境比较恶劣的地区（比如沿海台风经常发生的地方）的人字支撑对，其横梁是否也应该适当加强。模型如图 13.2(a) 所示（只是横梁未充分加强），$L = 8\mathrm{m}$，$h = 4\mathrm{m}$。支撑截面与第 13.2 节相同。横梁：取不平衡力为 $0.3F_{unb,GB}$、$0.5F_{unb,GB}$ 和 $0.8F_{unb,GB}$ 三种情况对横梁进行设计，分别简称"0.3 倍横梁""0.5 倍横梁"和"0.8 倍横梁"。横梁截面为工字形，其宽度为高度的一半，翼缘宽厚比和腹板高厚比分别为 9 和 40。由此可以计算出横梁截面的具体尺寸。立柱截面取为横梁截面的 1.5 倍（各尺寸等比例扩大）。一共有 $3 \times 27 = 81$ 个单层人字支撑对模型，推覆分析共获取了 81 组数据。

13.3.2　横梁未充分加强型人字支撑对的整体抗侧力性能

1. 整体抗侧力-层间侧移角曲线

施加从左向右的水平力，获得整体抗侧力-层间侧移角曲线如图 13.12 所示，其中 F 表示施加在人字支撑对上的水平荷载，V_b 表示受压支撑屈曲时人字支撑对的抗侧承载力。随水平荷载不断增大，横梁未充分加强型人字支撑对先后发生了压撑屈曲、横梁跨中截面边缘屈服和形成塑性铰（形成图 13.1 所示的塑性机构）等控制状态。可以总结以下几点重要规律：

（1）压撑屈曲前，人字支撑对拥有很高的抗侧承载力和抗侧刚度；受压支撑屈曲后，人字支撑对的抗侧承载力和抗侧刚度开始大幅度折减。

（2）压撑屈曲前的抗侧力性能不受横梁强弱影响；压撑屈曲后人字支撑架的抗侧力性能演化主要取决于横梁的强弱。横梁越强，人字支撑对的屈曲后抗侧承载力越高，抗侧刚度越大。

（3）横梁越强，横梁跨中截面边缘屈服和形成塑性铰所需的层间侧移角越小，这是因为横梁越强，刚度越大，不平衡力发展得越快。

（4）大多数情况下压撑屈曲时人字支撑对的抗侧承载力就是其极限承载力，只有在极少数的情况下［横梁较强，支撑长细比很大，如图 13.12（a）所示的 0.8 倍加强横梁］才会出现例外。即横梁未充分加强的人字支撑架，不会有屈曲后的强度，不会有超强系数。

（5）层间侧移角达到 0.5%、1% 和 2% 时人字支撑对的剩余抗侧承载力与抗侧屈曲承载力之比见表 13.3，由图 13.12 和表 13.3 可见，除非支撑长细比很小（小于等于 30）或者长细比很大（120 以上）且横梁加强倍数为 0.5 以上，否则人字支撑对的承载力退化达 50% 以上。而长细比为 150 和 120 的情况，当侧移角在 0.3% ～ 0.5% 之间先经历严重的退化再回升，因此图 13.12 和表 13.3 给人的总体印象是，除非支撑长细比很小（小于等于 30），否则横梁未充分加强型人字支撑对作为主抗震体系，抗震性能不好。

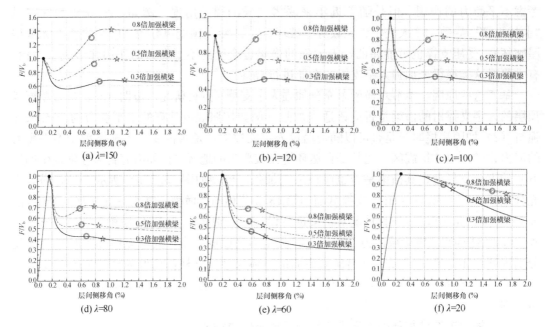

图 13.12　人字支撑对的整体抗侧力-层间侧移角的关系

（"●"：受压支撑屈曲；"◎"：横梁跨中边缘屈服；"☆"：横梁跨中形成塑性铰）

层间侧移角为 0.5%、1.0% 和 2% 时人字支撑对的剩余抗侧力与抗侧屈曲承载力的比值

表 13.3

层间侧移角	横梁加强倍数	λ					
		150	120	100	80	60	20
0.5%	0.3	0.56	0.47	0.44	0.43	0.48	0.99
	0.5	0.76	0.62	0.55	0.52	0.57	0.99
	0.8	1.03	0.83	0.72	0.65	0.68	0.99
1%	0.3	0.68	0.52	0.44	0.39	0.36	0.85
	0.5	0.99	0.72	0.59	0.51	0.46	0.91
	0.8	1.41	1.02	0.82	0.68	0.60	0.92
2%	0.3	0.63	0.47	0.40	0.34	0.29	0.56
	0.5	0.96	0.68	0.56	0.46	0.39	0.72
	0.8	1.41	1.01	0.80	0.65	0.54	0.81

2. 拉压支撑各自的抗侧力性能

图 13.13 给出了拉压支撑各自的轴力随侧移角的变化规律：

（1）压撑屈曲后，轴力经历了"快速减小"和"缓慢减小"的过程。横梁的强弱对压撑屈曲后的轴力退化几乎没有影响。横梁未充分加强的人字支撑对的压撑屈曲后的剩余承载力近似等于 1 倍加强型人字支撑对的压撑在相同侧移角下的剩余承载力。

（2）压撑屈曲后，拉撑的轴力随层间侧移角增加首先下降，然后随着层间侧移角的继续增加，在横梁的锚固下，其轴力会回升，拉力能够回升多少，与横梁的加强程度和支撑长细比有关。横梁越强，长细比越大，拉力回升越大，但是拉撑轴力无法达到其屈服承载力。这与横梁充分加强型人字支撑对完全不一样。因为横梁未充分加强，在压撑屈曲初期的不平衡力作用下，横梁向下挠度快速增大，导致拉撑两端相互靠近、拉撑松弛，拉撑原有拉力也因而损失。经历快速减小阶段后，压撑开始进入缓慢减小阶段，拉撑的拉力在仍处在弹性阶段的横梁的锚固下缓慢增加，直至横梁形成塑性铰。

长细比小的支撑［如图 13.13（f）所示，$\lambda_{\mathrm{n,br}} = 20$］，由于受压支撑的稳定系数接近于 1，所以在受压支撑屈曲时，受拉支撑也已非常接近屈服甚至已经屈服。

由于横梁得到了部分加强，受拉支撑比受压支撑高出的轴力即为横梁所能抵抗的不平衡力，在横梁形成塑性铰阶段，受拉支撑的轴力 N_{t} 可以表示为：

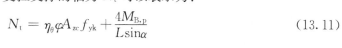

$$N_{\mathrm{t}} = \eta_\theta \varphi A_{\mathrm{zc}} f_{\mathrm{yk}} + \frac{4M_{\mathrm{B,p}}}{L \sin\alpha} \tag{13.11}$$

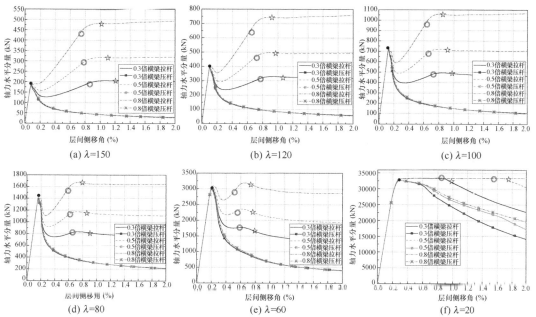

图 13.13　受压支撑和受拉支撑轴力随层间侧移角的变化规律

（"●"：受压支撑屈曲；"◎"：横梁跨中边缘屈服；"☆"：横梁跨中形成塑性铰）

13.4　交叉支撑对的静力弹塑性分析

交叉支撑是最常用的多高层钢结构抗侧体系。正放的和倒放的人字支撑上下成对布置，形成跨层的交叉支撑。本节介绍交叉支撑对（即拉压支撑对）的抗侧力性能，研究把拉压支撑对当作受压支撑设计所带来的超强，研究设计方法（引进折减系数 ϕ 和支撑内力放大 1.3 倍）所带来的超强，分析交叉支撑对在罕遇地震下可能经历的几个工作阶段。

13.4.1　几何模型

几何模型如图 13.14（a）所示。其中 $H = 6 \mathrm{~m}$，$L = 6 \mathrm{~m}$。

（1）截面设计：支撑长细比变化范围为 30～150，以 5 为间隔，一共 25 个算例。支撑几何长度始终保持 $6\sqrt{2}\,\mathrm{m}$，支撑的计算长度取 $3\sqrt{2}\,\mathrm{m}$，改变支撑截面来改变支撑长细比。支撑采用工字形截面，宽度等于高度，翼缘宽厚比和腹板高厚比分别为 13 和 20。

（2）梁与柱截面：在抗震设计规范中，未对交叉支撑跨的梁柱提出要求。本节是研究拉压支撑对的抗侧力性能，必须防止支撑跨的横梁和柱子提前破坏，因此柱子和横梁按性能化设计方法进行设计，柱子按能够承受拉撑屈服承载力 $A_{zc}f_{yk}$ 的竖向分力 1.5 倍（即 $1.5A_{zc}f_{yk}\sin\alpha$）设计，横梁按照能够承受受拉支撑屈服承载力的水平分力的 1.5 倍（即 $1.5A_{zc}f_{yk}\cos\alpha$）进行设计。梁柱截面均采用工字形，其宽度等于高度的一半，翼缘宽厚比取 9，腹板高厚比取 40。

横梁、立柱和支撑都采用梁单元，连接处铰接。材料均为 Q235，屈服强度为 235 MPa，弹性模量为 206000MPa，泊松比为 0.3。三角形分布的残余应力 $\sigma_r = 0.3f_{yk}$，跨中值为 $l_{zc}/1000$ 的平面外半正弦初始弯曲（l_{zc} 为支撑长度，即交叉支撑对的斜对角线长度）。横梁与立柱没有施加初始缺陷。

13.4.2　整体抗侧力-层间侧移角关系

施加水平荷载，获得整体抗侧力-层间侧移角曲线如图 13.14（b）所示。根据曲线的形状及其特点，可以大致把交叉支撑对的抗侧性能分为三个阶段：

（1）弹性阶段，即从开始加载至压撑屈曲。

（2）抗侧力"强化"阶段，即从压撑屈曲至拉撑屈服。在这个阶段，受压支撑屈曲后，尽管其轴力开始进入快速减小过程，但是由于受拉支撑锚固在与其相连的柱子上，其轴力仍快速增大，足以充分抵消受拉支撑承载力的退化，所以交叉支撑对的整体抗侧力继续随层间侧移角增大，好像材料进入强化阶段其强度进一步提高一样。

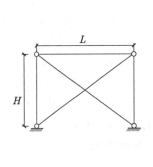

（a）模型

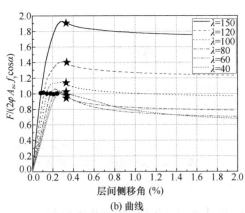

（b）曲线

图 13.14　单层交叉支撑对的整体抗侧力-层间侧移角曲线

（"●"：受压支撑屈曲；"★"：受拉支撑屈服）

另外可以发现，长细比越大，第二阶段越长，抗侧承载力提高得越多，带来的超强越大，长细比为 150 的交叉支撑对，其超强系数达 1.93。在实际工程中，拉撑的截面也是按照受压承载力确定的，$(1-\varphi)A_{zc}f_{yk}$ 是多出来的抗侧承载力。

交叉支撑对的这种超强，对于抗震设计的支撑架，会给支撑跨的柱子与横梁带来额外负担。支撑架的立柱，要为这种额外负担留有一定的余量，给拉撑提供锚固（因为拉撑的超强部分的竖向分量给柱子施加了压力，柱子应该能够承受这个压力）。

如果柱子屈曲先于拉撑屈服，则交叉支撑对的抗侧性能类似于横梁未充分加强的人字支撑对的抗侧性能：拉撑不再会受拉屈服，拉撑内的拉力还会因为柱子屈曲后柱子内压力的退化而下降，同时压撑内的压力也在下降，因此交叉支撑对的抗侧力在下降。比横梁未加强的人字支撑对更为严重的是，柱子承担了重力荷载，而柱子因为屈曲而出现承载力的下降，这时如果重力荷载不能够被重新分配到相邻的柱子上，则会激发动力响应，因为支撑架无法静力平衡时，就会转入动态平衡。

（3）塑性阶段，即受拉支撑屈服之后。在这个阶段，交叉支撑对的抗侧承载力达到峰值后，开始缓慢地减小，这种减小是因为压撑轴力继续缓慢减小。

13.4.3 超强系数

交叉支撑对的抗侧极限承载力出现在受拉支撑屈服时，它是拉撑屈服力的水平分力和此刻压撑退化了的受压承载力 $\eta_{\theta max}\varphi A_{zc}f_{yk}$ 的水平分力之和：

$$V_u = (1 + \eta_{\theta max}\varphi)A_{zc}f_{yk}\cos\alpha \tag{13.12}$$

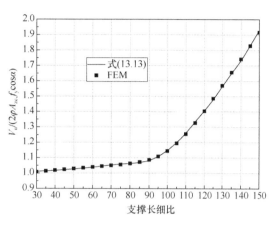

图 13.15　单层交叉支撑对的超强系数

图 13.15 绘制了不同长细比交叉支撑对的超强系数，拟合公式为：

$$\Omega = \frac{V_u}{2\varphi A_{zc}f_{yk}\cos\alpha} = \sqrt[9]{(0.977 + 0.097\overline{\lambda})^9 + (1.639\overline{\lambda} - 0.729)^9} \tag{13.13}$$

拉压支撑轴力随层间侧移角的变化规律如图 13.16 所示。

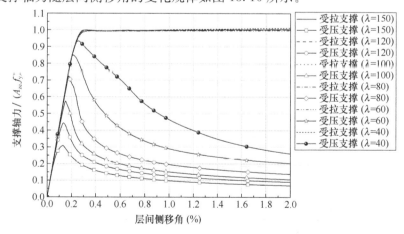

图 13.16　拉压支撑轴力随层间侧移角的变化规律

13.4.4 拉压支撑各自的抗侧力性能演化

图 13.16 给出了拉撑拉力和压撑压力随侧移角增加出现的变化。

（1）压撑屈曲后的承载力折减系数仍可以用式（13.5）表示。

（2）交叉支撑对的拉撑轴力始终以初始刚度随层间侧移角的增加而增大，直至其受拉屈服，中间不受受压支撑屈曲的影响。而且受压支撑屈曲时，拉撑轴力比压撑轴力略大。

这是因为受拉支撑锚固在与其连接的柱子上，该柱子对拉撑提供了足够的锚固。

13.5　强剪型支撑弱框架结构的抗侧性能

前面的分析都是约定框架柱强于支撑。但是目前的设计规范对支撑架的立柱并没有提出附加要求，极有可能出现立柱弱于斜支撑的情况。在地震作用下，框架柱可能先于支撑首先达到构件自身的极限状态。下面分析强剪弱弯型钢支撑架的抗侧性能。

13.5.1　分析模型

五层强支撑弱框架算例的力学模型如图 13.17（a）所示，层高 $H = 6\text{m}$。跨度 $L = 6\text{m}$。每层柱顶都作用一个竖向荷载 $P = 1200\text{kN}$，水平荷载为倒三角形分布，其大小为：$F_5 = 179.2\text{kN}$，$F_4 = 143.\text{kN}$，$F_3 = 107.5\text{kN}$，$F_2 = 71.7\text{kN}$，$F_1 = 35.8\text{kN}$，基底总剪力 $V = 538\text{kN}$。按照《高层民用建筑钢结构技术规程》JGJ 99—2015 的条文，可求得支撑、框架梁和框架柱的截面尺寸见表 13.4。设计支撑时，考虑人为的内力放大系数 1.3 和强度折减系数 $\psi = 1/(1 + 0.35\lambda_{\text{n,br}})$；框架梁柱按实际计算的内力计算。由于人为因素加大了支撑截面，称这样的结构体系为"强剪弱弯型"钢支撑架体系。

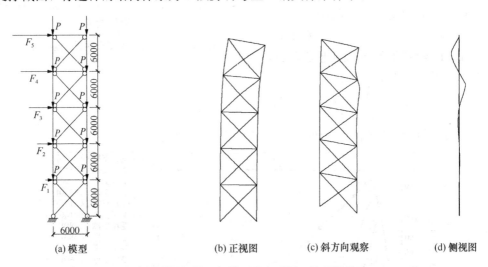

| (a) 模型 | (b) 正视图 | (c) 斜方向观察 | (d) 侧视图 |

图 13.17　强支撑弱框架的几何模型和变形图（柱顶侧移为 73mm 时）

强支撑弱框架算例各构件截面高度（mm）　　　　　　　　　　表 13.4

构件名称	层数				
	第 1 层	第 2 层	第 3 层	第 4 层	第 5 层
支撑	314	298	278	246	197
钢梁	398	388	375	350	300
钢柱	640	570	498	420	334
钢柱平面外长细比	68	77	88	105	132
钢柱平面内长细比（无侧移）	18	20	22	26	31
钢柱平面内长细比（有侧移）	99	67	64	64	63

注：1. 支撑截面的高宽比为 1，腹板高厚比为 20，翼缘宽厚比为 9；

2. 钢梁截面的高宽比为 2，腹板高厚比为 20，翼缘宽厚比为 9；

3. 钢柱截面的高宽比为 1.5，腹板高厚比为 20，翼缘宽厚比为 9。

13.5.2　分析结果

首先对强支撑弱框架算例施加竖向荷载，然后对算例施加倒三角形分布的水平荷载，获得的基底剪力-柱顶侧移曲线如图 13.18（a）所示。随着水平荷载（或柱顶侧移）的不断增大，强支撑弱框架的第 5 层和第 4 层的右柱首先发生了平面外屈曲（此时支撑还处于弹性范围内），然后抗侧能力快速大幅下降，顶部侧移甚至出现了 2mm 的回缩，从图 13.18（b）看到，顶部侧移回缩的部位，第 5 层的侧移角在快速增长，这说明顶部侧移的回缩是由第 1~4 楼层的回缩引起的，而下部四层回缩是因为第 5 层柱子的屈曲，抗侧承载力快速下降，使传递到下部的侧向力下降，仍处在弹性阶段的楼层侧移回缩、减小。

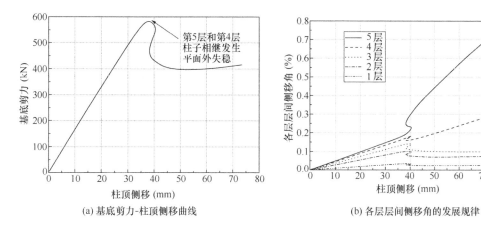

(a) 基底剪力-柱顶侧移曲线　　　　(b) 各层层间侧移角的发展规律

图 13.18　强支撑弱框架的基底剪力－柱顶侧移曲线和各层层侧移角发展规律

图 13.18（a）呈现的曲线存在两个特别需要强调的地方：

（1）柱子屈曲后，抗侧力迅速直线下降。这种下降是由柱子屈曲后其抗压承载力严重的退化所引起的。可以推测，柱子承载力退化后，支撑就更不容易屈曲和屈服了。这种抗侧承载力直线退化，对处于地震作用过程中的结构来说是一种冲击作用，它将把卸载的部分突然施加到其他部分（例如框架），其他部分必须能够承担这个作用。因为抗侧承载力的退化是立柱屈曲后引起的，这反过来要求我们对弱柱支撑架的柱提出一些额外的要求。

抗侧承载力下降，位移回缩，使得结构呈现"脆性"特征。因此，延性很好的钢材因为设计方法不合理，结构呈现脆性破坏特征。

（2）在经历一个快速下降后，承载力不再继续下降，这是因为本算例的交叉支撑体系是一个超静定体系，交叉支撑杆不仅承担剪力，还承担了顶层的部分弯矩，交叉支撑承担弯矩的机制如图 13.19（a）所示。如果是成对布置的单斜支撑［图 13.19（b）］，则必须转嫁到中间没有支撑的框架梁来抵抗弯矩，此时的抗侧力就很难企稳了。

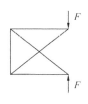

(a) 一根柱失效时交叉
支撑参与整体抗弯

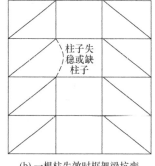

(b) 一根柱失效时框架梁抗弯

图 13.19　框架柱屈曲后的受力情况

图 13.17（b）、（c）、（d）从三个不同的视角描述了柱顶侧移为 73mm 时强支撑弱框架算例的变形图。该图表明此时第 4、5 层的右柱发生了严重的出平面位移（即出平面屈曲），最大值为 265mm。

通过五层强支撑弱框架算例的分析，再次验证了人为地加大支撑内力和采用支撑强度设计折减系数会造成支撑过强、框架相对较弱。在地震作用和风荷载作用下，这种强支撑弱框架结构体系，柱子可能先于支撑发生屈曲，从而造成严重的破坏。

13.6　支撑的试验研究

日本京都大学学者（文献［17］）1977 年完成了支撑的抗震性能试验，试件参数列于表 13.5 中。试件如图 13.20 所示，分单斜支撑和交叉支撑，焊接 H 型钢 H50×50×6×6（$A = 828$，$i_x = 19.65$，$i_y = 12.32$）采用退火消除残余应力，试件采用三种长度，分别是 1m、2m 和 3m。1m 和 2m 的钢材屈服强度为 289MPa，极限强度为 438MPa，强化应变为 22000$\mu\varepsilon$，断裂伸长率为 0.383；3m 的钢材对应的这四个数据是 257MPa、377MPa、27500$\mu\varepsilon$ 和 0.409。试验框架是梁柱四角铰链连接的，因而不提供任何的抗侧力。后面的滞回曲线都是支撑的贡献。

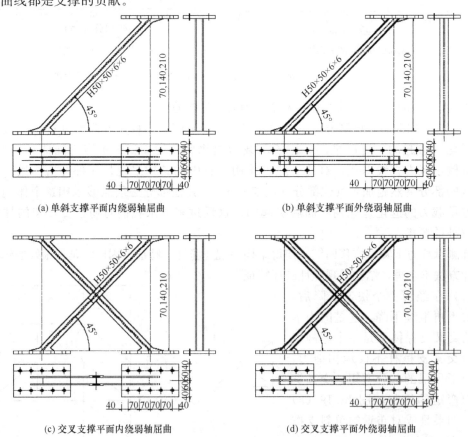

(a) 单斜支撑平面内绕弱轴屈曲　　　　　　(b) 单斜支撑平面外绕弱轴屈曲

(c) 交叉支撑平面内绕弱轴屈曲　　　　　　(d) 交叉支撑平面外绕弱轴屈曲

图 13.20　京都大学试件

表 13.5 中 λ 是几何长细比，λ_{eff} 是考虑了端部约束的有效长细比，是根据试验得到的

初次屈曲荷载，考虑弹塑性变形对承载力的影响后反推的数值。从图 13.20 可知，端部约束作用很强。

图 13.21 是单调加载的试验结果，q 是采用屈服时的水平力无量纲化的坐标，δ 是侧移。单斜支撑的试验结果与图 13.16 压撑的曲线完全类似，压撑屈曲后退化很严重，即使是有效长细比是 25 的试件。图 13.22 则是交叉支撑的单调加载试验曲线，注意一拉一压成对的支撑的抗侧力性能比单斜压撑有明显大幅度的改善，试验结果与图 13.14（b）的有限元分析结果接近。

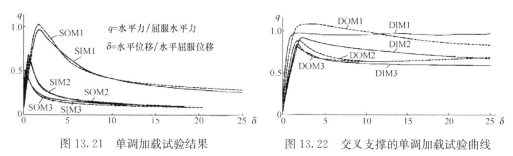

图 13.21　单调加载试验结果　　　　图 13.22　交叉支撑的单调加载试验曲线

图 13.23 是单斜支撑的滞回曲线，长细比大的受拉支撑一般都能够达到受拉屈服，长细比小了，因为受压屈曲塑性变形后再拉直，完全拉直比较困难，反而达不到受拉屈服，

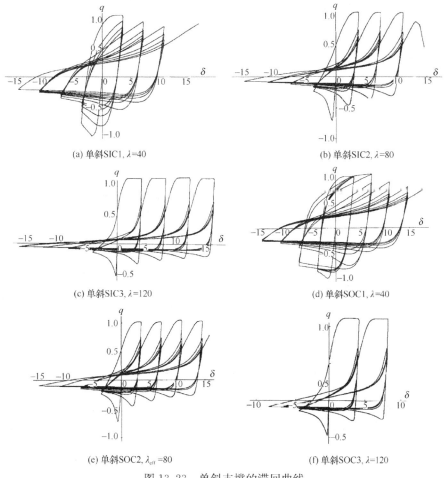

(a) 单斜SIC1, $\lambda=40$　　　　　　　(b) 单斜SIC2, $\lambda=80$

(c) 单斜SIC3, $\lambda=120$　　　　　　(d) 单斜SOC1, $\lambda=40$

(e) 单斜SOC2, $\lambda_{eff}=80$　　　　　(f) 单斜SOC3, $\lambda=120$

图 13.23　单斜支撑的滞回曲线

或受拉承载力有所退化。在受压承载力方面，长细比小的退化严重，而长细比大的受压承载力的退化看上去反而小一点。

图 13.24 是交叉支撑的滞回曲线，与单斜支撑相比，退化并不那么严重。长细比小的，滞回曲线丰满，但是 DOC1 的曲线承载力退化明显；长细比大的，承载力退化较小。长细比大于 30 的交叉支撑滞回曲线不太饱满，需要框架补偿才能够获得较好的抗震性能。

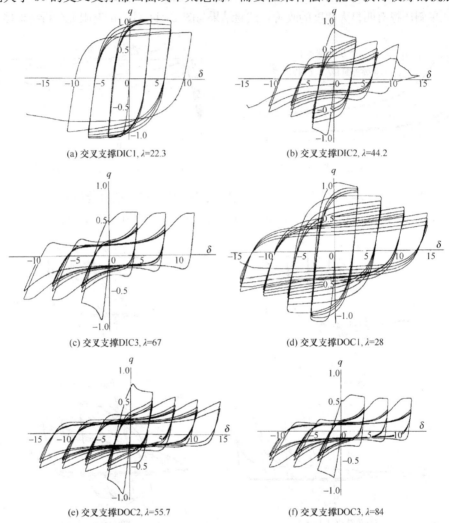

(a) 交叉支撑DIC1, λ=22.3　　　　(b) 交叉支撑DIC2, λ=44.2

(c) 交叉支撑DIC3, λ=67　　　　(d) 交叉支撑DOC1, λ=28

(e) 交叉支撑DOC2, λ=55.7　　　　(f) 交叉支撑DOC3, λ=84

图 13.24　交叉支撑的滞回曲线

京都大学试件编号　　　　　　　　　　　　　　　　　　　　表 13.5

单斜支撑编号	放置	加载方式	L	λ	λ_{eff}	交叉支撑编号	λ	λ_{eff}
SIM1		单调	984.6	39.1	24.9	DIM1	22.5	17.5
SIC1		循环	984.7	39.6	25	DIC1	22.4	17.4
SIM2	虚线是框架平面	单调	1972	78.5	50.4	DIM2	44.2	35.6
SIC2		循环	1970	79.1	49.7	DIC2	44.1	35.5
SIM3		单调	2970	120.5	76.2	DIM3	67.4	52.2
SIC3		循环	2972	120.9	75.6	DIC3	67.7	52.7

单斜支撑编号	放置	加载方式	L	λ	λ_{eff}	交叉支撑编号	λ	λ_{eff}
SOM1		单调	990	39.4	24.8	DOM1	27.9	14
SOC1		循环	989.3	40.2	25.6	DOC1	28.1	14.2
SOM2	H	单调	1968	79.2	50.4	DOM2	55.7	28
SOC2		循环	1970	78.8	50.8	DOC2	55.7	28.6
SOM3		单调	2968	121.4	75.4	DOM3	84.4	42.1
SOC3		循环	2968	120.5	75.3	DOC3	84.3	42.3

文献 [18] 的研究表明，长细比在 0.5～1.3 范围内时，支撑杆拉压反复作用下断裂前能够达到的延性随长细比增大而增长，增大长细比延性会有显著提高。

13.7 压杆轴力与轴向位移全过程曲线的近似表达式

上述各节呈现出来的压撑性能退化严重，作为小规模（仅拉压撑各一支）的模型，一根撑杆划分很多单元，研究得很精确。但扩展到整个复杂的结构，以杆件为模型可以节省时间，大幅度提高效率，于是压杆的压力-压缩变形曲线，作为构件层次的"本构关系"，具有重要的价值。本节对考虑初始缺陷和材料塑性性能的双轴对称工字形截面压杆，利用解析方法分别得到二阶弹性和二阶塑性的荷载-位移关系；与有限元解进行比较，构建压杆受荷全过程曲线的解析表达式。

13.7.1 弹性压杆轴向荷载与位移的关系

轴力作用下压杆的缩短在弹性阶段为：$\Delta_{ax} = \dfrac{PL}{EA}$，其中，$P$ 为轴力，L 为压杆长度，EA 为截面抗压刚度。实际中压杆存在初始缺陷，包括初始弯曲和残余应力，杆件的挠度会随着荷载的增加不断增大；支座间的缩短包含两个部分：一个是 Δ_{ax}、一个是由弯曲引起的缩短 Δ_f。

设压杆初始几何缺陷为正弦半波，d_0 为跨中的初始挠度，v_0 为杆件各截面形心的初始挠度，v 是轴力作用产生的附加挠度，总挠度是：

$$v + v_0 = \frac{d_0}{1 - P/P_E} \sin \frac{\pi z}{L} \tag{13.14}$$

压杆两端由于弯曲变形导致的相对位移为：

$$\Delta_f = \frac{1}{2} \int_0^L [(v' + v_0')^2 - v_0'^2] = \frac{\pi^2 d_0^2}{2L} \frac{P(P_E - 0.5P)}{(P_E - P)^2} \tag{13.15}$$

其中，P_E 为欧拉临界荷载。

13.7.2 弹塑性压杆的轴力与位移关系

计入残余应力并考虑了材料塑性后，轴力 P 与跨中总挠度和支座间的轴向相对位移的关系需要进行深入研究。张磊提供的自编有限元程序 3D-Steel-Struct 可用于分析。该程序可以考虑几何缺陷、残余应力和材料塑性性能，分析构件的三维弹塑性大变形问题。对于非线性问题的求解，该程序的荷载增量和迭代策略采用了两种方法的集合，即在确定每个荷载步的初始荷载增量因子时采用 Yang & Shieh 提出的广义刚度参数法（General Stiffness Parameter），在确定迭代步荷载增量因子时采用 Powell & Simon 提出的最小不平衡位移准则（Minimun Unbalanced Displacement Norm）。下面通过一个算例对 3D-

Steel-Struct 程序和有限元软件 ANSYS 进行比较，以验证其有效性。

一铰接压杆长度 $L=12$m，截面为 H300×300×6×10；材料的应力-应变关系采用理想弹塑性模型，弹性模量 $E=206000$MPa，泊松比 $\nu=0.3$，屈服强度 $f_y=235$MPa，屈服应变 $\varepsilon_y=0.00114$；截面的残余应力如图 13.2（b）所示，取 $f_{rc}=f_{rt}=0.3f_y=70.5$MPa；绕 x 轴施加半个正弦波形的初始缺陷，跨中幅值为 $L/1000$。

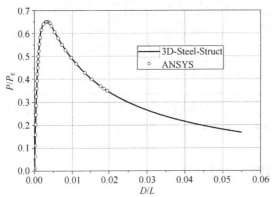

分别使用 3D-Steel-Struct 程序和 ANSYS 程序对压杆绕 x 轴的受力行为进行分析，跨中挠度 D 的比较结果如图 13.25 所示。可以看到计算结果非常吻合。相较于 ANSYS 程序，3D-Steel-

图 13.25　压杆弹塑性分析的荷载-位移曲线

Struct 的收敛速度更快，而且能得到更长的荷载下降段曲线。

13.7.3　压杆的有限元分析结果

采用工字形截面 W8×31 作为算例分析压杆绕强轴 x 的平面内受力性能。截面参数为：$h=203$mm，$b=203$ mm，$t_f=11.05$mm，$t_w=7.24$mm；材料特性与上述算例相同；残余应力如图 13.2（b）所示，取 $f_{rc}=f_{rt}=\sigma_r$，且 $\rho=\sigma_r/f_y=0.3$，相当于我国《钢结构设计标准》GB 50017—2017 中规定的压杆稳定系数 φ 曲线的 b 类截面；绕强轴 x 施加半个正弦波形的初始弯曲，跨中幅值为 $L/750$。

图 13.26 为不同长度压杆绕强轴的无量纲轴力与跨中总挠度 D 以及轴力与轴向位移 Δ 间的关系曲线。图 13.26（a）的曲线没有直接的物理意义（因为轴力是竖向的，挠度是水平的，相除得到的结果不是刚度）。图 13.26（b）中曲线就是"构件层次的本构关系"，越过极值点后，轴向位移急剧下降。

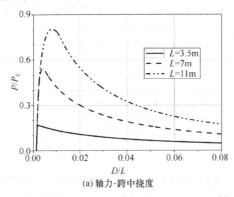
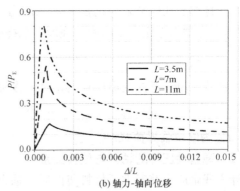

(a) 轴力-跨中挠度　　　　　　　　　　(b) 轴力-轴向位移

图 13.26　压杆绕强轴 x 的荷载位移曲线

压杆两端的轴向位移由弯曲导致的缩短和压缩导致的缩短组成，有限元分析可以将两者分开。方法如下：对压杆中的任一单元 i，其长度为 l_i，分别提取单元两个截面的形心应变 ε_i 和 ε_{i+1}，计算 $\overline{\varepsilon_i}=0.5(\varepsilon_i+\varepsilon_{i+1})$ 作为这个单元的平均应变，则该单元由于压缩而导致的轴向缩短为 $\Delta_{iax}=\overline{\varepsilon_i}\cdot l_i$，叠加即可得到整根压杆的轴向压缩位移 $\Delta_{ax}=\sum\limits_i\Delta_{iax}$；弯曲轴向位移即为：$\Delta_f = \Delta - \Delta_{ax}$。

图 13.27 为压杆绕强轴的三种轴向位移 Δ、Δ_{ax}、Δ_f 与荷载 P 之间的关系曲线。在轴力上升段，轴向位移基本由压缩产生；进入下降段后，即使荷载降低，但是由于塑性的开展和塑性铰的产生，压缩位移仍然呈增大的趋势，而弯曲位移的增大更加明显，直至超过压缩位移。

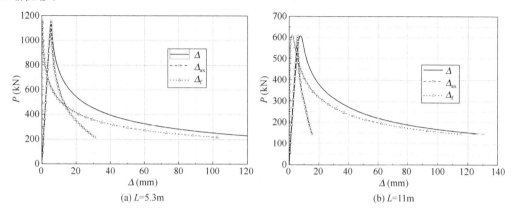

图 13.27　压杆绕强轴 x 的轴向位移分解

13.7.4　压力与跨中挠度关系的表达式

从式（13.14）可以得到弹性轴力 P_e 与跨中总挠度 D 的关系：

$$P_e = P_E \left(1 - \frac{d_0}{D}\right) \tag{13.16}$$

下面对压杆进行二阶刚塑性分析：假定铰支压杆在跨中截面形成完全塑性铰，而其他区域只发生刚体位移，同时在考虑平衡方程时考虑几何二阶效应的影响。承受轴力 P 和绕 x 轴弯矩 M_x 作用的双轴对称工字形压杆，截面达到塑性极限状态时，轴力和弯矩的相关关系为：

当 $\dfrac{P}{P_y} \leqslant \dfrac{A_w}{A}$ 时：

$$\frac{M_x}{M_{px}} + \kappa \frac{P^2}{P_y^2} = 1 \tag{13.17}$$

当 $\dfrac{P}{P_y} > \dfrac{A_w}{A}$ 时：

$$\gamma \frac{M_x}{M_{px}} + \frac{P}{P_y} = 1 \tag{13.18}$$

其中：

$$\kappa = \frac{(1 + 2A_f/A_w)^2}{1 + 4A_f h_f/A_w h_w} \tag{13.19a}$$

$$\gamma = \frac{1 + (1 + h/h_w) \times 2A_f/A_w}{2h/h_w(1 + 2A_f/A_w)} \tag{13.19b}$$

$$M_{px} = (bt_f h_f + 0.25t_w h_w^2)f_{yk} \tag{13.19c}$$

式中，M_{px} 为截面绕 x 轴全塑性弯矩；$P_y = Af_y$ 为截面塑性极限轴力；h_w 为腹板高度；h_f 为翼缘中心间距；A_f 和 A_w 分别是翼缘和腹板的面积。式（13.17）、式（13.18）分别对应于中性轴位于腹板和翼缘。采用第二个相关关系进行理论推导，即假定中性轴位于翼缘内，铰支压杆首先在跨中截面形成塑性铰，考虑跨中截面平衡，跨中弯矩为 $M_x = P \cdot D$。

对工字形截面，可以近似地取 $h \approx h_f \approx h_w$、$A_f \approx A_w$、绕 x 轴的回转半径 $i_x \approx 0.43h$，并定义截面形状系数 $F = Z_{px}/W_x$，其中，Z_{px} 和 W_x 分别是截面绕 x 轴的塑性和弹性抵抗矩。

则：$\gamma = 5/6$，$F = Z_{px}/W_x = \dfrac{bt_fh_f + 0.25t_wh_w^2}{2Ai_x^2/h} = \dfrac{bt_fh + 0.25bt_fh}{2 \times 3bt_f \times 0.43^2h} = 1.127$。由式（13.18）可得：

$$\left(\gamma\frac{P_y D}{M_{px}} + 1\right)\frac{P}{P_y} = \left(\frac{5}{6}\frac{AD}{FW_x} + 1\right)\frac{P}{P_y} = \left(\frac{5}{6}\frac{Dh}{2Fi_x^2} + 1\right)\frac{P}{P_y} = 1 \tag{13.20}$$

根据上式，绕 x 轴弯曲的二阶弹塑性分析的轴力 P_p 与跨中挠度 D 的关系为：

$$P_p = \left(1 + \frac{\lambda_x D}{1.16L}\right)^{-1} P_y \tag{13.21}$$

其中 $\lambda_x = L/i_x$ 为杆件长细比。

给定 D，由式（13.16）和式（13.21）可以分别得到 P_e 和 P_p。与数值解进行对比，如图 13.28 所示，可以发现：P_e-D 曲线和 P_p-D 曲线是通过有限元分析得到的弹塑性 P-D

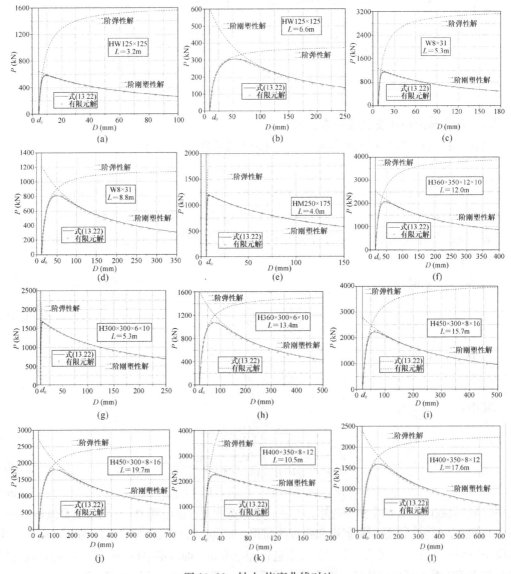

图 13.28　轴力-挠度曲线对比

全过程曲线的上限。根据这个现象构建如下公式:

$$\frac{1}{P^{n_1}} = \frac{1}{P_e^{n_1}} + \frac{1}{P_p^{n_1}} = \left(1 + \frac{d_0}{D - d_0}\right)^{n_1} \frac{1}{P_E^{n_1}} + \left(1 + \frac{\lambda_x D}{1.16L}\right)^{n_1} \frac{1}{P_y^{n_1}} \tag{13.22a}$$

除 W8×31 截面外,还选取了热轧 H 型钢 HW 125×125($h = b = 125\text{mm}$,$t_f = 9\text{mm}$,$t_w = 6.5\text{mm}$)、焊接工字型钢 H300×300×6×10 和 H400×350×8×12 对 n_1 的取值进行数值拟合得到:

$$n_1 = 0.034\lambda_x + 2.73 \tag{13.22b}$$

由此即可得到 $P\text{-}D$ 关系曲线。

利用热轧 H 型钢 HW150×150×7×10、HM200×150×6×9、HM250×175×7×11、H360×350×10×12 和 H450×300×8×16 对上述公式进行验算。由图 13.28 看到,式(13.22)描述的 $P\text{-}D$ 曲线具有良好精度。

13.7.5 压力与轴向位移关系的解析表达式

构造荷载-轴向位移公式首先需要分别得到弹性和塑性状态下荷载与轴向位移的关系。

1. 弹性阶段压杆的荷载-轴向位移公式

根据式(13.15)和截面压缩位移,弹性压杆的轴向位移与轴力 P 的关系为:

$$A_1 P^3 + A_2 P^2 + A_3 P + A_4 = 0 \tag{13.23}$$

其中

$$A_1 = 2L^2 \tag{13.24a}$$

$$A_4 = -2EAL\Delta_e P_E^2, \quad \Delta_e = \Delta_{ax} + \Delta_f \tag{13.24b}$$

$$A_2 = -(4L^2 P_E + 0.5\pi^2 d_0^2 EA + 2EAL\Delta_e) \tag{13.24c}$$

$$A_3 = P_E(2L^2 P_E + \pi^2 d_0^2 EA + 4EAL\Delta_e) \tag{13.24d}$$

令 $\quad m = \dfrac{3A_1 A_3 - A_2^2}{3A_1^2}$,$n = \dfrac{2A_2^3 - 9A_1 A_2 A_3 + 27A_1^2 A_4}{27A_1^3}$,$K = \dfrac{n^2}{4} + \dfrac{m^3}{27}$。

(1)当 $K > 0$ 时,方程有 1 个实根为:

$$P = \sqrt[3]{-\frac{n}{2} + \sqrt{K}} + \sqrt[3]{-\frac{n}{2} - \sqrt{K}} - \frac{A_2}{3A_1} \tag{13.25a}$$

(2)当 $K = 0$ 时,方程有 3 个实根,其中的两个根相等,且这个根有用:

$$P_1 = P_2 = 2\sqrt[3]{-\frac{n}{2}} - \frac{A_2}{3A_1} \tag{13.25b}$$

(3)当 $K < 0$ 时,方程有 3 个实根,令 $r = \sqrt{\dfrac{n^2}{4} - K}$,$\theta = \arccos \dfrac{-n}{\sqrt{n^2 - 4K}}$,有用的根为:

$$P_3 = 2\sqrt[3]{r}\cos\frac{1}{3}(\theta + 2\pi) - \frac{A_2}{3A_1} \tag{13.25c}$$

给定轴向位移 Δ_e,代入式(13.23)可求出轴力 P_e,从而得到二阶弹性 $P_e\text{-}\Delta_e$ 曲线。

2. 压杆荷载-弯曲轴向位移的二阶弹塑性分析

二阶弹塑性模型压杆在跨中截面形成塑性铰,压杆变形接近于二折线模型,如图 13.29 所示,不考虑压缩导致的轴向缩短,仅仅由于弯曲引起的轴向位移为:

$$\Delta_{\mathrm{f}} = 2 \times [0.5 L \cos\alpha_0 - 0.5 L \cos(\alpha_0 + \alpha)] \Delta_{\mathrm{f}} \approx 2L \left[\left(\frac{D}{L}\right)^2 - \left(\frac{d_0}{L}\right)^2 \right]$$

(13.26a)

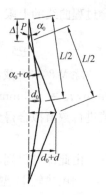

将式（13.21）代入得到：

$$\Delta_{\mathrm{f}} = 2L \left[\frac{1.345}{\lambda_x^2} \left(\frac{P_y}{P_p} - 1 \right)^2 - \frac{d_0^2}{L^2} \right] \tag{13.26b}$$

图 13.29　压杆的
二阶弹塑性
分析模型

3. 压杆荷载-压缩轴向位移的二阶塑性分析

下面来考虑由杆件压缩变形产生的支座两端的轴向缩短。对矩形截面压弯杆，Jezek 方法可供参考。Jezek 方法采用如下假定：（1）压杆的挠曲线是正弦曲线，其中 v_{m} 为跨中挠度；（2）只考虑中央截面的平衡。这里补充两个假定：（1）仅考虑工字形截面两个翼缘板的平衡条件，不考虑腹板的影响，如图 13.30（a）所示；（2）假设截面为单边屈服且受压翼缘全部屈服，中性轴位于腹板内。

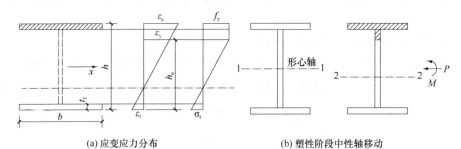

(a) 应变应力分布　　　　　　　　　(b) 塑性阶段中性轴移动

图 13.30　截面的应力-应变分布

中央截面的应力分布如图 13.30（b）所示，则该截面的曲率为：

$$\Phi_{\mathrm{m}} = -v''\big|_{z=L/2} = \frac{\pi^2}{L^2} v_{\mathrm{m}} = \frac{\varepsilon_{\mathrm{e}} + \varepsilon_{\mathrm{t}}}{h} = \frac{\varepsilon_{\mathrm{y}} + \varepsilon_{\mathrm{t}}}{h_{\mathrm{e}}} = \frac{f_{\mathrm{y}} + \sigma_{\mathrm{t}}}{E h_{\mathrm{e}}} \tag{13.27}$$

轴力平衡：

$$P = f_{\mathrm{y}} A - (f_{\mathrm{y}} + \sigma_{\mathrm{t}}) b \left(t_{\mathrm{f}} - \frac{t_{\mathrm{f}}^2}{2 h_{\mathrm{e}}} \right) \tag{13.28a}$$

中央截面的弯矩为：

$$M_{\mathrm{m}} = P v_{\mathrm{m}} = \frac{1}{2} (f_{\mathrm{y}} + \sigma_{\mathrm{t}}) b t_{\mathrm{f}} \left[\left(2 - \frac{t_{\mathrm{f}}}{h_{\mathrm{e}}} \right) \left(\frac{h}{2} - \frac{h_{\mathrm{e}}}{3} - \frac{2 t_{\mathrm{f}}}{3} \right) + \frac{2}{3} h_{\mathrm{e}} \right] \tag{13.28b}$$

由以上两式可解得弹性区高度为：

$$h_{\mathrm{e}} = \frac{1}{2} t_{\mathrm{f}} + \frac{P_{\mathrm{y}} - P}{12 P v_{\mathrm{m}} - 6 (P_{\mathrm{y}} - P)(h - t_{\mathrm{f}})} t_{\mathrm{f}}^2 \tag{13.29a}$$

将式（13.28a）代入式（13.27）中，可得：

$$\Phi_{\mathrm{m}} = \frac{2 (P_{\mathrm{y}} - P)}{E b t_{\mathrm{f}} (2 h_{\mathrm{e}} - t_{\mathrm{f}})} \tag{13.29b}$$

由式（13.27）、式（13.28b）、式（13.29b）得到：

$$v_{\mathrm{m}} = \frac{6 (h - t_{\mathrm{f}})(P_{\mathrm{y}} - P)}{12 P - \pi^2 E b t_{\mathrm{f}}^3 / L^2} \tag{13.30a}$$

截面的平均应变为：

$$\bar{\varepsilon} = \frac{1}{2}(\varepsilon_c - \varepsilon_t) = \frac{1}{2}\frac{\pi^2}{L^2}v_m h + \varepsilon_y - \frac{2(P_y - P)h_e}{Ebt_f(2h_e - t_f)} \tag{13.30b}$$

由于压缩导致的杆件缩短为：

$$\Delta_{ax} = \bar{\varepsilon}L = \frac{1}{2}\frac{\pi^2}{L}v_m h + \frac{f_y}{E}L - \frac{2(P_y - P)Lh_e}{Ebt_f(2h_e - t_f)} \tag{13.30c}$$

由上式可以看到，当压杆进入塑性之后，截面形心的应变与弯曲变形有关。这是因为边缘纤维的屈服导致截面上弯矩的旋转轴发生偏离，如图 13.30（b）所示。

式（13.30）是针对工字形截面做了相应的假定得到的荷载与压缩位移之间的解析表达式。对比有限元的分析结果，对式（13.30c）进行以下两个修正：首先将式中的第二项 $\frac{f_y}{E}L$ 改为 $(1.02 - 0.0028\lambda_x)\frac{PL}{EA}$；在第三项中乘以一个截面形状和长细比的修正系数 ξ，其中：$\xi = \frac{i_x}{h_e}(0.0023\lambda_x + 0.63)$，可得：

$$\Delta_{ax} = \frac{1}{2}\frac{\pi^2}{L}v_m h + (1.02 - 0.0028\lambda_x)\frac{PL}{EA} - \frac{2(P_y - P)Li_x(0.0023\lambda_x + 0.63)}{Ebt_f(2h_e - t_f)} \tag{13.31}$$

将式（13.29a）和式（13.30a）代入得：

$$\Delta_{ax} = \frac{B(P_y - P)}{12PL^2 - \pi^2 Ebt_f^3} + (1.02 - 0.0028\lambda_x)\frac{PL}{EA} \tag{13.32a}$$

$$B = 3\pi^2(h - t_f)L[h - 2i_x(0.0023\lambda_x + 0.63)] \tag{13.32b}$$

合并式（13.26a）和式（13.32a），即可得到塑性阶段的 P_p-Δ_p 曲线：

$$\Delta_p = \Delta_{pf} + \Delta_{pax} = (1.02 - 0.0028\lambda_x)\frac{P_p L}{EA} + 2L\left[\frac{1.345}{\lambda_x^2}\left(\frac{P_y}{P_p} - 1\right)^2 - \frac{d_0^2}{L^2}\right] + \frac{B(P_y - P_p)}{12P_p L^2 - \pi^2 Ebt_f^3} \tag{13.33}$$

与有限元结果的对比（图 13.31）可以发现，按照上述方法得到的 P_e-Δ_e 和 P_p-Δ_p 曲线分别在极值点前后与有限元方法得到的 P-Δ 全过程曲线具有良好的吻合度。

4. 压杆荷载-轴向位移的解析表达式

如图 13.31 所示，当 Δ_p 接近于零时没有相应的 P_p 与之对应，为方便构建公式，对这一区段进行补充定义，要求该区段的表达式与式（13.33）在连接点处的一阶导数连续。

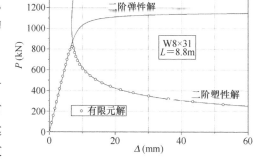

图 13.31 二阶弹性曲线和二阶塑性曲线

在式（13.33）中对 P_p 求导，记为 $\Delta_p' = \frac{d\Delta_p}{dP_p}$。取 $P_p = P_u$，其中 P_u 为压杆的极限荷载，得到的结果记为 Δ_{pu} 和 Δ_{pu}'，则 $P_{pu}' = dP_p/d\Delta_p\mid_{P_p = P_u} = 1/\Delta_{pu}'$。过点 (Δ_{pu}, P_u) 构造一条三角函数曲线：

$$P_p = P_u + a\cos\left(\frac{\pi\Delta_p}{2\Delta_{pu}}\right) \tag{13.34}$$

由式 (13.33) 和式 (13.34) 构成的 $P_p\text{-}\Delta_p$ 曲线在点 (Δ_{pu}, P_u) 处是连续的。令该点处的一阶导数连续，可得：$a = -\dfrac{2}{\pi}P'_{pu}\Delta_{pu}$，并记：$P_{p0} = P_p|_{\Delta_p=0} = P_u - \dfrac{2}{\pi}P'_{pu}\Delta_{pu}$。根据式 (13.34) 可得：

$$\Delta_p = \frac{2\Delta_{pu}}{\pi}\arccos\left(\frac{P_p - P_u}{a}\right) \tag{13.35}$$

压杆荷载-轴向位移表达式的构造方法如下：

(1) 给定轴力 P_p，当 $P_u \leqslant P_p \leqslant P_{p0}$ 时，由式 (13.35) 得到塑性轴向位移 Δ_p；当 $0.05P_y < P_p < P_u$ 时，由式 (13.33) 得到 Δ_p。为了保证式 (13.33) 中第三项的分母大于零，根据大量试算结果，$P_p > 0.01P_y$ 即可满足要求。而当荷载降低很多时，对构件已无实际意义，故可规定取 $P_p > 0.05P_y$。P_u 取有限元数值解的结果；在实际应用中，可按照《钢结构设计标准》GB 50017—2017 计算。

(2) 令 $\Delta_e = \Delta_p = \Delta$，代入式 (13.25) 得到弹性轴力 P_e。

(3) 构造如下的表达式：

$$\frac{1}{P^{n_2}} = \frac{1}{P_e^{n_2}} + \frac{1}{P_p^{n_2}} \tag{13.36a}$$

采用 W8×31、HW125×125、H300×300×6×10 和 H400×350×8×12 对 n_2 进行数值拟合得到：

$$n_2 = (4.4 - 0.017\lambda_x) \times t^{0.75} \geqslant 9.5 \tag{13.36b}$$

其中，$t = bh/A$；当 $n_2 < 9.5$ 时，取 $n_2 = 9.5$。

选择 HW150×150、HM200×150、HM250×175、H360×350×10×12 和 H450×300×8×16 对荷载-轴向位移公式进行验算，如图 13.32 所示。可以看到，式 (13.36) 对于抗震分析具有足够的精度。

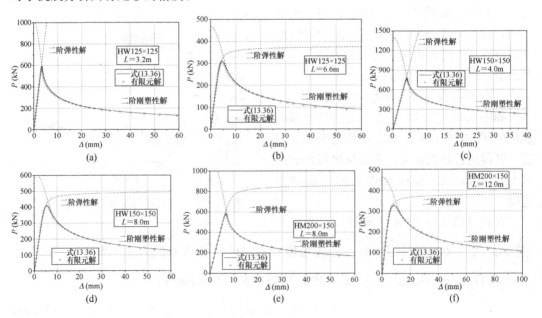

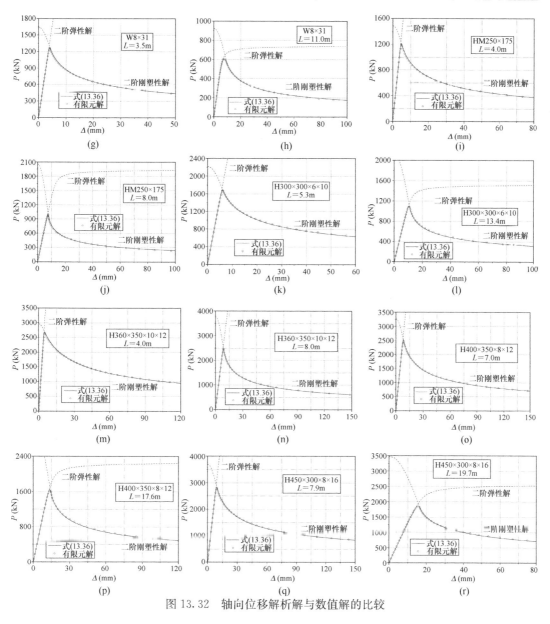

图 13.32 轴向位移解析解与数值解的比较

参 考 文 献

[1] ASCE. Minimum design loads for buildings and other structures：ASCE/SEI 7-16[S]. Reston VA：ASCE，2016.

[2] AISC. Seismic provisions for structural steel buildings：AISC 341-05 [S]. Chicago：AISC，2005.

[3] AISC. Seismic provisions for steel building：ANSI/AISC 341 02 [S]. Chicago：AISC，2002.

[4] KHATIB I F，MAHIN S A，PISTER K S. Seismic behavior of concentrically braced steel frames：UCB/EERC-88/14 [R]. Berkeley：Earthquake Engineering Research Center，Univ. of California at Berkeley，1988.

[5] TREMBLAY R，TIMLER P，BRUNEAU M，et al. Performance of steel structures during the 1994 Northridge Earthquake[J]. Canadian journal of civil engineering，1995，22：338-360.

［6］　中华人民共和国建设部. 建筑抗震设计规范：GB 50011—2001 ［S］. 北京：中国建筑工业出版社，2001.

［7］　中国工程建设标准化协会. 建筑工程抗震性态设计通则(试用)：CECS 160：2004［S］. 北京：中国工程建设标准化协会，2004.

［8］　中华人民共和国建设部. 高层民用建筑钢结构技术规程：JGJ 99—1998［S］. 北京：中国建筑工业出版社，1998.

［9］　RAI D C，GOEL S C. Seismic Evaluation and Upgrading of Chevron Braced Frames［J］. Journal of constructional steel research，2003，59(8)：971-994.

［10］　KIM J，CHOI H. Response Modification Factors of Chevron-braced Frames［J］. Engineering structures，2005，27(2)：285-300.

［11］　童根树，米旭峰. 钢支撑设计方法对多层框架实际抗震性能的影响［J］. 工程力学，2008，25(6)：107-115.

［12］　FUKUTA T，NISHIYAMA I，YAMANOUCHI H，et al. Seismic performance of steel frames with inverted V braces［J］. Journal of Structural Engineering，2016，115(8)：2016-2028.

［13］　中华人民共和国住房和城乡建设部. 钢结构设计标准：GB 50017—2017 ［S］. 北京：中国建筑工业出版社，2018.

［14］　FEMA. Prestandard and commentary for the seismic rehabilitation of buildings：FEMA 356［S］. Washington D. C.：FEMA，2000.

［15］　International Conference of Building Officials . The uniform building code：UBC 1997［S］. Whittier CA：International Conference of Building Officials，1997.

［16］　LONGO A，MONTUORI R，PILUSO V. Failure mode control of X-braced frames under seismic actions［J］. Journal of earthquake engineering，2008，12(5)：728-759.

［17］　WAKABAYASHI M，NAKAMURA T，YOSHIDA N. Experimental studies on the elastic-plastic behavior of braced frames under repeated horizontal loading. Part 1 experiments of braces with an H-shaped cross section in a frame［J］. Bulletin of the Disaster Prevention Research Institute，1977.

［18］　TREMBLAY R. Inelastic seismic response of steel bracing members［J］. Journal of constructional steel research，2002，58：665-701.

［19］　杨洋. 刚性与弹性支承圆弧钢拱的平面内稳定性及设计方法研究［D］. 杭州：浙江大学，2012.

［20］　Lee L H，Han S W，Oh Y H. Determination of ductility factor considering different hysteretic models［J］. Earthquake engineering and structural dynamics，1999，28(9)：957-977.

［21］　童根树. 钢结构的平面内稳定［M］. 北京：中国建筑工业出版社，2005.

［22］　张磊. 考虑横向正应力影响的薄壁构件稳定理论及其应用［D］. 杭州：浙江大学，2005.

［23］　YANG Y B，SHIEH M S. Solution method for nonlinear problems with multiple critical points［J］. AIAA Journal，1990，28(12)：2110-2116.

［24］　POWELL G，SIMONS J. Improved iteration strategy for nonlinear structures ［J］. International journal for numerical methods in engineering，1981，17：1455-1467.

［25］　罗桂发. 钢支撑和框架的弹塑性抗侧性能及其协同工作［D］. 杭州：浙江大学，2011.

第 14 章　框架-支撑架的弹塑性相互作用

14.1　框架-横梁加强型人字支撑架的抗侧性能协同分析

14.1.1　引言

人字支撑架与周边框架形成双重抗侧力结构。支撑架和框架相互作用，弹性阶段能够获得更好的侧移和内力分布；支撑架与框架在罕遇地震作用下表现出不同的抗侧性能：支撑架压撑屈曲后刚度和承载力都会大幅度退化；钢框架通过梁柱受弯抵抗侧向荷载，即使形成塑性机构，仍保有原有大部分的抗侧承载力（尽管竖向荷载的二阶效应会引起抗侧承载力的退化）。

文献[7]对中等长细比（70~120）钢框架-人字撑的整体滞回性能以及支撑与框架间的相互作用进行了试验研究，支撑跨横梁分为强梁和弱梁，结果表明它们均具有饱满的滞回曲线。在循环荷载作用下，强梁支撑架受压屈曲和受拉屈服的交替出现，容易在塑性铰区域受拉开裂而破坏。弱梁人字撑架由于拉撑不能达到屈服，在循环荷载作用下尽管会发生局部屈曲，却不会发生拉裂破坏。

文献[5]分析了钢筋混凝土框架-钢支撑双重体系的抗侧性能，其中框架分别按承担总剪力的 25%、50% 和 75% 三种情况设计，支撑为人字形（层高 3.4m、跨度 8m 的框架，其他跨也是 8m），箱形截面，支撑的设计确保没有富余度。混凝土柱的设计考虑了强柱弱钢支撑（最弱）的要求，也考虑了强柱弱梁（梁在支撑屈曲后形成塑性铰）的要求，但是设计的 4~24 层算例没有采用不平衡力验算混凝土梁。结果表明，双重抗侧力体系的超强系数随着钢筋混凝土框架承担的剪力增大而减小；为使双重抗侧力体系拥有足够的延性，钢筋混凝土框架至少承担总剪力的 50%，这证实了墨西哥地震规范 MFDC-04 中的规定，这说明横梁未加强的"钢支撑对"的延性尚不如钢筋混凝土框架。

文献[9]和[10]研究设置了加劲支撑的框架体系：框架完全按纯框架的地震力设计并满足构造要求（不考虑支撑），但不验算侧移。为满足侧移要求而设置加劲支撑，即支撑是为满足使用阶段的刚度要求而增加的，验算侧移时取用纯框架地震力。结果表明支撑的设置不仅提高了正常使用刚度，也减少了大震下的层间变形和非结构损坏；增加柱子的抗弯刚度可以使框架避免薄弱层破坏模式，让塑性变形在支撑体系中有更好的分布。

文献[11]对防屈曲支撑和防屈曲支撑-框架体系的抗侧性能进行了弹塑性分析，框架承担基底剪力的 25%。结果显示框架对减少残余层间侧移角作用明显。由于框架弹性阶段很长（1% 以上），刚度不退化，大震过后的弹性卸载将产生恢复力，从而达到减少结构残余倾斜程度的作用。

本章介绍人字支撑架-框架双重抗侧力体系的分析。如图 14.1 所示，模型 1 的框架与人字撑不同跨，简称"框架-人字支撑架"。这种模型用于考察框架参与分担总剪力的比例和支撑架横梁的强弱程度这两个主要因素对双重抗侧力体系性能的影响；模型 2 的人字支撑架与框架同跨，简称"人字撑框架"。

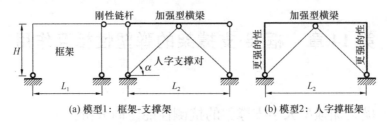

(a) 模型 1：框架-支撑架　　　　　(b) 模型 2：人字撑框架

图 14.1　双重抗侧力体系的分析模型及支撑残余应力模型

14.1.2　几何模型及有限元模型

如图 14.1（a）所示，$L_1 = L_2 = 8\text{m}$，$H = 4\text{m}$。支撑同第 13.2 节，支撑斜角 45°。支撑架横梁与柱子截面为工字形，承受竖向不平衡力 $F_{\text{unb,GB}}$，其宽度为高度的一半，翼缘宽厚比取 9，腹板高厚比取 40。柱子截面尺寸取为横梁截面的 1.5 倍（各尺寸等比例扩大）。横梁截面高度见表 14.1，由此可以计算得到支撑跨梁柱截面的具体尺寸。λ 为支撑出平面外长细比（绕弱轴）。

支撑、支撑跨梁、框架梁和框架柱截面高度　　　　　　表 14.1

算例类别	λ	150	145	140	135	130	125	120	115	110	105	100	95	90
CV1/CV2	支撑跨梁	668.5	682.9	697.3	711.7	728.2	745.7	763.2	782.8	802.4	824.0	847.7	872.4	900.2
CV1	框架梁	544.5	568.8	594.4	621.5	649.8	682.3	716.0	752.5	793.0	834.9	880.9	930.8	983.5
	框架柱	648.5	676.9	706.6	739.0	774.1	812.0	851.1	894.4	943.0	993.0	1048	1106	1170
CV2	框架梁	385.6	402.2	420.1	439.1	459.4	482.1	506	531.8	560.4	590	622.4	657.8	694.4
	框架柱	442	461	481	503	527	552	579	609	642	676	713	753	796
算例类别	λ	85	80	75	70	65	60	55	50	45	40	35	30	
CV1/CV2	支撑跨梁	931.1	965.1	1003	1045	1094	1149	1213	1291	1381	1491	1627	1803	
CV1	框架梁	1040	1102	1169	1239	1317	1405	1504	1613	1737	1890	2071	2301	
	框架柱	1238	1310	1390	1474	1567	1670	1787	1918	2064	2245	2462	2734	
CV2	框架梁	735.1	779	825.8	875.5	930.8	992.8	1063	1140	1228	1336	1464	1626	
	框架柱	842	892	946	1003	1066	1137	1216	1306	1405	1528	1676	1861	

框架梁与框架柱：按框架抗侧承载能力与压撑屈曲时人字撑的抗侧能力之比为 1 和 1/3 来确定框架梁截面（分别代表框架承担基底剪力 50% 和 25%），分别称为算例 CV1 和算例 CV2；根据强柱弱梁原则选择框架柱截面。框架梁与柱的截面均采用工字形，宽度等于其高度的一半，翼缘宽厚比取 9，腹板高厚比取 40，框架梁和框架柱截面高度见表 14.1。支撑考虑残余应力同第 13.2 节，$\sigma_r = 0.3 f_{yk}$，跨中值为 $l_{zc}/1000$ 的平面外正弦半波初始弯曲（l_{zc} 为支撑长度）。框架梁和柱无缺陷。材料为理想弹塑性，E 为 206 kN/mm^2，f_{yk} 为 235 N/mm^2。

14.1.3　框架-人字支撑架的整体单调抗侧力性能

对各框架-支撑架施加水平荷载，得到水平荷载-层间侧移角关系如图 14.2 所示，其

中 V_T 和 V_b 分别为总侧向荷载和压撑屈曲时体系的抗侧承载力。框架-支撑架体系先后发生压撑屈曲、拉撑屈服、框架梁端截面的边缘纤维屈服和框架梁端截面形成塑性铰等几个环节，大致分为三个阶段：

（1）弹性阶段：加载开始至压撑屈曲。侧向力按抗侧刚度的比例进行分配。

（2）塑性发展阶段：从压撑屈曲至框架梁端形成塑性铰。这一阶段部分抗侧能力开始有少量下降，特别是当支撑长细比为中等大小（如 $60\sim80$）时。

CV1 的框架较强，框架刚度比较大，能够在压撑屈曲后提供较大的水平承载力补偿，使整体抗侧能力在这一阶段开始部分下降不多，只有当支撑长细比为 80 和 100 时，出现约 10% 的抗侧能力下降。CV2 的框架相对较弱，总抗侧能力下降较为明显：支撑长细比为 60 和 120 时，抗侧能力下降约 10%～15%，支撑长细比为 80 和 100 时可达 20%。

（3）塑性阶段：框架完全形成塑性机构后。总抗侧能力在框架梁端截面形成塑性铰时达到峰值。当支撑长细比较小时，抗侧能力随侧移增加而出现少量下降。

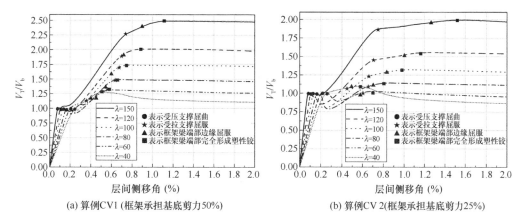

(a) 算例CV1 (框架承担基底剪力50%)   (b) 算例CV 2(框架承担基底剪力25%)

图 14.2　框架-横梁加强型人字撑的水平荷载-层间侧移角曲线

14.1.4　支撑架与框架各自的抗侧力-层间侧移角曲线

CV1 各构件内力随侧移角的变化示于图 14.3，其中 L 代表左，R 代表右，B 表示支撑，F 表示框架柱。LB 为左支撑轴力水平分力，TB 为两支撑内力水平分量之和（代表人字支撑架的抗侧力），TF 为两框架柱剪力之和（代表框架的抗侧力），"●"：压撑屈曲点，"★"：拉撑屈服点，"▲"：框架梁端边缘屈服点，"■"：框架梁端形成塑性铰点。

从图 14.3 可知：拉压支撑的内力变化同第 13.2 节。框架的水平力稳定增长，直到框架形成塑性机构。如有重力荷载，框架达到极限承载力后也会下降，下降斜率是 $-\sum P_i/H$（P_i 为第 i 层的重力荷载）。如果框架梁上有跨中荷载，则框架的侧力-侧移曲线以框架梁右端形成塑性铰、左端形成塑性铰作为拐点，形成三段式的曲线。

算例 CV2 各构件的分解图如图 14.4 所示，注意到框架的抗侧力-侧移曲线低很多，框架形成塑性铰机构的侧移角远大于压撑屈曲时的层间侧移角，从而在框架和支撑架的内力出现重分配。

框架-支撑结构，压撑先屈曲，其抗侧承载力退化，但是框架抵抗侧力能力随侧移增加不断被发掘而增长，可以抵消压撑屈曲后承载力的退化，这就是框架-支撑架双重抗侧力体系的抗震性能好于支撑架单一结构的原因。框架的抗侧力占比越大，双重抗侧力结构

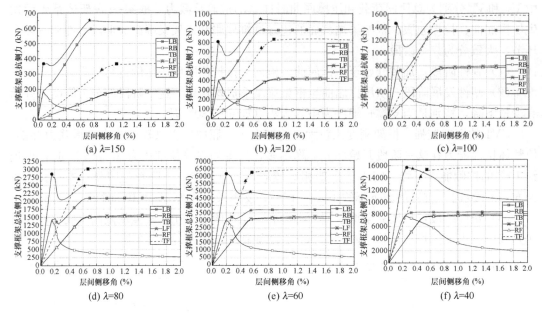

图 14.3　算例 CV1 各构件内力及合力与层间侧移角的关系

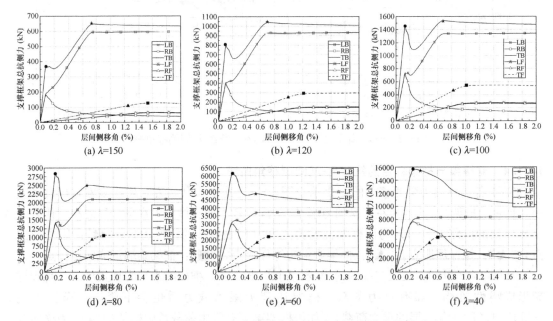

图 14.4　算例 CV2 各构件内力及合力与层间侧移角的关系

的抗震性能越好。

14.1.5　各特征点处支撑架与框架各自分担水平荷载的比例

拉撑、压撑和框架在各个阶段参与抵抗水平荷载的百分比，在压撑屈曲后就出现变化，如图 14.5 所示。

（1）压撑屈曲前的弹性阶段按照刚度分配：支撑长细比小时，框架分担的比例较大。例如算例 CV1 [图 14.5（a）]，当支撑长细比为 150 时，框架分担 15%；当支撑长细比为

30 时，框架分担 35%。这是因为框架刚度增加（正比于截面高度三次方）比框架强度增加（正比于截面高度平方）快。

（2）拉撑屈服时：压撑的承载力退化很严重（长细比小于等于 45 的除外）。CV1 中此时压撑提供的抗侧力已经小于单个框架柱提供的抗侧力。

（3）框架形成塑性侧移机构：框架分担比例继续上升，拉压支撑分担比例相应下降。这是由于长细比小的压撑承载力继续有明显退化，而大长细比的支撑，承载力继续缓慢退化。

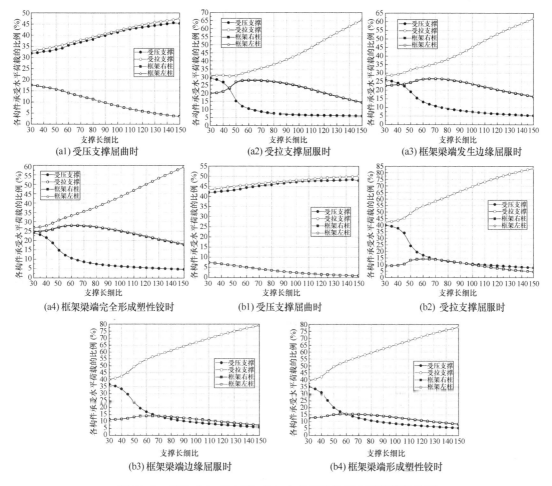

图 14.5 CV1（a）和 CV2（b）中各构件分担水平荷载的比例

层间侧移角 2% 是罕遇地震的侧移要求，此时压撑的剩余承载力约为其屈曲承载力的 15%~25%。

14.1.6 框架-人字支撑架的抗侧屈曲承载力、抗侧极限承载力及超强系数

压撑屈曲时的框架-人字支撑架的抗侧承载力称为"抗侧屈曲承载力"，记为 V_{bukl}，它等于支撑架提供的抗侧承载力 $V_{\text{zc,bukl}}$ 与框架此时的抗侧承载力 $V_{\text{F,bukl}}$ 之和。人字支撑架的抗侧承载力为：

$$V_{\text{zc,bukl}} = 2\varphi A_{\text{zc}} f_{\text{yk}} \cos\alpha \tag{14.1}$$

可以按照与抗侧刚度成正比的关系导出框架提供的抗侧承载力为：

$$V_{\mathrm{F,bukl}} = \frac{2M_{\mathrm{b,y}}}{H} \frac{\Delta_{\mathrm{zc,bukl}}}{\Delta_{\mathrm{F,yield}}} \tag{14.2}$$

式中，$\Delta_{\mathrm{zc,bukl}}$、$\Delta_{\mathrm{F,yield}}$ 分别为压撑屈曲时和框架梁端边缘屈服时柱顶的侧移，$M_{\mathrm{b,y}}$ 为框架梁屈服弯矩。

$$V_{\mathrm{bukl}} = V_{\mathrm{zc,bukl}} + V_{\mathrm{F,bukl}} = 2\varphi A_{\mathrm{zc}} f_{\mathrm{yk}} \cos\alpha + 2\left(\frac{\Delta_{\mathrm{zc,bukl}}}{\Delta_{\mathrm{F,yield}}}\right)\frac{M_{\mathrm{b,y}}}{H} \tag{14.3}$$

拉撑屈服时的水平力是：

$$V_{\mathrm{yield}} = (1 + \varphi_{\mathrm{r1}}) A_{\mathrm{zc}} f_{\mathrm{yk}} \cos\alpha + 2\left(\frac{\Delta_{\mathrm{zc,yield}}}{\Delta_{\mathrm{F,yield}}}\right)\frac{M_{\mathrm{b,y}}}{H} \tag{14.4a}$$

框架-横梁加强型人字支撑架的抗侧极限承载力（记为 V_{u}）发生在框架梁端部形成塑性铰时：

$$V_{\mathrm{u}} = V_{\mathrm{zc,u}} + V_{\mathrm{F,u}} \approx (1 + \varphi_{\mathrm{r2}}) A_{\mathrm{zc}} f_{\mathrm{yk}} \cos\alpha + \frac{2M_{\mathrm{b,p}}}{H} \tag{14.4b}$$

式中，$M_{\mathrm{b,p}}$ 为梁端全截面进入塑性区域时的梁端弯矩，φ_{r2} 是框架形成塑性机构时压撑的剩余承载力稳定系数，φ_{r1} 为受拉支撑屈服时受压支撑屈曲后稳定系数（为受拉支撑屈服时受压支撑剩余承载力与其屈曲承载力的比值），$\Delta_{\mathrm{zc,yield}}$ 由式（13.10）计算。

超强系数 $\Omega = V_{\mathrm{u}}/V_{\mathrm{bkl}}$。若不考虑材料和其他超强因素，决定超强系数的因素是：

（1）Ω 决定于框架和支撑架的抗侧极限承载力的比值。图 14.2（a）的 CV1，从支撑长细比为 40 时的 1.3 变化至长细比为 150 时的 2.5。图 14.2（b）的 CV2，超强系数为 1.0～2.0，长细比为 60 时无超强，因为压撑承载力的退化抵消了拉撑和框架承载力的增长。

（2）Ω 来自于压撑屈曲时框架尚未发挥的承载力；也来源于压撑屈曲后拉撑拉力继续增长直至屈服的潜力：$(1 - \varphi) A_{\mathrm{zc}} f_{\mathrm{yk}}$。

14.1.7　支撑架和框架达到极限状态时的侧移不相同的影响

压撑屈曲、拉撑屈服和框架形成塑性侧移机构三个现象先后发生。因此：

（1）在双重抗侧力体系中，因为支撑架达到极限状态的侧移和框架到达极限状态的侧移不一样，框架达到极限状态的侧移大，支撑达到屈曲状态的侧移小，即

$$\left(\frac{\Delta}{H}\right)_{\mathrm{zc,buckling}} < \left(\frac{\Delta}{H}\right)_{\mathrm{zc,yielding}} < \left(\frac{\Delta}{H}\right)_{\mathrm{F,Mechanism}} \tag{14.5}$$

这些位移角的表达式见第 13 章参考文献 [25]。

（2）框架与支撑架的抗侧刚度之比值远小于两者的抗侧承载力之比值：

$$\frac{S_{\mathrm{F}}}{S_{\mathrm{zc}}} < \frac{V_{\mathrm{F,y}}}{V_{\mathrm{zc,buckling}}} \tag{14.6}$$

算例 CV1 框架的抗侧承载力与支撑架的屈曲承载力相同，$\lambda = 30$ 的人字支撑架压撑屈曲时框架承担的侧向力只有 34.6%，$\dfrac{S_{\mathrm{F}}}{S_{\mathrm{zc}}} = \dfrac{0.346}{1 - 0.346} = 0.529 < \dfrac{V_{\mathrm{F,p}}}{V_{\mathrm{zc,buckling}}} = \dfrac{0.5}{1 - 0.5} = 1.0$。如果采用四杆框架（即底部有梁）比例还要低。CV2 在 $\lambda = 30$、压撑屈曲时框架承担的抗侧力是 14.8%，$\dfrac{S_{\mathrm{F}}}{S_{\mathrm{zc}}} = \dfrac{0.148}{1 - 0.148} = 0.174 < \dfrac{V_{\mathrm{F,mechanism}}}{V_{\mathrm{zc,buckling}}} = \dfrac{0.25}{1 - 0.25} = \dfrac{1}{3}$。

实际工程设计是这样的：线性分析内力按照各自抗侧刚度分配，按照这些内力分别验算框架和支撑，满足各自的强度和稳定承载力方程。这种方法隐含着这样一个假定：框架和支撑架的承载力也是线性相加的。但上面的分析表明，各自的承载力并不与刚度成正

比，且框架达到极限状态与支撑架达到极限状态的时间是不同的。按照式（14.6），支撑屈曲时体系的总抗侧承载力小于支撑架的屈曲承载力和框架的极限承载力之和。上述现象，有没有让读者感觉到似乎不安全？

因为式（14.6）的缘故，框架验算的结果会显示框架存在较多的富余度，因此设计人员可能会为了节省用钢量而减小框架柱和梁的截面，这会导致框架分摊到更小的水平力，支撑分担的水平力相应增加，……，循环下去，框架分担的水平力会越来越小，框架截面越来越小直至几乎消失。如果不循环，不进行优化设计，那么框架存在富余的承载力。

在框架同时承担了竖向荷载的情况下：

（1）在框架抗侧力的占比保持不变的要求下，竖向荷载的存在使框架截面和刚度增大，按照线性分析得到的框架的水平力的分担率会有增大。

（2）框架梁上的分布荷载，使得框架侧移曲线变成三阶段，先是右侧梁端形成塑性铰，再是左端形成塑性铰，框架形成塑性铰机构对应的侧移角更大，支撑架和框架达到各自的极限承载力时的侧移角相差更大（只要框架不发生承载力的退化，从二段线变为三段线对抗震是有利的）。

（3）对结构进行多次优化循环后，框架被优化为仅能够承担竖向荷载。这对抗震当然是不利的，所以抗震规范引入强制性的不低于总抗侧承载力的25%的调整。

14.2 横梁加强型人字撑框架抗侧力性能分析

14.2.1 几何模型及有限元模型

如图14.1（b）所示模型，$H = 4\text{m}, L_2 = 8\text{m}$，算例CV3各构件设计如下：（1）支撑同算例CV1。（2）框架梁设计同CV1的支撑跨的梁。但是，CV1是简支梁，本算例是框架梁，有负弯矩，所以相当于按照 $2F_{\text{unb,GB}}$ 设计了框架梁。（3）框架柱满足强柱弱梁的要求，依此来确定柱子截面（表14.2）。这个算例中框架抗侧承载力与支撑架的抗侧屈曲承载力的比值不确定。λ 为支撑出平面外长细比（绕弱轴）。

算例CV3的框架柱截面高度 表 14.2

算例类别	λ	150	145	140	135	130	125	120	115	110	105	100	95	90
CV3	框架柱	691	706	722	737	755	774	792	813	835	858	884	911	941
算例类别	支撑长细比	85	80	75	70	65	60	55	50	45	40	35	30	
CV3	框架柱	974	1011	1053	1100	1153	1215	1286	1373	1476	1601	1758	1963	

14.2.2 人字撑框架的整体抗侧力性能

CV3系列的水平荷载-层间侧移角曲线如图14.6所示。对比图14.2和图14.6可以发现，CV3的第二阶段所经历的层间侧移角范围要比框架-人字支撑架的大。这是因为框架梁右端、跨中和左端三处截面不同时进入塑性铰状态，左端截面的不平衡力产生的弯矩与侧移产生的弯矩反号，延后了塑性铰的形成，拓宽了第二个阶段的范围，如图14.7所示。整个结构形成塑性铰机构时的层间侧移角基本上在1%~2%。

框架左、右柱剪力及其合力（代表框架抗侧力）随层间侧移角的关系如图14.8所示。

压撑屈曲前后，拉撑压撑轴力的演化与以前一样，不再讨论。

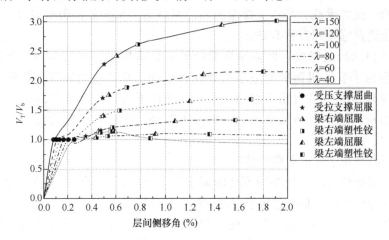

图 14.6　算例 CV3 的水平荷载-层间侧移角关系

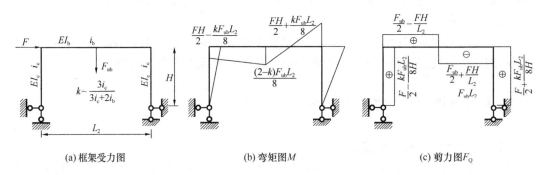

(a) 框架受力图　　　　　　　(b) 弯矩图 M　　　　　　　(c) 剪力图 F_Q

图 14.7　在水平荷载和不平衡力共同作用下的框架内力图

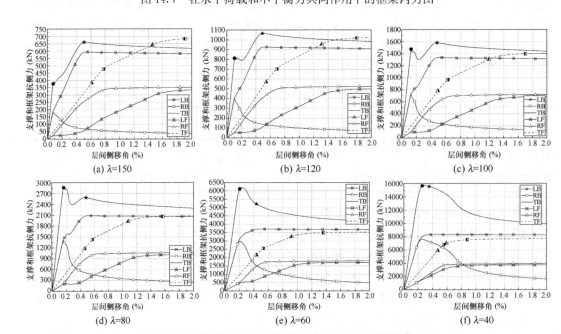

图 14.8　算例 CV3 各构件内力及其合力与层间侧移角关系

压撑屈曲前，框架左右柱子剪力相等；压撑屈曲后，框架右柱剪力和弯矩增速加快，梁右端先发生边缘屈服及形成塑性铰。

左柱、横梁左半段和拉撑（即左支撑）形成几何不变体系（三角形如图 13.1 所示），三角形作为整体参加抵抗侧力的机理在横梁弱的时候很明显，横梁加强后也一定程度存在，这种抗侧机理的存在，是左柱剪力在压撑屈曲后的一段范围内增速较慢的原因。支撑长细比越大，框架左右柱剪力在压撑屈曲后的差异越大，支撑长细比越大，稳定系数 φ 越小，拉压支撑造成的竖向不平衡力为：

$$(1 - \eta_\theta \varphi) A_{zc} f_{yk} \sin\alpha \tag{14.7}$$

竖向不平衡力越大，左柱-拉撑-横梁左半段组成的三角形抗侧力机理越明显。

对于 CV3 [图 14.1（b）]，框架梁抵抗不平衡力的塑性弯矩是（有梁端负弯矩）：

$$M_{bp} = \frac{(1 - 0.3\varphi) A_{zc} f_{yk} \sin\alpha \cdot L_2}{8} \tag{14.8}$$

强柱弱梁下框架的极限抗侧承载力为：

$$V_{F,u} = \frac{2M_{bp}}{H} = \frac{(1 - 0.3\varphi) A_{zc} f_{yk} L_2 \sin\alpha}{4H} \tag{14.9}$$

框架极限抗侧承载力与压撑屈曲时人字支撑对的抗侧承载力的比值为：

$$\frac{V_{F,u}}{V_{zc,y}} = \frac{2(1 - 0.3\varphi) A_{zc} f_{yk} \sin\alpha L_2}{8H \times 2\varphi A_{zc} f_{lk} \cos\alpha} = \frac{1 - 0.3\varphi}{4\varphi} \tag{14.10}$$

图 14.9 绘制了框架抗侧力与人字支撑对抗侧力的比值。长细比为 150 时，框架抗侧力为压撑屈曲时人字支撑对的抗侧承载力的 0.737 倍，即框架将占总剪力的 42.4%，大于 25% 的要求；长细比为 30 时，框架抗侧力为支撑屈曲抗侧承载力的 0.192 倍，框架承载力占总承载力的 16%。可见，考虑周边其他框架的作用后，容易满足抗震规范对框架抗侧承载力（不低于 25%）的要求。

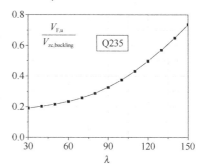

图 14.9 CV3 中框架与人字支撑对抗侧力比值

给定侧移下框架分担的剪力和支撑分担剪力的比值是（假设框架已经形成机构）：

$$\frac{V_{F,\theta}}{V_{zc,\theta}} = \eta \frac{(1 - 0.3\varphi)}{2(1 + 0.3\varphi)} \Rightarrow \frac{V_{F,\theta}}{V_{zc,\theta}} = \frac{(1 - \eta_\theta \varphi)}{2(1 + \eta_\theta \varphi)} \tag{14.11}$$

式中，η 是随侧移增加承载力的退化或强化系数。因为横梁要验算拉压支撑的不平衡力，又要满足强柱弱梁的要求，支撑跨横梁和柱子异常强大，抗震性能是很好的，但实际工程中因为经济性，有时还有建筑的净空和平面使用要求而变得难以实现。

14.3 框架-横梁未充分加强型人字撑架的整体抗侧力性能

如图 14.1（a）所示，支撑截面同 CV1；支撑跨横梁与柱子截面：按 $0.3F_{unb,GB}$ 的不平衡力对支撑跨横梁进行设计。框架梁与框架柱：按框架极限抗侧承载力与压撑屈曲时人字撑架的抗侧能力之比为 1 和 1/3 来确定框架梁截面，算例记为 CV4 和 CV5，框架占总抗侧承载力比例分别是 50% 和 25%；根据强柱弱梁原则选择框架柱截面。支撑杆缺陷同

CV1，水平荷载-层间侧移角关系如图 14.10 所示。

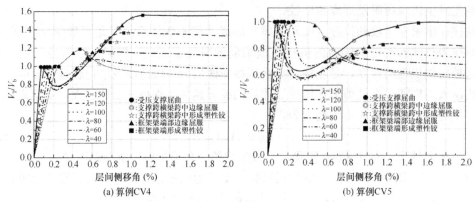

图 14.10　框架-横梁未充分加强型人字撑架的水平荷载-层间侧移角曲线

（V_T：作用于框架-支撑架体系的水平荷载；V_b：压撑屈曲时体系的抗侧力）

CV4 抗侧承载力退化程度比 CV5 小，可见增加框架占总抗侧承载力的比例，可缓解支撑部分抗侧承载力的退化，框架越强作用越大。各构件在各控制点分担水平荷载的比例如图 14.11 所示。

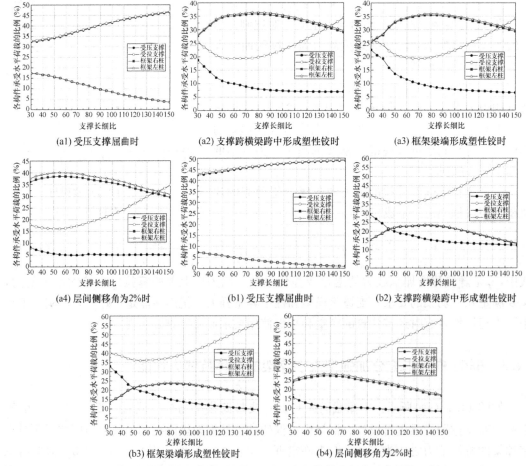

图 14.11　算例 CV4（a）和 CV5（b）中各构件分担水平荷载的比例

（1）弹性阶段：

存在如下关系：

$$\frac{S_F}{S_{zc}} < \frac{V_{frame,mechanism}}{V_{zc,u}}, \left(\frac{S_F}{S_{zc}}\right)_{large\ slenderness} < \left(\frac{S_F}{S_{zc}}\right)_{small\ slenderness} \tag{14.12}$$

（2）框架梁端部截面和支撑跨横梁跨中截面形成塑性铰时（大致为中震作用下的层间侧移角）：对算例 CV4［图 14.11（a2）和（a3）］，框架分担了大部分水平荷载。除支撑长细比很小（<40）外，压撑分担水平荷载的比例很小，由弹性阶段的 33%～47% 下降至此时的 15%～25%。拉撑分担水平荷载的比例比弹性阶段分担的大幅度下降，当长细比中等时（55～80），下降得特别严重。

（3）层间侧移角为 2% 时：

框架分担比例继续上升，支撑分担比例继续下降，即使是小长细比的压撑，其承载力退化也非常严重，其水平力分担比例由屈曲时的 32%～48.5% 下降到此时的 8%～5%（对于算例 CV4 而言）。

压撑屈曲时框架-人字撑架的抗侧屈曲承载力 $V_{buckling}$ 是：

$$V_{buckling} = V_{zc,bucking} + V_{F,buckling} = 2\varphi A_{zc}f_{yk}\cos\alpha + 2\frac{M_{b,y}}{H}\frac{\Delta_{zc,buckling}}{\Delta_{F,yielding}} \tag{14.13}$$

框架-支撑架的第二个抗侧力极值发生在框架梁端部形成塑性铰时，因为拉撑拉力取决于支撑跨横梁承受不平衡力的能力，其大小由式（13.11）决定，此时的抗侧承载力为：

$$V_u = (N_r + N_t)\cos\alpha + 2\frac{M_{b,p}}{H} = \left(2\varphi_{r3}A_{zc}f_{yk} + \frac{4M_{B,p}}{L_2\sin\alpha}\right)\cos\alpha + 2\frac{M_{b,p}}{H} \tag{14.14}$$

式中，φ_{r3} 是框架形成机构时压撑的剩余承载力稳定系数，可参照 φ_{r1} 和 φ_{r2} 取值。

框架-支撑架的最大抗侧承载力为 $V_{max} = \max(V_{buckling}, V_u)$。超强系数被定义为 $V_{max}/V_{buckling}$。

本节的分析再次验证了式（14.5）和式（14.6）成立。算例 CV4 设计时要求框架的抗侧承载力与压撑屈曲时支撑架的抗侧承载力相同，但是 $\lambda = 30$ 的压撑屈曲时框架承担的侧向力最大只有 34.8%［图 14.11（a1）］，此时 $\frac{S_F}{S_{zc}} = 0.534 < \frac{V_{F,mechanism}}{V_{zc}} = 1.0$；算例 CV5 设计时要求框架的抗侧承载力是压撑屈曲时支撑架的抗侧承载力的 1/3，但 $\lambda = 30$ 的压撑屈曲时框架承担的侧力只有 14.6%［图 14.11（b1）］，$\frac{S_F}{S_{zc}} = 0.171 < \frac{V_{F,mechanism}}{V_{zc}} = \frac{1}{3}$。

上述结果表明，对抗震设防的人字撑架而言，支撑跨横梁必须能够承担一定的不平衡力。在充分加强难以达到时，可按照下面的思路推导所需要的最小的不平衡力：令最大承载力与屈曲承载力相等，即式（14.13）与式（14.14）相等（这样最大的承载力不退化），得到所需要的不平衡力是：

$$(N_t - N_r)\sin\alpha = \frac{4M_{B,P}}{L_2} = V_{zc,buckling}\left[1 - \eta_\theta\varphi + \frac{S_F}{S_{zc}} - \frac{V_{F,P}}{V_{zc,buckling}}\right]\tan\alpha \tag{14.15}$$

粗糙的拟合得到：

$$\frac{S_F}{S_{zc}} = \left(1.15 - \frac{\lambda}{200}\right)\frac{V_{F,P}}{2V_{zc,buckling}} \tag{14.16}$$

式中，$V_{F,P}$ 是框架形成塑性机构时的抗侧能力。代入得到需要考虑的最小不平衡力是：

$$F_{\text{unbalance}} = \left[(1 - \eta_\theta\varphi)V_{\text{zc,buckling}} - \left(0.425 - \frac{\lambda}{400}\right)V_{F,P}\right]\tan\alpha \tag{14.17}$$

此式表示，框架的抗侧力大，需要考虑的不平衡力可以小。

按照式（14.17）加强的横梁，尚不足以保证整个体系具有良好的抗震性能。要达成良好的抗震性能，总抗侧承载力下降随侧移增加下降的幅度应不大于 20%。从图 14.10 (a) 可知，在 0.3 倍加强的情况下，即使框架抗侧承载力与支撑屈曲承载力相同，也不能达到这个目标。从图 14.10 (a) 和图 14.10 (b) 的结果外推，要达成这个目的，框架抗侧承载力必须达到 1.2 倍的支撑屈曲抗侧承载力。由这个数据以及 1 倍加强横梁的 1：3 的承载力比值要求，拟合得到如下的框架抗侧承载力的要求：

$$\frac{V_{F,P}}{V_{\text{zc,buckling}}} \geqslant 1.56 - 1.23x, 0.3 \leqslant x \leqslant 1 \tag{14.18}$$

式中，x 是横梁的加强倍数。或采用归整一点的公式：

$$\frac{V_{F,P}}{V_{\text{zc,bucling}}} \geqslant \frac{5}{3} - \frac{5}{4}x, 0.3 \leqslant x \leqslant 1 \tag{14.19}$$

墨西哥抗震规范对钢筋混凝土框架-人字撑（不验算横梁），要求框架的抗侧承载力必须达到需要的抗侧承载力（基底剪力）的 50% 以上，这与图 14.10 (a) 呈现的抗侧力-侧移曲线可以比较。因为图 14.10 (a) 曲线承载力退化最大是 25%，而这对混凝土结构来说是一个可以接受的数值。

14.4　框架-交叉支撑架的抗侧性能协同分析

14.4.1　引言

框架-交叉支撑体系，民用建筑中跨层交叉支撑体系，是更为常见的双重抗侧力体系。通过整体分析可以了解钢交叉支撑架和钢框架的抗侧力性能随侧移而变化的规律，考察两者此消彼长的关系，进而掌握钢框架-钢交叉支撑的整体抗侧力性能。

对 50 组框架-交叉支撑架进行了弹塑性分析，支撑长细比变化范围为 30~150，框架分别按照最大抗侧承载力达到支撑架抗侧屈曲承载力的 33% 和 100% 来设计（即框架能够在极限状态下承担基底剪力的 25% 和 50%）。研究单层框架-交叉支撑架（图 14.12），刚性链杆连接框架和支撑架，支撑架横梁和立柱采用性能设计方法设计，在支撑杆整个塑性发展过程，不会发生破坏。

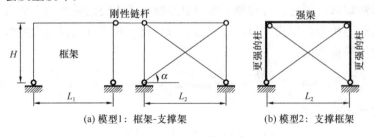

(a) 模型1：框架-支撑架　　　　(b) 模型2：支撑框架

图 14.12　力学模型

采用"支撑架与框架分离，采用刚性链杆连接"模型，是为了能够独立考察框架参与分担基底剪力份额的大小对双重抗侧力体系的总体抗侧性能的影响。构成支撑架一部分的框架［图14.12（b）］，如果设计得很强，则本节下面一些结论是可以直接参考应用的；如果构成支撑架一部分的框架弱，则支撑架的柱子首先失稳（因为交叉支撑架的立柱类似于人字支撑架的横梁，对斜撑起锚固作用），支撑杆将不能受拉屈服，其后果与横梁未充分加强的人字撑相同，结果可以参考第14.3节。

14.4.2 分析模型

如图14.12（a）所示，$L_1 = 8m$、$L_2 = 6m$、$H = 6m$，按照压撑屈曲时交叉支撑架抗侧承载力相同和1/3的比例设计框架，分别记为CRS1和CRS2，各构件截面尺寸见表14.3。支撑杆计算长度取对角线长度的一半。

（1）支撑设计：25个不同的长细比，从30变化到150，以5为间隔。支撑长度始终保持$6\sqrt{2}$ m，通过改变支撑截面尺寸改变支撑长细比。支撑采用工字形截面，宽度等于高度，翼缘宽厚比为13，腹板高厚比为20。

（2）支撑架横梁与柱子截面设计：抗震设计规范未对交叉支撑跨的梁柱提出专门要求，早期还对支撑的设计内力放大，导致支撑架立柱成为薄弱环节，支撑架立柱屈曲导致整个支撑架抗侧刚度迅速下降，对抗震不利。本节对支撑架立柱（弦杆）按照能够承受受拉支撑屈服承载力$A_{zc}f_{yk}$的竖向分力$A_{zc}f_{yk}\sin\alpha$的1.5倍设计，梁（横腹杆）按承受$1.5A_{zc}f_{yk}\cos\alpha$进行设计。支撑跨梁柱也采用工字形，其高度见表14.3，宽度为高度的1/2，翼缘宽厚比为9，腹板高厚比为40。

算例CRS1/CRS2中支撑、支撑跨梁及柱、框架梁和框架柱截面高度（mm）   表14.3

算例类别	支撑长细比	150	145	140	135	130	125	120	115	110	105	100	95	90
CRS1/CRS2	支撑	125.8	130.1	134.7	139.7	145.1	150.9	157.2	164.0	171.5	179.7	188.6	198.6	209.6
	支撑跨梁	494	504	515	527	540	553	567	581	600	618	639	662	687
	支撑跨柱	494	504	515	527	540	553	567	581	600	618	639	662	687
CRS1	框架梁	516	538	562	589	614	643	675	708	743	702	824	868	918
	框架柱	591	616	644	675	703	737	773	811	851	896	944	994	1052
CRS2	框架梁	358	373	390	409	426	446	468	491	516	543	572	602	637
	框架柱	410	427	447	469	488	511	536	563	591	622	655	690	730

算例类别	支撑长细比	85	80	75	70	65	60	55	50	45	40	35	30
CRS1/CRS2	支撑	221.9	235.8	251.5	269.5	290.2	314.4	342.9	377.2	419.1	471.5	538.8	628.6
	支撑跨梁	716	749	787	830	882	942	1014	1101	1208	1344	1520	1756
	支撑跨柱	716	749	787	830	882	942	1014	1101	1208	1344	1520	1756
CRS1	框架梁	970	1028	1090	1158	1232	1312	1405	1514	1635	1780	1965	2190
	框架柱	1111	1177	1248	1326	1412	1502	1609	1730	1872	2040	2250	2508
CRS2	框架梁	673	713	756	803	855	910	975	1050	1134	1235	1363	1519
	框架柱	771	817	866	920	980	1042	1117	1202	1299	1415	1561	1740

（3）框架梁与框架柱截面：按照框架的抗侧承载能力与受压支撑屈曲时交叉支撑架的抗侧能力之比为1和1/3来确定框架梁截面（分别代表框架能够承担基底剪力50%和

25%），分别称为算例 CRS1 和算例 CRS2；根据强柱弱梁原则选择框架柱截面。框架梁柱截面均采用工字形，其高度见表 14.3。支撑考虑残余应力和初始弯曲。

14.4.3　框架-交叉支撑架的整体抗侧力性能

各框架-交叉支撑架的整体抗侧力-层间侧移角关系如图 14.13 所示。随着侧移从零开始不断增大，框架-交叉支撑架先后发生了受压支撑屈曲、受拉支撑屈服、框架梁端边缘屈服和框架形成塑性机构等状态，根据这些状态及整体抗侧力-层间侧移角关系曲线，可以把它的总体抗侧性能分为三个阶段：

（1）受压支撑屈曲前的弹性阶段。

（2）塑性开展阶段，从受压支撑屈曲至框架梁端形成塑性铰。这个阶段压撑、拉撑和框架先后进入塑性状态。这个阶段又可细分为两个小阶段：从压撑屈曲到拉撑屈服阶段和从拉撑屈服至框架形成塑性铰阶段。在前阶段，拉撑继续提供抗侧刚度，其侧向力随侧移增加而增加，框架仍处在弹性阶段，但压撑随侧移增加，分担的侧向力在退化；总体来说抗侧刚度比较大，整体抗侧力继续随层间侧移角增加而增大。在后阶段，拉撑进入屈服阶段，其承载力保持稳定，压撑分担的侧向力继续退化、框架梁进入屈服直至形成塑性机构，这个阶段的抗侧刚度可能为正，也可能为负，取决于框架抗侧承载力与支撑抗侧承载力的比值。

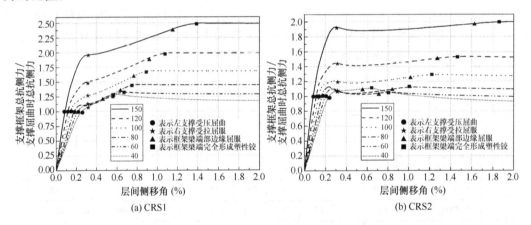

图 14.13　框架-交叉支撑架的抗侧力-层间侧移角曲线

（3）塑性阶段，即框架形成塑性铰之后。因算例未考虑重力荷载，框架-支撑架的抗侧刚度约为零。支撑长细比较小时，因为压撑剩余承载力仍在缓慢退化，所以总体抗侧刚度为负。抗侧承载力在框架梁端形成塑性铰时达到峰值，之后不再增加。

压撑屈曲后，因为支撑跨梁柱提供可靠的竖向锚固，拉撑继续提供抗侧力直至其屈服，而不会出现像人字撑中的受拉支撑因横梁下挠而出现的"松弛"现象，因此框架-交叉支撑架组成的双重抗侧力体系呈现出比框架-人字撑架更好的侧力-侧移曲线。

14.4.4　框架与交叉支撑架各自的抗侧力性能

算例 CRS1 和 CRS2 中的拉撑（与支撑跨左柱下端相连的支撑，简称左撑）轴力水平投影、受压支撑（与支撑跨右柱下端相连的支撑，简称右撑）轴力水平投影、拉压支撑轴力的水平投影之和、框架左柱和右柱剪力及其柱子剪力之和随层间侧移角的变化规律分别如图 14.14 和图 14.15 所示。图中 L 代表左，R 代表右，B 表示支撑，F 表示框架柱。LB 为左支撑轴力水平分力，而 TB 表示两支撑内力水平分量之和（代表交叉支撑架的抗侧力），TF 表示两框架柱剪力之和（代表框架的抗侧力），"●"：受压支撑屈曲点，"★"：受拉支撑屈服点，"▲"：框架梁端边缘屈服点，"■"：框架梁端形成塑性铰点。各构件内力随层间侧移角的变化规律总结如下：

（1）压撑屈曲前，左右支撑的轴力绝对值基本相等，它们对总体抗侧能力的贡献占主导地位。在靠近受压支撑屈曲时，受拉支撑的轴力要比受压支撑的轴力大，这是因为交叉支撑架的拉压杆分别约束在不同的柱子上，当受压支撑接近屈曲时，因为初始弯曲变大，边缘屈服，其刚度逐渐减小，在相同的侧移增量下，受压支撑轴力增加放缓；而此时受拉支撑仍处于弹性，且在柱子的锚固下杆件越拉越直，受拉支撑仍保持原有刚度，最终导致了拉压支撑轴力不等。

值得关注的是：虽然算例 CSR1 要求框架的承载力与压撑屈曲时交叉支撑架的抗侧力相等，但在压撑屈曲时框架发挥的承载力比较小（图 14.14），算例 CSR2 的框架发挥的作用更小（图 14.15）。

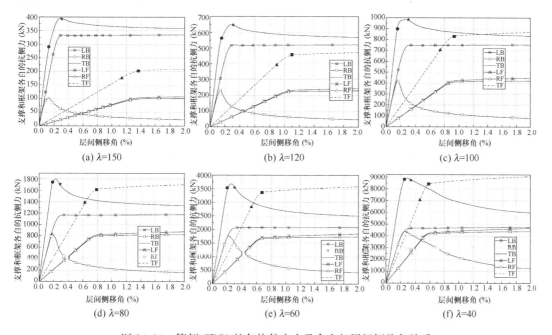

图 14.14 算例 CRS1 的各构件内力及合力与层间侧移角关系

（2）压撑屈曲后，其轴力快速折减至一个很小的值。拉撑（左支撑）在梁柱的锚定约束下，拉力继续以原有的速度增加至屈服承载力。

（3）由于算例设计保证了支撑架是强梁强柱，不同长细比的交叉支撑，其总的抗侧性能仍然不错，随侧移增加，两根支撑杆合成的水平承载力的退化不到 30%。

（4）框架需要在很大的层间侧移角（0.55%～1.4%，在考虑框架梁柱截面的残余应力和四杆框架的情况下此侧移角还要增大）下才能达到峰值承载力，然后保持不变，层间侧移角越大，其作用越大。

（5）交叉支撑架与框架达到抗侧承载力峰值时的层间侧移角不同。交叉支撑架抗侧承载力峰值发生在受拉支撑屈服时，此时层间侧移角大约为 0.3%，此侧移基本不受支撑长

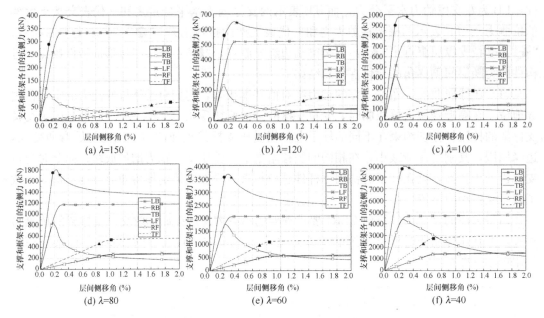

图 14.15　算例 CRS2 的各构件内力及合力与层间侧移角关系

细比的影响；框架的抗侧承载力峰值发生在框架梁端形成塑性铰时，此时层间侧移角远大于 0.3%，此层间侧移角受框架的截面尺寸影响，截面尺寸越大，承载力越大，框架达到其峰值的层间侧移角就越小，相反则越大。这意味着，框架的截面尺寸越小，抗侧能力越小，其抗侧峰值时的层间侧移角越远离交叉支撑架抗侧峰值时的层间侧移角，两者抗侧性能越不协同。

14.4.5　支撑架与框架抗侧能力的发展变化

算例 CRS1 给出了各构件在各个控制状态时对总体抗侧力的贡献。

（1）在受压支撑屈曲时，压撑和拉撑一共约占总体抗侧力的 $70\%\sim90\%$，框架只起到了次要作用。当支撑长细比很小时，因算例设计时将框架的承载力与支撑架的承载力挂钩，框架截面尺寸增大，抗侧刚度也增大，总抗侧力中框架提供的抗侧承载力在支撑长细比小时也将占据较大分量，为 $30\%\sim35\%$，如图 14.16（a）所示。压撑屈曲时拉撑的贡献要大于受压支撑，支撑长细比越大，这种现象越明显。

（2）拉撑屈服时（压撑屈曲后再经历 $0.03\%\sim0.2\%$ 层间侧移角，拉撑才屈服），长细比中等和更大的压撑的侧向力已经从屈曲时的分担比例快速下降，对总抗侧力的贡献很快下降，框架仍处于弹性阶段，框架提供的抗侧力占比增加了 $2\%\sim4\%$，拉撑抗侧力占比增加，起主要作用，如图 14.16（b）所示。

（3）框架梁端部截面形成塑性铰时（大致为中震下的层间侧移角），框架达到其峰值抗侧承载力，与受拉支撑一起发挥抗侧承载力的主导作用，而受压支撑的承载力进一步下降为一个很低的值（约为屈曲承载力的 $20\%\sim30\%$），此时其对总体抗侧力的贡献为 $5\%\sim20\%$，如图 14.16（c）所示。

（4）在层间侧移角达到 2% 时，框架和受拉支撑的承载力保持不变，但是受压支撑的承载力因为进一步退化，它提供的抗侧力占总抗侧力的 $4\%\sim10\%$，而受拉支撑占 $60\%\sim$

30%，框架占 36%～60%。

算例 CRS2 中，框架承担比例明显下降。压撑屈曲时框架承担的水平荷载约为总水平荷载的 1.6%～13%。随着层间侧移角增加，框架承担的水平荷载不断增加直至其形成塑性铰；受压支撑因其屈曲后承载力不断折减，其承担的水平荷载比例不断减少。大变形情况下，单根柱子分担的水平荷载比例与受压支撑屈曲后承载力大幅度退化以后分担的水平荷载比例相当，拉撑在后期阶段独挑大梁，如图 14.17 所示。

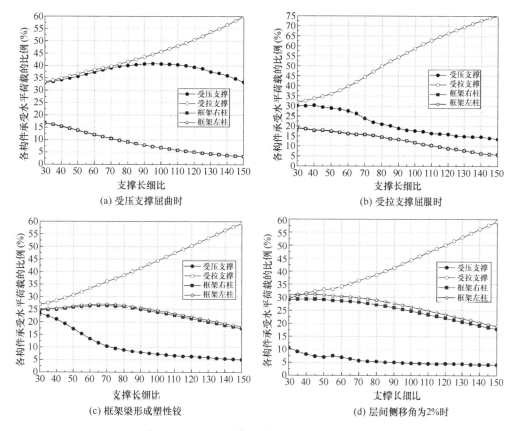

图 14.16 CRS1 中各构件分担水平荷载的比例

14.4.6 框架-交叉支撑架的抗侧屈曲承载力、抗侧极限承载力及超强系数

整体抗侧承载力仍然按式（14.13）计算，框架-交叉支撑架的抗侧极限承载力发生在框架梁端部形成塑性铰时，其大小仍为式（14.14）。算例 CRS1 的超强系数 $V_u/V_{buckling}$ 为 1.3～2.5（当支撑长细比为 30～150 时）；算例 CRS2 的超强系数为 1.0～2.0（当支撑长细比为 30～150 时）。可见支撑长细比和框架极限抗侧力与支撑架抗侧力比值是影响框架-交叉支撑架超强系数的两大主要因素。

CRS2 中拉撑屈服后侧移继续增加带来的抗侧承载力的发挥部分，被压撑承载力的下降部分抵消了。可见框架承载力达到支撑架承载力的 25%，似乎是一个合适的要求，也是最低的要求。

支撑长细比越大，框架-交叉支撑架超强系数越大。这是因为拉压支撑都是按受压支撑的屈曲承载力 $\varphi A_{zc} f_y$ 设计的，但是在柱的竖向锚固下，拉撑拉力继续增大直至屈服，它们

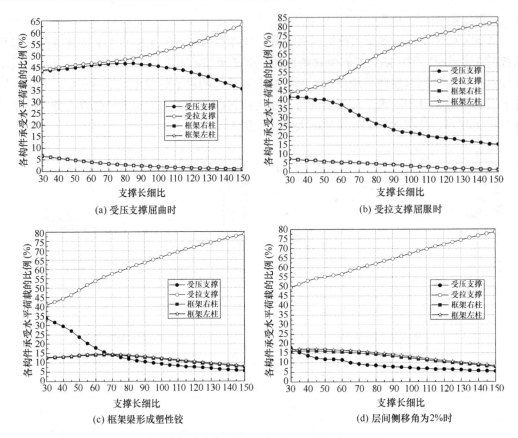

图 14.17　CRS2 中各构件分担水平荷载的比例

之间差值的水平分量为 $(1-\varphi)A_{zc}f_{yk}\cos\alpha$，取受压承载力为拉撑屈服时的承载力，得到：

$$(1+\eta_{0.3\%}\varphi-2\varphi)A_{zc}f_{yk}\cos\alpha \tag{14.20}$$

上式即为受拉支撑给框架-交叉支撑架带来的超强部分。支撑长细比越大，该值越大，超强系数越大。因为受压承载力退化很严重，有可能出现 $1+\eta_{0.3\%}\varphi-2\varphi=0$ 的情况，即受拉支撑几乎不带来超强的情况，对不同长细比代入式（13.5）计算 $\eta_{0.3\%}$［此时式（13.5）也近似适用］发现，大约在长细比为 90 以下，$1+\eta_{0.3\%}\varphi-2\varphi$ 就接近 0，图 14.13 可以帮助了解这个现象，这是图 14.13（b）中长细比为 80 及以下几乎没有超强的原因。

　　框架极限抗侧力与受压支撑屈曲时交叉支撑架抗侧力比值越大，框架-交叉支撑架的超强系数越大。由于在设计中，把"受压支撑屈曲"时双重抗侧力体系的抗侧承载力作为设计依据，而此时框架发挥的作用很小，其承担的剪力为 $\dfrac{2M_{b,y}}{H}\cdot\dfrac{\Delta_{zc,buckling}}{\Delta_{F,yielding}}$，远低于其极限抗侧力 $\dfrac{2M_{b,u}}{H}$，两者的差值为：

$$\frac{2M_{b,u}}{H}-\frac{2M_{b,y}}{H}\cdot\frac{\Delta_{zc,buckling}}{\Delta_{F,yielding}}=\frac{2M_{b,y}}{H}\left(\gamma_F-\frac{\Delta_{zc,buckling}}{\Delta_{F,yielding}}\right) \tag{14.21}$$

式中，γ_F 为工字形截面的形状系数，大小为 1.10～1.17。式（14.21）的计算结果即为框架给整体结构体系带来的超强部分，显然框架的承载力越高，超强系数越大。式（14.20）和式（14.21）相加，即为结构体系的超强部分。

参 考 文 献

[1] REMENNIKOV A M, WALPOLE W R. Analytical prediction of seismic behavior for concentrically-braced steel systems[J]. Earthquake engineering and structural dynamics, 1997, (26): 859-874.

[2] KARAVASILIS T L, BAZEOS N, BESKOS D E. Estimation of seismic drift and ducticity demands in planar regular X-braced steel frames[J]. Earthquake engineering and structural dynamics, 2007, (36): 2273-2289.

[3] MAHERI M R, KOUSARI R, RAZAZAN M. Pushover tests on steel X-braced and knee-braced RC frames[J]. Engineering structures, 2003, (25): 1697-1705.

[4] MAHERI M R, KOUSARI R, RAZAZAN M. Seismic behavior factor, R, for steel X-braced and knee-braced RC buildings[J]. Engineering structures, 2003, (25): 1505-1513.

[5] GODINEZ-DOMINGUEZ E A, TENA-COLUNGA A. Nonlinear behavior of code-designed reinforced concrete concentric braced frames under lateral loading[J]. Engineering structures, 2010, 32(4): 944-963.

[6] FUKUTA T, NISHIYAMA I, YAMANOUCHI H, KATO B. Seismic performance of steel frames with inverted V braces[J]. Journal of structural engineering, 1989, 115(8): 2016-2028.

[7] LOTFOLLAHI M, ALINIA M M. Effect of tension bracing on the collapse mechanism of steel moment frames[J]. Journal of constructional steel research, 2009, 65(11): 2027-2039.

[8] MARTINELLI L, MULAS M G, Perotti F. The seismic response of concentrically braced moment-resisting steel frames[J]. Earthquake engineering and structural dynamics, 1996, (25): 1275-1299.

[9] MARTINELLI L, MULAS M G, PEROTTI F. The seismic behaviour of steel moment-resisting frames with stiffening braces[J]. Engineering structures, 1998, (20): 1045-1062.

[10] KIGGINS S, UANG C M. Reducing residual drift of buckling-restrained braced frames as a dual system[J]. Engineering structures, 2006, (28): 1525-1532.

[11] LONGO A, MONTUORI R, PILUSO V. Failure mode control of X-braced frames under seismic actions[J]. Journal of earthquake engineering, 2008, (12): 728-759.

[12] 童根树, 罗桂发, 张磊. 横梁未加强型人字撑框架体系的抗侧性能[J]. 工程力学, 2011, 28(8): 89-98.

[13] European Committee for Standardization. Eurocode 8: Design of structures for earthquake resistance [S]. Brussels: CEN, 2003.

[14] International Conference of Building officials. 1997 uniform building code: Volume 2[S]. Whittier: International Conference of Building Officials, 1997.

[15] BECKER R. Seismic design of special concentrically braced steel frames[M]. Moraga: Structural Steel Educational Council, 1995.

[16] KHATIB I F, Mahin S A, PISTER K S. Seismic behavior of concentrically braced steel frames[C]. Berkeley: Earthquake Engineering Research Center, University. Of California, 1988.

[17] TREMBLAY R, TIMLER P, BRUNEAU M, FILIATRAULT A. Performance of steel structures during the 1994 Northridge Earthquake[J]. Canadian journal of civil engineering, 1995, (22): 338-360.

[18] Rai D C, Goel S C. Seismic evaluation and upgrading of Chevron braced frames[J]. Journal of constructional steel research, 2003, (59): 971-994.

[19] 杨洋, 童根树, 张磊. 压杆轴力与轴向位移全过程曲线的近似表达式[J]. 工程力学, 2011, 29 (9): 17-20.

第15章 钢板剪力墙

15.1 钢板剪力墙的应用

15.1.1 钢板剪力墙的优点

(1) 能够提供最大的抗侧刚度;

(2) 材料最普通,Q235B,Q345B;

(3) 梁柱节点简单(无支撑节点板);

(4) 加工量少,运输紧凑;

(5) 安装方便:叠积木;

(6) 方便后固定:减小竖向应力;

(7) 用钢量:设计精打细算的,用钢量与钢支撑齐平(加劲肋采用冷弯闭口交替双面布置);

(8) 占用建筑空间少(200m 高的建筑核心筒墙厚装修完毕也不超过 400mm)。

15.1.2 钢板剪力墙应用实例

图 15.1 是昆明世纪广场核心筒钢板抗震墙施工现场,该墙三跨,总宽度为 3.65+7.8+3.65=15.1m。钢管混凝土柱尺寸 800mm×800mm×50mm,Q345+C60,层高 3.65m、4.3m、4.8m 和 5.1m。钢板厚度顶部为 10mm,下部可取 20mm(经过计算如果钢板剪力墙厚度低于 8mm,为避免焊接变形,采用支撑)。双面加劲肋。单面加劲肋宽度为 160mm×20mm~120mm×12mm。本项目结构部分首先按照跨层巨型交叉支撑设计,然后采用钢板墙等效替换。

图 15.1 昆明世纪广场核心筒钢板抗震墙施工现场

图 15.2 是杭州龙湖地产在紫荆花路和振华路西北角开发的 97m 高层住宅项目采用的钢板墙,本项目由杭州铁木辛柯建筑结构事务所设计,采用了冷弯制作工艺,制作出了观感质量良好的薄钢板墙。

图 15.2 杭州三墩 Loft 项目采用的钢板剪力墙

图 15.3 是日本 35 层的 Kobe City Hall Building 的布置图，最重要的一个特点是东西立面的钢板剪力墙是隔层布置，东西立面核心筒的宽度是 12.4m＝5.4m＋1.6m＋5.4m，4 个立柱，中间布置了两个立柱与 1.6m 宽的钢板墙事实形成了巨型柱，1.6m 宽的钢板墙是其腹板。注意中间布置了两个立柱并非是建筑需要，而是为了配合隔层布置的钢板墙，使得钢板墙不再承受竖向荷载，钢板墙完全类似斜支撑。从图 15.3(b) 可以看到在 26 层设置了联系三片竖向钢板墙的钢板墙梁，这样的钢板墙相当于连梁，但是此处是电梯厅人行通道，设置了宽度为 1.6m 的通道，图 15.4 是该部位在 1995 年阪神大地震中出现的门洞上部两侧钢板墙的局部屈曲情况，这显然是因为连梁开洞部位未采用更加严格的宽厚比限值的缘故，属于初次设计缺乏经验。其他部位未出现可见的破坏现象，验证了钢板墙优越的抗震性能。

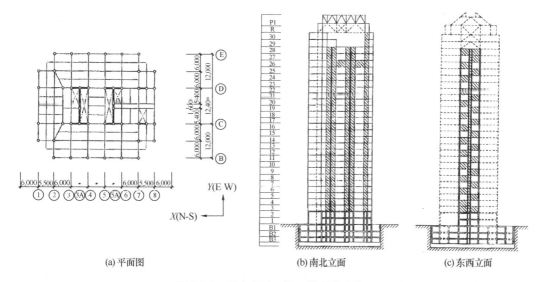

| (a)平面图 | (b)南北立面 | (c)东西立面 |

图 15.3 日本 Kobe City Hall Building

1973 年日本进行过 12 块厚度为 2.3～4.5mm 的 2.1m×0.9m 大小的加劲钢板墙的滞回性能试验，布置了四角铰支的边框梁柱，试验获得了非常好的滞回曲线，验证了钢板墙良好的抗震性能。随后进行了两个两层的足尺试验，试件的设计要求加劲肋能够保证发生小区格屈曲。

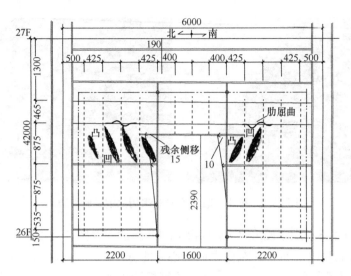

图 15.4　钢板墙作连梁开门洞带来的局部屈曲（单位：mm）

图 15.5 是日本钢铁公司 20 层办公大楼，完成于 1970 年，第 4 层以上采用纯钢板剪力墙，以下外包了混凝土，纵向墙板尺寸是 2.75m×（3.7m×2），横向墙板是 2.75m×7.4m，设置槽钢水平和竖向加劲肋，钢板厚度从上到下是 4.5mm（上部 10 层）、6mm、9mm 和 12mm。在钢板墙的设计计算中不考虑重力荷载。计算采用支撑刚度等效模拟。

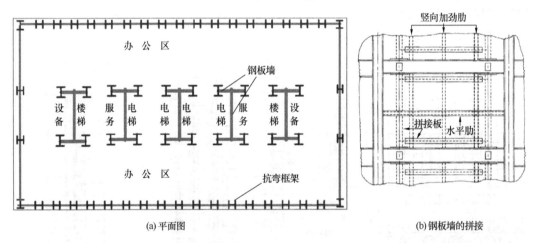

图 15.5　日本 Nippon Steel Building

美国早期的钢板剪力墙参照船舶结构的分舱壁的设计方法，即采用加劲钢板墙，并且主动考虑钢板墙承担竖向荷载。Los Angeles 的 Olive View Hospital 按照承受加速度为 0.69g 的超强烈度地震设计，6 层，底部两层采用钢筋混凝土剪力墙，上部四层是水平和竖向槽钢加劲的钢板墙，采用 16mm 和 19mm 钢板。同样在旧金山的一座 16 层医院，采用了双向加劲 10～32mm 的钢板墙，钢板表面采用喷射混凝土包裹防火（如果采用钢筋混凝土剪力墙，最厚需要 1.2m）。1978 年完工的达拉斯的 Hyatt Regency Hotel，30 层，采用 A36 钢材，13～29mm 双向加劲钢板剪力墙，钢板墙承担了竖向荷载，按照使用荷载下不屈曲设计。

图 15.6 是洛杉矶 2009 年完工的 55 层高层建筑（L. A. Lives Hotels & Residences），一高一低 T 形平面布局，容纳了两个国际酒店（J. W. Marriot 和 Ritz-Carlton）1001 个酒店房间，从 27~52 层是住宅，共 224 户。高层建筑的剪力墙吊装和安装就位焊接完毕后的高度为 199.65m。从照片看是核心筒的钢板墙，设电梯厅走廊门洞，门洞上方的钢梁就成为耗能连梁。根据能力设计法，连梁决定了剪力墙的受力，对于图示的钢板墙，因为钢板墙很宽，对钢板墙承载力的要求是很低的，主要是刚度要求和制作精度要求决定了钢板墙的厚度。沿高度采用三种厚度钢板墙：3/8in、5/16in 和 1/4in，钢板屈服强度为 36ksi，设两个伸臂层，中间伸臂和顶部伸臂层部分的钢板墙厚 1in，伸臂层还采用了 BRB 控制传递给伸臂柱的轴力。3/8in 的钢板墙代替了 3ft 的钢筋混凝土墙，自重减轻 30%，因为采用了钢板墙，使用面积增加 6000m²。

(a) 建成后

(b) 施工过程

(c) 钢板剪力墙吊装

(d) 钢板墙安装完毕

(e) 钢板墙安装完毕

(f) 墙安装过程中

图 15.6　洛杉矶 L. A. Lives Hotels & Residences（门洞上方按照耗能连梁设计）

图 15.7 是美国西雅图 23 层的西雅图联邦法院，核心筒四个角采用四个直径 1.5m 的圆钢管混凝土柱，南北立面采用钢板墙，核心筒东西立面采用支撑体系。核心筒承担了 2/3 的重力荷载和全部的水平力，所以钢板的厚度达到了 25mm，钢板允许承担弯矩，也允许屈曲。因为属于政府项目，美国总务管理局（U. S. General Services Administration，简称 GSA）专门出资委托第三方进行了试验研究，发现该体系性能超出了所有现今规范所列体系，因此，GSA 采用这种混合结构体系作为未来安保系统政府大楼建设的范式。基础单项的比较表明，因为核心筒采用了钢结构，基础费用降低 10%。

支撑架

钢管柱

钢板墙

(a) 建成后　　　　　　　　　(b) 核心筒钢结构

(c) 核心筒角柱很粗壮，周围很细　　　　　　　(d) 核心筒

图 15.7　西雅图联邦法院

图 15.8 是东京的新宿野村大厦，51 层高，1975 年开始设计，加劲钢板剪力墙的大小是 3.05m×5.03m，厚度顶部为 6mm、底部为 12mm，一侧水平加劲，另一侧竖向加劲，采用高强度螺栓（每片墙 200～500 颗）与周围钢框架连接，让承包商吃尽了苦头，所以同期建造的另外一幢钢结构建筑中的钢板墙，中途用焊接代替了螺栓连接。边缘构件是箱形柱，内侧孔边采用 H 型钢柱，门洞处显然都是连梁。因此，第一道耗能机构是连梁。该结构外围采用刚接密柱框架，核心筒柱是 H 型钢，并且梁柱都是铰接。抗侧力分析采

用等效支撑模拟，手工计算不考虑钢板墙分担竖向荷载。尚有一些低层甚至是单层的建筑采用钢板墙，此时墙宽仅 2m 左右，厚度最小是 1.7mm。

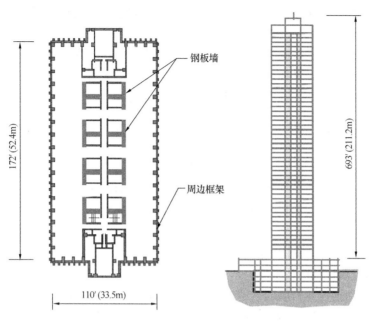

图 15.8　新宿野村大厦

多层建筑也有采用钢板墙的实例，图 15.9 给出了加拿大采用钢板墙的低层建筑实例。国内尚有深圳梅山苑住宅采用钢板墙，而较为著名的天津津塔、天津于家堡国际金融

(a) 单层建筑　　　　　　　　　　　　　　(b) 多层建筑

(c) 二层建筑

图 15.9　加拿大低层建筑采用的钢板墙

473

会议中心等都采用了加劲钢板剪力墙。

15.1.3 钢板墙分类及其设计规定

钢板因为平面外的刚度较弱，墙体的两端总是设置正常的钢柱或钢管混凝土柱，所以钢板墙是一种内嵌构件，当每层保留正常的钢梁时，是内嵌于框架的抗侧力构件。

正如钢梁很少会出现由腹板的抗剪强度控制截面的设计一样，钢板墙的抗剪强度往往有很大的富余度。例如，平面形状为 40m×40m、50 层，地震重力标准值为 8 kN/m²，总质量为 $40×40×8×50=640000$kN，基底剪力为 $0.2×0.16×640000=20480$kN，假设钢板墙厚 16mm、三片，宽度为 15m，剪切应力是 $\dfrac{20480×1000}{3×15000×16}=28.44$ N/mm²，采用 Q235 及 Q345 的抗剪强度的比例是 $\dfrac{28.44}{125}$（Q235）$=0.2275$ 和 $\dfrac{28.44}{180}$（Q345）$=0.158$，可见，通过加劲提高了屈曲承载力后，钢板墙有很大的余力用于抗弯和抗压。这一特点应在具体项目上加以利用，例如把加劲钢板墙富余的部分用来抗弯甚至抗压，如图 15.10（a）所示。

1. 钢板剪力墙可以采用非加劲钢板

《高层民用建筑钢结构技术规程》JGJ 99—2015 规定，非抗震设防的及按照 6 度抗震设防的建筑，采用钢板剪力墙的，可以不设加劲肋；7 度抗震设防的低层和多层建筑也可以采用非加劲钢板剪力墙。因为制作精度的缘故，非加劲钢板剪力墙的宽度一般是 1～3m。从图 15.6 的应用实例看，这些规定都可以放宽。

当剪力墙区格太宽或者太高，需要采用加劲肋将剪力墙划分成接近方形的区格［如图 15.10（b）、图 15.10（c）所示］，而该区格不再设置细分的加劲肋时，此钢板剪力墙可按照非加劲钢板剪力墙设计，此时应采用双面加劲肋。对加劲肋应按照锚固拉力场的构件进行受压稳定计算。

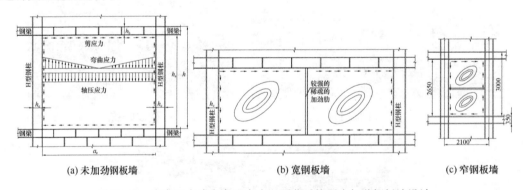

(a) 未加劲钢板墙　　　　　　　(b) 宽钢板墙　　　　　　　(c) 窄钢板墙

图 15.10　宽高比大或宽高比太小，再分后按照未加劲钢板墙设计

更高设防烈度地区以及高层建筑，美国已有采用非加劲钢板剪力墙的实际案例，如图 15.6 所示，应大胆探索应用，积累经验。应采取后固定的措施减小传给钢板墙的竖向应力。充分利用非加劲钢板墙斜拉力场的抗剪承载力，则钢板墙的抗剪承载力是很高的，在高层建筑中钢板墙的厚度很可能由抗侧刚度控制。

2. 加劲钢板抗震墙

日本习惯采用加劲钢板剪力墙，美国早期也以加劲钢板剪力墙为主。考虑到加劲钢板墙与边柱构成了一根竖向悬臂柱，而钢梁或钢柱极少会被抗剪强度控制腹板的设计。加劲钢板墙的钢板厚度往往不是由抗剪强度控制，而是由刚度、制作精度控制。因此可以利用富余的承载力用于承担竖向荷载和弯矩，但仍宜采取措施让钢板墙少承担重力荷载。

加劲肋增加很多焊接工作量，应采用稀疏、不交叉或少交叉的加劲肋对钢板墙进行加劲。抗震设防烈度在 7 度及以上的，宜采用带竖向和/或水平加劲肋的钢板剪力墙。竖向加劲肋宜两面设置或交替两面设置，如图 15.11（a）和（b）所示。

因为变形协调，竖向加劲肋也将承担竖向荷载，竖向加劲肋可以采用上下段、上下层连续的构造。当上下层不连续时，加劲肋的竖向刚度不应在内力分析模型中体现出来。

水平加劲肋不参与承受内力，因此百分百地用于防止钢板墙屈曲。是否设置、如何设置横向加劲肋，宜根据钢板墙的分块运输情况而定。钢板墙的分块应参照柱子的分段，如果一层钢板墙不上下分两块运输，则宜尽量不设横向加劲肋以减少焊接量。分块运输时横向加劲肋设置在分块边缘部位，且宜采用槽钢或热轧工字钢或 H 型钢作贯穿式横向加劲肋，参考图 15.11（a）、图 15.11（c）和图 15.11（d）。

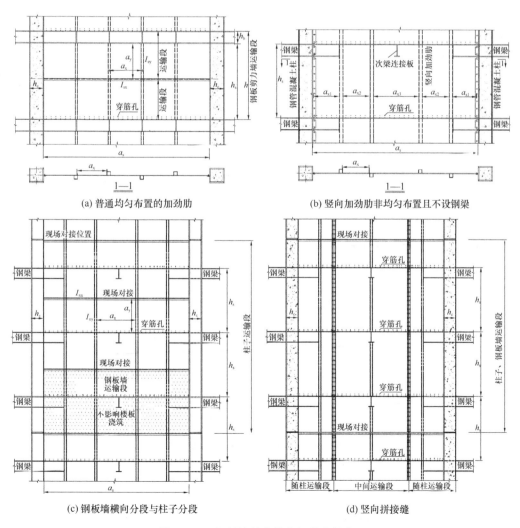

(a) 普通均匀布置的加劲肋　　　　　　(b) 竖向加劲肋非均匀布置且不设钢梁

(c) 钢板墙横向分段与柱子分段　　　　　(d) 竖向拼接缝

图 15.11　钢板墙的分段和加劲肋的布置

设置钢板墙后也可以不再布置钢梁。如设置钢梁，则其腹板厚度与钢板剪力墙的厚度相同。

设置双向加劲的钢板墙时，钢板墙一层内又不分块制作和运输时，为了减少制作费用，可采用竖向加劲肋布置在同一面，水平加劲肋布置在背面。此时水平加劲肋的刚度应不低于竖向加劲肋，且水平加劲肋与两侧框架柱或洞边加劲肋全截面连接，增加水平肋的刚度。日本钢铁公司的钢板墙就是这样设置加劲肋的，如图 15.5 (b) 所示。

钢板墙即使允许承受竖向荷载，也宜采取后固定的措施；通过限制钢板墙的竖向稳定轴压比，引导设计人员不要把承受竖向力作为钢板墙的设计目标。限制轴压比，能够保证抗剪承载力仅因为竖向应力而出现少量的下降，例如设定下降不能超过 30%，转换为轴压比限值是 $0.5\varphi_o f$。加劲钢板剪力墙可以放宽到 $0.6\varphi_o f$，这里 φ_o 是未加劲或加劲钢板墙的竖向受压稳定系数。

15.1.4　灵活理解"不参与承担重力荷载"的要求

用于抗震的钢板墙不宜承担竖向荷载，是日本最早采用钢板墙的项目设计中采用的方法。注意到日本钢铁公司的 20 层建筑完成于 1970 年，那时设计以手工计算为主，不考虑钢板墙承担竖向荷载，是为了手算。而美国的钢板墙项目比日本晚不了几年，却在设计中主动地用于承担竖向荷载。

计算上不考虑，但实际工程中的构造很难做到竖向力不传递到钢板墙上。因此应在实践上对这个简化计算与实际脱节可能带来的影响进行思考和灵活的理解。不承担重力荷载的真正含义是：

(1) 设置钢板剪力墙开间的框架梁和柱，不能因为钢板剪力墙承担了竖向荷载而减小截面。手工计算很容易地做到了这一点。

(2) 做到了上面第 (1) 点，那么即使钢板剪力墙发生了屈曲，框架梁和柱也能够承担竖向荷载，并限制钢板剪力墙屈曲变形的发展。

(3) 图 15.12 给出了钢板墙剪切屈曲或受压屈曲后，墙板弯曲，竖向抗压刚度下降，承担竖向荷载的能力下降，发生卸载的现象。钢板墙两侧的立柱要为这样的卸载留有富余度。

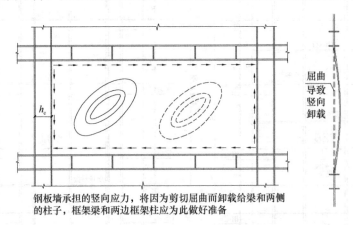

钢板墙承担的竖向应力，将因为剪切屈曲而卸载给梁和两侧
的柱子，框架梁和两边框架柱应为此做好准备

图 15.12　剪切屈曲带来竖向刚度的损失和竖向应力的卸载

对除框架梁柱之外的所有抗震抗侧力构件，提出"不承担重力荷载"的要求，都能够带来抗震性能的少量提升。欧共体抗震规范 Eurocode 8 的第 6.7.2 条"Analysis：

(1) Under gravity load conditions, only beams and columns shall be considered to resist such loads, without taking into account the bracing members"是强制性条文。

图 15.13 所示的人字撑,正常情况下人字支撑承担了上部钢梁上传来的竖向荷载,人字撑是钢梁的中间支座。在整体建模计算时,这根钢梁的应力比很小,但是不能由此得出这根钢梁可以减小截面。因为地震作用下受压支撑杆会屈曲,压撑的压力卸载、重力荷载回到了上部钢梁上。第 13 章对人字支撑架的设计进行了详细的分析,结论是钢梁必须按照承担全部的竖向荷载设计,还要考虑压撑和拉撑竖向分力。推广到钢板墙:两侧立柱要按照承受全部的竖向荷载设计,钢梁也要承担该层全部的竖向荷载,如果上下层钢板墙的厚度不一样,还应验算钢板墙形成斜拉力场后拉力场应力不同带来的不平衡力对钢梁产生的弯矩和剪力。

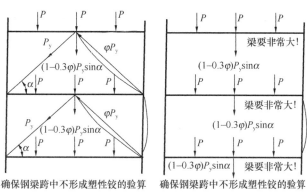

图 15.13　人字撑的设计要求

规范和规程未能涉及的交叉支撑又是怎么样的呢?图 15.14 是普通的跨层交叉支撑,因为与框架组成了超静定的结构体系,立柱和斜撑变形协调,所以在竖向重力荷载下,斜撑的应力与柱子的应力存在如下关系(式中各符号见图 15.14):

$$\frac{\sigma_{\text{brace}}}{\sigma_{\text{column}}} = \frac{\cos^2\alpha}{1 + 2A_{\text{d}}\sin^3\alpha/A_{\text{h}}} \tag{15.1}$$

表 15.1 列出了不同角度和面积比下竖向荷载下斜撑与立柱应力比。图 15.14(b)中

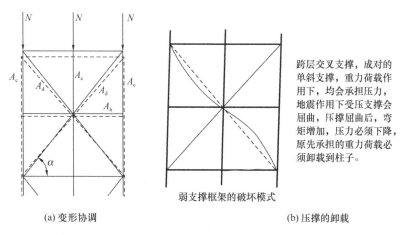

跨层交叉支撑,成对的单斜支撑,重力荷载作用下,均会承担压力,地震作用下受压支撑会屈曲,压撑屈曲后,弯矩增加,压力必须下降,原先承担的重力荷载必须卸载到柱子。

弱支撑框架的破坏模式

(a) 变形协调　　　　　　　　　　　　(b) 压撑的卸载

图 15.14　普通交叉支撑承担竖向重力荷载也会发生卸载

描述了压撑卸载的原因，第 13 章已经给出了卸载的规律。第 13 章的斜撑未承担竖向应力，但是压撑卸载的规律可以参考。在承担竖向荷载的情况下，压撑卸载的百分比对应的侧移更小。

$\sigma_{diagonal}/\sigma_{column}$　　　　　　　　　　　表 15.1

$\dfrac{A_d}{A_h}$	斜杆角度 α				
	35°	40°	45°	50°	55°
4（超高层底部）	0.267	0.188	0.131	0.090	0.061
3	0.315	0.226	0.160	0.112	0.077
2	0.382	0.285	0.207	0.148	0.103
1	0.487	0.383	0.293	0.218	0.157
0.5（顶部或低层）	0.564	0.464	0.369	0.285	0.212

　　防屈曲支撑组成的交叉支撑同样因为超静定性质而承受竖向荷载。图 15.15 给出了防屈曲支撑的卸载情况。经过一个塑性循环，支撑内由竖向荷载产生的压力被彻底地卸载给了两侧柱子。

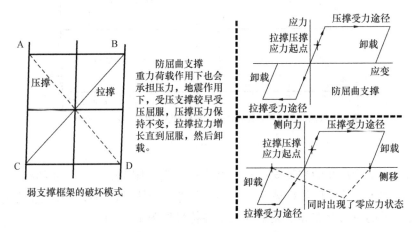

图 15.15　防屈曲支撑的卸载

　　如此看来，支撑构件（包括钢板墙），如果不采取专门的措施，承担竖向荷载是一个普遍现象。在强地震作用下，出现屈曲或塑性屈服，发生卸载也是一个普遍现象。但是对交叉支撑，似乎没有在规范标准的层面上提出特殊的要求。表 15.1 似乎给了我们提示：$A_d/A_{beam} = 4$ 时斜撑与立柱应力比的最大值是 0.267，交叉斜撑承担的竖向应力不大，两侧柱子能够比较轻松地承接斜撑重分布过来的重力。$A_d/A_{beam} = 0.5$ 时应力比为 0.564，看上去比较大，但是斜撑面积小，发生重分布的总量并不大。

　　地震响应过程中，抗侧力构件承担的重力荷载发生卸载的好处有：

　　（1）促使竖向荷载退出，水平抗剪承载力得以恢复，或者部分恢复。

　　（2）不承担竖向荷载的抗侧力构件的抗侧承载力的退化有限，不会退化成零（单斜撑除外）。

　　（3）滞回曲线的捏拢现象是耗能能力的减弱，但是承载力没有退化。

　　（4）耗能能力的影响：短周期的影响，对自振周期为 $0.1 \sim 3T_g$ 的结构的抗震性能有影响，自振周期为 T_g 的结构，耗能能力有明显影响，更长周期的结构影响小。

　　图 15.16 是清华大学郭彦林教授完成的未加劲钢板墙的滞回曲线试验，嵌入钢框架

后，滞回曲线有捏拢现象，但是承载力几乎不退化，延性系数达到了 12。

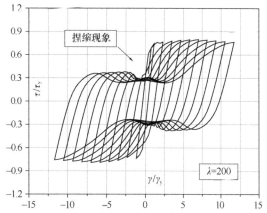

图 15.16　未加劲钢板墙的屈曲和滞回曲线

15.2　钢板剪力墙的内力分析模型

15.2.1　等效支撑模型

在整体分析模型中按照支撑建模，采用钢支撑和钢板剪力墙的等效方法：

交叉支撑抗侧刚度（图 15.17）：

$$K = \frac{2EA_d \cos^2\alpha\sin\alpha}{H} \qquad (15.2a)$$

$$S = KH = 2EA_d \cos^2\alpha\sin\alpha \qquad (15.2b)$$

钢板剪力墙的厚度是 t_s，宽度是 b_s（要扣除柱子的宽度），水平截面抗剪刚度是 $S_{\text{shear-wall}} = Gb_st_s$，两者相等得到 $Gb_st_s = 2EA_d \cos^2\alpha\sin\alpha$，即层抗侧刚度等效的钢板墙厚度是：

$$t_{s,\text{stiffness}} = 5.2\frac{A_d \cos^2\alpha\sin\alpha}{b_s} \qquad (15.3)$$

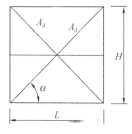

图 15.17　交叉支撑的抗侧刚度

采用支撑等效的方法，两侧立柱会得到比较大的重力荷载应力，充分分担整体弯矩。

15.2.2　剪切膜单元

不承担竖向荷载的钢板剪力墙，采用剪切膜单元（ANSYS shell28）参与结构的整体内力分析，如图 15.18 所示。

(a)变形前　　　　(b)剪切变形　　　　(c)弯曲变形　　　　(d)伸缩变形

图 15.18　四边形单元的变形分解

节点力和剪切膜单元四角点节点位移的关系是：

$$
\begin{Bmatrix}
F_{x1} \\
F_{y1} \\
F_{x2} \\
F_{y2} \\
F_{x3} \\
F_{y3} \\
F_{x4} \\
F_{y4}
\end{Bmatrix}
= \frac{1}{4} Gth
\begin{bmatrix}
l/h & 1 & l/h & -1 & -l/h & 1 & -l/h & -1 \\
1 & h/l & 1 & -h/l & -1 & h/l & -1 & -h/l \\
l/h & 1 & l/h & -1 & -l/h & 1 & -l/h & -1 \\
-1 & -h/l & -1 & h/l & 1 & -h/l & 1 & h/l \\
-l/h & -1 & -l/h & 1 & l/h & -1 & l/h & 1 \\
1 & h/l & 1 & -h/l & -1 & h/l & -1 & -h/l \\
-l/h & -1 & -l/h & 1 & l/h & -1 & l/h & 1 \\
-1 & -h/l & -1 & h/l & 1 & -h/l & 1 & h/l
\end{bmatrix}
\begin{Bmatrix}
u_1 \\
v_1 \\
u_2 \\
v_2 \\
u_3 \\
v_3 \\
u_4 \\
v_4
\end{Bmatrix}
\tag{15.4}
$$

普通的单元，通过对拉伸刚度 T_{xx}、T_{yy} 进行折减（0.1），剪切刚度 T_{xy} 不折减，可以实现剪切单元的功能。普通膜单元的物理矩阵是：

$$
\begin{Bmatrix}
\sigma_x \\
\sigma_y \\
\tau_{xy}
\end{Bmatrix}
=
\begin{bmatrix}
E_x & \mu_{xy} E_{12} & 0 \\
\mu_{xy} E_{12} & E_y & 0 \\
0 & 0 & G
\end{bmatrix}
\begin{Bmatrix}
\varepsilon_x \\
\varepsilon_y \\
\gamma_{xy}
\end{Bmatrix}
\tag{15.5}
$$

对于按照薄腹梁的方法有限度利用钢板剪切屈曲后强度的，对拉压刚度进行折减后的物理矩阵是：

$$
\begin{Bmatrix}
\sigma_x \\
\sigma_y \\
\tau_{xy}
\end{Bmatrix}
=
\begin{bmatrix}
0.1E_x & 0.1\mu_{xy} E_{12} & 0 \\
0.1\mu_{xy} E_{12} & 0.1E_y & 0 \\
0 & 0 & 0.85G
\end{bmatrix}
\begin{Bmatrix}
\varepsilon_x \\
\varepsilon_y \\
\gamma_{xy}
\end{Bmatrix}
\tag{15.6}
$$

这样折减后，SAP2000 或 ETABS 就可以进行我们希望的有限元内力分析。

非加劲钢板剪力墙或零星加劲钢板剪力墙，充分利用剪切屈曲后强度的，剪切模量取 0.6 倍：

$$
\begin{Bmatrix}
\sigma_x \\
\sigma_y \\
\tau_{xy}
\end{Bmatrix}
=
\begin{bmatrix}
0.01E_x & 0.01\mu_{xy} E_{12} & 0 \\
0.01\mu_{xy} E_{12} & 0.01E_y & 0 \\
0 & 0 & 0.6G
\end{bmatrix}
\begin{Bmatrix}
\varepsilon_x \\
\varepsilon_y \\
\gamma_{xy}
\end{Bmatrix}
\tag{15.7}
$$

未加劲的钢板墙充分按照斜拉力场进行内力分析和设计，如图 15.19 所示，根据建议是采用不少于 10 条的斜拉杆建模分析。这样的分析显然不方便，可以把斜拉杆的抗侧刚度换算为剪切膜单元的剪切刚度：设斜拉杆斜角 α 是 $45°$，斜拉杆的横截面总面积为 bt_p，墙板水平宽度是 a_s，则斜拉杆的抗侧刚度是：

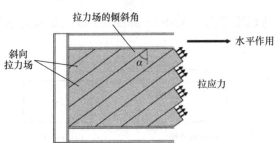

$$
S_{wall} = Et_p b \cos^2\alpha \sin\alpha = \frac{\sqrt{2}}{4} Ebt_p = G_{eq} a_s t_p
\tag{15.8a}
$$

$$
G_{eq} = \frac{\sqrt{2}}{4} \frac{b}{a_s} E
\tag{15.8b}
$$

因为斜角是 $45°$，$b = a_s/\sqrt{2}$，所以 $G_{eq} = E/4 = 0.65G$。考虑到斜拉力场部分锚固在框架柱上，而不是锚固在梁柱节

图 15.19　未加劲的钢板墙的分析模型

拉力场的倾斜角
斜向拉力场
水平作用
拉应力

点处，刚度会进一步下降，所以取 0.6，相当于打了 0.83 折。比较精确的公式是式 (15.66)。

图 15.20 是采用剪切膜单元的算例，其中拉压刚度折减到 0.001 倍，剪切模量未折减，每层施加 1kN 的力进行分析。

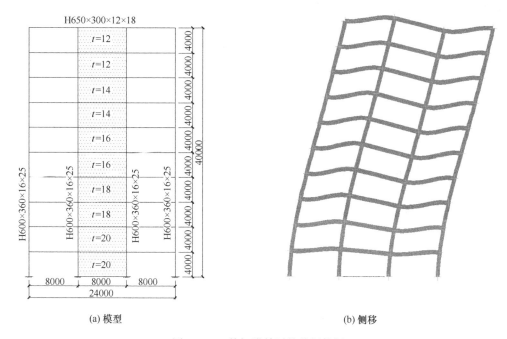

(a) 模型　　　　　　　　　　　　　　(b) 侧移

图 15.20　剪切膜单元的分析算例

15.2.3　平面应力单元或板壳单元

参与承担竖向荷载的钢板墙，采用各向同性平面应力单元参与结构整体的内力分析；也可采用正交异性板单元进行更为正确的分析。内力分析模型中，竖向加劲肋可以均摊计入竖向轴压刚度。

15.3　非加劲钢板剪力墙的设计

非加劲钢板墙，《高层民用建筑钢结构技术规程》JGJ 99—2015 参照了 Astaneh-Asl 2001 年编写的 SSEC-TIPS—37 "Seismic Behavior and Design of Steel Shear Walls"，该报告采用薄腹钢梁的有限度利用拉力场的方法来设计钢板墙。根据日本和美国早期（1965～1980 年）的设计实践，要求在使用极限状态下钢板墙不发生屈曲。鉴于钢梁很少由抗剪强度控制设计，少量利用屈曲后强度也能够满足钢板墙的抗剪强度要求。《钢板剪力墙技术规程》JGJ/T 380—2015 则采用充分利用斜拉力场的方法，这种方法对框架柱的刚度提出了要求，要考虑锚固斜拉力场带来的边框柱的额外弯矩。

15.3.1　参照钢梁设计方法（JGJ 99—2015 思路）

1. 不承受竖向荷载的非加劲钢板剪力墙，不利用屈曲后抗剪强度时，按下式计算抗剪稳定性：

$$\tau \leqslant \varphi_{\tau 0} f_v = \tau_{0,\text{ep}} \tag{15.9}$$

式中，$\varphi_{\tau 0}$ 为剪切屈曲的稳定系数（抗剪强度折减系数），即：

$$\varphi_{\tau 0} = \frac{1}{\sqrt[3]{1 - 0.8^6 + \lambda_{\tau 0}^6}} \leqslant 1.0 \tag{15.10}$$

$\lambda_{\tau 0}$ 为剪切屈曲的正则化长细比，即：

$$\lambda_{\tau 0} = \sqrt{\frac{f_{yk}}{\sqrt{3}\tau_{0,e}}} \tag{15.11}$$

$$\tau_{0,e} = \frac{k_{\tau 0}\pi^2 E}{12(1-\mu^2)}\frac{t_P^2}{a_s^2} = \frac{K_{\tau 0}\pi^2 E}{12(1-\mu^2)}\frac{t_P^2}{h_s^2} \tag{15.12}$$

$$\frac{h_s}{a_s} \geqslant 1 : k_{\tau 0} = \chi_\tau \left[5.34 + \frac{4}{(h_s/a_s)^2} \right] \tag{15.13a}$$

$$\frac{h_s}{a_s} \leqslant 1 : k_{\tau 0} = \chi_\tau \left[4 + \frac{5.34}{(h_s/a_s)^2} \right] \tag{15.13b}$$

式中，χ_τ 为剪切屈曲的嵌固系数。

2. 不承受竖向荷载的非加劲钢板剪力墙，允许利用其屈曲后强度，但是在荷载标准值组合作用下，其剪应力应满足式（15.9）的要求（即标准组合下不屈曲）。设计荷载下满足：

$$\tau \leqslant \varphi_{\tau,\text{post}} f_v = \tau_{u0} \tag{15.14}$$

式中，$\varphi_{\tau,\text{post}}$ 为考虑屈曲后强度的剪切强度折减系数，即：

$$\varphi_{\tau,\text{post}} = \frac{1}{\sqrt[3]{1\ 0.8^{3.6} + \lambda_{\tau 0}^{3.6}}} \leqslant 1.0 \tag{15.15}$$

说明：这里提出的钢板剪力墙弹塑性屈曲的稳定系数，是早期 Eurocode 3（1994 年版本）分段公式的简化和修正，二者对比如图 15.21 所示。

3. 按照考虑屈曲后强度的设计，其横梁的强度计算中应该考虑压力，压力是：

$$N = (\varphi_{\tau,\text{post}} - \varphi_{\tau 0})a_s t_p f_v \tag{15.16}$$

式中，a_s 是钢板墙的宽度。考虑屈曲后强度的设计，横梁尚应考虑拉力场的均布竖向分力产生的弯矩（图 15.22、图 15.23），与竖向荷载弯矩叠加：

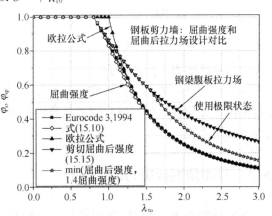

图 15.21　剪切屈曲和屈曲后稳定系数比较

$$q_{s,\text{beam}} = (\varphi_{\tau,\text{post1}} - \varphi_{\tau 0,1})t_{\text{bottom}} f_v - (\varphi_{\tau,\text{post2}} - \varphi_{\tau 0,2})t_{\text{upper}} f_v \tag{15.17}$$

式中，t_{bottom}、t_{uppev} 分别是钢梁下部和上部钢板墙的厚度。

4. 剪力墙的边框柱，尚应考虑拉力场的水平均布分力产生的弯矩（图 15.22、图 15.23）与其余内力（轴力）叠加：

$$q_{s,\text{column}} = (\varphi_{\tau,\text{post}} - \varphi_{\tau 0})t_p f_v \tag{15.18}$$

5. 利用钢板剪力墙屈曲后强度的设计，可以设置少量竖向加劲肋形成接近方形的区格（图 15.24），竖向强度应满足承受如下压力的要求：

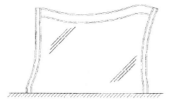

(a) 拉力场导致边框变形

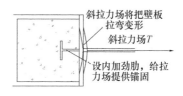
(b) 拉力场的锚固

图 15.22　拉力场使得边缘构件受弯

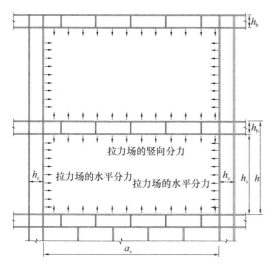

图 15.23　拉力场使得边框构件受力

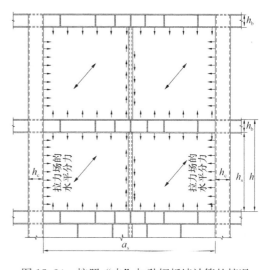

图 15.24　按照"未"加劲钢板墙计算的情况

$$N_{\text{stiffener}} = (\varphi_{\tau,\text{post}} - \varphi_{\tau 0}) a_{\text{sp}} t_{\text{p}} f_{\text{v}} \tag{15.19a}$$

并且其刚度参数应满足：

$$\gamma_{\text{y}} = \frac{EI_{\text{sy}}}{Da_{\text{sp}}} \geqslant 60 \tag{15.19b}$$

式中，$D = \dfrac{Et_{\text{p}}^3}{12(1-\mu^2)}$ 是钢板墙的弯曲刚度，a_{sp} 是竖向加劲肋之间的水平距离，闭口加劲肋时是区格净宽。举例：宽度为 b 的方槽钢，双面焊接在钢板墙上，这个双面加劲肋提供的刚度是：

$$I_{\text{sy}} = \frac{1}{12} \times 2t \times (2b)^3 + 2btb^2 = \frac{4}{3}tb^3 + 2tb^3 = \frac{10}{3}tb^3$$

设钢板是 2550mm×2550mm×8mm，槽钢为 $\lfloor 90 \times 90 \times 8$ 双面对称，可以达到 $\gamma_{\text{y}} = 150$，可见式（15.19b）的要求容易满足。

6. 按照不承受竖向重力荷载进行内力分析的钢板剪力墙，不考虑实际存在的竖向应力对抗剪承载力的影响，但应限制竖向应力（图 15.25），满足式（5.20）。

$$\sigma_{\text{Gravity}} \leqslant 0.5\varphi_{\sigma 0} f \tag{15.20}$$

$$\varphi_{\sigma 0} = \frac{1}{(1+\lambda_{\sigma 0}^{2.4})^{0.833}} \tag{15.21}$$

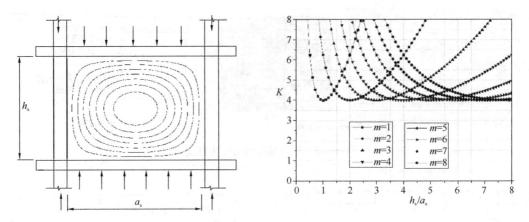

图 15.25　四边简支板的屈曲和屈曲系数

$$\lambda_{\sigma 0} = \sqrt{\dfrac{f_{yk}}{\sigma_{0,e}}} \tag{15.22}$$

$$\sigma_{0,e} = \dfrac{k_{\sigma 0}\pi^2 E}{12(1-\mu^2)} \cdot \dfrac{t_p^2}{a_s^2} \tag{15.23}$$

$$\dfrac{h_s}{a_s} \leqslant 1 : k_{\sigma 0} = \chi_\sigma \left(\dfrac{a_s}{h_s} + \dfrac{h_s}{a_s}\right)^2 \tag{15.24a}$$

$$\dfrac{h_s}{a_s} > 1 : k_{\sigma 0} = 4\chi_\sigma \tag{15.24b}$$

式中，χ_σ 为嵌固系数，钢板墙下边缘埋入混凝土楼板时，下边缘接近刚接，两侧柱子的钢板比较厚，整体也不容易转动，也可以提供嵌固约束，上部钢梁紧挨上下翼缘迫使腹板高度范围内保持平整，也能够提供接近固定的约束，因此可以引入嵌固系数，该系数可以取 1.5。

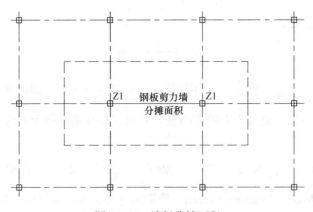

图 15.26　墙板分摊面积

式（15.20）不满足时，应采用后固定措施。采取措施仍不满足时，可以采用第15.3.2 节的设计思路，或者采用加劲钢板墙。

墙板分担的重力荷载对应的应力按下式计算（图 15.26）：

$$\sigma_{\text{Gravity}} = \frac{j(N_{\text{Dead,2}} + N_{\text{Live}}) + (j-20)N_{\text{Dead1}}}{\sum A_k + A_s} \tag{15.25}$$

式中，$\sum A_k$ 是边框柱的面积和，在边框柱是钢管混凝土时，混凝土应换算成钢截面面积；A_s 是墙板面积；j 是所计算的楼层到最顶部的楼层的总层数，假设后固定的楼层数是 20 层；N_{Dead1} 是第一部分恒荷载（楼板自重和结构自重）；N_{Dead2} 是装修部分的恒荷载；N_{Live} 是活荷载。

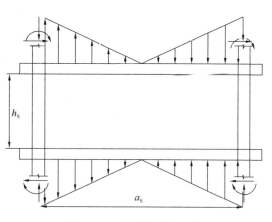

图 15.27　钢板墙受弯屈曲

7. 钢板剪力墙承受弯矩的作用（图 15.27），弯曲应力应满足：

$$\sigma_b \leqslant \varphi_{b0} f_{yk} \tag{15.26}$$

$$\varphi_{b0} = \frac{1}{\sqrt[3]{1 - 0.8^6 + \lambda_{b0}^6}} \leqslant 1 \tag{15.27a}$$

$$\lambda_{b0} = \sqrt{\frac{f_{yk}}{\sigma_{bcr0}}} \tag{15.27b}$$

$$\sigma_{bcr0} = \frac{k_{b0}\pi^2 E}{12(1-\mu^2)} \cdot \frac{t_p^2}{a_s^2} \tag{15.28}$$

$$\frac{h_s}{a_s} \geqslant 0.67 : k_{b0} = 23.9\chi_b \tag{15.29a}$$

$$\frac{h_s}{a_s} < 0.67 : k_{b0} = \chi_b\left(11\frac{h_s^2}{a_s^2} + 14 + 2.2\frac{a_s^2}{h_s^2}\right) \tag{15.29b}$$

式中，χ_b 为弯曲屈曲嵌固系数，可取 1.3～1.6。

8. 承受竖向荷载的钢板剪力墙或区格，应力应满足：

$$\left(\frac{\tau}{\varphi_{\tau 0} f_v}\right)^2 + \left(\frac{\sigma_b}{\varphi_{b0} f}\right)^2 + \frac{\sigma}{\varphi_{\sigma 0} f} \leqslant 1 \tag{15.30}$$

说明：第 7 款和第 8 款是可以不计算的，因为采用式（15.6）所示的物理刚度矩阵后，弯矩很小，竖向荷载也很小，可以不考虑（如果对拉压刚度不折减，则可从板单元应力算出墙板弯矩）。

9. 未加劲的钢板剪力墙，有洞口时（图 15.28）：

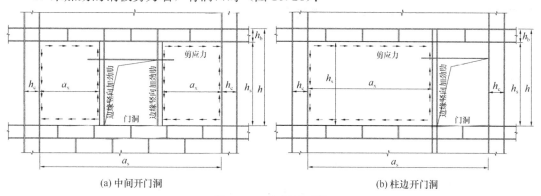

(a) 中间开门洞　　　　　　　　　　　　(b) 柱边开门洞

图 15.28　钢板墙开洞

（1）洞口边缘应设置边缘构件，其平面外刚度应满足下式：

$$\gamma_y = \frac{EI_{sy}}{D \cdot \min(a_x, h_s)} \geqslant 150 \tag{15.31}$$

（2）钢板剪力墙的抗剪承载力，按照洞口高度处的水平剩余截面计算。

（3）当钢板剪力墙考虑屈曲后强度时，竖向边缘构件宜采用工字形截面或双加劲肋。还应按照压弯构件验算边缘构件的平面外稳定。其中压力及剪力的竖向分力扣除剪切屈曲承载力部分；弯矩取拉力场水平分力按照均布荷载作用在两端固定的洞口边缘加劲肋上的模型计算。

（4）洞口上方的钢梁是连梁。该连梁的设计有两种思路：

一是按照耗能连梁设计，如图 15.6 所示的洛杉矶高楼，此时耗能连梁的设计完全参照偏心支撑 EBF 体系中对剪切型和弯剪型耗能连梁进行，并且参照 EBF 体系中的构造要求。在破坏机构的控制上，要求一侧钢板墙的水平抗剪承载力高于与连梁的竖向承载力平衡的水平力的 1.2 倍；L. A. Lives Hotels & Residences 仅采用了 10mm、8mm 和 6mm 的钢板，原因在于采用了这种设计思路，拉力场很可能根本未发展起来，就能够与连梁的抗剪能力平衡。

二是按照图 15.28 所示的构造，洞口上方的梁本身截面很高，其竖向抗剪承载力高于与一侧钢板墙水平承载力平衡的连梁竖向力。这个设计思路采用公式表示见第 15.6 节。

15.3.2　充分利用斜拉力场的未加劲钢板墙设计

在这种设计方法中，钢板墙被看成是密布的斜拉杆，不是弹性力学意义上的钢板。

1. 对立柱的刚度要求

如图 15.29 所示，框架内嵌未加劲钢板墙，在水平力作用下，结构整体发生弯曲侧移和剪切侧移，未加劲钢板墙屈曲，形成斜拉力场。因为未加劲钢板墙的宽厚比很大，受剪屈曲后，随着屈曲变形发展，主压力方向的压力消失。拉力场锚固在左右两根柱子上，柱子的惯性矩是 I_{c1}、I_{c2}，拉力场与柱子的交角是 α。建立坐标系如图 15.29 所示，x 是竖向，y 是水平方向，锚固拉力场的左右两柱上点的位移分别是 u_1、v_1 和 u_2、v_2，注意图上标示的位移均为正。这些位移在拉力场方向的投影是：

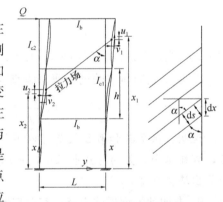

图 15.29　钢板墙的拉力场

$$\Delta_{d1} = u_1 \cos\alpha + v_1 \sin\alpha \tag{15.32a}$$
$$\Delta_{d2} = u_2 \cos\alpha + v_2 \sin\alpha \tag{15.32b}$$

注意这两个量都是使拉力带缩短。拉力场的长度是 $L/\sin\alpha$。拉力场的拉应变和拉应力是：

$$\varepsilon_d = -\frac{\Delta_{d1} + \Delta_{d2}}{L/\sin\alpha} = -\left[(u_1 + u_2)\cos\alpha + (v_1 + v_2)\sin\alpha\right]\frac{\sin\alpha}{L} \tag{15.33a}$$

$$\sigma_d = E\varepsilon_d = -E\left[(u_1 + u_2)\cos\alpha + (v_1 + v_2)\sin\alpha\right]\frac{\sin\alpha}{L} \tag{15.33b}$$

拉力场的拉力，化为作用在左右立柱上的垂直于立柱的分力是：

$$q = \frac{\sigma_d t_P ds \sin\alpha}{dx} = -Et_P \left[(u_1 + u_2)\cos\alpha + (v_1 + v_2)\sin\alpha\right]\frac{\sin^3\alpha}{L} \tag{15.34}$$

其中 ds 是拉力场的宽度，$\frac{ds}{dx} = \sin\alpha$。左右立柱在上下层钢梁之间产生弯曲变形，挠度是 v_1、v_2。根据钢柱的弯曲理论：

$$EI_{c1} \frac{d^4 v_1}{dx_1^4} = q = \sigma_d t_P \sin^2\alpha \tag{15.35a}$$

$$EI_{c2} \frac{d^4 v_2}{dx_2^4} = q = \sigma_d t_P \sin^2\alpha \tag{15.35b}$$

由以上两式得到 $E\frac{d^4(v_1 + v_2)}{dx_2^4} = \left(\frac{1}{I_{c1}} + \frac{1}{I_{c2}}\right)\sigma_d t_P \sin^2\alpha$，即：

$$E \frac{I_{c1} I_{c2}}{I_{c1} + I_{c2}} \frac{d^4(v_1 + v_2)}{dx_2^4} = \sigma_d t_P \sin^2\alpha \tag{15.36}$$

首先假设立柱的抗弯刚度为无限大，则 $v_1 = -v_2$、$v_1 + v_2 = 0$，代入式（15.36b）得到斜拉应力：

$$\sigma_{d,g} = -E(u_1 + u_2) \frac{\sin\alpha\cos\alpha}{L} \tag{15.37}$$

式中，u_1、u_2 是立柱拉压应变产生的位移，与整体弯矩有关，与立柱抗弯刚度没有关系，因此可以得到：

$$\sigma_d = \sigma_{d,g} - E(v_1 + v_2) \frac{\sin^2\alpha}{L} \tag{15.38}$$

代入式（15.36）得到：

$$E \frac{I_{c1} I_{c2}}{I_{c1} + I_{c2}} \frac{d^4(v_1 + v_2)}{dx_2^4} + Et_P(v_1 + v_2) \frac{\sin^4\alpha}{L} = \sigma_{d,g} t_P \sin^2\alpha \tag{15.39}$$

在左右两根立柱相同的情况下，

$$EI_c \frac{d^4(v_1 + v_2)}{dx^4} + 2Et_P \frac{\sin^4\alpha}{L}(v_1 + v_2) = t_P\sigma_{d,g} \sin^2\alpha \tag{15.40}$$

进一步，如果 $\alpha = 45°$，则：

$$EI_c \frac{d^4(v_1 + v_2)}{dx^4} + \frac{Et_P}{2L}(v_1 + v_2) = \frac{1}{2}t_P\sigma_{d,g} \tag{15.41}$$

记 $v_1 + v_2 = 2v$，微分方程简化为：

$$\frac{d^4 v}{dx^4} + 4\gamma^4 v = w \tag{15.42a}$$

式中：

$$w = \frac{(I_{c1} + I_{c2})t_P \sin^2\alpha}{2EI_{c1} I_{c2}}\sigma_{d,g} \tag{15.42b}$$

$$\gamma = \left[\frac{(I_{c1} + I_{c2})t_P}{4I_{c1} I_{c2} L}\right]^{0.25} \sin\alpha \tag{15.42c}$$

$$\frac{w}{4\gamma^4} = \frac{L}{2E} \frac{\sigma_{d,g}}{\sin^2\alpha} = \frac{L}{2E} \frac{\sigma_{d,g}}{\sin^2\alpha} \tag{15.42d}$$

式（15.42a）的解为：

$$v = C_1 \sinh\gamma z \sin\gamma z + C_2 \cosh\gamma z \cos\gamma z + C_3 \sinh\gamma z \cos\gamma z + C_4 \cosh\gamma z \sin\gamma z + \frac{w}{4\gamma^4} \tag{15.43}$$

把坐标放在跨中，两端固定，利用对称性得到：

$$v = C_1 \sinh\gamma z \sin\gamma z + C_2 \cosh\gamma z \cos\gamma z + \frac{w}{4\gamma^4} \tag{15.44}$$

边界条件是 $x = 0.5h, v = 0, v' = 0$，引入记号 $\chi = 0.5\gamma h$，求得：

$$C_1 = \frac{(-\cosh\chi\sin\chi + \sinh\chi\cos\chi)}{(\sinh2\chi + \sin2\chi)} \cdot \frac{w}{2\gamma^4} \tag{15.45a}$$

$$C_2 = -\frac{(\sinh\chi\cos\chi + \cosh\chi\sin\chi)}{(\sinh2\chi + \sin2\chi)} \cdot \frac{w}{2\gamma^4} \tag{15.45b}$$

斜拉力场的最大应力在 $x = 0.5h$ 处，$\sigma_{dmax} = \sigma_{d,g}$。最小应力在 $x = 0$ 处，此处挠度最大。

$$2v_{max} = 2C_2 + \frac{2w}{4\gamma^4} = \frac{L}{E} \frac{\sigma_{d,g}}{\sin^2\alpha}\left[1 - \frac{2(\sinh\chi\cos\chi + \cosh\chi\sin\chi)}{(\sinh2\chi + \sin2\chi)}\right] \tag{15.46}$$

最小拉力与最大拉力的比值是：

$$\frac{\sigma_{dmin}}{\sigma_{dmax}} = \frac{2(\sinh\chi\cos\chi + \cosh\chi\sin\chi)}{(\sinh2\chi + \sin2\chi)} \tag{15.47}$$

拉力场平均拉应力是：

$$\sigma_{mean} = \frac{1}{h}\int_{-0.5h}^{0.5h}\sigma_d dx = \sigma_{d,g} - 2E\frac{\sin^2\alpha}{L}\frac{1}{h}\int_{-0.5h}^{0.5h}v dx \tag{15.48a}$$

$$\frac{1}{h}\int_{-0.5h}^{0.5h}v dx = \frac{2}{h}\int_0^{0.5h}v dx = \frac{w}{4\gamma^4}\left[1 + \frac{\cos2\chi - \cosh2\chi}{\chi(\sinh2\chi + \sin2\chi)}\right] \tag{15.48b}$$

求得平均拉应力与最大拉应力的比值：

$$\frac{\sigma_{mean}}{\sigma_{d,g}} = \frac{\cosh2\chi - \cos2\chi}{\chi(\sinh2\chi + \sin2\chi)} \tag{15.49}$$

$x = 0.5h$ 处的弯矩（即梁柱节点部位的柱弯矩）：

$$M_{max} = -EI_c v''_{max} = -m_{max} \cdot \frac{1}{12}(\sigma_{d,g}t_P \sin^2\alpha)h^2 \tag{15.50a}$$

$$m_{max} = \frac{6}{(2\chi)^2}\frac{(\sinh2\chi - \sin2\chi)}{(\sinh2\chi + \sin2\chi)} \tag{15.50b}$$

柱中弯矩是：

$$M_{mid} = -EI_c v''_{mid} = m_{mid} \cdot \frac{1}{24}(\sigma_{d,g}t_P \sin^2\alpha)h^2 \tag{15.51a}$$

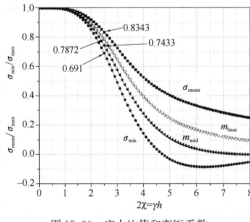

图 15.30　应力比值和弯矩系数

$$m_{mid} = \frac{24}{(2\chi)^2}\frac{(\cosh\chi\sin\chi - \sinh\chi\cos\chi)}{(\sinh2\chi + \sin2\chi)} \tag{15.51b}$$

各应力比值和弯矩系数如图 15.30 所示。

在钢板墙的拉力场理论中，要求平均应力与最大应力之比不能小于 0.8，这基本上是要求：

$$\gamma h = \left[\frac{(I_{c1} + I_{c2})t_P}{4I_{c1}I_{c2}L}\right]^{0.25}\sin\alpha \cdot h \leqslant 2.5 \tag{15.52}$$

取 $\alpha = 45°$，得到 $\dfrac{I_{c1}I_{c2}}{I_{c1} + I_{c2}} \geqslant \dfrac{t_P h^4}{625L}$；如

果两个柱子的截面相同，则：

$$I_c \geqslant \frac{2t_P h^4}{625L} = \frac{0.0032 t_P h^4}{L} \tag{15.53}$$

2. 拉力场的斜角

如图 15.31 所示的框架内嵌钢板墙，拉力场与框架柱的交角是 α，拉力场均匀。承受剪力 V，则立柱轴力是 $N_c = \frac{V}{2\tan\alpha}$；一层内斜拉力场的斜拉力 D 通过力的平衡得到 $D = \frac{V}{\sin\alpha}$，因此

$$D = \sigma_d t_P \frac{ds}{dy} L = \sigma_d t_P L \cos\alpha \tag{15.54}$$

两者应该相等，得到 $\sigma_d = \frac{V}{t_P L \cos\alpha \sin\alpha}$。

钢梁内的轴力（与上下各半层范围内的斜拉力的水平分力平衡）是：

$$N_b = \sigma_d t_P \frac{ds}{dx} h \sin\alpha = \sigma_d t_P h \sin^2\alpha = \frac{hV}{L}\tan\alpha \tag{15.55}$$

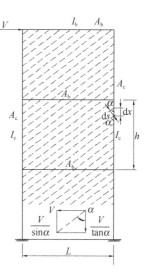

图 15.31 拉力场

上述各个内力对应的功（应变能）是：

$$W_c = 2 \times \frac{1}{2} N_c \varepsilon_c h = \frac{N_c^2 h}{EA_c} = \frac{V^2 h}{4EA_c \tan^2\alpha} \tag{15.56a}$$

$$W_b = \frac{N_b^2 L}{2EA_b} = \frac{h^2 V^2}{2EA_b L}\tan^2\alpha \tag{15.56b}$$

$$W_d = \frac{1}{2}\sigma_d \varepsilon_d h L t_P = \frac{hLt_P}{2E} \cdot \frac{4V^2}{(t_P L)^2 \sin^2 2\alpha} = \frac{2hV^2}{ELt_P \sin^2 2\alpha} \tag{15.56c}$$

立柱承受拉力场的水平分力，承受的分布荷载是 $q_b = \frac{V}{L}\tan\alpha$，于是立柱内存在弯矩：

$$M_c = -\frac{1}{12}q_b h^2 + \frac{1}{2}q_b hx - \frac{1}{2}q_b x^2 = \frac{1}{12}q_b h^2(-1 + 6\overline{x} - 6\overline{x}^2), \overline{x} = x/h \tag{15.57}$$

这个弯矩对应的应变能是：

$$W_M = 2 \times \frac{1}{2}\int_0^h \frac{M_c^2}{EI_c}dx = \frac{q_b^2 h^5}{144EI_c}\int_0^1 (-1 + 6\overline{x} - 6\overline{x}^2)^2 d\overline{x} = \frac{V^2 h^5 \tan^2\alpha}{720EI_c L^2} \tag{15.58}$$

这样总应变能是：

$$W = \frac{V^2 h}{4EA_c \tan^2\alpha} + \frac{2hV^2}{ELt_P \sin^2 2\alpha} + \left(\frac{V^2 h^5}{720EI_c L^2} + \frac{h^2 V^2}{2EA_b L}\right)\tan^2\alpha \tag{15.59}$$

利用 $\sin^2 2\alpha = \frac{4\tan^2\alpha}{(1+\tan^2\alpha)^2}$，记 $\beta = \tan^2\alpha$，得到：

$$\frac{E}{V^2}W = \frac{h}{4A_c\beta} + \frac{h}{2Lt_P}\left(\frac{1}{\beta} + 2 + \beta\right) + \left(\frac{h^5}{720I_c L^2} + \frac{h^2}{2A_b L}\right)\beta \tag{15.60}$$

上式对 β 求最小值：

$$\frac{E}{V^2}\frac{dW}{d\beta} = -\frac{h}{4A_c\beta^2} + \frac{h}{2Lt_P}\left(-\frac{1}{\beta^2} + 1\right) + \left(\frac{h^5}{720I_c L^2} + \frac{h^2}{2A_b L}\right) = 0 \tag{15.61}$$

得到：

$$\beta^2 = \tan^4\alpha = \frac{\dfrac{h}{4A_c} + \dfrac{h}{2Lt_P}}{\dfrac{h}{2Lt_P} + \dfrac{h^5}{720I_cL^2} + \dfrac{h^2}{2A_bL}} = \frac{1 + \dfrac{Lt_P}{2A_c}}{1 + \dfrac{t_Ph}{A_b} + \dfrac{t_Ph^4}{360I_cL}} \tag{15.62}$$

于是得：

$$\tan\alpha = \sqrt[4]{\left(1 + \frac{Lt_P}{2A_c}\right)\left(1 + \frac{t_Ph}{A_b} + \frac{t_Ph^4}{360I_cL}\right)^{-1}} \tag{15.63}$$

3. 拉力场的等效剪切刚度

假设 $W = \dfrac{1}{2}V\gamma h = \dfrac{1}{2}V\dfrac{V}{G_{eq}t_P}h = \dfrac{V^2h}{2G_{eq}Lt_P}$，与式（15.59）应该等效，所以

$$\frac{V^2h}{4EA_c\tan^2\alpha} + \frac{2hV^2}{ELt_P\sin^2 2\alpha} + \left(\frac{V^2h^5}{720EI_cL^2} + \frac{h^2V^2}{2EA_bL}\right)\tan^2\alpha = \frac{V^2h}{2G_{eq}Lt_P} \tag{15.64}$$

于是得到：

$$\frac{E}{G_{eq}} = 2 + \left(1 + \frac{Lt_P}{2A_c}\right)\frac{1}{\tan^2\alpha} + \left(1 + \frac{t_Ph}{A_b} + \frac{t_Ph^4}{360I_cL}\right)\tan^2\alpha \tag{15.65}$$

将式（15.63）代入得到：

$$\frac{E}{G_{eq}} = 2 + 2\sqrt{\left(1 + \frac{Lt_P}{2A_c}\right)\left(1 + \frac{t_Ph}{A_b} + \frac{t_Ph^4}{360I_cL}\right)} > 4 \tag{15.66a}$$

$$G_{eq} < \frac{1}{4}E = \frac{2(1+\mu)}{4}\frac{E}{2(1+\mu)} = \frac{2.6}{4}G = 0.65G \tag{15.66b}$$

因此式（15.7）建议剪切模量折减系数是 0.6。

4. 《钢板剪力墙技术规程》JGJ/T 380—2015 的思路

（1）钢板墙边框截面惯性矩要求：

$$I_{\text{column}} \geqslant \frac{0.032t_Ph_s^3}{a_s} \tag{15.67a}$$

$$I_{\text{beam,top}} \geqslant \frac{0.032t_Pa_s^3}{h_s} \tag{15.67b}$$

（2）水平抗剪承载力为：

$$V_{ul} = \frac{1}{2}f_{yk}(a_st_P)\sin 2\alpha = 0.42a_st_P \cdot f_{yk} = 0.42\sqrt{3}(a_st_P) \cdot f_{vy} \tag{15.68a}$$

即相当于剪切屈曲后的稳定系数是 $0.42\sqrt{3} = 0.73$，与宽厚比无关了。从而

$$V_{ul} = 0.73a_st_Pf_{vy} \tag{15.68b}$$

图 15.32 给出了一块无限加劲和一块未加劲的钢板墙的抗剪承载力的分析，分析中边框保持直线形状（即边框构件的抗弯刚度无限大），设置了两道竖向加劲肋，小区格宽高比为 0.5，小区格正则化剪切长细比为 1.61，大区格剪切正则化长细比为 3.04。由这个分析结果看，在边框刚度无限大的情况下，加劲和未加劲的钢板墙的承载力接近。

图 15.33 给出了各种承载力的对比，从抗剪承载力的角度，无需设置加劲肋，只需增强边框柱就可以获得很高的抗剪强度。所以，按照《钢板剪力墙技术规程》JGJ/T 380—2015，边框的设计就变得非常重要。

（3）同时，钢板剪切弹性模量已经取为 0.6 倍，使用极限状态承载力不再需要专门的计算。

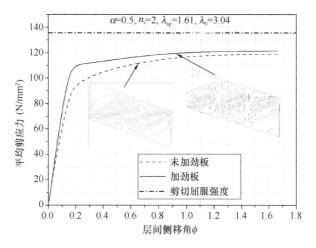

图 15.32 拉力场的极限强度

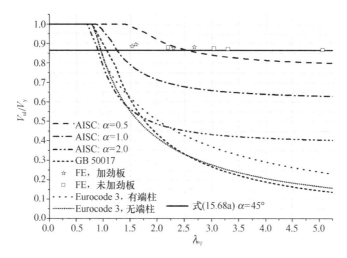

图 15.33 各种设计方法的对比

（4）边框柱和钢梁的设计，参照第 15.3.1 节，但是边框柱和钢梁的受力为：

$$q_{s, \text{column}} = (0.73 - \varphi_{\tau 0}) t_p f_v \tag{15.69a}$$

$$N = (0.73 - \varphi_{\tau 0}) a_s t_p f_v \tag{15.69b}$$

$$q_{s, \text{beam}} = (0.73 - \varphi_{\tau 0.1}) t_{\text{Bottom}} f_v - (0.73 - \varphi_{\tau 0.2}) t_{\text{upper}} f_v \tag{15.69c}$$

$$N_{\text{stiffener}} = (0.73 - \varphi_{\tau 0}) b_x t_p f_v \tag{15.69d}$$

式中，$t_{\text{Bottom}} t_{\text{upper}}$ 分别是钢梁下部和上部钢板墙的厚度，t_p 则是某层钢板墙的厚度，b_x 是一道加劲肋的分担宽度，对图 15.24，$b_x = 0.5 a_s$。

这种设计方法，从查到的案例来看，比较多的是应用于低层和多层，且都是宽度比较小的剪力墙。图 15.6 所示洛杉矶高烈度地震区的超高层建筑，配合它的耗能连梁应用案例。有 8 层的案例已经用到 10mm 厚的钢板，此时已经有必要设置加劲肋（5mm 及以上已经可以焊接，冷弯弯角处 3.5mm 以上即可焊接）。

15.4　仅设置竖向加劲钢板墙的计算

15.4.1　一般规定

1. 按本节设计的加劲钢板墙，不利用其剪切屈曲后强度。

说明：钢梁很少会出现由抗剪强度控制设计的情况；因此，钢结构中没有剪跨比的概念。由此可以推测，高层建筑中的钢板剪力墙，也不太会出现由抗剪强度控制设计的情况；因此，一般情况下用不到剪切屈曲后的强度。

2. 竖向加劲肋宜上下层连续。剪力墙跨的钢梁，可以仅保留上翼缘支承楼板，也同时作为剪力墙的水平加劲肋。但是宜在相邻跨钢梁的下翼缘对应位置增设长度不小于梁高的水平加劲肋，大小同相邻跨钢梁下翼缘。

3. 竖向加劲钢板墙承受的轴压比，不应大于加劲钢板墙竖向承载力的 0.6 倍。

4. 加劲钢板墙的安装，仍宜采用后固定措施，即上部楼层的 20 层或 1/2 总高度的部分（取较小层数）的楼板混凝土浇筑完毕后，再与主体结构最终固定。

5. 加劲肋的截面形式和布置如图 15.34 所示，其中板条加劲肋被认为是最差的加劲肋，原因是板条加劲肋自身很容易屈曲，自身抗扭刚度低，容易被屈曲了的钢板墙带歪，扭成麻花状。屈曲后不再会对钢板墙起加劲作用，反而是钢板墙对板条起加劲作用。当然板条加劲肋仍能够改善钢板墙的抗侧性能和滞回曲线形状，所以仍可以采用。不等肢角钢和 T 字钢采购方便，性能良好。闭口截面加劲肋抗扭刚度高，能够显著提高小区格的屈曲应力。

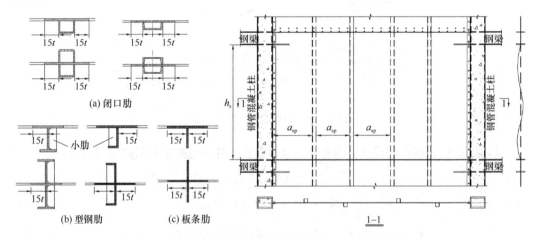

图 15.34　加劲肋的截面形式和仅布置竖向加劲肋的钢板墙

6. 加劲肋的布置，为了减少焊接工作量，减小焊接变形，应优先采用单面加劲肋，交替布置，如图 15.35 所示。

7. 当层高较高，例如 LOFT 楼层，或者运输分段的需要，运输段的边缘需要设置边缘构件，该边缘构件应作为水平加劲肋在设计中考虑其作用。该水平加劲肋作为边缘加劲肋时应采用贯通式加劲肋，如图 15.36 和图 15.37 所示，应用于图 15.11（a）所示的情况。

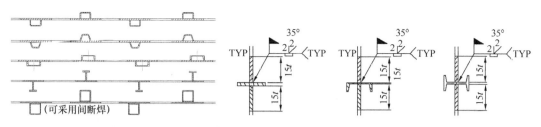

图 15.35　交替单面竖向加劲肋　　　　　图 15.36　贯通式水平加劲肋

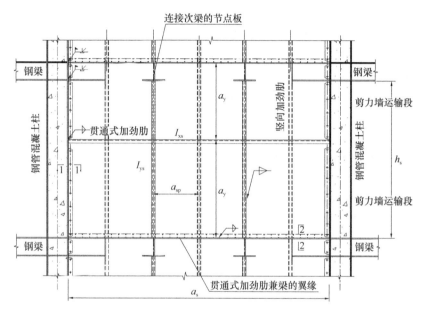

图 15.37　中间一道水平贯通式加劲肋的竖向加劲钢板墙

15.4.2　钢板墙受剪时的计算

1. 当 $\gamma_y = \dfrac{EI_{sy}}{Da_{sp}} \geqslant \gamma_{y,\tau th}$ 时，小区格弹性剪切屈曲临界应力为：

$$\tau_{sp,e} = k_{\tau,sp} \frac{\pi^2 E}{12(1-\mu^2)} \frac{t_p^2}{a_{sp}^2} = k_{\tau,sp} \frac{\pi^2 E}{12(1-\mu^2)} \frac{t_p^2}{h_s^2} \tag{15.70}$$

其中，$k_{\tau,sp}$ 是小区格板块剪切屈曲系数。按照四边简支计算时：

$$\alpha_{sp} = a_{sp}/h_s \leqslant 1 : k_{\tau,sp0} = 5.34 + 4\alpha_{sp}^2 \tag{15.71a}$$

$$\alpha_{sp} > 1 : k_{\tau,sp0} = 4 + 5.34\alpha_{sp}^2 \tag{15.71b}$$

按照两边简支两边固定计算时：

$$\alpha_{sp} < 1.0,\ k_{\tau,sp,fix} = 8.98 + 5.61\alpha_{sp}^2 - 1.99\alpha_{sp}^3 \tag{15.72a}$$

$$\alpha_{sp} > 1.0,\ k_{\tau,sp,fix} = 2.82 + 5.71\alpha_{sp}^2 + \frac{4.07}{\alpha_{sp}^2} \tag{15.72b}$$

则钢板墙的剪切屈曲系数为：

$$k_{\tau,sp} = \frac{k_{\tau,sp0} + (\xi_v \kappa) k_{\tau,sp,fix}}{1 + \xi_v \kappa} \tag{15.73a}$$

$$\xi_v = 0.4 + 1.15\alpha_{sp}^2 + \frac{0.08}{\alpha_{sp}} \tag{15.73b}$$

$$\kappa = \frac{3J_{sy}}{a_{sp}t_p^3} \tag{15.73c}$$

2. 当 $\gamma_y < \gamma_{y,\tau th}$ 时，有：

$$\tau_{cr,e} = \tau_{0,e} + (\tau_{sp,e} - \tau_{0,e})\left(\frac{\gamma}{\gamma_{y,\tau th}}\right)^{0.6} \tag{15.74}$$

式中，$\tau_{0,e}$ 为未加劲板的弹性屈曲剪应力，由式（15.12）计算。

3. 加劲肋弹性门槛刚度：门槛刚度是指随着加劲肋刚度的增加，临界应力增加，但是增加到一定程度（门槛值）时，临界应力不再增加，此时的刚度称为门槛刚度，如图 15.38 所示。

对于实际工程应用的稀疏加劲的钢板墙，加劲肋是钢板墙的支撑，按照支撑的思路对钢板墙的屈曲进行研究，提出对加劲肋的刚度要求。这个思路是：加劲肋的刚度要求与钢板墙屈曲应力的增量成正比。

门槛刚度按照四边简支板的剪切屈曲应力来定义，加劲肋扭转刚度对临界应力的提高作用被用于减小门槛刚度（如果采用具有扭转刚度的区格的剪切临界应力来定义门槛刚度，则因为类似图 15.38 中的曲线 2，没有明确的转折点，门槛刚度难以定义或者会定出一个非常大的门槛刚度）。门槛刚度计算公式是：

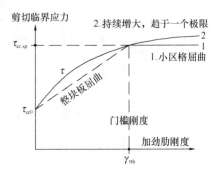

图 15.38　加劲钢板墙剪切屈曲应力与加劲刚度关系

$$\gamma_{\tau th,e} = \frac{(EI_{sy})_{\tau th,e}}{Da_{sp}} = \psi_{y\tau}(K_{\tau,spe} - K_{\tau,0e}) = \frac{\psi_{y\tau}}{\pi^2 D}(\tau_{sp,e} - \tau_{0,e})t_p h_s^2 \tag{15.75}$$

式中，$\tau_{0,e} = \dfrac{K_{\tau,0e}\pi^2 E}{12(1-\mu^2)}\dfrac{t^2}{h_s^2}$，$\tau_{sp,e} = \dfrac{K_{\tau,spe}\pi^2 E}{12(1-\mu^2)}\dfrac{t^2}{h_s^2}$ 为未加劲和小区格弹性屈曲临界应力。公式适用范围：$0.2 \leqslant \alpha_{sp} = a_{sp}/h_s \leqslant 1.25$，$a_{sp} = \dfrac{a_s}{n_v+1}$，$n_v$ 是竖向加劲肋道数。y_τ 是通过数据拟合得到的系数：

$$\psi_{y\tau} = \frac{0.218\alpha_{sp} + \dfrac{0.073 + 1.976\alpha_{sp}^{2.771}}{1 + 1.242\alpha_{sp}^{2.771}}K_{sy}^{0.487}}{(0.137\alpha_{sp} + K_s^{0.487})(0.144 + \alpha_{sp}^{3.081})} \tag{15.76}$$

式中，$K_{sy} = \dfrac{GJ_{sy}}{EI_{sy}}$，$J_{sy}$、$I_{sy}$ 分别是竖向加劲肋自由扭转常数和惯性矩。当钢板墙的有效宽度部分计入加劲肋时，计算 J_{sy} 时不能考虑有效宽度部分，计算 I_{sy} 时不计入钢板墙绕自身中面的弯曲刚度部分。图 15.39 给出了 $\psi_{y\tau}$ 的大小，可见在闭口加劲肋的情况下不超过 2。

图 15.40 所示为双侧闭口加劲肋：

$$J_{sy} = \frac{4A_0^2}{\oint(ds/t)} = \frac{16b^3 t}{6} = \frac{8b^3 t}{3} \tag{15.77a}$$

$$I_{sy} = \frac{10}{3}tb^3 \tag{15.77b}$$

两者比值是 0.8；单侧加劲肋时，$t_p = 8mm$，钢板墙在加劲肋两侧参与加劲肋工作部分的

面积是 $30t_p^2 = 1920\,\mathrm{mm}^2$，表 15.2 给出了两者的比值在 1.0 左右变化。

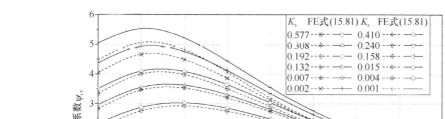

图 15.39 门槛刚度修正系数

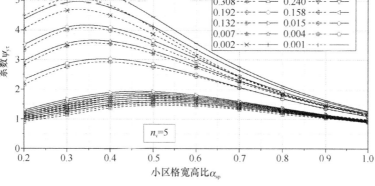

图 15.40 双侧闭口加劲肋

单侧方钢管闭口加劲肋的参数   表 15.2

$\dfrac{b}{t}$	t	8mm	形心位置	I_{sy} (mm⁴)	J_{sy} (mm⁴)	$\dfrac{J_{sy}}{I_{sy}}$
	b	A_s (mm²)	y_0 (mm)			
10	80	4480	22.86	4486095	4096000	0.913
15	120	5760	40.00	13824000	13824000	1.000
20	160	7040	58.18	30782061	32768000	1.065
25	200	8320	76.92	57435897	64000000	1.114

4. 在剪切应力作用下，因为不存在这样一个明确的拐点，门槛刚度被定义为临界应力达到了按照四边简支计算的小区格屈曲应力时的加劲肋刚度。

设 $\tau_{0,ep}$、$\tau_{sp,ep}$ 分别是整块未加劲板和加劲后的小区格板的弹塑性屈曲应力，它们与正则化宽厚比的关系分别是：

$$\tau_{sp,ep} = \varphi_{\tau,sp}\frac{f_{yk}}{\sqrt{3}}, \quad \varphi_{\tau,sp} = \frac{1}{\sqrt[3]{1 - 0.8^6 + \lambda_{\tau,sp}^6}} \leqslant 1.0 \tag{15.78a}$$

$$\tau_{0,ep} = \varphi_{\tau0}\frac{f_{yk}}{\sqrt{3}}, \quad \varphi_{\tau0} = \frac{1}{\sqrt[3]{1 - 0.8^6 + \lambda_{\tau0}^6}} \leqslant 1.0 \tag{15.78b}$$

将它们表达成弹塑性屈曲系数的形式：

$$\tau_{\mathrm{sp,ep}} = \frac{K_{\tau\mathrm{sp,ep}}\pi^2 E}{12(1-\mu^2)} \frac{t_{\mathrm{p}}^2}{h_{\mathrm{s}}^2} = \varphi_{\tau,\mathrm{sp}} \frac{f_{\mathrm{yk}}}{\sqrt{3}} \tag{15.79a}$$

$$\tau_{0,\mathrm{ep}} = \frac{K_{\tau0,\mathrm{ep}}\pi^2 E}{12(1-\mu^2)} \frac{t_{\mathrm{p}}^2}{h_{\mathrm{s}}^2} = \varphi_{\tau0} \frac{f_{\mathrm{yk}}}{\sqrt{3}} \tag{15.79b}$$

其中，$K_{\tau\mathrm{sp,ep}}$ 和 $K_{\tau0,\mathrm{ep}}$ 是换算出来的弹塑性屈曲系数，则门槛刚度可以表示为：

$$\gamma_{\mathrm{y,\tau,th,ep}} = \frac{E(I_{\mathrm{sy}})_{\tau\mathrm{th,ep}}}{Da_{\mathrm{sp}}} = \psi_{\mathrm{y\tau}}(K_{\tau\mathrm{sp,ep}} - K_{\tau0,\mathrm{ep}}) = \frac{\psi_{\mathrm{y\tau}}}{\pi^2 D}(\tau_{\mathrm{sp,ep}} - \tau_{0,\mathrm{ep}})th_{\mathrm{s}}^2 \tag{15.80}$$

式中，$\psi_{\mathrm{y\tau}}$ 仍由式（15.76）计算，实际应用时简化为：

开口截面：
$$\psi_{\mathrm{y\tau}} = 1 + 4.5e^{-6(a_{\mathrm{sp}}-0.3)^2} \tag{15.81a}$$

闭口截面：
$$\psi_{\mathrm{y\tau}} = \frac{1}{\alpha_{\mathrm{sp}}^{1.7}}\{0.085 + 0.915\tanh[3(\alpha_{\mathrm{sp}} - 0.2)^{1.3}]\} \tag{15.81b}$$

直接采用惯性矩表示为：

$$(I_{\mathrm{sy}})_{\tau\mathrm{th,ep}} = \frac{\psi_{\mathrm{y\tau}}}{\pi^2 E}(\tau_{\mathrm{sp,ep}} - \tau_{0,\mathrm{ep}})a_{\mathrm{sp}}t_{\mathrm{p}}h_{\mathrm{s}}^2 = \frac{\psi_{\mathrm{y\tau}}}{\sqrt{3}\pi^2}(\varphi_{\tau\mathrm{sp}} - \varphi_{\tau0})\frac{f_{\mathrm{yk}}}{E}a_{\mathrm{sp}}t_{\mathrm{p}}h_{\mathrm{s}}^2 \tag{15.82}$$

上述公式更加合理的地方在于：

（1）当弹性屈曲的临界应力大于剪切屈服应力的时候，加劲肋的门槛刚度与剪切强度成正比（与厚度成正比），不再与厚度的三次方成正比，从而大大减小了加劲肋的尺寸。例如式（15.82）的上限是：

$$(I_{\mathrm{sy}})_{\mathrm{upper,limit}} = \frac{\psi_{\mathrm{y\tau}}}{\pi^2 E}(\tau_{\mathrm{sp,ep}} - \tau_{0,\mathrm{ep}})a_{\mathrm{sp}}t_{\mathrm{p}}h_{\mathrm{s}}^2 = \frac{2f_{\mathrm{yk}}}{\pi^2 E\sqrt{3}}a_{\mathrm{sp}}t_{\mathrm{p}}h_{\mathrm{s}}^2 = \left(\frac{0.2f_{\mathrm{yk}}}{\sqrt{3}E}\right)t_{\mathrm{p}}a_{\mathrm{sp}}h_{\mathrm{s}}^2 \tag{15.83a}$$

而式（15.75）的上限是：

$$I_{\mathrm{sy}} \approx \left(25\frac{h_{\mathrm{s}}^2}{a_{\mathrm{sp}}^2}\right)\frac{a_{\mathrm{sp}}t_{\mathrm{p}}^3}{12(1-\mu^2)} = 2.3\frac{t_{\mathrm{p}}^2}{a_{\mathrm{sp}}^2}t_{\mathrm{p}}a_{\mathrm{sp}}h_{\mathrm{s}}^2 \tag{15.83b}$$

把式（15.83a）与式（15.83b）括号中表达式的值做一个比较，见表 15.3，可见钢板越厚，需要的加劲肋越小。这个结论是正确的，对支撑的刚度需求只与被支撑构件的弹塑性承载力增量有关。加劲肋也一样。

（2）把加劲肋作为支撑，增加支撑后，增加的承载力即增量部分才与加劲肋的刚度联系起来，物理概念更加清楚。

弹塑性和弹性门槛刚度的比较 （h_{s}=3m，a_{sp}=1m）

表 15.3

墙厚 t_{p}	弹性：$2.3t_{\mathrm{p}}^2/a_{\mathrm{sp}}^2$	弹塑性：$0.2f_{\mathrm{yk}}/\sqrt{3}E$	比值（弹塑性/弹性）
8	0.0001472	0.000131726	0.894875
10	0.00023	0.000131726	0.57272
12	0.0003312	0.000131726	0.397722
14	0.0004508	0.000131726	0.292204

15.4.3　钢板墙受压时的计算

1. 仅设置竖向加劲肋的钢板剪力墙（图 15.41、图 15.42），竖向受压弹性屈曲应力的计算公式是：

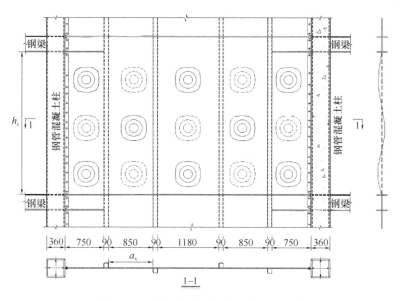

图 15.41 竖向加劲钢板墙的小区格屈曲

$$\gamma_y \geqslant \gamma_{y,\sigma th} : \sigma_{sp,e} = \frac{k_{\sigma,sp}\pi^2 E}{12(1-\mu^2)}\left(\frac{t_p}{a_{sp}}\right)^2 \tag{15.84}$$

式中，$k_{\sigma,sp}$ 是小区格屈曲系数，考虑闭口加劲肋扭转刚度影响的屈曲系数公式是：

$$k_{\sigma,sp} = 4\chi = 4\left[1 + \frac{0.812\eta_{st}^{1.05} + 0.728\eta_{st}^{2.1}}{(1.16 + \eta_{st}^{1.05})^2}\right] \tag{15.85a}$$

$$\eta_{st} = \frac{GJ_{sy}}{Da_{sp}} \tag{15.85b}$$

$$\gamma_y < \gamma_{y,\sigma th} : \sigma_{cr} = \sigma_{0,e} + (\sigma_{sp,e} - \sigma_{0,e})\frac{\gamma_y}{\gamma_{y,\sigma th}} \tag{15.86}$$

式中，$\sigma_{0,e}$ 是未加劲板受压屈曲应力，按照式 (15.23) 计算。

2. 门槛刚度计算公式（n_v 是加劲肋的道数）为：

$$\gamma_{y,\sigma th} = \psi_{y\sigma}\left[\left(1 + \frac{n_v A_s}{a_s t_p}\right)k_{\sigma,sp} - \frac{k_{\sigma 0}}{(1 + n_v)^2}\right]\frac{h_s^2}{a_{sp}^2} \tag{15.87a}$$

$$\psi_{y\sigma} = 1.34 + 0.30\tanh(2.89\alpha_{sp} - 1.73) \tag{15.87b}$$

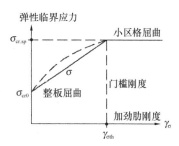

图 15.42 临界应力与刚度的关系

式 (15.87) 的推导是这样的：钢板墙和加劲肋承受相同的竖向应力，总的承载力是未加劲板件自身的屈曲承载力和加劲肋作为压杆的屈曲承载力均摊到板和加劲肋面积上。用公式表达是：

$$(n_v A_s + a_s t_p)\sigma_{cr} = n_v \frac{\pi^2 EI_{sy}}{h_s^2} + a_s t_p \sigma_{0,e} \tag{15.88}$$

令 $\sigma_{cr} = \sigma_{sp,e}$，可得到门槛刚度：

$$(EI_{sy})_{\sigma th} = \left[\sigma_{cr,sp,e}\left(1 + \frac{n_v A_s}{a_s t_p}\right) - \sigma_{0,e}\right]\frac{a_s t_p h_s^2}{\pi^2 n_v} \tag{15.89}$$

因为 $a_s = (1 + n_v)a_{sp}$，采用无量纲参数表达得到：

$$\gamma_{y,\sigma th} = \frac{(EI_{sy})_{\sigma th}}{Da_{sp}} = \left(1 + \frac{1}{n_v}\right)\left[\left(1 + \frac{n_v A_s}{a_s t_p}\right)k_{\sigma,sp} - \frac{k_{\sigma 0}}{(1 + n_v)^2}\right]\frac{h_s^2}{a_{sp}^2} \tag{15.90}$$

把中括号前的系数改为 $\psi_{y\sigma}$ 即为式（15.87b），此系数是为了考虑加劲肋与墙板相互作用的影响，其值最大为 1.64。如果 $n_v = 1$，该系数取 2.0 比较好。

式（15.87）的右边包含了加劲肋的面积，并且面积越大，需要的抗弯刚度也越大，所以是一个需要迭代的公式。按照建筑要求确定加劲肋的轮廓尺寸，就大体知道加劲肋的回转半径 i_v（包括加劲肋在内的总厚度的 $0.35\sim0.4$ 倍），可以采用下式求出加劲肋的面积：

$$\frac{A_s}{a_{sp}t_p} = \frac{k_{\sigma,sp} - k_{\sigma 0}/(1 + n_v)^2}{\dfrac{10.92}{\psi_{y\sigma}} \cdot \dfrac{a_{sp}^2}{t_p^2} \cdot \dfrac{i_v^2}{h_s^2} - \dfrac{n_v}{n_v + 1}k_{\sigma,sp}} \tag{15.91}$$

式中，a_{sp}/t_p 是区格宽厚比，h_s/i_v 是加劲肋长细比。加劲肋不均匀布置时加劲肋的间距取平均值。

3. 上面要求小区格板屈曲时，加劲肋也刚好屈曲，从而确定出一个加劲肋的刚度。但是，实际加劲肋的大小可能比这个门槛刚度大，它承担了竖向力，需要对加劲肋单独进行受压稳定计算。

如果考察加劲肋的弹塑性承载力，则竖向加劲肋没有门槛刚度的说法：只要承受竖向应力，不停地给钢板墙和加劲肋一起施加压力，总会发生整体弹塑性屈曲，就像让压杆承受持续增加的压力，压杆总会屈曲一样。所以关键是验算受压钢板墙的弹塑性承载力。加劲肋进入弹塑性屈曲，钢板墙小区格可能已经进入屈曲后阶段，如图 15.43 所示，问题变得复杂起来，因为需要知道小区格板的有效宽度，而小区格板有效宽度范围内的应力必然是与加劲肋承受的应力一致。

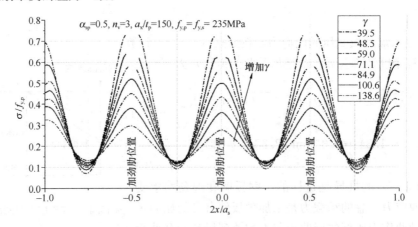

图 15.43　小区格进入屈曲后阶段（-0.5、0.0、0.5 处是加劲肋）的应力发展

加劲板的弹塑性承载力是加劲肋按照压杆计算的承载力和加劲板按照板件理论计算的承载力之间的一个插值，见下面的式（15.102），因为加劲板常常是一种宽板，屈曲波形大体可以分为两个区域，如图 15.47 所示。

小区格的竖向承载力可按照有效宽度法计算，但是有效宽度上的应力与加劲肋能够承受的最大应力相同（图 15.45）。有效宽度上应力的合力为：

$$P_1 = \rho_{sp,\sigma} a_{sp} t_p \sigma_{stiff} = (2\beta a_{sp}) t_p \sigma_{stiff} \tag{15.92}$$

$$\rho_{sp,\sigma} = \frac{1}{0.327 + \lambda_{\sigma,sp}} \leqslant 1 \tag{15.93}$$

式中，$\lambda_{\sigma,sp} = \sqrt{\dfrac{\sigma_{stiff}}{\sigma_{sp,e}}}$，$\beta a_{sp}$ 是单侧有效宽度（图 15.45），σ_{stiff} 是加劲肋上的应力。式（15.93）与 Winter 公式非常接近，如图 15.44 所示的对比。

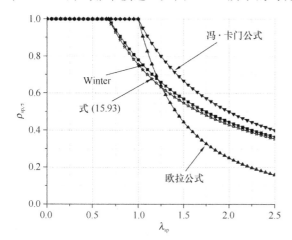

图 15.44　式（15.93）与 Winter 公式的对比

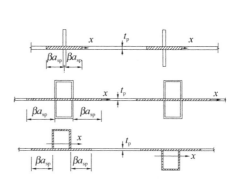

图 15.45　小区格板件的有效宽度＋加劲肋图

加劲肋上的应力为：

$$P_2 = A_s \sigma_{stiff} \tag{15.94}$$

小区格钢板墙依靠加劲肋的平面外刚度获得了承载力，所以将有效宽度部分看成是一种摇摆柱（图 15.46），将加劲肋作为压杆进行设计时，计算长度系数要乘以放大系数。加劲肋计算长度放大系数为：

$$\eta = \sqrt{1 + \frac{P_1}{P_2}} = \sqrt{1 + \frac{(2\beta a_{sp}) t_p}{A_s}} \tag{15.95}$$

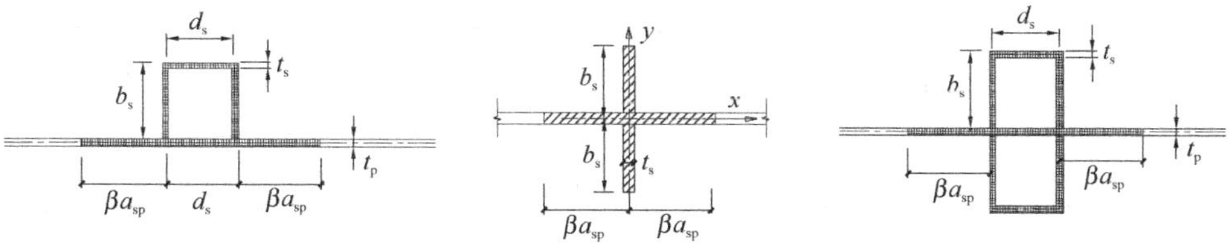

图 15.46　加劲肋-墙板有效截面的组合压杆截面

加劲肋的稳定系数可以采用《钢结构设计标准》GB 50017—2017 的 b 曲线，也可以采用下式：

$$\sigma_{ul,stiff} = \frac{f_{y,stiffener}}{[1 + (\eta \lambda_{stiffener})^{2.724}]^{0.734}} \tag{15.96}$$

因为板件的有效宽度与加劲肋的承载力（平均压应力）有关，因此上述方法需要迭代 1～2 次。

对单侧加劲肋和双侧对称加劲肋提出统一的计算方法，是把剪力墙的有效宽度部分与加劲肋本身作为压杆组合截面，作为一个整体进行压杆承载力的验算。

加劲肋-墙有效截面组合的压杆的稳定系数参考《钢结构设计标准》GB 50017—2017的柱子稳定系数 b 曲线：

$$\sigma_{\text{ul,stiff}} = \varphi_{\text{st}} f_{\text{ysthffher}} \tag{15.97a}$$

$$\varphi_{\text{st}} = \frac{1}{(1 + \lambda_{\text{st-w}}^{2.724})^{0.734}} \tag{15.97b}$$

式中，$\lambda_{\text{st-w}}$ 为组合截面的正则化长细比。加劲钢板剪力墙用平均应力 σ_{ul} 表达的极限承载力是：

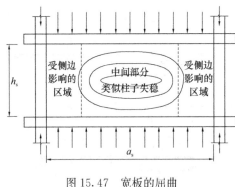

图 15.47　宽板的屈曲

$$\sigma_{\text{ul}} = \chi_{\text{st}} f_{\text{yk}} \tag{15.98a}$$

$$\chi_{\text{st}} = \frac{\rho_{\text{sp},\sigma} a_{\text{sp}} t_{\text{p}} + A_{\text{s}}}{a_{\text{sp}} t_{\text{p}} + A_{\text{s}}} \varphi_{\text{st}} \tag{15.98b}$$

式中，χ_{st} 是加劲板作为压杆计算的稳定系数，完全忽略了板的横向刚度和扭转刚度的作用，太偏于保守，所以还要按照板的方法计算，然后进行插值，见图 15.47。

加劲板整体弹性屈曲应力是（这里不涉及门槛刚度，无论如何都是加劲板发生整体弹性屈曲和弹塑性屈曲）：

$$\sigma_{\text{g,cr}} = \sigma_{0,\text{e}} + (\sigma_{\text{sp,e}} - \sigma_{0,\text{e}}) \frac{I_{\text{sy}}}{I_{\text{sy},\sigma\text{th}}} \tag{15.99}$$

此式中 I_{sy} 可以大于 $I_{\text{sy},\sigma\text{th}}$，计算得到的临界应力可以大于小区格屈曲的临界应力。当加劲肋的道数大于等于 3 时，也可以采用正交异性板理论计算临界应力：

$$\frac{h_{\text{s}}}{a_{\text{s}}} < \sqrt[4]{\frac{D_{\text{y}}}{D}}: \sigma_{\text{g,cr}} = \left(\frac{a_{\text{s}}^2}{h_{\text{s}}^2}D_{\text{y}} + 2D + \frac{GJ_{\text{sy}}}{a_{\text{sp}}} + D\frac{h_{\text{s}}^2}{a_{\text{s}}^2}\right)\frac{\pi^2}{a_{\text{s}}^2 t_{\text{av}}} \tag{15.100a}$$

$$\frac{h_{\text{s}}}{a_{\text{s}}} \geqslant \sqrt[4]{\frac{D_{\text{y}}}{D}}: \sigma_{\text{g,cr}} = \left(2\sqrt[2]{D_{\text{y}}D} + 2D + \frac{GJ_{\text{sy}}}{a_{\text{sp}}}\right)\frac{\pi^2}{a_{\text{s}}^2 t_{\text{av}}} \tag{15.100b}$$

式中，D 是墙板的弯曲刚度，$D_{\text{y}} = D + D_{\text{y,st}}$，$D_{\text{y,st}}$ 是加劲肋的抗弯刚度在 a_{sp} 范围内均摊，单侧加劲肋时取"加劲肋+墙板有效宽度"计算（不包括钢板墙绕自身中面的弯曲刚度），有效宽度为 $h_{\text{s}}/3$ 和 a_{sp} 的较小值。$t_{\text{av}} = t_{\text{p}} + \sum A_{\text{st}}/a_{\text{s}}$。

通常竖向加劲肋小、钢板墙瘦高时才会由式（15.100b）控制，此时可能会沿高度屈曲成多个半波。随着加劲肋截面的加大，沿高度屈曲半波数减少直到一个半波。此时采用式（15.99）计算屈曲应力是偏小的。

按照正交异性板件计算加劲板屈曲后的强度系数为：

$$\rho_{\text{g}} = \frac{1}{0.327 + \lambda_{\text{g},\sigma}} \leqslant 1.0 \tag{15.101a}$$

$$\lambda_{\text{g},\sigma} = \sqrt{\frac{(2\beta a_{\text{sp}} t_{\text{p}} + A_{\text{s}}) f_{\text{y}}}{(a_{\text{sp}} t_{\text{p}} + A_{\text{s}})\sigma_{\text{g,cr}}}} \tag{15.101b}$$

加劲板件的真正承载力是两个之间的插值（与 Eurocode 3-1-5 的公式有差别）：

$$\varphi_{\text{stp}} = (\rho_{\text{g}} - \chi_{\text{st}})\sqrt{\sqrt{(\xi-1)(1+\gamma_{\text{sy}})+(1+0.5\eta_{\text{st}})^2}-(1+0.5\eta_{\text{st}})} + \chi_{\text{st}}$$

(15.102)

式中，φ_{stp} 为加劲钢板墙受压稳定系数。

$$\xi = \frac{\sigma_{\text{g.cr}}}{\sigma_{\text{cr,c}}}, 1 \leqslant \xi \leqslant 1 + \frac{\eta_{\text{st}}+3}{1+\gamma_{\text{y}}}$$

(15.103)

式中，$\sigma_{\text{cr,c}}$ 为加劲肋组合压杆（加劲肋＋两侧一半的区格宽度组成的压杆）的弹性屈曲临界应力，按照毛截面计算。

内力分析模型输出的钢板墙竖向平均应力 σ 应满足：

$$\sigma \leqslant \varphi_{\text{stp}} f_{\text{yk}}$$

(15.104)

式（15.102）是由板稳定系数式（15.101a）和压杆稳定系数式（15.98b）两个系数之间进行插值，这是因为，钢板墙经常是宽度大于高度，其屈曲后强度不如方板，其屈曲后性能介于压杆和方板之间（图 15.47），所以其承载力也是在压杆的承载力和板件承载力之间进行插值。

这样，承受轴压力的加劲钢板剪力墙的计算方法是：

（1）建模阶段要输入板厚 t_{model}。

（2）内力分析，得到竖向应力。

（3）布置加劲肋，使宽高比 $\alpha_{\text{sp}} = \dfrac{a_{\text{sp}}}{h_{\text{s}}} \leqslant 1$，取 $\dfrac{1}{2}$、$\dfrac{1}{3}$、$\dfrac{1}{4}$ 比较好，确定 n_{v}。

（4）选定板厚 $t_{\text{p}} = 0.7t_{\text{model}}$ 左右，取定墙板厚。

（5）加劲肋面积 $A_{\text{s}} = \dfrac{a_{\text{s}}(t_{\text{model}}-t_{\text{p}})}{n_{\text{v}}}$，加劲肋板厚与钢板墙相同或更薄一点；$t_{\text{s}}$ 确定；

计算单侧闭口加劲肋的宽度 $b_{\text{s}} = \dfrac{A_{\text{s}}}{3t_{\text{s}}}$。$b_{\text{s}}$ 应大于 50mm、小于 100mm，超出 100mm 的应注意墙的总厚度会过大。第（4）、（5）步可以循环，按照第 5 步确定的加劲肋小了，可以减小 t_{p}，把更多钢材放在加劲肋上。

（6）计算加劲肋的截面性质（以单侧闭口加劲肋为例，b_{s}、d_{s}、t_{s} 分别是单侧闭口加劲肋高度、宽度和壁厚）：

$$A = (2\beta a_{\text{sp}} + d_{\text{s}})t_{\text{p}} + 2b_{\text{s}}t_{\text{s}} + d_{\text{s}}t_{\text{s}}$$

(15.105a)

$$y_0 = \frac{d_{\text{s}}t_{\text{s}}b_{\text{s}} + b_{\text{s}}^2 t_{\text{s}}}{A}$$

(15.105b)

$$I_{\text{sy}} = (2\beta a_{\text{sp}} + d_{\text{s}})t_{\text{p}}y_0^2 + \frac{2}{3}t_{\text{s}}\left[y_0^3 + (b_{\text{s}}-y_0)^3\right] + d_{\text{s}}t_{\text{s}}(b_{\text{s}}-y_0)^2$$

(15.105c)

（7）$i_{\text{x}} = \sqrt{I_{\text{sy}}/A}$，$\lambda = h_{\text{s}}/i_{\text{x}}$，$\overline{\lambda} = \dfrac{\lambda}{\pi\sqrt{E/f_{\text{yk}}}}$，计算 χ_{st}。

接下去是按照式（15.99）或正交异性板件计算整体屈曲的弹性临界应力式（15.100a）以及屈曲后强度系数，插值得到加劲板件的屈曲系数 φ_{stp}。因为有效宽度 βa_{sp} 不知道，实际上需要迭代计算，如果不想迭代，则偏安全取 $\beta a_{\text{sp}} = 20t_{\text{p}}\sqrt{235/f_{\text{yk}}}$。双侧加劲肋可以同样计算。

15.4.4 受弯和压弯计算

设置两道及以上竖向加劲肋的钢板剪力墙，其抗弯和压弯弹塑性屈曲应力承载力按照

501

如下公式计算：

$$\rho_{\text{g}} = \frac{1}{0.327 - 0.1\alpha_0 + \lambda_{\text{g,b}}} \leqslant 1 \tag{15.106}$$

$$\lambda_{\text{g,b}} = \sqrt{\frac{[(\beta_1 + \beta_2)a_{\text{sp}}t_{\text{p}} + A_{\text{s}}]f_{\text{y}}}{(a_{\text{sp}}t_{\text{p}} + A_{\text{s}})\sigma'_{\text{g,cr}}}} \tag{15.107a}$$

$$\sigma'_{\text{g,cr}} = \sigma_{\text{b0}} + (\sigma_{\text{sp,b}} - \sigma_{\text{b0}})\frac{I_{\text{sy}}}{I_{\text{sy,bth}}} \tag{15.107b}$$

$$I_{\text{sy,bth}} = \frac{I_{\text{sy,oth}}}{\sqrt{1 + 0.5\alpha_0 + 0.5\alpha_0^3}} \tag{15.107c}$$

$$\alpha_0 = 1 - \frac{\sigma_2}{\sigma_1} \tag{15.107d}$$

$$\sigma_{\text{b0}} = \chi_{\text{bc}}\frac{K_{\text{bcs}}\pi^2 D}{a_{\text{s}}^2 t} \tag{15.107e}$$

$$\frac{h_{\text{s}}}{a_{\text{s}}} \geqslant \delta_{\text{bc}} : K_{\text{bcs}} = \frac{16}{\sqrt{(2-\alpha_0)^2 + 0.112\alpha_0^2} + 2 - \alpha_0} \tag{15.107f}$$

$$\frac{h_{\text{s}}}{a_{\text{s}}} < \delta_{\text{bc}} : K_{\text{bcs}} \approx (1 + 0.5\alpha_0 + 0.08\alpha_0^3)\frac{a_{\text{s}}^2}{h_{\text{s}}^2} + (2 + 2.9\alpha_0^2) + (1 + 0.3\alpha_0^5)\frac{h_{\text{s}}^2}{a_{\text{s}}^2}$$
$$\tag{15.107g}$$

$$\delta_{\text{bc}} = \frac{1}{[1 + (0.574\alpha_0)^6]^{1/3}} \tag{15.107h}$$

$$\sigma_{\text{sp,b}} = \chi_{\text{bc}}\frac{k_{\text{b,sp}}\pi^2 D}{a_{\text{sp}}^2 t} \tag{15.107i}$$

$$k_{\text{b,sp}} = 4(1 + 0.5\alpha_1 + 0.5\alpha_1^2)\left[1 + \frac{0.812\eta_{\text{st}}^{1.05} + 0.728\eta_{\text{st}}^{2.1}}{(1.16 + \eta_{\text{st}}^{1.05})^2}\right] \tag{15.107j}$$

$$\alpha_1 = 1 - \frac{\sigma_{\text{st1}}}{\sigma_1} \tag{15.107k}$$

$$\varphi_{\text{sp1}} = \chi_{\text{st1}} + (\rho_{\text{s}} - X_{\text{st1}})\sqrt{\sqrt{(\xi'-1)(1+\gamma_{\text{sy}}) + (1+0.5\eta_{\text{st}})^2} - (1+0.5\eta_{\text{st}})} \leqslant 1$$
$$\tag{15.107l}$$

$$\xi' = \frac{\sigma'_{\text{g,cr}}}{\sigma_{\text{cr,c}}}, 1 < \xi' \leqslant 1 + \frac{3 + \eta_{\text{st}}}{1 + \gamma_{\text{sy}}} \tag{15.107m}$$

$$\sigma_{\text{cr,c}} = \frac{\sigma_1}{\sigma_{\text{st1}}}\sigma_{\text{E,st}} \tag{15.107n}$$

$$\sigma_1 \leqslant \varphi_{\text{sp1}}f \tag{15.107o}$$

$$\chi_{\text{st1}} = \frac{(\beta_1 + \beta_2)a_{\text{sp}}t_{\text{p}} + A_{\text{s}}}{a_{\text{sp}}t_{\text{p}} + A_{\text{s}}}\varphi_{\text{st1}} \tag{15.107p}$$

式中，σ_1 为钢板墙受力较大边缘的应力；σ_2 为钢板墙受力较小侧的应力；σ_{st1} 为第一道加劲肋处的竖向应力；$\sigma'_{\text{g,cr}}$ 为钢板墙压弯受力时以最大边缘应力计算的临界应力；σ_{b0} 为未加劲板件弯曲屈曲应力；$\sigma_{\text{sp,b}}$ 为小区格局部屈曲临界应力；$\sigma_{\text{E,st}}$ 为加劲肋与有效截面形成的组合截面按压杆计算的欧拉临界应力（N/mm²）；χ_{bc} 为嵌固系数，取 1.3～1.6；β_1 为受力较大板块一侧，在加劲肋一侧分配到的有效宽度系数，按现行国家标准《钢结构设计标准》GB 50017—2017 第 8.4.2 条计算；β_2 为受力较小板块一侧，在加劲肋一侧分配到的有效宽度系数，按现行国家标准《钢结构设计标准》GB 50017—2017 第 8.4.2 条计算；φ_{stl} 为由式（15.107n）给出的临界应力计算正则化长细比，由式（15.97b）计算得到稳定系数。

当仅有一道加劲肋时，按卜式验算加劲板压弯承载力：

$$\frac{7}{12}\sigma_1 + \frac{5}{12}\sigma_2 \leqslant \varphi_{stp} f \qquad (15.108)$$

加劲钢板墙因为承受弯矩，从受力角度最优的加劲肋布置大致如图 15.48 所示。实际工程则有着与装修材料配合的要求，均匀布置且符合肋间距与钢板墙外贴材料宽度一致的更为受欢迎，综合造价更优。

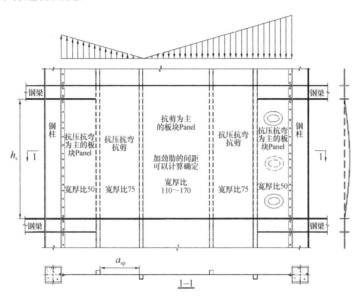

图 15.48 受压弯的钢板墙的加劲肋布置

15.4.5 同时受压弯剪的竖向加劲钢板墙的弹塑性稳定

1. 加劲肋的大小：

剪应力对加劲肋的刚度需求 $\gamma_{y,\tau th}$，要叠加到受压的加劲肋截面上去。其原理是：压力消耗了加劲肋的抗弯刚度，使加劲肋的有效抗弯刚度变为［按照弹性考虑，压力对压杆作为杆件的抗弯刚度的折减，参考《钢结构的平面内稳定》（修订版）一书的第 2 章］：

$$\frac{\pi^2 E I_{sy}}{h_s^2} - \sigma_{stiff} A_s = \frac{\pi^2 E}{h_s^2}\left(I_{sy} - \frac{\sigma_{stiff} A_s h_s^2}{\pi^2 E}\right) = \frac{\pi^2 E I'_{sy}}{h_s^2} \qquad (15.109)$$

因此，用于剪切的加劲肋刚度参数修改为 $\gamma_{y,\tau th} = \dfrac{E I'_{sy}}{a_{sp} D}$，引用式（15.82），

$$I'_{sy,th} = \psi_{y\tau}(\tau_{sp,ep} - \tau_{0,ep})\frac{a_{sp} t_p h_s^2}{\pi^2 E} \qquad (15.110)$$

从而得到对加劲肋的要求是：

$$I_{sy,th} = \frac{\sigma_{stiff} A_s h_s^2}{\pi^2 E} + \psi_{y\tau}(\tau_{cr,sp,ep} - \tau_{cr,ep0})\frac{a_x t_p h_s^2}{\pi^2 E} \qquad (15.111)$$

加劲肋也可能进入弹塑性状态，压力对加劲肋整体抗弯刚度的削减更为严重，此时式

（15.109）中的弹性临界压力 $\dfrac{\pi^2 EI_{sy}}{h_s^2}$ 用切线模量理论公式 $\dfrac{\pi^2 (EI_{sy})_t}{h_s^2}$ 代替，切线模量理论就是其稳定承载力：

$$\frac{\pi^2 (EI_{sy})_t}{h_s^2} = \frac{1}{(1 + \lambda_{st}^{2.724})^{0.734}} f_{y,s} A_s = \varphi_{st} A_s f_{y,s} \tag{15.112}$$

式中，φ_{st} 为加劲肋稳定系数，由式（15.97b）计算。

$$\frac{\pi^2 (EI_{sy})_t}{h_s^2} - \sigma_{stiff} A_s = (\varphi_{st} f_{y,s} - \sigma_{stiff}) A_s = \frac{\pi^2 EI_{sy}'}{h_s^2} \tag{15.113}$$

$$I_{sy}' = (\varphi_{st} f_{y,s} - \sigma_{stiff}) \frac{A_s h_s^2}{\pi^2 E} = \left(1 - \frac{\sigma_{stiff}}{\varphi_{st} f_{y,s}}\right) \frac{\varphi_{st} f_{y,s} A_s h_s^2}{\pi^2 E} = \psi_{y\tau} (\tau_{sp,ep} - \tau_{0,ep}) \frac{a_{sp} t_p h_s^2}{\pi^2 E} \tag{15.114}$$

$$(A_s)_{\sigma\tau,th} = \frac{\psi_{y\tau} (\tau_{sp,ep} - \tau_{0,ep}) a_{sp} t_p}{\varphi_{st} f_{y,s} - \sigma_{stiff}} \tag{15.115}$$

2. 承载力计算：加劲肋面积满足式（15.115），就只需计算小区格的剪切-受压承载力：

$$\left(\frac{\tau}{\varphi_{\tau,sp} f_v}\right)^2 + \frac{\sigma}{\rho_{sp,\sigma} f} \leqslant 1 \tag{15.116}$$

15.5　设置一道横向加劲肋

水平加劲肋是一种防屈曲的加劲肋，因为线性分析下它不受力。记号如图 15.49 所示，n_h 是水平加劲肋的道数。

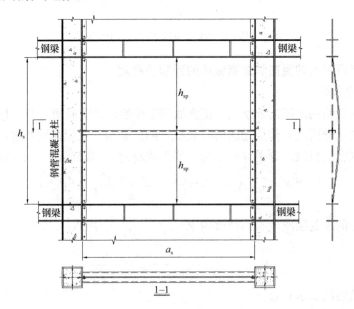

图 15.49　仅设置水平加劲肋

15.5.1 无竖向加劲肋时，轴压和压弯状态下对水平加劲肋的要求

1. 如果将小区格板的竖向板条看成是密布的压杆，横向加劲肋是为这些竖向密布压杆提供支撑用的水平梁，使得这些密布的板条发生小区格受压屈曲的水平加劲肋的刚度要求是：

$$I_{\mathrm{x,\sigma th}} = \frac{2\sigma_{\mathrm{sp,e}}t_{\mathrm{p}}}{\pi^4 E} \cdot \frac{a_{\mathrm{s}}^4}{h_{\mathrm{sp}}} \left(1 + \cos\frac{\pi}{n_{\mathrm{h}}+1}\right) \tag{15.117}$$

式中，$\sigma_{\mathrm{sp,e}}$ 是小区格屈曲临界应力。式（15.117）的来源见《钢结构的平面内稳定》第二版式（17.102），以板条作为压杆的屈曲应力 σ_{column} 代入得到。以小区格板件屈曲应力：

$$\sigma_{\mathrm{sp,e}} = \left(\frac{\alpha_{\mathrm{sp}}}{\phi} + \frac{\phi^{0.7}}{\alpha_{\mathrm{sp}}}\right)^2 \frac{\pi^2 E}{12(1-\mu^2)} \frac{t_{\mathrm{p}}^2}{a_{\mathrm{s}}^2} \tag{15.118a}$$

式中，ϕ 是水平加劲肋采用闭口截面时小区格局部屈曲波长修正系数：

$$\phi = \frac{2\alpha_{\mathrm{sp}} + 0.411\pi^2\eta_{\mathrm{sx}}}{2\alpha_{\mathrm{sp}} + 0.822\pi^2\eta_{\mathrm{sx}}} \tag{15.118b}$$

式中，$\eta_{\mathrm{sx}} = \dfrac{G_{\mathrm{s}}J_{\mathrm{sx}}}{Da_{\mathrm{s}}}$，$\alpha_{\mathrm{sp}} = \dfrac{a_{\mathrm{s}}}{h_{\mathrm{sp}}}$，代入式（15.117）得：

$$I_{\mathrm{x,\sigma th}} = \frac{2D}{\pi^2 E} \cdot \frac{a_{\mathrm{s}}^2}{h_{\mathrm{sp}}} \left(\frac{\alpha_{\mathrm{sp}}}{\phi} + \frac{\phi^{0.7}}{\alpha_{\mathrm{sp}}}\right)^2 \left(1 + \cos\frac{\pi}{n_{\mathrm{h}}+1}\right) \tag{15.119}$$

有限元分析验证表明，对于开口截面加劲肋，式（15.119）需引入系数 $\psi_{\mathrm{x\sigma}}$ 修正。

$$I_{\mathrm{x,\sigma th,e}} = \psi_{\mathrm{x\sigma}} \frac{2\alpha_{\mathrm{sp}}Da_{\mathrm{s}}}{\pi^2 E} \left(\frac{\alpha_{\mathrm{sp}}}{\phi} + \frac{\phi^{0.7}}{\alpha_{\mathrm{sp}}}\right)^2 \left(1 + \cos\frac{\pi}{n_{\mathrm{h}}+1}\right) \tag{15.120a}$$

$$\psi_{\mathrm{x\sigma}} = 1.06 - \frac{1.88}{\alpha_{\mathrm{sp}}^{1.74} n_{\mathrm{h}}^{0.2}} \tag{15.120b}$$

对闭口截面加劲肋，因为扭转刚度的隔离作用，使得各小板块的屈曲波形没有联动作用，从而表达式稍有变化：

$$I_{\mathrm{x,\sigma th,e}} = \psi_{\mathrm{x\sigma}} \cdot \frac{4\alpha_{\mathrm{sp}}Da_{\mathrm{s}}}{\pi^2 E} \left(\frac{\alpha_{\mathrm{sp}}}{\phi} + \frac{\phi^{0.7}}{\alpha_{\mathrm{sp}}}\right)^2 \left(1 + \cos\frac{\pi}{n_{\mathrm{h}}+1}\right) \tag{15.121a}$$

$$n_{\mathrm{h}} = 1, \ \psi_{\mathrm{x\sigma}} = \left(\frac{0.97}{1 + e^{0.70 + 9.85/\alpha_{\mathrm{sp}} - 29.43K_{\mathrm{sx}} + 66.58\alpha_{\mathrm{sp}}K_{\mathrm{sx}}}} + 0.42\right)^{-1} \tag{15.121b}$$

$$n_{\mathrm{h}} \geqslant 2, \ \psi_{\mathrm{x\sigma}} = \left(\frac{0.73}{1 + e^{-0.65 + 25.29/\alpha_{\mathrm{sp}} - 47.76K_{\mathrm{sx}} + 109.45\alpha_{\mathrm{sp}}K_{\mathrm{sx}}}} + 0.68\right)^{-1} \tag{15.121c}$$

2. 钢板墙弹塑性失稳对水平加劲肋的要求：

支撑的要求一般是取决于被支撑杆件的弹塑性承载力，而不是被支撑构件的弹性刚度，例如《钢结构设计标准》GB 50017—2017 就是根据被支撑压杆的力来提出对支撑杆的设计要求。目前，船舶结构中的分舱壁加劲肋的设计，从查阅的船舶设计手册可知仍然根据弹性刚度。在钢板墙中，水平加劲肋是支撑构件，对它的要求应与钢板墙的弹塑性承载力联系起来。公式是：

$$I_{\mathrm{sx,\sigma th,ep}} = \psi_{\mathrm{x\sigma,p}} \frac{2a_{\mathrm{s}}^4 t_{\mathrm{p}}\rho_{\mathrm{c,sp}}f_{\mathrm{y,p}}}{\pi^4 Eh_{\mathrm{sp}}} \tag{15.122}$$

式中，$\rho_{\mathrm{c,sp}}$ 是竖向受压的稳定系数，因为横向加劲肋很可能把钢板墙分割成宽度大于高度的板，屈曲后性能受到柱子类性能的影响（柱子没有屈曲后强度，很宽的板发生的屈

曲是类似柱子一样的屈曲,屈曲后强度很小),Eurocode 3 采用板屈曲和柱屈曲之间的插值来考虑这类影响,其稳定系数是板件(屈曲后)稳定系数和压杆稳定系数之间的一个插值。采用与 Eurocode 3 稍有不同的公式:

$$\frac{h_{sp}}{a_s} < 1 : \rho_{c,sp} = (\rho_{sp} - \varphi_{column})\sqrt{\sqrt{\xi_{sp}} - 1} + \varphi_{column} \tag{15.123a}$$

$$\frac{h_{sp}}{a_s} \geqslant 1 : \rho_{c,sp} = \rho_{sp} \tag{15.123b}$$

$$\xi_{sp} = \frac{\sigma_{sp,e}}{\sigma_{column}}, \ 1.0 \leqslant \xi_{sp} \leqslant 4.0 \tag{15.123c}$$

$$\sigma_{column} = \frac{\pi^2 E t_p^2}{12(1-\mu^2)(\phi h_{sp})^2} \tag{15.124}$$

$$\rho_{sp} = \frac{1}{0.327 + \lambda_{\sigma,sp}} \tag{15.125a}$$

$$\lambda_{\sigma,sp} = \sqrt{\frac{f_{y,p}}{\sigma_{sp,e}}} \tag{15.125b}$$

$$\varphi_{column} = \frac{1}{(1 + \lambda_{column}^{2.724})^{0.734}} \tag{15.126a}$$

$$\lambda_{column} = \sqrt{\frac{f_{y,s}}{\sigma_{column}}} \tag{15.126b}$$

$$n_h = 1, \ \psi_{x\sigma,p} = 1.2 e^{-\frac{1}{2}\left[\left(\frac{\ln\alpha_{sp} - 1.38}{0.76}\right)^2 + (\ln\lambda_{sp} + 0.22)^2\right]} \tag{15.127a}$$

$$n_h \geqslant 2, \ \psi_{x\sigma,p} = 1.2 e^{-\frac{1}{2}\left[\left(\frac{\ln\alpha_{sp} - 1.56}{0.61}\right)^2 + (\ln\lambda_{sp} + 0.22)^2\right]} \tag{15.127b}$$

3. 如果钢板墙受弯,按照上述方法确定的水平加劲肋刚度已经达到了发生小区格受压屈曲的要求,受弯时因为有一半的宽度处于受拉区,更应该能够保证小区格屈曲,所以不再另外增加公式,压弯状态下也直接参考以上公式。

如果如此确定的加劲肋过大,则可以按照实际的受力确定横向加劲肋的尺寸,即:

$$I_{sx,\sigma} \geqslant \psi_{x\sigma,p} \frac{2a_s^4 t_p}{\pi^4 E h_{sp}}(\sigma_N + 0.167\sigma_M) \tag{15.128}$$

式中,σ_N、σ_M 分别是轴力和弯矩对应的钢板墙边缘应力。

15.5.2 无竖向加劲肋时,剪切状态下对水平加劲肋的要求

抗剪时的水平加劲肋门槛刚度:

$$(I_{sx,\tau th})_{ep} = \psi_{x\tau}(\tau_{sp,ep} - \tau_{0,ep})\frac{h_{sp} t_p a_s^2}{\pi^2 E} \tag{15.129}$$

$$\psi_{x\tau} = \frac{\dfrac{0.218}{\alpha_{sp}} + \dfrac{0.073\alpha_{sp}^{2.771} + 1.976}{\alpha_{sp}^{2.771} + 1.242}K_{sx}^{0.487}}{(0.137/\alpha_{sp} + K_{sx}^{0.487})(0.144 + 1/\alpha_{sp}^{3.081})} \tag{15.130}$$

$$\begin{cases} \tau_{sp,ep} = \varphi_{\tau,sp}\dfrac{f_{yk}}{\sqrt{3}} \\[2mm] \varphi_{\tau,sp} = \dfrac{1}{\sqrt[3]{1 - 0.8^6 + \lambda_{\tau,sp}^6}} \leqslant 1.0 \\[2mm] \lambda_{\tau,sp} = \sqrt{\dfrac{f_{y,p}}{\sqrt{3}\tau_{sp,e}}} \end{cases} \tag{15.131}$$

$$\begin{cases} \tau_{0,\mathrm{ep}} = \varphi_{\tau 0} \dfrac{f_{\mathrm{yk}}}{\sqrt{3}} \\[2mm] \varphi_{\tau 0} = \dfrac{1}{\sqrt[3]{1 - 0.8^6 + \lambda_{\tau 0}^6}} \leqslant 1.0 \\[2mm] \lambda_{\tau,0} = \sqrt{\dfrac{f_{\mathrm{y,p}}}{\sqrt{3}\,\tau_{0,\mathrm{e}}}} \end{cases} \tag{15.132}$$

$$\tau_{\mathrm{sp,e}} = k_{\tau,\mathrm{sp}} \frac{\pi^2 E}{12(1-\mu^2)} \frac{t^2}{a_{\mathrm{s}}^2} \tag{15.133}$$

$$\frac{h_{\mathrm{sp}}}{a_{\mathrm{s}}} \geqslant 1 : k_{\tau,\mathrm{sp}} = \chi_{\mathrm{x\tau}} \left[5.34 + \frac{4}{(h_{\mathrm{sp}}/a_{\mathrm{s}})^2} \right] \tag{15.134a}$$

$$\frac{h_{\mathrm{sp}}}{a_{\mathrm{s}}} \leqslant 1 : k_{\tau,\mathrm{sp}} = \chi_{\mathrm{x\tau}} \left[4 + \frac{5.34}{(h_{\mathrm{sp}}/a_{\mathrm{s}})^2} \right] \tag{15.134b}$$

式中，$K_{\mathrm{sx}} = \dfrac{GJ_{\mathrm{sx}}}{EI_{\mathrm{sx}}}$，$k_{\tau,\mathrm{sp}}$ 是小区格剪切屈曲系数，水平加劲肋计算的粗放一点，就按照四边简支计算并乘以嵌固系数 1.15。因为仅布置水平加劲肋时，加劲肋可以采用闭口截面，如果采用三边简支一边有扭转约束的矩形板件的屈曲，计算方法如下：

按照四边简支计算时：

$$\alpha_{\mathrm{sp}} = a_{\mathrm{s}}/h_{\mathrm{sp}} \leqslant 1 : k_{\tau,\mathrm{sp}0} = 5.34 + 4\alpha_{\mathrm{sp}}^2 \tag{15.135a}$$

$$\alpha_{\mathrm{sp}} > 1 \qquad k_{\tau,\mathrm{sp}0} = 4 + 5.34\alpha_{\mathrm{sp}}^2 \tag{15.135b}$$

按照三边简支一边固定计算时：

$$\alpha_{\mathrm{sp}} \leqslant 1.0 : k_{\mathrm{3slf}} = 7.13 + 4.33\alpha_{\mathrm{sp}}^2 - 0.75\alpha_{\mathrm{sp}}^3 \tag{15.136a}$$

$$\alpha_{\mathrm{sp}} > 1.0 : k_{\mathrm{3slf}} = 3.97 + 5.5\alpha_{\mathrm{sp}}^2 + \frac{1.24}{\alpha_{\mathrm{sp}}^3} \tag{15.136b}$$

则水平肋加劲钢板墙小区格的剪切屈曲系数为：

$$k_{\tau,\mathrm{sp}} = \frac{k_{\tau,\mathrm{sp}0} + (\xi_{\mathrm{h}}\kappa)k_{\tau,\mathrm{3slf}}}{1 + \xi_{\mathrm{v}}\kappa} \tag{15.137a}$$

$$\xi_{\mathrm{h}} = 0.4 + 0.08\alpha_{\mathrm{sp}} + \frac{1.15}{\alpha_{\mathrm{sp}}^2} \tag{15.137b}$$

$$\kappa = \frac{3J_{\mathrm{sx}}}{h_{\mathrm{sp}}t_{\mathrm{p}}^3} \tag{15.137c}$$

如果要按照上下边有相同的扭转刚度的模型，则可以参考式（15.73）计算。

15.5.3 剪应力和压力共同作用的加劲肋要求

水平加劲肋刚度要求：

$$I_{\mathrm{sx}} \geqslant I_{\mathrm{sx,th}} = \max\left\{ I_{\mathrm{sx,\sigma th}},\ I_{\mathrm{sx,\tau th}},\ \frac{\sigma_{\mathrm{N}} + 0.167\sigma_{\mathrm{M}}}{\sigma_{\mathrm{u}}} I_{\mathrm{sx,th}} + \left(\frac{\tau - \tau_{0,\mathrm{ep}}}{\tau_{\mathrm{sp,ep}} - \tau_{0,\mathrm{ep}}} \right)^{5/3} I_{\mathrm{sx,th}} \right\}$$

$$\tag{15.138}$$

式中，$\sigma_{\mathrm{u}} = \rho_{\mathrm{c,sp}} f$，各门槛刚度均采用弹塑性门槛刚度公式计算。

选择截面满足上式即可，无需计算水平肋承载力（因为水平加劲肋不直接受力）。区格承载力为：

$$\frac{\sigma}{\rho_{\mathrm{c,sp}}f} + \frac{\sigma_{\mathrm{b}}^2}{(\rho_{\mathrm{b,sp}}f)^2} + \frac{\tau^2}{(\varphi_{\tau,\mathrm{sp}}f_{\mathrm{v}})^2} = 1 \tag{15.139}$$

式中，$\rho_{\mathrm{b,sp}}$ 是小区格受弯弹塑性屈曲的稳定系数，参照式（15.27）、式（15.28）和式（15.29）计算。

15.5.4　竖向加劲钢板剪力墙增设一道水平加劲肋

图 15.50 给出了设置了竖向加劲肋的钢板墙，因为运输的需要或者其他原因增设了一道水平加劲肋。水平肋将整块板分为上下两个一级区格，一级区格又被竖向加劲肋分隔成二级区格。竖向加劲肋应上下区格连续。上下层也应连续，即被水平肋打断的，要与水平肋焊接，实现刚度和强度的连续。

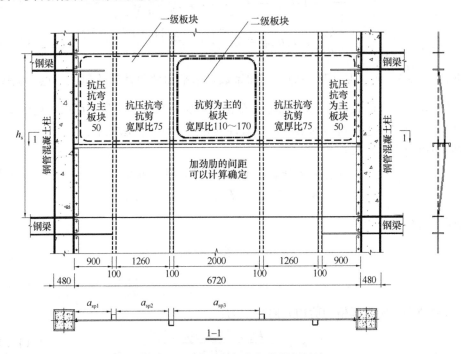

图 15.50　水平和竖向加劲的钢板墙

本节的设计思路或者说目标是：横向加劲肋的刚度是如此选择：使得竖向压力下发生一级区格的屈曲，不会发生整个钢板墙的屈曲；竖向加劲肋又是这样设计：使得发生二级区格的屈曲。

1. 要达成上述目的，竖向压力作用下水平加劲肋的门槛刚度：

$$I_{\mathrm{sx,\sigma th}} = \frac{2.4 N_{\mathrm{Wall}}}{\pi^4 E} \frac{a_{\mathrm{s}}^3}{h_{\mathrm{sp}}} \left(1 + \cos\frac{\pi}{n_{\mathrm{v}}+1}\right) \tag{15.140}$$

式中，N_{wall} 是这片钢板墙承受的轴力，包含加劲肋承受的竖向力。如果取二级区格的有效宽度，计算钢板墙有效宽度部分＋加劲肋的组合截面的稳定性，则这片墙的竖向承载力为：

$$N_{\mathrm{wall}} \leqslant [n_{\mathrm{v}}A_{\mathrm{s}} + 2(1 + n_{\mathrm{v}})\beta\alpha_{\mathrm{sp}} \cdot t_{\mathrm{p}}]\sigma_{\mathrm{stiff}} = N_{\mathrm{csu}} \tag{15.141}$$

式中，σ_{stiff} 是高度为 $h_{\mathrm{sp}} = \dfrac{h_{\mathrm{s}}}{n_{\mathrm{h}}+1}$ 的加劲肋及其板块有效宽度组成的截面压杆的稳定承载

力，β 是墙板单侧有效宽度系数，见式（15.92）；也可以让不等式成为等式，那么 σ_{stiff} 就是对加劲肋的承载力需求。按照第 15.4 节计算，则

$$I_{\mathrm{sxth},\sigma} = \psi_{\mathrm{x}\sigma,\mathrm{p}}\frac{2.4N_{\mathrm{csu}}}{\pi^4 E}\frac{a_{\mathrm{s}}^3}{h_{\mathrm{sp}}}\left(1+\cos\frac{\pi}{n_{\mathrm{v}}+1}\right) \tag{15.142a}$$

$$\begin{cases} \psi_{\mathrm{x}\sigma,\mathrm{p}} = e^{-0.5\left[\sqrt{3}(\ln\alpha'_{\mathrm{sp}}-1.38)^2+(\ln\lambda'_{\sigma,\mathrm{sp}}+0.22)^2\right]} \\[2mm] \alpha'_{\mathrm{sp}} = \dfrac{a_{\mathrm{s}}}{h_{\mathrm{sp}}}\sqrt[4]{\dfrac{D}{D_{\mathrm{y}}}} \\[2mm] \lambda'_{\sigma,\mathrm{sp}} = \sqrt{\dfrac{f_{\mathrm{y}}}{\sigma_{\mathrm{g.cr}}}} \end{cases} \tag{15.142b}$$

式中，$\sigma_{\mathrm{g},\sigma}$ 为一级区格按式（15.99）或式（15.100）计算的竖向轴压屈曲应力，σ_{y} 计算参考式（15.100）。

2. 竖向加劲肋的设计按照第 15.4 节进行计算，层高按照 $h_{\mathrm{sp}} = h_{\mathrm{s}}/(n_{\mathrm{h}}+1)$。

3. 抗剪承载力需要的水平加劲肋门槛刚度：

$$I_{\mathrm{sx},\tau\mathrm{th}} = \psi_{\mathrm{x}\tau}\left(\varphi_{\mathrm{sp},\tau}^{\mathrm{II}} - \varphi_{0,\tau}\right)\frac{h_{\mathrm{sp}}ta_{\mathrm{s}}^2}{\pi^2 E}f_{\mathrm{v}} \tag{15.143a}$$

$$\psi_{\mathrm{x}\tau} = \frac{\dfrac{0.218}{\alpha'_{\mathrm{sp}}} + \dfrac{0.073\alpha'^{2.771}_{\mathrm{sp}}+1.976}{\alpha'^{2.771}_{\mathrm{sp}}+1.242}K_{\mathrm{sx}}^{0.487}}{(0.137/\alpha'_{\mathrm{sp}} + K_{\mathrm{sx}}^{0.487})(0.144+1/\alpha'^{3.081}_{\mathrm{sp}})} \tag{15.143b}$$

式中，$\varphi_{0,\tau}$ 是未加劲墙板的弹塑性剪切屈曲稳定系数，整个墙板区格 $a_{\mathrm{s}} \times h_{\mathrm{s}}$；$\varphi_{\mathrm{sp},\tau}^{\mathrm{II}}$ 是二级区格 $a_{\mathrm{sp}} \times h_{\mathrm{sp}}$ 的弹塑性剪切屈曲稳定系数。

按照二级区格提高了的抗剪承载力，按照上述公式确定的水平加劲肋，并不能使一级区格整体发生剪切屈曲，因为这个一级区格整体剪切屈曲（竖向肋有屈曲变形）的承载力可能比小区格屈曲承载力还要高。但是这样确定的水平加劲肋，已经满足了保证二级小区格屈曲的要求。

4. 同时承受竖向和剪切应力的加劲钢板墙，竖向肋按照第 15.4 节确定，水平加劲肋应满足：

$$I_{\mathrm{sx}} \geqslant \frac{7\sigma_1+5\sigma_2}{12\sigma_{\mathrm{u}}}I_{\mathrm{sx},\sigma\mathrm{th}} + \left(\frac{\tau/f_{\mathrm{v}}-\varphi_{0,\tau}}{\varphi_{\mathrm{sp},\tau}^{\mathrm{II}}-\varphi_{0,\tau}}\right)^{5/3}I_{\mathrm{sx},\tau\mathrm{th}} \tag{15.144a}$$

同时要满足：

$$I_{\mathrm{sx}} \geqslant \max(I_{\mathrm{sx},\sigma\mathrm{th}}, I_{\mathrm{sx},\tau\mathrm{th}}) \tag{15.144b}$$

式中，σ_1、σ_2 是钢板墙两边缘的应力。确定了加劲肋，只需要验算小区格的承载力。

15.6 开门洞时门洞上方作为连梁的设计

1. 洞口边缘竖向加劲肋应满足：

$$\frac{EI_{\mathrm{sy}}}{a_{\mathrm{x}}D} \geqslant 150 \tag{15.145}$$

式中，a_{x} 是与边缘加劲肋垂直方向的钢板墙的宽度，见图 15.28。

2. 如图 15.51 所示，如果洞口上方的梁比较弱，使得 1-1 剖面的抗剪承载力 Q_{capacity}，连梁的抗剪承载力 V_{capacity}，满足如下关系：

$$Q_{\mathrm{capacity}} \geqslant \eta_{\mathrm{b}} \cdot \frac{c}{h}V_{\mathrm{capacity}} \tag{15.146}$$

则这根梁是耗能连梁，连梁的设计应满足 EBF 中耗能连梁的设计规定，这里 η_b 是超强系数，$\eta_b = 1.2 \sim 1.4$。

如果 1-1 剖面的宽度远大于连梁的截面高度，很容易做到 $Q_{capacity} \geqslant \eta_b(c/h)V_{capacity}$，此时剪力墙的设计可以不加劲或少量加劲。设计时洞口两侧的钢板墙分别计算抗剪承载力，然后累计大于本层剪力。能力设计法要求：

$$Q_{capacity} \geqslant (1.4, 1.3, 1.2)\frac{c}{h}V_{capacity} \tag{15.147}$$

三个系数分别对应于不同的抗震等级一、二、三级。

图 15.52 是两侧开门洞的钢板墙，能力设计法要求：

$$Q_{capacity} \geqslant (1.4, 1.3, 1.2)\frac{2c}{h}V_{capacity} \tag{15.148}$$

柱子设计时梁柱节点满足强柱弱梁要求，柱子轴力组合中来自地震力的部分可以放大 1.1~1.3 倍。

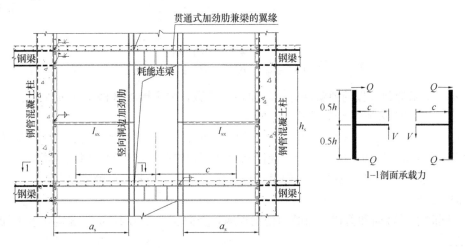

图 15.51　钢板墙之间开门洞，耗能连梁（1）

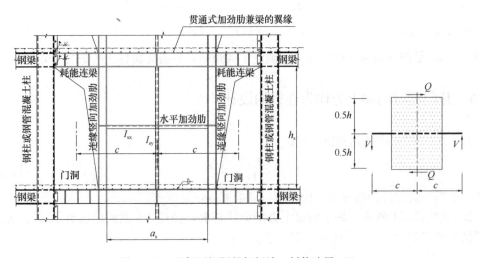

图 15.52　两侧开门洞的钢板墙，耗能连梁（2）

3. 如果层高大，门洞上方有较大高度可设置较高的梁，如图 15.53 和图 15.54 所示，则可以采用两者等强的思路：

$$V_{\text{capacity}} = \frac{h}{c} Q_{\text{capacity}} （图 15.53） \qquad (15.149\text{a})$$

$$V_{\text{capacity}} = \frac{h}{2c} Q_{\text{capacity}} （图 15.54） \qquad (15.149\text{b})$$

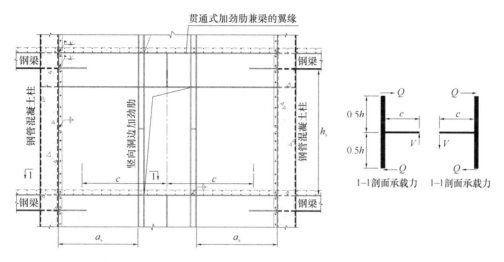

图 15.53 门洞上方钢梁较强（1）

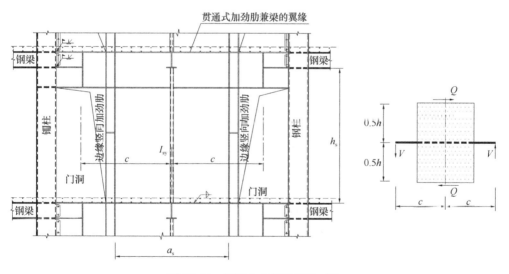

图 15.54 门洞上方钢梁较强（2）

15.7 焊接要求

钢板墙焊接要求如下（图 15.55）：

1. 钢柱上应焊接鱼尾板作为钢板剪力墙的安装临时固定用，鱼尾板与钢柱采用熔透焊缝焊接，鱼尾板与钢板剪力墙的安装采用水平槽孔，钢板剪力墙与柱子的焊接采用与钢板等强的对接焊缝，对接焊缝质量等级为三级；鱼尾板尾部与钢板剪力墙采用角焊缝现场焊接。

2. 当设置水平加劲肋时，可以采用横向加劲肋贯通、钢板剪力墙水平切断的形式，此时钢板剪力墙与水平加劲肋的焊缝，采用熔透焊缝，焊缝质量等级为二级，现场应采用自动或半自动 CO_2 保护焊接，单面熔透焊缝的垫板应采用熔透焊缝焊接在贯通加劲肋上，上部与钢板剪力墙角焊缝焊接。钢板厚度大于等于 22mm 时宜采用 K 形熔透焊。

3. 钢板剪力墙跨的钢梁腹板，其厚度应与钢板剪力墙同厚或更厚；其翼缘，可以采用加劲肋代替，但是此处的加劲肋的截面，应不小于所需要的钢梁截面。且加劲肋与柱子的焊缝质量等级参照梁柱节点的焊缝要求。

4. 加劲肋与钢板剪力墙的焊缝，横向加劲肋与柱子的焊缝，横向加劲肋与竖向加劲肋的焊缝，根据加劲肋的厚度可选择双面角焊缝或坡口全熔透焊缝，达到与加劲肋等强，熔透焊缝质量等级为三级。

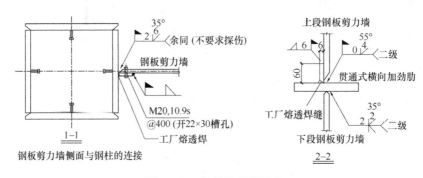

图 15.55　钢板墙焊接要求

15.8　钢板剪力墙应用实例

第 15.1 节介绍的第一个钢板墙应用的案例，如图 15.56 所示，高 188m，8 度抗震设防，采用钢筋混凝土是超限结构。采用钢结构后，不超限，无需做超限审查。2008 年设计时，无合适软件代替分析。采用钢板墙是为了增加核心筒电梯厅空间。

在 15.2.1 节已经给出交叉支撑与钢板墙抗侧刚度等效的公式。钢板墙厚度是 t_s，宽度是 b_s（要扣除柱子的宽度），在表 15.4 中，支撑抗剪承载力是 $Q_y = 2A_{brace} f \cos\alpha$，未扣除支撑因为承受了竖向荷载而应该扣除的承载力。钢板墙的抗剪承载力是 $Q_y = 0.5773 b_s t_s f$，令两式相等得到 $t_{s,strength} = \dfrac{3.464 A_{brace} \cos\alpha}{b_s}$，即在相同钢材的等效下，刚度等效和强度等效的钢板剪力墙的厚度满足如下关系 $t_{s,stiffness} = t_{s,strength} \cdot \dfrac{1.3323}{\sin 2\alpha}$，即通常情况下是强度等效控制着钢板剪力墙的厚度。

用钢量对比见表 15.4 等效结果的对比。支撑的用钢量计算：中心点到中心点，但未包含节点；钢板剪力墙的用钢量的计算：全高（即剪力墙跨的钢梁腹板的用钢量被记入了钢板剪力墙），但是宽度是净宽，扣除了柱子截面高度的部分。这样计算下来，钢板墙的钢材用量更少。

支撑有节点板和钢梁，钢板墙有加劲肋的用钢量（钢梁腹板范围内的板已经计入钢板墙的用钢量），因此采用钢板墙的用钢量可以更为节省或相等。在采用钢板剪力墙等效时，等效的钢板比需要的厚。根据工程具体情况，也许无须加厚。

(a) 外立面   (b) 钢板墙立面

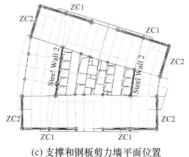

(c) 支撑和钢板剪力墙平面位置

图 15.56 昆明世纪广场钢板墙应用

支撑与钢板墙的等效

表 15.4

分段	楼层	宽度	高度	α	h	b	t_w	t_f	面积	抗侧刚度	重量 (165t)	b_s	$t_{p,stiffness}$	$t_{p,strength}$	实取	157	$Q_{y,brace}$	$Q_{y,wall}$	比值
1	1~4	15100	19500	52.25	800	760	38	56	111264	13586465946	43.08	12700	13.50	15.75	20	38.88	34060968	43262125	0.787
2	5~8	15100	16100	46.84	800	760	38	56	111264	15647465205	38.56	12700	15.55	17.59	18	28.89	38057396	38935912	0.977
3	9~12	15100	14600	44.04	700	520	35	38	61360	9081976188	20.23	12700	9.03	10.81	16	23.29	23379498	34609700	0.676
4	13~16	15100	14600	44.04	700	520	35	38	61360	9081976188	20.23	12700	9.03	10.81	14	20.38	23379498	30283487	0.772
5	17~20	15100	14600	44.04	600	450	30	32	44880	6642749206	14.80	13000	6.45	8.60	12	17.88	19036137	26570439	0.716
6	21~24	15100	14600	44.04	600	450	30	32	44880	6642749206	14.80	13000	6.45	8.60	10	14.90	19036137	22142032	0.860
7	25~28	15100	15600	45.93	600	380	30	30	39000	5584668615	13.29	13000	5.42	7.23	8	12.74	16003412	17713626	0.903

参 考 文 献

[1] 许照宇. 压剪联合作用下高层建筑中加劲钢板墙的性能和设计方法[D]. 杭州：浙江大学，2020.

[2] ABOLHASSAN A A. Seismic behavior and design of steel shear walls[R]. Chicago：AISC，2001.

[3] RAFAEL，MICHEL B. Steel design guide：Steel plate shear walls[M]. Chicago：AISC，2006.

[4] BERMAN J W，CELIK O C，BRUNEAU M. Comparing hysteretic behavior of light-gauge steel plate shear walls and braced frames[J]. Engineering structures，2005，27(3)：475-485.

[5] KRISTEVA N. Changing from concrete to steel plate shear walls saved time，reduced weight，and reclaimed usable space[J]. Modern steel constrcution，2010，12：36-39.

[6] ASSOCIATE N Y. Live Hotel & Residences Los Angeles：Case studies in structural steel[R]. Chicago：AISC，2009.

[7] 汪大绥，陆道渊，黄良，等. 天津津塔结构设计[J]. 建筑结构学报，2009(s1)：1-7.

[8] 沈金，干钢，童根树. 钢板剪力墙设计与施工的工程实例[J]. 建筑结构，2013，43(15)：19-22.

[9] AISC. Seismic provision for structural steel buildings：ANSI/AISC 341-16［S］. Chicago：AISC，2016.

[10] ROBERTS T M，GHOMI S S. Hysteretic characteristics of unstiffened plate shear panels[J]. Thin-walled structures，1991，12(2)：145-162.

[11] ROBERTS T M. Seismic resistance of steel plate shear walls[J]. Engineering structures，1995，17(5)：344-351.

[12] 郭彦林，周明. 非加劲与防屈曲钢板剪力墙性能及设计理论的研究现状[J]. 建筑结构学报，2011，32(1)：1-16.

[13] DRIVER R G，KULAK G L，ELWI A E. FE and simplified models of steel plate shear wall[J]. Journal of structural engineering，1998，124(2)：121-130.

[14] DRIVER R G，KULAK G L，KENNEDY D J. Cyclic test of four-story steel plate shear wall[J]. Journal of structural engineering，1998，124(2)：112-120.

[15] LUBELL A S，PRION H G L，VENTURA C E. Unstiffened steel plate shear wall performance under cyclic loading[J]. Journal of structural engineering，2000，126(4)：453-460

[16] BERMAN J，BRUNEAU M. Plastic analysis and design of steel plate shear walls[J]. Journal of structural engineering，2003，129(11)：1448-1456.

[17] TOPKAYA C，ATASOY M. Lateral stiffness of steel plate shear wall systems[J]. Thin-walled structures，2009，47(8-9)：827-835.

[18] WANG M，SHI Y，XU J. Experimental and numerical study of unstiffened steel plate shear wall structures[J]. Journal of constructional steel Research，2015，112：373-386.

[19] ICHIZOU M，KAZUHISA N M. Ultimate compressive strength of orthogonally stiffened steel plates[J]. Journal of structural engineering，1996，122(6)：674.

[20] STANWAY G S，CHAPMAN J C，DOWLING P J. A design model for intermediate web stiffeners ［J］. Proceedings of the Institution of Civil Engineers-Structures and Buildings，1996，116(1)：54-68.

[21] MINGUEZ J M. An experimental investigation of the influence of stiffener torsional rigidity on buckling of compression panels[J]. Experimental mechanics，1998，28(4)：336-339.

[22] 陈国栋，郭彦林. 非加劲板抗剪极限承载力[J]. 工程力学，2003，20(2)：49-54.

[23] ALINIA M M，HABASHI H R，KHORRAM A. Nonlinearity in the postbuckling behaviour of thin steel shear panels[J]. Thin-walled structures，2009，47(4)：412-420.

［24］ WEBSTER D J, BERMAN J W, LOWES L N. Experimental investigation of SPSW web plate stress field development and vertical boundary element demand[J]. Journal. of structural engineering, 2014, 140(6): 1-11.

［25］ FU Y, WANG F, BRUNEAU M. Diagonal tension field inclination angle in steel plate shear walls [J]. Journal. of structural engineering, 2017, 143(7): 17-31.

［26］ MACHALY E B, SAFAR S S, AMER M A. Numerical investigation on ultimate shear strength of steel plate shear walls[J]. Thin-walled structures, 2014, 84: 78-90.

［27］ S G S, GHOLHAKI M. Tests of two three-story ductile steel plate shear walls[C]. Vancouver: Proceedings of the 2008 structures congress, 2008.

［28］ TIMLER P, VENTURA C E, PRION H. Experimental and analytical studies of steel plate shear walls as applied to the design of tall buildings[J]. The structural design of tall buildings, 1998, 7 (3): 233-249.

［29］ BERMAN J W. Seismic behavior of code designed steel plate shear walls[J]. Engineering structures, 2011, 33(1): 230-244.

［30］ 陈国栋, 郭彦林, 范珍, 等. 钢板剪力墙低周反复荷载试验研究[J]. 建筑结构学报, 2004, 25(2): 19-38.

［31］ KWON Y B, PARK H S. Compression tests of longitudinally stiffened plates undergoing distortional buckling[J]. Journal of constructional. steel research, 2011, 67(8): 1212-1224.

［32］ CHOI B H, KANG Y J, YOO C H. Stiffness requirements for transverse stiffeners of compression panels[J]. Engineering structures, 2007, 29(9): 2087-2096.

［33］ SAFARI G M, CHENG J J R. Plastic analysis and performance-based design of coupled steel plate shear walls[J]. Engineering structures, 2018, 166: 472-484.

［34］ European Committee for Standardization. Eurocode 3: Design of steel structures — Part 1-5: Plated structural elements[S]. Brussels: CEN, 2005.

［35］ 陈国栋, 郭彦林. 十字加劲钢板剪力墙的抗剪极限承载力[J]. 建筑结构学报, 2004, 25(1): 72-79.

［36］ S G S, SAJJADI S R A. Experimental and theoretical studies of steel shear walls with and without stiffeners[J]. Journal of constructional steel research, 2012, 75: 152-159.

［37］ LI C H, TSAI K C. Experimental responses of four 2-story narrow steel plate shear walls[C]. Vancouver: Structures Congress, 2008.

［38］ 郭彦林, 陈国栋, 缪友武. 加劲钢板剪力墙弹性抗剪屈曲性能研究[J]. 工程力学, 2006, 23(2): 84-93.

［39］ ZHAO Q, QIU J. Experimental studies on channel-ctiffened steel plate shear walls[C]. Fort worth: Structures Congress, 2018.

［40］ 童根树, 陶文登. 竖向槽钢加劲钢板剪力墙剪切屈曲[J]. 工程力学, 2013, 30(9): 9-17.

［41］ ZHANG X, GUO Y L. Behavior of steel plate shear walls with pre-compression from adjacent frame columns[J]. Thin-walled structures, 2014, 77: 17-25.

［42］ ALINIA M M, DASTFAN M. Cyclic behaviour, deformability and rigidity of stiffened steel shear panels[J]. Journal of constructional steel research, 2007, 63(4): 554-563.

［43］ YU J G, FENG X T, LI B. Performance of steel plate shear walls with axially loaded vertical boundary elements[J]. Thin-walled structures, 2018, 125: 152-163.

［44］ 陶文登, 童根树, 干钢, 等. 竖向槽钢加劲钢板剪力墙轴压屈曲[J]. 建筑结构, 2013, 43(15): 37-43.

［45］ 郭彦林, 董全利, 周明. 防屈曲钢板剪力墙滞回性能理论与试验研究[J]. 建筑结构学报, 2009,

30(1)：34-42.

[46] 郭彦林，董全利，周明. 防屈曲钢板剪力墙弹性性能及混凝土盖板约束刚度研究[J]. 建筑结构学报，2009，30(1)：40-47.

[47] HERZOG M A. Simplified design of unstiffened and stiffened plates[J]. Jaurnal of structural engineering，1988，113(10)：2111-2124.

[48] HAN Q, ZHANG Y, WANG D. Seismic behavior of buckling-restrained steel plate shear wall with assembled multi-RC panels[J]. Journal of constructional steel research，2019，157：397-413.

[49] PAVIR A, SHEKASTEHBAND B. Hysteretic behavior of coupled steel plate shear walls[J]. Journal of constructional steel research，2017，133：19-35.

[50] BORELLO D J, FAHNESTOCK L A. Large-scale cyclic testing of steel-plate shear walls with coupling[J]. Journal of structural engineering，2017，143(10)：1-11.

第二篇　钢-混凝土组合结构设计方法

第16章 圆钢管混凝土短柱的性能

16.1 引言

圆钢管混凝土构件出现已近百年，作为柱子，在各建筑领域都得到了广泛应用（图16.1），是民用建筑结构工程中主要的竖向受力构件，有必要进行研究和介绍。方钢管混凝土构件作为高层建筑的柱子，在我国自1999年杭州庆春路上的瑞丰大厦工程应用以来，20多年来也得到了迅速推广和应用。

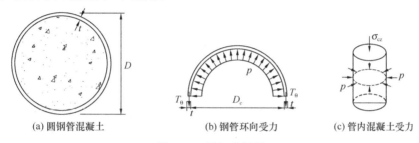

图16.1 圆钢管混凝土

钢管混凝土的优点：

（1）受力：钢管将混凝土包裹在中间，内填混凝土在竖向压力作用下的横向膨胀、竖向裂缝开展得到抑制，混凝土的竖向承载力以及竖向变形能力得到极大提高。钢管屈服承载力下降量远低于混凝土承载力的提高量，总承载力超过两者各自作为独立构件的承载力之和，达到了1＋1＞2的效果。竖向延性可以达到未约束混凝土的10倍以上。在承载力极限状态后的性能更是得到根本性的改变。

（2）板件稳定性：钢管，特别是方形矩形钢管，在内部混凝土的背衬下因钢管不再能够内凹而获得了板件稳定性的提高。但是内部混凝土压缩产生竖向裂缝而出现的环向膨胀，在后期促使钢管壁出现外鼓变形，其中圆钢管局部出现"象脚"式环向屈曲大变形，方钢管则每一条边均出现外鼓的塑性机构，由方形往圆形方向变化，由壁板弯曲提供约束为主发展到环向拉力也提供较大约束。

（3）施工：免除了钢筋混凝土柱子的模板工作和钢筋绑扎工作，使得施工速度加快，且钢管本身能够承受施工荷载。

上述3个方面的优点，能够带来性价比高的结构体系。

16.2 圆钢管混凝土的基本性能

16.2.1 混凝土的抗压强度

引入如下符号：

f_{cu}：$150mm \times 150mm \times 150mm$ 的混凝土立方强度；

f_{pr}：$150mm \times 150mm \times 450mm$ 的棱柱体（prism）的抗压强度；

f_{ck}：混凝土抗压强度标准值（引入了 0.88 的尺寸差异系数和脆性折减系数 α_{c2}）；

f_{cyl}：$150mm \times 300mm$ 的圆柱体抗压强度，$f_{pr} < f_{cyl}$。

表 16.1 列出了 C30～C80 混凝土的上述各个抗压强度值，可见棱柱体的抗压强度与圆柱体的抗压强度的比值范围是 0.93～0.95。f_{pr} 小于 f_{cyl} 的主要原因应是 f_{pr} 是长宽比为 3：1 的试件，而 f_{cyl} 是长径比为 2：1 的试件。当圆柱体的长径比也是 3：1 时，其强度被认为是与棱柱强度相同。棱柱体抗压强度与立方强度的换算关系是（换算系数 α_{c1}）：

$$f_{pr} = \alpha_{c1} f_{cu} \qquad (16.1)$$

对高强度混凝土，圆柱和立方体强度的换算关系是 $60 \times 0.86 = 51.6MPa$、$70 \times 0.87 = 61.25MPa$、$80 \times 0.89 = 71.2MPa$ 分别与 $f_{cyl} = 50MPa$、$60MPa$、$70MPa$ 接近。

混凝土强度 表 16.1

f_{cu} (MPa)	α_{c1}	$f_{pr} = \alpha_{c1} f_{cu}$ (MPa)	α_{c2}	$f_{ck} = 0.88\alpha_{c2} f_{pr}$ (MPa)	长期荷载影响系数 γ_{time}	f_{cyl} (MPa)	$0.85 f_{cyl}$ (MPa)	f_{pr}/f_{cyl}
30	0.76	22.8	1	20.1	0.90	24	21.25	0.95
40	0.76	30.4	1	26.8	0.86	32	27.2	0.95
50	0.76	38	0.968	32.4	0.85	40	34	0.95
60	0.78	46.8	0.935	38.5	0.83	50	42.5	0.936
70	0.8	56	0.903	44.5	0.81	60	51	0.933
80	0.82	65.6	0.87	50.2	0.80	70	59.5	0.937

世界各地采用不同尺寸的混凝土试件测量强度，日本采用 $100mm \times 200mm$ 的圆柱体试件，国内早期也有采用 $100mm \times 100mm \times 100mm$ 试件。对结果进行分析，应有统一的标准，此时必须引入尺寸系数。

日本学者根据直径 76mm 到 914mm 的混凝土试件试验，提出尺寸修正系数是：

$$\gamma_{U,100} = \frac{1.607}{D_c^{0.103}} \qquad (16.2a)$$

式中，D_c 是试件直径，以 mm 为单位。换算为以 $150mm \times 300mm$ 圆柱体试验为准的尺寸修正系数（表 16.2），结果为：

$$\gamma_U = \gamma_{U,150} = \frac{\gamma_{U,100}}{\gamma_{U,100}\big|_{D_c=150}} = \frac{1.607}{0.9591 D_c^{0.103}} = \frac{1.6755}{D_c^{0.103}} \qquad (16.2b)$$

即如果采用 $100mm \times 200mm$ 的圆柱体试件，得到 $f_{cyl,100}$，要将其换算为 $f_{cyl,150} = f_{cyl} = f_{cyl,100}/\gamma_U$。

混凝土强度的尺寸效应修正系数 表 16.2

D_c 或边长（mm）	γ_U	D_c 或边长（mm）	γ_U	D_c 或边长（mm）	γ_U
100	1.042	350	0.916	700	0.853
150	1.000	400	0.904	800	0.841
200	0.971	450	0.893	900	0.831
250	0.948	500	0.883	1000	0.822
300	0.931	600	0.867		

计算圆和方钢管混凝土的套箍系数时，采用：

$$\Phi = \frac{A_s f_{yk}}{\gamma_U A_c f_{pr}} = \frac{A_s f_{yk}}{A_c f_{ck}} = \frac{4D_1 t}{D_c^2} \cdot \frac{f_{yk}}{f_{ck}} = 4\left(1 + \frac{t}{D_c}\right)\frac{t}{D_c} \cdot \frac{f_{yk}}{f_{ck}} \tag{16.3a}$$

$$f_{ck} = \gamma_U f_{pr} \tag{16.3b}$$

$$\frac{D}{t} = 2 + \frac{2}{\sqrt{1 + \Phi f_{ck}/f_{yk}} - 1} \tag{16.3c}$$

$$f_{yk} = \frac{D_c^2 \Phi f_{ck}}{4(D_c + t)t} \tag{16.3d}$$

式中尺寸符号见图 16.1。钢与混凝土面积比简称钢混面积比，是：

$$\alpha_{sc} = \frac{A_s}{A_c} = \frac{4\pi(D-t)t}{\pi(D-2t)^2} = \frac{4(1-t/D)t/D}{(1-2t/D)^2} \tag{16.4a}$$

含钢率是钢截面的面积与全截面面积的比值：

$$\alpha_s = \frac{A_s}{A_s + A_c} = \frac{4\pi(D-t)t}{\pi D^2} = 4\left(1 - \frac{t}{D}\right)\frac{t}{D} \tag{16.4b}$$

式（16.3b）中的 γ_U，类似于我国混凝土规范引入的系数 0.88，实际工程构件的尺寸以 400～700mm 为主，γ_U 与 0.88 差距不大。试验研究的试件如果直径不是 150mm，应采用与其尺寸对应的棱柱强度，不应采用 0.88，因此式（16.3b）将 γ_U 分离出来。不引入脆性折减系数 α_{c2}，是因为它是基于不同强度等级的混凝土达到极限强度后应力下降速度的不同（脆性程度随强度等级的提高而增大）、需要调整可靠度指标（从可靠度指标 3.7 提高到 4.2 等）而引入的一个系数，仅需要把公式变成规范公式时引入。圆钢管混凝土中的混凝土，已经呈现出塑性的性质，更适合采用某个有效的套箍系数进行考虑，或限制高强混凝土时的套箍系数范围（表 16.3），确保高强混凝土也变成具有良好延性的材料。

圆钢管混凝土套箍系数 Φ 的范围（$\gamma_U = 1$）　　　　　　　表 16.3

f_{pr} (MPa)	f_{yk} (MPa)	D/t（括号内是钢混面积比 A_s/A_c）						
		20 (23.46%)	30 (14.8%)	40 (10.8%)	50 (8.51%)	60 (7.02%)	80 (5.19%)	100 (4.12%)
22.8		2.418	1.525	1.114	0.877	0.723	0.535	0.425
30.4		1.813	1.144	0.835	0.658	0.542	0.402	0.319
38	235	1.451	0.915	0.668	0.526	0.434	0.321	0.255
46.8		1.178	0.743	0.542	0.427	0.352	0.261	0.207
56		0.984	0.621	0.453	0.357	0.294	0.218	0.173
65.6		0.840	0.530	0.387	0.305	0.251	0.186	0.148
22.8		3.549	2.239	1.635	1.287	1.062	0.786	0.624
30.4		2.662	1.679	1.226	0.965	0.796	0.589	0.468
38	345	2.130	1.343	0.981	0.772	0.637	0.472	0.374
46.8		1.729	1.091	0.796	0.627	0.517	0.383	0.304
56		1.445	0.912	0.666	0.524	0.432	0.320	0.254
65.6		1.234	0.778	0.568	0.447	0.369	0.273	0.217

16.2.2　加载方式的影响：试验结果

图 16.2 给出了钢管混凝土的三种加载方式。方式 A 是荷载仅加在核心混凝土上（称为钢管约束混凝土构件）；方式 B 是钢管与混凝土同时受力；方式 C 是加载在钢管上，通过界面粘结传力给混凝土，这是钢管内混凝土浇灌不密实时或发生较大收缩时出现的一种情况，当然混凝土空缺部分很少，钢管在弹性范围内加载就能够获得与混凝土齐平的情况。

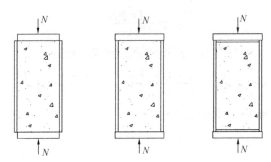

(a) 方式A：混凝土加载　(b) 方式B：同时受压　(c) 方式C：钢管受压

图 16.2　圆钢管混凝土的三种加载方式

据 Gardner N J & Jacobsen E R（1967 年）及两位苏联学者在 1956 年和 1959 年的试验资料，以及蔡绍怀等的试验结果，三种加载方式的钢管混凝土短柱的极限承载力，差别不明显（图 16.3）。但是三种加载方式中，方式 B 的轴压刚度最高，实际工程也是以方式 B 为主。

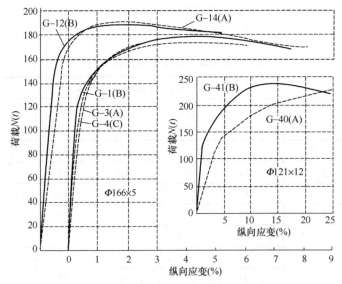

图 16.3　不同加载方式的轴力-纵向应变曲线

分析蔡绍怀和焦占拴的文章（表 16.4），套箍系数在 1.494 和 1.651 时加载方式影响不大；套箍系数达到 4.99 及以上的，方式 A 的承载力低约 10%。他们的极限荷载取值在应变很大的情况，钢材已经进入强化阶段（图 16.4），不宜作为压杆承载力设计值的直接依据。后续收集的试验资料将尽量排除平均应变大于 2%应变（Q235、Q345 钢材屈服平

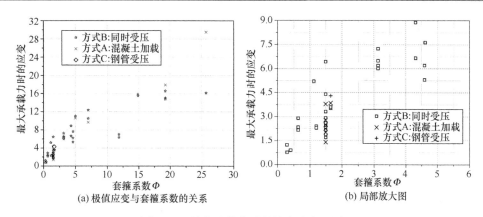

(a) 极值应变与套箍系数的关系

(b) 局部放大图

图 16.4 最大承载力时的纵向应变（%）

台用完、初步进入强化阶段）的承载力。

蔡绍怀对不同加载方式的试验结果　　　　　　表 16.4

编号	D (mm)	t (mm)	L (mm)	C_{200} (kg/cm²)	f_y (kg/cm²)	Φ	加载方式	极限承载力	极值应变 (%)	
G-1	166	5	660	320	2800	1.651	B	178	3.52	
G-2	166	5	660	320	2800	1.651	B	173	3.6	
G-3	166	5	660	320	2800	1.651	A	174	3.85	
G-4	166	5	660	320	2800	1.651	C	177	4.3	
G-12	166	5	660	354	2800	1.494	B	190	2.92	
G-13	166	5	660	354	2800	1.494	A	197.2	3.79	
G-14	166	5	660	354	2800	1.494	A	192.5	2.79	
G-15	166	5	660	354	2800	1.494	B	191	6.44	正常钢管
G-16	166	5	660	354	2800	1.494	B	173	1.69	
G-22	166	5	660	354	2800	1.494	B	177	3.31	
G-23	166	5	660	354	2800	1.494	B	207	1.87	
G-24	166	5	660	354	2800	1.494	A	185	1.4	
G-26	166	5	660	354	2800	1.494	A	180	2.25	
G-29	166	5	660	354	2800	1.494	B	215	2.02	
G-30	166	5	660	354	2800	1.494	A	171.5	2.5	
G-40	121	12	500	124	3000	19.23	A	228 小	17.89	
G-41	121	12	500	124	3000	19.23	B	238 大	16.56	
G-43	121	12	500	341	3000	6.98	B	247 大	10.50	厚钢管
G-47	121	12	500	341	3000	6.98	A	206 小	9.69	
G-52	121	12	500	478	3000	4.99	B	264 大	11.0	
G-53	121	12	500	478	3000	4.99	A	191 小	10.6	
G-60	121	12	200	93.5	3000	25.67	A	276	16.1	短厚试件
G-61	121	12	200	93.5	3000	25.67	B	240	29.5	

考虑到实际工程中套箍系数常用范围是 $0.5\sim2.0$，扩展范围是 $0.3\sim3.0$，可以认为加载方式对圆钢管混凝土短柱的极限承载力仅有少量影响。后面将据此推导圆钢管混凝土柱的受压承载力。

钢管约束混凝土短柱的承载力，与钢管和混凝土符合平截面假定、协同变形的承载力基本接近，主要原因是钢管与混凝土界面的摩擦力，使得钢管不是真正的不受力。钢管真正不受力时（见第 16.3.2 节），轴压短柱承载力比同步受力时高 $5\%\sim25\%$，平均高 12.8%。

钢管环向屈服时径向压力为 $p_{\max}$，则钢管的环向应力 $\sigma_{s\theta}$ 达到屈服强度 f_{yk}：

$$\sigma_{s\theta} = \frac{p_{\max}D_c}{2t} = f_{yk} \tag{16.5a}$$

式中，$D_c = D - 2t$ 是核心混凝土的直径。核心混凝土受到的最大可能环向均匀压力是：

$$p_{\max} = \frac{2t}{D_c}f_{yk} \tag{16.5b}$$

$$\frac{p_{\max}}{f_{ck}} = \frac{2t}{D_c}\frac{f_{yk}}{f_{ck}} = \frac{1}{2(1+t/D_c)}\frac{A_s f_{yk}}{A_c f_{ck}} = \frac{\Phi}{2(1+t/D_c)} \tag{16.6}$$

这个比值是同步加载时的上限，见表 16.5。由表 16.5 可见，在考察核心混凝土的强度时，需重点考察 $p_{\max}/f_{ck} = 0.1\sim1.6$ 的范围，尤其在 $\Phi = 1$ 附近是圆钢管混凝土经济指标比较好的参数，此时 $p_{\max}/f_{ck} = 0.3\sim0.6$。

核心混凝土环向压力比的上限 $p_{\max}/f_{ck}$ 　　　　　　　　　表 16.5

f_{cu} (MPa)	f_{pr} (MPa)	f_{yk} (MPa)	D/t						
			20	30	40	50	60	80	100
30	22.8		1.145	0.736	0.542	0.429	0.355	0.264	0.210
40	30.4		0.859	0.552	0.407	0.322	0.267	0.198	0.158
50	38	235	0.687	0.442	0.325	0.258	0.213	0.159	0.126
60	46.8		0.558	0.359	0.264	0.209	0.173	0.129	0.102
70	56		0.466	0.300	0.221	0.175	0.145	0.108	0.086
80	65.6		0.398	0.256	0.189	0.149	0.124	0.092	0.073
30	22.8		1.681	1.081	0.796	0.630	0.522	0.388	0.309
40	30.4		1.261	0.811	0.597	0.473	0.391	0.291	0.232
50	38	345	1.009	0.648	0.478	0.378	0.313	0.233	0.185
60	46.8		0.819	0.527	0.388	0.307	0.254	0.189	0.150
70	56		0.685	0.440	0.324	0.257	0.212	0.158	0.126
80	65.6		0.584	0.376	0.277	0.219	0.181	0.135	0.107

文献 [17] 介绍了各种加载方式的试验，其中对在混凝土上加载时钢管是否会发生环向屈服，提供了图 16.5 的示意。从该图看，高强混凝土达到极限状态时钢管环向不一定会屈服。该图数据覆盖的套箍系数范围是 $0.041\sim0.685$，更大套箍率时还需要更多数据。在钢管较薄、钢管直接受压有局部屈曲可能时，导致仅在混凝土上加载的试件其承载力较高。

16.2.3　不同加载方式下核心混凝土受到的弹性约束

对圆钢管混凝土，混凝土的应力 σ_{cz} 和应变 ε_{cz} 以压为正，径向位移 u_r 向外为正，混凝土周边受到径向压力记为 p，割线泊松比记为 μ_c，割线弹性模量是 E_c，则弹性应力-应变关

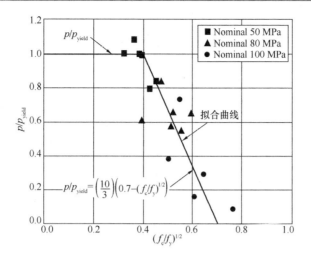

图 16.5　在混凝土上加载时钢管环向屈服判断

系如下:

$$\varepsilon_{cz} = \frac{\sigma_{cz}}{E_c} - \mu_c \frac{p_r}{E_c} - \mu_c \frac{p_\theta}{E_c} = \frac{\sigma_{cz}}{E_c} - 2\mu_c \frac{p}{E_c} \quad (16.7a)$$

$$\sigma_{cz} = E_c \varepsilon_{cz} + 2\mu_c p \quad (16.7b)$$

从上式可知,径向压力可以增加相同竖向压应变下的竖向压应力。环向应变 $\varepsilon_{c\theta}$ 和径向应变 ε_{cr} 为:

$$\varepsilon_{cr} = \varepsilon_{c\theta} = \frac{1}{E_c}\left[(1-\mu_c)p - \mu_c\sigma_{cz}\right] = -\frac{u_r}{0.5D_c} \quad (16.7c)$$

将式 (16.7a) 代入上式得到:

$$u_r = \frac{1}{2}\left[\mu_c\varepsilon_{cz} - \frac{p}{E_c}(1+\mu_c)(1-2\mu_c)\right]D_c \quad (16.8)$$

在完全侧限条件下,$\varepsilon_{cr} = \varepsilon_{c\theta} = 0$,从式 (16.7c) 得到:

$$p = \mu_c\sigma_{cz}/(1-\mu_c) \quad (16.9a)$$

代入式 (16.7b) 得到:

$$\sigma_{cz} = \frac{(1-\mu_c)E_c}{1-\mu_c - 2\mu_2^2}\varepsilon_{cz} = \frac{(1-\mu_c)E_c}{(1+\mu_c)(1-2\mu_c)}\varepsilon_{cz} = E''_c\varepsilon_{cz} \quad (16.9b)$$

式中,E''_c 是完全侧限条件下混凝土的竖向弹性刚度。

$$E''_c = \frac{(1-\mu_c)}{(1+\mu_c)(1-2\mu_c)}E_c = \frac{(1-\mu_c)^2}{(1-2\mu_c)} \cdot \frac{E_c}{(1-\mu_c^2)} \quad (16.9c)$$

另一方面,圆钢管在应变 $\varepsilon_{cz} = \varepsilon_{sz} = \varepsilon_z$ 和内压作用下的情况,$\sigma_{s\theta}$ 和 $\varepsilon_{s\theta}$ 以拉为正,竖向应力、应变 σ_{sz} 和 ε_{sz} 以压为正,为:

$$\sigma_{s\theta} = \frac{E}{1-\mu^2}(\varepsilon_{s\theta} - \mu\varepsilon_{sz}) = \frac{E}{1-\mu^2}\left(\frac{u_r}{0.5D_m} - \mu\varepsilon_{sz}\right) = \frac{pD_c}{2t} \quad (16.9d)$$

式中,D_m 是钢管中面直径,E、μ 是钢材弹性模量和泊松比。将式 (16.8) 的位移代入,得到:

$$p = \frac{r_K}{1+r_K}\left(\mu_c - \mu\frac{D_m}{D_c}\right)\frac{E_c\varepsilon_{sz}}{(1+\mu_c)(1-2\mu_c)} \quad (16.10a)$$

527

$$\sigma_{cz} = E_c \Big[1 + \frac{r_K}{1 + r_K} \cdot \frac{2\mu_c}{(1 + \mu_c)(1 - 2\mu_c)} \Big(\mu_c - \mu \frac{D_m}{D_c} \Big) \Big] \varepsilon_{cz} \qquad (16.10b)$$

$$u_r = \frac{1}{2} \Big(\frac{\mu_c}{r_K + 1} D_c + \frac{r_K \mu}{r_K + 1} D_m \Big) \varepsilon_{cz} \qquad (16.10c)$$

$$\frac{p}{\mu_c E_c \varepsilon_{sz}} = \Big[\frac{E_c (1 - \mu^2) D_m}{2Et} + (1 + \mu_c)(1 - 2\mu_c) \Big]^{-1} \Big(1 - \frac{\mu D_m}{\mu_c D_c} \Big) \qquad (16.10d)$$

式中，r_K 是钢管径向膨胀刚度与核心混凝土径向压缩刚度的比值，为：

$$r_K = \frac{2Et}{(1 - \mu^2) D_m} \cdot \frac{(1 + \mu_c)(1 - 2\mu_c)}{E_c} \qquad (16.11)$$

钢管内表面压力与径向位移之比，可以理解成核心混凝土弹性阶段能够受到的径向约束：

$$K_s = \frac{p}{u_r} = \frac{(\mu_c D_c - \mu D_m)}{(\mu_c D_c + \mu r_K D_m)} \cdot \frac{4Et}{(1 - \mu^2) D_m D_c} \qquad (16.12a)$$

核心混凝土没有径向约束时的径向位移 $u_{r0} = \mu_c \varepsilon_{cz}$，现在是 u_r，$u_{r0} - u_r$ 是因为 p 而出现的压缩量，反映的是核心混凝土的平面应变情况下（$\varepsilon_{cz} = 0$）的径向压缩刚度：

$$K_{c0} \mid_{\varepsilon_{cz}=0} = \frac{p}{u_{r0} - u_R} = \frac{2E_c}{(1 + \mu_c)(1 - 2\mu_c) D_c} \qquad (16.12b)$$

平面应力情况下（$\sigma_{cz} = 0$）的径向压缩刚度是：

$$K'_{c0} \mid_{\sigma_{cz}=0} = \frac{2E_c}{(1 - \mu_c) D_c} \qquad (16.12c)$$

平面应变情况下（$\varepsilon_{sz} = 0$），钢管的环向应力为：

$$\begin{cases} \sigma_{sz} = \mu \sigma_{s\theta} \\ \sigma_{s\theta} = \dfrac{E}{1 - \mu^2} \varepsilon_{s\theta} = \dfrac{E}{1 - \mu^2} \cdot \dfrac{u_r}{0.5 D_m} = \dfrac{p D_c}{2t} \\ p = \dfrac{4Et}{(1 - \mu^2) D_m D_c} u_r \end{cases} \qquad (16.12d)$$

钢管对混凝土提供的径向约束刚度为：

$$K_{s0} \mid_{\varepsilon_{sz}=0} = \frac{4Et}{(1 - \mu^2) D_m D_c} \qquad (16.12e)$$

平面应力情况下（$\sigma_{sz} = 0$）的径向膨胀刚度，是加载方式 A 时混凝土的径向约束刚度：

$$K'_{s0} \mid_{\sigma_{sz}=0} = \frac{4Et}{D_m D_c} \qquad (16.12f)$$

可见 $r_K = K_{s0}/K_{c0}$。式（16.12a）是加载方式 B 时核心混凝土获得的径向约束刚度，表示为：

$$K_s = \frac{(\mu_c D_c - \mu D_m)}{(\mu_c D_c + \mu r_K D_m)} \cdot K_{s0} \qquad (16.13)$$

因此钢管与混凝土同时受压时，钢管提供给混凝土的约束效应还取决于两者的泊松比，如果 $\mu_c D_c = \mu D_m$，则没有约束作用。要产生约束作用，混凝土的割线泊松比必须大于钢材的弹性泊松比，混凝土竖向开裂横向膨胀后的阶段才能获得钢管的约束。

16.2.4　钢与混凝土的应力-应变关系

《混凝土结构设计规范》GB 50010—2010 给出的各强度等级混凝土的单向应力-应变曲线以及各强度钢材的屈服应变如图 16.6 所示，其中峰值应变 ε_{c0} 和弹性模量是：

$$\varepsilon_{c0} = 688 + 200\sqrt{f_{pr}} \tag{16.14a}$$

$$E_c = \frac{102000}{2.3 + 25/f_{pr}} \tag{16.14b}$$

一般认为，混凝土应力达到强度值时，割线泊松比在 0.5 左右。

混凝土的应力-应变关系是 Popovics 的曲线（参考《混凝土结构设计规范》GB 50010—2010 附录 C）：

$$y = \frac{\sigma_c}{f_{pr}} = \frac{rx}{r - 1 + x^r} \tag{16.15a}$$

式中，$x = \varepsilon_c/\varepsilon_{c0}$，$y = \sigma_c/f_{pr}$，$\varepsilon_{c0}$ 是竖向应力达到峰值时的竖向应变，f_{pr} 是混凝土棱柱体抗压强度标准值；E_c 是混凝土的弹性模量，是应力达到 $\sigma_c = 0.33 f_{pr}$ 时的割线模量；峰值点处的割线模量为：$E_{sec0} = f_{pr}/\varepsilon_{c0}$；$e_0 = E_{sec0}/E_c$，指数 r 按照下式求得数值解，然后拟合得到：

$$E_c = \frac{\sigma_c}{\varepsilon_c}\bigg|_{y=1/3} = \frac{f_{pr}}{3x_{y=1/3}\varepsilon_{c0}} = \frac{E_{sec0}}{3x_{y=1/3}} \tag{16.15b}$$

$$x_{y=1/3} = \frac{E_{sec0}}{3E_c} = \frac{e_0}{3} \tag{16.15c}$$

$$y = \frac{1}{3} = \frac{e_0 r}{3[r - 1 + (e_0/3)^r]} \tag{16.15d}$$

于是得到已知 e_0 求解 r 的方程：

$$(e_0/3)^r = (e_0 - 1)r + 1 \tag{16.15e}$$

对求得结果进行数值拟合得到：

$$r = \frac{0.92 + 0.1e_0}{1 - e_0} \tag{16.15f}$$

此式与混凝土规范 $r = \dfrac{1}{1 - e_0}$ 不同，规范将混凝土弹性模量 E_c 看成了初始切线模量 E_{c0}，是近似的。$E_{c0} \neq E_c$，

$$E_{c0} = \frac{r}{r-1}E_{sec0} = \frac{0.92 + 0.1e_0}{1.1e_0 - 0.08}E_{sec0} \tag{16.15g}$$

$$\frac{E_{c0}}{E_c} = \frac{re_0}{r - 1} \tag{16.15h}$$

E_{c0} 略大于 E_c。切线模量为：

$$E_{c,t} = \frac{d\sigma_c}{d\varepsilon_c} = \frac{f_{ck}}{\varepsilon_{cc}} \cdot \frac{r(r-1)(1-x^r)}{(r-1+x^r)^2} = E_{sec0}\frac{r(r-1)(1-x^r)}{(r-1+x^r)^2} \tag{16.15i}$$

下降段：

$$y = \frac{\sigma_c}{f_{pr}} = \frac{x}{\alpha_c(x-1)^2 + x} \tag{16.15j}$$

对 C20、C30、C40、C50、C60、C70、C80 混凝土 α_c 分别是 3.0、2.3、2.0、1.9、1.8、1.7、1.6。

应力-应变关系中混凝土强度有尺寸效应，峰值应变也有尺寸效应，弹性模量基本不变，因此，

$$E_c = \frac{\sigma_c}{\varepsilon_c}\bigg|_{y=1/3} = \frac{f_{pr}}{3x_{y=0.33}\varepsilon_{c0}} = \frac{(\gamma_U f_{pr})}{3x_{y=0.33}(\gamma_U\varepsilon_{c0})} = \frac{E_{sec0}}{3x_{y=0.33}} \tag{16.15k}$$

即峰值应变也要乘以尺寸修正系数 γ_U，无量纲应力-应变曲线的参数是 $x = \varepsilon_c/(\gamma_U\varepsilon_{c0})$ 和 y

$= \sigma_c / \gamma_U f_{pr}$。

钢材应力-应变关系：

（1）弹性阶段：

$$\varepsilon_s \leqslant \varepsilon_{sp} = \sigma_p / E : \sigma_s = E\varepsilon_s \qquad (16.16a)$$

（2）超过比例极限后一直到开始强化：

$$0.75\varepsilon_{sy} \leqslant \varepsilon_s \leqslant \varepsilon_{st} : \sigma_s = \frac{C\vartheta}{1+C\vartheta}f_y \qquad (16.16b)$$

$$\vartheta = e^{\frac{\varepsilon_z}{\chi^{(1-\chi)}\varepsilon_y}} \qquad (16.16c)$$

$$\chi = \frac{\sigma_p}{f_y} \qquad (16.16d)$$

$$C = \frac{\chi}{(1-\chi)e^{(1-\chi)^{-1}}} \qquad (16.16e)$$

（3）强化阶段：强化开始到抗拉强度点：

$$\varepsilon_{st} \leqslant \varepsilon_s \leqslant \varepsilon_{su} : \sigma_s = f_y + (f_u - f_y)\frac{\varepsilon_s^{0.02} - \varepsilon_{st}^{0.02}}{\varepsilon_{su}^{0.02} - \varepsilon_{st}^{0.02}} \qquad (16.16f)$$

（4）下降段：
$$\sigma_s = \left[1 - \frac{1}{2}\left(\frac{\varepsilon_s}{\varepsilon_{su}} - 1\right)^2\right]f_u \qquad (16.16g)$$

Q235、Q355、Q420 的各个控制点为：

$$\begin{cases} E = 206000 \\ \varepsilon_y = \dfrac{f_y}{E} \\ \varepsilon_{st} = 16\left(\dfrac{235}{f_y}\right)^{1.25}\varepsilon_y \\ \varepsilon_{su} = 175\left(\dfrac{235}{f_y}\right)^{1.5}\varepsilon_y \end{cases} \qquad (16.16h)$$

式中，f_u 分别是 370MPa、470MPa、520MPa。初始强化模量大约是弹性模量的 1.4%。

图 16.6 给出了混凝土的应力-应变关系，图 16.7 是钢材的应力-应变曲线，其中 $\sigma_p =$

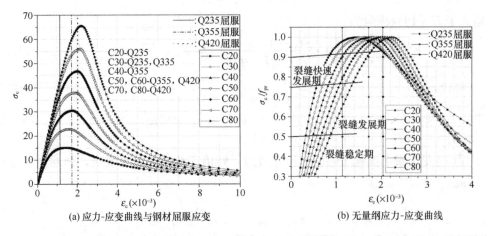

(a) 应力-应变曲线与钢材屈服应变　　　　(b) 无量纲应力-应变曲线

图 16.6　混凝土单向应力-应变曲线

$0.75f_y$。在图 16.6 中还表示出了钢材的屈服应变，与混凝土的峰值应变进行比较以确定钢材与混凝土强度等级的匹配关系：根据屈服前混凝土应该出现比较充分的膨胀角度确定的匹配关系如下：Q235：C20～C40；Q275：C20～C50；Q355：C40～C70；Q420：C50～C80。

钢管混凝土柱如果不存在两者间的相互作用，则短柱的压力-平均轴向应变之间的关系是简单相加，图 16.8 给出了一系列曲线，其中纵坐标采用钢与混凝土承载力简单相加的值来无量纲化。由图可见，峰值应变

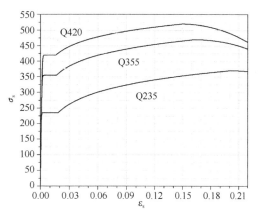

图 16.7 钢材应力-应变关系

在 $0.16\%\sim0.25\%$ 范围，峰值小于 1.0，在 $0.87\sim1.0$ 之间。峰值后快速下降，下降到仅比比值 $\Phi/(1+\Phi)$ 略大。在应变 $0.35\%\sim2\%$ 之间的曲线主要决定于 Φ；应变大于 2% 以后钢材进入强化阶段，曲线回升。

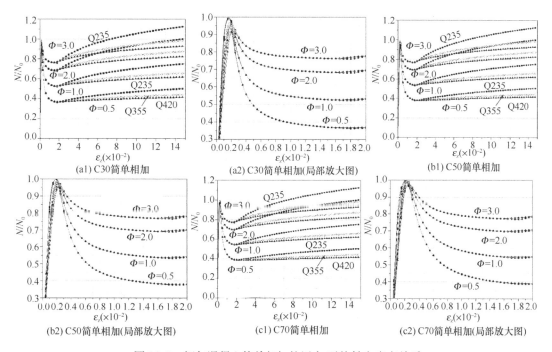

图 16.8 钢与混凝土简单相加的压力-平均轴向应变关系

图 16.9 给出了钢与混凝土竖向应变协调、钢与混凝土的轴力简单相加得到的最大承载力与各自屈服和最大承载力简单相加的比值，和混凝土峰值应力后下降段的最小值即：

$$\frac{N_{max}}{N_0} = \frac{(A_s\sigma_s + A_c\sigma_c)_{min}}{A_sf_y + A_cf_{pr}} \tag{16.17a}$$

$$\frac{N_{min}}{N_0} = \left[\frac{(A_s\sigma_s + A_c\sigma_c)_{min}}{A_sf_y + A_cf_{pr}}\right]_{x>1} \tag{16.17b}$$

计算范围是 $f_y = 235MPa$、$355MPa$、$420MPa$，C30~C80，$\Phi = 0.5 \sim 3.0$。由图可知，影响比值 N_{max}/N_0 的主要是钢材屈服应变与混凝土峰值应变的比值（或差值），与套箍系数基本无关，Q420 的屈服应变大，C20 的峰值应变小，两者组合获得最小的 N_{max}/N_0，幸好实际项目不会出现这样的强度匹配。影响 N_{min}/N_0 的主要是套箍系数，其他因素影响很小。图 16.9 (b) 代表图 16.8 所示曲线的下凹，圆钢管与管内混凝土相互作用的结果如图 16.10 所示，填平了图 16.8 所示曲线的下凹部分，填平的需求（和能力）主要与套箍系数有关。

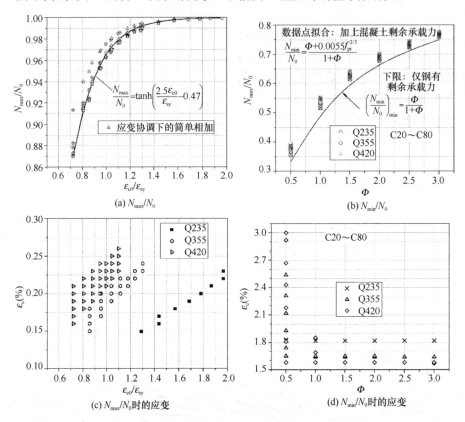

图 16.9　应变协调下简单相加得到的 N_{max}/N_0 和 N_{min}/N_0 及其对应的应变

16.2.5　圆钢管混凝土短柱压力-应变曲线的试验结果介绍

在圆钢管混凝土短柱的情况下，压力和轴向平均应变的试验曲线如图 16.10 所示，Tomii 等在 1977 年文献上展示了一系列试验曲线，$f_y = 3430kg/cm^2$(2mm)、$2933kg/cm^2$(3.2mm)、$2853\,kg/cm^2$(4.3mm)。都是普通强度钢材和混凝土，最小套箍系数为 0.727，曲线基本未出现下降段，套箍系数大于 1.3 时应变大于 2% 之后出现少量强化，表明钢材进入强化阶段。

图 16.11 是 Sakino 等的试验曲线，图 16.11 (a) 是普通强度钢材和混凝土匹配，即使 Q235 配 C50 混凝土，$\Phi = 0.7$ 时曲线出现缓慢下降，$\Phi = 0.369$ 时有下降但下降后能够稳定，$\Phi = 0.254$ 时下降明显且持续下降。图 16.11 (b) 是高强钢 $[(f_u - f_y)/f_y$ 小] 配高强混凝土（脆性），$\Phi = 3.832$ 时曲线才是平的，表明强度差值 $f_u - f_y$ 小，弥补混凝土强度退化带来的强度损失需要较多的钢管面积来补偿；$\Phi = 1.063$ 时下降后仍然稳定。可见，高强钢材配高强混凝土时，套箍系数是普通钢材配普通混凝土的套箍系数的 3 倍时，才能

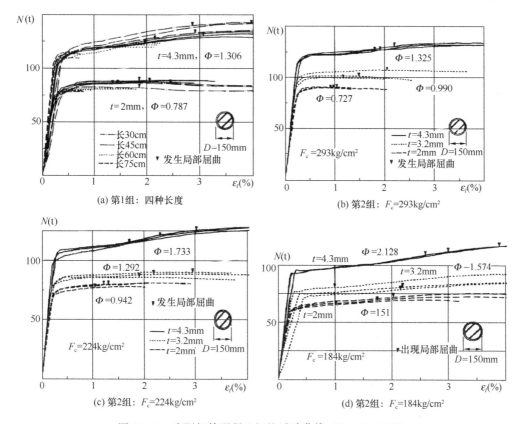

图 16.10 实际钢管混凝土短柱试验曲线 (Tomii, 1977)

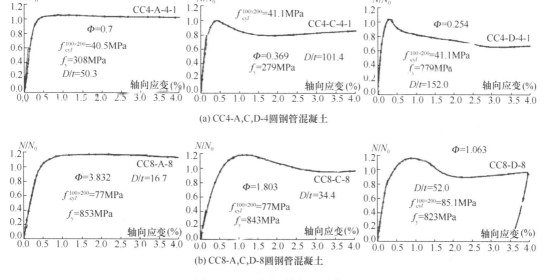

图 16.11 Sakino 等的试验曲线

够达到相似的压力-应变曲线。

与图 16.8 对比:图 16.8 简单相加曲线出现峰值后的快速下降现象在图 16.10 中不见了,表明圆钢管与混凝土发生了重要的相互作用,钢材腾出少量的竖向强度为混凝土提供围压，带来混凝土竖向强度较大幅度的提高，充分补偿了混凝土强度的退化。相应地比值 $N_{\max}/N_0$ 会大于 1，表明圆钢管与混凝土的共同作用带来的好处。可以推测，应变比值 $\varepsilon_{c0}/\varepsilon_{sy}$ 越小，好处越大。

16.2.6　均匀主动围压下混凝土的竖向强度

计算钢管混凝土的强度经常引用围压作用下混凝土竖向强度的试验数据。这类试验的加载方式：先加围压并保持不变，然后竖向加压，获得的应力-应变曲线如图 16.16 和图 16.17 所示。这样的加载程序与钢管内混凝土受力情况不符，采用这样的数据推导钢管混凝土柱轴压承载力是偏高的。

图 16.12 给出了国内外的一些试验结果。图 16.12（a）引自文献［3］，试验点来自欧美日，曲线是：

$$\frac{f_{\text{pr,p}}}{f_{\text{pr}}} = 1 + 1.5\sqrt{\frac{p}{f_{\text{pr}}}} + 2\frac{p}{f_{\text{pr}}} \tag{16.18a}$$

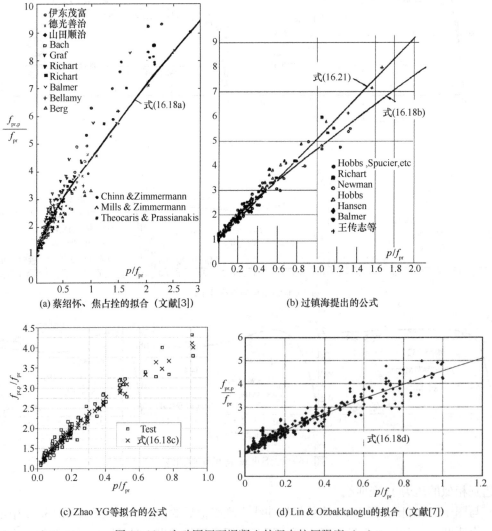

(a) 蔡绍怀、焦占栓的拟合（文献[3]）　　(b) 过镇海提出的公式

(c) Zhao YG等拟合的公式　　(d) Lin & Ozbakkaloglu的拟合（文献[7]）

图 16.12　主动围压下混凝土的竖向抗压强度（一）

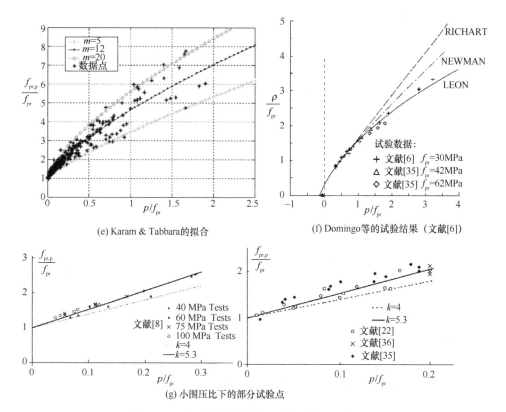

(e) Karam & Tabbara的拟合   (f) Domingo等的试验结果（文献[6]）

(g) 小围压比下的部分试验点

图 16.12 主动围压下混凝土的竖向抗压强度（二）

过镇海提出的公式是［图 16.12（b）］：

$$\frac{f_{\text{pr}\cdot\text{p}}}{f_{\text{pr}}} = 1 + 3.7 \left(\frac{p}{f_{\text{pr}}}\right)^{0.86} \tag{16.18b}$$

Zhao Y G 等文献［31］统计了 1995～2014 年的四篇文献共 84 个主动围压试验，涵盖了混凝土圆柱强度 28.6～128MPa 的范围，围压是 1.09～59.98MPa，提出如下公式［图 16.12（c）］：

$$\frac{f_{\text{pr}\cdot\text{p}}^{\text{active}}}{f_{\text{pr}}} = 1 + 2.2 f_{\text{pr}}^{0.11} \left(\frac{p}{f_{\text{pr}}}\right)^{0.81} \tag{16.18c}$$

图 16.12（d）是 Lim & Ozbakkaloglu 的公式（文献［7］）：

$$\frac{f_{\text{pr}\cdot\text{p}}}{f_{\text{pr}}} = 1 + \frac{K}{f_{\text{pr}}^{0.09}} \left(\frac{p}{f_{\text{pr}}}\right)^{1/f_{\text{pr}}^{0.06}} = 1 + \frac{4.726}{f_{\text{pr}}^{0.09}} \left(\frac{p}{f_{\text{pr}}}\right)^{1/f_{\text{pr}}^{0.06}} \tag{16.18d}$$

式中，$f_{\text{pr}} = 24\text{MPa}$、$p/f_{\text{pr}} = 1$ 时，图上给出 4.55 左右，反推出 $K = 4.726$，与式（16.18a）相当。上述两个式子第 2 项的系数与 f_{pr} 的关系相反：一个随 f_{pr} 增大（3.103～3.486），平均 3.31，指数 0.81，一个却随 f_{pr} 下降（3.567～3.243），平均 3.39，指数 0.78～0.83，平均 0.8。后面将用

$$\frac{f_{\text{pr}\cdot\text{p}}^{\text{active}}}{f_{\text{pr}}} = 1 + 3.42 \left(\frac{p}{f_{\text{pr}}}\right)^{0.8} \tag{16.18e}$$

图 16.12（e）引自文献［5］，图中的公式是：

$$\frac{f_{\mathrm{pr.p}}}{f_{\mathrm{pr}}} = \frac{p}{f_{\mathrm{pr}}} + \sqrt{1 + m\frac{p}{f_{\mathrm{pr}}}} \tag{16.18f}$$

图 16.12（e）绘出了取 $m = 5$、12、20 的曲线，分别代表了试验点的下限、平均和上限曲线。

图 16.12（f）引自文献 [6]，图中标注为 LEON 的曲线是：

$$3\frac{J_2}{f_{\mathrm{pr}}^2} + m\left(\frac{\sqrt{J_2}}{\sqrt{3}f_{\mathrm{pr}}} - \frac{I_1}{3f_{\mathrm{pr}}}\right) - 1 = 0 \tag{16.19a}$$

$$m = \frac{f_{\mathrm{pr}}}{f_{\mathrm{tk}}} - \frac{f_{\mathrm{tk}}}{f_{\mathrm{pr}}} \tag{16.19b}$$

$$I_1 = \sigma_1 + \sigma_2 + \sigma_3 \tag{16.19c}$$

$$J_2 = \frac{1}{6}\left[(\sigma_1 - \sigma_2)^2 + (\sigma_2 - \sigma_3)^2 + (\sigma_3 - \sigma_1)^2\right] \tag{16.19d}$$

式中，$\sigma_1 \leqslant \sigma_2 \leqslant \sigma_3$ 是三个受压主应力，I_1 是第一应力不变量，J_2 是第二应力偏量不变量。将 $\sigma_1 = \sigma_2 = p \leqslant \sigma_3$ 代入，$J_2 = (\sigma_3 - p)^2/3$，$I_1 = \sigma_3 + 2p$，式（16.19a）转化为：

$$\frac{(\sigma_3 - p)^2}{f_{\mathrm{pr}}^2} - m\frac{p}{f_{\mathrm{pr}}} - 1 = 0 \tag{16.20a}$$

从上式可求得式（16.18f），但是式（16.19b）给出了此式 m 的取值规律，$f_{\mathrm{tk}}/f_{\mathrm{pr}} = 0.07$、$0.08$、$0.09$、$0.1$ 时，m 值分别是 14.22、12.42、11.02、9.9。随着混凝土强度的提高，比值 $f_{\mathrm{tk}}/f_{\mathrm{pr}}$ 减小，m 相应增大，这个现象与试验结果不符。记 $\rho = \sqrt{2J_2}$，式（16.20a）可以表示为：

$$\frac{\rho}{f_{\mathrm{pr}}} = \sqrt{\frac{2}{3}\left(1 + m\frac{p}{f_{\mathrm{pr}}}\right)} \tag{16.20b}$$

对比图 16.12（e）和图 16.12（f）可见，如果试验数据仅针对特定批，该式与试验结果吻合良好，但是对各种不同来源的试件结果，该式基本是平均值。

图 16.12（g）是低围压时的一些试验点，引自文献 [8]，图中的 k 用于下式：

$$\frac{f_{\mathrm{pr.p}}}{f_{\mathrm{pr}}} = 1 + k\frac{p}{f_{\mathrm{pr}}} \tag{16.21}$$

其中 $k = 4.1$ 是 1928 年 Richard 研究螺旋箍筋约束下混凝土的性能时得出的，在围压较小时适用，因为螺旋箍筋混凝土柱能够达到的围压较小。在围压达到 $p/f_{\mathrm{pr}} = 1.12$ 时，Richard 的试验数据给出 k 系数为 3.76。从混凝土在三轴应力作用下的屈服准则 [例如式（16.19a）]，推导出围压下的竖向承载力的公式的还有著名的 Ottosen 屈服准则。

16.2.7　Ottosen 准则

π 平面是指由三个主应力组成的三维空间坐标中与静水压力轴 $\sigma_1 = \sigma_2 = \sigma_3$ 垂直的平面。塑性力学中用 π 平面上一条封闭曲线来表示破坏准则，Mises 屈服准则在该平面上是一个圆。对混凝土它是一条曲线，每 120° 对称，120° 范围内关于 60° 对称。因此只需要确定 −30°～30° 范围内的曲线，如图 16.13 所示。1977 年 Ottosen 发表了一个混凝土三向应力下的屈服准则，并很快被国际混凝土结构联合会（Fib）的 Model Code（1978、1990、2010 版）采纳。该模型 [图 16.13（a）] 妙在正三角形的钢管平面上蒙上一层薄膜，该薄膜在钢管内部压力下鼓成曲面，曲面等高线方程作为 π 平面上一系列屈服线方程。

公式是:

$$a\frac{J_2}{f_{\rm pr}^2} + \lambda\frac{\sqrt{J_2}}{f_{\rm pr}} + b\frac{I_1}{f_{\rm pr}} - 1 = 0 \qquad (16.22)$$

式中,

$$J_2 = \frac{1}{2}(s_1^2 + s_2^2 + s_3^2) = \frac{1}{6}\left[(\sigma_1 - \sigma_2)^2 + (\sigma_2 - \sigma_3)^2 + (\sigma_3 - \sigma_1)^2\right] \qquad (16.23a)$$

$$I_1 = \sigma_1 + \sigma_2 + \sigma_3 \qquad (16.23b)$$

$$\sigma_{\rm m} = \frac{1}{3}I_1 \qquad (16.23c)$$

$$J_3 = \frac{1}{3}(s_1^3 + s_2^3 + s_3^3) = s_1 s_2 s_3 = (\sigma_1 - \sigma_{\rm m})(\sigma_2 - \sigma_{\rm m})(\sigma_3 - \sigma_{\rm m}) \qquad (16.23d)$$

$$\cos 3\theta_\sigma \geqslant 0: \qquad \lambda = k_1 \cos\left[\frac{1}{3}\arccos(k_2 \cos 3\theta_\sigma)\right] \qquad (16.23e)$$

$$\cos 3\theta_\sigma < 0: \qquad \lambda = k_1 \cos\left[\frac{\pi}{3} - \frac{1}{3}\arccos(-k_2 \cos 3\theta_\sigma)\right] \qquad (16.23f)$$

式中,s_1、s_2、s_3 是应力偏量,k_1 和 k_2 分别是表征屈服面大小和形状的因子。

$$\cos 3\theta_\sigma = \frac{3\sqrt{3}}{2}\frac{J_3}{J_2^{1.5}} \qquad (16.23g)$$

式中,θ_σ 是图 16.13(a)所示转角。π 平面上屈服面上的点到 π 平面中心的距离是 $\rho = \sqrt{2J_2}$,采用 ρ、θ_σ 及 $\sigma_{\rm m}$(或采用 J_2、θ_σ、I_1)三个参数能够确定破坏曲面。

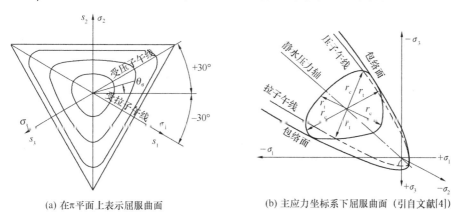

(a) 在 π 平面上表示屈服曲面　　　　(b) 主应力坐标系下屈服曲面(引自文献[4])

图 16.13　Ottosen 屈服面模型

式(16.22)、式(16.23)中的常数 a、b、k_1、k_2 利用四个条件确定:

(1)单轴受压破坏点:$J_2 = \frac{1}{3}f_{\rm pr}^2$,$I_1 = -f_{\rm pr}$,$J_3 = -\frac{2}{27}f_{\rm pr}^3$,$\cos 3\theta_\sigma = -1$,$\theta_\sigma = \frac{\pi}{3}$。代入式(16.22)得:

$$\frac{1}{3}a + \frac{1}{\sqrt{3}}k_1 \cos\left(\frac{\pi}{3} - \frac{\arccos k_2}{3}\right) - b - 1 = 0 \quad \text{(受压子午线上的点)} \qquad (16.24a)$$

(2)单轴受拉破坏点:$J_2 = \frac{1}{3}f_{\rm tk}^2$,$I_1 = f_{\rm tk}$,$J_3 = \frac{2}{27}f_{\rm tk}^3$,$\cos 3\theta_\sigma = 1$,$\theta_\sigma = 0$,记:

$$\chi = f_{\mathrm{tk}}/f_{\mathrm{pr}} \tag{16.24b}$$

可以得到第二个方程：

$$\frac{1}{3}\chi a + \frac{1}{\sqrt{3}}k_1\cos\left(\frac{1}{3}\arccos k_2\right) + b = \frac{1}{\chi} \quad (\text{受拉子午线上的点}) \tag{16.24c}$$

（3）双向受等压破坏点：双向受压时混凝土强度为 f_{2c}。国际上双向等压的强度设为 $f_{2c} = 1.16f_{\mathrm{pr}}$，过镇海（文献 [4]）采用的双向等压强度为 $f_{2c} = 1.28f_{\mathrm{pr}}$，1.28 是平均值且是低强度混凝土 $f_{\mathrm{pr}} \leqslant 25$ 的试件获得的数据，如图 16.14 所示。文献 [11] 表明，对强度更高的混凝土，该数据平均值低于 1.2。根据有限的数据，采用以下两式计算双向受压混凝土强度提高系数的平均值 $\beta_{2c,m}$ 和 95% 保证率的值 β_{2c}（$\beta_{2c} = f_{2c}/f_{\mathrm{pr}}$）（表 16.6）：

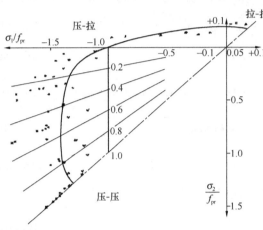

图 16.14　双向受力混凝土的强度曲线

$$f_{2c,m} = \beta_{2c,m}f_{\mathrm{pr}} = \frac{1.6}{f_{\mathrm{pr}}^{0.07}} \cdot f_{\mathrm{pr}} \tag{16.24d}$$

$$f_{2c,95} = f_{2c} = \frac{1.45}{f_{\mathrm{pr}}^{0.07}} \cdot f_{\mathrm{pr}} = \beta_{2c} \cdot f_{\mathrm{pr}} \tag{16.24e}$$

根据研究的需要分别采用平均值（$\beta_{2c,m}$）或 95% 保证率的值（β_{2c}）。此时 $J_2 = \frac{1}{3}f_{2c}^2$，$I_1 = -2f_{2c}$，$J_3 = \frac{2}{27}f_{2c}^3$，$\cos 3\theta_\sigma = 1$，$\theta_\sigma = 0$，位于受拉子午线上，代入式（16.22）得到：

$$\frac{1}{3}\beta_{2c}^2 a + \frac{1}{\sqrt{3}}\beta_{2c}k_1\cos\left(\frac{1}{3}\arccos k_2\right) - 2\beta_{2c}b - 1 = 0 \tag{16.24f}$$

双轴等值受压的混凝土强度提高系数　　　　　　　　　　　　　表 16.6

f_{cu} (MPa)	30	40	50	60	70	80
f_{pr} (MPa)	22.8	30.4	38	46.8	56	65.6
β_{2c}	1.165	1.142	1.124	1.108	1.094	1.082
$\beta_{2c,m}$	1.285	1.260	1.240	1.222	1.207	1.194

（4）在 Ottosen 的原始文章中要求通过受压子午线（$\sin 3\theta_\sigma = 1$）上的点 $\left(\dfrac{I_1}{\sqrt{3}f_{\mathrm{pr}}}, \dfrac{\sqrt{2J_2}}{f_{\mathrm{pr}}}\right) = (-5, 4)$，通过此点的曲线给出图 16.12（e）试验点的上限。过镇海（文献 [4]）要求屈服面通过点 $\left[\dfrac{I_1}{\sqrt{3}f_{\mathrm{pr}}}, \dfrac{\sqrt{2J_2}}{f_{\mathrm{pr}}}\right] = (-4\sqrt{3}, 2.7\sqrt{3})$，它离原点（0，0，0）较远。这里要求 $[-f_{\mathrm{pr}}, -f_{\mathrm{pr}}, -(1+k)f_{\mathrm{pr}}]$ 在屈服曲面上 {也可以根据表 16.5 所列围压的大小，取 $[-0.5f_{\mathrm{pr}}, -0.5f_{\mathrm{pr}}, -(0.5+k_{0.5})f_{\mathrm{pr}}]$ 处的值，试算表明差别不大}，k 则根据需

要取 $p/f_{pr}=1$ 时的平均值或者有一定保证率（$88\% \sim 95\%$）的值。在该点。$I_1 =$
$-(3+k)f_{pr}$，$J_2 = \dfrac{1}{3}(kf_{pr})^2$，$J_3 = -\dfrac{2}{27}(kf_{pr})^3$，$\cos3\theta_\sigma = -1$，$\left(\dfrac{I_1}{\sqrt{3}f_{pr}}, \dfrac{\sqrt{2J_2}}{f_{pr}}\right) =$
$\left(\dfrac{-(3+k)}{\sqrt{3}}, \sqrt{\dfrac{2}{3}}k\right)$，代入式（16.22）得到：

$$\frac{k^2}{3}a + \frac{k}{\sqrt{3}}k_1\cos\left(\frac{\pi}{3} - \frac{1}{3}\arccos k_2\right) - (3+k)b - 1 = 0 \qquad (16.24\mathrm{g})$$

上述式（16.24a）、式（16.24c）、式（16.24f）、式（16.24g）四个方程，可以确定四个常数。记：

受压子午线：

$$\lambda_c = k_1\cos\left(\frac{\pi}{3} - \frac{\arccos k_2}{3}\right) = k_1\cos\left(\frac{\pi}{3} - \alpha\right) \qquad (16.25)$$

受拉子午线：

$$\lambda_t = k_1\cos\left(\frac{1}{3}\arccos k_2\right) = k_1\cos\alpha \qquad (16.26)$$

$\alpha = \dfrac{\arccos k_2}{3}$，可以求得参数：

$$a = \frac{3[\beta_{2c}\chi(1-k) - \chi + \beta_{2c}]}{\beta_{2c}\chi(k^2 - k - \beta_{2c} + \chi)} \qquad (16.27\mathrm{a})$$

$$b = \frac{1}{9}(k-1)(ka+3) \qquad (16.27\mathrm{b})$$

$$\lambda_c = \frac{1}{\sqrt{3}}(3 + 3b - a) \qquad (16.27\mathrm{c})$$

$$\lambda_t = \frac{1}{\sqrt{3}}\left(\frac{3}{\chi} - 3b - \chi a\right) \qquad (16.27\mathrm{d})$$

$$k_1 = \frac{2}{\sqrt{3}}\sqrt{\lambda_c^2 - \lambda_c\lambda_t + \lambda_t^2} \qquad (16.27\mathrm{e})$$

$$k_2 = \cos3\alpha = 4\cos^3\alpha - 3\cos\alpha = 4\left(\frac{\lambda_t}{k_1}\right)^3 - 3\frac{\lambda_t}{k_1} \qquad (16.27\mathrm{f})$$

采用 ρ、θ_σ、σ_m 表示的破坏曲面，式（16.22）表示为：

$$\frac{\rho}{f_{pr}} = \sqrt{\frac{\lambda_c^2}{2a^2} + \frac{2}{a}\left(1 - 3b\frac{\sigma_m}{f_{pr}}\right)} - \frac{\lambda_c}{\sqrt{2}a} \qquad (16.28)$$

围压 p 下竖向承载力为 $f_{pr,p}$，此时 $J_2 = \dfrac{1}{3}(f_{pr,p} - p)^2$，$I_1 = -f_{pr,p} - 2p$，$J_3 = -\dfrac{2}{27}$
$(f_{pr,p} - p)^3$，$\cos3\theta_\sigma = -1$，位于受压子午线上，代入式（16.22）得到：

$$\frac{f_{pr,p}}{f_{pr}} = \frac{p}{f_{pr}} + C + (1-C)\sqrt{1 + G\frac{p}{f_{pr}}} \qquad (16.29\mathrm{a})$$

$$C = \frac{1}{2}\left(1 - \frac{3}{a}\right) \qquad (16.29\mathrm{b})$$

$$G = \frac{9b}{a(1-C)^2} \qquad (16.29\mathrm{c})$$

式（16.29a）是 Ottosen 准则在围压下的一个特例，因此理论上有提升；确定 Ottosen 屈服曲面的形状，须明确 k 的取值。

16.3　被动围压下圆钢管内混凝土的强度

上述给定围压下（Active Pressure）混凝土抗压强度公式能否直接用于钢管内混凝土（Passive Pressure）的强度计算？或者说，混凝土的极限抗压强度与加载路径无关吗？

16.3.1　混凝土应力路径的影响

给定围压下混凝土试件竖向承载力试验，是把试件放置在液压缸内，通过一薄膜将液压油与试件分开，施加围压到给定值，然后再施加竖向压力。这种加载方式下混凝土竖向裂缝开展小或几乎没有开展。钢管混凝土中钢管与混凝土同时受力，弹性阶段钢管的泊松比（0.283～0.3）大于混凝土的泊松比（0.16～0.2），钢管在弹性阶段并未对混凝土提供约束，开始阶段反而提供少量径向拉应力。资料表明，当混凝土压应力达到单轴抗压强度的 0.83～0.92 倍时，混凝土才得到钢管的外部约束。而关于标准混凝土试块裂缝开展的描述是这样的：在应力比 0.3 左右，开始出现骨料的界面裂缝，应力比 0.3～0.5 是裂缝稳定期，应力比 0.5～0.75 是裂缝发展期，而当应力比大于 0.75～0.9 时，是裂缝快速发展阶段。由此判断，钢管对核心混凝土提供有效的环箍约束之前，核心混凝土内的竖向裂缝已经很丰富了。继续增加竖向压力，因为环箍作用，裂缝不开展但不会原样闭合，而是在内部出现局部压碎后填合裂缝；继续增加竖向压力，因微观裂缝开展和内部局部压碎膨胀而表现为混凝土泊松比增加，钢管出现双因素膨胀（自身受压横向泊松比膨胀和内壁受往外的挤压而膨胀），核心混凝土的半径在增大，裂缝的闭合需要胶凝材料（水泥砂浆）发生错位填补裂缝。

图 16.15 给出了混凝土的四种加载路径，1 是定围压比的试验，是获得图 16.12 各图试验数据的加载方式。2 是围压和竖向压力成比例加载，当这个比例不是太小，围压能够在整个加载过程中限制裂缝的开展，其强度与加载方式 1 几乎相同。3 是 FRP 包裹混凝土的加载路径，因为 FRP 没有竖向刚度，不承受竖向荷载，混凝土一开始就有泊松比效应，FRP 纤维产生环向拉力，FRP 的环向刚度发挥最大作用通常在加载路径 1 时混凝土应力-应变曲线的下降段，如图 16.16 所示。Xiao QG 和 Teng J G（2010 年）提出下式用于研究 FRP 混凝土柱：

$$\frac{f_{\mathrm{pr \cdot p}}}{f_{\mathrm{pr}}} = 1 + 3.24 \left(\frac{p}{f_{\mathrm{pr}}}\right)^{0.8} \tag{16.30}$$

混凝土强度不如加载路径 1。加载于混凝土上且钢管与混凝土之间粘结力很小的试件的强度类似于 FRP 混凝土，但是钢管的环向刚度较大，区别仍然存在。

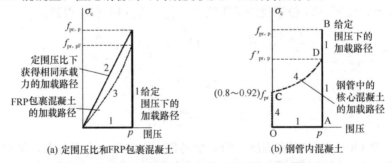

(a) 定围压比和FRP包裹混凝土　　　　(b) 钢管内混凝土

图 16.15　不同约束混凝土的应力路径的应力路径对比。

图 16.16 摘自文献［16］，他们做了定围压的和 FRP 包裹混凝土的试验，制作大的混凝土块，采用挖芯取样的方法制备混凝土圆柱体试件。测量出压力、纵向应变和环向应变的数据，FRP 试件测出环向应变，根据 FRP 的弹性模量算出 FRP 的环向应力和混凝土的围压，并与定围压的曲线进行对比。可见竖向应力-应变曲线完全不同，约束不足会导致应力-应变曲线出现下降段。

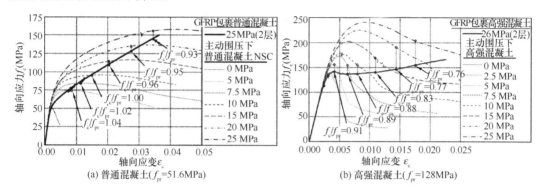

图 16.16　FRP 约束与主动围压下混凝土的应力-应变曲线对比

图 16.15（b）的路径 4 是钢管混凝土的加载路径，开始阶段混凝土单向受力，开裂膨胀后才获得钢管的约束，因此钢管内的混凝土的应力路径与围压作用下混凝土的应力路径完全不同。第 4 种加载途径下，核心混凝土受到的围压即使达到了相同的数值，其竖向强度 $f'_{\rm pr,p}$（D 点）也应该小于 $f_{\rm pr,p}$，很遗憾的是 $f'_{\rm pr,p}$ 目前是未知的。

图 16.16 和图 16.17（c）给出了定围压下的混凝土的应力-应变曲线（过程）和钢管混凝土内的混凝土的应力-应变曲线（过程），两者有明显不同：一开始，钢管与混凝土各自独立地共同承担竖向压力（平截面假定），当混凝土单向受压为 $(0.7\sim0.9)f_{\rm pr}$、混凝土裂缝已经进一步发展与钢管接触后，才产生小的围压，此时应力-应变路径开始从 $p=0$ 的曲线向 $p=2$、4、8···MPa 等定围压曲线发展、与它们相交，最大承载力出现在定围压曲线的下降段，因此相同围压下，钢管混凝土的强度小于定围压下的强度。设折减系数为 $\alpha_{\rm CFT}$，有：

$$f_{\rm pr,p,CFT} = f_{\rm pr} + \alpha_{\rm CFT}kp = f_{\rm pr} + \left[1 - 1.344\left(\frac{p}{f_{\rm pr}}\right)^{0.75}\right]kp \qquad (16.31)$$

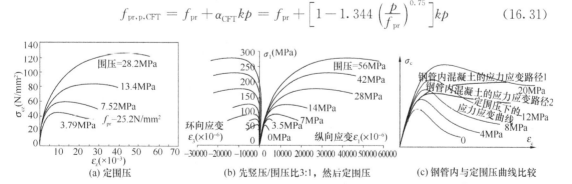

图 16.17　定围压作用下和钢管内混凝土的应力应变路径

与试验数据对比发现，在套箍系数较小（径厚比 100），$p/f_{\rm cyl}=0.1$、0.15、0.2 时，$\alpha_{\rm CFT}=0.761$、0.676、0.598，上式给出基本合理的结果。但是对更大的套箍系数不适用。$\alpha_{\rm CFT}$ 的

值终究要通过钢管混凝土试件得出。

16.3.2　钢管混凝土加载于混凝土上时的情况

文献［31］报告了一个对钢管约束混凝土的试验研究，试件尺寸 $\phi140\text{mm}\times420\text{mm}$，钢管与混凝土之间有润滑剂减小摩擦，试件制造精良，通过测量钢管表面的纵向和环向应变，利用平面问题的塑性应变增量理论，求算钢管的环向拉应力，从而求得钢管约束混凝土的应力加载途径（表 16.7）。图 16.18 给出了一个试件的应力路径：（1）OA 段，侧向应力很小，A 点的应力大约在 $0.5f_{\text{cyl}}$。（2）随后微裂缝发展，钢管环向应力开始发展，先慢后快。因为钢管的环箍作用，混凝土的破坏被延后到 B 点，在 $1.4f_{\text{cyl}}$。（3）在 B 点之后，混凝土经历了一个压碎过程，快速膨胀。钢管仍在弹性阶段，混凝土受到的侧向围压应力快速增加，但是此时混凝土的竖向应力本不会增加，但是压碎、环向膨胀过程中钢管弹性，提供了环向约束增加，增加了竖向强度，所以总承载力并不下降，直到钢管在 E 点环向屈服。（4）钢管环向达到屈服后，环向无阻力或低阻力膨胀，进入钢材的屈服平台，混凝土进入一个压实过程，表现出环向应力不增加而竖向强度有所增加，C 点完成塑性流动到达强化起点。（5）C 点后钢管开始环向进入强化阶段直到 D 点，D 点为应变片已经破坏的点或最大荷载点。

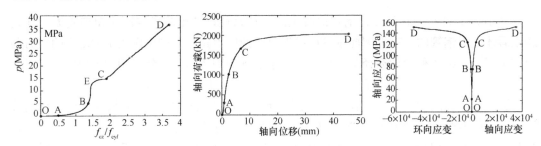

图 16.18　文献［31］所示的一个试件（490-36-31）的应力途径

钢管混凝土内的应力路径试验　　　　　　　　　　　　　　　　　　表 16.7

编号	试件编号	D (mm)	t (mm)	f_y (MPa)	f_{cyl}^{100} (MPa)	仅混凝土加载			全截面加载		
						$N_{\text{u},1}$	Ω_C	λ_C	$N_{\text{u},2}$	Ω_{SC}	λ_{SC}
A1	400-24-31-1	140	4.5	374.2	28	1517.6	0.38	0.8	1275.3	0.24	0.42
A2	400-24-31-2	140	4.5	374.2	28	1530.2	0.4	0.81	1294.5	0.2	0.47
A3	400-36-31-1	140	4.5	374.2	39	1618.1	0.3	0.72	1406.4	0.18	0.4
A4	400-36-31-2	140	4.5	374.2	39	1530.4	0.29	0.65	1405	0.17	0.4
A5	400-48-31-1	140	4.5	374.2	52	1670	0.21	0.57	1524.3	0.13	0.3
A6	400-48-31-2	140	4.5	374.2	52	1630.2	0.21	0.55	1530.4	0.14	0.3
B1	490-24-31-1	140	4.5	462.9	28	2001.7	0.52	1.03	1646.7	0.34	0.7
B2	490-24-31-2	140	4.5	462.9	28	2047.4	0.48	1.06	1662.3	0.38	0.6
B3	490-36-31-1	140	4.5	462.9	39	2026.6	0.4	0.89	1763.9	0.3	0.64
B4	490-36-31-2	140	4.5	462.9	39	2047.4	0.4	0.87	1753.8	0.35	0.72
B5	490-48-31-1	140	4.5	462.9	52	2120.2	0.35	0.77	1865.2	0.24	0.55
B6	490-48-31-2	140	4.5	462.9	52	2149.6	0.35	0.74	1871.6	0.25	0.54
C1	400-36-26-1	216.3	8.2	381.1	41	4210.9	0.29	0.71	3788.4	0.23	0.47
C2	400-36-26-2	216.3	8.2	381.1	41	4256.9	0.28	0.74	3800.3	0.2	0.46
C3	400-36-36-1	190.7	5.3	382.5	41	2726.8	0.21	0.68	2530.3	0.16	0.48
C4	400-36-36-2	190.7	5.3	382.5	41	2705.5	0.24	0.65	2544.8	0.23	0.49
C5	400-36-48-1	216.3	4.5	371.9	41	2904.1	0.19	0.61	2740.4	0.19	0.41
C6	400-36-48-2	216.3	4.5	371.9	41	2906.2	0.12	0.64	2751.2	0.17	0.4

图 16.19（a）和（b）显示，钢材相同，混凝土强度不同，OABC 这一段差别不大，混凝土强度低时 C 点的强度提高比例略大。C 点之后的应力路径差别很大：即混凝土强度主要影响强化阶段的应力途径，同样的环向约束刚度下，强度高的混凝土获得的强度增量较小。

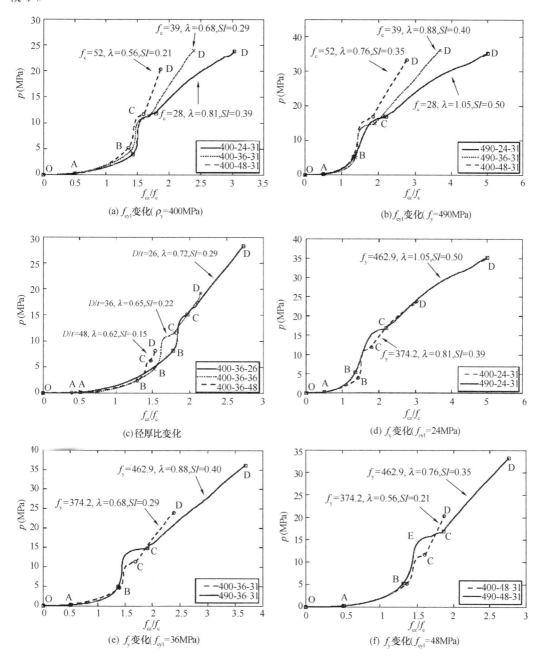

图 16.19 影响应力途径的因素分析 1：混凝土加载

图 16.19（d）、（e）和（f）是给定混凝土强度，不同钢材时的应力途径。BC 段和 CD 段均有明显不同。钢材强度高，弹性阶段长，钢管环向屈服时围压发展较大，屈服平

台段也较长。400 钢材的水平段短，仅仅是表示 B 点后钢材保持弹性的阶段短。490 钢材的 CD 段强度增加快，环向应力增加相对慢。高强钢材对 B 点本身没有影响，对 B 点以后的阶段影响巨大。

图 16.19（c）是变化径厚比，该图显示，除 OA 外，各个阶段都受影响。D/t 小，B 点应力高，混凝土压碎的点被推迟了；C 点和 D 点也随 D/t 减小而抬高，围压更大，强度提高更多；因为混凝土强度和钢材强度相同，图中曲线 CD 段的斜率相同，BC 段的斜率也接近。

为了衡量加载路径的影响，文献［31］引入了钢管约束下混凝土强度增量（D 点）和 D 点主动围压 p_D 下混凝土强度增量的比值（称为围压效率系数）：

$$\lambda_C = \frac{f_{cyl,p} - f_{cyl}}{\Delta f_{cyl,p}^{active}} \tag{16.32}$$

同时引入面积比：D 点以前的 p-f_{cz} 曲线下的面积与 $p_D f_{cz,D}$ 的比值作为参数 Ω_C，Ω_C 越接近于 1，则试验结果应该越接近于主动围压，$\Omega_C = 0$ 就是无约束混凝土。表 16.7 给出了 Ω_C 和 λ_C，对 18 个数据重新拟合得到 $\Omega_C = 0.195\Phi$。仅混凝土加载时的 λ_C 在 0.55～1.06 之间，与套箍系数的关系可以拟合为：

$$\begin{cases} \Phi \leqslant 2.472: \lambda_C = 0.595\Phi^{0.56} \leqslant 1.0 \\ \Phi > 2.472: \lambda_C = 1.0 \end{cases} \tag{16.33}$$

该拟合式的统计参数为 $m_{\lambda1} = \frac{1}{18}\sum_{i=1}^{18}\frac{\lambda_{i,test}}{\lambda_{式(16.33)}} = 1.0033, C_{OV\lambda1} = \sqrt{\frac{1}{17}\sum_{i=1}^{18}\left(\frac{\lambda_{i,test}}{\lambda_{式(16.33)}}-1\right)^2} = 0.0893$。

16.3.3　钢与混凝土同时加载的围压和混凝土强度

文献［32］报告了钢管与混凝土同时加载的研究，图 16.20 给出了试件的应力途径。(1) OA 的前一段没有围压产生，混凝土纵向开裂、膨胀到割线泊松比与钢材弹性阶段的泊松比相同时混凝土与钢管开始接触，围压出现；与仅混凝土加载相比，A 点与 B 点相距很近，A 点的应力已经达到混凝土单轴受压强度的 0.7 倍以上，裂缝已经非常丰富。(2) A 点之后，膨胀逐渐加快，围压增长适度加快，到达 B 点混凝土已经压溃，横向膨胀突然增大，导致围压在 B 点之后的 BE 段混凝土压应力增长很小的情况下围压迅速增加，混凝土经历了一个压碎、承载力下降的过程，但是压碎过程中弹性钢管提供了环向约束，又增加了竖向强度，所以实际的承载力并不下降；因为钢材也同时竖向受压，且压应力也已经较大，环向拉应力增长的同时竖向压应力也在增长，这样 BE 这个阶段短，E 点处钢材屈服。(3) 接下去进入平台段，表示混凝土竖向应力增加，而围压基本不增加，混凝土因为密度补偿性的增加而获得强度，直到 C 点。(4) C 点开始强化，直到 D 点破坏。与仅混凝土加载相比，A 点处的应力大，AB 段短，C 点处围压低，混凝土的强度也低，C 点前的平台短。各种参数下的曲线仅在 CD 段区别大。

图 16.20（a）给出了 ST400 钢材 $D/t = 31$ 三种强度的混凝土试件的应力路径，明显的区别只在 CD 段，图 16.20（b）是 SM490 钢材，C 点的平台段明显高于 ST400 钢材的，D 点的高度也提高了。图 16.20（c）是不同径厚比的试件，不同径厚比的曲线差别

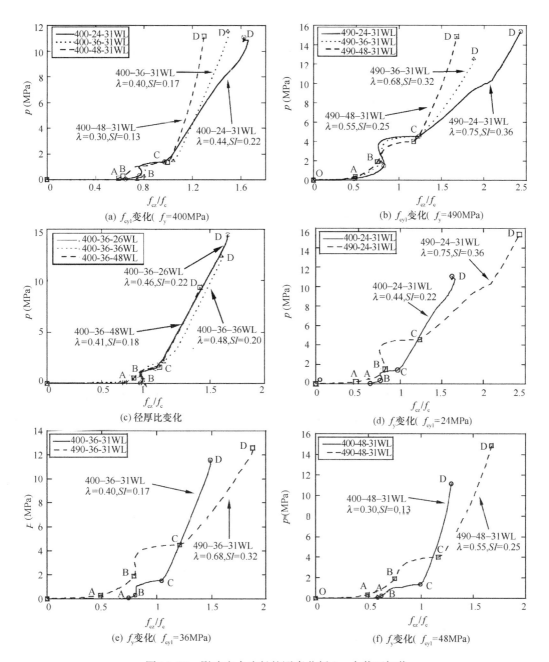

图 16.20 影响应力途径的因素分析 2：全截面加载

很小。图 16.20（d）、（e）和（f）将三种强度混凝土在不同钢材强度下的应力路径进行了比较，钢材强度高的，CD 段高，但是平缓。

参数 λ_{SC} 与套箍系数的关系是：

$$\begin{cases} \Phi < 3.890: \lambda_{SC} = 0.371\Phi^{0.73} \leqslant 1 \\ \Phi \geqslant 3.890: \lambda_{SC} = 1.0 \end{cases} \tag{16.34}$$

其统计参数是 $m_{\lambda1} = \dfrac{1}{18}\sum_{i=1}^{18}\dfrac{\lambda_{i,\text{test}}}{\lambda_{\text{式}(16.34)}} = 0.9999$，$C_{\text{OV}\lambda1} = \sqrt{\dfrac{1}{17}\sum_{i=1}^{18}\left(\dfrac{\lambda_{i,\text{test}}}{\lambda_{\text{式}(16.34)}} - 1\right)^2} = 0.1996$。

图 16.21 给出了两种加载情况下的效率系数及其拟合公式，全截面加载时离散性加大。

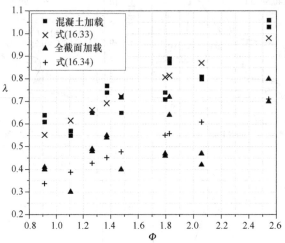

图 16.21　围压效率系数与套箍系数的关系

16.3.4　不同加载方式下的对比

钢与混凝土同步加载时，如果混凝土与钢管接触前，钢材已经屈服，则钢管能够对混凝土提供的环向弹性约束很小，钢与混凝土的相互作用使得混凝土的强度的提高作用有限，并且还伴随着钢材竖向应力的下降，总的承载力提高有限。

混凝土应力达到 0.7～0.8 倍的单轴强度时就发生混凝土与钢管的接触，接触时钢管的竖向剩余弹性范围是 $f_y - E\varepsilon_{\text{cz}}\mid_{\sigma_c = 0.7\gamma_U f_{pr}}$，为导出简单式子，设混凝土应力-应变曲线采用 Hognestad 公式：

$$\sigma_c = \left[2\frac{\varepsilon_c}{\varepsilon_{c0}} - \left(\frac{\varepsilon_c}{\varepsilon_{c0}}\right)^2\right]f_{pr} = \delta f_{pr}$$

式中，δ 是混凝土与钢管接触时混凝土应力达到其单轴应力的百分比。从上式得到：

$$\frac{\varepsilon_c}{\varepsilon_{c0}} = 1 - \sqrt{1-\delta} \tag{16.35a}$$

根据我国《混凝土结构设计规范》GB 50010—2010，单轴受压的混凝土应变 ε_{c0} 是式(16.14a)。于是钢管的剩余竖向受压弹性范围是：

$$\Delta\sigma_{\text{se}} = f_y - E(1 - \sqrt{1-\delta})(688 + 200\sqrt{f_{pr}})\mu\varepsilon \tag{16.35b}$$

将围压效率系数与 $\Delta\sigma_{\text{se}}$ 联系起来，对 $f_{\text{cyl}} = 24\text{MPa}$、$36\text{MPa}$ 和 48MPa 三种混凝土 δ 分别取 0.7、0.75 和 0.8，结果是：

$$\lambda_C = 570\frac{\Delta\sigma_{\text{se}}}{E} + 0.176 \tag{16.35c}$$

$$\lambda_{\text{SC}} = 570\frac{\Delta\sigma_{\text{se}}}{E} - 0.073 \tag{16.35d}$$

还发现可以采用钢材屈服应变与单轴受压混凝土峰值应变之差来拟合围压效率系数:

$$\lambda_C = 0.72 + 560(\varepsilon_y - \varepsilon_{c0}) \tag{16.36a}$$

$$\lambda_{SC} = 0.47 + 560(\varepsilon_y - \varepsilon_{c0}) \tag{16.36b}$$

仅混凝土受压与同步受压,围压效率系数相差 0.25。图 16.22 给出了这些公式拟合的结果,明显好于图 16.21。表 16.8 给出了两组试验数据的对比,其中 N_0 见下面的式(16.38)。同步加载的承载力小于仅混凝土加载时的承载力。

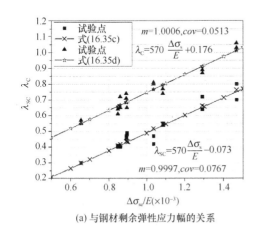

(a) 与钢材剩余弹性应力幅的关系

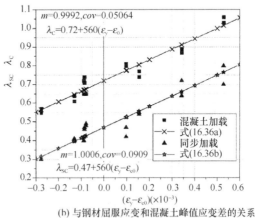

(b) 与钢材屈服应变和混凝土峰值应变差的关系

图 16.22 围压效率系数的拟合

试验数据的对比
表 16.8

编号	γ_U	f_{pr} (MPa)	Φ	$\dfrac{N_{u2}}{N_{u1}}$	$\dfrac{\lambda_{SC}}{\lambda_C}$	$\gamma_U f_{pr}$ (MPa)	N_0 (kN)	$\dfrac{N_{u2}}{N_0}$	$\dfrac{N_{u1}}{N_0}$
A1	1.014	26.97	2.056	0.840	0.525	26.97	1080.4	1.180	1.405
A2	1.014	26.97	2.056	0.846	0.580	26.97	1080.4	1.198	1.416
A3	1.014	37.57	1.476	0.869	0.556	37.57	1223.2	1.150	1.323
A4	1.014	37.57	1.476	0.918	0.615	37.57	1223.2	1.149	1.251
A5	1.014	50.09	1.107	0.913	0.526	50.09	1392.0	1.095	1.200
A6	1.014	50.09	1.107	0.939	0.545	50.09	1392.0	1.099	1.171
B1	1.014	26.97	2.543	0.823	0.680	26.97	1250.3	1.317	1.601
B2	1.014	26.97	2.543	0.812	0.755	26.97	1250.3	1.330	1.638
B3	1.014	37.57	1.826	0.870	0.719	37.57	1393.1	1.266	1.455
B4	1.014	37.57	1.826	0.857	0.828	37.57	1393.1	1.259	1.470
B5	1.014	50.09	1.369	0.880	0.714	50.09	1561.9	1.194	1.357
B6	1.014	50.09	1.369	0.871	0.730	50.09	1561.9	1.198	1.376
C1	0.971	37.81	1.795	0.900	0.662	37.81	3229.8	1.173	1.304

编号	γ_U	f_{pr} (MPa)	Φ	$\dfrac{N_{u2}}{N_{u1}}$	$\dfrac{\lambda_{SC}}{\lambda_C}$	$\gamma_U f_{pr}$ (MPa)	N_0 (kN)	$\dfrac{N_{u2}}{N_0}$	$\dfrac{N_{u1}}{N_0}$
C2	0.971	37.81	1.795	0.893	0.622	37.81	3229.8	1.177	1.318
C3	0.981	38.22	1.264	0.928	0.738	38.22	2154.5	1.174	1.266
C4	0.981	38.22	1.264	0.941	0.754	38.22	2154.5	1.181	1.256
C5	0.967	37.67	0.913	0.944	0.672	37.67	2385.1	1.149	1.218
C6	0.967	37.67	0.913	0.947	0.625	37.67	2385.1	1.154	1.218
平均				0.888	0.658			1.191	1.347

16.4　钢管混凝土柱的强度：加载方式影响的理论分析

16.4.1　加载在混凝土上时

此时围压采用式（16.6），但是混凝土的承载力并不能直接采用主动围压下的式（16.18）～式（16.21），而是要用一个经过折减或修正的式子，试算发现折减系数采用式（16.35）或式（16.36）并未能带来更好的结果，只能通过对试验结果进行试算，反向拟合。

钢管混凝土短柱的承载力为：

$$N_{u1} = A_c f_{pr,p} = \left[\frac{p_{max}}{\gamma_U f_{pr}} + C + (1-C)\sqrt{1 + G\frac{p_{max}}{\gamma_U f_{pr}}} \right] A_c \gamma_U f_{pr} \tag{16.37}$$

钢和混凝土承载力简单相加的承载力是：

$$N_0 = A_s f_{yk} + \gamma_U A_c f_{pr} \tag{16.38}$$

两者承载力的比值：

$$\frac{N_{u1}}{N_0} = \frac{1}{1+\Phi}\left[\frac{p_{max}}{\gamma_U f_{pr}} + C + (1-C)\sqrt{1 + G\frac{p_{max}}{\gamma_U f_{pr}}} \right] \tag{16.39}$$

式中，C 和 G 是采用折减后的 k 值确定的常数，此时的 k 值可以取的较大，因为钢管不受竖向力，膨胀完全是因为混凝土的波桑比和膨胀引起，类似于 FRP 包裹混凝土的加载路径。

16.4.2　钢管和混凝土同时加载时的结果

此时承载力计算公式是：

$$N_{u2} = A_s \sigma_{sz} + A_c \sigma_{cz} \tag{16.40}$$

式中，σ_{sz} 是钢管的竖向应力。钢管在内压下产生环向拉应力，与 σ_{sz}（压应力）共同作用，极限状态应符合 Mises 屈服准则：

$$\sigma_{sz}^2 - \sigma_{sz}\sigma_{s\theta} + \sigma_{s\theta}^2 = f_{yk}^2 \tag{16.41a}$$

$$\sigma_{sz} = \frac{1}{2}\sigma_{s\theta} - \sqrt{f_{yk}^2 - 0.75\sigma_{s\theta}^2} \tag{16.41b}$$

$$\sigma_{s\theta} = \frac{pD_c}{2t} = \frac{p}{f_{ck}}\frac{2D_m}{D_c\Phi} \tag{16.41c}$$

$$\sigma_{sz} = \left[\sqrt{1 - \frac{3}{4}\left(\frac{pD_c}{2tf_{yk}}\right)^2} - \frac{1}{2}\frac{pD_c}{2tf_{yk}}\right]f_{yk} = \left[-\frac{D_m}{\Phi D_c}\frac{p}{f_{ck}} + \sqrt{1 - 3\left(\frac{D_m}{\Phi D_c}\frac{p}{f_{ck}}\right)^2}\right]f_{yk} \tag{16.41d}$$

混凝土的压应力与围压的关系采用式（16.29a），代入式（16.40）：

$$N_u = A_s f_{yk}\left[-\frac{D_m}{\Phi D_c}\frac{p}{f_{ck}} + \sqrt{1 - 3\left(\frac{D_m}{\Phi D_c}\frac{p}{f_{ck}}\right)^2}\right] + A_c f_{ck}\left(\frac{p}{f_{ck}} + C + (1-C)\sqrt{1 + G\frac{p}{f_{ck}}}\right) \tag{16.42}$$

$$\frac{N_u}{N_0} = \frac{\Phi}{1+\Phi}\left[-\frac{D_m}{\Phi D_c}\frac{p}{f_{ck}} + \sqrt{1 - 3\left(\frac{D_m}{\Phi D_c}\frac{p}{f_{ck}}\right)^2}\right] + \frac{1}{1+\Phi}\left(\frac{p}{f_{ck}} + C + (1-C)\sqrt{1 + G\frac{p}{f_{ck}}}\right) \tag{16.43}$$

钢管与混凝土接触后，直到钢管屈服，继续加载，钢材的竖向应力出现一定程度的下降，换取环向拉应力的增加，进而增大混凝土的强度，增大的总量大于下降的总量。图 16.23 给出了比值 N_u/N_0 随 p/f_{pr} 的变化曲线，Q235 和 Q355 两种钢材曲线非常接近，曲线是有最大值的。令

$$\frac{\mathrm{d}(N_u/N_0)}{\mathrm{d}(p/f_{cyl})} = 0 \tag{16.44a}$$

得到

$$\left(\frac{(1-C)G}{2\sqrt{1 + G \cdot p/f_{pr}}} - \frac{t}{D_c}\right)\sqrt{1 - 3\left(\frac{D_m}{\Phi D_c}\frac{p}{f_{pr}}\right)^2} - \frac{3}{\Phi}\left(\frac{D_m}{D_c}\right)^2\frac{p}{f_{pr}} = 0 \quad (16.44b)$$

对给定的参数，求得的 N_u 达到极值时的 p/f_{pr}，代入式（16.43），得到比值。

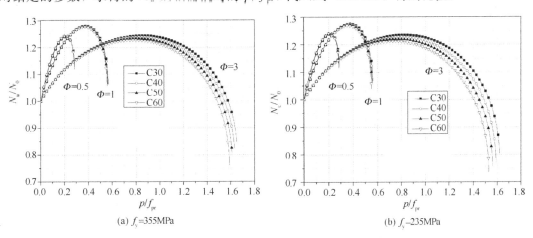

图 16.23　比值 N_u/N_0 随 p/f_{pr} 的变化（$k = 2.61$，$\beta_{2c} = 1.45/f_{pr}^{0.07}$）

图 16.24 给出了钢材应力的下降和混凝土应力的上升的情况，两种钢材曲线非常接近。当然这样的变化不完全是真实的，缺乏前面的上升段和后面达到极值后的下降段。

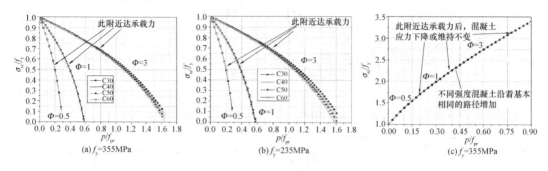

图 16.24　钢和混凝土应力随围压的变化（$\rho=2.61$，$\beta_{2c}=1.45/f_{pr}^{0.07}$）

16.4.3　围压系数取值的试验校准

在进行公式的应用前，需要利用文献中可以获得的试验数据，对参数 k 的取值进行校准。通过与试验结果的对比，进行了选择，排除如下数据：

（1）混凝土强度等级低于 C20 的；

（2）钢管的径厚比大于 100 的；

（3）混凝土的强度等级大于 C80 的；

（4）极限荷载发生在应变 2% 以上且有明显强化段（过大的应变处出现极限荷载，说明钢材进入了强化阶段，虽然增大了强度，但与钢结构一样不应该加以利用）；

（5）早期的试验中，套箍系数较大，试验结果中承载力较高的。这是因为，试件极限承载力的确定标准是不一样的，当套箍系数大时，钢材受压进入强化阶段，导致承载力很高，对应的变形也已经很大，而在这种情况下取压力-压缩变形曲线的初始弯折点作为承载力显然又偏低。比较合适的做法是进行变形的控制，例如取压缩变形为 2% 时的荷载值作为承载力。因此如果某个数据明显偏高而文献上能够查阅到其试验曲线，则按照这个标准调减其极限承载力试验值（仅调减了 2 个数据）。

表 16.9 汇总了 381 个符合要求的数据。采用 $f_{pr}=0.84f_{cu}-1.6$ 计算棱柱强度。早期混凝土标准试件是 200mm 的立方体，除以 0.95 换算为 150mm 的立方体。表中的套箍系数采用 $\Phi=\dfrac{A_s f_{yk}}{\gamma_U A_c f_{pr}}$，即混凝土强度按照钢管混凝土试件的核心混凝土的尺寸调整。不引入脆性折减系数。因为这些原因，f_{pr} 和 Φ 的数据与原文可能有差别。

试验情况汇总

表 16.9

序号	试件编号	D (mm)	t (mm)	L (mm)	γ_U	f_y (MPa)	f_{pr} (MPa)	Φ	N_{test} (kN)	来源
1	LA1-92h	167.4	3.32	503	0.993	354	36.70	0.819	1704	
2	LA2-99h	167.3	3.35	502	0.993	354	36.70	0.828	1668	
3	LA3-98h	167.5	3.33	503	0.993	354	36.70	0.821	1700	
4	LB1-85h	138.9	3.29	419	1.013	331.7	32.20	1.037	1140	王玉银[35]
5	LB2-88h	139	3.29	419	1.013	331.7	32.20	1.036	1220	
6	LB3-89h	139.5	3.37	419	1.012	331.7	32.20	1.059	1180	
7	LC1-87h	139.9	3.58	416	1.012	325.3	32.20	1.106	1222	

续表

序号	试件编号	D (mm)	t (mm)	L (mm)	γ_U	f_y (MPa)	f_{pr} (MPa)	Φ	N_{test} (kN)	来源
8	LC2-101h	139.9	3.54	421	1.012	325.3	32.20	1.092	1242	
9	LC3-30h	139.9	3.48	419	1.012	325.3	32.20	1.072	1300	
10	LE1-15h	133.4	5.21	396	1.020	351	33.60	1.808	1612	
11	LE2-25h	133.2	5.06	397	1.020	351	33.60	1.753	1580	
12	LE3-13h	133.4	5.23	398	1.020	351	33.60	1.816	1640	
13	MA1-97h	167	3.37	503	0.993	354	52.50	0.583	2075	
14	MA2-100h	167.1	3.33	503	0.993	354	52.50	0.576	2105	
15	MA3-95h	167.8	3.33	504	0.992	354	52.50	0.573	2055	
16	MB1-20h	138.6	3.31	418	1.013	331.7	47.00	0.716	1480	
17	MB2-26h	138.9	3.36	420	1.013	331.7	47.00	0.727	1520	
18	MB3-90h	138.6	3.3	420	1.013	331.7	47.00	0.714	1500	
19	MC1-120h	140.3	3.62	418	1.012	325.3	46.20	0.778	1582	
20	MC2-96h	140	3.6	418	1.012	325.3	46.20	0.775	1582	
21	MC3-86h	139.7	3.61	420	1.013	325.3	46.20	0.779	1540	
22	ME1-21h	133.4	5.17	396	1.020	351	52.50	1.147	1810	王玉银[35]
23	ME2-27h	133.2	5.03	396	1.020	351	52.50	1.114	1770	
24	ME3-23h	133.2	5.07	397	1.020	351	52.50	1.124	1835	
25	HB1-310h	138.9	3.28	420	1.013	331.7	58.90	0.565	1688	
26	HB2-309h	138.7	3.28	418	1.013	331.7	58.90	0.566	1680	
27	HB3-312h	139	3.29	418	1.013	331.7	58.90	0.566	1628	
28	HD1-311h	159.3	5.36	477	1.001	356.3	58.90	0.904	3480	
29	HD2-308h	160.2	5.01	476	1.000	356.3	58.90	0.834	2440	
30	HD3-324h	159.3	5.07	478	1.000	356.3	58.90	0.850	2460	
31	HE1-322h	133.3	5.1	396	1.020	351	58.90	1.008	1930	
32	HE2-306h	133.4	5.2	396	1.020	351	58.90	1.029	1955	
33	HE3-323h	133.1	5.04	397	1.020	351	58.90	0.996	1955	
34	HF1-307h	133.3	5.43	397	1.021	392	58.90	1.208	1820	
35	HF2-313h	133.1	5.44	397	1.021	392	58.90	1.212	1915	
36	HF3-314h	133.1	5.43	397	1.021	392	58.90	1.210	1930	
37	C3	114.43	3.98	300	1.036	343	23.86	2.153	948	
38	C7	114.88	4.91	300	1.037	365	26.37	2.611	1380	
39	C9	115.02	5.02	300.5	1.037	365	44.64	1.580	1413	Lam D 等[36]
40	C11	114.29	3.75	300	1.035	343	43.78	1.100	1067	
41	C12	114.3	3.85	300	1.036	343	24.24	2.045	998	
42	CN0-3-114-30	114.8	2.86	350	1.033	284.9	29.83	0.995	719	Ho J C M 等[37]

续表

序号	试件编号	D (mm)	t (mm)	L (mm)	γ_U	f_y (MPa)	f_{pr} (MPa)	Φ	N_{test} (kN)	来源
43	CN0-4-139-30S	139	3.96	420	1.014	289.5	30.12	1.181	1010	
44	CN0-4-139-30R	139	3.97	420	1.014	289.5	29.07	1.226	1022	
45	CN0-4-139-50	139	3.99	420	1.014	289.5	49.12	0.730	1297	
46	CN0-5-114-50	114.5	4.98	248	1.038	422.6	48.83	1.665	1274	
47	CN0-5-114-50A	114	5.03	330	1.038	422.6	48.83	1.692	1379	
48	CN0-5-168-30	169.2	4.93	330	0.994	369	27.65	1.714	1727	Ho J C M 等[37]
49	CN0-5-168-60	169.2	5.04	330	0.994	369	58.14	0.835	2556	
50	CN0-8-168-30	168.7	7.76	330	0.998	383.6	36.20	2.262	2507	
51	CN0-10-139-30	140.1	9.96	330	1.023	331.6	26.79	4.344	1892	
52	CN0-10-139-50	139.3	9.94	330	1.023	331.6	44.65	2.617	2207	
53	CN0-10-168-30	168.4	9.91	330	1.001	386.4	25.65	4.284	2533	
54	C1	140.8	3	470	1.011	285	26.77	0.958	881	
55	C2	141.4	6.5	472	1.016	313	22.61	2.899	1291	Schneider S P[38]
56	C3	140	6.68	467	1.017	537	26.77	4.380	2010	
57	AH1	155.2	3.1	470	1.000	357.4	26.87	1.129	1340	
58	AH2	155.5	3.3	469	1.000	357.4	26.87	1.205	1395	
59	AH3	156.4	3.7	469	1.000	357.4	33.63	1.081	1580	
60	AH4	156.2	3.6	470	1.000	357.4	33.63	1.051	1572	
61	AH5	160.9	5.95	639	1.000	357.4	32.10	1.849	1995	
62	AH6	160.9	5.95	639	1.000	357.4	32.10	1.849	2025	
63	AH7	160.9	5.95	470	1.000	357.4	32.10	1.849	2007	
64	AH8	160.9	5.95	639	1.000	357.4	32.10	1.849	2150	
65	AH9	160.9	5.95	639	1.000	357.4	32.10	1.849	2100	
66	BH1	265.5	5.1	812	0.946	358	32.10	0.961	4200	
67	BH2	265.4	5.05	810	0.946	358	32.10	0.951	4230	
68	BH3	265.2	4.95	809	0.946	358	32.10	0.932	4100	苗若愚[32]
69	BH4	266.6	5.65	810	0.946	358	26.87	1.274	3600	
70	BH5	267	5.85	810	0.946	358	26.87	1.320	3700	
71	BH6	267.5	6.1	812	0.946	358	26.87	1.377	4200	
72	BH7	272.8	8.75	810	0.946	358	33.63	1.595	5900	
73	BH8	272.8	8.75	812	0.946	358	33.63	1.595	5500	
74	BH9	272.8	8.75	1100	0.946	358	32.10	1.671	5300	
75	BH10	272.8	8.75	1113	0.946	358	32.10	1.671	5000	
76	BH11	272.8	8.75	1110	0.946	358	32.10	1.671	5600	
77	CH1	102.7	1.65	309	1.043	265.1	32.10	0.535	495	
78	CH2	102.5	1.55	311	1.043	265.1	32.10	0.502	450	
79	CH3	102.3	1.45	312	1.043	265.1	32.10	0.469	450	
80	CH4	105	2.8	311	1.043	265.1	26.87	1.096	589	

续表

序号	试件编号	D (mm)	t (mm)	L (mm)	γ_U	f_y (MPa)	f_{pr} (MPa)	Φ	N_{test} (kN)	来源
81	CH5	105.2	2.9	311	1.043	265.1	26.87	1.136	598	
82	CH6	105.2	2.9	312	1.043	265.1	26.87	1.136	590	
83	CH7	109	4.8	311	1.043	265.1	26.87	1.915	730	
84	CH8	109	4.8	312	1.043	265.1	26.87	1.915	880	
85	CH9	109	4.8	424	1.043	265.1	26.87	1.915	870	
86	CH10	109	4.8	423	1.043	265.1	26.87	1.915	834	
87	CH11	109	4.8	422	1.043	265.1	26.87	1.915	874	
88	DH1	103.1	2.15	312	1.044	322.1	22.80	1.204	500	
89	DH2	103	2	312	1.043	322.1	22.80	1.116	502	
90	DH3	103	1.8	312	1.043	322.1	22.80	0.999	444	
91	DH4	105.3	3	312	1.043	322.1	22.80	1.686	640	苗若愚[32]
92	DH5	105.2	2.95	312	1.043	322.1	22.80	1.657	595	
93	DH6	105.1	2.75	312	1.043	322.1	22.80	1.537	560	
94	DH7	105.2	2.35	312	1.042	322.1	25.88	1.144	630	
95	DH8	105.3	2.5	312	1.042	322.1	25.88	1.221	584	
96	DH9	105.3	2.5	312	1.042	322.1	25.88	1.221	565	
97	DH10	105.3	3.15	312	1.043	322.1	36.16	1.121	780	
98	DH11	105.2	3.05	312	1.043	322.1	36.16	1.083	780	
00	DH12	105.2	3.05	312	1.043	322.1	36.16	1.083	790	
100	DH13	108.3	4	312	1.042	322.1	22.80	2.248	700	
101	DH14	108.2	4.45	312	1.043	322.1	22.80	2.536	760	
102	Z-69-84	100	2.5	300	1.048	433.60	42.92	1.042	845	
103	Z-69-86	100	3	300	1.049	426.74	33.63	1.593	793	
104	Z-70-98	210	2.5	630	0.968	237.40	25.80	0.469	1670	
105	Z-70-102	100	2.5	300	1.048	244.27	33.32	0.756	684	
106	Z-70-106	100	2	300	1.047	236.42	33.32	0.577	548	汤关祚[39]
107	Z-70-107	100	1.5	300	1.046	232.50	33.32	0.419	515	
108	Z-63-7	92	3	276	1.059	260.95	21.94	1.622	549	
109	Z-66-43	108	4	324	1.042	332.36	37.62	1.410	990	
110	Z-78-119	106	3	278	1.042	299.21	39.16	0.906	865	
111	br13	300	3	1000	0.933	274.68	26.54	0.457	3490	
112	br20-1b	300	3	1000	0.933	267.13	22.60	0.523	3100	蔡绍怀，焦占拴[3]
113	G16	166	5	660	0.996	274.68	27.18	1.343	1730	
114	G23	166	5	660	0.996	274.68	27.18	1.343	2070	

续表

序号	试件编号	D (mm)	t (mm)	L (mm)	γ_U	f_y (MPa)	f_{pr} (MPa)	Φ	N_{test} (kN)	来源
115	SZ5S4A1a	219	4.78	650	0.966	350	38.38	0.882	3400	
116	SZ5S4A1b	219	4.72	650	0.966	350	38.38	0.870	3350	
117	SZ5S3A1	219	4.75	650	0.966	350	32.38	1.038	3150	
118	SZ5S4A2	219	4.74	650	0.966	350	38.38	0.874	3160	
119	SZ5S3A2	219	4.73	650	0.966	350	32.38	1.033	3150	
120	SZ3S4A1	165	2.72	510	0.993	350	43.32	0.564	1750	丁发兴[40]
121	SZ3S4A2	165	2.74	510	0.993	350	43.32	0.568	1785	
122	SZ3C4A	165	2.75	510	0.993	350	35.19	0.702	1560	
123	SZ3S6A1	165	2.73	510	0.993	350	62.92	0.390	2080	
124	SZ3S6A2	165	2.76	510	0.993	350	62.92	0.394	2060	
125	SZ3S6B	165	2.81	500	0.993	350	62.92	0.402	2160	
126	SZ3S6C	165	2.81	500	0.993	350	62.92	0.402	2095	
127	SZ3S6D	165	2.76	500	0.993	350	62.92	0.394	2250	
128	D-1	166	4.5	500	0.995	280	60.75	0.546	2300	
129	D-2	166	4.5	500	0.995	280	60.75	0.546	2200	
130	A-1	152	10	480	1.013	335	63.16	1.707	3650	顾维平[41]
131	A-2	152	10	480	1.013	335	63.16	1.707	3650	
132	A-3	152	10	480	1.013	335	63.16	1.707	4000	
133	A-4	152	10	480	1.013	335	63.16	1.707	3740	
134	SZ61	166	4.5	500	0.995	315	62.76	0.595	2685	
135	SZ62	166	4.5	500	0.995	315	62.76	0.595	2681	
136	SZ63	166	4.5	500	0.995	315	62.76	0.595	2627	
137	SZ71	202	3	600	0.973	240.6	65.60	0.234	2743	蒋继武[42]
138	SZ72	202	3	600	0.973	240.6	65.60	0.234	2981	
139	SZ73	202	3	600	0.973	240.6	65.60	0.234	2889	
140	SZ74	202	3	600	0.973	240.6	65.60	0.234	2796	
141	CA1	100	3	300	1.049	303.5	44.46	0.857	708	
142	CA2	100	3	300	1.049	303.5	44.46	0.857	820	尧国皇[43]
143	CB1	200	3	600	0.974	303.5	44.46	0.440	2320	
144	CB2	200	3	600	0.974	303.5	44.46	0.440	2330	
145	G1-1	90	1	270	1.056	328.95	27.66	0.518	348.8	
146	G1-2	90	1	270	1.056	328.95	27.66	0.518	341.9	
147	G1-3	90	1	270	1.056	328.95	27.66	0.518	346.5	赵均海等[44]
148	G2-1	90	1.2	270	1.057	328.95	27.66	0.625	358.1	
149	G2-2	90	1.2	270	1.057	328.95	27.66	0.625	351.2	

序号	试件编号	D (mm)	t (mm)	L (mm)	γ_U	f_y (MPa)	f_{pr} (MPa)	Φ	N_{test} (kN)	来源
150	G2-3	90	1.2	270	1.057	328.95	27.66	0.625	360.5	赵均海等[44]
151	G3-1	90	1.5	270	1.057	328.95	27.66	0.789	390.7	
152	G3-2	90	1.5	270	1.057	328.95	27.66	0.789	390.7	
153	G3-3	90	1.5	270	1.057	328.95	27.66	0.789	381.4	
154	A-1	133	4.7	465	1.020	352	39.42	1.382	1535	谭克锋[45]
155	A-2	133	4.7	465	1.020	352	39.42	1.382	1462	
156	GH9-1	133	4.7	465	1.020	352	62.92	0.866	1912	
157	GH9-2	133	4.7	465	1.020	352	62.92	0.866	1981	
158	H-30.1	101.6	2.99	305	1.047	369.5	52.69	0.864	921.2	最相元雄等[46]
159	H-30.2	101.6	2.99	305	1.047	369.5	52.69	0.864	921.2	
160	H-30.3	101.6	2.96	305	1.047	369.5	52.69	0.854	901.6	
161	H-50.1	139.8	2.78	419	1.011	327.3	48.44	0.565	1323	
162	H-50.2	139.8	2.78	419	1.011	327.3	48.44	0.565	1391.6	
163	H-50.3	139.8	2.78	419	1.011	327.3	48.44	0.565	1313.2	
164	H-60.1	139.8	2.37	419	1.011	429.2	52.69	0.576	1558.2	
165	H-60.2	139.8	2.37	419	1.011	429.2	60.10	0.505	1577.8	
166	H-60.3	139.8	2.37	419	1.011	429.2	60.10	0.505	1577.8	
167	H-60.4	139.8	2.37	419	1.011	429.2	60.10	0.505	1626.8	
168	L-30.1	101.6	2.96	305	1.047	369.5	23.33	1.929	676.2	
169	L-30.2	101.6	2.99	305	1.047	369.5	25.46	1.788	715.4	
170	L-30.3	101.6	2.99	305	1.047	369.5	26.90	1.692	715.4	
171	L-50.1	139.8	2.78	419	1.011	327.3	23.33	1.173	931	
172	L-50.2	139.8	2.78	419	1.011	327.3	25.46	1.075	950.6	
173	L-60.1	139.8	2.37	419	1.011	429.2	25.46	1.191	1097.6	
174	L-60.2	139.8	2.37	419	1.011	429.2	25.46	1.191	1107.4	
175	L-60.3	139.8	2.37	419	1.011	429.2	25.46	1.191	1087.8	
176	GM-1A	273	3	704	0.942	380	42.80	0.428	3675	贺峰[47]
177	GM-1B	273	3	704	0.942	380	42.80	0.428	3689	
178	GM-2A	253	3	704	0.950	380	42.80	0.460	3408	
179	GM-2B	253	3	704	0.950	380	42.80	0.460	3361	
180	GM-3A	233	3	598	0.958	318.3	42.80	0.416	2640	
181	GM-3B	233	3	598	0.958	318.3	42.80	0.416	2603	
182	GM-4A	203	3	603	0.972	318.3	42.80	0.473	2190	
183	GM-4B	203	3	603	0.972	318.3	42.80	0.473	2240	
184	GM-5A	183	3	603	0.983	380	42.80	0.623	2010	

续表

序号	试件编号	D (mm)	t (mm)	L (mm)	γ_U	f_y (MPa)	f_{pr} (MPa)	Φ	N_{test} (kN)	来源
185	GM-5B	183	3	603	0.983	380	42.80	0.623	2070	
186	GM-6	153	3	503	1.002	380	42.80	0.738	1580	
187	GM-7	153	3	465	1.002	380	42.80	0.738	1490	
188	WM-1	153	4.5	499	1.004	340.3	42.80	1.021	1920	
189	GH-1	203	3	603	0.972	318.3	53.60	0.378	2405	
190	GH-2A	153	3	503	1.002	380	53.60	0.589	1710	贺峰[47]
191	GH-2B	153	3	503	1.002	380	53.60	0.589	1680	
192	GH-3	153	3	465	1.002	318.3	53.60	0.494	1580	
193	WH-1	150	4.5	499	1.006	340.3	53.60	0.831	2010	
194	GL-1	203	3	603	0.972	318.3	25.70	0.788	2090	
195	GL-2	153	3	503	1.002	318.3	25.70	1.030	1470	
196	WL-1	150	4.5	499	1.006	340.3	25.70	1.734	1750	
197	CZY1	100	1.6	300	1.046	240	34.72	0.444	505	
198	CZY2	100	1.6	300	1.046	240	34.72	0.444	504	
199	CZY3	100	2	300	1.047	240	34.72	0.562	530	
200	CZY4	100	2	300	1.047	240	34.72	0.562	530	陈肇元[48]
201	CZY5	100	2	300	1.047	240	34.72	0.562	585	
202	CZY6	100	2.5	300	1.048	240	34.72	0.713	707	
203	CZY7	100	2.5	300	1.048	240	34.72	0.713	666	
204	CZY8	100	2.5	300	1.048	240	34.72	0.713	680	
205	Tsuji	114.3	3.5	229	1.035	350	32.06	1.421	969	Goode C D[49]
206	Tsuji	114.3	4.5	229	1.037	339	32.06	1.818	1069	
207	L-20-1	178	9	360	0.993	283	21.30	3.180	2120	
208	L-20-2	178	9	360	0.993	283	21.30	3.180	2060	
209	H-20-1	178	9	360	0.993	283	43.60	1.553	2720	
210	H-20-2	178	9	360	0.993	283	43.60	1.553	2730	
211	L-32-1	179	5.5	360	0.988	249	21.20	1.608	1410	
212	L-32-2	179	5.5	360	0.988	249	22.90	1.488	1560	Sakino K 和 Hayashi H[50]
213	H-32-1	179	5.5	360	0.988	249	42.00	0.811	2080	
214	H-32-2	179	5.5	360	0.988	249	42.00	0.811	2070	
215	L58-1	174	3	360	0.988	266	22.90	0.855	1220	
216	L58-2	174	3	360	0.988	266	22.90	0.855	1220	
217	H58-1	174	3	360	0.988	266	43.90	0.446	1640	
218	H58-2	174	3	360	0.988	266	43.90	0.446	1710	

续表

序号	试件编号	D (mm)	t (mm)	L (mm)	γ_U	f_y (MPa)	f_{pr} (MPa)	Φ	N_{test} (kN)	来源
219	SB1	159	5.07	477	1.001	382	41.50	1.296	2230	
220	SB2	630	7	1890	0.864	291	36.00	0.430	16650	
221	SB6	630	7.61	1890	0.865	323	35.00	0.535	18000	
222	SB7	630	8.44	1890	0.865	347	34.50	0.649	18600	Luksha L K 和
223	SB3	630	10.21	1890	0.865	331	38.40	0.679	20500	Nesterovich A P[51]
224	SB4	630	11.6	1890	0.866	350	46.00	0.685	24400	
225	SB8	820	8.93	2460	0.841	331	45.00	0.394	33600	
226	SB10	1020	13.25	3060	0.823	369	28.90	0.839	46000	
227	1-3Y6	165	4.5	660	0.996	254	31.31	0.967	1647	
228	2-3Y4	114	4.5	456	1.037	271	31.31	1.492	1033	Cheng
229	3-3Y3	88.3	4	354	1.066	232	31.31	1.454	602	（转引自文献［49］）
230	4-3Y2	60	3.5	240	1.113	223	31.31	1.802	334	
231	5-3Y1.5	48	3.5	192	1.143	304	31.31	3.149	273	
232	No.2	131.76	2.38	264	1.017	235	16.53	1.068	535	
233	NO.3	134.3	3.12	264	1.016	235	25.23	0.915	681	Wang
234	NO.4	130.6	4.3	264	1.021	235	25.23	1.331	725	（转引自文献［49］）
235	NO.5	132.45	5.25	264	1.021	235	25.23	1.638	872	
236	NO.6	134.1	6.2	264	1.021	235	25.23	1.953	1006	
237	S3LA	101.8	2.94	200	1.047	320	17.10	2.259	628	
238	S3HA	101.8	2.94	200	1.047	320	35.53	1.087	660	Sakino K 等[52]
239	S6LA	101.8	5.7	200	1.053	305	17.10	4.540	954	
240	S6HA	101.8	5.7	200	1.053	305	35.53	2.185	971	
241	TWC1	86.49	2.74	270	1.065	227	28.69	1.039	412	
242	NWC1	89.27	4	270	1.065	227	28.69	1.535	491	Goode C D[49]
243	TWC2	86.54	2.8	270	1.065	227	45.60	0.669	489	
244	NWC2	89.19	4.05	270	1.065	227	45.60	0.980	605	
245	GZSJ-1	164	3.8	520	0.995	342	34.58	0.989	1700	
246	GZSJ-2	164	3.8	520	0.995	342	34.58	0.989	1710	
247	GZSJ-3	164	3.8	520	0.995	342	34.58	0.989	1700	
248	GZSJ-4	159	4.8	520	1.000	366	34.58	1.404	2000	
249	GZSJ-5	159	4.8	520	1.000	366	34.58	1.404	2050	黄明奎等[53]
250	GZSJ-6	159	4.8	520	1.000	366	34.58	1.404	2020	
251	GZSJ-7	159	5.2	520	1.001	379	34.58	1.587	2250	
252	GZSJ-8	159	5.2	520	1.001	379	34.58	1.587	2170	
253	GZSJ-9	159	5.2	520	1.001	379	34.58	1.587	2310	

序号	试件编号	D (mm)	t (mm)	L (mm)	γ_U	f_y (MPa)	f_{pr} (MPa)	Φ	N_{test} (kN)	来源
254	GZSJ-10	159	6.3	520	1.002	360	34.58	1.865	2490	
255	GZSJ-11	159	6.3	520	1.002	360	34.58	1.865	2430	黄明奎等[53]
256	GZSJ-12	159	6.3	520	1.002	360	34.58	1.865	2420	
257	S30CS50B	165	2.82	580.5	0.994	363.3	45.89	0.574	1662	Shea O 等[17]
258	S20CS50A	190	1.94	663.5	0.978	256.4	38.95	0.284	1678	
259	CC4-A-2	149	2.96	447	1.005	308	23.19	1.117	941	
260	CC4-A-4-1	149	2.96	447	1.005	308	36.97	0.700	1064	
261	CC4-A-4-2	149	2.96	447	1.005	308	36.97	0.700	1080	
262	CC6-A-2	122	4.54	366	1.029	576	23.19	4.037	1509	
263	CC6-A-4-1	122	4.54	366	1.029	576	36.97	2.532	1657	
264	CC6-A-4-2	122	4.54	366	1.029	576	36.97	2.532	1663	
265	CC6-C-2	239	4.54	717	0.957	507	23.19	1.841	3035	
266	CC6-C-4-1	238	4.54	714	0.957	507	36.97	1.159	3583	
267	CC6-C-4-2	238	4.54	714	0.957	507	36.97	1.159	3647	
268	CC6-D-2	361	4.54	1083	0.916	525	23.19	1.292	5633	
269	CC6-D-4-1	361	4.54	1083	0.916	525	37.52	0.799	7260	
270	CC6-D-4-2	360	4.54	1080	0.916	525	37.52	0.801	7045	Sakino K 等[52]
271	CC8-A-2	108	6.47	324	1.048	853	23.19	10.21	2275	
272	CC8-A-4-1	109	6.47	327	1.047	853	36.97	6.338	2446	
273	CC8-A-4-2	108	6.47	324	1.048	853	36.97	6.402	2402	
274	CC8-C-2	222	6.47	666	0.966	843	23.19	4.802	4964	
275	CC8-C-4-1	222	6.47	666	0.966	843	36.97	3.012	5638	
276	CC8-C-4-2	222	6.47	666	0.966	843	36.97	3.012	5714	
277	CC8-D-2	337	6.47	1011	0.923	823	23.19	3.131	8475	
278	CC8-D-4-1	337	6.47	1011	0.923	823	37.52	1.935	9668	
279	CC8-D-4-2	337	6.47	1011	0.923	823	37.52	1.935	9835	
280	CC4-C-4-1	300	2.96	900	0.933	279	35.53	0.325	3277	
281	br19	76.5	1.7	153	1.077	361.99	22.82	1.403	351	
282	3	101.7	3.07	203	1.047	650.1	32.40	2.542	1112	
283	4	101.7	3.07	203	1.047	650.1	29.64	2.778	1067	
284	8	120.8	4.06	241	1.030	451.6	32.68	2.004	1200	Gardner N J 和
285	9	120.8	4.09	241	1.030	451.6	32.40	2.038	1200	Jacobson E R[15]
286	10	120.8	4.09	241	1.030	451.6	28.12	2.348	1112	
287	13	152.6	3.18	305	1.002	415.1	24.61	1.496	1200	
288	14	152.6	3.07	305	1.002	415.1	19.86	1.786	1200	

序号	试件编号	D (mm)	t (mm)	L (mm)	γ_U	f_y (MPa)	f_{pr} (MPa)	Φ	N_{test} (kN)	来源
289	C04LB	301.5	4.5	905	0.933	381.2	25.27	1.010	3851	
290	C06LB	298.5	5.74	896	0.935	399.8	25.27	1.381	4537	
291	C08LB	298.4	7.65	895	0.936	384.2	25.27	1.802	4919	
292	C12LB	297	11.88	891	0.940	347.9	25.27	2.658	5909	
293	C04MB	301.5	4.5	905	0.933	381.2	32.49	0.786	4547	Kato B[54]
294	C06MB	298.5	5.74	896	0.935	399.8	29.45	1.185	5125	
295	C08MB	298.4	7.65	895	0.936	384.2	32.40	1.406	5821	
296	C12MB	297	11.88	891	0.940	347.9	32.49	2.068	7222	
297	C2MBH	301.3	11.59	904	0.938	471.4	32.49	2.685	8594	
298	C10A-2A-1	101.4	3.02	304	1.047	371	21.19	2.185	660	
299	C10A-2A-2	101.9	3.07	306	1.047	371	21.19	2.214	649	
300	C10A-2A-3	101.8	3.05	305	1.047	371	21.19	2.200	682	
301	C20A-2A	216.4	6.66	649	0.969	452	21.19	2.983	3568	
302	C30A-2A	318.3	10.34	955	0.932	331	22.04	2.318	6565	
303	C10A-3A-1	101.7	3.04	305	1.047	371	36.67	1.268	800	
304	C10A-3A-2	101.3	3.03	304	1.048	371	36.67	1.268	742	Yamamoto K 等[55]
305	C20A-3A	216.4	6.63	649	0.969	452	34.87	1.804	4023	
306	C30A-3A	318.3	10.35	955	0.932	339	35.72	1.466	7933	
307	C10A-4A-1	101.9	3.04	306	1.047	371	46.74	0.993	877	
308	C10A-4A-2	101.5	3.05	305	1.047	371	46.74	1.000	862	
309	C20A-4A	216.4	6.65	649	0.969	452	42.66	1.479	4214	
310	C30A-4A	318.5	10.38	956	0.932	339	47.60	1.103	8289	
311	CU-040	200	5	600	0.976	265.8	25.84	1.139	2004	Huang C S 等[56]
312	CU-070	280	4	840	0.940	272.6	29.64	0.584	3025	
313	SFE4	159	5	650	1.000	390	34.77	1.555	1770	
314	SFE5	159	6.8	650	1.003	402	34.77	2.257	2130	Johansson M[57]
315	SFE6	159	10	650	1.008	355	34.77	3.126	2500	
316	O-1.5	127	1.5	400	1.020	350	45.79	0.367	890	
317	O-2.5	129	2.5	400	1.020	350	45.79	0.617	1140	曹华等[58]
318	O-3.5	131	3.5	400	1.020	310	45.79	0.771	1173	
319	O-4.5	133	4.5	400	1.020	310	45.79	0.999	1408	
320	SCSC-1	100	3	300	1.049	303.5	44.46	0.857	708	
321	SCSC-2	100	3	300	1.049	303.5	44.46	0.857	820	Han L H 等[59]
322	SCH1-1	100	3	300	1.049	303.5	44.46	0.857	766	
323	SCH1-2	100	3	300	1.049	303.5	44.46	0.857	820	

序号	试件编号	D (mm)	t (mm)	L (mm)	γ_U	f_y (MPa)	f_{pr} (MPa)	Φ	N_{test} (kN)	来源
324	SCV1-1	100	3	300	1.049	303.5	44.46	0.857	780	
325	SCV1-2	100	3	300	1.049	303.5	44.46	0.857	814	
326	SCSC2-1	200	3	600	0.974	303.5	44.46	0.440	2320	
327	SCSC2-2	200	3	600	0.974	303.5	44.46	0.440	2330	Han L H 等[59]
328	SCH2-1	200	3	600	0.974	303.5	44.46	0.440	2160	
329	SCH2-2	200	3	600	0.974	303.5	44.46	0.440	2160	
330	SCV2-1	200	3	600	0.974	303.5	44.46	0.440	2383	
331	SCV2-2	200	3	600	0.974	303.5	44.46	0.440	2256	
332	D3M3C1	89.3	2.74	340	1.061	360	18.81	2.435	494	
333	D3M3C2	89.3	2.74	340	1.061	360	21.85	2.096	464	
334	D3M3C3	89.3	2.74	340	1.061	360	21.28	2.152	500	
335	D4M3C1	112.6	2.89	340	1.035	360	18.81	2.055	670	
336	D4M3C2	112.6	2.89	340	1.035	360	21.85	1.769	646	
337	D4M3C3	112.6	2.89	340	1.035	360	21.28	1.816	661	Gupta P K 等[60]
338	D3M4C1	89.3	2.74	340	1.061	360	28.88	1.586	560	
339	D3M4C2	89.3	2.74	340	1.061	360	30.88	1.483	536	
340	D3M4C3	89.3	2.74	340	1.061	360	29.07	1.575	566	
341	D4M4C1	112.6	2.89	340	1.035	360	28.88	1.338	786	
342	D4M4C2	112.6	2.89	340	1.035	360	30.88	1.252	752	
343	D4M4C3	112.6	2.89	340	1.035	360	29.07	1.330	765	
344	CFSTf60D167t3.1	167	3.1	334	0.993	300	57.00	0.417	1873	
345	CFST2	114	3.6	228	1.035	300	57.00	0.709	1095	
346	CFST3	114	5.6	228	1.039	300	57.00	1.163	1297	
347	CFST4	167	3.1	334	0.993	300	41.80	0.568	1710	Abed F 等[61]
348	CFST5	114	3.6	228	1.035	300	41.80	0.966	1034	
349	CFST6	114	5.6	228	1.039	300	41.80	1.587	1240	
350	CN-1	180	3.8	720	0.985	360	50.35	0.654	2110	Liao F Y,
351	CN-2	180	3.8	720	0.985	360	50.35	0.654	2070	Han L H 等[62]
352	400-24-31-1	140	4.5	420	1.014	374.2	26.97	1.945	1275.3	
353	400-24-31-2	140	4.5	420	1.014	374.2	26.97	1.945	1294.5	
354	400-36-31-1	140	4.5	420	1.014	374.2	37.57	1.396	1406.4	
355	400-36-31-2	140	4.5	420	1.014	374.2	37.57	1.396	1405	Zhao Y G 等[30]
356	400-48-31-1	140	4.5	420	1.014	374.2	50.09	1.047	1524.3	
357	400-48-31-2	140	4.5	420	1.014	374.2	50.09	1.047	1530.4	
358	490-24-31-1	140	4.5	420	1.014	462.9	26.97	2.406	1646.7	

序号	试件编号	D (mm)	t (mm)	L (mm)	γ_U	f_y (MPa)	f_{pr} (MPa)	Φ	N_{test} (kN)	来源
359	490-24-31-2	140	4.5	420	1.014	462.9	26.97	2.406	1662.3	
360	490-36-31-1	140	4.5	420	1.014	462.9	37.57	1.727	1763.9	
361	490-36-31-2	140	4.5	420	1.014	462.9	37.57	1.727	1753.8	
362	490-48-31-1	140	4.5	420	1.014	462.9	50.09	1.296	1865.2	
363	490-48-31-2	140	4.5	420	1.014	462.9	50.09	1.296	1871.6	
364	400-36-26-1	216.3	8.2	648.9	0.971	381.1	37.81	1.774	3788.4	Zhao Y G 等[30]
365	400-36-26-2	216.3	8.2	648.9	0.971	381.1	37.81	1.774	3800.3	
366	400-36-36-1	190.7	5.3	572.1	0.981	382.5	38.22	1.236	2530.3	
367	400-36-36-2	190.7	5.3	572.1	0.981	382.5	38.22	1.236	2544.8	
368	400-36-48-1	216.3	4.5	648.9	0.967	371.9	37.67	0.906	2740.4	
369	400-36-48-2	216.3	4.5	648.9	0.967	371.9	37.67	0.906	2751.2	
370	CFST-1	165	2.37	615	0.993	287.5	23.77	0.736	1008	Ye Y 等[63]
371	CFST-2	165	2.37	615	0.993	287.5	23.77	0.736	996	
372	XX-2.74-56	114.3	2.74	300	1.033	235	53.39	0.426	901.8	Ekmekyapar T 和 AL-Eliwi B J M[64]
373	XX-2.74-66	114.3	2.74	300	1.033	235	63.41	0.358	981.2	
374	XX-5.9-56	114.3	5.9	300	1.040	355	53.39	1.498	1735.8	
375	XX-5.9-66	114.3	5.9	300	1.040	355	63.41	1.261	1818.6	
376	CST-16	111.64	1.9	400	1.034	261.3	38.55	0.454	666.6	Chang X 等[65]
377	CST-17	111.64	1.9	400	1.034	261.3	46.03	0.381	701.9	
378	CST-18	111.64	3.64	400	1.036	259.6	46.03	0.744	1011	
379	S-1	120	2.65	360	1.028	340	15.28	1.991	840	韩林海、尧国皇[66]
380	S-3	120	2.65	360	1.028	340	28.64	1.063	816	
381	t23-000	157.7	2.14	450	0.997	286	17.77	0.916	907.5	Uenaka K 等[67]

图 16.25（a）给出了式（16.43）与试验点的对比。图中公式的值是这样计算的：给

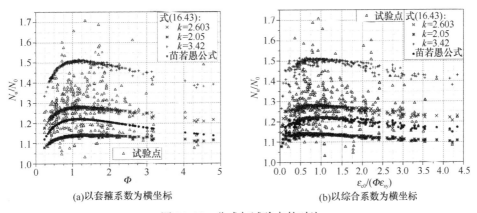

(a)以套箍系数为横坐标   (b)以综合系数为横坐标

图 16.25 公式与试验点的对比

定 k，计算参数 C 和 G，由式（16.44b）求出承载力取最大值时的 p/f_{pr}，代入式（16.43）计算承载力比值。由图可见，取 $k = k_{5\%}^{CFT} = 3.42$，本应获得接近平均值的结果，却给出了接近试验结果上限的数据（仅 4.93% 试验点在公式之上）。这说明，确实需要引入式（16.31）的折减系数 α_{CFT}。

经过多轮试算，图 16.25 给出了式（16.43）分别取：

$$k_{50\%}^{CFT} = 2.603 \tag{16.45a}$$

$$k_{95\%}^{CFT} = 2.05 \tag{16.45b}$$

的结果，可分别看成是中位数 54.4% 保证率和 94.5% 保证率的值。3 个数字未呈现等差，是因为试验数据呈现出极值分布（或对数正态分布）的特征，如图 16.26 所示。因此按照中位数校准，得到如下重要的参数：

$$\alpha_{CFT} = \frac{2.61}{3.42} = 0.761 \tag{16.46}$$

从公式数值与试验点的对比看，这个参数没有像式（16.31）那样与围压联系起来。

图 16.25（a）还给出了第 16.7 节提到的苗若愚公式（16.80c），有 72% 的试验点位于它之上。

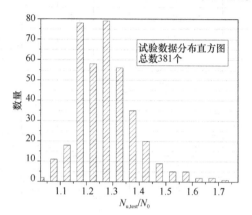

图 16.26　试验数据直方图

图 16.25（a）以 Φ 为横坐标，显示出 $\Phi = 0.75 \sim 1.75$ 之间承载力增益最大；图 16.25（b）以 $\varepsilon_{c0}/(\Phi\varepsilon_{sy})$ 为横坐标，显示出 $\varepsilon_{c0}/(\Phi\varepsilon_{sy}) = 0.8 \sim 1.1$ 之间承载力增益最大。

16.5　围压系数 k 的取值：可靠度问题

假设只有混凝土受竖向力，钢管只提供环向约束，钢管混凝土短柱的承载力如下：

$$N_{u,k} = A_c f_{pr,p,k} = A_c(f_{pr,k} + kp) \tag{16.47}$$

式中，$f_{pr,p}$ 是指在围压 p 作用下（图 16.1）混凝土 1:3 圆柱体试件的抗压强度。标准值是具有 95% 保证率的值，这要求 $f_{pr,p,k} = (1 - 1.645V_{pr,p})f_{pr,p,m}$，$f_{pr,p,m}$ 是承载力的平均值，$V_{pr,p}$ 是变异系数。

确定 Ottosen 准则时采用了 $\dfrac{p}{f_{pr}} = 1$ 时 $\dfrac{f_{pr,p}}{f_{pr}} = 1 + k$ 这样一个条件，从图 16.12（a）、（b）、（c）和（d）看，k 是离散的，k 应该取平均值还是具有 95% 保证率的值呢？

为了便于可靠度分析，暂时采用式（16.21）计算给定围压下的混凝土强度（因为其他式子在 $p/f_{pr} = 1$ 时也转化为 $1 + k$）。将式（16.5b）代入式（16.21）得到：

$$f_{pr,p} = f_{pr,p}\big|_{p = p_{max}} = f_{pr} + kp_{max} = f_{pr} + k\frac{2t}{D_c}f_y \tag{16.48}$$

截面的几何尺寸相对于 f_y 来说是变化比较小的量，作为近似，假设式（16.48）中的随机变量仅有 3 个：f_{pr}、k、f_y。随机变量 x 的数学期望记为 $E(x)$，方差记为 $D(x)$，k 与 f_y 是相互独立的，利用数学期望和方差的性质，可以得到：

$$E(f_{\mathrm{pr,p}}) = E(f_{\mathrm{pr}}) + \frac{2t}{D_{\mathrm{c}}}E(kf_{\mathrm{y}}) = E(f_{\mathrm{pr}}) + \frac{2t}{D_{\mathrm{c}}}E(k)\cdot E(f_{\mathrm{y}}) \qquad (16.49)$$

式中，f_{pr} 与 f_{y} 不相关，而 k 值与 f_{pr} 弱相关（随 f_{pr} 增大 k 有一定减小），为了简化本小节，假设 f_{pr} 与 kf_{y} 不相关，那么根据概率论知识，$E\{[f_{\mathrm{pr}}-E(f_{\mathrm{pr}})][kf_{\mathrm{y}}-E(kf_{\mathrm{y}})]\} \approx 0$，所以方差：

$$D(f_{\mathrm{pr,p}}) = D(f_{\mathrm{pr}}) + \left(\frac{2t}{D_{\mathrm{c}}}\right)^2 D(k\cdot f_{\mathrm{y}}) + \frac{2t}{D_{\mathrm{c}}}\cdot E\{[f_{\mathrm{pr}}-E(f_{\mathrm{pr}})][kf_{\mathrm{y}}-E(kf_{\mathrm{y}})]\}$$

$$D(f_{\mathrm{pr,p}}) = D(f_{\mathrm{pr}}) + \left(\frac{2t}{D_{\mathrm{c}}}\right)^2 D(kf_{\mathrm{y}}) \qquad (16.50)$$

记 $f_{kf_{\mathrm{y}}}(k,f_{\mathrm{y}})$ 是联合概率密度分布函数，因为 k、f_{y} 两者不相关，联合概率密度分布函数等于各自的概率密度分布函数之积，即 $f_{kf_{\mathrm{y}}}(k,f_{\mathrm{y}}) = f_{\mathrm{k}}(k)\cdot f_{f_{\mathrm{y}}}(f_{\mathrm{y}})$。两个随机变量 k 和 f_{y} 相乘的方差是：

$$D(kf_{\mathrm{y}}) = \int_{-\infty}^{+\infty}[kf_{\mathrm{y}}-E(kf_{\mathrm{y}})]^2 f_{kf_{\mathrm{y}}}(k,f_{\mathrm{y}})\mathrm{d}k\mathrm{d}f_{\mathrm{y}} = \int_{-\infty}^{+\infty}\{(kf_{\mathrm{y}})^2 - 2kf_{\mathrm{y}}\cdot E(kf_{\mathrm{y}})$$

$$+ [E(kf_{\mathrm{y}})]^2\}f_{\mathrm{k}}(k)f_{f_{\mathrm{y}}}(f_{\mathrm{y}})\mathrm{d}k\mathrm{d}f_{\mathrm{y}}$$

$$= E(k^2)E(f_{\mathrm{y}}^2) - [E(kf_{\mathrm{y}})]^2 = E(k^2)E(f_{\mathrm{y}}^2) - [E(k)]^2[E(f_{\mathrm{y}})]^2 \qquad (16.51\mathrm{a})$$

因为 $D(k) = E(k^2) - [E(k)]^2$、$D(f_{\mathrm{y}}) = E(f_{\mathrm{y}}^2) - [E(f_{\mathrm{y}})]^2$，所以：

$$D(kf_{\mathrm{y}}) = D(k)D(f_{\mathrm{y}}) + D(k)[E(f_{\mathrm{y}})]^2 + D(f_{\mathrm{y}})[E(k)]^2 \qquad (16.51\mathrm{b})$$

这样 $f_{\mathrm{pr,p}}$ 的标准值（95%保证率）是：

$$f_{\mathrm{pr,p,k}} = (1-1.645V_{\mathrm{pr,p}})f_{\mathrm{pr,p,m}} = (1-1.645V_{\mathrm{pr,p}})\left[E(f_{\mathrm{pr}}) + \frac{2t}{D_{\mathrm{c}}}E(k)\cdot E(f_{\mathrm{y}})\right]$$

$$(16.52)$$

式中，$V_{\mathrm{pr,p}}$ 是 $f_{\mathrm{pr,p}}$ 在特定的 $p_{\max}$ [式（16.5b）] 下的变异系数：

$$V_{\mathrm{pr,p}} = \frac{\sqrt{D(f_{\mathrm{pr,p}})}}{E(f_{\mathrm{pr,p}})} = \frac{\sqrt{D(f_{\mathrm{pr}}) + (4t^2/D_{\mathrm{c}}^2)\cdot D(kf_{\mathrm{y}})}}{E(f_{\mathrm{pr}}) + (2t/D_{\mathrm{c}})\cdot E(k)\cdot E(f_{\mathrm{y}})} \qquad (16.53\mathrm{a})$$

$$V_{\mathrm{pr,p}} = \frac{\sqrt{D(f_{\mathrm{pr}}) + (4t^2/D_{\mathrm{c}}^2)\{D(k)D(f_{\mathrm{y}}) + D(k)[E(f_{\mathrm{y}})]^2 + D(f_{\mathrm{y}})[E(k)]^2\}}}{E(f_{\mathrm{pr}}) + (2t/D_{\mathrm{c}})\cdot E(k)\cdot E(f_{\mathrm{y}})}$$

$$(16.53\mathrm{b})$$

另外，kf_{y} 的变异系数 $V_{kf_{\mathrm{y}}}$ 是：

$$V_{kf_{\mathrm{y}}} = \frac{\sqrt{D(kf_{\mathrm{y}})}}{E(kf_{\mathrm{y}})} = \frac{\sqrt{D(k)D(f_{\mathrm{y}}) + D(k)[E(f_{\mathrm{y}})]^2 + D(f_{\mathrm{y}})[E(k)]^2}}{E(k)\cdot E(f_{\mathrm{y}})} \qquad (16.54)$$

$$= \sqrt{V_{\mathrm{k}}^2 V_{f_{\mathrm{y}}}^2 + V_{\mathrm{k}}^2 + V_{f_{\mathrm{y}}}^2}$$

下面给出混凝土围压下的竖向承载力标准值的算例。表 16.10 给出了计算的条件，其中混凝土的变异系数资料来自文献 [12]，钢材的变异系数参考《钢结构设计规范》GB 50017—2003 取值（《钢结构设计标准》GB 50017—2017 过于复杂）。k 的均值和方差参考图 16.12 中的各图近似确定。其中 k 的均值在 3.2～3.6 范围变化，蔡绍怀公式（16.18a）计算的 k 的均值是 3.5，而变异系数 V_{k} 取 0.214 的粗略依据是参考图 16.12(a)～(d) 的试验点基本上在 $1+3.5(1-1.645\times0.214) = 3.268$ 和 $1+3.5(1+1.645\times0.214)$

= 5.732 之间变化。转化为钢管中的混凝土的 k 值是：

$$k_{50\%} = 0.761 \times 3.42 = 2.603 \tag{16.55a}$$

离散系数假设不变，则：

$$k_{95\%} = (1 - 1.645 \times 0.214) \times 2.603 = 1.687 \tag{16.55b}$$

$$k_{84\%} = (1 - 0.214) \times 2.61 = 2.05 \tag{16.55c}$$

$$k_{5\%} = (1 + 1.645 \times 0.214) \times 2.61 = 3.53 \tag{16.55d}$$

可见排除了钢材屈服强度和混凝土强度的随机性，k 的 5%、50%、84% 三个分位点的值基本就能够拟合 381 个试验数据的 5%、50%、95% 三个分位点的数值。下面分析钢材屈服强度和混凝土强度也是随机变量时如何计算钢管内混凝土的强度标准值和设计值。

可靠度计算需要的参数　　　　　　　　　　　　　　　表 16.10

混凝土强度等级	V_{concr}	$f_{pr,k}$ (MPa)	$f_{pr,m}$ (MPa)	f_{yk} (MPa)	V_{steel}	f_{ym} (MPa)	$k_{50\%}$	V_k	$k_{95\%}$
C30	0.14	22.8	29.62	235/345	0.095/0.11	278.53/421.22	2.61	0.214	1.67
C40	0.12	30.4	37.88	235/345	0.095/0.11	278.53/421.22	2.61	0.214	1.67
C50	0.113	38	46.68	235/345	0.095/0.11	278.53/421.22	2.61	0.214	1.67
C60	0.101	46.8	56.12	235/345	0.095/0.11	278.53/421.22	2.61	0.214	1.67
C70	0.1	56	67.03	235/345	0.095/0.11	278.53/421.22	2.61	0.214	1.67
C80	0.1	65.6	78.52	235/345	0.095/0.11	278.53/421.22	2.61	0.214	1.67

表 16.11a 和表 16.11b 给出了满足 $\dfrac{p_{max}}{f_{pr}} = \dfrac{\Phi}{2(1 + t/D_c)} = 1$ 的参数下运算的结果，采用强度标准值计算 Φ，即 $\dfrac{2t}{D_c} = \dfrac{f_{pr,k}}{f_{yk}}$。其中钢和混凝土强度设计值纯粹按照抗力分项系数公式：

$$\gamma_{Rs} = \frac{1 - 1.645 V_{steel}}{1 - 0.75 \times 3.2 V_{steel}} \tag{16.56a}$$

$$\gamma_{Rc} = \frac{1 - 1.645 V_{concr}}{1 - 0.75 \times 3.7 V_{concr}} \tag{16.56b}$$

计算（系数 3.7 是混凝土的可靠性指标，钢结构是 3.2），结果见表 16.11b。注意混凝土的抗力分项系数是 1.4，1.4 包括上述的 γ_{Rc}，还包括因荷载长期作用对混凝土强度的折减，这个折减系数 γ_{time} 在表 16.1 中给出，它是由系数 1.4 反推得到的。表 16.11a 和表 16.11b 中，

$$f_{c,s} = f_{pr,k}/\gamma_{Rc} \tag{16.57a}$$

$$f_{pr,p,k} = (1 - 1.645 V_{pr,p}) f_{pr,p,m} = f_{pr,k}(1 + k'_k) \tag{16.57b}$$

$$f'_{\text{pr,p,k}} = f_{\text{pr,k}} + \frac{2t}{D_c} k_{95\%} f_{\text{yk}} = f_{\text{pr,k}}(1 + k_{95\%}) \qquad (16.57c)$$

$$f''_{\text{pr,pk}} = f_{\text{pr,k}} + \frac{2t}{D_c} k_{50\%} f_{\text{yk}} = f_{\text{pr,k}}(1 + k_{50\%}) \qquad (16.57d)$$

$f'_{\text{pr,p,k}}$ 和 $f''_{\text{pr,p,k}}$ 是为了考察 $f_{\text{pr,p,k}}$ 的近似计算方法。表 16.11a 和表 16.11b 的结果表明，$f'_{\text{pr,p,k}}$ 偏小，即承载力计算公式中的各个参数，如果每个参数都取 95% 保证率的标准值，得到的结果过于偏安全；而对 k 取平均值 $k_{50\%}$，其余取标准值，$f''_{\text{pr,p,k}}$ 又偏不安全，所以必须反推出简化计算需要采用的 k 值来。

钢管混凝土承载力统计值推算 $[\Phi = 2 \ (1 + t/D_c)]$　　　　表 16.11a

混凝土	f (MPa)	$f_{c,s}$ (MPa)	$E(kf_y)$ (MPa)	$\sqrt{D(kf_y)}$ (MPa)	$f_{\text{pr,pm}}$ (MPa)	$\sqrt{D(f_{\text{pr,p}})}$ (MPa)	$V_{\text{pr,p}}$	$f_{\text{pr,p,k}}$ (MPa)
C30	215	18.11	727.0	170.9	100.2	17.1	0.171	72.0
C40	215	25.26	727.0	170.9	131.9	22.6	0.171	94.8
C50	215	32.04	727.0	170.9	164.2	28.1	0.171	118.0
C60	215	40.39	727.0	170.9	200.9	34.5	0.172	144.2
C70	215	48.43	727.0	170.9	240.3	41.3	0.172	172.4
C80	215	56.73	727.0	170.9	281.5	48.3	0.172	201.9
C30	310	18.11	1099.4	265.8	102.3	18.0	0.176	72.6
C40	310	25.26	1099.4	265.8	134.8	23.9	0.177	95.5
C50	310	32.04	1099.4	265.8	167.8	29.7	0.177	118.8
C60	310	40.39	1099.4	265.8	205.3	36.5	0.178	145.2
C70	310	48.43	1099.4	265.8	245.5	43.7	0.178	173.7
C80	310	56.73	1099.4	265.8	287.6	51.1	0.178	203.4

钢管混凝土承载力统计值推算（续）　　　　表 16.11b

混凝土	$f'_{\text{pr,p,k}}$ (MPa)	$f''_{\text{pr,p,k}}$ (MPa)	k'_k	$\gamma_{R,CFT}^{3.2}$	$f_{\text{pr,p,d}}$ (MPa)	k_d	γ_{Rc}	γ_{Rs}	$\gamma_{R,CFT}^{3.7}$	$\gamma_{R,CFT}^{3.45}$
C30	60.9	82.3	2.160	1.218	59.1	1.967	1.259	1.093	1.366	1.288
C40	81.2	109.7	2.119	1.219	77.8	1.888	1.203	1.093	1.368	1.289
C50	101.5	137.2	2.104	1.220	96.7	1.861	1.186	1.093	1.369	1.290
C60	125.0	168.9	2.080	1.220	118.1	1.815	1.159	1.093	1.371	1.291
C70	149.5	202.2	2.078	1.221	141.2	1.811	1.156	1.093	1.371	1.291
C80	175.2	236.8	2.078	1.221	165.4	1.811	1.156	1.093	1.371	1.291
C30	60.9	82.3	2.184	1.231	59.0	1.994	1.259	1.113	1.391	1.306
C40	81.2	109.7	2.142	1.232	77.5	1.912	1.203	1.113	1.393	1.308
C50	101.5	137.2	2.127	1.233	96.4	1.884	1.186	1.113	1.394	1.309
C60	125.0	168.9	2.103	1.234	117.7	1.837	1.159	1.113	1.397	1.310
C70	149.5	202.2	2.101	1.234	140.7	1.834	1.156	1.113	1.397	1.311
C80	175.2	236.8	2.101	1.234	164.8	1.834	1.156	1.113	1.397	1.311

反推公式是：

$$k'_k = \frac{D_c}{2t} \cdot \frac{f_{pr,p,k} - f_{pr,k}}{f_{yk}} = \frac{f_{pr,p,k}}{f_{pr,k}} - 1 \tag{16.58}$$

k'_k 在表 16.11b 中给出，可见 $k'_k \approx 2.078 \sim 2.184$，明显大于 $k_{95\%}$（1.687），与 $k_{84\%(2.05)}$ 更接近。

表中给出了钢管混凝土受压的抗力分项系数，$\beta = 3.2$ 对应于认为是纯钢，$\beta = 3.7$ 认为混凝土占主要成分，算例取了 $\Phi = 1$，即钢和混凝土各提供一半的承载力。

$$\gamma_{R,CFT}^{3.2} = \frac{1 - 1.645V_{pr,p}}{1 - 0.75 \times 3.2 V_{pr,p}} \tag{16.59a}$$

$$\gamma_{R,CFT}^{3.7} = \frac{1 - 1.645V_{pr,p}}{1 - 0.75 \times 3.7 V_{pr,p}} \tag{16.59b}$$

$$\gamma_{R,CFT}^{3.45} = \frac{1 - 1.645V_{pr,p}}{1 - 0.75 \times 3.45 V_{pr,p}} \tag{16.59c}$$

$\gamma_{R,CFT}^{3.2}$ 在 $1.218 \sim 1.234$ 之间。因为钢管混凝土构件的性能被认为是更接近钢结构甚至好于钢构件，一般取 3.2 作为它的可靠性指标。但是如果混凝土分担率大，可能采用 3.45 合适。

在表 16.11b 中，钢管混凝土短柱的轴压承载力的设计值也给出了：

$$f_{pr,pd} = \frac{f_{pr,pk}}{\gamma_{R,CFT}^{3.2}} \tag{16.60a}$$

从这个设计值反算此时应该采用的 k 值，记为 k_d：

$$f_{pr,pd} = \frac{f_{pr,k}}{\gamma_{Rc}} + \frac{2t}{D_c} \cdot k_d \cdot \frac{f_{yk}}{\gamma_{Rs}} = \frac{f_{pr,k}}{\gamma_{Rc}} + \frac{f_{pr,k}}{f_{yk}} \cdot k_d \cdot \frac{f_{yk}}{\gamma_{Rs}} = \frac{f_{pr,k}}{\gamma_{Rc}} + k_d \cdot \frac{f_{pr,k}}{\gamma_{Rs}} \tag{16.60b}$$

$$k_d = \left(f_{pr,pd} - \frac{f_{pr,k}}{\gamma_{Rc}} \right) \bigg/ \frac{f_{pr,k}}{\gamma_{Rs}} \tag{16.60c}$$

k_d 列在表 16.11b 中，可见 $k_d = 1.811 \sim 1.994$。

总结：钢管内的混凝土强度计算（平均值、标准值和设计值），k 的取值分别是 $k_m = 2.61$、$k'_k = 2.12$ 和 $k_d = 1.88$。这个规律表明，当存在两个随机参数相乘以获得承载力的标准值和设计值时，其中一个参数取（2.12、1.88）高于自身作为独立参数时的标准值（1.687）和设计值（未确定）。

16.6　钢管混凝土短柱的承载力

由式（16.40），可知：

$$N_u = \beta_{sz} A_s f_{yk} + \beta_{cz} A_c f_{ck} \tag{16.61}$$

式中，β_{sz}、β_{cz} 分别是确定钢管混凝土承载力时钢管强度折减系数和混凝土强度增强系数。

确定了不同需要（可靠度）下的 k 值后，式（16.39）中的 C 和 G 即可以被确定，约束混凝土的承载力即完全确定。记定围压下 k 的平均值、CFT 中的平均值 k_m 和标准值 k_k 是：

$$(k、k_m、k_k) = 3.42、2.603、2.05 \tag{16.62}$$

表 16.12 给出了各自对应的参数，表中：

$$\chi = \frac{f_{tk}}{f_{pr}} = \frac{0.414}{f_{pr}^{0.454}} \tag{16.63a}$$

$$f_{tk} = 0.414 f_{pr}^{0.546} \tag{16.63b}$$

图 16.27（a）给出了不同保证率下、不同围压时混凝土竖向承载力的曲线。只要 k 相同，不同混凝土强度等级的曲线几乎重合，接近 $1 + k\,(p/f_{pr})^{0.8}$。图 16.27（b）则给出了达到 CFT 承载力时围压与套箍系数的关系。他们分别可以采用如下公式表达：

$$\left(\frac{f_{pr,p}}{f_{pr}}\right)_{3.42} = \frac{p}{f_{pr}} + \sqrt{1 + 10.7\,\frac{p}{f_{pr}}} \tag{16.64a}$$

$$\left(\frac{f_{pr,p}}{f_{pr}}\right)_{2.603} = 0.3 + \frac{p}{f_{pr}} + 0.7\sqrt{1 + 9.83\,\frac{p}{f_{pr}}} \tag{16.64b}$$

$$\left(\frac{f_{pr,p}}{f_{pr}}\right)_{2.05} = 0.45 + \frac{p}{f_{pr}} + 0.55\sqrt{1 + 7.46\,\frac{p}{f_{pr}}} \tag{16.64c}$$

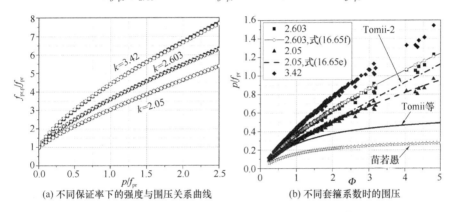

(a) 不同保证率下的强度与围压关系曲线 (b) 不同套箍系数时的围压

图 16.27 不同保证率下竖向承载力与围压的关系曲线

Ottosen 模型根据不同需要的取值 表 16.12

f_{cu}	C30	C40	C50	C60	C70	C80	备注	
f_{pr} (MPa)	22.8	30.4	38	46.8	56	65.6	备注	
χ	0.100	0.088	0.079	0.072	0.067	0.062		
C	−0.022	0.065	0.120	0.164	0.197	0.223	$k=3.42$，主动围压时 k 为平均值	$\beta_{2c}=\dfrac{1.6}{f_{pr}^{0.07}}$
G	10.341	11.878	13.069	14.171	15.107	15.919		
C	0.294	0.325	0.345	0.362	0.374	0.384	$k=2.603$，钢管混凝土承载力中位数时的值	$\beta_{2c}=\dfrac{1.45}{f_{pr}^{0.07}}$
G	9.687	10.386	10.889	11.329	11.685	11.982		
C	0.433	0.442	0.448	0.453	0.457	0.460	$k=2.05$，钢管混凝土承载力 95% 保证率时的取值	
G	7.127	7.303	7.423	7.525	7.605	7.670		

图 16.28（a）和（b）分别给出了 β_{cz} 和 β_{sz}，采用公式表示：

$$\beta_{cz,2.05} = 1 + \frac{(1.25 + 0.22\Phi)\Phi}{(1+\Phi)} \tag{16.65a}$$

$$\beta_{sz,2.05} = \frac{1 + 3.32\Phi}{4(1+\Phi)} \tag{16.65b}$$

$$(p/f_{pr})_{2.05} = 0.3\Phi^{(0.75-0.006\Phi)} \tag{16.65c}$$

$$\beta_{cz,2.603} = 1 + \frac{(2.1 + 0.33\Phi)\Phi}{(1+\Phi)} \tag{16.65d}$$

$$\beta_{sz,2.603} = \frac{3\Phi}{4(1+\Phi)} \tag{16.65e}$$

$$(p/f_{pr})_{2.603} = 0.4\Phi^{(0.75-0.006\Phi)} - 0.03 \tag{16.65f}$$

这些公式与推演的数据点比较都具有很好的精度，如图 16.28 所示。

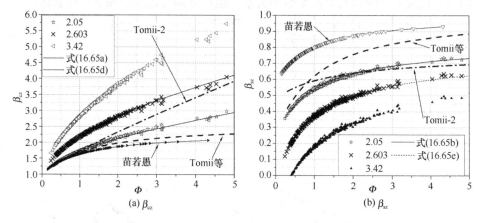

图 16.28　钢和混凝土承载系数拟合公式对比

16.7　塑性力学方法的研究

式（16.61）和式（16.65）足够简单，Eurocode 4 就采用类似的公式。日本学者 To-mii 等 1977 年的论文文献［31］和国内 1982 年苗若愚的文章（文献［32］）进行了类似的研究：利用塑性力学的全量理论，测试钢管环向应变与纵向应变的比值，把该比值作为参量，具有某个特征时（Tomii 等认为比例不变或文献［34］认为比例突然增大处）作为圆钢管混凝土达到承载力的标志。具体推导如下：

16.7.1　塑性力学推导

Hencky 全量理论的应力-应变关系是：

$$\varepsilon_{sz} = \frac{1+\phi}{2G}\Big[\sigma_{sz} - \Big(\phi + \frac{3\mu}{1+\mu}\Big)\frac{\sigma_m}{1+\phi}\Big] \tag{16.66a}$$

$$\varepsilon_{s\theta} = \frac{1+\phi}{2G}\Big[\sigma_{s\theta} - \Big(\phi + \frac{3\mu}{1+\mu}\Big)\frac{\sigma_m}{1+\phi}\Big] \tag{16.66b}$$

式中，$\sigma_m = (\sigma_{sz} + \sigma_{s\theta} + \sigma_r)/3$，$\sigma_r$ 是径向应力，ϕ 是一个标量因子。根据基本假定，塑性阶段，$\mu = 0.5$，$\sigma_r \approx 0$，得到塑性应变和应力的关系为：

$$\varepsilon_{sz} = \frac{1+\phi}{6G}(2\sigma_{sz} - \sigma_{s\theta}) \tag{16.67a}$$

$$\varepsilon_{s\theta} = \frac{1+\phi}{6G}(2\sigma_{s\theta} - \sigma_{sz}) \tag{16.67b}$$

令 μ' 表示综合的横向变形系数，定义为：

$$\mu' = \frac{\varepsilon_\theta}{\varepsilon_z} = \frac{2\sigma_{s\theta} - \sigma_{sz}}{2\sigma_{sz} - \sigma_{s\theta}} \tag{16.68}$$

钢管环向应力与界面压力之间的关系是：

$$\sigma_{s\theta} = \frac{2}{\alpha_{sc}} p \tag{16.69a}$$

$$\alpha'_{sc} = \frac{A_s}{(1 + t/D_c)A_c} \tag{16.69b}$$

根据 Mises 屈服准则，

$$\sigma_{sz} = \frac{1}{2}\sigma_{s\theta} - \sqrt{f_{yk}^2 - \frac{3}{4}\sigma_{s\theta}^2} = \frac{1}{\alpha'_{sc}}p - \sqrt{f_{yk}^2 - \frac{3}{\alpha'^2_{sc}}p^2} \tag{16.70a}$$

$$\sigma_{sz} = \frac{2+\mu'}{1+2\mu'}\sigma_{s\theta} = \frac{2+\mu'}{1+2\mu'} \cdot \frac{2}{\alpha'_{sc}}p\sigma_{s\theta} \tag{16.70b}$$

由以上三式可以得到：

$$p = -\frac{(1+2\mu')\alpha'_{sc}}{2\sqrt{3}\sqrt{\mu'^2 + \mu' + 1}}f_{yk} \tag{16.71a}$$

$$\sigma_{sz} = \frac{2+\mu'}{1+2\mu'} \cdot \frac{2}{\alpha'_{sc}}p = -\frac{2+\mu'}{\sqrt{3}\sqrt{\mu'^2 + \mu' + 1}}f_{yk} \tag{16.71b}$$

$$\sigma_{s\theta} = \frac{2}{\alpha_{sc}}p = -\frac{(1+2\mu')}{\sqrt{3}\sqrt{\mu'^2 + \mu' + 1}}f_{yk} \tag{16.71c}$$

因为不涉及反复荷载，塑性力学的 Prandtl-Reuss 增量理论给出相同的结果。

16.7.2 Tomii 等的研究

对这个应变比例 μ'，Tomii 等对一系列试件两条相互垂直直径上的四个应变花的读数进行平均，得到环向拉应变 ε_h 与纵向压应变 ε_l 的关系图 16.29（a），这些曲线在 $1\% \sim 2\%$ 应变后比较有规律，进行线性回归，得到这个比例如图 16.29（b）所示，给出了如下公式：

$$\mu'_{Tom} = \frac{d\varepsilon_{s\theta}}{d\varepsilon_{sz}} = -\frac{1}{2} - \frac{0.9}{(1+\Phi)}（按原文是应变增量的比值）\tag{16.72a}$$

$$\sigma_{sz} = \frac{2+\mu'}{1+2\mu'} \cdot \frac{2}{\alpha'_{sc}}p = -\frac{2+\mu'}{\sqrt{3}\sqrt{\mu'^2 + \mu' + 1}}f_{yk} \tag{16.72b}$$

从而得到（原文用了全量理论的公式，说明采用了 $\dfrac{d\varepsilon_{s\theta}}{d\varepsilon_{sz}} = \dfrac{\varepsilon_{s\theta}}{\varepsilon_{sz}}$ 的假定）：

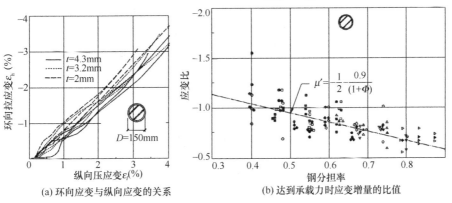

(a) 环向应变与纵向应变的关系　　　(b) 达到承载力时应变增量的比值

图 16.29　Tomii 等的试验结果

$$\sigma_{sz} = \beta_{sz} f_{yk} = \frac{3\Phi + 1.2}{\sqrt{3}\sqrt{(6.24 + 6\Phi + 3\Phi^2)}} f_{yk} \tag{16.73a}$$

$$\sigma_{s\theta} = \frac{3.6}{\sqrt{3}\sqrt{3\Phi^2 + 6\Phi + 6.24}} f_{yk} \tag{16.73b}$$

$$p = \frac{1.8\Phi}{\sqrt{3}\sqrt{3\Phi^2 + 6\Phi + 6.24}} \cdot \frac{f_{ck}}{(1 + t/D_c)} \tag{16.73c}$$

Tomii 等的论文对核心混凝土的 k 值进行了反算，而不是采用主动围压的试验结果。反算方法是：

承载力为：

$$N_y = \beta_{sz} f_{yk} A_s + A_c (f_{ck} + kp) = \beta_{sz} f_{yk} A_s + \beta_{cz} A_c f_{ck} \tag{16.74}$$

Tomii 采用图 16.30 的 N_y（纵向应变 1% 左右）而不是 N_u 作为承载力，后者钢材进入了强化阶段。从上式反算的 k 如图 16.31 所示，54 个数据在 1.5～3.5 之间离散（这 54 个数据未列入表 16.9），平均值是 $k = 2.6$，与我们获得的 2.603 几乎相同。于是：

$$\beta_{cz} = 1 + 2.6 \frac{p}{f_{ck}} = 1 + \frac{4.68\Phi}{\sqrt{3}\sqrt{3\Phi^2 + 6\Phi + 6.24}} \tag{16.75}$$

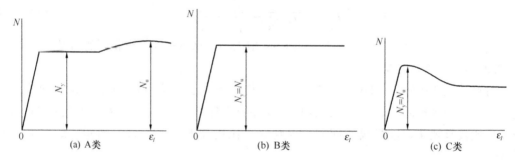

图 16.30　压力-位移曲线的三种类型

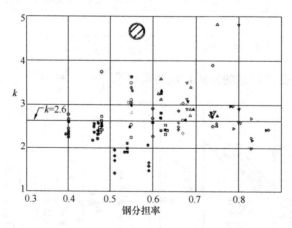

图 16.31　Tomii 等试验反算的 k 值

因为 Tomii 等的应变比回归公式以针对后期为主，采用增量理论（参见第 18 章）将得到不同的式子，这里先给出：

$$\beta_{sz,T2} = \frac{\sigma_{sz}}{f_y} = \frac{1}{\sqrt{1 - \mu' + \mu'^2}} = \frac{2(1 + \Phi)}{\sqrt{7\Phi^2 + 21.2\Phi + 17.44}} \tag{16.76a}$$

$$\left(\frac{p}{f_{ck}}\right)_{T2} = \frac{\Phi(1.4 + 0.5\Phi)}{\sqrt{7\Phi^2 + 21.2\Phi + 17.44}} \tag{16.76b}$$

$$\beta_{cz,T2} = 1 + \frac{2.6\Phi(1.4 + 0.5\Phi)}{\sqrt{7\Phi^2 + 21.2\Phi + 17.44}} \tag{16.76c}$$

这些曲线以 Tomii-2 标注在图 16.27 和图 16.28 中。但是 Tomii 等又提出了另外的承载力公式：

$$(N_y)_{T3} = A_c f_{ck} + \left(1 + \frac{1.5}{1 + \Phi}\right) A_s f_{yk} \tag{16.77}$$

16.7.3 苗若愚的研究

文献 [32] 经过 63 个试件（参数范围 $\Phi = 0.5 \sim 2$）的测试，认为环向应变与纵向应变的比例突然增大时钢管混凝土柱达到承载力极限状态，该应变比回归得到下式：

$$\mu' = \frac{\varepsilon_{s\theta}}{\varepsilon_{sz}} = -\frac{1}{2} - \frac{1}{2(1 + \Phi)} \text{（注意是全量应变的比值，与 Tomii 等不同）} \tag{16.78}$$

从而得到：

$$\frac{p}{f_{pr}} = \frac{\Phi}{\sqrt{3}\sqrt{3(1 + \Phi)^2 + 1}} \cdot \frac{1}{(1 + t/D_c)} \approx \frac{2\Phi(1 + \Phi)}{6(1 + \Phi)^2 + 1} \approx \frac{3\Phi}{9\Phi + 10} \tag{16.79a}$$

$$\frac{\sigma_{sz}}{f_{yk}} = -\frac{3\Phi + 2}{\sqrt{3}\sqrt{3(1 + \Phi)^2 + 1}} = -\frac{2(1 + \Phi)(3\Phi + 2)}{6(1 + \Phi)^2 + 1} \approx -\frac{9\Phi + 6}{9\Phi + 10} \tag{16.79b}$$

$$\frac{\sigma_{s\theta}}{f_{yk}} = \frac{2}{\sqrt{3}\sqrt{3(1 + \Phi)^2 + 1}} = \frac{4(1 + \Phi)}{6(1 + \Phi)^2 + 1} \approx \frac{6}{9\Phi + 10} \tag{16.79c}$$

根据以上公式，并且围压下混凝土强度采用公式（16.21），与 Tomii 等同样的方法反算 k 值，按照文献 [32]，结果是 $k = 3.94$，约等于 4，于是得到公式：

$$\beta_{sz} = \frac{3\Phi + ?}{\sqrt{3(3\Phi^2 + 6\Phi + 4)}} \approx \frac{3(3\Phi + 2)}{9\Phi + 10} \tag{16.80a}$$

$$\beta_{cz} = 1 + \frac{4\Phi}{\sqrt{3(3\Phi^2 + 6\Phi + 4)}} \approx 1 + \frac{12\Phi}{9\Phi + 10} \tag{16.80b}$$

$$\frac{N_u}{N_0} = \frac{1}{1 + \Phi}\left[1 + \frac{3\Phi(\Phi + 2)}{\sqrt{3(3\Phi^2 + 6\Phi + 4)}}\right] = \frac{1}{1 + \Phi}\left[1 + \frac{9\Phi(\Phi + 2)}{9\Phi + 10}\right]$$

$$= 1 + \frac{8\Phi}{(1 + \Phi)(9\Phi + 10)} \tag{16.80c}$$

上述两组公式均在图 16.27 和图 16.28 中绘出，标记为 Tomii 和苗若愚的曲线。

16.7.4 承载力的第 2 种表达式

将承载力公式表示成如下形式：

$$N_u = (1 + \gamma_s) A_s f_y + A_c f_{ck} = [1 + (1 + \gamma_s)\Phi] A_c f_{ck} \tag{16.81}$$

苗若愚和 Tomii 的两个公式对应的 γ_s 分别是：

$$\gamma_{s,miao} = \frac{\sqrt{3}(\Phi + 2)}{\sqrt{3\Phi^2 + 6\Phi + 4}} - 1 \tag{16.82a}$$

$$\gamma_{s,Tom1} = \frac{3\Phi + 5.88}{\sqrt{3}\sqrt{6.24 + 6\Phi + 3\Phi^2}} - 1 \tag{16.82b}$$

$$\gamma_{s,Tom3} = \frac{1.5}{1+\Phi} \tag{16.82c}$$

$$\gamma_{s,T2} = \frac{5.64+3.3\Phi}{\sqrt{7\Phi^2+21.2\Phi+17.44}} - 1 \tag{16.82d}$$

蔡绍怀提出的承载力公式是：

$$N_{u,1} = \gamma_U A_c f_{pr}\left(1+\frac{1.5}{\sqrt{2}}\Phi+\sqrt{\Phi}\right) \tag{16.83a}$$

$$N_{u,2} = \gamma_U A_c f_{pr}(1+2\Phi) \tag{16.83b}$$

因此

$$\gamma_{s,cai} = \min\left(1,\frac{1}{\sqrt{\Phi}}+0.0607\right) \tag{16.83c}$$

而本章推演的公式是：

$$\gamma_{s,2.603} = \frac{1.1+0.08\Phi}{1+\Phi} \tag{16.84a}$$

$$\gamma_{s,2.05} = \frac{1+0.1\Phi}{2(1+\Phi)} \tag{16.84b}$$

将试验的数据点与本章推演的数据点（取 $k=2.05$、2.603、3.42）以及式（16.82b）和式（16.83c）进行对比，如图 16.32 所示。图中还给出了日本有关设计指南中的 $\gamma_s = 0.27$ 的结果。观察该图，有以下结论：（1）$k=3.42$ 的曲线，与式（16.83c）接近，因为两者都采用了主动围压作用下混凝土强度公式的平均值曲线；（2）$k=2.603$ 的曲线能够给出试验点的平均值，$k=2.05$ 的曲线基本给出 95% 保证率的曲线；（3）苗若愚公式与 $k=2.05$ 和 $k=2.603$ 的平均值非常接近，见式（16.86a）。Tomii 公式（16.82b）非常接近 $k=2.05$ 的结果。

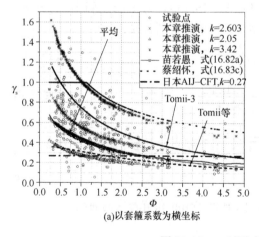

(a)以套箍系数为横坐标

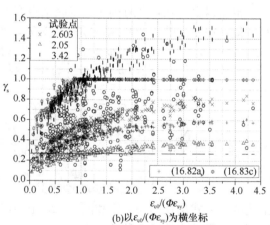

(b)以 $\varepsilon_{c0}/(\Phi\varepsilon_{sy})$ 为横坐标

图 16.32　γ_s 试验点和公式的数据点的对比

文献［32］与 217 根试件的结果进行了对比，预测结果是 217 根试件的平均值。本章推演公式的数据点与 Tomii 和苗若愚公式走势上的一致性，验证了本章推演公式的基本正确性。注意各参数之间的关系为：

$$\beta_{cz} = 1+(1+\gamma_s-\beta_{sz})\Phi \tag{16.85}$$

$$\gamma_{s,av} = \frac{1}{2}(\gamma_{s,2.05}+\gamma_{s,2.603}) = \frac{0.8+0.09\Phi}{1+\Phi} \tag{16.86a}$$

$$\beta_{\mathrm{sz,av}} = \frac{1}{2}(\beta_{\mathrm{sz,2.05}} + \beta_{\mathrm{sz,2.603}}) = \frac{0.5 + 3.16\Phi}{4(1+\Phi)} \tag{16.86b}$$

$$\beta_{\mathrm{cz,av}} = \frac{1}{2}(\beta_{\mathrm{cz,2.05}} + \beta_{\mathrm{cz,2.603}}) = 1 + \frac{(3.35 + 0.55\Phi)\Phi}{2(1+\Phi)} \tag{16.86c}$$

即如果式（16.61）采用式（16.86b）、式（16.86c）两个式子，则给出的承载力与采用式（16.80a）、式（16.80b）的结果很接近，但是它们背后对应的钢管纵向应力、环向应力、围压有明显不同。原因是极限荷载对围压不敏感，这可以从图 16.23 看出，p/f_{pr} 变化时比值 N_{u}/N_0 变化不大。式（16.86b）和式（16.86c）代表了钢管发生了一定程度的塑性流动后总竖向应变达到 $1.5\%\sim2.5\%$ 时的状态，苗若愚公式代表了环向切线刚度丧失、塑性流动开始时的状态（$<0.5\%\sim1\%$），Tomii 公式则代表了与苗若愚公式相同或紧接着苗若愚公式之后的状态。文献 [32] 指出，提出的公式适用于套箍系数 $0.5\sim2.0$ 之间。

《钢管混凝土结构技术规范》GB 50936—2014 采用如下公式计算承载力：

$$N_{\mathrm{u}} = (1.212 + B\Phi + C\Phi^2)(A_{\mathrm{c}} + A_{\mathrm{s}})f_{\mathrm{ck}} = (1.212 + B\Phi + C\Phi^2)\left(1 + \frac{A_{\mathrm{s}}}{A_{\mathrm{c}}}\right)A_{\mathrm{c}}f_{\mathrm{c}} \tag{16.87a}$$

式中，$B = 0.176\varepsilon_{\mathrm{k}}^2 + 0.974$、$C = 0.031 - 0.104\dfrac{f_{\mathrm{ck}}}{20.1}$。表达成式（16.81）的形式，则 γ_{s} 为：

$$\gamma_{\mathrm{s}} = \frac{N_{\mathrm{u}} - N_0}{A_{\mathrm{s}}f} = \left(\frac{0.212}{\theta} + B + C\theta\right) + (1.212 + B\theta + C\theta^2)\frac{f_{\mathrm{ck}}}{f} - 1 \tag{16.87b}$$

绘成曲线，如图 16.33 所示。

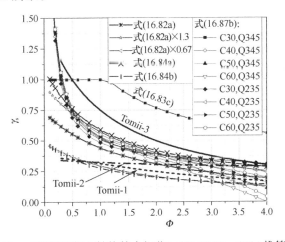

图 16.33　《钢管混凝土结构技术规范》GB 50936—2014 推算的 γ_{s}

16.8　总结

本章进行的推演，总结起来有如下几点：

（1）采用主动围压下混凝土强度的试验数据的平均值来分析钢管混凝土短柱构件的强

度，得到的承载力是钢管混凝土短柱试件承载力的上限；因此必须对给定围压下混凝土强度数据引入折减系数。采用文献试验数据校准的折减系数是 0.761。

（2）基于可靠度分析，提出了中位数和 95% 可靠度的钢管混凝土受力状态下混凝土强度提高系数的取值：计算承载力标准值时取 2.05，中位值时取 2.603。本章的可靠度分析表明，当两个参数相乘以获得该乘数的设计值时，其中一个参数可以取 85% 左右的分位值，另一参数取设计值。

（3）采用 Ottosen 准则进行推演，得到一种新的混凝土强度与围压的关系表达式（16.29a）。

（4）对混凝土双向等压应力下的强度，引入平均值和标准值的概念，k 取不同值时，该强度取值也不同。采用式（16.18e）确定围压等于混凝土棱柱强度时的强度，利用 $p/f_{pr} = 1$ 时的强度来确定 Ottosen 曲面。

（5）对钢管混凝土短柱的承载力公式进行了广泛的分析，与 Tomii 等和苗若愚的方法进行了对比，对于承载力极限状态的应力和围压大小，进行了分析，给出了图表。

（6）基于理论分析式（16.40），提出了两种承载力表达式：分别是式（16.61）和式（16.81），给出了其中的系数。

参 考 文 献

[1] 蔡绍怀. 钢管混凝土结构的计算与应用[M]. 北京：中国建筑工业出版社，1989.

[2] 王玉银，张素梅，郭兰慧. 受荷方式对钢管混凝土轴压短柱力学性能影响[J]. 哈尔滨工业大学学报，2005，37(1)：40-44.

[3] 蔡绍怀，焦占拴. 钢管混凝土短柱的基本性能和强度计算[J]. 建筑结构学报，1984(6)：13-29.

[4] 过镇海. 钢筋混凝土原理[M]. 北京：清华大学出版社，1999.

[5] GEBRAN K. MAZEN T. Hoek-Brown strength criterion for actively confined concrete[J]. Journal of materials in civil engineering，2009，21(3)：110-118.

[6] DOMINGO S, IGNACIO C, RAVINDRA G, et al. Study of the behavior of concrete under triaxial compression[J]. Journal of engineering mechanics，2002，128(2)：156-163.

[7] JIAN C L, Togay O. Stress-strain model for normal-and light-weight concretes under uniaxial and triaxial compression[J]. Construction& building materials，2014，71(30)：492-509.

[8] CANDAPPA D C, SANJAYAN J G, SETUNGE S. Complete triaxial stress-strain curves of high-strength concrete[J]. Journal of materials in civil engineering，2001，13(3)：90-98.

[9] OTTOSEN N S. A failure criterion of concrete[J]. Mechanical engineering division，1977，103(4)：527-535.

[10] 王仁，熊祝华，黄文彬. 塑性力学基础[M]. 北京：科学出版社，1982.

[11] 罗丹旎，李庆斌. 基于统一强度理论的高强混凝土强度准则[J]. 水利学报，2015，46(1)：74-82.

[12] 刘红梁，宋罕宇. 高强混凝土立方体强度变异系数的商榷[J]. 哈尔滨商业大学学报(自然版)，2004，20(5)：604-607.

[13] 武建华，于海祥，李强，等. 定围压比作用下混凝土轴向受压性能试验研究[J]. 实验力学，2007，22(2)：142-148.

[14] 陈潇洋，于海祥. 基于 0.2 定围压比状态下的约束混凝土性能研究[J]. 实验力学，2012，27(2)：195-200.

[15] GARDNER N J, JACOBSON E R. Structural behavior of concrete filled steel tubes[J]. ACI Jour-

nal，1967，64(7)：404-412.

[16] JIAN C L，TOGAY O. Investigation of the influence of the application path of confining pressure：tests on actively confined and FRP-confined concretes[J]. Journal of structure engineering，141(8)：1-12.

[17] MARTIN D，SHEA O，RUSSELL Q. Bridge，design of circular thin-walled concrete filled steel tubes[J]. Journal of structural engineering，2000，126(11)：1295-1303.

[18] POPOVICS S. A numerical approach to the complete stress-strain curves for concrete[J]. Concrete and concrete research，1973，3(5)：583-599.

[19] ANSARI F，LI Q. High-strength concrete subjected to triaxial compression[J]. ACI materials Journal，1998，95(6)：747-755.

[20] ATTARD M M，SETUNGE S. Stress-strain relationship of confined and unconfined concrete[J]. ACI materials Journal，1996，93(5)：432-442.

[21] KWAN A K H，DONG C X，HO J C M. Axial and lateral stress-strain model for concrete-filled steel tubes[J]. Journal of constructional steel research，2016，122(7)：421-433.

[22] XIAO Q G，TENG J G，YU T. Behavior and modeling of confined high-strength concrete[J]. Journal of composites for construction，2010，14 (3)：249-259.

[23] LI Q，ANSARI F. Mechanics of damage and constitutive relationships for high-strength concrete in triaxial compression[J]. Journal of engineering mechanical，1999，125(1)：1-10.

[24] OTTOSEN N S. Constitutive model for short-time loading of concrete[J]. Journal of engineering mechanical 1979，105(2)：127-141.

[25] CANDAPPA D P，SETUNGE S，SANJAYAN J G. Stress versus strain relationship of high strength concrete under high lateral confinement[J]. Cement and concrete research，1999，29(12)：1977-1982.

[26] 韩林海. 钢管混凝土结构-理论与实践[M]. 北京：科学出版社，2004.

[27] 钟善桐. 钢管混凝土结构(第 3 版)[M]. 北京：清华大学出版社，2003.

[28] 中华人民共和国住房和城乡建设部. 钢管混凝土结构技术规范：GB 50936—2014[S]. 北京：中国建筑工业出版社，2014.

[29] ZHAO Y G，LIN S，LU Z H，et al. Loading paths of confined concrete in circular concrete loaded CFT stub columns subjected to axial compression[J]. Engineering structures，2018，156(1)：21-31.

[30] LIN S，ZHAO Y G，HE L S. Stress paths of confined concrete in axially loaded circular concrete-filled steel tube stub columns[J]. Engineering structures，2018，173(15)：1019-1028.

[31] TOMII M，YOSHIMURA K，MORISHITA Y. Experimental studies on concrete filled steel tubular stub columns under concentric loading[C]. Proceeding of the International Colloquium on Stability of Structures under Static and Dynamic Loads，Washington DC，USA，1977.

[32] 苗若愚. 应用塑性理论确定钢管混凝土轴压短柱的承载力[J]. 哈尔滨建筑工程学院学报，1982，2：36-39.

[33] XIE J，ELWI A E，MACGREGOR J G. Mechanical properties of three high-strength concretes containing silica fume[J]. ACI materials Journal，1995，92(2)：135-145.

[34] DAHL K K B. A constitutive model for normal and high strength concrete [D]. Detroit：American Concrete Institute，1992.

[35] 王玉银. 圆钢管高强混凝土轴压短柱基本性能研究[D]. 哈尔滨：哈尔滨工业大学，2004.

[36] GIAKOUMELIS G，LAM D. Axial capacity of circular concrete-filled tube columns[J]. Journal of

constructional steel research，2004，60(7)：1049-1068.

[37]　LAI M H，HO J C M. A theoretical axial stress-strain model for circular concrete-filled-steel-tube columns[J]. Engineering structures，2016，125(15)：124-143.

[38]　SCHNEIDER S P. Axially loaded concrete-filled steel tubes[J]. Journal of structural engineering，1998，124(10)：1125-1138.

[39]　汤关柞，招炳泉，竺惠仙，等．钢管混凝土基本力学性能的研究[J]. 建筑结构学报，1982，3(1)：13-31.

[40]　丁发兴．圆钢管混凝土结构性能与设计方法研究[D]. 长沙：中南大学，2006.

[41]　顾维平，蔡绍怀．钢管高强混凝土偏压柱性能和承载能力的研究[J]. 建筑科学，1993，9(3)：8-12.

[42]　蒋继武．周期反复荷载作用下钢管高强混凝土压弯构件抗震性能试验研究[D]. 北京：清华大学，1997.

[43]　尧国皇，韩林海．钢管自密实高性能混凝土压弯构件力学性能研究[J]. 建筑结构学报，2004，25(4)：34-42.

[44]　马淑芳，赵均海，顾强．基于双剪统一强度理论的轴心受压钢管混凝土承载力的研究[J]. 工程力学，2002，19(2)：32-35.

[45]　谭克峰．钢管与超强混凝土复合材料的力学性能及承载力研究[D]. 重庆：重庆建筑大学，1999.

[46]　最相元雄，安部贵之，中矢浩二．超高强度混凝土填充的钢管柱的极限承载力研究[J]. 日本建筑学会构造系论文集，1999，523(9)：133-140.

[47]　贺峰，周绪红．钢管高强混凝土轴压短柱承载性能的试验研究[J]. 工程力学，2000，17(4)：61-66.

[48]　陈肇元．钢管混凝土短柱作为防护结构构件的性能：钢筋混凝土结构在冲击荷载下的性能科学报告集第 4 集[C]. 北京：清华大学出版社，1986：45-52.

[49]　GOODE C D. Website with database of all 1819 tests and 109 references to this data[EB/OL]. [2007-12-21]. http：//website. ukonline. co. uk/asccs2.

[50]　SAKINO K，HAYASHI H. Behavior of concrete filled steel tubular stub columns under concentric loading：Proceeding of the 3rd specialty conference on steel-concrete composite structures[C]. Japan：Fukuoka，1991：25-30.

[51]　LUKSHA L K，NESTEROVICH A P. Strength test of large-diameter concrete on steel-concrete composite structures：Proceeding of the 3rd specialty conference on steel-concrete composite structures[C]. Japan：Fukuoka，1991：67-70.

[52]　SAKINO K，NAKAHARA H，MORINO S，et al. Behavior of centrally loaded concrete-filled steel-tube short columns[J]. Journal of structural engineering，2004，130(2)：180-188.

[53]　黄明奎，李斌，闻洋．约束效应系数对钢管砼构件力学性能影响分析[J]. 重庆建筑大学学报，2008，30(2)：90-93.

[54]　KATO B. Compressive strength and deformation capacity of concrete-filled tubular stub columns[J]. Journal of structural & construction engineering，1995，468(1)：183-191.

[55]　YAMAMOTO K，KAWAGUCHI J，MORINO S. Experimental study of the size effect on the behaviour of concrete filled circular steel tube columns under axial compression[J]. Journal of structural & construction engineering，2002，561：237-244.

[56]　WENG Y T，LIU G Y，HUANG C S，et al. Axial load behavior of stiffened concrete-filled steel columns[J]. Journal of structural engineering，2002，128(9)：1222-1230.

[57]　JOHANSSON M. The efficiency of passive confinement in CFT columns[J]. Steel and composite

structures，2002，2(5)：379-396.

[58] 曹华，关崇伟，赵颖华，等. 圆 CFRP 钢复合管混凝土轴压短柱试验研究[J]. 沈阳建筑工程学院学报，2004，20(2)：118-120.

[59] YOU G H，HAN L H. Experimental behaviour of thin-walled hollow structural steel (HSS) columns filled with self-consolidating concrete (SCC)[J]. Thin-walled structures，2004，42(9)：1357-1377.

[60] GUPTA P K，SARDA S M，KUMAR M S. Experimental and computational study of concrete filled steel tubular columns under axial loads[J]. Journal of constructional steel research，2007，63(2)：182-93.

[61] ABED F，ALHAMAYDEH M，ABDALLA S. Experimental and numerical investigations of the compressive behavior of concrete filled steel tubes (CFSTs)[J]. Journal of constructional steel research，2013，80：429-439.

[62] LIAO F Y，HAN L H，HE S H. Behavior of CFST short column and beam with initial concrete imperfection：experiments[J]. Journal of constructional steel research，2011，67(12)：1922-1935.

[63] YE Y，HAN L H，SHEEHAN T，et al. Concrete-filled bimetallic tubes under axial compression：Experimental investigation[J]. Thin-walled structures，2016，108：321-332.

[64] EKMEKYAPAR T，AL-ELIWI B J M. Experimental behavior of circular concrete filled steel tube columns and design specifications[J]. Thin-walled structures，2016，105：220-230.

[65] CHANG X，FU L，ZHAO H B，et al. Behaviors of axially loaded circular concrete-filled steel tube (CFT) stub columns with notch in steel tubes[J]. Thin-walled structures，2013，73：273-280.

[66] 韩林海，尧国皇. 钢管初应力对钢管混凝土压弯构件承载力的影响研究[J]. 土木工程学报，2003，36(4)：9-18.

[67] UENAKA K，KITOH H，SONODA K. Concrete filled double skin circular stub columns under compression[J]. Thin-walled structures，2010，48(1)：19-24.

第 17 章 矩形钢管混凝土短柱的性能

17.1 环箍效应的弹性力学分析

记混凝土弹性模量和泊松比分别为 E_c 和 μ_c，钢板弹性模量和泊松比是 E 和 μ。混凝土竖向应力为 σ_{c0} 时，两者不发生接触时混凝土的应变是：

$$\varepsilon_{x0} = \varepsilon_{y0} = -\frac{\mu_c \sigma_{c0}}{E_c} \tag{17.1a}$$

$$\varepsilon_{z0} = \frac{\sigma_{c0}}{E_c} \tag{17.1b}$$

钢板的膨胀量是：

$$u_{s0} = 0.5 \mu \varepsilon_{sz} b_m \tag{17.2a}$$

$$v_{s0} = 0.5 \mu \varepsilon_{sz} h_m \tag{17.2b}$$

混凝土的膨胀量是：

$$u_{c0} = 0.5 \mu_c \varepsilon_{cz} b_c \tag{17.2c}$$

$$v_{c0} = 0.5 \mu_c \varepsilon_{cz} h_c \tag{17.2d}$$

式中，b_c、h_c 是混凝土部分的宽度和高度，b_m、h_m 是钢管板件中面到中面的距离，b、h 是钢管截面的宽度和高度 [图 17.1 (a)]。钢管和混凝土的竖向应变是给定的且满足变形协调：$\varepsilon_{cz} = \varepsilon_{sz} = \varepsilon_z$。

钢管四壁板真正的侧向位移是：腹板垂直于 x 轴，位移是 u，翼缘垂直于 y 轴，位移为 v。位移差值 $(u_{c0} - u)$ 和 $(v_{c0} - v)$ 才产生压力。

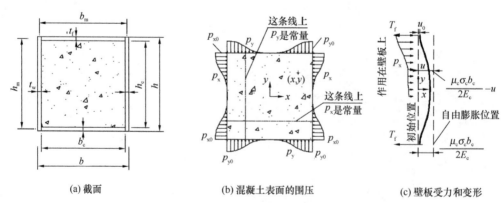

| (a) 截面 | (b) 混凝土表面的围压 | (c) 壁板受力和变形 |

图 17.1 方钢管混凝土

设矩形钢管混凝土按照平截面假定施加均匀的压应变 $\varepsilon_{cz} = \varepsilon_{sz} = \varepsilon_z$，由此产生的钢管与混凝土之间的水平压力，在腹板边和翼缘边分别是 p_x 和 p_y。坐标系如图 17.1 (b) 所示，坐标原点建立在形心。引入如下假定：坐标 x 为常量的线上混凝土的 y 方向的正应力 σ_{cy} 为常量，坐标 y 为常量的线上混凝土的 x 方向的正应力 σ_{cx} 是常量。

如图 17.1（c）所示，p_x 和 p_y 沿高度和宽度是变化的，四个边法向正应力就是 p_x 和 p_y。根据弹性力学空间问题的应力-应变关系，在腹板边（$x = 0.5b_c$），x 方向的正应力为：

$$p_x = \sigma_{cx}(0.5b_c, y) = E'_c[(1 - \mu_c)\varepsilon_{cx}(0.5b_c, y) + \mu_c(\varepsilon_{cz} + \varepsilon_{cy0})] \tag{17.3a}$$

式中，ε_{cy0} 是 $x = 0.5b_c$ 这条边上的 y 方向的应变。同理在 $y = 0.5h_c$ 的边上的应力为：

$$p_y = \sigma_{cy}(x, 0.5h_c) = E'_c[(1 - \mu_c)\varepsilon_{cy}(x, 0.5h_c) + \mu_c(\varepsilon_{cz} + \varepsilon_{cx0})] \tag{17.3b}$$

z 方向（竖向）的正应力为：

$$\sigma_{cz}(x, y) = E'_c[(1 - \mu_c)\varepsilon_{cz} + \mu_c(\varepsilon_{cx} + \varepsilon_{cy})] \tag{17.3c}$$

$$E'_c = \frac{E_c}{(1 + \mu_c)(1 - 2\mu_c)} \tag{17.4}$$

根据假定，应变为：

$$\varepsilon_{cx} = \frac{u(x, y)}{x} = \frac{u(0.5b_c, y)}{0.5b_c} \tag{17.5a}$$

$$\varepsilon_{cy} = \frac{v(x, y)}{y} = \frac{v(x, 0.5h_c)}{0.5h_c} \tag{17.5b}$$

第一象限的角点位移（u_0，v_0），角点应变（也是边在边长方向的应变）记为：

$$\varepsilon_{cx0} = \frac{u_0}{0.5b_c} \tag{17.6a}$$

$$\varepsilon_{cy0} = \frac{v_0}{0.5h_c} \tag{17.6b}$$

ε_{cz}、σ_{cz} 改为以压为正，式（17.3c）变为：

$$\sigma_{cz}(x, y) = (1 - \mu_c)E'_c\varepsilon_{cz} - 2\mu_c E'_c\left[\frac{u(0.5b_c, y)}{b_c} + \frac{v(x, 0.5h_c)}{h_c}\right] \tag{17.7}$$

混凝土横向应力变为混凝土与钢管之间的作用力，以压为正，从式（17.3a）和式（17.3b）得：

$$p_x = K_w(u^* - u) \tag{17.8a}$$

$$p_y = K_f(v^* - v) \tag{17.8b}$$

$$K_w = \frac{2(1 - \mu_c)E'_c}{b_c} \tag{17.9a}$$

$$K_f = \frac{2(1 - \mu_c)E'_c}{h_c} \tag{17.9b}$$

$$u^* = \frac{\mu_c b_c}{2(1 - \mu_c)}\left(\varepsilon_{cz} - \frac{2v_0}{h_c}\right) \tag{17.10a}$$

$$v^* = \frac{\mu_c h_c}{2(1 - \mu_c)}\left(\varepsilon_{cz} - \frac{2u_0}{b_c}\right) \tag{17.10b}$$

钢管壁板的弯曲方程为：

$$D_w\frac{\mathrm{d}^4 u}{\mathrm{d}y^4} = p_x \tag{17.11a}$$

$$D_f\frac{\mathrm{d}^4 v}{\mathrm{d}x^4} = p_y \tag{17.11b}$$

式中，$D_w = \dfrac{Et_w^3}{12(1 - \mu^2)}$、$D_f = \dfrac{Et_f^3}{12(1 - \mu^2)}$，分别是腹板和翼缘板的抗弯刚度。壁板是拉弯

板件，拉力对弯曲的影响也应考虑在内，但是拉力是因为混凝土挤压垂直方向的板件而产生的，先不考虑。将 p_x、p_y 代入得到：

$$D_w \frac{\mathrm{d}^4 u}{\mathrm{d}y^4} + K_w u = K_w u^* \tag{17.12a}$$

$$D_f \frac{\mathrm{d}^4 v}{\mathrm{d}x^4} + K_f v = K_f v^* \tag{17.12b}$$

记：

$$k_f = \sqrt[4]{\frac{K_f}{4D_f}} \tag{17.13a}$$

$$k_w = \sqrt[4]{\frac{K_w}{4D_w}} \tag{17.13b}$$

$$\frac{k_w}{k_f} = \sqrt{\frac{D_f K_w}{D_w K_f}} = \sqrt{\frac{t_f^3 h_c}{t_w^3 b_c}} \tag{17.13c}$$

板中点的 x 坐标取为 0，则利用对称性，微分方程的解为：

$$u = 0.5\varepsilon_{cz} b_c (A_{w0} \sinh k_w y \sin k_w y + C_{w0} \cos k_w y \cosh k_w y) + u^* \tag{17.14a}$$

$$v = 0.5\varepsilon_{cz} h_c (A_f \sinh k_f x \sin k_f x + C_f \cos k_f x \cosh k_f x) + v^* \tag{17.14b}$$

其中 A_{f0}、C_{f0}、A_{w0}、C_{w0} 均为待定系数，界面压力为：

$$p_x = -0.5 b_c \varepsilon_{cz} K_w (A_{w0} \sinh k_w y \sin k_w y + C_{w0} \cos k_w y \cosh k_w y) \tag{17.15a}$$

$$p_y = -0.5 h_c \varepsilon_{cz} K_f (A_{f0} \sinh k_f x \sin k_f x + C_{f0} \cos k_f x \cosh k_f x) \tag{17.15b}$$

$$\frac{p_{xmax}}{\mu_c \varepsilon_{cz} E_c} = -\frac{(1-\mu_c)}{\mu_c (1+\mu_c)(1-2\mu_c)} (A_{w0} \sinh U_w \sin U_w + C_{w0} \cos U_w \cosh U_w) \tag{17.16a}$$

$$\frac{p_{ymax}}{\mu_c \varepsilon_{cz} E_c} = -\frac{(1-\mu_c)}{\mu_c (1+\mu_c)(1-2\mu_c)} (A_{f0} \sinh U_f \sin U_f + C_{f0} \cos U_f \cosh U_f) \tag{17.16b}$$

钢管壁板的横向拉力为：

$$T_f = \int_0^{h_c/2} p_x \mathrm{d}y \tag{17.17a}$$

$$T_w = \int_0^{b_c/2} p_y \mathrm{d}x \tag{17.17b}$$

积分结果为：

$$T_f = -\frac{K_w b_c \varepsilon_{cz}}{4k_w} [A_{w0} (\cosh U_w \sin U_w - \sinh U_w \cos U_w)$$
$$+ C_{w0} (\cosh U_w \sin U_w + \sinh U_w \cos U_w)] \tag{17.17c}$$

$$T_w = -\frac{K_f h_c \varepsilon_{cz}}{4k_f} [A_{f0} (\cosh U_f \sin U_f - \sinh U_f \cos U_f)$$
$$+ C_{f0} (\cosh U_f \sin U_f + \sinh U_f \cos U_f)] \tag{17.17d}$$

式中

$$U_w = 0.5 k_w h_c \tag{17.18a}$$

$$U_f = 0.5 k_f b_c \tag{17.18b}$$

引入式 (17.10a)、式 (17.10b) 后，可以求得角点 $(0.5b_c、0.5h_c)$ 处的位移为：

$$u_0 = \frac{(1-\mu_c)^2 \varepsilon_{cz}}{2(1-2\mu_c)} b_c \left[\begin{array}{l} (A_{w0}\sinh U_w \sin U_w + C_{w0}\cos U_w \cosh U_w) - \\ \frac{\mu_c}{1-\mu_c}(A_{f0}\sinh U_f \sin U_f + C_{f0}\cos U_f \cosh U_f) \end{array} \right] + \frac{\mu_c b_c \varepsilon_{cz}}{2} \quad (17.19a)$$

$$v_0 = \frac{(1-\mu_c)^2 \varepsilon_{cz}}{2(1-2\mu_c)} h_c \left[\begin{array}{l} (A_{f0}\sinh U_f \sin U_f + C_{f0}\cos U_f \cosh U_f) - \\ \frac{\mu_c}{1-\mu_c}(A_{w0}\sinh U_w \sin U_w + C_{w0}\cos U_w \cosh U_w) \end{array} \right] + \frac{\mu_c h_c \varepsilon_{cz}}{2} \quad (17.19b)$$

对比式（17.2c）、式（17.2d）可知，上述两式各自的第一项是受到矩形钢管约束而产生的位移。确定四个待定常数的条件是：在角点，位移的一阶导数为 0：$u'|_{y=0.5h_c} = 0$、$v'|_{x=0.5b_c} = 0$，另外两个条件来自混凝土和钢管的变形协调。下面分析钢管部分的应力和变形。

钢管横向的应力和应变记为 σ_{sx}、ε_{sx}、σ_{sy}、ε_{sy}，以拉为正，其中腹板带下标 y，翼缘带下标 x。

$$\sigma_{sy} = \frac{T_w}{t_w}, \quad \sigma_{sx} = \frac{T_f}{t_f}, \quad \varepsilon_{sx} = \frac{2u_0}{b_c}, \quad \varepsilon_{sy} = \frac{2v_0}{h_c} \quad (17.20)$$

竖向的 σ_{sz}、ε_{sz} 以压为正。由弹性力学平面应力问题的应力-应变关系得到：

$$T_f = \frac{Et_f}{1-\mu^2}\left(\frac{2u_0}{b_c} - \mu\varepsilon_{sz}\right) \quad (17.21a)$$

$$T_w = \frac{Et_w}{1-\mu^2}\left(\frac{2v_0}{h_c} - \mu\varepsilon_{sz}\right) \quad (17.21b)$$

竖向应变是给定的：$\varepsilon_{cz} = \varepsilon_{sz} = \varepsilon_z$，翼缘和腹板的竖向应力是：

$$\sigma_{sz,f} = E\varepsilon_{sz} - \mu\sigma_{sx} \quad (17.22a)$$

$$\sigma_{sz,w} = E\varepsilon_{sz} - \mu\sigma_{sy} \quad (17.22b)$$

按照式（17.22a）、式（17.22b），矩形钢管（$h_c \neq b_c$）腹板和翼缘上的横向拉应力不一样，腹板和翼缘上的竖向应力也将不一样。式（17.17c）和式（17.17d）与式（17.21a）和式（17.21b）分别相等，得到求解待定常数的第 3、4 个方程，最后得到：

$$\left[\Omega_w - \left(\frac{\mu_c}{1-\mu_c}\right)^2 \frac{\xi_f \xi_w}{\Omega_f}\right] C_{w0} = -\frac{(1-2\mu_c)}{(1-\mu_c)^2}(\mu_c - \mu)\left(1 + \frac{\mu_c}{1-\mu_c} \cdot \frac{\xi_f}{\Omega_f}\right) \quad (17.23a)$$

$$C_{f0} = \frac{\mu_c}{1-\mu_c}\frac{\xi_w}{\Omega_f}C_{w0} - \frac{(1-2\mu_c)}{\Omega_f(1-\mu_c)^2}(\mu_c - \mu) \quad (17.23b)$$

$$A_{f0} = -\frac{(\sinh U_f \cos U_f - \cosh U_f \sin U_f)}{(\sinh U_f \cos U_f + \cosh U_f \sin U_f)}C_{f0} \quad (17.23c)$$

$$A_{w0} = -\frac{(\sinh U_w \cos U_w - \cosh U_w \sin U_w)}{(\sinh U_w \cos U_w + \cosh U_w \sin U_w)}C_{w0} \quad (17.23d)$$

式中

$$\Omega_f = \frac{\sin 2U_f + \sinh 2U_f + 4\Pi_w(\sin^2 U_f + \sinh^2 U_f)}{2(\sinh U_f \cos U_f + \cosh U_f \sin U_f)} \quad (17.24a)$$

$$\Omega_w = \frac{\sin 2U_w + \sinh 2U_w + 4\Pi_f(\sin^2 U_w + \sinh^2 U_w)}{2(\sinh U_w \cos U_w + \cosh U_w \sin U_w)} \quad (17.24b)$$

$$\xi_w = \frac{\sinh 2U_w + \sin 2U_w}{2(\sinh U_w \cos U_w + \cosh U_w \sin U_w)} \tag{17.24c}$$

$$\xi_f = \frac{\sinh 2U_f + \sin 2U_f}{2(\sinh U_f \cos U_f + \cosh U_f \sin U_f)} \tag{17.24d}$$

$$\Pi_w = \frac{E_c}{4E} \cdot \frac{h_c}{t_f} \cdot \frac{(1-\mu^2)}{(1-\mu_c^2)} \cdot \frac{1}{U_w} \tag{17.24e}$$

$$\Pi_f = \frac{(1-\mu^2)}{(1-\mu_c^2)} \frac{E_c}{4E} \cdot \frac{b_c}{t_w} \cdot \frac{1}{U_f} \tag{17.24f}$$

p_x 和 p_y 是钢管对混凝土的约束作用。计算如下两个平均值：

$$p_{x,av} = \frac{T_f}{0.5h_c} \tag{17.25a}$$

$$p_{y,av} = \frac{T_w}{0.5b_c} \tag{17.25b}$$

$$\frac{p_{x,av}}{\mu_c E_c \varepsilon_{cz}} = -\frac{(1-\mu_c)}{\mu_c(1+\mu_c)(1-2\mu_c)} \cdot \frac{1}{2U_w}\begin{bmatrix} A_{w0}(-\sinh U_w \cos U_w + \cosh U_w \sin U_w) \\ + C_{w0}(\cosh U_w \cdot \sin U_w + \sinh U_w \cdot \cos U_w) \end{bmatrix}$$
$$\tag{17.25c}$$

$$\frac{p_{y,av}}{\mu_c E_c \varepsilon_{cz}} = -\frac{(1-\mu_c)}{\mu_c(1+\mu_c)(1-2\mu_c)} \cdot \frac{1}{2U_f}\begin{bmatrix} A_{f0}(-\sinh U_f \cos U_f + \cosh U_f \sin U_f) \\ + C_{f0}(\cosh U_f \cdot \sin U_f + \sinh U_f \cdot \cos U_f) \end{bmatrix}$$
$$\tag{17.25d}$$

这些平均应力，与圆钢管对混凝土产生的约束力比较，以考察矩形钢管的约束效应。

17.2　方钢管约束效应与圆钢管混凝土的等效

对圆钢管混凝土，钢管对混凝土的环向约束作用在式（16.10d）已经给出，令方钢管内混凝土受到的平均压应力与圆钢管内混凝土受到的横向压应力等效：

$$\frac{p}{\mu_c E_c \varepsilon_{cz}} = \left[\frac{E_c(1-\mu^2)D_m}{2Et} + (1+\mu_c)(1-2\mu_c)\right]^{-1}\left(1 - \frac{\mu D_m}{\mu_c D_c}\right) = \Psi = \frac{p_{x,av}}{\mu_c E_c \varepsilon_{cz}}$$
$$\tag{17.26a}$$

可得到与方钢管混凝土产生相同平均横向压应力的圆钢管的径厚比为：

$$\frac{\Psi E_c(1-\mu^2)}{2E}\left(\frac{D_m}{t}\right)^2 + \left[\frac{\mu}{\mu_c} - 1 - \frac{\Psi E_c(1-\mu^2)}{2E} + (1+\mu_c)(1-2\mu_c)\Psi\right]\frac{D_m}{t}$$
$$+ \left[1 - (1+\mu_c)(1-2\mu_c)\Psi\right] = 0 \tag{17.26b}$$

并与方钢管的宽厚比 b_m/t 比较，结果见表 17.1。在式（17.26b）中，在荷载作用前期 $\mu_c < \mu$，钢管与混凝土是脱开的。混凝土应力达到一定值、开始产生横向膨胀，才会产生挤压应力，此时混凝土的弹性模量折减成割线模量，泊松比是割线泊松比，割线泊松比越大，割线模量越小，表 17.1 和图 17.2 采用四个泊松比和对应的割线模量相对于弹性模量的折减系数 $\gamma_{sec} = E_{c,sec}/E_c$。这些折减系数是人为设定的，仅在概念上大致正确。

比值 $\chi_{elastic}$ 　　　　　　　　　　　　　　　　　　　　　表 17.1

$E = 206000MPa$ $\mu = 0.3$	加载方式	钢管和混凝土同步加载				钢管上未加载			
	μ_c	0.35	0.4	0.45	0.499	0.2	0.3	0.4	0.45
方钢管截面（mm）	γ_{sec}	0.85	0.75	0.65	0.55	1	0.9	0.75	0.65
600	10		2.34	2.03	1.68	1.043	2.54	2.17	1.88	1.594
600	12		2.42	2.07	1.70	1.045	2.58	2.30	1.91	1.612
600	14		2.50	2.11	1.73	1.046	2.61	2.33	1.93	1.627
600	16	C30	2.57	2.15	1.75	1.048	2.64	2.35	1.95	1.638
600	20	$E_c=30000MPa$	2.74	2.21	1.78	1.051	2.67	2.38	1.97	1.655
600	25		2.97	2.29	1.82	1.054	2.69	2.39	1.98	1.667
600	30		3.26	2.36	1.85	1.056	2.68	2.39	1.98	1.672
600	35		3.63	2.44	1.88	1.059	2.67	2.38	1.98	1.672
600	10		2.17	1.90	1.59	1.037	2.35	2.03	1.77	1.520
600	12		2.24	1.94	1.62	1.039	2.39	2.14	1.80	1.536
600	14		2.31	1.98	1.64	1.040	2.42	2.17	1.82	1.549
600	16	C60	2.38	2.01	1.66	1.042	2.44	2.18	1.83	1.560
600	20	$E_c=36000MPa$	2.53	2.07	1.69	1.044	2.47	2.21	1.85	1.576
600	25		2.74	2.13	1.72	1.047	2.49	2.23	1.86	1.587
600	30		2.99	2.20	1.75	1.049	2.49	2.23	1.87	1.593
600	35		3.33	2.27	1.78	1.052	2.48	2.22	1.87	1.593

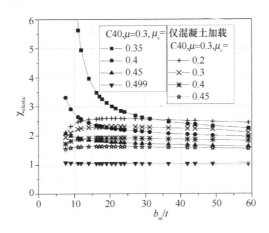

图 17.2 换算系数随宽厚比变化

因为圆钢管和方钢管套箍系数表达式相同，这个比值相当于方钢管的套箍系数等效于圆钢管的套箍系数时需要除以的数字，即

$$\Phi_{box} = \frac{4b_m t f_{yk}}{b_c^2 f_{ck}} = \frac{4(b_c+t)tf_{yk}}{b_c^2 f_{ck}} = 4\left(1+\frac{t}{b_c}\right)\frac{t}{b_c}\frac{f_{yk}}{f_{ck}} \approx \frac{4t}{b_c}\frac{f_{yk}}{f_{ck}} \tag{17.27a}$$

$$\Phi_{pipe} = \frac{\pi D_m t f_y}{0.25\pi D_c^2 f_{ck}} = \frac{4(D_c+t)tf_y}{D_c^2 f_{ck}} = 4\left(1+\frac{t}{D_c}\right)\frac{t}{D_c}\frac{f_y}{f_{ck}} \approx \frac{4t}{D_c}\frac{f_y}{f_{ck}} \tag{17.27b}$$

$$\Phi_{pipe,eq} \approx \frac{b_m/t}{(D_m/t)_{eq}}\Phi_{box} = \frac{\Phi_{box}}{\chi_{elastic}} \tag{17.28}$$

表 17.1 呈现出如下规律：

（1）在计算的参数范围内（宽厚比 16～60、混凝土强度等级 C30～C60），在荷载的

中期（$\mu_c = 0.35$），比值为 $2.17 \sim 3.63$，即方钢管的套箍系数等效成圆钢管套箍系数时，应除以 $2.17 \sim 3.63$。

（2）宽厚比越小（例如 Q355 的宽厚比限制较严，板厚较大），该比值越大。

（3）混凝土强度等级提高，该比值略有减小。

（4）在割线泊松比增大后，该比值数值减小，表明方钢管在混凝土横向变形大时，也能够提供较大的环箍作用（但此时往往是在承载力峰值之后了）。

（5）钢管上未加载的情况，等效换算系数更小，表明约束效应更好。

另一方面，将混凝土的边长看成是直径，按照圆钢管混凝土分析围压，与上述方钢管的平均围压相比，达到 $6 \sim 30$ 倍，可见方钢管混凝土受到的平均围压要小很多。

上述结论基于弹性分析，未考虑钢管屈曲和屈服，实际情况差距巨大，尤其是壁板屈曲在混凝土较大膨胀之前发生的情况。在不发生局部屈曲时，上述定性的结论是成立的。

可以画出位移分布曲线图（图 17.3）、压力分布曲线图（图 17.4）、壁板的横向弯矩图（图 17.6），这些量采用无量纲的量来表示为（$u_{c0} = 0.5\mu_c \varepsilon_{cz} b_c$）：

$$\frac{u}{u_{c0}} = \frac{1}{\mu_c}(A_{w0}\sin hk_w y \sin k_w y + C_{w0}\cos k_w y \cos hk_w y) + \frac{u^*}{u_{c0}} \tag{17.29a}$$

$$\frac{u^*}{u_{c0}} = \frac{1}{(1-\mu_c)}\left(1 - \frac{2v_0}{h_c \varepsilon_{cz}}\right) = 1 - (A_{f0}\sin hU_f \sin U_f + C_{f0}\cos U_f \cos hU_f) \tag{17.29b}$$

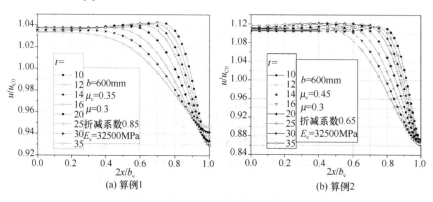

图 17.3　位移分布曲线

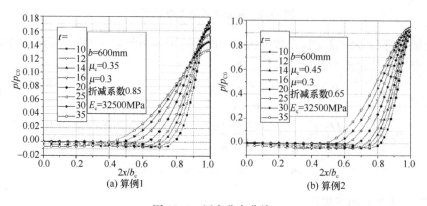

图 17.4　压力分布曲线

压力沿宽度分布曲线是（$p_{c0} = \mu_c E_c \varepsilon_{cz}$）：

$$\frac{p_x}{p_{c0}} = -\frac{(1-\mu_c)}{\mu_c(1-\mu_c)(1-2\mu_c)}(A_{w0}\sin hk_w y\sin k_w y + C_{w0}\cos k_w y\cos hk_w y) \quad (17.30)$$

由式（17.16）计算角点的最大压力，计算发现，p_{xmax}/p_{c0} 随波桑比的增大而迅速增大，在割线泊松比趋于 0.5 时，压力趋于无穷大。对计算结果进行拟合，对方钢管混凝土有：

$$\left(\frac{p_{x,av}}{\mu_c E_c \varepsilon_{cz}}\right)_{\substack{\mu=0.3 \\ \mu_c=0.5}} = \left(\frac{p_{y,av}}{\mu_c E_c \varepsilon_{cz}}\right)_{\substack{\mu=0.3 \\ \mu_c=0.5}} = \frac{10}{b_c/t + 3.6} \quad (17.31)$$

定义有效宽度（图 17.5）为 $h_{c,e}p_{x,max} = 2T_f = p_{x,av}h_c$，有效宽度精确地符合弹性地基梁的等效承压长度的公式：

$$h_{c,e} = 2\sqrt[4]{\frac{(1+\mu_c)(1-2\mu_c)b_c D_w}{4 \times 2(1-\mu_c)E_c}} \quad (17.32)$$

$$= 1.3084 t_w \sqrt[4]{\frac{(1+\mu_c)(1-2\mu_c)Eb_c}{(1-\mu_c)E_c t_w}}$$

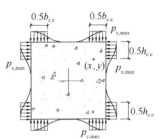

图 17.5 混凝土承压等效宽度

表达成板件厚度的倍数：

$$h_{c,e} = \rho_{eff}t \quad (17.33)$$

有效宽度系数 ρ_{eff} 见表 17.2。

有效宽度系数 ρ_{eff}（$\mu=0.3$，$E=206000$MPa，边长 600mm）　　　　　表 17.2

方钢管截面厚度 (mm)	μ_c	0.35	0.4	0.45	0.499
	γ_{sec}	0.85	0.75	0.65	0.55
10	C30 $E_c=30000$MPa	5.41	5.19	4.66	1.89
12		5.16	4.95	4.45	1.80
14		4.95	4.76	4.27	1.73
16		4.78	4.59	4.13	1.67
20		4.51	4.33	3.89	1.57
25		4.24	4.07	3.66	1.48
30		4.04	3.88	3.48	1.41
35		3.86	3.71	3.33	1.35
10	C40 $E_c=32500$MPa	5.30	5.09	4.57	1.85
12		5.06	4.85	4.36	1.76
14		4.86	4.66	4.19	1.70
16		4.69	4.50	4.04	1.64
20		4.42	4.24	3.81	1.54
25		4.16	3.99	3.59	1.45
30		3.96	3.80	3.41	1.38
35		3.79	3.64	3.27	1.32
10	C50 $E_c=34500$MPa	5.22	5.01	4.50	1.82
12		4.98	4.78	4.30	1.74
14		4.78	4.59	4.13	1.67
16		4.62	4.43	3.98	1.61
20		4.35	4.18	3.75	1.52
25		4.10	3.93	3.53	1.43
30		3.90	3.74	3.36	1.36
35		3.73	3.58	3.22	1.30

续表

方钢管截面厚度 (mm)	μ_c	0.35	0.4	0.45	0.499
	γ_{sec}	0.85	0.75	0.65	0.55
10		5.17	4.96	4.46	1.80
12		4.93	4.73	4.25	1.72
14		4.73	4.54	4.08	1.65
16	C60	4.57	4.39	3.94	1.60
20	$E_c = 36000 \text{MPa}$	4.31	4.13	3.71	1.50
25		4.06	3.89	3.50	1.42
30		3.86	3.70	3.33	1.35
35		3.69	3.55	3.19	1.29

将 p_{xmax} 与同样套箍系数的圆钢管的径向压力 p_{pipe} 相比:

$$\frac{p_{pipe}}{p_{c0}} = \left[\frac{E_c(1-\mu^2)}{2E} \frac{D_m}{t} + (1+\mu_c)(1-2\mu_c) \right]^{-1} \left[1 - \frac{\mu D_m/t}{\mu_c(D_m/t-1)} \right] \quad (17.34)$$

在上式中将 $\dfrac{D_m}{t}$ 用 $\dfrac{b_m}{t}$ 代替,得到的 $\dfrac{p_{pipe}}{p_{c0}}$ 与 $\dfrac{p_{xmax}}{p_{c0}}$ 进行比较发现,相同的套箍系数下,p_{xmax} 是 p_{pipe} 的 2~5 倍,反映出在方钢管角部,混凝土得到的约束是很高的,只是该部分的面积很小。

管壁的横向弯矩为:

$$M_x = -Du'' = -D\varepsilon_{cz} b_c k_w^2 (A_{w0} \cosh k_w y \cos k_w y - C_{w0} \sinh k_w y \sin k_w y) \quad (17.35a)$$

无量纲化表示:

$$\frac{M_x}{M_{c0}} = -\frac{100(1-\mu_c)}{\mu_c(1-\mu_c)(1-2\mu_c)} \frac{1}{U_w^2} (A_{w0} \cosh k_w y \cos k_w y - C_{w0} \sinh k_w y \sin k_w y) \quad (17.35b)$$

$$M_{c0} = \frac{1}{800} \mu_c E_c \varepsilon_{cz} b_c^2 \quad (17.35c)$$

弯矩图如图 17.6 所示。可见负弯矩在角点取最大值,然后有正弯矩的最大值,平均来说负弯矩大约是正弯矩的 4.86 倍。壁板中部弯矩趋于 0。正弯矩最大值随着板厚的增加离开角点越来越远:从离角点 0.05 倍的宽度到 0.2 倍的宽度。

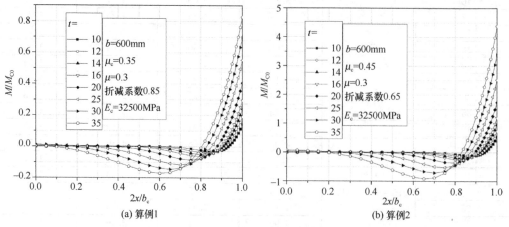

(a) 算例1   (b) 算例2

图 17.6 方钢管壁板的横向弯矩图

17.3 矩形钢管约束效应与圆钢管约束效应的等效

对矩形钢管，令矩形钢管的翼缘和腹板的侧压力分别与圆钢管等效。记：

$$\Psi_x = \frac{p_{x,av}}{\mu_c E_c \varepsilon_{cz}} \tag{17.36a}$$

$$\Psi_y = \frac{p_{y,av}}{\mu_c E_c \varepsilon_{cz}} \tag{17.36b}$$

从下面两式分别求出长边（h_c，腹板上作用 p_x）和短边（b_c，翼缘上作用 p_y）对应的圆管径厚比：

$$\frac{E_c(1-\mu^2)\Psi_x}{2E}\left(\frac{D_{mx}}{t}\right)^2 + \left(\frac{\mu}{\mu_c} - 1 - \frac{E_c(1-\mu^2)\Psi_x}{2E} + (1+\mu_c)(1-2\mu_c)\Psi_x\right)$$

$$\frac{D_{mx}}{t} + 1 - (1+\mu_c)(1-2\mu_c)\Psi_x = 0 \tag{17.37a}$$

$$\frac{E_c(1-\mu^2)\Psi_y}{2E}\left(\frac{D_{my}}{t}\right)^2 + \left(\frac{\mu}{\mu_c} - 1 - \frac{E_c(1-\mu^2)\Psi_y}{2E} + (1+\mu_c)(1-2\mu_c)\Psi_y\right)$$

$$\frac{D_{my}}{t} + 1 - (1+\mu_c)(1-2\mu_c)\Psi_y = 0 \tag{17.37b}$$

或简化公式（忽略 D_m 与 D_c 的差别）：

$$\frac{\Psi_x E_c(1-\mu^2)D_{mx}}{2Et} = 1 - \frac{\mu}{\mu_c} - \Psi_x(1+\mu_c)(1-2\mu_c) \tag{17.38a}$$

$$\frac{\Psi_y E_c(1-\mu^2)D_{my}}{2Ft} = 1 - \frac{\mu}{\mu_c} - \Psi_y(1+\mu_c)(1-2\mu_c) \tag{17.38b}$$

表 17.3 列出了矩形管 $200\text{mm} \times 600\text{mm} \times t$ 算例，也给出了边长为 600mm 和 200mm 的方钢管同样厚度下的压应力比值（表 17.4），$E_c = 32500\text{MPa}$、$\mu = 0.3$、$E = 206000\text{MPa}$。腹板和翼缘等厚度的情况下主要结论是：

（1）作用于矩形长边（600mm）的水平约束力 $p_{x,av}$ 小于相同边长（600mm）方钢管的约束力，其中大部分比值是 2/3 左右。当然这个比值会随着窄边宽度的变化而变化。见图 17.7（a）和（b），矩形钢管长边的侧压力 p'_1 小于 p_1，其原因是混凝土宽度小，横向膨胀的绝对量少。但另外一方面，阻止膨胀的短边钢板约束刚度大（约束刚度与边长成反比），所以最终的界面法向力也不是完全取决于该方向的赛度。

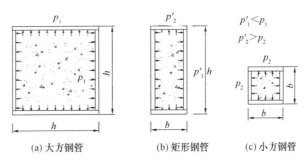

图 17.7 方钢管与矩形钢管内压力比较

（2）作用于矩形短边（200mm）的水平约束力 $p_{y,av}$ 大于相同边长（200mm）方钢管的约束力，其中大部分比值在 4/3 左右。同样地该比值会随短边宽度的变化而变化。见图 17.7 (b)和 (c)，p_2' 大于 p_2 是因为矩形截面的强轴方向混凝土膨胀的绝对量大，但阻止膨胀的长边钢板约束刚度小（约束刚度与边长成反比）。

（3）在 $\mu = 0.3$、$\mu_c \geqslant 0.45$ 时，可以近似地给出：

$$\begin{cases} \dfrac{(p_{y,av})_{h/b,h>b}}{(p_{y,av})_{b\times b}} = \left(\dfrac{h_c}{b_c}\right)^{\frac{1}{\gamma}} & (17.39a) \\[3mm] \dfrac{(p_{x,av})_{h/b,h>b}}{(p_{x,av})_{h\times h}} = \left(\dfrac{b_c}{h_c}\right)^{\frac{1}{\gamma}} & (17.39b) \end{cases}$$

$$\begin{cases} \gamma_{t=12} = 3.154 + 1.446\sqrt{h_c/b_c} \\ \gamma_{t=16} = 2.502 + 1.419\sqrt{h_c/b_c} \\ \gamma_{t=20} = 1.995 + 1.355\sqrt{h_c/b_c} \end{cases} \quad (17.39c)$$

（4）计算发现 $p_{xmax} \approx p_{ymax}$，因此可以推导得到矩形短边平均约束力（$p_{y,av}$）与长边平均约束力（$p_{x,av}$）之比有如下的关系，且可采用式（17.25a）、式（17.25b）验证，且对 $\mu_c \geqslant 0.35$ 都基本成立。

$$\left(\frac{p_{y,av}}{p_{x,av}}\right)_{rect} = \left(\frac{h_c}{b_c}\right)^{1.333} \quad (t = 12、16、20mm) \quad (17.40)$$

矩形钢管比值 $\dfrac{(D_{my}/t)_{eq}}{(b_m/t)}$、$\dfrac{(D_{mx}/t)_{eq}}{(h_m/t)}$（钢管和混凝土同步加载）　　　　表 17.3

μ_c		0.35	0.4	0.45	0.499	0.35	0.4	0.45	0.499
γ_{sec}		0.85	0.75	0.65	0.55	0.85	0.75	0.65	0.55
	厚度 t (mm)	腹板（长边，$p_{x,av}$）$\dfrac{(D_{mx}/t)_{eq}}{h_m/t}$				翼缘（短边，$p_{y,av}$）$\dfrac{(D_{my}/t)_{eq}}{b_m/t}$			
	10	3.57	2.71	2.14	1.28	2.17	1.77	1.46	0.95
	12	3.99	2.86	2.23	1.30	2.26	1.80	1.48	0.95
	14	4.52	3.03	2.31	1.33	2.35	1.80	1.48	0.96
	16	5.21	3.22	2.40	1.35	2.42	1.79	1.48	0.97
	18	6.13	3.43	2.50	1.38	2.50	1.77	1.46	0.97
	20	7.43	3.66	2.62	1.41	2.61	1.75	1.44	0.98
	22	9.40	3.93	2.74	1.44	2.77	1.74	1.41	0.99
矩形截面宽度 200mm，高度 600mm	25	15.35	4.40	2.94	1.50	3.17	1.76	1.39	1.01
	厚度 t (mm)	$p_{y,av,200\times600}/p_{y,av,600\times600}$				$(p_{y,av}/p_{x,av})_{200\times600}$			
	10	3.06	3.21	3.30	3.49	4.66	4.32	4.26	4.28
	12	3.04	3.21	3.31	3.52	4.96	4.46	4.36	4.37
	14	3.03	3.24	3.33	3.54	5.35	4.64	4.47	4.47
	16	3.03	3.28	3.36	3.56	5.90	4.87	4.62	4.56
	18	3.03	3.33	3.41	3.58	6.62	5.16	4.82	4.67
	20	3.00	3.39	3.48	3.60	7.59	5.48	5.06	4.78
	22	2.95	3.42	3.54	3.62	8.95	5.80	5.31	4.89
	25	2.77	3.41	3.61	3.64	12.7	6.26	5.68	5.08

μ_c		0.35	0.4	0.45	0.499	0.35	0.4	0.45	0.499
γ_{sec}		0.85	0.75	0.65	0.55	0.85	0.75	0.65	0.55
	厚度 t (mm)	$\dfrac{(D_m/t)_{eq}}{(b_m/t)}$				$p_{x,av,200\times600}/p_{x,av,200\times200}$			
方钢管 边长 600mm	10	2.26	1.97	1.64	1.040	0.66	0.74	0.77	0.82
	12	2.34	2.01	1.66	1.042	0.61	0.72	0.76	0.80
	14	2.41	2.05	1.69	1.044	0.57	0.70	0.74	0.79
	16	2.49	2.08	1.71	1.045	0.51	0.67	0.73	0.78
	18	2.56	2.12	1.72	1.046	0.46	0.65	0.71	0.77
	20	2.64	2.15	1.74	1.048	0.40	0.62	0.69	0.75
	22	2.73	2.18	1.75	1.049	0.33	0.59	0.67	0.74
	25	2.86	2.22	1.78	1.051	0.22	0.55	0.64	0.72
	厚度 t (mm)	$\dfrac{(D_m/t)_{eq}}{(b_m/t)}$				$p_{y,av,200\times600}/p_{y,av,200\times200}$			
方钢管 边长 200mm	10	3.14	2.29	1.81	1.053	1.54	1.35	1.29	1.21
	12	3.58	2.38	1.84	1.056	1.67	1.39	1.31	1.23
	14	4.22	2.48	1.88	1.059	1.86	1.44	1.34	1.25
	16	5.20	2.60	1.91	1.062	2.15	1.52	1.38	1.27
	18	6.79	2.75	1.96	1.065	2.59	1.61	1.43	1.29
	20	9.71	2.92	2.00	1.069	3.36	1.71	1.49	1.32
	22	16.6	3.14	2.05	1.074	5.09	1.81	1.55	1.35
	25		3.60	2.13	1.082		1.98	1.64	1.40

不同边长比下的平均压应力比值　　　　　　　　　　表 17.4

$\mu=0.3$, $\mu_c=0.499$, $\gamma_{sec}=0.55$				$p_{y,av}/p_{x,av}$	$(h/b)^{4/3}$
b (mm)	h (mm)	$t_f = t_w$	h/b		
200	200	12	1	1	1
200	250	12	1.25	1.37	1.35
200	300	12	1.5	1.75	1.72
200	350	12	1.75	2.16	2.11
200	400	12	2	2.57	2.52
200	450	12	2.25	3.01	2.95
200	500	12	2.5	3.45	3.39
200	550	12	2.75	3.91	3.85
200	600	12	3	4.37	4.33

17.4 矩形钢管不受力的分析

此时圆钢管 $\sigma_{sz}=0$，内压 p 作用下的情况，$\sigma_{s\theta}$ 和 $\varepsilon_{s\theta}$ 以拉为正，

$$\sigma_{s\theta}=F\varepsilon_{s\theta}=E\left(\frac{u_r}{0.5D_m}\right)-\frac{2E}{D_m}\cdot\frac{1}{2}\left[\mu_c\varepsilon_{cz}-\frac{p}{E_c}(1+\mu_c)(1-2\mu_c)\right]D_c=\frac{pD_c}{2t}$$

$$\tag{17.41a}$$

$$\frac{p}{\mu_c E_c\varepsilon_{cz}}=\left[\frac{E_c D_m}{2Et}+(1+\mu_c)(1-2\mu_c)\right]^{-1}$$

$$\tag{17.41b}$$

式（17.25c）和式（17.25d）仍然成立，但是系数的确定方法有所修改。

钢管横向的应力和应变记为 $\sigma_{sx,f}$、$\varepsilon_{sx,f}$、$\sigma_{sy,w}$、$\varepsilon_{sy,w}$，以拉为正，腹板带下标 y，翼缘带下标 x。壁板的竖向应力：方钢管时为 0，矩形钢管时一个壁板竖向受压，垂直壁板受拉，竖向应力的总合力为 0。钢管四块壁板的竖向变形满足平截面假定，竖向的应力应变 σ_{sz}、ε_{sz} 以拉为正。下面推导中腹板上的量带下标 w，翼缘上的量带下标 f。根据弹性力学平面应力问题的应力-应变关系为：

$$\sigma_{sz,f} = E\varepsilon_{sz} + \mu\sigma_{sx,f} \tag{17.42a}$$

$$\sigma_{sz,w} = E\varepsilon_{sz} + \mu\sigma_{sy,w} \tag{17.42b}$$

$$\sigma_{sz,w}A_w + \sigma_{sz,f}A_f = 0 \tag{17.42c}$$

$$E\varepsilon_{sz} = -\mu\left(\frac{A_f}{A}\sigma_{sx,f} + \frac{A_w}{A}\sigma_{sy,w}\right) \tag{17.42d}$$

$$\sigma_{sz,f} = \mu\frac{A_w}{A}(\sigma_{sx,f} - \sigma_{sy,w}) \tag{17.42e}$$

$$\sigma_{sz,w} = \mu\frac{A_f}{A}(\sigma_{sy,w} - \sigma_{sx,f}) \tag{17.42f}$$

$$\sigma_{sy,w} = \frac{E}{1-\mu^2}(\varepsilon_{sy} + \mu\varepsilon_{sz,w}) = \frac{E}{1-\mu^2} \cdot \frac{2v_0}{h_m} - \frac{\mu^2}{1-\mu^2}\left(\frac{A_f}{A}\sigma_{sx,f} + \frac{A_w}{A}\sigma_{sy,w}\right) \tag{17.42g}$$

$$\sigma_{sx,f} = \frac{E}{1-\mu^2}(\varepsilon_{sx,f} + \mu\varepsilon_{sz,f}) = \frac{E}{1-\mu^2} \cdot \frac{2u_0}{b_m} - \frac{\mu^2}{1-\mu^2}\left(\frac{A_f}{A}\sigma_{sx,f} + \frac{A_w}{A}\sigma_{sy,w}\right) \tag{17.42h}$$

可以解得：

$$T_w = \sigma_{sy,w}t_w = Et_w\left[\left(1 + \frac{\mu^2}{1-\mu^2}\frac{A_f}{A}\right)\frac{2v_0}{h_m} - \frac{\mu^2}{1-\mu^2}\frac{A_f}{A}\frac{2u_0}{b_m}\right] \tag{17.43a}$$

$$T_f = \sigma_{sx,f}t_f = Et_f\left[\left(1 + \frac{\mu^2}{1-\mu^2}\frac{A_w}{A}\right)\frac{2u_0}{b_m} - \frac{\mu^2}{1-\mu^2}\frac{A_w}{A}\frac{2v_0}{h_m}\right] \tag{17.43b}$$

由式（17.19a）和式（17.19b）得到：

$$\frac{2u_0}{b_m} = \mu_c\varepsilon_{cz}\frac{b_c}{b_m}\left\{1 + \frac{(1-\mu_c)^2}{\mu_c(1-2\mu_c)}\left[\begin{array}{l}(A_{w0}\sinh U_w\sin U_w + C_{w0}\cos U_w\cosh U_w)\\[4pt] -\dfrac{\mu_c}{1-\mu_c}(A_{f0}\sinh U_f\sin U_f + C_{f0}\cos U_f\cosh U_f)\end{array}\right]\right\} \tag{17.44a}$$

$$\frac{2v_0}{h_m} = \mu_c\varepsilon_{cz}\frac{h_c}{h_m}\left\{1 + \frac{(1-\mu_c)^2}{\mu_c(1-2\mu_c)}\left[\begin{array}{l}(A_{f0}\sinh U_f\sin U_f + C_{f0}\cos U_f\cosh U_f)\\[4pt] -\dfrac{\mu_c}{1-\mu_c}(A_{w0}\sinh U_w\sin U_w + C_{w0}\cos U_w\cosh U_w)\end{array}\right]\right\} \tag{17.44b}$$

代入式（17.43a）和式（17.43b）得到腹板和翼缘的横向拉力，与式（17.17c）和式（17.17d）给出的横向拉力相等，得到：

$$C_{w0} = -\frac{\Omega_f \Gamma_{w0} + \Gamma_{f0} \xi_f \Gamma_w}{\Omega_w \Omega_f - \xi_w \xi_f \Gamma_w \Gamma_f} \tag{17.45a}$$

$$C_{f0} = \frac{\xi_w \Gamma_f C_{w0} - \Gamma_{f0}}{\Omega_f} \tag{17.45b}$$

其中 Ω_f、Ω_w、ξ_f、ξ_w 的定义同式（17.24a）～式（17.24d），但是里面的参数是：

$$\Pi_f = \frac{1}{\gamma_f \mu_c (1 + \mu_c)} \frac{E_c b_c}{4 U_f E t_w} \tag{17.46a}$$

$$\Pi_w = \frac{1}{\gamma_w \mu_c (1 + \mu_c)} \frac{E_c h_c}{4 U_w E t_f} \tag{17.46b}$$

$$\gamma_f = \frac{(1 - \mu_c)}{\mu_c} \left(1 + \frac{\mu^2}{1 - \mu^2} \frac{A_f}{A} \right) \frac{h_c}{h_m} + \frac{\mu^2}{1 - \mu^2} \frac{A_f}{A} \frac{b_c}{b_m} \tag{17.46c}$$

$$\gamma_w = \frac{(1 - \mu_c)}{\mu_c} \left(1 + \frac{\mu^2}{1 - \mu^2} \frac{A_w}{A} \right) \frac{b_c}{b_m} + \frac{\mu^2}{1 - \mu^2} \frac{A_w}{A} \frac{h_c}{h_m} \tag{17.46d}$$

其他参数是：

$$\Gamma_{w0} = \left[\left(1 + \frac{\mu^2}{1 - \mu^2} \frac{A_w}{A} \right) \frac{b_c}{b_m} - \frac{\mu^2}{1 - \mu^2} \frac{A_w}{A} \frac{h_c}{h_m} \right] \frac{(1 - 2\mu_c)}{\gamma_w (1 - \mu_c)} \tag{17.47a}$$

$$\Gamma_w = \frac{1}{\gamma_w} \left[\left(1 + \frac{\mu^2}{1 - \mu^2} \frac{A_w}{A} \right) \frac{b_c}{b_m} + \frac{(1 - \mu_c)}{\mu_c} \frac{\mu^2}{1 - \mu^2} \frac{A_w}{A} \frac{h_c}{h_m} \right] \tag{17.47b}$$

$$\Gamma_{f0} = \left[\left(1 + \frac{\mu^2}{1 - \mu^2} \frac{A_f}{A} \right) \frac{h_c}{h_m} - \frac{\mu^2}{1 - \mu^2} \frac{A_f}{A} \frac{b_c}{b_m} \right] \frac{(1 - 2\mu_c)}{\gamma_f (1 - \mu_c)} \tag{17.47c}$$

$$\Gamma_f = \frac{1}{\gamma_f} \left[\left(1 + \frac{\mu^2}{1 - \mu^2} \frac{A_f}{A} \right) \frac{h_c}{h_m} + \frac{(1 - \mu_c)}{\mu_c} \frac{\mu^2}{1 - \mu^2} \frac{A_f}{A} \frac{b_c}{b_m} \right] \tag{17.47d}$$

然后由式（17.23c）和式（17.23d）求得 A_{f0}、A_{w0}。由式（17.25c）和式（17.25d）求平均压力，代入式（17.41）得到：

$$\frac{p}{\mu_c E_c \varepsilon_{cz}} = \left[\frac{E_c D_{mx}}{2 E t} + (1 + \mu_c)(1 - 2\mu_c) \right]^{-1} = \Psi_x = \frac{p_{x,av}}{\mu_c E_c \varepsilon_{cz}} \tag{17.48a}$$

$$\left(\frac{D_{mx}}{t} \right)_{eq} = \frac{2E}{E_c} \left[\frac{1}{\Psi_x} - (1 + \mu_c)(1 - 2\mu_c) \right] \tag{17.48b}$$

同理得到：

$$\left(\frac{D_{my}}{t} \right)_{eq} = \frac{2E}{E_c} \left[\frac{1}{\Psi_y} - (1 + \mu_c)(1 - 2\mu_c) \right] \tag{17.48c}$$

对方钢管，表 17.1 和图 17.3 给出了约束效应换算系数，相同混凝土泊松比下，钢管与混凝土同步加载的换算系数大，显示约束效应较低。仅混凝土加载时，混凝土受到的约束大。表 17.5 给出了矩形钢管两个壁板的换算系数和两个方向的横向压力比。

$$\text{矩形钢管比值} \frac{(D_{my}/t)_{eq}}{b_m/t}、\frac{(D_{mx}/t)_{eq}}{h_m/t} \text{（仅混凝土加载）} \qquad \text{表 17.5}$$

		腹板（长边）$\frac{(D_{my}/t)_{eq}}{h_m/t}$				翼缘（短边）$\frac{(D_{mx}/t)_{eq}}{b_m/t}$					$p_{y,av}/p_{x,av}$			
μ_c		0.2	0.3	0.4	0.45	0.2	0.3	0.4	0.45					
γ_{scc}		1	0.9	0.75	0.65	1	0.9	0.75	0.65					
矩形截面宽度 200mm、高度 600mm	10	3.10	2.76	2.29	1.93	2.00	1.80	1.53	1.32	10	4.06	4.10	4.15	4.19
	12	3.18	2.83	2.34	1.97	1.94	1.75	1.50	1.30	12	4.17	4.20	4.24	4.27
	14	3.25	2.90	2.39	2.00	1.85	1.68	1.46	1.28	14	4.31	4.34	4.35	4.36
	16	3.32	2.96	2.44	2.04	1.73	1.58	1.40	1.25	16	4.49	4.52	4.52	4.49
	18	3.39	3.02	2.49	2.08	1.60	1.48	1.32	1.21	18	4.69	4.71	4.71	4.66
	20	3.45	3.07	2.54	2.12	1.47	1.37	1.25	1.15	20	4.87	4.90	4.92	4.86
	22	3.50	3.12	2.58	2.16	1.36	1.27	1.17	1.10	22	5.01	5.06	5.10	5.07
	25	3.56	3.17	2.63	2.21	1.22	1.15	1.08	1.02	25	5.15	5.22	5.32	5.36

17.5　管壁塑性机构分析的围压

由图 17.6 的横向弯矩图可知，随荷载逐步增大，角点将首先形成负弯矩塑性铰线，此后钢管壁板的外鼓变形增量按照两侧铰接板件的规律发展，跨中的正弯矩增加，最终形成图 17.8 所示的塑性机构。角点形成塑性铰线后，界面压力分布仍然是角点大中间小。因此根据图 17.4 的压力分布，可以画出图 17.8 所示的混凝土对钢管壁板的压力。简化成三角形的线性分布，取出隔离体图 17.8（b），对隔离体取弯矩平衡，不考虑变形的影响，对角点取力矩，得到：

$$M_1 + M_0 = \frac{1}{2}ql_z \times \frac{1}{3}l_z = \frac{1}{6}ql_z^2 \tag{17.49}$$

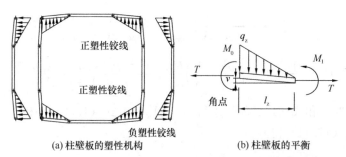

(a) 柱壁板的塑性机构　　　　　　(b) 柱壁板的平衡

图 17.8　方钢管截面的塑性铰线

壁板的横向拉力是 $T = 0.5q_z l_z$，因为形成了塑性铰，但是塑性铰弯矩应考虑横向拉力的影响，记为 $M_0 = M_1 = M'_p$。钢管壁板作为矩形截面，形成塑性铰时截面弯矩和拉力的关系是抛物线方程，所以平衡方程是：

$$2M'_p = 2M_p\left[1 - \left(\frac{q_z l_z}{2f_y t}\right)^2\right] = \frac{1}{6}q_z l_z^2 \tag{17.50}$$

将 M_p 代入得到：

$$\left(\frac{q_z l_z}{2f_y t}\right)^2 + \frac{l_z}{1.5t}\left(\frac{q_z l_z}{2tf_y}\right) - 1 = 0 \tag{17.51}$$

混凝土受到的平均压力是：

$$p_{x,av} = \frac{2T}{b_c} = \frac{q_z l_z}{b_c} = \frac{q_z l_z}{t} \frac{t}{b_c} = \frac{2t f_y}{b_c}\left(\sqrt{\frac{l_z^2}{9t^2} + 1} - \frac{l_z}{3t}\right) \tag{17.52a}$$

因为是三角形分布，式（17.52a）中 l_z 的取值就以弹性有效宽度 2 倍为基准，引入调整系数 β：

$$l_z = \beta b_{c,e} = 1.3084\beta t\sqrt[4]{\frac{(1+\mu_c)(1-2\mu_c)Eb_c}{(1-\mu_c)E_c t}} \tag{17.52b}$$

按照材料力学，图 17.6 正弯矩最大值出现在剪力等于 0 处，与图 17.4 比较，压力 $p=0$ 处到角点的距离要比正弯矩最大值到角点的距离略大。考虑到弹性正弯矩仅为弹性负弯矩的 1/5 左右，在角点负弯矩塑性铰线形成后、正弯矩塑性铰线形成前，壁板有较大的范围按照两端简支的板件受力，此时正弯矩最大值出现的位置将往板件中部移动。所以 β 取大于 1 的值，例如 1.1～1.2。

同样求出与矩形钢管等效的圆钢管的径厚比，圆钢管环向屈服时的围压是：

$$\sigma_{s\theta} = \frac{pD_c}{2t} = f_y \tag{17.53a}$$

$$p = \frac{2t}{D_c}f_{yk} = p_{av} \tag{17.53b}$$

所以 $\dfrac{D_{c,eq}}{t} = \dfrac{2f_y}{p_{x,av}}$，等效换算系数是：

$$\chi_p = \frac{D_{c,eq}/t}{b_c/t} = \sqrt{\frac{l_z^2}{9t^2} + 1} + \frac{l_z}{3t} \tag{17.54}$$

计算发现，等效换算系数与钢材强度等级无关。表 17.6 列出了各种参数取法得到的等效换算系数。由表中数据可知，方钢管的约束效应是相同含钢量下圆钢管的 1/4～1/3，与参数变化影响不大。

等效换算系数 χ_p 表 17.6

混凝土强度等级		C30	C40	C50	C60	C30	C40	C50	C60
f_{ck} (MPa)		20.1	26.8	32.4	38.5	20.1	26.8	32.4	38.5
E_c (MPa)		30000	32500	34500	36000	30000	32500	34500	36000
矩形截面 (mm)	b_c/t	$\mu_c = 0.2,\ \beta_{Ec} = 1.0,\ \beta = 1$				$\mu_c = 0.35,\ \beta_{Ec} = 0.85,\ \beta = 1$			
600	10	58	4.04	3.97	3.92	3.88	3.86	3.80	3.75	3.71
600	12	48	3.88	3.81	3.76	3.73	3.71	3.65	3.60	3.57
600	14	40.9	3.74	3.68	3.63	3.60	3.58	3.52	3.48	3.45
600	16	35.5	3.63	3.57	3.53	3.49	3.48	3.42	3.38	3.35
600	20	28	3.45	3.40	3.35	3.32	3.31	3.25	3.21	3.19
600	25	22	3.28	3.23	3.19	3.16	3.15	3.10	3.06	3.03
600	30	18	3.15	3.10	3.06	3.04	3.02	2.97	2.94	2.91
600	35	15.1	3.04	2.99	2.96	2.93	2.92	2.87	2.84	2.82

续表

混凝土强度等级		C30	C40	C50	C60	C30	C40	C50	C60
方管截面 (mm)	b_c/t	\multicolumn{4}{c}{$\mu_c=0.4, \beta_{Ec}=0.75, \beta=1$}	\multicolumn{4}{c}{$\mu_c=0.4, \beta_{Ec}=0.75, \beta=1.1$}			
600	10	58	3.73	3.67	3.62	3.59	4.05	3.98	3.93	3.89
600	12	48	3.58	3.52	3.48	3.44	3.89	3.82	3.77	3.74
600	14	40.9	3.46	3.40	3.36	3.33	3.75	3.69	3.64	3.61
600	16	35.5	3.36	3.30	3.26	3.23	3.64	3.58	3.53	3.50
600	20	28	3.20	3.15	3.11	3.08	3.46	3.40	3.36	3.33
600	25	22	3.04	3.00	2.96	2.94	3.29	3.24	3.20	3.17
600	30	18	2.92	2.88	2.85	2.82	3.16	3.11	3.07	3.04
600	35	15.1	2.83	2.78	2.75	2.73	3.05	3.00	2.97	2.94

混凝土强度等级		C30	C40	C50	C60	C30	C40	C50	C60
方管截面 (mm)	b_c/t	\multicolumn{4}{c}{$\mu_c=0.4, \beta_{Ec}=0.75, \beta=1.2$}	\multicolumn{4}{c}{$\mu_c=0.45, \beta_{Ec}=0.65, \beta=1.2$}			
600	10	58	4.38	4.30	4.25	4.21	3.98	3.91	3.86	3.83
600	12	48	4.20	4.13	4.07	4.03	3.82	3.75	3.71	3.67
600	14	40.9	4.05	3.98	3.93	3.89	3.69	3.63	3.58	3.55
600	16	35.5	3.93	3.86	3.81	3.77	3.58	3.52	3.48	3.44
600	20	28	3.73	3.67	3.62	3.59	3.40	3.35	3.31	3.28
600	25	22	3.54	3.48	3.44	3.41	3.24	3.18	3.15	3.12
600	30	18	3.39	3.34	3.30	3.27	3.11	3.06	3.02	2.99
600	35	15.1	3.27	3.22	3.18	3.15	3.00	2.95	2.92	2.89

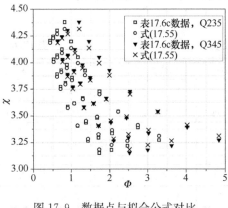

图 17.9　数据点与拟合公式对比

根据上述表格，以表 17.6c 的 $\mu_c=0.4$、$\beta_{Ec}=0.75$、$\beta=1.2$ 这一组参数下的结果拟合等效换算系数的公式如下：

$$\chi_p = 2.62 - 0.007 f_{ck} + 0.25\sqrt{\frac{b_c}{t} - 4}$$

$$(17.55)$$

上式在下面将被用作围压换算系数，从圆钢管混凝土的围压获得方钢管混凝土的平均围压，继而计算方钢管混凝土的受压承载力。式 (17.55) 与数据点的对比如图 17.9 所示。

17.6　方钢管混凝土短柱的承载力

有了等效系数 χ_p，方钢管的承载力是这样计算的：

（1）计算套箍系数：

$$\Phi = 4\left(1 + \frac{t}{b_c}\right)\frac{t}{b_c}\frac{f_{yk}}{f_{pr}} \tag{17.56a}$$

（2）计算：

$$\frac{p}{f_{pr}} = \frac{\Phi}{\sqrt{3}\sqrt{3\left(1+\Phi\right)^2 + 1}} \tag{17.56b}$$

（3）由式（17.55）计算 χ_p。

（4）计算方钢管侧压力：

$$\frac{p_{eq}}{f_{pr}} = \frac{1}{\chi_p}\left(\frac{p}{f_{pr}}\right) \tag{17.56c}$$

（5）计算钢管壁的横向正应力 $\sigma_{sx} = \sigma_{sy} = \dfrac{p_{eq}b_c}{2t}$，用 Mises 屈服准则计算竖向应力：

$$\sigma_{sz} = -\frac{1}{2}\sigma_{sx} + \sqrt{f_{yk}^2 - 0.75\sigma_{sx}^2} = \beta_{sz}f_y \tag{17.56d}$$

（6）计算围压 p 作用下的混凝土竖向强度，计算公式是：

$$\frac{f_{pr,p}}{f_{pr}} = 1 + 2.603\left(\frac{p_{eq}}{f_{pr}}\right)^{0.81} \tag{17.56e}$$

（7）计算承载力：

$$P_P' = A_s\sigma_{sz} + A_c f_{pr,p} \tag{17.56f}$$

表 17.7 给出了 210 个试验结果，收集的试验数据排除了强度等级 C80 以上的和板件正则化长细比 0.673 以上的数据，其中正则化长细比计算采用了壁板屈曲系数 10.667。收集的数据有两个承载力达到简单相加承载力 $N_0 = A_s f_y + A_c f_{ck}$ 的 1.6 倍以上，也被排除。图 17.10 用两种横坐标给出了试验点与上述方法的对比，以及上述方法给出试验点的平均值。图 17.10（b）比图 17.10（a）看上去更有规律，似乎表明对方钢管混凝土柱，用 $\varepsilon_{c0}/(\Phi\varepsilon_{sy})$ 作为横坐标来整理数据更好。

试验结果汇总　　　　　　　　　　　　　　　　　表 17.7

序号	试件编号	D (mm)	t (mm)	L (mm)	γ_U	f_y (N/mm²)	f_{ck} (N/mm²)	Φ	N_{test} (kN)	来源
1	rc1-1	100	2.86	300	1.036	227.7	49.96	0.570	760	
2	rc1-2	100	2.86	300	1.036	227.7	49.96	0.570	800	韩林海、
3	rc2-1	120	2.86	360	1.016	227.7	48.98	0.477	992	杨有福[1]
4	rc2-2	120	2.86	360	1.016	227.7	48.98	0.477	1050	
5	SU-040	200	5	600	0.964	265.8	25.16	1.141	2.312	Huang C S 等[13]
6	s1	127.3	3.15	611.0	1.010	356	29.22	1.277	917	
7	s2	126.9	4.34	609.1	1.012	357	25.05	2.124	1095	
8	s3	126.9	4.55	609.1	1.013	322	22.90	2.204	1113	Schneider S P[14]
9	s4	125.3	5.67	601.4	1.016	312	22.98	2.782	1202	
10	s5	126.8	7.47	608.6	1.018	347	23.02	4.125	2069	

续表

序号	试件编号	D (mm)	t (mm)	L (mm)	γ_U	f_y (N/mm²)	f_{ck} (N/mm²)	Φ	N_{test} (kN)	来源
11	HS1	126	3	360	1.011	300	48.01	0.640	1.114	Uy B[15]
12	HS7	156	3	450	0.988	300	46.92	0.522	1.708	
13	S10D-2A	100.2	2.18	300.6	1.034	300	24.24	1.152	609	
14	S20D-2A	200.3	4.35	600.9	0.963	322	25.99	1.151	2230	
15	S10D-41	100	2.18	300	1.035	300	50.65	0.552	851.00	Yamamoto T 等[16]
16	S20D-41	200.1	4.35	600.3	0.963	322	50.85	0.589	3201.00	
17	S10D-61	101.1	2.18	303.3	1.033	300	57.47	0.481	911.00	
18	S20D-61	200.2	4.35	600.6	0.963	322	55.94	0.535	3417.00	
19	C1-1	100.3	4.18	300	1.039	550	60.12	1.761	1490	
20	C1-2	101.5	4.18	300	1.037	550	60.04	1.727	1535	Liu D 等[17]
21	C2-1	101.2	4.18	300	1.038	550	69.91	1.481	1740	
22	C2-2	100.7	4.18	300	1.038	550	69.95	1.491	1775	
23	CR4-A-2	148	4.38	444	0.995	262	23.05	1.475	1.153	
24	CR4-A-4-1	148	4.38	444	0.995	262	36.75	0.925	1.414	
25	CR4-A-4-2	148	4.38	444	0.995	262	36.75	0.925	1.402	
26	CR4-A-8	148	4.38	444	0.995	262	69.88	0.487	2.108	
27	CR4-C-2	215	4.38	645	0.956	262	22.14	1.027	1.777	
28	CR4-C-4-1	215	4.38	645	0.956	262	35.82	0.635	2.424	
29	CR4-C-4-2	215	4.38	645	0.956	262	35.82	0.635	2.393	
30	CR4-C-8	215	4.38	645	0.956	262	69.98	0.325	3.837	
31	CR6-A-2	144	6.36	432	1.001	618	23.19	5.414	2.572	
32	CR6-A-4-1	144	6.36	432	1.001	618	36.98	3.396	2.808	
33	CR6-A-4-2	144	6.36	432	1.001	618	36.98	3.396	2.765	
34	CR6-A-8	144	6.36	432	1.001	618	70.30	1.786	3.399	Sakino K 等[19]
35	CR6-C-2	211	6.36	633	0.960	618	22.23	3.682	3.920	
36	CR6-C-4-1	211	6.36	633	0.960	618	35.44	2.309	4.428	
37	CR6-C-4-2	211	6.36	633	0.960	618	35.44	2.309	4.484	
38	CR6-C-8	211	6.36	633	0.960	618	67.38	1.215	5.758	
39	CR8-A-2	120	6.47	360	1.023	835	23.68	9.038	2.819	
40	CR8-A-4-1	120	6.47	360	1.023	835	37.76	5.668	2.957	
41	CR8-A-4-2	120	6.47	360	1.023	835	37.76	5.668	2.961	
42	CR8-A-8	119	6.47	357	1.024	835	71.86	3.008	3.318	
43	CR8-C-2	175	6.47	525	0.980	835	22.69	6.111	4.210	
44	CR8-C-4-1	175	6.47	525	0.980	835	36.18	3.832	4.493	
45	CR8-C-4-2	175	6.47	525	0.980	835	36.18	3.832	4.542	

序号	试件编号	D (mm)	t (mm)	L (mm)	γ_U	f_y (N/mm²)	f_{ck} (N/mm²)	Φ	N_{test} (kN)	来源
46	CR8-C-8	175	6.47	525	0.980	835	68.79	2.016	5.366	
47	CR4-A-4-3	210	5.48	630	0.959	294	34.20	0.973	3.183	
48	CR4-C-4-3	210	4.5	630	0.958	277	34.17	0.742	2.713	
49	CR6-A-4-3	211	8.83	633	0.962	536	34.30	2.985	5.898	Sakino K 等[19]
50	CR6-C-4-3	204	5.95	612	0.963	540	34.33	2.009	4.026	
51	CR8-A-4-3	180	9.45	540	0.981	825	34.95	5.863	6.803	
52	CR8-C-4-3	180	6.6	540	0.977	824	34.83	3.893	5.028	
53	SA1-1	60	1.87	180	1.093	282	72.60	0.534	382	
54	SA1-2	60	1.87	180	1.093	282	72.60	0.534	350	
55	SA2-1	100	1.87	300	1.034	282	68.70	0.325	860	
56	SA2-2	100	1.87	300	1.034	282	68.70	0.325	840	Tao Z 等[36]
57	SB1-1	60	2	180	1.093	404	45.00	1.328	318	
58	SB1-2	60	2	180	1.093	404	45.00	1.328	322	
59	SC1-1	60	2	180	1.093	404	72.64	0.823	422	
60	SC1-2	60	2	180	1.093	404	72.64	0.823	406	
61	R1-1	120	4	360	1.018	495	58.02	1.262	1701	
62	R1-2	120	4	360	1.018	495	58.02	1.262	1657	Liu D[21]
63	R4-1	130	4	390	1.009	495	57.51	1.166	2020	
64	R4-2	130	4	390	1.009	495	57.51	1.166	2018	
65	A9-1	120	4	360	1.018	495	53.19	1.377	1739	
66	A9-2	120	4	360	1.018	495	53.19	1.377	1718	Liu D 和
67	A12-1	130	4	390	1.009	495	52.72	1.272	1963	Gho W M[22]
68	A12-2	130	4	390	1.009	495	52.72	1.272	1988	
69	ucft13	128.1	2.5	390	1.008	234.3	49.61	0.390	1150	Tao Z 等[23]
70	AA-40	500	12	1500	0.877	378	35.41	1.104	17900	
71	AA-32	410	12	1230	0.896	378	36.18	1.340	12800	Cheng C C[26]
72	AA-24	410	16	1230	0.898	358	36.26	1.742	15300	
73	sczs1-1-1	120	3.8	360	1.018	330.1	21.71	2.126	882	
74	sczs1-1-2	120	3.8	360	1.018	330.1	25.04	1.843	882	
75	sczs1-1-3	120	3.8	360	1.018	330.1	25.04	1.843	921.2	
76	sczs1-1-4	120	3.8	360	1.018	330.1	40.51	1.139	1080	
77	sczs1-1-5	120	3.8	360	1.018	330.1	43.25	1.067	1078	韩林海等[37]
78	sczs1-2-1	140	3.8	420	1.001	330.1	11.85	3.291	940.8	
79	sczs1-2-2	140	3.8	420	1.001	330.1	12.43	3.135	921.6	
80	sczs1-2-3	140	3.8	420	1.001	330.1	44.29	0.880	1499.4	

续表

序号	试件编号	D (mm)	t (mm)	L (mm)	γ_U	f_y (N/mm²)	f_{ck} (N/mm²)	Φ	N_{test} (kN)	来源
81	sczs1-2-4	140	3.8	420	1.001	330.1	44.29	0.880	1470	
82	sczs2-1-1	120	5.9	360	1.022	321.1	24.11	3.063	1176	
83	sczs2-1-2	120	5.9	360	1.022	321.1	24.11	3.063	1117.2	
84	sczs2-1-3	120	5.9	360	1.022	321.1	20.51	3.602	1195.6	
85	sczs2-1-4	120	5.9	360	1.022	321.1	43.42	1.701	1460.2	
86	sczs2-1-5	120	5.9	360	1.022	321.1	43.42	1.701	1372	韩林海等[37]
87	sczs2-2-1	140	5.9	420	1.004	321.1	12.14	5.094	1342.6	
88	sczs2-2-2	140	5.9	420	1.004	321.1	13.74	4.500	1292.6	
89	sczs2-2-3	140	5.9	420	1.004	321.1	44.44	1.391	2009	
90	sczs2-2-4	140	5.9	420	1.004	321.1	44.44	1.391	1906.1	
91	sczs2-3-1	200	5.9	600	0.965	321.1	12.72	3.264	2058	
92	sczs2-3-2	200	5.9	600	0.965	321.1	12.72	3.264	1960	
93	Pa-6-1	197	6.4	600	0.967	437.88	20.05	3.141	2730	
94	Pa-6-2	198.5	6.1	600	0.966	437.88	19.40	3.053	3010	
95	Pa-6-3	200.5	6.2	600	0.965	437.88	18.29	3.260	2830	Zhu A等[24]
96	Pa-10-1	201	10.1	600	0.969	381.68	20.08	4.484	3980	
97	Pa-10-2	201	10.2	600	0.969	381.68	19.46	4.681	3920	
98	Pa-10-3	199.5	9.9	600	0.970	381.68	18.38	4.829	3900	
99	1	200	5.8	600	0.965	362.56	29.66	1.552	3671.8	
100	2	200	6.1	600	0.965	406.3	29.67	1.837	4052.2	饶玉龙等[28]
101	3	200	5.8	600	0.965	440.5	29.66	1.885	4144.7	
102	4	200	4.8	600	0.964	407.5	29.63	1.422	3553.4	
103	1	100	3.96	350	1.039	254.2	18.93	2.409	651	
104	2	100	3.96	350	1.039	254.2	18.93	2.409	651	高金良等[29]
105	3	200	3.96	690	0.963	254.2	17.55	1.219	1724	
106	4	200	3.96	690	0.963	254.2	17.55	1.219	1724	
107	M-A-1	120	2.93	360	1.016	293.8	36.27	0.853	836	
108	M-A-2	120	2.93	360	1.016	293.8	36.27	0.853	868	杨有福等[30]
109	M-B-1	100	2.93	300	1.036	293.8	36.99	1.020	664	
110	M-B-2	100	2.93	300	1.036	293.8	36.99	1.020	676	
111	I-A	100	2.29	300	1.035	194.2	30.17	0.633	497.367	
112	I-B	100	2.29	300	1.035	194.2	30.17	0.633	498.348	
113	II-A	100	2.2	300	1.035	339.4	20.17	1.584	511.101	Tomii M 和 Sakino K[38]
114	II-B	100	2.2	300	1.035	339.4	20.17	1.584	510.12	
115	III-A	100	2.99	300	1.036	288.4	19.47	1.945	528.759	

序号	试件编号	D (mm)	t (mm)	L (mm)	γ_U	f_y (N/mm²)	f_{ck} (N/mm²)	Φ	N_{test} (kN)	来源
116	Ⅲ-B	100	2.99	300	1.036	288.4	19.47	1.945	527.778	Tomii M 和 Sakino K[38]
117	Ⅳ-A	100	4.25	300	1.039	284.5	18.78	2.946	667.08	
118	Ⅳ-B	100	4.25	300	1.039	284.5	18.78	2.946	666.099	
119	S3	100.7	9.6	301	1.052	400	25.53	8.252	1550	Lam D 和 Williams C A[39]
120	S5	99.9	4.9	301	1.041	289	25.27	2.623	800	
121	S7	100.1	4.2	301	1.039	333	28.63	2.229	700	
122	S12	100	4.1	301	1.039	333	48.61	1.278	880	
123	S14	101	9.6	302	1.051	400	49.19	4.265	1800	
124	S16	99.7	4.7	301	1.041	289	49.22	1.286	1000	
125	C30H25P00	120	2.46	400	1.015	336	26.31	1.115	730	
126	C30H25P10	120	2.46	400	1.015	336	26.15	1.122	822	
127	C30H25P15	120	2.46	400	1.015	336	24.44	1.200	830	
128	C30H25P20	120	2.46	400	1.015	336	19.98	1.469	805	
129	C30H25P25	120	2.46	400	1.015	336	17.22	1.704	768	
130	C30H35P00	120	3.46	400	1.017	297.8	26.36	1.425	863	
131	C30H35P10	120	3.46	400	1.017	297.8	26.20	1.434	990	
132	C30H35P15	120	3.46	400	1.017	297.8	24.49	1.534	970	
133	C30H35P20	120	3.46	400	1.017	297.8	20.01	1.877	965	
134	C30H35P25	120	3.46	400	1.017	297.8	17.25	2.178	890	
135	C30H45P00	120	4.45	400	1.019	274.7	26.41	1.733	1088	
136	C30H45P10	120	4.45	400	1.019	274.7	26.24	1.744	1176	
137	C30H45P15	120	4.45	400	1.019	274.7	24.53	1.866	1173	刘晓[40]
138	C30H45P20	120	4.45	400	1.019	274.7	20.05	2.283	1160	
139	C30H45P25	120	4.45	400	1.019	274.7	17.28	2.649	1090	
140	C30H58P00	120	5.72	400	1.021	321.2	26.47	2.692	1468	
141	C30H58P10	120	5.72	400	1.021	321.2	26.31	2.709	1566	
142	C30H58P15	120	5.72	400	1.021	321.2	24.59	2.898	1496	
143	C30H58P20	120	5.72	400	1.021	321.2	20.10	3.546	1529	
144	C30H58P25	120	5.72	400	1.021	321.2	17.32	4.114	1466	
145	C60H25P00	120	2.46	400	1.015	336	47.83	0.613	1240	
146	C60H25P10	120	2.46	400	1.015	336	47.10	0.623	1132	
147	C60H25P15	120	2.46	400	1.015	336	47.02	0.624	1210	
148	C60H25P20	120	2.46	400	1.015	336	45.96	0.638	1248	
149	C60H25P25	120	2.46	400	1.015	336	44.18	0.664	1120	
150	C60H35P00	120	3.46	400	1.017	297.8	47.92	0.784	1354	

序号	试件编号	D (mm)	t (mm)	L (mm)	γ_U	f_y (N/mm²)	f_{ck} (N/mm²)	Φ	N_{test} (kN)	来源
151	C60H35P10	120	3.46	400	1.017	297.8	47.19	0.796	1285	
152	C60H35P15	120	3.46	400	1.017	297.8	47.11	0.797	1260	
153	C60H35P20	120	3.46	400	1.017	297.8	46.05	0.816	1336	
154	C60H35P25	120	3.46	400	1.017	297.8	44.26	0.849	1220	
155	C60H45P00	120	4.45	400	1.019	274.7	48.01	0.954	1492	刘晓[40]
156	C60H45P10	120	4.45	400	1.019	274.7	47.27	0.968	1476	
157	C60H45P15	120	4.45	400	1.019	274.7	47.19	0.970	1410	
158	C60H45P20	120	4.45	400	1.019	274.7	46.13	0.992	1616	
159	C60H45P25	120	4.45	400	1.019	274.7	44.34	1.032	1416	
160	CSC40SD8	150	8.275	453	1.000	488.38	34.68	3.710	3500	Du Y S 等[41]
161	CSC50SD9	152	8.275	451	0.998	488.38	44.77	2.851	3575	
162	1-Stub	120	5	500	1.020	304	45.54	1.269	1440	
163	2-Stub	120	5	500	1.020	438	44.57	1.868	1690	
164	5-Stub	120	8	500	1.026	323	38.00	2.816	1550	
165	6-Stub	120	8	500	1.026	300	44.83	2.218	1670	
166	7-Stub	120	8	500	1.026	376	55.54	2.243	1990	Grauers M[42]
167	10-Stub	120	8	500	1.026	379	38.00	3.305	1800	
168	13-Stub	120	8	500	1.026	364	77.96	1.547	2300	
169	14-Stub	120	8	500	1.026	379	77.96	1.611	2290	
170	23-Stub	120	8	500	1.026	379	30.21	4.157	1680	
171	27-Stub	250	8	500	0.944	379	31.14	1.721	4870	
172	C4-0	150	4.5	600	0.994	438.5	28.90	1.999	1598.0	Matsui C 和 Tsuda K[43]
173	DF4	114.9	4.4	406.4	1.024	254.4	30.02	1.462	897.9	Chapman J C 和 Neogi P K[44]
174	Column-18	76.2	3.35	254	1.069	324.5	39.87	1.646	512.2	Knowles R B 和 Park R[45]
175	4M30	150	4.3	300	0.994	294.3	12.91	2.878	1017.4	
176	4M30	150	4.3	300	0.994	294.3	12.91	2.878	1017.4	
177	4M30	150	4.3	300	0.994	294.3	12.91	2.878	1043.5	
178	4M45	150	4.3	450	0.994	294.3	12.27	3.029	1006.3	
179	4M45	150	4.3	450	0.994	294.3	12.27	3.029	1044.5	
180	4M45	150	4.3	450	0.994	294.3	12.27	3.029	1057.6	Tomii M 等[34]
181	4M60	150	4.3	600	0.994	294.3	12.27	3.040	1062.9	
182	4M60	150	4.3	600	0.994	294.3	12.27	3.040	1062.9	
183	4M60	150	4.3	600	0.994	294.3	12.27	3.040	1094.2	
184	4M75	150	4.3	750	0.994	294.3	12.27	3.049	1002.1	
185	4M75	150	4.3	750	0.994	294.3	12.27	3.049	1050.6	

序号	试件编号	D (mm)	t (mm)	L (mm)	γ_U	f_y (N/mm²)	f_{ck} (N/mm²)	Φ	N_{test} (kN)	来源
186	4M75	150	4.3	750	0.994	294.3	12.27	3.049	1052.6	
187	3HN-1	150	3.2	450	0.992	300.2	32.92	0.825	1287.7	
188	3HN-2	150	3.2	450	0.992	300.2	32.92	0.825	1310.6	
189	3HN-3	150	3.2	450	0.992	300.2	32.92	0.825	1299.1	
190	4HN-1	150	4.3	450	0.994	294.3	32.98	1.132	1446.6	
191	4HN-2	150	4.3	450	0.994	294.3	32.98	1.132	1504.7	
192	4HN-3	150	4.3	450	0.994	294.3	32.98	1.132	1482.9	
193	3ME-1	150	3.2	450	0.992	300.2	15.18	1.795	915.6	
194	3ME-2	150	3.2	450	0.992	300.2	15.18	1.795	926.2	
195	3ME-3	150	3.2	450	0.992	300.2	15.18	1.795	976.9	
196	4ME-1	150	4.3	450	0.994	294.3	15.20	2.454	993.0	
197	4ME-2	150	4.3	450	0.994	294.3	15.20	2.454	1078.4	
198	4ME-3	150	4.3	450	0.994	294.3	15.20	2.454	1078.4	Tomii M 等[34]
199	3MN-1	150	3.2	450	0.992	300.2	25.11	1.080	1118.7	
200	3MN-2	150	3.2	450	0.992	300.2	25.11	1.080	1118.5	
201	3MN-3	150	3.2	450	0.992	300.2	25.11	1.080	1093.8	
202	4MN-1	150	4.3	450	0.994	294.3	25.15	1.464	1173.3	
203	4MN-2	150	4.3	450	0.994	294.3	25.15	1.464	1244.3	
204	4MN-3	150	4.3	450	0.994	294.3	25.15	1.464	1302.3	
205	3LN-1	150	3.2	450	0.992	300.2	16.33	1.658	985.6	
206	3LN-2	150	3.2	450	0.992	300.2	16.33	1.658	959.1	
207	3LN-3	150	3.2	450	0.992	300.2	16.33	1.658	960.9	
208	4LN-1	150	4.3	450	0.994	294.3	16.35	2.281	1088.0	
209	4LN-2	150	4.3	450	0.994	294.3	16.35	2.281	1112.0	
210	4LN-3	150	4.3	450	0.994	294.3	16.35	2.281	1114.2	

图 17.10 的数据表明，试验点有 18% 位于 1.0 之下，所以从可靠度的角度，采用简单相加的公式计算矩形钢管的承载力勉强合适，即：

$$N_{u.box} = N_0 = A_s f_y + A_c f_{ck} \tag{17.57}$$

这种简单相加实际上也还是利用了围压对混凝土强度的提高作用，参考图 16.9，图 17.11 显示了应变为 0.06% 之前的竖向应变协调、简单相加的 N/N_0-ε_z 曲线，最大值低于 1.0。

图 17.12 给出了 Chen C C 等的方钢管混凝土短柱试验曲线，试件参数列于表 17.8 中。可见最大值出现在竖向应变为 0.2%～0.3% 处，前三个试件在极值点发生了钢管壁局部屈曲，之后承载力快速下降，下降幅度与 Φ 有关，为 13%～30%；竖向应变 3%～

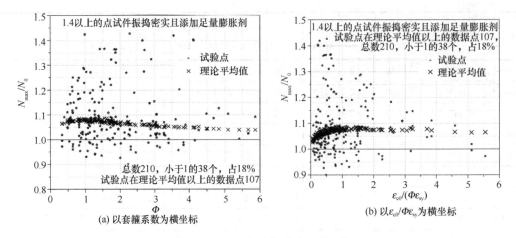

图 17.10　理论方法与试验点的比较

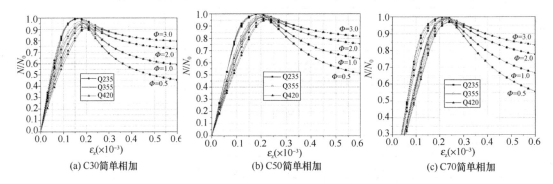

图 17.11　钢与混凝土简单相加的无量纲荷载-应变曲线

4.4% 前后焊缝开裂，AA-24 试件在焊缝开裂前钢材强化发挥一定作用。

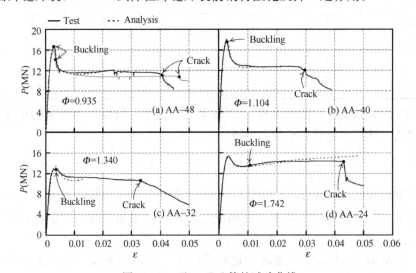

图 17.12　Chen C C 等的试验曲线

Chen C C 的试验

表 17.8

试件编号	$b \times t \times L$ (mm)	宽厚比	$f_{cyl.av}$ (MPa)	ε_{c0}	f_y (MPa)	f_u (MPa)
AA-48a，b	$500 \times 10 \times 1500$	48	42.5	2.64/1000	389	504
AA-40	$500 \times 12 \times 1500$	40	42.5	2.64/1000	378	503
AA-32	$410 \times 12 \times 1230$	32	42.5	2.64/1000	378	503
AA-24	$410 \times 16 \times 1230$	24	42.5	2.64/1000	358	522

图 17.13 为 Tomii 等（1977）对 150mm 方钢管混凝土的试验研究，图中 F_c 是 100mm×200mm 圆柱体强度，承载力数据已经在表 17.8 给出（厚度为 2mm 的因为宽厚比达到 75 而被表格排除）。

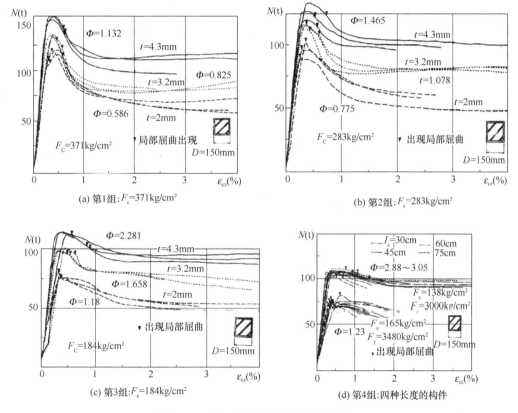

图 17.13 Tomii 等的方钢管短柱试验

17.7 方钢管混凝土受压全过程弹塑性约束作用的有限元分析结论

中国台湾学者 Chen C C 提供了比较细致的有限元分析结果，可帮助进一步了解方钢管混凝土短柱的工作性能。以 AA-32 试件为例，图 17.14 显示了压力-应变曲线，图中标明了 LS1、LS2、LS3 和 LS4 四个状态，图 17.15 表示的 C 点，在这四个状态时的竖向应力分别为 25.1MPa、45.3MPa、59.9MPa 和 78.4MPa。

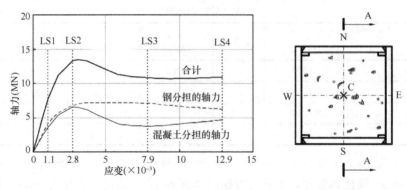

图 17.14　试件 AA-32 的压力-应变曲线　　　图 17.15　试件标记

　　图 17.16 和图 17.17 分别给出了这四个状态下混凝土截面的竖向压力分布和水平主应力分布，LS1 是均匀的，LS2 因为混凝土膨胀，产生了钢管对混凝土的围压，四个角部的混凝土竖向应力增大，这与第 17.1~17.5 节的分析结论类似；再往后，混凝土首先压碎，对钢管产生水平挤压，诱导了钢管壁板的屈曲（试件 AA-48 和 AA-40 是壁板先屈曲，然后混凝土压碎），钢管进入屈曲后状态，环向拉应力发展，混凝土受到的围压进入第二阶段（第一阶段是以钢管壁板弯曲提供围压为主，第二阶段是以发展环向拉力提供围压为主），四个壁板作为拉杆，内部混凝土形成交叉压杆，核心部分是三向受力，核心混凝土强度提高更加明显，而壁板附近的月牙形或半圆形区域的混凝土，因为壁板外鼓而松弛，接近两个方向受力的混凝土的强度因为被压碎而降低。

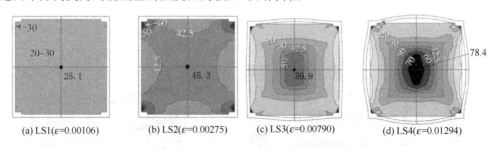

图 17.16　试件 AA-32 四个状态的竖向压应力分布

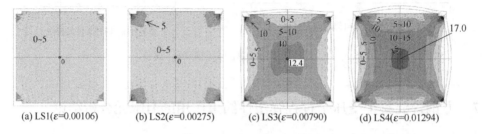

图 17.17　试件 AA-32 四个状态下的水平主应力分布

　　图 17.18 显示了试件竖向对称面上混凝土竖向应力的发展。随着壁板局部屈曲变形的发展，该处横截面上核心部位混凝土竖向应力增大，这是因为混凝土竖向主应力迹线发生了向内的转折，促使中间混凝土处在更加有利的三向受压状态，混凝土局部强度得到较大提高。

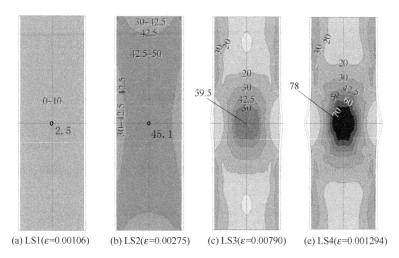

(a) LS1(ε=0.00106) (b) LS2(ε=0.00275) (c) LS3(ε=0.00790) (e) LS4(ε=0.001294)

图 17.18 竖向剖面上的竖向应力分布

17.8 矩形钢管混凝土的抗压强度

矩形钢管导致管内混凝土受到的两个方向的平均约束不一样，这样三个主方向的应力不一样，此时混凝土的强度可以从混凝土的三维屈服获得，例如 Ottosen 准则。采用 Ottosen 准则计算承载力，对提高部分乘以换算系数 0.761，可以获得可以参考的解。

图 17.19 是 Mander 给出的三向主压应力下的竖向强度曲线。给定 σ_1/f_{pr}，其最小强度出现在 $\sigma_2/f_{\text{pr}} = \sigma_1/f_{\text{pr}}$，即以较小的围压确定竖向强度总是偏于安全。

式（17.55）应用于矩形钢管混凝土时，要将翼缘和腹板分开：

（1）短边（翼缘），根据第 17.3 节弹性分析的结果，短边受到的侧压力，不低于以短边为边长的方钢管混凝土，所以短边（翼缘）的等效换算系数可以采用：

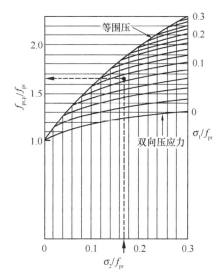

图 17.19 两个方向围压不等时的竖向强度

$$\chi_{\text{pf}} = 2.62 - 0.007 f_{\text{ck}} + 0.25\sqrt{b_{\text{c}}/t - 4} \tag{17.58}$$

按短边计算对应的方钢管套箍系数 $\Phi_{\text{f}} = 4\left(1 + \dfrac{t}{b_{\text{c}}}\right)\dfrac{t}{b_{\text{c}}}\dfrac{f_{\text{yk}}}{f_{\text{ck}}}$，计算折减后围压 $\dfrac{p_{\text{y}}}{f_{\text{pr}}} = \dfrac{\Phi_{\text{f}}}{\chi_{\text{pf}}\sqrt{3}\sqrt{3\left(1+\Phi_{\text{f}}\right)^2+1}}$，计算腹板的横向拉应力 $\sigma_{\text{s,web}} = \dfrac{p_{\text{yav}}b_{\text{c}}}{2t}$，采用 Mises 准则计算竖向应力：

$$\sigma_{sz,web} = -0.5\sigma_{sw} + \sqrt{f_{yk}^2 - 0.75\sigma_{sw}^2} \tag{17.59}$$

（2）长边（腹板）：根据弹性分析，长边压力小于以长边为边长的方钢管，长边的等效换算系数为：

$$\chi_{pw} = 2.62 - 0.007f_{ck} + 0.25\sqrt{h_c/t - 4} \tag{17.60}$$

按长边计算对应的方钢管套箍系数 $\Phi_w = 4\left(1 + \dfrac{t}{h_c}\right)\dfrac{t}{h_c}\dfrac{f_{yk}}{f_{ck}}$，计算折减后围压 $\dfrac{p_x}{f_{pr}} = \dfrac{0.5773\Phi_w}{\chi_{pw}\sqrt{3(1+\Phi_w)^2 + 1}}$，对 p_x 进行折减以考虑混凝土宽度小膨胀小的影响，换算系数取为：

$$p_{x,rect} = (p_{x,av})_{h/b, h>b} = \left(\frac{b_c}{h_c}\right)^{1.333}(p_{x,av})_{h\times h} \tag{17.61}$$

计算腹板的横向拉应力 $\sigma_{sf} = \dfrac{p_{x,rect}h_c}{2t}$，采用 Mises 准则计算竖向应力：

$$\sigma_{sz,f} = -0.5\sigma_{sf} + \sqrt{f_{yk}^2 - 0.75\sigma_{sf}^2} \tag{17.62}$$

计算围压 $p_{x,av}$ 和 $p_{y,av}$ 作用下的混凝土竖向强度 $\sigma_{cz,p}$，或直接取较小围压计算竖向强度和较大围压按照双向受力计算的竖向强度，两者取较小值作为 $\sigma_{cz,p}$。

计算总承载力：

$$P'_P = 2b_m t\sigma_{sz,f} + 2h_m t\sigma_{sz,w} + A_c\sigma_{cz,p} \tag{17.63}$$

表 17.9 给出了双向都取较小围压的矩形截面钢管混凝土的算例。由表可知，矩形截面宽高比为 3 和 3.5 时承载力已经与简单相加的承载力持平。如果取不等围压，结果记为 P''_P/N_0，也在表中给出，表中还给出了不等围压的围压比。计算时取 $k=3.42$ 然后再将获得的混凝土强度的增量部分乘以 0.761 后作为不等围压时的混凝土强度。

矩形截面钢管混凝土约束效应算例

表 17.9

b (mm)	h (mm)	t (mm)	Φ	χ_{flange}	χ_{web}	$\Phi_{eq,flange}$	$\Phi_{eq,web}$	β_s	β_c	P'_P/N_0	P''_P/N_0	p_{xav}/p_{yav}
200	700	12	2.064	3.114	4.216	1.055	0.200	0.978	1.030	0.995	1.022	0.081
200	600	12	2.145	3.224	4.066	1.055	0.244	0.978	1.042	0.998	1.024	0.113
200	500	12	2.262	3.224	3.900	1.055	0.310	0.978	1.060	1.003	1.027	0.165
200	400	12	2.439	3.224	3.714	1.055	0.414	0.978	1.093	1.012	1.032	0.259
200	300	12	2.746	3.224	3.497	1.055	0.606	0.977	1.160	1.026	1.041	0.458
200	200	12	3.402	3.224	3.224	1.055	1.055	0.974	1.324	1.054	1.054	1.000
200	700	16	2.890	3.045	3.943	1.600	0.291	0.982	1.036	0.996	1.019	0.086
200	600	16	3.008	3.045	3.810	1.600	0.355	0.982	1.049	0.999	1.021	0.118
200	500	16	3.175	3.045	3.663	1.600	0.451	0.982	1.071	1.003	1.023	0.170
200	400	16	3.433	3.045	3.497	1.600	0.606	0.982	1.108	1.010	1.028	0.264
200	300	16	3.884	3.045	3.300	1.600	0.896	0.981	1.181	1.022	1.035	0.461

b (mm)	h (mm)	t (mm)	Φ	χ_{flange}	χ_{web}	$\Phi_{eq, flange}$	$\Phi_{eq, web}$	β_s	β_c	P'_P/N_0	P''_P/N_0	p_{xav}/p_{yav}
200	200	16	4.872	3.045	3.045	1.600	1.600	0.979	1.364	1.045	1.045	1.000
200	700	20	3.804	2.907	3.754	2.259	0.389	0.985	1.041	0.997	1.016	0.088
200	600	20	3.962	2.907	3.632	2.259	0.476	0.985	1.055	0.999	1.018	0.120
200	500	20	4.189	2.907	3.497	2.259	0.606	0.985	1.078	1.003	1.020	0.171
200	400	20	4.541	2.907	3.343	2.259	0.819	0.985	1.118	1.009	1.024	0.264
200	300	20	5.165	2.907	3.157	2.259	1.226	0.984	1.196	1.019	1.029	0.458
200	200	20	6.569	2.907	2.907	2.259	2.259	0.983	1.395	1.037	1.037	1.000

宽钢管内的混凝土的竖向承载力也会比棱柱强度高，这一结论可以参考图 16.14 双向压应力（垂直方向应力为 0）作用下的屈服面，双向压应力下，较大压应力衡量的强度总是高于单向受压时的强度。只要较小压应力/棱柱体强度>0.1~0.15，其强度就比双向承受相同压力时大。回到宽钢管内的混凝土，如忽略宽边提供的约束，则宽钢管内的混凝土就相当于双向受力，其强度就可以按照双向受力的屈服面来计算，再考虑宽边提供的较小约束，其强度应高于仅双向受压的情况。

参 考 文 献

[1] 韩林海，杨有福. 现代钢管混凝土结构技术[M]. 北京：中国建筑工业出版社，2007.

[2] BRIDGE R Q. WEBB J. Thin wall circular concrete filled steel tubular columns[J]. Building for the 21st century, 1995, 12: 427-432.

[3] CEDERWALL K, ENGSTROM B, GRAUERS M. High-strength concrete used in composite columns[J]. High-strength concrete, 1997, 11: 195-210.

[4] GE H B, USAM T. Strength of concrete-filled thin-walled steel box columns: experiment[J]. Journal of structural engineering, 1992, 118: 3036-3054.

[5] GE H B, USAMI T. Strength analysis of concrete filled thin-walled steel box columns[J]. Journal of constructional steel reasearch, 1994, 30: 259-281.

[6] O'SHEA M D, BRIDGE R Q. Behavior of thin-walled box sections with lateral restraint[R]. Department of Civil Engineering, the University of Sydney, 1997.

[7] SONG J Y, KWON Y B. Structural behavior of concrete-filled steel box sections[R]. International Conference Report on Composite Construction-Conventional and Innovative, Innsbruck, Austria, 1997.

[8] ZHANG S, ZHOU M. Stress strain behavior of concrete-filled steel tubes[C]. Proceeding of 6th AS-CCS International Conference on Steel-Concrete Composite Structures, Los Angeles, 2000: 403-409.

[9] 张正国，左明生. 方钢管混凝土轴压短柱在短期一次静载下的基本性能研究[J]. 郑州大学学报（工学版），1985(2): 19-32.

[10] 钟善桐. 钢管混凝土结构[M]. 哈尔滨：黑龙江科学技术出版社，1994.

[11] 王玉银，张素梅，郭兰慧. 受荷方式对钢管混凝土轴压短柱力学性能影响[J]. 哈尔滨工业大学学报，2005, 37(1): 40-44.

[12] 冯波涛. 钢管混凝土轴压短柱的承载力研究[D]. 焦作：河南理工大学，2010.

[13]　HUANG C S, YEH Y K, LIU G Y, et al. Axial load behavior of stiffened concrete-filled steel columns[J]. Journal of structural engineering, 2002, 128(9): 1222-1230.

[14]　SCHNEIDER S P. Axially loaded concrete-filled steel tubes[J]. Journal of structural engineering. 1998, 124(10): 1125-1138.

[15]　UY B. Strength of concrete filled steel box columns incorporating local buckling[J]. Journal of structural engineering, 2000, 126(3): 341-352.

[16]　YAMAMOTO T, KAWAGUCHI J, MORINO S. Experimental study of scale effects on the compressive behavior of short concrete-filled steel tube columns[C]. Proceedings of the Fourth International Conference on Composite Construction in Steel and Concrete, Banff, Alberta, Canada, 2000.

[17]　LIU D, GHO W M, YUAN J. Ultimate capacity of high-strength rectangular concrete-filled steel hollow section stub columns [J]. Journal of constructional steel research, 2003, 59 (12): 1499-1515.

[18]　YANG Y L, WANG Y Y, FU F. Effect of reinforcement stiffeners on square concrete-filled steel tubular columns subjected to axial compressive load[J]. Thin walled structures, 2014, 82: 132-144.

[19]　SAKINO K, NAKAHARA H, MORINO S, et al. Behavior of centrally loaded concrete-filled steel-tube short columns[J]. Journal of structural engineering, 2004, 130(2): 180-188.

[20]　HAN L H. Tests on stub columns of concrete-filled RHS sections[J]. Journal of constructional steel research, 2002, 58(3): 353-372.

[21]　LIU D. Tests on high-strength rectangular concrete-filled steel hollow section stub columns[J]. Journal of constructional steel research, 2005, 61(7): 902-911.

[22]　LIU D, GHO W M. Axial load behaviour of high-strength rectangular concrete-filled steel tubular stub columns[J]. Thin-walled struct, 2005, 43(8): 1131-1142.

[23]　TAO Z, HAN L H, WANG Z B. Experimental behaviour of stiffened concrete-filled thin-walled hollow steel structural (HSS) stub columns[J]. Journal of constructional steel research, 2005, 61(7): 962-983.

[24]　ZHU A, ZHANG X, ZHU H, et al. Experimental study of concrete filled cold-formed steel tubular stub columns[J]. Journal of constructional steel research, 2017, 134: 17-27.

[25]　陈兵. 方钢管混凝土柱性能研究[J]. 武汉工业大学学报(材料科学版), 2011, 26(4): 730-736.

[26]　CHEN C C, KO J W, HUANG G L, et al. Local buckling and concrete confinement of concrete-filled box columns under axial load[J]. Journal of constructional steel research, 2012, 78: 8-21.

[27]　HAN L H, ZHAO X L, TAO Z. Test and mechanics model for concrete-filled SHS stub columns, columns, and beam-columns[J]. Steel and composite structures, 2001, 1(1): 51-74.

[28]　饶玉龙, 张继承, 李勇, 等. 高强冷弯矩形钢管混凝土短柱轴压承载力试验[J]. 华侨大学学报(自然科学版), 2019, 40(3): 338-343.

[29]　高金良, 姚民乐, 詹锋. 矩形钢管混凝土短柱轴心受压性能研究[J]. 嘉兴学院学报, 2005, 17(6): 23-26.

[30]　杨有福, 韩林海. 混凝土密实度对矩形钢管混凝土短柱力学性能影响研究[J]. 工业建筑, 2004, 34(8): 62-65.

[31]　AISC. Load and Resistance Factor Design (LRFD). Specification for structural steel buildings[S]. Chicago: American Institute of Steel Construction, 1994.

[32]　张正国. 方钢管混凝土柱的机理和承载力的分析[J]. 工业建筑, 1989, 11: 2-7.

[33]　傅玉勇. 方矩形钢管混凝土柱承载力计算的理论研究[D]. 天津: 天津大学, 2004.

[34]　TOMII M, YOSHIMURA K, MORISHITA Y. Experimental studies on Concrete filled steel tubu-

lar columns under concentric loading[C]. Proceedings of the International Colloquium on Stability of Structures under Static and Dynamic Loadings, Washington D. C. , USA, 1977.

[35] MANDER J B, PRIESTLEY M J N, PARK R. Theoretical stress-strain model for confined concrete [J]. Journal of structural engineering, 1988, 114(8): 1804-1826.

[36] TAO Z, HAN L H, ZHUANG J P. Using CFRP to strengthen concrete-filled steel tubular columns: stub column tests[C]. Proceedings of the Fourth International Conference on Advances in Steel Structures, 2005: 701-706.

[37] 韩林海，杨有福. 矩形钢管混凝土轴心受压构件强度承载力的试验研究[J]. 土木工程学报，2001，34(4): 22-31.

[38] TOMII M, SAKINO K. Experimental studies on the ultimate moment of concrete filled square steel tubular beam-columns[J]. Transactions of the architectural institute of Japan, 1979, 275: 55-63.

[39] LAM D, WILLIAMS C A. Experimental study on concrete filled square hollow sections[J]. Steel and composite structures, 2004, 4(2): 95-112.

[40] 刘晓. 用于方钢管膨胀混凝土构件的膨胀混凝土材料设计研究[D]. 上海：上海交通大学，2007.

[41] DU Y S, CHEN, Z H, XIONG M X. Experimental behavior and design method of rectangular concrete-filled tubular columns using Q460 high-strength steel[J]. Construction and building materials, 2016, 125(30): 856-872.

[42] GRAUERS M. Composite columns of hollow steel sections filled with high strength concrete[D]. Göteborg: Chalmers University, 1993.

[43] MATSUI C, TSUDA K. Strength and behavior of slender concrete filled steel tubular columns[C]. Proceedings of the Second International Symposium on Civil Infrastructure Systems, Hong Kong, China, 1996.

[44] CHAPMAN J C, NEOGI P K. Research on concrete filled tubular columns[R]. Engineering Structures Laboratories Report, Imperial College, London, 1966.

[45] KNOWLES R B, Park R. Strength of concrete filled steel tubular columns[J]. Journal of the structural division, 1969, 95(12): 2565-2587.

第18章 钢管混凝土的非线性分析及界面粘结和外力传递

18.1 钢管的二维塑性流动分析

18.1.1 钢管平面应力状态的塑性流动理论

本节分析钢管在竖向压力和环向拉力作用下屈服后，继续增加竖向压应变的钢管力学行为。钢管环向拉力来自于混凝土均匀向外的挤压力。挤压力 p 相对于环向拉力及竖向压力数值较小，假设钢管处于平面受力状态，根据塑性力学的增量理论，增量应变与增量应力之间存在如下关系：

$$d\varepsilon_{sz} = \frac{d\sigma_{sz}}{E} + \frac{2}{3}\sigma_{sz}d\lambda \tag{18.1a}$$

$$d\varepsilon_{s\theta} = \frac{d\sigma_{s\theta}}{E} + \frac{2}{3}\sigma_{s\theta}d\lambda \tag{18.1b}$$

其中 $d\lambda$ 是待求的量。移项后两式相除得到：

$$\frac{d\varepsilon_{sz} - d\sigma_{sz}/E}{d\varepsilon_{s\theta} - d\sigma_{s\theta}/E} = \frac{\sigma_{sz}}{\sigma_{s\theta}} \tag{18.2}$$

Mises 屈服准则为 $\sigma_{s\theta}^2 - \sigma_{s\theta}\sigma_{sz} + \sigma_{sz}^2 = f_y^2$，微分得到：

$$2\sigma_{s\theta}d\sigma_{s\theta} - \sigma_{sz}d\sigma_{s\theta} = \sigma_{s\theta}d\sigma_{sz} - 2\sigma_{sz}d\sigma_{sz} \tag{18.3a}$$

$$d\sigma_{sz} = -\frac{2\sigma_{s\theta} - \sigma_{sz}}{2\sigma_{sz} - \sigma_{s\theta}}d\sigma_{s\theta} \tag{18.3b}$$

$$d\sigma_{s\theta} = -\frac{2\sigma_{sz} - \sigma_{s\theta}}{2\sigma_{s\theta} - \sigma_{sz}}d\sigma_{sz} \tag{18.3c}$$

由式（18.2）和式（18.3）得到：

$$d\varepsilon_{s\theta} = \left(1 + \frac{2\sigma_{s\theta} - \sigma_{sz}}{2\sigma_{sz} - \sigma_{s\theta}} \cdot \frac{\sigma_{s\theta}}{\sigma_{sz}}\right)\frac{d\sigma_{s\theta}}{E} + \frac{\sigma_{s\theta}}{\sigma_{sz}}d\varepsilon_{sz} \tag{18.4a}$$

$$d\varepsilon_{sz} = \left(1 + \frac{2\sigma_{sz} - \sigma_{s\theta}}{2\sigma_{s\theta} - \sigma_{sz}} \cdot \frac{\sigma_{sz}}{\sigma_{s\theta}}\right)\frac{d\sigma_{sz}}{E} + \frac{\sigma_{sz}}{\sigma_{s\theta}}d\varepsilon_{s\theta} \tag{18.4b}$$

$$d\sigma_{sz} = \frac{E\left(d\varepsilon_{sz} - \dfrac{\sigma_{sz}}{\sigma_{s\theta}}d\varepsilon_{s\theta}\right)}{1 + \dfrac{\sigma_{sz}}{\sigma_{s\theta}} \cdot \dfrac{2\sigma_{sz} - \sigma_{s\theta}}{2\sigma_{s\theta} - \sigma_{sz}}} \tag{18.5a}$$

$$d\sigma_{s\theta} = \frac{E\left(d\varepsilon_{s\theta} - \dfrac{\sigma_{s\theta}}{\sigma_{sz}}d\varepsilon_{sz}\right)}{1 + \dfrac{\sigma_{s\theta}}{\sigma_{sz}} \cdot \dfrac{2\sigma_{s\theta} - \sigma_{sz}}{2\sigma_{sz} - \sigma_{s\theta}}} \tag{18.5b}$$

一般前一步的 σ_{sz}、$\sigma_{s\theta} = pD_c/2t$ 已知，给定 $d\varepsilon_{sz}$ 和 dp，求出 $d\sigma_{s\theta} = (D_c/2t) \cdot dp$，可以直接从式（18.4）和式（18.5）求 $d\sigma_{sz}$ 和 $d\varepsilon_{s\theta}$，求得竖向和环向的切线刚度：

$$E_{t,\theta} = \frac{d\sigma_{s\theta}}{d\varepsilon_{s\theta}} = \left(1 + \frac{\sigma_{s\theta}}{\sigma_{sz}} \cdot \frac{2\sigma_{s\theta} - \sigma_{sz}}{2\sigma_{sz} - \sigma_{s\theta}}\right)^{-1} \left(1 - \frac{\sigma_{s\theta}}{\sigma_{sz}} \frac{d\varepsilon_{sz}}{d\varepsilon_{s\theta}}\right)E \qquad (18.6a)$$

$$E_{t,z} = \frac{d\sigma_{sz}}{d\varepsilon_{sz}} = \left(1 + \frac{\sigma_{sz}}{\sigma_{s\theta}} \cdot \frac{2\sigma_{sz} - \sigma_{s\theta}}{2\sigma_{s\theta} - \sigma_{sz}}\right)^{-1} \left(1 - \frac{\sigma_{sz}}{\sigma_{s\theta}} \frac{d\varepsilon_{s\theta}}{d\varepsilon_{sz}}\right)E \qquad (18.6b)$$

18.1.2 塑性流动算例

钢管混凝土短柱的竖向非线性分析中，共同的竖向应变增量 $d\varepsilon_{sz}$ 是位移加载，dp 在非线性分析中是利用钢管和核心混凝土的环向变形协调条件求解的。因为 $d\sigma_{s\theta} = (D_c/2t)dp$，假设两个钢管混凝土试件的核心混凝土尺寸一样，但是钢管厚度差一倍，则 dp 相同时，薄钢管的环向应力增长的速度比厚钢管快一倍。计算发现（图18.1）：(1) 取 $\Delta\varepsilon_{sz} = 0.01\varepsilon_y$、$\Delta\sigma_{s\theta} = 2$MPa 和取 $\Delta\varepsilon_{sz} = 0.005\varepsilon_y$、$\Delta\sigma_{s\theta} = 1$MPa 获得的曲线是一样的，见曲线2和曲线3。其中 ε_y 是钢材屈服应变。(2) 但是取 $\Delta\varepsilon_{sz} = 0.01\varepsilon_y$、$\Delta\sigma_{s\theta} = 2$MPa 和取 $\Delta\varepsilon_{sz} = 0.01\varepsilon_y$、$\Delta\sigma_{s\theta} = 1$MPa 两者曲线不同，后者在比较大的受压塑性应变时压应力成为0，如图18.1 (a) 的曲线2和曲线1。(3) 初始屈服应力不一样，屈服后的应力应变路径也不一样。曲线1与曲线4，初始应力不同，但是环向拉应力的增量相同时（即围压 p 增量相同），纵向应力卸载到0（环向应力达到屈服强度）的纵向应变也不同。(4) 初始应力相同，纵向压应变增量相同，但是环向拉应力增量越小（比如因为板较厚，或混凝土膨胀小或膨胀模量小），环向应力达到屈服、竖向应力卸载到0时的竖向总应变就越大。

图18.1 (b) 显示，起始应力相同，$\Delta\varepsilon_{sz}$ 相同，环向应力增量小的，$\frac{d\sigma_{s\theta}}{d\varepsilon_{s\theta}}$ 较小，即环向应变增量并不随环向应力增量减小而同步减小（曲线较低）。

图18.1 (c) 显示，起始应力和 $\Delta\varepsilon_{sz}$ 相同，环向应力增量小的，环向应变增量也小，即使图18.1 (b) 显示 $\frac{d\sigma_{s\theta}}{d\varepsilon_{s\theta}}$ 较小。图18.1 (c) 还显示，两种初始屈服应力下，环向总应变都会远大于竖向总应变。

根据前面的分析结果，图18.2给出了屈服面上的流动方向，并且在环向应力接近屈服强度时，环向拉应变均会急速增大。图18.1 (d) 给出了各算例的环向应变增量相对于竖向应变增量的比值，该比值大，表示环向应变增长快，钢管径向膨胀的刚度小。该图显示，环向应变的增长速率远远大于竖向应变。

图18.1 (e) 给出了环向切线刚度随环向应变的增长而下降的情况，由图可见，虽然已经屈服进入流动状态，但开始时环向刚度尚可；随环向应变的增加，环向刚度下降的速

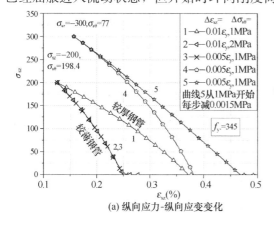

(a) 纵向应力-纵向应变变化

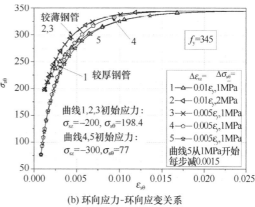

(b) 环向应力-环向应变关系

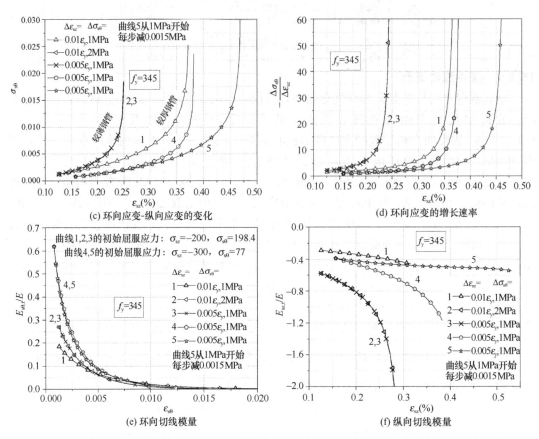

图 18.1　给定竖向应变增量和环向应力增量下钢管的塑性行为

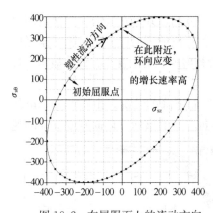

图 18.2　在屈服面上的流动方向

度很快，到环向应变达到 0.5% 后，环向刚度不到弹性模量的 10%，环向应变达到 1% 时，环向切线刚度仅为弹性模量的 1%～1.5%。更多的算例分析表明，如果初始应力取为 $(\sigma_{sz}, \sigma_{s\theta}) = (-345, 0)$ 时，环向的初始切线模量是 E，下降的规律是类似的。

图 18.1（f）给出了纵向切线模量，可见都是负的，这对压杆的稳定性非常不利。这种现象也意味着钢管混凝土柱在钢管进入屈服后会变得容易失稳，从而利用围压提高混凝土强度的可能性降低。

图 18.3 给出了不同的加载方式：给定 $\Delta\varepsilon_{sz} = 0.005\varepsilon_y$ 和 $0.01\varepsilon_y$ 不变，环向应变增量以 $\Delta\varepsilon_{s\theta} = 0.01\varepsilon_y \cdot 1.02^i$、$\Delta\varepsilon_{s\theta} = 0.005\varepsilon_y \cdot 1.02^i$、$\Delta\varepsilon_{s\theta} = 0.01\varepsilon_y \cdot 1.03^i$ 三种方式增长，总共有 5 条应变加载路径。给定环向应变初始步长及后续步长的增长规律，计算纵向和环向应力增量，获得一系列曲线。图 18.3 的纵向应力和应变都改为以压为正。对比图 18.1 和图 18.3，可以看出两者明显的不同。

（1）纵向应变增量大，环向应变增量小的情况下，即使已经屈服，纵向压应力仍有增长，环向应力反而减小；例如 $\sigma_{sz} = -300\text{MPa}$ 这个初始应力的情况，$\Delta\varepsilon_{sz} = -0.01\varepsilon_y$、$\Delta\varepsilon_{s\theta1} = 0.002\varepsilon_y$、$\Delta\varepsilon_{s,i} = 0.002\varepsilon_y \times 1.02^{i-1}$ 的情况也会出现环向应变增加而环向拉应力却减小的现象。当然实际的钢管混凝土构件中应该不会出现这种情景，这仅仅说明我们指定的环向应变增量小了。

（2）一定的应变增量组合下，环向切线模量会从负转正，达到一个峰值后最后逐渐减小到 0。

（3）纵向切线模量最后会由负趋于 0，这是因为竖向应力趋于 0，已经减无可减。

由此看来，后一种加载方式可能更加接近钢管混凝土中的钢管的加载方式。

图 18.4（a）给出了初始屈服后的如下 4 种加载路径的应变关系：

$$① \quad \Delta\varepsilon_{sz} = 0.01\varepsilon_y,\quad \Delta\varepsilon_{s\theta} = 1.02^i\varepsilon_y/180 \tag{18.7a}$$

$$② \quad \Delta\varepsilon_{sz} = 0.01\varepsilon_y,\quad \Delta\varepsilon_{s\theta} = 1.01^i\varepsilon_y/180 \tag{18.7b}$$

$$③ \quad \Delta\varepsilon_{sz} = 0.02\varepsilon_y,\quad \Delta\varepsilon_{s\theta} = 1.005^i\varepsilon_y/180 \tag{18.7c}$$

$$④ \quad \Delta\varepsilon_{sz} = 0.01\varepsilon_y,\quad \Delta\varepsilon_{s\theta} = 1.005^i\varepsilon_y/200 \tag{18.7d}$$

图 18.4（b）是钢管的表观割线泊松比，图 18.4（c）和（d）分别给出纵向压应力和环向拉应力的变化情况。

设钢管是 $\phi400\times8$，Q345，C40，$f_{ck} = \gamma_U f_{pr} = 0.908\times30.4 = 27.6$，$\Phi = 1.064$，可以理论上给出 4 种加载方式下总轴力与纵向和环向总应变的关系 ［图 18.5（a）］、总轴力与割线泊松比的关系曲线，如图 18.5（b）所示。这些曲线都有试验曲线可以对比，从而

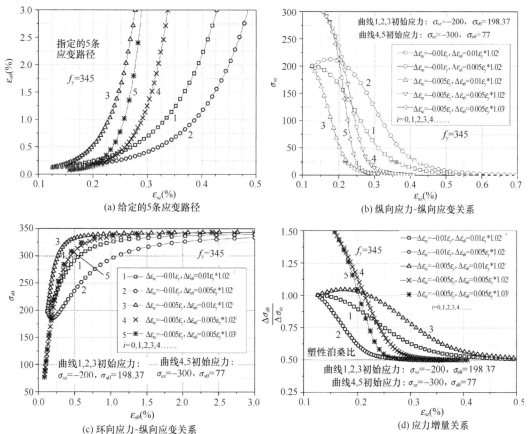

(a) 给定的5条应变路径

(b) 纵向应力-纵向应变关系

(c) 环向应力-纵向应变关系

(d) 应力增量关系

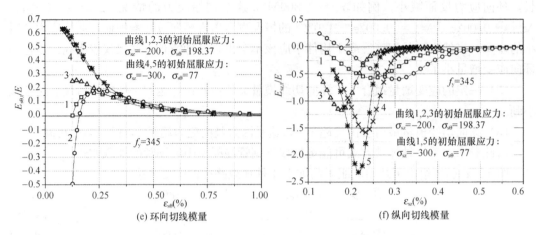

图 18.3　给定竖向应变增量和环向应变增量下钢管的塑性行为

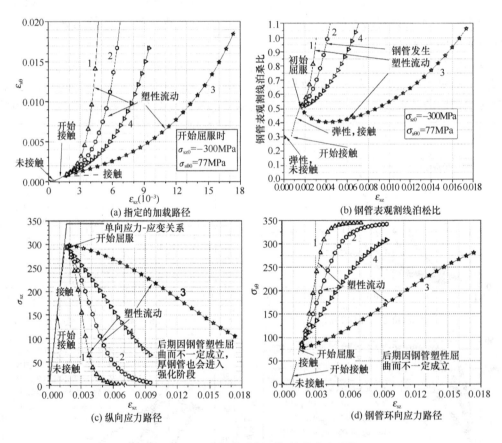

图 18.4　三种加载路径下钢管的应力路径

可以反推加载路径。

　　王玉银的博士论文中给出了图 18.6（a）所示的割线泊松比的试验曲线。从这个试验曲线和图 18.4（b）可以推测，实际经过了初始的界面拉力（从而初始割线泊松比小于钢材的泊松比 0.283），界面脱开（泊松比在 0.3 以下），泊松比大于 0.3 表示钢-混凝土开始

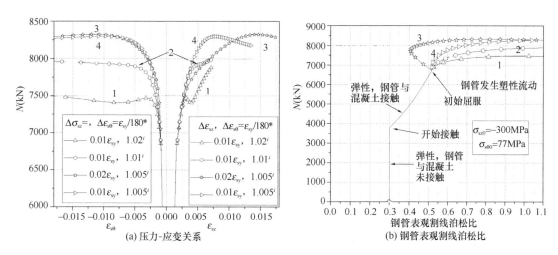

图 18.5 钢管混凝土压力-应变和表观割线泊松比的关系

接触，但是初始环向应变增长速度低于 0.5 倍的竖向应变增长速度，曲线上凹。如果 $\Delta\varepsilon_{s\theta} > 0.5\Delta\varepsilon_{sz}$，曲线变平，钢材也已经屈服，竖向应力因为塑性流动而下降，环向拉压力增加。图 18.6（b）是丁发兴博士论文中给出的压力-泊松比曲线，两者都与图 18.5（b）的割线泊松比曲线宏观上类似，表明图 18.5（b）的加载路径与实际的钢管混凝土中的钢管的加载路径有点类似，其中曲线 4 似乎离真实更接近一点。

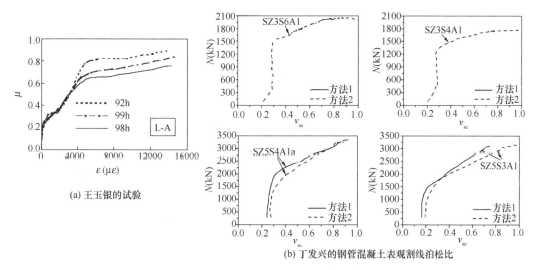

图 18.6 割线泊松比试验曲线

图 16.29（a）给出了 Tomii 等的竖向应变-环向应变曲线，并且认为后期是直线，两个应变增量的比例保持不变。在应变增量比例不变的规律下，从式（18.1）可以推出竖向应力与环向应力有同样的比例关系，即 $\dfrac{\Delta\varepsilon_{s\theta}}{\Delta\varepsilon_{sz}} = \dfrac{\sigma_{s\theta}}{\sigma_{sz}}$，但是这个比例关系与全量理论不同，代入屈服条件就能够明白两个应力的数值是确定的，即钢管混凝土的后期应变继续增长而应力保持不变（不考虑强化），如图 18.7 所示。

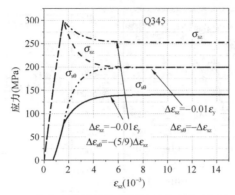

图 18.7　等应变增量的情况下的竖向应力和环向应力

18.2　主动围压下混凝土应力-应变关系和泊松比

18.2.1　应力-应变曲线的关键参数

图 18.8 是 Richart F E 被广泛引用的于 1929 年完成的给定围压下的应力-应变曲线。该混凝土单向受压圆柱强度为 25.2MPa，在施加 3.79MPa 围压下（$p/f_{pr} = 0.15$）混凝土竖向压应变达到 2％时承载力下降也不多。围压达到 13.9MPa（$p/f_{pr} = 0.55$）时极限应变可以达到 4％，表现出极好的延性。围压达到 28.2MPa（$p/f_{pr} = 1.119$）时应变达到 5％才开始下降。可见如果外围有钢管，混凝土无法剥落，应变还可以继续增长。

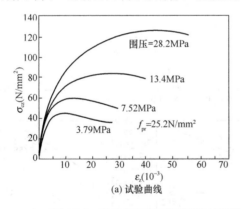

(a) 试验曲线

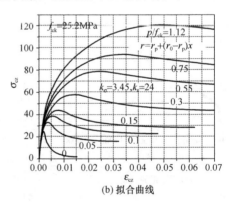

(b) 拟合曲线

图 18.8　给定围压作用下混凝土的竖向应力-应变曲线（Richart F E，1929）

图 18.9 是普通混凝土和高强混凝土在给定围压下的竖向应力-应变曲线，从图中可看出，即使是高强混凝土，在围压作用下仍然表现出良好的延性。在 $p/f_{cyl} = 0.5$ 下，变形能力能够达到 4％。

给定围压下应力-应变曲线的拟合公式，需要确定曲线极值点的应力应变（$\varepsilon_{cc,p}$，$f_{pr,p}$）、下降段的反弯点应变 $\varepsilon_{c,inf}$ 和应变很大时的混凝土剩余强度 $f_{c,res}$。$f_{pr,p}$ 在第 16 章中给出：

$$\frac{f_{pr,p}}{f_{ck}} = 1 + (3.42, 2.603, 2.05)\left(\frac{p}{f_{pr}}\right)^{0.81} \tag{18.8}$$

文献中给出的 $\varepsilon_{cc,p}$ 公式有不少。最早例如 Richart F E［图 18.8（a）］等给出的公式是：

$$\frac{\varepsilon_{cc,p}}{\varepsilon_{c0}} = 1 + 5 \times 4.1 \frac{p}{f_{pr}} = 1 + 20.5 \frac{p}{f_{pr}} = 1 + k_\varepsilon \frac{p}{f_{pr}} \tag{18.9}$$

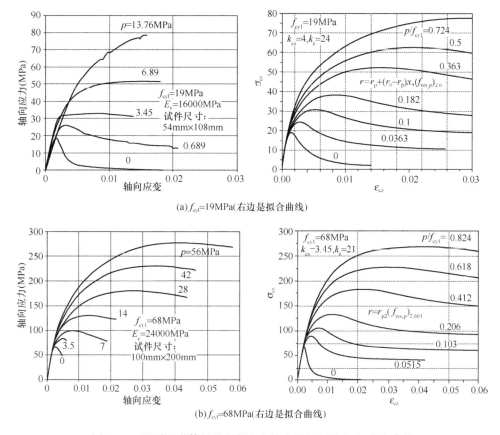

图 18.9 不同强度等级的混凝土在给定围压下的应力 应变曲线

后来的研究者均在此基础上进行修正，系数从 20 到 17.9、17.5、17.4、15.5。系数不同是因为围压比 p/f_{pr} 大小范围不同，较大的范围给出较小的数值，高强混凝土给出较小的值。用于螺旋箍筋和 FRP 包裹混凝土柱，取值有不同。对于 FRP 混凝土，Jiang & Teng（2007 年）和 Xie & Teng（2010 年）给出的式子分别是：

$$\frac{\varepsilon_{cc,p}}{\varepsilon_{c0}} = 1 + 17.5 \left(\frac{p}{f_{pr}}\right)^{1.2} \tag{18.10a}$$

$$\frac{\varepsilon_{cc,p}}{\varepsilon_{c0}} = 1 + 17.4 \left(\frac{p}{f_{pr}}\right)^{1.06} \tag{18.10b}$$

Lim & Ozbakkaloglu（2014 年）给出：

$$\varepsilon_{cc,p} = \varepsilon_{c0} + 0.045 \left(\frac{p}{f_{pr}}\right)^{1.15} \tag{18.10c}$$

Attard & Sctunge（1996 年）提出：

$$\frac{\varepsilon_{cc,p}}{\varepsilon_{c0}} = 1 + (17 - 0.06 f_{pr}) \frac{p}{f_{pr}} \tag{18.10d}$$

围压较小时，系数拟取较大值：

$$\frac{\varepsilon_{cc,p}}{\varepsilon_{c0}} = 1 + (22 - 0.06 f_{pr}) \frac{p}{f_{pr}} \tag{18.10e}$$

综合大量研究，总结如下的规律：

（1）系数随混凝土强度的提高而下降；

（2）图 18.10 的四幅图，都能够看出与（p/f_{pr}）微弱的指数关系。

钢管混凝土是被动围压且 $p/f_{pr} < 1$，可以取式（18.10d），并进行一定的修正，见式（18.45）。

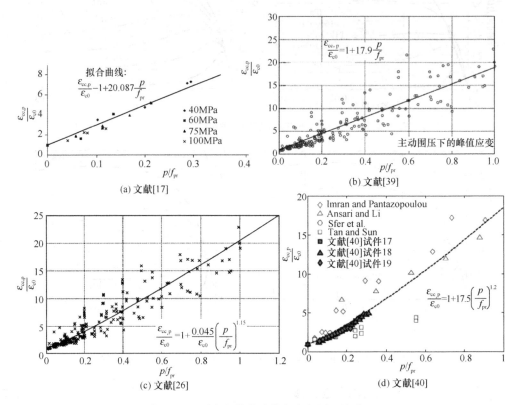

图 18.10　引自文献的峰值应变与围压的关系

18.2.2　主动围压下应力-应变曲线上升段

应力-应变曲线上升段仍采用 Popovics 曲线：

$$y = \frac{\sigma_c}{f_{pr,p}} = \frac{rx}{r-1+x^r} \tag{18.11}$$

式中，$x = \dfrac{\varepsilon_c}{\varepsilon_{cc,p}}$，$y = \dfrac{\sigma_c}{f_{pr,p}}$，$\varepsilon_{cc,p}$ 是定围压下，竖向应力达到峰值时的竖向应变。

$$\frac{dy}{dx} = \frac{r(r-1)(1-x^r)}{(r-1+x^r)^2} \tag{18.12}$$

有围压的应力-应变曲线的初始阶段应该与无围压时相同：

$$E_{c0,p} = \frac{d\sigma_c}{d\varepsilon_c}\bigg|_{x=0} = \frac{f_{pr,p}}{\varepsilon_{cc,p}} \cdot \frac{r}{(r-1)} = \frac{r}{(r-1)}E_{sec,p} \tag{18.13}$$

式中，$E_{sec,p} = f_{pr,p}/\varepsilon_{cc,p}$。$E_{sec,p}$ 是有围压 p 时应力-应变曲线峰值点的割线模量。$E_{c0,p}$ 是有围压 p 时应力-应变曲线的初始切线模量。但是 $E_{c0,p}$ 是不知道的，围压作用下混凝土弹性模量的试验资料文献似乎都未提及。从图 18.8 和图 18.9 可知，初始弹性模量有提高也有降低。预先承受围压的圆柱体轴心受压时的竖向应变是：

$$\varepsilon_{cz} = \frac{\sigma_{cz}}{E_c} - \mu_c \frac{p_x}{E_c} - \mu_c \frac{p_y}{E_c} = \frac{\sigma_{cz}}{E_c} - 2\mu_c \frac{p}{E_c} \tag{18.14}$$

其中，$-2\mu_c p/E_c$ 部分是事先施加围压产生的竖向应变，此时还没有竖向应力，这个应变似乎也不在试验测量的增量数据中，即仅在第一步包含，后面各步是没有的。排除这一项，则 $\varepsilon_{cz} = o_{cz}/E_c$，可见围压作用下的初始变形模量确实是与无围压时的一样，即 $E_{c0,p} = E_{c0}$。由此得到：

$$r = r_p = \frac{E_{c0}}{E_{c0} - E_{sec,p}} \tag{18.15a}$$

$$E_{c0} = \frac{r_0}{(r_0 - 1)} E_{sec,0} > E_c \tag{18.15b}$$

$$r_0 = \frac{0.92 + 0.1e_0}{1 - e_0} \tag{18.15c}$$

$$e_0 = \frac{E_{sec,0}}{E_c} \tag{18.15d}$$

式中，r_0 是无围压混凝土的参数。画出应力-应变曲线发现，如此确定的 $r = r_p$，对高强混凝土（$\geqslant$C80）比较合适，对普通强度混凝土（$\leqslant$C50）只能保证应力-应变曲线的初始阶段与试验曲线符合。要在曲线的后期也符合，必须在试验曲线上取应力较大的一点来拟合 r_p，但是这样拟合的 r_p 代入应力-应变曲线后，初始阶段的刚度又严重偏低。对低强度混凝土，取 $r = r_p + (r_0 - r_p)x$ 可以获得比较理想的结果。为了通用，建议采用一类新的曲线：

$$y = \frac{[r_p + \beta(r_0 - r_p)x^\eta]x}{r_p + \beta(r_0 - r_p)x^\eta - 1 + x^{r_p + \beta(r_0 - r_p)x^\eta}} \tag{18.16a}$$

$$0 \leqslant \beta = \frac{65.6 - f_{pr}}{42.8} \leqslant 1.0 \tag{18.16b}$$

$$\eta = \frac{1}{\beta(r_0 - r_p)} \tag{18.16c}$$

$$y' = \frac{[r_p + (\eta + 1)\beta(r_0 - r_p)x^\eta]}{r_p + \beta(r - r_p)r^\eta - 1 + r^{r_p + \beta(r - r_p)x^\eta}}$$
$$- \beta\eta(r_0 - r_p)x^\eta[r_p + \beta(r_0 - r_p)x^\eta]$$
$$\frac{1 + [r_p + \beta(r_0 - r_p)x^\eta]x^{r_p + \beta(r - r_p)x^\eta - 1}}{[r_p + \beta(r - r_p)x^\eta - 1 + x^{r_p + \beta(r - r_p)x^\eta}]^2} \tag{18.16d}$$

切线模量：

$$E_{c,p,t} = \frac{d\sigma_c}{d\varepsilon_c} = \frac{f_{pr,p}}{\varepsilon_{ccp}} y' = E_{sec,p} y' \tag{18.17a}$$

$$E_{c,p,t0} = E_{sec,p} y'_{x=0} = E_{sec,p} \frac{r_p}{r_p - 1} = E_{c0} \tag{18.17b}$$

$$r_p = \frac{1}{1 - e_{p0}} \tag{18.17c}$$

$$e_{p0} = \frac{E_{sec,p}}{E_{c0}} \tag{18.17d}$$

即新的曲线未改变起始点的切线。也满足 $x = 1$ 时 $y' = 0$，$y'|_{x=1} = 1 - \beta\eta(r - r_p) = 0$。

峰值处的割线模量的比值随着围压的增大而下降：

$$\frac{E_{\text{sec,p}}}{E_{\text{sec,0}}} = \frac{1 + 2.603(p/f_{\text{pr}})^{0.81}}{1 + (22 - 0.06 f_{\text{pr}}) p/f_{\text{pt}}} \tag{18.17e}$$

18.2.3 主动围压下应力-应变曲线的下降段

应力-应变曲线的下降段，在围压等于 0 时应与第 16 章无围压时的应力-应变曲线一致。

$$\varepsilon_c \geqslant \varepsilon_{\text{cc,p}} : \sigma_c = f_{\text{pr,p}} - \frac{(f_{\text{pr,p}} - f_{\text{c,res}})(\varepsilon_c - \varepsilon_{\text{cc,p}})^2}{(\varepsilon_c - \varepsilon_{\text{cc,p}})^2 + \varepsilon_c(\varepsilon_{\text{c,inf}} - \varepsilon_{\text{cc,p}})} \tag{18.18a}$$

$$x = \frac{\varepsilon_c}{\varepsilon_{\text{cc,p}}} \geqslant 1 : y = \frac{\sigma_c}{f_{\text{pr,p}}} = 1 - \frac{(1 - \beta_r)(x - 1)^2}{(x - 1)^2 + x(x_{\text{c,inf}} - 1)} = \frac{\beta_r(x - 1)^2 + x(x_{\text{c,inf}} - 1)}{(x - 1)^2 + x(x_{\text{c,inf}} - 1)}$$
$$\tag{18.18b}$$

$$\frac{dy}{dx} = \frac{(\beta_r - 1)(x_{\text{c,inf}} - 1)(x^2 - 1)}{[(x - 1)^2 + x(x_{\text{c,inf}} - 1)]^2} \tag{18.18c}$$

其中，$f_{\text{c,res}}$ 是应力峰值后应变很大时的混凝土剩余强度，$\varepsilon_{\text{c,inf}}$ 是下降段反弯点的应变。式中 $\beta_r = f_{\text{c,res}}/f_{\text{pr,p}}$，$p = 0$ 时 $\beta_r = 0$。

对剩余强度，图 18.11 收集了两幅图，其中图 18.11（a）给出的公式是：

$$\frac{f_{\text{c,res}}}{f_{\text{pr}}} = \frac{1.6}{f_{\text{pr}}^{0.08}} \left(\frac{p}{f_{\text{pr}}}\right)^{0.24} \times f_{\text{pr,p}} \leqslant \frac{f_{\text{pr,p}}}{f_{\text{pr}}} - 0.15 \tag{18.19a}$$

配合式（18.18），参考图 18.11（a），采用下式计算残余强度：

$$\left(\frac{f_{\text{c,res}}}{f_{\text{pr}}}\right)_{2.603} = \frac{p}{f_{\text{pr}}}(1 + C) + (1 - C)\sqrt{G \frac{p}{f_{\text{pr}}}} \tag{18.19b}$$

式中，参数 C 和 G 由式（16.29b）和式（16.29c）计算。参考式（16.64），对所有强度等级的混凝土，式（18.19b）可以表达为：

$$\left(\frac{f_{\text{c,res}}}{f_{\text{pr}}}\right)_{\substack{3.42 \\ 2.603 \\ 2.05}} = \left\{\begin{matrix} 1 \\ 1.3 \\ 1.45 \end{matrix}\right\} \frac{p}{f_{\text{pr}}} + \left\{\begin{matrix} 3.3 \\ 2.2 \\ 1.5 \end{matrix}\right\} \sqrt{\frac{p}{f_{\text{pr}}}} \tag{18.20}$$

卸载段反弯点的应变也有学者进行过研究。其中 Samani，Attard（2012 年）给出了如下公式：

$$\frac{\varepsilon_{\text{c,inf}}}{\varepsilon_{\text{cc,p}}} = 2 + \frac{0.5 - 0.3 \ln f_{\text{pr}}}{1 + 1.12 (p/f_{\text{pr}})^{0.26}} \tag{18.21a}$$

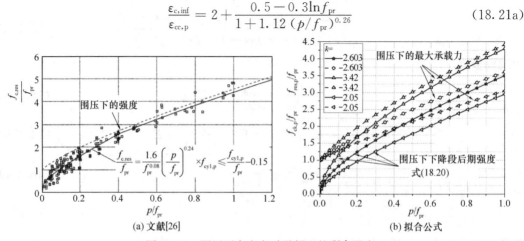

(a) 文献[26]　　　　　　　　(b) 拟合公式

图 18.11　围压下大应变时混凝土的剩余强度

Lim & Ozbakkaloglu（2014 年）给出的公式是：

$$\frac{\varepsilon_{c,infl}}{\varepsilon_{cc,p}} = \frac{2.8}{f_{pt}^{0.12}}\beta_r + \frac{10}{f_{pr}^{0.147}}(1-\beta_r) \quad \left(\text{其中 } \beta_r = \frac{f_{c,res}}{f_{ccp}}\right) \tag{18.21b}$$

将绘出的应力-应变曲线进行对比发现，采用后一个式子绘出的曲线更加吻合一些，而采用前一个式子，围压很小时应力-应变曲线下降速度偏慢，且下降段曲线反弯点不明显。围压为 0 时应退化成我国《混凝土结构设计规范》GB 50010—2010 曲线，所以采用如下公式：

$$\frac{\varepsilon_{c,infl}}{\varepsilon_{cc,p}} = \frac{2.8}{f_{pr,p}^{0.12}}\beta_r + \left(1+\frac{1}{\alpha_{c,d}}\right)(1-\beta_r) \tag{18.21c}$$

$$\alpha_{c,d} = 0.791\sqrt{f_{pr}} - 2.416 \tag{18.21d}$$

图 18.12 给出了围压作用下应力-应变曲线的公式拟合值。

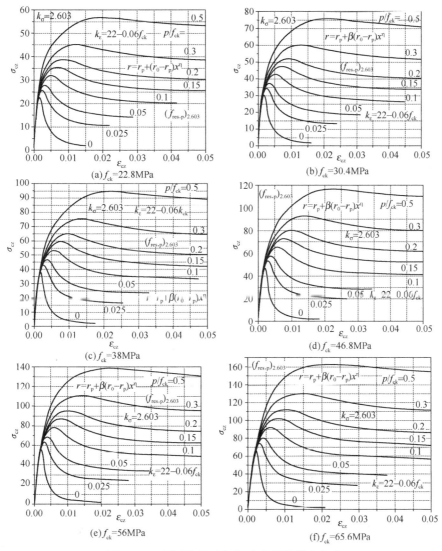

图 18.12 围压作用下应力-应变曲线拟合公式

18.3　钢与混凝土的泊松比

参考文献 [38]，采用如下公式计算钢材的切线泊松比：

$$\sigma \leqslant f_{\mathrm{p}} = 0.75 f_{\mathrm{y}} : \mu_{\mathrm{s}} = 0.283 \tag{18.22a}$$

$$\varepsilon_{\mathrm{p}} = f_{\mathrm{p}}/E < \varepsilon_{\mathrm{sz}} \leqslant \varepsilon_{\mathrm{st}} : \mu = 0.283 + 0.217 \frac{Ce^{\frac{\varepsilon_z}{\chi^{(1-\chi)}\varepsilon_y}}}{Ce^{\frac{\varepsilon_z}{\chi^{(1-\chi)}\varepsilon_y}} - 1} \tag{18.22b}$$

$$\varepsilon_{\mathrm{sz}} > \varepsilon_{\mathrm{st}} : \mu_{\mathrm{s}} = 0.5 \tag{18.22c}$$

式中，

$$\chi = \frac{f_{\mathrm{p}}}{f_{\mathrm{y}}} \tag{18.22d}$$

$$C = \frac{\chi}{(\chi - 1)e^{(1-\chi)^{-1}}} \tag{18.22e}$$

混凝土的泊松比有切线泊松比和割线泊松比。$\mathrm{d}\varepsilon_{\mathrm{c,r}} = -\mu_{\mathrm{c,t}}\mathrm{d}\varepsilon_{\mathrm{cz}}$，则 $\mu_{\mathrm{c,t}}$ 是切线泊松比。割线泊松比和割线模量各有两种定义方式：一是（此时称为横向变形系数更合适）：

$$\varepsilon_{\mathrm{c,r}} = \varepsilon_{\mathrm{c\theta}} = -\mu_{\mathrm{c,sec}}\varepsilon_{\mathrm{cz}} \tag{18.23a}$$

$$E_{\mathrm{c,sec}} = \frac{\sigma_{\mathrm{cz}}}{\varepsilon_{\mathrm{cz}}} \tag{18.23b}$$

式中，$\varepsilon_{\mathrm{c,r}}$ 是径向应变，与环向应变 $\varepsilon_{\mathrm{c\theta}}$ 相等，按照应变的总量计算。竖向应变和环向应变都是可以测量的，因此割线模量和切线模量都可以测定。

另一种是 Ottosen（1979 年）提出的。由给定围压下的竖向应力-应变曲线，按照弹性力学空间问题的应力-应变基本方程，反求出泊松比：

$$\varepsilon_{\mathrm{cz}} = \frac{1}{E'_{\mathrm{c,sec}}}[\sigma_{\mathrm{cz}} - \mu'_{\mathrm{c,sec}}(\sigma_{\mathrm{c,r}} + \sigma_{\mathrm{c\theta}})] = \frac{\sigma_{\mathrm{cz}} - 2\mu'_{\mathrm{c,sec}}p}{E'_{\mathrm{c,sec}}} \tag{18.24a}$$

$$\varepsilon_{\mathrm{c,r}} = \varepsilon_{\mathrm{c\theta}} = \frac{1}{E'_{\mathrm{c,sec}}}[\sigma_{\mathrm{c,r}} - \mu'_{\mathrm{c,sec}}(\sigma_{\mathrm{cz}} + \sigma_{\mathrm{c\theta}})] = \frac{(1 - \mu'_{\mathrm{c,sec}})p - \mu'_{\mathrm{c,sec}}\sigma_{\mathrm{cz}}}{E'_{\mathrm{c,sec}}} \tag{18.24b}$$

因为 p、σ_{cz}、$\varepsilon_{\mathrm{cz}}$、$\varepsilon_{\mathrm{c\theta}}$ 都是从加围压时就开始测量的量。由上述两方程，求得割线泊松比和割线模量为：

$$\mu'_{\mathrm{c,sec}} = \left(\frac{p + \sigma_{\mathrm{cz}}}{\varepsilon_{\mathrm{c\theta}}} - \frac{2p}{\varepsilon_{\mathrm{cz}}}\right)^{-1}\left(\frac{p}{\varepsilon_{\mathrm{c\theta}}} - \frac{\sigma_{\mathrm{cz}}}{\varepsilon_{\mathrm{cz}}}\right) \tag{18.25a}$$

$$E'_{\mathrm{c,sec}} = \frac{\sigma_{\mathrm{cz}} - 2\mu'_{\mathrm{c,sec}}p}{\varepsilon_{\mathrm{cz}}} \tag{18.25b}$$

很遗憾这样的试验数据几乎没有。两种泊松比的关系是：

$$\mu_{\mathrm{c,sec}} = -\frac{\varepsilon_{\mathrm{c\theta}}}{\varepsilon_{\mathrm{cz}}} = \frac{\mu'_{\mathrm{c,sec}}\sigma_{\mathrm{cz}} - (1 - \mu'_{\mathrm{c,sec}})p}{\sigma_{\mathrm{cz}} - 2\mu'_{\mathrm{c,sec}}p} = \mu'_{\mathrm{c,sec}}\frac{1 - [(\mu'_{\mathrm{c,sec}})^{-1} - 1]p/\sigma_{\mathrm{cz}}}{1 - 2\mu'_{\mathrm{c,sec}}p/\sigma_{\mathrm{cz}}} \tag{18.26a}$$

$p = 0$ 时两者相同，$p > 0$ 时两者不同：

$$\mu'_{\mathrm{c,sec}} = 0.2 : \mu_{\mathrm{c,sec}} = \mu'_{\mathrm{c,sec}}\frac{1 - 4p/\sigma_{\mathrm{cz}}}{1 - 0.4p/\sigma_{\mathrm{cz}}} < \mu'_{\mathrm{c,sec}} \tag{18.26b}$$

$$\mu'_{\mathrm{c,sec}} = 0.5 : \mu_{\mathrm{c,sec}} = \mu'_{\mathrm{c,sec}} \tag{18.26c}$$

即在应力-应变曲线峰值之前 $\mu_{\mathrm{c,sec}} < \mu'_{\mathrm{c,sec}}$，在峰值点处，割线模量一般认为是 0.5，两者相等。

混凝土的泊松比，国内外的学者进行过一些研究，国内分别见过镇海教授的和钟善桐教授的著作，前者提出了单轴受压试件的割线和切线泊松比，后者对钢管混凝土也提出过泊松比计算公式，在参考前人的文献时，要注意在泊松比定义上的区别。Ottosen（1979年）提出过给定围压下的割线泊松比 $\mu'_{c,sec}$ 随应力比变化的公式。文献［8］做了更为仔细的研究，提出了给定围压下的割线泊松比计算公式，公式形式与 Ottosen 相同，但具体数值不同。计算公式是：

$$\sigma_{cz} \leqslant \sigma_{cz,a}: \mu'_c = \mu'_{c,t} = \mu'_{c,sec} = \mu_{c0} \tag{18.27a}$$

$$\sigma_{cz,a} \leqslant \sigma_{cz} \leqslant f_{cc,p}: \mu'_{c,sec} = 0.5 - (0.5 - \mu_{c0})\sqrt{1 - \left(\frac{y - y_{ca}}{1 - y_{ca}}\right)^2} \tag{18.27b}$$

式中

$$y = \frac{\sigma_{cz}}{f_{pr,p}} \tag{18.27c}$$

$$y_{ca} = \frac{\sigma_{ca}}{f_{pr,p}} = \frac{\sigma_{ca}}{f_{pr}}\frac{f_{pr}}{f_{pr,p}} = \frac{y_{ca0}}{1 + kp^{0.81}} \tag{18.27d}$$

其中，μ_{c0} 是初始泊松比，根据国外的文献资料，有这样一个规律：混凝土的强度等级越高，初始的泊松比有增大的趋势，例如目前经常引用的公式是：

$$\mu_{c0} = 0.138 + 2 \times 10^{-4} f_{pr} + 8 \times 10^{-6} f_{pr}^2 \tag{18.28a}$$

$$\mu_{c0} = 0.167 + 1.6 \times 10^{-4} f_{pr} + 3 \times 10^{-6} f_{pr}^2 \tag{18.28b}$$

结合国内试验的有关数据，可采用如下简单公式：

$$\mu_{c0} = 0.16 + 0.0005 f_{pr} \tag{18.28c}$$

同样，根据国内外的文献资料，混凝土强度等级越高，泊松比保持基本不变的压应力相对范围越大。这里给出如下公式计算泊松比开始增大的应力：

$$y_{ca0} = \frac{\sigma_{ca}}{f_{pr}} = 0.25 + 0.006 f_{pr} \tag{18.29}$$

混凝土应力-应变曲线下降段的泊松比公式是（文献［8］）：

$$\mu'_{c,sec} = 0.5 + \sqrt{2(1 - y_d)} \tag{18.30}$$

式中，y_d 是下降段的应力比，下标 d 表示 decending。图 18.13 给出了无围压的混凝土割线泊松比随应力比变化的图。

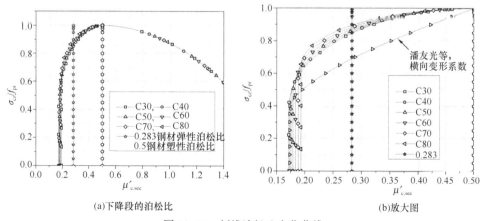

(a)下降段的泊松比   (b)放大图

图 18.13   割线泊松比变化曲线

体积应变是：

$$\varepsilon_V = \varepsilon_{cz} + 2\varepsilon_{c\theta} = (1 - 2\mu'_{c,sec})\varepsilon_{cz} \tag{18.31}$$

图 18.14 给出文献的测量数据，图 18.15 是上面各个式子给出的数学模型。

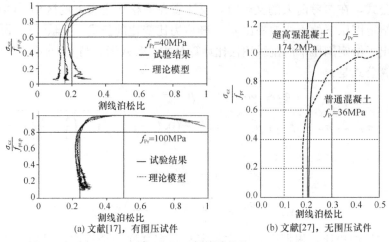

图 18.14　割线泊松比

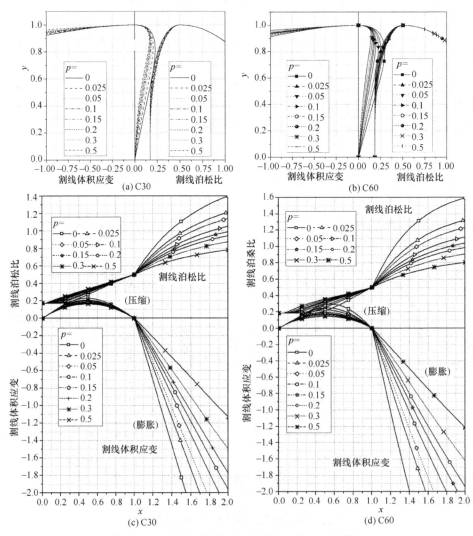

图 18.15　围压下的泊松比和体积应变的理论模型

割线泊松比可以用于确定钢管混凝土中钢管与混凝土接触的应力和应变。

（1）设刚接触时无量纲竖向应变是 x_{ctt}，此时 $\mu'_{\mathrm{c,sec}} = 0.283$，与钢材弹性段泊松比相等，由式（18.27b）得：

$$0.5 - (0.5 - \mu_{\mathrm{ca0}})\sqrt{1 \quad \left(\frac{y - y_{\mathrm{ca0}}}{1 - y_{\mathrm{ca0}}}\right)^2} - 0.283 \tag{18.32a}$$

$$y_{\mathrm{ctt}} = y_{\mathrm{ca0}} + (1 - y_{\mathrm{ca0}})\sqrt{1 - \frac{0.217^2}{(0.5 - \mu_{\mathrm{c0}})^2}} \tag{18.32b}$$

此时尚未有围压产生。由 y_{ctt} 利用原始的 Popvics 公式反算出应变 x_{ctt}，计算钢材应力 $\sigma_{\mathrm{s,ctt}} = E\varepsilon_{\mathrm{sz}} = Ex_{\mathrm{ctt}}\varepsilon_{\mathrm{c0}}$，并计算环向应变。

（2）如果 $\sigma_{\mathrm{s,ctt}} \leqslant f_{\mathrm{y}}$（一般来说应该如此），应力无需修正。如果 $\sigma_{\mathrm{s,ctt}} > f_{\mathrm{y}}$，则接触前就已经屈服，继续施加竖向应变直到混凝土膨胀与钢材接触。简化分析的钢材泊松比：屈服前是 0.283，屈服后是 0.5，所以此时的钢管环向应变是：

$$\varepsilon_{\mathrm{s\theta}} = 0.283\varepsilon_{\mathrm{sy}} + 0.5(\varepsilon_{\mathrm{z}} - \varepsilon_{\mathrm{sy}}) \tag{18.33a}$$

它应与混凝土环向应变相同：$0.283\varepsilon_{\mathrm{sy}} + 0.5(\varepsilon_{\mathrm{cz}} - \varepsilon_{\mathrm{sy}}) = \mu'_{\mathrm{c,sec}}\varepsilon_{\mathrm{cz}}$，即

$$0.283x_{\mathrm{y}} + 0.5(x_{\mathrm{ctt}} - x_{\mathrm{y}}) = \mu'_{\mathrm{c,sec}}x_{\mathrm{ctt}} \tag{18.33b}$$

$$\mu'_{\mathrm{c,sec}} = 0.5 - (0.5 - \mu_{\mathrm{c0}})\sqrt{1 - \frac{(y_{\mathrm{ctt}} - y_{\mathrm{ca0}})^2}{(1 - y_{\mathrm{ca0}})^2}} \tag{18.33c}$$

$$y_{\mathrm{ctt}} = \frac{r_0 x_{\mathrm{ctt}}}{r_0 - 1 + x_{\mathrm{ctt}}^{r_0}} \tag{18.33d}$$

式中，$x_{\mathrm{y}} = \varepsilon_{\mathrm{sy}}/\varepsilon_{\mathrm{c0}}$，$x_{\mathrm{ctt}} = \varepsilon_{\mathrm{cz}}/\varepsilon_{\mathrm{c0}}$。

将式（18.33c）、式（18.33d）代入式（18.33b）得到式（18.33e），可以求出 x_{ctt}。

$$0.283x_{\mathrm{sy}} + 0.5(x_{\mathrm{ctt}} - x_{\mathrm{sy}}) = \left[0.5 - (0.5 - \mu_{\mathrm{c0}})\sqrt{1 - \frac{1}{(1 - y_{\mathrm{ca0}})^2}\left(\frac{r_0 x_{\mathrm{ctt}}}{r_0 - 1 + x_{\mathrm{ctt}}^{r_0}} - y_{\mathrm{ca0}}\right)^2}\right]x_{\mathrm{ctt}} \tag{18.33e}$$

表 18.1 给出了钢与混凝土开始接触的应力比。钢管与混凝土接触的瞬间是没有围压的，所以 $\sigma_{\mathrm{s,ctt}} = f_{\mathrm{y}}$。

钢与混凝土开始接触的应力比　　　　　　　表 18.1

f_{pr}	泊松比 μ_{c0}	泊松比开始增大的应力 $\sigma_{\mathrm{ca}}/f_{\mathrm{pr}}$	Q235		Q345		Q420	
			应力 $\sigma_{\mathrm{cz,1}}/f_{\mathrm{pr}}$	应变 $\varepsilon_{\mathrm{c,1}}/\varepsilon_{\mathrm{c0}}$	应力 $\sigma_{\mathrm{cz,1}}/f_{\mathrm{pr}}$	应变 $\varepsilon_{\mathrm{c,1}}/\varepsilon_{\mathrm{c0}}$	应力 $\sigma_{\mathrm{cz,1}}/f_{\mathrm{pr}}$	应变 $\varepsilon_{\mathrm{c,1}}/\varepsilon_{\mathrm{c0}}$
22.8	0.171	0.387	0.8473	0.5262	0.8473	0.5262	0.8473	0.5262
30.4	0.175	0.432	0.8548	0.5672	0.8548	0.5672	0.8548	0.5672
38	0.179	0.478	0.8776	0.6252	0.8627	0.6055	0.8627	0.6055
46	0.183	0.531	0.9328	0.7412	0.8725	0.6506	0.8725	0.6506
56	0.188	0.586	0.9545	0.8097	0.8835	0.6981	0.8835	0.6981
65.6	0.193	0.644	0.9672	0.8617	0.8959	0.7500	0.8959	0.7500

表 18.1 数据的拟合结果适用于 Q345 和 Q420：

$$\frac{\varepsilon_{c,l}}{\varepsilon_{c0}} = 0.404 + 0.00534 f_{pr} \tag{18.34a}$$

$$\frac{\sigma_{cz,l}}{f_{pr}} = 0.8473 + 0.00115(f_{pr} - 22.8) \tag{18.34b}$$

文献［35］给出的混凝土的泊松比（文中标注是横向变形系数，因此是 $\mu_{c,sec}$）是：

$$y \leqslant 0.4 : \mu_{c,sec} = 0.173 \tag{18.35a}$$

$$y > 0.4 : \mu_{c,sec} = 0.173 + 0.7036 (y - 0.4)^{1.5} \tag{18.35b}$$

文献［37］研究了钢管内混凝土的泊松比 $\mu''_{c,sec}$，是通过要求与钢管的环向和纵向应变协调的方式求解的，采用空间问题的弹性力学基本方程，其中也需用到混凝土割线模量，这样求得的泊松比是钢管与混凝土相互作用后的结果，与 $\mu'_{c,sec}$ 是不同的。因为中间参数本身离散范围就很大，结果离散更大。

18.4　理论上确定钢管混凝土短柱的压力-应变曲线

到此，接触点求解完毕。之后的阶段，围压开始产生。接下去理论上求算钢管混凝土短柱的轴压力与轴向位移（应变）之间的关系需要迭代。给定钢管混凝土柱参数后：

（1）已知前一步的应力、应变状态。

（2）给定竖向应变增量 $\Delta \varepsilon_{sz}$（竖向应变加载），计算总竖向应变 $\varepsilon_{czi} = \varepsilon_{szi} = \varepsilon_{szi-1} + \Delta \varepsilon_{sz}$。

（3）试着给定 Δp，求总量 p，并写出该 p 下的 $f_{pr,p}$ 和 $\varepsilon_{cc,p}$，$x = \varepsilon_{czi}/\varepsilon_{cc,p}$。

（4）计算围压 p 下的混凝土竖向压应力 $\sigma_{cz,p}$，计算 $y = \sigma_{cz,p}/f_{pr,p}$（注意 $f_{pr,p}$ 每一步都变化），计算割线泊松比 $\mu'_{c,sec}$，计算混凝土径向/环向应变 $\varepsilon_{c,r} = \varepsilon_{c\theta} = \mu'_{c,sec}\varepsilon_{cz}$ 及其增量。

（5）计算钢管环向拉应力增量和环向拉应力，计算钢材竖向应力和竖向应力增量。如果已经进入塑性阶段，则利用流动法则计算环向应变增量 $\Delta \varepsilon_{s\theta}$ 和总量。

（6）混凝土的环向应变（增量）应与钢管的环向应变（增量）相同，不停调试 Δp 使得第（4）、（5）步得到的两个环向应变比值接近 1.0（0.99～1.01），则这个围压增量就是符合变形协调条件的量。

（7）计算竖向总荷载，这样就得到竖向荷载-竖向应变曲线上的一点。

（8）回到第（1）步进入下一个加载步。

已知钢管混凝土截面，第 2 种计算过程是：

（1）已知前一步的应力、应变状态。

（2）给定竖向应变增量 $\Delta \varepsilon_{sz}$（应变加载），计算总竖向应变 $\varepsilon_{cz} = \varepsilon_{sz}$。

（3）试着给定环向应变增量 $\Delta \varepsilon_{c\theta}$，求总量 $\varepsilon_{c\theta}$。

（4）钢管可以计算应力增量，弹性计算或者利用塑性流动法则计算。利用环向拉应力计算位移增量 Δp 和总位压 p。

（5）计算钢管在该步的割线泊松比，并将其当作混凝土的割线泊松比 $\mu'_{c,sec}$。

（6）由围压 p 和割线泊松比，计算 $y = \sigma_{cz,p}/f_{cc,p}$（注意 $f_{cc,p}$ 每一步都变化），获得混凝土竖向压应力 $\sigma_{cz,p}$，进一步计算与该竖向应力对应的竖向应变。

（7）求得的竖向应变与第（2）步给定的混凝土竖向应变增量应该相同。不停调试 $\Delta\varepsilon_{c0}$ 使得第（2）、（5）步两个竖向应变比值接近 1.0（0.99～1.01），则这个环向应变增量就是符合变形协调条件的量。

（8）计算竖向总荷载，这样就得到荷载-位移曲线上的一点。

（9）回到第（1）步进入下一个加载步。

上述过程只适合应用于短柱分析，长柱和结构分析必须采用简化的模型，即纤维模型，此时不再考虑钢管与混凝土的接触过程，直接采用各自的应力-应变关系，采用简单相加的方法计算承载力和位移，此时相互作用的影响已经考虑在各自的应力-应变关系中，参见第 18.6 节。

18.5　界限套箍系数

所谓界限套箍系数是钢管混凝土短柱的轴压力-轴向应变曲线不出现下降段时的套箍系数。这个界限套箍系数可以采用理论的方法求出，方法如下。

简单相加的曲线峰值后的下降段的最小承载力比值［图 16.9（b）］是：

$$\frac{N_{\min}}{\chi N_0} = \frac{\varPhi + 0.0055 f_{\mathrm{pr}}^{2/3}}{\chi(1+\varPhi)} \tag{18.36}$$

引入 $\chi \geqslant 1$ 以表达围压带来的增强作用。即简单相加的承载力与简单相加的应力-应变曲线最低点的承载力的差值是：

$$\Delta N = \left(1 - \frac{\varPhi + 0.0055 f_{\mathrm{pr}}^{2/3}}{1+\varPhi}\right)\chi N_0 = \chi(1 - 0.0055 f_{\mathrm{pr}}^{2/3})A_{\mathrm{c}} f_{\mathrm{pr}} \tag{18.37}$$

钢管与管内混凝土相互作用后，钢管因围压产生而下降的承载力为：

$$\left[\sqrt{1 - \frac{3}{4}\left(\frac{pD_{\mathrm{c}}}{2tf_{\mathrm{yk}}}\right)^2} - \frac{1}{2}\frac{pD_{\mathrm{c}}}{2tf_{\mathrm{yk}}} - 1\right]A_{\mathrm{s}} f_{\mathrm{yk}} \tag{18.38}$$

利用式（16.64b），因为围压，管内混凝土承载力的增加部分是：

$$\left(\frac{p}{f_{\mathrm{pr}}} + 0.7\sqrt{1 + 9.83\frac{p}{f_{\mathrm{pr}}}} - 0.7\right)A_{\mathrm{c}} f_{\mathrm{pr}} \tag{18.39}$$

两者之和应该与 ΔN 相等。

$$\left[\sqrt{1 - \frac{3}{4}\left(\frac{pD_{\mathrm{c}}}{2tf_{\mathrm{yk}}}\right)^2} - \frac{1}{2}\frac{pD_{\mathrm{c}}}{2tf_{\mathrm{yk}}} - 1\right]A_{\mathrm{s}} f_{\mathrm{yk}} + \left(\frac{p}{f_{\mathrm{pr}}} + 0.7\sqrt{1 + 9.83\frac{p}{f_{\mathrm{pr}}}} - 0.7\right)A_{\mathrm{c}} f_{\mathrm{pr}}$$

$$= \chi(1 - 0.055 f_{\mathrm{pr}}^{2/3})A_{\mathrm{c}} f_{\mathrm{pr}} \tag{18.40a}$$

$$\left[\sqrt{1 - \frac{3}{\varPhi^2}\left[\left(1 + \frac{t}{D_{\mathrm{c}}}\right)\frac{p}{f_{\mathrm{pr}}}\right]^2} - \left(1 + \frac{t}{D_{\mathrm{c}}}\right)\frac{p}{\varPhi f_{\mathrm{pr}}} - 1\right]\varPhi + \frac{p}{f_{\mathrm{pr}}} + 0.7\sqrt{1 + 9.83\frac{p}{f_{\mathrm{pr}}}}$$

$$= \chi + 0.7 - 0.0055\chi f_{\mathrm{pr}}^{2/3} \tag{18.40b}$$

给定 Φ、f_{yk}、f_{pr}，从上式可以解出 p/f_{pr}，套箍系数较小时上式是无解的，表示套箍系数较小时无法使得轴力-应变曲线不下降。表 18.2($\chi = 1$、1.05 和 1.1) 给出了求解结果。结果与文献上的试验结果基本符合：界限套箍系数在 1.0～1.35 之间。对 Q235，混凝土强度等级越高，需要的界限套箍系数越大。Q355 和 Q420 的界限套箍系数却与混凝土强度等级几乎没有关系，且两种钢材的结果很接近。但 Q235 的界限套箍系数要略大于 Q355 和 Q420，实际因为 Q235 的强屈比大，界限套箍系数不会比 Q355 和 Q420 更高。

界限套箍系数　　　　　　　　　　　　　　　　表 18.2

χ	钢材	f_{pr}						
		15.2	22.8	30.4	38	46.8	56	65.6
1.0	Q235	1.01	1.02	1.03	1.03	1.04	1.06	1.07
	Q355	1	0.99	0.99	0.99	0.99	0.99	0.99
	Q420	0.99	0.99	0.98	0.98	0.97	0.97	0.97
1.05	Q235	1.11	1.12	1.13	1.15	1.16	1.18	1.2
	Q355	1.09	1.09	1.09	1.09	1.09	1.09	1.1
	Q420	1.09	1.08	1.08	1.08	1.07	1.07	1.07
1.1	Q235	1.22	1.23	1.25	1.27	1.29	1.32	1.35
	Q355	1.2	1.19	1.2	1.2	1.2	1.21	1.22
	Q420	1.19	1.18	1.18	1.18	1.18	1.18	1.18
1.15	Q235	1.34	1.35	1.38	1.4	1.44	1.48	1.53
	Q355	1.3	1.31	1.31	1.32	1.32	1.33	1.35
	Q420	1.29	1.29	1.29	1.29	1.29	1.3	1.3
1.2	Q235	1.46	1.48	1.52	1.55	1.6	1.66	1.73
	Q355	1.42	1.42	1.43	1.44	1.46	1.47	1.49
	Q420	1.41	1.41	1.41	1.41	1.42	1.43	1.44
1.25	Q235	1.59	1.63	1.67	1.72	1.79	1.87	NA
	Q355	1.54	1.55	1.56	1.58	1.6	1.63	1.65
	Q420	1.53	1.53	1.54	1.54	1.55	1.57	1.58
1.3	Q235	1.73	1.78	1.84	NA	NA	NA	NA
	Q355	1.67	1.69	1.71	1.73	1.76	1.79	1.84
	Q420	1.66	1.66	1.67	1.68	1.7	1.72	1.75

由表 18.3 可知，要获得补偿，围压需要达到混凝土强度标准值的 0.7 倍。

界限套箍系数对应的围压 p/f_{pr}　　　　　　　　表 18.3

χ	钢材	f_{pr}						
		15.2	22.8	30.4	38	46.8	56	65.6
1.0	Q235	0.748	0.712	0.699	0.72	0.719	0.692	0.7
	Q355	0.709	0.723	0.705	0.695	0.687	0.681	0.678
	Q420	0.725	0.696	0.703	0.685	0.702	0.682	0.669

χ	钢材	f_{pr}						
		15.2	22.8	30.4	38	46.8	56	65.6
	Q235	0.802	0.782	0.78	0.754	0.768	0.763	0.77
1.05	Q355	0.788	0.767	0.757	0.752	0.752	0.759	0.729
	Q420	0.764	0.768	0.748	0.735	0.751	0.739	0.73
	Q235	0.843	0.852	0.83	0.823	0.833	0.827	0.84
1.1	Q355	0.82	0.85	0.806	0.807	0.817	0.797	0.785
	Q420	0.824	0.835	0.816	0.805	0.797	0.793	0.792
	Q235	0.889	0.919	0.886	0.906	0.887	0.892	0.894
1.15	Q355	0.913	0.873	0.878	0.861	0.887	0.885	0.85
	Q420	0.923	0.889	0.878	0.875	0.882	0.848	0.859
	Q235	0.96	0.987	0.951	0.972	0.969	0.972	1.001
1.2	Q355	0.955	0.973	0.952	0.947	0.922	0.938	0.931
	Q420	0.949	0.937	0.935	0.944	0.921	0.909	0.902
	Q235	1.031	1.019	1.028	1.032	1.033	1.063	NA
1.25	Q355	1.032	1.021	1.033	1.005	1.003	0.985	1.015
	Q420	1.015	1.014	0.992	1.014	1.013	0.977	0.992
	Q235	1.102	1.098	1.097	NA	NA	NA	NA
1.3	Q355	1.103	1.076	1.069	1.073	1.07	1.103	1.062
	Q420	1.076	1.09	1.081	1.092	1.065	1.061	1.038

注意上述结果是在围压系数 $k=2.603$ 的情况下获得的。更大的系数（比如 3.42）会获得较小的界限套箍系数，而更小的系数（2.05）则获得更大的界限套箍系数。

18.6 圆钢管混凝土内混凝土应力-应变关系

给定围压下，混凝土圆柱试件的应力-应变曲线是可以测量并推出拟合公式。钢管内的混凝土竖向应力-应变曲线却是反推的。第 18.1 节给出了钢管应力-应变的塑性流动关系，每一步的环向应变和塑性应变都可以测量，如果钢材的应力-应变曲线取自足够数量的钢材材性试件，理论上讲，可以描绘出钢材的竖向应力和竖向应变的关系曲线。然后钢管混凝土试件的压力-竖向应变曲线也是可以测量的，两者相减，反推出混凝土的竖向压应力和竖向应变的关系。在决定钢管混凝土在围压作用下的承载力时，事先引入了式（16.46）的 0.761 系数。

18.6.1　钢的应力-应变曲线和混凝土重要参数

1. 承载力采用下式计算：

$$N_u = \beta_{sz} A_s f_{yk} + \beta_{cz} A_c f_{pr} \tag{18.41}$$

式中，$\beta_{sz} = \dfrac{9\Phi + 6}{9\Phi + 10}$，$\beta_{cz} = \dfrac{21\Phi + 10}{9\Phi + 10}$，$\Phi = \dfrac{A_s f_{yk}}{A_c f_{pr}}$。

2. 钢管混凝土中钢材的应力-应变关系计算如下：

从钢管的塑性流动分析可知，进入塑性阶段，钢材的竖向应力为：

当 $0 \leqslant \varepsilon < \min(\varepsilon_p, \varepsilon'_{sy})$ 时：$\sigma = E\varepsilon$ $\tag{18.42a}$

当 $\min(\varepsilon_p, \varepsilon'_{sy}) < \varepsilon \leqslant \varepsilon_{st,m}$ 时：$\sigma = \dfrac{Ce^{\frac{\varepsilon_z}{\chi^{(1-\chi)}\varepsilon'_y}}}{1 + Ce^{\frac{\varepsilon_z}{\chi^{(1-\chi)}\varepsilon'_y}}}f'_y$ $\tag{18.42b}$

当 $\varepsilon_{st,m} \leqslant \varepsilon < \varepsilon_{su,m}$ 时：$\sigma = f'_y + (f'_u - f'_y)\dfrac{\varepsilon_s^{0.02} - \varepsilon_{st,m}^{0.02}}{\varepsilon_{su,m}^{0.02} - \varepsilon_{st,m}^{0.02}}$ $\tag{18.42c}$

当 $\varepsilon > \varepsilon_{su,m}$ 时：$\sigma = f'_u\left[1 - 0.5\left(\dfrac{\varepsilon_s}{\varepsilon_{su,m}} - 1\right)^2\right]$ $\tag{18.42d}$

式中，$\varepsilon'_{sy} = f'_y/E$，$E = 206000$，$\varepsilon_y = \dfrac{f_y}{E}$，$\varepsilon_{st} = 16\left(\dfrac{235}{f_y}\right)^{1.25}\varepsilon_y$，$\varepsilon_{su} = 175\left(\dfrac{235}{f_y}\right)^{1.5}\varepsilon_y$，

$f'_y = \beta_{sz} f_y$，$f'_u = f_u - f_y + f'_y$，$\varepsilon_{st,m} = \varepsilon_{st} - \varepsilon_y + \varepsilon'_y$，$\varepsilon_{su,m} = \varepsilon_{su} - \varepsilon_y + \varepsilon'_y$，$\chi = \dfrac{\sigma_p}{f'_y}$，

$C = \dfrac{\chi}{(1-\chi)e^{(1-\chi)^{-1}}}$

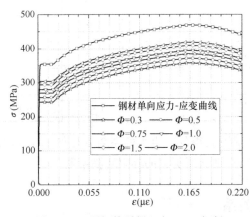

图 18.16　圆钢管混凝土中 Q355 钢材应力-应变关系

以 Q355 钢为例，图 18.16 给出了其在不同套箍系数下的应力-应变曲线关系。从图中可以看出，钢管混凝土中钢材部分的强度低于普通钢材，套箍系数越大，钢材强度的折减越小。注意图 18.3（b）或图 18.7 中钢管纵向应力出现的下降没有反映出来。

3. 圆钢管内混凝土的围压

$$p = p_0 = \dfrac{3\Phi}{9\Phi + 10}f_{pr} \tag{18.43}$$

混凝土的峰值强度：

$$f_{pr,p} = \beta_{cz} f_{pr} = \left(1 + \dfrac{12\Phi}{9\Phi + 10}\right)f_{pr} \tag{18.44}$$

圆钢管内混凝土的峰值应变：

$$\varepsilon_{ccp} = (688 + 200\sqrt{f_{pr}})\left[1 + (0.6 - 0.1\sqrt[3]{\Phi})(17 - 0.12 f_{pr})\dfrac{3\Phi}{9\Phi + 10}\right] \tag{18.45}$$

其中 $0.6 - 0.1\sqrt[3]{\Phi}$ 反映了钢管混凝土与主动围压混凝土的不同，峰值出现得较早，如图 16.17（c）所示。

18.6.2　钢管内混凝土的应力-应变曲线

1. 上升段：从第18.4节的分析可知，钢管与混凝土接触前，$y \leqslant y_{ctt}$，曲线的上升段采用原始的Popovics曲线；接触后围压发展，应力-应变关系遵循有围压的曲线发展，曲线表达式将会不一样，这样就无法事先显式地表达完整的混凝土应力-应变曲线，所以必须进行简化。简化的方法是初始刚度与无围压混凝土一样，峰值和对应应变及参数r_p根据式（18.44）、式（18.45）和式（18.17c）计算，$E_{sec,p}$由式（18.17e）计算，中间的过程，根据混凝土强度等级的不同有所不同，这曲线就是式（18.16a）。

2. 下降段：仍然采用式（18.18a）和式（18.18b），该式在无围压时能够退化成规范的混凝土应力-应变曲线。

反弯点应变的取值：套箍系数小时，$x_{c,inf}$小，套箍系数大时，则反弯点应变大。观察图16.17（c）的示意图，该参数随套箍系数的增加应有显著的增大。经过试算，最终确定：

$$\frac{\varepsilon_{c,infl}}{\varepsilon_{cc,p}} = \frac{1+2\Phi}{f_{pr,p}^{0.12}}\beta_r + \left(1+\frac{1}{\alpha_{c.d}}\right)(1-\beta_r) \tag{18.46}$$

$\beta_r = 0$就是无围压时混凝土单向受压应力-应变曲线；如果$\beta_r = 1$（主动围压下$\beta_r < 1$），表示理想弹塑性应力-应变关系是塑性段，因为钢材已经简化为折减了的屈服强度下的理想弹塑性，$\beta_r = 1$对应于第18.5节的界限套箍系数，所以求出界限套箍系数对提出下降段曲线意义重大。更大的套箍系数要求$\beta_r > 1$，曲线才会上升，且上升段要缓缓向上。

界限套箍系数所要求的围压，远大于式（18.43），因为式（18.43）对应于应变为$0.2\% \sim 0.5\%$之间，因此为获得不下降的曲线，必须采用较大的围压，较大的围压对应于应变为$1.5\% \sim 2.5\%$。根据这些特点，参照式（16.65c）和式（16.20），经过试算，构造公式如下：

$$\frac{p}{f_{pr}} = \frac{p_c}{f_{pr}} = \frac{0.24}{f_{pr}^{0.07}}\Phi^{0.75-0.006\Phi} \tag{18.47a}$$

$$\beta_r = \frac{f_{c,res}}{f_{\mu}} = 2\frac{p_c}{f_{\mu}} + (2.2+0.5\Phi)\sqrt{\frac{p_c}{f_{pr}}} \tag{18.47b}$$

表18.4给出了算例参数，图18.17绘出了短柱无量纲压力与轴向应变的曲线，各算例曲线在前面一段（$\varepsilon_{cz} < 0.5\%$）有区别，后一段主要取决于套箍系数。除第2个算例外其余混凝土强度与钢材强度的匹配都符合实际应用。

算例曲线对应的径厚比　　　　　　　　　　　　　　　　　　　表 18.4

钢材	混凝土	Φ								宽厚比限值
		0.3	0.5	0.75	1	1.5	2	2.5	3	
235	C30	140.4	85.4	58	44.2	30.5	23.6	19.4	16.7	100
	C80	50.7	31.6	22.1	17.3	12.5	10.1	8.6	7.6	
355	C40	158.7	96.4	65.3	49.7	34.1	26.3	21.6	18.5	66.2
	C60	104.1	63.7	43.4	33.3	23.2	18.1	15.1	13	
420	C60	122.6	74.8	50.8	38.9	26.9	20.9	17.3	14.9	56
	C80	88.4	54.2	37.1	28.6	20	15.7	13.2	11.4	

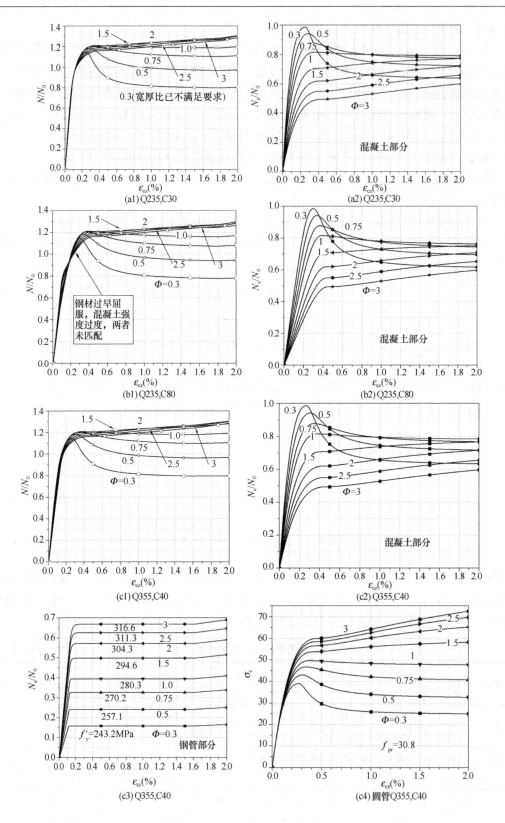

(a1) Q235, C30　　　　　　　　(a2) Q235, C30

(b1) Q235, C80　　　　　　　　(b2) Q235, C80

(c1) Q355, C40　　　　　　　　(c2) Q355, C40

(c3) Q355, C40　　　　　　　　(c4) 圆管 Q355, C40

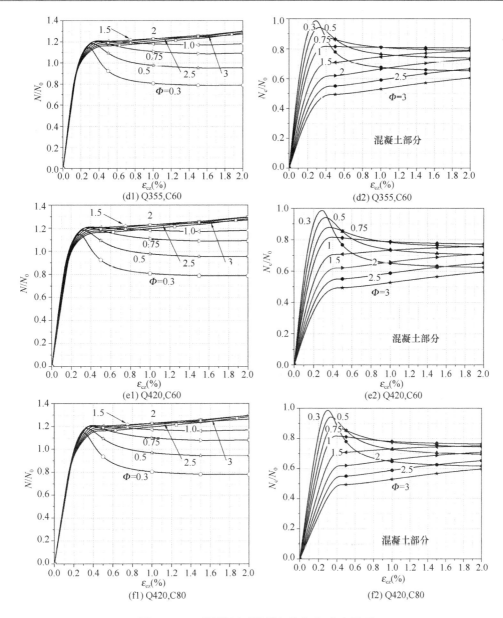

图 18.17　不同围压下混凝土的应力-应变关系

18.6.3　方钢管混凝土柱内混凝土的压力-应变关系

（1）计算套箍系数 Φ，按照圆钢管的公式计算围压 p。

（2）计算折算系数：

$$\chi_{\mathrm{p}} = 2.62 - 0.007 f_{\mathrm{ck}} + 0.25 \sqrt{\frac{b_{\mathrm{c}}}{t} - 4} \tag{18.48a}$$

（3）计算等效套箍系数：$\Phi_{\mathrm{eq}} = \Phi / \chi_{\mathrm{p}}$，计算等效围压 $p_{\mathrm{eq}} = p / \chi_{\mathrm{p}}$。

（4）计算钢材竖向屈服应力：

$$\beta_{\mathrm{sz}} = -\frac{\sigma_{\mathrm{sx}}}{2 f_{\mathrm{yk}}} + \sqrt{1 - 0.75 \left(\frac{\sigma_{\mathrm{sx}}}{f_{\mathrm{yk}}}\right)^2} \tag{18.48b}$$

$$\sigma_{sx} = \frac{p_{eq} b_c}{2t} \tag{18.48c}$$

（5）计算混凝土强度：

$$\beta_{cz} = 1 + 2.603 \left(\frac{p_{eq}}{f_{pr}}\right)^{0.81} \tag{18.48d}$$

此处不采用 $\beta_{cz} = 1 + \dfrac{12\Phi_{eq}}{9\Phi_{eq} + 10}$，因为这个公式在套箍系数 0.5 以上较好，而经过折算后的套箍系数往往较小，方钢管混凝土套箍系数利用式（18.48d）更合适。

（6）计算 1.5% 应变时的围压：

$$\frac{p_c}{f_{pr}} = \frac{0.18}{f_{pr}^{0.07}} \Phi_{eq}^{0.75 - 0.006\Phi_{eq}} \tag{18.48e}$$

（7）计算混凝土后期强度比：

$$\beta_r = \frac{f_{c,res}}{f_{pr}} = 2\frac{p_c}{f_{pr}} + (2.2 + 0.5\Phi_{eq})\sqrt{\frac{p_c}{f_{pr}}} \tag{18.48f}$$

（8）计算下降段反弯点应变：

$$\frac{\varepsilon_{c,infl}}{\varepsilon_{cc,p}} = \frac{1 + 2\Phi_{eq}}{f_{pr,p}^{0.12}}\beta_r + \left(1 + \frac{1}{\alpha_{c,d}}\right)(1 - \beta_r) \tag{18.48g}$$

根据上述参数得到的方钢管内混凝土应力-应变曲线、钢管应力-应变曲线、压力-应变曲线等如图 18.18 所示。其中宽厚比超标的已经引入有效截面系数（Winter 公式）对屈服应力进行折减，板件弹性屈曲系数取为 10.667。由图可见，混凝土分担的部分会趋近于 30%～35%。

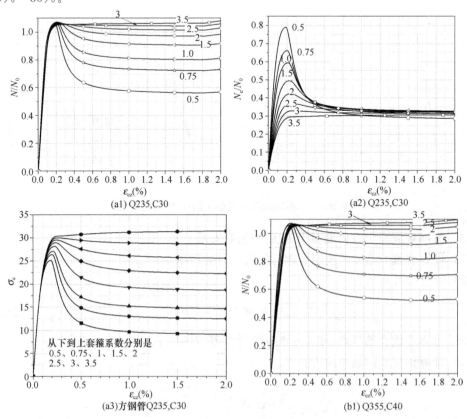

（a1）Q235,C30　　（a2）Q235,C30

（a3）方钢管 Q235,C30　　（b1）Q355,C40

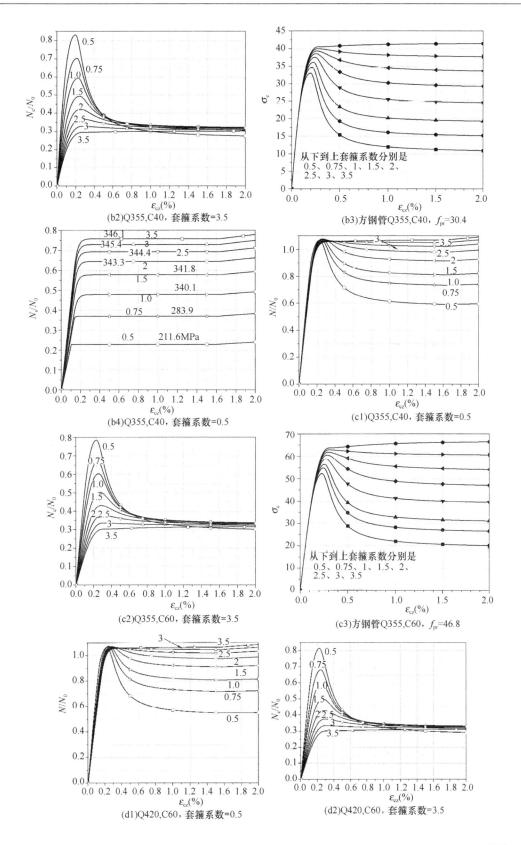

(b2)Q355,C40，套箍系数=3.5

(b3)方钢管Q355,C40，f_{pr}=30.4

(b4)Q355,C40，套箍系数=0.5

(c1)Q355,C40，套箍系数=0.5

(c2)Q355,C60，套箍系数=3.5

(c3)方钢管Q355,C60，f_{pr}=46.8

(d1)Q420,C60，套箍系数=0.5

(d2)Q420,C60，套箍系数=3.5

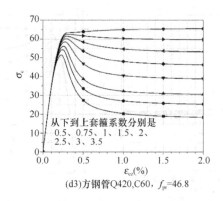

(d3)方钢管 Q420,C60,f_{pr}=46.8

图 18.18　方钢管混凝土短柱的压力、管内混凝土应力与应变关系曲线

在确定上述曲线时，要求套箍系数约大于 3.5 时，压力-应变后期曲线基本平稳；套箍系数为 0.5 时，总承载力退化到最大值的 0.55～0.6 倍左右（有局部屈曲时更低至 0.5）。

18.7　方矩形钢管混凝土界面粘结强度及横隔板的作用

18.7.1　引言

本节对国内外进行的 47 个方钢管混凝土、18 个矩形钢管混凝土的界面抗剪强度试验进行了分析，提出了界面抗剪强度标准值公式。介绍了日本的一个试验，验证横隔板在增强钢管与混凝土共同工作上的重要作用。

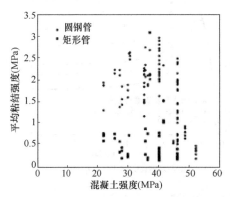

图 18.19　钢管混凝土界面粘结强度
（文献[32]）

对钢管内混凝土与钢管的界面抗剪承载力，国内规范没有明确涉及。欧洲组合结构规范 Eurocode 4 的第 6.7.4 节规定，当界面抗剪强度不敷所需时应增设抗剪件。Eurocode 4 的表 6.6 给出了粘结强度设计值，矩形钢管混凝土界面是 0.4MPa。日本则根据试验研究取 0.15MPa。图 18.19 给出了文献[32]统计的英国和日本的 104 个圆钢管和 49 个矩形钢管的试验结果。该图表明，矩形钢管内混凝土界面抗剪强度很低，平均仅为圆钢管的 30%。文献[32]还补充了直径为 247mm、341mm 和 598mm 的三种钢管 20 个试件，其中有较大收缩性的混凝土试件 8 个，收缩性小的试件 12 个，试验结果表明，收缩性大的混凝土与钢管界面粘结强度很低，不到 0.1MPa。直径大的钢管，界面抗剪强度较低。

民用多高层建筑中应用的方钢管混凝土构件，因为在每层的梁柱节点处都有内隔板或横梁贯通式隔板（图 18.20），隔板不仅传递梁端弯矩，还对钢管与混凝土的共同工作起重要作用。

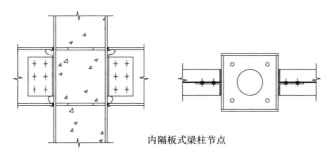

内隔板式梁柱节点

图 18.20 钢管混凝土梁柱节点中的横隔板

18.7.2 粘结强度试验汇总

表 18.5 汇总了 46 个方钢管粘结强度试验结果，表中给出了参考文献。表 18.6 给出了 18 个矩形钢管混凝土的界面抗剪强度试验结果。从文献介绍看，日本有 25 个方钢管混凝土试验数据，平均粘结强度是 0.15～0.3MPa。

方钢管-混凝土界面抗剪强度　　　　　　　　　　　　　　表 18.5

序号	编号	粘结面长度	边长 b (mm)	厚度 t (mm)	宽厚比	混凝土强度等级	τ_u	抗滑移刚度 (N/mm²)	来源
1	Y1A	200	150	5	30	C40	0.59		
2	Y1B	200	150	5	30	C40	0.58		
3	Y2A	400	150	5	30	C40	0.34		Shakir K H
4	Y2B	400	150	5	30	C40	0.33		(文献 [33])
5	Y3A	600	150	5	30	C40	0.37		
6	Y3B	600	150	5	30	C40	0.44		
7	G1	400	150	5	30	C40	0.420		Shakir K H
8	A1A	400	150	5	30	C35	0.202		(文献 [34])
9	A1B	400	150	5	30	C35	0.204		
10	CFST1P	450	150	5.5	27.3	C60	0.701	0.33	
11	CFST2P	450	150	3.75	40	C60	0.362	0.16	
12	CFST3P	450	150	3	50	C60	0.18	0.03	
13	CFST4P	825	150	5.5	27.3	C60	0.546	0.26	
14	CFST5P	825	150	3.75	40	C60	0.254	0.25	黄一杰
15	CFST6P	825	150	3	50	C60	0.181	0.10	(文献 [6])
16	CFST7P	1050	150	5.5	27.3	C60	0.565	0.38	
17	CFST8P	1050	150	3.75	40	C60	0.392	0.17	
18	CFST9P	1050	150	3	50	C60	0.207	0.09	
19	FG1	330	82	3	27.33	C30	0.483	0.29	池建军
20	FG2	420	100	3	33.33	C30	0.494	0.56	(文献 [7])
21	FG3	440	100	3	33.33	C30	0.503	0.63	混凝土龄期
22	FG4	550	82	3	27.33	C30	0.634	0.83	540d

续表

序号	编号	粘结面长度(mm)	边长 b(mm)	厚度 t(mm)	宽厚比	混凝土强度等级	τ_u	抗滑移刚度(N/mm²)	来源
23	FG5	550	100	3	33.33	C30	0.58	0.71	
24	FG6	300	100	4	25.00	C30	0.469	0.41	
25	FG7	335	82	3	27.33	C30	0.548	0.80	池建军(文献 [7])混凝土龄期540d
26	FG8	450	100	4	25.00	C30	0.603	1.31	
27	FG9	550	100	3	33.33	C30	0.571	0.75	
28	FG10	440	82	3	27.33	C30	0.607	0.39	
29	FG11	580	100	4	25.00	C30	0.629	0.46	
30	FG12	580	100	4	25.00	C30	0.631	0.46	
31	CFSTAa	570	160	3	53.33	C50	0.36	0.38	
32	CFSTBa	570	160	4	40	C50	0.34	0.43	
33	CFSTCa	570	160	5	32	C50	0.31	0.48	
34	CFSTAb	570	160	3	53.33	C45	0.41	0.29	
35	CFSTBb	570	160	4	40	C45	0.38	0.39	袁方(文献 [8])
36	CFSTCb	570	160	5	32	C45	0.36	1.02	
37	CFSTAc	570	160	3	53.3	C40	0.51	0.38	
38	CFSTBc	570	160	4	40	C40	0.48	0.80	
39	CFSTCc	570	160	5	32	C40	0.45	0.78	
40	P-d	570	160	4	40	C45	0.49	0.32	膨胀剂8%(文献 [8])
41	P_e	570	160	4	40	C55	0.55	0.37	膨胀剂12%(文献 [8])
42	p-f	570	160	4	40	C45	0.52	0.31	
43	P_g	570	160	4	40	C40	0.49	1.12	
44	SC3-3	450	150	8	18.75	C30	0.4		申鑫(文献 [24])
45	Ta-6	548	200	6	33.33	C20	0.233		潘樟(文献 [11])
46	Ta-10	544	200	10	20	C20	0.401		

矩形钢管-混凝土界面抗剪强度　　　　　　　　　　　表 18.6

序号	编号	粘结面长度(mm)	长边(mm)	短边(mm)	厚度(mm)	短边宽厚比	长边宽厚比	平均宽厚比	混凝土强度等级	τ_u	抗滑移刚度(N/mm²)	来源
1	X1A	400	120	80	5	16	24	20	C40	0.823		
2	X1B	400	120	80	5	16	24	20	C40	0.958		Roeder C W(文献 [32])
3	X1C	400	120	80	5	16	24	20	C40	0.714		
4	X1D	400	120	80	5	16	24	20	C40	0.792		

序号	编号	粘结面长度(mm)	长边(mm)	短边(mm)	厚度(mm)	短边宽厚比	长边宽厚比	平均宽厚比	混凝土强度等级	τ_u	抗滑移刚度(N/mm²)	来源
5	CP1	715	300	200	5.67	52.9	35.3	44.1	C40	0.305	0.31	
6	CP2	733	300	200	5.67	52.9	35.3	44.1	C40	0.271	0.28	Qu X S 文献 [16]
7	CP3	726	300	200	5.67	52.9	35.3	44.1	C40	0.282	0.32	
8	CP4	718	300	200	5.67	52.9	35.3	44.1	C40	0.259	0.23	
9	CP6	843	300	200	5.67	52.9	35.3	44.1	C40	0.319	0.38	
10	S1	500	250	150	4	62.5	37.5	50	C30	0.41		
11	S2	500	250	150	4	62.5	37.5	50	C30	0.39		邓洪州 (文献 [25])
12	S3	900	250	150	4	62.5	37.5	50	C30	0.37		
13	S4	1375	250	150	4	62.5	37.5	50	C30	0.37		
14	S5	1175	250	150	4	62.5	37.5	50	C30	0.36		
15	RP3	255	90	60	1.5	60	40	50	C40	0.632		
16	RP4	255	90	60	1.5	60	40	50	C40	0.668		杨有福, 韩林海 (文献 [10])
17	RP5	345	120	60	1.5	80	40	60	C40	0.546		
18	RP6	345	120	60	1.5	80	40	60	C40	0.509		

18.7.3 试验数据分析

钢管-混凝土界面抗剪强度的来源：（1）化学结合力；（2）微观和中观的机械咬合力；（3）混凝土受压后，应力达到 $0.4f_{pr}$ 以上时，泊松比开始缓慢增大，超过 $0.8f_{ck}$ 时急剧增大，到 f_{pr} 时达到 0.5，某些试验可以达到 1.0。混凝土膨胀后产生对钢管壁挤压而出现摩擦。化学结合力和微观的机械咬合力最先发挥作用，而后是中观的机械咬合力（因制作的误差、壁板的焊接波浪变形而产生），局部区域混凝土膨胀产生摩擦力。大量试验表明，界面抗剪强度在滑移产生后并不下降，出现下降的仅占试验数据中的很小部分。矩形钢管的宽厚比越大，因为波浪变形，机械作用提供的部分越大，但是摩擦部分提供的越小。摩擦部分因为挤压而产生，宽厚比大的壁板挤压应力因外鼓变形而得到部分释放，使宏观的机械咬合力下降。

根据现有资料，界面抗剪强度与混凝土的强度等级关系不大；最显著的影响因素是方钢管的宽厚比。图 18.21 给出了表 18.5 数据与宽厚比的关系，在统计的意义上粘结抗剪强度随宽厚比增大而减小。图中宽厚比 30 的最低的两个数据点来自文献 [34]，宽厚比小于等于 20 的两个数据来自文献 [11] 和文献 [24]。对图 18.21 数据的下限值拟合曲线，通过宽厚比 20 及 30 的下限点，对更大宽厚比的情况，目前的试验结果在宽厚比是 50 时是 0.18（文献 [6] 和文献 [7] 的 CFST3P），但是根据文献 [34]，可以认为随着宽厚比的增大，以及截面宽度绝对值的增大（例如目前试验数据中试件最大的宽度为 300mm，见表 18.6），混凝土收缩的影响将增大，粘结强度还要降低。根据目前获得的试验数据，界面抗剪强度低于 0.1 的尚没有。因此设定在宽厚比很大时因壁板的波浪变形仍能使得来自机械咬合的界面粘结强度保持在 0.1MPa，例如文献 [16] 尺寸为 300mm×200mm×

5.67mm 的试件 CP5 内壁涂上了润滑油，界面抗剪强度是 0.106MPa。所以提出如下公式作为粘结强度的下限值：

$$\tau_u = \frac{517.6}{(b/t)^{2.5}} + 0.1 \, (\text{MPa}) \tag{18.49}$$

图 18.22 给出了界面粘结强度与方钢管截面边长的关系，除了能够得到粘结强度随边长增大而减小这样一个趋势外，拟合公式还有待更多的数据，特别是边长更大的试件数据。

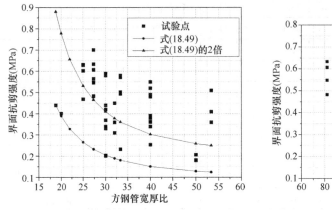
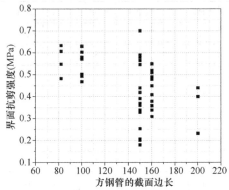

图 18.21　界面抗剪强度与方钢管宽厚比的关系　图 18.22　界面抗剪强度与方钢管截面边长的关系

等厚度矩形钢管长边上的粘结强度必然小于短边上的。图 18.23 矩形钢管长边界面 3 与同样边长的方钢管混凝土界面 1 的抗剪强度是否相同？分析如下：（1）如果界面抗剪强度来自化学粘结力，则两者是相同的。（2）加载中后期，化学粘结力被克服，机械力咬合开始发挥作用，界面 3 与界面 1 抗剪强度也相近。（3）混凝土纵向受压很大时，横向膨胀发挥主导作用，方钢管内混凝土体积较大，总膨胀量较大，从而钢管与混凝土之间的挤压力（摩擦力）更大；另一方面方钢管较大膨胀产生的挤

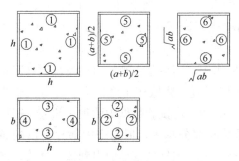

图 18.23　矩形钢管混凝土截面

压力被垂直边较大的横向拉伸柔度所释放，所以方钢管界面摩擦力又有所下降。

对于短边 4 做类似的推断：（1）界面 4 与界面 2 化学粘结力相同，机械力咬合接近。（2）混凝土纵向受压很大，横向膨胀发挥主导作用时，则界面 4 的摩擦力要高于界面 2，这是因为，方钢管内混凝土体积较小，总膨胀量较小，钢管与混凝土之间的挤压力更小。另一方面矩形钢管界面 4 较大膨胀产生的挤压力被垂直边较大的横向拉伸柔度所释放，矩形钢管界面 4 摩擦力又有所下降。

对于表 18.6，处理数据的方法是，将短边根据式（18.49）换算成总的抗剪强度等效的长边：记 b 和 h 分别是短边和长边的边长，则短边换算成长边的等效界面长度为：

$$b_e = \left[\frac{517.6}{(b/t)^{2.5}} + 0.1\right] \Big/ \left[\frac{517.6}{(h/t)^{2.5}} + 0.1\right] \cdot (b - 2t) \tag{18.50a}$$

也可以把长边等效成短边:

$$h_{\mathrm{e}} = \left[\frac{517.6}{(h/t)^{2.5}} + 0.1\right] \Big/ \left[\frac{517.6}{(b/t)^{2.5}} + 0.1\right] \cdot (h - 2t) \tag{18.50b}$$

这样表 18.6 的 18 个数据变成 36 个数据,按照等效的宽厚比画在图 18.24 中,可见 1.8 倍的式(18.49)值是矩形钢管-混凝土界面抗剪强度的下限。

将这 36 个数据与表 18.5 中的数据合在一起画出图 18.25。图中画出了 2 倍式(18.49)的曲线,略低于试验点的平均值。所有 47+36 个试验点中,有 3 个点仅略低于式(18.49),因此式(18.49)可以作为标准值,除以 1.4 后可以作为设计值使用。

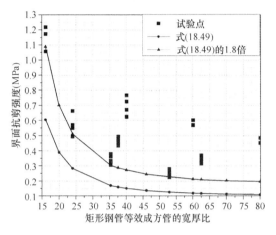

图 18.24 将矩形等效成方钢管混凝土的界面
抗剪强度

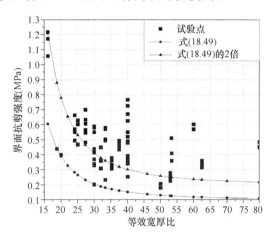

图 18.25 方钢管与矩形钢管-混凝土界面
粘结强度

18.7.4 横隔板抗剪件的作用

粘结强度的影响因素有:混凝土配合比,粗骨料的最大直径,水灰比,混凝土浇筑质量和振捣密实程度,是否加膨胀剂,混凝土强度等级,是否是自密实混凝土,钢管是焊接的还是冷弯钢管,等等。这些因素导致试验结果离散性非常大。从实际应用的角度讲,式(18.49)这么小的粘结力,难以保证钢管和混凝土能够在较短的距离内达成共同工作的目的,因此增加抗剪件(栓钉)似乎有必要。在多层和高层结构中,梁柱节点部位的横隔板、上下柱拼接节点的内衬板,能够起抗剪件的作用。下面介绍日本的一个试验。矩形(235mm×159mm×5.87mm)钢管内,浇筑 0.3、0.5 倍柱高度的混凝土,两个试件在混凝土的顶部设置盖板,相当于横隔板的作用。另有两个试件在混凝土表面保持自由。

试验结果表明:混凝土顶部自由的柱子,不管混凝土浇筑高度是 0.3 还是 0.5 倍柱子高度,承载力相同,破坏都是在底部,混凝土的作用仅仅是迫使钢管壁发生向外的局部屈曲,这表明内部混凝土与钢管发生了相对滑移,极限承载力是纯钢管屈服荷载的 1.28 和 1.29 倍,接近纯钢管进入强化阶段的承载力。而设置了盖板的试件,浇筑高度在 0.3 倍柱高的试件,破坏部位在空钢管段的下部,浇筑了混凝土的部分未发生破坏,说明混凝土和钢管出现了充分的共同作用,承载力得到了提高,薄弱部位在空钢管部分。混凝土浇筑高度为 0.5 倍柱高的有盖板试件,破坏部位是柱底,与 0.3 倍的不一样。两个盖板试验的承载力达到了空钢管承载力的 1.58 和 1.59 倍。详细的试验情况参见文献 [31](图 18.26)。

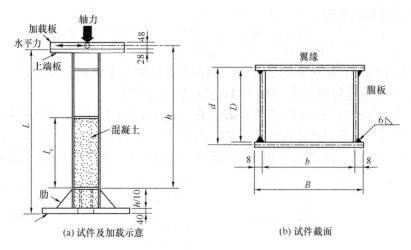

图 18.26　文献 ［31］ 的试验

由这个试验可见，横隔板阻止了混凝土与钢管的相对滑移，起到了抗剪件的作用。栓钉作为抗剪件是柔性的，栓钉附近混凝土有很大的局部应力，横隔板则全面地阻止混凝土与钢管的相对滑移，是一种刚性抗剪连接件。因此钢管混凝土柱如果规律地在每层都有横隔板，横隔板沿板厚方向的抗剪强度能得到保证，钢管混凝土界面粘结抗剪强度过低的问题是无需担心的。

18.8　考虑抗滑移刚度的钢管混凝土柱的荷载传递

钢管混凝土柱的荷载总是从钢管外部导入，Mollazadeh M H 等人通过数值计算和有限元分析得到了设有顶板的钢管混凝土柱的荷载传递方式，并研究了连接件对荷载传递的影响。下面进行类似传力分析。

18.8.1　钢管混凝土柱的荷载传递

1. 沿钢管作用均布荷载

如图 18.27 所示，记轴向均布荷载的大小为 q，作用在钢管上，E_cA_c 为混凝土轴压刚度，E_sA_s 为钢截面轴压刚度，q_u 为混凝土和钢管界面上的剪力，钢柱的轴力为 N_s，混凝土轴力为 N_c，N 是总轴力，微元平衡方程为：

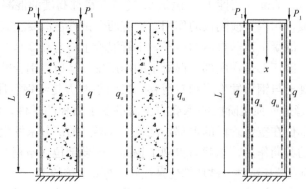

图 18.27　均布荷载作用下钢管混凝土中竖向力的传递

$$\frac{\mathrm{d}N}{\mathrm{d}x} = -q \tag{18.51a}$$

$$N = N_s + N_c \tag{18.51b}$$

$$\frac{\mathrm{d}N_c}{\mathrm{d}x} = -q_u \tag{18.51c}$$

$$\frac{\mathrm{d}N_s}{\mathrm{d}x} = q_u - q \tag{18.51d}$$

设钢-混凝土界面的抗滑移刚度为 k，界面上钢和混凝土的竖向位移差为 s，它是钢截面向下位移 u_s 和混凝土截面向下位移 u_c 的差值：

单位高度上的界面抗滑移力为：

$$q_u = ks \tag{18.52a}$$

$$s = u_s - u_c \tag{18.52b}$$

钢截面和混凝土截面内的轴力（以拉为正）分别为：

$$N_s = E_s A_s u_s' \tag{18.52c}$$

$$N_c = E_c A_c u_c' \tag{18.52d}$$

式（18.52c）乘以 $E_c A_c$，式（18.52d）乘以 $E_s A_s$，两式相减并求导一次，利用式（18.52b）得到：

$$E_s A_0 s'' = q_u - \frac{E_c A_c}{E_s A_0} q \tag{18.53}$$

式中，$E_s A_0 = \dfrac{E_s A_s E_c A_c}{E_s A}$，$E_s A = E_s A_s + E_c A_c$。记 $\alpha_c = \dfrac{E_c A_c}{E_s A}$，$\alpha_s = \dfrac{E_s A_s}{E_s A}$，由此得到平衡微分方程：

$$E_s A_0 s'' - ks = -\alpha_c q \tag{18.54}$$

记 $\rho = \sqrt{k/E_s A_0}$，上式的解为：

$$s = u_s - u_c = C_1 \sinh\rho x + C_2 \cosh\rho x + \alpha_c \frac{q}{k} \tag{18.55}$$

边界条件为：下端固定不动：$x = L$ 时，$u_s = u_c = 0$；上端 $x = 0$ 时，$s = u_s - u_c = 0$。解得：

$$C_1 = -\frac{q}{k} \alpha_c \frac{(1 - \cosh\rho L)}{\sinh\rho L}, \quad C_2 = -\frac{q}{k} \alpha_c \tag{18.56}$$

总体平衡方程为：$N_s + N_c = N = -qx$，即 $E_s A_s u_s' + E_c A_c u_c' = -qx$，积分一次得到：

$$E_s A_s u_s + E_c A_c u_c = -0.5qx^2 + C \tag{18.57}$$

在顶部 $x = 0$ 时，$u_s = u_c = u_{top}$；底部 $x = L$ 位移均为 0。将边界条件代入上式可得：$C = 0.5qL^2$。

柱顶位移为：

$$u_{top} = \frac{qL^2}{2E_s A} \tag{18.58}$$

即考虑界面滑移的柱顶竖向位移与不考虑界面滑移的情况一样。如果以顶部位移作为衡量标准，即使考虑滑移，钢管混凝土柱的轴压刚度也保持不变，这很神奇。

$$E_s A_s u_s + E_c A_c u_c = 0.5q(L^2 - x^2) \tag{18.59a}$$

$$s = \frac{q}{k} \alpha_c \left[1 - \frac{(1 - \cosh\rho L)}{\sinh\rho L} \sinh\rho x - \cosh\rho x \right] = u_s - u_c \tag{18.59b}$$

$$u_\mathrm{s} = \frac{q(L^2 - x^2)}{2E_\mathrm{s}A} + \frac{q}{k}\alpha_\mathrm{c}^2\left(1 + \tanh\frac{1}{2}\rho L\sinh\rho x - \cosh\rho x\right) \tag{18.59c}$$

$$u_\mathrm{c} = \frac{q(L^2 - x^2)}{2E_\mathrm{s}A} - \frac{q}{k}\alpha_\mathrm{s}\alpha_\mathrm{c}\left(1 + \tanh\frac{1}{2}\rho L\sinh\rho x - \cosh\rho x\right) \tag{18.59d}$$

根据 $u_\mathrm{s} = u_\mathrm{c} + s$ 求得混凝土与钢管的轴力分别为：

$$N_\mathrm{s} = -\alpha_\mathrm{s}q\left[x + \frac{\rho E_\mathrm{c}A_\mathrm{c}}{k}\alpha_\mathrm{c}\left(\sinh\rho x - \tanh\frac{1}{2}\rho L\cosh\rho x\right)\right] \tag{18.60a}$$

$$N_\mathrm{c} = -\alpha_\mathrm{c}q\left[x - \frac{\rho E_\mathrm{s}A_\mathrm{s}\alpha_\mathrm{c}}{k}\left(\sinh\rho x - \tanh\frac{1}{2}\rho L\cosh\rho x\right)\right] \tag{18.60b}$$

2. 钢管中部作用集中荷载

记集中荷载的大小分别为 P_1 和 P_2，作用于柱顶和距柱顶 L_1 处，集中荷载上下两部分混凝土和钢截面上的界面剪力分别为 $q_{\mathrm{u}1}$ 和 $q_{\mathrm{u}2}$，钢柱的轴力分别为 $N_{\mathrm{s}1}$ 和 $N_{\mathrm{s}2}$，混凝土轴力为 $N_{\mathrm{c}1}$ 和 $N_{\mathrm{c}2}$，参考图 18.28，微元平衡方程为：

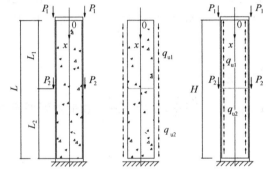

图 18.28　集中荷载作用下钢管混凝土中
竖向力的传递

$$\begin{cases} \dfrac{\mathrm{d}N_{\mathrm{c}1}}{\mathrm{d}x} = -q_{\mathrm{u}1} \\[2mm] \dfrac{\mathrm{d}N_{\mathrm{s}1}}{\mathrm{d}x} = q_{\mathrm{u}1} \\[2mm] \dfrac{\mathrm{d}N_{\mathrm{c}2}}{\mathrm{d}x} = -q_{\mathrm{u}2} \\[2mm] \dfrac{\mathrm{d}N_{\mathrm{s}2}}{\mathrm{d}x} = q_{\mathrm{u}2} \end{cases} \tag{18.61}$$

钢和混凝土的竖向位移差分别为 s_1 和 s_2，它是钢柱截面向下位移 u_s 和混凝土截面向下位移 u_c 的差值：$s_1 = u_{\mathrm{s}1} - u_{\mathrm{c}1}$，$s_2 = u_{\mathrm{s}2} - u_{\mathrm{c}2}$，单位高度上的界面抗滑移力分别为：

$$\begin{cases} q_{\mathrm{u}1} = ks_1 \\ q_{\mathrm{u}2} = ks_2 \end{cases} \tag{18.62}$$

$$\begin{cases} N_{\mathrm{s}1} = E_\mathrm{s}A_\mathrm{s}u'_{\mathrm{s}1} \\ N_{\mathrm{c}1} = E_\mathrm{c}A_\mathrm{c}u'_{\mathrm{c}1} \\ N_{\mathrm{s}2} = E_\mathrm{s}A_\mathrm{s}u'_{\mathrm{s}2} \\ N_{\mathrm{c}2} = E_\mathrm{c}A_\mathrm{c}u'_{\mathrm{c}2} \end{cases} \tag{18.63}$$

$$\begin{cases} E_\mathrm{s}A_0s''_1 = q_{\mathrm{u}1} = ks_1 \\ E_\mathrm{s}A_0s''_2 = q_{\mathrm{u}2} = ks_2 \end{cases} \tag{18.64}$$

$$\begin{cases} E_\mathrm{s}A_0s''_1 - ks_1 = 0 \\ E_\mathrm{s}A_0s''_2 - ks_2 = 0 \end{cases} \tag{18.65}$$

$$\begin{cases} s_1 = C_1\sinh\rho x + C_2\cosh\rho x & x \in [0, L_1] \\ s_2 = D_1\sinh\rho x + D_2\cosh\rho x & x \in [L_1, L] \end{cases} \tag{18.66}$$

$$\begin{cases} N_{s1} = \dfrac{k}{\rho}(C_1\cosh\rho x + C_2\sinh\rho x) + C_3 \\[3mm] N_{s2} = \dfrac{k}{\rho}(D_1\cosh\rho x + D_2\sinh\rho x) + D_3 \end{cases} \tag{18.67}$$

$$\begin{cases} u_{s1} = \alpha_c(C_1\sinh\rho x + C_2\cosh\rho x) + \dfrac{C_3 x}{E_s A_s} + C_4 \\[3mm] u_{s2} = \alpha_c(D_1\sinh\rho x + D_2\cosh\rho x) + \dfrac{D_3 x}{E_s A_s} + D_4 \end{cases} \tag{18.68}$$

$$\begin{cases} u_{c1} = u_{s1} - s_1 \\[2mm] u_{c2} = u_{s2} - s_2 \end{cases} \tag{18.69}$$

根据上下段轴力平衡：

$$\begin{cases} N_{s1} + N_{c1} = E_s A_s u'_{s1} + E_c A_c u'_{c1} = -P_1 & x \in [0, L_1] \\[2mm] N_{s2} + N_{c2} = E_s A_s u'_{s2} + E_c A_c u'_{c2} = -(P_1 + P_2) & x \in [L_1, L] \end{cases} \tag{18.70}$$

可得：

$$\begin{cases} E_s A u_{s1} - E_c A_c s_1 = -P_1 x + C_5 \\[2mm] E_s A u_{s2} - E_c A_c s_2 = -P x + D_5 \end{cases} \tag{18.71}$$

边界条件为：上端：$x = 0$ 时，$s_1 = 0$，$u_{s1} = u_{c1} = u_{top}$；固定端：$x = L$ 时，$s_2 = 0$，$u_{s2} = 0$；集中力 P_2 处 $x = L_1$ 时，$s_1 = s_2$，$u_{s1} = u_{s2}$，$N_{s2, x=l_1} - N_{s1, x=l_1} = E_s A_s(u'_{s2, x=l_1} - u'_{s1, x=l_1}) = -P_2$。

将边界条件代入解得：

$$\begin{cases} C_1 = \dfrac{P_2\sinh\rho(L - L_1)}{\rho E_s A_s \sinh\rho L} \\[3mm] C_2 = 0 \\[2mm] C_3 = -\alpha_s P_1 \\[3mm] C_4 = \dfrac{C_5}{E_s A} \\[3mm] C_5 = PL - P_2 L_1 \end{cases} \tag{18.72}$$

$$\begin{cases} D_1 = -\dfrac{P_2\sinh\rho L_1}{\rho E_s A_s \tanh\rho L} \\[3mm] D_2 = \dfrac{P_2\sinh\rho L_1}{\rho E_s A_s} \\[3mm] D_3 = -\alpha_s P \\[3mm] D_4 = \dfrac{D_5}{E_s A} \\[3mm] D_5 = PL \end{cases} \tag{18.73}$$

柱顶和集中力处的钢管位移：

$$u_{s,mid} = u_{s1, x=L_1} = \frac{P(L - L_1)}{E_s A} + \frac{\alpha_c P_2\sinh\rho(L - L_1)}{\rho E_s A_s \sinh\rho L}\sinh\rho L_1 \tag{18.74a}$$

$$u_{top} = u_{s1, x=0} - \frac{PL - P_2 L_1}{E_s A} = \frac{P_1 L + P_2(L - L_1)}{E_s A} \tag{18.74b}$$

可以发现，柱顶位移满足平截面假定，即与不考虑钢管与混凝土滑移的情况一样。在考虑滑移的情况下，钢管混凝土柱的轴压刚度保持不变，进而求得混凝土与钢管的轴力分别为：

$$N_{s1} = E_s A_s u'_{s1} = \alpha_c P_2 \frac{\sinh\rho(L-L_1)}{\sinh\rho L}\cosh\rho x - \alpha_s P_1 \tag{18.75a}$$

$$N_{c1} = -P_1 - N_{s1} = -\alpha_c P_1 - \alpha_c P_2 \frac{\sinh\rho(L-L_1)}{\sinh\rho L}\cosh\rho x \tag{18.75b}$$

$$N_{s2} = E_s A_s u'_{s2} = -\alpha_c P_2 \frac{\sinh\rho L_1}{\sinh\rho L}\cosh\rho(L-x) - \alpha_s P \tag{18.75c}$$

$$N_{c2} = -P - N_{s2} = -\alpha_c P + \alpha_c P_2 \frac{\sinh\rho L_1}{\sinh\rho L}\cosh\rho(L-x) \tag{18.75d}$$

钢管混凝土柱沿长度作用三个集中荷载的可以类似求得解析解。

18.8.2　钢管混凝土抗滑移刚度

对国内外进行的 39 个方钢管混凝土、29 个圆钢管混凝土试件的粘结滑移试验进行界面抗滑移刚度分析。图 18.29 为钢管混凝土粘结滑移试验的典型荷载-滑移曲线，其中纵坐标为压力，横坐标为钢管混凝土构件顶部混凝土与钢管的滑移值。根据文献中给出的荷载-滑移曲线可知，圆钢管和方钢管混凝土试件在加载初期，荷载-滑移曲线基本呈线性变化，滑移量较小，当荷载增至极限荷载后，钢管与混凝土之间的滑移显著增大，呈现明显的非线性变化趋势。表 18.5 和表 18.6 汇总了方钢管和矩形钢管的混凝土界面抗剪强度，表 18.7 给出了 29 个圆钢管-混凝土粘结滑移试验的结果，单位面积的抗滑移刚度为试件的荷载-滑移曲线的线弹性段斜率与钢管-混凝土接触面积的比值。

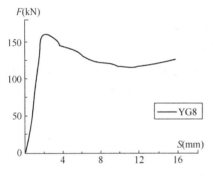

图 18.29　试件 YG8 的荷载-滑移曲线

圆钢管-混凝土界面抗滑移刚度　　　　　　　　　　表 18.7

钢管编号	粘结长度 (mm)	直径 (mm)	厚度 (mm)	径厚比	粘结强度 (N/mm²)	抗滑移刚度 (N/mm²)
TCA1	500	159	4	39.75	1.12	0.51
TCA2	700	159	4	39.75	0.93	0.29
TCA3	900	159	4	39.75	0.80	0.22
TCB1	500	159	4.5	35.33	1.02	0.41
TCB2	700	159	4.5	35.33	1.15	0.31
TCB3	900	159	4.5	35.33	0.95	0.27
TCC1	500	159	5.5	28.91	1.29	0.58
TCC2	700	159	5.5	28.91	1.52	0.52
TCC3	900	159	5.5	28.91	1.24	0.34
YG1	470	115	4	28.75	1.23	1.04
YG2	470	115	4	28.75	1.25	0.90
YG3	470	115	4	28.75	1.18	0.67

续表

钢管编号	粘结长度 (mm)	直径 (mm)	厚度 (mm)	径厚比	粘结强度 (N/mm²)	抗滑移刚度 (N/mm²)
YG4	470	115	4	28.75	1.33	0.77
YG5	470	115	4	28.75	1.26	0.75
YG6	460	115	4	28.75	0.93	0.89
YG7	460	115	4	28.75	1.00	1.65
YG8	460	115	4	28.75	1.14	0.79
YG9	460	115	4	28.75	1.24	0.78
YG10	460	115	4	28.75	1.18	0.78
YG11	345	115	4	28.75	1.08	0.35
YG12	468	115	4	28.75	1.28	0.92
YG13	475	115	4	28.75	1.26	1.27
YG14	479	115	4	28.75	1.33	0.73
YG15	487	115	4	28.75	1.28	0.52
YG16	495	115	4	28.75	1.34	0.67
YG17	518	115	4	28.75	1.37	0.66
YG18	600	115	4	28.75	1.38	0.49
YG19	618	115	4	28.75	1.38	0.60
YG20	632	115	4	28.75	1.41	0.55

图 18.30 和图 18.31 分别给出了 39 个方钢管与混凝土和 29 个圆钢管与混凝土粘结滑移试验的结果，根据试验数据统计可得，39 个方钢管混凝土的抗滑移刚度平均值为 $0.46N/mm^3$，29 个圆钢管混凝土的抗滑移刚度平均值为 $0.66N/mm^3$。抗滑移刚度的取值主要分布在 $0.3 \sim 1.3N/mm^3$ 这一区间内。除了能够得到抗滑移刚度的数值，还可以发现抗滑移刚度大致上呈随宽厚比（径厚比）增大而减小的趋势。宽厚比越大，界面的挤压力和钢管的包裹作用越小，滑移更容易发生。图中的曲线给出了抗滑移刚度与宽厚比的近似关系：

$$k = \frac{500}{(b/t)^2} \tag{18.76a}$$

$$k = \frac{500}{(D/t)^2} \tag{18.76b}$$

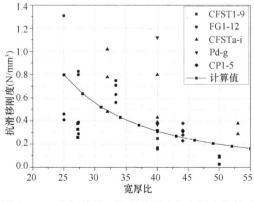

图 18.30　方钢管界面抗滑移刚度与宽厚比的关系

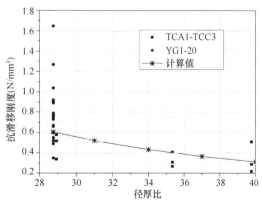

图 18.31　圆钢管界面抗滑移刚度与径厚比的关系

18.8.3 抗滑移刚度对荷载传递的影响

对不同抗滑移刚度下钢管和混凝土轴力沿高度的变化进行分析，算例参数如下：柱长 $L = 6\text{m}$，方钢管边长为 450mm，钢管厚度 $t = 12\text{mm}$，混凝土强度等级 C40，弹性模量 $E_c = 3.25 \times 10^4 \text{MPa}$，钢材 Q345，弹性模量 $E_s = 2.06 \times 10^5 \text{MPa}$。

图 18.32 （a）是柱中部和顶部各作用 $P_1 = P_2 = 0.25P_u = 2.5 \times 10^3 \text{kN}$ 集中荷载时，钢截面轴力沿高度的变化，$P_u = 10^4 \text{kN}$ 是按简单相加方法取材料强度设计值计算的截面承载力。在上段，钢截面的压力小于平截面假定（$k = \infty$）所计算的压力，而在下段，钢截面的压力大于平截面假定计算的压力。图 18.32 （b）是混凝土截面轴力沿高度的变化。在上段，混凝土压力大于平截面假定时（$k = \infty$）的压力，在下段，核心混凝土的压力小于平截面假定下的压力，表示在下部钢截面承担了更大的压力。该图表明：作用在柱中点的压力通过上段柱的拉力传递到顶板，然后由顶板传递给了核心混凝土。

图 18.32 （c）显示了 $k = 0$、1 和 ∞ 时的界面滑移、钢截面的竖向位移和混凝土部分的竖向位移曲线。$k = 0$ 时，界面滑移沿长度线性变化，中点处最大。$k = 1$ 时，滑移也是中点最大，但是数值有明显减小，而且沿长度呈较快地下降，呈双曲线变化趋势。在 $k = \infty$ 时没有滑移发生。图中还显示了无论 k 的取值如何，顶部的竖向位移都是 2.199mm。

注意到中点荷载作用点处钢截面的压应力最大，且该压力值与 k 无关。其压力为：

$$N_{s2,\text{mid}} = -\alpha_s(P_1 + P_2) - 0.5\alpha_c P_2 \tag{18.77}$$

式中，第 1 项是根据平截面假定按照刚度分配得到的钢截面的压力，第二项是柱中点的荷载按照混凝土刚度分配部分的一半被转移到了钢截面上。该处混凝土的压力是 $N_{c2} = -\alpha_c(P_1 + 0.5P_2)$。

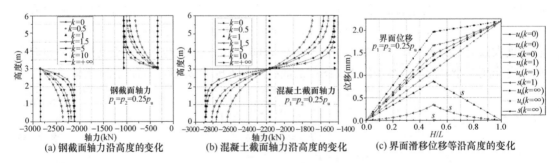

(a) 钢截面轴力沿高度的变化 (b) 混凝土截面轴力沿高度的变化 (c) 界面滑移位移等沿高度的变化

图 18.32 集中荷载作用时的荷载传递

钢截面顶部的力是：

$$N_{s1,\text{top}} = \frac{\alpha_c P_2}{2\cosh 0.5\rho L} - \alpha_s P_1 \tag{18.78}$$

从式（18.78）可见，柱中的力部分以拉力的形式传递到顶部的盖板，并且混凝土轴压刚度占比越大，往上传递的百分比越大。

图 18.33 显示了均布荷载作用下钢和混凝土截面的轴力、界面滑移、钢截面和混凝土的竖向位移。总体呈现出与图 18.32 相同的性质：上段钢截面压力小，下段压力大；混凝土则是上段压力大，下段压力小。曲线是光滑连续变化的，但沿高度不是线性变化。从图 18.33 （c）中可知，$k = 0$ 时界面滑移沿长度呈抛物线变化，中点处最大。$k = 1$ 时滑移同

样呈抛物线变化，中点最大，但数值有明显减小。$k = \infty$ 时没有滑移。图中显示，无论 k 取值如何，顶部竖向位移都是 2.346mm。

有意思的是，在中点截面上，无论界面抗滑移刚度多大，钢截面的轴力都是 $N_{\mathrm{s,mid}} = -0.5\alpha_s qL$，按照完全共同工作计算的钢截面的压力也是这个值。而顶部钢截面总是受拉的：

$$N_{\mathrm{s,top}} = \frac{1}{2}\alpha_c qL \frac{\tanh 0.5\rho L}{0.5\rho L} \tag{18.79}$$

图 18.34 显示了 $k = 0.5\mathrm{N/mm^3}$ 时集中荷载作用下不同长度的柱，钢截面和混凝土截面轴力沿高度的变化情况。在上段，柱越长时钢截面轴力越大，混凝土截面轴力越小；在下段，柱越长时钢截面轴力越小，混凝土截面轴力越大。粘结长度越长时钢和混凝土截面的轴力越接近平截面假定（$k = \infty$）时的轴力。对比图 18.34（a）和图 18.32（a）可知，L 增大和 k 增大具有类似的效果。

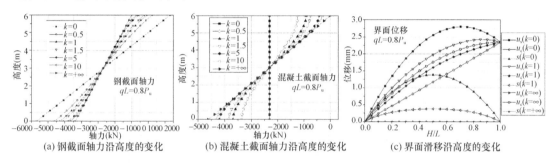

(a) 钢截面轴力沿高度的变化　　(b) 混凝土截面轴力沿高度的变化　　(c) 界面滑移沿高度的变化

图 18.33　均布荷载作用时的荷载传递

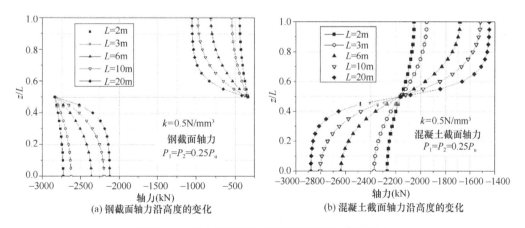

(a) 钢截面轴力沿高度的变化　　　　(b) 混凝土截面轴力沿高度的变化

图 18.34　集中荷载作用时柱长对荷载传递的影响

图 18.35 显示了 $k = 0.5\mathrm{N/mm^3}$ 时，均布荷载作用下不同长度的柱钢截面和混凝土截面轴力沿高度的变化情况。柱越长时，钢管和核心混凝土粘结长度越长，钢截面和混凝土截面的轴力变化越接近平截面假定（$k = \infty$）时的轴力变化。

图 18.36（a）显示了 $k = 1\mathrm{N/mm^3}$ 时集中荷载作用下不同长度柱的界面滑移曲线。长度较小时界面滑移沿高度呈线性变化，长度较大时，界面滑移沿高度呈双曲线变化。跨中的界面滑移始终最大，且当柱长达到一定数值时，跨中的界面滑移不再增加。注意到长度

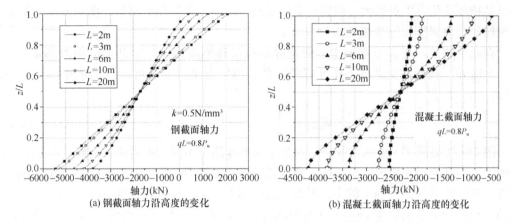

图 18.35　均布荷载作用时柱长对荷载传递的影响

越大，中点附近曲线越陡，表示荷载主要在荷载作用点附近传入混凝土。通过界面传入混凝土的总的力是 $2\int_0^{0.5L} ks_1\,\mathrm{d}x$，除以最大界面剪应力，可以得到等效传递长度：

$$L_e = \frac{2\int_0^{0.5L} ks_1\,\mathrm{d}x}{ks_{2,\max}} = \frac{2\tanh 0.25\rho L}{\rho} \tag{18.80}$$

图 18.36（c）给出了集中荷载时等效传递长度随滑移刚度的变化，k 增大后不同长度柱子的等效传递长度趋于一致。但是对钢管混凝土柱，因为 k 位于 $0.2\sim1.0$ 之间，等效传递长度与柱长有关。

图 18.36（b）显示了 $k=1\mathrm{N/mm}^3$ 时，均布荷载作用 $q=0.8P_u/L$ 下不同长度柱的界面滑移曲线。界面滑移沿高度呈抛物线变化，跨中滑移值最大。

两种荷载情况下中点的界面滑移是：

中点集中荷载：

$$s_{\mathrm{mid}} = \frac{P_2 L}{4E_s A_s} \cdot \frac{\tanh 0.5\rho L}{0.5\rho L} \tag{18.81}$$

均布荷载：

$$s_{\mathrm{mid}} = \frac{qL^2}{E_s A_s}\frac{1}{\rho^2 L^2}\left(1 - \frac{1}{\cosh 0.5\rho L}\right) \tag{18.82}$$

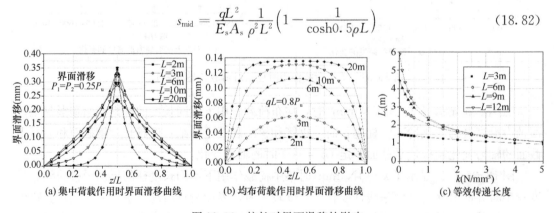

图 18.36　柱长对界面滑移的影响

图 18.37（a）显示了界面滑移随抗滑移刚度增加而下降的规律，开始下降的较快，特别是长度大的柱子。$k > 1.5$ 以后下降慢，且不同长度的柱子的滑移接近。图 18.37（b）则显示了界面剪应力。考虑到实际项目中集中荷载仅约算例的 $1/10$，实际工程中的界面剪应力是有限的。

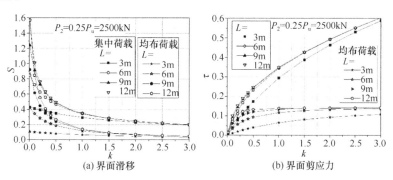

(a) 界面滑移　　　　　　　(b) 界面剪应力

图 18.37　中点处界面滑移

从以上简单的例子可以得知：

（1）钢管混凝土在梁柱节点处没有内隔板的情况下，大部分荷载沿钢管往上传到柱子顶部的顶板上，然后由顶板传给核心混凝土，荷载传递路径如图 18.38 所示。混凝土轴压刚度占比越大，界面滑移刚度越小，往上传递的百分比越大。

（2）如果以中间荷载作用处和荷载作用点的竖向位移作为计算标准，柱子的轴压刚度并不能达到 $E_s A_s + E_c A_c$。但是如果按照顶板处的位移作为计算标准，我们发现，不管滑移刚度 k 取值如何，集中荷载作用时，顶部位移总是等于 $\dfrac{0.5 P_1 L}{E_s A_s + E_c A_c}$ $+ \dfrac{0.5 (P_1 + P_2) L}{E_s A_s + E_c A_c}$，均布荷载作用时，顶部位移总是等于 $\dfrac{0.5 q L^2}{E_s A_s + E_c A_c}$，其轴压刚度与钢-混凝土完全共同工作相同。

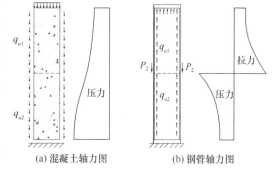

(a) 混凝土轴力图　　　(b) 钢管轴力图

图 18.38　钢管混凝土柱中荷载的传递路径

在钢管混凝土的传力方面，顶板（实际柱子的横隔板或上下柱对接部位的横隔板）起到了非常关键的作用，下部的力有相当的部分是通过荷载作用点以上的钢管传递到顶板（横隔板），这意味着该横隔板必须具有足够的刚度，分析表明横隔板厚度宜大于等于 16mm。在柱顶周围抗剪强度应等于混凝土的抗压强度。

参 考 文 献

[1] 钟善桐. 钢管混凝土结构[M]. 北京：清华大学出版社，2003.

[2] 韩林海，陶忠. 方钢管混凝土轴压力学性能的理论分析与试验研究[J]. 土木工程学报，2001，34（2）：17-25.

[3] 刘永健，刘君平，郭永平，等. 钢管混凝土界面粘结滑移性能[J]. 长安大学学报，2007，27（2）：

53-57.

[4]　ZHONG T，SONG T Y. Bond behavior in concrete-filled steel tubes[J]. Journal of constructional steel research，2016，120：81-93.

[5]　唐广青，肖岩，张倚天. 方钢管混凝土轴压短柱承载力与全曲线综述[J]. 工程力学，2015，32(8)：103-111.

[6]　黄一杰. 方钢管混凝土粘结滑移与抗剪连接的试验研究[D]. 西安：西安建筑科技大学，2007.

[7]　池建军. 钢管混凝土界面抗剪粘结性能的试验研究与有限元分析[D]. 长沙：长沙理工大学，2004.

[8]　袁方. 钢管混凝土界面粘结性能的试验研究[D]. 南昌：华东交通大学，2012.

[9]　王仁，熊祝华，黄文彬. 塑性力学基础[M]. 北京：科学出版社，1982.

[10]　杨有福，韩林海. 矩形钢管自密实混凝土的钢管-混凝土界面粘结性能研究[J]. 工业建筑，2006，36(11)：32-36.

[11]　潘樟. 冷弯方钢管混凝土粘结性能研究[D]. 武汉：华中科技大学，2013.

[12]　康希良，赵鸿铁，薛建阳，等. 钢管混凝土粘结滑移问题综述分析[J]. 西安建筑科技大学学报，2006，38(3)：312-326.

[13]　姜绍飞，韩林海，乔景川. 钢管混凝土中钢管与混凝土粘结问题初探[J]. 哈尔滨建筑大学学报，2000，33(2)：24-28.

[14]　刘永健，刘君平，郭永平，等. 钢管混凝土界面粘结滑移性能[J]. 长安大学学报，2007，27(2)：53-57.

[15]　MOLLAZADEH M H，WANG Y C. New insights into the mechanism of load introduction into concrete-filled steel tubular column through shear connection[J]. Engineering structures，2014，75：139-151.

[16]　QU X S，CHEN Z H，NETHERCOT D A. Load-reversed push-out tests on rectangular CFST columns[J]. Journal of constructional steel research，2013，81：35-43.

[17]　CANDAPPA D C，SANJAYAN J G，SETUNGE S. Complete triaxial stress-strain curves of high-strength concrete[J]. Journal of materials in civil engineering，2001，13(3)：209-215.

[18]　ISWANDI I，PANTAZOPOULOU S J. plasticity model for concrete under triaxial compression[J]. Journal of engineering mechanical，2001，127(3)：281-290.

[19]　MANDER J B，PRIESTLEY M J N，PARK R. Theoretical stress-strain model for confined concrete[J]. Journal of structure engineering，1988，114(8)：1804-1826.

[20]　LU X B，CHENG T，THOMAS H. Stress-strain relations of high-strength concrete under triaxial compression[J]. Journal of materials in civil engineering，2007，19(3)：261-268.

[21]　DOMINGO S，IGNACIO C，RAVINDRA G，et al. Study of the behavior of concrete under triaxial compression[J]. Journal of engineering mechanical，2002，128(2)：156-163.

[22]　丁发兴. 圆钢管混凝土结构受力性能与设计方法研究[D]. 长沙：中南大学，2006.

[23]　王玉银. 圆钢管高强混凝土轴压短柱基本性能研究[D]. 哈尔滨：哈尔滨工业大学，2004.

[24]　申鑫. 方钢管混凝土柱粘结性能试验研究[D]. 天津：天津大学，2008.

[25]　邓洪洲，傅鹏程，余志伟. 矩形钢管和混凝土之间的粘结性能试验[J]. 特种结构，2005，22(1)：50-52.

[26]　LIM J C，OZBAKKALOGLU T. Stress-strain model for normal- and light-weight concrete under uniaxial and triaxial compression[J]. Construction and building materials，2014，71(30)：492-509.

[27]　AN L H，EKKEHARD F. Numerical study of circular steel tube confined concrete(STCC) stub[J]. Journal of constructional steel research，2017，136：238-255.

［28］ AMIR M，MOHSEN S. Dilation characteristcs of confined concrete［J］. Mechanics of cohesive-frictional materials，1997，2：237-249.

［29］ GEBRAN K，MAZEN T. Hoek-brown stength criterion for actively confined concrete［J］. Journal of materials in civil engineering，2009，21(3)：110-118.

［30］ SAMANI A K，ATTRAD M M. A stress-strain model for uniaxial and confined concrete under compression［J］. Engineering structures，2012，41：335-349.

［31］ HANBIN G，USANMI T. Cyclic tests of concrete filled steel box columns［J］. Journal of structural engineering，1996，122(10)：1169-1177.

［32］ ROEDER C W，CAMERON B，BROWN C B. Composite action in concrete filled tubes［J］. Journal of structural engineering，1999，125(5)：477-484.

［33］ SHAKIR K H. Pushout strength of concrete-filled steel hollow sections［J］. Journal of struture engineering，1993，71(13)：230-233.

［34］ SHAKIR K H. Resistance of concrete-filled steel hollow tubes to pushout forces［J］. Journal of struture engineering，1993，71(13)：234-243.

［35］ 潘友光. 钢管混凝土中核心混凝土本构关系的确定［J］. 哈尔滨建筑工程学院学报，1989，22(1)：37-47.

［36］ 潘友光，钟善桐. 钢管混凝土的轴压本构关系(上)［J］. 建筑结构学报，1990，11(1)：10-20.

［37］ 钟善桐，王用纯. 三向受压混凝土基本性能的实验研究［J］. 哈尔滨建筑工程学院学报，1979(1)：30-32.

［38］ 钟善桐，王用纯. 国产建筑钢材弹塑性阶段工作性能和泊松比的实验研究［J］. 哈尔滨建筑工程学院学报，1979(1)：25-27.

［39］ JIAN C L，TOGAY O. Lateral strain-to-axial strain relationship of confined concrete［J］. Journal of structure engineering，2015，141(5)：401-414.

［40］ JIANG T，TENG J G. Analysis-oriented stress-strain models for FRP-confined concrete［J］. Engineering structures，2007，29(11)：2968 - 2986.

［41］ XIAO Q G，TENG J G，YU T. Behavior and modeling of confined high-strength concrete［J］. Journal of composites for construction，2010，14(3)：249-259.

第 19 章 钢管混凝土构件的强度和稳定

19.1 双向弯矩和轴力作用下的强度

19.1.1 引言

钢构件在轴力和双向弯矩作用下的强度验算公式，一般采用三项线性叠加的公式计算：

$$\frac{P}{A_{\text{n}}} + \frac{M_{\text{x}}}{\gamma_{\text{x}} W_{\text{nx}}} + \frac{M_{\text{y}}}{\gamma_{\text{y}} W_{\text{ny}}} \leqslant f \tag{19.1}$$

其中，P 是轴力，M_{x}、M_{y} 是绕 x、y 轴的弯矩，A_{n}、W_{nx}、W_{ny} 分别是净截面面积和净截面面积矩，γ_{x}、γ_{y} 分别是绕 x、y 轴弯曲的截面塑性开展系数，f 是钢材的强度设计值。欧洲规范 Eurocode 3 则采用：

$$\left[\left(\frac{M_{\text{x}}}{M_{\text{nux}}} \right)^{\alpha} + \left(\frac{M_{\text{y}}}{M_{\text{nuy}}} \right)^{\alpha} \right]^{1/\alpha} \leqslant 1 \tag{19.2a}$$

其中，M_{nux}、M_{nuy} 分别是考虑了轴力影响的绕 x、y 轴的抗弯承载力。对矩形钢管截面，指数是：

$$\begin{cases} \alpha = \dfrac{1.66}{1 - 1.13 p^2} \\ p = \dfrac{P}{P_{\text{P}}} \end{cases} \tag{19.2b}$$

采用曲线或直线公式，对两个方向弯矩产生的承载力比值相近的情况影响很大，例如设两个弯矩项均为 0.6，按式（19.1）已经不满足设计要求了，但是按式（19.2），$(2 \times 0.6^{1.66})^{0.6} = 0.911$，承载力还有一定的富余。

19.1.2 一般理论

钢管混凝土截面形成塑性铰时的轴力-双向弯矩相关关系极限曲面的确定采用了平截面假定。如图 19.1 所示矩形钢截面，高为 $2d$，宽为 $2b$，xOy 为形心坐标系，中和轴 NA 通过截面与 y 轴交于点 $(0, e)$。直线 NB 与 NA 平行，它们关于形心 O 对称。NA 和 NB 两直线将矩形分成 3 部分，分别记为 P-1、P-2 和 P-3，它们的面积分别记为 A_1、A_2 和 A_3。轴力以拉为正，弯矩以使第一象限受压为正。P-1 部分为受压区，经推导可得到：

$$P = \int \sigma \mathrm{d}A = f_{\text{y}} A_2 \text{（以拉为正）} \tag{19.3a}$$

$$M_{\text{x}} = \int \sigma y \mathrm{d}A = 2 f_{\text{y}} A_1 e_{\text{y1}} \tag{19.3b}$$

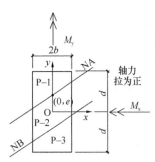

图 19.1 矩形钢截面

654

$$M_y = -\int \sigma x \, dA = 2f_y A_1 e_{x1} \tag{19.3c}$$

弯矩以使第一象限受压为正。式中 (e_{x1}, e_{y1}) 是 P-1 部分的形心坐标，阴影部分被看成是受压的，记 $P = A_P f_y$，$M_x = S_x f_y$，$M_y = S_y f_y$，则有：

$$A_P = A_2 = A \quad 2A_1 \tag{19.4a}$$

$$S_x = 2A_1 e_{y1} \tag{19.4b}$$

$$S_y = 2A_1 e_{x1} \tag{19.4c}$$

中和轴 NA 的方程为 $y = e + x\tan\theta$。如果 $0 \leqslant \theta \leqslant 90°$，中和轴与矩形截面相交的情况可能有图 19.2 (a)、(b)、(c)、(d) 四种，各阴影部分分别记为 P-4、P-5、P-6。如果 $\theta = 90° - 180°$。则可能出现图 19.2 (e)、(f)、(g)、(h) 四种情况，仍记中和轴以上各阴影部分为 P-4、P-5、P-6，并令 $\theta' = 180° - \theta$。写出各块面积和形心坐标，式 (19.4) 中各量可表示为：

$$A_P - A - 2A_1 = A - 2(A_4 - A_5 - A_6) \tag{19.5a}$$

$$S_x = 2(A_4 e_{y4} - A_5 e_{y5} - A_6 e_{y6}) \tag{19.5b}$$

$$S_y = 2(A_4 e_{x4} - A_5 e_{x5} - A_6 e_{x6}) \tag{19.5c}$$

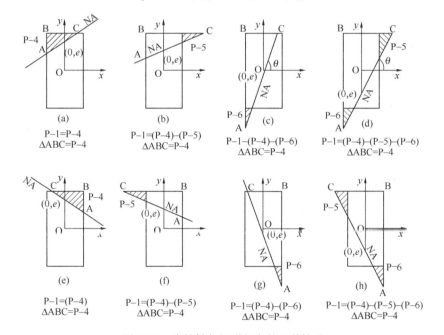

图 19.2 中性轴与矩形相交的 8 种情况

如果矩形是混凝土（图 19.3），只考虑混凝土受压区（阴影部分）提供的轴力和弯矩：

$$A_{Pc} = A_1 \tag{19.6a}$$

$$S_{xc} = A_1 e_{y1} \tag{19.6b}$$

$$S_{yc} = A_1 e_{x1} \tag{19.6c}$$

以上各式给出了以 e 和 θ 为参数的

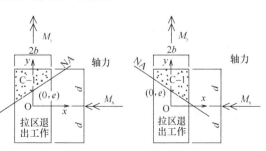

图 19.3 矩形混凝土截面

矩形截面 $M_x - M_y - P$ 联合作用方程，从其中两个式子求出 e 和 θ，代入第三式即得到联合作用曲面。

将矩形截面的联合作用方程应用于任意截面，需要坐标转换。图 19.4（a）所示矩形截面处于一整体坐标系 XOY 中，这时内力要相对于整体坐标计算：

$$P = \int \sigma X \, dA \tag{19.7a}$$

$$M_X = -\int \sigma Y \, dA \tag{19.7b}$$

$$M_Y = -\int \sigma X \, dA \tag{19.7c}$$

局部坐标系的内力和整体坐标系的内力之间的转换关系为：

$$M_X = M_x \cos\alpha + M_y \sin\alpha - PY_0 \tag{19.8a}$$

$$M_Y = -M_x \sin\alpha + M_y \cos\alpha - PX_0 \tag{19.8b}$$

式中，α 是从 X 轴按照逆时针方向量起的 x 轴转过的角度，(X_0, Y_0) 为矩形形心的整体坐标。

中性轴的整体坐标方程为：

$$Y = E + X\tan\beta \tag{19.9}$$

中性轴与局部坐标中 y 轴的交点的 y 坐标 e 为：

$$e = \frac{(E - Y_0)\cos\beta + X_0\sin\beta}{\cos(\beta - \alpha)} \tag{19.10}$$

中性轴在局部坐标中与 x 轴的夹角 $\theta = \beta - \alpha$。

图 19.4（b）为一有 n 块平板组成的任意形状的薄壁截面，m 块矩形混凝土截面。第 i 块板的形心为 (X_{0i}, Y_{0i})，建立第 i 个局部坐标系使得 $0 < \alpha_i < 90°$。可以利用叠加坐标转换的手段得到：

$$P = \left(A_s - 2\sum_{i=1}^{n} A_{1i}\right)f_y + \sum_{i=1}^{m} A_{Pci}f_{ck} \tag{19.11a}$$

$$M_X = f_y \sum_{i=1}^{n}(S_{xi}\cos\alpha_i + S_{yi}\sin\alpha_i - A_{Pi}Y_{0i}) + f_{ck}\sum_{i=1}^{m}(S_{xci}\cos\alpha_i + S_{yci}\sin\alpha_i - A_{Pci}Y_{0i}) \tag{19.11b}$$

$$M_Y = f_y \sum_{i=1}^{n}(-S_{xi}\sin\alpha_i + S_{yi}\cos\alpha_i - A_{Pi}Y_{0i})$$
$$+ f_{ck}\sum_{i=1}^{m}(-S_{xci}\sin\alpha_i + S_{yci}\cos\alpha_i - A_{Pci}X_{0i}) \tag{19.11c}$$

式（19.11）即为以 E 和 β 为参量的联合作用方程。如果某一块板件与中和轴不相交，则：

钢矩形： $\qquad A_{Pi} = \pm A, \ S_{xi} = S_{yi} = 0$。 $\tag{19.12a}$

混凝土矩形： $\qquad A_{Pci} = -A$ 或 $0.0, \ S_{xi} = S_{yi} = 0$ $\tag{19.12b}$

因此在对某块矩形计算之前，可以判断该块是否属于这种情况。判断方法为将矩形的四个角点的 X 坐标代入中性轴方程求得 Y 坐标，与四个角点的 Y 坐标相减，得到的 4 个数同是正号，则表示中性轴不与此矩形相交，且 $A_{Pi} = A$，$A_{Pci} = 0.0$；如果同为负号，则取负号 $A_{Pi} = -A$，$A_{Pci} = -A$。对于两块矩形不垂直相交的情况，如图 19.4（c）所示，交

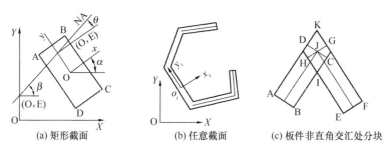

图 19.4　坐标转换和角点等效处理

界处的处理方法是用两矩形 ABCD 和 EFGH 代替真实截面，或将交界处划分为多个更小的矩形。

用上面的方法计算截面的极限承载力曲面的步骤如下：

（1）输入组成截面的矩形板块数 n，输入每一块矩形四个角点的整体坐标。输入次序一定，即按照图 19.4（a）所示的 ABCD 的顺序输入，并应该使得其 x 轴倾角 α 在 $0°\sim 90°$ 之间。

（2）对每一块矩形计算：

$$2d = \sqrt{(X_A - X_D)^2 + (Y_A - Y_D)^2} \tag{19.13a}$$

$$2b = \sqrt{(X_A - X_B)^2 + (Y_A - Y_B)^2} \tag{19.13b}$$

$$(X_{0i}, Y_{0i}) = \left[(X_A + X_C)/2, (Y_A + Y_C)/2\right] \tag{19.13c}$$

$$\tan\alpha = (X_C - X_D)/(Y_C - Y_D) \tag{19.13d}$$

输入或由程序计算截面单向弯曲时的塑性抵抗矩 Z_{PX} 和 Z_{PY}，并设 f_y、f_{ck}。

（3）给定 $p_0 = 0$、0.2、0.4、……，当 P 为压力时 p_0 给负值。

（4）设定 β 初值。

（5）假设 E 值。

（6）根据 E 和 β，对每一矩形，判别中和轴是否与其相交，相交则计算 A_P、S_x、S_y 和 Λ_{Pc}、S_{xc}、S_{yc}，不相交则取式（19.12d）、式（19.12b）。所有矩形合成 p、m_X 和 m_Y；这里 $p = P/P_P$，P_P 是全截面受压塑性承载力，$m_X = M_X/M_{PX0}$，M_{PX0} 是绕 X 轴纯弯时的塑性铰弯矩，$m_Y = M_Y/M_{PY0}$，M_{PY0} 是绕 Y 轴纯弯时的塑性铰弯矩。

（7）判断 $|p_0 - p| \leqslant \varepsilon$，$\varepsilon$ 为一个小数，如果满足则输出 p、m_X 和 m_Y，判断 $\beta > 180°$，如果成立则回第 3 步，否则转第 5 步。当精度不满足时直接回第 5 步。

当 $\beta = 0°$ 和 $190°$ 时，用上面方法计算会出现困难，此时要单独计算或采用计算机无限逼近的方法（单向偏心的情况）。

对计算数据无量纲化需要单向压弯时的极限屈服面的轴力-弯矩相关曲线。如图 19.5 所示，在轴力-弯矩作用下形成塑性铰状态时，存在三种情况：

（1）图 19.5（a）所示为中性轴在上翼缘，混凝土全部受拉，即 P_s 是钢材全部屈服的轴力，则：

$$M_x = b\frac{P + P_s}{2bf_y}f_y\left(h - \frac{P + P_s}{2bf_y}\right) \tag{19.14}$$

（2）图 19.5（b）所示为中性轴在腹板内：

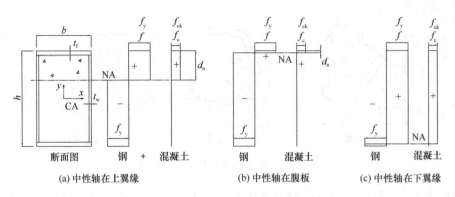

图 19.5　单向压弯的三种情况

$$M_x = bt_f f_y(h - t_f) + \frac{1}{2}d_n\left[(b - 2t_w)f_{ck} + 4t_w f_y\right](h - 2t_f - d_n) \tag{19.15a}$$

$$d_n = \frac{N + 2(h - 2t_f)t_w f_y}{(b - 2t_w)f_{ck} + 4t_w f_y} \tag{19.15b}$$

（3）图 19.5（c）所示为中性轴在下翼缘：

$$M_x = \frac{P_P - P}{2}\left[h - \frac{1}{2bf_y}(P_P - P)\right] \tag{19.16a}$$

$$P_P = P_c + P_s \tag{19.16b}$$

$$P_c = A_c f_{ck} \tag{19.16c}$$

$$P_s = \left[2bt_f + 2(h - 2t_f)t_w\right]f_y \tag{19.16d}$$

画出轴力和弯矩相关作用曲线如图 19.6 所示，其中最大弯矩承载力出现在轴力等于 $0.5P_c$ 时，其值是：

$$M_{umax} = M_{Ps} + 0.5M_{Pc} \tag{19.17}$$

式中，M_{Ps} 是钢截面纯弯的塑性铰弯矩，$M_{Pc} = 0.25(b - 2t_w)(h - 2t_f)^2 f_{ck}$ 是将混凝土看成是拉压屈服应力均为 f_{ck} 的塑性弯矩。在 $(0.5P_c, M_{umax})$ 时，中性轴正好在截面形心轴上。

图 19.6 示出了《矩形钢管混凝土结构技术规程》CECS 159：2004 中矩形钢管混凝土截面强度设计曲线，除了将曲线简化成分段直线外，最主要的特点是忽略了在 $0 < P < P_c$ 范围内轴力对抗弯承载力的提高作用。

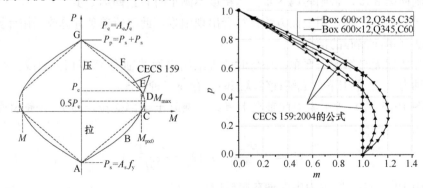

图 19.6　单向弯曲时截面的极限屈服曲面

轴力等于 0 时，塑性铰弯矩是：

$$M_{Px0} = M_{Ps} + \frac{1}{2 + (b_c f_{ck})/(2 t_w f_{yk})} M_{Pc} \tag{19.18a}$$

方钢管时：

$$M_{Px0} \approx M_{Ps} + 0.5(1 - \alpha_{ck}) M_{Pc} \tag{19.18b}$$

$$\alpha_{ck} = \frac{A_c f_{ck}}{A_c f_{ck} + A_s f_{yk}} \tag{19.19}$$

19.1.3 初始屈服面

下面求出矩形钢管混凝土截面单向压弯发生边缘屈服时的轴力弯矩相关关系。分两种情况：受压边缘屈服和受拉边缘屈服（图 19.7）。下面推导的公式是整个翼缘屈服的弯矩（比真正的边缘屈服略大）。

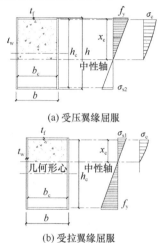

(a) 受压翼缘屈服

(b) 受拉翼缘屈服

图 19.7 矩形钢管混凝土柱压弯边缘屈服图　　图 19.8 矩形钢管混凝土柱初始屈服相关曲线

混凝土部分的受压高度是 x_c，$h_m = h_c + t_f$，$x_t = h_c - x_c$。

1. 受压边缘屈服

钢部分轴力：

$$N_s = x_c t_w f_y + b t_f f_y - x_t t_w \min\left(f_y, \frac{x_t}{x_c} f_y\right) - b t_f \min\left(f_y, \frac{h_c - x_c + 0.5 t_f}{x_c} f_y\right) \tag{19.20a}$$

混凝土部分：混凝土的应力-应变关系采用 Popvics 公式：

$$\begin{cases} \sigma_c = \dfrac{rz}{r - 1 + z^r} f_{ck} \\[2mm] z = \dfrac{\varepsilon_c}{\varepsilon_{c0}} \\[2mm] \varepsilon_c = \dfrac{x_c - 0.5 h_c + x}{x_c} \varepsilon_y \end{cases} \tag{19.20b}$$

应变为零处的坐标是 $x_0 = 0.5 h_c - x_c$。代入应变，求得：

$$N_c = \int_0^{x_c} \sigma_c b_c \mathrm{d}y = b_c f_{ck} \int_{z_0}^{0.5 h_c} \frac{rz}{r - 1 + z^r} \mathrm{d}x \tag{19.20c}$$

659

$$M_c = b_c f_{ck} \int_{x_0}^{0.5h_c} \frac{rz}{r-1+z^r} x \, \mathrm{d}x \tag{19.20d}$$

$$M_s = \frac{1}{2} b t_f f_y h_{1m} \left[1 + \min\left(1, \frac{x_t + 0.5t_f}{x_c}\right) \right] + x_c t_w f_y \left(\frac{h_c}{2} - \frac{x_c}{3}\right) + x_t t_w f_y \min\left(1, \frac{x_t}{x_c}\right) \left(\frac{h_c}{6} + \frac{x_c}{3}\right) \tag{19.20e}$$

2. 受拉区先屈服

此时应变分布是 $\varepsilon_c = \dfrac{x_c - 0.5h_c + x}{h_c - x_c} \varepsilon_y$。

$$N_s = -x_t t_w f_y - b t_f f_y + x_c t_w \min\left(f_y, \frac{x_c}{x_t} f_y\right) + b t_f \min\left(f_y, \frac{x_c + 0.5t_f}{x_t} f_y\right) \tag{19.20f}$$

$$M_s = \frac{1}{2} b t_f f_y (h_c + t_f) \left[1 + \min\left(1, \frac{x_c + 0.5t_f}{x_t}\right) \right]$$
$$+ x_t t_w f_y \left(\frac{1}{2} h_c - \frac{1}{3} x_t\right) [0.5] + x_c t_w f_y \min\left(1, \frac{x_c}{x_t}\right) \left(0.5h_c - \frac{1}{3} x_c\right) \tag{19.20g}$$

混凝土部分的表达式同式（19.20c）和式（19.20d）。

图 19.8 给出了矩形钢管混凝土柱的 5 条初始屈服曲线，横坐标采用各自的纯弯塑性铰弯矩无量纲化。方钢管混凝土截面算例如图 19.9 所示，可见方钢管从表面初始屈服到形成塑性铰，还有很大的距离，特别是对混凝土分担率较大的钢管混凝土柱。图 19.8 和图 19.9 所示钢管边缘板屈服的相关曲线具有微弱的非线性。图 19.10 给出了宽钢管混凝土绕强轴 x 和弱轴 y 的压力弯矩相关曲线，可见宽钢管混凝土截面绕强轴的塑性潜力大，绕弱轴的塑性潜力相对小一点。并且绕弱轴初始屈服到形成塑性铰的距离比较短，因此似有必要限制绕弱轴方向弯曲的塑性承载力的利用。

19.1.4　矩形钢管混凝土柱计算结果

表 19.1 给出了方钢管和宽矩形钢管混凝土各 9 个算例的截面和材料。图 19.9 给出了 9 种方钢管混凝土截面单向压弯的轴力-弯矩相关作用曲线。曲线关于 $p = 0.5\alpha_{ck}$ 对称，拟合公式有各种形式。

方矩形钢管混凝土算例　　　　　　　　　　　表 19.1

方钢管混凝土					宽矩形钢管混凝土					
截面 (mm)	钢材	混凝土	α_{ck}	$m_{u,max}$	截面 (mm)	钢材	混凝土	α_{ck}	$m_{ux,max}$	$m_{uy,max}$
600×10	Q235	C60	0.7002	1.4390	160×160×5	Q355	C40	0.354	1.0573	—
600×12	Q235	C60	0.6582	1.3439	160×240×6	Q355	C40	0.3536	1.0536	1.0624
600×16	Q235	C60	0.5858	1.2288	160×320×8	Q355	C40	0.308	1.0369	1.049
600×12	Q355	C50	0.5176	1.1569	160×400×10	Q355	C40	0.2711	1.0266	1.0397
600×14	Q355	C50	0.4764	1.1238	160×480×12	Q355	C40	0.2405	1.0199	1.0329
600×16	Q355	C40	0.3945	1.0752	160×560×14	Q355	C40	0.2148	1.0152	1.0277

方钢管混凝土					宽矩形钢管混凝土					
截面 (mm)	钢材	混凝土	α_{ck}	$m_{u,max}$	截面 (mm)	钢材	混凝土	α_{ck}	$m_{ux,max}$	$m_{uy,max}$
600×18	Q355	C40	0.3643	1.0616	160×640×16	Q355	C40	0.1929	1.0118	1.0236
600×20	Q355	C40	0.3378	1.0513	160×560×14	Q355	C60	0.2822	1.0286	1.048
600×25	Q355	C40	0.2843	1.0341	160×560×20	Q355	C60	0.1992	1.0128	1.0237

（1）抛物线方程：式（19.21）用于高宽比大于 2.5 的宽矩形钢管混凝土绕强轴的弯矩-轴力相关关系，对圆钢管混凝土的轴力-弯矩相关关系也非常合适：

$$\frac{1}{1-\alpha_{ck}}\left(\frac{P}{P_P}\right)^2 - \frac{\alpha_{ck}}{1-\alpha_{ck}}\frac{P}{P_P} + \frac{M_x}{M_{Px0}} = 1 \tag{19.21}$$

此式在 $\alpha_{ck}=0$ 时退化成实心矩形截面和实心圆形截面的轴力弯矩相关公式，所以应用于瘦高的钢管混凝土截面时才有比较好的精度。

（2）CECS 159：2004 的三折线方程：

$$\frac{P}{P_P} \leqslant \alpha_{ck}: \frac{M_x}{M_{Px0}} = 1 \tag{19.22a}$$

$$\frac{P}{P_P} \geqslant \alpha_{ck}: \frac{P}{P_P} + (1-\alpha_{ck})\frac{M_x}{M_{Px0}} = 1 \tag{19.22b}$$

$$-(1-\alpha_{ck}) \leqslant \frac{P}{P_P} \leqslant 0: -\frac{P}{(1-\alpha_{ck})P_P} + \frac{M_x}{M_{Px0}} = 1 \tag{19.22c}$$

三折线方程对应混凝土分担率 α_{ck} 大于 0.4 的 RCFT 截面轴压比较小的情况，保守程度较大。

（3）更适合方钢管混凝土截面强度的分段曲线形式（简称三曲线拟合公式）：

$$\frac{P}{P_P} \geqslant \alpha_{ck}: \left(\frac{P}{P_P}\right)^{\beta} + (1-\alpha_{ck}^{\beta})\frac{M_x}{M_{Px0}} = 1 \tag{19.23a}$$

$$0 \leqslant \frac{P}{P_P} \leqslant \alpha_{ck}: \frac{1}{1-\alpha_{ck}}\left(\frac{P}{P_P}\right)^{\eta} - \frac{\alpha_{ck}}{1-\alpha_{ck}}\frac{P}{P_P} + \frac{M_x}{M_{Px0}} = 1 \tag{19.23b}$$

$$-(1-\alpha_{ck}) \leqslant \frac{P}{P_P} \leqslant 0: -\left|\alpha_{ck}-\frac{P}{P_P}\right|^{\beta} + (1-\alpha_{ck}^{\beta})\frac{M_x}{M_{Px0}} = 1 \tag{19.23c}$$

$$\beta = 2\alpha_{ck}^{0.175} \tag{19.23d}$$

图 19.9 给出了所有上述三套公式与数据点的对比，三段曲线的拟合公式最好。

图 19.10 给出了宽矩形钢管混凝土截面的极限曲面。从图可知：

（1）抛物线在宽高比 2.5 时曲线与数据点符合较好；但是在方钢管截面上偏大，分担率较低时偏大较多；因而不具有普遍的适用性。

（2）宽钢管混凝土截面的初始屈服曲面：弱轴方向的初始屈服曲面更靠近塑性铰相关曲线，这说明弱轴方向的塑性开展潜力低于绕强轴的塑性开展潜力。对应用来说，宜限制塑性弯矩的充分利用。因而采用如下的折减系数：

$$b \leqslant h: M'_{Py0} = (b/h)^{0.08} M_{Py0} \text{（绕弱轴折减）} \tag{19.24a}$$

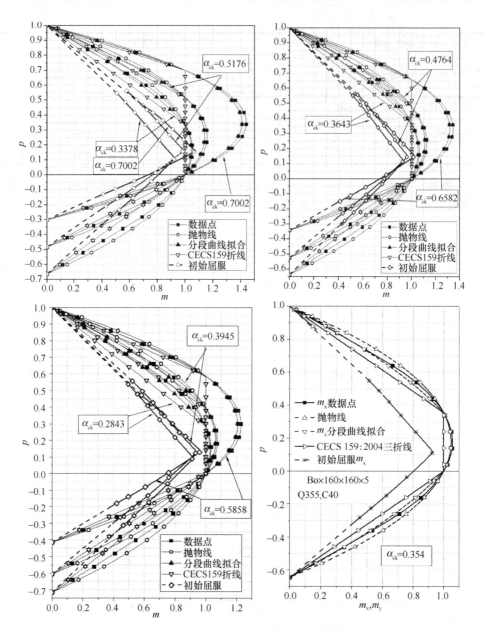

图 19.9　方钢管混凝土算例和各种简化计算

$$b \geqslant h : M'_{Py0} = M_{Py0} (绕强轴不折减) \tag{19.24b}$$

（3）矩形钢管混凝土截面绕弱轴的 P-M_y 相关曲线，采用 CECS 159：2004 的三折线是比较合适的；但是宽矩形截面退化成方钢管截面时，误差增大。因此对绕强轴和绕弱轴的弯矩-轴力相关关系参考式（19.23），但是式中的指数修改为（表 19.2）：

对绕强轴 $(b<h)$：$\beta = \beta_x = 2\alpha_{ck}^{0.175} (h/b)^{0.2}$ \hfill (19.25a)

对绕弱轴 $(b<h)$：$\beta = \beta_y = 2\alpha_{ck}^{0.175} (b/h)^{0.2}$ \hfill (19.25b)

对绕弱轴，式（19.23）的弯矩项改为 M_y/M'_{Py0}。经过这样指数修正的式（19.23）与数据点的比较在图 19.10 中给出，可见符合很好。

式（19.23）中指数 β 的取值　　　　　　　　表 19.2

α_{ck}		绕强轴指数 β_x					绕弱轴指数 β_y				
		0.2	0.3	0.4	0.5	0.6	0.2	0.3	0.4	0.5	0.6
$\dfrac{h}{b}$	1	1.5091	1.62	1.7037	1.7715	1.829	1.5091	1.62	1.7037	1.7715	1.829
	1.5	1.6365	1.7569	1.8476	1.9212	1.9835	1.3915	1.4939	1.571	1.6335	1.6865
	2	1.7335	1.8609	1.957	2.035	2.1009	1.3137	1.4103	1.4831	1.5422	1.5922
	2.5	1.8126	1.9459	2.0463	2.1278		1.2564	1.3488	1.4184	1.4749	
	3	1.8799	2.0181	2.1223			1.2114	1.3005	1.3676		
	3.5	1.9388	2.0813				1.1746	1.261			
	4	1.9912					1.1437				

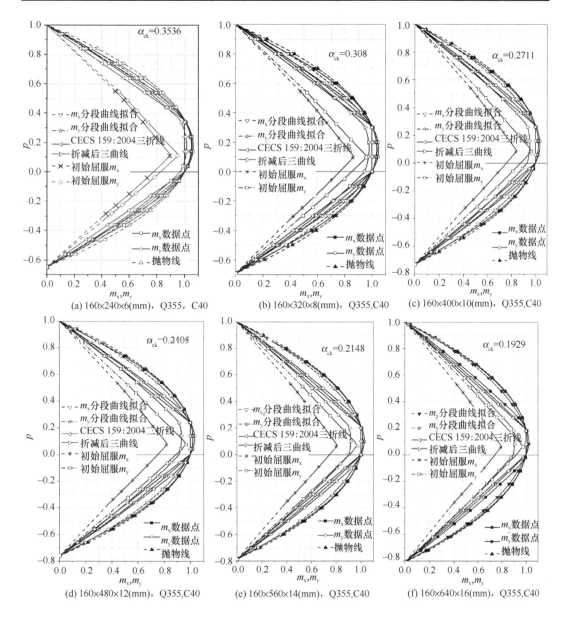

(a) 160×240×6(mm)，Q355，C40　(b) 160×320×8(mm)，Q355,C40　(c) 160×400×10(mm)，Q355,C40

(d) 160×480×12(mm) Q355,C40　(e) 160×560×14(mm)，Q355,C40　(f) 160×640×16(mm)，Q355,C40

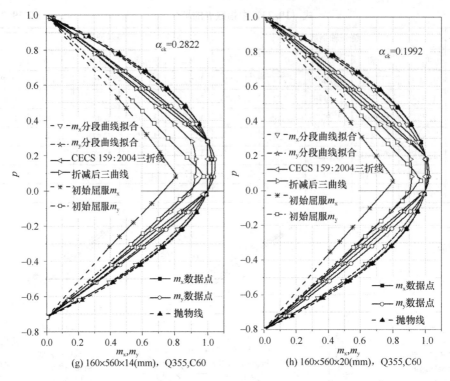

(g) 160×560×14(mm)，Q355,C60　　(h) 160×560×20(mm)，Q355,C60

图 19.10　宽矩形钢管混凝土单向压弯荷载下的相关关系

　　方钢管和矩形钢管混凝土截面在给定轴压比下双向弯矩的相关关系如图 19.11、图 19.12 所示。图中的曲线，可以参照式（19.26）的公式计算，即：

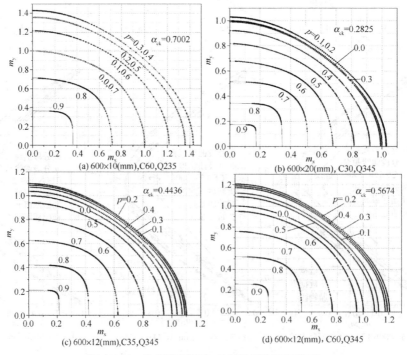

(a) 600×10(mm),C60,Q235　　(b) 600×20(mm), C30,Q345

(c) 600×12(mm),C35,Q345　　(d) 600×12(mm), C60,Q345

图 19.11　方钢管混凝土双向压弯的极限曲面

$$\left[\left(\frac{M_x}{M_{Pcx}}\right)^\alpha + \left(\frac{M_y}{M_{Pcy}}\right)^\alpha\right]^{1/\alpha} = 1.0 \tag{19.26}$$

$$p \leqslant \alpha_{ck}: \alpha = 1.66$$

$$p > \alpha_{ck}: \alpha = 1.66 + 7\alpha_{ck}(p - \alpha_{ck})$$

式中，M_{Pcx} 是在轴力 P 同时作用下绕 x 轴的抗弯承载力，M_{Pcy} 是在轴力 P 同时作用下绕 y 轴的抗弯承载力。图 19.13 给出了公式与两个理论分析结果图的对比，可见符合良好。对宽矩形钢管混凝土，式（19.26）仍然成立，如图 19.13（a）所示。

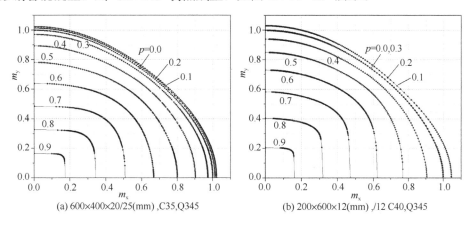

(a) 600×400×20/25(mm)，C35,Q345

(b) 200×600×12(mm)，/12 C40,Q345

图 19.12 矩形钢管混凝土截面极限曲面

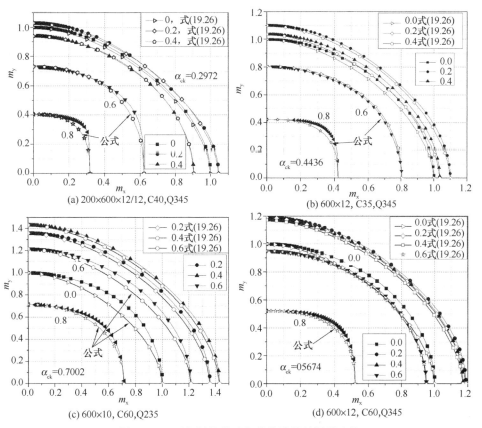

(a) 200×600×12/12, C40,Q345

(b) 600×12, C35,Q345

(c) 600×10, C60,Q235

(d) 600×12, C60,Q345

图 19.13 近似计算公式与数值计算结果的比较

665

19.1.5　圆钢管混凝土截面

圆钢管混凝土截面在双向压弯的状态下，应先将两个弯矩合成为 $M = \sqrt{M_x^2 + M_y^2}$，然后按照单向压弯计算。图 19.14 是压力和弯矩作用下形成塑性铰时的拉压屈服区分布。此时钢管和混凝土受压区的应力，可假定采用全截面轴压时相同的值：$f'_y = \beta_{sz} f_y$，$f'_{ck} = \beta_{cz} f_{ck}$；受拉区钢管的屈服应力采用圆钢管受拉屈服应力 $f''_y = \beta_{sL} f_y = 1.1 f_y$，见第 19.2.1 节的推导。

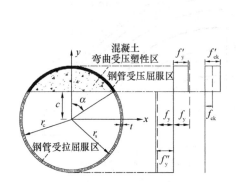

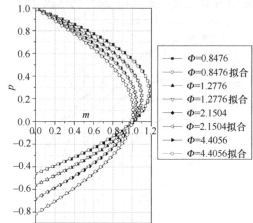

图 19.14　圆钢管混凝土截面　　　　图 19.15　圆钢管混凝土截面轴力与弯矩相关关系

记 r_c 是圆钢管的内半径，r_s 是钢管的中面半径，则轴力和弯矩是（图 19.15）：

$$P = r_c^2 (\alpha - \sin\alpha\cos\alpha)\beta_{cz} f_{ck} + 2\alpha r_s t \beta_{sz} f_y - 1.1(2\pi - 2\alpha) r_s t f_y \qquad (19.27a)$$

$$M = \frac{2}{3} r_c^3 \beta_{cz} \sin^3\alpha f_{ck} + 2 r_s^2 t (1.1 + \beta_{sz}) f_y \sin\alpha \qquad (19.27b)$$

全截面屈服轴力是（考虑混凝土与钢管相互作用）：

$$P_P = A_s f'_y + A_c f'_{ck} = \beta_{sz} A_s f_y + \beta_{cz} A_c f_{ck} \qquad (19.28a)$$

$$\beta_{sz} = \frac{3\Phi + 2}{\sqrt{3(3\Phi^2 + 6\Phi + 4)}} \qquad (19.28b)$$

$$\beta_{cz} = 1 + \frac{4\Phi}{\sqrt{3(3\Phi^2 + 6\Phi + 4)}} \qquad (19.28c)$$

纯弯时的塑性弯矩：此时中性轴与钢管中面相交处对应的 α 角由合力为 0 确定：

$$(2\alpha - \sin 2\alpha)\beta_{cz} \frac{r_c^2 f_{ck}}{2 r_s t f_y} = 2.2\pi - 2\alpha(1.1 + \beta_{sz}) \qquad (19.28d)$$

求解式（19.28d）得到表 19.3，拟合公式是：

$$\alpha = 0.74 + \frac{0.81\Phi}{1 + \Phi} \qquad (19.28e)$$

如果取 $\beta_{cz} = \beta_{sz} = \beta_{sL} = 1$，则式（19.28d）简化为：

$$(2\alpha - \sin2\alpha)/\Phi = 2\pi - 4\alpha \tag{19.28f}$$

求得的 α 也列在表19.3中。

$$\alpha = 0.51 + \frac{\Phi}{0.5 + \Phi} \tag{19.28g}$$

纯弯中性轴位置 表 19.3

Φ	0.3	0.5	0.75	1	1.25	1.5
α (19.28d)	0.9127	1.0148	1.094	1.149	1.191	1.2247
α (19.28f)	0.8942	1.0105	1.1035	1.167	1.215	1.2525
Φ	1.75	2	2.25	2.5	2.75	3
α (19.28d)	1.253	1.277	1.298	1.3165	1.3329	1.3475
α (19.28f)	1.282	1.307	1.3275	1.3453	1.3606	1.374

对式（19.27b）求导，$dM/d\alpha = 0$，可以得到 $\alpha = 0.5\pi$，从而得到最大弯矩为：

$$M_{umax} = \frac{2}{3}r_c^3\beta_{cz}f_{ck} + 2r_s^2t(1.1 + \beta_{sz})f_{yk} = M_{ps,k} + 0.5M_{pc,k} \tag{19.29}$$

式中

$$M_{pc,k} = \frac{2}{3}r_c^3\beta_{cz}f_{ck} \tag{19.30a}$$

$$M_{ps,k} = 2r_s^2t(\beta_{sL} + \beta_{sz})f_y \tag{19.30b}$$

式（19.30a）和式（19.30b）给出的轴力和弯矩相关关系的算例如图19.16（a）～（d）所示，轴力项因为拉压均有提高，弯矩也有明显的提高。此时

$$P|_{M=M_{max}} = \frac{1}{2}[A_c\beta_{cz}f_{ck} - (1.1 - \beta_{sz})A_sf_{yk}] = \frac{1}{2}(P_P - P_t) = \frac{1}{2}\alpha'_{ck}P_P \tag{19.30c}$$

$$\alpha'_{ck} - 1 \qquad \frac{1.1A_sf_{yk}}{A_c\beta_{cz}f_{ck} + \beta_{sz}A_sf_{yk}} \tag{19.30d}$$

无量纲化的曲线如图19.16（e）所示，可见，考虑和不考虑钢管与混凝土相互约束作用，无量纲的曲线是类似的，因此借用不考虑相互作用的相关公式：

$$\frac{1}{1-\alpha'_{ck}}\left(\frac{P}{P_P}\right)^2 - \frac{\alpha'_{ck}}{1-\alpha'_{ck}}\frac{P}{P_P} + \frac{M}{M_{Px0}} - 1 \tag{19.31a}$$

其中 M_{Px0} 可以由式（19.28e）代入式（19.27b）得到，也可以由 $M_{u,max}$ 反求：

$$\frac{M_{u,max}}{M_{Px0}} = 1 + \frac{\alpha'^2_{ck}}{4(1-\alpha'_{ck})} \tag{19.31b}$$

$$M_{Px0} - \frac{4(1-\alpha'_{ck})}{(2-\alpha'_{ck})^2}M_{u,max} \tag{19.31c}$$

图19.15给出了未考虑相互作用的相关曲线与式（19.21）的对比，将它应用于相互作用情况，略偏安全。式（19.31）在 $\alpha'_{ck} = 0$ 时退化为抛物线，与圆钢管的曲线比较接近。

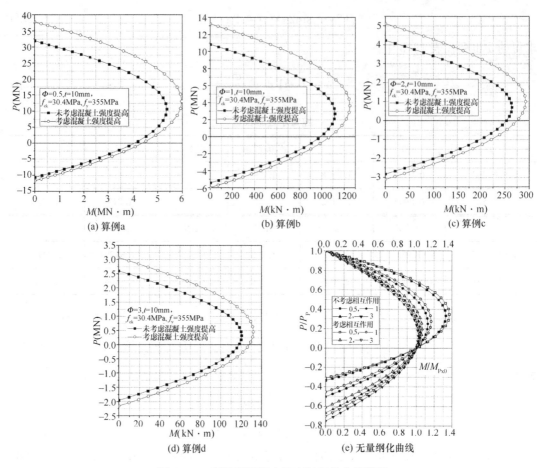

图 19.16　圆钢管混凝土压弯杆相关曲线算例

19.2　钢管混凝土拉杆

19.2.1　圆钢管混凝土的拉杆

对圆钢管混凝土，应力-应变关系推导如下：混凝土的应力、应变以压为正，而径向位移 u_r 以向外为正，混凝土周边受到径向压力记为 p（以压为正）。因为开裂了，按照平面应力问题对待：

$$\begin{cases} u_r(r) = \dfrac{2(1-\mu_c)Cr}{E_c} \\[2mm] \sigma_r = 2C \\[2mm] \sigma_\theta = 2C \end{cases} \tag{19.32}$$

环向应变：ε_{cr} 和 $\varepsilon_{c\theta}$ 以压为正：

$$\varepsilon_{cr} = \varepsilon_{c\theta} = \frac{1}{E_c}\big[(1-\mu_c)p - \mu_c\sigma_{cz}\big] = -\frac{u_r}{0.5D_c} = \frac{1-\mu_c}{E_c}p \tag{19.33}$$

式中，D_c 是混凝土的直径。将式（19.32）代入上式得到：

$$u_r = -\frac{1-\mu_c}{2E_c}D_c p \tag{19.34}$$

另一方面，圆钢管在应变 $\varepsilon_{cz} = \varepsilon_{sz} = \varepsilon_z$ 和内压作用下，$\sigma_{s\theta}$、$\varepsilon_{s\theta}$、σ_{sz}、ε_{sz} 以拉为正，环向拉应力是：

$$\sigma_{s\theta} = \frac{E}{1-\mu^2}(\varepsilon_{s\theta} + \mu\varepsilon_{sz}) = \frac{E}{1-\mu^2}\left(\frac{u_r}{0.5D_m} + \mu\varepsilon_{sz}\right) = \frac{pD_c}{2t} \tag{19.35a}$$

将 u_r 代入得到：

$$\sigma_{s\theta} = \frac{E}{1-\mu^2}\left(\frac{1-\mu_c}{E_c} \cdot \frac{D_c}{D_m}p + \mu\varepsilon_{sz}\right) = \frac{pD_c}{2t} \tag{19.35b}$$

由上式得到界面压应力：

$$p = \frac{\mu\varepsilon_{sz}}{D_c}\left(\frac{1-\mu_c}{E_c D_m} + \frac{1-\mu^2}{2Et}\right)^{-1} \tag{19.35c}$$

$$\sigma_{s\theta} = \frac{\mu X}{(1+X)} \times \frac{E\varepsilon_{sz}}{1-\mu^2} \tag{19.35d}$$

$$X = \frac{(1-\mu^2)}{(1-\mu_c)}\frac{E_c D_m}{2Et} \tag{19.35e}$$

纵向正应力是：

$$\sigma_{sz} = \frac{E}{1-\mu^2}(\varepsilon_{sz} + \mu\varepsilon_{s\theta}) = \frac{E}{1-\mu^2}\left(\varepsilon_{sz} + \mu\frac{u_r}{0.5D_m}\right) = \frac{E}{1-\mu^2}\left(S_{sz} - \mu\frac{1-\mu_c}{E_c}\frac{D_c}{D_m}p\right) \tag{19.35f}$$

$$\sigma_{sz} = \left(1 - \frac{\mu^2}{1+X}\right)\frac{E}{1-\mu^2}\varepsilon_{sz} = E'\varepsilon_{sz} \tag{19.35g}$$

代入钢管的 Mises 屈服准则：$\sigma_{sz}^2 + \sigma_{s\theta}^2 - \sigma_{sz}\sigma_{s\theta} = f_{yk}^2$，得到：

$$\sigma_{sz} = \chi_{pipe}f_{yk} \tag{19.36a}$$

$$\chi_{pipe} = \frac{1 - \frac{\mu^2}{1+X}}{\sqrt{1 - \frac{2\mu^2 + \mu X}{1+X} + \mu^2\frac{\mu^2 + \mu X + X^2}{(1+X)^2}}} \tag{19.36b}$$

表 19.4 列出了圆钢管混凝土的钢材抗拉屈服强度提高系数 χ_{pipe}。

圆钢管混凝土的钢材抗拉屈服强度提高系数 χ_{pipe} 表 19.4

$\dfrac{D}{t}$	χ_{C30}	χ_{C40}	χ_{C50}	χ_{C60}
	30000	32500	34500	36000
100	1.1160	1.1167	1.11716	1.1160
90	1.1151	1.1158	1.11631	1.1151
80	1.1139	1.1147	1.11525	1.1139
70	1.1124	1.1133	1.11392	1.1124
60	1.1104	1.1114	1.11216	1.1114
55	1.1092	1.1103	1.11106	1.1103
50	1.1077	1.1089	1.10976	1.1089
45	1.1060	1.1073	1.10819	1.1073
40	1.1038	1.1053	1.10628	1.1053
35	1.1012	1.1028	1.10388	1.1047
30	1.0978	1.0995	1.10079	1.1017

续表

$\dfrac{D}{t}$	χ_{C30}	χ_{C40}	χ_{C50}	χ_{C60}
	30000	32500	34500	36000
25	1.0933	1.0953	1.09668	1.0976
20	1.0872	1.0894	1.09094	1.0920

19.2.2　方钢管混凝土拉杆

混凝土弹性模量和泊松比是 E_c、μ_c，钢板弹性模量和泊松比是 E、μ。如果钢管与混凝土不发生接触，则混凝土的应变和位移是（忽略拉应力）：

$$\varepsilon_{x0} = \varepsilon_{y0} = 0,\ \varepsilon_{z0} = 0,\ u_{c0} = 0,\ v_{c0} = 0 \tag{19.37}$$

它们不对应任何水平约束应力。没有内部混凝土抵抗时，钢板宽度方向收缩是（位移仍然以向外为正）：

$$u_{s0} = -0.5\mu\varepsilon_z b_m \tag{19.38a}$$

$$v_{s0} = -0.5\mu\varepsilon_z h_m \tag{19.38b}$$

式中，b_m 和 h_m 分别是钢管板件中面到中面的距离。

设钢管四壁真正的侧向位移是：腹板垂直于 x 轴，位移是 u，翼缘垂直于 y 轴，位移为 v。位移差值 $(u_{c0} - u) = -u$ 和 $(v_{c0} - v) = -v$ 产生横向压力。矩形钢管混凝土按照平截面假定施加均匀的拉应变 $\varepsilon_{cz} = \varepsilon_{sz} = \varepsilon_z$，由此产生的钢管与混凝土之间的压力，在腹板边和翼缘边分别是 p_x 和 p_y。坐标系如图 19.17（b）所示，坐标原点建立在形心。引入如下的假定：坐标 x 为常量的线上混凝土的 y 方向的正应力 σ_{cy} 为常量，坐标 y 为常量的线上混凝土的 x 方向的正应力 σ_{cx} 是常量。如图 19.17（c）所示，p_x 和 p_y 沿截面的高度和宽度变化，矩形混凝土四个边法向正应力就是 p_x 和 p_y。根据弹性力学平面问题应力-应变关系得到（因为开裂了按照平面应力问题对待）：

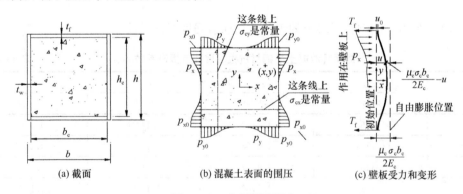

图 19.17　方钢管混凝土

腹板边（$x = 0.5b_c$）：

$$\sigma_{cx}(0.5b_c, y) = \frac{E_c}{1 - \mu_c^2}\left[\varepsilon_{cx}(0.5b_c, y) + \mu_c\varepsilon_{cy0}\right] \tag{19.39a}$$

式中，ε_{cy0} 是 $x = 0.5b_c$ 这条边上的 y 方向的应变。同理在 $y = 0.5h_c$ 的边上：

$$\sigma_{cy}(x, 0.5h_c) = \frac{E_c}{1 - \mu_c^2}\left[\varepsilon_{cy}(x, 0.5h_c) + \mu_c\varepsilon_{cx0}\right] \tag{19.39b}$$

z 方向（竖向）的正应力因为受拉开裂而等于 0：

$$\sigma_{cz}(x,y) = E'_c\left[(1-\mu_c)\varepsilon_{cz} + \mu_c(\varepsilon_{cx} + \varepsilon_{cy})\right] = 0 \tag{19.40a}$$

$$\varepsilon_{cz} = -\frac{\mu_c}{1-\mu_c}(\varepsilon_{cx} + \varepsilon_{cy}) \tag{19.40b}$$

其中 $E'_c = \dfrac{E}{(1+\mu_c)(1-2\mu_c)}$。根据假定，混凝土应变为：

$$\varepsilon_{cx} = \frac{u(x,y)}{x} = \frac{u(0.5b_c,y)}{0.5b_c} \tag{19.41a}$$

$$\varepsilon_{cy} = \frac{v(x,y)}{y} = \frac{v(x,0.5h_c)}{0.5h_c} \tag{19.41b}$$

第一象限的角点位移 (u_0,v_0)、角点应变（也是在边长方向的应变）记为：

$$\varepsilon_{cx0} = \frac{u_0}{0.5b_c} \tag{19.42a}$$

$$\varepsilon_{cy0} = \frac{v_0}{0.5h_c} \tag{19.42b}$$

式中，ε_{cz}、σ_{cz} 改为以压为正，式（19.40b）变为：

$$\varepsilon_{cz} = -\frac{2\mu_c}{1-\mu_c}\left[\frac{u(0.5b_c,y)}{b_c} + \frac{v(x,0.5h_c)}{h_c}\right] \tag{19.43}$$

混凝土横向应力变为混凝土与钢管之间的作用力，以压为正，表达式为：

$$p_x = -\sigma_{cx}(0.6b_c,y) = -\frac{E_c}{1-\mu_c^2}\left[\frac{u(0.5b_c,y)}{0.6b_c} + \mu_c\frac{v_0}{0.5h_c}\right]$$

$$= \frac{2E_c}{(1-\mu_c^2)b_c}\left[-u(0.5b_c,y) - \mu_c\frac{b_c}{h_c}v_0\right]$$

$$p_x = K_w\left(-u - \mu_c\frac{b_c}{h_c}v_0\right) \tag{19.44a}$$

$$p_y = K_f\left[-v(x,0.5h_c) - \mu_c\frac{h_c}{b_c}u_0\right] \tag{19.44b}$$

$$K_w = \frac{2E_c}{(1-\mu_c^2)b_c} \tag{19.45a}$$

$$K_f = \frac{2E_c}{(1-\mu_c^2)h_c} \tag{19.45b}$$

钢管壁板的弯曲方程：

$$D_w\frac{d^4u}{dy^4} = p_x = K_w\left[-u(0.5b_c,y) - \mu_c\frac{b_c}{h_c}v_0\right] \tag{19.46a}$$

$$D_f\frac{d^4v}{dx^4} = p_y = K_f\left[-v(x,0.5h_c) - \mu_c\frac{h_c}{b_c}u_0\right] \tag{19.46b}$$

式中，$D_w = \dfrac{Et_w^3}{12(1-\mu^2)}$、$D_f = \dfrac{Et_f^3}{12(1-\mu^2)}$ 分别是腹板和翼缘板抗弯刚度。壁板是拉弯板件，拉力对弯曲的影响也应考虑在内，但是拉力是因板件弯曲而产生，是二阶效应，可先不考虑。将 p_x 和 p_y 代入得到：

$$D_w\frac{d^4u}{dy^4} + K_wu = -\mu_cK_w\frac{b_c}{h_c}v_0 \tag{19.47a}$$

$$D_{\mathrm{f}}\frac{d^4 v}{dx^4}+K_{\mathrm{f}}v=-\mu_{\mathrm{c}}K_{\mathrm{f}}\frac{h_{\mathrm{c}}}{b_{\mathrm{c}}}u_0 \tag{19.47b}$$

记： $$k_{\mathrm{f}}=\sqrt[4]{\frac{K_{\mathrm{f}}}{4D_{\mathrm{f}}}} \tag{19.48a}$$

$$k_{\mathrm{w}}=\sqrt[4]{\frac{K_{\mathrm{w}}}{4D_{\mathrm{w}}}} \tag{19.48b}$$

$$\frac{k_{\mathrm{w}}}{k_{\mathrm{f}}}=\sqrt[4]{\frac{D_{\mathrm{f}}K_{\mathrm{w}}}{D_{\mathrm{w}}K_{\mathrm{f}}}}=\sqrt[4]{\frac{t_{\mathrm{f}}^3 h_{\mathrm{c}}}{t_{\mathrm{w}}^3 b_{\mathrm{c}}}} \tag{19.48c}$$

方程（19.47a）和（19.47b）的特解是：

$$u^*=-\frac{\mu_{\mathrm{c}}b_{\mathrm{c}}}{h_{\mathrm{c}}}v_0 \tag{19.49a}$$

$$v^*=-\mu_{\mathrm{c}}\frac{h_{\mathrm{c}}}{b_{\mathrm{c}}}u_0 \tag{19.49b}$$

板中点的 x 坐标取为 0。则利用对称性，微分方程的解为：

$$u=\frac{1}{2}\varepsilon_{\mathrm{sz}}b_{\mathrm{c}}(A_{\mathrm{w}0}\sinh k_{\mathrm{w}}y\sin k_{\mathrm{w}}y+C_{\mathrm{w}0}\cos k_{\mathrm{w}}y\cosh k_{\mathrm{w}}y)+u^* \tag{19.50a}$$

$$v=\frac{1}{2}\varepsilon_{\mathrm{sz}}h_{\mathrm{c}}(A_{\mathrm{f}0}\sinh k_{\mathrm{f}}x\sin k_{\mathrm{f}}x+C_{\mathrm{f}0}\cos k_{\mathrm{f}}x\cosh k_{\mathrm{f}}x)+v^* \tag{19.50b}$$

其中 $A_{\mathrm{f}0}$、$C_{\mathrm{f}0}$、$A_{\mathrm{w}0}$、$C_{\mathrm{w}0}$ 均为待定系数。界面压力为：

$$p_{\mathrm{x}}=K_{\mathrm{w}}(u^*-u)=-\frac{1}{2}b_{\mathrm{c}}\varepsilon_{\mathrm{sz}}K_{\mathrm{w}}(A_{\mathrm{w}0}\sinh k_{\mathrm{w}}y\sin k_{\mathrm{w}}y+C_{\mathrm{w}0}\cos k_{\mathrm{w}}y\cosh k_{\mathrm{w}}y)$$

$$\tag{19.51a}$$

$$p_{\mathrm{y}}=K_{\mathrm{f}}(v^*-v)=-\frac{1}{2}h_{\mathrm{c}}\varepsilon_{\mathrm{sz}}K_{\mathrm{f}}(A_{\mathrm{f}0}\sinh k_{\mathrm{f}}x\sin k_{\mathrm{f}}x+C_{\mathrm{f}0}\cos k_{\mathrm{f}}x\cosh k_{\mathrm{f}}x) \tag{19.51b}$$

钢管壁板的横向拉力为：

$$T_{\mathrm{f}}=\int_0^{h_{\mathrm{c}}/2}p_{\mathrm{x}}\mathrm{d}y=-\frac{K_{\mathrm{w}}b_{\mathrm{c}}\varepsilon_{\mathrm{sz}}}{4k_{\mathrm{w}}}\left[\begin{array}{l}A_{\mathrm{w}0}(-\sinh U_{\mathrm{w}}\cos U_{\mathrm{w}}+\cosh U_{\mathrm{w}}\sin U_{\mathrm{w}})\\+C_{\mathrm{w}0}(\cosh U_{\mathrm{w}}\cdot\sin U_{\mathrm{w}}+\sinh U_{\mathrm{w}}\cdot\cos U_{\mathrm{w}})\end{array}\right] \tag{19.52a}$$

$$T_{\mathrm{w}}=\int_0^{b_{\mathrm{c}}/2}p_{\mathrm{y}}\mathrm{d}x=-\frac{K_{\mathrm{f}}h_{\mathrm{c}}\varepsilon_{\mathrm{sz}}}{4k_{\mathrm{f}}}\left[\begin{array}{l}A_{\mathrm{f}0}(-\sinh U_{\mathrm{f}}\cos U_{\mathrm{f}}+\cosh U_{\mathrm{f}}\sin U_{\mathrm{f}})\\+C_{\mathrm{f}0}(\cosh U_{\mathrm{f}}\cdot\sin U_{\mathrm{f}}+\sinh U_{\mathrm{f}}\cdot\cos U_{\mathrm{f}})\end{array}\right] \tag{19.52b}$$

式中，$U_{\mathrm{w}}=0.5k_{\mathrm{w}}h_{\mathrm{c}}$，$U_{\mathrm{f}}=0.5k_{\mathrm{f}}b_{\mathrm{c}}$。引入式（19.49a）和式（19.49b）后，联立求解角点的位移，得到：

$$u_0=\frac{b_{\mathrm{c}}\varepsilon_{\mathrm{sz}}}{2(1-\mu_{\mathrm{c}}^2)}\left[\begin{array}{l}(A_{\mathrm{w}0}\sinh U_{\mathrm{w}}\sin U_{\mathrm{w}}+C_{\mathrm{w}0}\cos U_{\mathrm{w}}\cosh U_{\mathrm{w}})\\-\mu_{\mathrm{c}}(A_{\mathrm{f}0}\sinh U_{\mathrm{f}}\sin U_{\mathrm{f}}+C_{\mathrm{f}0}\cos U_{\mathrm{f}}\cosh U_{\mathrm{f}})\end{array}\right] \tag{19.53a}$$

$$v_0=\frac{h_{\mathrm{c}}\varepsilon_{\mathrm{sz}}}{2(1-\mu_{\mathrm{c}}^2)}\left[\begin{array}{l}(A_{\mathrm{f}0}\sinh U_{\mathrm{f}}\sin U_{\mathrm{f}}+C_{\mathrm{f}0}\cos U_{\mathrm{f}}\cosh U_{\mathrm{f}})\\-\mu_{\mathrm{c}}(A_{\mathrm{w}0}\sinh U_{\mathrm{w}}\sin U_{\mathrm{w}}+C_{\mathrm{w}0}\cos U_{\mathrm{w}}\cosh U_{\mathrm{w}})\end{array}\right] \tag{19.53b}$$

确定四个常数的条件是：在角点，位移的一阶导数为 0：$u'|_{y=0.5h_{\mathrm{c}}}=0$，$v'|_{x=0.5b_{\mathrm{c}}}=0$，代入得到：

$$(\sinh U_{\mathrm{w}}\cos U_{\mathrm{w}}+\cosh U_{\mathrm{w}}\sin U_{\mathrm{w}})A_{\mathrm{w}0}+(\cos U_{\mathrm{w}}\sinh U_{\mathrm{w}}-\sin U_{\mathrm{w}}\cosh U_{\mathrm{w}})C_{\mathrm{w}0}=0$$

$$\tag{19.54a}$$

$$(\sinh U_{\mathrm{f}}\cos U_{\mathrm{f}}+\cosh U_{\mathrm{f}}\sin U_{\mathrm{f}})A_{\mathrm{f}0}+(\cos U_{\mathrm{f}}\sinh U_{\mathrm{f}}-\sin U_{\mathrm{f}}\cosh U_{\mathrm{f}})C_{\mathrm{f}0}=0$$

$$\tag{19.54b}$$

另外两个条件必须采用混凝土和钢管的变形协调。所以下面分析钢管部分的应力和变形。

钢管横向的应力和应变记为 σ_{sx}、ε_{sx}、σ_{sy}、ε_{sy}，以拉为正，其中腹板带下标 y，翼缘带下标 x。竖向的 σ_{sz}、ε_{sz} 以拉为正。根据弹性力学平面应力问题的应力-应变关系：

腹板：
$$T_w = \sigma_{sy} t_w = \frac{E t_w}{1-\mu^2}(\varepsilon_{sy} + \mu \varepsilon_{sz}) = \frac{E t_w}{1-\mu^2}\left(\frac{2v_0}{h_c} + \mu \varepsilon_{sz}\right) \tag{19.55a}$$

翼缘：
$$T_f = \sigma_{sx} t_f = \frac{E t_f}{1-\mu^2}(\varepsilon_{sx} + \mu \varepsilon_{sz}) = \frac{E t_f}{1-\mu^2}\left(\frac{2u_0}{b_c} + \mu \varepsilon_{sz}\right) \tag{19.55b}$$

式（19.53a，b）与式（19.55a，b）相等，得到求解待定常数的第 3、4 个方程：

$$A_{f0}\left[\sinh U_f \sin U_f + \Pi_w(\cosh U_f \sin U_f - \sinh U_f \cos U_f)\right]$$
$$+ C_{f0}\left[\cos U_f \cosh U_f + \Pi_w(\cosh U_f \cdot \sin U_f + \sinh U_f \cdot \cos U_f)\right]$$
$$- \mu_c(A_{w0}\sinh U_w \sin U_w + C_{w0}\cos U_w \cosh U_w) = -\frac{(1-\mu_c^2)\mu h_m}{h_c} \tag{19.56a}$$

$$A_{w0}\left[\sinh U_w \sin U_w + \Pi_f(-\sinh U_w \cos U_w + \cosh U_w \sin U_w)\right]$$
$$+ C_{w0}\left[\cos U_w \cosh U_w + \Pi_f(\cosh U_w \cdot \sin U_w + \sinh U_w \cdot \cos U_w)\right]$$
$$- \mu_c(A_{f0}\sinh U_f \sin U_f + C_{f0}\cos U_f \cosh U_f) = -\frac{(1-\mu_c^2)\mu b_m}{b_c} \tag{19.56b}$$

式中

$$\frac{E_c}{E}\frac{k_f}{k_w}\frac{b_m}{t_f}\frac{(1-\mu^2)}{4U_f} = \Pi_f \tag{19.57a}$$

$$\frac{E_c}{E}\frac{h_m k_w}{t_w k_f}\frac{(1-\mu^2)}{4U_w} = \Pi_w \tag{19.57b}$$

由式（19.54a，b）给出：

$$A_{f0} = -\frac{(\sinh U_f \cos U_f - \cosh U_f \sin U_f)}{(\sinh U_f \cos U_f + \cosh U_f \sin U_f)}C_{f0} \tag{19.58a}$$

$$A_{w0} = -\frac{(\sinh U_w \cos U_w - \cosh U_w \sin U_w)}{(\sinh U_w \cos U_w + \cosh U_w \sin U_w)}C_{w0} \tag{19.58b}$$

代入式（19.60a，b），化简后得：

$$(\xi_f + \Pi_w \zeta_f)C_{f0} - \mu_c \xi_w C_{w0} = -\frac{(1-\mu_c^2)\mu h_m}{h_c} \tag{19.59a}$$

$$(\xi_w + \Pi_f \zeta_w)C_{w0} - \mu_c \xi_f C_{f0} = -\frac{(1-\mu_c^2)\mu b_m}{b_c} \tag{19.59b}$$

$$\xi_w = \frac{\sinh 2U_w + \sin 2U_w}{2(\sinh U_w \cos U_w + \cosh U_w \sin U_w)} \tag{19.60a}$$

$$\xi_f = \frac{\sinh 2U_f + \sin 2U_f}{2(\sinh U_f \cos U_f + \cosh U_f \sin U_f)} \tag{19.60b}$$

$$\zeta_f = \frac{2(\sin^2 U_f + \sinh^2 U_f)}{\sinh U_f \cos U_f + \cosh U_f \sin U_f} \tag{19.61a}$$

$$\zeta_w = \frac{2(\sin^2 U_w + \sinh^2 U_w)}{\sinh U_w \cos U_w + \cosh U_w \sin U_w} \tag{19.61b}$$

可以解得：

$$C_{w0} = -\frac{(1-\mu_c^2)\mu}{(\xi_w + \Pi_f \zeta_w)(\xi_f + \Pi_w \zeta_f) - \mu_c^2 \xi_f \xi_w}\left[(\xi_f + \Pi_w \zeta_f)\frac{b_m}{b_c} + \mu_c \xi_f \frac{h_m}{h_c}\right] \tag{19.62a}$$

$$C_{\text{f0}} = -\frac{(1-\mu_c^2)\mu}{(\xi_w + \Pi_f \zeta_w)(\xi_f + \Pi_w \zeta_f) - \mu_c^2 \xi_f \xi_w} \left[(\xi_w + \Pi_f \zeta_w)\frac{h_m}{h_c} + \mu_c \xi_w \frac{b_m}{b_c} \right] \quad (19.62b)$$

再由式（19.62a，b）求出 A_{f0}、A_{w0}。方钢管的 $A_{\text{w0}} = A_{\text{f0}}$、$C_{\text{w0}} = C_{\text{f0}}$。壁板宽度方向的应力是：

$$\sigma_{\text{sy}} = \frac{T_w}{t_w} = E\varepsilon_{\text{sz}}\Psi_y \quad (19.63)$$

$$\Psi_y = -\rho_y \left[A_{\text{f0}}(-\sinh U_f \cos U_f + \cosh U_f \sin U_f) + C_{\text{f0}}(\cosh U_f \cdot \sin U_f + \sin U_f \cdot \cos U_f) \right]$$
$$(19.64)$$

$$\rho_y = \frac{1}{2(1-\mu_c^2)}\left(\frac{E_c}{E}\right)^{0.75} \frac{\sqrt[4]{h_c t_f^3}}{t_w} \sqrt[4]{\frac{(1-\mu_c^2)}{6(1-\mu^2)}} \quad (19.65)$$

竖向正应力：

$$\sigma_{\text{sz,w}} = E\varepsilon_{\text{sz}} + \mu\sigma_{\text{sy}} = E\varepsilon_{\text{sz}}(1+\mu\Psi_y) \quad (19.66)$$

矩形截面的情况下 $\sigma_{\text{sz,f}} = E\varepsilon_{\text{sz}} + \mu\sigma_{\text{sx}} = E\varepsilon_{\text{sz}}(1+\mu\Psi_x)$，与 $\sigma_{\text{sz,w}}$ 不同。代入 Mises 屈服准则得到：

$$E\varepsilon_{\text{sz}} = f_{\text{yk}}/\sqrt{\Psi_y^2 + (1+\mu\Psi_y)^2 - \Psi_y(1+\mu\Psi_y)} \quad (19.67)$$

于是竖向抗拉承载力是：

$$\sigma_{\text{sz,w}} = E\varepsilon_{\text{sz}}(1+\mu\Psi_y) = \chi_{\text{box}}f_{\text{yk}} = \frac{1+\mu\Psi_y}{\sqrt{\Psi_y^2 + (1+\mu\Psi_y)^2 - \Psi_y(1+\mu\Psi_y)}}f_{\text{yk}}$$
$$(19.68)$$

表 19.5 列出了方钢管混凝土的钢材抗拉屈服强度提高系数。

方钢管混凝土的钢材抗拉屈服强度提高系数 χ_{box} 　　　　　表 19.5

$\dfrac{b}{t}$	χ_{C30}	χ_{C40}	χ_{C50}	χ_{C60}
	30000	32500	34500	36000
60	1.0504	1.0523	1.0537	1.0547
50	1.0491	1.0509	1.0523	1.0533
40	1.0474	1.0493	1.0507	1.0517
30	1.0454	1.0472	1.0486	1.0496
25	1.0442	1.0460	1.0473	1.0483
20	1.0427	1.0445	1.0458	1.0468
15	1.0408	1.0426	1.0439	1.0448
10	1.0395	1.0410	1.0423	1.0431

19.3　矩形钢管混凝土压杆稳定

19.3.1　素混凝土压杆的切线模量理论稳定系数

分析混凝土理想直压杆的屈曲，无围压混凝土应力-应变曲线由规范给出：

$$\sigma_c = \frac{f_{\text{ck}}}{\varepsilon_{\text{c0}}} \cdot \frac{r\varepsilon_c}{r-1+(\varepsilon_c/\varepsilon_{\text{c0}})^r} \quad (19.69a)$$

切线模量是：

$$E_{c,t} = \frac{d\sigma_c}{d\varepsilon_c} = \frac{f_{ck}}{\varepsilon_{c0}} \cdot \frac{r(r-1)(1-x^r)}{(r-1+x^r)^2} = E_{sec0} \frac{r(r-1)(1-x^r)}{(r-1+x^r)^2} \quad (19.69b)$$

其中 $E_c = \dfrac{102000}{2.3+25/f_{pr}} \cdot \varepsilon_{c0} - 688 + 200\sqrt{f_{pr}}$，$r = \dfrac{0.921+0.1e_0}{1-e_0}$。切线模量理论的临界应力是：

$$\sigma_{cr} = \frac{\pi^2 E_{ct} I_c}{A_c L^2} = \frac{f_{ck}}{\varepsilon_{c0}} \cdot \frac{r\varepsilon_c}{r-1+(\varepsilon_c/\varepsilon_{c0})^r} \quad (19.69c)$$

将切线模量代入，最后得到：

$$\frac{(r-1)\pi^2}{\lambda_n^2}\left[1-\left(\frac{\varepsilon_c}{\varepsilon_{c0}}\right)^r\right] = \varepsilon_c\left[r-1+\left(\frac{\varepsilon_c}{\varepsilon_{c0}}\right)^r\right]$$

$$(19.69d)$$

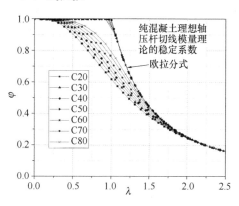

式中，$\lambda_n = \lambda/\lambda_{Ec}$，$\lambda_{Ec} = \pi\sqrt{E_c/f_{ck}}$。将不同强度等级的材料参数代入，给定长细比，求得屈曲时的混凝土应变，然后求得临界应力，获得稳定系数 $\varphi = \sigma_c/f_{ck}$，结果在图 19.18 给出。混凝土强度等级越低，稳定系数越低。这是由于低强度等级的混凝土，混凝土切线模量的下降段较长。而高强度的混凝土，在接近抗压强度时切线模量才有较快的下降。

图 19.18 素混凝土压杆的切线模量稳定系数

19.3.2 理想矩形钢管混凝土（RCFT）压杆的屈曲，考虑残余应力

首先需要明确矩形钢管混凝土压杆的稳定系数、回转半径、长细比等的定义。弹性屈曲临界荷载是：

$$P_E = \frac{\pi^2(EI_s + E_c I_c)}{l^2} = \frac{\pi^2 E(I_s + E_c/E_s \cdot I_c)}{l^2} = \frac{\pi^2 EI_{sc}}{l^2} \quad (19.70)$$

式中，$I_{sc} = I_s + E_c/E \cdot I_c$，全截面屈服荷载：

$$P_P = A_c f_{ck} + A_s f_y = f_y(A_s + A_c f_{ck}/f_y) = A_{sc} f_{yk} \quad (19.71)$$

式中，$A_{sc} = A_s + A_c f_{ck}/f_{yk}$。这样可以定义弹性屈曲临界应力、回转半径和长细比。

$$\sigma_{E,sc} = \frac{P_D}{A_{sc}} = \frac{\pi^2 EI_{sc}}{A_{sc}l^2} = \frac{\pi^2 Ei_{sc}^2}{l^2} = \frac{\pi^2 E}{\lambda^2} \quad (19.72a)$$

$$i_{sc} = \sqrt{\frac{I_{sc}}{A_{sc}}} \quad (19.72b)$$

$$\lambda = \frac{l}{i_{sc}} \quad (19.72c)$$

并定义稳定系数 $\varphi = \dfrac{P_u}{P_P} = \dfrac{A_{sc}\sigma_u}{A_{sc}f_{yk}} = \dfrac{\sigma_u}{f_{yk}}$。

设焊接箱形柱壁板的残余应力分布如图 19.19 所示，残余应力的表达式是：

$$\sigma_r = \left\{0.672\tanh\left[14.4\left(0.4 - \frac{x}{b}\right)\right]\right.$$

$$\left. - 0.398\right\}f_{yk} \quad (19.73a)$$

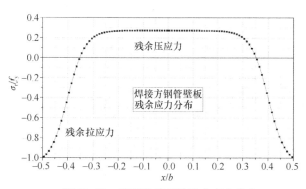

图 19.19 箱形柱壁板的残余应力分布

675

残余应变 $\varepsilon_r = \sigma_r / E$。设钢材为理想弹塑性，临界荷载采用切线模量理论：

$$P_{cr} = \frac{\pi^2 (EI_e + E_{ct} I_c)}{L^2} = \frac{A_c f_{ck}}{\varepsilon_{c0}} \frac{r \varepsilon_c}{r - 1 + (\varepsilon_c / \varepsilon_{c0})^r} + P_s \tag{19.73b}$$

计算步骤如下：

（1）划分钢板的微单元，记录微单元的坐标和面积，给定一个轴压应变 $\varepsilon_z = \varepsilon_c$，计算钢材的总应变 $\varepsilon_s = \varepsilon_z + \varepsilon_r$，总应变达到钢材的屈服应变及以上，应力取 f_{yk}，否则按照胡克定律计算钢材应力，计算合力 $P_s = \Sigma A_{si} \sigma_{si}$，计算弹性核截面的惯性矩 I_e。

（2）计算混凝土的应力和轴力 $P_c = \sigma_c A_c$，计算混凝土的切线模量和切线刚度 $E_{ct} I_c$，计算轴力 $P = P_s + P_c$，令它等于临界荷载，可以得到长度 $L = \pi \sqrt{\dfrac{EI_e + E_{ct} I_c}{P_s + P_c}}$。

（3）计算稳定系数和对应的长细比 $\varphi = \dfrac{P_s + P_c}{A_s f_y + A_c f_{ck}}$，长细比 $\lambda_n = \sqrt{\dfrac{P_P}{P_E}}$，$P_E = \dfrac{\pi^2 (EI_s + E_c I_c)}{L^2}$。

（4）对于钢管内的混凝土，不考虑对强度的提高，但是达到极值点后的应力-应变曲线采用第 18 章的方钢管混凝土的下降段计算公式。下降段的曲线和斜率是：

$$y = \frac{\sigma_{cz}}{f_{ck,p}} = \frac{x(x_{c,\inf} - 1) + \beta_r (x-1)^2}{x(x_{c,\inf} - 1) + (x-1)^2} \tag{19.74a}$$

$$y' = \frac{(\beta_r - 1)(x_{c,\inf} - 1)(x^2 - 1)}{[x(x_{c,\inf} - 1) + (x-1)^2]^2} \tag{19.74b}$$

计算结果如图 19.20 所示（规格尺寸单位：mm，后同），各图中给出了关键描述：

（1）因为图 19.19 所示壁板中间残余压应力接近均布，它使得稳定系数曲线看上去是

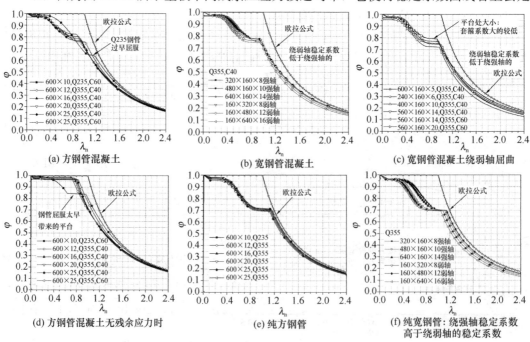

图 19.20　RCFT 理想柱的切线模量稳定系数（考虑残余应力）

两段式；纯钢管稳定系数曲线［图 19.20（e）、（f）］分段处的稳定系数是 $1 - \sigma_r / f_y = 0.726$，稳定系数曲线有一水平段，代表了钢管截面受压屈服引发抗弯刚度的突变。

（2）对纯钢管压杆和钢管混凝土压杆，绕弱轴的稳定系数都低于绕强轴的稳定系数。

（3）Q235 过早屈服（混凝土强度等级太高时）会使得稳定系数有一个平台段。

（4）套箍系数大的，稳定系数较低（计算时未考虑混凝土强度的提高，但考虑了下降段反弯点的应变和残余强度随套箍系数的变化）。

19.3.3 初始弯曲 RCFT 压杆的翼缘屈服稳定系数

有初始弯曲的压杆，受力最大的跨中截面边缘初始屈服时，该截面上的内力就在第 19.1.3 节给出的初始屈服面上。记屈服面上的点为 P_i、M_i。设挠度是正弦半波，跨中初始挠度为 v_{0m}，附加挠度是 v_m，中央截面弯矩 $M_m = P(v_m + v_{0m})$，混凝土受压部分的高度与曲率的关系为：

$$\frac{\varepsilon_y}{x_c} = \frac{\pi^2}{L^2} v_m = \frac{\pi^2}{L^2} \left(\frac{M_i}{P_i} - v_{0m} \right) = \frac{\pi^2}{L^2} \left(\frac{M_i}{P_i} - \frac{L}{500} \right) \tag{19.75a}$$

$$\frac{\varepsilon_y}{x_c} L^2 + \frac{\pi^2}{500} L - \pi^2 \frac{M_i}{P_i} = 0 \tag{19.75b}$$

从上式可以反推长度：

$$L = \frac{x_c}{2\varepsilon_y} \left[-\frac{\pi^2}{500} + \sqrt{\left(\frac{\pi^2}{500} \right)^2 + 4\pi^2 \frac{\varepsilon_y}{x_c} \frac{M}{P}} \right] \tag{19.75c}$$

从而得到与轴力 P_i 对应的长细比，图 19.21 给出初始缺陷分别是 $L/500$ 和 $L/1000$ 的边缘屈服稳定系数。图 19.21（a）是高强钢配低强度混凝土，图 19.21（b）是合适的匹配，图 19.21（c）是低强钢配高强混凝土，图 19.21（d）是方钢管混凝土。从这些图看：（1）钢材强度高配的，与匹配合适的，稳定系数曲线差别不大；但是钢材强度低配的稳定系数曲线较低，因为此时混凝土还处在应力较低的水平。（2）套箍系数大的，长细比大的曲线较高。（3）在相同的初始弯曲下，绕强轴的曲线低于绕弱轴的曲线，这应该是定义屈服是在上翼缘下边缘的结果，这样绕弱轴时屈服区较大导致曲线较高。扣除这个因素，方钢管和矩形钢管混凝土的初始屈服曲线绕强轴和弱轴的初始屈服稳定系数是很接近的。（4）因此较大的影响因素是钢材强度和混凝土强度的匹配，其次是套箍系数的大小。

19.3.4 矩形钢管混凝土轴压杆的稳定系数

本节将 Jezek（1937 年）模型推广于钢管混凝土压杆稳定系数的分析。设初始弯曲为正弦曲线。假设压杆的附加挠曲线也是正弦曲线：$v_0 = v_{0m} \sin \frac{\pi z}{L}$，$v = v_m \sin \frac{\pi z}{L}$；中央截面的曲率为 $\Phi_m = -v'' = \frac{\pi^2}{L^2} v_m$；中央截面的弯矩 $M_m = M_0 + P(v_m + v_{0m})$。

参考图 19.22，称应变为 0 的轴是中性轴，管内混凝土受压最大边缘到中性轴的距离记为 x_c，h_e 为钢管受压屈服位置到下边缘的距离，在受拉侧未屈服时是弹性核高度。受拉边缘的应变为 ε_t，混凝土上下边缘的应变为 ε_{c2}、ε_{t1}，以中性轴为坐标起点 z' 的应变分布和以形心轴为坐标 z 的应变分布是：

$$\Phi_m = \frac{\varepsilon_{yk} + \Delta\varepsilon_z}{x_c + t} \tag{19.76a}$$

$$\varepsilon_z = \Phi_m z' = \Phi_m (x_c - 0.5h_c + z) = \varepsilon_{t1} + \Phi_m (0.5h_c + z) \tag{19.76b}$$

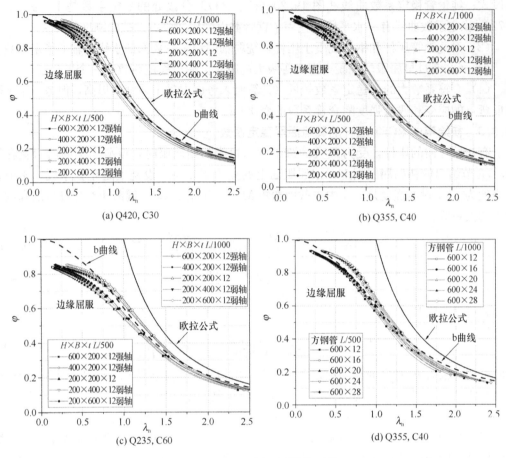

图 19.21　受压翼缘屈服稳定系数

式中，$\Delta\varepsilon_z$ 是受压边缘应变与屈服应变（弹性核上边缘应变）之差，即受压边缘的应变是：

$$\varepsilon_{z,\text{top}} = \varepsilon_y + \Delta\varepsilon_z = \frac{x_c + t}{(x_c + t) - (h - h_e)}\varepsilon_y \tag{19.76c}$$

$$\Delta\varepsilon_z = \frac{h - h_e}{(x_c + t) - (h - h_e)}\varepsilon_{yk} \tag{19.76d}$$

$$\varepsilon_t = \Phi_m(x_c - h_c - t) = \frac{x_c - h_c - t}{x_c + t - (h - h_e)}\varepsilon_{yk} \tag{19.76e}$$

$$\varepsilon_{t1} = \Phi_m(x_c - h_c), \varepsilon_{s2} = \Phi_m x_c \tag{19.76f}$$

上下边缘的应变差 $\varepsilon_{\text{top}} - \varepsilon_{\text{bottom}} = \Phi_m h$。

混凝土的应力-应变关系是：上升段

$$r_p = \frac{E_{c0}}{E_{c0} - E_{\sec,p}} \tag{19.77a}$$

$$E_{c0} = \frac{r_0}{r_1 - 1}E_{\sec 0} > E_c \tag{19.77b}$$

$$r_0 = \frac{0.92 + 0.1e_0}{1 - e_0} \tag{19.77c}$$

$$e_0 = \frac{E_{\text{sec0}}}{E_c} \tag{19.77d}$$

$$y = \frac{Rx}{R - 1 + x^R} \tag{19.78a}$$

$$R(x) = r_p + \beta(r_0 - r_p)x^\eta \tag{19.78b}$$

式中

$$0 \leqslant \beta = \frac{65.6 - f_{\text{pr}}}{42.8} \leqslant 1.0 \tag{19.78c}$$

$$\eta = \frac{1}{\beta(r_0 - r_p)} \tag{19.78d}$$

记 $y' = \mathrm{d}y/\mathrm{d}x$，$R' = \eta\beta(r_0 - r_p)x^{\eta-1}$

$$y' = \frac{R + xR'}{R - 1 + x^R} - \frac{RR'x}{(R - 1 + x^R)^2}(1 + Rx^{R-1}) \tag{19.79a}$$

下降段及其导数是式 (19.74a，b)。式中：

$$\frac{\varepsilon_{c,\text{infl}}}{\varepsilon_{cc,p}} = \frac{2.8}{f_{\text{pr,p}}^{0.12}}\beta_r + \left(1 + \frac{1}{\alpha_{c,d}}\right)(1 - \beta_r) \tag{19.79b}$$

$$\beta_r = \frac{f_{c,\text{res}}}{f_{\text{pr}}} = 2\frac{p_c}{f_{\text{pr}}} + (2.2 + 0.5\Phi)\sqrt{\frac{p_c}{f_{\text{pr}}}} \tag{19.79c}$$

$$\frac{p_c}{f_{\text{pr}}} = \frac{0.24}{f_{\text{pr}}^{0.07}}\Phi^{0.75-0.006\Phi} \tag{18.79d}$$

1. 钢截面仅受压侧屈服的情况（图 19.22）

设计中性轴的坐标是 z_0。如果 $z_0 < -0.5h_0$，则混凝土全部受压，混凝土的合力是：

$$N_c = b_c\int_{-0.5h_0}^{0.5h_0} \sigma_c \mathrm{d}z = b_c f_{\text{pr,p}}\int_{-0.5h_0}^{0.5h_0} y\mathrm{d}z \tag{19.80a}$$

$$M_c = b_c\int_{-0.5h_0}^{0.5h_0} \sigma_c z\mathrm{d}z = b_c f_{\text{pr,p}}\int_{-0.5h_0}^{0.5h_0} yz\mathrm{d}z \tag{19.80b}$$

如果 $z_0 \geqslant -0.5h_0$，则混凝土存在受拉区，混凝土的合力是：

$$N_c = b_c\int_{z_0}^{0.5h_0} \sigma_c \mathrm{d}z = b_c f_{\text{pr,p}}\int_{z_0}^{0.5h_0} y\mathrm{d}z \tag{19.80c}$$

$$M_c = b_c\int_{z_0}^{0.5h_0} \sigma_c z\mathrm{d}z = b_c f_{\text{pr,p}}\int_{z_0}^{0.5h_0} yz\mathrm{d}z \tag{19.80d}$$

z_0 可变，积分上下限为可变函数的微分公式是：

$$\frac{\mathrm{d}}{\mathrm{d}y}\left[\int_{a(y)}^{b(y)} f(x,y)\mathrm{d}x\right] = \int_{a(y)}^{b(y)} \frac{\mathrm{d}}{\mathrm{d}y}f(x,y)\mathrm{d}x + f[b(y),y]\frac{\mathrm{d}b(y)}{\mathrm{d}y} - f[a(y),y]\frac{\mathrm{d}a(y)}{\mathrm{d}y}$$

$$\tag{19.80e}$$

因为在 z_0 处混凝土的压应力为 0，即 $f[a(y),y] = 0$，可见上述两种情况下合力的微分具有相同的表达式，仅积分下限不同。应变无量纲化为：

$$x = \frac{\varepsilon_c}{\varepsilon_{ccp}} = \frac{\varepsilon_y}{\varepsilon_{ccp}} + \frac{v_m\pi^2}{\varepsilon_{ccp}L^2}(0.5h + z - h_e) \tag{19.81a}$$

$$\frac{\mathrm{d}x}{\mathrm{d}v_m} = \frac{\pi^2}{\varepsilon_{ccp}L^2}(0.5h + z - h_c) - \frac{v_m\pi^2}{\varepsilon_{ccp}L^2}\frac{\mathrm{d}h_e}{\mathrm{d}v_m} \tag{19.81b}$$

$$\frac{\mathrm{d}N_c}{\mathrm{d}v_m} = b_c f_{ck,p} \int_{z_0}^{0.5h_0} \frac{\mathrm{d}}{\mathrm{d}x} y(x) \frac{\mathrm{d}x}{\mathrm{d}v_m} \mathrm{d}z = K \frac{\pi^2 E}{L^2} \Big[\int_{z_0}^{0.5h_0} y'(0.5h + z - h_e) z \mathrm{d}z - \Omega \int_{z_0}^{0.5h_0} y'z \mathrm{d}z \Big]$$

$$\text{(19.81c)}$$

$$\frac{\mathrm{d}M_c}{\mathrm{d}v_m} = b_c f_{ck,p} \int_{z_0}^{0.5h_0} \frac{\mathrm{d}}{\mathrm{d}x} y(x) \frac{\mathrm{d}x}{\mathrm{d}v_m} \mathrm{d}z = K \frac{\pi^2 E}{L^2} \Big[\int_{z_0}^{0.5h_0} y'(0.5h + z - h_e) z \mathrm{d}z - \Omega \int_{z_0}^{0.5h_0} y'z \mathrm{d}z \Big]$$

$$\text{(19.81d)}$$

式中 $K = \dfrac{b_c f_{ck,p}}{E \varepsilon_{ccp}}$，$\Omega = v_m \dfrac{\mathrm{d}h_e}{\mathrm{d}v_m}$。

（1）受压区屈服深度小于等于翼缘厚度

此时 $-f_y < \sigma_t \leqslant f_y$，$h - t \leqslant h_e \leqslant h$，$c \leqslant t$。钢截面部分的轴力和弯矩的表达式只有一组，但是混凝土部分根据中性轴穿过混凝土还是在混凝土之外，有两种积分情况。中央截面应力分布如图 19.22（a）所示，下边缘应力 σ_t 以压为正。中性轴离开上屈服区边界的距离是 $h_{e2} = h_e/(1 - \sigma_t/f_y)$，下翼缘上边缘钢截面的应力为 σ_{t1}，上翼缘屈服深度 $c = h - h_e$，中性轴离上翼缘下边缘的距离是 $h_{e2} + c - t$，上翼缘下边缘钢的压应力 σ_{s2} 为：

$$\sigma_{s2} = f_y + \Big(\frac{h_1}{h_e} - 1\Big)(f_y - \sigma_t) \tag{19.82a}$$

$$\sigma_{t1} = f_y + (f_y - \sigma_t)\Big(\frac{t}{h_e} - 1\Big) \tag{19.82b}$$

变形协调条件：

$$\begin{cases} \Phi_m = \dfrac{\varepsilon_y - \varepsilon_t}{h_e} = \dfrac{f_y - \sigma_t}{E h_e} = v_m \dfrac{\pi^2}{L^2} \\[2mm] \varepsilon_y - \varepsilon_t = h_e v_m \dfrac{\pi^2}{L^2} \\[2mm] f_y - \sigma_t = E h_e v_m \dfrac{\pi^2}{L^2} \end{cases} \tag{18.83}$$

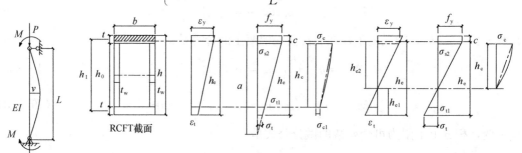

图 19.22（a）　压杆稳定的 Jezek 法：单侧屈服 1

轴力和弯矩是：

$$P = N_c + N_s = N_c + P_{Ps} - (f_y - \sigma_t)\Big[\Big(\frac{h}{2h_e} - 1\Big)A_c + \frac{1}{2}bh_e\Big] \tag{19.84a}$$

$$\begin{aligned} M &= M_c + M_s \\ &= M_c + (f_y - \sigma_t)\Big\{ \frac{1}{h_e}\Big[\frac{1}{6}t_w h_0^3 + \frac{bt}{3}(t^2 + h_1^2) - \frac{bh}{4}\Big(t^2 + \frac{1}{3}h_1^2\Big)\Big] + \frac{bhh_e}{4} - \frac{1}{6}bh_e^2 \Big\} \end{aligned}$$

$$\text{(19.84b)}$$

将变形协调条件代入上面两式，得到：

$$P = N_c + P_{Ps} - v_m \frac{\pi^2 E}{L^2} \left[\frac{1}{2} b h_e^2 - \left(h_e - \frac{h}{2} \right) b_c h_0 \right] \tag{19.84c}$$

$$P(v_m + v_{0m}) + M_0 = M_c + v_m \frac{\pi^2 E}{L^2}$$

$$\left\{ \left[\frac{1}{6} t_w h_0^3 + \frac{bt}{3} (t^2 + h_1^2) - \frac{bh}{4} \left(t^2 + \frac{1}{3} h_1^2 \right) \right] + \frac{b h h_e^2}{4} - \frac{1}{6} b h_e^3 \right\} \tag{19.84d}$$

从以上两式，给定几何和材料参数（包括外弯矩 M_0，本节研究轴压杆，外弯矩先取 0），理论上可以消去 h_e，从而获得轴力 P 和挠度 v_m 之间的关系曲线，该曲线有一个极值点，此极值点就是稳定承载力。为了直接寻找这个极值点，对式（19.84c）求 $\dfrac{dP}{dv_m} = 0$ 得到：

$$\frac{dN_c}{dv_m} - \frac{E\pi^2}{2L^2} [b h_e^2 - (2h_e - h) A_c] - \frac{E\pi^2}{L^2} v_m (b h_e - A_c) \frac{dh_e}{dv_m} = 0 \tag{19.85a}$$

将式（19.81c）代入，整理后得到：

$$\Omega = v_m \frac{dh_e}{dv_m} = \frac{K \displaystyle\int_{-0.5h_0}^{0.5h_0} y'(0.5h + z - h_e)\mathrm{d}z\mathrm{d}z - 0.5[b h_e^2 - (2h_e - h) A_c]}{(b h_e - A_c) + K \displaystyle\int_{-0.5h_0}^{0.5h_0} y'\mathrm{d}z} \tag{19.85b}$$

式（19.84d）表达式为：

$$P = \frac{M_c - M_0}{(v_m + v_{0m})} + \frac{\pi^2 E}{L^2} \frac{v_m}{(v_m + v_{0m})} \left[\frac{1}{6} t_w h_0^3 + \frac{bt}{3} (t^2 + h_1^2) - \frac{bh}{4} \left(t^2 + \frac{1}{3} h_1^2 \right) + \frac{b h h_e^2}{4} - \frac{1}{6} b h_e^3 \right] \tag{19.86a}$$

同样对挠度求导数，并将初始挠度表示为 $v_{0m} = L/500$，得到：

$$\frac{P(M_c - M_0)}{(M_{int} - M_0)} \frac{L^2}{\pi^2 E} + \frac{P}{(M_{int} - M_0)} \left[\frac{1}{6} b h_e^3 - \frac{1}{4} b h h_e^2 + \frac{bh}{4} \left(t^2 + \frac{1}{3} h_1^2 \right) \right.$$

$$\left. - \frac{1}{6} t_w h_0^3 - \frac{bt}{3} (t^2 + h_1^2) \right] \frac{L}{500} \tag{19.86b}$$

$$= \Omega \left[\frac{1}{2} b h_e (h - h_e) - K \int_{-0.5h_0}^{0.5h_0} y'z\mathrm{d}z \right] + K \int_{-0.5h_0}^{0.5h_0} y'(0.5h + z - h_e)z\mathrm{d}z$$

式中，$M_{int} = M_c + M_s$ 是截面上应力的合弯矩。将 Ω 代入上式，获得的是 P-h_e 的关系方程，加上轴力和弯矩的平衡方程，共三个方程三个未知量，可以求解。下面采用另外一种思路：

已知应变分布时（从而 σ_t、h_e 已知），可以计算 N_c、N_s、M_c、M_s，从而获得了 P 和 M_{int}，从式（19.86b）可以反向获得压杆的长度，存在两个解：

$$L_1 = \frac{1}{2D} [F + \sqrt{F^2 - 4DG}] \tag{19.87a}$$

$$L_2 = \frac{1}{2D} [F - \sqrt{F^2 - 4DG}] \tag{19.87b}$$

其中只有一个有用，有用的压杆长度应满足变形协调条件。由弯矩平衡得到 $v_m = \dfrac{M_{int} - M_0}{P} - v_{0m}$，代入变形协调条件：

$$f_y - \sigma_t = Eh_e v_m \frac{\pi^2}{L^2} = Eh_e \left(\frac{M_{int} - M}{P} - v_{0m} \right) \frac{\pi^2}{L^2} \tag{19.88}$$

即 $\dfrac{(f_y - \sigma_t)}{Eh_e} \dfrac{L^2}{\pi^2} + \dfrac{L}{500} - \dfrac{M_{int} - M}{P} = 0$，从而得到压杆长度：

$$L_3 = \frac{\pi^2 Eh_e}{2(f_y - \sigma_t)} \left(-\frac{1}{500} + \sqrt{\frac{1}{500^2} + \frac{4(M_{int} - M)(f_y - \sigma_t)}{P \cdot \pi^2 Eh_e}} \right) \tag{19.89}$$

从小到大搜索 x_c，从大到小搜索 h_e，总能够找到 $L_1 \approx L_3$ 或者 $L_2 \approx L_3$ 的情况，此时即是所求的压杆长度，输出此时的轴力，计算稳定系数，计算正则化长细比，即获得稳定系数曲线上的一点。

（2）受压区屈服深度大于翼缘厚度

此时 $-f_y < \sigma_t \leqslant f_y$、$t \leqslant h_e \leqslant h - t$［图 19.22（b）］。可以推导得到：

$$P = N_c + P_{Ps} - \left[\left(1 - \frac{t}{2h_e} \right) bt + \frac{(h_e - t)^2}{h_e} t_w \right] (f_y - \sigma_t) \tag{19.90a}$$

$$P(v_m + v_{0m}) + M_0 = M_c + \left[\frac{1}{2} bh_1 t + \frac{bt^2}{2h_e} \left(\frac{h}{2} - \frac{t}{3} - h_1 \right) \right.$$
$$\left. + \frac{(h_e - t)^2}{2h_e} h_0 t_w - \frac{(h_e - t)^3}{3h_e} t_w \right] (f_y - \sigma_t) \tag{19.90b}$$

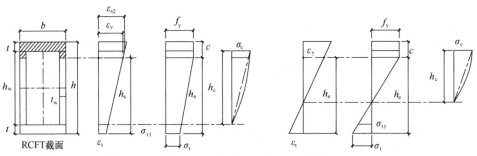

图 19.22（b）　压杆稳定的 Jezek 法：单侧屈服 2

代入变形协调方程后：

$$P = N_c + P_{Ps} - \frac{\pi^2 E}{2L^2} \left[(2h_e - t) bt + 2(h_e - t)^2 t_w \right] v_m \tag{19.90c}$$

$$P = \frac{M_c - M}{(v_m + v_{0m})} + \frac{\pi^2 E}{L^2} \frac{v_m}{(v_m + v_{0m})} \left\{ \frac{1}{2} bh_1 h_e + \frac{bt^2}{2} \left(\frac{h}{2} - \frac{t}{3} - h_1 \right) + (h_e - t)^2 t_w \left(\frac{h_0}{2} - \frac{h_e - t}{3} \right) \right\} \tag{19.90d}$$

两式对挠度求导数，得到：

$$v_m \frac{dh_e}{dv_m} = \Omega = \frac{K \displaystyle\int_{z_0}^{0.5h_0} y'(0.5h - h_e + z) dz - \left[(h_e - 0.5t) bt + (h_e - t)^2 t_w \right]}{\left[bt + 2(h_e - t) t_w \right] + K \displaystyle\int_{z_0}^{0.5h_0} y' dz} \tag{19.91a}$$

$$\frac{(M_c - M_0) P}{(M_{int} - M_0)} \frac{L^2}{\pi^2 E} - \frac{P}{2(M_{int} - M_0)} \left[bh_1 h_e + bt^2 \left(\frac{h}{2} - \frac{t}{3} - h_1 \right) \right.$$
$$\left. + h_0 t_w (h_e - t)^2 - \frac{2}{3} (h_e - t)^3 t_w \right] \frac{L}{500}$$
$$= \Omega \left\{ \left[\frac{1}{2} bt h_1 + (h_e - t) t_w (h_1 - h_e) \right] - K \int_{-0.5h_0}^{0.5h_0} y' z dz \right\} + K \int_{-0.5h_0}^{0.5h_0} y'(0.5h + z - h_e) z dz \tag{19.91b}$$

采用与前一小节同样的方法可以搜寻得到满足平衡条件、变形协调条件和极值条件的压杆长度和对应的内力，获得压杆稳定系数曲线上的一个点。

（3）屈服区深度达到受拉侧翼缘

此时要求 $0 < h_e < t，-f_y \leqslant \sigma_t \leqslant f_y$ [图 19.22（c）]。

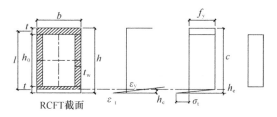

图 19.22（c）　压杆稳定的 Jezek 法：单侧屈服 3

轴力：
$$P = N_c + P_{Ps} - \frac{1}{2}(f_y - \sigma_t)bh_e = N_c + P_{Ps} - \frac{\pi^2 Ebh_e^2}{2L^2}v_m \tag{19.92a}$$

求导后得到：
$$\Omega = v_m \frac{dh_e}{dv_m} = \frac{K\int_{-0.5h_0}^{0.5h_0} y'(0.5h - h_e + z)dz - 0.5bh_e^2}{K\int_{-0.5h_0}^{0.5h_0} y'dz + bh_e} \tag{19.92b}$$

弯矩：
$$M_s = \frac{1}{2}(f_y - \sigma_t)bh_e\left(\frac{h}{2} - \frac{h_e}{3}\right) = \frac{\pi^2 Ebh_e^2}{2L^2}v_m\left(\frac{h}{2} - \frac{h_e}{3}\right) \tag{19.92c}$$

代入弯矩平衡式：
$$P = \frac{M_c - M}{(v_m + v_{0m})} + \frac{\pi^2 Ebh_e^2}{2L^2}\frac{v_m}{(v_m + v_{0m})}\left(\frac{h}{2} - \frac{h_e}{3}\right) \tag{19.92d}$$

求导得到：

$$\frac{P(M_c - M_0)}{(M_{int} - M_0)}\frac{L^2}{E\pi^2} - \frac{bh_e^2}{2}\left(\frac{h}{2} - \frac{h_e}{3}\right)\frac{P}{(M_{int} - M_0)}\frac{L}{500}$$

$$= \left[0.5bh_e(h - h_e) - K\int_{-0.5h_0}^{0.5h_0} y'zdz\right]\Omega + K\int_{-0.5h_0}^{0.5h_0} y'(0.5h - h_e + z)zdz$$

$$\tag{19.92e}$$

（4）钢管全截面屈服

此时轴力和弯矩为：$P = N_c + P_{PS}，M_0 + P(v_m + v_{0m}) = M_c$。

钢管全截面屈服，钢管部分不再有弹性核，但混凝土还有刚度，能够提供稳定所需要的切线刚度。此时应变表示为：

$$\varepsilon_z = \frac{\pi^2}{L^2}v_m(x_c - 0.5h_c + z) \tag{19.93a}$$

$$x = \frac{\varepsilon_z}{\varepsilon_{ccp}} = \frac{\pi^2}{\varepsilon_{ccp}L^2}v_m(x_c - 0.5h_c + z) \tag{19.93b}$$

$$\frac{dx}{dv_m} = \frac{\pi^2}{\varepsilon_{ccp}L^2}\left[(x_c - 0.5h_c + z) + v_m\frac{dx_c}{dv_m}\right] \tag{19.93c}$$

$$\frac{dN_c}{dv_m} = K\frac{\pi^2 E}{L^2}\left[\int_{-0.5h_0}^{0.5h_0} y'(x_c - 0.5h_c + z)dz + \Omega\int_{-0.5h_0}^{0.5h_0} y'dz\right] \tag{19.93d}$$

$$\frac{dM_c}{dv_m} = K\frac{\pi^2 E}{L^2}\left[\int_{-0.5h_0}^{0.5h_0} y'(x_c - 0.5h_c + z)zdz + \Omega\int_{-0.5h_0}^{0.5h_0} y'zdz\right] \tag{19.93e}$$

由 $\dfrac{\mathrm{d}P}{\mathrm{d}v_{\mathrm{m}}}=0$ 得到：

$$\Omega = \frac{\displaystyle\int_{-0.5h_0}^{0.5h_0} y'(x_{\mathrm{c}} - 0.5h_{\mathrm{c}} + z)\mathrm{d}z}{\displaystyle\int_{-0.5h_0}^{0.5h_0} y'\mathrm{d}z} \tag{19.93f}$$

再由 $P = \dfrac{M_{\mathrm{c}} - M_0}{(v_{\mathrm{m}} + v_{0\mathrm{m}})}$，对 v_{m} 求导得到：

$$\frac{\mathrm{d}P}{\mathrm{d}v_{\mathrm{m}}} = \frac{1}{(v_{\mathrm{m}} + v_{0\mathrm{m}})}\frac{\mathrm{d}M_{\mathrm{c}}}{\mathrm{d}v_{\mathrm{m}}} - \frac{M_{\mathrm{c}} - M_0}{(v_{\mathrm{m}} + v_{0\mathrm{m}})^2} = 0 \tag{19.93g}$$

$$\frac{\mathrm{d}M_{\mathrm{c}}}{\mathrm{d}v_{\mathrm{m}}} = \frac{M_{\mathrm{c}} - M_0}{(v_{\mathrm{m}} + v_{0\mathrm{m}})} \tag{19.93h}$$

最后可以导得：

$$L = \sqrt{\frac{\pi^2 E}{P}K\left[\int_{-0.5h_0}^{0.5h_0} y'(x_{\mathrm{c}} - 0.5h_{\mathrm{c}} + z)z\mathrm{d}z - \Omega\int_{-0.5h_0}^{0.5h_0} y'z\mathrm{d}z\right]} \tag{19.93i}$$

L 要与 L_3 进行比较，相等时的结果有效。此时变形协调条件采用应变表示：

$$L_3 = \frac{\pi^2}{2\Phi_{\mathrm{m}}}\left(-\frac{1}{500} + \sqrt{\frac{1}{500^2} + \frac{4\Phi_{\mathrm{m}}}{\pi^2}\frac{M_{\mathrm{c}} - M_0}{P}}\right) \tag{19.93j}$$

2. 钢管截面双侧屈服的情况

此时中性轴在截面范围内，混凝土存在受拉区，混凝土部分的积分下限是中性轴的坐标。受拉区的屈服深度为 c，弹性区高度 h_{e} 与曲率和挠度之间的关系是：

$$\frac{2\varepsilon_{\mathrm{y}}}{h_{\mathrm{e}}} = \Phi_{\mathrm{m}} = \frac{\pi^2}{L^2}v_{\mathrm{m}} = \frac{2f_{\mathrm{yk}}}{Eh_{\mathrm{e}}} \tag{19.94a}$$

$$h_{\mathrm{e}} = \frac{2f_{\mathrm{yk}}L^2}{\pi^2 E v_{\mathrm{m}}} \tag{19.94b}$$

应变分布是：

$$\varepsilon_{\mathrm{c}} = \left(\frac{h - 2c}{h_{\mathrm{e}}} - 1\right)\varepsilon_{\mathrm{y}} + \frac{2\varepsilon_{\mathrm{y}}}{h_{\mathrm{e}}}z \tag{19.95a}$$

$$\varepsilon_{\mathrm{s}} = \left(\frac{2h - 2c}{h_{\mathrm{e}}} - 1\right)\varepsilon_{\mathrm{y}} \tag{19.95b}$$

$$\varepsilon_{\mathrm{s}2} = \left(\frac{h - 2c + h_{\mathrm{c}}}{h_{\mathrm{e}}} - 1\right)\varepsilon_{\mathrm{y}} \tag{19.95c}$$

$$\varepsilon_1 = -\left(1 + \frac{2c}{h_{\mathrm{e}}}\right)\varepsilon_{\mathrm{y}} \tag{19.95d}$$

$$\varepsilon_{\mathrm{t}1} = -\left(1 + \frac{2c - 2t}{h_{\mathrm{e}}}\right)\varepsilon_{\mathrm{y}} \tag{19.95e}$$

将 h_{e} 代入，无量纲化的应变是：

$$x = \frac{\varepsilon_{\mathrm{c}}}{\varepsilon_{\mathrm{ccp}}} = \frac{\pi^2 v_{\mathrm{m}}}{\varepsilon_{\mathrm{ccp}}L^2}\left(\frac{1}{2}h - c + z\right) - \frac{\varepsilon_{\mathrm{y}}}{\varepsilon_{\mathrm{ccp}}} \tag{19.95f}$$

对挠度 v_{m} 求导：

$$\frac{\mathrm{d}x}{\mathrm{d}v_{\mathrm{m}}} = \frac{\pi^2}{\varepsilon_{\mathrm{ccp}}L^2}\left(\frac{1}{2}h - c + z - v_{\mathrm{m}}\frac{\mathrm{d}c}{\mathrm{d}v_{\mathrm{m}}}\right) \tag{19.96}$$

应变为 0 的坐标是 $z_0 = c + 0.5h_{\mathrm{e}} - 0.5h$。从 z_0 到 $0.5h_0$ 是混凝土受压区，应力合力（轴

力和弯矩）为：

$$N_c = b_c \int_{z_0}^{0.5h_0} \sigma_c \mathrm{d}z = b_c f_{ck} \int_{z_0}^{0.5h_0} y \mathrm{d}z \tag{19.97a}$$

$$M_c - b_c \int_{x_0}^{0.5h_0} \sigma_c z \mathrm{d}z = b_c f_{ck,p} \int_{x_0}^{0.5h_0} yz \, \mathrm{d}z \tag{19.97b}$$

需要用它们再对挠度求导，记 $y' = \dfrac{\mathrm{d}y}{\mathrm{d}x}$，$\dfrac{\mathrm{d}_y}{\mathrm{d}v_m} = y' \cdot \dfrac{\mathrm{d}x}{\mathrm{d}v_m}$。

$$\frac{\mathrm{d}N_c}{\mathrm{d}v_m} = K \frac{\pi^2 E}{L^2} \Big[\int_{z_0}^{0.5h_0} y'(0.5h - c + z)\mathrm{d}z - \Omega \int_{z_0}^{0.5h_0} y' \mathrm{d}z \Big] \tag{19.98a}$$

$$\frac{\mathrm{d}M_c}{\mathrm{d}v_m} = K \frac{\pi^2 E}{L^2} \Big[\int_{z_0}^{0.5h_0} y'(0.5h - c + z)z\mathrm{d}z - \Omega \int_{z_0}^{0.5h_0} y'z\mathrm{d}z \Big] \tag{19.98b}$$

（1）屈服区限于两翼缘（弯矩较大的情况）

此时须满足的条件是：$h_e + c > h_1$，$h_e > h_0$，$c \leq t$ [图 19.22（d）]。

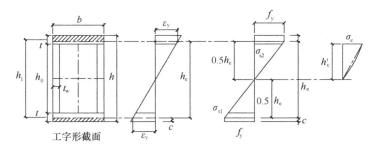

图 19.22（d）　压杆稳定的 Jezek 法：双侧屈服 1

各控制点的应力是：

$$\sigma_{s2} - \sigma_{t1} = \frac{h_0}{h_e} 2f_y \tag{19.99a}$$

$$\sigma_{t1} = -\Big(1 - \frac{t - c}{0.5h_e}\Big) f_y \tag{19.99b}$$

$$\sigma_{s2} = \Big\{ 1 - \frac{[t - (h - c - h_e)]}{0.5h_e} \Big\} f_y \tag{19.99c}$$

钢截面轴力和弯矩：

$$P_s = \Big[2h_0 t_w + 2bh_1 - 2bc + \frac{1}{h_e}(2bch_1 - 2h_0^2 t_w - bhh_0) - bh_e \Big] f_y \tag{19.99d}$$

$$M_s = f_y bth_1 + \frac{f_y}{3h_e} h_0^3 t_w - \frac{(t-c)^2}{h_e} f_y b\Big(\frac{h_0}{2} + \frac{t - c}{3} \Big)$$

$$- \frac{[t - (h - c - h_e)]^2}{h_e} f_y b\Big[\frac{h_0}{2} + \frac{t - (h - h_e - c)}{3} \Big] \tag{19.99e}$$

总轴力：

$$P = N_c + 2(h_0 t_w + bh_1 - bc) f_y + \frac{\pi^2 E h_0}{2L^2} v_m (2bc - bh - 2h_0 t_w) - by_y \Big[\frac{2f_y L^2}{\pi^2 E v_m} \Big] \tag{19.99f}$$

685

求导后得到：

$$\Omega = v_{\mathrm{m}} \frac{\mathrm{d}c}{\mathrm{d}v_{\mathrm{m}}} = \frac{K \int_{z_0}^{0.5h_0} y'(0.5h - c + z)\mathrm{d}z + h_0(bc - 0.5bh - h_0 t_{\mathrm{w}}) + 0.5bh_{\mathrm{e}}^2}{K \int_{z_0}^{0.5h_0} y'\mathrm{d}z + bh_{\mathrm{e}} - bh_0}$$

(19.99g)

从弯矩平衡方程得到：

$$P = \frac{M_{\mathrm{c}} + f_{\mathrm{y}}bth_1 - M_0}{(v_{\mathrm{m}} + v_{0\mathrm{m}})} + \frac{\pi^2 E}{L^2} \frac{v_{\mathrm{m}}}{(v_{\mathrm{m}} + v_{0\mathrm{m}})} \left[\frac{1}{6}h_0^3 t_{\mathrm{w}} - \frac{1}{4}b \left(h_0(c-t)^2 + \frac{2(t-c)^3}{3} \right) \right]$$
$$- \frac{\pi^2 Eb}{6L^2} \left(c - h_1 + \frac{2f_{\mathrm{y}}L^2}{\pi^2 Ev_{\mathrm{m}}} \right)^2 \left[\left(\frac{3h_0}{2} + c - h_1 \right) \frac{v_{\mathrm{m}}}{(v_{\mathrm{m}} + v_{0\mathrm{m}})} + \frac{2f_{\mathrm{y}}L^2}{\pi^2 E(V_{\mathrm{m}} + v_{0\mathrm{m}})} \right]$$

(19.99h)

求导后得到：

$$\frac{P}{(M_{\mathrm{int}} - M_0)} \left[M_0 - M_{\mathrm{e}} - bth_1 f_{\mathrm{y}} + \frac{b(c - h_1 + h_{\mathrm{c}})^2 f_{\mathrm{y}}}{3} \right] \frac{L^2}{\pi^2 E}$$
$$+ \frac{1}{6} \left[h_0^3 t_{\mathrm{w}} - b(t-c)^2(0.5h_0 + h_1 - c) - b(c - h_1 + h_{\mathrm{e}})^2 \left(\frac{h_0}{2} + c - t \right) \right] \frac{P}{(M_{\mathrm{int}} - M_0)} \frac{L}{500}$$
$$= \left[K \int_{z_0}^{0.5h_0} y'z\mathrm{d}z + bh_{\mathrm{c}} \left(c + \frac{h_{\mathrm{e}} - h}{2} \right) \right] \Omega - \frac{bh_{\mathrm{e}}}{3}(c - h_1 + h_{\mathrm{e}})(0.5h_0$$
$$+ c - t + h_{\mathrm{e}}) - K \int_{z_0}^{0.5h_0} y'(0.5h - c + z)z\mathrm{d}z$$

(19.99i)

这时满足变形协调条件和弯矩平衡的压杆长度是：

$$L_3 = \frac{\pi^2 Eh_{\mathrm{e}}}{4f_{\mathrm{y}}} \left[-\frac{1}{500} + \sqrt{\frac{1}{500^2} + \frac{8(M_{\mathrm{int}} - M)f_{\mathrm{y}}}{P \cdot \pi^2 Eh_{\mathrm{e}}}} \right]$$

(19.99j)

（2）双侧屈服，受压侧屈服进入腹板

此时 $h_{\mathrm{e}} + c < h_0 + t$、$\varepsilon_{\mathrm{t}} < -\varepsilon_{\mathrm{y}}$、$c \leqslant t$ ［图 19.22（e）］。

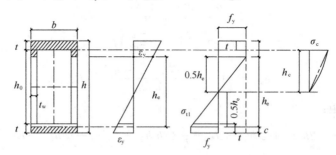

图 19.22（e）　压杆稳定的 Jezek 法：双侧屈服 2

钢截面轴力：

$$P_{\mathrm{s}} = 2h_0 t_{\mathrm{w}} f_{\mathrm{y}} + \frac{b(t-c)^2}{h_{\mathrm{e}}} f_{\mathrm{y}} - \frac{(h_{\mathrm{e}} + c - t)^2}{h_{\mathrm{e}}} 2f_{\mathrm{y}} t_{\mathrm{w}}$$

(19.100a)

总轴力：

$$P = N_{\mathrm{c}} + 2h_0 t_{\mathrm{w}} f_{\mathrm{y}} + \frac{\pi^2 Ev_{\mathrm{m}}}{2L^2}(t-c)^2 b - \left[\frac{2f_{\mathrm{y}}L^2}{\pi^2 Ev_{\mathrm{m}}} + 2(c-t) + \frac{\pi^2 Ev_{\mathrm{m}}}{2f_{\mathrm{y}}L^2}(c-t)^2 \right] 2t_{\mathrm{w}} f_{\mathrm{y}}$$

(19.100b)

求导后得到：
$$\Omega = \frac{K\displaystyle\int_{z_0}^{0.5h_0} y'(0.5h - c + z)\mathrm{d}z + 0.5b_{\mathrm{c}}(t-c)^2 + t_{\mathrm{w}}h_{\mathrm{e}}^2}{K\displaystyle\int_{z_0}^{0.5h_0} y'\mathrm{d}z + 2t_{\mathrm{w}}h_{\mathrm{e}} - b_{\mathrm{e}}(c-t)} \tag{19.100c}$$

钢截面弯矩：$M_{\mathrm{s}} = f_{\mathrm{y}}bth_1 - \dfrac{b(t-c)^2}{h_{\mathrm{e}}}f_{\mathrm{y}}\left(\dfrac{h_0}{2} + \dfrac{t-c}{3}\right) + \dfrac{2t_{\mathrm{w}}(h_{\mathrm{e}} - t + c)^2}{h_{\mathrm{e}}}f_{\mathrm{y}}\left(\dfrac{h_0}{2} - \dfrac{h_{\mathrm{w}} + c - t}{3}\right)$
$$\tag{19.100d}$$

代入弯矩平衡方程得到：
$$P = \frac{M_{\mathrm{c}} - M + f_{\mathrm{y}}bth_1}{(v_{\mathrm{m}} + y_{0\mathrm{m}})} + \left[\frac{\pi^2 Eb}{6L^2}(c-t)^3 - \frac{\pi^2 Ebh_0}{4L^2}(c-t)^2\right]\frac{v_{\mathrm{m}}}{(v_{\mathrm{m}} + v_{0\mathrm{m}})}$$
$$+ \left[\frac{\pi^2 Eh_0 t_{\mathrm{w}}}{2L^2}\left(c - t + \frac{2f_{\mathrm{y}}L^2}{\pi^2 Ev_{\mathrm{m}}}\right)^2 - \frac{\pi^2 Et_{\mathrm{w}}}{3L^2}\left(c - t + \frac{2f_{\mathrm{y}}L^2}{\pi^2 Ev_{\mathrm{m}}}\right)^3\right]\frac{v_{\mathrm{m}}}{(v_{\mathrm{m}} + v_{0\mathrm{m}})}$$
$$\tag{19.100e}$$

求导得到：
$$\left[\frac{b}{6}(c - h_1 - 0.5h_0)(c-t)^2 + t_{\mathrm{w}}(c - t + h_{\mathrm{e}})^2\left(\frac{h_0}{2} - \frac{c - t + h_{\mathrm{e}}}{3}\right)\right]\frac{PL}{500(M_{\mathrm{int}} - M_0)}$$
$$-\frac{(M_{\mathrm{c}} - M + f_{\mathrm{y}}bth_1)P}{(M_{\mathrm{int}} - M_0)}\frac{L^2}{\pi^2 E} = \left[K\int_{z_0}^{0.5h_0} y'z\mathrm{d}z - t_{\mathrm{w}}(c - t + h_{\mathrm{e}})(h_1 - c - h_{\mathrm{e}}) - \frac{b}{2}(c-t)(c-h_1)\right]\Omega$$
$$+ t_{\mathrm{w}}(c - t + h_{\mathrm{e}})(h_1 - c - h_{\mathrm{e}})h_{\mathrm{e}} - K\left[\int_{z_0}^{0.5h_0} y'(0.5h - c + z)z\mathrm{d}z\right] \tag{19.100f}$$

（3）双侧屈服，双侧屈服区都进入腹板

此时 $c > t$、$h_{\mathrm{e}} + c < h_1$ ［图 19.22 (f)］。

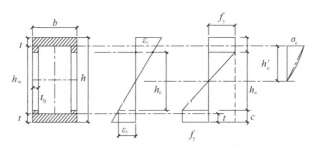

图 19.22 (f)　压杆稳定的 Jezek 法：双侧屈服 3

轴力：$P = N_{\mathrm{c}} + 2f_{\mathrm{y}}t_{\mathrm{w}}(h - h_{\mathrm{e}} - 2c) = N_{\mathrm{c}} + 2h_0 t_{\mathrm{w}}f_{\mathrm{y}} - 4t_{\mathrm{w}}f_{\mathrm{y}}(c-t) - 2t_{\mathrm{w}}f_{\mathrm{y}}\dfrac{2f_{\mathrm{y}}L^2}{\pi^2 Ev_{\mathrm{m}}}$
$$\tag{19.101a}$$

求导后得到：
$$\Omega = \frac{K\displaystyle\int_{z_0}^{0.5h_0} y'(0.5h - c + z)\mathrm{d}z + t_{\mathrm{w}}h_{\mathrm{e}}^2}{K\displaystyle\int_{z_0}^{0.5h_0} y'\mathrm{d}z + 2t_{\mathrm{w}}h_{\mathrm{e}}} \tag{19.101b}$$

弯矩：$M = M_{\mathrm{c}} + f_{\mathrm{y}}bth_1 + 2f_{\mathrm{y}}(c-t)t_{\mathrm{w}}(h_1 - c) + h_{\mathrm{e}}t_{\mathrm{w}}2f_{\mathrm{y}}\left(\dfrac{h}{2} - c - \dfrac{h_{\mathrm{e}}}{3}\right)$
$$\tag{19.101c}$$

代入弯矩平衡方程后得到：

$$P = \frac{M_c - M + f_y b t h_1}{(v_m + v_{0m})} + \frac{2 f_y t_w}{(v_m + v_{0m})} (hc - c^2 - h_t t) + \frac{t_w f_y}{(v_m + v_{0m})} \cdot \frac{2 f_y L^2}{\pi^2 E v_m} \left(h - 2c - \frac{4 f_y L^2}{3 \pi^2 E v_m} \right)$$

$$\text{(19.101d)}$$

求导后得到：

$$\left\{ M - M_c - f_y b t h_1 + 2 t_w f_y [h_e^2 - (hc - c^2 - h_1 t)] \right\} \frac{P}{(M_{int} - M_0)} \frac{L^2}{\pi^2 E}$$

$$+ \frac{1}{2} h_c^2 t_w \left(\frac{4}{3} h_e + 2c - h \right) \frac{PL}{500 (M_{int} - M_0)} +$$

$$+ \left[t_w h_e (h - h_e - 2c) - K \int_{z_0}^{0.5h_0} y'z \, dz \right] \Omega + K \int_{z_0}^{0.5h_0} y' (0.5h - c + z) z \, dz$$

$$- 2 h_e \frac{t_w f_y (h - 2c) P}{(M_{int} - M_0)} = 0$$

$$\text{(19.101e)}$$

（4）双侧屈服，受压屈服区在翼缘，受拉屈服区进入腹板

如图 19.22（g）所示，轴力：

$$P = N_c - 2 h_0 t_w f_y - b f_y (h + h_1 - h_e - 2c) + b y_y (h_1 - c) \frac{(h - c)}{h_e} + 2 t_w f_y \frac{(h_1 - c)^2}{h_e}$$

$$\text{(19.102a)}$$

求导后得到：

$$\Omega = v_m \frac{dc}{dv_m} = \frac{K \int_{z_0}^{0.5h_0} y' (0.5h - c + z) \, dz - 0.5 b h_e^2 + 0.5 b (h_1 - c)(h - c) + t_w (h_1 - c)^2}{K \int_{z_0}^{0.5h_0} y' \, dz - b h_e + 0.5 b (h + h_1 - 2c) + 2 t_w (h_1 - c)}$$

$$\text{(19.102b)}$$

图 19.22（g）　压杆稳定的 Jezek 法：双侧屈服 4

弯矩：$M = M_c + h_1 b t f_y + \frac{f_y}{h_e} \left[\frac{1}{3} t_w (h_1 - c)^2 (2c + h - 4t) - \frac{b h_0}{2} (h_e + c - h_1)^2 \right.$

$$\left. - \frac{b}{3} (h_e + c - h_1)^3 \right]$$

$$\text{(19.102c)}$$

代入弯矩平衡方程得到：

$$P = \frac{M_c + M_s - M}{(v_m + v_{0m})} = \frac{M_c + b t f_y h_1 - M}{(v_m + v_{0m})}$$

$$+ \frac{\pi^2 E}{2 L^2} \frac{v_m}{(v_m + v_{0m})} \left[\frac{1}{3} t_w (h_1 - c)^2 (2c + h - 4t) \right.$$

$$-\frac{bh_0}{2}\left(\frac{2f_y L^2}{\pi^2 E v_m}+c-h_1\right)^2-\frac{b}{3}\left(\frac{2f_y L^2}{\pi^2 E v_m}+c-h_1\right)^3\Bigg] \qquad (19.102d)$$

求导后得到：

$$\left[\frac{1}{6}t_w(h_1-c)^2(2c+h-4t)-\frac{bh_0}{4}(h_e+c-h_1)^2-\frac{b}{6}(h_e+c-h_1)^3\right]\frac{Pv_{0m}}{(M_{int}-M_0)}$$

$$-\frac{M_c+h_1 btf_y-M_0}{(M_{int}-M_0)}\cdot\frac{PL^2}{\pi^2 E}+\left[t_w(c-h_1)(c-t)-\frac{b}{2}(h_e+c-h_1)(h_e+c-t)-K\int_{z_0}^{0.5h_0}y'z\,dz\right]\Omega$$

$$+K\int_{z_0}^{0.5h_0}y'(0.5h-c+z)z\,dz+\frac{1}{2}bh_e(h_e+c-h_1)(h_e+c-t)=0 \qquad (19.102e)$$

按照上述方法求得的稳定系数曲线如图 19.23 所示。从这些曲线可知：

1）Q235 钢材的稳定系数曲线较低，如图 19.23（f）所示；钢材强度等级在 Q355 及以上时，稳定系数随钢材强度提高而增大不明显，如图 19.23（h）所示。

2）套箍系数小的，稳定系数较低，如图 19.23（d）和（e）。

3）长细比大的，稳定系数曲线低于钢压杆的 b 曲线，这在图 19.23 的所有图中都可以看出。

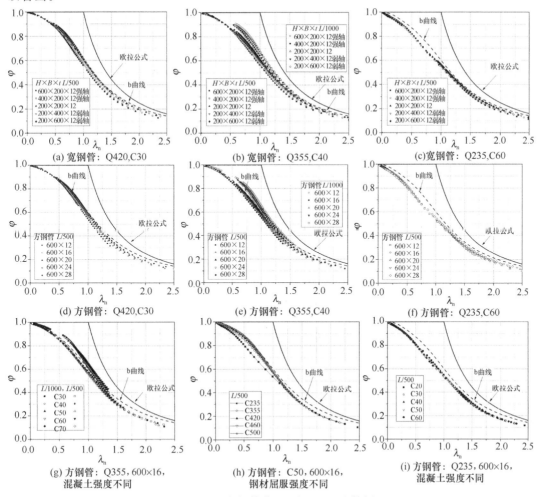

图 19.23　方钢管截面压杆 Jezek 法算例

4）宽钢管混凝土压杆，绕弱轴屈曲的稳定系数高于绕强轴屈曲的稳定系数，如图 19.23（a）和（b）所示。

5）混凝土强度等级变化，稳定系数变化很小，如图 19.23（g）所示。

6）从图 19.23（i）看，对 Q235，有必要采用稍低的曲线。

19.4　圆钢管混凝土压杆的稳定系数

19.4.1　圆钢管混凝土的边缘纤维屈服准则

这里边缘屈服是指钢管壁中面的最高点屈服（图 19.24）。设中性轴到混凝土的最高点的距离是 z_c，则 $z_c + 0.5t = z_{cm}$ 是受压中面到中性轴的距离；钢管屈服时，混凝土应力均在棱柱抗压强度之前，钢材和混凝土的应力-应变曲线可以采用各自单独工作时的曲线。

如果 $z_c > 0.5D_c$、$z_t = D_c - z_c < 0.5D_c$，受压先屈服。应变分布是：

$$\varepsilon_c = \frac{z_c - R_c + z}{z_{cm}}\varepsilon_y \tag{19.103a}$$

$$z_0 = R_c - z_c \tag{19.103b}$$

$$x = \frac{z_c - 0.5h_c + z}{z_{cm}} \cdot \frac{\varepsilon_y}{\varepsilon_{ccp}} \tag{19.103c}$$

混凝土部分的轴力和弯矩：

$$N_c = \int_{z_0}^{0.5h_c} \sigma_c b_c \mathrm{d}z = 2f_{ck}\int_{z_0}^{R_c} y\sqrt{R_c^2 - z^2}\,\mathrm{d}z \tag{19.104a}$$

$$M_c = \int_{z_0}^{0.5h_c} \sigma_c b_c z \mathrm{d}z = 2f_{ck}\int_{z_0}^{R_c} y\sqrt{R_c^2 - z^2} \cdot z\mathrm{d}z \tag{19.104b}$$

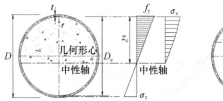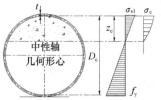

图 19.24　钢管边缘屈服

钢材部分的轴力和弯矩，受压区先屈服，$z = R_1\sin\theta$，$\sigma_s = E\varepsilon_z = \dfrac{z_c - R_c + z}{z_{cm}}f_y$，

$$N_s = 2\int_{-0.5\pi}^{0.5\pi} \sigma_s tR_1\mathrm{d}\theta = 2f_y R_1 t\int_{-0.5\pi}^{0.5\pi}\frac{z_{cm} - R_1 + z}{z_{cm}}\mathrm{d}\theta = f_y D_1 t\pi\frac{z_{cm} - R_1}{z_{cm}} \tag{19.105a}$$

$$M_s = 2\int_{-0.5\pi}^{0.5\pi} \sigma_s tR_1 z\mathrm{d}\theta = 2f_y R_1 t\int_{-0.5\pi}^{0.5\pi}\frac{z_{cm} - R_1 + z}{z_{cm}}z\mathrm{d}\theta = \frac{\pi R_1^3 t}{z_{cm}}f_y \tag{19.105b}$$

如果出现受拉区先屈服的情况（拉弯构件），则

$$\varepsilon_c = \frac{z_{cm} - R_1 + z}{D_1 - z_{cm}}\varepsilon_y \tag{19.106a}$$

$$z_0 = R_c - z_c \tag{19.106b}$$

$$x = \frac{z_c - R_c + z}{D_1 - z_{cm}} \cdot \frac{\varepsilon_y}{\varepsilon_{ccp}} \tag{19.106c}$$

$$N_s = 2 \int_{-0.5\pi}^{0.5\pi} \sigma_s t R_1 \mathrm{d}\theta = 2 f_y R_1 t \pi \frac{z_{cn} - R_1}{2R_1 - z_{cm}} \tag{19.106d}$$

$$M_s = 2 \int_{-0.5\pi}^{0.5\pi} \sigma_s t R_1 z \mathrm{d}\theta = \frac{\pi R_1^3 t}{2R_1 - z_{cm}} f_y \tag{19.106e}$$

计算算例如图 19.25 所示，横坐标以纯弯塑性弯矩无量纲化，竖坐标以钢与混凝土简单相加的截面承载力无量纲化，基本结论是：（1）最大弯矩均在 0.9 以内，纯弯屈服弯矩在 0.7 左右；（2）Q235 屈服早，与混凝土强度的匹配不合适时，全截面屈服时的承载力较低；（3）套箍系数小的外凸大，但是似乎与混凝土强度等级关系较小。

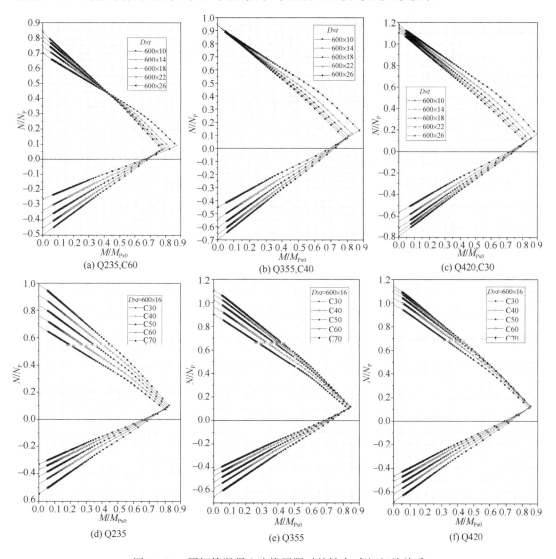

图 19.25　圆钢管混凝土边缘屈服时的轴力-弯矩相关关系

假设压杆变形是正弦半波，跨中弯矩为 $M = P(v_m + v_{0m})$，$v_m = \frac{M}{P} - v_{0m}$，曲率为：

$$\frac{\varepsilon_{\mathrm{y}}}{z_{\mathrm{cm}}} = \frac{\pi^2}{L^2} v_{\mathrm{m}} = \frac{\pi^2}{L^2} \left(\frac{M}{P} - v_{0\mathrm{m}} \right) = \frac{\pi^2}{L^2} \left(\frac{M}{P} - \frac{L}{500} \right) \tag{19.107a}$$

$$L^2 \frac{\varepsilon_{\mathrm{y}}}{z_{\mathrm{cm}}} + \frac{\pi^2}{500} L - \pi^2 \left(\frac{M}{P} \right) = 0 \tag{19.107b}$$

$$L = \frac{z_{\mathrm{cm}}}{2\varepsilon_{\mathrm{y}}} \left[-\frac{\pi^2}{500} + \sqrt{\frac{\pi^2}{500} + 4\pi^2 \frac{\varepsilon_{\mathrm{y}}}{z_{\mathrm{cm}}} \frac{M}{P}} \right] \tag{19.107c}$$

计算临界荷载 $P_{\mathrm{E}} = \dfrac{\pi^2 (EI_{\mathrm{s}} + E_{\mathrm{c}} I_{\mathrm{c}})}{L^2}$，计算边缘屈服对应的稳定系数 $\varphi = P/(A_{\mathrm{s}} f_{\mathrm{yk}} + A_{\mathrm{c}} f_{\mathrm{ck}})$，得到的稳定系数由图 19.26 给出。

19.4.2　切线模量理论

混凝土的应力-应变曲线采用第 18 章考虑了相互作用的曲线，包括下降段。因为该曲线的初始切线模量与没有围压的相同，因此在切线模量荷载对应的应力水平较低时是不含相互作用成分的，因而能够粗略地反映在长细比小于什么值时，这种相互作用才能够发挥作用。

钢材的应力-应变曲线也采用第 18 章给出的式子，其中为了适当考虑钢材冷弯和热残余应力的影响，钢材的比例极限取为 $f_{\mathrm{y}} - 164.5\mathrm{MPa}$，相当于残余应力为 $164.5\mathrm{MPa}$，不与钢材强度联系。

计算结果如图 19.27 所示，由图可见，曲线在 $\varphi = 1 - 164.5/f_{\mathrm{y}}$ 附近偏离欧拉曲线，当正则化长细比为 $0.45 \sim 0.7$，大部分在 $0.55 \sim 0.65$ 之间开始显示出钢管与混凝土相互作用带来的强度提高。这与目前认为 $L/D = 12$ 以下时强度可以提高的认识基本一致。

19.4.3　Jezek 法

1. 单侧屈服

单侧屈服的弹性区域角度是 β，则弹性区域高度为（图 19.28）：

$$h_{\mathrm{e}} = R_1 (1 - \cos\beta) \tag{19.108a}$$

$$c = D_1 - h_{\mathrm{e}} \tag{19.108b}$$

$$\frac{\mathrm{d}c}{\mathrm{d}v_{\mathrm{m}}} = \frac{\mathrm{d}h_{\mathrm{e}}}{\mathrm{d}v_{\mathrm{m}}} = -R_1 \sin\beta \frac{\mathrm{d}\beta}{\mathrm{d}v_{\mathrm{m}}} \tag{19.108c}$$

式中，c 是钢管受压屈服区深度，$c = R_1(1 + \cos\beta)$，ϕ 是曲率。$z = R_1 - c$ 时应变是屈服应变 $\varepsilon'_{\mathrm{y}} = \beta_{\mathrm{sz}} f_{\mathrm{y}} / E$，$\varepsilon_{\mathrm{t}}$ 是下边缘的应变，所以 $\phi = \dfrac{\varepsilon'_{\mathrm{y}} - \varepsilon_{\mathrm{t}}}{h_{\mathrm{e}}}$，应变沿高度分布为：

$$\varepsilon_{\mathrm{z}} = \varepsilon_{\mathrm{t}} + \frac{\varepsilon'_{\mathrm{y}} - \varepsilon_{\mathrm{t}}}{h_{\mathrm{e}}} (R_1 + z) = \varepsilon_{\mathrm{y}} + \frac{\varepsilon_{\mathrm{y}} - \varepsilon_{\mathrm{t}}}{h_{\mathrm{e}}} (R_1 + z - h_{\mathrm{e}}) = \varepsilon_{\mathrm{y}} + \phi(R_1 + z - h_{\mathrm{e}}) \tag{19.109a}$$

$$\varepsilon_{\mathrm{z}} = \varepsilon_{\mathrm{c}} = \varepsilon_{\mathrm{y}} + v_{\mathrm{m}} \frac{\pi^2}{L^2} (R_1 + z - h_{\mathrm{e}}) \tag{19.109b}$$

应变采用无量纲化：

$$x = \frac{\varepsilon_{\mathrm{c}}}{\varepsilon_{\mathrm{ccp}}} = \frac{\varepsilon_{\mathrm{y}}}{\varepsilon_{\mathrm{ccp}}} + v_{\mathrm{m}} \frac{\pi^2}{\varepsilon_{\mathrm{ccp}} L^2} (z - R_1 + c) \tag{19.110a}$$

$$\frac{\mathrm{d}x}{\mathrm{d}v_{\mathrm{m}}} = \frac{\pi^2}{\varepsilon_{\mathrm{ccp}} L^2} (z - R_1 + c) + v_{\mathrm{m}} \frac{\pi^2}{\varepsilon_{\mathrm{ccp}} L^2} \frac{\mathrm{d}c}{\mathrm{d}v_{\mathrm{m}}} = \frac{\pi^2}{\varepsilon_{\mathrm{ccp}} L^2} \left[(z - R_1 + c) - R_1 \sin\beta \cdot \Omega \right] \tag{19.110b}$$

692

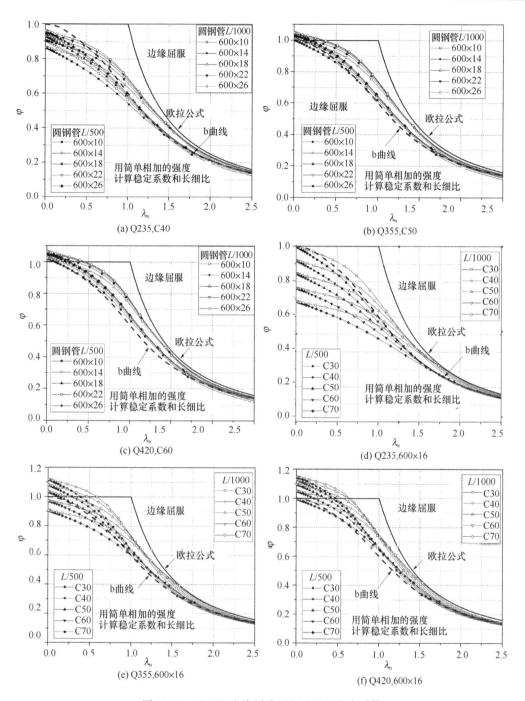

图 19.26 CCFT 边缘纤维屈服准则的稳定系数

记 $\Omega = v_{\mathrm{m}} \dfrac{\mathrm{d}\beta}{\mathrm{d}v_{\mathrm{m}}}$，积分下限 z_0 是取中性轴的坐标，小于 $-R_{\mathrm{c}}$ 时取 $-R_{\mathrm{c}}$：

$$N_{\mathrm{c}} = 2f_{\mathrm{ck,p}} \int_{z_0}^{R_{\mathrm{c}}} y\sqrt{(R_{\mathrm{c}}^2 - z^2)}\,\mathrm{d}z \tag{19.111a}$$

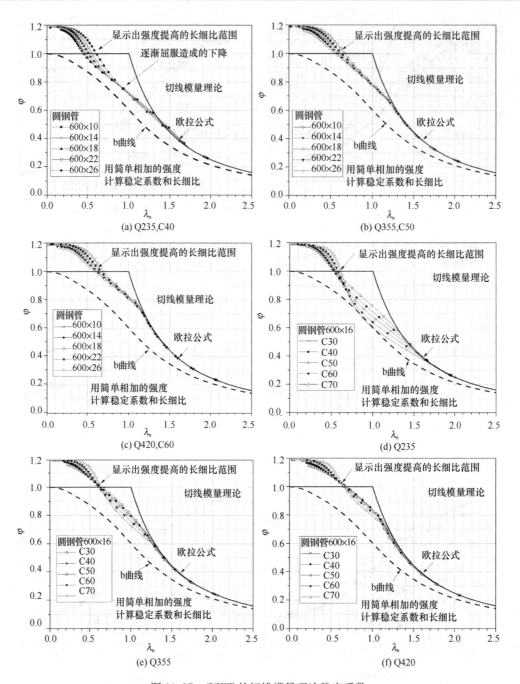

图 19.27　CCFT 的切线模量理论稳定系数

$$M_c = 2f_{ck,p} \int_{z_0}^{R_c} y\sqrt{(R_c^2 - z^2)}\,z\mathrm{d}z \tag{19.111b}$$

求临界荷载最小值要用到对挠度求导数：$\dfrac{\mathrm{d}N_c}{\mathrm{d}v_m} = 2f_{ck,p} \int_{z_0}^{R_c} \dfrac{\mathrm{d}y}{\mathrm{d}x}\dfrac{\mathrm{d}x}{\mathrm{d}v_m}\sqrt{(R_c^2 - z^2)}\mathrm{d}z$，整理后得到：

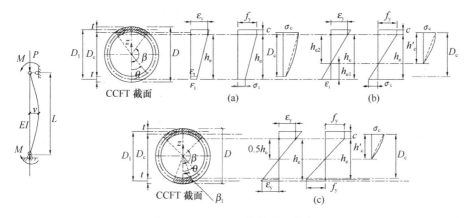

图 19.28　CCFT 的屈服区状态

$$\frac{\mathrm{d}N_c}{\mathrm{d}v_m} = \frac{\pi^2 EK}{L^2}\left[\int_{z_0}^{R_c}(z-R_c+c)y'\sqrt{R_c^2-z^2}\,\mathrm{d}z - R_c\sin\beta \cdot \Omega\int_{z_0}^{R_c}y'\sqrt{R_c^2-z^2}\,\mathrm{d}z\right]$$

$$(19.112a)$$

$$\frac{\mathrm{d}M_c}{\mathrm{d}v_m} = \frac{\pi^2 EK}{L^2}\left[\int_{z_0}^{R_c}(z-R_c+c)y'z\sqrt{R_c^2-z^2}\,\mathrm{d}z - R_1\sin\beta \cdot \Omega\int_{z_0}^{R_c}y'z\sqrt{R_c^2-z^2}\,\mathrm{d}z\right]$$

$$(19.112b)$$

式中 $K=\dfrac{2f_{ck,p}}{E\varepsilon_{ccp}}$。截面上的轴力：

$$P = N_c + P_{Psp} - 2R_1 t(f'_y - \sigma_t)\frac{\sin\beta - \beta\cos\beta}{1-\cos\beta} \tag{19.113a}$$

$$P = N_c + P_{Ps,p} - 2R_1^2 t\frac{\pi^2 E}{L^2}v_m(\sin\beta - \beta\cos\beta) \tag{19.113b}$$

$$\frac{\mathrm{d}P}{\mathrm{d}v_m} = \frac{\mathrm{d}N_c}{\mathrm{d}v_m} - 2R^2 t\frac{\pi^2 E}{L^2}\left[(\sin\beta - \beta\cos\beta) + \beta\sin\beta \cdot \Omega\right] = 0 \tag{19.113c}$$

得到第　个方程：

$$\left[2R_1 t\beta + K\int_{z_0}^{R_c}y'\sqrt{R_1^2-z^2}\,\mathrm{d}z\right]R_1\sin\beta \cdot \Omega$$

$$(19.114)$$

$$= K\int_{z_0}^{R_c}(z-R_1+c)y'\sqrt{R_1^2-z^2}\,\mathrm{d}z - 2R_1^2 t(\sin\beta - \beta\cos\beta)$$

截面上的弯矩是：

$$M_{int} = M_c + M_s = M_c + 2\int_0^\beta R_1^2 t(f'_y - \sigma_t)\frac{\cos\theta - \cos\beta}{1-\cos\beta}\cos\theta\,\mathrm{d}\theta \tag{19.115}$$

内外弯矩平衡得到：

$$M_c + R_1^2 t(f'_y - \sigma_t)\frac{\beta - \sin\beta\cos\beta}{(1-\cos\beta)} = M + P(v_m + v_{0m}) \tag{19.116a}$$

$$P = \frac{M_c - M}{(v_m + v_{0m})} + R^3 t\frac{\pi^2 E}{L^2}\frac{v_m}{(v_m + v_{0m})}(\beta - \sin\beta\cos\beta) \tag{19.116b}$$

令 $\dfrac{\mathrm{d}P}{\mathrm{d}v_m} = 0$ 得到：

$$\frac{\mathrm{d}M_c}{\mathrm{d}v_m} - \frac{M_c - M}{(v_m + v_{0m})} + R^3 t \frac{\pi^2 E}{L^2}(2\sin^2\beta)v_m \frac{\mathrm{d}\beta}{\mathrm{d}v_m} + R^3 t \frac{\pi^2 E}{L^2}(\beta - \sin\beta\cos\beta)\frac{v_{0m}}{(v_m + v_{0m})} = 0$$

$$(19.117)$$

最后可以得到：

$$K\int_{z_0}^{R_1}(z - R_1 + c)y'z\sqrt{R_1^2 - z^2}\,\mathrm{d}z + \Big(2R^2 t\sin\beta - K\int_{z_0}^{R_1} y'z\sqrt{R_1^2 - z^2}\,\mathrm{d}z\Big)R\sin\beta \cdot \Omega$$

$$-\frac{(M_c - M)P}{(M_{int} - M_0)} \cdot \frac{L^2}{\pi^2 E} + R^3 t(\beta - \sin\beta\cos\beta)\frac{P}{(M_{int} - M_0)}\frac{L}{500} = 0$$

$$(19.118)$$

2. 钢管全截面屈服

此时轴力和弯矩为：$P = N_c + P_{Ps}$，$M_0 + P(v_m + v_{0m}) = M_c$。

钢管全截面屈服，钢管部分不再有弹性核，但是混凝土还有刚度，能够提供稳定所需要的切线刚度。此时应变表示为：

$$\varepsilon_z = \frac{\pi^2}{L^2}v_m(z_c - 0.5D_c + z) \tag{19.119a}$$

$$x = \frac{\varepsilon_z}{\varepsilon_{ccp}} = \frac{\pi^2}{\varepsilon_{ccp}L^2}v_m(z_c - 0.5D_c + z) \tag{19.119b}$$

这里 z_c 又随 v_m 而变化，因此 $\dfrac{\mathrm{d}x}{\mathrm{d}v_m} = \dfrac{\pi^2}{\varepsilon_{ccp}L^2}\big[(z_c - 0.5D_c + z) + \Omega\big]$，$\Omega = v_m\dfrac{\mathrm{d}x_c}{\mathrm{d}v_m}$。

$$\frac{\mathrm{d}N_c}{\mathrm{d}v_m} = K\frac{\pi^2 E}{L^2}\Big[\int_{-0.5D_c}^{0.5D_c} y'(x_c - 0.5D_c + z)\sqrt{R_1^2 - z^2}\,\mathrm{d}z + \Omega\int_{-0.5D_c}^{0.5D_c} y'\sqrt{R_1^2 - z^2}\,\mathrm{d}z\Big]$$

$$(19.120a)$$

$$\frac{\mathrm{d}M_c}{\mathrm{d}v_m} = K\frac{\pi^2 E}{L^2}\Big[\int_{-0.5h_c}^{0.5h_c} y'(x_c - 0.5D_c + z)\sqrt{R_1^2 - z^2}\,z\,\mathrm{d}z + \Omega\int_{-0.5h_0}^{0.5h_0} y'z\sqrt{R_1^2 - z^2}\,\mathrm{d}z\Big]$$

$$(19.120b)$$

由 $\dfrac{\mathrm{d}P}{\mathrm{d}v_m} = 0$ 得到 $\dfrac{\mathrm{d}N_c}{\mathrm{d}v_m} = 0$，

$$\Omega = -\frac{\displaystyle\int_{-0.5h_0}^{0.5h_0} y'(x_c - 0.5h_c + z)\sqrt{R_1^2 - z^2}\,\mathrm{d}z}{\displaystyle\int_{-0.5h_0}^{0.5h_0} y'\sqrt{R_1^2 - z^2}\,\mathrm{d}z} \tag{19.121}$$

再由 $P = \dfrac{M_c - M_0}{(v_m + v_{0m})}$，对 v_m 求导得到 $\dfrac{\mathrm{d}P}{\mathrm{d}v_m} = \dfrac{1}{(v_m + v_{0m})}\dfrac{\mathrm{d}M_c}{\mathrm{d}v_m} - \dfrac{M_c - M_0}{(v_m + v_{0m})^2} = 0$，最后可以导得：

$$L = \sqrt{\frac{\pi^2 E}{P}K\Big[\int_{-0.5h_0}^{0.5h_0} 2y'(x_c - 0.5h_c + z)z\sqrt{R_1^2 - z^2}\,\mathrm{d}z + \Omega\int_{-0.5h_0}^{0.5h_0} 2y'z\sqrt{R_1^2 - z^2}\,\mathrm{d}z\Big]} \tag{19.122}$$

L 要与 L_3 进行比较，相等时的结果有效。此时变形协调条件用应变表示，采用式（19.93j）。

3. 双侧屈服

受压屈服应力 $f'_y = \beta_{sz}f_y$，$f''_y = -1.1f_y$。受压区塑性区的起始角是 β，受拉塑性区范围

是 β_1，则弹性区的范围是 $\beta-\beta_1$，弹性区域高度 h_e 为：

$$h_e = R(\cos\beta_1 - \cos\beta) = \frac{2f_y L^2}{\pi^2 E v_m} \tag{19.123a}$$

$$\phi = \frac{c'_y + 1.1\varepsilon_y}{h_e} \tag{12.123b}$$

受压屈服区深度 $c = R_1(1+\cos\beta)$，受拉屈服区深度 $c_t = R_1(1-\cos\beta_1)$，$h_e + c_t + c = D_1$。

$$x = \frac{\varepsilon_y}{\varepsilon_{ccp}} + v_m \frac{\pi^2}{\varepsilon_{ccp} L^2}(R_1 + z - h_e - c_t) = \frac{\varepsilon_y}{\varepsilon_{ccp}} + v_m \frac{\pi^2}{\varepsilon_{ccp} L^2}(z - R_1 + c) \tag{19.124}$$

因此 $\dfrac{dc}{dv_m}$、$\dfrac{dx}{dv_m}$、$\dfrac{dN_c}{dv_m}$、$\dfrac{dM_c}{dv_m}$ 等表达式与单侧屈服时相同。轴力为：

$$P = N_c + P_{Ps} + 2Rt(f'_y + 1.1f_y)\frac{\sin\beta - \sin\beta_1 - \beta\cos\beta + \beta_1\cos\beta_1}{\cos\beta - \cos\beta_1} \tag{19.125a}$$

$$P = N_c + P_{Ps} - 2R^2 t \frac{\pi^2 E v_m}{L^2}(\sin\beta - \sin\beta_1 - \beta\cos\beta + \beta_1\cos\beta_1) \tag{19.125b}$$

令 $dP/dv_m = 0$ 得到第 1 个方程：

$$K\left[\int_{z_0}^{R_c}\frac{dy}{dx}(c - R + z)\sqrt{R^2 - z^2}\,dz\right] - 2R^2 t\left[\sin\beta - \sin\beta_1 + (\beta_1 - \beta)\cos\beta\right]$$

$$= \left[2R_1 t(\beta - \beta_1) + K\int_{z_0}^{R_c}\frac{dy}{dx}\sqrt{R^2 - z^2}\,dz\right]R_1\sin\beta \cdot \Omega \tag{19.126a}$$

截面内弯矩：

$$M_s = 2\int_0^{\beta_1} R_1 t(f'_y + 1.1f_y) \cdot R\cos\theta\,d\theta + 2\int_{\beta_1}^{\beta} R_1 t(f'_y + 1.1f_y)\frac{\cos\theta - \cos\beta}{\cos\beta_1 - \cos\beta} \cdot R\cos\theta\,d\theta \tag{19.126b}$$

$$M_s = \frac{1}{2}R_1^2 t(f'_y + 1.1f_y)\frac{\sin(2\beta_1) - \sin(2\beta) - 2\beta_1 + 2\beta}{\cos\beta_1 \qquad \cos\beta} \tag{19.126ç}$$

$$M_c + \frac{1}{2}R_1^2 t(f'_y + 1.1f_y)\frac{\sin(2\beta_1) - \sin(2\beta) - 2\beta_1 + 2\beta}{\cos\beta_1 - \cos\beta} = M + P(v_m + v_{0m}) \tag{19.126d}$$

$$P = \frac{M_c - M}{(v_m + v_{0m})} + \frac{R^2 t(f'_y + 1.1f_y)}{2(v_m + v_{0m})} \cdot \frac{\sin(2\beta_1) - \sin(2\beta) - 2\beta_1 + 2\beta}{\cos\beta_1 - \cos\beta} \tag{19.126e}$$

$$P = \frac{M_c - M}{(v_m + v_{0m})} + \frac{v_m}{(v_m + v_{0m})}\frac{\pi^2 E R^3 t}{2L^2}\left[\sin(2\beta_1) - \sin(2\beta) - 2\beta_1 + 2\beta\right] \tag{19.126f}$$

令 $dP/dv_m = 0$ 得到第 2 个方程：

$$\frac{M_c - M_0}{(v_m + v_{0m})}\frac{L^2}{\pi^2 E} - \frac{R_1^3 t}{2}\left[\sin2\beta_1 - \sin2\beta - 2\beta_1 + 2\beta\right]\frac{v_{0m}}{(v_m + v_{0m})}$$

$$= K\int_{z_0}^{R_c}\frac{dy}{dx}(c - R_1 + z)\sqrt{R_c^2 - z^2}\,z\,dz - 2R_1^3 t(\cos\beta_1 - \cos\beta)\sin\beta_1 +$$

$$\left\{R_1^3 t\left[1 - 2\sin\beta_1\sin\beta - \cos2\beta\right] - KR_1\sin\beta\int_{z_0}^{R_c}\frac{dy}{dx}\sqrt{R_c^2 - z^2}\,z\,dz\right\}\Omega \tag{19.126g}$$

图 19.29 给出了初始弯曲为 1/500 的计算结果，其中长细比总是采用钢与混凝土强度简单相加的承载力计算，稳定系数则采用两种定义计算，即：

$$\lambda_{\mathrm{n}} = \sqrt{\frac{A_s f_y + A_c f_{ck}}{P_{cr}}} \tag{19.127a}$$

$$\varphi_1 = \frac{P_u}{A_s f_y + A_c f_{ck}} \tag{19.127b}$$

$$\varphi_2 = \frac{P_u}{\beta_{sz} A_s f_y + \beta_{cz} A_c f_{ck}} \tag{19.127c}$$

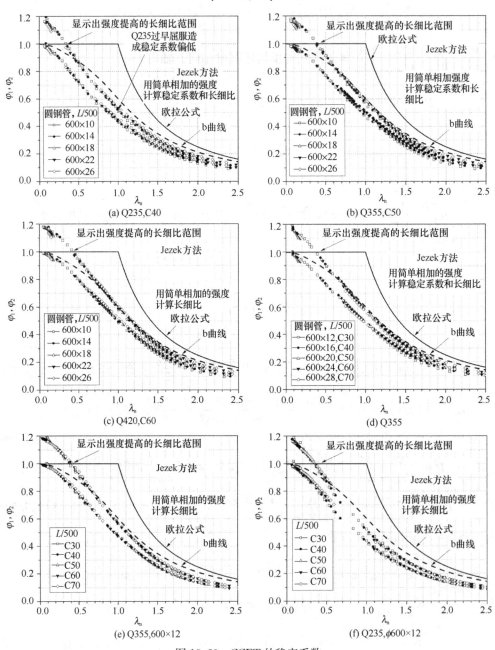

图 19.29　CCFT 的稳定系数

对比各图可知：

（1）Q235 的钢管混凝土压杆稳定系数较低。

（2）在大长细比（大于 1.3）范围，CCFT 的稳定系数低于纯钢压杆，混凝土的分担率越高，稳定系数就越低。

（3）因为长细比大于 0.7 以后钢与混凝土的相互作用出现前就失稳了（体现在图中的稳定系数与《钢结构设计标准》GB 50017—2017 的 b 曲线在长细比为 0.7 附近走势开始不一样），如果采用 φ_2 定义稳定系数，则正则化长细比宜采用如下公式定义：

$$\lambda_{n2} = \sqrt{\frac{\beta_{sz}A_s f_y + \beta_{cz}A_c f_{ck}}{P_{cr}}} \tag{19.127d}$$

以便让一个较大的长细比 λ_{n2}（大于 λ_n）对应于一个较小的稳定系数（$\varphi_2 < \varphi_1$），且 Q235 宜采用 c 曲线。

（4）相同钢材和同尺寸的钢管，不同混凝土强度等级的钢管混凝土，稳定系数几乎没有差别。

图 19.30 是初始弯曲为 1/1000 的结果，与图 19.29 对比可以了解不同初始缺陷带来的稳定系数的差别。图 19.30 中较低的数据点和曲线是对钢材和混凝土采用不考虑相互作用的强度和对应的应变和刚度的变化，但是对混凝土达到强度后的应力-应变曲线段采用围压作用下的强度提高、延性改善的模型的计算结果。

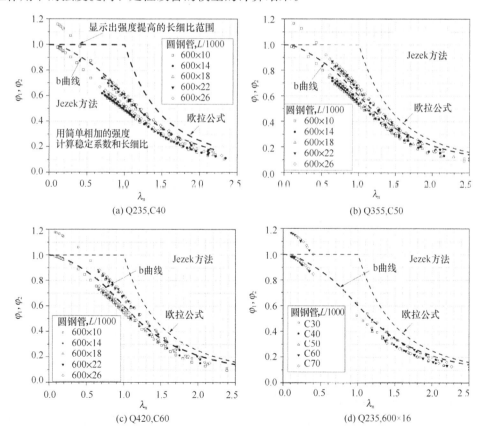

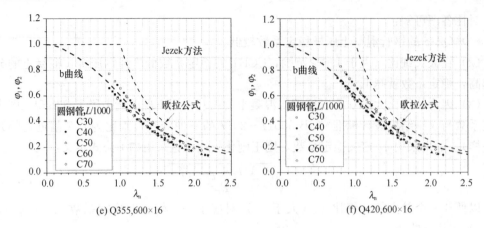

(e) Q355,600×16　　　　　　　　　　(f) Q420,600×16

图 19.30　不同初始缺陷和模型的稳定系数对比

19.5　圆钢管混凝土压弯杆的稳定

19.5.1　已有研究

　　1973 年 Chen W F 和 Chen C H 研究了两端铰支钢管混凝土压杆，其中混凝土的应力-应变曲线考虑了三种，如图 19.31 所示。钢材屈服强度为 400MPa，初偏心是 1/1000，混凝土圆柱强度是 40.9MPa。图中给出了两端弯矩比为 1、0 和－1 的三组曲线，图中以长度与直径之比作为长细比参量，每一个长细比有三条曲线，代表混凝土采用三种模型的结果。国内有韩林海、尧国皇对此问题进行过研究。

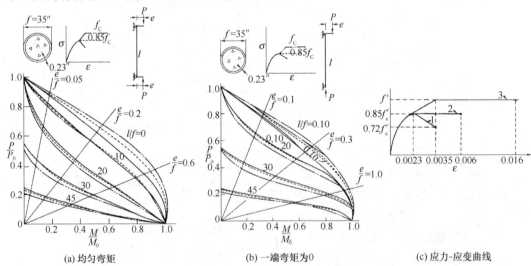

(a) 均匀弯矩　　　　　　　(b) 一端弯矩为0　　　　　　(c) 应力-应变曲线

图 19.31　Chen W F 的相关曲线

19.5.2　压弯杆平面内稳定计算公式的推导

　　CCFT 截面强度相关关系是式（19.21）。均匀受弯的弹性压弯构件的二阶弯矩为：

$$M_{II} = \frac{\beta M + P e_0}{1 - P/P_{Ex}} \tag{19.128a}$$

$$\beta = 1 + \frac{P}{4P_{Ex}} \quad (19.128b)$$

e_0 是等效初始偏心。代入式 (19.31a)：

$$\frac{1}{1-\alpha_{ck}}\left(\frac{P}{P_P}\right)^2 - \frac{\alpha_{ck}}{1-\alpha_{ck}}\frac{P}{P_P} + \frac{\beta M + P e_0}{M_{Px0}(1-P/P_{Ex})} = 1 \quad (19.129)$$

$M = 0$ 时应该回退到轴压杆的稳定系数，$P = \varphi P_P$，由此求得等效偏心 e_0：

$$e_0 = (1 - \varphi \lambda^2)\left(\frac{1}{\varphi} + \frac{\alpha_{ck}}{1-\alpha_{ck}} - \frac{1}{1-\alpha_{ck}}\varphi\right)\frac{M_{Px0}}{P_P} \quad (19.130)$$

代回式 (19.129) 得到：

$$\frac{P}{P_u} + \frac{1 + 0.25 P/P_{Ex}}{\left[1 + \frac{\varphi_x}{1-\alpha_{ck}}\left(\frac{1}{\lambda_n^2} + \alpha_{ck} - \varphi_x - \frac{P}{P_P}\right)\frac{P}{P_{Ex}}\right]} \cdot \frac{M_x}{M_{Px0}} = 1 \quad (19.131)$$

记 $p = \dfrac{P}{P_u} = \dfrac{P}{\varphi P_P}$，$m = \dfrac{M}{M_P}$，则式 (19.131) 转化为：

$$m = \frac{1-p}{1+0.25\lambda_n^2 p}\left\{1 - \frac{\varphi^2 p}{1-\alpha_{ck}}\left[\varphi\lambda_n^2(1+p) - (1+\alpha_{ck}\lambda_n^2)\right]\right\} \quad (19.132)$$

不同混凝土分担率 $\alpha_{ck} = 0.3$、0.5 和 0.7 的相关曲线如图 19.32 所示。基于强度极限状态导出的公式是稳定承载力的上限，因为此时压杆已没有物理刚度（图 19.33），而稳定极限状态时必具有物理刚度（否则考虑压力负刚度后压杆就是负刚度了）。图 19.32 所有曲线都不下凹，与 Chen W F 的结果有所不符。

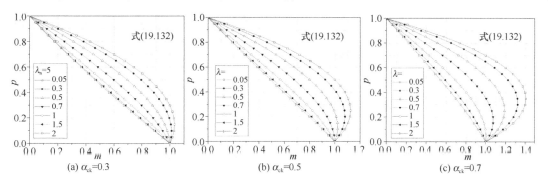

图 19.32　CCFT 强度公式推出的 N-M 相关公式

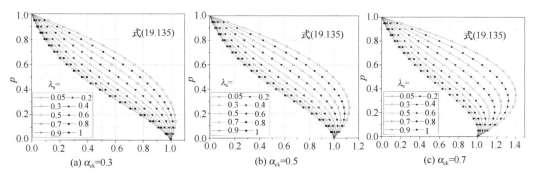

图 19.33　压弯杆稳定计算的相关关系（注意曲线变为 S 形，与 Chen W F 的结果一致）

为保证极限状态最不利的截面仍然具有物理刚度，必须对式（19.131）进行修改。将β放大：

$$\beta = 1 + \frac{P}{4P_{\mathrm{E}}} \rightarrow \beta = 1 + \frac{P}{4P_{\mathrm{E}}} \times 24\frac{P}{P_{\mathrm{P}}} = 1 + \frac{6P^2}{P_{\mathrm{E}}P_{\mathrm{P}}} \qquad (19.133)$$

使得公式左边增大，这样得到的截面就会有所增大。于是：

$$\frac{P}{\varphi_{\mathrm{x}}P_{\mathrm{P}}} + \frac{1 + 6P^2/(P_{\mathrm{Ex}}P_{\mathrm{P}})}{\left[1 + \dfrac{\varphi_{\mathrm{x}}}{1-\alpha_{\mathrm{ck}}}\left(\dfrac{1}{\lambda_{\mathrm{n}}^2} + \alpha_{\mathrm{ck}} - \varphi_{\mathrm{x}} - \dfrac{P}{P_{\mathrm{P}}}\right)\dfrac{P}{P_{\mathrm{Ex}}}\right]} \cdot \frac{M_{\mathrm{x1}}}{M_{\mathrm{Px0}}} = 1 \qquad (19.134)$$

无量纲形式：

$$m = \frac{1-p}{1 + 6\varphi^2\lambda_{\mathrm{n}}^2 p^2}\left\{1 - \frac{\varphi^2 p}{1-\alpha_{\mathrm{ck}}}\left[\varphi\lambda_{\mathrm{n}}^2(1+p) - (1 + \alpha_{\mathrm{ck}}\lambda_{\mathrm{n}}^2)\right]\right\} \qquad (19.135)$$

上式曲线在图 19.33 给出，长细比增大，曲线变成 S 形的，与 Chen W F 的结果一致。

19.5.3　线性变化弯矩的情况

弯矩线性变化，引入等效弯矩系数 β_{mx}：

$$\frac{P}{\varphi_{\mathrm{x}}P_{\mathrm{P}}} + \frac{1 + \dfrac{6P^2}{P_{\mathrm{Ex}}P_{\mathrm{P}}}}{\left[1 + \dfrac{\varphi_{\mathrm{x}}}{1-\alpha_{\mathrm{ck}}}\left(\dfrac{1}{\lambda_{\mathrm{x}}^2} + \alpha_{\mathrm{ck}} - \varphi_{\mathrm{x}} - \dfrac{P}{P_{\mathrm{P}}}\right)\dfrac{P}{P_{\mathrm{Ex}}}\right]} \cdot \frac{\beta_{\mathrm{mx}}M_{\mathrm{x1}}}{M_{\mathrm{Px0}}} = 1 \qquad (19.136)$$

$$\lambda_{\mathrm{n}} \leqslant 1.0: \beta_{\mathrm{mx}} = \left\{\left[\cos\left(\frac{1}{2}\pi\sqrt{p_{\mathrm{E}}}\right)\right]^{\chi} + \left(0.5 + 0.5\frac{M_2}{M_1}\right)^{\chi}\right\}^{\frac{1}{\chi}} \qquad (19.137a)$$

$$\lambda_{\mathrm{n}} = 1\sim1.5: \beta_{\mathrm{mx}} = \left\{\left[\cos\left(0.5\pi\sqrt{\frac{0.6P}{\varphi P_{\mathrm{P}}}}\right)\right]^{\chi} + \left(0.5 + 0.5\frac{M_2}{M_1}\right)^{\chi}\right\}^{\frac{1}{\chi}} \qquad (19.137b)$$

式中，$\chi = \dfrac{3}{\sqrt{p_{\mathrm{E}}}}$，$p_{\mathrm{E}} = \dfrac{P}{P_{\mathrm{Ex}}} = p\dfrac{\varphi P_{\mathrm{P}}}{P_{\mathrm{Ex}}} = p\varphi\lambda^2$。

$$m = \frac{1-p}{\beta_{\mathrm{my}}(1 + 6\varphi^2\lambda^2 p^2)}\left\{1 - \frac{\varphi^2}{1-\alpha_{\mathrm{ck}}}p\left[\varphi\lambda^2(1+p) - (1+\alpha_{\mathrm{ck}}\lambda^2)\right]\right\} \qquad (19.138)$$

这方面的分析，Chen W F 给出了一端弯矩为 0 的结果，如图 19.31（b）所示，可见相关曲线是光滑的。图 19.34 给出了式（19.137）和式（19.138）的结果，曲线也是光滑的，比较符合。

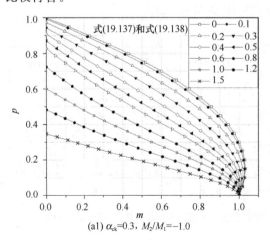

(a1) $\alpha_{\mathrm{ck}}=0.3$，$M_2/M_1=-1.0$

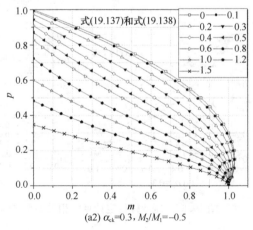

(a2) $\alpha_{\mathrm{ck}}=0.3$，$M_2/M_1=-0.5$

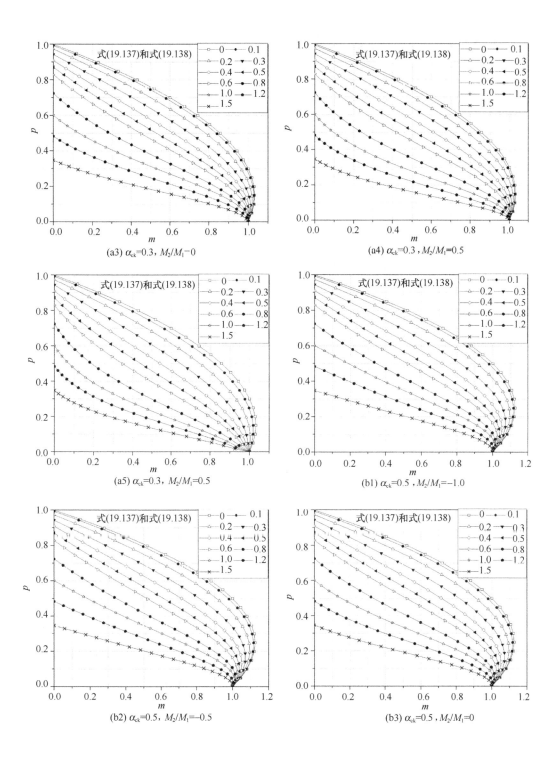

(a3) $\alpha_{ck}=0.3$, M_2/M_1-0

(a4) $\alpha_{ck}=0.3$, $M_2/M_1=0.5$

(a5) $\alpha_{ck}=0.3$, $M_2/M_1=0.5$

(b1) $\alpha_{ck}=0.5$, $M_2/M_1=-1.0$

(b2) $\alpha_{ck}=0.5$, $M_2/M_1=-0.5$

(b3) $\alpha_{ck}=0.5$, $M_2/M_1=0$

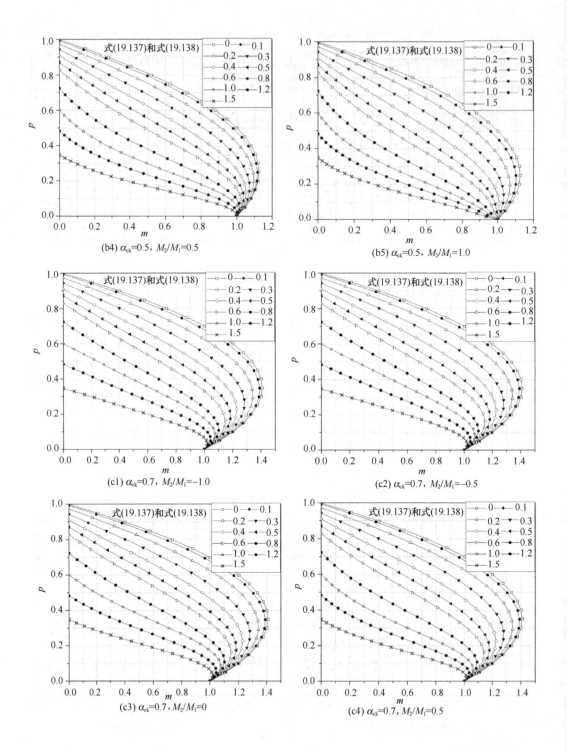

(b4) $\alpha_{ck}=0.5$, $M_2/M_1=0.5$

(b5) $\alpha_{ck}=0.5$, $M_2/M_1=1.0$

(c1) $\alpha_{ck}=0.7$, $M_2/M_1=-1.0$

(c2) $\alpha_{ck}=0.7$, $M_2/M_1=-0.5$

(c3) $\alpha_{ck}=0.7$, $M_2/M_1=0$

(c4) $\alpha_{ck}=0.7$, $M_2/M_1=0.5$

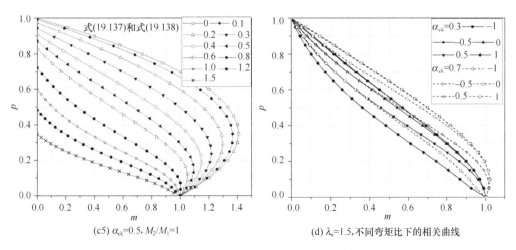

(c5) $\alpha_{ck}=0.5$，$M_2/M_1=1$ (d) $\lambda_n=1.5$，不同弯矩比下的相关曲线

图 19.34　线性变化弯矩下轴力-弯矩相关关系

19.6　方矩形钢管混凝土压弯杆的稳定

19.6.1　Chen W F 等的研究

1973 年 Chen W F 和 Chen C H 研究了两端铰支方钢管混凝土压杆，其中混凝土的应力-应变曲线考虑了三种，如图 19.35 所示。钢材屈服强度为 325MPa，初偏心是 1/500，混凝土圆柱强度为 40.9MPa。图中给出了弯矩比为 1、0 和 -1 三组曲线，图中以长度与边长之比作为长细比参量，每一个长细比有三条曲线，代表混凝土采用三种模型的结果。

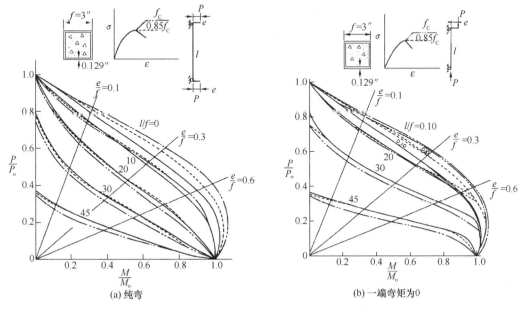

(a) 纯弯   (b) 一端弯矩为0

图 19.35　方钢管混凝土压弯杆的相关曲线

19.6.2　公式推导

此时推导公式的出发点是式（19.23a，b）和式（19.25a，b）的指数，该指数在此处用 a 来作标记，以示区别。其中式（19.23b）与圆钢管混凝土压杆一样，可以直接引用。

对式（19.23a），将二阶弯矩代入：

$$\frac{P}{P_P} \geqslant \alpha_{ck}: \left(\frac{P}{P_P}\right)^a + (1-\alpha_{ck}^a)\frac{\beta M_x + Pe_0}{(1-N/N_{Ex})M_{Px0}} = 1 \tag{19.139}$$

可以求得等效的初始偏心为：

$$e_0 = \frac{(1-\varphi^a)}{(1-\alpha_{ck}^a)}(1-\varphi\lambda_n^2)\frac{M_{px0}}{\varphi N_P} \tag{19.140}$$

回代得到：

$$\frac{P}{P_P} \geqslant \alpha_{ck}: \frac{P}{\varphi P_P} + \frac{1}{1-\varphi^a\left[1-\frac{1-p^a}{1-p}\left(1-\frac{P}{P_{Ex}}\right)\right]}\frac{(1-\alpha_{ck}^a)\beta M_x}{M_{Px0}} = 1 \tag{19.141}$$

式中 $p = P/\varphi P_P$。假设 $a = 1$ 和 2，公式可以简化为：

$$a = 1 \text{ 时 } \frac{P}{\varphi P_P} + \frac{(1-\alpha_{ck})(1+0.25P/P_{Ex})}{(1-\varphi P/P_{Ex})} \cdot \frac{M_x}{M_{Px0}} = 1 \tag{19.142a}$$

$$a = 2 \text{ 时 } \frac{P}{\varphi P_P} + \frac{(1-\alpha_{ck}^2)(1+0.25P/P_{Ex})}{[1-(\varphi+P/P_P)\varphi P/P_{Ex}+\varphi P/P_P]}\frac{M_x}{M_{Px0}} = 1 \tag{19.142b}$$

式（19.141）绘制在图 19.36。对比发现，宽钢管混凝土压弯杆在长细比大于 1.0 之后，绕强轴和绕弱轴的相关曲线已经没有区别。小长细比时有区别，而实际工程中主要是小长细比构件。

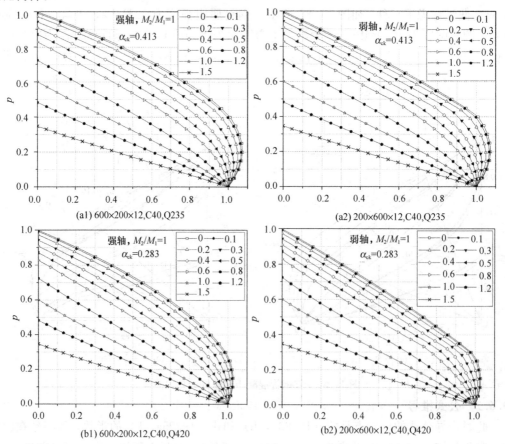

(a1) 600×200×12,C40,Q235　　(a2) 200×600×12,C40,Q235

(b1) 600×200×12,C40,Q420　　(b2) 200×600×12,C40,Q420

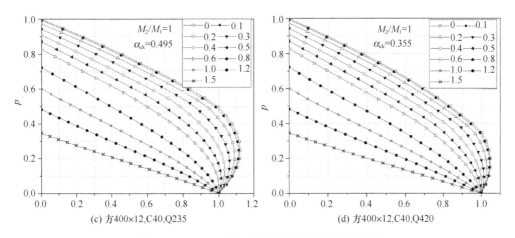

(c) 方400×12,C40,Q235　　(d) 方400×12,C40,Q420

图 19.36　RCFT 基于强度公式推导的相关关系

同样地,这些曲线是稳定承载力的上限,长细比为 1.5 时曲线仍未能呈现出下凹形状。弯矩项需要引入放大系数,使得公式的左边增大,放大系数可以参考 CCFT 的式 (19.133)。于是得到:

$$\frac{P}{P_P} \geqslant \alpha_{ck}: \frac{P}{\varphi P_P} + \frac{(1-\alpha_{ck}^a)(1+6\varphi^2 p^2 \lambda_n^2)}{1-\varphi^a\left[1-\frac{1-p}{p}\left(1-\frac{P}{P_{Ex}}\right)\right]} \cdot \frac{\beta_{mx} M_x}{M_{Px0}} = 1 \quad (19.143a)$$

$$0 \leqslant \frac{P}{P_P} \leqslant \alpha_{ck}: \frac{P}{\varphi_x P_P} + \frac{1+\frac{6P^2}{P_{Ex} P_P}}{\left[1+\frac{\varphi_x}{1-\alpha_{ck}}\left(\alpha_{ck}+\frac{1}{\lambda_n^2}-\frac{P}{P_P}-\varphi_x\right)\frac{P}{P_{Ex}}\right]} \cdot \frac{\beta_{mx} M_{x1}}{M_{Px0}} = 1$$

$$(19.143b)$$

《矩形钢管混凝土结构技术规程》CECS 159:2004 中的强度公式是式 (19.22a,b),采用相同的推导方法,得到如下两式:

$$\frac{P}{P_P} \geqslant \alpha_{ck}: \frac{P}{\varphi P_P} + (1-\alpha_{ck})\frac{(1+P/4P_{Ex})M_x}{(1-\varphi P/P_{Ex})M_{Px0}} = 1 \quad (19.144a)$$

$$\frac{P}{P_P} \leqslant \alpha_{ck}: \frac{1-\varphi+(\varphi-\alpha_{ck})\varphi\lambda_n^2}{1-\alpha_{ck}} \cdot \frac{P}{\varphi P_P} + \frac{(1+P/4P_{Ex})M_x}{(1-\varphi P/P_{Ex})M_{Px0}} - 1 \quad (19.144b)$$

弯矩项引入放大系数和弯矩线性变化时的等效弯矩系数,得到:

$$\frac{P}{P_P} \geqslant \alpha_{ck}: \frac{P}{\varphi P_P} + (1-\alpha_{ck})\frac{\beta_{mx}(1+2.25P/P_{Ex})M_x}{(1-\varphi P/P_{Ex})M_{Px0}} = 1 \quad (19.145a)$$

$$\frac{P}{P_P} \leqslant \alpha_{ck}: \frac{1-\varphi+(\varphi-\alpha_{ck})\varphi\lambda_n^2}{1-\alpha_{ck}} \cdot \frac{P}{\varphi P_P} + \frac{\beta_{mx}(1+P/P_{Ex})M_x}{(1-\varphi P/P_{Ex})M_{Px0}} = 1 \quad (19.145b)$$

与《矩形钢管混凝土结构技术规程》CECS 159:2004 的稳定验算公式相比,上述两式与数值计算结果和试验结果更加符合,但是 α_{ck} 较大时仍偏保守(图 19.37)。

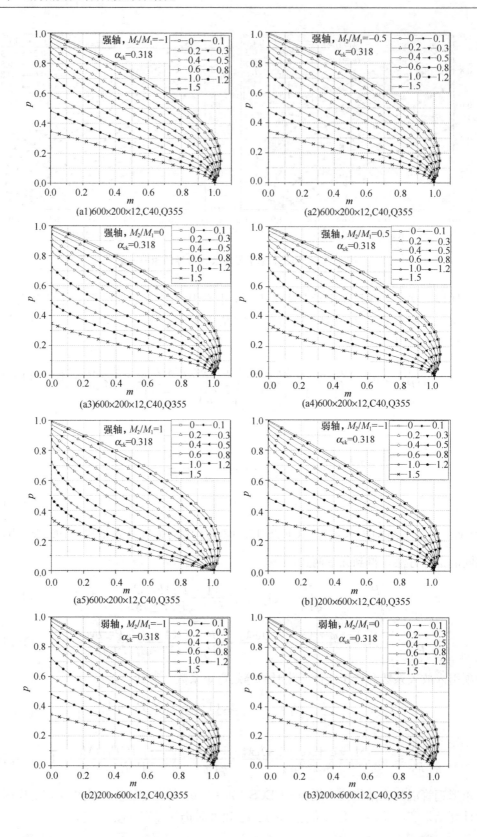

(a1)600×200×12,C40,Q355

(a2)600×200×12,C40,Q355

(a3)600×200×12,C40,Q355

(a4)600×200×12,C40,Q355

(a5)600×200×12,C40,Q355

(b1)200×600×12,C40,Q355

(b2)200×600×12,C40,Q355

(b3)200×600×12,C40,Q355

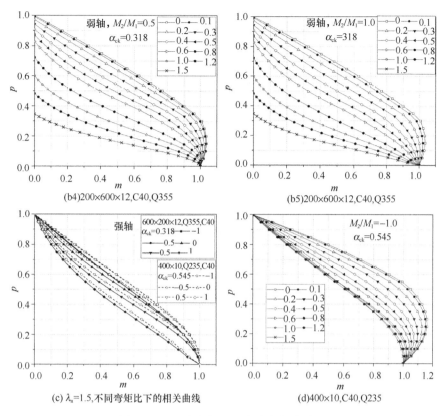

图 19.37　压弯杆的平面内稳定相关关系

19.6.3　双向受弯压杆的稳定性

在双向压弯的情况下，采用平面压弯的公式，计算轴力作用下的剩余抗弯承载力，然后代入双向压弯的强度公式进行稳定性的计算。即：

$$\frac{P}{P_P} \leqslant \alpha_{ck}: M_{x,pc} = \frac{\left(1-\dfrac{P}{\varphi_x P_P}\right)}{\beta_{mx}\left(1+\dfrac{6P^2}{P_{Ex}P_P}\right)}\left[1+\frac{\varphi_x}{1-\alpha_{ck}}\left(\frac{1}{\lambda_x^2}+\alpha_{ck}-\varphi_x-\frac{P}{P_P}\right)\frac{P}{P_{Ex}}\right]M_{Px0}$$

(19.146a)

$$\frac{P}{P_P} \leqslant \alpha_{ck}: M_{y,pc} = \frac{\left(1-\dfrac{P}{\varphi_y P_P}\right)}{\beta_{my}\left(1+\dfrac{6P^2}{P_{Ey}P_P}\right)}\left[1+\frac{\varphi_y}{1-\alpha_{ck}}\left(\frac{1}{\lambda_y^2}+\alpha_{ck}-\varphi_y-\frac{P}{P_P}\right)\frac{P}{P_{Ey}}\right]M_{Py0}$$

(19.146b)

$$\frac{P}{P_P} > \alpha_{ck}: M_{x,Pc} = \frac{\left(1-\dfrac{P}{\varphi_x P_P}\right)M_{Px0}}{\beta_{mx}\left(1-\alpha_{ck}^a\right)\left(1+\dfrac{6P^2}{P_{Ex}P_P}\right)}\left\{1-\varphi_x^{\beta_x}\left[1-\frac{1-(P/\varphi P_P)^{\beta_x}}{1-(P/\varphi P_P)}\left(1-\frac{P}{P_{Ex}}\right)\right]\right\}$$

(19.147a)

$$\frac{P}{P_{\mathrm{P}}} > \alpha_{\mathrm{ck}} : M_{\mathrm{y,Pc}} = \frac{\left(1 - \dfrac{P}{\varphi_{\mathrm{y}} P_{\mathrm{P}}}\right) M_{\mathrm{Py0}}}{\beta_{\mathrm{my}}(1 - \alpha_{\mathrm{ck}}^{\beta_{\mathrm{y}}})\left(1 + \dfrac{6P^2}{P_{\mathrm{Ey}} P_{\mathrm{P}}}\right)} \left\{ 1 - \varphi_{\mathrm{y}}^{\beta_{\mathrm{y}}} \left[1 - \frac{1 - (P/\varphi_{\mathrm{y}} P_{\mathrm{P}})^{\beta_{\mathrm{y}}}}{1 - P/\varphi_{\mathrm{y}} P_{\mathrm{P}}} \left(1 - \frac{P}{P_{\mathrm{Ey}}}\right) \right] \right\}$$

$$(19.147\mathrm{b})$$

$$\left[\left(\frac{M_{\mathrm{x}}}{M_{\mathrm{x,Pc}}}\right)^{1.6} + \left(\frac{M_{\mathrm{y}}}{M_{\mathrm{y,Pc}}}\right)^{1.6} \right]^{1/1.6} \leqslant 1 \qquad (19.148)$$

参 考 文 献

[1]　中华人民共和国建设部. 钢结构设计规范：GB 50017—2003[S]. 北京：中国计划出版社，2003.

[2]　童根树. 钢结构的平面内稳定[M]. 北京：中国建筑工业出版社，2004.

[3]　CHEN W F, ATSUTA T. Theory of beam-columns[M]. New York：McGraw-Hill, 1976.

[4]　韩林海，杨有福. 现代钢管混凝土结构技术[M]. 北京：中国建筑工业出版社，2004.

第 20 章　异形多腔钢管混凝土柱的设计

异形柱（L 形、T 形）主要用于住宅以避免房间内出现凸柱，影响房间使用功能。钢筋混凝土异形柱已经得到应用且有《混凝土异形柱结构技术规程》JGJ 149—2017 作支撑，住宅钢结构或钢管混凝土结构采用异形柱也是必然的一个选项。图 20.1（a）是开口钢截面，制作方便，梁柱连接方便，但防火装修成本高。图 20.1（b）是钢管混凝土异形柱，过于复杂的钢管混凝土异形柱焊接工作量大，上下柱所有板块完全对接难以实现，应尽量避免。

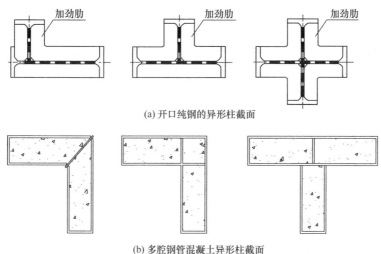

(a) 开口纯钢的异形柱截面

(b) 多腔钢管混凝土异形柱截面

图 20.1　异形柱截面

对于钢管混凝土异形柱的研究，我国大约开始于 2000 年之后（见参考文献），获得的最重要的认识是，钢管混凝土异形柱的抗震性能与方钢管混凝土柱的抗震性能是类似的，这与钢筋混凝土异形柱有本质的不同。因此钢管混凝土异形柱的应用几乎不受限制。

20.1　钢管混凝土 T 形截面柱在双向弯矩和轴力作用下的强度

20.1.1　钢管混凝土 T 形截面柱描述

钢管混凝土 T 形截面柱参数如图 20.2 所示，分为翼缘肢和腹板肢两部分，翼缘肢钢管的尺寸为 $b \times t_1 / b_1 \times t_{1a}$，腹板肢的尺寸为 $h_2 \times t_2 / b_2 \times t_{2f}$，实际项目中绝大多数是 $t_{1a} = t_1$、$t_{2f} = t_2$，内插的钢板 $t_{1b} = t_1$，厚度为 t_1 和 t_2 两种钢板冷弯矩形钢管，然后组装焊接形成。各板件的称呼如图 20.2 所示，截面总宽度为 $b = 2h_1 + b_2 - 2t_{1b}$，总高度为 $h = b_1 + h_2$，钢管内填充混凝土（在截面组成上，为了材料采购方便，节省采购成本，板厚的规格宜采用一个，不应多于两个）。

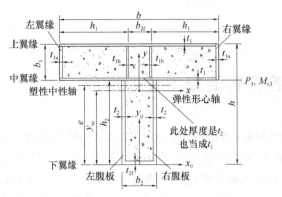

图 20.2　钢管混凝土柱 T 形截面

选取坐标系 x_0-y_0，原点位于图 20.2 所示腹板肢下中点处，钢和混凝土的弹性模量分别是 E_s 和 E_c，弹性截面形心位置为 $C(0, y_{sc})$。假定：（1）截面变形符合平截面假定；（2）在完全塑性铰状态下，全部钢材达到其拉压屈服强度标准值 f_{yk}，受压混凝土达到其抗压强度标准值 f_{ck}，不考虑混凝土的抗拉强度。

20.1.2　T 形截面的弹性截面性质

图 20.2 所示截面参数，翼缘肢和腹板肢钢和混凝土的面积为（c—混凝土，s—钢，f—翼缘，w—腹板）：$h_{1c} = h_1 - t_{1a} - t_{1b}$，$b_{1c} = b_1 - 2t_1$，$h_{2c} = h_2 - t_{2f}$，$b_{2c} = b_2 - 2t_2$，$b_c = b - 2(t_{1a} + t_{1b})$，$A_{cf} = b_1 b - A_{sf}$，$A_{sf} = 2bt_1 + 2(t_{1a} + t_{1b})(b_1 - 2t_1)$，$A_{cw} = b_{2c} h_{2c} = (h_2 - t_{2f})(b_2 - 2t_2)$，$A_{sw} = 2h_2 t_2 + (b_2 - 2t_2)t_{2f}$，记 $\alpha_E = E_s / E_c$，将混凝土等效为钢后的截面等效面积为：$A_{tot} = A_{sf} + A_{sw} + (A_{cf} + A_{cw})/\alpha_E$。弹性形心 $(0, y_{sc})$ 的位置为：

$$y_{sc} = \frac{1}{A_{tot}}\left\{\left(A_{sf} + \frac{A_{cf}}{\alpha_E}\right)\left(h - \frac{1}{2}b_1\right) + \frac{1}{2}b_2 t_{2f}^2 + \left[(h_2 - t_{2f})t_2 + \frac{A_{cw}}{2\alpha_E}\right](h_2 + t_{2f})\right\} \quad (20.1)$$

确定截面弹性形心位置后，建立形坐标系，所有截面性质和弯矩都以形心坐标系作为参考。当钢和混凝土全截面受压屈服时，记轴压屈服强度中心在 $x_0 - y_0$ 坐标系中的坐标为 $(0, y_{cc})$：

$$y_{cc} = \frac{1}{P_p}\left\{(A_{sf}f_{yk} + A_{cf}f_{ck})\left(h - \frac{1}{2}b_1\right) + \frac{1}{2}b_2 t_{2f}^2 f_{yk} + \frac{1}{2}(h_2^2 - t_{2f}^2)(2t_2 f_{yk} + b_{2c}f_{ck})\right\}$$

$$(20.2)$$

当钢受拉屈服时，抗拉屈服强度中心在 $x_0 - y_0$ 坐标系中的坐标为 $(0, y_{tc})$：

$$y_{tc} = \frac{1}{A_{sf} + A_{sw}}\left[A_{sf}\left(h - \frac{1}{2}b_1\right) + t_2(h_2^2 - t_{2f}^2) + \frac{1}{2}b_2 t_{2f}^2\right] \quad (20.3)$$

记轴力和弯矩的符号如下：

$$P_s = (A_{sf} + A_{sw})f_{yk} \quad (20.4a)$$

$$P_c = (A_{cf} + A_{cw})f_{ck} \quad (20.4b)$$

$$P_P = P_s + P_c \quad (20.4c)$$

$$\alpha_{ck} = P_c / P_P \quad (20.4d)$$

式中，P_s 为钢材部分的屈服力；P_c 为混凝土部分的抗压承载力；f_{yk} 为钢的屈服强度标准值；f_{ck} 为混凝土强度特征值；α_{ck} 为混凝土分担率。

20.1.3　绕 x 轴正纯弯时的弯矩

塑性中性轴和弹性形心轴的相对位置见表 20.1。表中 $p_i = P_i / P_P$。

截面类型分类　　　　　　　　　　　　　　　　　　　表 20.1

分类	纯弯塑性中性轴位置	弹性形心 x 轴位置	关键点 D 的轴力
情形 1a		翼缘混凝土	p_3
情形 1b	翼缘混凝土内	中翼缘	p_3
情形 1c		腹板混凝土	p_{sc}^+

续表

分类	纯弯塑性中性轴位置	弹性形心 x 轴位置	关键点 D 的轴力
情形 2	中翼缘	腹板混凝土	p_c
情形 3	腹板混凝土	腹板混凝土	p_c

各种情形下的纯弯塑性弯矩为（图 20.3）：

1. 塑性中性轴在翼缘混凝土内：情形 1a、1b、1c，纯弯时中性轴位置为：

$$c = \frac{A_{sw} + 2b_{1c}(t_{1a} + t_{1b})}{b_c f_{ck}/f_y + 4(t_{1a} + t_{1b})} \leqslant b_{1c} \tag{20.5}$$

$$M_{Px0}^+ = [b_c f_{ck} + 2(t_{1a} + t_{1b})f_y]c(h - y_{sc} - t_1 - 0.5c) + bt_1(b_1 - t_1)f_y +$$
$$\begin{Bmatrix} -(b_{1c} - c)2(t_{1a} + t_{1b})[h - y_{sc} - t_1 - 0.5(b_{1c} + c)] \\ + b_2 t_{2f}(y_{sc} - t_{2f}/2) + 2h_{2c}t_2(y_{sc} - t_{2f} - 0.5h_{2c}) \end{Bmatrix} f_y \tag{20.6}$$

2. 塑性中性轴在腹板：情形 3（弹性形心轴在腹板混凝土），图 20.3（c）所示，纯弯中性轴位置为：

$$e = \frac{A_{sf} f_y + A_{cf} f_{ck} + (2h_2 t_2 - b_{2c} t_{2f})f_y + h_2 b_{2c} f_{ck}}{b_{2c} f_{ck} + 4t_2 f_y} \leqslant h_2 \tag{20.7}$$

$$M_{Px0}^+ = (P_{cf} + P_{sf})(h - y_{sc} - 0.5b_1) + (h_2 - e)(b_{2c} f_{ck} + 2t_2 f_y)\left(h - y_{sc} - b_1 - \frac{h_2 - e}{2}\right) +$$
$$b_2 t_{2f} f_y(y_{sc} - 0.5t_f) + (e - t_{2f})t_2 f_y(2y_{sc} - e - t_{2f}) \tag{20.8}$$

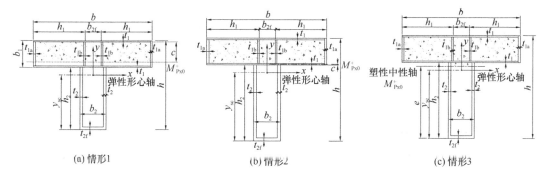

(a) 情形1   (b) 情形2   (c) 情形3

图 20.3　正弯矩时塑性中性轴的三种情形

3. 塑性中性轴在中翼缘：情形 2（弹性形心在腹板混凝土），塑性中性轴的位置为：

$$0 \leqslant c = \frac{A_{cf} f_{ck}/f_y + A_{sf} - A_{sw}}{2b} \leqslant t_1 \tag{20.9}$$

$$M_{Px0}^+ = (A_{cf} f_{ck} + A_{sf} f_y)(h - y_{sc} - 0.5b_1) - 2bc f_y(h - y_{sc} - b_1 + 0.5c) +$$
$$b_2 t_{2f}(y_{sc} - 0.5t_{2f})f_y + 2h_{2c}t_2(y_{sc} - t_{2f} - 0.5h_{2c})f_y \tag{20.10}$$

20.1.4　绕 x 轴负纯弯时的弯矩

1. 塑性中性轴在翼缘肢混凝土部分，参照图 20.4（a），塑性中性轴位置和弯矩为：

$$c = \frac{(A_{cw} + A_{cf})f_{ck}/f_y + A_{sw} + 2b_{1c}(t_{1a} + t_{1b})}{2b_c f_{ck}/f_y + 4(t_{1a} + t_{1b})} \leqslant b_1 - 2t_1 \tag{20.11}$$

$$M_{Px0}^- = -(2h_{2c}t_2 f_y + A_{cw} f_{ck})(y_{sc} - t_{2f} - 0.5h_{2c}) - b_2 t_{2f}(y_{sc} - 0.5t_{2f})f_y +$$

$$(b_{1c} - c)[b_c f_{ck} + 2(t_{1a} + t_{1b})f_y][h - y_{sc} - t_1 - 0.5(b_{1c} + c)] - $$
$$2c(t_{1a} + t_{1b})(h - y_{sc} - t_1 - 0.5c)f_y - (b_1 - t_1)bt_1 f_y \tag{20.12}$$

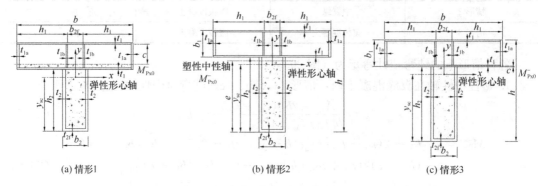

(a) 情形1　　　　　　　　(b) 情形2　　　　　　　　(c) 情形3

图 20.4　负弯矩时塑性中性轴的三种情形

2. 塑性中性轴在腹板肢 [图 20.4 (b)]，塑性中性轴位置和弯矩为：

$$e = \frac{A_{sf}f_y + b_{2c}t_{2f}f_{ck} + (2h_2 t_2 - b_{2c}t_{2f})f_y}{b_{2c}f_{ck} + 4t_2 f_y} \leqslant h_2 \tag{20.13}$$

$$M_{Px0}^- = -A_{sf}(h - y_{sc} - 0.5b_1)f_y - (e - t_{2f})b_{2c}f_{ck}\left(y_{sc} - \frac{e + t_{2f}}{2}\right) - $$
$$(h_2 - e)t_2 f_y(h_2 - 2y_{sc} + e) - b_2 t_{2f} f_y(y_{sc} - 0.5t_{2f}) - $$
$$(e - t_{2f})t_2 f_y(2y_{sc} - e - t_{2f}) \tag{20.14}$$

3. 塑性中性轴在中翼缘 [图 20.4 (c)]，塑性中性轴位置和弯矩为：

$$0 \leqslant c = \frac{(A_{sf} - A_{sw})f_y - A_{cw}f_{ck}}{2bf_y} \leqslant t_1 \tag{20.15}$$

$$M_{Px0}^- = -A_{sf}f_y(h - y_{sc} - 0.5b_1) + bc2f_y(h - y_{sc} - b_1 + 0.5c) - $$
$$b_2 t_{2f}(y_{sc} - 0.5t_{2f})f_y - h_{2c}(2t_2 f_y + b_{2c}f_{ck})(y_{sc} - t_{2f} - 0.5h_{2c}) \tag{20.16}$$

20.1.5　绕强轴压弯强度的相关关系

$M_{x,rc}$、$M_{y,rc}$ 为混凝土全截面受压时，截面绕弹性形心轴 x 轴和 y 轴的弯矩为：

$$M_{x,rc} = P_P(y_{cc} - y_{sc}) \approx 0 \tag{20.17a}$$
$$M_{y,rc} = 0 \tag{20.17b}$$

$M_{x,rt}$、$M_{y,rt}$ 为混凝土全截面受拉时，截面绕弹性形心轴 x 轴和 y 轴的弯矩为：

$$M_{x,rt} = P_s(y_{sc} - y_{tc}) \approx 0 \tag{20.17c}$$
$$M_{y,rt} = 0 \tag{20.17d}$$

全截面受压和全截面受拉平均的点 $O(M_{xS}, 0.5P_c)$ 处，截面绕弹性形心轴 x 轴和 y 轴的弯矩为：

$$M_{xS} = 0.5(M_{x,rt} + M_{x,rc}) \approx 0 \tag{20.17e}$$
$$M_{yS} = 0 \tag{20.17f}$$

1. 塑性中性轴平行于 x 轴时截面的 P-M_x 曲线

单向弯曲即塑性中性轴平行于坐标轴，我们首先研究截面绕 x 轴单向弯曲的情况。

(1) P-M_x 相关曲线的性质

截面在轴力和弯矩作用下处于塑性铰状态时，塑性中性轴可能会位于上翼缘、翼缘肢混凝土、中翼缘、腹板肢混凝土或下翼缘。对塑性中性轴处在不同位置，分别求出其轴力和弯矩，对于不同尺寸参数和材料性质的 T 形钢管混凝土截面算例，画出他们的 $p\text{-}m_x$ 曲线，识别出如图 20.5 所示两种曲线类型，图中轴力和弯矩已经无量纲化：

$$m_x = \frac{M_x}{M_{Px0}^+} \tag{20.18a}$$

$$p = \frac{P}{P_P} \tag{20.18b}$$

式中，M_{Px0}^+ 是翼缘肢受压时截面绕 x 轴纯弯时的塑性弯矩。

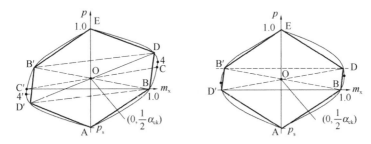

图 20.5 $p\text{-}M_x$ 曲线的旋转对称性

截面受压时轴力 P 为正，弯矩 M_x 以在翼缘肢部分产生压应力为正。当塑性中性轴处于不同位置时，用不同的符号表示截面的轴力和弯矩，采用无量纲化的量表示，如表 20.2 所示。

<table>
<tr><td colspan="4">塑性中性轴平行于 x 轴时的截面弯矩和轴力　　　　　　　　　　　　　表 20.2</td></tr>
<tr><td>点</td><td>符号</td><td>塑性中性轴位置</td><td>备注</td></tr>
<tr><td>A</td><td>$0, -p_s$</td><td>全截面受拉</td><td></td></tr>
<tr><td>B</td><td>$1.0, 0$</td><td>翼缘肢受压，纯弯</td><td></td></tr>
<tr><td>3</td><td>$m_{x3} \cdot p_3$</td><td>中翼缘的下表面</td><td rowspan="2">$p_D = \max(p_3, p_{sc}^+, p_c)$</td></tr>
<tr><td>4</td><td>$m_{x,\max}^+ \cdot p_{sc}^+$</td><td>弹性形心轴</td></tr>
<tr><td>C</td><td>$-m_{Px0}^- + m_{y,rc} + m_{x,rt} \cdot p_c$</td><td></td><td></td></tr>
<tr><td>E</td><td>$0, 1.0$</td><td>全截面受压</td><td></td></tr>
<tr><td>B$_2$</td><td>$m_{Px0}^-, 0$</td><td>腹板肢受压，纯弯</td><td></td></tr>
</table>

相关曲线上有 4 个关键点：A 点 $(0, -p_s)$：全截面受拉；B 点 $(1.0, 0)$：翼缘肢受压，截面处于纯弯状态；D 点 (m_D, p_D)：$p_D = \max(p_3, p_{sc}^+, p_c)$，$m_D$ 是与 p_D 对应的截面弯矩；E 点 $(0, 1.0)$：全截面受压。E 与点 A 关于点 O $(0, \frac{1}{2}\alpha_{ck})$ 对称。

当塑性中性轴和弹性形心轴重合时，截面的轴力为 P_{sc}^+，分析表明，从数学上也可以证明，对于任意尺寸的截面或不同强度的钢与混凝土组合，此时截面塑性弯矩达到最大值，记为 $M_{x,\max}^+$。当塑性中性轴和弹性形心轴重合且翼缘肢受拉时，截面达到最大负弯矩值，该点记为 $(M_{x,\max}^-, P_{sc}^-)$。

当翼缘肢受拉时，截面的纯弯负弯矩为 M_{Px0}^-，图 20.5 中与点 C' $(m_{Px0}^-, 0)$ 旋转对称的点为 C (m_c, p_c)（因为旋转点是 O，所以旋转后的点的轴力必为 p_c），弯矩是：

$$M_{con} = -M_{Px0}^- + (M_{x,rc} + M_{x,rt}) \approx -M_{Px0}^- \tag{20.19a}$$

$$M_{x,max}^+ = M_{x,max}^- \tag{20.19b}$$

（2）曲线上的 D 点

除了点 A $(0, -p_s)$、B $(1.0, 0)$ 和 E $(0, 1.0)$，使用如下 3 个点来确定 $p\text{-}m_x$ 曲线的 D 点：(m_{x3}, p_3)、$(m_{x,max}^+, p_{sc}^+)$、(m_c, p_c)。

通过大量算例，得到了一系列 $p\text{-}m_x$ 曲线。

根据弹性形心 x 轴与截面绕 x 轴纯弯时塑性中性轴的相对位置，(M_{x3}, P_3)、$(M_{x,sc}^+, P_{sc}^+)$ 的计算式如下：

1）塑性中性轴在中翼缘的下表面：

$$P_3 = (A_{sf} - A_{sw})f_y + A_{cf}f_{ck} \tag{20.20a}$$

$$M_{x3} = (A_{sf}f_y + A_{cf}f_{ck})(h - y_{sc} - 0.5b_1) + b_2 t_{2f}(y_{sc} - 0.5t_{2f})f_y + 2h_{2c}t_2(y_{sc} - t_{2f} - 0.5h_{2c})f_y \tag{20.20b}$$

2）弹性形心轴在腹板肢：

$$P_{sc}^+ = A_{sf}f_y + A_{cf}f_{ck} + (h_2 - y_{sc})(2t_2 f_y + b_{2c}f_{ck}) - b_2 t_{2f}f_y - (y_{sc} - t_{2f})2t_2 f_y \tag{20.21a}$$

$$M_{x,sc}^+ = (A_{sf}f_y + A_{cf}f_{ck})(h - y_{sc} - 0.5b_1) + 0.5(2t_2 f_y + b_{2c}f_{ck})(h_2 - y_{sc})^2 + b_2 t_{2f}f_y(y_{sc} - 0.5t_{2f}) + t_2(y_{sc} - t_{2f})^2 f_y \tag{20.21b}$$

3）弹性形心轴在翼缘肢：

$$P_{sc}^+ = (h - y_{sc} - t_1)[b_c f_{ck} + 2(t_{1a} + t_{1b})f_y] - 2(y_{sc} - h_2 - t_1)(t_{1a} + t_{1b})f_y - A_{sw}f_y \tag{22.22a}$$

$$M_{x,sc}^+ = \frac{1}{2}(h - y_{sc} - t_1)^2[b_c f_{ck} + 2(t_{1a} + t_{1b})f_y] + bt_1(h - h_2 - t_1)f_y + (t_{1a} + t_{1b})(y_{sc} - h_2 - t_1)^2 f_y + b_2 t_{2f}f_y(y_{sc} - 0.5t_{2f}) + h_{2c}2t_2 f_y(y_{sc} - t_{2f} - 0.5h_{2c}) \tag{20.22b}$$

4）弹性形心轴在中翼缘（$c = y_{sc} - h_2$）：

$$P_{sc}^+ = A_{cf}f_{ck} + A_{sf}f_y - 2bc f_y - A_{sw}f_y \tag{20.23a}$$

$$M_{x,sc}^+ = [A_{cf}f_{ck} + 2(t_{1a} + t_{1b})b_{1c}f_y](t_1 - c + 0.5b_{1c}) + 0.5bf_y[(t_1 - c)^2 + c^2] + bt_1 f_y(b_1 - c - 0.5t_1) + b_2 t_{2f}f_y(y_{sc} - 0.5t_{2f}) + 2h_{2c}t_2 f_y(y_{sc} - t_{2f} - 0.5h_{2c}) \tag{20.23b}$$

D 点处的轴力为：$p_D = \max(p_3, p_{sc}^+, p_c)$，$M_{xD}$ 是对应的弯矩，例如：当 $p_D = p_c$ 时，有 $m_{xD} = m_c$。各种情况下 D 点的轴力见表 20.1。

（3）近似公式

采用分段线性模型 ABDE 来表示截面绕 x 轴单向压弯时截面的 $p\text{-}m_x$ 曲线如下：

$$AB\ 段：-\frac{1}{1 - \alpha_{ck}}p + m_x = 1 \tag{20.24a}$$

$$BD\ 段：\frac{1 - m_{xD}}{p_D}p + m_x = 1 \tag{20.24b}$$

$$DE\ 段：p + \frac{1 - p_D}{m_{xD}}m_x = 1 \tag{20.24c}$$

其中 $p_D = \dfrac{P_D}{P_P}$，$m_{xD} = \dfrac{M_{xD}}{M_{Px0}^+}$。在给出右半部分的 $p\text{-}m_x$ 曲线之后，左半部分曲线的表达式可由曲线的对称性得到。D' 点坐标 $(p_{D'}, m_{xD'}) = (p_D - \alpha_{ck}, -m_{xD})$，B 点坐标 $(\alpha_{ck}, -1.0)$，拟合的三折线是：

$$\text{AD}' \text{ 段}: \frac{1}{1-\alpha_{ck}}p + \left(1 + \frac{p_D - \alpha_{ck}}{1-\alpha_{ck}}\right)\frac{m_x}{m_{xD}} = -1 \tag{20.25a}$$

$$\text{D}'\text{B}' \text{ 段}: (1-m_{xD})p + (2\alpha_{ck} - p_D)m_x = p_D - \alpha_{ck}(1+m_{xD}) \tag{20.25b}$$

$$\text{B}'\text{E} \text{ 段}: p - (1-\alpha_{ck})m_x = 1 \tag{20.25c}$$

计算了大量的算例，得到了一系列的相关关系曲线，图 20.6 给出几个典型的曲线，$p_C = \min(p_3, p_{sc}^+, p_c)$、$p_D = \max(p_3, p_{sc}^+, p_c)$，$m_{xC}$ 和 m_{xD} 分别为 p_C 和 p_D 所对应的无量纲化后的截面弯矩值。

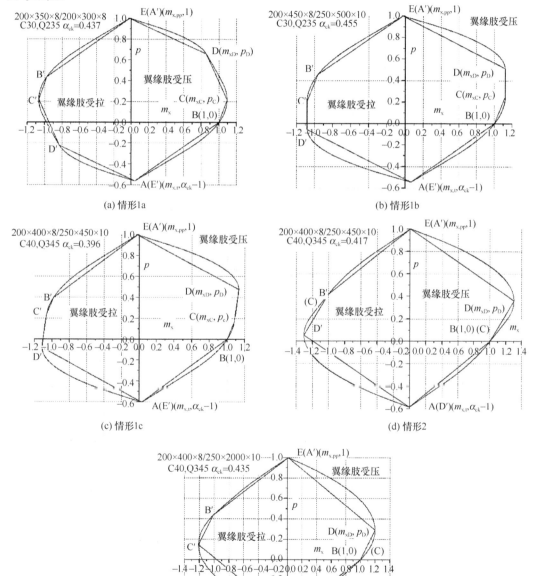

图 20.6 T 形钢管混凝土截面绕 x 轴单向压弯的极限屈服曲面

还可采用折线 ABCDE 方案，缺点是分段偏多，且要区分两种情况，因为 B、C 会重合或者 C 会跑到受拉侧。

2. 塑性中性轴平行于 y 轴时截面的 p-m_y-$m_{x,y}$ 曲线

下面讨论截面绕 y 轴单向弯曲的情况（图 20.7）。

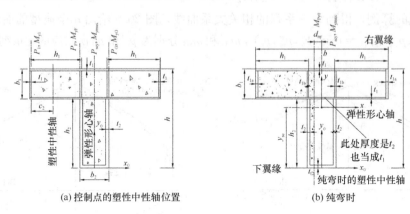

(a) 控制点的塑性中性轴位置   (b) 纯弯时

图 20.7　绕 y 轴受弯

（1）截面的 p-m_y 曲线

记截面受压时轴力 P 为正，弯矩 M_y 以在左翼缘部分产生压应力为正。对于不同尺寸参数和材料性质的 T 形钢管混凝土截面算例，画出其 p-m_y 曲线，无量纲化后，其典型曲线如图 20.8（a）所示，其中，$m_y = M_y/M_{Py0}$。图 20.8（b）则给出了无量纲化后的 p-$m_{x,y}$ 曲线，其中，$m_{x,y} = M_{x,y}/M_{Px0}^+$，$M_{x,y}$ 是塑性中性轴平行于 y 轴时截面上应力对 x 轴的弯矩。

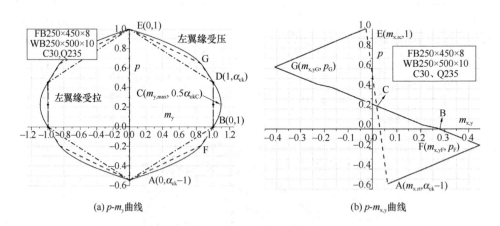

(a) p-m_y 曲线   (b) p-$m_{x,y}$ 曲线

图 20.8　塑性中性轴平行于 y 轴时 T 形截面的曲线（情形 1b）

纯弯时的塑性中性轴位置 [图 20.7（b）] 及其纯弯塑性弯矩是：

$$d_{ny} = \frac{b_{1c}(h_{1c} + 0.5b_{2f}) + 0.5b_{2c}h_{2c}}{b_{1c} + h_{2c} + 2(2t_1 + t_{2f})f_y/f_{ck}} \tag{20.26a}$$

$$M_{Py0} = 2t_1\left(\frac{1}{4}b^2 - d_{ny}^2\right)f_y + b_{1c}t_{1a}f_y(b - t_{1a}) + b_{1c}t_{1b}(b_{2f} + t_{1b})f_y +$$

$$\left[\left(\frac{1}{4}b_2^2 - d_{ny}^2\right)t_{2f} + h_{2c}t_2(b_2 - t_2)\right]f_y + h_{1c}b_{1c}f_{ck}(0.5b - t_{1a} - 0.5h_{1c}) +$$

$$\frac{1}{2}b_{1c}\left(\frac{1}{4}b_{2f}^2 - d_{ny}^2\right)f_{ck} + \frac{1}{2}h_{2c}\left(\frac{1}{4}b_{2c}^2 - d_{ny}^2\right)f_{ck} \tag{20.26b}$$

塑性中性轴平行于 y 轴时相关曲线上的特征点　　　　表 20.3

无量纲化荷载	塑性中性轴的位置
$p_t, m_y = 0; m_{x,rt}$	全截面受拉
$p_1, m_{y1}; m_{x,y1}$	左翼缘的右表面
$p_F, m_{yF}; m_{x,yF}$	左腹板的左表面
$p_G, m_{yG}; m_{x,yG}$	右腹板的右表面
$1.0, m_y = 0; m_{x,rc}$	全截面受压
$p_{sc}, m_{y,max}; m_{x,ysc}$	弹性形心轴 y 轴

由于 T 形截面的对称性，曲线关于 p 轴对称，且同理可证，曲线关于点 $(m_{ymax}, 0.5\alpha_{ck})$ 上下对称。在这些曲线上，分别有 5 个关键点：

A 点 $(0, \alpha_{ck} - 1)$：全截面受拉；

B 点 $(1, 0)$：左翼缘受压，截面处于纯弯状态；

C 点 $(m_{y,max}, 0.5\alpha_{ck})$：塑性中性轴位于 y 轴，截面弯矩最大；

D 点 $(1, \alpha_{ck})$：D 点与纯弯点 B 弯矩相同，轴力等于 P_c；

E 点 $(0, 1)$：全截面受压。

在图 20.8 中还有点 F 和点 G，它们对应于塑性中性轴的位置在腹板肢的两个表面，轴力和弯矩分别为：

$$P_F = P_{cf1} - P_{sw2} \tag{20.27a}$$

$$P_G = P_{cw2} + P_{cf1} + P_{sw2} \tag{20.27b}$$

$$M_{yF} = M_{yG} = \frac{1}{8}b_{1c}\left[(b - 2t_{1a})^2 - b_2^2\right]f_{ck} + b_{1c}t_{1a}(b - t_{1a})f_y + \frac{t_1}{2}(b^2 - b_2^2)f_y \tag{20.27c}$$

式中

$$P_{cw2} = \left[b_{2c}h_{2c} + (b_2 - 2t_{1b})b_{1c}\right]f_{ck} \tag{20.28a}$$

$$P_{sw2} = (b_2 t_{2f} + 2h_{2c}t_2 + 2t_{1b}b_{1c} + 2b_2 t_1)f_y \tag{20.28b}$$

$$P_{cf1} = b_{1c}(0.5b - t_{1a} - 0.5b_2)f_{ck} \tag{20.28c}$$

$$P_F + P_G = 2P_{cf1} + P_{cw2} = P_c = A_c f_{ck} \tag{20.28d}$$

与图 20.6 相同的其他 4 个算例的曲线如图 20.9 所示。

因此图 20.9 曲线的右侧，即当左翼缘部分受压时，可以表示为：

$m_y \geq 0$ 时

AB 段 $\alpha_{ck} - 1 \leq p \leq 0: -\dfrac{p}{1 - \alpha_{ck}} + m_y = 1 \tag{20.29a}$

BCD 段 $0 \leq p \leq \alpha_{ck}: m_y = 1 \tag{20.29b}$

DE 段 $\alpha_{ck} \leq p \leq 1: p + (1 - \alpha_{ck})m_y = 1 \tag{20.29c}$

$m_y < 0$ 时

AB 段 $\alpha_{ck} - 1 \leq p \leq 0: -\dfrac{p}{1 - \alpha_{ck}} - m_y = 1 \tag{20.30a}$

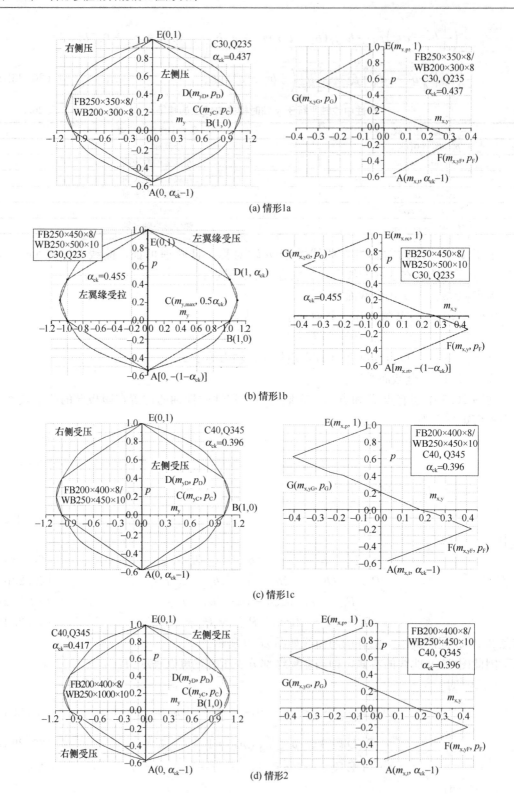

(a) 情形1a

(b) 情形1b

(c) 情形1c

(d) 情形2

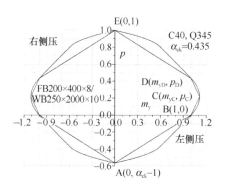 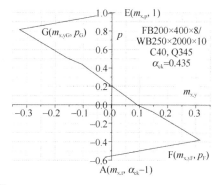

(e) 情形3

图 20.9　T 形截面绕弱轴压弯的 $p\text{-}m_y$、$p\text{-}m_{x,y}$ 曲线

$$\text{BCD 段 } 0 \leqslant p \leqslant \alpha_{ck}: -m_y = 1 \tag{20.30b}$$

$$\text{DE 段 } \alpha_{ck} \leqslant p \leqslant 1: p - (1 - \alpha_{ck})m_y = 1 \tag{20.30c}$$

也可以采用 AFCGE 段，即

$$\text{AF 段}: -\frac{p}{1 - \alpha_{ck}} + \left(1 + \frac{p_F}{1 - \alpha_{ck}}\right)\frac{m_y}{m_{yF}} = 1 \tag{20.31a}$$

$$\text{FCG 段}: m_y = m_{y,\max} + \frac{m_{yF} - m_{y,\max}}{(p_F - 0.5\alpha_{ck})^2}(p - 0.5\alpha_{ck})^2 \tag{20.31b}$$

$$\text{GE 段}: p + (1 - p_G)\frac{m_y}{m_{yG}} = 1 \tag{20.31c}$$

还可采用折线 AFBDGE 方案，缺点是分段偏多。

通过对大量算例的计算分析，发现混凝土分担系数 α_{ck} 是影响 C 点处截面的最大弯矩值 $m_{y,\max}$ 的主要因素。基于算例的计算结果，图 20.10 给出了 $m_{y,\max}\text{-}\alpha_{ck}$ 关系曲线，两个参数的关系可由下式表示：

$$m_{y,\max} = \frac{M_{y,\max}}{M_{Py0}^{+}} = 1 + \frac{\alpha_{ck}^{1.5}}{k(1 - \alpha_{ck})} \tag{20.32}$$

（2）截面的 $p\text{-}m_{x,y}$ 曲线

截面还存在着绕 x 轴的弯矩 $M_{x,y}$。同

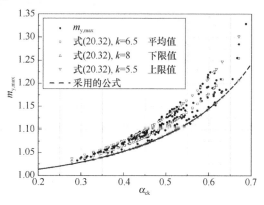

图 20.10　塑性中性轴平行于 y 轴时 T 形截面的 $m_{y,\max}\text{-}\alpha_{ck}$ 曲线

样做出左翼缘受压时上述算例的 $p\text{-}m_{x,y}$ 曲线，如图 20.9 的右侧所示，各曲线上分别有 A、F、G、E 这 4 个关键点，其中点 F 和点 G 分别表示塑性中性轴位于左翼缘左边缘和右翼缘右边缘的情况。这两点的坐标为 $F(m_{x,yF}, p_F)$、$G(m_{x,yG}, p_G)$，其中弯矩是：

$$\begin{aligned} M_{x,yF} = &b_{1c}\big[(0.5b - t_{1a} - 0.5b_2)f_{ck} - 2t_{1b}f_y\big](h - y_{sc} - 0.5b_1) + \\ &\big[b_2 t_{2f}(y_{sc} - 0.5t_{2f}) + h_{2c}t_2(2y_{sc} - t_{2f} - h_2)\big]f_y - \\ &b_2 t_1(2h - 2y_{sc} - b_1)f_y \end{aligned} \tag{20.33a}$$

$$M_{x,yG} = b_{1c}\big[(0.5b - t_{1a} + 0.5b_2 - 2t_{1b})f_{ck} + 2t_{1b}f_y\big](h - y_{sc} - 0.5b_1) -$$

$$h_{2c}(b_{2c}f_{ck}+2t_2f_y)(y_{sc}-\frac{t_{2f}+h_2}{2})-b_2t_{2f}(y_{sc}-0.5t_{2f})f_y+$$

$$b_2t_1(2h-2y_{sc}-b_1)f_y \tag{20.33b}$$

根据曲线特点，可以采用分段线性模型 AFGE 来表示截面绕 y 轴单向压弯时截面的 $p\text{-}m_{x,y}$ 曲线：

$$AF\ 段: p=(p_F+1-\alpha_{ck})(\frac{m_{x,y}}{m_{x,yF}}-1)+p_F \tag{20.34a}$$

$$FG\ 段: p=\frac{m_{x,y}-m_{x,yG}}{m_{x,yF}-m_{x,yG}}(p_F-p_G)+p_G \tag{20.34b}$$

$$GE\ 段: p=(p_G-1)\left(\frac{m_{x,y}}{m_{x,yG}}-1\right)+p_G \tag{20.34c}$$

其中，$p_F=\frac{P_F}{P_P}$，$p_G=\frac{P_G}{P_P}$，$m_{xF}=\frac{M_{xF}}{M_{Px0}^+}$，$m_{xG}=\frac{M_{xG}}{M_{Px0}^+}$。

由于 T 形截面的对称性，当右侧翼缘受压时，截面的 $p\text{-}m_y$ 与左侧翼缘受压时关于 p 轴对称；截面的 $p\text{-}m_{x,y}$ 曲线与左侧翼缘受压时相同。

20.1.6　T 形钢管混凝土截面的双向压弯曲线

T 形钢管混凝土截面在双向弯矩和轴力作用下的极限屈服曲面如图 20.11 所示，图中曲线对应给定轴压比，以 m_x 为横坐标，m_y 为纵坐标。对于给定轴压比为 p 的每条 $m_x\text{-}m_y$ 曲线，其上有 4 个关键点：右 $(m_{Pcx}^+,0)$，左 $(m_{Pcx}^-,0)$，上 (m_{Pcx},m_{Pcy})，下 $(m_{Pcx},-m_{Pcy})$。其中 $(m_{Pcx}^+,0)$ 和 $(m_{Pcx}^-,0)$ 分别是每条曲线的最右点和最左点，(m_{Pcx},m_{Pcy}) 分别是每条曲线的最高点和最低点。分析表明，这 4 个关键点均为塑性中性轴平行于 x 或 y 轴时的情形，也可以采用数学方法论证如下：

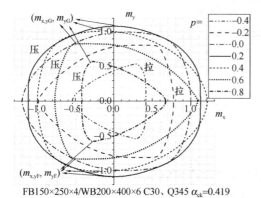

FB150×250×4/WB200×400×6 C30、Q345 $\alpha_{ck}=0.419$

图 20.11　T 形截面在双向弯矩和轴力作用下的 $m_x\text{-}m_y$ 曲线

图 20.12 (a) 显示塑性中性轴穿过矩形截面，截面上部受压。截面为混凝土，轴力和弯矩分别为：

$$P=2b(d-e)f_{ck} \tag{20.35a}$$

$$M_x=bf_{ck}\left[d^2-(e+b\tan\theta)^2\right]+2b^2f_{ck}(e\tan\theta-\frac{2}{3}b\tan^2\theta) \tag{20.35b}$$

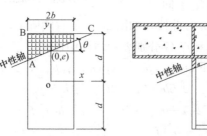

(a) 塑性中性轴穿过矩形截面　　(b) 塑性中性轴穿过 T 形截面

图 20.12　塑性中性轴对轴力和弯矩的影响

$$M_y = \frac{2}{3} b^3 f_{ck} \tan\theta \tag{20.35c}$$

其中当参数 e 保持不变时，中性轴穿过两个相垂直的边界，则轴力保持不变。M_x 对 θ 求导，并使其导数为零可得：

$$\frac{dM_x}{d\theta} = -\frac{14b^3 f_{ck} \sin\theta}{3 \cos^3\theta} = 0 \tag{20.35d}$$

从而 $\theta = 0$ 时弯矩取极值，M_x 的二阶导数为：

$$\frac{d^2 M_x}{d\theta^2} = -\frac{14b^3 f_{ck}}{3 \cos^2\theta}(1 + 2\tan^2\theta) \tag{20.35e}$$

当 $\theta = 0$ 时，$\frac{d^2 M_x}{d\theta^2} < 0$，即当塑性中性轴平行于 x 轴时，M_x 取得最大值。如果矩形截面为钢，这个结论同样成立，弯矩 M_x 总是为弯矩最大值或最小值（负向最大值）。

图 20.12（b）为任意倾斜中性轴情况下的 T 形钢管混凝土截面。当塑性中性轴平行于 x 轴或 y 轴时，截面的塑性弯矩可以在对应轴力下取得最大值或最小值，因为 T 形钢管混凝土截面可以看作是由数个钢和混凝土矩形块组成，各个部分弯矩的最大值构成了总弯矩的最大值。

因此，图 20.11 的曲线，可以通过第 20.1.5 节中的公式对其进行计算如下：

当翼缘肢受压，塑性中性轴平行于 x 轴时：$(m_{Pcx}^+, 0, p) = (m_x, 0, p)$

当翼缘肢受拉，塑性中性轴平行于 x 轴时：$(m_{Pcx}^-, 0, p) = (m_x, 0, p)$

当左翼缘受压，塑性中性轴平行于 y 轴时：$(m_{Pcx}, m_{Pcy}, p) = (m_{x,y}, m_y, p)$

当左翼缘受拉，塑性中性轴平行于 y 轴时：$(m_{Pcx}, -m_{Pcy}, p) = (m_{x,y}, m_y, p)$

最高点 (m_{Pcx}, m_{Pcy}) 和最低点 $(m_{Pcx}, -m_{Pcy})$ 将 m_x-m_y 曲线分成左右两个部分，分别对其进行拟合可以将 m_x-m_y 曲线表示如下：

最高点 (m_{Pcx}, m_{Pcy}) 右侧 $m_x \geq m_{Pcx}$：$\left(\frac{m_x - m_{Pcx}}{m_{Pcx}^+ - m_{Pcx}}\right)^{2.1-p} + \left(\frac{m_y}{m_{Pcy}}\right)^{2.1-p} = 1 \tag{20.36a}$

最高点 (m_{Pcx}, m_{Pcy}) 左侧 $m_x \leq m_{Pcx}$：$\left(\frac{m_x - m_{Pcx}}{m_{Pcx}^- - m_{Pcx}}\right)^{1.6+p} + \left(\frac{m_y}{m_{Pcy}}\right)^{1.6+p} = 1 \tag{20.36b}$

该式的指数符合图 20.11 所示的 p 值越大，曲线越外鼓的特点。

为了验证拟合公式的精度，取表 20.4 中的算例参数，画出计算结果与简化公式曲线的对比分别如图 20.13 所示，可见简化公式与理论分析结果符合良好。

算例参数取值 表 20.4

序号	形心位置	b_1 (mm)	h_1 (mm)	b_2 (mm)	h_2 (mm)	t_1 (mm)	t_2 (mm)	f_{ck} (N/mm²)	f_y (N/mm²)	α_{ck}
1	腹板	150	250	250	350	6	8	26.8	345	0.413
2	腹板	200	400	250	450	8	12	26.8	235	0.473
3	界面	200	360	200	400	6	8	20.1	235	0.467
4	界面	200	360	200	400	8	10	20.1	235	0.395
5	翼缘	250	350	250	350	8	10	38.5	235	0.599
6	翼缘	250	450	250	350	8	10	20.1	235	0.451

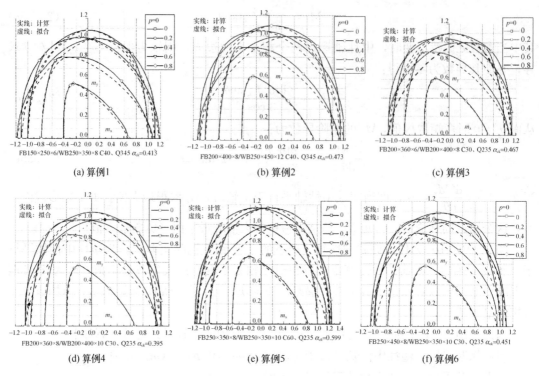

(a) 算例1　　　　　(b) 算例2　　　　　(c) 算例3

(d) 算例4　　　　　(e) 算例5　　　　　(f) 算例6

图 20.13　计算结果与拟合曲线的对比

不同放置的截面如何利用上述公式？如图 20.14 和表 20.5 所示是 T-CFT 的四种放置方式，有限元法采用整体坐标系，在截面验算时都要转换成第一种放置的内力。

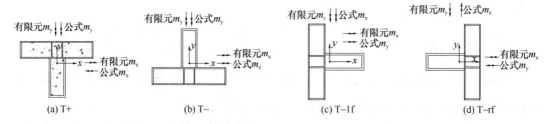

(a) T+　　　　　(b) T−　　　　　(c) T−1f　　　　　(d) T−rf

图 20.14　有限元输出的弯矩正负号约定（第 1 象限受拉的弯矩为正）
与公式中弯矩正负号约定的对照

T 形多腔钢管混凝土柱的输入和验算　　　　　　表 **20.5**

四种放置	截面输入	布置时	软件输出	公式中的 m_x、m_y 取值
T+	按照 T 输入	按照 T	m_x , m_y	$-m_x , m_y$
T−	按照 T 输入	T 绕 x 轴翻转 180°	m_x , m_y	m_x , m_y
T-lf（left flange）	按照 T 输入	T 逆时针转 90°	m_x , m_y	m_y , m_x
T-rf（right flange）	按照 T 输入	T 逆时针转 270°	m_x , m_y	$-m_y , -m_x$

20.2 L形钢管混凝土异形柱的双向压弯强度设计公式

20.2.1 L形截面的弹性截面性质

L形钢管混凝土柱截面参数如图 20.15 所示，截面可分为翼缘肢和腹板肢两部分，其中翼缘肢钢管的尺寸为 $h_1 \times b_1$，腹板肢的钢管尺寸为 $h_2 \times b_2$，它们实际是由厚度分别为 t_1 和 t_2 两种钢板焊接组成的。截面中各板件的名称如图 20.15 所示，L形截面的总宽度为 $b = h_1 + b_2$，总高度为 $h = b_1 + h_2$，钢管内填充混凝土。选取初始坐标系原点位于图 20.15 所示左下角，截面的弹性形心位于点 $C(x_{sc}, y_{sc})$。

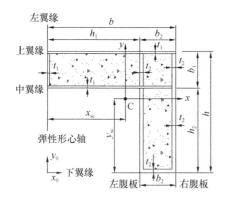

图 20.15 L形钢管混凝土柱截面图

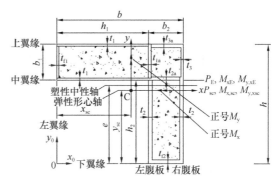

图 20.16 塑性中性轴平行于 x 轴的L形截面

根据图 20.16 中的截面参数（$b_{1c} = b_1 - 2t_1, b_{2c} = b_2 - 2t_2$），翼缘肢和腹板肢中钢和混凝土部分的面积为 $A_{cf} = b_{1c}(b - t_1 - 2t_2)$，$A_{sf} = 2bt_1 + b_{1c}(t_1 + 2t_2)$，$A_{cw} = (h_2 - t_2)b_{2c}$，$A_{sw} = 2h_2t_2 + b_{2c}t_2$。（参数下标含义：c 表示混凝土，s 表示钢，f 表示翼缘，w 表示腹板）

混凝土等效为钢后的截面等效面积为：$A_{tot} = A_{sf} + A_{sw} + (A_{cf} + A_{cw})/\alpha_E$，求得弹性形心 $C(x_{sc}, y_{sc})$ 位置为：

$$x_{sc} = \frac{1}{A_{tot}}\left\{\left[2ht_2 + b_{2c}(t_2 + 2t_1) + \frac{A_{cw} + b_{1c}b_{2c}}{\alpha_E}\right]\left(b - \frac{1}{2}b_2\right) + \right.$$

$$\left. (h_1^2 - t_1^2)\left(t_1 + \frac{b_{1c}}{2\alpha_E}\right) + \frac{1}{2}b_1t_1^2\right\} \tag{20.37a}$$

$$y_{sc} = \frac{1}{A_{tot}}\left\{\left(A_{sf} + \frac{A_{cf}}{\alpha_E}\right)\left(h - \frac{1}{2}b_1\right) + (h_2 + t_2)\left[(h_2 - t_2)t_2 + \frac{A_{cw}}{2\alpha_E}\right] + \frac{1}{2}b_2t_2^2\right\}$$

$$\tag{20.37b}$$

确定了截面弹性形心的位置后，建立形心坐标系，所有的截面性质和弯矩都以形心坐标系作为参考。当截面中的钢和混凝土完全屈服时，记轴压屈服强度中心为 (x_{cc}, y_{cc})：

$$x_{cc} = \frac{1}{P_P}\left\{\left[2ht_2f_y + b_{2c}(2t_1 + t_2)f_y + b_{2c}(h - 2t_1 - t_2)f_{ck}\right]\left(b - \frac{1}{2}b_2\right) + \right.$$

$$\left. t_1h_1^2f_y + \frac{1}{2}b_{1c}(h_1^2 - t_1^2)f_{ck} + \frac{1}{2}b_{1c}t_1^2f_y\right\} \tag{20.38a}$$

$$y_{cc} = \frac{1}{P_P}\left\{(A_{sf}f_y + A_{cf}f_{ck})\left(h - \frac{b_1}{2}\right) + t_2h_2^2f_y + \frac{1}{2}b_{2c}(h_2^2 - t_2^2)f_{ck} + \frac{1}{2}b_{2c}t_2^2f_y\right\}$$

$$\tag{20.38b}$$

记截面的抗拉屈服强度中心为 (x_{tc}, y_{tc})：

$$x_{tc} = \frac{1}{A_{sf} + A_{sw}} \left\{ \left[2ht_2 + b_{2c}(2t_1 + t_2) \right] \left(b - \frac{1}{2}b_2 \right) + t_1 h_1^2 + \frac{1}{2}b_{1c}t_1^2 \right\} \quad (20.39a)$$

$$y_{tc} = \frac{1}{A_{sf} + A_{sw}} \left[A_{sf} \left(h - \frac{1}{2}b_1 \right) + t_2 h_2^2 + \frac{1}{2}b_{2c}t_2^2 \right] \quad (20.39b)$$

记 $M_{x,rc}$、$M_{y,rc}$ 分别为全截面受压时截面绕 x 轴和 y 轴的弯矩，$M_{x,rt}$、$M_{y,rt}$ 分别为全截面受拉时截面绕 x 轴和 y 轴的弯矩：

$$M_{y,rc} = P_P(x_{cc} - x_{sc}) \quad (20.39c)$$

$$M_{y,rt} = P_s(x_{sc} - x_{tc}) \quad (20.39d)$$

$$M_{x,rc} = P_P(y_{cc} - y_{sc}) \quad (20.39e)$$

$$M_{x,rt} = P_s(y_{sc} - y_{tc}) \quad (20.39f)$$

$$P_c = P_P - P_s \quad (20.39g)$$

$M_{y,x}$ 为塑性中性轴平行于 x 轴时，截面应力对形心轴 y 轴的弯矩；

$M_{x,y}$ 为塑性中性轴平行于 y 轴时，截面应力对形心轴 x 轴的弯矩；

$M_{x,con}$ 为平行于 x 轴的塑性中性轴的位置使得 $P = P_c$ 时，绕 x 轴的弯矩，此时绕 y 轴弯矩是 $M_{y,x,con}$；

P_{sc}^+ 为塑性中性轴与弹性形心轴重合、翼缘肢受压时的轴力，此时弯矩是 $M_{x,max}^+$；

P_{sc}^- 为塑性中性轴与弹性形心轴重合、腹板肢受压时的轴力，此时弯矩是 $M_{x,max}^-$；

P 为轴力；

M_x 为绕组合截面形心轴 x 轴的弯矩；

M_y 为绕组合截面形心轴 y 轴的弯矩；

M_{Px0}^+ 为塑性中性轴平行于 x 轴时，翼缘肢受压的纯弯塑性弯矩；

M_{Py0}^+ 为塑性中性轴平行于 y 轴时，腹板肢受压的纯弯塑性弯矩。

引入如下记号：

$$p = \frac{P}{P_P}, m_x = \frac{M_x}{M_{Px0}^+}, m_y = \frac{M_y}{M_{Py0}^+}, m_{x,rt} = \frac{M_{x,rt}}{M_{Px0}^+}, m_{x,rc} = \frac{M_{x,rc}}{M_{Px0}^+}, m_{y,rt} = \frac{M_{y,rt}}{M_{Py0}^+}, m_{y,rc} = \frac{M_{y,rc}}{M_{Py0}^+},$$

$$p_t = \frac{P_s}{P_P}, m_{y,x} = \frac{M_{y,x}}{M_{Py0}^+}, m_{x,y} = \frac{M_{x,y}}{M_{Px0}^+}, p_{xC} = \frac{P_{xC}}{P_P}, m_{xC} = \frac{M_{xC}}{M_{Px0}^+}, p_{xC'} = \frac{P_{xC'}}{P_P}, m_{xC'} = \frac{M_{xC'}}{M_{Px0}^+}, p_{yC} =$$

$$\frac{P_{yC}}{P_P}, m_{yC} = \frac{M_{yC}}{M_{Py0}^+}, p_{yC'} = \frac{P_{yC'}}{P_P}, m_{yC'} = \frac{M_{yC'}}{M_{Py0}^+}, p_{xE} = \frac{P_{xE}}{P_P}, p_{xE'} = \frac{P_{xE'}}{P_P}, m_{y,xE} = \frac{M_{y,xE}}{M_{Py0}^+}, m_{y,xE'} =$$

$$\frac{M_{y,xE'}}{M_{Py0}^+}, p_{yE} = \frac{P_{yE}}{P_P}, p_{yE'} = \frac{P_{yE'}}{P_P}, m_{x,yE} = \frac{M_{x,yE}}{M_{Px0}^+}, m_{x,yE'} = \frac{M_{x,yE'}}{M_{Px0}^+}。$$

20.2.2　L 形截面绕 x 轴单向弯曲的极限承载力

首先研究截面绕 x 轴单向弯曲的情况，即塑性中性轴平行于 x 轴。此时，截面既存在绕 x 轴的弯矩 M_x，同时存在绕 y 轴的弯矩 $M_{y,x}$。

1. p-m_x 和 p-$m_{y,x}$ 相关曲线的性质

当截面在轴力和弯矩作用下处于塑性铰状态时，塑性中性轴可能会位于上翼缘、翼缘肢混凝土、中翼缘、腹板肢混凝土或下翼缘。对于这 5 种情况，可以分别求出其轴力和弯矩。

记截面受压时轴力 P 为正，弯矩 M_x 以在上翼缘产生压应力为正，弯矩 $M_{y,x}$ 以在右腹板

产生压应力为正。当塑性中性轴处于不同位置时，用不同的符号表示截面的轴力和弯矩，无量纲化后，如图 20.17 和表 20.6 所示。M_x 和 M_y 正负号的规定，正好使得各自对应的翼缘肢受压时弯矩为正，从而针对塑性中性轴平行于 x 轴时推导的公式，可以直接应用于塑性中性轴平行于 y 轴时的公式。L-CFT 截面的 p-m_x 曲线关于点 $\left(\dfrac{m_{x,rt}+m_{x,rc}}{2}, \dfrac{1}{2}\alpha_{ck}\right)$ 旋转对称，p-$m_{y,x}$ 曲线关于点 $\left(\dfrac{m_{y,rt}+m_{y,rc}}{2}, \dfrac{1}{2}\alpha_{ck}\right)$ 旋转对称，如图 20.17 所示。各曲线以 m_x 为横坐标，p 为纵坐标，其中：$m_x = M_x/M_{Px0}^+$，$p = P/P_P$。

塑性中性轴平行于 x 轴时的截面弯矩和轴力   表 20.6

轴力和弯矩	塑性中性轴位置
p_t，$m_{x,rt}$，$m_{y,rt}$	全截面受拉
p_E，m_{xE}，$m_{y,xE}$	中翼缘的下表面
1.0，$m_{x,rc}$，$m_{y,rc}$	全截面受压
p_{sc}^+，$m_{x,max}^+$，$m_{y,xsc}$	弹性形心 x 轴
p_c，$m_{x,con}^+$，$m_{y,x,c}$	某处，使轴压力等于混凝土屈服轴力

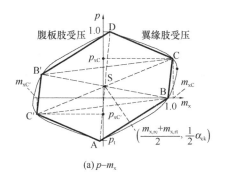 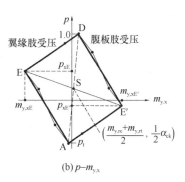

(a) p-m_x (b) p-$m_{y,x}$

图 20.17 塑性中性轴平行于 x 轴时的相关关系

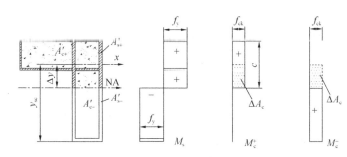

图 20.18 相关曲线旋转对称性的论证

如图 20.18 所示，对塑性中性轴的任意位置，有

$$P^+ = (A_{s+} - A_{s-})f_{yk} + A_{c+}f_{ck} \tag{20.40a}$$

$$P^- = -(A_{s+} - A_{s-})f_{yk} + A_{c-}f_{ck} = -(A_{s+} - A_{s-})f_{yk} + P_c - A_{c+}f_{ck} \tag{20.40b}$$

因此 $P^+ - 0.5P_c = 0.5P_c - P^-$。

$$M_x^+ = f_{yk}\left(\int_{A_{s+}} y\,dA - \int_{A_{s-}} y\,dA\right) + f_{ck}\int_{A_{c+}} y\,dA = M_{xs}^+ + M_{xc}^+ \tag{20.41a}$$

$$M_x^- = -f_{yk}\left(\int_{A_{s+}} y\mathrm{d}A - \int_{A_{s-}} y\mathrm{d}A\right) + f_{ck}\int_{A_c^-} y\mathrm{d}A = -M_{xs}^+ + M_{xc}^- \tag{20.41b}$$

$$M_x^+ + M_x^- = f_{ck}\int_{A_{c+}'} y\mathrm{d}A + f_{ck}\int_{A_{c-}'} y\mathrm{d}A = M_{xc}^+ + M_{xc}^- = M_{x,rt} + M_{x,rc} = M_{x,max}^+ + M_{x,max}^-$$

因此证实了 $p\text{-}m_x$ 曲线左侧与右侧是关于点 $\mathrm{S}\left[\frac{1}{2}(m_{x,rt}+m_{x,rc}),\frac{1}{2}\alpha_{ck}\right]$ 旋转对称的。与点 $(m_{Px0}^-,0)$ 旋转对称的点 (m_{xc},p_c)，弯矩是 $M_{xc} = -M_{Px0}^- + (M_{x,rt}+M_{x,rc})$。大量的算例表明 $\dfrac{M_{x,max}^+}{M_{x,max}^-} = 1\pm0.02$。

2. 关键点 C 的确定和 $p\text{-}m_x$ 曲线

在 $p\text{-}m_x$ 曲线上除了 A 点 $(m_{x,rt},-p_s)$ 是全截面受拉；B 点 $(1.0,0)$ 是翼缘肢受压，截面处于纯弯状态；D 点 $(m_{x,rc},1.0)$ 是全截面受压外，还需要以下 3 个点来确定曲线上的 C 点：(m_{xE},p_E)、$(m_{x,max}^+,p_{sc}^+)$、(m_{xc},p_c)，其中下标 E 是塑性中性轴位于中翼缘下表面时的量。

通过大量算例，得到了一系列 L 形截面的 $p\text{-}m_x$ 曲线，图 20.19 给出了其中几种曲线。

根据弹性形心 x 轴和截面绕 x 轴纯弯时塑性中性轴的相对位置，如表 20.7 所示识别出 6 种情况，同时表中还给出了每种情况下各轴力值的相对大小。

L 形截面类型分类　　　　　　　表 20.7

分类	纯弯中性轴	弹性形心 x 轴	C 点无量纲化后的轴力	曲线图
情形 1a	翼缘混凝土	翼缘混凝土	p_E	图 20.19（a）
情形 1b		中翼缘	p_E	图 20.19（b）
情形 1c		腹板混凝土	p_{sc}^+	图 20.19（c）
情形 2a	中翼缘	腹板混凝土	p_E	图 20.19（d）
情形 2b		腹板混凝土	p_c	图 20.19（e）
情形 3	腹板混凝土	腹板混凝土	p_c	图 20.19（f）

在图 20.19（a）～（f）中，C 点的轴力 $p_C = \max(p_E,p_{sc}^+,p_c)$，弯矩 m_{xC} 为轴力 p_C 对应的截面弯矩，例如：当 $p_C = p_E$ 时，则有 $m_{xC} = m_{xE}$；当 $p_C = p_c$ 时，则有 $m_{xC} = -m_{Px0}^-$。

S 点 $(m_{xS},\frac{1}{2}\alpha_{ck})$ 为点对称的中心点。D、C、B 点分别与 A、C'、B' 点关于 S 点对称。最大负弯矩点 $(m_{x,max}^-,p_{sc}^-)$ 与最大正弯矩点 $(m_{x,max}^+,p_{sc}^+)$ 关于点 S 对称。

根据单向压弯曲线的特点，对于这些情况，我们可以采用分段线性模型 ABCD 来表示截面绕 x 轴单向压弯时截面的 $p\text{-}m_x$ 曲线如下：

$$\text{AB 段：} -\frac{1-m_{x,rt}}{1-\alpha_{ck}}p + m_x = 1 \tag{20.42a}$$

$$\text{BC 段：} \frac{1-m_{xC}}{p_C}p + m_x = 1 \tag{20.42b}$$

$$\text{CD 段：} p + \frac{1-p_C}{m_{xC}-m_{x,rc}}(m_x - m_{x,rc}) = 1 \tag{20.42c}$$

其中，$m_{x,rt} = \dfrac{M_{x,rt}}{M_{Px0}^+}$，$m_{x,rc} = \dfrac{M_{x,rc}}{M_{Px0}^+}$，$p_C = \dfrac{P_C}{P_P}$，$m_{xC} = \dfrac{M_{xC}}{M_{Px0}^+}$。

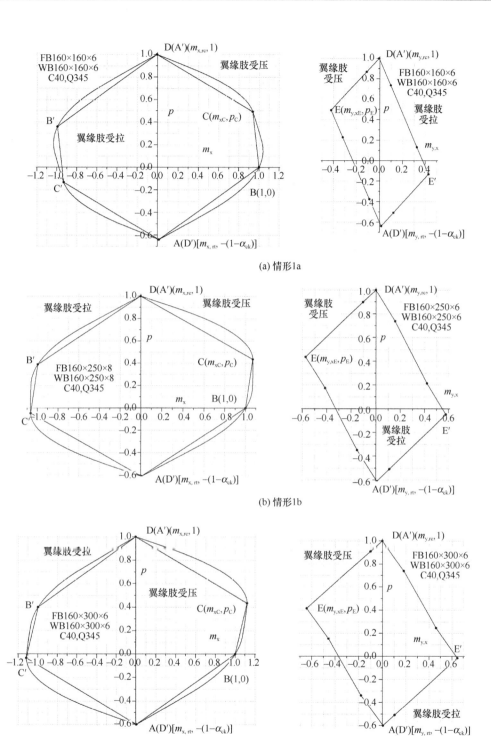

(a) 情形1a

(b) 情形1b

(c) 情形1c

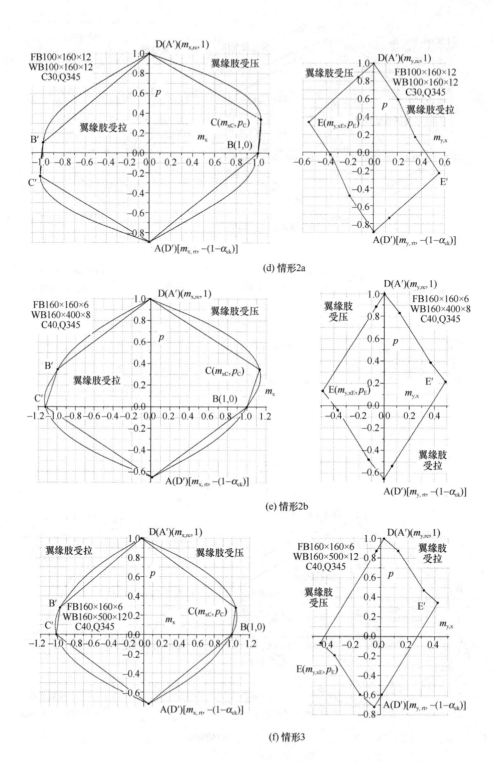

(d) 情形2a

(e) 情形2b

(f) 情形3

图 20.19　塑性中性轴平行于 x 轴时 L 形截面的 p-m_x 和 p-$m_{y,x}$ 曲线

3. 关键点 E 的确定和 $p\text{-}m_{y,x}$ 曲线

图 20.19（a）～（f）给出了截面绕 x 轴单向压弯时截面轴力 P 与弯矩 $M_{y,x}$ 的无量纲化关系，各曲线以 $m_{y,x}$ 为横坐标，p 为纵坐标，且有 $m_{y,x} = M_{y,x}/M_{Py0}^{+}$。

对于图 20.19（a）～（f）中的各条曲线，其上分别有三个关键点，各点的弯矩值 $m_{y,x}$ 和轴力值 p 可以表示为：A$(m_{y,rt}, -p_s)$、E$(m_{y,xE}, p_E)$、D$(m_{y,rc}, 1.0)$，其中点 E 对应塑性中性轴位于中翼缘下表面的情况，如表 20.6 所示。可以采用分段线性模型 AED 来表示截面绕 x 轴单向压弯时截面的 $p\text{-}m_{y,x}$ 曲线如下：

$$\text{AE 段：} \alpha_{ck} - p - \frac{\alpha_{ck} - 1 - p_E}{m_{y,xE} - m_{y,rt}}(m_{y,x} - m_{y,rt}) = 1 \tag{20.43a}$$

$$\text{ED 段：} p + \frac{1 - p_E}{m_{y,xE} - m_{y,rc}}(m_{y,x} - m_{y,rc}) = 1 \tag{20.43b}$$

在确定了截面的 $p\text{-}m_x$ 和 $p\text{-}m_{y,x}$ 相关关系曲线后，曲线的另一半部分可由旋转对称性获得。当截面绕 y 轴单向压弯时，截面的 $p\text{-}m_y\text{-}m_{x,y}$ 曲线同理可得。

20.2.3 简化公式

实际应用需要更为简化的设计公式，基于大量算例，当全截面受拉时可将曲线上的 A 点坐标近似地看作 $(0, -p_s)$；全截面受压时，可将曲线上的 D 点坐标近似地看作 $(0, p_p)$。

全截面受压屈服，对弹性形心轴的弯矩在最终简化计算公式时被取为 0：

$$m_{x,rc} = p_P(y_{cc} - y_{sc}) \approx 0 \tag{20.44a}$$

$$m_{y,rc} = p_P(x_{cc} - x_{sc}) \approx 0 \tag{20.44b}$$

全截面受拉屈服，对弹性形心轴的弯矩可取为：

$$m_{x,rt} = p_s(y_{sc} - y_{tc}) \approx 0 \tag{20.45a}$$

$$m_{y,rt} = p_s(x_{sc} - x_{tc}) \approx 0 \tag{20.45b}$$

$$m_{xS} = \frac{1}{2}(m_{x,rt} + m_{x,rc}) \approx 0 \tag{20.45c}$$

$$m_{yS} = \frac{1}{2}(m_{y,rt} + m_{y,rc}) \approx 0 \tag{20.45d}$$

因此，式（20.42）和式（20.43）表示的 $p\text{-}m_x$ 曲线可以简化为：

1. 弯矩 M_x 是正号时（翼缘肢受压）：

$$\text{AB 拉弯段：} -\frac{p}{p_s} + \frac{m_x}{m_{Px0}^{+}} = 1 \tag{20.46a}$$

$$\text{BC 压弯段：} \left(1 - \frac{m_{xC}}{m_{Px0}^{+}}\right)\frac{p}{p_C} + \frac{m_x}{m_{Px0}^{+}} = 1 \tag{20.46b}$$

$$\text{CD 压弯段：} \frac{p}{p_P} + \left(1 - \frac{p_C}{p_P}\right)\frac{m_x}{m_{xC}} = 1 \tag{20.46c}$$

$$\text{AE 拉弯段：} -\frac{p}{p_s} + \left(1 + \frac{p_E}{p_s}\right)\frac{m_{y,x}}{m_{y,xE}} = 1 \tag{20.46d}$$

$$\text{ED 压弯段：} \frac{p}{p_P} + \left(1 - \frac{p_E}{p_P}\right)\frac{m_{y,x}}{m_{y,xE}} = 1 \tag{20.46e}$$

上述公式是为了确定 $m_x\text{-}m_y\text{-}p$ 相关曲线上的点 (m_{x1}, m_{y1})。

2. 弯矩 M_x 是负号时（翼缘肢受拉）：

C$'$ 的坐标 (p_C', m_{xC})：

$$p_{xC'} = p_c - p_{xC} \tag{20.47a}$$

$$m_{xC'} = 2m_{xS} - m_{xC} \tag{20.47b}$$

B' 的坐标 (p_{B}', m_{xB}')：

$$p_{B}' = p_{c} \tag{20.47c}$$

$$m_{xB'} = 2m_{xS} - m_{Px0}^{+} \tag{20.47d}$$

E' 的坐标 $(m_{y,xE'}, p_{xE'})$：

$$p_{xE'} = p_{c} - p_{xE} \tag{40.47e}$$

$$m_{y,xE'} = (m_{y,rc} + m_{y,rt}) - m_{y,xE} \tag{20.47f}$$

拉弯段 $-p_{s} \leqslant p \leqslant p_{C}'$：

$$m_{x3} = \frac{1}{(1 + p_{xC'}/p_{s})}\left(1 + \frac{p}{p_{s}}\right)m_{xC'} \tag{20.48a}$$

压弯段 $p_{C}' \leqslant p \leqslant p_{c}$：

$$m_{x3} = -\left[1 + (1 - m_{xC})\frac{p - p_{c}}{p_{xC}}\right]m_{Px0}^{+} \tag{20.48b}$$

压弯段 $p_{c} \leqslant p \leqslant p_{p}$：

$$m_{x3} = -\frac{1}{(1 - \alpha_{ck} + p_{xC})}\left(1 - \frac{p}{p_{P}}\right)m_{xC} \tag{20.48c}$$

AE' 线 $-p_{s} \leqslant p \leqslant p_{xE'}$：

$$m_{y3} = \frac{1}{1 + p_{xE'}/p_{s}}\left(1 + \frac{p}{p_{s}}\right)m_{y,xE'} \tag{20.48d}$$

$E'D$ 线 $p_{xE'} \leqslant p \leqslant p_{P}$：

$$m_{y3} = \frac{1}{(1 - p_{xE'}/p_{P})}\left(1 - \frac{p}{p_{P}}\right)m_{y,xE'} \tag{20.48e}$$

上述公式是为了确定 m_{x}-m_{y}-p 相关曲线上的点 (m_{x3}, m_{y3})。

塑性中性轴平行于 y 轴时（图 20.20），p-m_{y}、p-$m_{x,y}$ 的相关关系如下：

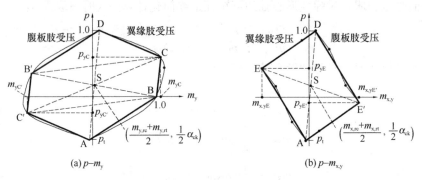

图 20.20　塑性中性轴平行于 y 轴时的相关关系

3. 弯矩 M_{y} 是正号时（翼缘肢受压）：

拉弯段 $p \leqslant 0$：

$$m_{y2} = \left(1 + \frac{p}{p_{s}}\right)m_{Py0}^{+} \tag{20.49a}$$

压弯段 $p \leqslant p_{yC}$：

$$m_{y2} = \left[1 - (1 - m_{xC})\frac{p}{p_{yC}}\right]m_{Py0}^{+} \tag{20.49b}$$

压弯段 $p > p_{yC}$：

$$m_{y2} = \frac{1}{(1 - p_{yC})}\left(1 - \frac{p}{p_{P}}\right)m_{yC} \tag{20.49c}$$

拉弯段 AE　$-p_{s} \leqslant p \leqslant p_{yE}$：

$$m_{x2} = \frac{1}{(1 + p_{yE}/p_{s})}\left(1 + \frac{p}{p_{s}}\right)m_{x,yE} \tag{20.49d}$$

压弯段 ED　$p_{yE} < p \leqslant p_{P}$：

$$m_{x2} = \frac{1}{(1 - p_{yE}/p_{P})}\left(1 - \frac{p}{p_{P}}\right)m_{x,yE} \tag{20.49e}$$

上述公式是为了确定 m_{x}-m_{y}-p 相关曲线上的点 (m_{x2}, m_{y2})。

4. 弯矩 M_{y} 是负号时（翼缘肢受拉，即竖向肢受拉）：

C' 的坐标 $(p_{C'}, m_{yC'})$：$p_{yC'} = p_{c} - p_{yC}$ \qquad (20.50a)

$$m_{yC'} = 2m_{xS} - m_{yC} \tag{20.50b}$$

B′ 的坐标 $(p_B', m_{yB'})$：$p_B' = p_c$ \hfill (20.50c)

$$m_{yB'} = 2m_{yS} - m_{Py0}^+ \tag{20.50d}$$

E′ 的坐标 $(m_{x,yE'}, p_{yE'})$：$p_{yE'} = p_c - p_{yE}$ \hfill (20.50e)

$$m_{x,yE'} = (m_{x,rc} + m_{x,rt}) - m_{x,yE} \tag{20.50f}$$

拉弯段 $-p_s \leqslant p \leqslant p_{yC'}$：

$$m_{y4} = \frac{1}{(1 + p_{yC'}/p_s)}\left(1 + \frac{p}{p_s}\right)m_{yC'} \tag{20.51a}$$

压弯段 $p_{yC'} \leqslant p \leqslant p_c$：

$$m_{y4} = -\left[1 + (1 - m_{yC})\frac{p - p_c}{p_{yC}}\right]m_{Py0}^+ \tag{20.51b}$$

压弯段 $p_c \leqslant p \leqslant p_p$：

$$m_{y4} = -\frac{1}{(1 - \alpha_{ck} + p_{yC})}\left(1 - \frac{p}{p_P}\right)m_{yC} \tag{20.51c}$$

AE′ 线：$-p_s \leqslant p \leqslant p_{yE'}$：

$$m_{x4} = \frac{1}{(1 + p_{yE'}/p_s)}\left(1 + \frac{p}{p_s}\right)m_{x,yE'} \tag{20.51d}$$

E′D 线：$p_{yE'} \leqslant p \leqslant p_p$：

$$m_{x4} = \frac{1}{(1 - p_{yE'}/p_p)}\left(1 - \frac{p}{p_P}\right)m_{x,yE'} \tag{20.51e}$$

上述公式是为了确定 m_x-m_y-p 相关曲线上的点 (m_{x4}, m_{y4})。

20.2.4　L形截面在轴力和双向弯矩作用下的极限承载力

L形钢管混凝土截面在双向弯矩和轴力作用下的极限屈服曲面如图 20.21 所示，图中各曲线对应给定的轴压比 p，以 m_x 为横坐标，m_y 为纵坐标。

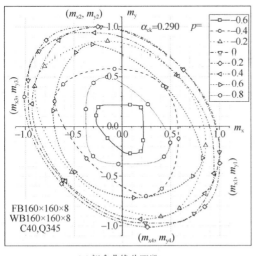
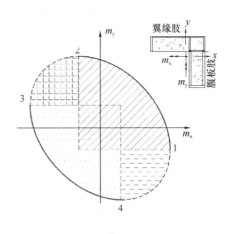

(a) 闭合曲线分四段　　　　　　(b) 四段曲线管理的范围重叠的情况

图 20.21　L形截面在双向弯矩和轴力作用下的 p-m_x-m_y 曲线

对于给定轴压比 p 的每条 p-m_x-m_y 曲线，其上分别有 4 个关键点记为 (m_{xi}, m_{yi})，$i = 1$，2，3，4；其中 (m_{x1}, m_{y1}) 和 (m_{x3}, m_{y3}) 分别为曲线的最右点和最左点，(m_{x2}, m_{y2}) 和

(m_{x4}, m_{y4}) 分别为曲线的最高点和最低点。这 4 个关键点均为塑性中性轴平行于 x 轴或 y 轴时的情况，因此可以通过第 20.2.2 节中的公式或 20.2.3 节中的简化公式计算。关键点 (m_{xi}, m_{yi}) 将曲线分为四个部分，分别对其进行拟合可将 p-m_x-m_y 曲线表示如下。

四个关键点——塑性中性轴平行于截面边长情况下的点：

右极值点，塑性中性轴平行于 x 轴，翼缘侧混凝土受压，$(m_{x1}, m_{y1}, p) = (m_x > 0, m_{y,x}, p)$；

左极值点，塑性中性轴平行于 x 轴，翼缘侧混凝土受拉，$(m_{x3}, m_{y3}, p) = (m_x < 0, m_{y,x}, p)$；

上极值点，塑性中性轴平行于 y 轴，腹板混凝土受压，$(m_{x2}, m_{y2}, p) = (m_{x,y}, m_y > 0, p)$；

下极值点，塑性中性轴平行于 y 轴，腹板混凝土受拉，$(m_{x4}, m_{y4}, p) = (m_{x,y}, m_y < 0, p)$。

（第 1 象限）如果 $\dfrac{m_x - m_{x2}}{m_{x1} - m_{x2}} \geqslant 0$，$\dfrac{m_y - m_{y1}}{m_{y2} - m_{y1}} \geqslant 0$，则

$$\rho_1 = \left[\left(\frac{m_x - m_{x2}}{m_{x1} - m_{x2}} \right)^{2-p} + \left(\frac{m_y - m_{y1}}{m_{y2} - m_{y1}} \right)^{2-p} \right]^{\frac{1}{2-p}} \leqslant 1 \tag{20.52a}$$

（第 2 象限）如果 $\dfrac{m_x - m_{x3}}{m_{x2} - m_{x3}} \geqslant 0$，$\dfrac{m_y - m_{y3}}{m_{y2} - m_{y3}} \geqslant 0$，则

$$\rho_2 = \left[\left(\frac{m_x - m_{x3}}{m_{x2} - m_{x3}} \right)^{1.6+0.5p} + \left(\frac{m_y - m_{y3}}{m_{y2} - m_{y3}} \right)^{1.6+0.5p} \right]^{\frac{1}{1.6+0.5p}} \leqslant 1 \tag{20.52b}$$

（第 3 象限）如果 $\dfrac{m_x - m_{x4}}{m_{x1} - m_{x4}} \geqslant 0$，$\dfrac{m_y - m_{y4}}{m_{y1} - m_{y4}} \geqslant 0$，则

$$\rho_3 = \left[\left(\frac{m_x - m_{x4}}{m_{x1} - m_{x4}} \right)^{2-p} + \left(\frac{m_y - m_{y4}}{m_{y1} - m_{y4}} \right)^{2-p} \right]^{\frac{1}{2-p}} \leqslant 1 \tag{20.52c}$$

（第 4 象限）如果 $\dfrac{m_x - m_{x3}}{m_{x4} - m_{x3}} \geqslant 0$，$\dfrac{m_y - m_{y4}}{m_{y3} - m_{y4}} \geqslant 0$，则

$$\rho_4 = \left[\left(\frac{m_x - m_{x3}}{m_{x4} - m_{x3}} \right)^{1.6+\frac{2}{3}p} + \left(\frac{m_y - m_{y4}}{m_{y3} - m_{y4}} \right)^{1.6+\frac{2}{3}p} \right]^{\frac{1}{1.6+2p/3}} \leqslant 1 \tag{20.52d}$$

因为四个区域中的第 1 象限和第 3 象限会重叠，如图 20.21（b）所示，因此：

$$\rho = \rho_2 \cdot \rho_4，或 \max(\rho_1 \cdot \rho_3) \leqslant 1 \tag{20.53}$$

L 形截面算例参数取值　　　　　　　　　表 20.8

序号	翼缘肢（mm）	腹板肢（mm）	f_{ck}(N/mm²)	f_y(N/mm²)
1	160×160×8	160×160×8	26.8	345
2	200×200×6	200×200×6	26.8	345
3	100×200×6	100×350×6	26.8	345
4	200×400×8	200×700×12	20.1	235
5	200×400×8	250×450×10	38.5	235
6	250×350×6	200×400×8	20.1	235
7	100×250×6	100×250×6	38.5	235
8	200×400×8	200×400×10	38.5	235

表 20.8 列出了 8 个不同参数取值的 L 形钢管混凝土截面，用于检验式（20.52）的精度，对比结果如图 20.22 所示，其中实线表示全塑性理论的计算结果，虚线表示式（20.52），可见两者吻合良好。

一方面，L 形钢管混凝土截面具有方向性，本章提出的公式只针对一种方向给出的，不同方向布置时，弯矩要进行正负号的判定后才能代入本章公式。另外一方面，软件输出

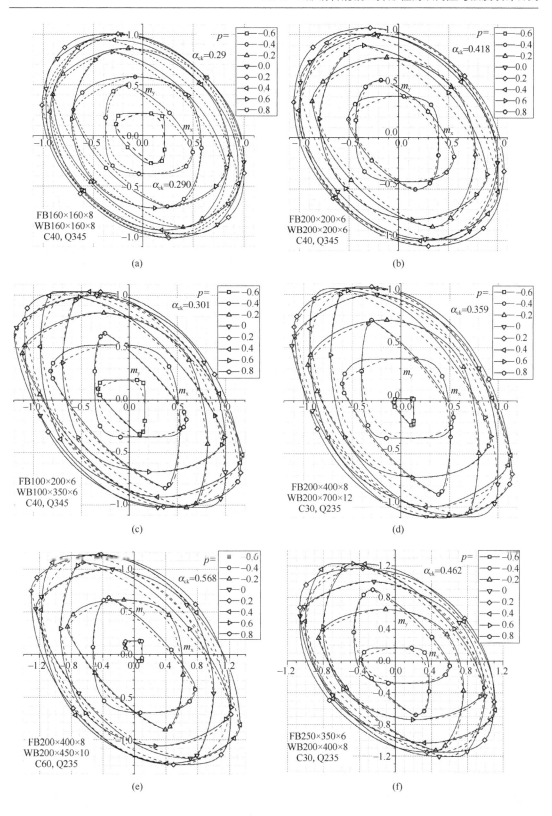

(a)

(b)

(c)

(d)

(e)

(f)

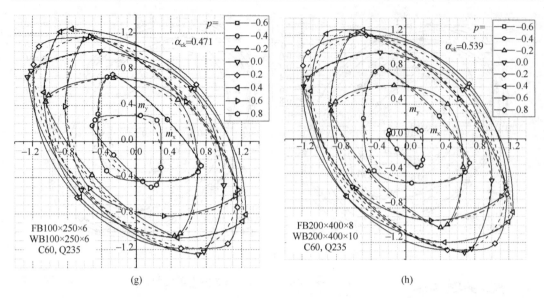

(g)　　　　　　　　　　　　　　　(h)

图 20.22　理论计算结果与简化公式的对比

弯矩的正负号约定与上面推导的弯矩正负号约定不一定相同。

图 20.23 和表 20.9 给出了对照图表，供应用时参考。

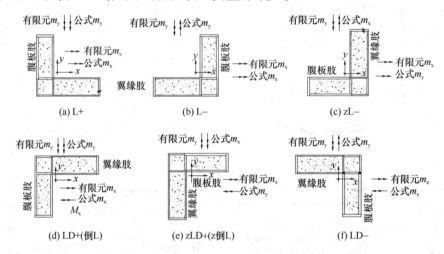

(a) L+　　　　　　　(b) L−　　　　　　　(c) zL−

(d) LD+(倒L)　　　　(e) zLD+(z倒L)　　　　(f) LD−

图 20.23　有限元输出的弯矩正负号约定（第 1 象限受拉的弯矩为正）
与公式中弯矩正负号约定的对照

L 形多腔钢管混凝土柱的输入和验算　　　　　　　　　　　　　表 20.9

六种放置	截面输入	布置时	软件输出	公式（20.52）中的 m_x、m_y 取值
L+	按照 L 输入	按照 L	m_x, m_y	m_x, m_y
L−	按照 L 输入	L 绕 y 轴翻转 180°	m_x, m_y	$m_x, -m_y$
zL−	按照 L 输入	L 绕 z 轴逆时针转 90°	m_x, m_y	$m_y, -m_x$
LD+	按照 L 输入	L 绕 x 轴翻转 180°	m_x, m_y	$-m_x, m_y$
zLD+	按照 L 输入	L 绕 z 轴顺时针转 90°	m_x, m_y	$-m_y, m_x$
LD−	按照 L 输入	L 绕 z 轴顺时针转 180°	m_x, m_y	$-m_x, -m_y$

参 考 文 献

[1] HSU C T T. T-shaped reinforced concrete members under biaxial bending and axial compression[J]. ACI structural Journal，1989，86(4)：460-468.

[2] IISU C T T. Biaxially loaded L-shaped reinforced concrete columns[J]. Journal of structural engineering，1985，111(12)：2576-2595.

[3] 龙跃凌，蔡健. 带约束拉杆 L 形钢管混凝土短柱轴压性能的试验研究[J]. 华南理工大学学报，2006，34(11)：87-92.

[4] 杜国锋，徐礼华，徐浩然，等. 钢管混凝土 T 形短柱轴压力学性能试验研究[J]. 土木工程与管理学报，2008(3)：188-190.

[5] 杜国锋，徐礼华，徐浩然，等. 钢管混凝土组合 T 形短柱轴压力学性能研究[J]. 西安建筑科技大学学报(自然科学版)，2008，40(4)：549-555.

[6] YANG Y, YANG H, ZHANG S. Compressive behavior of T-shaped concrete filled steel tubular columns[J]. International journal of steel structures，2010，10(4)：419-430.

[7] 赵毅，静行. T 形钢管混凝土短柱轴压性能研究[J]. 武汉理工大学学报，2011，33(9)：87-90.

[8] 陈雨，沈祖炎，雷敏，等. T 形钢管混凝土短柱轴压试验[J]. 同济大学学报，2016，44(6)：822-829.

[9] 周靖，蔡健. T 形钢管混凝土偏压短柱弹塑性承载力分析[J]. 工业建筑，2006，36(5)：87-90.

[10] 林震宇. L 形钢管混凝土构件力学性能若干关键问题研究[D]. 上海：同济大学，2008.

[11] 杜国锋，徐礼华，徐浩然，等. 组合 T 形截面钢管混凝土柱偏心受压试验研究[J]. 建筑结构学报，2010，31(7)：72-77.

[12] 杨远龙. T 形组合柱力学性能研究[D]. 哈尔滨：哈尔滨工业大学，2011.

[13] 周海军. 反复荷载作用下 L 形钢管混凝土柱力学性能研究[D]. 上海：同济大学，2005.

[14] 王丹，吕西林. T 形、L 形钢管混凝土抗震性能试验研究[J]. 建筑结构学报，2005，26(4)：39-44.

[15] 张继承，沈祖炎，林震宇. L 形钢管混凝土框架结构抗震性能试验研究[J]. 建筑结构学报，2010，31(8)：1-7.

[16] 王玉银，杨远龙，张素梅，等. T 形截面钢管混凝土柱抗震性能试验研究[J]. 建筑结构学报，2010，31(S1)：355-359.

第21章　钢管混凝土束墙结构体系的研发

21.1　钢管混凝土束墙结构介绍

钢管混凝土束墙的组成如图21.1～图21.3所示，起始采用一个闭口箱形截面，然后采用冷弯卷边U型钢首先点焊组立，组立成需要的宽度后再进行焊接。采用避免形成整体焊接变形的对称焊接、分段退焊等措施。现场浇筑混凝土后形成钢管混凝土束墙，承担重力荷载和风以及地震作用。钢管混凝土束墙及其结构是杭萧钢构股份有限公司的发明专利，公告号为CN 103993682B、CN 103821256B 和 CN 103912074B。钢管混凝土束墙是钢筋混凝土剪力墙的升级换代产品。

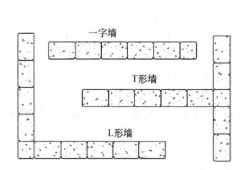

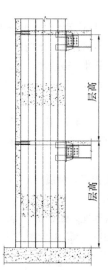

图 21.1　钢管混凝土束墙的组成　　　　图 21.2　工地地面拼装的情况

钢管混凝土束墙体系的优点（图21.4～图21.7）：（1）适应任何的建筑户型；（2）彻底解决钢结构住宅建筑露梁露柱问题；（3）除了在卫生间、厨房等部位增加小墙肢外，户内几乎无柱；（4）相同建筑面积情况下，可增加套内使用面积。套内墙体如无过高的隔声要求，采用90mm，得房率提高5％～8％（传统半砖墙120＋25＋25＝170mm，一砖墙则是280mm）。因而是一种具有巨大推广价值的颠覆性的结构体系。

因为能够大幅度减小墙体厚度，对于200～300m 的超高层建筑，布置在核心筒，能够减小核心筒的尺寸，核心筒的墙体厚度从800～1100mm，减小到400～550mm，因此额外提高办公楼的使用面积约2％。

图 21.3 钢管混凝土束墙立面

6～29层平面图

图 21.4 萧山人才公寓 11 号楼

3～24层平面图

图 21.5 新疆某 24 层住宅结构平面布置图

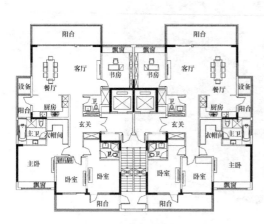

图 21.6 杭州柳岸晓风平面图

2～17层平面图

图 21.7 湖北雅苑平面图

21.2 钢管混凝土束墙的厚度

21.2.1 钢筋混凝土剪力墙的厚度

（1）《混凝土结构设计规范》GB 50010—2010 第 10.5.2 条：不应小于 140mm；对剪力墙结构，墙厚尚不宜小于楼层高度的 1/25；对框架-剪力墙结构尚不宜小于层高的 1/20。

（2）《高层建筑混凝土结构技术规程》JGJ 3—2010 第 7.2.1 条。

1）附录 D 的墙体稳定验算要求（容易满足）；2）1 级和 2 级剪力墙：底部加强部位不应小于 200mm，其他部位不应小于 160mm，一字形剪力墙的最小厚度应增加 20mm；3）3 级和 4 级的剪力墙：不应小于 160mm，一字形的底部加强部位不应小于 180mm；4）非抗震设计，不应小于 160mm。

A 级高度：框架-混凝土剪力墙，6 度 130m；7 度 120m；8 度 0.2g，100m；8 度 0.3g，80m。就住宅建筑而言，这些高度已经能够满足要求。鉴于钢管混凝土束墙的性能远远好于钢筋混凝土剪力墙（图 21.8、图 21.9），因此适用的高度可以大幅度放宽。

图 21.8 钢管混凝土束墙现场图　　　　图 21.9 钢管混凝土束墙现场图

21.2.2 剪力墙结构的抗震等级需求

1. 对钢筋混凝土剪力墙：

(1) ≤80m（26层）（框架-剪力墙分界是60m），6度、四级（框架-剪力墙中的剪力墙是三级）；7度、三级（框架-剪力墙中的剪力墙是二级）；8度、二级（框架-剪力墙中的剪力墙是一级）。

(2) >80m（框架-剪力墙>60m），6度、三级；7度、二级；8度、一级。

2. 钢管混凝土束墙，因为其抗震性能非常好，抗震等级，各个高度均可以降低一级采用。

21.2.3 钢管混凝土束墙最小厚度 b 的确定

确定墙体厚度，一要考虑性能，二要保证浇灌混凝土可以实施并且能保证质量。经过多次论证，决定采用图 21.10 所示的 U 型钢作为最小的规格（宽厚比最大，墙厚最小，原材料板厚最小），记为 U240×130×20×4，Q235，C30（16 层以下建筑或顶部 16 层用）。下面是一些刚度和强度指标的对比。

1. 钢管混凝土墙的强度和刚度对比

混凝土面积 $A_c = 28633\text{mm}^2$，钢截面面积 $A_s = 2481\text{mm}^2$，$A_c + A_s = 31114 \approx 240 \times 130$（圆弧角扣除），$A_c f_c = 28633 \times 16.7 = 478.17\text{kN}$，$A_s f_s = 2481 \times 205 = 508.62\text{kN}$。

混凝土抗压承载力的分担率：$\alpha_{ck} = \dfrac{A_c f_{ck}}{A_c f_{ck} + A_s f_{yk}} = 0.497 < 0.7$，$\alpha_{ck} < 0.7$，小于《钢管混凝土结构技术规范》GB 50936—2014 的要求，也小于《矩形钢管混凝土结构技术规程》CECS 159：2004 的要求。

抗压强度等效厚度（图 21.11）：$A_c f_c + A_s f = 986.79\text{kN} = f_c \times 240 \times b'_c$，$b'_c = 246.21\text{mm}$。

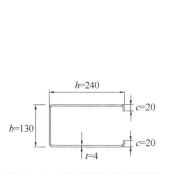

图 21.10 最小规格的 U 型钢

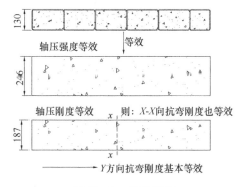

图 21.11 等效厚度

$E_c A_c + E_s A_s = 1413.04\text{kN}$；轴压刚度等效的混凝土墙厚度 $\dfrac{E_c A_c + E_s A_s}{E_c \times 240} = 186.9\text{mm}$；混凝土竖向轴压刚度占比 $\dfrac{E_c A_c}{E_c A_c + E_s A_s} = 0.638$。

表 21.1 列出的 U 型钢的标准规格，在层高是 2950mm 的情况下，正则化长细比的范围是 0.473～0.653，稳定系数是 0.778～0.858。因此从最小构造要求采用 U130×240×20×4 是合适的。

典型规格的力学指标 　　　　　　表 21.1

序号	钢材	U 型钢规格				混凝土强度等级	α_{ck}	抗压刚度等效厚度	轴压强度设计值等效的厚度	一字墙稳定系数	等效为Ⅲ级钢单侧1%配筋率剪力墙厚度	标准值等效几何长细比
1	235	13	240	20	4	30	0.497	188	268	0.826	420	55.6
2	235	13	240	20	4	40	0.568	183	230	0.808	445	59.1
3	235	13	200	20	4	40	0.556	185	235	0.807	452	59.2
4	345	13	200	20	4	50	0.508	181	259	0.778	627	64.3
5	345	15	240	20	5	40	0.441	218	346	0.808	720	58.9
6	345	15	240	20	5	50	0.488	214	310	0.825	743	55.8
7	345	15	200	20	4	50	0.537	203	284	0.810	646	58.7
8	345	15	200	25	5	50	0.474	217	318	0.810	758	58.6
9	345	18	240	20	5	50	0.526	247	347	0.858	774	48.9
10	345	18	200	20	5	50	0.510	250	357	0.857	792	49.1
11	345	18	240	30	6	60	0.518	260	347	0.858	913	48.8
12	345	18	300	30	6	60	0.534	256	337	0.850	893	50.7

序号	设计值计算的分担率 α_c	设计值计算的长细比 λ_n	稳定系数	稳定承载力设计值等效厚度	抗压承载力标准值等效厚度	面外抗弯刚度，混凝土贡献比例	平面外抗弯刚度等效厚度	$\lambda_{n,k}$ 标准值	混凝土轴压刚度贡献比例
1	0.446	0.540	0.855	229	240	0.382	167	0.606	0.634
2	0.518	0.570	0.842	194	210	0.401	164	0.644	0.652
3	0.506	0.572	0.841	198	214	0.394	165	0.646	0.641
4	0.458	0.653	0.803	208	213	0.408	163	0.702	0.655
5	0.393	0.550	0.851	295	337	0.373	192	0.643	0.623
6	0.439	0.566	0.844	262	255	0.387	190	0.608	0.637
7	0.487	0.567	0.844	239	258	0.444	184	0.640	0.681
8	0.425	0.570	0.842	268	285	0.379	191	0.639	0.624
9	0.476	0.473	0.882	307	315	0.432	222	0.533	0.671
10	0.461	0.476	0.881	315	322	0.423	223	0.536	0.657
11	0.468	0.494	0.874	303	288	0.379	229	0.532	0.624
12	0.485	0.491	0.876	295	306	0.388	228	0.553	0.639

2.《高层建筑混凝土结构技术规程》JGJ 3—2010 对墙肢的稳定性要求

对每一个墙肢都进行各种稳定性验算，所以无需按照 JGJ 3—2010 的附录 D 验算。钢筋混凝土剪力墙不进行稳定性验算，所以要按照 JGJ 3—2010 附录 D 的一字墙的稳定性验算，见表 21.2。需要指出的是，JGJ 3—2010 的验算方法未考虑弹塑性影响，实际上应该参照第 19.3.1 节的方法计算。200mm 厚 C40 混凝土墙的正则化长细比是 0.489，长细比是 50.2。

U 型钢	混凝土	$E_c I_c$	$E_s I_s$	$\dfrac{12 E_c I_c}{10 l_0^2} + \dfrac{\pi^2 E_s I_s}{2 \times 1.2 l_0^2}$	$A_c f_c + A_s f_s$
U130×240×20×4	C35	$1.11351E+12$	$1.71812E+12$	999.0	986.79
U150×240×20×5	C45	$1.78046E+12$	$2.87042E+12$	1657.6	1639.25

U 型钢管混凝土刚度性质（一字墙稳定性） 表 21.2

3. 钢管束墙的性能初步判断：

（1）墙肢厚度满足混凝土规范对抗震等级 2 级要求，部分满足 1 级要求。

（2）混凝土分担率（0.38～0.497），处在一个非常有利的水平。

（3）即使按框架柱长细比的抗震等级划分：一级 $60\varepsilon_k = 49.52$，二级 $80\varepsilon_k = 66.03$，$\varepsilon_k = \sqrt{235/f_{yk}}$。一字墙也能满足一级（Q235）和二级（Q345）抗震等级的构造要求，L 和 T 形等异形组合墙，三边和四边支承墙板，更能够满足一级抗震等级的要求。

（4）《钢管混凝土束结构技术标准》T/CECS 546—2018 规定：如采用一字墙，可采用二倍地震作用组合下的弹性设计，进一步保证整个结构的抗震性能。

（5）轴压比的限值，与钢筋混凝土剪力墙相同或放宽 0.05～0.1，以保证抗震性能。

21.2.4 钢材要求和混凝土质量的保证

1. 钢管混凝土束墙采用的钢管符合标准《建筑结构用冷弯矩形钢管》JG/T 178—2005，4～12mm，12～22mm，Q235/Q345/Q390。Ⅱ级产品：普通级，仅提供原材料的化学性能和机械性能。Ⅰ级产品：附加低温冲击韧性、疲劳性能、焊缝无损检测。本体系中采用：①普通级，地震地区Ⅰ级；②冷弯弯角：取该规范的上限作为产品的下限。冷弯角内径为 $2.5t$。

（1）试验表明：冷弯角内半径 $2.5t$ 时弯角部分仍然能够达到 20% 的伸长率；纵向焊接后，伸长率恢复到 26%。

（2）根据欧洲钢结构规范，冷弯部分可以焊接，本产品开发过程中，对弯角部分的焊后伸长率进行了试验，试验达到了 26.5% 的伸长率。焊接相当于退火。表 21.3 是摘自欧洲 Eurocode 3-1-8 节点设计部分的冷弯部分焊接条件。

冷弯区焊接条件（摘自 Eurocode 3-1-8 的表 4.2） 表 21.3

r/t	冷成型产生的应变（%）	最大厚度（mm）		
		静力荷载为主	疲劳荷载为主	镇静钢铝镇静钢（Al≥0.02%）
≥25	≥2	任何	任何	任何
≥10	≥5	任何	16	任何
≥3.0	≥14	24	12	24
≥2.0	≥20	12	10	12
≥1.5	≥25	8	8	10
≥1.0	≥33	4	4	6

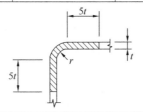

2. 混凝土浇筑和质量保证：

如图 21.12 所示，因为没有横隔板，仅有楼板钢筋阻挡，腔内混凝土的质量容易保证；图 21.13 是对混凝土钻心取样，浇筑试验在 9m 高的试件上进行，试件跟实际工程一样配有穿钢管束的钢筋。试验人员反映混凝土浇筑顺利。原因是：每段 9m 范围内，内部无横隔板，净间距 90mm 的 $\phi 8$ 和 $\phi 10$ 钢筋不妨碍混凝土流动。与浇筑混凝土梁的难度对比，混凝土结构要困难得多，尤其是在梁柱节点区。主要要解决好顶部的浇筑料斗。

混凝土浇筑质量的保证措施：（1）采用自密实混凝土。（2）浇筑完后马上进行敲击检查；100%，200×200 的敲击点密度；还须检查遗漏的腔。（3）一周内进行第 2 次敲击检查。（4）三个月后竣工前进行检查。脱粘的，抽若干个点钻孔检查。

一个腔穿一根钢筋，可采用普通细骨料混凝土，振捣密实。

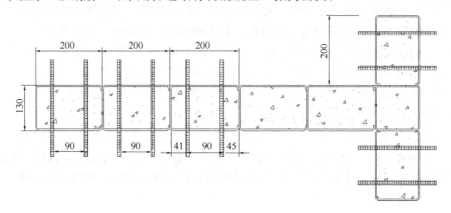

图 21.12　钢管内浇筑混凝土的空间：净空 90mm×122mm

图 21.13　钻心取样后看内部混凝土密实情况

21.2.5　钢管与混凝土共同工作

1. 界面抗剪强度的需求

工字钢与混凝土通过栓钉连接形成组合梁，混凝土处在受压区，钢位于受拉区，栓钉使得两者共同工作。栓钉是组合梁的必配件。但是钢管束内侧与钢管是否需要配置栓钉？

参考图 21.14（b），钢与混凝土的接触界面比较窄，钢截面的宽度可以窄到 100～120mm，但是混凝土楼板的宽度可以达到 3～3.5m，楼板厚度为 100～140mm。界面需要承担的剪应力来自于梁跨中楼板的压应力与端部截面的压力差，如图 21.14（a）所示。如果靠界面的剪应力来促使混凝土楼板与钢梁共同工作，则需要的界面抗剪强度是（设界面宽度为 150mm）：

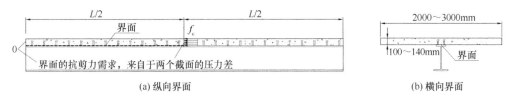

(a) 纵向界面　　　　　　　　　　　(b) 横向界面

图 21.14　组合梁对钢-混凝土界面抗剪强度的要求

$$\frac{(100 \sim 140) \times 3000 \times f_c}{150 \times (0.5L)} = (2000 \sim 2800) \frac{\times 14.3}{4500} = 6.36 \sim 8.9 \text{N/mm}^2$$

界面粘结强度达不到这个值，所以需要栓钉。

回到钢管束，如图 21.15 所示，每一个腔的混凝土对应的界面宽度很长，因此保证钢与混凝土共同工作的界面剪应力的需求很小。举例如下，假设一个腔，9m 范围内出现反弯点，则

$$\tau = \frac{122 \times 236 \times f_c}{2(122 + 232) \times L} = 40.67 \times \frac{19.1}{9000} = 0.0853 \text{N/mm}^2$$

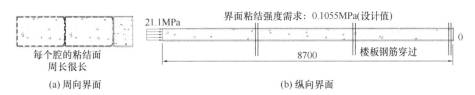

(a) 周向界面　　　　　　　　　　　(b) 纵向界面

图 21.15　钢管混凝土的钢-混凝土界面粘结强度需求

变化参数需要的粘结强度变化范围是：$\tau = (0.0772 \sim 0.1055) \text{N/mm}^2$ 。只有组合梁的 1/90，靠粘结力即可以保证钢与混凝土的共同工作。

实际上，圆钢管混凝土的内部，既没有梁柱节点处的内环板，也没有在内壁焊接栓钉，混凝土浇筑后，混凝土的收缩变形相对于钢管束要大，因为横向的截面尺寸更大，但是这样的柱子一直在应用，如图 21.16 所示。

2. 钢管束混凝土中钢管与混凝土的粘结力

粘结力的来源（图 21.17）：（1）化学结合力；（2）机械咬合力；（3）混凝土受压后，应力达到 $0.3f_{ck}$ 以上，泊松比开始缓慢增大，超过 $0.8f_{ck}$ 时急剧增大，到 f_{ck} 时达到 0.5，某些试验可以达到 1.0。膨胀后产生对钢管壁的挤压，从而出现摩擦力。粘结力和界面滑移的曲线如图 21.18 所示（引自蔡绍怀的试验）。

图 21.16　钢管混凝土外环板节点

钢管混凝土界面粘结强度试验研究已在第 18 章汇总，计算公式是式（18.49）。表 21.4 给出了不同钢管束壁板的混凝土粘结强度。

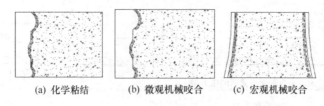

(a) 化学粘结　　(b) 微观机械咬合　　(c) 宏观机械咬合

图 21.17　粘结力的来源

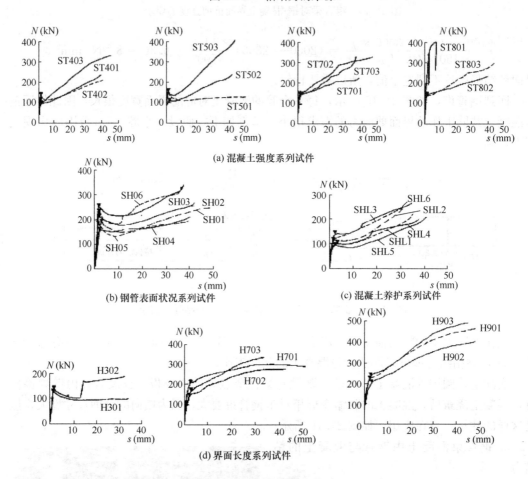

(a) 混凝土强度系列试件

(b) 钢管表面状况系列试件

(c) 混凝土养护系列试件

(d) 界面长度系列试件

图 21.18　粘结力-滑移试验曲线

粘结强度设计值（MPa）　　　　　　　　　　　　　　　　　　表 21.4

壁板宽厚比	粘结强度标准值	设计值=标准值/1.4	备注
20	0.389	0.278	内部边
30	0.205	0.146	墙厚方向边，150mm×5mm
32.5	0.186	0.133	墙厚方向边，130mm×4mm
37.5	0.160	0.114	墙厚方向边，150mm×4mm
40	0.151	0.108	腔宽 200mm×5mm
48	0.132	0.095	腔宽 240mm×5mm
50	0.129	0.092	腔宽 200mm×4mm
60	0.119	0.085	腔宽 240mm×4mm

图 21.19 示出了钢管混凝土束墙的三种界面的粘结强度设计值，a 面是内部纵肋板，是粘结强度最好的，因为它不会因混凝土膨胀而出现外鼓变形，所以界面粘结强度最大；c 面因为宽厚比比较小，粘结强度次之；b 面粘结强度最小，因为这个壁板的宽厚比最大，由于混凝土膨胀而外鼓，减小了横向应力，所以界面粘结强度最小。因为墙体主要是绕强轴受力，所以 a 面粘结强度高的特点会更好地保证钢与混凝土的共同工作。

四个面粘结强度设计值

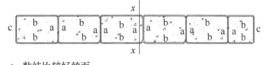

a：粘结比较好的面。
b：在混凝土承受一定压力开始有充分接触，产生界面摩擦力，因为壁板外鼓变形而下降。
钢管混凝土束墙是绕 x-x 轴受力的，a 面的粘结力更重要，因此两个侧面 b 的粘结处于次要地位。

图 21.19　钢管混凝土束墙各个界面的粘结强度：三种不同的面 a、b 和端面 c

图 21.20 显示，设梁端反力达到 $8kN/m^2 \times 40m^2 = 320kN$，一个钢管一层传递这个力需要的粘结强度是 $(0.085 \times 2 \times 236 + 0.133 \times 122 + 0.278 \times 122) \times 2900 = 261.3kN > 320kN/2 = 160kN$，而需要传递给混凝土的力不到 50%（$\alpha_c$ 倍，混凝土分担率）。

3. 实际钢管混凝土束墙中粘结力的 5 个有利影响因素

（1）钢管外有构件或板件，将增加粘结力。每层楼板的存在，将阻止楼板处壁板的外鼓，显著增加机械摩擦力（图 21.21）。

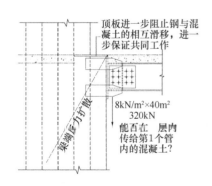

图 21.20　梁端反力最大值

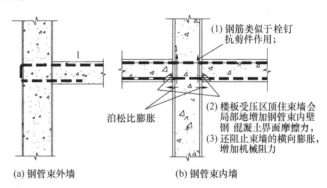

图 21.21　楼板及其穿墙钢筋的抗滑移作用

（2）蔡绍怀的试验资料表明：轴压比能够显著提高粘结强度，与轴压比成线性关系。直到轴压比为 0.9，此时的粘结强度提高到近 2.5 倍（图 21.22）。

（3）构件中水平剪力产生斜的压力带，产生挤压摩擦力。这种机理很好，因为在需要它的时候产生了（图 21.23）。

（4）钢筋可以增加混凝土与钢管的共同工作。图 21.21 所示楼板钢筋增加了钢管壁与混凝土界面的抗滑移能力。一个腔四个抗剪面，抗剪能力是（两根直径 10mm，两根直径 12mm 的 Ⅲ 级钢）$0.25\pi \times 10^2 \times 180 \times 4 = 56.55kN, 0.25\pi \times 12^2 \times 180 \times 4 = 81.43kN$，3 层 $\times (56.55 + 81.43) = 413.93kN$。即钢筋在钢管内作为抗剪件的作用，就足够提供传递 C30 混凝土强度的需要：$122 \times 236 \times 14.3 = 411.73kN$。

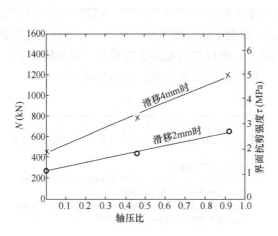

图 21.22　轴压比对粘结强度的影响

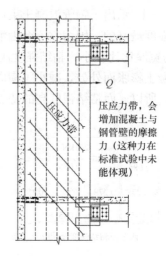

图 21.23　剪力产生斜压带增加了界面摩擦力

（5）上下墙接头端板、顶部封板可促进混凝土-钢管的共同作用。

钢管束墙每三层一个运输和安装段，上下段的接头处有横隔板（图 21.24）。此横隔板的重要作用是为上下钢板的对齐提供一个缓冲面，使得制作误差、焊接变形的不利影响降低到完全可以忽略的程度。另外焊接工艺焊缝的形状也要求此处有横隔板。当钢管束不再需要那么宽时，会收掉一个腔，腔的顶部有盖板（图 21.25）。横隔板和盖板阻止混凝土在钢管腔内滑动，从而促进钢与混凝土的共同工作。

图 21.24　每三层一道横隔板

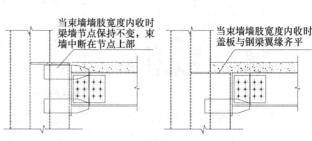

图 21.25　钢管束顶部封板有利于钢与混凝土共同工作

在第 18 章图 18.26 中介绍了日本学者的一个矩形钢管混凝土试验。试件内仅下部部分高度填充了混凝土，其中有的试件在混凝土顶部有盖板，有的试件未设置盖板。试验的破坏模式如图 21.26 所示。图中 R_f 是板件正侧化长细比，λ 是试件的长细比；l_0 是填充混凝土高度，h 是试件高度。这个试验表示：未设置横隔板的混凝土段高度从 $0.3h$ 增加到 $0.5h$，未能改变破坏的部位 [图 21.26（a）]。有了横隔板后，混凝土段高度从 $0.3h$ 增加到 $0.5h$，破坏部位发生了变化，如图 21.26（b）所示，这说明盖板起作用了。这四组试验，区别在于300mm 或 500mm 混凝土顶部有没有盖板，有盖板的承载力增加。与纯钢试件边缘屈服水平力的比值是：有盖板试件承载力是 1.54 和 1.57，无盖板试件的承载力是 1.28 和 1.29。

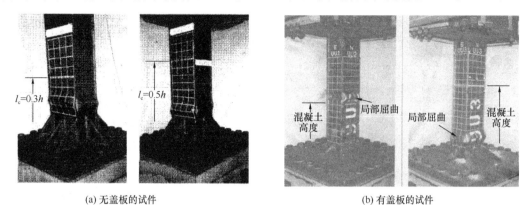

(a) 无盖板的试件　　　　　　　　　(b) 有盖板的试件

图 21.26　日本试件的破坏模式

图 21.27 显示了滞回曲线的形状。有盖板的，滞回曲线更加丰满。

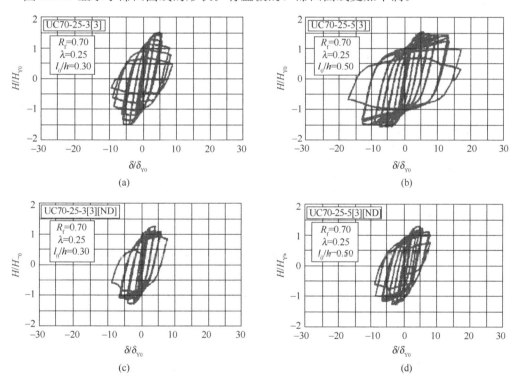

图 21.27　有横盖板和无盖板柱子半高浇筑混凝土柱的滞回曲线

图 21.28 显示了吕西林对圆钢管混凝土的研究，并给出了机理简图。总之，只要顶部有宽度很小的能够阻止混凝土上滑的肋，就能够促进钢管与混凝土的共同工作。同理，横盖板使得钢管和混凝土之间的粘结面不再发生破坏（图 21.29）。所以仅横盖板就可以迫使混凝土与钢管共同工作。当然仅粘结力也可以使得混凝土与钢管共同工作。

粘结力＋端板机制＋钢筋＋剪力＋轴压比：共同工作提供的额外安全系数达 3 倍以上。

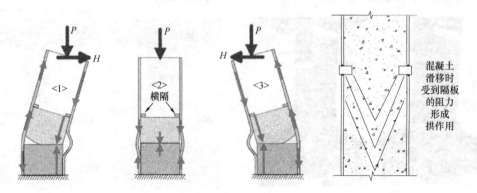

图 21.28　混凝土顶部横隔板的作用机理　　　　图21.29　横隔板阻止界面滑移

4. 从屈服应变看钢与混凝土共同工作的能力

就应变能力来说，钢与混凝土是非常匹配的：

$$\varepsilon_{y,Q235} = \frac{235}{206000} = 0.114\%，实际因为超强，大约是 0.135\%；$$

$$\varepsilon_{y,Q345} = \frac{345}{206000} = 0.167\%，实际大约是 0.192\%。$$

混凝土达到 $f_{pr}(f_{cu})$ 时的应变为：$\varepsilon_{c,C30} = 0.164\%$，$\varepsilon_{c,C35} = 0.172\%$，$\varepsilon_{c,C40} = 0.179\%$，$\varepsilon_{c,C45} = 0.185\%$，$\varepsilon_{c,C50} = 0.192\% < 1.5\varepsilon_y$，可见各强度等级的混凝土均与 Q345 比较匹配。而 Q235 与低强度（C40 以下）的混凝土比较匹配。混凝土和钢材具有同时或接近同时达到所需要的应力状态。

通过上述数据的匹配确实发现，Q235 不宜与高于 C40 的混凝土匹配。第 19 章研究发现，如果 Q235 与 C60 匹配，柱子的稳定曲线要改为 c 曲线，而不是现在的 b 曲线。

21.2.6　楼板-钢管束墙界面抗剪强度

钢管混凝土束墙切断了相邻开间的楼板，刚性楼板的假定是否受到削弱？

1. 楼板钢筋进入外墙的锚固长度：锚固长度应符合钢筋混凝土规范的规定。钢管束墙厚度小，锚固长度不足，因此外墙－楼板处一般按照简支考虑（图 21.30）。如果希望该处承受负弯矩，则应穿出外墙，下弯，并焊接固定，焊缝长度不小于 40mm，焊缝厚度为 4mm。

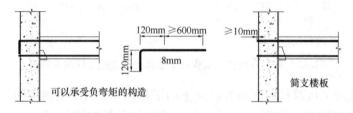

图 21.30　钢筋的入墙锚固及其相互避开

2. 楼板-钢管混凝土束墙界面的抗剪强度：如图 21.31 所示，为了安装钢筋桁架楼承板（truss deck），在楼板下表面标高的位置会焊接水平扁钢，并且每两个腔布置竖向加劲肋，该竖向加劲肋可以承担起楼板端部界面抗剪的重任（图 21.31、图 21.32）。一个肋至

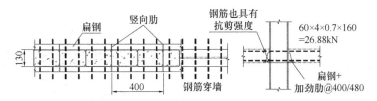

图 21.31 楼板端部的抗剪强度

少可以承担 25kN 以上的剪力，而一个肋间距范围内实际的剪力大致为：0.48m（宽度）× 4.8m（跨度）× 8.08kN/m²/2.0 = 9.31kN。

实际上不需要加劲肋，水平的扁钢焊缝也能够传递剪力，但竖向肋可以降低扁钢的焊缝要求：单面间断焊即可（每个腔焊一半宽度）。穿过钢管束墙的受压区钢筋也能够提供抗剪能力：$\phi 10@120$，下层两钢筋竖向抗

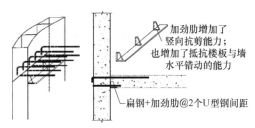

图 21.32 楼板托板竖肋的作用

剪承载力是 $0.25\pi \times 10^2 \times 180 \times 2 = 28.274$kN（HRB335 钢筋，只算下皮钢筋）。穿孔的孔壁承压承载力：8mm $\times 4$mm $\times 305$ N/mm² $\times 4 = 39$kN（算下皮钢筋），远大于 9.3kN。

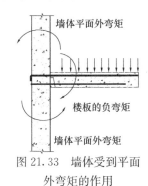

图 21.33 墙体受到平面外弯矩的作用

也就是说，从楼板的极限承载力的角度说：根本无需扁钢及小肋。因此扁钢＋加劲肋＋受压区钢筋提供的楼板端部抗剪承载力，远远大于实际剪力，构造措施非常保守。

21.2.7 当仅有一侧有楼板时，墙体平面外弯曲产生的应力分析

表 21.5 是在忽略钢管束内混凝土作用的情况下，假设楼板和束墙刚接（图 21.33），传递负弯矩，楼板负弯矩在束墙壁板内产生的弯曲应力。计算结果表明，该应力不会超过 10MPa。必要时在承载力验算程序中，自动加入 5～10kN·m 的弯矩，简支时不需要。

楼板负弯矩产生的束墙壁板应力 　　　　　　　表 21.5

恒荷载 1	恒荷载 2	活荷载	楼板跨度	荷载设计值	支座弯矩	弯矩调幅 0.85	上下弯矩分配	墙内外皮中心间距	压力	应力	应力比	
(kN/m²)			(m)	(kN/m²)	(kN·m/m)			(m)	(kN/m)	(MPa)	Q235	Q355
3	1.4	2	3.6	8.08	8.726	7.417	3.709	0.126	29.43	7.358	0.036	0.025
3	1.4	2	3.9	8.08	10.241	8.705	4.352	0.126	34.54	8.636	0.042	0.029
3	1.4	2	4.2	8.08	11.878	10.1	5.048	0.126	40.06	10.02	0.049	0.033
3	1.4	2	4.5	8.08	13.635	11.59	5.79	0.126	46.00	11.5	0.057	0.038

21.2.8 楼板作为横隔板假定的问题

1. 先看平面图 21.34：看上去钢管束墙切断了楼板，但是大量的钢筋仍然将所有的楼板相互拉成整体。

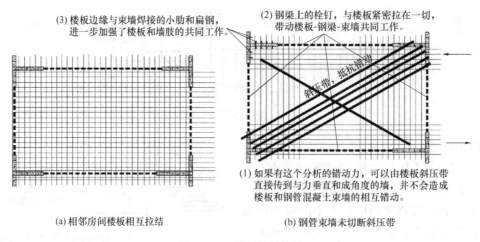

(3) 楼板边缘与束墙焊接的小肋和扁钢，进一步加强了楼板和墙肢的共同工作。

(2) 钢梁上的栓钉，与楼板紧密拉在一切，带动楼板-钢梁-束墙共同工作。

斜压带，抵抗错动力

(1) 如果有这个分析的错动力，可以由楼板斜压带直接传到与力垂直和成角度的墙，并不会造成楼板和钢管混凝土束墙的相互错动。

(a) 相邻房间楼板相互拉结　　　　(b) 钢管束墙未切断斜压带

图 21.34　楼板的整体性

2. 抵抗错动力的方式：楼板斜压带未中断，并不需要楼板钢筋水平抗剪来抵抗水平错动力。

3. 保守的措施：扁钢＋小肋，如图 21.32，实际上阻止了楼板和钢管束墙的水平相互错动。

结论：钢管束墙不影响楼板的整体性。

21.2.9　钢管混凝土束每一个腔的壁板的宽厚比

1. 每一个腔的壁板的宽厚比，参照《钢管混凝土结构技术规范》GB 50936—2014，宽厚比限值是 $60 \varepsilon_k$，端头第一个钢管，建议采用 $54 \varepsilon_k$。在抗震等级为一级的结构构件，某些部位将适当加严，例如加强区和端头第一个钢管是 $50 \varepsilon_k$。在轴压比大于 0.5 的墙肢中间腔体的宽厚比也可以适当加严。

2. 最小壁厚：(1)《钢管混凝土结构技术规范》GB 50936—2014 为 3mm；(2)《钢结构设计标准》GB 50017—2017 为 4mm；(3)《矩形钢管混凝土结构技术规程》CECS 159：2004 最小厚度为 4mm。因此钢管混凝土束墙钢板的最小厚度取 4mm 符合规范。

对于钢板的耐久性问题，根据使用环境的腐蚀等级分类。一般的钢管束墙体属于 C1，即无需采取防腐蚀措施。但是卫生间潮气大，处于 C2 和 C3 之间，应采用防腐措施，除了正常油漆外，还加细石混凝土防水层。对于卫生间的钢梁，除了油漆、防火涂料，在防火涂料干燥后再喷涂外墙防水涂料，可将水蒸气与防火涂料隔离开来。

21.3　钢管混凝土束墙的强度和稳定

21.3.1　一字墙

墙厚为 130mm 的一字墙应计算弯矩失稳，并宜采用以下措施之一：(1) 设置不小于 180mm×180mm 的方钢管混凝土端柱；(2) 6 度设防地区允许采用但是控制轴压比小于等于 0.4；(3) 抗震设计展开性能化设计。

关于钢结构的性能化设计，《高层民用建筑钢结构技术规程》JGJ 99—2015 目前直接参考《高层建筑混凝土结构技术规程》JGJ 3—2010，实际上可以除以 1.4 采用，即采用中震地震力除以 1.4 验算中震不屈服或中震弹性。为什么是除以 1.4，理由有三个：一个是钢结构的结构影响系数历史上是 0.25，采用小震地震力后改为了 0.35，0.35/0.25 = 1.4，除以 1.4 相当于钢结构本应采用的地震力。二是除以 1.4 正好相当于目前小震地震力的 2 倍进行验算，与目前广泛采用的 2 倍地震力验算后构造措施可以放宽的要求符合。三是钢结构的延性很好，特别是钢梁的延性是很好的，不宜完全靠整体抗侧强度来抵抗地震作用，按照 2 倍小震地震作用进行

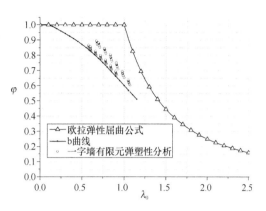

图 21.35　一字墙轴压杆平面外稳定

竖向构件的设计，能够确保钢梁塑性屈服前竖向构件在弹性阶段。

一字墙的稳定性完全参考方钢管混凝土柱计算，稳定系数的验证如图 21.35 所示。

21.3.2　三边支承或四边支承板墙肢的稳定

钢管混凝土束墙的墙肢是一种板件，可参考正交异性板的稳定理论进行分析计算。

承受纵向正应力的正交异性板的平衡微分方程是：

$$D_x \frac{\partial^4 w}{\partial x^4} + 2H_{xy} \frac{\partial^4 w}{\partial x^2 \partial y^2} + D_y \frac{\partial^4 w}{\partial y^4} = N_x \frac{\partial^2 w}{\partial x^2} \tag{21.1}$$

其中，D_x 是墙肢异性板单位宽度上的纵向抗弯刚度；D_y 是横向抗弯刚度，H_{xy} 是综合抗扭刚度。N_x 是单位宽度上的压力。因为涉及钢管和内部的混凝土，这些刚度的计算公式比较复杂。

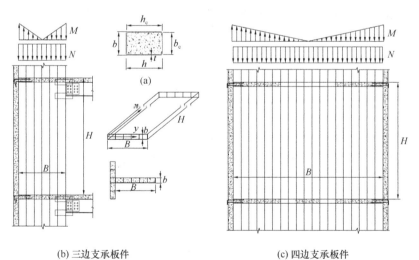

(b) 三边支承板件　　　　　　　　　(c) 四边支承板件

图 21.36　计算墙肢刚度的单元

首先搞清楚弯矩曲率表达式：

$$M_x = -\left(D_x \frac{\partial^2 w}{\partial x^2} + D_{yx} \frac{\partial^2 w}{\partial y^2} \right) \tag{21.2a}$$

$$M_y = -\left(D_y \frac{\partial^2 w}{\partial x^2} + D_{xy} \frac{\partial^2 w}{\partial y^2} \right) \tag{21.2b}$$

$$M_{xy} = -2D_k \frac{\partial^2 w}{\partial x \partial y} \tag{21.2c}$$

$$M_{yx} = -2D_k \frac{\partial^2 w}{\partial x \partial y} \tag{21.2d}$$

参照图 21.36：

$$D_x = D_{sm} + \frac{1}{h} E \frac{tb^3}{12} + 0.8 D_c \tag{21.3a}$$

$$D_c = \frac{E_c b_c^3}{12(1-\mu_c^2)} \frac{h_c}{h} \tag{21.3b}$$

$$D_{sm} = \frac{Et \ (b-t)^2}{2(1-\mu^2)} \tag{21.3c}$$

其中，D_{sm} 是钢管表层提供的抗弯刚度；第 2 项是纵向横肋（分腔壁）提供的抗弯刚度在腔宽度上的平均；第 3 项是混凝土提供的抗弯刚度，系数 0.8 是考虑混凝土进入非线性和徐变等对刚度的折减。

图 21.37　墙肢横向弯曲

横向刚度比较复杂，因为横向没有压力，横向弯曲时弯曲受拉混凝土开裂退出工作，截面变成不对称，中性轴不再位于中面，实际上墙肢横向弯曲时混凝土主要起到斜压杆的作用，如图 21.37 所示。因此横向刚度可以取：

$$D_y = 0.2 D_c + 0.8 D_{sm} \tag{21.4a}$$

式中，系数 0.2 是不考虑拉应力区作用的意思，系数 0.8 是因为横向钢板是冷弯拼成的，弯角的圆弧使得表层钢板的横向拉压刚度下降，从而导致横向抗弯刚度下降而引入折减系数。

$$H_{xy} = 2D_k + D_{xy} \tag{21.4b}$$

$$D_k = \frac{1}{3}(1-\mu_c)D_c + \frac{1}{2}(1-\mu)D_{sm} \tag{21.4c}$$

$$D_{xy} = D_{yx} = \mu D_{sm} + 0.2\mu_c D_c \tag{21.4d}$$

设墙肢宽为 B，层高为 h_{st}。利用简支边界条件，可以得到如下临界压力公式：

（1）三边简支，一边自由轴压，单位墙肢宽度的临界压力：

$$N_{xcr,N} = \left[\frac{\pi^2 D_x}{h_{st}^2} \right] + \frac{12 D_k}{B^2} = \frac{\pi^2 D_x}{B^2} \left(\frac{B^2}{h_{st}^2} + \frac{12 D_k}{\pi^2 D_x} \right) \tag{21.5a}$$

对比一字墙的临界压力公式，

$$N_{xcr,N} = \frac{\pi^2 D_x}{h_{st}^2} \tag{21.5b}$$

可知三边简支板的临界压力增加了第 2 项，而这个第 2 项是扭转项。注意对于长的钢平板，临界应力公式是 $\sigma_{cr} = \dfrac{0.4255 \pi^2 D}{b^2 t}$，完全是由扭转刚度提供的，可知式（21.5a）的第 2 项的分量也不小，而一字墙的长细比已经小于 60（正则化长细比小于 0.7），可见三边支承的板件的正则化长细比一般小于 0.5，因而稳定性好，抗震性能也会很好。

（2）三边简支，一边自由，弯曲：

$$N_{xcr,M} = 2\frac{\pi^2 D_x}{B^2}\left(\frac{B^2}{H^2} + \frac{12 D_k}{\pi^2 D_x}\right) \tag{21.5c}$$

（3）四边支承板：

轴压：

$$\frac{h_{st}}{B} < \sqrt[4]{\frac{D_x}{D_y}}: N_{xcr,N} = \left[\frac{B^2}{h_{st}^2}D_x + 2H_{xy} + D_y\frac{h_{st}^2}{B^2}\right]\frac{\pi^2}{B^2} \tag{21.5d}$$

$$\frac{h_{st}}{B} \geqslant \sqrt[4]{\frac{D_x}{D_y}}: N_{xcr,N} = (2\sqrt{D_x D_y} + 2H_{xy})\frac{\pi^2}{B^2} \tag{21.5e}$$

弯曲：

$$\frac{h_{st}}{B} \leqslant \sqrt[4]{\frac{2.2D_x}{11D_y}}: N_{xcr,M} = \frac{\pi^2}{B^2}\left[2.2D_x\frac{B^2}{h_{st}^2} + 14H_{xy} + 11D_y\frac{h_{st}^2}{B^2}\right] \tag{21.5f}$$

$$\frac{h_{st}}{B} \geqslant \sqrt[4]{\frac{2.2D_x}{11D_y}}: N_{xcr,M} = \frac{\pi^2}{B^2}\left[9.84\sqrt{D_x D_y} + 14H_{xy}\right] \tag{21.5g}$$

墙肢作为板件的弹塑性稳定计算（图 21.38），

引入正则化长细比：

$$\lambda_{n,N} = \sqrt{\frac{N_P}{N_{xcr,N}}} \tag{21.6a}$$

$$\lambda_{n,M} = \sqrt{\frac{N_P}{N_{xcr,M}}} \tag{21.6b}$$

$$N_P = A_s f_{yk} + A_c f_{ck} \tag{21.6c}$$

稳定系数是：

$$\varphi_N = \frac{1}{1 - 0.5^2 + \lambda_{n,N}^2} \tag{21.7a}$$

$$\varphi_{M,4} = \frac{1}{1 - 0.65^2 + \lambda_{n,M}^2} \tag{21.7b}$$

$$\varphi_{M,3} = \frac{1}{1 - 0.6^2 + \lambda_{n,M}^2} \tag{21.7c}$$

式中，下标 M 表示受弯稳定系数，下标 3 和 4 代表三边支承和四边支承。弹塑性稳定系数与有限元方法的对比如图 21.38 所示，是非常保守的公式。

（1）实心板件轴压，板件稳定系数从 1.0 开始下降的长细比是 $\lambda_{p0} = 0.673$，我国规

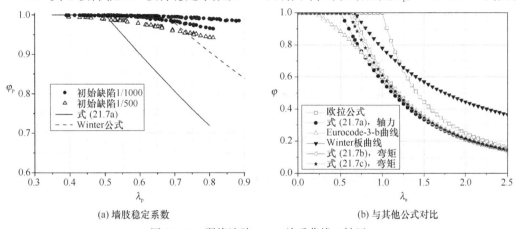

(a) 墙肢稳定系数   (b) 与其他公式对比

图 21.38 翼缘墙肢 φ_p-λ_p 关系曲线（轴压）

范是 0.8。这里取 0.5 偏安全，也为 ANSYS 分析所证实。弯曲的时候 $\lambda_{p0} = 0.874$，这里取 0.6 和 0.65。

（2）板件具有屈曲后的强度，我们没有利用屈曲后强度，而是利用了柱子曲线，柱子是没有屈曲后强度的。ANSYS 分析确实表明：墙肢具有较高的屈曲后强度，稳定系数比一字墙大很多。较大长细比时靠近柱子曲线，是因为三边简支板件较宽时，离支承边较远处的失稳是接近柱子的，这样即使遇到很宽的板件，采用这些公式也是偏安全的。

墙肢一般总是同时承担弯矩和轴压力，其中四边简支板件的轴压屈曲和弯曲屈曲存在的相关关系是抛物线，考虑平面外弯矩的不利影响后，构造公式如下：

四边支承板件：
$$\frac{N}{\varphi_N N_p} + \left(\frac{M_x}{\varphi_M M_{ux}}\right)^2 + \frac{0.85 M_y}{M_{uy}} \leqslant 1 \tag{21.8a}$$

三边简支板件的相关关系则是采用线性的相关关系：

三边简支板：
$$\frac{N}{\varphi_N N_p} + \frac{M_x}{\varphi_M M_{ux}} + \frac{0.85 M_y}{M_{uy}} \leqslant 1 \tag{21.8b}$$

鉴于试验资料缺乏，关于四边支承的墙肢稳定性，可以提供更为保守的公式。钢管部分可以利用屈曲后强度，混凝土部分没有屈曲后强度，因此墙肢的稳定系数为：

钢管束墙的稳定系数：
$$\varphi_N = \frac{\varphi_{s,n} A_{s1} f_y + \varphi_c (A_{s2} f_y + A_c f_{ck})}{A_s f_y + A_c f_{ck}} = \frac{\varphi_{s,N} \Phi_1 + \varphi_{c,N}(1 + \Phi_2)}{\Phi + 1} \tag{21.9a}$$

式中，A_{s1} 为钢管束两层面板的面积，这部分作为板件有屈曲后强度，所以单独给以记号；A_{s2} 为钢管束分腔板两个翼缘的面积，$A_s = A_{s1} + A_{s2}$，$\Phi = \dfrac{A_s f_y}{A_c f_{ck}}$，$\Phi_1 = \dfrac{A_{s1} f_y}{A_c f_{ck}}$，$\Phi_2 = \Phi - \Phi_1$。

混凝土柱和分腔壁部分作为压杆的稳定系数：
$$\varphi_{c,N} = \frac{1}{(1 - 0.2^{2.724} + \lambda_N^{2.724})^{0.734}} \leqslant 1 \tag{21.9b}$$

钢截面可以考虑屈曲后强度的部分：
$$\varphi_{s,N} = \frac{1}{0.327 + \lambda_N} \leqslant 1 \tag{21.9c}$$

钢管束墙受弯时：
$$\varphi_M = \frac{\varphi_{s,M} \Phi_1 + \varphi_{c,M}(1 + \Phi_2)}{1 + \Phi} \tag{21.10a}$$

$$\varphi_{c,M} = \frac{1}{(1 - 0.4^{2.724} + \lambda_M^{2.724})^{0.734}} \leqslant 1 \tag{21.10b}$$

$$\varphi_{s,M} = \frac{1}{0.13 + \lambda_M} \leqslant 1 \tag{21.10c}$$

21.3.3　无需计算墙肢稳定性的墙肢宽厚比和抗震等级判定

钢构件的板件一般有宽厚比限值，钢管混凝土束墙的墙肢不宜强制规定其限值。因为实际结构满足强墙肢弱梁的要求，墙肢的底部以外的地方很少进入塑性或者进入塑性不深。

图 21.39 显示钢管混凝土的核心部分的应力不到边缘的 1/10，而核心部分的弹性模量是钢板的

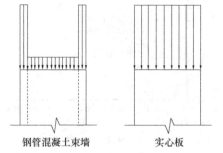

钢管混凝土束墙　　　实心板

图 21.39　极限状态下墙肢的应力状态

1/6～1/7，刚度比大于应力比，因此宽厚比界限值就可以比钢板略大，见表21.6。表21.7是抗震性能判定。

无需计算稳定性的墙肢宽厚比（轴压承载力＝全截面屈服）　　表 21.6

序号	U 规格	钢材	混凝土	三边支承板		四边支承板	
				宽厚比	宽度（mm）	宽厚比	宽度（mm）
1	U130×240×20×4	Q235	C30	23.6	3068	52	6760
			C40	19.6	2548	43.3	5629
			C50	17.6	2288	34.2	4446
2	U130×200×20×4	Q345	C30	17	2210	33.7	4381
			C40	15.4	2002	32.5	4225
			C50	14.4	1872	31.7	4121
3	U150×240×20×5	Q345	C30	22.6	3390	48.7	7350
			C40	19.3	2895	42	6300
			C50	17.6	2640	38	5775
4	U150×200×20×5	Q345	C30	21.6	3240	32.6	4890
			C40	18.8	2820	31.5	4725
			C50	17.2	2580	30.7	4605

抗震性能（等级）判定　　表 21.7

三边简支	倍数	宽度	正则化长细比	长细比	一级限值
U130×240×4 Q235，C30	10	1300	0.330	30.3	60
	15	1950	0.420	38.5	
	20	2600	0.474	43.5	
	25	3250	0.508	46.5	
	30	3900	0.529	48.5	
U150×240×5 Q345，C50	15	2250	0.471	35.6	49.5
	20	3000	0.522	39.5	
	25	3750	0.551	41.7	
	30	4500	0.570	43.1	
	35	5250	0.582	44.0	
	40	6000	0.590	44.6	
四边简支	倍数	宽度	正则化长细比	长细比	一级限值
U130×240×4 Q235，C30	20	2600	0.269	24.7	60
	30	3900	0.385	35.2	
	40	5200	0.453	41.5	
	50	6500	0.493	45.2	
	60	7800	0.518	47.5	

续表

四边简支	倍数	宽度	正则化长细比	长细比	一级限值
U150×240×5 Q345，C50	30	4500	0.444	33.6	49.5
	40	6000	0.507	38.3	
	50	7500	0.542	41.0	
	60	9000	0.564	42.7	
	70	10500	0.578	43.7	
	80	12000	0.587	44.4	

21.3.4　强度和平面内外稳定的计算公式

1. 强度和稳定计算：按照墙肢计算，计算内容见表 21.8。对短的墙肢，规定最小尺寸，小于一定尺寸的，与其垂直的墙肢按照一字墙计算稳定性。

墙肢的计算内容　　　　　　　　　　　　　　表 21.8

类别	强度	主弯矩作用平面内	主弯矩作用平面外
I 字墙	计算压弯强度	验算平面内稳定	验算平面外稳定
T、L、H、Z 形的墙肢	计算压弯强度	验算平面内稳定	验算墙肢作为板件的稳定

钢管混凝土束墙的强度计算，可对比钢筋混凝土剪力墙正截面强度极限状态，如图 21.40 和图 21.41，是完全一样的。钢管束墙的钢材的延性好于钢筋混凝土剪力墙采用的Ⅲ级钢。

拉弯　　　　　　　　$$\frac{N}{A_s f} + \frac{M_x}{\gamma_x M_{uxn}} + \frac{M_y}{M_{uyn}} \leqslant 1 \qquad (21.11)$$

压弯　　　$$\frac{N}{N_u} + (1 - \alpha_{ck}) \frac{M_x}{\gamma_x M_{uxn}} + (1 - \alpha_{ck}) \frac{M_y}{M_{uyn}} \leqslant 1 \qquad (21.12a)$$

式中，γ_x 相当于应力分布（图 21.42 左下角的应力图形），取值在 $0.8 \sim 1.0$ 之间，墙肢宽度小于等于 800mm 取 1.0，墙肢宽度大于等于 2000mm 取 0.8，之间采用线性插值。

$$\gamma_x = 1 - 0.2 \frac{B - 800}{1200} \geqslant 0.8 \qquad (21.12b)$$

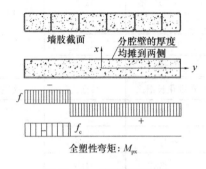

图 21.40　墙肢截面形成塑性铰的计算模型

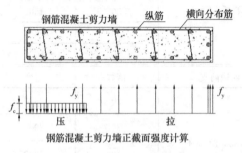

图 21.41　钢筋混凝土剪力墙抗弯强度计算模型

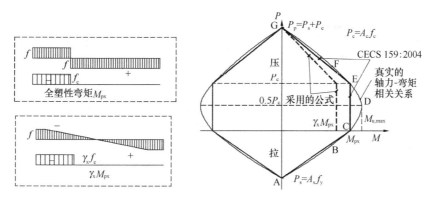

图 21.42 钢管混凝土束墙截面强度计算的相关公式

墙肢抗剪强度：假设仅由钢板承受剪应力：

$$\frac{Q}{2Bt} \leqslant f_{\mathrm{v}} \tag{21.13}$$

2. 按照墙肢计算强度和平面内稳定的公式如下（图 21.42）：双轴压弯矩形钢管束混凝土剪力墙构件绕主轴 x 轴的稳定性，应满足下式的要求：

$$\frac{N}{\varphi_{\mathrm{x}} N_{\mathrm{u}}} + (1 - \alpha_{\mathrm{ck}}) \frac{\beta_{\mathrm{mx}} M_{\mathrm{x}}}{\gamma_{\mathrm{x}} (1 - 0.8 N/N_{\mathrm{Ex}}) M_{\mathrm{ux}}} + \frac{\beta_{\mathrm{ty}} M_{\mathrm{y}}}{1.4 M_{\mathrm{uy}}} \leqslant 1 \tag{21.14}$$

同时应满足下式的要求：

$$\frac{\beta_{\mathrm{mx}} M_{\mathrm{x}}}{\gamma_{\mathrm{x}} (1 - 0.8 N/N_{\mathrm{Ex}}) M_{\mathrm{ux}}} + \frac{\beta_{\mathrm{ty}} M_{\mathrm{y}}}{1.4 M_{\mathrm{uy}}} \leqslant 1 \tag{21.15}$$

绕主轴 y 轴的稳定性，应满足下式的要求：

$$\frac{N}{\varphi_{\mathrm{y}} N_{\mathrm{u}}} + (1 - \alpha_{\mathrm{ck}}) \frac{\beta_{\mathrm{my}} M_{\mathrm{y}}}{(1 - 0.8 N/N_{\mathrm{Ey}}) M_{\mathrm{uy}}} + \frac{\beta_{\mathrm{tx}} M_{\mathrm{x}}}{1.4 \times \gamma_{\mathrm{x}} M_{\mathrm{ux}}} \leqslant 1 \tag{21.16a}$$

同时应满足下式的要求：

$$\frac{\beta_{\mathrm{x}} M_{\mathrm{x}}}{1.4 \gamma_{\mathrm{x}} M_{\mathrm{ux}}} + \frac{\beta_{\mathrm{my}} M_{\mathrm{y}}}{(1 - 0.8 N/N_{\mathrm{Ey}}) M_{\mathrm{uy}}} \leqslant 1 \tag{21.16b}$$

式中，φ_{x}、φ_{y} 分别为绕主轴 x 轴、y 轴的轴心受压稳定系数，按矩形钢管混凝土柱曲线采用；β_{x}、β_{y} 分别为在计算稳定的方向对 M_{x}、M_{y} 的等效弯矩系数；M_{ux}、M_{uy} 分别为绕 x、y 轴的受弯承载力设计值。

3. 三边支承板件和四边支承板件，实际上是 L 或 T 形截面的一个组成部分，却按照独立的墙肢验算平面内稳定，平面内的计算长度系数取多少？这要看下面的解读。

（1）十字形截面压杆［图 21.43（a）］，区分十字形截面的两个板件，板件 1 和板件 2，$N = N_1 + N_2$，$A = A_1 + A_2$，稳定性验算公式是：

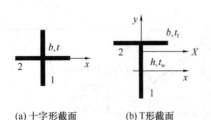

(a) 十字形截面　　(b) T形截面

图 21.43　钢截面

$$\frac{N}{\varphi_{x}A} = \frac{N_1 + N_2}{\varphi_x(A_1 + A_2)} \leqslant f \qquad (21.17)$$

压杆的稳定系数取决于长细比：$\lambda_x = l/i_x$。但是绕 x 轴失稳时，提供抗弯刚度的是板件 1，板件 2 是没有抗弯刚度的（或者说板件 2 抗弯刚度可忽略不计），但板件 2 承受着与板件 1 相同的轴力。这样一来，板件 2 仿佛是摇摆柱，需要板件 1 提供支持。下面按照摇摆柱框架的方法验算十字形截面的稳定：

$$i_x = \sqrt{\frac{I_x}{A}} = \sqrt{\frac{I_1}{A_1 + A_2}} = \frac{i_1}{\sqrt{1 + A_2/A_1}} \qquad (21.18a)$$

$$\lambda_x = \frac{L}{i_x} = \sqrt{1 + \frac{A_2}{A_1}} \cdot \frac{L}{i_1} = \sqrt{1 + \frac{N_2}{N_1}} \cdot \frac{L}{i_1} = \frac{\eta L}{i_1} \qquad (21.18b)$$

式中，η 就是摇摆柱导致的框架柱计算长度的放大系数为：

$$\eta = \sqrt{1 + \frac{N_2}{N_1}} = \sqrt{1 + \frac{\sigma A_2}{\sigma A_1}} = \sqrt{1 + \frac{A_2}{A_1}} \qquad (21.19)$$

因为

$$\sigma = \frac{N}{A} = \frac{N_1 + N_2}{A_1 + A_2} = \frac{N_1}{A_1} = \frac{N_2}{A_2} \qquad (21.20a)$$

所以

$$\frac{N_1 + N_2}{\varphi_x(A_1 + A_2)} = \frac{N_1}{\varphi_x A_1} \leqslant f \qquad (21.20b)$$

可见，采用摇摆柱框架的概念，与十字形截面的整体验算是一致的。即按照单肢验算稳定性的时候，被验算的墙肢的计算长度要乘以摇摆柱的计算长度放大系数。

（2）再考察 T 形截面 [图 21.43（b）]：如果是绕 y 轴屈曲，计算翼缘绕 y 轴的稳定性，则应该引入计算长度放大系数。但是如果是计算绕 x 轴（T 形截面的形心轴）的屈曲，因为我们规定了采用单肢计算，因此取出腹板单独计算，计算的是绕 x 轴的稳定性。即应该采用 $\frac{N_f + N_w}{\varphi_X(A_f + A_w)} \leqslant f$，现在采用 $\frac{N_w}{\varphi_x A_w} \leqslant f$。

如果是轴压杆，则有 $\frac{N_w}{A_w} = \frac{N_f + N_w}{A_f + A_w}$，所以如果能够达成 $\varphi_x = \varphi_X$，则计算是等效的。稳定系数相同，要求长细比相同，所以 $\lambda_x = \frac{\eta h_{st}}{i_x} = \frac{h_{st}}{i_X}$，$\eta = i_x/i_X$。表 21.9 计算了翼缘和腹板等厚（钢管混凝土束墙一般等厚）时的 η 在 $0.855 \sim 1.041$ 之间，取 1.0 反而是安全的。

计算长度放大系数

表 21.9

翼缘宽 （mm）	腹板高 （mm）	i_{X}	i_{x}	η	腹板高 （mm）	i_{X}	i_{x}	η
200	50	13.87	14.43	1.041	500	167.79	144.34	0.860
200	100	30.91	28.87	0.934	600	199.86	173.21	0.867
200	150	48.74	43.30	0.888	700	231.39	202.07	0.873
200	200	66.54	57.74	0.868	800	262.51	230.94	0.880
200	300	101.34	86.60	0.855	900	293.30	259.81	0.886
200	400	135.02	115.47	0.855	1000	323.83	288.68	0.891

（3）接下去讨论这样一个问题：真的需要采用摇摆柱框架那样的计算长度放大系数吗？

计算 T 或 L 形墙肢绕 x 轴（或 y 轴，图 21.44）稳定时，并没有按照整体计算，而是按照墙肢计算，采用了腹板肢和翼缘肢的交线保持直线的假定，也就是说默认翼缘肢对腹板肢提供了约束。

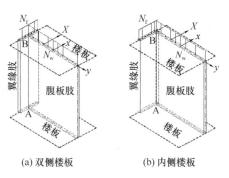

(a) 双侧楼板   (b) 内侧楼板

图 21.44 钢管混凝土束墙截面

翼缘肢对腹板肢提供了多大的约束呢？腹板肢作为一字墙，具有稳定承载力 $N_{\mathrm{w,u0}}$，腹板肢作为三边简支板，具有稳定的承载力 $N_{\mathrm{w,u}}$，那么 $N_{\mathrm{w,u}} - N_{\mathrm{w,u0}}$ 的增量部分是翼缘肢提供了支持而获得的额外承载力，因此翼缘肢绕 y 轴的平面内屈曲的计算长度应该乘以放大系数：

$$\eta_{\mathrm{f}} = \sqrt{1 + \frac{N_{\mathrm{w,u}} - N_{\mathrm{w,u0}}}{N_{\mathrm{f}}}} \tag{21.21}$$

考虑到框架-支撑结构中对支撑的剩余刚度需求是：

$$S_{\mathrm{b}} = 2.2\left[\left(1 + \frac{100}{f_{\mathrm{y}}}\right)\Sigma N_{\mathrm{b}i} - \Sigma N_{0i}\right] \tag{21.22a}$$

式中，$N_{\mathrm{b}i}$ 和 N_{0i} 分别是框架柱无侧移屈曲和有侧移屈曲承载力。也就是说，无侧移失稳的承载力前面有一个系数，η_{f} 应修正为：

$$\eta_{\mathrm{f}} = \sqrt{1 + \frac{(1 + 100/f_{\mathrm{y}})N_{\mathrm{w,u}} - N_{\mathrm{w,u0}}}{N_{\mathrm{f}}}} \tag{21.22b}$$

这个放大系数是不大的，主要原因是作为一字墙绕弱轴失稳的稳定系数本身就很大（大于 0.8），所以，取 1.2 就足够可靠。

4. 实际截面是 Z、L、H、T 形，强度计算采用拆解为一字形的墙肢计算，这种方法是否能够保证安全？首先，钢筋混凝土剪力墙也是这样计算的，有很多论文研究过这个问题，结论是 99% 以上能够保证安全。在开发钢管混凝土束墙的设计方法中也进行了类似的研究，结果如图 21.45 所示。该图这样画出：曲线是 L 形截面作为整体计算的相关曲线，墙 1 长度 1000mm，墙 2 长度 1000mm，墙厚 $D = 130$mm，钢板厚度取 4mm。钢材牌号取 Q345，屈服强度 $f_{\mathrm{y}} = 345$N/mm^2，混凝土强度等级取 C50，轴心抗压强度标准值 $f_{\mathrm{ck}} = 32.4$N/mm^2，轴心抗拉强度标准值 $f_{\mathrm{tk}} = 2.64$N/mm^2，给定的轴压比是 0.5 和 0.1。数据点是墙肢在轴压比 0.5 和 0.1 时，如两个墙肢的强度应力比在 0.8～0.9 组合时，将这样的应力比回算成力和弯矩，移轴到整体截面的形心，两个肢移轴后的弯矩合成，画到图中。如果数据点在曲线以内，表示偏于安全。这种验算方法未考虑墙肢与墙肢之间的塑性变形协调，但是很幸运的是，内力是弹性分析根据相邻墙肢的变形协调获得的，并且满足平衡条件。根据塑性力学的理论，满足内外力的平衡条件，通过墙肢的验算满足了强度条件，这种方法是下限法。但是图上还是出现了个别数据在曲线的外面，此时两个肢的应力比有一个为 1，另一个为 1 或 0.9。这种情况实际上不太可能在同一个组合工况中出现。尽管如此，对图 21.45（a）所示的 L 形截面，出现多个肢的组合轴压比高于 0.6 的情况，对有可能出现单肢验算法的承载力高于组合截面整体的承载力的情况，偏于不安全。所以在设计公式（21.11）～（21.16）中对弯矩承载力引入 γ_x 是有一定补偿作用的。另外对墙肢也进行了轴压比的限制，保证了设计方法的安全。

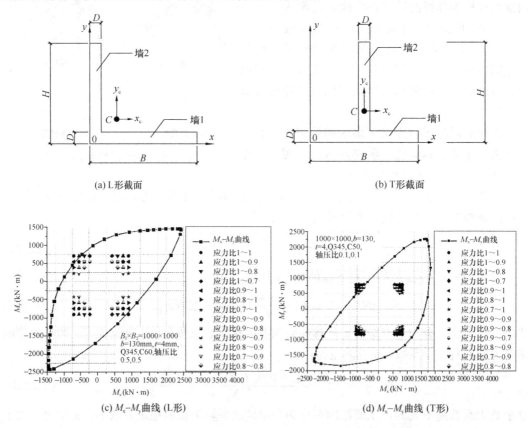

(a) L 形截面　　　　　　　　　　　　(b) T 形截面

(c) M_x-M_y 曲线 (L 形)　　　　　　　(d) M_x-M_y 曲线 (T 形)

图 21.45　按照墙肢计算的强度，与按照 L 形截面计算的强度的对比

21.4　每个腔的轴压性能，成就了钢管混凝土束墙的抗震性能

钢管束墙的抗剪强度可以完全由钢板提供，剪跨比没有影响。没有"剪跨比"这一概念是钢结构的重要特点，因为钢构件受拉不开裂，无需形成斜压带抗剪。1mm 钢板的抗剪强度等于 100mm 的混凝土的抗剪强度，两个 4mm 的面层钢板抗剪强度等于 800mm 的

混凝土剪力墙的抗剪强度。

例如，包头万郡大都城一个项目出地面第一层 126 片墙中，按照 $\tau = V/2Bt$ 计算，剪切应力比 $\leqslant 0.1$ 的数量 $= 85$（占 67%），最大剪切应力比 $S_{max} = 0.220$。具体是：

剪切应力比 $\leqslant 0.05$ 的数量 28 片（占比 22.2%）；

$\qquad = 0.05 \sim 0.1$ 的数量 57 片（占比 45.2%）（累计 67.4%）；

$\qquad = 0.10 \sim 0.15$ 的数量 23 片（占比 18.2%）（累计 85.6%）；

$\qquad = 0.15 \sim 0.2$ 的数量 15 片（占比 11.9%）（累计 97.5%）；

$\qquad = 0.2 \sim 0.25$ 的数量 3 片（占比 2.4%）（累计 100%）。

因此实际工程几乎不会发生剪切破坏，常规小震设计就能够满足罕遇地震下抗剪弹性的要求。

因此决定钢管混凝土束墙性能的是其整体抗弯性能和轴压性能。作为建立一个新结构体系的逻辑基础，我们必须对其组成的微元体（图 21.46）、钢管束短柱的性能进行试验，称之为产品定型试验。

为了新体系建立在可靠的基础上，共进行了 36 个钢管混凝土束短柱试验，试件的长度不小于短边的 3 倍，不小于宽边的 2 倍。试件的破坏模式如图 21.47 所示，已经压得很扁了。压力-压缩变形曲线呈现在图 21.48 上。由图可见，即使压缩 30mm（$30/480 = 1/16$），抗压承载力退化也很少。可见，组成钢管混凝土束的微元体的性能是非常好的，优于空钢管，更几十倍地优于钢筋混凝土柱。

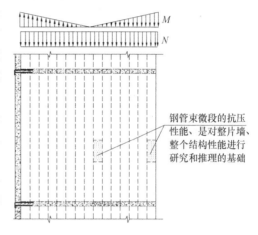

钢管束微段的抗压性能、是对整片墙、整个结构性能进行研究和推理的基础

图 21.46　钢管束各腔的抗压构成了束墙的抗侧性能

通过这次试验和参阅国内外大量的钢管混凝土短柱的试验资料（全世界累计圆形和方矩形钢管混凝土短柱试验已达 1500 个以上），充分揭示了钢管混凝土柱的优越性能，是替代钢筋混凝土结构，甚至是替代钢结构的杰出竖向构件。钢管混凝土柱有如此好的性能，原因是：（1）钢管为混凝土提供侧向封闭的约束，使得混凝土裂缝开展受到限制，提高后期混凝

图 21.47　钢管混凝土束墙短柱段压缩试验的破坏形态

土的延性和承载力；（2）混凝土阻止了钢管向内屈曲，为钢管壁板提供了部分弹性支座，提高了钢管的局部稳定性。

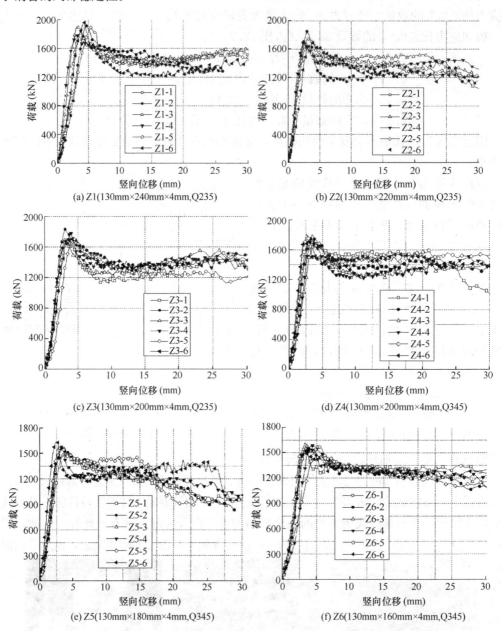

图 21.48　束墙短柱段轴力-竖向位移关系曲线

为进一步说明钢管混凝土的优越性能，图 21.49 引用了 Schneider S P 于 1996 年发表的短柱试验：圆钢管、方形和矩形钢管混凝土短柱试验。圆形的最好，方钢管混凝土柱次之，矩形钢管混凝土稍逊，但是即使是矩形钢管混凝土短柱，承载力退化也非常小。更多的曲线参考图 16.10 和图 16.11。

为了说明钢管混凝土短柱的性能也不亚于纯钢管，图 21.50 给出了空钢管与钢管混凝土柱子的对比，H 打头的是空钢管，C 打头的是钢管混凝土。从承载力达到极值后继续

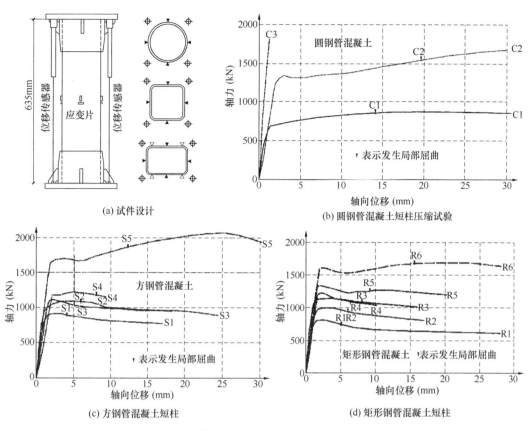

(a) 试件设计

(b) 圆钢管混凝土短柱压缩试验

(c) 方钢管混凝土短柱

(d) 矩形钢管混凝土短柱

图 21.49　钢管混凝土柱试验（Schneider SP，1996）

（坍落度 75mm，9.5mm 骨料，宽厚比在 11～50 之间变化，混凝土为 C20）

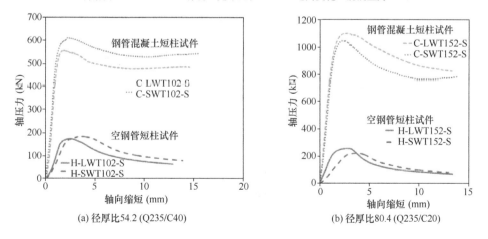

(a) 径厚比 54.2（Q235/C40）

(b) 径厚比 80.4（Q235/C20）

图 21.50　空钢管与钢管混凝土轴压试验对比（长径比＝2.94）

（LWT 为直缝管，SWT 为螺旋缝管（FY＝270/290），C 表示钢管混凝土，H 表示空钢管）

加载出现的退化来说，钢管混凝土的退化（百分比）大幅度低于空钢管。径厚比为 54.2 的钢管混凝土，可以划入轴压 S1 级。

短柱试验的意义在于屈曲后，加载到 1.5%～2% 竖向应变时的剩余强度，如果剩余强度不低于高点处的 0.7 倍，可以认为具有比较好的抵抗罕遇地震的性能，能够保证大震不倒。因为大震不倒采用标准值，这样 $1/(1.1\times1.35)=0.673<0.7$，剩余竖向承载力仍能够承担 100% 的竖向荷载标准值。

21.5　连接节点和墙脚

21.5.1　墙梁刚接和铰接节点

因为钢管混凝土束墙厚仅为 $130\sim180$mm，内部又要浇筑混凝土，必须采用外侧节点板传递弯矩。图 21.51 外贴厚板梁柱刚接节点，设计方法已经在第 4.5.6 节给出。端板厚度确定后，计算侧板（面积 A_j、宽度 l_{w2}、长度 l_{w1}、侧板厚度 t_j）及其焊缝：

$$N_j = \frac{M_{Pb}}{h_{b1}} \tag{21.23a}$$
$$2A_j f \geqslant N_j \tag{21.23b}$$
$$2(l_{w2}f + 2l_{w1}f_v)t \geqslant \eta_j N_j \tag{21.23c}$$
$$2\times 0.7h_f(2l_{w1}+l_{w2})f_f^w \geqslant \eta_j N_j \tag{21.23d}$$

即梁端塑性弯矩转化成为上下翼缘的一对力，确定侧板的面积，计算焊缝。由上下两条纵向角焊缝和侧板的正面角焊缝承担，钢梁翼缘两侧各有一块侧板，所以乘以 2。右侧的 η_j 是节点系数，是为了保证强节点弱构件而引入的。式（21.23c）是验算墙板的块状撕裂。

梁墙节点的节点域抗剪强度的验算方法是：N_j 减去侧板远端传向墙肢的力。作为节点域承受的剪力，由墙体的两面板承受，节点域剪应力应小于束墙钢板的抗剪强度。计算表明，这一要求常控制了侧板的长度 l_{w1}，侧板长度应超过竖向焊缝 30mm，如图 21.51 所示。

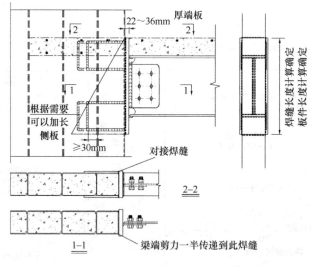

图 21.51　端板式：梁柱刚接节点

第 2 种梁墙刚接节点如图 21.52 所示。这种节点都是角焊缝传力，延性较好；受力明确，因此很容易写出计算公式。注意计算焊缝时引入节点系数。

钢管混凝土束墙的平面外只允许采用铰接节点，构造如图 21.53 所示。次梁梁端转角计算：$\dfrac{v}{l} = \dfrac{5q_k l^3}{384EI} = \dfrac{1}{250}$。次梁梁端转角：$\theta = \dfrac{q_k l^3}{24EI} = \dfrac{1}{24}\dfrac{384}{5\times 250} = 0.0128$，这是次梁支座完全没有约束，且次梁挠度达到极限状态时的最大转角，考虑到有楼板及螺栓，挠度

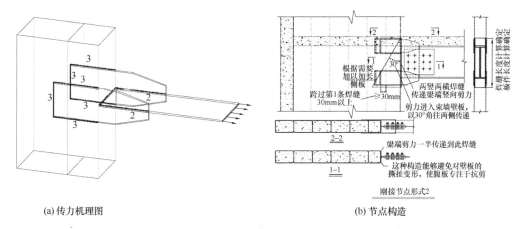

(a) 传力机理图　　　　　　　　　　　　　(b) 节点构造

图 21.52　侧板式梁柱刚接节点

减小，次梁转角减小，设为 0.01，由此判断：

（1）只要次梁支座承载力足够，转角最大是 0.01rad。

（2）通过 T 形钢翼缘的变形（例如拉开 1mm），对钢管束墙的影响可以减小到忽略不计。

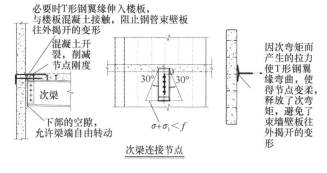

图 21.53　次梁-束墙铰接节点

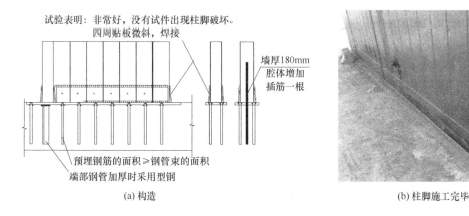

(a) 构造　　　　　　　　　　　　(b) 柱脚施工完毕

图 21.54　柱脚节点

21.5.2　柱脚节点

柱脚节点则采用类似钢筋混凝土剪力墙的钢筋直接埋入基础阀板的构造（图 21.54）：与钢管束抗拉屈服强度等强的钢筋埋入阀板。钢筋与底板：顶部大于等于 10mm 深度的塞焊，底板底部与钢筋围焊，焊缝厚度 14mm 左右。底板开孔：钢筋直径＋4mm，不要开喇叭口。锚杆强度必小于焊缝强度，见表 21.10，其中三级锚筋强度为 $0.25\pi d^2 \times 360$，焊缝强度为 $\pi[0.7h_f(d + 2 \times 0.7h_f) + 0.7 \times 10 \times d] \times 200$。

锚杆强度与焊缝强度对比　　　　　　　　　　　　　　　表 21.10

d (mm)	h_f (mm)	锚杆强度	焊缝强度
20	10	113.1	237.5
22	12	136.8	301.5
25	14	176.7	384.6
28	14	221.7	416.2
30	14	254.5	437.4
33	14	307.9	469.0

钢筋就直接布置于钢管束壁板的位置，间距在底板厚度的 8 倍以内。

如果钢管混凝土束墙的腔体厚度达到 180mm 及以上，则在每一个腔内布置一根钢筋往上插入墙体，往下锚入阀板。腔体板件厚度达到 6mm 及以上，则补充埋端部型钢作为预埋件。

21.5.3　上下段接头处安装偏差对稳定承载力的影响

设安装偏差为 2mm，2mm 是施工允许误差。图 21.55 示出了这个错位，对错位影响的判断如图 21.55（b）所示。冷成型截面宽度，边长允许出现 3mm 误差，所以要采用较厚的横隔板来减缓其影响，稳定承载力取决于抗弯刚度，边缘纤维屈服准则表明也取决于抗弯强度。如果刚度不损失，则错位的影响就非常小。图 21.56 示出了有限元分析结果，结

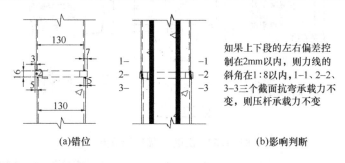

如果上下段的左右偏差控制在2mm以内，则力线的斜角在1:8以内，1-1、2-2、3-3三个截面抗弯承载力不变，则压杆承载力不变

(a)错位　　　　　　　　　　(b)影响判断

图 21.55　上下段的左右错位及其影响判断

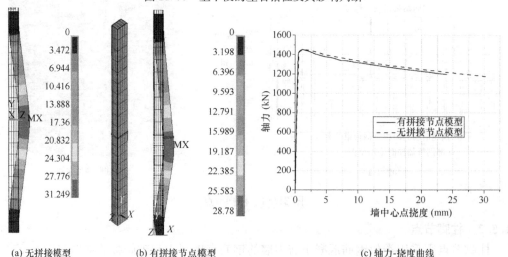

(a) 无拼接模型　　　　(b) 有拼接节点模型　　　　(c) 轴力-挠度曲线

图 21.56　有限元模型面外变形图

果表明对承载力几乎没有影响。也进行过试验，试验必然存在的其他方面的误差使得无法识别出上下段微小的错位对承载力的影响。

21.5.4 分腔板在上下墙横隔板处的连续

上下段接头处分腔壁无法焊接，腔体变宽度时或变截面处也无法对齐，此处出现了截面的削弱。处理的方法是采用插入钢筋来补偿（图 21.57）。插筋不仅提供拉伸或压缩强度，也提供了等额的面外抗弯刚度，设插筋在墙厚方向的间距是 h_s，面积为 A_s，钢板为 5mm 厚、150mm 宽，惯性矩 $\frac{1}{12} \times 5 \times 150^3 = \frac{1}{2} A_s h_s^2$，设插筋面积与分腔板面积相同，$A_s = 150 \times 5/2 = 375 \, mm^2$，即每个腔 2Φ22 即可。则两根插筋的间距是 $h_s = 150/\sqrt{3} = 86.6mm$，即两根钢筋间距 90mm 即可以保证相同的平面外抗弯刚度，从而不损害稳定性。130mm 墙厚时 $h_s = 130/\sqrt{3} = 75mm$，$A_s = 130 \times 4/2 = 260 \, mm^2$，即每个腔 2Φ20。

图 21.58 示出了插筋的锚固要求，由图可知，在各个封闭腔体内混凝土的插筋的锚固，因为拔出过程中产生的拱作用，粘结强度会有所提高，锚固长度可以低于钢筋混凝土规范的规定。

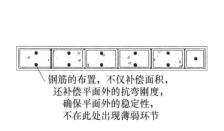

钢筋的布置，不仅补偿面积，还补偿平面外的抗弯刚度，确保平面外的稳定性，不在此处出现薄弱环节

图 21.57 钢筋补偿中间未焊的部分

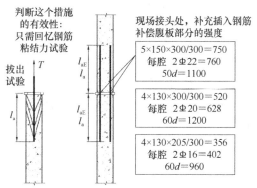

判断这个措施的有效性：只需回忆钢筋粘结力试验

拔出试验

现场接头处，补充插入钢筋补偿腹板部分的强度

5×150×300/300=750
每腔 2Φ22=760
50d=1100

4×130×300/300=520
每腔 2Φ20=628
60d=1200

4×130×205/300=356
每腔 2Φ16=402
60d=960

图 21.58 插筋及其锚固

当上下腔体宽度变化，分腔壁上下不对齐，插筋不容易对齐，影响施工速度。此时可以采用两侧面板外焊接补偿贴板（图 21.59），单侧贴板的面积应达到分腔壁板面积的 0.6

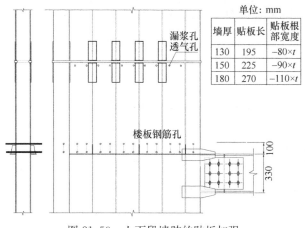

漏浆孔
透气孔

单位：mm

墙厚	贴板长	贴板根部宽度
130	195	−80×t
150	225	−90×t
180	270	−110×t

楼板钢筋孔

图 21.59 上下段墙肢的贴板加强

769

倍，高度应达到墙厚的 1.5 倍。这样能够保证分腔壁上的应力顺滑地转移到贴板上，保证了强度和延性。但是此时插筋仍然需要，插筋数量减半，位置在腔的中间，总长度不小于 16 倍直径，保证接头以上有 $8d$，接头以下的长度则要考虑浇筑混凝土时下段钢管束留出的空腔高度，以避免新旧混凝土的界面出现在接头高度处。假设空腔高度是 300mm，则接头以下钢筋长度不小于 $300\text{mm} + 8d$，钢筋总长度是 $300 + 16d$。

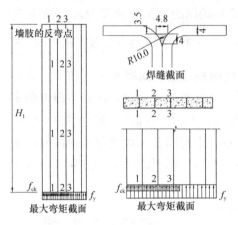

图 21.60　按照等强要求的连接

21.5.5　钢管束之间的焊缝强度及其构造

钢管束之间的焊缝计算简图如图 21.60 所示。

等强要求：

$$\frac{A_{si}f_y + A_{ci}f_{ck} - \sigma_0 A_{si} - A_{ci}\sigma_{c0}}{2H_1 h_e} \leqslant f_1^w$$

(21.24)

式中，A_{si} 是计算截面一侧钢截面的面积，两侧中取较小值；A_{ci} 是计算截面外侧混凝土截面的面积，两侧中取较小值；σ_0、σ_{c0} 分别是反弯点截面重力荷载在钢和混凝土中产生的正应力；H_1 是计算段两个截面（底部和反弯点）之间的距离。

因为焊缝受到的力为一种剪应力（回忆一下工字钢梁腹板和翼缘的角焊缝），而钢管混凝土墙肢的剪应力是很小的，通常焊缝剪应力的比值不会超过 0.15，三级焊缝即可，按式（21.24）计算。假设反弯点距离是三层，发现这个焊缝的要求确实很低。以后只需要在 L 和 T 形截面的翼缘和腹板墙肢汇交处的焊缝取与面板等厚度，其他可以取 3mm。图 21.61 是试焊的焊缝坡口形状，从强度方面远远满足要求。

图 21.61　钢管束之间的焊缝形状放样

21.6　钢管混凝土束墙抗震性能试验情况介绍

21.6.1　墙体试验试件和加载方案

共设计 12 个试件，其中一字形 7 个试件，T 字形 5 个试件。试验委托天津大学陈志华教授负责，墙试件在清华大学试验室进行试验，节点试件在天津大学试验室进行。具体情况见表 21.11。

试件主要变化参数和其目的是：

（1）轴压比变化，验证不同轴压比的抗震性能。

（2）每个钢管的高厚比有 50、60 两种，还有一种端部采用 5mm 厚钢板，中间用 3mm 厚钢板的试件。比较钢材布置的不同方式对构件抗震性能的影响。

（3）采用宽厚比为 50 的钢管，主要验证此种钢管束的墙体抗震性能。

（4）改变剪跨比，验证不同剪跨比的抗震性能。

（5）局部增加栓钉，验证有无栓钉的抗震性能。

（6）改变墙形状，验证 T 字形墙体的抗震性能。

（7）改变 T 字形墙的腹板长度，验证不同腹板长度的 T 字形墙抗震性能。

试验试件和参数变化（钢管 Q345，混凝土 C40）（高度为 2900mm） 表 21.11

试件编号	一字形：长； T 字形：翼长×腹板长 （mm）	剪跨比	板厚 （mm）	高厚比	栓钉（mm）	竖向力 （kN）	轴压比
（一字形）YZQ-1	1324	2.19	4	40，50	无	2000	0.3
（一字形）YZQ-2	1324	2.13	4	40，50	无	4000	0.6
（一字形）YZQ-3	1444	2.00	4	40	无	2900	0.4
（一字形）YZQ-4	1444	2.00	4	40	无	4350	0.6
（一字形）YZQ-5	1444	2.00	4	40	端部束间距 300	4350	0.6
（一字形）YZQ-6	1484	1.95	5+3	40	无	4270	0.6
（一字形）YZQ-7	1924	1.5	4	40	无	5730	0.6
（T 字形）TXQ-1	770×1120	2.32	4	40	无	5640	0.6
（T 字形）TXQ-2	770×1120	2.32	4	40	腹板端束 300	5640	0.6
（T 字形）TXQ-3	770×1160	2.25	5+3	40	无	5420	0.6
（T 字形）TXQ-4	770×1920	1.41	4	40	无	9930	0.75
（T 字形）TXQ-5	770×1920	1.41	4	40	腹板端束 300	7940	0.6

一字形试件和 T 字形试件的截面形状和试验加载装置如图 21.62 所示。顶部刚性分配梁，将千斤顶轴压力均匀传到端柱和中间墙体。水平千斤顶施加往复水平荷载模拟地震。

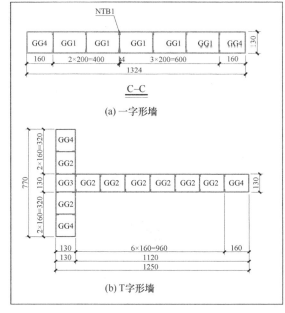

图 21.62　试件截面形状和试验加载装置（单位：mm）

21.6.2　钢管混凝土束墙试验现象简述

图 21.63 给出了 7 个一字形墙试件试验的破坏形态和侧向力-侧向位移滞回曲线。试

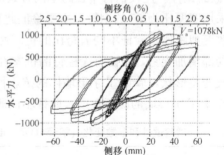

(a) YZQ-1荷载-位移曲线(轴压比0.3)：滞回曲线与钢管混凝土柱类似

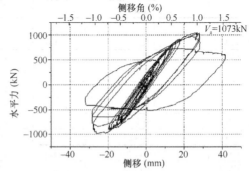

(b) YZQ-2荷载-位移曲线(轴压比0.6)：加载步长大而突然

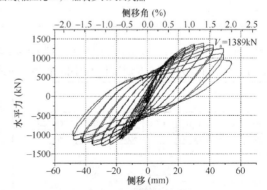

(c) YZQ-3荷载-位移曲线(轴压比0.4)：滞回曲线与钢管混凝土柱类似

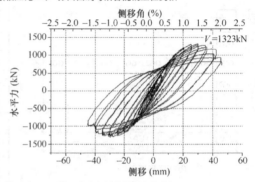

(d) YZQ-4荷载-位移曲线(轴压比0.6)：滞回曲线与钢管混凝土柱类似

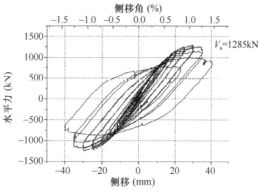

(e) YZQ-5荷载-位移曲线(轴压比0.6)：有明显绕弱轴弯曲失稳

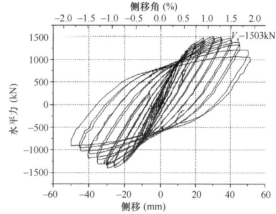

(f) YZQ-6荷载-位移曲线(轴压比0.6，第1管壁厚5mm，其余3mm)：滞回曲线与钢管混凝土柱类似

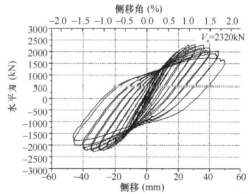

(g) YZQ-7荷载-位移曲线(轴压比0.6)：滞回曲线与钢管混凝土柱类似

图 21.63　一字形截面试件破坏形态和滞回曲线

件 2 因为加载步长大而突然，曲线不理想；试件 5 因为出现了平面外屈曲，滞回曲线也有退化突然加剧的现象。其余 5 个试件表现出与钢管混凝土柱子相同的性能。

研发初期认为各腔混凝土之间有某种联通会改善钢与混凝土的共同工作，设计试件时分腔壁沿高度每隔 300mm 开了 45mm×80mm 的椭圆孔。试验发现首先发生局部屈曲的是开孔截面。图 21.64 给出了原因：开孔使得该截面应力更大，且分腔壁应力线往外倾斜，导致该截面更容易往外变形、壁板更容易屈曲。

图 21.65 示出了 T 形截面墙正反弯曲时的不对称现象。正反方向施加水平力，腹板侧受到的最大压力要远大于翼缘侧的压力，所以 5 个 T 形截面试件的翼缘均没有可见的屈曲变形。图 21.66 给出了 5 个 T 形截面试件的变形和滞回曲线。典型现象是：翼缘侧受压时侧向承载力的退化很小，延性非常好。这向我们提出了一个设计要求：T 形截面钢管混凝土束墙要成对地应用。这类似拉压斜支撑要成对布置。不对称截面都有这样的要求，L 形截面要上下左右成双成对地布置。

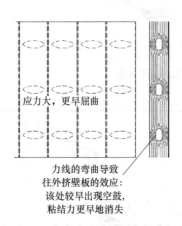

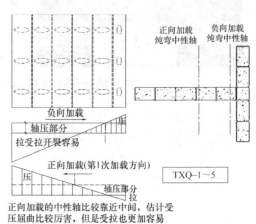

图 21.64 本次试验破坏现象部分解释

图 21.65 T 形墙受力说明：腹板端部受到更大的力

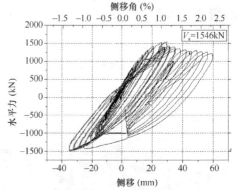

(a) TXQ-1 荷载-位移曲线 (轴压比 0.6，后期加载仅使得腹板受压，负向加载停止)

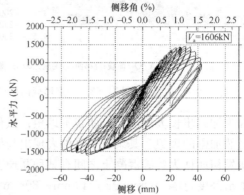

(b) TXQ-2 荷载-位移曲线(轴压比 0.6)：很典型的滞回曲线

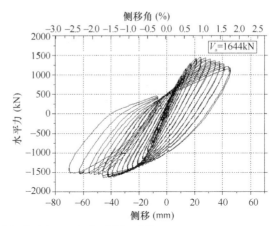

(c) TXQ-3荷载-位移曲线(轴压比0.6)：很典型的滞回曲线

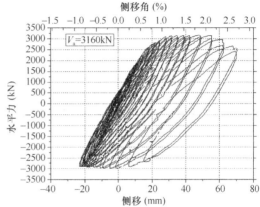

(d) TXQ-4荷载-位移曲线 (总轴压比0.75，腹板肢轴压比0.82，导致腹板侧不敢加载了)

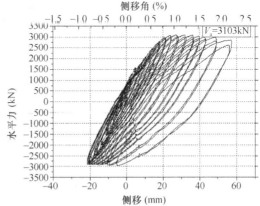

(e) TXQ-5荷载-位移曲线(轴压比0.6)

图 21.66　T形截面试件的破坏形态和滞回曲线

21.6.3 钢管混凝土束墙试验结论

试验结果汇总见表 21.12。

试件的基本结论性数据 表 21.12

试件编号	加载方向	名义屈服荷载 P_y (kN)	名义屈服位移 Δ_y (mm)	屈服位移角	峰值荷载 P_{max} (kN)	峰值荷载位移 Δ_m (mm)	初始刚度 (N/mm)	有效破坏位移 Δ_u (mm)	破坏位移角	位移延性系数	$\dfrac{P_{max}}{P_y}$
YZQ-1	(+)	815	14.5	1/185.2	1024	29.5	72943	49.6	1/54	3.42	1.26
	(−)	737	13.2	1/204.1	974	30.0	68254	52.9	1/51	4.01	1.32
YZQ-2	(+)	779	13.6	1/200.0	985	28.0	63507	32.9	1/82	2.42	1.26
	(−)	737	14.1	1/192.3	908	27.4	57600	28.9	1/96	2.05	1.23
YZQ-3	(+)	973	15.2	1/178.6	1342	36.3	77043	49.9	1/55	3.28	1.38
	(−)	895	13	1/208.3	1233	29.8	84604	48.1	1/56	3.70	1.38
YZQ-4	(+)	828	11.2	1/243.9	1259	30.1	74071	42.8	1/63	3.82	1.52
	(−)	771	12.2	1/222.2	1228	30.3	75646	41.8	1/64	3.43	1.59
YZQ-5	(+)	973	15.2	1/178.6	1236	30.0	71678	37.3	1/72	2.45	1.27
	(−)	933	16.7	1/161.3	1182	25.3	64877	36.2	1/74	2.17	1.27
YZQ-6	(+)	1119	14	1/192.3	1440	30.2	95075	47.6	1/57	3.40	1.29
	(−)	1306	15.1	1/178.6	1309	25.9	92148	39.8	1/68	2.64	1.00
YZQ-7	(+)	1551	13.3	1/204.1	2230	31.0	133531	46.5	1/58	3.50	1.44
	(−)	1735	16.8	1/161.3	2187	30.0	122041	45.5	1/59	2.71	1.26
TXQ-1	(+)	1121	16.1	1/161.3	1453	28.1	71871	48.6	1/57	3.02	1.30
	(−)	1250	20	1/129.9	1459	31.9	69239	—	—	—	1.17
TXQ-2	(+)	1082	16.9	1/153.8	1412	29.9	66952	45.0	1/71	2.66	1.30
	(−)	1192	19.28	1/135.1	1530	36.5	68034	59.5	1/44	3.09	1.28
TXQ-3	(+)	1132	15.6	1/166.7	1393	26.1	73273	44.6	1/60	2.86	1.23
	(−)	1257	18.63	1/138.9	1584	41.0	73839	70.0	1/37	3.76	1.26
TXQ-4	(+)	2318	13.8	1/188.7	3045	40.4	163050	58.0	1/38	4.20	1.31
	(−)	—	—	—	—	—	146300	—	—	—	—
TXQ-5	(+)	2413	16.3	1/158.7	3153	49.1	152007	67.5	1/44	4.14	1.31
	(−)	—	—	—	—	—	146374	—	—	—	—

1. 关于侧移的两个重要结论:

(1) 层间侧移角在 1/200 左右,均在弹性范围:可恢复,不留下残余变形;

(2) 在这么大轴压比下,T形墙层间侧移角可以达到 1/50,一字形墙层间侧移角可以达到 1/70。

2. 总体结论(从试验数据看):

(1) 宽厚比 40(Q345)的,一字墙轴压比 0.6 没有问题;

(2) 宽厚比 50(Q345)的,一字墙的轴压比可以取 0.3~0.6 之间的值,可以取 0.5;

(3) T形截面的,墙肢的轴压比可以取 0.6 以上;

（4）T 形截面轴压比 0.6，受压延性大于 3，受拉延性系数略小于受压延性；

（5）增加栓钉，作用不明显；

（6）无钢管束之间的角焊缝发生破坏，柱脚也未发生任何破坏；

（7）轴压比 0.3、0.6，水平承载力无差别；

（8）所有试件破坏都是"钢板受压屈曲＋混凝土挤压＋受拉屈服"交替作用的结果；

（9）试验表明剪跨比对抗剪承载力没有影响——这是钢结构的一个特点。

3. 原先设想的试验目的是否达到？

（1）轴压比变化，验证不同轴压比的抗震性能。结论：轴压比与壁板宽厚比联系起来。轴压比 0.5，$60\varepsilon_k$；轴压比 0.6，$50\varepsilon_k$。此结论比《矩形钢管混凝土结构技术规程》CECS 159：2004 和《钢管混凝土结构技术规范》GB 50936—2014 的要求都严格。

（2）每个钢管的宽厚比有 50、60 两种，还有一种端部采用 5mm 厚钢板，中间用 3mm 厚钢板的试件。比较钢材布置的不同方式对构件抗震性能的影响。结论：采用 3mm，不影响延性，关键是宽厚比。

（3）采用宽厚比为 50 的钢管，主要验证此种钢管束的墙体抗震性能。$50\varepsilon_k$，基本满足罕遇地震变形要求（1/50）。即宽厚比要求严格时，层间侧移角限制可以更宽松。

（4）改变剪跨比，验证不同剪跨比的抗震性能。结论：剪跨比无影响；不会发生剪切破坏。

（5）局部增加栓钉，验证有无栓钉的抗震性能。结论：增加栓钉，无可见影响；这也就部分验证了分腔壁上开孔没有必要。

（6）改变墙形状，验证 T 形墙体的抗震性能。结论：延性略有增加。轴压比增大了，延性未见减小。但是试验表明，T 形墙宜成对布置。

21.6.4 节点抗震性能试验

节点试验共设计 6 个试件，其中 4 个刚接试件（1 个两侧夹板、3 个端板），2 个铰接试件。如图 21.67～图 21.69 所示。试验的结论是：只要设计合理，4mm 厚度的钢管混凝土束墙连接部位的墙体不会破坏。

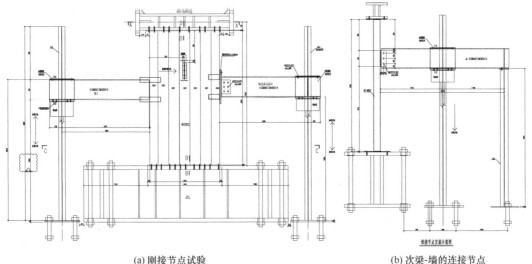

(a) 刚接节点试验　　　　　　　　　　(b) 次梁-墙的连接节点

图 21.67　节点试验

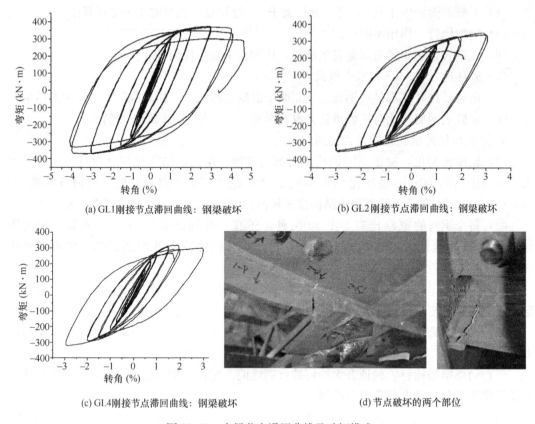

(a) GL1刚接节点滞回曲线：钢梁破坏

(b) GL2刚接节点滞回曲线：钢梁破坏

(c) GL4刚接节点滞回曲线：钢梁破坏

(d) 节点破坏的两个部位

图 21.68　主梁节点滞回曲线及破坏模式

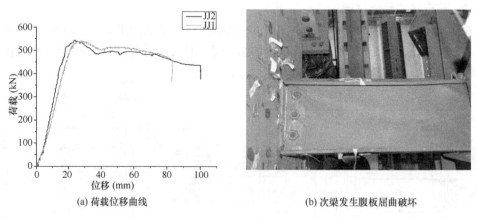

(a) 荷载位移曲线

(b) 次梁发生腹板屈曲破坏

图 21.69　次梁节点试验

21.6.5　实际构件受力与试件受力对比

1. 试件承受剪应力远远大于实际工程

试件承受的剪应力过大，见表 21.13，是实际剪应力的 3～6 倍。第 21.4 节已经给出了包头一个项目的剪应力的大小，最大剪应力比仅 0.22。再例如，新疆项目（图 21.5）的出地面第一层 50 片墙中，按照 $\tau = V/2Bt$ 计算，不同剪切应力比墙体数量分别为：

≤0.05 的 9 片（占比 18%）；

>0.05～0.10 的 15 片（占比 30%）；

>0.10～0.15 的 9 片（占比 18%）；

>0.15～0.2 的 10 片（占比 20%）（以上累计 86%）；

>0.20～0.25 的 2 片（占比 4%）；

>0.25～0.30 的 4 片（占比 8%）；

>0.30 的数量 1 片（占比 2%）。

最大剪切应力比 $S_{max}=0.306$，且剪应力大的工况（x 方向地震作用）对应的轴力也大。而轴力的存在能够提高抗剪强度，见表 21.14 和图 21.73。

试件经历的剪应力　　　　　　　　　　表 21.13

试件编号	受剪面积（mm²）	名义屈服荷载 P_y（kN）	$\tau_{av,y}$（MPa）	峰值荷载 P_{max}（kN）	$\tau_{av,u}$（MPa）	$\dfrac{\tau_u}{175}$	施加的竖向轴力（kN）	轴压比
YZQ-1	10592	815	76.94	1024	96.68	0.552	2000	0.3
YZQ-2	10592	779	73.55	985	92.99	0.531	4000	0.6
YZQ-3	11552	973	84.23	1342	116.17	0.664	2900	0.4
YZQ-4	11552	828	71.68	1259	108.99	0.623	4350	0.6
YZQ-5	11552	973	84.23	1236	106.99	0.611	4350	0.6
YZQ-6	10504	1119	106.53	1440	137.09	0.783	4270	0.6
YZQ-7	15392	1551	100.77	2230	144.88	0.828	5730	0.6
TXQ-1	10000	1121	112.10	1453	145.30	0.830	5640	0.6
TXQ-2	10000	1082	108.20	1412	141.20	0.807	5640	0.6
TXQ-3	8800	1132	128.64	1393	158.30	0.905	5420	0.6
TXQ-4	16400	2318	141.34	3045	185.67	1.061	9930	0.75
TXQ-5	16400	2413	147.13	3153	192.26	1.099	7940	0.6

压应力对混凝土抗剪强度的影响　　　　　　　　　　表 21.14

剪切模量（MPa）	钢壁板剪应力 τ_s（MPa）	同样剪应变下混凝土剪切应力 τ_c（MPa）	混凝土强度等级	f_{ck}（MPa）	f_{tk}（MPa）	有轴压比后的抗剪强度增量（MPa）		
						$0.1f_{ck}$	$0.15f_{ck}$	$0.2f_{ck}$
钢材 79230.8	10	1.709	C30	20.1	2.01	2.01	3.015	4.02
	15	2.564	C35	23.4	2.20	2.34	3.56	4.68
	20	3.418	C40	26.8	2.39	2.68	4.02	5.36
	25	4.273	C45	29.6	2.51	2.96	4.44	5.92
	30	5.127	C50	32.4	2.64	3.24	4.86	6.48
混凝土 13541.67	$n_s=\dfrac{E_s}{E_c}=5.85$	在有一定轴压比，且受到钢管壁的约束，结论：混凝土部分都不会剪切开裂						

2. 试件施加的重力轴压比比实际上的要大

新疆项目：轴压比<0.2 的 9 个，占 18%；轴压比为 0.2～0.3 的 27 个，占 54%；轴压比为>0.3～0.4 的 10 个，占 20%；轴压比为>0.4～0.45 的 4 个，占 8%，轴压比分别是 0.440、0.419、0.436、0.430。最小轴压比为 0.153，最大轴压比为 0.44。轴压比分两种：重力轴压比和总轴压比，其分布如图 21.70 所示。其中墙肢宽度 1m 以下的会达到 0.9，这是因为 T 形截面的翼缘，在弯矩作用下翼缘受压，所以导致总轴压比比较大，此时应看与腹板综合起来的轴压比。

包头项目：轴压比为 0.2～0.25 的 4 个，占 3.2%；轴压比为>0.25～0.3 的 33 个，占 26.2%；轴压比为>0.3～0.35 的 38 个，占 30%；轴压比为>0.35～0.4 的 26 个，占 20.6%（累计 80.2%）；轴压比为>0.4～0.45 的 20 个，占 15.9%（累计 96%）；轴压比为>0.45～0.5 的 4 个，占 3.2%；轴压比超过 0.5 的 1 个，占 0.8%。最小轴压比为 0.22，最大轴压比为 0.506（图 21.71）。

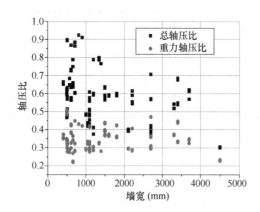

图 21.70　新疆项目轴压比与墙肢宽度的关系

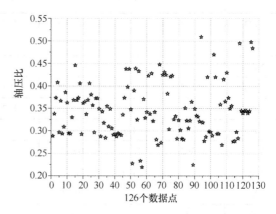

图 21.71　包头万郡钢管混凝土束墙的轴压比

试件竖向轴力的引入在一个截面上完成，这使得钢管和混凝土之间的粘结力容易被局部克服，共同工作能力有所削弱。实际项目轴力是均布荷载逐层施加的（每层 100～300kN），粘结力不易被破坏。实际项目的 U 型钢腹板上已经不再开孔，对滞回曲线形状、改进延性有一定的帮助。

上述几大原因，使得试验数据用于对使用极限状态的判断会过于严格：（1）实际项目，竖向荷载逐层引入墙体，对粘结力的要求大幅度减低，更利于钢-混凝土的共同工作，刚度增大；（2）剪应力更小，使用极限状态混凝土内部的斜裂缝几乎没有，相当于又增加了墙体的刚度。因此，实际工程中的剪力墙的性能要远好于试件。

21.7　与钢筋混凝土剪力墙结构对比

21.7.1　混凝土结构抗剪机理

1. 混凝土的抗剪强度略低于抗拉强度：图 21.72 和图 21.73 示出了混凝土双向受力时的屈服曲面，在纯剪状态下，混凝土的抗剪强度略低于混凝土的抗拉强度。

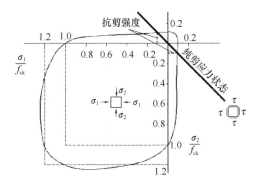
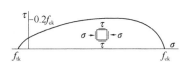

图 21.72　混凝土双轴应力下的本构关系　　　图 21.73　拉压-剪应力下的混凝土本构关系

2. 钢筋混凝土梁和剪力墙的抗剪机理：桁架机理（图 21.74）。

（1）主要靠斜压带作为桁架的压杆，斜压带的倾角就是剪跨比；

（2）箍筋：作为竖腹杆受拉，与斜压杆的压力平衡；

（3）桁架的下弦：纵向钢筋；桁架的压杆：上部受压区混凝土和受压配筋。

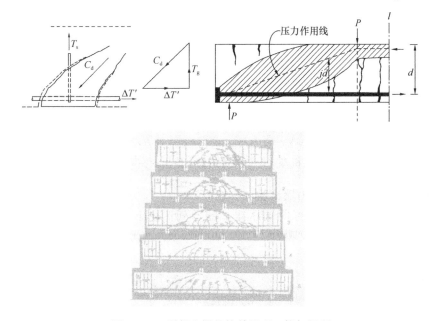

图 21.74　混凝土梁的抗剪机理：桁架机理

3. 剪跨比的概念来自这个桁架模型：弯矩剪力比 M/V 决定了桁架斜压杆的方向，抗剪能力与斜压杆的方向有关系。

$$V \leqslant \min\left(0.7, \frac{1.75}{\lambda+1}\right) f_t b h_0 + f_{yv} h_0 \frac{A_{sh}}{s_v} \tag{21.25}$$

式中，f_t、b、h_0、λ、f_{yv}、A_{sh}、s_v 分别是混凝土抗拉强度设计值、梁宽、梁有效高度、剪跨比、箍筋强度设计值、箍筋面积、箍筋间距。

4. 受压区混凝土也承受部分剪力，压力可以提高抗剪强度。剪力墙的抗剪强度：

$$V \leqslant \frac{1}{\lambda - 0.5}[0.5f_t bh_0 + 0.13\min(N, 0.2Af_c)] + f_{yv}h_0\frac{A_{sh}}{s_v} \qquad (21.26)$$

式中，$\lambda = \dfrac{M}{Vh_0} = 1.5 \sim 2.2$，$\dfrac{1}{\lambda - 0.5}0.5f_t bh_0$ 是混凝土抗剪力，$\dfrac{1}{\lambda - 0.5}[0.13\min(N,$

$0.2Af_c)]$ 是压力，使截面内摩阻力和抗剪能力增加，$f_{yv}h_0\dfrac{A_{sh}}{s_v}$ 为受拉腹杆提供的抗剪力，这一部分的参与有赖于混凝土剪力墙的开裂，因为开裂以后才会形成桁架的抗剪机制（图21.75）。弥散的水平钢筋-压力带及弥散的竖向钢筋作为桁架受拉弦杆，受压区混凝土作为桁架的受压弦杆。

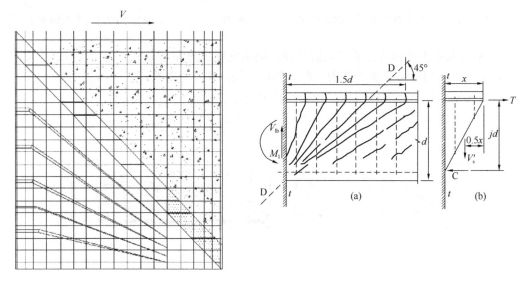

图21.75 剪力墙的抗剪机理（弯矩和剪力最大值出现在同一个截面）：也是桁架

21.7.2 国内外钢筋混凝土剪力墙试验

这里只做滞回曲线（特别标明轴压比）的罗列，便于对比，如图21.76～图21.79所示。

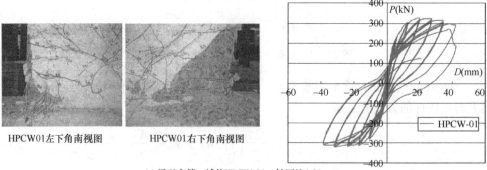

HPCW01左下角南视图　　　HPCW01右下角南视图

(a) 梁兴文等，试件HPCW-01，轴压比0.21

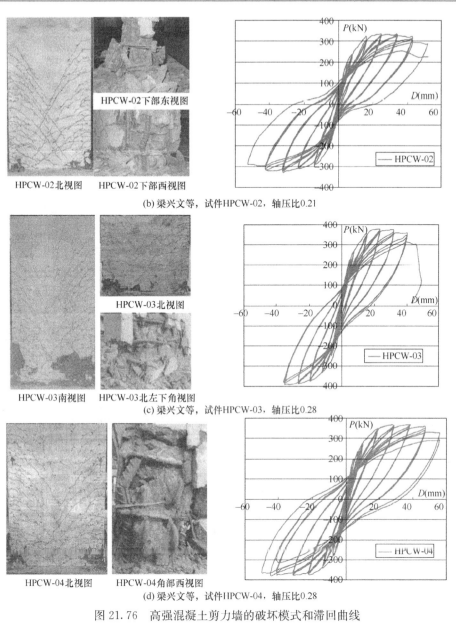

(b) 梁兴文等，试件HPCW-02，轴压比0.21

(c) 梁兴文等，试件HPCW-03，轴压比0.28

(d) 梁兴文等，试件HPCW-04，轴压比0.28

图 21.76 高强混凝土剪力墙的破坏模式和滞回曲线

(a) SW-3顶点力-位移滞回曲线　　　(b) 试件SW-3破坏情况和裂缝分布情况

图 21.77 有边缘约束构件的剪力墙的滞回曲线和破坏情况（吕西林等，轴压比 0.16，箍筋多）

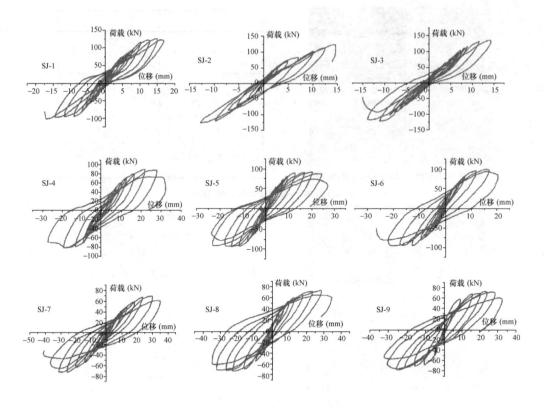

图 21.78　不同剪跨比、轴压比的剪力墙的破坏模式（李宏男等）

（从左到右：轴压比为 0.1、0.2、0.3；从上到下：高宽比为 1、1.5、2）

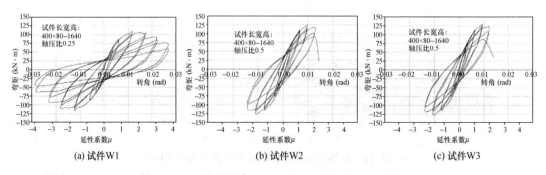

图 21.79　Su RKL & Wong SM 的试验（文献 [6]）

21.8　钢管混凝土束墙结构体系判断

21.8.1　钢管混凝土束墙结构体系判断

钢管混凝土束墙结构的组成如图 21.2 所示，其性能是抗震等级为一级的钢结构，甚至好于钢结构，原因在于：

（1）它的含钢率高达 8%～11%，且形成封闭的钢管腔，能够提供很好的抗弯刚度、轴压刚度，特别是抗扭刚度要远远好于混凝土墙。

（2）钢管束的钢直接提供抗剪、抗弯和轴压刚度。而混凝土中的钢筋不直接提供抗剪刚度。

（3）抗剪强度，完全由钢板提供，实际工程中几乎不会发生剪切破坏。剪跨比没有影响，这是钢结构的特点。1mm 钢板的抗剪强度（不发生剪切屈曲时）等于厚为 100mm 的混凝土抗剪强度；8mm 钢板的抗剪强度等于 800mm 厚混凝土的抗剪强度。

（4）结构体系中的钢梁是第一道抗震防线。图 21.80 是包头项目的第一层。即使在第一层，连梁仍然首先屈服，上部楼层更是如此。

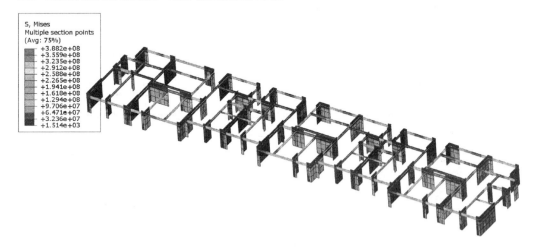

图 21.80　包头项目第一道抗震防线仍然是钢梁

（5）钢管混凝土束墙的性能等于强剪型钢管混凝土柱支撑架。图 21.81 和图 21.82 显示了钢管束墙和支撑架的类似性质。钢管束墙的应力图显示出墙肢上出现了反弯点（中间跨 8m，梁 H650×300×12/18）。

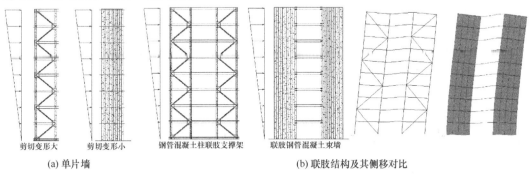

（a）单片墙　　　　　　　　　　（b）联肢结构及其侧移对比

图 21.81　钢管混凝土束墙的抗侧性能类似于强剪型支撑架

（6）钢管束墙本身的延性远远好于混凝土剪力墙。封闭的钢管腔中的混凝土因为受到钢管的环箍作用，其性质已经发生改变，延性大大增大，承载力的退化大大减小，特别是后期。实际工程项目中钢管混凝土束墙轴压比低（86% 低于 0.2），延性更好。

（7）不会出现混凝土剥落而导致的严重竖向重力荷载的重分配。所以，钢管混凝土束墙的抗震等级可以参考抗震规范的钢结构部分 S1 类截面确定。

（8）设计思路：沿用钢构件部分塑性开展的思路。采用了 $\gamma_x M_{un}$ 作为抗弯设计承载

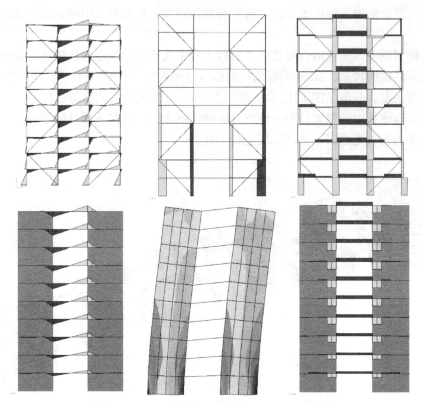

图 21.82　联肢支撑架与联肢钢管混凝土束墙的内力图对比

力，设计公式、方法也采用了钢管混凝土柱子一样的形式。

（9）正如钢管混凝土柱的性能远远好于混凝土柱，钢管混凝土束墙的抗震性能也远远好于钢筋混凝土剪力墙。

21.8.2　钢梁性质判定

结构中存在着不同性质的钢梁。一个结构体系中框架梁性质的判断：

1. 联肢剪力墙中的连梁性质判断：

（1）剪切型耗能梁段的跨度：$a \leqslant \dfrac{1.6 M_{\text{P,link}}}{V_{\text{link}}} \approx 1.12 \dfrac{A}{A_{\text{w}}} h$，如果 $\dfrac{A}{A_{\text{w}}} = 2.5$，则 $a \leqslant 2.8h$；

如果 $\dfrac{A}{A_{\text{w}}} = 3$，则 $a \leqslant 3.36h$。因此如果 $a \leqslant 3h$，可以判定为剪切型耗能连梁。

（2）弯曲型耗能梁段：$a \leqslant \dfrac{(2.6 \sim 5) M_{\text{P,link}}}{V_{\text{link}}} \approx (1.82 \sim 3.5) \dfrac{A}{A_{\text{w}}} h$，如果 $\dfrac{A}{A_{\text{w}}} = 2.5$，则

$a \geqslant (4.55 \sim 8.75)h$；如果 $A/A_{\text{w}} = 3$，则 $a \geqslant (5.46 \sim 10.5)h$。因此如果 $a = (5 \sim 10)h$，可以判定为弯曲型耗能梁段。

（3）弯剪型耗能梁段：$a = \dfrac{(1.6 \sim 2.6) M_{\text{P,link}}}{V_{\text{link}}} \approx (1.12 \sim 1.82) \dfrac{A}{A_{\text{w}}} h$，如果 $\dfrac{A}{A_{\text{w}}} = 2.5$，则 $a \leqslant (2.8 \sim 4.55)h$，如果 $\dfrac{A}{A_{\text{w}}} = 3$，则 $a \leqslant (3.36 \sim 5.46)h$。因此如果 $a = (3 \sim 5)h$，可判定为弯剪型耗能梁段。

（4）普通框架梁（仍然是耗能构件）：$a \geqslant$

$$\frac{5M_{\text{P,link}}}{V_{\text{link}}} \approx \frac{5 \times 1.15 \times W_{\text{x}}f_{\text{yk}}}{0.58A_{\text{w}}f_{\text{yk}}} = \frac{9.914I_{\text{x}}}{0.5hA_{\text{w}}} =$$

$$\frac{9.914Ai_{\text{x}}^{2}}{0.5hA_{\text{w}}} \approx \frac{9.914A\,(0.42h)^{2}}{0.5hA_{\text{w}}} = 3.5\frac{A}{A_{\text{w}}}h\text{，如}$$

果 $\dfrac{A}{A_{\text{w}}} = 2.5$，则 $a \geqslant 8.75h$；如果 $\dfrac{A}{A_{\text{w}}} = 3$，则

$a \geqslant 10.5h$。因此 $a > 10h$ 时，可以判定是普通框架梁。

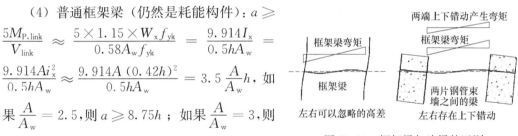

图 21.83　框架梁与连梁的区别

2. 剪力墙体系中的框架梁与普通框架梁的区别：剪力墙体系中的钢梁两端有上下的错动，从而抗侧力效率更高（图 21.83）。

21.8.3　钢管混凝土束墙优良性能的机理分析和其他双钢板组合墙需要谨慎的构造

图 21.84 表示钢管束壁板具有屈曲后强度，屈曲后形成水平拉力场，自身有竖向屈曲后强度的同时，还对钢管内的混凝土提供约束［图 21.84（a）］。图 21.84（b）显示，有了横向约束，几何可变的机构也具有竖向承载力，这是试验曲线显示压应变达到了 7% 仍具有很大的剩余强度的原因，见图 21.48。

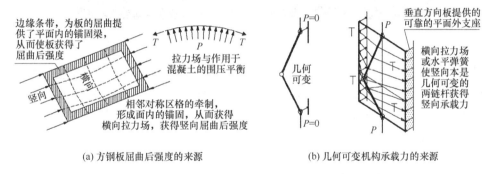

(a) 方钢板屈曲后强度的来源　　　　(b) 几何可变机构承载力的来源

图 21.84　钢管混凝土壁板的屈曲后强度和对混凝土提供环箍作用的机理

如果双钢板内填混凝土的所谓的组合剪力墙，不形成封闭的腔，则没有这样良好的性能。图 21.85 中给出了文字配合图形的解说。栓钉的作用仅是延迟了面板屈曲，其他作用

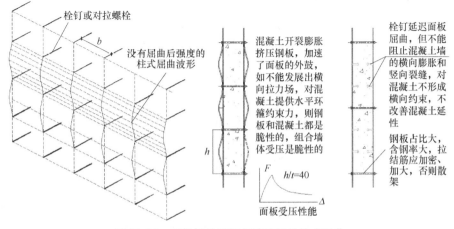

图 21.85　对拉螺栓双钢板墙壁板的柱式屈曲

小；对拉螺栓类似钢筋混凝土剪力墙中的拉结筋，但是在双钢板组合墙中，钢板受力占总竖向力大，意味着拉结筋要加密、直径要加粗。拉结筋实际上是面板的侧向支撑，同时混凝土受压膨胀、开裂外鼓，都要由拉结筋承担。按照支撑设计：需要按照拉力 $b_t f_y/60$ 设计；从抵抗膨胀、抵抗开裂外鼓、约束混凝土的角度，须至少能够承担分摊面积上平均 1～2MPa 的水平约束力。注意栓钉是没有拉结作用的，它仅增加混凝土与钢面板的界面抗剪能力。

图 21.86 是混凝土棱柱体试件的破坏模式，引自过镇海（1997 年）的著作，可见拉结筋的间距大于破坏面的高度（1.8 倍墙厚）时，混凝土先向外挤面板，再由面板传给对拉螺栓。如果对拉螺栓间距小于等于墙厚，则对拉螺栓可以直接发挥约束作用。

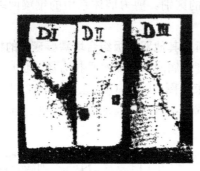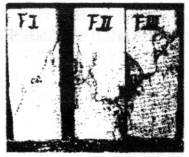

图 21.86　混凝土棱柱体试件的破坏模式（过镇海，1997 年）

图 21.87 是《钢板剪力墙技术规程》JGJ/T 380—2015 给出的几种双钢板剪力墙示意图。其中图 (a)、(b) 漏掉了对拉的拉结筋。注意钢筋混凝土剪力墙的双层配筋之间要布置拉结筋，双钢板组合剪力墙更需要拉结筋（对拉螺栓），因为钢板吸收了很多内力，拉结筋大小和密度要几倍地增加。

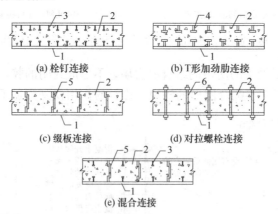

图 21.87　《钢板剪力墙技术规程》JGJ/T 380—2015 的
双钢板剪力墙的示意图
1—外包钢板；2—混凝土；3—栓钉；
4—T 形加劲肋；5—缀板；6—对应螺栓

接下去的问题是：增加对拉螺栓就可以了吗？图 21.87 (a) 和 (d) 的栓钉间距或对拉螺栓的间距应该取多少？这要看"点支承"的面板的局部屈曲临界应力。如果上下栓钉

距离 $h = 0.5$ 倍的水平距离 b（标记见图 21.85），则发生图 21.85 所示的柱式屈曲的临界应力等于波长为 $b = 2h$ 的板式屈曲：即

$$\sigma_{cr}^{column} = \frac{\pi^2 D}{h^2 t} = \frac{\pi^2 E t^2}{12(1-\mu^2)(0.5b)^2} = \frac{4\pi^2 E}{12(1-\mu^2)}\left(\frac{t}{b}\right)^2 = \sigma_{cr}^{plate} \quad (21.27)$$

栓钉水平距离 b 不可大于钢管混凝土壁板的宽厚比限值 $60\varepsilon_k$，则栓钉上下间距 h 不能大于 $30t\varepsilon_k$。而且仅仅这个还不够，因为如果刚刚取 $30t\varepsilon_k$，壁板将发生没有屈曲后强度的柱式屈曲，一旦屈曲，面板的竖向承载力很快下降，见第 13 章受压支撑屈曲后承载力的退化曲线。因此必须要求压杆式屈曲临界应力至少是板式屈曲临界应力的 2 倍（缀条柱单肢长细比限值就是这样确定的）甚至更大倍数。这样一来，上下栓钉的间距必须取不大于 $30t\varepsilon_k / \sqrt{2} = 21.2t\varepsilon_k$。对 4mm、5mm 和 6mm 的 Q355 板件，这个间距仅为 69mm、86mm 和 104mm。如果觉得上述推理过严，可以参考《钢结构设计标准》GB 50017—2017 螺栓排列的间距要求：受压板件顺内力方向的螺栓间距不得大于 $\min(12d_0, 18t)$，$18t$ 已经非常接近 $21.2t$ 了。计算长度系数取 0.5，间距 $18t$ 对应的长细比是 $\frac{0.5 \times 18t}{t/\sqrt{12}} = 31.2$（高强度螺栓连接钢板时，两颗螺栓间板件作为压杆，计算长度系数取 0.5。对穿螺栓连接的双钢板混凝土墙，两颗对穿螺栓间或对穿螺栓与栓钉间的板件作为压杆的计算长度系数为 0.7~1.0，见文献 [11] 和 [12]），这已经是允许的最大值了；间距再增大，计算螺栓节点强度时钢材强度就必须折减了。

然后再对增加了对拉螺栓的图 21.87（d）和有缀板的图 21.87（c）进行如下评论：对拉螺栓的上下间距或者缀板的上下间距，应使 T 形加劲肋或板条加劲肋的单肢长细比小于等于 $40\varepsilon_k$，这是钢结构中缀板柱对单肢的要求。参与 T 形加劲肋工作的面板的宽度两侧总共为 $30\varepsilon_k$。图 21.87（d）的对拉螺栓是对混凝土提供横向约束的唯一部件，水平和竖向间距都要加以控制，大小应能够满足提供平均围压 2MPa 这一要求。最后对图 21.87（e）做如下建议：两根竖向板条加劲肋的水平间距可以取 $72t\varepsilon_k$，并且此时栓钉的上下间距可以取不大于 $36t\varepsilon_k$。如果栓钉间距增大到面板区格的屈曲波长（无栓钉时屈曲波长等于板宽），则栓钉是没有任何作用的，竖向加劲肋间距必须退回到 $60t\varepsilon_k$。

通过这些措施，把面板的竖向承载力提高到屈服强度，但是面板仍会发生柱式塑性失稳，其延性仍不是很好，见图 13.32，长细比小于 20，才会有所缓和。柱式失稳外鼓，混凝土压碎外挤，两种效应叠加，导致承载力下降；此时除非拉结筋非常的密，面板外鼓能够可靠地锚固在上下拉结筋上，从而形成对混凝土的水平约束。完全封闭的多腔钢管混凝土，壁板宽厚比满足方钢管混凝土的要求（$60\varepsilon_k$），则横向能够发展拉力场，在提供一定量的竖向承载力的同时，对混凝土提供环箍作用，从而总承载力能够在下降一定值后稳定住。

图 21.88 描绘了两种需要谨慎设计的双钢板组合墙构造：限制单肢长

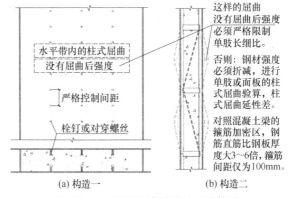

图 21.88 需要谨慎设计的两种构造

789

细比，且腹杆体系应能够承担分担面积范围内平均 2MPa 的均布膨胀力。

如果双钢板组合剪力墙仅用于抗剪，则栓钉的作用是延后剪切屈曲，甚至使得钢板墙不发生剪切屈曲，减少剪切刚度的退化。对最终的抗剪强度影响不大，因为在第 15 章已经表明，未加劲的钢板墙的抗剪承载力仍能够达到剪切屈服强度的 0.73 倍。

21.9 设计时参数、指标控制

1. 内力分析中的刚度取值

钢管混凝土束墙如果简化为构件，各项刚度可以参考《矩形钢管混凝土结构技术规程》CECS 159：2004，采用。

$$(EA)_{CFT-W} = E_s A_s + E_c A_c \tag{21.28a}$$

$$(EI)_{CFT-W} = E_s I_s + 0.8 E_c I_c \tag{21.28b}$$

$$(GA)_{CFT-w} = G_s A_{sw} + 0.8 G_c A_c \tag{21.28c}$$

并且侧移限值可以取 1/300。但是剪力墙往往采用膜单元，此时无法对轴压刚度和抗弯刚度采取不同的折减系数，所以实际上采用：

$$(EA)_{CFT-W} = E_s A_s + E_c A_c \tag{21.29a}$$

$$(EI)_{CFT-W} = E_s I_s + E_c I_c \tag{21.29b}$$

$$(GA)_{CFT-w} = G_s A_{sw} + G_c A_c \tag{21.29c}$$

相应地，侧移限值适当加严，取 1/325。

2. 侧移控制

（1）风荷载下控制层间侧移为 1/400，地震荷载下是 1/325

风荷载下的侧移控制，钢结构本身是没有任何要求的。主要涉及填充墙、窗户等。图 21.82 所示的连梁范围内可能布置了填充墙，这个连梁区格内一层的四个角点位移如图 21.89 所示，填充墙如果填实，则墙体的剪应变是：

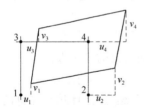

图 21.89 连梁部位砌块墙体的"剪应变"

$$\gamma = \frac{1}{2}\left(\frac{u_3 + u_4 - u_2 - u_1}{h} + \frac{v_4 - v_3 + v_2 - v_1}{l}\right) \tag{21.30}$$

式中，l、h 分别是连梁的跨度和层高。

新疆项目对联肢墙体的角点位移进行了输出，计算了钢管混凝土束墙体的剪应变，很小。但表 21.15 给出了填充墙的"剪应变"，可见底部的剪切位移角不小。这就要求填充墙和钢管混凝土束墙之间留有弹性空隙。

连梁跨的位移：层高 3m，连梁跨度 1.415m 填充墙剪应变　　　　　表 21.15

标高 (m)	左节点 y 向位移 (mm)	左节点 z 向位移 (mm)	右节点 y 向位移 (mm)	右节点 z 向位移 (mm)	剪应变 γ	层间剪 切变形 (mm)	累计剪 切侧移 (mm)
72	70.02	1.42	70.02	0.24	$2.018E \times 10^{-5}$	0.061	52.10
69	67.50	1.40	67.50	0.25	$8.7953E \times 10^{-5}$	0.264	52.04
66	64.89	1.35	64.89	0.28	0.00017564	0.527	51.77
63	62.19	1.29	62.19	0.30	0.00027514	0.825	51.25
60	59.37	1.22	59.37	0.32	0.00037038	1.111	50.42
57	56.43	1.16	56.43	0.34	0.000456	1.368	49.31

标高 (m)	左节点 y 向位移 (mm)	左节点 z 向位移 (mm)	右节点 y 向位移 (mm)	右节点 z 向位移 (mm)	剪应变 γ	层间剪 切变形 (mm)	累计剪 切侧移 (mm)
54	53.37	1.11	53.37	0.34	0.00051775	1.553	47.94
51	50.23	1.06	50.23	0.33	0.00054888	1.647	46.39
48	47.03	1.04	47.03	0.30	0.00052701	1.581	44.74
45	43.80	1.04	43.80	0.23	0.00048768	1.463	43.16
42	40.59	1.03	40.59	0.19	0.00048925	1.468	41.70
39	37.36	0.98	37.36	0.16	0.00051641	1.549	40.23
36	34.13	0.91	34.13	0.13	0.00055836	1.675	38.68
33	30.89	0.82	30.89	0.12	0.00061574	1.847	37.00
30	27.65	0.72	27.65	0.12	0.0006876	2.063	35.16
27	24.43	0.60	24.43	0.12	0.00078276	2.348	33.09
24	21.24	0.45	21.24	0.14	0.00090734	2.722	30.75
21	18.06	0.29	18.06	0.17	0.00109767	3.293	28.02
18	14.91	0.03	14.91	0.28	0.00149118	4.474	24.73
15	11.58	−0.41	11.58	0.42	0.00176553	5.297	20.26
12	8.28	−0.58	8.28	0.48	0.00177976	5.339	14.96
9	5.24	−0.63	5.24	0.47	0.00159095	4.773	9.62
6	2.65	−0.57	2.65	0.39	0.00115764	3.473	4.85
3	0.78	−0.34	0.78	0.22	0.0004588	1.376	1.38
0	0	0	0	0			

（2）罕遇地震下侧移控制

轴压比 0.5 及以下且无一字形墙，可以取 1/50，其余取 1/70。

其余的大的指标可以参考《钢管混凝土束结构技术标准》T/CECS 546—2018。

参 考 文 献

［1］ GOTO Y，EBISAWA T，LU X L. Local buckling restraining behavior of thin-walled circular CFT columns under seismic loads［J］. Journal of structural engineering，2014，140(5)：04013105.

［2］ QU X S，CHEN Z H，DAVID A，et al. Load-reversed push-out tests on rectangular CFST columns ［J］. Journal of constructional steel research，2013，81：35-43.

［3］ 薛立红，蔡绍怀. 钢管混凝土柱组合界面的粘结强度（上）［J］. 建筑科学，1996(3)：22-28.

［4］ 薛立红，蔡绍怀. 钢管混凝土柱组合界面的粘结强度（下）［J］. 建筑科学，1996(4)：19-23.

［5］ FARHA A，BRIAN U，JAMES H，PAOLO C. Behaviour and design of hollow and concrete-filled spiral welded steel tube columns subjected to axial compression［J］. Journal of constructional steel research，2017，128：261-288.

［6］ SU R KL，WONG S M. Seismic behaviour of slender reinforced concrete shear walls under high axial load ratio［J］. Engineering structures，2007，29(8)：1957-1965.

［7］　PARK R，PAULEY T. Reinforced concrete Structures［M］. New York：John Wiley & Sons，1974.

［8］　李宏男，李兵. 钢筋混凝土剪力墙抗震恢复力模型试验研究［J］. 建筑结构学报，2004，25(5)：35-42.

［9］　龚治国，吕西林，姬守中. 不同边缘构件约束的剪力墙抗震性能［J］. 武汉大学学报，2007，40(2)：92-98

［10］　田士峰，高强混凝土剪力墙抗震试验［D］. 西安：西安建筑科技大学，2006.

［11］　YANG Y，LIU J B，FAN J S. Buckling behavior of double-skin composite walls：an experimental and modeling study［J］. Journal of constructional steel research，2016，121：126-135.

［12］　ZHANG K，JUNGIL S，VARMA A H. Steel-plate composite walls：local buckling and design for axial compression［J］. Journal of structural engineering，2020，146(4)：1-15.

第22章　考虑组合面滑移的钢-混凝土组合梁弯曲理论

22.1　考虑界面滑移下的挠度计算研究

22.1.1　栓钉界面滑移影响的研究概述

钢-混凝土组合结构在 AISC 的 1936 年规范中就开始有规定，1956 年 UIUC 的 Viest 首次进行栓钉的试验研究，1961 年的 AISC 规范纳入了栓钉承载力的条文，1971 年 Ollgaard 等提出了目前世界各国规范广泛采纳的公式（22.1a），1993 年 AISC 纳入该公式。

钢-混凝土组合梁中的抗剪连接键是其结构形式和内力传递的重要部分。带头栓钉（Headed Stud）是最常见的一种抗剪键形式。栓钉是电弧螺柱焊用圆柱头焊钉（Cheese head studs for arc stud welding）的简称，栓钉的规格为公称直径 $\phi10 \sim \phi25\text{mm}$，焊接前总长度 $40 \sim 300\text{mm}$，见表 22.1。栓钉材料没有屈服平台，应力-应变曲线如图 22.1 所示。图 22.2 为栓钉应用图片。

栓钉产品型号、规格、选用材料和机械性能

《电弧螺栓焊用圆柱头焊钉》GB/T 10433—2002　　　　　　　　　　　表 22.1

直径规格（mm）	选用材料	抗拉强度 f_u（MPa）	屈服强度 $f_{0.2}$（MPa）	伸长率 δ_5（%）
$10 \sim 25$	ML15AL，ML15	$400 \sim 550$	$\geqslant 320$	$\geqslant 14$

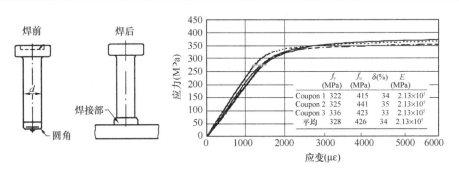

图 22.1　栓钉及其应力-应变曲线

栓钉属于柔性抗剪连接件，在传递混凝土楼板和钢梁之间的剪力时发生较大变形而不会引起混凝土突然的压碎或剪切破坏。这种变形会导致组合梁中的内力在截面上各部分之间重新分配，若为连续组合梁，滑移会导致内力在梁长度方向上重分布（支座负弯矩减小，正弯矩增大）。即使组合梁强度达到了完全抗剪连接，栓钉变形也会导致组合梁的挠度增大，这一现象很早就在组合梁试验中得到证实。在 20 世纪 40 年代 Newmark 教授及其同事完成了考虑滑移的两种材料组合梁的变形和受力特征研究，试验与理论分析最终形成了发表于 1951 年美国《实验应力分析学会会报》上的论文。文中叙述了通过推出试验、

793

(a)柱   (b)梁

图22.2 栓钉应用图片

模型及足尺组合梁试验的一系列试验结果，分析得到表征组合梁变形的一系列图线，第一次较为完整地揭示了有滑移存在的剪切连接变形的影响。后来的学者都采用他建立的理论进行组合梁的研究。

1964年，Chapman J C通过17根钢-混凝土组合梁的试验研究，得到了跨中挠度和承载力之间的关系。抗剪键形式包括带头栓钉、T形连接件。变化的参数包括：抗剪连接键的数量和分布形式，栓钉直径的大小和加载的方式等。

Johnson R P重点分析了部分抗剪连接的组合梁，他在1972年的试验研究表明，部分抗剪连接组合梁也可以满足使用要求。因为在实际中，钢梁最大应力一般不超过其屈服应力的1/2，从而钢梁仍然处于弹性工作范围内。1975年他提出了简化计算方法，部分抗剪连接的组合梁的挠度可根据完全抗剪连接的组合梁及纯钢梁的计算挠度按照抗剪连接程度插值得到，Eurocode 4目前仍采用这种方法。

22.1.2 推出（Push-out）试验：栓钉抗滑移刚度和抗剪强度

钢-混凝土楼板之间最常用的抗剪连接件是栓钉（headed stud），栓钉的直径在13～25mm之间，栓钉的高度（钢梁上表面到栓钉头顶部）一般在65～150mm之间，但是也允许采用长度更大的栓钉。栓钉材料的抗拉强度不应低于400N/mm²，伸长率不得低于15％。栓钉的优点是：

（1）焊接施工很快；

（2）对楼板内的钢筋配置不产生干扰；

（3）在建筑中应用强度足够；

（4）栓钉有良好的变形性能，这使得设计和栓钉的布置变得简单（利用内力重分布）。

两个因素影响栓钉的直径：

（1）焊接，如果栓钉直径大于20mm，保证栓钉焊接质量的难度加大，因此直径19mm的栓钉是使用最多的，更大的栓钉可以是22mm，但是超过22mm必须匹配高强度混凝土应用，并且要保证焊接质量。承载力计算公式也要少量修正。

（2）焊接栓钉的钢板的厚度，钢板作为栓钉立脚的地方，应该有足够的厚度，试验表明，栓钉直径d与钢板厚度t之比不得大于2.7，作为规范规定，则限制得更加严。承受疲劳荷载的情况下则不应超过1.5。

普通的应用，即使栓钉的直径达到 25mm，一颗栓钉的承载力也不超过 130kN。如果需要更高的承载力（例如在桥梁中），就应采用其他形式的抗剪件，例如槽钢。目前把密集的栓钉群看成是一个大的抗剪键在加以应用。其他形式的连接件在本书中不进行介绍。

图 22.3 是 Eurocode 4 的推出试验标准试件，一个试件有 8 个栓钉。曾也有过一个试件是 4 颗和 12 颗栓钉，结果难以鉴别出区别。

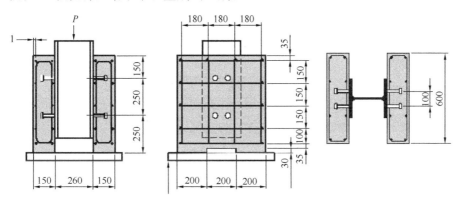

图 22.3　Eurocode 4 的栓钉标准试件

与组合梁分析有关的、栓钉最重要的性质是其界面剪力 q_u-界面滑移 s 曲线，这是在标准的推出试验中测定的，施加每一级荷载后，测定同一个高度上的钢截面与混凝土表面的位移的差，取多个截面测定，进行平均，将荷载除以栓钉的数量得到每个栓钉的剪力，就得到栓钉剪力-界面滑移曲线。栓钉的极限承载力也在这条曲线上得到。

图 22.4 是试件典型的破坏形式。图 22.5 是破坏形式的示意图和栓钉上的作用力的分布。栓钉的破坏模式有两种，一种是混凝土压坏，栓钉根部的混凝土处于局部承压状态（图 22.5），这里的混凝土受到两侧及其上部混凝土和下部钢梁的约束，在极限状态下其承压应力有可能达到 6～10 倍的混凝土强度设计值。另一种是栓钉剪坏（实际上是栓钉拉剪破坏：栓钉变形过大而发生倾斜，受剪同时产生拉力），发生在混凝土强度较高的情况。

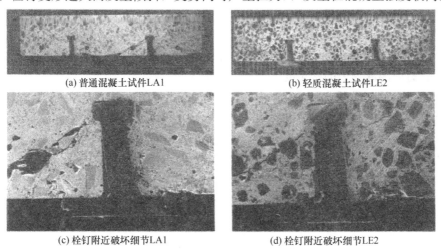

(a) 普通混凝土试件LA1　　　　　　(b) 轻质混凝土试件LE2

(c) 栓钉附近破坏细节LA1　　　　　(d) 栓钉附近破坏细节LE2

图 22.4　栓钉破坏切片图

资料来源：文献 [21]。

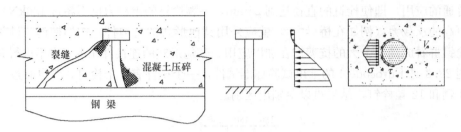

图 22.5　栓钉破坏和受力示意图

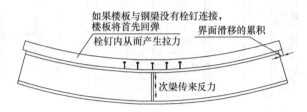

图 22.6　栓钉承受的升力

栓钉的承载力及其剪力-界面滑移受到多种因素的影响：

（1）试件中的栓钉数量。图 22.3 的栓钉是每侧 4 颗，早期有学者采用每侧两颗，一个试件中栓钉数量越多，得到的栓钉承载力就越高。在带槽的压型钢板组合楼板的情况下，建议试件一侧栓钉的数量是 6 颗，混凝土楼板也增大到 900mm×900mm。

（2）实际受力的情况下，混凝土楼板内的纵向应力也影响栓钉的剪力-滑移曲线；楼板承受压应力时，栓钉的抗滑移刚度提高，但是栓钉的极限承载力基本相同。而在连续组合梁的负弯矩区，栓钉的抗滑移刚度减小很多，而极限承载力减小很少。由于抗滑移刚度的减小，Eurocode 4 规定在负弯矩区不建议采用部分抗剪连接的设计。

（3）楼板内栓钉附近的配筋情况。

（4）栓钉周围的混凝土厚度。

（5）楼板受力是否会使得栓钉受到升力（图 22.6）。

（6）楼板混凝土的强度等级。

（7）钢-混凝土界面的粘结；但是粘结在极限状态下会消失。

（8）栓钉周围混凝土的密实度。

由于栓钉直径与混凝土骨料尺寸接近，栓钉周围混凝土的密实度和骨料分布状况对栓钉的性能具有极大的影响，因此试验结果的离散性是很高的。楼板内的配筋也有相当大的影响。实际楼板内栓钉的强度和刚度，一般要高于试验得到的值。

国内外做过大量的栓钉试验，并以此建立了栓钉承载力的计算公式。

在众多公式中，被各国规范广泛采用的是 1971 年 Ollgaard 等得出的公式（图 22.7）：

$$N_{v1,m}^s = 0.5A_s\sqrt{f_{cyl}E_{cm}} \tag{22.1a}$$

$$N_{v2,m}^s = A_s f_u \tag{22.1b}$$

$$N_{v,m}^s = \min(N_{v1,m}^s, N_{v2,m}^s) \tag{22.1c}$$

式中，$N_{v,m}^s$ 为栓钉的抗剪承载力平均值，A_s 为栓钉的截面积，f_{cyl} 为有 95% 保证率的 150mm×300mm 圆柱体抗压强度标准值，E_{cm} 是混凝土平均弹性模量，f_u 为栓钉的极限抗拉强度最小值（99%保证率）。

美国 AISC-LRFD 2016 设计规范仍采用式（22.1）进行栓钉承载力计算，$0.85A_c f_{cyl}$ 是面积为 A_c 的混凝土楼板（有效宽度内）受压达到极限状态时的轴压力，用这个压力和式（22.1）相等决定栓钉数量。这种算法是标准值对标准值，所以美国 AISC 规范没有给出配合式（22.1）使用的抗力分项系数。

从更广泛的试验对比看，式（22.1）是高于平均值的，作为抗力设计值对荷载效应的设计值显然偏大。后续研究得

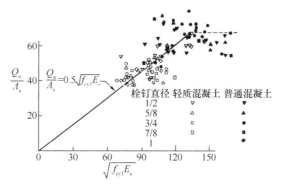

图 22.7 试验与公式的比较
资料来源：文献 [21]。

出较高保证率的栓钉承载力公式也采用式（22.1）的形式，仅对其中的系数进行修正。

欧洲 Eurocode 4（2004）对栓钉承载力的计算公式改为（设计值）：

$$N_{v1.d}^s = \frac{0.444A_s\sqrt{f_{cyl}E_{cm}}}{\gamma_{vc}} = \frac{0.37A_s\sqrt{f_{cyl}E_{cm}}}{\gamma_v} = 0.296A_s\sqrt{f_{cyl}E_{cm}} \tag{22.2a}$$

$$N_{v2.d}^s = \frac{0.8A_s f_u}{\gamma_v} = 0.64A_s f_u \tag{22.2b}$$

式中，γ_{vc} 是混凝土破坏的抗力分项系数，取 1.5；γ_v 是栓钉剪坏的抗力分项系数，取 1.25。与式（22.2）对应的栓钉总长度是 $h/d \geqslant 4$。我国则取栓钉承载力设计值：

$$N_{v1}^s = 0.43A_s\sqrt{f_c E_{cm}} \leqslant N_{v2}^s = 0.7A_s f_u \tag{22.3}$$

式中，f_c 是我国规范的混凝土强度设计值，E_{cm} 是混凝土弹性模量平均值。

注意：150mm×300mm 的圆柱体试件的强度 f_{cyl} 与我国的 150mm 立方体试件的强度 $f_{cu.k}$ 之间存在如下关系：

$$f_{cyl} = (0.8 \sim 0.85)f_{cu.k} = \frac{0.8 \sim 0.85}{0.88 \times 0.76}f_{ck} = \frac{(0.8 \sim 0.85) \times 1.4}{0.88 \times 0.76}f_c$$

$$= (1.675 \sim 1.779)f_c \tag{22.4a}$$

$$N_{v1.m}^s = 0.296A_s\sqrt{f_{cyl}E_{cm}} = (0.383 \sim 0.395)A_s\sqrt{f_c E_{cm}} \tag{22.4b}$$

即 Eurocode 4 栓钉承载力（混凝土破坏控制）比我国规范的设计值（22.4）小 9%，而栓钉破坏时我国反而高 9%。

文献 [30] 收集了 391 个试验数据的统计分析，但是这些试验数据中包含了与组合梁中的栓钉受力略有不同的数据：134 个数据是栓钉焊接在矩形钢板上，钢板平面施加剪力，此时会出现钢板下栓钉与混凝土以整块推出（pushout）的破坏，使相同栓钉高度的承载力偏低，栓钉高度效应增大；而组合梁内钢板是通长的，所以这样的破坏不会发生。但是该文的数据仍然值得重视：破坏发生在混凝土中的，试验值与式（22.1）相比的平均值是 0.827，方差是 0.250，变异系数 V_R 是 0.302，按照美国的可靠度理论，可靠度指标 $\beta = 3$ 和 4 时，抗力分项系数 $\phi = \dfrac{0.827}{e^{0.55 \times 3(4) \times 0.302}} = 0.50(0.43)$，于是 $N_{v1.d3}^s = 0.5 \times 0.5A_s$ $\sqrt{f_{cyl}E_{cm}} = 0.25A_s\sqrt{f_{cyl}E_{cm}}$ 和 $N_{v1.d4}^s = 0.21A_s\sqrt{f_{cyl}E_{cm}}$。

这比欧洲 Eurocode 4 还低（因为有 134 个预埋钢板栓钉试验）。对于钢栓钉破坏，文献 [30] 的抗力分项系数是 $\phi = \dfrac{0.933}{\mathrm{e}^{0.55 \times 3(4) \times 0.161}} = 0.70(0.65)$。

式（22.1）要求 $h/d \geqslant 4$（普通混凝土）。该式应用于轻骨料混凝土时要求高径比不小于 7。

文献 [31] 排除了文献 [30] 在试验数据上的缺陷（排除了 134 个不是焊接在钢板上的试件），对 242 个试验数据（混凝土破坏 137 个，栓钉破坏 105 个）进行了可靠度分析，试验数据涵盖了更高强度的混凝土（到 C110）和更大直径（到 $d = 31\mathrm{mm}$）的栓钉。但是可靠度指标取 3.8，分离系数取 0.8（可靠度分析最后一步是将荷载和抗力分离，此时引入分离系数，正态分布一般取 0.75），采用对数正态分布（抗力和荷载一般都是极值分布，对数分布接近极值分布且数据处理更有规律可循），其结果是混凝土破坏比式（22.2）更低（$0.255 A_{\mathrm{s}} \sqrt{f_{\mathrm{cyl}} E_{\mathrm{cm}}}$），栓钉本身剪断破坏又是更高的栓钉强度设计值：

$$N_{\mathrm{v1,d}}^{\mathrm{s}} = 0.255 A_{\mathrm{s}} \sqrt{f_{\mathrm{cyl}} E_{\mathrm{cm}}} \tag{22.5a}$$

$$N_{\mathrm{v2,d}}^{\mathrm{s}} = \left(1.28 - \frac{3d}{337}\right) \frac{0.94 A_{\mathrm{s}} f_{\mathrm{u}}}{\gamma_{\mathrm{v}}} = 0.75 \left(1.28 - \frac{3d}{337}\right) A_{\mathrm{s}} f_{\mathrm{u}} \tag{22.5b}$$

适用范围也达到了直径 31mm，混凝土强度等级达到 C105。

关于栓钉长度的影响，Eurocode 4 引入长度影响系数，作用于 $N_{\mathrm{v1,d}}^{\mathrm{s}}$ 上，即：

$$N_{\mathrm{v1,d}}^{\mathrm{s}} = 0.255 \alpha_{\mathrm{h}} A_{\mathrm{s}} \sqrt{f_{\mathrm{cyl}} E_{\mathrm{cm}}} \tag{22.6a}$$

$$\alpha_{\mathrm{h}} = 0.2 \left(1 + \frac{h_{\mathrm{stud}}}{d}\right) \leqslant 1, \frac{h_{\mathrm{stud}}}{d} \geqslant 3 \tag{22.6b}$$

式中，h_{stud} 为栓钉总高度。文献 [30] 对长度影响的描述比较全面，因为包含 134 个预埋钢板栓钉的受剪试验，长度影响比较明显，抗剪承载力与高度的关系为 $h^{0.4} \sim h^{0.5}$，并且要求 $h/d \geqslant 5$ 承载力才比较稳定。

如果将式（22.2）去掉抗力分项系数后作为栓钉承载力的标准值，换算到我国规范的有关参数，得到

$$N_{\mathrm{v,k}}^{\mathrm{s}} = 0.41 A_{\mathrm{s}} \sqrt{f_{\mathrm{cyl}} E_{\mathrm{cm}}} = 0.41 A_{\mathrm{s}} \sqrt{(1.675 \sim 1.779) f_{\mathrm{c}} E_{\mathrm{cm}}}$$
$$= (0.531 \sim 0.547) A_{\mathrm{s}} \sqrt{f_{\mathrm{c}} E_{\mathrm{cm}}} \tag{22.7}$$

相当于式（22.3）设计值的 1.234～1.272 倍，即我国的栓钉承载力对应的抗力分项系数取了 1.25 左右。

22.1.3　栓钉承载力的一个力学模型

第 5 章柱脚锚栓的承载力模型可以推广到栓钉。图 22.8(a) 和（b）示出了栓钉受剪性能的比较，可见如果锚栓没有扩大孔，直径也比较小，其性能就是栓钉。A 点就是混凝土的承载力；C 点就是栓钉本身破坏的承载力。栓钉没有孔径和杆径的差别，所以 A 点的承载力比较高。图 22.8(c)（引自文献 [24]）更是显示栓钉螺杆破坏时，栓钉根部的斜角非常大，锚栓极限抗剪理论的模型仍然适用。

A 点的承载力，采用抛物线压力分布，得到的计算公式是：

$$N_{\mathrm{v}}^{\mathrm{s}} = 1.231 \times \frac{2}{3} \beta_2 l f_{\mathrm{ck}} d \left(\sqrt{1 + \frac{d^2}{\beta_2 l^2} \cdot \frac{f_{\mathrm{u}}}{f_{\mathrm{ck}}}} - 1 \right) \tag{22.8a}$$

其中因为栓钉材料没有屈服平台，所以就取 f_{u}。在底板无孔的情况下，$l < d/2\sqrt{3}$，因此：

$$N_{\mathrm{v}}^{\mathrm{s}} \approx 1.231 \times \frac{2}{3} \beta_2 l f_{\mathrm{ck}} d \cdot \sqrt{\frac{d^2}{\beta_2 l^2} \cdot \frac{f_{\mathrm{u}}}{f_{\mathrm{ck}}}} = 1.231 \times \frac{2}{3} \sqrt{\beta_2} d^2 \sqrt{f_{\mathrm{u}} f_{\mathrm{ck}}} \qquad (22.8\mathrm{b})$$

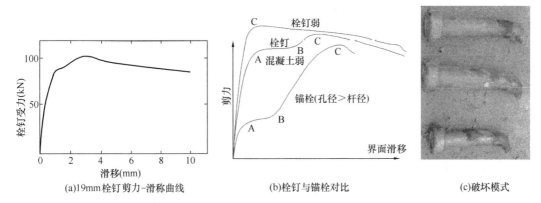

图 22.8　栓钉和锚栓受剪性能比较

取 $\beta_2 = 1.5\beta_0 = 1.5 \times 4.5 = 6.75$，如果取 $f_{\mathrm{u}} = 400\mathrm{MPa}$ 则：

$$N_{\mathrm{v}}^{\mathrm{s}} = 2.715 A_{\mathrm{s}} \sqrt{f_{\mathrm{u}} f_{\mathrm{ck}}} = 54.3 A_{\mathrm{s}} \sqrt{f_{\mathrm{ck}}} \qquad (22.8\mathrm{c})$$

这个公式与早期试验数据拟合获得的公式［Viest（1956 年）、Slutter 和 Driscoll（1965年）、Goble（1968 年）］在形式上完全一致。

参数 β_2 的内涵：

（1）局部承压承载力提高系数（混凝土规范的这个局部承压承载力提高系数，例如采用 $400\mathrm{mm} \times 400\mathrm{mm}$ 的截面上在 $100\mathrm{mm} \times 100\mathrm{mm}$ 范围内的均匀受力的局部承压，栓钉则是很小的承压面积）；

（2）栓钉沿高度应力不均匀（应力梯度）带来的混凝土强度的提高（注意均匀受压的抗压强度和弯曲受压抗压强度的差别）；

（3）包含了栓钉与混凝土产生相对位移时栓钉周身受到的剪切应力；

（4）计算混凝土局部强度的基准强度更可能是 f_{cu}，而不是 f_{ck}，所以还包含比值 $f_{\mathrm{cu}}/f_{\mathrm{ck}}$；

（5）钢与混凝土界面因为挤压，摩擦系数可能比 0.4 更高等因素。

因为有如上众多因素，所以有资料说 β_2 的值可以达到 9～12。

Oehlers and Johnson（文献［23］）分析了 110 个试验数据，提出如下公式：

$$N_{\mathrm{v}}^{\mathrm{s}} = 4.9 A_{\mathrm{s}} \left(\frac{E_{\mathrm{cm}}}{E_{\mathrm{s}}}\right)^{0.4} f_{\mathrm{ck}}^{0.35} f_{\mathrm{u}}^{0.65} \qquad (22.9\mathrm{a})$$

文献［24］则引入如下式子（$h/d = 4$）：

$$N_{\mathrm{v}}^{\mathrm{s}} = 6.57 A_{\mathrm{s}} \left(\frac{E_{\mathrm{cm}}}{E_{\mathrm{s}}}\right)^{0.4} f_{\mathrm{cu}}^{0.2} f_{\mathrm{u}}^{0.8} \qquad (22.9\mathrm{b})$$

实际上，因为混凝土的弹性模量与强度的 0.3 次幂相关（$E_{\mathrm{cm}} \approx 10775 f_{\mathrm{cu}}^{0.3}$），上式仅仅是表示栓钉抗剪强度与 $\sqrt{f_{\mathrm{ck}}}$ 有关，而试验采用的栓钉材料的强度都比较接近，所以其他因素都是勉强地关联。但是可以猜测，与栓钉的屈服强度肯定有关。因为栓钉各个截面受剪力很不均匀（基本上是在长度＝栓钉直径 d 的范围内栓钉截面剪力从 0 到最大），栓钉即使屈服，也仅出现在很短的高度范围，宏观上没有明显的变形，因而更有可能发展出极限强度。文献 [24] 提供了栓钉破坏根部的斜角为 $27°\sim35°$，与第 5 章锚栓类似，塑性变形严重的区段长度是栓钉长度的 $0.18\sim0.33$ 倍栓钉高度。

式（22.9a）曾经被认真地考虑过引入 Eurocode 4，但是因为式（22.1）具有简单性且已经为人所知而采用了式（22.1）。考虑到 β_2，参考式（22.9a），将式（22.8c）进行如下的修正（乘以 1.29，相当于混凝土强度提高系数 $\beta_2 = 8.7$，文献 [6] 假设 2 倍高度范围内均布是 $4.3\sim5.5$）：

$$N_v^s = 1.29 \times 2.715A_s\sqrt{f_u f_{ck}} = 3.5A_s\sqrt{f_u f_{ck}} \tag{22.10a}$$

$$N_v^s = 3.5A_s\sqrt{f_u f_{pr}} \leqslant 0.8A_s f_u \tag{22.10b}$$

式（22.10a）与式（22.9a）比值是 $0.975\sim0.991$，几乎相等。式（22.10b）实际上与 $N_v^s = 0.43A_s\sqrt{E_{cm}f_{pr}} \leqslant 0.8A_s f_u$ 没有差别，由此我们得到了栓钉承载力的计算模型。

22.1.4　栓钉的抗滑移刚度

作为钢-混凝土组合梁的重要组成部分，抗剪连接件保证了钢梁和混凝土协同工作。在研究组合梁的挠度时，抗剪连接键的抗滑移刚度的确定是关键问题之一。

栓钉抗滑移刚度的确定采用的是推出试验，得到的栓钉剪力-界面滑移曲线如图 22.8a 所示。剪力-滑移曲线的表达式出现过如下的式子：

$$\frac{F}{F_u} = \frac{3.15s}{1 + 3.15s}(\text{Buttry}) \tag{22.11a}$$

$$\frac{F}{F_u} = (1 - e^{-0.708s})^{0.4}(\text{Ollgaard, etc}) \tag{22.11b}$$

$$\frac{F}{F_u} = \frac{2.24(s - 0.058)}{1 + 1.98(s - 0.058)}(\text{Li An for NSC}) \tag{22.11c}$$

$$\frac{F}{F_u} = \frac{4.44(s - 0.031)}{1 + 4.24(s - 0.031)}(\text{Li An for HSC}) \tag{22.11d}$$

这些式子的曲线显示在图 22.9(c) 上。

由于剪力-滑移曲线的非线性，栓钉抗滑移刚度的取值必须取割线刚度，这类似于混凝土弹性模量定义为棱柱强度 1/3 处的割线模量。栓钉强度标准值是设计值的 1.4 倍，恒荷载分项系数为 1.3，活荷载分项系数为 1.5，平均是 1.4，$1.4 \times 1.4 = 1.96$，正常使用极限状态计算采用刚度平均值，所以栓钉的抗滑移刚度可以取栓钉承载力的 0.5 倍处的割线模量。根据这个约定，式（22.11）上在 $F/F_u = 0.5$ 时的割线刚度分别是 $(1.574、1.831、1.092、1.962)F_u$，可见栓钉刚度数值上必大于栓钉的抗剪承载力。式（22.11c、d）表明高强混凝土中栓钉刚度有明显的提高，并且基本上具有 $\sqrt{E_{cm}f_{cyl}}$ 的比例关系。

从弹性力学空间问题的理论上分析，一根钢梁放置在半无限弹性空间上，承受集中力 [图 22.9(b)]，力除以力作用点处的位移得到的是刚度，该刚度是：

$$K = 0.414\sqrt[4]{EI\left(\frac{E_c}{1 - \mu_c^2}\right)^3} \tag{22.12}$$

引入嵌固系数 χ，假设栓钉根部（与钢板焊接）是从完全简支（嵌固系数 0.5，表示钢梁上翼缘钢板很薄，例如钢板厚度仅为栓钉直径的 1/2.5）到完全固定（嵌固系数 1.0，表示钢梁上翼缘很厚，例如钢板厚度达到栓钉直径的 2.5 倍），试件上的栓钉正对工字钢腹板时可以取较大值，例如 0.9，则栓钉的刚度有如下的理论表达式（代入了混凝土泊松比 0.18 和栓钉截面惯性矩 $I_{stud} = \pi d^4 / 64$）：

$$K_{slip}^{stud} = 0.425\chi E_c^{0.75}(EI_{stud})^{0.25} = 0.425 \times \frac{1}{2}\chi\pi^{0.25} \cdot E_c^{0.75}E^{0.25}d \qquad (22.13)$$

E 对钢材几乎是常量，因此刚度取决于直径和 E_c。将式（22.13）与文献 [22] 的直径为 25mm、27mm 和 30mm 的大直径栓钉的试验结果进行了对比，发现需要取 $\chi = 0.4$ ~ 0.62，而不是 0.5~1.0 之间。公式值偏大是必然的，因为它是由无限弹性假设且是无限长的杆件得到的。因为混凝土局部塑性化，栓钉根部也比较早地形成塑性铰（见第 5 章锚栓模型），从而使栓钉在后期接近铰接于钢板，栓钉又是有限长度，因此弹塑性阶段综合取 $\chi = 0.7 \times 0.5 = 0.35$ 比较合适，其中 0.5 是考虑混凝土塑性的折减。这样得到（表 22.2）：

$$K_{slip}^{stud} = 0.425 \times \frac{1}{2} \times 0.35\pi^{0.25} \cdot E_c^{0.75}E^{0.25}d = 0.1d\sqrt[4]{E_c^3 E} \qquad (22.14)$$

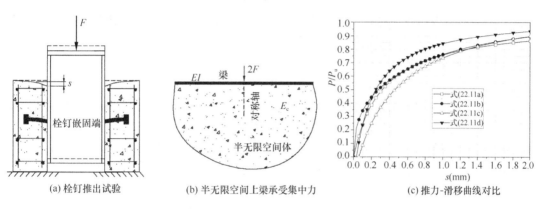

(a) 栓钉推出试验   (b) 半无限空间上梁承受集中力   (c) 推力-滑移曲线对比

图 22.9 推出试验和推力-滑移关系

式（22.14）给出的栓钉抗滑移刚度（kN/mm） 　　　　　　　　表 22.2

d (mm)	混凝土强度等级				
	20	30	40	50	60
13	56.5	63.2	67.3	70.1	72.4
16	69.5	77.8	82.8	86.3	89.1
19	82.5	92.3	98.4	102.4	105.8
22	95.6	106.9	113.9	118.6	122.5

式（22.14）表示栓钉抗滑移刚度与栓钉直径成正比。根据 Oehlers 和 Coughlan 的式子：

$$K_{slip,mean}^{stud} = \frac{F_u}{(0.16 - 0.00192f_{pr})d} = \frac{\min(0.513A_s\sqrt{E_{cm}f_{pr}}, 0.8A_s f_u)}{(0.16 - 0.00192f_{pr})d} \qquad (22.15)$$

此式给出抗滑移刚度也与直径成正比，见表 22.3，其中 $f_u = 410$MPa。文献 [24] 的图 7（b）也显示出抗滑移刚度与直径成正比的规律。式（22.15）仅为式（22.14）的 0.44~0.66 倍。

式（22.15）给出的栓钉抗滑移刚度（kN/mm） 表22.3

d (mm)	混凝土强度等级				
	20	30	40	50	60
13	25.1	28.8	33.0	38.5	47.7
16	30.9	35.5	40.6	47.4	58.8
19	36.7	42.1	48.2	56.2	69.8
22	42.5	48.8	55.8	65.1	80.8

Wang C Y 对前人试验结果的描述进行了总结，对一些试验结果进行了考察，从描述和结果看，栓钉抗滑移刚度的离散性非常大。抗滑移刚度的研究缺乏理论的指引，无从下手提出合适的公式。文献[20]认为正常使用极限状态栓钉承受的剪力为其极限荷载的50%，而且认为此时钢-混凝土界面上的滑移为0.5mm，由此可以计算出栓钉的抗滑移刚度在数值上就等于栓钉的极限承载力，即在数值上 $K_s = N_{v,k}^s$。式（22.11）的四个式子，$s = 0.5mm$ 时比值分别是 0.611、0.616、0.528、0.697；此点的割线线刚度是 $K_{sec,0.5mm} = (1.223, 1.233, 1.056, 1.394)F_u$，因此抗滑移刚度高于承载力。

文献[13]认为，在承担50%的荷载时界面滑移量在 $0.2 \sim 0.4mm$，在算例中，Johnson 对直径19mm、长度100mm的栓钉在C30混凝土（立方体强度）的抗滑移刚度为150kN/mm（相当于界面滑移0.33mm），约等于其极限承载力的1.4倍。文献[29]和文献[30]取极限承载力的2倍作为界面抗滑移刚度。Eurocode 4 在 A.3 条文中建议栓钉连接件剪切刚度由下式确定：$K_{slip} = 0.7F_{Rk}/s_{0.7F_{Rk}}$，$F_{Rk}$ 是推出试验得到的栓钉连接件设计抗剪承载力；s 是对应的滑移量。同时 Eurocode 4 规范还提到，对于19mm的栓钉，建议剪切刚度采用100kN/mm。

组合梁足尺试验研究发现，采用推出试验得到的栓钉刚度是过于保守的，因为在推出试验中栓钉的受力状态不同于组合梁实际的受力状态，实际状态栓钉受到约束较多，且大部分栓钉受力较小，所以刚度增大。在下面的分析中用到的算例，使用极限状态的挠度验算，栓钉刚度可以采用承载力的平均值：

$$N_{v,k}^s = 0.5A_s\sqrt{f_{cyl}E_{cm}} = \frac{0.5}{\sqrt{0.95 \times 0.88}}A_s\sqrt{f_{ck}E_{cm}}$$

$$= 0.547A_s\sqrt{1.4f_cE_{cm}} = 0.65A_s\sqrt{f_cE_{cm}} \tag{22.16}$$

栓钉刚度的标准值取承载力标准值 $N_{v,k}^s = 0.41A_s\sqrt{f_{cyl}E_{cm}}$ 的1.25倍，即：

$$K_{slip}^{stud} = 1.25N_{v,k}^s = 0.66A_s\sqrt{f_cE_{cm}} \leqslant 1.25 \times 0.8A_sf_u = A_sf_u（量纲kN/mm^2）$$

$$\tag{22.17}$$

按照式（22.17）计算的滑移刚度见表22.4。虽然有式（22.14）和式（22.15），但是这个问题仍然非常不成熟，所以本书后面将采用式（22.17）作为栓钉的抗滑移刚度，虽然作者更倾向于介于式（22.14）和式（22.17）之间。

式（22.17）给出的栓钉抗滑移刚度（kN/mm）　　　　　　　　表 22.4

d (mm)	混凝土强度等级				
	20	30	40	50	60
10	25.3	25.8	25.8	25.8	25.8
13	42.7	43.5	43.5	43.5	43.5
16	64.7	65.9	65.9	65.9	65.9
19	91.2	93.0	93.0	93.0	93.0
22	122.3	124.7	124.7	124.7	124.7

22.2　考虑滑移影响的组合梁弯曲理论

22.2.1　基本假设

（1）组合梁为弹性体（钢梁和混凝土）；

（2）水平剪力与相对滑移成正比，抗剪键的荷载-位移关系呈线性；

（3）混凝土和钢梁的挠度和曲率相同，挠度记为 w。

假定梁的两个部分可以用两条轴线来代表，纵向为 x 轴，梁一端为坐标原点，令横截面为 yz 平面，截面尺寸见图 22.10，x、y、z 方向的位移记为 u、v、w。

轴力受拉为正，弯矩以 y 轴正向一边受拉为正，剪力以微元体发生顺时针转动为正。弯矩 M、剪力 V 以规定的坐标轴为依据确定，假设 $q>0$ 表示指向 y 轴正向。

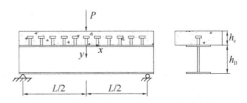

图 22.10　简支组合梁承受集中荷载

设 s 为组合梁界面的滑移量，而 s_0 为两个部分形心的相对错动量，钢梁和混凝土楼板部分各自满足平截面假定。记 u_{10} 为钢梁形心的水平位移，u_{20} 是混凝土楼板形心的水平位移。h_{s1} 是钢梁形心到组合界面（钢梁上表面）的距离，h_{c2} 是混凝土楼板形心到楼板下表面（组合界面）的距离，钢梁上表面和楼板下表面的水平位移分别为：

$$u_1 = u_{10} + h_{s1}w' \tag{22.18a}$$

$$u_2 = u_{20} - h_{c2}w' \tag{22.18b}$$

因此界面的滑移为（错动，图 22.11 所示的滑移是正的）：

$$s = u_1 - u_2 = u_{10} - u_{20} + h_{sc}w' = s_0 + h_{sc}w' \tag{22.18c}$$

$$h_{sc} = h_{s1} + h_{c2} \tag{22.18d}$$

单位长度上栓钉产生的力为（注意其正方向按照图 22.12 所示）：

$$q_u = ks = k(s_0 + h_{sc}w') \tag{22.19}$$

式中，k 是单位长度上的界面抗滑移刚度。

为什么推出试验得到的栓钉抗滑移刚度是与式（22.19）的界面错动相乘得到界面剪力？这要从图 22.11 所示的栓钉变形形状来观察。图 22.9 测得的界面滑移与图 22.11 所示的界面错动对应，所以图 22.8 所示的推出试验结果，能够应用于式（22.19）。

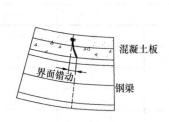

图 22.11　界面滑移后的截面
和栓钉的变形

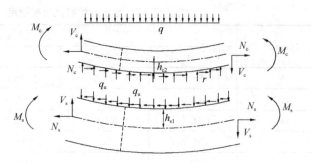

图 22.12　简支组合梁微段变形图

22.2.2　静力法的平衡微分方程及其边界条件

钢梁截面的轴力和弯矩记为 N_s 和 M_s，混凝土截面轴力和弯矩记为 N_c 和 M_c，由材料力学公式得到：

$$M_s = -E_s I_s w''$$ (22.20a)

$$N_s = E_s A_s u'_{10}$$ (22.20b)

$$M_c = -E_c I_c w''$$ (22.20c)

$$N_c = E_c A_c u'_{20}$$ (22.20d)

式中，$E_s I_s$ 和 $E_s A_s$ 是钢梁截面绕自身形心轴的抗弯刚度和轴压刚度，而 $E_c I_c$ 和 $E_c A_c$ 是混凝土部分绕自身形心轴的抗弯刚度和轴压刚度。钢梁截面的剪力为 V_s，混凝土截面的剪力是 V_c，由钢梁微元体和混凝土微段的平衡可以得到：

$$\begin{cases} \dfrac{dM_s}{dx} = V_s - h_{s1} q_u \\[2mm] \dfrac{dV_s}{dx} = -r \\[2mm] \dfrac{dN_s}{dx} = q_u \end{cases}$$ (22.21a)

$$\begin{cases} \dfrac{dM_c}{dx} = V_c - h_{c2} q_u \\[2mm] \dfrac{dV_c}{dx} = -q + r \\[2mm] \dfrac{dN_c}{dx} = -q_u \end{cases}$$ (22.21b)

式中，r 是混凝土部分和钢梁部分之间的竖向挤压力。由组合梁微段的剪力平衡得到：

$$\frac{dV}{dx} = \frac{d}{dx}(V_s + V_c) = -q$$ (22.21c)

由式（22.20）得到：

$$\frac{dM_s}{dx} = V_s - h_{s1} q_u = -E_s I_s w'''$$ (22.22a)

$$\frac{dN_s}{dx} = q_u = E_s A_s u''_{10}$$ (22.22b)

$$\frac{\mathrm{d}M_\mathrm{c}}{\mathrm{d}x} = V_\mathrm{c} - h_{\mathrm{c}2}q_\mathrm{u} = -E_\mathrm{c}I_\mathrm{c}w''' \tag{22.22c}$$

$$\frac{\mathrm{d}N_\mathrm{c}}{\mathrm{d}x} = -q_\mathrm{u} = E_\mathrm{c}A_\mathrm{c}u''_{20} \tag{22.22d}$$

进一步化简得到：

$$-E_\mathrm{s}I_0 w''' = V - q_\mathrm{u}h_{\mathrm{sc}} \tag{22.23a}$$

$$E_\mathrm{s}A_\mathrm{s}E_\mathrm{c}A_\mathrm{c}(u''_{10} - u''_{20}) = q_\mathrm{u}(E_\mathrm{s}A_\mathrm{s} + E_\mathrm{c}A_\mathrm{c}) \tag{22.23b}$$

对式（22.23a）求导，得到：

$$E_\mathrm{s}I_0 w^{(4)} - q'_\mathrm{u}h_{\mathrm{sc}} = q \tag{22.24a}$$

$$E_\mathrm{s}A_0 s''_0 = q_\mathrm{u} \tag{22.24b}$$

以上各式中：

$$I_0 = I_\mathrm{s} + I_\mathrm{c}/\alpha_\mathrm{E} \tag{22.25a}$$

$$\alpha_\mathrm{E} = \frac{E_\mathrm{s}}{E_\mathrm{c}} \tag{22.25b}$$

$$A_0 = \frac{A_\mathrm{s}A_\mathrm{c}}{\alpha_\mathrm{E}A_\mathrm{s} + A_\mathrm{c}} \tag{22.25c}$$

由式（22.19）得到：

$$w' = \frac{q_\mathrm{u} - ks_0}{k \cdot h_{\mathrm{sc}}} = \frac{E_\mathrm{s}A_0 s''_0 - ks_0}{k \cdot h_{\mathrm{sc}}} = \frac{E_\mathrm{s}A_0 s''_0}{k \cdot h_{\mathrm{sc}}} - \frac{s_0}{h_{\mathrm{sc}}} \tag{22.26}$$

将上式和式（22.24b）一起代入式（22.24a）得到：

$$E_\mathrm{s}A_0 \cdot E_\mathrm{s}I_0 s_0^{(5)} - B \cdot ks'''_0 = -qkh_{\mathrm{sc}} \tag{22.27a}$$

$$B = E_\mathrm{s}I_0 + E_\mathrm{s}A_0 h_{\mathrm{sc}}^2 \tag{22.27b}$$

记 $\dfrac{E_\mathrm{s}A_0 \cdot E_\mathrm{s}I_0}{k \cdot h_{\mathrm{sc}}} = \gamma$，$\dfrac{B}{h_{\mathrm{sc}}} = \lambda$，则方程化为：

$$\gamma s_0^{(5)} - \lambda s'''_0 = q \tag{22.28}$$

上式即是组合梁弯曲问题的基本方程，以钢梁和混凝土楼板形心的相对水平位移作为基本未知量。求出 s_0 的通解，代入式（22.26），积分一次得到 w 的通解。s_0 和 w 有 6 个待定系数，需要 6 个边界条件来加以确定。如果要以挠度 w 作为未知量，则需要进行一些变换。式（22.24a,b）变为：

$$E_\mathrm{s}I_0 w^{(4)} - kh_{\mathrm{sc}}^2 w'' - kh_{\mathrm{sc}}s'_0 = q \tag{22.29a}$$

$$E_\mathrm{s}A_0 s''_0 - ks_0 - kh_{\mathrm{sc}}w' = 0 \tag{22.29b}$$

在上面两式中消去 s_0 得：

$$E_\mathrm{s}I_0 E_\mathrm{s}A_0 \frac{\mathrm{d}^6 w}{\mathrm{d}x^6} - kB\frac{\mathrm{d}^4 w}{\mathrm{d}x^4} = -kq + E_\mathrm{s}A_0 \frac{\mathrm{d}^2 q}{\mathrm{d}x^2} \tag{22.30}$$

也可以利用钢梁内的拉力（或混凝土楼板内的压力）作为基本未知量。总的弯矩平衡为：

$$M = M_\mathrm{c} + M_\mathrm{s} + N_\mathrm{s}h_{\mathrm{sc}} = -E_\mathrm{s}I_0 w'' + N_\mathrm{s}h_{\mathrm{sc}} = M_0 \tag{22.31a}$$

式中，M_0 是外荷载弯矩。微分一次得到剪力平衡方程为：

$$V = -E_\mathrm{s}I_0 w''' + N'_\mathrm{s}h_{\mathrm{sc}} = -E_\mathrm{s}I_0 w''' + q_\mathrm{u}h_{\mathrm{sc}} = V_0 \tag{22.31b}$$

再微分一次就得到式（22.24a）。钢-混凝土界面的应变状态：

混凝土：
$$\varepsilon_c = \frac{N_c}{E_c A_c} + \frac{M_c}{E_c I_c} h_{c2} \tag{22.32a}$$

钢梁：
$$\varepsilon_s = \frac{N_s}{E_s A_s} - \frac{M_s}{E_s I_s} h_{s1} \tag{22.32b}$$

因为挠度相等，因此曲率相等：

$$\frac{M_c}{E_c I_c} = \frac{M_s}{E_s I_s} = \frac{M_0 - N_s h_{sc}}{E_c I_c + E_s I_s} = \frac{M_0 - N_s h_{sc}}{E_s I_0} \tag{22.33}$$

相对滑移应变定义为界面上两种材料应变的差：$s' = \varepsilon_s - \varepsilon_c = u'_1 - u'_2$，将有关式子代入得到：

$$s' = \varepsilon_s - \varepsilon_c = N_s \left(\frac{1}{E_s A_s} + \frac{1}{E_c A_c} + \frac{h_{sc}^2}{E_s I_0} \right) - \frac{h_{sc} M_0}{E_s I_0} = \frac{q'_u}{k} = \frac{1}{k} \frac{d^2 N_s}{dx^2} \tag{22.34}$$

经整理得到

$$\frac{d^2 N_s}{dx^2} - \frac{B \cdot k}{E_s A_0 \cdot E_s I_0} N_s = -\frac{k h_{sc}}{E_s I_0} M_0 \tag{22.35}$$

如果是简支梁，外弯矩是已知的，采用上式可以求得钢梁内的轴力，利用两端的钢梁轴力为 0 的条件可以得到两个待定系数，N_s 即可以完全确定。由式（22.31a）得到：

$$w'' = \frac{h_{sc}}{E_s I_0} N_s - \frac{M_0}{E_s I_0} \tag{22.36}$$

上式积分两次得到通解，利用两端的挠度或者转角边界条件得到挠度。

如果是悬臂梁，则 N_s 只有自由边的钢梁轴力为 0 的条件，在固定端挠度及其转角为 0，这样总共四个待定系数中还有一个不能确定，还需要用到固定端的滑移为 0 的条件：

$$q_u = ks = \frac{dN_s}{dx} = 0 \tag{22.37}$$

因此对于静定的梁，上面的两步解只要求解四个待定系数。对于超静定的梁，例如一端固定一端简支，首先假设固定端弯矩为已知（实际为未知），则仍然可以按照上述两步求解的方法求解，但是边界条件是：

简支端：$w = 0$，$N_s = 0$；

固定端：$w = 0$，$w' = 0$，$s = \frac{1}{k} \frac{dN_s}{dx} = 0$。

如果是两跨连续梁，两个边支座简支，中间支座处的弯矩假设为已知（实际为未知），仍然按照上面的两步求解的方法求解，这时每跨有四个待定系数，两简支端共有四个边界条件，中间支座的位移条件和连续条件为：

$$w_1 = 0, \quad w_2 = 0, \quad w'_1 = w'_2, \quad s_1 = \frac{1}{k} \frac{dN_{s1}}{dx} = s_2 = \frac{1}{k} \frac{dN_{s2}}{dx}$$

另外还有总弯矩相同：

$$-E_s I_0 w''_1 + N_{s1} h_{sc} = -E_s I_0 w''_2 + N_{s2} h_{sc}$$

这样总共有 9 个条件，用以确定包括中间支座弯矩在内的 9 个待定系数。

跨度分别为 l_1 和 l_2 的两跨连续梁采用式（22.26）和式（22.28）求解，将出现 12 个待定系数，边界条件和连续条件为：

$$w_1(0) = 0, \quad w''_1(0) = 0, \quad s'_{01}(0) = 0$$
$$w_2(l_2) = 0, \quad w''_2(l_2) = 0, \quad s'_{02}(l_2) = 0$$

$$w_1(l_1) = 0, \ w_2(0) = 0, \ w'_1(l_1) = w'_2(0), \ s_{01}(l_1) = s_{02}(0)$$
$$N_{s1}(l_1) = N_{s2}(0), \ w''_1(l_1) = w''_2(0)$$

这样总共有 12 个条件，用以确定包括中间支座弯矩在内的 12 个待定系数。

还可以采用滑移 s 作为基本未知量：因为 $q_u = ks = \dfrac{\mathrm{d}N_s}{\mathrm{d}x}$，式（22.35）微分一次得到：

$$\frac{\mathrm{d}^3 N_s}{\mathrm{d}x^3} - \frac{B \cdot k}{E_s A_0 \cdot E_s I_0} \frac{\mathrm{d}N_s}{\mathrm{d}x} = \frac{kh_{sc}}{E_s I_0} V_0 \tag{22.38}$$

$$\frac{\mathrm{d}^2 s}{\mathrm{d}x^2} - \frac{B \cdot k}{E_s A_0 \cdot E_s I_0} s = \frac{h_{sc}}{E_s I_0} V_0 \tag{22.39}$$

式中，V_0 是外荷载剪力。假设集中力作用于跨中，以 s 为未知量进行求解，最后得到微分方程为：

$$\frac{\mathrm{d}^2 s}{\mathrm{d}x^2} - \frac{kA_1}{E_s I_0} s = \frac{h_{sc}}{E_s I_0} \frac{P}{2} \quad (0 \leqslant x \leqslant l/2) \tag{22.40}$$

其中，$A_1 = \dfrac{B}{E_s A_0} = \dfrac{I_0}{A_0} + h_{sc}^2$，$P$ 是跨中集中力。代入对称条件 $s(x=0)=0$ 和边界条件 $s'(x=l/2)=0$ 从而求得 s 表达式，进而求得挠度。

22.2.3 能量法

能量法是有限元分析的基础。下面建立线性分析的总势能。

拉压变形能：
$$\frac{1}{2}\int_0^l (E_s A_s u'^2_{10} + E_c A_c u'^2_{20})\mathrm{d}x \tag{22.41a}$$

弯曲变形能：
$$\frac{1}{2}\int_0^l (E_s I_s + E_c I_c)w''^2 \mathrm{d}x \tag{22.41b}$$

滑移变形能：
$$\frac{1}{2}\int_0^l ks^2 \mathrm{d}x = \frac{1}{2}\int_0^l k(u_{10} - u_{20} + h_{sc}w')^2 \mathrm{d}x \tag{22.41c}$$

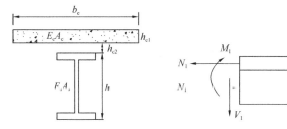

图 22.13 组合梁截面

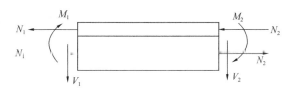

图 22.14 节点力正负号约定

总能量表达式为（截面参数见图 22.13）：

$$\Pi = \frac{1}{2}\int_0^l \left[E_s A_s u'^2_{10} + E_c A_c u'^2_{20} + E_s I_0 w''^2 + k(u_{10} - u_{20} + h_{sc}w')^2\right]\mathrm{d}x$$
$$- \int_0^l qw\,\mathrm{d}x \tag{22.42}$$

上面各式中 N_1 是钢梁部分的拉力，混凝土部分的压力在数值上与之相等。在上面推导时，内弯矩分为钢梁部分和混凝土楼板承受的部分，因此在写外力功时，节点弯矩也分为两部分。节点力的正方向如图 22.14 所示。总势能的一阶变分为：

$$\delta\Pi = \int_0^l \left[E_s A_s u'_{10}\delta u'_{10} + E_c A_c u'_{20}\delta u'_{20} + E_s I_0 w''\delta w''\right.$$
$$\left. + k(u_{10} - u_{20} + h_{sc}w')(\delta u_{10} - \delta u_{20} + h_{sc}\delta w') - q\delta w\right]\mathrm{d}x \tag{22.43}$$

因为组合梁内假设没有轴力，所以

$$E_s A_s u'_{10} + E_c A_c u'_{20} = 0 \tag{22.44}$$

利用上式，钢梁和混凝土内轴力的应变能可以进行转换：

$$\int_0^l (E_s A_s u'_{10} \delta u'_{10} + E_c A_c u'_{20} \delta u'_{20}) \mathrm{d}x = \int_0^l E_s A_0 s'_0 \delta s'_0 \mathrm{d}x \tag{22.45}$$

总势能简化为：

$$\Pi = \frac{1}{2} \int_0^l [E_s A_0 s_0'^2 + E_s I_0 w''^2 + k(s_0 + h_{sc} w')^2 - 2qw] \mathrm{d}x \tag{22.46}$$

如果边界上有力，总势能变分为：

$$\begin{aligned}
\delta\Pi = &\int_0^l [E_s A_0 s'_0 \delta s'_0 + E_s I_0 w'' \delta w'' + k(s_0 + h_{sc} w')(\delta s_0 + h_{sc}\delta w') - q\delta w] \mathrm{d}x - \\
&[V_1 \delta w(0) + V_2 \delta w(l) + (M_{s1} + M_{c1})\delta w'(0) + \\
&(M_{s2} + M_{c2})\delta w'(l) + N_{s1}\delta s_0(0) + N_{s2}\delta s_0(l)]
\end{aligned} \tag{22.47}$$

分部积分后得到：

$$\begin{aligned}
\delta\Pi = &\int_0^l [-E_s A_0 s''_0 + k(s_0 + h_{sc}w')]\delta s_0 \mathrm{d}x + \int_0^l [E_s I_0 w^{(4)} - kh_{sc}(s'_0 + h_{sc}w'') - q]\delta w \mathrm{d}x - \\
&[E_s A_0 s'_0(0) - N_{s1}]\delta s_0(0) + [E_s A_0 s'_0(l) + N_{s2}]\delta s_0(l) - \\
&[kh_{sc}[s_0(0) + h_{sc}w'(0)] - E_s I_0 w'''(0) + V_1]\delta w(0) + [kh_{sc}[s_0(l) + h_{sc}w'(l)] - \\
&E_s I_0 w'''(l) - V_2]\delta w(l)[E_s I_0 w'''(0) + M_{s1} + M_{c1}]\delta w'(0) + \\
&[E_s I_0 w'(l) - M_{s2} - M_{c2}]\delta w'(l)
\end{aligned} \tag{22.48}$$

由变分项的任意性得到：

$$E_s A_0 s''_0 - k(s_0 + h_{sc}w') = 0 \tag{22.49a}$$

$$E_s I_0 w^{(4)} - kh_{sc}(s'_0 + h_{sc}w'') - q = 0 \tag{22.49b}$$

利用能量法的目的之一是要通过变分过程获得求解微分方程时需要的边界条件，从式（22.48）可以得到边界条件如下：

$$E_s A_0 s'_0(0) - N_{s1} = 0 \text{ 或者 } s_0(0) = 0 \tag{22.50a}$$

$$E_s A_0 s'_0(l) + N_{s2} = 0 \text{ 或者 } s_0(l) = 0 \tag{22.50b}$$

$$kh_{sc}[s_0(0) + h_{sc}w'(0)] - E_s I_0 w'''(0) + V_1 = 0 \text{ 或者 } w(0) = 0 \tag{22.50c}$$

$$kh_{sc}[s_0(l) + h_{sc}w'(l)] - E_s I_0 w'''(l) - V_2 = 0 \text{ 或者 } w(l) = 0 \tag{22.50d}$$

$$E_s I_0 w''(0) + M_{s1} + M_{c1} = 0 \text{ 或者 } w'(0) = 0 \tag{22.50e}$$

$$E_s I_0 w''(l) - M_{s2} - M_{c2} = 0 \text{ 或者 } w'(l) = 0 \tag{22.50f}$$

我们发现简支端的总弯矩等于0的条件，被拆分为式（22.50a，e）的两个边界条件。

22.2.4　简支梁情况下的解

可以看到由微元平衡法和能量法得出的关于滑移的微分方程相同，能量法还得到了边界条件表达式。下面针对简支梁承受均布和集中荷载的情况进行求解（图22.15）。

【算例1】承受均布荷载的两端简支组合梁如图22.15(a)所示，式（22.28）改写为：

$$s_0^{(5)} - \rho^2 s'''_0 = q/\gamma \tag{22.51}$$

式中，$\rho^2 = \lambda/\gamma$，上式的通解为：

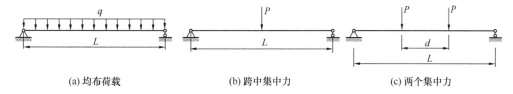

(a) 均布荷载　　　　　　(b) 跨中集中力　　　　　　(c) 两个集中力

图 22.15　组合梁算例

$$s_0 = -\frac{q}{6\lambda}x^3 + C_1\sin\rho x + C_2\cosh\rho x + \frac{1}{2}C_3 x^2 + C_4 x + C_5 \tag{22.52}$$

代入式（22.26），积分一次得到：

$$h_{sc}w = \frac{qx^4}{24\lambda} + \left(\frac{B}{E_sI_0} - 1\right)\frac{C_1\cos\rho x + C_2\sinh\rho x}{\rho} - C_3\frac{x^3}{6} - \left(\frac{C_4}{2} + \frac{qE_sA_0}{2\lambda k}\right)x^2 +$$
$$\left(C_3\frac{E_sA_0}{k} - C_5\right)x + C_6 \tag{22.53}$$

将简支梁的边界条件代入得到：

$$\begin{cases} C_1 = \dfrac{q\gamma}{\rho\lambda^2} \\[2mm] C_2 = -\dfrac{\cosh\rho l - 1}{\sinh\rho l}\cdot\dfrac{q\gamma}{\rho\lambda^2} \\[2mm] C_3 = \dfrac{ql}{2\lambda} \\[2mm] C_4 = \dfrac{q\gamma}{\lambda^2} \\[2mm] C_5 = \dfrac{ql^3 h_{sc}}{24B} + \dfrac{ql}{2\lambda}\dfrac{\gamma}{\lambda} \\[2mm] C_6 = -\dfrac{q}{\lambda}\dfrac{\gamma}{\lambda}\left(\dfrac{E_sA_0}{k} - \dfrac{\gamma}{\lambda}\right) \end{cases} \tag{22.54}$$

跨中挠度为：

$$w = \frac{5ql^4}{384B} + \frac{5ql^4}{384B}\left(\frac{B}{E_sI_0} - 1\right)\frac{384}{5}\frac{1}{\rho^4 l^4}\left[\frac{\rho^2 l^2}{8} + \frac{1}{\cosh 0.5\rho l} - 1\right] \tag{22.55}$$

单位长度上的界面剪力是：

$$q_u = E_sA_0 s_0'' = -E_sA_0\frac{q}{\lambda}x + E_sA_0\rho^2(C_1\sinh\rho x + C_2\cosh\rho x) + E_sA_0 C_3 \tag{22.56a}$$

钢梁内轴力是 $N_s = \int_0^x q_u dx = E_sA_0 s_0'$（因为积分一次而增加的待定系数包含在 s_0' 中），将 s_0' 代入得到：

$$N_s = -E_sA_0\frac{q}{2\lambda}x^2 + E_sA_0\rho(C_1\cosh\rho x + C_2\rho\sinh\rho x) + E_sA_0(C_3 x + C_4) \tag{22.56b}$$

钢梁和混凝土楼板内的剪力分别是：

$$V_s = -E_sI_s w''' + h_{s1}q_u \tag{22.57a}$$
$$V_c = -E_cI_c w''' + h_{c2}q_u \tag{22.57b}$$

下面举一个例子说明界面剪力的分布。钢截面为 $H400mm \times 6mm \times 180mm \times 10/240mm \times 10mm$，混凝土截面为 $3000mm \times 100mm$，C30，$E_s = 206kN/mm^2$，$E_c = 30kN/mm^2$，梁跨 9m。栓钉 $\phi16$，两列，纵向间距 100mm，界面抗剪刚度为：$k = \dfrac{2 \times 85300}{100}\alpha = 1770\alpha N/mm$。式中，$\alpha = 0.5 \sim 8$，引入 α 人为放大界面抗滑移刚度，以考察它的影响。施加荷载 $1N/mm$，图 22.16(a) 给出了界面剪力的计算结果。从图中可见，虽然剪力沿长度线性变化，但是界面剪力在梁端部变化较平缓，特别是在抗滑移刚度较小时。

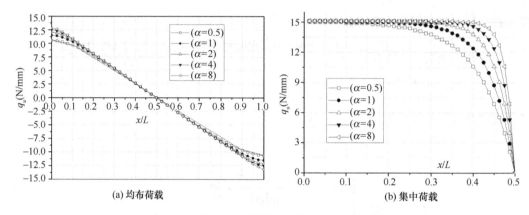

图 22.16　抗滑移刚度不同时界面剪力沿长度的变化

如果栓钉的间距在端部较密，中间较稀，总数不变，则梁的刚度增大，变形减小，因为两端的界面滑移变形较小，已有的研究表明，增大刚度的效果非常明显。

【算例 2】在跨中集中荷载作用下的简支梁 [图 22.15(b)] 的解为：

$$s_0 = C_1 \sinh\rho x + C_2 \cosh\rho x + \frac{1}{2}C_3 x^2 + C_4 x + C_5 \tag{22.58a}$$

$$h_{sc}w = \frac{1}{\rho}\left(\frac{B}{E_sI_0} - 1\right)(C_1 \cosh\rho x + C_2 \sinh\rho x) - \frac{1}{6}C_3 x^3 - \frac{1}{2}C_4 x^2 +$$

$$\left(C_3 \frac{E_sA_0}{k} - C_5\right)x + C_6 \tag{22.58b}$$

此时简支梁有如下边界条件：$w(0) = 0$，$w''(0) = 0$，$w'(0.5l) = 0$，$s_0'(0) = 0$，$s_0(0.5l) = 0$，$kh_{sc}[s_0(0) + h_{sc}w'(0)] - E_sI_0w'''(0) = \dfrac{1}{2}P$。

将通解代入得到：

$$\begin{cases} C_1 = C_4 = C_6 = 0 \\ C_3 = \dfrac{Ph_{sc}}{2B} \\ C_2 = -\dfrac{Ph_{sc}}{2B}\dfrac{1}{(\rho^2\cosh 0.5\rho l)} \\ C_5 = \dfrac{Ph_{sc}}{2\rho^2 B} - \dfrac{1}{8}\dfrac{Ph_{sc}}{2B}l^2 \end{cases} \tag{22.59}$$

跨中挠度为：

$$w = \frac{Pl^3}{48B} + \frac{Pl^3}{48B}\left(\frac{B}{E_s I_0} - 1\right)\frac{3}{(0.5\rho l)^2}\left[1 - \frac{1}{0.5\rho l}\tanh 0.5\rho l\right] \tag{22.60}$$

$$q_u = E_s A_0 s_0'' = E_s A_0\left[\rho^2(C_1\sinh\rho x + C_2\cosh\rho x) + C_3\right] \tag{22.61a}$$

从界面剪力的公式可以看出，虽然跨中作用集中荷载的梁，剪力图是不变的，但是界面剪力沿长度是变化的，如图 22.16(b) 所示，图中显示出集中荷载作用的跨中附近，界面剪力逐步下降，但是刚度越大集中荷载附近下降的速率越快。该图是设集中力是 10kN 计算的。钢梁内的轴力是：

$$N_s = -E_s A_0 \frac{q}{2\lambda}x^2 + E_s A_0\rho(C_1\cosh\rho x + C_2\sinh\rho x) + E_s A_0(C_3 x + C_4) \tag{22.61b}$$

【算例3】 简支梁承受两个相等的集中力［图 22.15(c)］的解为：

取组合梁半跨进行理论分析，半跨中剪跨段长度为 $\frac{1}{2}(l-d)$，纯弯段长度为 $\frac{1}{2}d$，其中 l 为组合梁跨度 3600mm，d 为试件垫梁间距 700mm。假设剪跨段和纯弯段的挠度分别记为 w_1、w_2，混凝土与钢梁的形心相对错动量分别记为 s_1、s_2。挠度和形心错动量的解分别为：

$$w_1 = \frac{1}{h_{sc}}\left[\frac{1}{\rho}\left(\frac{B}{E_s I_0} - 1\right)(C_{11}\cosh\rho x + C_{12}\sinh\rho x) - \frac{1}{6}C_{13}x^3 - \frac{1}{2}C_{14}x^2 + \left(C_{13}\frac{E_s A_0}{K} - C_{15}\right)x + C_{16}\right] \tag{22.62a}$$

$$w_2 = \frac{1}{h_{sc}}\left[\frac{1}{\rho}\left(\frac{B}{E_s I_0} - 1\right)(C_{21}\cosh\rho x + C_{22}\sinh\rho x) - \frac{1}{6}C_{23}x^3 - \frac{1}{2}C_{24}x^2 + \left(C_{23}\frac{E_s A_0}{K} - C_{25}\right)x + C_{26}\right] \tag{22.62b}$$

$$s_1 = C_{11}\sinh\rho x + C_{12}\cosh\rho x + \frac{1}{2}C_{13}x^2 + C_{14}x + C_{15} \tag{22.62c}$$

$$s_2 = C_{21}\sinh\rho x + C_{22}\cosh\rho x + \frac{1}{2}C_{23}x^2 + C_{24}x + C_{25} \tag{22.62d}$$

式中，$C_{11} \sim C_{16}$ 为剪跨段的待定参数，$C_{21} \sim C_{26}$ 为纯弯段的待定参数。

根据试件的约束和加载情况，得到边界条件：

梁端简支：$w_1(0) = 0$，$w_1''(0) = 0$，$s_1'(0) = 0$

剪跨段右端剪力为 $\frac{1}{2}P$：$kh_{sc}\left\{s_1\left[\frac{1}{2}(l-d)\right] + h_{sc}w_1'\left[\frac{1}{2}(l-d)\right]\right\} - E_s I_0 w_1'''\left[\frac{1}{2}(l-d)\right] - \frac{1}{2}P = 0$

纯弯段右端为对称面：$s_2\left(\frac{1}{2}d\right) = 0$，$w_2'\left(\frac{1}{2}d\right) = 0$

纯弯段右端剪力为 0：$kh_{sc}\left[s_2\left(\frac{1}{2}d\right) + h_{sc}w_2'\left(\frac{1}{2}d\right)\right] - E_s I_0 w_2'''\left(\frac{1}{2}d\right) = 0$

连续条件：$s_1\left[\frac{1}{2}(l-d)\right] = s_2(0)$，$s_1'\left[\frac{1}{2}(l-d)\right] = s_2'(0)$；

$w_1'\left[\frac{1}{2}(l-d)\right] = w_2'(0)$，$w_1''\left[\frac{1}{2}(l-d)\right] = w_2''(0)$，$w_1\left[\frac{1}{2}(l-d)\right] = w_2(0)$

求解线性方程组，并代入纯弯段的挠度 w_2 中，得到考虑界面滑移影响的带有纯弯段的组合梁跨中挠度 δ 为：

$$\delta = \frac{Pl^3}{48E_s I_n}\chi_1 + \frac{Pl^3}{48E_s I_n}\frac{3}{(0.5\rho l)^2}\left(\frac{I_n}{I_0}-1\right)\left(1-\frac{d}{l}-\chi_2\right) \tag{22.63a}$$

$$\chi_1 = \left(1-\frac{d}{l}\right)^3 + \frac{3}{2}\left(2-\frac{d}{l}\right)\left(1-\frac{d}{l}\right)\frac{d}{l} \tag{22.63b}$$

$$\chi_2 = \frac{1}{0.5\rho l}\frac{\tanh[0.5\rho(l-d)]}{\cosh(0.5\rho d)+\sinh(0.5\rho d)\tanh[0.5\rho(l-d)]} \tag{22.63c}$$

【算例 4】简支梁承受正弦分布荷载 $q(x)=q_0\sin\frac{\pi x}{l}$，挠度是 $w(x)=w_0\sin\frac{\pi x}{l}$，代入式（22.30）得到：

$$w_0 = \frac{k+\dfrac{\pi^2}{l^2}E_s A_0}{E_s I_0 E_s A_0 \dfrac{\pi^2}{l^2}+kB}\frac{q_0 l^4}{\pi^4} = \frac{(1+\xi_s)}{(\xi_s E_s I_0+B)}\frac{q_0 l^4}{\pi^4}$$

$$= \frac{q_0 l^4}{\pi^4(E_s I_0+\psi E_s A_0 h_{sc}^2)} \tag{22.64a}$$

式中：

$$\xi_s = \frac{\pi^2 E_s A_0}{kl^2} \tag{22.64b}$$

$$\psi = \frac{1}{1+\xi_s} \tag{22.64c}$$

22.2.5　其他边界条件下的解

1. 两端固定梁承受均布荷载

固定梁有如下边界条件：$w(0)=w(l)=0$，$w'(0)=0$，$w'(l)=0$，$s_0(0)=s_0(l)=0$。代入式（22.52）和式（22.53）得到：

$$\begin{cases}
C_1 = \dfrac{ql^3}{\lambda\sinh\rho l}\cdot\dfrac{E_s A_0}{kl^2}\cdot\dfrac{E_s I_0}{B}-\dfrac{\cosh\rho l-1}{\sinh\rho l}C_2 \\[2mm]
C_3 = -\dfrac{Bk}{E_s I_0 E_s A_0}C_2 \\[2mm]
C_4 = \dfrac{ql^2}{\lambda}\left(\dfrac{1}{6}-\dfrac{E_s A_0}{kl^2}\cdot\dfrac{E_s I_0}{B}\right)+\dfrac{Bkl}{2E_s I_0 E_s A_0}C_2 \\[2mm]
C_5 = -C_2 \\[2mm]
C_6 = -\dfrac{1}{\rho}\left(\dfrac{B}{E_s I_0}-1\right)C_1
\end{cases} \tag{22.65a}$$

C_2 由下式求得：

$$-\left[\left(1-\frac{E_s I_0}{B}\right)\left(1-\frac{2(\cosh\rho l-1)}{\rho l\cdot\sinh\rho l}\right)+\frac{kl^2}{12E_s A_0}\right]\frac{B}{E_s I_0}C_2$$

$$= \frac{ql^3}{24\lambda} + \frac{ql^3}{2\lambda} \frac{E_s A_0}{kl^2} \left(1 - \frac{E_s I_0}{B}\right) \left[1 - \frac{2(\cosh\rho l - 1)}{\rho l \sinh\rho l}\right] \tag{22.65b}$$

代入式（22.53）可以得到跨中挠度，这里不再展开。写出总弯矩表达式，经过代入计算发现，每个截面的总弯矩是与实腹梁完全一样的，与是否考虑界面滑移没有关系。

2. 一端固定一端简支梁承受均布荷载

此时的边界条件是：

固定端：$w(0) = 0$，$w'(0) = 0$，$s_0(0) = 0$

简支端：$w(l) = 0$，$w''(l) = 0$，$s_0'(l) = 0$

通解仍然是式（22.52）和式（22.53），得到的待定系数是：

$$\left[-\frac{1}{\rho l}\left(\frac{B}{E_s I_0} - 1\right) - \frac{\cosh\rho l}{\sinh\rho l}\left(1 - \frac{B}{E_s I_0} - \frac{Bkl^2}{3E_s I_0 E_s A_0}\right)\right] C_1$$

$$= \frac{5ql^3}{24\lambda} + \frac{ql E_s A_0}{2\lambda k}\left(1 - \frac{E_s I_0}{B}\right)\left(1 - \frac{2}{\rho^2 l^2} + \frac{2}{\rho l \sinh\rho l}\right) + \frac{ql^3}{3\lambda \rho l \sinh\rho l} \tag{22.66a}$$

$$C_2 = \frac{ql^3}{\lambda \cdot \rho l \sinh\rho l} \cdot \frac{E_s A_0}{kl^2} \cdot \frac{E_s I_0}{B} - \frac{\cosh\rho l}{\sinh\rho l} \cdot C_1 \tag{22.66b}$$

$$C_3 = -\frac{Bk}{E_s I_0 E_s A_0} C_2 \tag{22.66c}$$

$$C_4 = \frac{ql^2}{2\lambda} - \frac{ql^2}{\lambda} \cdot \frac{E_s A_0 E_s I_0}{Bkl^2} + \frac{Bk}{E_s I_0 E_s A_0} C_2 l \tag{22.66d}$$

$$C_5 = -C_2 \tag{22.66e}$$

$$C_6 = -\frac{1}{\rho}\left(\frac{B}{E_s I_0} - 1\right) C_1 \tag{22.66f}$$

研究固端弯矩随界面抗滑移刚度的变化，图 22.17 给出了固端总弯矩随界面抗滑移刚度的变化。实腹梁固端弯矩是 10.125kN·mm，对比图 22.17 可知，固端弯矩随抗滑移刚度变化，在本算例中，刚度参数 $\alpha = 0.1$ 左右时固端弯矩最小，是实腹梁固端弯矩的 0.72 倍。

由此可以推论，总体内力分析也应该考虑界面滑移的影响。但是也要注意到，实际的钢-混凝土组合梁，因为混凝土楼板的开裂，截面的抗弯刚度已经下降，固端弯矩已经卸载一部分到跨中，进一步考虑滑移的影响而导致的弯矩进一步卸。因此考虑到设计计算的简化，内力分析时可以考虑开裂的影响，负弯矩区按纯钢梁建模。

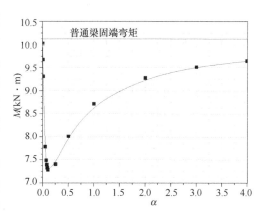

图 22.17 一端固定一端简支梁固端总弯矩
随界面抗滑移刚度的变化

22.3 挠度放大系数和钢与混凝土组合作用系数

22.3.1 考虑界面滑移影响的截面折算抗弯刚度

对均布荷载和跨中集中荷载作用下的简支梁跨中挠度的计算表明，考虑滑移后，跨中的挠度增加，增大系数可以从式（22.55）、式（22.60）和式（22.63）推导出来。记增大系数为 α_m，I 为组合梁截面完全无滑移时截面换算成全钢截面的惯性矩，则

$$\alpha_\mathrm{m} = 1 + \beta\left(\frac{I}{I_0} - 1\right) \tag{22.67}$$

均布荷载作用下：$\beta = \dfrac{384}{5}\dfrac{1}{\rho^4 l^4}\left(\dfrac{\rho^2 l^2}{8} + \dfrac{1}{\cosh 0.5\rho l} - 1\right)$ \qquad (22.68a)

跨中集中荷载作用下：$\beta = \dfrac{3}{(0.5\rho l)^2}\left(1 - \dfrac{\tanh 0.5\rho l}{0.5\rho l}\right)$ \qquad (22.68b)

两个对称荷载作用下：$\beta = \dfrac{1}{\chi_1}\dfrac{3}{(0.5\rho l)^2}\left(1 - \dfrac{d}{l} - \chi_2\right)$ \qquad (22.68c)

设梁跨度 l 为 3600mm，纯弯段长度 d 为 700mm，则系数 β 为：

$$\beta = \frac{3.168}{(0.5\rho l)^2}\left[0.8 - \frac{1}{0.5\rho l}\frac{\tanh(0.4\rho l)}{\cosh(0.1\rho l) + \sinh(0.1\rho l)\tanh(0.4\rho l)}\right] \tag{22.68d}$$

图 22.18 画出了上述 4 个 β，4 个 β 非常接近，并且均可以采用下式很精确地加以近似计算：

$$\beta = \frac{\pi^2}{\pi^2 + \rho^2 l^2} = \frac{1}{1 + I/(\xi_s I_0)} \tag{22.69}$$

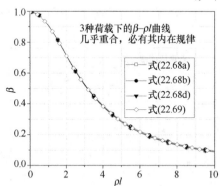

图 22.18 挠度增大系数中参数 β 的对比

式（22.69）是正弦分布荷载 $q = q_0\sin(\pi x/l)$ 下的挠度分析得到的 β 系数。把式（22.64）表示成：

$$w_0 = \alpha_\mathrm{m}\frac{q_0 l^4}{\pi^4 E_s(I_0 + A_0 h_{sc}^2)} \tag{22.70a}$$

$$\alpha_\mathrm{m} = \frac{I_0 + A_0 h_{sc}^2}{I_0 + A_0 h_{sc}^2/(1+\xi_s)} = \frac{(1+\xi_s)I}{\xi_s I_0 + I}$$

$$= 1 + \beta\left(\frac{I}{I_0} - 1\right) \tag{22.70b}$$

可以得到式（22.69）。这反过来又可以得出，简支梁算例 1、算例 2 和算例 3 的跨中挠度都可以采用实腹梁的挠度公式，但是式中的截面抗弯刚度采用式（22.64）得到的公式计算，即

$$\widetilde{B} = E_s(I_0 + \psi A_0 h_{sc}^2) \tag{22.70c}$$

$$\psi = \frac{1}{1+\xi_s} \tag{22.70d}$$

没有任何组合作用的简支梁，截面抗弯刚度是楼板和钢梁截面各自抗弯刚度的和：

$$E_s I_0 = E_s I_s + E_c I_c \tag{22.71}$$

完全充分组合的梁，界面滑移的影响可以忽略，此时截面类似实腹梁，截面的抗弯刚度为：

$$B = E_s I = E_s I_s + E_c I_c + \frac{E_s A_s E_c A_c}{E_s A_s + E_c A_c} h_{sc}^2$$

$$= E_s I_0 + E_s A_0 h_{sc}^2 = E_s (I_0 + A_0 h_{sc}^2) \tag{22.72}$$

其中第二项 $A_0 h_{sc}^2 = \dfrac{A_s \cdot A_c / \alpha_E}{A_s + A_c / \alpha_E} h_{sc}^2$ 是桁架上下弦（混凝土楼板作为上弦，钢截面作为下弦）组成的截面的惯性矩。对比上述三式可知，ψ 是因为界面存在滑移而自然推导出来的对桁架作用的折减，ψ 的值在 0（无组合）～1.0（完全组合）之间变化。

记 n_s 为栓钉的列数，K_v^s 是一个栓钉的抗滑移刚度，p_{stud} 为栓钉-栓钉的纵向间距。引入记号：

$$k = \frac{n_s K_v^s}{p_{stud}} \tag{22.73a}$$

$$\xi_s = \frac{\pi^2 E_s A_0}{k l^2} \tag{22.73b}$$

当没有栓钉时没有组合作用，$k = 0$、$\xi_s = \infty$ 时，$\psi = 0$；当剪切面抗滑移刚度 k 无穷大时，$\xi_s \to 0$、$\psi = 1$，表示完全组合。因为

$$\xi_s = \frac{\pi^2 E_s A_0}{n_s K_v^s l^2 / p_{stud}} = \frac{\pi^2 E_s A_0}{n_s 1.535 N_v^s l^2 / p_{stud}} \approx 0.65 \frac{\pi^2 E_s A_0}{n_s N_v^s l^2 / p_{stud}} = 0.65 \pi^2 \xi \tag{22.74}$$

$\xi = \dfrac{E_s A_0}{n_s N_v^s l^2 / p_{stud}}$ 是钢结构设计规范采用栓钉承载力的设计值定义的参数。折减的刚度计算公式为：

$$\widetilde{B} = E_s (I_0 + \psi A_0 h_{sc}^2) \tag{22.75a}$$

$$\psi = \frac{1}{1 + 6.5\xi} \tag{22.75b}$$

需要指出的是，上述的刚度折减系数，理论上只能应用于挠度的计算，用于进行超静定连续梁的内力分析是不可以的。但是出于简化计算，实用上也允许采用这个折减的刚度应用于正弯矩区段，对连续梁的弯矩进行分析。

22.3.2 考虑界面剪应力不均匀分布的简支梁截面抗弯刚度

在将上述公式应用于实际组合梁计算时考虑到如下的情况：使用极限状态的荷载已经是极限荷载的 50%～70%，栓钉是均匀分布的，按照图 22.16(a) 所示的界面剪应力分布，端部界面的栓钉已经进入承载力的后期阶段，非线性比较严重，而跨中的栓钉受力还比较小。由此判断，实际工程的栓钉刚度是不均匀的，假设端部是中间的 1/3，则可以假设：

$$k = \frac{2}{3} k_0 \left(1 - \frac{1}{2} \cos \frac{2\pi x}{l}\right) \tag{22.76}$$

式中，k_0 是跨中截面栓钉抗滑移刚度。再一次利用式（22.46），假设 $q = q_0 \sin \dfrac{\pi x}{l}$，$s = s_0 \cos \dfrac{\pi x}{l}$，$w = w_0 \sin \dfrac{\pi x}{l}$，采用能量法就可以得到：

$$w_0 = \frac{q_0 l^4}{\pi^4 E_s [I_0 + A_0 h_{sc}^2 / (1 + 2\xi_s)]} \tag{22.77a}$$

$$s_0 = -\frac{q_0 h_{sc} l^3}{\pi^3 E_s [I_0(1+2\xi_s) + A_0 h_{sc}^2]} \tag{22.77b}$$

$$\xi_s = \frac{\pi^2 E_s A_0}{k_0 l^2} \tag{22.77c}$$

即 ψ 系数还可能需要考虑使用极限状态受力较大栓钉的非线性的影响。由此引入 $\chi > 1$ 的系数:

$$\psi = \frac{1}{1+\chi\xi_s} = \frac{1}{1+6.5\chi\xi} \tag{22.78}$$

在下面与试验结果的对比中,国内的试验结果中挠度的数值在 $P/P_u = 0.71 \sim 0.77$ 之间读取,此时宏观的非线性已经部分开展,跨中是混凝土楼板本身的非线性,而端部界面,栓钉附近混凝土的非线性开展更加严重,抗滑移割线刚度已经下降,此时取:

$$K_{0.75} = 0.55 \times 0.66 A_s \sqrt{f_c E_{cm}} \quad (量纲\ N/mm) \tag{22.79}$$

文献 [16] 取 $0.66 N_v^s$(规范规定的设计值)作为栓钉的抗滑移刚度。因此根据荷载大小取不同的值:

$$P/P_u = 0.45 \sim 0.5:\ \xi_s = \frac{\pi^2 E_s A_0}{n_s K_{0.5} l^2 / p_{stud}} = 0.8\frac{\pi^2 E_s A_0}{n_s N_v^s l^2 / p_{stud}} = 0.8\pi^2\xi \tag{22.80a}$$

$$P/P_u = 0.7 \sim 0.75:\ \xi_s = \frac{\pi^2 E_s A_0}{n_s K_{0.75} l^2 / p_{stud}} = 1.2\frac{\pi^2 E_s A_0}{n_s N_v^s l^2 / p_{stud}} = 1.2\pi^2\xi \tag{22.80b}$$

在下面的试验结果的对比中,钢与混凝土的组合作用系数取为:

$$P/P_u = 0.45 \sim 0.5:\ \widetilde{B}_{0.5} = E_s(I_0 + \psi_{0.5} A_0 h_0^2),\ \psi_{0.5} = \frac{1}{1+8\xi} \tag{22.81a}$$

$$P/P_u = 0.7 \sim 0.75:\ \widetilde{B}_{0.75} = E_s(I_0 + \psi_{0.75} A_0 h_0^2),\ \psi_{0.75} = \frac{1}{1+12\xi} \tag{22.81b}$$

栓钉抗滑移刚度如何确定,尚没有标准,利用确定好的抗滑移刚度对组合梁的挠度进行比较,反过来校正抗滑移刚度,这种方法把其他导致挠度不符合的因素都归结到了抗滑移刚度上,例如钢梁腹板因为承受较大的剪应力而出现不能忽略的剪切变形(可达 10% 的总挠度),再例如,混凝土在使用极限状态的应力超过 $0.4 f_{pr}$ 就会出现弹性模量的下降,而且混凝土离开中性轴越远,对组合梁抗弯刚度的影响越大。

22.3.3　与试验结果比较

下面将本节推导的公式、规范公式与来自文献 [10] 和文献 [16] 的挠度试验结果进行比较,见表 22.5,其中后面的 6 个试件是文献 [10] 的。本节公式的误差如图 22.19 所示,由图可见,相对于规范公式,本节公式的精度有一定的改善,而且公式形式更加简化。

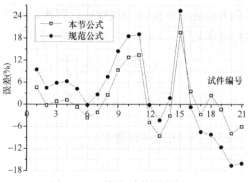

图 22.19　挠度计算误差对比

表 22.5 本节公式与文献 [10] 和 [16] 试验结果的对比

试件编号	$f_{cu,k}$	E_c (N/mm²)	栓钉刚度 (N/mm)	栓钉纵向间距 (mm)	列数	栓钉直径 (mm)	混凝土截面积 (mm²)	钢截面	滑移刚度 (N/mm²)	试件长度 (mm)	荷载形式	破坏形式	参数 ξ	参数 ψ	挠度值对应的荷载 P (kN)	与极限荷载之比 P/P_u	换算刚度（按照规范）(N/mm²)	换算刚度（按照本节）(N/mm²)	试验挠度 (mm)	挠度（按照规范）(mm)	挠度（按照本节）(mm)	误差（规范）(%)	误差（本节）(%)
A-1	29.44	29597	79071.7	144.78	2	19.05	152.4×1219.2		1092.301	5486.4	集中	弯曲	0.039615	0.759349	227.79	0.54	8.52019×10¹³	8.92128×10¹³	8.4	9.2	8.78	9.502	4.579
A-2	34.20	31107	87367.65	158.75	2	19.05	152.4×1219.2		1100.695	5486.4	集中	弯曲	0.03977	0.758634	225.14	0.51	8.62318×10¹³	9.03075×10¹³	8.6	8.98	8.58	4.45	−0.26
A-3	24.54	27672	69811.37	177.8	2	19.05	152.4×1219.2		785.2797	5486.4	集中	弯曲	0.05421	0.697507	225.14	0.51	7.95695×10¹³	8.35414×10¹³	9.2	9.73	9.27	5.813	0.782
A-4	31.44	30269	82634.52	215.9	2	19.05	152.4×1219.2		765.4889	5486.4	集中	弯曲	0.056826	0.68747	224.45	0.44	8.07787×10¹³	8.4809×10¹³	9	9.56	9.11	6.22	1.172
A-5	43.09	33275	101432.9	274.32	2	19.05	152.4×1219.2		739.5227	5486.4	集中	弯曲	0.060085	0.675365	225.92	0.49	8.1981×10¹³	8.60545×10¹³	9.1	9.48	9.03	4.191	−0.74
A-6	41.71	32983	99357.71	377.95	2	19.05	152.4×1219.2	H304.8×152.4×0.2×8.2	525.7689	5486.4	集中	栓钉	0.084351	0.597082	225.14	0.54	7.76022×10¹³	8.03981×10¹³	10	9.98	9.63	−0.18	−3.66
B-1	41.37	32907	98833.36	274.32	2	19.05	152.4×1219.2		720.5598	5486.4	集中	弯曲	0.061517	0.67018	225.92	0.47	8.14315×10¹³	8.54472×10¹³	9.3	9.55	9.1	2.638	−2.19
C-1	37.51	31998	92298.93	274.32	2	19.05	152.4×1219.2		676.5743	5486.4	集中	弯曲	0.065114	0.657502	225.14	0.51	8.00996×10¹³	8.39536×10¹³	9	9.67	9.23	7.448	2.516
D-1	33.99	31047	38675.34	120.65	2	12.7	152.4×1219.2		641.1162	5486.4	集中	弯曲	0.068249	0.646835	225.63	0.50	7.88799×10¹³	8.25684×10¹³	8.6	9.84	9.4	14.43	9.321
E-1	52.12	34895	50774.01	120.65	2	12.7	152.4×1219.2		841.6744	5486.4	集中	弯曲	0.053329	0.700954	224.45	0.44	8.46379×10¹³	8.89228×10¹³	7.7	9.12	8.68	18.49	12.78
F-1	35.713	31529.5	89888.78	215.9	2	19.05	152.4×1219.2		832.689	5486.4	集中	弯曲	0.052731	0.70331	225.92	0.47	8.26493×10¹³	8.67985×10¹³	7.9	9.4	8.96	19.05	13.36

续表

试件编号	$f_{cu,k}$ (N/mm²)	E_c (N/mm²)	栓钉刚度 (N/mm)	栓钉纵向间距 (mm)	列数	栓钉直径 (mm)	混凝土截面积 (mm²)	钢截面	滑移刚度 (N/mm²)	试件长度 (mm)	荷载形式	破坏形式	参数 ξ	参数 ψ	挠度值对应的荷载 P (kN)	与极限荷载之比 P/Pu	换算刚度(按照规范)(N/mm²)	换算刚度(按照本节)(N/mm²)	试验挠度 (mm)	挠度(按照规范)(mm)	挠度(按照本节)(mm)	误差(规范)(%)	误差(本节)(%)
U-1	41.64	32968	99253.02	215.9	2	19.05	152.4× 1219.2		919.4351	5486.4	均布	弯曲	0.048231	0.721581	448.91	0.44	8.48336 ×10¹³	8.90729 ×10¹³	11.4	11.4	10.8	−0.19	−4.94
U-2	40.88	32800	98095.44	161.93	2	19.05	152.4× 1219.2	H304.8 ×152.4	1211.613	5486.4	均布	弯曲	0.036559	0.773709	448.91	0.44	8.85293 ×10¹³	9.25891 ×10¹³	11.4	10.9	10.4	−4.35	−8.55
U-3	40.81	32785	97989.67	215.9	2	19.05	152.4× 1219.2	×10.2	907.732	5486.4	均布	弯曲	0.048793	0.719245	455.77	0.46	8.4553 ×10¹³	8.87835 ×10¹³	11.4	11.6	11	1.675	−3.17
U-4	42.95	33246	101227	283.46	2	19.05	152.4× 1219.2	×18.2	714.2138	5486.4	均布	弯曲	0.062203	0.667725	446.75	0.46	8.14942 ×10¹³	8.55016 ×10¹³	9.4	11.8	11.2	25.4	19.53
BⅠ1	29.75	29705	56175.24	270	2	16	100× 700		416.1129	4500	两点	弯曲	0.079641	0.511327	122.58	0.74	2.41935 ×10¹³	2.32016 ×10¹³	15.2	15.1	15.7	−0.77	3.468
BⅠ2	30.35	29910	56934.21	210	2	16	100× 700	H250 ×160	542.2306	3800	两点	弯曲	0.085898	0.492422	146.23	0.76	2.40137 ×10¹³	2.28474 ×10¹³	11.8	10.9	11.5	−7.5	−2.78
BⅠ3	29.55	29636	55920.57	180	2	16	100× 700	×7	621.3396	3000	两点	弯曲	0.119915	0.410007	193.53	0.77	2.35401 ×10¹³	2.11088 ×10¹³	7.9	7.25	8.09	−8.21	2.357
BⅡ1	29.25	29531	55536.95	180	2	16	100× 700	×10	617.0773	3000	两点	弯剪	0.120604	0.408622	183.73	0.74	2.35262 ×10¹³	2.10646 ×10¹³	7.8	6.89	7.69	−11.7	−1.37
BⅡ2	31.5	30288	58368.34	180	2	16	100× 700		648.5371	3000	两点	纵剪	0.115692	0.418707	169.78	0.72	2.36372 ×10¹³	2.13859 ×10¹³	7.6	6.34	7	−16.6	−7.87
BⅡ3	28.85	29388	55022.44	180	2	16	100× 700		611.3605	3000	两点	纵剪	0.121541	0.406754	158.84	0.71	2.35083 ×10¹³	2.10048 ×10¹³	7.1	5.96	6.67	−16.1	−6.06

注1. 两点加载，加载点均离开支座 0.354l；

2. 钢材的弹性模量均为 206000N/mm²；

3. 试件尺寸均按照名义尺寸计算；

4. 混凝土弹性模量均根据《混凝土结构设计规范》GB 50010—2010 的公式，按立方体强度计算。

对表 22.5 中数据进行分析得到如下统计数据：

$$\bar{x} = \frac{1}{21} \sum_{i=1}^{21} \left(\frac{v_{\text{theory}}}{v_{\text{test}}} \right)_i = 1.013 \tag{22.82a}$$

$$\sigma = \sqrt{\frac{1}{21-1} \left[\left(\frac{v_{\text{theory}}}{v_{\text{test}}} \right)_i - \bar{x} \right]^2} = 0.0726 \tag{22.82b}$$

而按照规范的公式计算：

$$\bar{x} = \frac{1}{21} \sum_{i=1}^{21} \left(\frac{v_{\text{GB 50017}}}{v_{\text{test}}} \right)_i = 1.026 \tag{22.83a}$$

$$\sigma = \sqrt{\frac{1}{21-1} \left[\left(\frac{v_{\text{GB 50017}}}{v_{\text{test}}} \right)_i - \bar{x} \right]^2} = 0.118 \tag{22.83b}$$

22.3.4 非简支边界条件下的应用

在第 22.2.5 节推导了两端固定和一端固定一端简支的承受均布荷载的组合梁的位移，经过计算发现，式（22.77）的钢截面与混凝土截面组合作用系数的表达式仍然有效，但是其参数 ξ_s 的计算式中的 l 要进行修改。

两端固定梁：l 要改为 $0.5l$；一端固定一端简支梁：l 要改为 $0.7l$。图 22.20 给出了近似计算公式和精确解的对比，可见非常吻合。

22.3.5 一个完全组合塑性设计简支梁的变形算例及其评论

简支组合次梁，长 9m，次梁间距 3m，楼板 100mm 厚，C25 混凝土，栓钉直径为 19mm，长 85mm，在钢梁上布置 1 列，栓钉纵向间距 200mm。施工时下部有临时支撑。

先加恒荷载（混凝土）$q_{d1} = 2.7\text{kN/m}^2$，附加恒荷载（装修层、找平层、管道等）$q_{d2} = 1.5\text{kN/m}^2$，准永久活荷载 $q_{L1} = 2.0\text{kN/m}^2$（含分隔墙 1kN/m^2），短期活荷载 $q_{L2} = 1.0\text{kN/m}^2$。

钢梁尺寸和钢截面性质：H350×6×150×10（上翼缘）×250×10（下翼缘），Q345B，钢截面形心到上翼缘边距 203.43mm，钢截面形心到下翼缘边距 146.57mm。钢截面面积 $A_s = 5980\text{mm}^2$，钢截面惯性矩 $I_s = 128.74 \times 10^6 \text{mm}^4$。弯矩设计值 280.7kN·m，剪力设计值 $Q = 124.7\text{kN}$。

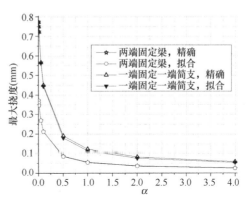

图 22.20 超静定梁最大挠度对比

组合梁截面塑性设计：楼板有效宽度内达到全部受压承载力的压力为 1606.50kN，钢截面全部受拉屈服的拉力为 1853.80kN，经过判断，中和轴在钢梁上翼缘内。

钢梁受拉部分截面形心到钢梁底面的距离为 131.67mm，钢梁受压部分高度为 2.66mm，钢受拉区形心到混凝土截面形心的距离为 268.33mm，钢受拉区形心到钢受压部分形心的距离为 217mm，钢截面受压部分面积为 398.9mm^2，钢截面受拉部分面积为 5581.1mm^2，组合截面塑性极限弯矩是 $M_p = 457.91\text{kN·m}$，钢截面腹板抗剪承载力是 354.38kN，抗弯承载力和抗剪承载力均满足要求。

计算栓钉用的界面剪力为 1606.50kN，栓钉按照混凝土破坏的抗剪承载力为

70.37kN，栓钉杆身的抗剪承载力为 71.26kN，因此取 70.37kN 作为栓钉抗剪承载力，完全组合需要的半跨栓钉的总数为 22 颗，栓钉间距为 200mm，则 9000/200＝45 颗，正好满足完全抗剪的要求。

变形计算：因为是使用阶段的验算，计算楼板有效宽度是按照 $L/6$ 时的规则，无需考虑 6 倍混凝土楼板厚度的规则。组合梁截面性质分两部分：长期恒荷载作用和短期荷载作用。

考虑徐变影响的截面性质：混凝土截面换算成钢截面采用的弹性模量比是 206000/28000×2＝14.714，此时中和轴在钢梁内，按照完全组合，换算成钢截面的惯性矩 $I＝442.69×106\text{mm}^4$，滑移系数计算中间量 $A_0＝4623.8\text{mm}^2$，$I_0＝145.73×106\text{mm}^4$，$\zeta＝\dfrac{EA_0 p_{\text{stud}}}{n_s N_v^s l^2}＝0.0334$，$\zeta＝0.2369$，截面抗弯刚度滑移折减系数 $1/(1+\zeta)＝0.8084$，截面折算惯性矩为 $359.47×10^6\text{mm}^4$。

按照式（22.75）计算的组合作用系数为 0.822，组合截面折算惯性矩为 $389.70×10^6\text{mm}^4$，比规范高 8.4%。

短期荷载下组合梁的截面性质：

此时中和轴在混凝土中扣除拉区混凝土作用（短期作用），按照完全组合计算的折算成钢截面的惯性矩 $I＝496.83×10^6\text{mm}^4$。滑移系数计算中间量 $A_0＝5061.4\text{mm}^2$，$I_0＝146.66×10^6\text{mm}^4$，$\zeta＝\dfrac{EA_0 p}{n_s K l^2}＝0.0366$，$\zeta＝0.2699$，截面抗弯刚度的滑移折减系数 $1/(1+\zeta)＝0.7875$，按照规范，折减后的截面惯性矩为 $391.23×10^6\text{mm}^4$。

按照式（22.75）计算的组合作用系数为 0.808，组合截面折算惯性矩为 $429.56×10^6\text{mm}^4$，比规范高 9.8%。

本算例是完全组合，考虑滑移的影响后，刚度的折减不应该太大，但是按照规范公式，刚度减小比例达到 19.16% 和 21.25%，按照本章公式扣减比例为 11.97% 和 13.54%，与国外的大量试验得到的结果接近（文献 [13]）。

本算例按照上述规范刚度计算得到的挠度为 23.74mm，按照式（22.75）的刚度计算得到的挠度是 21.78mm，均满足次梁挠度不要超过跨度的 1/250（＝36mm）的要求。

在上述算例中，楼板的有效宽度直接影响组合截面的大小，从而影响挠度的大小。欧洲 Eurocode 4 组合结构设计规范（2004 年）和美国 AISC 的钢结构设计规范（2005 年）均规定有效宽度为每侧 $L/8$，且不再加钢梁上翼缘宽度。我国规范规定有效截面为梁每侧取 $L/6$，且还要加钢梁上翼缘宽度，远大于欧美规范。幸好我国还有 6 倍的楼板高度作为有效宽度的限值，对强度计算一般没有偏不安全的结果，但是对于使用阶段的挠度验算，计算出来的挠度要偏大。挠度计算最好采用 $L/8$ 规则计算混凝土楼板的有效宽度。这个问题下一章展开研究。

22.4　考虑钢梁剪切变形影响的滑移组合梁理论

22.4.1　基本理论和方程

组合梁的剪力被要求仅由钢梁承担，而组合梁中的钢梁比纯钢梁要小很多，这导致剪切变形影响在组合梁中比纯钢梁中大得多。因此有必要建立包含钢梁剪切变形影响的组合梁理论，清晰地把剪切变形分离出来。

考虑剪切变形后钢梁挠度由两部分组成，$w = w_b + w_s$。剪切变形不引起纵向位移，所以钢梁的剪切变形并不会使界面滑移量增加。钢梁上表面和楼板下表面的水平位移分别为：

$$u_1 = u_{10} + h_{s1} w'_b \tag{22.84a}$$
$$u_2 = u_{20} - h_{c2} w' = u_{20} - h_{c2}(w'_b + w'_s) \tag{22.84b}$$

界面滑移和界面剪力分别为：

$$s = u_1 - u_2 = u_{10} - u_{20} + h_{s1} w'_b + h_{c2}(w'_b + w'_s)$$
$$= s_0 + h_{sc} w'_b + h_{c2} w'_s \tag{22.85}$$
$$q_u = ks = k(s_0 + h_{sc} w'_b + h_{c2} w'_s) \tag{22.86}$$

其中混凝土不考虑竖向剪切变形，所以钢梁和混凝土截面的轴力和弯矩为：

$$\begin{cases} M_s = -E_s I_s w''_b \\ N_s = E_s A_s u'_{10} \\ M_c = -E_s I_c w'' \\ N_c = E_c A_c u'_{20} \end{cases} \tag{22.87}$$

钢梁截面剪力为 V_s，混凝土截面剪力为 V_c，由微段平衡可以得到：

$$\begin{cases} \dfrac{dM_s}{dx} = V_s - h_{s1} q_u \\[2mm] \dfrac{dV_s}{dx} = -r \\[2mm] \dfrac{dN_s}{dx} = q_u \end{cases} \tag{22.88a}$$

$$\begin{cases} \dfrac{dM_c}{dx} = V_c - h_{c2} q_u \\[2mm] \dfrac{dV_c}{dx} = -q + r \\[2mm] \dfrac{dN_c}{dx} = -q_u \end{cases} \tag{22.88b}$$

$$\frac{dV}{dx} = \frac{d}{dx}(V_s + V_c) = -q \tag{22.89}$$

$$\begin{cases} \dfrac{dM_s}{dx} = V_s - h_{s1} q_u = -E_s I_s w'''_b \\[2mm] \dfrac{dN_s}{dx} = q_u = E_s A_s u''_{10} \end{cases} \tag{22.90a}$$

$$\begin{cases} \dfrac{dM_c}{dx} = V_c - h_{c2} q_u = -E_c I_c w''' \\[2mm] \dfrac{dN_c}{dx} = -q_u = E_c A_c u''_{20} \end{cases} \tag{22.90b}$$

进一步化简得到：

$$-E_s I_0 w'''_b - E_c I_c w'''_s = V - q_u h_{sc} \tag{22.91a}$$

$$E_s A_s E_c A_c (u''_{10} - u''_{20}) = q_u (E_s A_s + E_c A_c) \tag{22.91b}$$

求导并化简，得到：

$$E_s I_0 w'''_b + E_c I_c w'''_s - q'_u h_{sc} = q \tag{22.92a}$$

$$E_s A_0 s''_0 = q_u \tag{22.92b}$$

钢梁考虑剪切变形后，剪切挠度与剪力的关系为：

$$V_s = \frac{GA_s}{k_s} \gamma = S\gamma = S \frac{\mathrm{d}w_s}{\mathrm{d}x} \tag{22.92c}$$

因此有：

$$S w'_s = -E_s I_s w'''_b + h_{s1} q_u \tag{22.92d}$$

将 $q_u = E_s A_0 s''_0$ 代入得：

$$S w'_s = -E_s I_s w'''_b + h_{s1} E_s A_0 s''_0 \tag{22.92e}$$

微分方程 1——式（22.92a）消去 w_s，得到：

$$-E_c I_c E_s I_s w_b^{(6)} + (SE_s I_0 + kE_s I_s h_{c2} h_{sc}) w_b^{(4)}$$
$$-S k h_{sc}^2 w''_b + E_c I_c E_s A_0 h_{s1} s_0^{(5)} - kE_s A_0 h_{s1} h_{c2} h_{sc} s''_0 - S k h_{sc} s'_0 = Sq \tag{22.93a}$$

微分方程 2——式（22.86）与式（22.92b）联合消去 w_s，得到：

$$(S - k h_{s1} h_{c2}) E_s A_0 s''_0 - S k s_0 - S k h_{sc} w'_b + E_s I_s k h_{c2} w'''_b = 0 \tag{22.93b}$$

设微分算子：

$$L_{11} = -E_c I_c E_s I_s \frac{\mathrm{d}^6}{\mathrm{d}x^6} + (SE_s I_0 + k h_{c2} h_{sc} E_s I_s) \frac{\mathrm{d}^4}{\mathrm{d}x^4} - S k h_{sc}^2 \frac{\mathrm{d}^2}{\mathrm{d}x^2} \tag{22.94a}$$

$$L_{21} = k h_{c2} E_s I_s \frac{\mathrm{d}^3}{\mathrm{d}x^3} - S k h_{sc} \frac{\mathrm{d}}{\mathrm{d}x} \tag{22.94b}$$

$$L_{12} = -S k h_{sc} \frac{\mathrm{d}}{\mathrm{d}x} - kE_s A_0 h_{s1} h_{c2} h_{sc} \frac{\mathrm{d}^3}{\mathrm{d}x^3} + E_c I_c E_s A_0 h_{s1} \frac{\mathrm{d}^5}{\mathrm{d}x^5} \tag{22.94c}$$

$$L_{22} = (S - k h_{s1} h_{c2}) E_s A_0 \frac{\mathrm{d}^2}{\mathrm{d}x^2} - S k \tag{22.94d}$$

两个微分方程就简记为：

$$L_{11} w_b + L_{12} s_0 = Sq \tag{22.95a}$$

$$L_{21} w_b + L_{22} s_0 = 0 \tag{22.95b}$$

在上面两式中消去 s_0，得到 $(L_{11} L_{22} - L_{12} L_{21}) w_b = L_{22} qS$，展开和化简得到：

$$\frac{\mathrm{d}^8 w_b}{\mathrm{d}x^8} - \left[\frac{SE_s I_0}{E_c I_c E_s I_s} + k \left(\frac{h_{c2}^2}{E_c I_c} + \frac{h_{s1}^2}{E_s I_s} \right) \right] \frac{\mathrm{d}^6 w_b}{\mathrm{d}x^6} + \frac{kSE_s I}{E_c I_c E_s I_s E_s A_0} \frac{\mathrm{d}^4 w_b}{\mathrm{d}x^4}$$
$$= \frac{1}{E_c I_c E_s I_s} \left[\frac{kS}{E_s A_0} q - (S - k h_{s1} h_{c2}) \frac{\mathrm{d}^2 q}{\mathrm{d}x^2} \right] \tag{22.96}$$

从上式先求 w_b，再求 s_0，然后求得 w_s。

22.4.2　考虑界面滑移和钢梁剪切变形的折算刚度

假设荷载是 $q = q_0 \sin \dfrac{\pi x}{l}$，则 $w_b = w_{b0} \sin \dfrac{\pi x}{l}$，$s_0 = s_{m0} \cos \dfrac{\pi x}{l}$，$w_s = w_{s0} \sin \dfrac{\pi x}{l}$，代入式（22.96）得到：

$$\left\{ \frac{\pi^4}{l^4} + \frac{\pi^2}{l^2} \left[\frac{SE_s I_0}{E_c I_c E_s I_s} + k \left(\frac{h_{c2}^2}{E_c I_c} + \frac{h_{s1}^2}{E_s I_s} \right) \right] + \frac{kSE_s I}{E_c I_c E_s I_s E_s A_0} \right\} \frac{\pi^4}{l^4} w_{b0}$$

$$= \frac{q_0}{E_c I_c E_s I_s} \left[\frac{kS}{E_s A_0} + (S - h_{s1} h_{c2}) \frac{\pi^2}{l^2} \right] \tag{22-97}$$

代入式（22.93b）和式（22.92e）得：

$$\left[\frac{\pi^2}{l^2} (S - k h_{s1} h_{c2}) E_s A_0 + Sk \right] s_{m0} = \frac{\pi k}{l} \left(S h_{sc} + \frac{\pi^2}{l^2} E_s I_s h_{c2} \right) w_{b0} \tag{22-98a}$$

$$S w_{s0} = \frac{\pi^2}{l^2} E_s I_s w_{b0} - \frac{\pi}{l} h_{s1} E_s A_0 s_{m0} \tag{22-98b}$$

最后得到总挠度 $w_0 = w_{b0} + w_{s0}$：

$$w(0) = \frac{1 + \dfrac{\pi^2 E_s A_0}{(1+\Phi_s)(1+\xi_s) S l^2} h_{s1}^2}{\left(E_c I_c + \dfrac{E_s I_s}{1+\Phi_s} \right) + \dfrac{1}{(1+\Phi_s)(1+\xi_s)} \left[1 + \left(\dfrac{h_{s1}^2 E_c I_c + h_{c2}^2 E_s I_s}{h_{sc}^2} \right) \dfrac{\pi^2}{Sl^2} \right] h_{sc}^2 E_s A_0} \cdot \frac{l^4}{\pi^4}$$

$$= \frac{q l^4}{\pi^4 \widetilde{B}} \tag{22.99}$$

故组合梁考虑了界面滑移（参数 $\xi_s = \dfrac{\pi^2 E_s A_0}{k l^2}$）和钢梁剪切变形，折减后刚度为：

$$B' = E_c I_c + \frac{(1+\xi) E_s I_s + E_s A_0 (h_{sc}^2 + \Phi_s h_{c2}^2)}{(1+\Phi_s)(1+\xi) + \psi_s} \tag{22.100a}$$

$$\Phi_s = \frac{\pi^2 E_s I_s}{S l^2} \tag{22.100b}$$

$$\psi_s = \frac{\pi^2 E_s A_0 h_{s1}^2}{S l^2} \tag{22.100c}$$

式（22.100a）是一个广泛适用（不同荷载和不同边界条件）的折算刚度公式。这个式子表明，钢梁刚度本身以及混凝土楼板和钢梁的轴压刚度构成的桁架刚度都受到钢梁剪切变形的影响。式子揭示了各个变形分量之间难以用文字描述的相互作用。

22.4.3 算例验证和另一种简化

对上述结果套用钢截面 H600×10×200×10/300×25，混凝土 C30，截面 3000mm×100mm 算例，跨度 9m，荷载是 1kN/m，得到各挠度、界面剪力 q_u 及内力图沿跨度分布如图 22.21 所示，结论是：

（1）可见剪切变形占总挠度的比例达 10%；

（2）楼板分担的剪力为 10%；

（3）楼板分担的弯矩可以忽略不计。

算例分析发现，w_s 随滑移刚度 k 的变化很小，因此可以假设 $k=\infty$ 进行求解，把获得的 w_s 作为剪切挠度应用于 k 是任意有限值的情况，得到的公式是：

$$w_s = \frac{(E_s I_s + E_s A_0 h_{s1} h_{sc}) q l^2}{8 B S} \tag{22.101}$$

算例还发现，w_b 与不考虑钢梁剪切变形的挠度（即本章第 2 节的理论）很接近，因而可以用本章第 2 节公式计算。于是总挠度就可以将这两部分相加获得。

$$w = w_b + w_s = \frac{5 q l^4}{384 \widetilde{B}} + \frac{5 q l^4}{384 B} \cdot \frac{9.6 (E_s I_s + E_s A_0 h_{s1} h_{sc})}{S l^2}$$

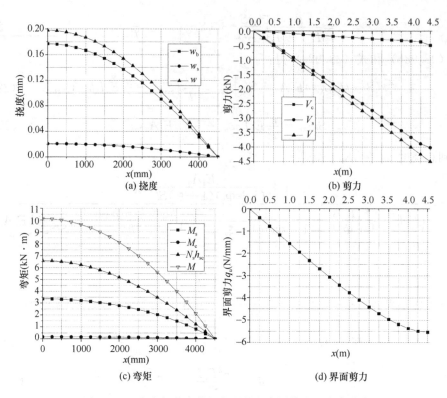

图 22.21　考虑钢截面剪切变形的组合梁挠度和内力分布

$$= \frac{5ql^4}{384\widetilde{B}}\left[1 + \frac{\widetilde{B}}{B} \cdot \frac{9.6(E_s I_s + E_s A_0 h_{s1} h_{sc})}{Sl^2}\right] \quad (22.102)$$

从而获得折算刚度的第二种表达式:

$$\widetilde{B}' = \frac{E_s(I_0 + \psi A_0 h_{sc}^2)}{\left[1 + \dfrac{\widetilde{B}}{B} \cdot \dfrac{\pi^2(E_s I_s + E_s A_0 h_{s1} h_{sc})}{Sl^2}\right]} \quad (22.103)$$

22.5　钢-混凝土组合梁的一个全面理论

对楼板和钢梁都采用 Timoshenko 梁理论, 钢梁的挠度是 $w_g = w_{gb} + w_{gs}$。其中 w_{gb} 代表弯曲挠度, w_{gs} 代表剪切挠度。楼板的挠度是 $w_c = w_{cb} + w_{cs}$, 其中 w_{cb} 代表弯曲挠度, w_{cs} 代表剪切挠度。

剪切变形不引起纵向位移, 钢梁上表面和楼板下表面的水平位移为:

$$u_1 = u_{10} + h_{s1} w'_{gb} \quad (22.104a)$$

$$u_2 = u_{20} - h_{c2} w'_{cb} \quad (22.104b)$$

因此界面的滑移和界面剪力 (图 22.22) 为:

$$s = u_1 - u_2 = u_{10} - u_{20} + h_{s1} w'_{gb} + h_{c2} w'_{cb} = s_0 + h_{s1} w'_{gb} + h_{c2} w'_{cb} \quad (22.105)$$

$$q_u = ks = k(s_0 + h_{s1} w'_{gb} + h_{c2} w'_{cb}) \quad (22.106)$$

其中 k 是钢梁和混凝土界面的抗滑移刚度。

钢梁截面的轴力和弯矩记为 N_s、M_s，混凝土截面的轴力和弯矩记为 N_c、M_c：

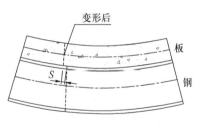

$$M_s = -E_s I_s w''_{gb} \qquad (22.107a)$$

$$M_c = -E_c I_c w''_{cb} \qquad (22.107b)$$

$$N_s = E_s A_s u'_{10} \qquad (22.107c)$$

$$N_c = E_c A_c u'_{20} \qquad (22.107d)$$

图 22.22 考虑钢梁和混凝土楼板竖向
剪切变形的界面滑移

式中，A_s 和 A_c 分别是钢和混凝土板的截面面积，$E_s I_s$ 和 $E_s A_s$ 分别是钢梁截面绕自身形心轴的抗弯刚度和轴压刚度，而 $E_c I_c$ 和 $E_c A_c$ 是混凝土部分绕自身形心轴的抗弯刚度和轴压刚度。钢梁截面的剪力为 V_s，混凝土截面的剪力是 V_c，由钢梁微元体和混凝土微段的平衡可以得到：

$$\frac{dM_s}{dx} = V_s - h_{s1} q_u = -E_s I_s w'''_{gb} \qquad (22.108a)$$

$$\frac{dM_c}{dx} = V_c - h_{c2} q_u = -E_c I_c w'''_{cb} \qquad (22.108b)$$

$$\frac{dN_s}{dx} = q_u = E_s A_s u''_{10} \qquad (22.108c)$$

$$\frac{dN_c}{dx} = -q_u = E_c A_c u''_{20} \qquad (22.108d)$$

$$\frac{dV_s}{dx} = -r \qquad (22.108e)$$

$$\frac{dV_c}{dx} = -q + r \qquad (22.108f)$$

$$\frac{dV}{dx} = \frac{d}{dx}(V_s + V_c) = -q \qquad (22.109)$$

钢梁和楼板的挠度相同：

$$w_{gb} + w_{gs} = w_{cb} + w_{cs} \qquad (22.110a)$$

$$w'_{gb} + w'_{gs} = w'_{cb} + w'_{cs} \qquad (22.110b)$$

$$w''_{gb} + w''_{gs} = w''_{cb} + w''_{cs} \qquad (22.111a)$$

$$w'''_{gb} + w'''_{gs} = w'''_{cb} + w'''_{cs} \qquad (22.111b)$$

由式（22.108c）和（22.108d）得到：

$$E_s A_s E_c A_c (u''_{10} - u''_{20}) = q_u (E_s A_s + E_c A_c) \qquad (22.111c)$$

$$E_s A_0 s''_0 = q_u \qquad (22.111d)$$

由式（22.108a，b）和（22.109）可以得到：

$$E_c I_c w^{(4)}_{cb} + E_s I_s w^{(4)}_{gb} = h_{sc} q'_u + q \qquad (22.112)$$

剪力与剪切挠度的关系是：

$$V_s = S_g w'_{gs} \qquad (22.113a)$$

$$V_c = S_c w'_{cs} \qquad (22.113b)$$

代入式（22.108a，b）得到：

$$w'_{gs} = \frac{h_{s0}q_u - E_s I_s w'''_{gb}}{S_g} \tag{22.114a}$$

$$w'_{cs} = \frac{h_{c2}q_u - E_c I_c w'''_{cb}}{S_c} \tag{22.114b}$$

代入式（22.110b）得到：

$$w'_{cb} = -\frac{E_c I_c w'''_{cb}}{S_c} = w'_{gb} - \frac{E_s I_s w'''_{gb}}{S_g} + \left(\frac{h_{s1}}{S_g} - \frac{h_{c2}}{S_c}\right)q_u \tag{22.115}$$

这样我们得到了式（22.106）、（22.111b）、（22.112）和（22.105）四个方程，未知量是 w_{gb}、w_{cb}、s_0、q_u。消去 q_u，得到三个方程：

$$E_s I_s w_{gb}^{(4)} - kh_{sc}h_{s1}w'''_{gb} + E_c I_c w_{cb}^{(4)} - kh_{sc}h_{c2}w'''_{cb} - kh_{sc}s'_0 = q \tag{22.116a}$$

$$\frac{E_s I_s w'''_{gb}}{S_g} - \left[1 + \left(\frac{h_{s1}}{S_g} - \frac{h_{c2}}{S_c}\right)kh_{s1}\right]w'_{gb} - \frac{E_c I_c w'''_{cb}}{S_c}$$

$$+ \left[1 - \left(\frac{h_{s1}}{S_g} - \frac{h_{c2}}{S_c}\right)kh_{c2}\right]w'_{cb} - \left(\frac{h_{s1}}{S_g} - \frac{h_{c2}}{S_c}\right)ks_0 = 0 \tag{22.116b}$$

$$E_s A_0 s''_0 - ks_0 - kh_{s1}w'_{gb} - kh_{c2}w'_{cb} = 0 \tag{22.116c}$$

进一步消去 w_{cb}，得到：

$$\left(E I_s - E_c I_c \frac{h_{s1}}{h_{c2}}\right)w_{gb}^{(4)} + \left[\frac{E_c I_c}{kh_{c2}}E_s A_0 s_0^{(5)} - \left(\frac{E_c I_c}{h_{c2}} + h_{sc}E_s A_0\right)s_0^{(3)}\right] = q \tag{22.117a}$$

$$\left(\frac{E_s I_s}{S_g} + \frac{h_{s1}}{h_{c2}}\frac{E_c I_c}{S_c}\right)w'''_{gb} - \frac{h_{sc}}{h_{c2}}w'_{gb} - \frac{E_s A_0 E_c I_c}{kh_{c2}S_c}s_0^{(4)}$$

$$+ \left[\frac{E_c I_c}{h_{c2}S_c} + \frac{E_s A_0}{kh_{c2}} - E_s A_0 \left(\frac{h_{s1}}{S_g} - \frac{h_{c2}}{S_c}\right)\right]s''_0 - \frac{S_0}{h_{c2}} = 0 \tag{22.117b}$$

从以上两式消去 w_{gb}，得到以滑移为未知量的方程。在均布荷载的情况下，方程可以化简为：

$$\frac{E_s I_s E_c I_c(S_c + S_g)}{kS_g S_c}E_s A_0 s_0^{(4)} + Bs_0$$

$$- \left\{\left[(E_s I_s h_{c2}^2 + E_c I_c h_{s1}^2)E_s A_0 + E_s I_s E_c I_c\right]\frac{(S_c + S_g)}{S_g S_c} + (E_s I_s + E_c I_c)\frac{E_s A_0}{k}\right\}s''_0$$

$$= \left(\frac{E_s I_s h_{c2}}{S_g} + \frac{E_c I_c h_{s1}}{S_c}\right)(qx + C_1) - h_{sc}\left(\frac{1}{6}qx^3 + \frac{1}{2}C_1 x^2 + C_2 x + C_3\right) \tag{22.118}$$

假设承受的是一个正弦半波的荷载，则所有的物理量都是正弦或余弦函数。即：

$$q = q_0 \sin\frac{\pi x}{l}, w_{gb} = A_{gb}\sin\frac{\pi x}{l}, w_{gs} = A_{gs}\sin\frac{\pi x}{l}, w_{cb} = A_{cb}\sin\frac{\pi x}{l},$$

$$s_0 = A_{s0}\cos\frac{\pi x}{l}, q_u = A_{qu}\cos\frac{\pi x}{l}$$

将上述式子代入式（22.106）、（22.111）、（22.112）和（22.113），得到：

$$A_{qu} = k\left(A_{s0} + \frac{\pi}{l}h_{s1}A_{gb} + \frac{\pi}{l}h_{c2}A_{cb}\right) \tag{22.119a}$$

$$-\frac{\pi^2}{l^2}E_s A_0 A_{s0} = k\left(A_{s0} + \frac{\pi}{l}h_{s1}A_{gb} + \frac{\pi}{l}h_{c2}A_{cb}\right) \tag{22.119b}$$

$$\frac{\pi^4}{l^4}E_c I_c A_{cb} + \frac{\pi^4}{l^4}E_s I_s A_{gb} = h_{sc}k\left(-\frac{\pi}{l}A_{s0} - \frac{\pi^2}{l^2}h_{s1}A_{gb} - \frac{\pi^2}{l^2}h_{c2}A_{cb}\right) + q_0 \tag{22.119c}$$

$$\frac{\pi}{l}A_{cb}\left(1+\frac{\pi^2 E_c I_c}{l^2 S_c}\right) = \frac{\pi}{l}A_{gb}\left(1+\frac{\pi^2 E_s I_s}{l^2 S_g}\right) - \frac{\pi^2}{l^2}E_s A_0 A_{s0}\left(\frac{h_{s1}}{S_g}-\frac{h_{c2}}{S_c}\right) \quad (22.119d)$$

记
$$\Omega = \left(E_c I_c + \frac{h_{sc}h_{c2}}{1+\xi_s}E_s A_0\right)(1+\Phi_s) + \left(\frac{h_{sc}h_{s1}}{1+\xi_s}E_s A_0 + E_s I_s\right)(1+\Phi_c) +$$
$$\left(\frac{h_{s1}}{S_g}-\frac{h_{c2}}{S_c}\right)\frac{\pi^2 E_s A_0}{(1+\xi_s)l^2}(E_c I_c h_{s1} - E_s I_s h_{c2}) \quad (22.119e)$$

式中，$\Phi_c = \dfrac{\pi^2 E_c I_c}{S_c l^2}, \Phi_s = \dfrac{\pi^2 E_s I_s}{S_g l^2}, \xi = \dfrac{\pi^2 E_s A_0}{k l^2}$，可以求得：

$$A_{s0} = -\frac{(1+\Phi_c)h_{s1}+(1+\Phi_s)h_{c2}}{(1+\xi_s)\Omega}\cdot\frac{q_0 l^3}{\pi^3} \quad (22.120a)$$

$$A_{qu} = \frac{[(1+\Phi_c)h_{s1}+(1+\Phi_s)h_{c2}]E_s A_0}{(1+\xi_s)\Omega}\cdot\frac{q_0 l}{\pi} \quad (22.120b)$$

$$A_{gb} = \left[(1+\Phi_c)-\frac{\pi^2 h_{c2}E_s A_0}{(1+\xi_s)l^2}\left(\frac{h_{s1}}{S_g}-\frac{h_{c2}}{S_c}\right)\right]\frac{q_0 l^4}{\Omega\pi^4} \quad (22.120c)$$

$$A_{cb} = \left[(1+\Phi_s)+\frac{\pi^2 h_{s1}E_s A_0}{(1+\xi_s)l^2}\left(\frac{h_{s1}}{S_g}-\frac{h_{c2}}{S_c}\right)\right]\frac{q_0 l^4}{\Omega\pi^4} \quad (22.120d)$$

钢梁的剪切挠度是：

$$A_{gs} = \frac{h_{s1}l}{\pi S_g}A_{qu} + \Phi_s A_{gb} \quad (22.120e)$$

总挠度为：

$$w = w_{gb} + w_{gs} = (1+\Phi_s)A_{gb} + \frac{h_{s1}l}{\pi S_g}A_{qu}$$
$$= \left\{(1+\Phi_c)(1+\Phi_s)+\left[(1+\Phi_s)\frac{h_{c2}^2}{S_c}+(1+\Phi_c)\frac{h_{s1}^2}{S_g}\right]\frac{\pi^2 E_s A_0}{(1+\xi_s)l^2}\right\}\frac{q_0 l^4}{\Omega\pi^4}$$
$$= \frac{q_0 l^4}{\widetilde{B}\pi^4}$$

$$(22.121)$$

于是得到了钢与混凝土组合梁最为一般的折算抗弯刚度表达式：

$$\widetilde{B} = \frac{\dfrac{E_c I_c}{(1+\Phi_c)}+\dfrac{E_s I_s}{(1+\Phi_s)}+\dfrac{E_s A_0 h_{sc}^2}{(1+\Phi_c)(1+\Phi_s)(1+\xi)}+\dfrac{(\Phi_s E_c I_c + \Phi_c E_s I_s)E_s A_0}{(1+\Phi_c)(1+\Phi_s)(1+\xi)}\left(\dfrac{h_{c2}^2}{E_c I_c}+\dfrac{h_{s1}^2}{E_s I_s}\right)}{1+\left[\dfrac{h_{c2}^2}{(1+\Phi_c)S_c}+\dfrac{h_{s1}^2}{(1+\Phi_s)S_g}\right]\dfrac{\pi^2 E_s A_0}{(1+\xi)l^2}}$$

$$(22.122)$$

特例：混凝土楼板抗剪刚度无限大，$\Phi_c = 0$，得到与式（22.100a）完全一样的公式。进一步钢梁抗剪刚度也为无限大，则结果与式（22.70c）相同。如果界面刚度无限大，得到的式子是：

$$\widetilde{B} = \frac{\dfrac{E_c I_c}{(1+\Phi_c)}+\dfrac{E_s I_s}{(1+\Phi_s)}+\dfrac{E_s A_0 h_{sc}^2}{(1+\Phi_c)(1+\Phi_s)}\left[1+\left(\dfrac{1}{S_g}+\dfrac{1}{S_c}\right)\dfrac{\pi^2(E_s I_s h_{c2}^2 + E_c I_c h_{s1}^2)}{l^2 h_{sc}^2}\right]}{1+\left[\dfrac{h_{c2}^2}{(1+\Phi_c)S_c}+\dfrac{h_{s1}^2}{(1+\Phi_s)S_g}\right]\dfrac{\pi^2 E_s A_0}{l^2}}$$

$$(22.123)$$

式（22.122）表达了各变形分量之间复杂的相互作用。

参 考 文 献

[1]　朱聘儒. 钢-混凝土组合梁设计原理[M]. 北京：中国建筑工业出版社，1989.

[2]　British Standards Institute. Eurocode 4：Design of composite steel and concrete structures Part 1.1：General rules and rules for buildings：BS EN 1994-1-1：2004[S]. Britain：GB-BSI，2004.

[3]　AMADIO C，FEDRIGO C，FRAGIACOMOM，et al. Experimental evaluation of effective width in steel-concrete composite beams[J]. Journal of constructional steel research，2004，60(2)：199-220.

[4]　劳埃·杨. 钢-混凝土组合结构设计[M]. 张培信，译. 上海：同济大学出版社，1991.

[5]　NEWMARK N M，SIESE C P，VIEST I M. Tests and analysis of composite beams with incomplete interaction[J]. Experimental stress analysis，1951，9(1)：75-92.

[6]　CHAPMAN J C，BALAKRISHNAN S. Experiments on composite beams[J]. Structural engineer，1964，42(11)：369-383.

[7]　周安，戴航，刘其伟. 栓钉连接件极限承载力及剪切刚度的试验[J]. 工业建筑，2007，37(10)：84-87.

[8]　丁发兴，倪鸣，龚永智，等. 栓钉剪力连接件滑移性能试验研究及受剪承载力计算[J]. 建筑结构学报，2014，35(9)：98-106.

[9]　姬同庚. 栓钉连接件剪切刚度试验研究[J]. 世界桥梁，2013，41(6)：62-66.

[10]　BUTTRY K E. Behavior of stud shear connectors in lightweight and normal-weight concrete[D]. Columbia：University of Missouri，1965.

[11]　AN L，CEDERWALL K. Push-out tests on studs in high strength and normal strength concrete[J]. Journal of constructional steel research，1996，36(1)：15-29.

[12]　DENNIS L，EHAB E L. Behavior of headed stud shear connectors in composite beam[J]. Journal of structural engineering，2005，131(1)：96-107.

[13]　JOHNSON R P. Composite structures of steel and concrete[M]. Oxford：Blackwell Publishing，2004.

[14]　F AELLA C，M E，NIGRO E. Steel and concrete composite beams with flexible shear connection："exact" analytical expression of the stiffness matrix and applications[J]. Computers and structures，2002，80(11)：1001-1009.

[15]　GIRHAMMAR U A，GOPU V K A. Composite beam-columns with interlayer slip-exact analysis[J]. Journal of structural engineering，1993，119(4)：733-945.

[16]　聂建国，沈聚敏，袁彦声. 钢-混凝土简支组合梁变形计算的一般公式[J]. 工程力学，1994，11(1)：21-27.

[17]　聂建国，沈聚敏，余志武. 考虑滑移效应的钢-混凝土组合梁变形计算的折减刚度法[J]. 土木工程学报，1995，28(6)：11-17.

[18]　聂建国. 钢-混凝土组合梁长期变形的计算与分析[J]. 建筑结构，1997(1)：42-45.

[19]　WANG S H，TONG G S，ZHANG L. Reduced stiffness of composite beams considering slip and shear deformation of steel[J]. Journal of constructional steel research，2017，131(4)：19-29.

[20]　WANG Y C. Deflection of steel-concrete composite beams with partial shear interaction[J]. Journal of structural engineering，1998，124(10)：1159-1165.

[21]　OLLGAARD H G，SLUTTER R G，FISHER J W. Shear strength of stud connectors in light-weight and normal weight concrete[J]. Engineering Journal，1971，8(2)：55-64.

[22]　CHANG S S，P G L，TAE Y Y. Static behavior of large stud shear connectors[J]. Engineering structures，2004，26(12)：1853-1860.

[23] OEHLERS D J, JOHNSON R P. The strength of stud shear connections in composite beams[J]. The structural engineer, 1987, 65B(2): 44-48.

[24] XUE W C, DING M, WANG H, et al. Static behavior and theoretical model of stud shear connectors[J]. Journal of bridge engineering, 2008, 13(6): 623-634.

[25] DAVIES C. Tests on half-scale steel-concrete composite beams with welded stud connectors[J]. The structural engineer, 1969, 47(1): 42-46.

[26] LOH H Y, UY B, BRADFORD M A. The effects of partial shear connection in the hogging moment regions of composite beams-Part I -Experimental study[J]. Journal of constructional steel research, 2004, 60(6): 897-919.

[27] LOH H Y, UY B, BRADFORD M A. The effects of partial shear connection in the hogging moment regions of composite beams-Part II -Analytical study[J]. Journal of constructional steel research, 2004, 60(6): 921-962.

[28] JASIM N A. Computation of deflections for continuous composite beams with partial interaction[J]. Proceedings of the institution of civil engineers structures & buildings, 1997, 122(8): 347-354.

[29] JASIM N A, ALI A A M. Deflections of composite beams with partial shear connection[J]. The structural engineer, 1997, 75(4): 58-61.

[30] LUIS P A, JEROME F, HAJJAR B. Headed steel stud anchors in composite structures: Part I : Shear[R]. UIUC: Newmark Laboratory of Structural Engineering, 2009.

[31] STEPHEN J H. Design shear resistance of headed studs embedded in solid slabs and encasements [J]. Journal of constructional steel research, 2019, 139(12): 339-352.

第 23 章　考虑混凝土开裂的多根钢梁组合梁楼板有效宽度

23.1　宽翼缘板的剪切滞后和有效宽度

梁的弯曲理论采用了平截面假定，其本质是剪应变为 0 假定，由此导出了梁的弯曲应力与弯矩的关系式 $\sigma = M \cdot y / I_x$。这个公式应用于宽翼缘 T 形梁时，是需要加以限制的，如图 23.1 所示，因为翼板水平平面内剪切变形的影响，翼缘内纵向正应力沿宽度分布不均匀，这种现象称为剪切滞后，是剪切变形引起的正应力传递的滞后。

求解宽翼缘板内的纵向正应力，采用弹性力学平面应力问题的基本方程。记翼板和腹板连接处应力最大为 σ_{max}，工程中为简化计算，引入翼板有效宽度的定义：

$$b_e = \frac{1}{2\sigma_{max}} \int \sigma_x \mathrm{d}y \tag{23.1}$$

式中，σ_x 表示横截面中钢板任意点的纵向正应力，σ_{max} 为钢板中面在加劲肋布置处的纵向正应力。

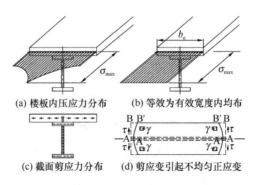

(a) 楼板内压应力分布　　(b) 等效为有效宽度内均布

(c) 截面剪应力分布　　(d) 剪应变引起不均匀正应变

图 23.1　T 形梁翼缘的有效宽度

Timoshenko 在其《弹性理论》一书中详细介绍了翼缘板无限宽时各向同性翼板的有效宽度：

$$b_e = \frac{4l}{(3 + 2\mu - \mu^2)\pi} \tag{23.2}$$

式中，μ 为钢的泊松比，l 为加劲肋跨度。当泊松比为 0.2 及 0.3 时，$b_e/l = 0.379$ 和 0.363。

当 T 形梁承受跨中集中荷载时，无限宽度加劲板的翼板有效宽度为：

$$b_e = 0.85 \frac{4l}{(3 + 2\mu - \mu^2)\pi} \tag{23.3}$$

以上两个公式是组合梁翼缘有效宽度取跨度的 1/3（单侧为 1/b）的来源。

对组合梁混凝土翼板（图 23.2）有效宽度进行研究的文献很多。Gjelsvik 通过简化的滑移模型和能量法研究了组合梁的有效宽度。孙飞飞、李国强等在 Gjelsvik 的模型基础上考虑钢梁剪切变形，求解了组合梁在外荷载下的挠度的理论公式。聂建国、李法雄等研究了在不同荷载形式下组合梁的翼板有效宽度。翼板有效宽度在不同荷载形式下是不同的，且均布荷载和集中荷载下的翼板有效宽度沿钢梁纵向是变化的。

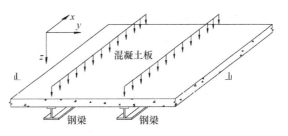

图 23.2　钢梁-混凝土组合楼板

　　AASHTO 规范对组合梁混凝土翼板有效宽度取 1/4 有效跨径、12 倍混凝土翼板平均厚度和相邻主梁间距三者中的最小值。英国 CP117 规范规定为：

$$\frac{b_e}{L} = \frac{B/L}{\sqrt{1 + 12\,(B/L)^2}} \geqslant 0.1 \tag{23.4}$$

式中，B 为钢梁间距。常见的次梁间距为 2.4～3.6m，次梁间距和次梁跨度之比是 1/3，有效宽度大概为 $0.218L$。《钢结构设计规范》GB 50017—2003 对组合梁板翼板有效宽度的规定取 1/3 有效跨径、12 倍混凝土翼板平均厚度和相邻主梁间距三者中的最小值。Eurocode 4 和 AISC（2016 年）目前取 1/4 有效跨径作为有效宽度且不再加上钢梁上翼缘的厚度。有感于规范编制过程中对混凝土楼板有效宽度的争议，特对此问题展开研究。

23.2　混凝土翼板有效宽度的正交异性板模型

23.2.1　混凝土楼板开裂情况分析

　　采用钢-混凝土组合梁，通常都在主梁所围的区格内单向布置钢-混凝土组合次梁，如图 23.3(a) 所示，这样楼板成了单向板。楼板弯曲时产生如图 23.3(b) 所示的裂缝，这些裂缝基本平行于组合梁。当楼板开裂后，横向和纵向的混凝土的刚度性质不再相同，楼板可以简化成正交异性板。为了对这种正交异性的程度有所了解，下面分析楼板开裂的情况。

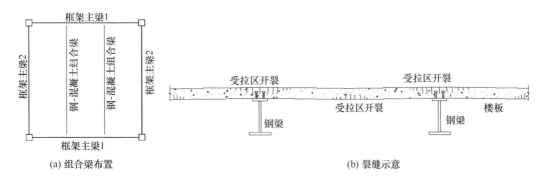

(a) 组合梁布置　　　　　　　　　　　　　　　(b) 裂缝示意

图 23.3　混凝土楼板弯曲开裂

　　图 23.4(a) 所示楼板，楼板厚度 h，保护层厚度（钢筋形心到楼板表面距离）$a = 20\text{mm}$。在弯矩 M 作用下，假设钢筋和混凝土均在弹性阶段，应变和应力如图 23.4(b)

所示。各部位应变记号如下：

$\varepsilon_{c,c}$——混凝土受压最大边缘的压应变；

$\varepsilon_{s,t}$——受拉钢筋的应变；

$\varepsilon_{s,c}$——受压钢筋的应变；

σ_c——混凝土受压最大应力；

f_{tk}——混凝土受拉承载力标准值；

x——楼板内混凝土受压区的高度，受拉但还未开裂的混凝土高度是 $x_t = \dfrac{f_{ct}}{\sigma_c} x$；

A_s——受拉钢筋的面积；

A'_s——受压钢筋的面积；

$E,\ E_c$——分别是钢筋和混凝土的弹性模量，$\alpha_E = \dfrac{E}{E_c}$。

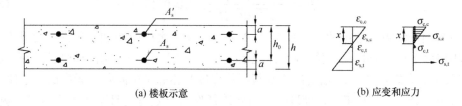

(a) 楼板示意　　　　　　　　　　　　(b) 应变和应力

图 23.4　楼板弹性弯曲应力分析

存在如下关系（取 $a = 20\text{mm}$）：

$$\frac{\varepsilon_{c,c}}{x} = \frac{\varepsilon_{s,t}}{(h-20-x)} = \frac{\varepsilon_{s,c}}{x-20} \tag{23.5}$$

因为是受弯，截面上压应力的合力应该等于拉应力的合力：

$$\frac{1}{2}bxE_c\varepsilon_{c,c} + A_{sc}E\frac{x-20}{x}\varepsilon_{c,c} - \frac{1}{2}b\frac{f_{ct}}{\sigma_c}xf_{ct} = A_{st}E\frac{h-20-x}{x}\varepsilon_{c,c} \tag{23.6}$$

内外弯矩平衡：

$$M = \frac{1}{2}bxE_c\varepsilon_{c,c}\frac{2}{3}x + A'_sE\frac{x-20}{x}\varepsilon_{c,c}(x-20) + \frac{1}{2}b\frac{f_{ct}}{\sigma_c}xf_{ct}\frac{2}{3}\frac{f_{ct}}{\sigma_c}x +$$

$$A_sE\frac{(h-20-x)^2}{x}\varepsilon_{c,c} \tag{23.7}$$

两式可以化为：

$$[bx^2 + 2A'_s\alpha_E(x-20) - 2A_s\alpha_E(h-20-x)]\sigma_c^2 = bf_{tk}^2x^2 \tag{23.8a}$$

$$3Mx\sigma_c^2 = [bx^3 + 3A'_s\alpha_E(x-20)^2 + 3A_s\alpha_E(h-20-x)^2]\sigma_c^3 + bf_{tk}^3x^3 \tag{23.8b}$$

式（23.8a，b）两个式子两个未知量，可以求得 $x + x_t$，即混凝土受压和受拉未开裂部分的高度，再把钢筋拉伸刚度折算成混凝土厚度 x_s，求出 $\dfrac{x + x_t + x_s}{h}$，得到开裂后混凝土横向面内刚度的一个估计值。

对表 23.1 所示参数范围的楼板进行了计算，结果见表 23.2～表 23.5。表 23.2 是按照荷载设计值和强度设计值（钢材取 300N/mm^2）计算得到的受拉钢筋配筋，满足最小配筋率 0.2% 的要求。

楼板参数计算范围 表 23.1

跨度（m）	2.7，3.0，3.3，3.6，3.9
活荷载（kN/m²）	2，3.5
附加恒荷载（kN/m²）	1.4（配合2.0活荷载），1.5（配合3.5活荷载）
楼板厚度（mm）	100，110，120，130
楼板自重	按照25kN/m³计算
混凝土强度等级	C30，C35，C40
配筋计算	按照多跨连续板的中间跨，弯矩调幅0.85计算配筋 A_s，$A'_s = 0.765A_s$

1m 板宽内的楼板配筋 A_s（mm²） 表 23.2

荷载		自重＋1.4＋2.0 (kN/m²)				自重＋1.5＋3.5 (kN/m²)			
跨度	混凝土	楼板厚度（mm）				楼板厚度（mm）			
（mm）	强度等级	100	110	120	130	100	110	120	130
2700	C30	164.5	180	200	220	214.7	195.7	200	220
2700	C35	164	180	200	220	213.8	195	200	220
2700	C40	163.6	180	200	220	213.2	194.6	200	220
3000	C30	204.2	187.8	200	220	267	243	224.1	220
3000	C35	203.3	187.2	200	220	265.6	242	223.4	220
3000	C40	202.7	186.7	200	220	264.5	241.2	222.8	220
3300	C30	248.5	228.3	212.5	220	325.7	295.9	272.6	253.9
3300	C35	247.3	227.4	211.8	220	323.5	294.3	271.5	253
3300	C40	246.4	226.8	211.3	220	321.9	293.2	270.6	252.3
3600	C30	297.7	273.2	254	238.5	391.1	354.7	326.4	303.7
3600	C35	295.9	271.9	253	237.7	387.9	352.4	324.6	302.3
3600	C40	294.6	270.9	252.2	237.1	385.6	350.7	323.4	301.4
3900	C30	352	322.6	299.6	281.1	463.6	419.5	385.5	358.3
3900	C35	349.5	320.7	298.2	280	459.1	416.3	383.1	356.4
3900	C40	347.6	319.3	297.1	279.2	455.8	414	381.3	355.1

表 23.3 是荷载标准值作用下的比值 $\dfrac{x+x_t+x_s}{h}$。表 23.4 是仅承受附加恒荷载和活荷载标准值下的 $\dfrac{x+x_t+x_s}{h}$ 比值（模拟浇筑楼板混凝土时，楼板下部没有临时支承）。表 23.5 是只承受附加恒荷载和 50% 活荷载标准值下的 $\dfrac{x+x_t+x_s}{h}$。从这三个表可知：

（1）$\dfrac{x+x_t+x_s}{h}$ 在 0.19~0.26、0.22~0.31 和 0.28~0.35 之间变化；

（2）荷载增大，$\dfrac{x+x_t+x_s}{h}$ 减小；

（3）楼板一旦开裂，比值 $\dfrac{x+x_t+x_s}{h}$ 就会很小。表 23.4 和表 23.5 中的 1.0 表示楼

板未开裂。注意它们出现在跨度小、楼板厚、荷载小的情况，而跨度小的一般不会用厚楼板，因此不具参考价值。

荷载标准值作用下的 $(x+x_t+x_s)/h$　　　　　表 23.3

荷载		自重＋1.4＋2（kN/m²）				自重＋1.5＋3.5（kN/m²）			
跨度（mm）	混凝土强度等级	楼板厚度（mm）				楼板厚度（mm）			
		100	110	120	130	100	110	120	130
2700	C30	0.192	0.202	0.216	0.231	0.209	0.199	0.201	0.213
2700	C35	0.191	0.201	0.217	0.233	0.207	0.197	0.201	0.213
2700	C40	0.191	0.203	0.219	0.237	0.207	0.197	0.202	0.216
3000	C30	0.205	0.195	0.202	0.214	0.227	0.213	0.203	0.2
3000	C35	0.202	0.194	0.201	0.214	0.224	0.21	0.201	0.199
3000	C40	0.202	0.194	0.202	0.216	0.224	0.21	0.201	0.2
3300	C30	0.22	0.207	0.198	0.202	0.246	0.229	0.216	0.206
3300	C35	0.218	0.205	0.197	0.201	0.242	0.226	0.213	0.205
3300	C40	0.217	0.205	0.197	0.202	0.241	0.226	0.213	0.205
3600	C30	0.237	0.221	0.209	0.202	0.265	0.246	0.231	0.219
3600	C35	0.233	0.219	0.207	0.2	0.261	0.242	0.228	0.217
3600	C40	0.232	0.218	0.207	0.2	0.259	0.242	0.227	0.216
3900	C30	0.253	0.237	0.223	0.212	0.286	0.264	0.247	0.233
3900	C35	0.249	0.233	0.22	0.21	0.28	0.26	0.244	0.23
3900	C40	0.247	0.232	0.22	0.21	0.278	0.258	0.242	0.23

只承受附加恒荷载和活荷载标准值的楼板的 $(x+x_t+x_s)/h$　　　　　表 23.4

荷载		1.4＋2（kN/m²）				1.5＋3.5（kN/m²）			
跨度（mm）	混凝土强度等级	楼板厚度（mm）				楼板厚度（mm）			
		100	110	120	130	100	110	120	130
2700	C30	0.231	0.259	0.305	1.0	0.233	0.228	0.239	0.267
2700	C35	0.232	0.264	0.321	1.0	0.233	0.228	0.241	0.273
2700	C40	0.236	0.273	0.353	1.0	0.234	0.231	0.247	0.282
3000	C30	0.241	0.239	0.262	0.304	0.25	0.24	0.234	0.239
3000	C35	0.241	0.24	0.267	0.317	0.249	0.239	0.235	0.241
3000	C40	0.244	0.245	0.276	0.342	0.25	0.242	0.238	0.246
3300	C30	0.254	0.248	0.247	0.265	0.268	0.255	0.246	0.241
3300	C35	0.254	0.249	0.249	0.27	0.265	0.254	0.246	0.242
3300	C40	0.256	0.253	0.254	0.279	0.266	0.255	0.248	0.245
3600	C30	0.269	0.26	0.255	0.255	0.287	0.271	0.26	0.252
3600	C35	0.268	0.26	0.257	0.257	0.283	0.269	0.259	0.252
3600	C40	0.269	0.263	0.261	0.263	0.283	0.27	0.261	0.255

续表

荷载		1.4＋2（kN/m²）				1.5＋3.5（kN/m²）			
跨度 （mm）	混凝土 强度等级	楼板厚度（mm）				楼板厚度（mm）			
		100	110	120	130	100	110	120	130
3900	C30	0.285	0.274	0.267	0.263	0.306	0.288	0.275	0.265
3900	C35	0.282	0.273	0.267	0.264	0.301	0.285	0.273	0.264
3900	C40	0.283	0.275	0.27	0.269	0.3	0.285	0.274	0.266

只承受附加恒荷载和 50% 活荷载标准值的楼板的 $(x＋x_t＋x_s)/h$　　　表 23.5

荷载		1.4＋1.0（kN/m²）				1.4＋1.75（kN/m²）			
跨度 （mm）	混凝土 强度等级	楼板厚度（mm）				楼板厚度（mm）			
		100	110	120	130	100	110	120	130
2700	C30	0.28	0.373	1.0	1.0	0.28	0.283	0.32	1.0
2700	C35	0.289	1.0	1.0	1.0	0.284	0.29	0.343	1.0
2700	C40	0.304	1.0	1.0	1.0	0.292	0.302	1.0	1.0
3000	C30	0.285	0.294	0.376	1.0	0.293	0.29	0.293	0.317
3000	C35	0.29	0.304	1.0	1.0	0.295	0.294	0.301	0.335
3000	C40	0.301	0.322	1.0	1.0	0.301	0.303	0.315	1.0
3300	C30	0.295	0.297	0.307	0.38	0.308	0.302	0.3	0.304
3300	C35	0.298	0.304	0.32	1.0	0.309	0.304	0.305	0.312
3300	C40	0.306	0.316	0.344	1.0	0.313	0.311	0.315	0.328
3600	C30	0.307	0.305	0.309	0.321	0.325	0.315	0.31	0.309
3600	C35	0.309	0.31	0.318	0.337	0.324	0.316	0.313	0.315
3600	C40	0.314	0.319	0.333	0.374	0.327	0.321	0.321	0.327
3900	C30	0.32	0.315	0.316	0.322	0.342	0.329	0.322	0.319
3900	C35	0.321	0.318	0.322	0.332	0.34	0.329	0.324	0.322
3900	C40	0.325	0.325	0.333	0.351	0.342	0.333	0.33	0.331

图 23.5 给出了相对弯矩分布，以（自重＋附加恒荷载＋活荷载）标准值下经过 0.85 调幅后的弯矩为 1.0。图中画出了 0.6 和 0.4 两条线，分别接近表 23.4 和表 23.5 对应的荷载下的弯矩。以 0.4 为标准，钢截面两侧各 0.1 倍楼板跨度的范围内出现开裂，而这部分对传递楼板面内剪力（从而传递组合梁的正应力）到楼板板跨的中间部分最为关键。

从表 23.3 和表 23.4 可知，因为开裂，面内未开裂部分的高度仅为楼板厚度的 0.2～0.3 倍，即横向的面内刚度，即使把横向配筋折算进去，也只有 20%～30%。弯曲刚度会有所不

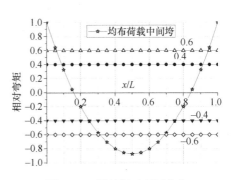

图 23.5　楼板相对弯矩分布

同，见下面的分析。

23.2.2　楼板平面应力分析的正交异性板理论

因为楼板开裂，楼板成了各向异性板。为分析开裂后楼板的面内变形，需要建立简化的开裂模型。如图 23.6 所示，开裂后混凝土纵向有效高度为 h_c，横向有效高度为 h_e，开裂部分没有泊松比效应。

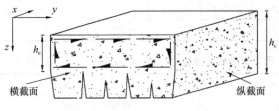

图 23.6　开裂混凝土微元体

横截面上纵向力为 N_x，纵截面上横向力为 N_y，横截面和纵截面上剪力为 N_{xy}，楼板平衡方程为：

$$\frac{\partial N_y}{\partial y} + \frac{\partial N_{xy}}{\partial x} = 0 \quad (23.9\text{a})$$

$$\frac{\partial N_x}{\partial x} + \frac{\partial N_{xy}}{\partial y} = 0 \quad (23.9\text{b})$$

则存在满足平衡方程的艾里应力函数 φ，使得：

$$N_x = \frac{\partial^2 \varphi}{\partial y^2} \quad (23.10\text{a})$$

$$N_y = \frac{\partial^2 \varphi}{\partial x^2} \quad (23.10\text{b})$$

$$N_{xy} = -\frac{\partial^2 \varphi}{\partial x \partial y} \quad (23.10\text{c})$$

对开裂楼板进行平面应力分析时，假定楼板横截面和纵截面的应力、应变沿厚度均匀分布，可选取楼板中面进行平面应力分析，横截面有效截面为全截面，纵截面有效截面为有效高度截面（未开裂部分），剪切有效截面为有效高度截面，则中面应力为：

$$\sigma_x = \frac{N_x}{h_c} \quad (23.11\text{a})$$

$$\sigma_y = \frac{N_y}{h_e} \quad (23.11\text{b})$$

$$\tau_{xy} = \frac{N_{xy}}{h_e} \quad (23.11\text{c})$$

记混凝土材料弹性模量为 E_c，泊松比为 μ_c，则中面应变为：

$$\varepsilon_x = \frac{\partial u}{\partial x} = \frac{N_x/h_c - \mu_c N_y/h_e}{E_c} \quad (12.12\text{a})$$

$$\varepsilon_y = \frac{\partial v}{\partial y} = \frac{N_y/h_e - \mu_c N_x/h_c}{E_c} \quad (23.12\text{b})$$

$$\gamma_{xy} = \frac{\partial u}{\partial y} + \frac{\partial v}{\partial x} = 2(1+\mu_c)\frac{N_{xy}/h_e}{E_c} \quad (23.12\text{c})$$

平面应力问题相容方程为：

$$\frac{\partial^2 \varepsilon_x}{\partial y^2} + \frac{\partial^2 \varepsilon_y}{\partial x^2} = \frac{\partial^2 \gamma_{xy}}{\partial x \partial y} \quad (12.13)$$

把式（23.12a，b，c）代入得：

$$\frac{\partial^4 \varphi}{\partial x^4} + [2+(1-k_e)\mu_c]\frac{\partial^4 \varphi}{\partial x^2 \partial y^2} + k_e \frac{\partial^4 \varphi}{\partial y^4} = 0 \quad (23.14)$$

式中，k_e 可称为混凝土楼板横向高度系数：$k_e = h_e/h_c$。

23.2.3 开裂楼板的正交异性板小挠度弯曲方程

若楼板中面挠度为 w_c，则按照薄板理论和开裂模型得到截面弯矩表达式为：

$$M_x = -D_x \frac{\partial^2 w_c}{\partial x^2} - \mu_c D_y \frac{\partial^2 w_c}{\partial y^2} \tag{23.15a}$$

$$M_y = -D_y \frac{\partial^2 w_c}{\partial y^2} - \mu_c D_y \frac{\partial^2 w_c}{\partial x^2} \tag{23.15b}$$

$$M_{xy} = -\left[(1-\mu_c)D_y + \Delta D_{xy}\right]\frac{\partial^2 w_c}{\partial x \partial y} \tag{23.15c}$$

$$M_{yx} = -(1-\mu_c)D_y \frac{\partial^2 w_c}{\partial x \partial y} \tag{23.15d}$$

$$Q_x = \frac{\partial M_x}{\partial x} + \frac{\partial M_{yx}}{\partial y} = -\left(D_x \frac{\partial^3 w_c}{\partial x^3} + D_y \frac{\partial^2 w_c}{\partial x \partial y^2}\right) \tag{23.15e}$$

$$Q_y = \frac{\partial M_y}{\partial y} + \frac{\partial M_{xy}}{\partial x} = -\left[D_y \frac{\partial^3 w_c}{\partial y^3} + (D_y + \Delta D_{xy})\frac{\partial^2 w_c}{\partial x^2 \partial y}\right] \tag{23.15f}$$

$$V_y = Q_y + \frac{\partial M_{yx}}{\partial x} = \frac{\partial M_y}{\partial y} + \frac{\partial(M_{xy} + M_{yx})}{\partial x}$$

$$= -\left\{D_y \frac{\partial^3 w_c}{\partial y^3} + \left[(2-\mu_c)D_y + \Delta D_{xy}\right]\frac{\partial^2 w_c}{\partial x^2 \partial y}\right\} \tag{23.15g}$$

式中：

$$D_x = \frac{E_c h_c^3}{12(1-\mu_c^2)} \tag{23.15h}$$

$$D_y = \frac{E_c (k_{eb} h_c)^3}{12(1-\mu_c^2)} = k_{eb}^3 D_x \tag{23.15i}$$

ΔD_{xy} 表示开裂部分（图 23.5 的下半部分）混凝土截面提供的抗扭刚度，可以把开裂部分混凝土看成一条条加劲肋，这些肋提供的抗扭刚度取决于裂缝间距，为了简便，取用：

$$\Delta D_{xy} = (1-k_{eb})^3 D_x \tag{23.15j}$$

板弯曲平衡方程为：

$$\frac{\partial^2 M_x}{\partial x^2} + \frac{\partial^2 M_{xy}}{\partial x \partial y} + \frac{\partial^2 M_{yx}}{\partial x \partial y} + \frac{\partial^2 M_y}{\partial y^2} = q \tag{23.16}$$

其中，q 代表薄板上的分布面力。把式（23.15a，b，c，d）代入上式可得：

$$\frac{\partial^4 w_c}{\partial x^4} + \left[2k_{eb}^3 + (1-k_{eb})^3\right]\frac{\partial^4 w_c}{\partial x^2 \partial y^2} + k_{eb}^3 \frac{\partial^4 w_c}{\partial y^4} = \frac{q}{D_x} \tag{23.17}$$

横向的抗弯刚度参考混凝土梁截面的抗弯刚度公式近似估算（假设 $h_0 = 0.85h_c$ 是楼板的有效高度），$f_{tk} = 1.43\,\text{N/mm}^2$，$\sigma_s = \dfrac{66}{\rho^{0.25}} = 220 \sim 310\,\text{N/mm}^2$，$\rho$ 是配筋率，则

$$D_y = \frac{0.7225 E_s A_s h_c^2}{1.15\psi + 0.2 + \dfrac{6\rho E_s}{E_c}} = \frac{\beta}{12} E_c h_c^3 \tag{23.18}$$

$$\psi = 1.1 - 0.65 \frac{f_{tk}}{\sigma_s} \frac{1}{A_s/(0.5h_c)} = 1.1 - 0.65 \frac{1.43\rho^{0.25}}{66} \times \frac{h_c}{2A_s}$$

$$= 1.1 - \frac{0.9295\rho^{0.25} h_c}{132 A_s} \tag{23.19}$$

$$\beta = \frac{12 \times 0.614 \frac{\rho E_s}{E_c}}{1.465 - \frac{0.9527}{100\rho^{0.7}} + \frac{6\rho E_s}{E_c}} = k_{eb}^3 \tag{23.20}$$

取 $E_s = 200000\text{N/mm}^2$，$E_c = 30000\text{N/mm}^2$，不同配筋率得到的 k_{eb} 见表 23.6。

楼板未开裂高度系数　　　　　　　　　　　　　　　表 23.6

ρ	β	k_{eb}	ρ	β	k_{eb}
0.002	0.183	0.567	0.006	0.245	0.625
0.003	0.198	0.583	0.007	0.265	0.642
0.004	0.207	0.592	0.008	0.284	0.658
0.005	0.225	0.608			

23.3　钢梁和楼板隔离体分析

23.3.1　隔离体分析方法

组合梁主要有三个剪切变形需要考虑：钢梁和楼板之间的界面滑移效应，混凝土板中面的剪力滞后效应和钢梁的剪切变形。把钢梁和楼板分别作为隔离体（图 23.7）。钢梁采用 Timoshenko 梁理论分析钢梁弯曲和剪切变形；楼板因为开裂，可按照正交异性板进行平面应力分析和小挠度弯曲分析；利用钢梁和楼板需要在连接处满足接触滑移的变形协调条件，可以获得钢梁-楼板组合体挠度的表达式，从而求得每根钢梁的楼板有效宽度解析表达式。

图 23.2 为纵向（x 轴方向）布置多根钢梁的组合梁楼板，在钢梁布置处承受外荷载。正弦分布荷载下组合楼板的性能是分析其他形式分布荷载的基础，因此先考虑正弦分布荷载。

图 23.8 为第 i 根钢梁和楼板间的作用力，不考虑钢梁扭转刚度对楼板的作用。$F_{0,i}$ 为外荷载，$F_{u,i}$ 为钢梁与楼板间水平剪力，$F_{s,i}$ 为钢梁与楼板竖向（z 向）作用力。假定外荷载为一阶正弦分布：

$$F_{0,i} = A_{0,i} \sin \frac{\pi x}{l} \tag{23.21a}$$

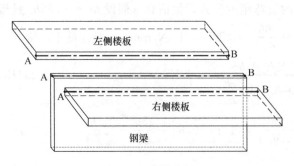

图 23.7　离散分析

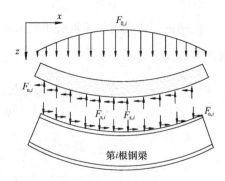

图 23.8　第 i 根钢梁与楼板相互作用力

式中，$A_{0,i}$ 为待定常系数，l 为钢梁跨度。钢梁和楼板间的相互作用力、楼板整体挠度可假设为：

界面分布纵向剪力：
$$F_{u,i} = A_{u,i} \cos \frac{\pi x}{l} \tag{23.21b}$$

界面分布接触压力：
$$F_{s,i} = A_{s,i} \sin \frac{\pi x}{l} \tag{23.21c}$$

挠度：
$$w_c = Y(y) \sin \frac{\pi x}{l} \tag{23.21d}$$

式中，$A_{u,i}$ 和 $A_{s,i}$ 为待定常系数，Y 为挠度的横向（y 轴方向）形函数。界面 k_u 乘以栓钉剪切变形（数值上等于界面错动 s）就是栓钉提供的界面剪力：
$$F_{u,i} = k_u s_i \tag{23.22a}$$

式中，s_i 为第 i 根钢梁和楼板的界面错动。第 i 根钢梁处，楼板下表面纵向位移为 $u_{cbot,i}$，钢梁上翼缘位移为 $u_{stop,i}$，则界面错动 s_i 为：
$$s_i = u_{stop,i} - u_{cbot,i} \tag{23.22b}$$

23.3.2　钢梁变形和位移分析

钢梁可以看作是受到楼板作用力的简支梁。如图 23.9 所示，h_s 为钢梁高度，h_{s1} 为钢梁自身形心轴到上翼缘上表面的距离，$F_{s,i}$ 是界面横向分布压力，对形心轴弯矩为：

$$M_1 = \frac{l^2}{\pi^2} A_{s,i} \sin \frac{\pi x}{l} \quad (23.23a)$$

$F_{u,i}$ 是界面纵向分布剪力，它对钢梁形心轴的弯矩和等效形心轴轴力为：

$$M_2 = \frac{l}{\pi} A_{u,i} h_{s1} \sin \frac{\pi x}{l}$$
$$\tag{23.23b}$$

$$P_{s,i} = -\frac{l}{\pi} A_{u,i} \sin \frac{\pi x}{l}$$
$$\tag{23.23c}$$

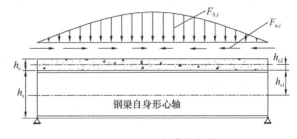

图 23.9　钢梁弯曲分析图

假定每根钢梁截面形状、材料相同，则第 i 根钢梁的弯曲平衡方程为：

$$E_s I_s \frac{\partial^2 w_{sb,i}}{\partial x^2} = -(M_1 + M_2) = -\left(A_{s,i} + \frac{\pi}{l} h_{s1} A_{u,i}\right) \frac{l^2}{\pi^2} \sin \frac{\pi x}{l} \tag{23.24a}$$

$$E_s I_s \frac{\partial^3 w_{sb,i}}{\partial x^3} = -\left(\frac{l}{\pi} A_{s,i} + h_{s1} A_{u,i}\right) \cos \frac{\pi x}{l} \tag{23.24b}$$

式中，E_s 为钢梁弹性模量，I_s 为钢梁绕自身形心轴的惯性矩，$w_{sb,i}$ 为第 i 根钢梁的弯曲变形：

$$w_{sb,i} = \left(A_{s,i} + \frac{\pi}{l} h_{s1} A_{u,i}\right) \frac{l^4}{\pi^4 E_s I_s} \sin \frac{\pi x}{l} \tag{23.25}$$

记 $\gamma_{s,i}$ 为第 i 根钢梁剪切变形引起的截面转角，$w_{st,i}$ 为第 i 根钢梁的剪切变形，第 i 根钢梁截面剪力 $Q_{s,i}$ 与 $\gamma_{s,i}$ 的关系为：

$$Q_{s,i} = \frac{G_s A_s}{k_{s,i}} \gamma_{s,i} = \frac{G_s A_s}{k_{s,i}} \frac{\partial w_{st,i}}{\partial x} \tag{23.26}$$

式中，G_s 为钢梁剪切模量，A_s 为钢梁截面面积，$k_{s,i}$ 为钢梁截面剪切形状系数，是一个和钢梁弯曲中性轴位置有关的量。由 $F_{s,i}$ 可知钢梁截面的剪力为：

$$Q_{s,i} = \frac{l A_{s,i}}{\pi} \cos \frac{\pi x}{l} \tag{23.27}$$

第 i 根钢梁剪切变形为：

$$w_{\mathrm{st},i} = \frac{k_{\mathrm{s},i} l^2}{\pi^2 G_{\mathrm{s}} A_{\mathrm{s}}} A_{\mathrm{s},i} \sin\frac{\pi x}{l} = \frac{\pi^2 k_{\mathrm{s},i} E_{\mathrm{s}} I_{\mathrm{s}}}{l^2 G_{\mathrm{s}} A_{\mathrm{s}}} \times \frac{A_{\mathrm{s},i} l^4}{\pi^4 E_{\mathrm{s}} I_{\mathrm{s}}} \sin\frac{\pi x}{l} = \phi_{\mathrm{s}} \frac{A_{\mathrm{s},i} l^4}{\pi^4 E_{\mathrm{s}} I_{\mathrm{s}}} \sin\frac{\pi x}{l} \quad (23.28)$$

钢梁的总挠度 $w_{\mathrm{s},i}$ 为弯曲变形和剪切变形之和：

$$w_{\mathrm{s},i} = w_{\mathrm{sb},i} + w_{\mathrm{st},i} = \left[(1+\phi_{\mathrm{s}}) A_{\mathrm{s},i} + \frac{\pi}{l} A_{\mathrm{u},i} h_{\mathrm{sl}} \right] \frac{l^4}{\pi^4 E_{\mathrm{s}} I_{\mathrm{s}}} \sin\frac{\pi x}{l} \quad (23.29)$$

式中，ϕ_{s} 为剪切影响系数，其表达式为：

$$\phi_{\mathrm{s}} = \frac{\pi^2 E_{\mathrm{s}} I_{\mathrm{s}} k_{\mathrm{s},i}}{l^2 G_{\mathrm{s}} A_{\mathrm{s}}} \quad (23.30)$$

根据 Timoshenko 梁理论，剪切变形不引起纵向位移，第 i 根钢梁上翼缘纵向应变 $(\varepsilon_{\mathrm{sx,top}})_i$ 为：

$$(\varepsilon_{\mathrm{sx,top}})_i = \frac{P_{\mathrm{s},i}}{E_{\mathrm{s}} A_{\mathrm{s}}} + \frac{\partial^2 w_{\mathrm{sb},i}}{\partial x^2} h_{\mathrm{sl}} \quad (23.31)$$

第 i 根钢梁上翼缘的纵向位移 $u_{\mathrm{stop},i}$ 为：

$$u_{\mathrm{stop},i} = \int (\varepsilon_{\mathrm{sx,top}})_i \mathrm{d}x \quad (23.32)$$

把式 (23.23c)、式 (23.25)、式 (23.31) 代入式 (23.32)，且在跨中处满足 $u_{\mathrm{stop},i} = 0$，得：

$$u_{\mathrm{stop},i} = \left[\left(A_{\mathrm{s},i} + \frac{\pi}{l} h_{\mathrm{sl}} A_{\mathrm{u},i} \right) h_{\mathrm{sl}} + \frac{\pi I_{\mathrm{s}}}{A_{\mathrm{s}} l} A_{\mathrm{u},i} \right] \frac{l^3}{\pi^3 E_{\mathrm{s}} I_{\mathrm{s}}} \cos\frac{\pi x}{l} \quad (23.33)$$

Timoshenko 梁理论中，按截面能量等效原则计算加权平均剪切应变转角 γ_{s}。因为楼板有效宽度部分的剪切变形已经在决定有效宽度的过程中得到考虑，因此组合梁的 Timoshenko 梁的剪切变形与纯钢梁的剪切变形有所不同，计算公式是：

$$k_{\mathrm{s}} = \frac{G_{\mathrm{s}} A_{\mathrm{s}}}{I_{\mathrm{sc,eff}}^2} \int_{A_{\mathrm{s}}} \frac{S_{\mathrm{ys}}^2}{G_{\mathrm{s}} t_{\mathrm{s}}^2} \mathrm{d}A_{\mathrm{s}} \quad (23.34\mathrm{a})$$

式中，积分面积 A_{s} 为钢梁部分面积，$I_{\mathrm{sc,eff}}$ 为钢-混凝土组合截面的惯性矩（假设完全组合无滑移），S_{ys} 为钢梁截面对组合截面中性轴的截面净矩（不是纯钢截面的中性轴）。因为按照能量等效，S_{ys} 对应的是钢梁截面中真实的剪应力的分布，与纯钢梁是有所不同的。按照这样定义的 S_{ys} 计算 k_{s}，可以求得工字形截面剪切系数是：

$$k_{\mathrm{s}} = \frac{A_{\mathrm{s}} t_{\mathrm{s}}}{12 I_{\mathrm{sc,eff}}^2} \big[(h_{\mathrm{s}} - h_{\mathrm{scl}})^2 b_{\mathrm{s}}^3 + 3\chi_1^2 h_{\mathrm{s}} - 2\chi_1 (h_{\mathrm{s}}^3 - 3h_{\mathrm{s}}^2 h_{\mathrm{scl}} + 3h_{\mathrm{s}} h_{\mathrm{scl}}^2) +$$
$$0.6 (h_{\mathrm{s}} - h_{\mathrm{scl}})^5 + 0.6 h_{\mathrm{scl}}^5 \big] \quad (23.34\mathrm{b})$$

式中，$\chi_1 = 2b_{\mathrm{s}}(h_{\mathrm{s}} - h_{\mathrm{scl}}) + (h_{\mathrm{s}} - h_{\mathrm{scl}})^2$，$h_{\mathrm{scl}}$ 是组合截面的中性轴到钢梁腹板上边缘的距离，b_{s}、h_{s} 是钢梁下翼缘的宽度和钢梁翼缘中心到翼缘中心的高度，t_{s} 是钢梁腹板厚度（翼缘厚度相同）。因为翼缘的有效宽度与跨度有关，这导致 k_{s} 与跨度有关。可见按照定义计算 k_{s} 会非常复杂。为简便，可以仍按照纯钢梁仅计算腹板部分的剪切变形。

23.3.3　楼板平面应力分析

楼板是受到钢梁作用力的薄板，其面内位移采用第 23.2 节中混凝土开裂模型的平面应力相容方程求解。在弹性阶段（裂缝宽深度如果不发展，开裂的楼板仍然被认为是弹性的，混凝土梁加载开裂，卸载后的变形 90% 是可以恢复的，残余变形很小），布置多根钢梁的楼板中面平面应变可采用叠加原理，即楼板中面在第 i 根钢梁处的平面应变等于每一根钢梁单独作用时在此处的应变之和。故先求任意布置一根钢梁时楼板中面的应变。

如图 23.10 所示，坐标原点位于楼板中面对称中线上，第 i 根钢梁布置在 $y = y_i$ 处。相当于在 $y = y_i$ 处作用水平纵向剪力 $F_{u,i}$ 的半面应力问题。楼板宽度为 b。板 1 为剪力左边部分楼板，板 2 为剪力右边部分楼板。参照楼板弯曲波形，假设 Airy 应力函数 φ_j（下标 j 表示楼板 1、2）：

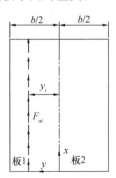

$$\varphi_j = \Phi_j(y)\sin\frac{\pi x}{l} \qquad (23.35)$$

图 23.10　板平面应力分析

把式（23.35）代入式（23.14）得：

$$k_e\frac{d^4\Phi_j(y)}{dy^4} - \frac{\pi^2}{l^2}[2+(1-k_e)\mu_c]\frac{d^2\Phi_j(y)}{dy^2} + \frac{\pi^4}{l^4}\Phi_j(y) = 0 \qquad (23.36)$$

该微分方程的特征方程为：

$$k_e r^4 - [2+(1-k_e)\mu_c]r^2 + 1 = 0 \qquad (23.37)$$

判别式（由于 $0 < k_e < 1$）：

$$\Delta_1 = [2+(1-k_e)\mu_c]^2 - 4k_e > 0 \qquad (23.38)$$

当 $k_e = 1$ 时（即混凝土不开裂）$\Delta_1 = 0$，是各向同性板。由于判别式大于零，$\Phi_j(y)$ 表达式为：

$$\Phi_j(y) = A_j\cosh\gamma_1 y + B_j\sinh\gamma_1 y + C_j\cosh\gamma_2 y + D_j\sinh\gamma_2 y \qquad (23.39)$$

其中，$\gamma_1 = \dfrac{\pi r_1}{l}$，$\gamma_2 = \dfrac{\pi r_2}{l}$，$A_j$、$B_j$、$C_j$、$D_j$ 为待定系数。

$$r_1 = \sqrt{\frac{2+(1-k_e)\mu_c+\sqrt{\Delta_1}}{2k_e}} \qquad (23.40a)$$

$$r_2 = \sqrt{\frac{2+(1-k_e)\mu_c-\sqrt{\Delta_1}}{2k_e}} \qquad (23.40b)$$

把式（23.39）、式（23.35）代入式（23.10）可得：

$$N_{jy} = -\Phi_j(y)\frac{\pi^2}{l^2}\sin\frac{\pi x}{l} \qquad (23.41a)$$

$$N_{jxy} = -f_{Njxy}\frac{\pi^2}{l^2}\cos\frac{\pi x}{l} \qquad (23.41b)$$

$$f_{Njxy} = A_j r_1\sinh\gamma_1 y + B_j r_1\cosh\gamma_1 y + C_j r_2\sinh\gamma_2 y + D_j r_2\cosh\gamma_2 y \qquad (23.41c)$$

由式（23.12a，b）可求得板中面纵向位移 u_{cj} 和横向位移 v_{cj}（跨中纵向位移为零）为：

$$u_{cj} = \int\varepsilon_{jx}dx = -\frac{1}{E_c h_c}f_{ju}\frac{\pi}{l}\cos\frac{\pi x}{l} \qquad (23.42a)$$

$$v_{cj} = \int\varepsilon_{jy}dy = -\frac{1}{E_c k_e h_c}f_{jv}\frac{\pi}{l}\sin\frac{\pi x}{l} \qquad (23.42b)$$

$$f_{ju} = (r_1^2 + \mu_c/k_e)(A_j\cosh\gamma_1 y + B_j\sinh\gamma_1 y) + \\ (r_2^2 + \mu_c/k_e)(C_j\cosh\gamma_2 y + D_j\sinh\gamma_2 y) \qquad (23.42c)$$

$$f_{jv} = \left(\frac{1}{r_1} + k_e\mu_c r_1\right)(A_j\sinh\gamma_1 y + B_j\cosh\gamma_1 y) +$$

$$\left(\frac{1}{r_2} + k_e \mu_c r_2\right)(C_j \sinh\gamma_2 y + D_j \cosh\gamma_2 y) \tag{23.42d}$$

边界条件为：

（1）在 $y = -b/2$ 处：

$$(N_{1y})_{y=-b/2} = 0 \tag{23.43a}$$

$$(N_{1xy})_{y=-b/2} = 0 \tag{23.43b}$$

（2）在 $y = b/2$ 处：

$$(N_{2y})_{y=b/2} = 0 \tag{23.44a}$$

$$(N_{2xy})_{y=b/2} = 0 \tag{23.44b}$$

（3）在 $y = y_i$ 处（记 $y_i = \eta_i b$）：

$$(N_{1y})_{y=\eta_i b} - (N_{2y})_{y=\eta_i b} = 0 \tag{23.45a}$$

$$(N_{1xy})_{y=\eta_i b} - (N_{2xy})_{y=\eta_i b} = -F_{u,i} \tag{23.45b}$$

$$(u_{c1})_{y=\eta_i b} = (u_{c2})_{y=\eta_i b} \tag{23.45c}$$

$$(v_{c1})_{y=\eta_i b} = (v_{c2})_{y=\eta_i b} \tag{23.45d}$$

注意 $F_{u,j}$ 是界面剪力，这里已经被移到楼板的形心，移动过程中产生弯矩 $0.5F_{u,j}h_c$，在楼板弯曲一节中考虑。把式（23.43）、式（23.44）、式（23.45）代入边界条件可得：

$$A_1 = \frac{l^2}{\pi^2}\delta_{1,i}A_{u,i} \tag{23.46a}$$

$$B_1 = \frac{l^2}{\pi^2}\delta_{2,i}A_{u,i} \tag{23.46b}$$

$$C_1 = \frac{l^2}{\pi^2}\delta_{3,i}A_{u,i} \tag{23.46c}$$

$$D_1 = \frac{l^2}{\pi^2}\delta_{4,i}A_{u,i} \tag{23.46d}$$

其中

$$\delta_{1,i} = 0.5\frac{\kappa_3}{\kappa_1}\vartheta_1\cosh\lambda\eta_i r_1 - 0.5\frac{r_2}{\kappa_1}\vartheta_2\cosh\lambda\eta_i r_2 - 0.5\vartheta_1\sinh\lambda\eta_i r_1$$

$$\delta_{2,i} = -0.5\frac{\kappa_4}{\kappa_2}\vartheta_1\sinh\lambda\eta_i r_1 - 0.5\frac{r_2}{\kappa_2}\vartheta_2\sinh\lambda\eta_i r_2 + 0.5\vartheta_1\cosh\lambda\eta_i r_1$$

$$\delta_{3,i} = -0.5\frac{\kappa_4}{\kappa_1}\vartheta_2\cosh\lambda\eta_i r_2 - 0.5\frac{r_1}{\kappa_1}\vartheta_1\cosh\lambda\eta_i r_1 + 0.5\vartheta_2\sinh\lambda\eta_i r_2$$

$$\delta_{4,i} = 0.5\frac{\kappa_3}{\kappa_2}\vartheta_2\sinh\lambda\eta_i r_2 - 0.5\frac{r_1}{\kappa_2}\vartheta_1\sinh\lambda\eta_i r_1 - 0.5\vartheta_2\cosh\lambda\eta_i r_2$$

$$\vartheta_1 = \frac{r_1(1 + k_e\mu_c r_2^2)}{r_1^2 - r_2^2}, \quad \vartheta_2 = \frac{r_2(1 + k_e\mu_c r_1^2)}{r_1^2 - r_2^2}$$

$$\kappa_1 = r_1\sinh\frac{\lambda r_1}{2}\cosh\frac{\lambda r_2}{2} - r_2\cosh\frac{\lambda r_1}{2}\sinh\frac{\lambda r_2}{2}, \quad \kappa_2 = r_1\cosh\frac{\lambda r_1}{2}\sinh\frac{\lambda r_2}{2} - r_2\sinh\frac{\lambda r_1}{2}\cosh\frac{\lambda r_2}{2}$$

$$\kappa_3 = r_1\cosh\frac{\lambda r_1}{2}\cosh\frac{\lambda r_2}{2} - r_2\sinh\frac{\lambda r_1}{2}\sinh\frac{\lambda r_2}{2}, \quad \kappa_4 = r_1\sinh\frac{\lambda r_1}{2}\sinh\frac{\lambda r_2}{2} - r_2\cosh\frac{\lambda r_1}{2}\cosh\frac{\lambda r_2}{2}$$

它们是关于 λ、η_i 和 k_e 的函数，$\lambda = b/l$（宽度与半波长的比）。

把式（23.46）代入式（23.42a）可得板中面任意处纵向位移：

$$u_c = -\frac{lA_{u,i}}{\pi E_c h_c}\psi_{\eta_i}(y)\cos\frac{\pi x}{l} \tag{23.47}$$

$$\psi_{\eta_i}(y) = (r_1^2 + \mu_c/k_e)(\delta_{1,i}\cosh\gamma_1 y + \delta_{2,i}\sinh\gamma_1 y) +$$
$$(r_2^2 + \mu_c/k_e)(\delta_{3,i}\cosh\gamma_2 y + \delta_{4,i}\sinh\gamma_2 y) \tag{23.48}$$

式（23.47）为任意布置一根钢梁时板中面的位移。当布置 n 根钢梁时根据叠加原理板中面位移为：

$$u_c = -\frac{l}{\pi E_c h_c}\sum_{i=1}^{n}A_{u,i}\psi_{\eta_i}(y)\cos\frac{\pi x}{l} \tag{23.49}$$

则布置 n 根钢梁时，第 i 根钢梁处楼板下表面纵向位移 $u_{cbot,i}$ 为（弯曲部分见下节）：

$$u_{cbot,i} = -\frac{l}{\pi E_c h_c}\left(\sum_{i=1}^{n}A_{u,i}\psi_{\eta_i}(y)\right)_{y=\eta_i b}\cos\frac{\pi x}{l} - \frac{\partial w_{c,i}}{\partial x}h_{c2} \tag{23.50}$$

式中，h_{c2} 是楼板形心线到楼板下表面的距离。

23.3.4 楼板的弯曲分析

如图 23.11 所示，第 i 根钢梁布置在 $y = y_i$ 处。由式（23.21d）得板 1、2 的挠度为：

$$w_{cj} = Y_j\sin\frac{\pi x}{l}\quad j = 1,2 \tag{23.51}$$

根据开裂楼板弯曲方程式（23.17），得：

$$k_{eb}^3\frac{d^4 Y_j}{dy^4} - \frac{\pi^2}{l^2}[2k_{eb}^3 + (1-k_{eb})^3]\frac{d^2 Y_j}{dy^2} + \frac{\pi^4}{l^4}Y_j = 0$$
$$j = 1,2 \tag{23.52}$$

微分方程式（23.52）的特征方程的根判别式为（由于 $0 < k_{eb} < 1$）：

$k_{eb} < 0.32731$ 时：

$$\Delta_2 = [2k_{eb}^3 + (1-k_{eb})^3]^2 - 4k_{eb}^3 > 0，是两个正根 \tag{23.53a}$$

$k_{eb} > 0.32731$ 时：

$$\Delta_2 = [2k_{eb}^3 + (1-k_{eb})^3]^2 - 4k_{eb}^3 < 0，是负根 \tag{23.53b}$$

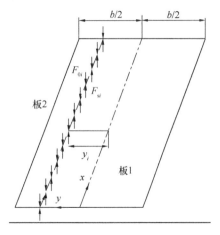

图 23.11 板弯曲分析

根据表 23.6，实际情况基本上都是第 2 种情况。在式（23.53b）的情况下，Y_j 表达式为：

$$r_3 = \sqrt{\frac{\sqrt{\Delta_2 + 4k_{eb}^3} + \sqrt{\Delta_2}}{2k_{eb}^3}}$$

$$= \sqrt{1 + \frac{1}{2}\left(\frac{1}{k_{eb}} - 1\right)^3 + \sqrt{\left[1 + \frac{1}{2}\left(\frac{1}{k_{eb}} - 1\right)^3\right]^2 - \frac{1}{k_{eb}^3}}} \tag{23.54a}$$

$$r_4 = \sqrt{\frac{\sqrt{\Delta_2 + 4k_{eb}^3} - \sqrt{\Delta_2}}{2k_{eb}^3}}$$

$$= \sqrt{1 + \frac{1}{2}\left(\frac{1}{k_{eb}} - 1\right)^3 - \sqrt{\left[1 + \frac{1}{2}\left(\frac{1}{k_{eb}} - 1\right)^3\right]^2 - \frac{1}{k_{eb}^3}}} \tag{23.54b}$$

$$r_3^2 - r_4^2 = \frac{\sqrt{\Delta_2}}{k_{eb}^3} = 2\sqrt{\left(1 + \frac{1}{2}\left(\frac{1}{k_{eb}} - 1\right)^3\right)^2 - \frac{1}{k_{eb}^3}} \tag{23.54c}$$

在式（23.53b）的情况下，$r_3, r_4 = r_5 \pm r_6 i$。

$$r_5 = \frac{1}{\sqrt{2}}\sqrt{1 + \frac{1}{2}\left(\frac{1}{k_{eb}} - 1\right)^3 + \frac{1}{k_{eb}^{1.5}}} \tag{23.55a}$$

$$r_6 = \frac{1}{\sqrt{2}}\sqrt{\frac{1}{k_{eb}^{1.5}} - 1 - \frac{1}{2}\left(\frac{1}{k_{eb}} - 1\right)^3} \tag{23.55b}$$

$$r_5^2 + r_6^2 = \frac{1}{k_{eb}^{1.5}} \tag{23.55c}$$

$$Y_j = P_j \cosh\gamma_5 y \sin\gamma_6 y + Q_j \sinh\gamma_5 y \sin\gamma_6 y + H_j \cosh\gamma_5 y \cos\gamma_6 y + T_j \sinh\gamma_5 y \cos\gamma_6 y \quad j = 1, 2 \tag{23.56}$$

式中，$\gamma_5 = \pi r_5/l, \gamma_6 = \pi r_6/l$，$P_j$、$Q_j$、$H_j$ 和 T_j 为待定系数。有边界条件：

（1）在 $y = -b/2$ 处：

$$(w_{c1})_{y=-b/2} = 0 \tag{23.57a}$$

$$\left(\frac{\partial^2 w_{c1}}{\partial y^2}\right)_{y=-b/2} = 0 \tag{23.57b}$$

（2）在 $y = b/2$ 处：

$$(w_{c2})_{y=b/2} = 0 \tag{23.58a}$$

$$\left(\frac{\partial^2 w_{c2}}{\partial y^2}\right)_{y=b/2} = 0 \tag{23.58b}$$

上面四个边界条件，可以化为如下 4 个方程：

$$\begin{cases} -f_{cs1} P_1 - f_{ss1} Q_1 + f_{cc1} H_1 + f_{sc1} T_1 = 0 \\ f_{cs1} P_2 + f_{ss1} Q_2 + f_{cc1} H_2 + f_{sc1} T_2 = 0 \\ f_{sc1} P_1 + f_{cc1} Q_1 + f_{ss1} H_1 + f_{cs1} T_1 = 0 \\ f_{sc1} P_2 + f_{cc1} Q_2 - f_{ss1} H_2 - f_{cs1} T_2 = 0 \end{cases} \tag{23.59}$$

式中，$f_{cs1} = \cosh\gamma_5' \sin\gamma_6'$，$f_{ss1} = \sinh\gamma_5' \sin\gamma_6'$，$f_{sc1} = \sinh\gamma_5' \cos\gamma_6'$，$f_{cc1} = \cosh\gamma_5' \cos\gamma_6'$，$\gamma_5' = 0.5\gamma_5 b$，$\gamma_6' = 0.5\gamma_6 b$，$\Delta_1 = \sin\gamma_6' \cos\gamma_6'$。

（3）在 $y = y_i$ 处（记 $y_i = \eta_i b$）：

$$(w_{c1})_{y=\eta_i b} = (w_{c2})_{y=\eta_i b} \tag{23.60a}$$

$$\left(\frac{\partial w_{c1}}{\partial y}\right)_{y=\eta_i b} = \left(\frac{\partial w_{c2}}{\partial y}\right)_{y=\eta_i b} \tag{23.60b}$$

$$\left(\frac{\partial^2 w_{c1}}{\partial y^2}\right)_{y=\eta_i b} = \left(\frac{\partial^2 w_{c2}}{\partial y^2}\right)_{y=\eta_i b} \tag{23.60c}$$

$$(V_{y1} - V_{y2})_{y=\eta_i b} = F_{0,i} - F_{s,i} - h_{c2}\frac{dF_{u,i}}{dx} = \left(A_{0,i} - A_{s,i} + \frac{\pi h_{c2}}{l}A_{u,i}\right)\sin\frac{\pi x}{l} \tag{23.60d}$$

式 (23.60) 的 4 个条件可以化为如下 4 个方程：

$$\begin{cases} f_{sc}(P_1 - P_2) + f_{cc}(Q_1 - Q_2) - f_{ss}(H_1 - H_2) - f_{cs}(T_1 - T_2) = 0 \\ f_{cs}(P_1 - P_2) + f_{ss}(Q_1 - Q_2) + f_{cc}(H_1 - H_2) + f_{sc}(T_1 - T_2) = 0 \\ f_{cc}(P_1 - P_2) + f_{sc}(Q_1 - Q_2) - f_{cs}(H_1 - H_2) - f_{ss}(T_1 - T_2) = -\dfrac{S}{r_6 k_{eb}^{1.5}} \\ f_{ss}(P_1 - P_2) + f_{cs}(Q_1 - Q_2) + f_{sc}(H_1 - H_2) + f_{cc}(T_1 - T_2) = \dfrac{S}{r_5 k_{eb}^{1.5}} \end{cases}$$

$$(23.61)$$

式中，$S = \dfrac{l^3}{2\pi^3 D_x}\left(A_{0,1} - A_{s,1} + \dfrac{\pi h_{c2}}{l}A_{u,1}\right)$，$f_{cs} = \cosh\gamma_5'' \sin\gamma_6''$，$f_{ss} = \sinh\gamma_5'' \sin\gamma_6''$，$f_{cc} = \cosh\gamma_5'' \cos\gamma_6''$，$f_{sc} = \sinh\gamma_5'' \cos\gamma_6''$，其中 $\gamma_5'' = \eta\gamma_5 b$，$\gamma_6'' = \eta\gamma_6 b$。

解为：

$$\begin{cases} P_1 - P_2 = \chi_P S \\ Q_1 - Q_2 = \chi_Q S \\ H_1 - H_2 = \chi_H S \\ T_1 - T_2 = \chi_T S \end{cases}$$

$$(23.62)$$

其中：

$$\Lambda = \begin{vmatrix} f_{sc} & f_{cc} & -f_{ss} & -f_{cs} \\ f_{cs} & f_{ss} & f_{cc} & f_{sc} \\ f_{cc} & f_{sc} & -f_{cs} & -f_{ss} \\ f_{ss} & f_{cs} & f_{sc} & f_{cc} \end{vmatrix} \quad (23.63a)$$

$$\chi_H = \frac{1}{k_{eb}^{1.5}\Lambda} \begin{vmatrix} f_{sc} & f_{cc} & 0 & -f_{cs} \\ f_{cs} & f_{ss} & 0 & f_{sc} \\ f_{cc} & f_{sc} & -r_6^{-1} & -f_{ss} \\ f_{ss} & f_{cs} & r_5^{-1} & f_{cc} \end{vmatrix} \quad (23.63b)$$

$$\chi_T = \frac{1}{k_{eb}^{1.5}\Lambda} \begin{vmatrix} f_{sc} & f_{cc} & -f_{ss} & 0 \\ f_{cs} & f_{ss} & f_{cc} & 0 \\ f_{cc} & f_{sc} & -f_{cs} & -r_6^{-1} \\ f_{ss} & f_{cs} & f_{sc} & r_5^{-1} \end{vmatrix} \quad (23.63c)$$

$$\chi_P = \frac{1}{k_{eb}^{1.5}\Lambda} \begin{vmatrix} 0 & f_{cc} & -f_{ss} & -f_{cs} \\ 0 & f_{ss} & f_{cc} & f_{sc} \\ -r_6^{-1} & f_{sc} & -f_{cs} & -f_{ss} \\ r_5^{-1} & f_{cs} & +f_{sc} & f_{cc} \end{vmatrix} \quad (23.63d)$$

$$\chi_Q = \frac{1}{k_{eb}^{1.5}\Lambda} \begin{vmatrix} f_{sc} & 0 & -f_{ss} & -f_{cs} \\ f_{cs} & 0 & f_{cc} & f_{sc} \\ f_{cc} & -r_6^{-1} & -f_{cs} & -f_{ss} \\ f_{ss} & r_5^{-1} & f_{sc} & f_{cc} \end{vmatrix} \quad (23.63e)$$

把式 (23.15a, b, c, d)、式 (23.51)、式 (23.56) 代入边界条件可求得：

$$\begin{cases} P_1 = \delta_5 S \\ Q_1 = \delta_6 S \\ H_1 = \delta_7 S \\ T_1 = \delta_8 S \end{cases} \tag{23.64}$$

$$\begin{cases} P_2 = \delta_9 S \\ Q_2 = \delta_{10} S \\ H_2 = \delta_{11} S \\ T_2 = \delta_{12} S \end{cases} \tag{23.65}$$

其中：
$$\delta_5 = \frac{1}{2}\left(\chi_P + \frac{\cosh^2\gamma_5' - \sin^2\gamma_6'}{\Delta_1}\chi_H + \frac{\sinh\gamma_5'\cosh\gamma_5'}{\Delta_1}\chi_T \right) \tag{23.66a}$$

$$\delta_6 = \frac{1}{2}S\left(\chi_Q - \frac{\sinh\gamma_5'\cosh\gamma_5'}{\Delta_1}\chi_H - \frac{\sin^2\gamma_6' + \sinh^2\gamma_5'}{\Delta_1}\chi_T \right) \tag{23.66b}$$

$$\delta_7 = \frac{1}{2}\left(\chi_H + \frac{\sin^2\gamma_6' + \sinh^2\gamma'}{\Delta_1}\chi_P + \frac{\sinh\gamma_5'\cosh\gamma_5'}{\Delta_1}\chi_Q \right) \tag{23.66c}$$

$$\delta_8 = \frac{1}{2}\left(\chi_T - \frac{\sinh\gamma_5'\cosh\gamma_5'}{\Delta_1}\chi_P - \frac{\cosh^2\gamma_5' - \sin^2\gamma_6'}{\Delta_1}\chi_Q \right) \tag{23.66d}$$

$$\delta_9 = \frac{1}{2}\left(-\chi_P + \frac{\cosh^2\gamma_5' - \sin^2\gamma_6'}{\Delta_1}\chi_H + \frac{\sinh\gamma_5'\cosh\gamma_5'}{\Delta_1}\chi_T \right) \tag{23.66e}$$

$$\delta_{10} = -\frac{1}{2}\left(\chi_Q + \frac{\sinh\gamma_5'\cosh\gamma_5'}{\Delta_1}\chi_H + \frac{\sin^2\gamma_6' + \sinh^2\gamma_5'}{\Delta_1}\chi_T \right) \tag{23.66f}$$

$$\delta_{11} = \frac{1}{2}\left(-\chi_H + \frac{\sin^2\gamma_6' + \sinh^2\gamma'}{\Delta_1}\chi_P + \frac{\sinh\gamma_5'\cosh\gamma_5'}{\Delta_1}\chi_Q \right) \tag{23.66g}$$

$$\delta_{12} = -\frac{1}{2}\left(\chi_T + \frac{\sinh\gamma_5'\cosh\gamma_5'}{\Delta_1}\chi_P + \frac{\cosh^2\gamma_5' - \sin^2\gamma_6'}{\Delta_1}\chi_Q \right) \tag{23.66h}$$

把式 (23.64) 代入式 (23.56)、式 (23.51) 可得：

$$w_c(y) = \Omega_{\eta_i}(y)\frac{l^3}{2D_x\pi^3}\left(A_{0,i} - A_{s,i} + \frac{\pi h_{c2}}{l}A_{u,i} \right)\sin\frac{\pi x}{l} \tag{23.67}$$

式中，$\Omega_{\eta_i}(y)$ 是钢梁在位置 $y = \eta_i b$ 处的挠度函数，为：

$$\begin{aligned} \Omega_{\eta_i}(y) = {} & \delta_{5,i}\cosh\gamma_5\, y\sin\gamma_6\, y + \delta_{6,i}\sinh\gamma_5\, y\sin\gamma_6\, y + \\ & \delta_{7,i}\cosh\gamma_5\, y\cos\gamma_6\, y + \delta_{8,i}\sinh\gamma_5\, y\cos\gamma_6\, y \end{aligned} \tag{23.68}$$

式 (23.67) 为任意布置一根钢梁时，板中面任意位置的挠度。当布置承受正弦荷载的 n 根钢梁时，根据线性分析的叠加原理，板中面挠度表达式为：

$$w_c = \frac{l^3}{2D_x\pi^3}\sum_{i=1}^{n}\Omega_{\eta_i}(y)\left(A_{0,i} - A_{s,i} + \frac{\pi h_{c2}}{l}A_{u,i} \right)\sin\frac{\pi x}{l} \tag{23.69}$$

则布置 n 根钢梁时，第 i 根钢梁处楼板挠度 $w_{c,i}$ 为：

$$w_{c,i} = \frac{l^3}{2D_x\pi^3}\left[\sum_{j=1}^{n}\Omega_{\eta_j}(\eta_i b)\left(A_{0,j} - A_{s,j} + \frac{\pi}{l}h_{c2}A_{u,j} \right) \right]\sin\frac{\pi x}{l} \tag{23.70}$$

23.4　一阶正弦荷载下有效宽度

23.4.1　变形协调条件

在每根钢梁布置处，都满足变形协调条件，即楼板中面和钢梁上翼缘挠度相同，楼板

下表面和钢梁上翼缘界面剪力等于界面滑移乘以栓钉平均剪切刚度，即

$$w_{c,i} = w_{s,i} \quad (i = 1,2,3\cdots) \tag{23.71a}$$

$$F_{u,i} = -k_u(u_{stop,i} - u_{cbot,i}) \quad (i = 1,2,3\cdots) \tag{23.71b}$$

把式（23.29）、式（23.33）、式（23.50）、式（23.70）代入式（23.71a，b），可求得每根钢梁挠度与外荷载关系表达式。

23.4.2 居中布置一根钢梁

当居中布置一根钢梁时，钢梁的挠度由式（23.29）可得：

$$w_{s,1} = \left[(1+\phi_s)\frac{l}{\pi}A_{s,1} + h_{s1}A_{u,1}\right]\frac{l^3}{\pi^3 E_s I_s}\sin\frac{\pi x}{l} \tag{23.72}$$

钢梁上翼缘纵向位移为：

$$u_{stop,1} = \left[\frac{lh_{s1}A_{s,1}}{\pi} + \left(\frac{I_s}{A_s} + h_{s1}^2\right)A_{u,1}\right]\frac{l^2}{\pi^2 E_s I_s}\cos\frac{\pi x}{l} \tag{23.73}$$

式中，h_{s1} 为钢梁截面本身的形心到钢梁上翼缘的距离。钢梁布置处楼板下表面纵向位移，即一根钢梁且 $\eta_1 = 0$，则由式（23.50）可求得：

$$u_{cbot,i} = -\frac{l}{\pi E_c h_c}\left[\sum_{i=1}^n A_{u,i}\psi_{\eta_i}(y)\right]_{y=\eta_i b}\cos\frac{\pi x}{l} - \frac{\partial w_{c,i}}{\partial x}h_{c2} \tag{23.74a}$$

$$u_{cbot,1} = -\frac{l}{\pi E_c h_c}A_{u,1}\xi_1\cos\frac{\pi x}{l} - \frac{\partial w_{c,1}}{\partial x}h_{c2} \tag{23.74b}$$

其中，ξ_1 只是关于 λ 和 k_e 的函数，为：

$$\xi_1 = \left(r_1^2 + \frac{\mu_c}{k_e}\right)\left(0.5\frac{\kappa_3}{\kappa_1}\vartheta_1 - 0.5\frac{r_2}{\kappa_1}\vartheta_2\right) - \left(r_2^2 + \frac{\mu_c}{k_e}\right)\left(0.5\frac{\kappa_4}{\kappa_1}\vartheta_2 + 0.5\frac{r_1}{\kappa_1}\vartheta_1\right) \tag{23.75}$$

钢梁布置处楼板挠度，即一根钢梁且 $\eta_1 = 0$，则由式（23.70）可求得：

$$w_{c,1} = \zeta_1\left(A_{0,1} - A_{s,1} + \frac{\pi}{l}h_{c2}A_{u,1}\right)\frac{l^3}{2D_x\pi^3}\sin\frac{\pi x}{l} \tag{23.76}$$

其中，

$$\zeta_1 = \Omega_{\eta_1}(y=0) = \delta_{7,1} \tag{23.77}$$

把式（23.72）、式（23.76）、式（23.73）、式（23.74）代入式（23.71a，b）得到两个方程：

$$\left[(1+\phi_s)\frac{l}{\pi}A_{s,1} + h_{s1}A_{u,1}\right] = \frac{\zeta_1 E_s I_s}{2D_x}\left(A_{0,1} - A_{s,1} + \frac{\pi}{l}h_{c2}A_{u,1}\right) \tag{23.78a}$$

$$A_{u,1} = -k_u\left\{\left[\frac{lh_{s1}A_{s,1}}{\pi} + \left(\frac{I_s}{A_s} + h_{s1}^2\right)A_{u,1}\right]\frac{l^2}{\pi^2 E_s I_s} + \right.$$

$$\left.\left[\frac{l}{\pi E_c h_c}A_{u,1}\xi_1 + \left(A_{0,1} - A_{s,1} + \frac{\pi}{l}h_{c2}A_{u,1}\right)\frac{\zeta_1 h_{c2} l^2}{2D_x\pi^2}\right]\right\} \tag{23.78b}$$

引入如下记号：b_e 是提供桁架作用的楼板有效宽度，$b_{e,D}$ 是楼板自身弯曲作用的有效宽度。

$$b_e = \frac{l}{\xi_1\pi} \tag{23.79}$$

$$(E_c I_c)_{eff} = \frac{2l}{\pi\zeta_1}D_x = b_{e,D}D_x \tag{23.80}$$

下列记号同第 21 章：

$$\frac{1}{E_s A_0} = \frac{1}{E_s A_s} + \frac{1}{E_c h_c b_e} \tag{23.81a}$$

$$\xi_{\mathrm{s}} = \frac{\pi^2 E_{\mathrm{s}} A_0}{k_{\mathrm{u}} l^2} \tag{23.81b}$$

$$h_{\mathrm{sc}} = h_{\mathrm{c2}} + h_{\mathrm{s1}} \tag{23.81c}$$

可以求得：

$$A_{\mathrm{u},1} = -\frac{(h_{\mathrm{sc}} + \phi_{\mathrm{s}} h_{\mathrm{c2}}) E_{\mathrm{s}} A_0}{(1+\xi_{\mathrm{s}}) E_{\mathrm{s}} I_{\mathrm{s}} + E_{\mathrm{s}} A_0 h_{\mathrm{sc}} h_{\mathrm{s1}}} \cdot \frac{l}{\pi} A_{\mathrm{s},1} \tag{23.82a}$$

$$A_{\mathrm{u},1} = -\frac{(h_{\mathrm{sc}} + \phi_{\mathrm{s}} h_{\mathrm{c2}}) E_{\mathrm{s}} A_0}{\left[(1+\phi_{\mathrm{s}})(1+\xi_{\mathrm{s}}) + \phi_{\mathrm{s}} \dfrac{E_{\mathrm{s}} A_0 h_{\mathrm{s1}}^2}{E_{\mathrm{s}} I_{\mathrm{s}}} \right] (E_{\mathrm{c}} I_{\mathrm{c}})_{\mathrm{eff}} + E_{\mathrm{s}} I_{\mathrm{s}} (1+\xi_{\mathrm{s}}) + E_{\mathrm{s}} A_0 (h_{\mathrm{sc}}^2 + \phi_{\mathrm{s}} h_{\mathrm{c2}}^2)}$$

$$\times \frac{l}{\pi} A_{0,1} \tag{23.82b}$$

$$A_{\mathrm{s},1} = \frac{(1+\xi_{\mathrm{s}}) E_{\mathrm{s}} I_{\mathrm{s}} + E_{\mathrm{s}} A_0 h_{\mathrm{s1}} h_{\mathrm{sc}}}{\left[(1+\xi_{\mathrm{s}})(1+\phi_{\mathrm{s}}) + \phi_{\mathrm{s}} \dfrac{E_{\mathrm{s}} A_0 h_{\mathrm{s1}}^2}{E_{\mathrm{s}} I_{\mathrm{s}}} \right] (E_{\mathrm{c}} I_{\mathrm{c}})_{\mathrm{eff}} + E_{\mathrm{s}} I_{\mathrm{s}} (1+\xi_{\mathrm{s}}) + E_{\mathrm{s}} A_0 (h_{\mathrm{sc}}^2 + \phi_{\mathrm{s}} h_{\mathrm{c2}}^2)} A_{0,1}$$

$$\tag{23.82c}$$

由式（23.78a，b）可求得 $A_{\mathrm{s},1}$ 和 $A_{0,1}$ 的关系：

$$A_{1,0} - A_{\mathrm{s},1} + \frac{\pi h_{\mathrm{c2}}}{l} A_{\mathrm{u},i}$$

$$= \frac{\left[(1+\phi_{\mathrm{s}})(1+\xi_{\mathrm{s}}) + \phi_{\mathrm{s}} \dfrac{E_{\mathrm{s}} A_0 h_{\mathrm{s1}}^2}{E_{\mathrm{s}} I_{\mathrm{s}}} \right] (E_{\mathrm{c}} I_{\mathrm{c}})_{\mathrm{eff}} \cdot A_{0,1}}{\left[(1+\phi_{\mathrm{s}})(1+\xi_{\mathrm{s}}) + \phi_{\mathrm{s}} \dfrac{E_{\mathrm{s}} A_0 h_{\mathrm{s1}}^2}{E_{\mathrm{s}} I_{\mathrm{s}}} \right] (E_{\mathrm{c}} I_{\mathrm{c}})_{\mathrm{eff}} + E_{\mathrm{s}} I_{\mathrm{s}} (1+\xi_{\mathrm{s}}) + E_{\mathrm{s}} A_0 (h_{\mathrm{sc}}^2 + \phi_{\mathrm{s}} h_{\mathrm{c2}}^2)}$$

$$\tag{23.83}$$

把式（23.79）代入式（23.76）可得：

$$w_{\mathrm{c},1} = \left(A_{0,1} - A_{\mathrm{s},1} + \frac{\pi h_{\mathrm{c2}}}{l} A_{\mathrm{u},i} \right) \frac{l^4}{(E_{\mathrm{c}} I_{\mathrm{c}})_{\mathrm{eff}} \pi^4} \sin\frac{\pi x}{l} = \frac{l^4}{B_{\mathrm{eff}} \pi^4} A_{0,1} \sin\frac{\pi x}{l} \tag{23.84}$$

$$B_{\mathrm{eff}} = (E_{\mathrm{c}} I_{\mathrm{c}})_{\mathrm{eff}} + \frac{E_{\mathrm{s}} I_{\mathrm{s}} + \dfrac{E_{\mathrm{s}} A_0}{1+\xi_{\mathrm{s}}} (h_{\mathrm{sc}}^2 + \phi_{\mathrm{s}} h_{\mathrm{c2}}^2)}{1 + \phi_{\mathrm{s}} + \dfrac{\phi_{\mathrm{s}} E_{\mathrm{s}} A_0 h_{\mathrm{s1}}^2}{(1+\xi_{\mathrm{s}}) E_{\mathrm{s}} I_{\mathrm{s}}}} \tag{23.85}$$

把式（23.84）和受正弦外荷载 $A_{0,1}\sin\dfrac{\pi x}{l}$ 的简支梁相比较，可以发现式（23.80）和

式（23.84）中，$\dfrac{2l}{\pi\zeta_1}$ 为楼板自身弯曲抗弯刚度部分的有效宽度，$\dfrac{E_{\mathrm{s}} I_{\mathrm{s}}}{1+\phi_{\mathrm{s}}}$ 为考虑了钢梁自身剪切变形影响后的折算抗弯刚度。式（23.85）与第 22 章采用梁理论推导得到的组合梁等效抗弯刚度公式完全相同。当不考虑剪切变形时，即 $\phi_{\mathrm{s}} = 0$ 时，有：

$$B_{\mathrm{eff}} = (E_{\mathrm{c}} I_{\mathrm{c}})_{\mathrm{eff}} + E_{\mathrm{s}} I_{\mathrm{s}} + \frac{E_{\mathrm{s}} A_0}{1+\xi_{\mathrm{s}}} h_{\mathrm{sc}}^2 \tag{23.86}$$

上式与第 21 章推导的公式相同。楼板有效宽度公式（23.79）绘在图 23.12 上。可见，如果 $k_{\mathrm{e}} = 0.2$、0.3 和 0.4，有效宽度则分别等

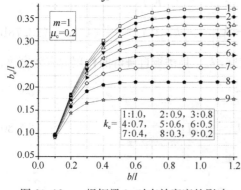

图 23.12　一根钢梁 k_{e} 对有效宽度的影响

于 $b_e/l = 0.175$、0.212 和 0.242，都大幅度小于各向同性板的结果式（23.2）。在 $k_e = 1$ 时，上述推导的结果在宽度很大时与式（23.2）的结果相同。

式（23.80）被定义为楼板参与组合梁工作的有效抗弯刚度，这个部分不完全是有效宽度 $b_{e,0}$ 部分的纵向弯曲刚度，还有横向刚度、扭转刚度等，这项影响较小，目前规范 $(E_c I_c)_{eff}$ 取式（23.79）的有效宽度范围内的楼板计算，但是从概念上讲，应注意 b_e 与 $b_{e,0}$ 的不同。

当为均布荷载时，结果和正弦荷载的有效宽度非常接近，只要乘以略小于 1 的系数。

23.4.3 均布两根钢梁时的楼板有效宽度

均布两根钢梁即在三等分处分别布置一根钢梁。$\eta_1 = b/6$，$\eta_2 = -b/6$，由于两根钢梁关于中线对称，组合楼板弯曲变形也对称，两根钢梁受到的力和位移也是相同的，故而只要取一根分析即可。现取 $\eta_1 = b/6$ 的钢梁分析（注：每一根钢梁的分析宽度，一边是 $b/3$，一边是 $b/6$）。

钢梁的挠度由式（23.29）可得：

$$w_{s,1} = \left[(1+\phi_s) \frac{l}{\pi} A_{s,1} + h_{s1} A_{u,1} \right] \frac{1}{E_s I_s} \frac{l^3}{\pi^3} \sin \frac{\pi x}{l} \qquad (23.87)$$

钢梁上翼缘纵向位移为：

$$u_{stop,1} = \left[\frac{l}{\pi} h_{s1} A_{s,1} + \left(\frac{I_s}{A_s} + h_{s1}^2 \right) A_{u,1} \right] \frac{l^2}{\pi^2 E_s I_s} \cos \frac{\pi x}{l} \qquad (23.88)$$

钢梁布置处楼板下表面纵向位移可由叠加得到，由于对称性，则由式（23.50）可求得：

$$u_{cbot,1} = -\frac{l A_{u,1}}{\pi E_c h_c} \xi_2 \cos \frac{\pi x}{l} - \frac{\partial w_{c,1}}{\partial x} h_{c2} \qquad (23.89)$$

其中 $\xi_2 = \psi_{\eta_1}(y)_{y=b/6} + \psi_{\eta_1}(y)_{y=-b/6}$，由式（23.48）可以求得：

$$\xi_2 = 2\left(r_1^2 + \frac{\mu_c}{k_e} \right) \delta_{1,1} \cosh \frac{\pi r_1 b}{6a} + 2\left(r_2^2 + \frac{\mu_c}{k_e} \right) \delta_{3,1} \cosh \frac{\pi r_2 b}{6a} \qquad (23.90)$$

钢梁布置处楼板挠度同样由叠加获得，则由式（23.70）可求得：

$$w_{c,1} = \zeta_2 \left(A_{0,1} - A_{s,1} + \frac{\pi}{l} h_{c2} A_{u,1} \right) \frac{l^3}{2\pi^3 D_x} \sin \frac{\pi x}{l} \qquad (23.91)$$

$$\zeta_2 = \Omega_{\eta_1}\left(-\frac{1}{6} b \right) + \Omega_{\eta_2}\left(-\frac{1}{6} b \right) \qquad (23.92)$$

把式（23.87）～式（23.92）代入式（23.71a, b），可得结果式（23.84）和式（23.85），但是其中的有效宽度和混凝土有效抗弯刚度的定义变为：

$$b_e = \frac{l}{\xi_2 \pi} \qquad (23.93)$$

$$(E_c I_c)_{eff} = \frac{2l}{\pi \zeta_2} D_x \qquad (23.94)$$

图 23.13 给出了分别居中布置一根钢梁和均布两根钢梁时，楼板有效宽度的对比。其中，两根钢梁时，横坐标的 b_1 是一

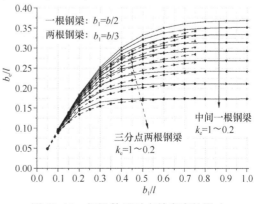

图 23.13 钢梁数目对有效宽度的影响

根钢梁分摊到的宽度，一根钢梁时，中间一半的荷载由组合梁承担，两侧直接传递到边界（框架主梁），所以 $b_1 = 0.5b$；两根三分点布置的钢梁时，$b_1 = b/3$。从图中可以发现当两根钢梁时，楼板有效宽度会比布置一根钢梁时的楼板有效宽度小，小的幅度在工程最常用的范围 $b_1/l = 0.25 \sim 0.35$ 内最大。小的原因是一根钢梁一侧楼板宽度是另一侧楼板宽度的一半这种不对称引起的。如果取钢梁左侧和右侧楼板按照宽度分别为 $\frac{4}{3}b_1$ 和 $\frac{2}{3}b_1$ 的一根钢梁的情况计算有效宽度，然后取有效宽度为各自的一半相加，得到的有效宽度，经对比，略高于上述按照两根钢梁的解析解，但是与一根钢梁结果对比，差距已经缩小到 3% 以内。

当根数更多时（b/l 大于 1，需要布置大于 2 根次梁），取出中间一根作为标准进行分析，可以得到类似图 23.12 的结果，见文献 [13]。

23.5　部分开裂混凝土板的有效宽度

23.5.1　理论分析

本节考虑混凝土板只在负弯矩区开裂。开裂部分的混凝土有效高度系数 $k_e < 1$，非开裂部分 $k_e = 1$。认为开裂区与非开裂区在 $y = \eta b (0 \leqslant \eta \leqslant 0.5)$ 处分界，如图 23.14 所示，分两块板（板 1 表示开裂区板，板 2 表示非开裂区板）进行考虑，板之间存在连续性边界条件。

假设 Airy 应力函数 φ_j（下标 j 表示楼板 1，2）：

$$\varphi_j = \Phi_j(y) \sin\frac{\pi x}{l} + \frac{1}{2} E_j x^2 \qquad (23.95)$$

k_{ej} 表示板 j 的混凝土有效高度系数。由于当 $k_{e2} = 1$ 时，特征方程的判别式（23.38）$\Delta_2 = 0$，为了方便计算，取 $k_{e2} = 0.99$ 表示 $k_{e2} = 1$ 的情况。则

$$\Phi_j(y) = A_j \cosh\gamma_{j1} y + B_j \sinh\gamma_{j1} y + C_j \cosh\gamma_{j2} y + D_j \sinh\gamma_{j2} y \qquad (23.96)$$

式中，$\gamma_{j1} = \dfrac{\pi r_{j1}}{l}, \gamma_{j2} = \dfrac{\pi r_{j2}}{l}$，$A_j$、$B_j$、$C_j$、$D_j$ 为待定系数。

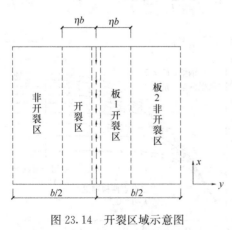

图 23.14　开裂区域示意图

$$r_{j1} = \sqrt{\frac{2 + (1 - k_{ej})\mu_c + \sqrt{\Delta_j}}{2k_{ej}}} \qquad (23.97a)$$

$$r_{j2} = \sqrt{\frac{2 + (1 - k_{ej})\mu_c - \sqrt{\Delta_j}}{2k_{ej}}} \qquad (23.97b)$$

板中面内力为：

$$N_{jx} = \Phi_j''(y) \sin\frac{\pi x}{l} \qquad (23.98a)$$

$$N_{jy} = -\Phi_j(y)\frac{\pi^2}{l^2}\sin\frac{\pi x}{l} + E_j \qquad (23.98b)$$

$$N_{jxy} = -f_{Njxy}\frac{\pi^2}{l^2}\cos\frac{\pi x}{l} \qquad (23.98c)$$

$$f_{Njxy} = A_j r_{j1} \sinh\gamma_{j1} y + B_j r_{j1} \cosh\gamma_{j1} y + C_j r_{j2} \sinh\gamma_{j2} y + D_j r_{j2} \cosh\gamma_{j2} y \quad (23.99)$$

同第 23.2 节，可得板中面纵向位移和横向位移如下：

$$u_{cj} = -\frac{1}{E_c h_c} f_{ju}(y) \frac{\pi}{l} \left(\cos\frac{\pi x}{l} - 1 \right) - \frac{\mu_c}{k_{ej} E_c h_c} E_j x + F_{ju}(y) \quad (23.100a)$$

$$v_{cj} = -\frac{1}{E_c k_{ej} h_c} \left[f_{jv}(y) - f_{jv}(0) \right] \frac{\pi}{l} \sin\frac{\pi x}{l} + \frac{E_j y}{k_{ej} E_c h_c} + F_{jv}(x) \quad (23.100b)$$

$$f_{ju}(y) = \left(r_{j1}^2 + \frac{\mu_c}{k_{ej}} \right) (A_j \cosh\gamma_{j1} y + B_j \sinh\gamma_{j1} y) +$$

$$\left(r_{j2}^2 + \frac{\mu_c}{k_{ej}} \right) (C_j \cosh\gamma_{j2} y + D_j \sinh\gamma_{j2} y) \quad (23.101a)$$

$$f_{jv}(y) = \left(\frac{1}{r_{j1}} + k_{ej}\mu_c r_{j1} \right) (A_j \sinh\gamma_{j1} y + B_j \cosh\gamma_{j1} y) +$$

$$\left(\frac{1}{r_{j2}} + k_{ej}\mu_c r_{j2} \right) (C_j \sinh\gamma_{j2} y + D_j \cosh\gamma_{j2} y) \quad (23.101b)$$

由于 $v_{c1}(x,0) = 0$，有 $F_{1v}(x) = 0$。$F_{2v}(x)$ 利用边界条件 $v_{c1}(y = \eta b) = v_{c2}(y = \eta b)$ 得到：

$$F_{2v}(x) = \frac{1}{E_c k_{e2} h_c} \left[f_{1v}(0) - f_{1v}(\eta b) \right] \frac{\pi}{l} \sin\frac{\pi x}{l} + \frac{E_1 \eta b}{k_{e1} E_c h_c} - \frac{E_2 \eta b}{k_{e2} E_c h_c} \quad (23.102)$$

N_{jxy} 有两个表达式：式（23.98c）和 $\dfrac{N_{jxy}}{h_e} = \dfrac{E_c}{2(1+\mu_c)} \left(\dfrac{\partial v_{cj}}{\partial x} + \dfrac{\partial u_{cj}}{\partial y} \right)$，两者应恒等，且其对板 1 和板 2 应各自成立。对板 1，同第 23.2 节，可得 $f_{1v}(0) = 0$，且 $F'_{1u} = -\dfrac{\pi}{E_c l h_c} f'_{1u}(y)$，从而得到：

$$v_{c1}(x, \eta b) = -\frac{1}{E_c k_{e1} h_c} \frac{\pi}{l} f_{1v}(\eta b) \sin\frac{\pi x}{l} + \frac{E_1 \eta b}{k_{e1} E_c h_c} \quad (23.103a)$$

$$v_{2c}(x, y) = -\frac{1}{E_c h_c} \left[\frac{f_{2v}(y) - f_{2v}(\eta b)}{k_{e2}} + \frac{f_{1v}(\eta b)}{k_{e1}} \right] \frac{\pi}{l} \sin\frac{\pi x}{l} + \frac{E_1 \eta b}{k_{e1} E_c h_c}$$

$$(23.103b)$$

由 $F'_{1u} = -\dfrac{\pi}{E_c l h_c} f'_{1u}(y)$ 可以得到：

$$F_{1u} = -\frac{\pi}{E_c l h_c} f_{1u}(y) + U_1 \quad (23.104)$$

认为在 $x = l/2$ 处 $u_{c1} = 0$，可得到 $U_1 = \dfrac{\mu_c E_1}{k_{e1} E_c h_c} \dfrac{l}{2}$，则：

$$u_{c1} = -\frac{1}{E_c h_c} f_{1u}(y) \frac{\pi}{l} \cos\frac{\pi x}{l} - \frac{\mu_c}{k_{e1} E_c h_c} E_1 \left(x - \frac{l}{2} \right) \quad (23.105)$$

对于板 2，同理可得：

$$\left[\frac{f_{2v}(y) - f_{2v}(\eta b)}{k_{e2}} + \frac{f_{1v}(\eta b)}{k_{e1}} \right] \frac{\pi}{l} + f'_{1u}(y) = \frac{2(1+\mu_c)}{k_{e2}} f_{N2xy} \frac{\pi}{l} \quad (23.106)$$

$$F_{2u}(y) = -\frac{1}{E_c h_c} f_{2u}(y) \frac{\pi}{l} + U_2 \quad (23.107)$$

$$u_{c2} = -\frac{\pi}{E_c h_c l} f_{2u}(y) \left(\cos\frac{\pi x}{l} - 1 \right) - \frac{\mu_c}{k_{e2} E_c h_c} E_2 x + F_{2u}(y)$$

$$=-\frac{\pi}{E_c h_c l} f_{2u}(y)\cos\frac{\pi x}{l}-\frac{\mu_c E_2}{k_{e2}E_c h_c}\left(x-\frac{l}{2}\right) \tag{23.108}$$

式（23.106）则为：

$$\left[f_{2v}(y)-f_{2v}(\eta b)+\frac{k_{e2}}{k_{e1}}f_{1v}(\eta b)\right]\frac{\pi}{l}+k_{e2}f'_{1u}(y)=2(1+\mu_c)f_{N2xy}\frac{\pi}{l} \tag{23.109}$$

代入并化简，得到：

$$-f_{2v}(\eta b)+\frac{k_{e2}}{k_{e1}}f_{1v}(\eta b)=0 \tag{23.110}$$

将有关式子代入上式得到：

$$\begin{aligned}
&\left(\frac{1}{k_{e1}r_{11}}+\mu_c r_{11}\right)\left[A_2\sinh(\pi r_{11}\eta_1\lambda)+B_2\cosh(\pi r_{11}\eta_1\lambda)\right]+\\
&\left(\frac{1}{k_{e1}r_{12}}+\mu_c r_{12}\right)\left[C_2\sinh(\pi r_{12}\eta_1\lambda)+D_2\cosh(\pi r_{12}\eta_1\lambda)\right]\\
&=\left(\frac{1}{k_{e2}r_{21}}+\mu_c r_{21}\right)\left[A_2\sinh(\pi r_{21}\eta_1\lambda)+B_2\cosh(\pi r_{21}\eta_1\lambda)\right]+\\
&\left(\frac{1}{k_{e2}r_{22}}+\mu_c r_{22}\right)\left[C_2\sinh(\pi r_{22}\eta_1\lambda)+D_2\cosh(\pi r_{22}\eta_1\lambda)\right]
\end{aligned} \tag{23.111}$$

综合边界条件有：

在 $y=b/2$ 处，$\int_0^l N_{2y}\mathrm{d}x=0$，则

$$E_2=\frac{2\pi}{l^2}\left(A_2\cosh\frac{\pi r_{21}b}{2l}+B_2\sinh\frac{\pi r_{21}b}{2l}+C_2\cosh\frac{\pi r_{22}b}{2l}+D_{2m}\sinh\frac{\pi r_{22}b}{2l}\right) \tag{23.112a}$$

在 $y=b/2$ 处，$\left.\dfrac{\partial N_{2x}}{\partial y}\right|_{y=b/2}=0$，则

$$r_{21}^3\left(A_2\sinh\frac{\pi r_{21}b}{2l}+B_2\cosh\frac{\pi r_{21}b}{2l}\right)+r_{22}^3\left(C_2\sinh\frac{\pi r_{22}b}{2l}+D_2\cosh\frac{\pi r_{22}b}{2l}\right)=0 \tag{23.112b}$$

由于 $y=\pm b/2$ 边界也是板与相邻板间的对称轴，以及 u 应连续且不发生突变，故 u 在此处应满足 $\left.\dfrac{\partial u_{c2}}{\partial y}\right|_{y=0.5b}=0$，即

$$\begin{aligned}
f'_{2u}\left(\frac{b}{2}\right)=&\left(r_{21}^3+\frac{\mu_c r_{21}}{k_{e2}}\right)\left(A_2\sinh\frac{\pi r_{21}b}{2l}+B_2\cosh\frac{\pi r_{21}b}{2l}\right)+\\
&\left(r_{22}^3+\frac{\mu_c r_{22}}{k_{e2}}\right)\left(C_2\sinh\frac{\pi r_{22}b}{2l}+D_2\cosh\frac{\pi r_{22}b}{2l}\right)=0
\end{aligned} \tag{23.112c}$$

在边界上 v_{2c} 是直线。即在 $y=b/2$ 处，$\left.\dfrac{\partial v_{2c}}{\partial x}\right|_{y=0.5b}=0$，即

$$\begin{aligned}
f_{2v}\left(\frac{b}{2}\right)=&\left(\frac{1}{r_{21}}+k_{e2}\mu_c r_{21}\right)\left(A_2\sinh\frac{\pi r_{21}b}{2l}+B_2\cosh\frac{\pi r_{21}b}{2l}\right)+\\
&\left(\frac{1}{r_{22}}+k_{e2}\mu_c r_{22}\right)\left(C_2\sinh\frac{\pi r_{22}b}{2l}+D_2\cosh\frac{\pi r_{22}b}{2l}\right)=0
\end{aligned} \tag{23.112d}$$

内外轴力相平衡：$2\left(\int_0^{\eta b}N_{1x}\mathrm{d}y+\int_{\eta b}^{0.5b}N_{2x}\mathrm{d}y+\int_0^x N_{2xy,y=0.5b}\right)+\int_0^x F_u\mathrm{d}x=0$，经化简，得：

$$2(B_1 r_1 + D_1 r_2)\frac{\pi^2}{l^2} = A_{u1} \tag{23.112e}$$

$N_{1y}(y = \eta b) = N_{2y}(y = \eta b)$，即 $\Phi_1(\eta b) = \Phi_2(\eta b)$，则 $\gamma_{11} = \dfrac{\pi r_{11} \eta b}{l}, \gamma_{12} = \dfrac{\pi r_{12} \eta b}{l}, \gamma_{21} = \dfrac{\pi r_{21} \eta b}{l}, \gamma_{22} = \dfrac{\pi r_{22} \eta b}{l}$。

$$A_1 \cosh\gamma_{11} + B_1 \sinh\gamma_{11} + C_1 \cosh\gamma_{12} + D_1 \sinh\gamma_{12}$$
$$= A_2 \cosh\gamma_{21} + B_2 \sinh\gamma_{21} + C_2 \cosh\gamma_{22} + D_2 \sinh\gamma_{22} \tag{23.112f}$$

$N_{1xy}(y = \eta b) = N_{2xy}(y = \eta b)$，即 $f_{1Nxy}(\eta b) = f_{2Nxy}(\eta b)$，则

$$r_{11}(A_1 \sinh\gamma_{11} + B_1 \cosh\gamma_{11}) + r_{12}(C_1 \sinh\gamma_{12} + D_1 \cosh\gamma_{12})$$
$$= r_{21}(A_2 \sinh\gamma_{21} + B_2 \cosh\gamma_{21}) + r_{22}(C_2 \sinh\gamma_{22} + D_2 \cosh\gamma_{22}) \tag{23.112g}$$

$u_{1c}(y = \eta b) = u_{2c}(y = \eta b)$，即 $f_{1u}(\eta b) = f_{2u}(\eta b)$，则

$$(r_{11}^2 + \mu_c/k_{e1})(A_1 \cosh\gamma_{11} + B_1 \sinh\gamma_{11}) + (r_{12}^2 + \mu_c/k_{e1})(C_1 \cosh\gamma_{12} + D_1 \sinh\gamma_{12})$$
$$= (r_{21}^2 + \mu_c/k_{e2})(A_{2m} \cosh\gamma_{21} + B_2 \sinh\gamma_{21}) +$$
$$(r_{22}^2 + \mu_c/k_{e2})(C_2 \cosh\gamma_{22} + D_2 \sinh\gamma_{22}) \tag{23.112h}$$

且

$$\frac{E_1}{k_{e1}} = \frac{E_2}{k_{e2}} \tag{23.112i}$$

至此，共有 A_{1m}、A_{2m}、B_{1m}、B_{2m}、C_{1m}、C_{2m}、D_{1m}、D_{2m}、E_1、E_2 十个未知数，十个边界条件。可得部分开裂板的有效宽度如下：

$$b_e = \frac{l}{\pi\xi} \tag{23.113a}$$

$$\xi = \frac{\pi^2}{l^2}\left[\left(r_{11}^2 + \frac{\mu_c}{k_{e1}}\right)A_1 + \left(r_{12}^2 + \frac{\mu_c}{k_{e1}}\right)C_1\right] \tag{23.113b}$$

图 23.15 为不同混凝土有效高度 k_{e1}、不同开裂程度 η 情况下的有效宽度随楼板长宽比的变化情况（以 $k_{e1} = 0.4$ 和 0.8 为例）。图中 $\eta = 0.001$ 相当于就是整块板均不开裂的情况，$\eta = 0.499$ 相当于就是整块板有效高度均为 k_{u1} 的情况。

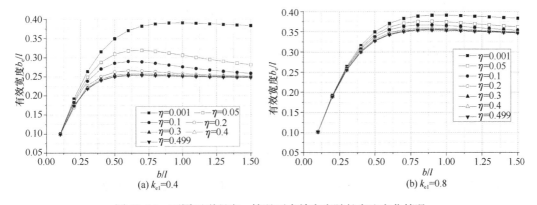

图 23.15　不同开裂程度 η 情况下有效宽度随长宽比变化情况

图 23.16 为不同混凝土有效高度 k_{e1} 下，给定楼板长宽比 $\lambda = 0.667$ 后，有效宽度随开裂程度 η 的变化情况。λ 为半波长宽比，$\lambda = b/l$。从图中可以看出，当 η 大于等于 0.2 时，

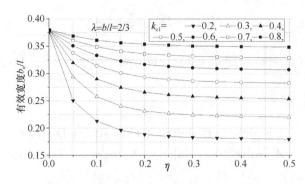

图 23.16　有效宽度随开裂程度 η 的变化情况

曲线已经接近水平，且图 23.15 中的曲线已经基本与 $\eta=0.499$ 的曲线重合，这说明混凝土板的有效宽度与整块板开裂的情况已经没有明显的区别了。图 23.16 还表明，在 η 较小的区间中，有效宽度随 η 的增加下降极快，这说明有效宽度对开裂的范围极其敏感。取 $k_{el}=0.2\sim0.35$、$\eta=0.1\sim0.15$ 这个范围的有效宽度作为参考依据，可知取 $b_e/l=0.25$ 是比较合适的。

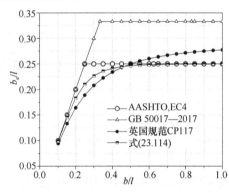

图 23.17　规范和本章理论值比较

23.5.2　本章结果和各国规范比较

Eurocode 4 和 AISC（2016）取用 1/4 跨径和钢梁间距中较小者作为有效宽度，且不加上钢梁翼缘宽度。美国 AASHTO 采用 1/4 跨径、梁间距最小值作为有效宽度，我国《钢结构设计标准》GB 50017—2017 采用 1/3 跨径。根据上述的分析，提出公式如下：

$$\frac{b_e}{l}=\frac{b/l}{\sqrt[4]{1+255\,(b/l)^4}} \tag{23.114}$$

图 23.17 给出了几个规范的比较。

23.6　受压局部稳定决定的参与组合梁工作的楼板有效宽度

23.6.1　四边支承楼板的有效宽度：正交异性板屈曲理论的结果

当组合梁的跨度大，例如达到了 12m 以上，甚至是 24m，此时楼板处于全部受压的状态，楼板作为受压翼缘存在失稳的可能。因此需要研究楼板纵向受压的稳定性。楼板受压，按照正交异性板理论的屈曲微分方程是：

$$D_x\frac{\partial^4 w}{\partial x^4}+(2D_y+\Delta D_{xy})\frac{\partial^4 w}{\partial x^2\partial y^2}+D_y\frac{\partial^4 w}{\partial y^4}+N_x\frac{\partial^2 w}{\partial x^2}=0 \tag{23.115}$$

假设屈曲波形是 $w=\sin\dfrac{\pi x}{l}\sin\dfrac{\pi y}{b}$，其中 l 是屈曲波长，代入上式得到：

$$N_x=\frac{\pi^2}{b^2}\Big[D_x\frac{b^2}{l^2}+(2D_y+\Delta D_{xy})+D_y\frac{l^2}{b^2}\Big] \tag{23.116}$$

使得 N_x 取最小值的波长是 $l=b\sqrt[4]{D_x/D_y}$。

$$\frac{l}{b} \geqslant \left(\frac{D_x}{D_y}\right)^{0.25} : \sigma_{xcr} = \frac{2\pi^2}{b^2 h_c}\left(\sqrt{D_x D_y} + D_y + \frac{1}{2}\Delta D_{xy}\right) \tag{23.117}$$

楼板纵向的切线模量抗弯刚度：

$$D_x = \frac{E_{c,t} h_c^3}{12(1-\mu_c^2)} \tag{23.118a}$$

横向的抗弯刚度（规范）：

$$D_y = \frac{0.7225 E_s A_s h_c^2}{1.15\psi + 0.2 + 6\rho E_s/E_c} = \frac{\beta}{12} E_c h_c^3 \tag{23.118b}$$

式中，ρ 是纵向钢筋配筋率，ψ 是受拉钢筋应力分布系数。假设：

$$\psi = 1.1 - 0.65\frac{f_{tk}}{\sigma_s}\frac{1}{A_s/(0.5 h_c)} \tag{23.119}$$

式中，f_{tk} 为混凝土受拉应力，取 1.43MPa；σ_s 为受拉钢筋应力，取为 $\sigma_s = \dfrac{66}{\rho^{0.25}} = (200\sim$

300MPa）。

$$\psi = 1.1 - \frac{0.9295\rho^{0.25} h_c}{132 A_s} \tag{23.120a}$$

$$\beta = \frac{12 \times 0.614\dfrac{\rho E_s}{E_c}}{1.465 - \dfrac{0.9527}{100\rho^{0.7}} + \dfrac{6\rho E_s}{E_c}} = k_{eb}^3 = \frac{D_y}{D_x} \tag{23.120b}$$

因为开裂，自由扭转的刚度也急剧下降，保守简化计算取 $\Delta D_{xy} = 0$，切线模量理论临界应力为：

$$\sigma_{cr,t} = \frac{2\pi^2}{b^2 h_c}\left(\sqrt{D_x D_y} + D_y\right) = \frac{2\pi^2 D_x}{b^2 h_c}\left(\sqrt{\frac{D_y}{D_x}} + \frac{D_y}{D_x}\right)$$

$$= \frac{2\pi^2 E_{c,t} h_c^2}{12(1-0.2^2)b^2}\left(\sqrt{\beta} + \beta\right) \tag{23.121}$$

将各个刚度代入临界应力公式得到：

$$\frac{\pi^2 h_c^2}{5.76 b^2}(\sqrt{\beta} + \beta)\frac{r(r-1)(1-x^r)}{(r-1+x^r)^2}\frac{f_{ck}}{\varepsilon_{c0}} = f_{ck}\frac{r^{-x}}{r-1+x^r} \tag{23.122a}$$

$$\frac{(\sqrt{\beta} + \beta)\pi^2 h_c^2}{5.76 b^2} \times \frac{(r-1)(1-x^r)}{(r-1+x^r)} = x\varepsilon_{c0} \tag{23.122b}$$

式中，$x = \varepsilon_c/\varepsilon_{co}$ 楼板有效宽度计算如下：

$$\frac{b_e}{b} = \frac{\sigma_{xcr,t}}{f_{ck}} \tag{23.123}$$

图 23.18(a) 和（b）是 C30 和 C40 混凝土的计算结果，$f_{ck} = 0.76 \times 0.88 f_{cu}$。配筋率越高，有效宽度越大。混凝土强度等级越高，有效宽度越大。表 23.7 给出了 $b/h_c = 30$ 时的有效宽度。按照 C40 拟合的公式是：

$$b_e = 31.8\tanh\left[(100\rho)^{0.2}\right]h_c \tag{23.124}$$

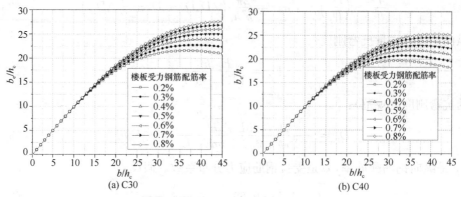

(a) C30　　　　　　　　　　　　　(b) C40

图 23.18　四边支承板的有效宽度

四边支承板的有效宽度（$f_{ck} = 0.76 \times 0.88 f_{cu}$，$b/h_c = 30$）　　　　表 23.7

混凝土强度等级	ρ（%）						
	0.2%	0.3%	0.4%	0.5%	0.6%	0.7%	0.8%
C25	21.86	22.58	23.26	23.81	24.27	24.64	24.96
C30	21.07	21.85	22.59	23.2	23.7	24.12	24.47
C35	20.33	21.17	21.97	22.63	23.17	23.62	24
C40	19.67	20.57	21.42	22.13	22.71	23.2	23.61
(C40)×0.7	13.79	14.6	15.17	15.61	15.97	16.27	16.53

　　上述计算，均未考虑任何的缺陷影响，如楼板在重力荷载下的横向弯曲变形带来的二阶效应。考虑到钢构件宽厚比的限值，不考虑缺陷的情况下，四边支承板得到的值是：

$$\frac{4\pi^2 E}{12(1-0.3^2)} \frac{t^2}{b^2} = f_y \tag{23.125a}$$

$$\frac{b}{t} = 2\pi \sqrt{\frac{E}{12 \times 0.91 f_y}} = 56.295 \tag{23.125b}$$

考虑缺陷后取 40，相当于乘以缺陷影响系数 0.7，塑性变形很严重的，则取宽厚比限值是 28～32，相当于乘以折减系数 0.5。同样地将表 23.8 中的值乘以 0.7，列在最后一行。

23.6.2　三边支承楼板的有效宽度

　　对于三边支承一边自由的板件，采用能量法求解：

$$\Pi = \frac{1}{2} \iint \left\{ D_x \left(\frac{\partial^2 w}{\partial x^2} \right)^2 + D_y \left(\frac{\partial^2 w}{\partial y^2} \right)^2 + 2\mu_c D_y \frac{\partial^2 w}{\partial x^2} \frac{\partial^2 w}{\partial y^2} + \right.$$
$$\left. \left[2D_y(1-\mu_c) + \Delta D_{xy} \right] \left(\frac{\partial^2 w}{\partial x \partial y} \right)^2 \right\} dx dy -$$
$$\frac{1}{2} \iint N_x \left(\frac{\partial w}{\partial x} \right)^2 dx dy \tag{23.126}$$

假设 $w = y \sin \frac{\pi x}{l}$，可以得到：

$$N_{xcr} = \frac{\pi^2 D_x}{l^2} + \frac{3\left[2D_y(1-\mu_c) + \Delta D_{xy}\right]}{b^2} = \frac{\pi^2 D_x}{b^2} \left\{ \frac{3\left[2D_y(1-\mu_c) + \Delta D_{xy}\right]}{\pi^2 D_x} + \frac{b^2}{l^2} \right\}$$

$$\tag{23.127}$$

考虑到楼板为悬臂板，不可能是简支，完全固定时嵌固系数可以达到 2.0，这里引入嵌固系数 1.65，取 $\Delta D_{xy}=0$，得到：

$$\frac{1.65\pi^2 h_c^2}{12\times0.96b^2}\left(\frac{4.8}{\pi^2}\beta+\frac{b^2}{l^2}\right)\frac{(r-1)(1-x^r)}{(r-1+x^r)}=x\varepsilon_{co} \qquad (23.128)$$

图 23.19 给出了计算结果。表 23.8 列出了楼板宽厚比为 15 时的有效宽度，拟合公式是：

$$b_e=12.5\tanh\left[(100\rho)^{0.2}\right]h_c \qquad (23.129)$$

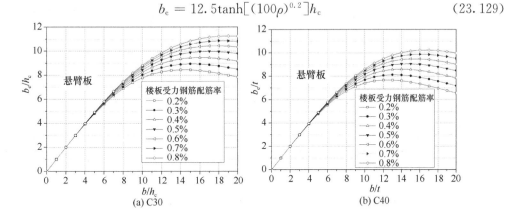

图 23.19　悬臂楼板的有效宽度

三边支承板的有效宽度 ($f_{ck}=0.76\times0.88f_{cu}$, $b/h_c=15$)　　表 23.8

混凝土强度等级	ρ（%）						
	0.2%	0.3%	0.4%	0.5%	0.6%	0.7%	0.8%
C25	8.97	9.46	9.94	10.35	10.69	10.99	11.24
C30	8.44	8.94	9.44	9.88	10.26	10.57	10.85
C35	7.95	8.46	8.99	9.45	9.85	10.19	10.48
C40	7.5	8.04	8.58	9.07	9.49	9.85	10.16
(C40)×0.7	5.25	5.63	6.01	6.35	6.64	6.9	7.112

最后结论是：纵向边一边自由的楼板：$b_e=6h_c$；两纵向边有支撑的楼板：组合梁的一侧 $b_{e1}=7.5h_c$。这样组合梁楼板有效宽度可以有 $12h_c$、$13.5h_c$ 和 $15h_c$ 三种。弹性设计时有效宽度可以放大 1.4 倍。见第 24 章表 24.3。

23.7　有效宽度取值对承载力和挠度的影响

下面通过算例说明有效宽度的取值对组合梁承载力和变形的影响。各算例条件见表 23.9。

算例条件　　表 23.9

编号	先加恒荷载（kN/m²）	后加恒荷载（kN/m²）	准永久活荷载（kN/m²）	短时活荷载（kN/m²）	混凝土强度等级	钢材	跨度（m）	分担宽度（m）	楼板厚度（mm）
1	2.5	1.5	1.2	1.3	C30	Q345	9	3	100
2	4	2	3	3	C30	Q345	12	4.2	120
3	4	2	3	3	C40	Q345	18	4.2	120

算例 1 的钢梁截面是 H350×6×120×10/150×12，弯矩设计值为 252.1kN·m，剪力设计值为 112.1kN，输入的栓钉是 φ19，1 列，间距为 150mm。表 23.10a、b 列出了计算结果。

算例 1 不同有效宽度下的承载力和变形　　　　　　　　　　表 23.10a

有效宽度系数	有效宽度 (mm)	$\frac{b_e}{h_c}$	有支撑挠度 (mm)	无支撑挠度 (mm)	组合截面塑性受弯承载力 (kN·m)	相对值	半跨栓钉数	栓钉受剪承载力 (kN)	塑性中性轴位置
1/15	1200	12	27	45.7	389.9	0.921	21	1564.9	混凝土
1/14	1285.7	12.9	26.6	45.5	394.7	0.933	21	1564.9	混凝土
1/13	1384.6	13.8	26.2	45.2	399.5	0.944	21	1564.9	混凝土
1/12	1500	15	25.8	45	404.2	0.955	21	1564.9	混凝土
1/11	1636.4	16.4	25.4	44.7	409	0.966	21	1564.9	混凝土
1/10	1800	18	24.9	44.5	413.7	0.978	21	1564.9	混凝土
1/9	2000	20	24.5	44.2	418.5	0.989	21	1564.9	混凝土
1/8	2250	22.5	24	43.9	423.2	1	21	1564.9	混凝土
1/7	2571.4	25.7	23.5	43.6	428	1.011	21	1564.9	混凝土
1/6	3000	30	22.9	43.3	432.8	1.023	21	1564.9	混凝土

算例 1 不同有效宽度下弹性设计的应力　　　　　　　　　　表 23.10b

有效宽度系数	无支撑混凝土应力 (MPa)	有支撑混凝土应力 (MPa)	无支撑钢梁应力 (MPa)	有支撑钢梁应力 (MPa)	无支撑钢梁应力标准值 (MPa)	有支撑钢梁应力标准值 (MPa)
1/15	−6	−9.1	304	259.9	240.5	203.8
1/14	−5.7	−8.7	303.2	258.7	239.8	202.8
1/13	−5.5	−8.3	302.3	257.3	239.2	201.7
1/12	−5.2	−7.9	301.4	255.9	238.5	200.6
1/11	−4.9	−7.4	300.5	254.4	237.8	199.4
1/10	−4.7	−7	299.5	252.8	237.1	198.2
1/9	−4.4	−6.6	298.4	251.1	236.2	196.8
1/8	−4.1	−6.1	297.2	249.2	235.3	195.3
1/7	−3.8	−5.7	295.9	247	234.3	193.6
1/6	−3.4	−5.2	293.7	243.4	232.7	190.7

算例 2 的钢截面是 H750×8×200×10/300×16，弯矩设计值为 1134kN·m，剪力设计值为 378kN，输入的栓钉是 φ19，1 列，间距为 150mm。表 23.11a、b 列出了计算结果（与栓钉按 2 列、列间距 100mm、纵向间距 200mm 的计算结果接近）。组合梁的受弯承载力是按照完全组合计算的。

算例2 不同有效宽度下的承载力和变形 表 23.11a

有效宽度系数	有效宽度 (mm)	$\dfrac{b_e}{h_c}$	有支撑挠度 (mm)	无支撑挠度 (mm)	组合截面塑性受弯承载力 (kN·m)	相对值	半跨栓钉数	栓钉受剪承载力 (kN)	塑性中性轴位置
1/15	1600	13.3	23	34.4	1962.5	0.936	38	2745.6	钢
1/14	1714.3	14.3	22.6	34.2	1975.7	0.942	41	2941.7	钢
1/13	1846.2	15.4	22.2	33.9	1991	0.950	44	3168	钢
1/12	2000	16.7	21.9	33.7	2008.8	0.958	48	3432	钢
1/11	2181.8	18.2	21.5	33.4	2029.9	0.968	52	3744	钢
1/10	2400	20	21.1	33.2	2050.5	0.978	55	3966.5	混凝土
1/9	2666.7	22.2	20.6	32.9	2073.4	0.989	55	3966.5	混凝土
1/8	3000	25	20.6	32.6	2096.4	1.000	55	3966.5	混凝土
1/7	3428.6	28.6	19.8	32.4	2119.3	1.011	55	3966.5	混凝土
1/6	4000	33.3	19.3	32.1	2142.2	1.022	55	3966.5	混凝土

算例2 不同有效宽度下弹性设计的应力 表 23.11b

有效宽度系数	无支撑混凝土应力 (MPa)	有支撑混凝土应力 (MPa)	无支撑钢梁应力 (MPa)	有支撑钢梁应力 (MPa)	无支撑钢梁应力标准值 (MPa)	有支撑钢梁应力标准值 (MPa)
1/15	−6.4	−9.2	248	221.7	199.4	177.4
1/14	−6.1	−8.8	247.4	220.7	198.9	176.7
1/13	−5.8	−8.3	246.7	219.7	198.4	175.9
1/12	−5.5	−7.9	246.1	218.7	197.8	175
1/11	−5.1	−7.4	245.4	217.7	197.3	174.2
1/10	−4.8	−6.9	244.7	216.5	196.7	173.3
1/9	−4.5	−6.4	243.9	215.4	196.1	172.4
1/8	−4.1	−5.9	243.1	214.1	195.5	171.4
1/7	−3.8	−5.4	242.2	212.8	194.8	170.3
1/6	−3.4	−4.8	241.3	211.4	194.1	169.2

算例3 的钢截面是 H850×8×220×12/320×18，弯矩设计值为 2551.5kN·m，剪力设计值为 567kN，表 23.12a、b 列出了计算结果，其中的挠度是按照 2 列栓钉间距 200mm 计算的，组合梁的受弯承载力是按照完全组合计算的。

从表 23.12a 可见，完全组合的受弯承载力对楼板的有效宽度不敏感，对挠度的大小不敏感。

算例3 不同有效宽度下的承载力和变形 表 23.12a

有效宽度系数	有效宽度 (mm)	$\dfrac{b_e}{h_c}$	有支撑挠度 (mm)	无支撑挠度 (mm)	组合截面塑性受弯承载力 (kN·m)	相对值	半跨栓钉数	栓钉受剪承载力 (kN)	塑性中性轴位置
1/20	1900	15.8	72.4	109.6	2666	0.942	61	4354.8	钢内
1/18	2100	17.5	70.7	108.5	2691.6	0.951	66	4712.4	楼板内

续表

有效宽度系数	有效宽度（mm）	$\frac{b_e}{h_c}$	有支撑挠度（mm）	无支撑挠度（mm）	组合截面塑性受弯承载力（kN·m）	相对值	半跨栓钉数	栓钉受剪承载力（kN）	塑性中性轴位置
1/16	2350	19.6	68.9	107.4	2721	0.961	66	4712.4	楼板内
1/14	2671.4	22.3	67	106.2	2750.8	0.972	66	4712.4	楼板内
1/12	3100	25.8	65	104.9	2780.9	0.983	66	4712.4	楼板内
1/10	3700	30.8	62.9	103.6	2811.3	0.993	66	4712.4	楼板内
1/9	4100	34.2	61.8	102.9	2826.6	0.999	66	4712.4	楼板内
1/8	4200	35	61.3	102.6	2830	1.000	66	4712.4	楼板内
1/7	4200	35	61.3	102.6	2830	1.000	66	4712.4	楼板内
1/6	4200	35	61.3	102.6	2830	1.000	66	4712.4	楼板内

算例 3 不同有效宽度下弹性设计的应力　　　　　　　　表 23.12b

有效宽度系数	无支撑混凝土应力（MPa）	有支撑混凝土应力（MPa）	无支撑钢梁应力（MPa）	有支撑钢梁应力（MPa）	无支撑钢梁应力标准值（MPa）	有支撑钢梁应力标准值（MPa）
1/20	−10.7	−15.4	415.1	374.6	333.5	299.8
1/18	−10	−14.3	413.7	372.5	332.4	298.1
1/16	−9.2	−13.2	412.3	370.3	331.3	296.4
1/14	−8.4	−12	410.7	368	330.1	294.5
1/12	−7.5	−10.8	409.1	365.5	328.8	292.4
1/10	−6.7	−9.5	407.3	362.7	327.4	290.2
1/9	−6.2	−8.9	406.3	361.2	326.6	289
1/8	−6.1	−8.7	406.1	360.9	326.4	288.8
1/7	−6.1	−8.7	406.1	360.9	326.4	288.8
1/6	−6.1	−8.7	406.1	360.9	326.4	288.8

从表 23.10～表 23.12 可见，楼板有效宽度对完全组合梁的受弯承载力和挠度有些影响，但影响不大。而非完全组合梁的承载力则完全取决于栓钉的数量。但是楼板垂直于梁方向的配筋极大地受到有效宽度的影响，楼板的有效宽度也应该从使用极限状态的计算出发。从这个角度，取 $L/8$ 是比较合适的一个数据。有效宽度取得大，例如 $L/6$，理论上没有依据，组合梁更有可能被划入非完全组合梁，楼板的横向配筋也增加了，见下节。

23.8　能力设计法决定的楼板有效宽度

图 23.20 示出了楼板纵向抗剪决定的有效宽度。即钢梁上栓钉边缘的纵向剖面 2-2 的纵向抗剪强度，应该与有效宽度范围内的混凝土的抗压强度等强，依此来决定横向钢筋的配筋量（这些钢筋也是抵抗楼板横向弯矩的配筋）。如果 b_e 取值较大，则对 2-2 截面的纵

向抗剪承载力要求就比较高。反过来说，如果 2-2 剖面的横向钢筋配筋量给定，则有一个与 2-2 截面纵向抗剪强度等强的有效截面宽度，记为 $b_{e,z}$。

因为剪切滞后导致的混凝土楼板压应力的不均匀，如果采用的有效宽度超出了弹性分析确定的有效宽度，那这种超出的部分是通过塑性变形来实现的。也就是说，在 2-2 剖面的纵向抗剪强度足够的前提下，更多的纵向应力仍可以通过剪切强度（剪切应力）传给楼板的较远处，带动较远处的楼板参与组合梁的工作。这种传力要求楼板面内在纵向抗剪时具有一定的延性。

同样，界面栓钉的总的抗剪承载力决定了楼板的有效宽度，也决定了是否属于完全组合。

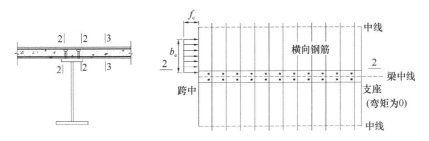

图 23.20　纵向抗剪与有效宽度

参 考 文 献

［1］　TIMOSHENKO S P, GOODIER J N. Theory of Elasticity[M]. New York: McGraw-Hill Book Company, 1951.

［2］　BETTI R, GJELSVIK A. Elastic composite beams[J]. Computers and Structures, 1996, 59(3): 437-451.

［3］　SEIDE P. The effect of longitudinal stiffeners located on one side of plate on the compressive buckling stress of the plate-stiffener combination: technical note 2873 [R]. Washington D. C.: NACA, 1953.

［4］　TIGAS I G, THEODOULIDES A. On the effective breadth of plating[M]. London: Taylor & Francis Group, 2012.

［5］　KATSIKADELIS J T, SAPOUNTZAKIS E J. A realistic estimation of the effective breadth of ribbed plates[J]. International journal of solids and structures, 2002, 39(4): 789-799.

［6］　MANSOUR A. Effective flange breadth of stiffened plates under axial tensile load or uniform bending moment[J]. Journal of ship research, 1970, 14(1): 8-14.

［7］　GJELSVIK A. Analog-beam method for determining shear-lag effects[J]. Journal of engineering mechanics, 1991, 117(7): 1575-1594.

［8］　聂建国，李法熊，樊建生，等. 钢-混凝土组合梁考虑剪力滞效应实用设计方法[J]. 工程力学，2011, 28(11): 45-51.

［9］　李法雄，聂建国. 钢-混凝土组合梁剪力滞效应弹性解析解[J]. 工程力学，2011, 28(9): 1-8.

［10］　孙飞飞，李国强. 考虑滑移、剪力滞后和剪切变形的钢-混凝土组合梁解析解[J]. 工程力学，2005, 22(4): 96-103.

［11］　CHAPMAN J C, BALAKRISHNAN S. Experiments on composite beams[J]. The structural engineer, 1964, 42(11): 369-383.

［12］　Johnson R P. Composite structure of steel and structure［M］. Oxford：Blackwell Scientific Publication，1994.

［13］　杨章. 钢板剪力墙中加劲肋有效刚度和组合梁楼板有效宽度研究［D］. 杭州：浙江大学，2015.

［14］　付果，薛建阳，葛鸿鹏，等. 钢-混凝土组合梁界面滑移及变形性能的试验研究［J］. 建筑结构，2007，37(10)：69-71.

［15］　方立新，孙逊. 组合梁考虑滑移效应时的挠度实用算法探讨［J］. 工程力学，1999，2(增刊)：18-22.

［16］　WANG Y C. Deflection of steel-concrete composite beams with partial shear interaction［J］. Journal of structural engineering，1998，124(10)：1159-1165.

［17］　易海波. 钢-混凝土组合梁翼板有效宽度的试验与分析［D］. 长沙：湖南大学，2005.

［18］　European Committee for Standardization. Eurocode 4：Design of composite steel and concrete structures - Part 1-1：General rules and rules for buildings：BS EN 1994-1-1：2004［S］. Brussels：CEN，2004.

第 24 章　钢与混凝土简支组合梁的设计计算

24.1　设计的基本规定

24.1.1　钢与混凝土的强度指标

《钢结构设计标准》GB 50017—2017 规定，钢-混凝土组合梁应用于不直接承受动力荷载的简支梁和连续梁。

(1)这里所说的动力荷载主要是指反复作用的疲劳荷载。

(2)实际上，组合梁在桥梁工程中得到大量的应用，比如城市立交桥。此时自重等重力恒荷载是主要荷载，运动的汽车是一种动态效应不大(指动力系数不大)的疲劳荷载，只要采用刚度较大的抗剪键，就可以在这种情况下应用组合梁。也就是说，实际上可以应用于动力荷载，但构造要求更严格。

记 f_c 是混凝土抗压强度设计值，其值由《混凝土结构设计规范》GB 50010—2010 给定，见表 24.1。钢材强度设计值见表 24.2。

混凝土的材料数据 表 24.1

材料	抗压强度设计值 (MPa)	抗拉强度设计值 (MPa)	抗拉强度标准值 (MPa)	抗压强度标准值 (MPa)	弹性模量 (1000MPa)
C25	11.9	1.27	1.78	16.7	28
C30	14.3	1.43	2.01	20.1	30
C35	16.7	1.57	2.20	23.4	31.5
C40	19.1	1.71	2.39	26.8	32.5

钢材的设计强度 表 24.2

钢材		抗拉抗压强度 设计值 (MPa)	抗剪强度设计值 (MPa)	屈服强度标准值 (MPa)	抗拉强度标准值 (MPa)
Q235	≤16	215	125	235	375～460
	16～40	205	120	235	
Q355	≤16	310	180	345	510～660
	16～35	295	170	345	490～620

24.1.2　混凝土楼板参与简支组合梁共同工作的有效宽度

简支组合梁的有效截面如图 24.1 所示，楼板参与组合梁工作的有效宽度为：

$$b_e = b_{st} + \min\left[2\xi_{ss}(h_{c1} + h_p), \frac{1}{4}L, b_2 - b_{st}\right] \tag{24.1}$$

式中，h_p 是压型钢板的肋高，h_{c1} 是压型钢板以上混凝土的厚度，b_{st} 是两列栓钉的间距，默

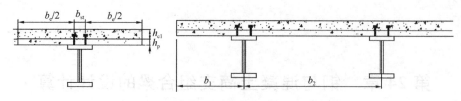

图 24.1　楼板参与组合梁工作的有效宽度

认为 0(一列栓钉)。对于边梁,楼板的有效宽度取下式中的最小值:

$$b_{\mathrm{e}} = b_{\mathrm{st}} + \min\left[(\xi_{\mathrm{ss}} + \xi_{\mathrm{sf}})(h_{\mathrm{c1}} + h_{\mathrm{p}}),\ \frac{1}{4}L,\ b_1 - 0.5b_{\mathrm{st}} + \frac{1}{8}L,\ b_1 - 0.5b_{\mathrm{st}} + \xi_{\mathrm{ss}}(h_{\mathrm{c1}} + h_{\mathrm{p}})\right]$$

$$(24.2)$$

有效宽度系数 ξ_{ss} 和 ξ_{sf} 见表 24.3。

组合梁楼板全楼板受压时的单侧有效宽度系数　　　　　　　　　　　　　　表 24.3

组合梁设计方法	塑性设计	弹性设计
两侧有支撑 ξ_{ss}	7.5	10.5
一边自由 ξ_{sf}	6	8.4

　　式(24.1)纳入了组合梁受力最大截面在极限承载力状态下楼板受压屈曲的有效宽度,而式(24.2)中的 $L/8$ 是宽翼缘的梁在横向荷载作用下,考虑部分开裂楼板导致的正交异性效应后,考虑楼板平面内剪切变形影响的有效宽度;它通常与荷载作用方式(集中荷载、均布荷载、三分点集中荷载等)有关。均布荷载作用下跨中截面的有效宽度较大,两头小;跨中集中荷载作用下跨中截面有效宽度小,两端大。正常使用极限状态结构基本处于弹性状态。

　　Eurocode 4 及 AISC(2005 年)目前均取 $2 \times L/8$ 作为有效宽度,且不再加上钢梁上翼缘的宽度。

24.1.3　混凝土楼板参与连续组合梁共同工作的有效宽度

　　连续组合梁的强度计算分跨中截面和支座截面。跨中截面强度计算时,有效宽度按照式(24.1)和式(24.2)计算,但是 L 是反弯点之间的距离,反弯点之间的距离对于边跨、中跨和带伸臂的边跨是不同的,如图 24.2 所示。

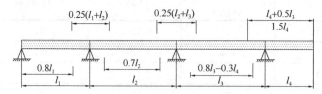

图 24.2　计算连续梁各个区段的有效截面时采用的跨度
(计算各个区段的滑移影响系数时也采用这个跨度)
l_1—端跨;l_2—中间跨;l_3—带有悬臂跨的边跨;l_4—悬臂跨

　　支座截面计算强度时,楼板的有效宽度也按照式(24.1)和式(24.2)计算,但是 L 取法参见图 24.2。分两种情况,一般支座取相邻跨度之和的 1/4。

24.1.4　参加组合梁工作的混凝土楼板的高度

对于压型钢板组合楼板，如果压型钢板板肋的方向垂直于梁的轴线[图 24.3(a)]，则楼板有效高度即为压型钢板以上的混凝土楼板净高度，即 h_{c1}。

如果压型钢板板肋方向和梁的轴线平行[图 24.3(b)]，压型钢板槽内的混凝土也会参加组合梁的工作，但是通常略去压型钢板槽内的混凝土的作用，取参加工作的混凝土楼板高度为 h_{c1}。

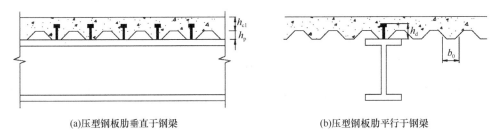

(a)压型钢板肋垂直于钢梁　　　　　　　　(b)压型钢板肋平行于钢梁

图 24.3　压型钢板板肋的方向和钢梁纵向的相互关系

24.1.5　一个栓钉的承载力

如果钢梁和纯混凝土楼板组合，则圆柱头栓钉的承载力为：

$$N_v^s = 0.43 A_s \sqrt{E_c f_c} \tag{24.3}$$

$$N_v^s = 0.7 A_s f_u = 1.169 A_s f \tag{24.4}$$

式(24.3)是栓钉周围混凝土破坏的承载力，它成立的条件是栓钉的总长度达到栓钉直径的 4 倍或以上，大于 4 倍后承载力还是会有所增长，但增长缓慢。

式(24.4)是栓钉材料横截面受剪破坏的极限承载力。这个公式基于这样的事实：栓钉埋在混凝土中，根部受剪，由于混凝土变形模量小，栓钉周围混凝土承压应力大，变形也大，栓钉产生拉力，相应地在界面产生压力，从而产生摩擦力，摩擦力与栓钉截面上的剪力叠加构成了栓钉的总的抗剪承载力，因此栓钉的抗剪承载力可以按照极限强度计算。

压型钢板组合楼板中栓钉的承载力有一些不同，参考图 24.4。由于压型钢板肋槽的影响，混凝土对栓钉的握裹作用降低了。这导致栓钉的抗剪承载力达不到上面两式计算的值。折减系数为：

压型钢板板肋与钢梁平行[图 24.3(b)]：

$$\beta_L = 0.6 \frac{b_0}{h_p}\left(\frac{h_{sc}}{h_p}-1\right) \leqslant 1 \tag{24.5}$$

压型钢板板肋与钢梁垂直[图 24.3(a)]：

$$\beta_T = \frac{0.7}{\sqrt{n_0}} \frac{b_0}{h_p}\left(\frac{h_{sc}}{h_p}-1\right) \leqslant \beta_{tmax} \tag{24.6}$$

式中，b_0 是压型钢板中浇筑了混凝土的板槽的平均宽度，闭口板时的闭口宽度；h_p 是压型钢板的高度；h_d 是栓钉的总高度，包括头部和栓杆部分，$h_d \leqslant h_p + 75\text{mm}$。式(24.6)中的 n_0 是压型钢板槽内一个截面上的栓钉数量，大于 3 时取 3。由式(24.6)可见，栓钉的数量 n_0 的影响是很大的，应该避免使得 $n_0 \geqslant 2$。栓钉承载力折减系数 β_{tmax} 见表 24.4。

如果 $n_0 = 2$，设 $h_{c1} = 69, h_p = 51, b_0 = 150, h_{sc} = 90$，则 $\beta_T = \dfrac{0.7}{\sqrt{n_0}} \dfrac{b_0}{h_p}\left(\dfrac{h_{sc}}{h_p}-1\right) = \dfrac{0.7}{\sqrt{2}}$

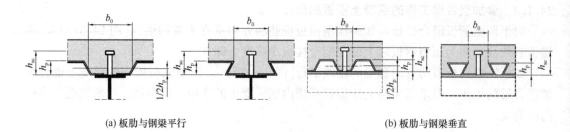

(a) 板肋与钢梁平行　　　　　　　　　　　　　(b) 板肋与钢梁垂直

图 24.4　压型钢板组合梁

$\dfrac{150}{51}\left(\dfrac{90}{51}-1\right)=1.113$，取 1。由于宽度大，计算结果显示无须折减。

　　一般应取栓钉高度尽可能大，楼板厚度允许的栓钉最大高度是楼板厚度扣除 15mm 栓钉保护层。

栓钉承载力折减系数 β_{tmax}　　　　　　　　　　　　表 24.4

n_0	压型钢板厚度	$d\leqslant 20mm$ 焊穿压型钢板	$d=19mm$，22mm 开孔焊接
1	$\leqslant 1$	0.85	0.75
1	>1	1	0.75
2	$\leqslant 1$	0.7	0.6
2	>1	0.8	0.6

　　在连续梁的负弯矩区，一个栓钉的承载力[式(24.3)]还要继续进行折减：

连续梁的负弯矩区：　　　　　　$\beta_{neg}=0.9$ 　　　　　　　　　　(24.7a)

悬臂梁的负弯矩区：　　　　　　$\beta_{neg}=0.8$ 　　　　　　　　　　(24.7b)

　　在带槽的压型钢板的情况下，也要注意栓钉的布置。一些压型钢板的板型设计上，在槽的中间存在一条三角形的加劲肋，如图 24.5 所示，此时栓钉的焊接是避开这条上凸的加劲肋的，因此栓钉在槽中是偏放的。栓钉在肋的左侧和右侧，栓钉的抗滑移刚度和承载力均不相同。1 号栓钉的刚度和承载力均可能小于 2 号栓钉的抗滑移刚度和承载力，因为栓钉的承载力和抗滑移刚度依赖于栓钉根部的混凝土的局部承压锚固，1 号栓钉的根部很可能锚固不足。栓钉槽过窄的压型钢板(例如小于 100mm)也需要特别地小心，其承载力和抗滑移刚度都需要通过试验加以确定。

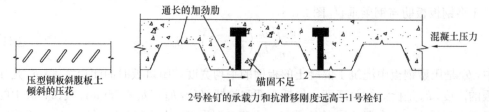

2 号栓钉的承载力和抗滑移刚度远高于 1 号栓钉

图 24.5　压型钢板带加劲肋时栓钉的布置

24.1.6　钢梁截面宽厚比的规定

　　连续组合梁的负弯矩区的钢梁存在受压部分，可能发生板件的失稳，因此，对板件的宽厚比应加以限制。简支组合梁的钢截面压应力很小，且位于中性轴附近，一般采用 S4 类截面即可。

宽厚比限制的严厉程度跟截面承载力的设计方法有关，见表 1.1 和表 1.2。

S1 类截面是允许塑性转动的截面，组合梁设计时，可以采用塑性分析方法确定内力。

S2 类截面只要求截面形成塑性抵抗力，不要求截面具有塑性转动的能力，在简支组合梁的设计中，就不需要塑性转动能力，可以采用 S2 类截面。

S3 类截面是我国特有的一种，在钢构件的设计中，我国采用有限度利用塑性开展的方法，因此宽厚比的限制处于 S2 类截面和 S4 类截面之间。

S4 类截面是以边缘纤维屈服为极限承载力标准的截面，没有塑性开展能力。

S5 类截面是允许板件局部屈曲的截面，通常不在组合梁中应用。

24.1.7　荷载组合

钢-混凝土组合梁，作为次梁承受恒荷载和活荷载，因此活荷载组合为 $1.3D+1.5L$。

此外，根据《建筑结构荷载规范》GB 50009—2012 规定，对于由永久荷载效应控制的组合，永久恒荷载的分项系数为 1.3，考虑徐变效应的，活荷载采用准永久值，即要考虑如下的组合：$1.3D+1.5\psi_q L$，式中 ψ_q 是活荷载的组合值系数，对于通常的楼面活荷载取 0.7，对于书库、档案馆、贮藏室等的活荷载取 0.9，施工和检修活荷载不考虑，即组合值系数在这个组合中取 0，雪荷载组合值系数取 0.7。

24.2　简支组合梁的分类和设计计算内容

简支组合梁由于是静定结构，内力分析是明确的。但是已知内力后的截面设计可以采用不同的方法：弹性设计和利用塑性开展的设计。

24.2.1　自重组合梁和非自重组合梁

设计计算方法和施工方法有关：

(1)施工时钢梁下部采用了临时支撑，施工阶段钢梁应力很小，所有的荷载都由组合梁承受，这种梁可以称为自重组合梁，意思是混凝土楼板自重产生的弯矩也由组合梁来抵抗。

(2)施工时钢梁下部未采用临时支撑，钢梁承受施工阶段的荷载，即湿混凝土重、施工荷载重。其中施工荷载在养护阶段卸除，湿混凝土重量产生的应力是钢梁永久存在的应力。楼板混凝土养护完成后，钢梁和混凝土楼板形成了组合作用，施加的附加恒荷载(装修层重、分隔墙重、吊顶和管道重等)和活荷载由组合梁承受。这种组合梁可以称为非自重组合梁。

非自重组合梁的应力分布由施工阶段的应力和使用阶段的附加应力叠加而成。如图 24.6 所示。

24.2.2　完全抗剪组合梁和非完全抗剪组合梁

组合梁还根据抗剪键(栓钉)数量的多少，区分为完全抗剪组合梁和非完全抗剪组合梁。

(1)按照塑性设计的简支组合梁，简支梁支座到最大弯矩截面，混凝土楼板和钢梁界面上的抗剪栓钉数量要能够承受图 24.6(c)所示的混凝土受压区的总压力。

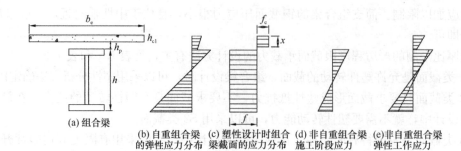

图 24.6　组合梁截面的应力分布

记反弯点到最大弯矩截面的栓钉数量为 n_s，经过式(24.5)或式(24.6)或式(24.7a，b)折减后的栓钉承载力为 N_v^s，则完全抗剪组合梁的栓钉数量是大于等于下面两式中的较小值：

$$n_{sfull1} = Af/N_v^s（塑性中和轴在混凝土楼板中）\tag{24.8a}$$

$$n_{sfull2} = b_e h_{c1} f_c/N_v^s（塑性中和轴在钢梁内）\tag{24.8b}$$

即应该满足：

$$n_s \geqslant n_{sfull} = \min(Af/N_v^s, b_e h_{c1} f_c/N_v^s)\tag{24.9}$$

如果栓钉的数量不满足上式，但是 $n_s \geqslant 0.5 n_{sfull}$，则这根组合梁是非完全抗剪组合梁。如果 $n_s < 0.5 n_{sfull}$，则不能考虑组合作用。

这里完全和非完全组合梁是按照强度来定义的。如果按照刚度来定义钢与混凝土组合的程度，则应该按照钢-混凝土界面抗剪连接件(栓钉)的变形使得组合梁的挠度增大的程度来定义，增大不到 10%，可以视为刚度完全组合。

(2)对于按照弹性设计的梁，也可以区分为完全抗剪组合梁和非完全抗剪组合梁。完全组合梁是指栓钉的数量和分布，能够承担组合梁按照平截面假定计算得到的钢与混凝土界面的纵向剪(应)力。不满足时则为非完全抗剪组合梁。

非完全抗剪组合梁，由于钢与混凝土界面将产生较大滑移，因此必然存在非线性，按照平截面假定进行计算不符合实际，精确的计算又比较复杂。因此弹性设计时，一般不应用非完全抗剪组合梁。

24.2.3　简支组合梁设计选项及其计算内容

理论上讲，简支组合梁存在如下 8 种不同的设计选项：

(1)自重完全组合，弹性设计；

(2)非自重完全组合，弹性设计；

(3)自重非完全组合，弹性设计；

(4)非自重非完全组合，弹性设计；

(5)自重完全组合，塑性设计；

(6)非自重完全组合，塑性设计；

(7)自重非完全组合，塑性设计；

(8)非自重非完全组合，塑性设计。

其中(1)、(2)和(5)～(8)均可以采用。实际计算项目见表 24.5。

简支组合梁的计算项目　　　　　　　　　　　　　　　表 24.5

组合	弹性设计			塑性设计		
	施工阶段	使用阶段	极限承载力	施工阶段	使用阶段	极限承载力
非自重组合	1. 钢梁的抗弯和抗剪承载力； 2. 挠度要求	1. 短期效应组合下的挠度； 2. 长期效应组合下的挠度	1. 正截面受弯承载力； 2. 栓钉抗剪计算； 3. 横截面抗剪强度； 4. 混凝土纵向剪切面计算	1. 钢梁按照弹性计算的抗弯和抗剪承载力； 2. 挠度要求	1. 短期效应组合下的挠度； 2. 长期效应组合下的挠度	1. 正截面塑性受弯承载力； 2. 栓钉抗剪计算； 3. 横截面抗剪强度； 4. 混凝土纵向剪切面计算
自重组合	无要求	1. 短期效应组合下的挠度； 2. 长期效应组合下的挠度	1. 正截面受弯承载力； 2. 栓钉抗剪计算； 3. 横截面抗剪强度； 4. 混凝土纵向剪切面计算	无要求	1. 短期效应组合下的挠度； 2. 长期效应组合下的挠度	1. 正截面受弯承载力； 2. 栓钉抗剪计算； 3. 横截面抗剪强度； 4. 混凝土纵向剪切面计算

24.3　正弯矩截面承载力计算：弹性设计

24.3.1　截面性质

截面参数如下：

W_{sT}——纯钢梁上表面的截面弹性抵抗矩；

W_{sB}——纯钢梁下表面的截面弹性抵抗矩；

W_{csT}——刚度完全组合梁的钢梁上表面的截面弹性抵抗矩，按照短期效应组合计算[图 24.7(b)]；

W_{csB}——刚度完全组合梁的钢梁下表面的截面弹性抵抗矩，按照短期效应组合计算[图 24.7(b)]；

W_{cT}——刚度完全组合梁的混凝土楼板上表面的截面弹性抵抗矩，按照短期效应组合计算[图 24.7(b)]；

W_{cT0}——刚度完全组合梁的混凝土楼板上表面的截面弹性抵抗矩，按照长期效应组合计算[图 24.7(c)]（α_E 是钢材弹性模量和混凝土弹性模量的比值）；

W_{csT0}——刚度完全组合梁的钢梁上表面的截面弹性抵抗矩，按照长期效应组合计算[图 24.7(c)]；

W_{csB0}——刚度完全组合梁的钢梁下表面的截面弹性抵抗矩，按照长期效应组合计算[图 24.7(c)]；

I_s——钢梁截面的惯性矩；

I_c——刚度完全组合梁按照短期效应组合的换算截面的惯性矩；

I_{c0}——刚度完全组合梁按照长期效应组合的换算截面的惯性矩；

　　　　A——型钢截面面积；

　　　　S_c——混凝土楼板对刚度完全组合截面形心的面积矩，按照短期效应组合计算
　　　　　　　［图 24.7(b)］；

　　　　S_{c0}——混凝土楼板对刚度完全组合截面形心的面积矩，按照长期效应组合计算
　　　　　　　［图 24.7(c)］。

　　按照短期效应计算，应采用图 24.7(b) 所示换算截面；按照长期效应组合的计算须考虑徐变影响，将混凝土的弹性模量进行折减，折减到一半采用图 24.7(c) 所示的换算截面计算截面性质。

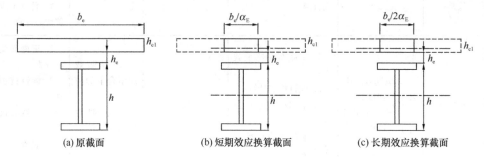

(a) 原截面　　　　　　(b) 短期效应换算截面　　　　　　(c) 长期效应换算截面

图 24.7　组合截面的弹性性质的计算

24.3.2　考虑滑移影响以后的组合梁截面折算抗弯刚度

　　《钢结构设计标准》GB 50017—2017 规定，组合梁截面的抗弯刚度要考虑抗剪栓钉面剪切变形的影响。第 22 章的简单分析可以帮助我们了解滑移的某些规律：

　　(1) 剪切面的抗剪刚度越大，则滑移越小；

　　(2) 混凝土楼板面积和强度越小，栓钉承受的剪力就越小，滑移的影响就越小；

　　(3) 滑移是界面剪力引起的，组合梁跨度越大的，弯曲所占比例越大，滑移相对影响就越小。

　　按照《钢结构设计标准》GB 50017—2017，短期效应组合的抗弯刚度：短期效应组合下组合梁截面的折算抗弯刚度是：

$$EI'_c = EI_0 + \psi EA_0 d_c^2 \tag{24.10}$$

$$\psi = \frac{1}{1 + 6.5\xi} \tag{24.11a}$$

$$\xi = \frac{EA_0 p}{n_{sc} K L^2} \tag{24.11b}$$

$$A_0 = \frac{(A_{cf}/\alpha_E) A}{A + A_{cf}/\alpha_E} \tag{24.11c}$$

$$I_0 = I_s + I_{cf}/\alpha_E \tag{24.11d}$$

刚度完全组合的换算截面惯性矩为：

$$I_c = I_s + I_{cf}/\alpha_E + A_0 d_c^2 \tag{24.11e}$$

式中，d_c 是钢梁截面形心和混凝土楼板形心的距离；L 是组合梁的计算跨度；A_{cf} 是混凝土楼板的面积；A 是钢梁截面面积；I_{cf} 是混凝土楼板挠自身形心轴的惯性矩，不扣除受拉混凝土部分；p 是抗剪栓钉纵向平均间距，在两列错开的情况下，p 是同一列上栓钉的间距；n_{sc} 是栓钉在一根梁上的列数；K 是栓钉的名义抗滑移刚度，$K = N_v^s$，注意这里的量纲是

N/mm，即虽然 N'_v 本来是力的单位，但是在这里把它化成以 N（牛顿）为单位的数据后，直接将这个数据作为以 N/mm 为单位的 K。对于压型钢板组合楼板，滑移刚度同样要考虑承载力的各种折减。

长期效应组合下组合梁截面的折算抗弯刚度是：

$$EI'_{c0} = EI'_0 + \psi' EA'_0 d_c^2 \tag{24.12}$$

$$\psi' = \frac{1}{1 + 6.5\xi_0} \tag{24.13a}$$

$$\xi_0 = \frac{EA'_0 p}{n_{sc} K L^2} \tag{24.13b}$$

$$A'_0 = \frac{(A_{cf}/2\alpha_E)A}{A + A_{cf}/2\alpha_E} \tag{24.13c}$$

$$I'_0 = I_s + I_{cf}/2\alpha_E \tag{24.13d}$$

刚度完全组合时的换算截面惯性矩是

$$I_{c0} = I_s + I_{cf}/2\alpha_E + A'_0 d_c^2 \tag{24.13e}$$

24.3.3 荷载类别，内力记号

组合梁根据施工顺序、施工时下部是否设置支撑等情况，恒荷载分为两部分：

g_1——钢梁自重、压型钢板重、湿混凝土重；

g_2——附加恒荷载，包括装修层重，吊顶、隔墙重量。

活荷载 q 根据荷载规范分为两部分：

q_1——准永久部分，$q_1 = \psi_2 q$，ψ_2 是规范规定的准永久性系数，$q_2 = q - q_1$ 是短期活荷载。其中 q_1 这部分会和 g_2 一起使得非自重组合梁中混凝土产生徐变，要考虑徐变对截面上应力分布和挠度的影响。在自重组合梁中，q_1、g_1 和 g_2 都会使楼板混凝土产生徐变。

q_{sL}——施工活荷载，当组合梁的承载分摊面积小于 $6\ m^2$ 时采用 $1.5\ kN/m^2$，大于 $10\ m^2$ 时采用 $1\ kN/m^2$。

弯矩和剪力采用如下的记号：

M_{g1}、Q_{g1}——钢梁自重、压型钢板重、湿混凝土重等产生的弯矩设计值、剪力设计值；

M_{g2}、Q_{g2}——附加恒荷载产生的弯矩设计值、剪力设计值；

M_{q1}、Q_{q1}——活荷载的准永久部分产生的弯矩设计值、剪力设计值；

M_{q2}、Q_{q2}——短期活荷载产生的弯矩设计值、剪力设计值；

M_{sL}、Q_{sL}——施工荷载产生的弯矩设计值、剪力设计值。

如果上述记号的下标带有 k，则表示弯矩和剪力标准值。

24.3.4 非自重组合梁施工阶段的验算（弹性设计和塑性设计均适用）

1. 强度计算

$$\frac{0.9(M_{g1} + M_{sL})}{\gamma_x W_{sT}} \leqslant f \tag{24.14a}$$

$$\frac{0.9(M_{g1} + M_{sL})}{\gamma_x W_{sB}} \leqslant f \tag{24.14b}$$

$$1.15 \times \frac{0.9(Q_{g1} + Q_{sL})}{h_w t_w} \leqslant f_v \tag{24.15}$$

上式中 1.15 的系数是考虑到截面上剪应力分布不均匀，为避免复杂的计算而将简化计算结果乘以 1.15 进行放大。

2. 稳定性验算

在必要时进行稳定性验算。栓钉施工完毕，压型钢板即可以看成能够对梁提供侧向支撑，此时可以不进行施工阶段的稳定性验算。

$$\frac{0.9(M_{g1} + M_{sL})}{\gamma_x \varphi_b W_{sT}} \leqslant f \tag{24.16}$$

以上几式中引入 0.9 的系数，是因为施工阶段的受力状态，只维持很短的时段，少则几天，多的对整个建筑物可能达到几年，但是对于某根梁，则要短得多。按照《建筑结构可靠性设计统一标准》GB 50068—2018 的说明，设计寿命小于等于 5 年的建筑，结构重要性系数取 0.9。在这里把这个概念用于施工阶段的验算，短周期作用的荷载，荷载设计值乘以 0.9。

(1)施工阶段的挠度：施工阶段的变形并没有规范规定具体的指标，变形控制指标仍然是使用极限状态下容许挠度，因此不一定要进行施工阶段的变形验算。

(2)如果梁起拱，则无须验算施工阶段的挠度，但是要根据施工阶段的楼板自重确定起拱值。

(3)如果梁没有起拱，虽无规定要验算挠度，但是控制施工阶段的挠度有利于使用阶段的变形满足使用要求。在简支梁的情况下：

$$\frac{(M_{g1k} + M_{sLk})L^2}{10EI_s} \leqslant [v] = \frac{L}{250} \tag{24.17}$$

24.3.5　自重组合梁(施工阶段下部有支撑)的承载力和变形计算

1. 抗弯强度计算

钢梁下表面：
$$\frac{(M_{g1} + M_{g2} + M_{q1})}{\gamma_x W_{csB0}} + \frac{M_{q2}}{\gamma_x W_{csB}} \leqslant f \tag{24.18a}$$

钢梁上表面：
$$\frac{(M_{g1} + M_{g2} + M_{q1})}{\gamma_x W_{csT0}} + \frac{M_{q2}}{\gamma_x W_{csT}} \leqslant f \tag{24.18b}$$

混凝土上表面：
$$\frac{(M_{g1} + M_{g2} + M_{q1})}{2\alpha_E W_{cT0}} + \frac{M_{q2}}{\alpha_E W_{cT}} \leqslant f_c \tag{24.18c}$$

2. 抗剪强度计算

剪力假设全部由钢梁承受：
$$\frac{(Q_{g1} + Q_{g2} + Q_{q1} + Q_{q2})}{h_w t_w} \leqslant f_v \tag{24.19}$$

上式没有像式(24.15)那样乘以 1.15 的放大系数，是考虑到形成组合梁后，混凝土楼板的共同工作，混凝土楼板承担了一部分剪力(约 10%)。在计算时，混凝土楼板承担的剪力是不考虑的，偏于安全；但同时，腹板剪应力的放大系数我们也予以取消。

3. 挠度验算

在总荷载作用下：
$$\frac{(M_{g1k} + M_{g2k} + M_{q1k})L^2}{10EI_{c0}'} + \frac{M_{q2k}L^2}{10EI_c'} - v_0 \leqslant [v_T] = \frac{L}{250} \tag{24.20}$$

式中，v_0 是起拱量。

在活荷载作用下：

$$\frac{M_{q1k}L^2}{10EI'_{c0}} + \frac{M_{q2k}L^2}{10EI'_c} \leqslant [v_Q] = \frac{L}{350} \tag{24.21}$$

24.3.6 非自重组合梁承载力和变形计算

1. 抗弯强度计算

钢梁下表面：
$$\frac{M_{g1}}{W_{sB}} + \frac{(M_{g2}+M_{q1})}{\gamma_x W_{csB0}} + \frac{M_{q2}}{\gamma_x W_{csB}} \leqslant f \tag{24.22a}$$

钢梁上表面：
$$\frac{M_{g1}}{W_{sT}} + \frac{(M_{g2}+M_{q1})}{\gamma_x W_{csT0}} + \frac{M_{q2}}{\gamma_x W_{csT}} \leqslant f \tag{24.22b}$$

混凝土上表面：
$$\frac{(M_{g2}+M_{q1})}{2\alpha_E W_{cT0}} + \frac{M_{q2}}{2\alpha_E W_{cT}} \leqslant f_c \tag{24.22c}$$

2. 抗剪强度计算

同样假设剪力全部由钢梁承受，式（24.19）计算。

3. 挠度验算

在总荷载作用下：

$$\frac{M_{g1k}L^2}{10EI_s} + \frac{(M_{g2k}+M_{q1k})L^2}{10EI'_{c0}} + \frac{M_{q2k}L^2}{10EI'_c} - v_0 \leqslant [v_T] = \frac{L}{250} \tag{24.23}$$

式中，v_0 是起拱量，起拱量由两部分恒荷载作用下的挠度确定。单独在活荷载作用下的挠度仍然由式（24.21）计算。

24.3.7 栓钉数量计算

1. 计算简支梁两端叠合面上两端的最大剪力流：

自重组合梁：
$$q_{max} = \frac{(Q_{g1}+Q_{g2}+Q_{q1})S_{c0}}{I_{c0}} + \frac{Q_{q2}S_c}{I_c} \tag{24.24a}$$

非自重组合梁：
$$q_{max} = \frac{(Q_{g2}+Q_{q1})S_{c0}}{I_{c0}} + \frac{Q_{q2}S_c}{I_c} \tag{24.24b}$$

2. 栓钉数量：

栓钉的间距按照下式计算：

$$p = \frac{N_v^s}{q_{max}} \tag{24.25}$$

上面的方法计算的栓钉间距，如果在每一个剪力区段内均布，则栓钉数量较多，可以根据剪力包络图（图24.8），按比例增大栓钉的间距。但是栓钉间距的变化次数不宜超过2次。

按照弹性设计的组合梁截面，板件的宽厚比满足Ⅰ类截面和Ⅱ类截面的要求，则仍然可以按照塑性设计的方法确定栓钉的数量，并且在每一个剪跨内均布。计算方法如下：

在均布荷载的情况下，从跨中的最大弯矩截面到支座截面，叠合面的总剪力为 $\frac{1}{4}q_{max}L$。

如果是跨中集中荷载，则从跨中的最大弯矩截面到支座截面，叠合面的总剪力为 $\frac{1}{2}q_{max}L$。

如果是作用在 3 分点的两个集中荷载，则支座到集中荷载作用点截面的叠合面上的总剪力为 $\frac{1}{3}q_{\max}L$，栓钉的数量在各自的剪跨区段内为：

均布荷载，半跨内的数量：

$$n_{\mathrm{s}} = \frac{q_{\max}L}{4N_{\mathrm{v}}^{\mathrm{s}}} \tag{24.26a}$$

跨中集中荷载，半跨内的数量：

$$n_{\mathrm{s}} = \frac{q_{\max}L}{2N_{\mathrm{v}}^{\mathrm{s}}} \tag{24.26b}$$

三分点荷载，邻近支座 1/3 跨内的数量：

$$n_{\mathrm{s}} = \frac{q_{\max}L}{3N_{\mathrm{v}}^{\mathrm{s}}} \tag{24.26c}$$

栓钉的布置参如图 24.8 所示，后两种情况在各自的区段内均匀布置，而对于承受均布荷载的简支梁，可以分成两部分，在端部的一段，栓钉的间距宜接近式（24.25）计算的间距。

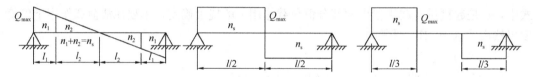

图 24.8　简支梁栓钉的配置图

很多文献从方便施工的角度考虑，并不要求栓钉根据剪力的大小来进行间距的确定，从极限承载力的角度讲是对的。但是从使用阶段的刚度来考虑，栓钉根据剪力大小分段采用不同的间距，剪力大的区段较密，则能够非常有效地减小界面滑移变形的影响，增大梁的刚度。

24.3.8　混凝土楼板纵向抗剪计算

混凝土楼板纵向抗剪计算，是指要计算如图 24.9 所示的 a-a、b-b 截面的抗剪。按照弹性理论计算，a-a 截面上楼板的纵向剪力流 q_{h} 为：

自重组合：
$$q_{\mathrm{h}} = \frac{(Q_{\mathrm{g1}} + Q_{\mathrm{g2}} + Q_{\mathrm{q1}})S_{c0}}{2I_{c0}} + \frac{Q_{\mathrm{q2}}S_c}{2I_c} \tag{24.27a}$$

非自重组合：
$$q_{\mathrm{h}} = \frac{(Q_{\mathrm{g2}} + Q_{\mathrm{q1}})S_{c0}}{2I_{c0}} + \frac{Q_{\mathrm{q2}}S_c}{2I_c} \tag{24.27b}$$

即 $q_{\mathrm{h}} = q_{\max}/2$。b-b 截面的纵向剪力流分别是以上两式的 2 倍。

混凝土纵向界面的抗剪承载力为：

$$V_{\mathrm{h}} = 0.7A_{\mathrm{sv}}f_{\mathrm{sy}} + 0.9s_{\mathrm{s}}f_{\mathrm{cv}} \leqslant 0.25s_{\mathrm{s}}f_c \tag{24.28a}$$

同时还要求：

$$A_{sv}f_{sy} \geqslant 0.75s_sf_{cv} \tag{24.28b}$$

式中，A_{sv} 是混凝土楼板内纵向单位长度上与计算截面相交的截面横向钢筋的面积；压型钢板板肋与钢梁垂直 [图 24.9(a)]：a-a 截面 $A_{sv} = A_{t1} + A_{b1}$，b-b 截面 $A_{sv} = 2A_{b1}$；

压型钢板板肋与钢梁平行 [（图 24.9b）]：a-a 截面 $A_{sv} = A_{t2} + A_{b2}$，b-b 截面 $A_{sv} = 2A_{b2}$。

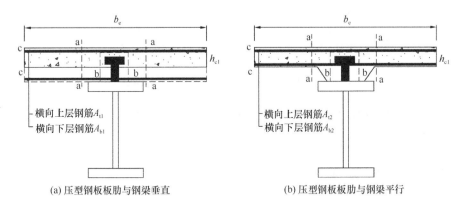

(a) 压型钢板板肋与钢梁垂直   (b) 压型钢板板肋与钢梁平行

图 24.9 纵向截面抗剪计算

在有压型钢板的情况下，通常 $A_{b2} = 0$；压型钢板 b-b 截面无横向钢筋带来的问题：纵向抗剪经常不满足。但是只要上皮钢筋位于栓钉头下部，即可以满足。混凝土保护层厚度 20mm，栓钉上部也要求有 15mm，因此栓钉应该尽可能长。

能否考虑压型钢板参与纵向抗剪？不能，因为压型钢板在 b-b 剖面经常是中断的。

f_{sy} 是横向钢筋的设计强度；f_{cv} 是混凝土抗剪设计强度，通常取 $f_{cv} = 1.0\text{N/mm}^2$；$s_s$ 是计算截面的高度，区分图 24.9(a) 和 (b) 两种情况。

1. 压型钢板板肋与钢梁垂直 [图 24.9(a)]

a-a 截面：$s_s = h_{c1} +$ 压型钢板槽内混凝土平均厚度（即压型钢板槽内混凝土面积除以肋间距）。

b-b 截面：

(1) 1 列栓钉时：$s_s = 2 \times$（栓钉露出压型钢板的高度＋压型钢板槽内混凝土平均厚度）；

(2) 如果是两列栓钉，或栓钉交错排列 [图 24.10(a)]，则 $s_s =$ 两列栓钉间距＋$2 \times$（栓钉露出压型钢板的高度＋压型钢板槽内混凝土平均厚度）。

2. 压型钢板组合楼板与钢梁平行 [图 24.9(b)]

a-a 截面：$s_s = h_{c1}$

b-b 截面：

(1) 1 列栓钉时：$s_s = 2 \times$（栓钉露出压型钢板的高度＋压型钢板肋高）；

(2) 如果是两列栓钉，或栓钉交错排列 [图 24.10(a)]，则 $s_s =$ 两列栓钉间距＋$2 \times$（栓钉露出压型钢板的高度＋压型钢板肋高）。

设计要求：

$$q_h \leqslant V_h \tag{24.29}$$

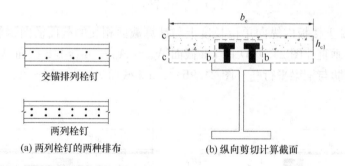

图 24.10 栓钉排列对混凝土楼板纵向抗剪计算宽度的影响

从上面内容可知，栓钉露出压型钢板以上的高度，对于混凝土楼板的纵向抗剪是非常重要的。规范规定栓钉露出压型钢板的高度不得小于 30mm，也不得大于 75mm。

24.4 简支组合梁的塑性设计

采用塑性设计的方法，自重组合和非自重组合的组合梁，截面抗弯承载力设计计算公式完全相同。这是因为，塑性极限状态，截面的曲率很大，截面上发生了充分的应力重分布，最终的应力分布和加载顺序没有关系。

24.4.1 完全组合梁正弯矩截面承载力计算，塑性设计

完全组合梁的栓钉数量由式（24.8a，b）给出，栓钉的布置同样可以参考图 24.8，对于均布荷载的情况，可以在全长范围内将栓钉均布，也可以在邻近支座的部分适当加密，但总数不变。

图 24.11（b）和 24.11（c）表示出承载力极限状态的两种情况。图 24.11（b）是塑性中性轴在楼板内的情况，此时 $Af < b_e h_{c1} f_c$，混凝土受压区的高度为 $x = \dfrac{Af}{b_e h_{c1} f_c}$，弯矩承载力为：

$$M_u = Af \cdot y \tag{24.30}$$

式中，y 是钢梁截面形心到楼板受压应力形心的距离。

图 24.11（c）的塑性中性轴在钢梁内，此时 $Af > b_e h_{c1} f_c$。弯矩承载力是：

$$M_u = (A - 2A_c)f \cdot y_1 + A_c f \cdot y_2 \tag{24.31a}$$

$$A_c = 0.5\left(A - \frac{b_e h_{c1} f_c}{f}\right) \tag{24.31b}$$

式中，y_1 是混凝土受压应力合力到钢梁受拉区合力的距离，y_2 是钢梁受拉应力合力到钢梁受压应力合力的距离。外荷载弯矩必须满足：

$$M = M_{g1} + M_{g2} + M_{q1} + M_{q2} \leqslant M_u \tag{24.32}$$

24.4.2 非完全组合梁正弯矩截面承载力计算：塑性设计

非完全组合梁和完全组合梁的最重要的区别在于：先按照栓钉的构造要求进行栓钉的

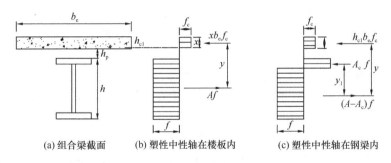

图 24.11 正弯矩截面按照塑性设计：完全组合梁

布置，然后按照栓钉的极限承载力来确定图 24.11(b) 的混凝土受压区高度。栓钉的构造要求如下：

（1）栓钉直径的规定

栓钉焊于受压的翼缘时，栓钉直径不得大于受压翼缘板厚的 2.5 倍；

栓钉焊于受拉的翼缘时，栓钉直径不得大于受拉翼缘板厚的 1.5 倍，这一条对连续组合梁的负弯矩区有相当大的影响。

（2）栓钉间距的规定

栓钉纵向间距最小值为栓钉直径的 6 倍；栓钉横向间距最小值为栓钉直径的 4 倍。栓钉纵向间距最大值为楼板总厚度的 4 倍，即 $4(h_{c1}+h_{p})$，如图 24.12 所示，也不得大于 400mm。根据以上布置要求，先按照适中的情况布置栓钉，再进行承载力的计算。

非完全组合梁的塑性中和轴总是在钢梁内。图 24.12 是塑性中性轴在钢梁内的情况，记一个剪跨区段内栓钉的数量为 n_s。混凝土受压区的高度为 $x=\dfrac{n_s N_v^s}{b_e f_c}$，弯矩承载力为：

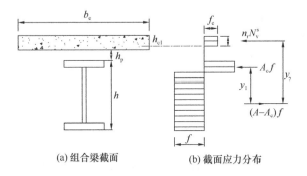

图 24.12 正弯矩截面按照塑性设计：非完全组合梁

$$M_{u} = (A-2A_c)f \cdot y_1 + A_c f \cdot y_2 = n_s N_v^s y_1 + A_c f \cdot y_2 \tag{24.33a}$$

$$A_c = 0.5\left(A - \frac{n_s N_v^s}{f}\right) \tag{24.33b}$$

式中，y_1 是混凝土受压应力合力到钢梁受拉区合力的距离，y_2 是钢梁受拉应力合力到钢梁受压应力合力的距离。

24.4.3 其他计算

1. 组合梁的抗剪承载力：与弹性设计相同，按照式（24.19）计算。

2. 栓钉数量的计算：在完全组合梁中，弯矩最大截面到弯矩零点截面的栓钉数量必须满足式（24.8）、式（24.9）。在非完全组合梁中，栓钉数量必须先布置，然后进行承载力的计算。

3. 使用阶段的挠度验算及应力验算：挠度验算按照荷载标准值进行。

（1）简支自重组合梁：自重简支组合梁基本上在弹性范围内工作。因此按照弹性设计一样计算，参照式（24.20）和式（24.21）。

（2）简支非自重组合梁：经过大量例子的计算表明，非自重简支组合梁，在正常使用极限状态下，钢梁下翼缘的应力基本上小于但是接近钢材的设计强度，仍然处在没有屈服的状态。因此挠度可以按照弹性计算，即参照式（24.21）和式（24.23）计算。

为确保正常使用阶段钢梁下翼缘不进入屈服，对于塑性设计的非自重组合梁，建议增加如下的使用阶段应力计算：

$$\frac{M_{\text{g1k}}}{W_{\text{sB}}} + \frac{(M_{\text{g2k}} + M_{\text{q1k}})}{W_{\text{csB0}}} + \frac{M_{\text{q2k}}}{W_{\text{csB}}} \leqslant 0.9f \tag{24.34}$$

4. 混凝土楼板纵向抗剪计算：

参照图 24.11，楼板混凝土纵向抗剪承载力的公式同前，剪应力的计算按照下面的公式计算：

（1）包络抗剪连接件的纵向界面（b-b 剖面）：

$$q_{\text{h}} = \frac{n_{\text{d}} N_{\text{v}}^{\text{s}}}{s} \tag{24.35a}$$

（2）混凝土板部分（a-a 剖面）：

$$q_{\text{h}} = \frac{n_{\text{d}} N_{\text{v}}^{\text{s}}}{2s} \tag{24.35b}$$

这里 n_{d} 是同一个截面上的栓钉个数，一般是 1 或 2。s 是栓钉纵向间距。在错列布置的情况下，$n_{\text{d}} = 1$，s 是同一列上栓钉距离 p 的一半，也可以按照 $n_{\text{d}} = 2$、$s = p$ 计算。

弹性设计时，也可以按照上面公式计算界面上的剪力。

24.5　组合梁开孔

24.5.1　开孔组合梁的应用

标准办公楼中的组合次梁在腹板上开孔是很常见的。简支的组合梁通常不是抗侧力构件，因此在受力较小时，以不发生屈曲作为设计准则，不设置孔边加劲肋，如图 24.13(a) 和 (c) 所示。受力加大时则应布置上下水平加劲肋，如图 24.13 (b) 和 (d) 所示。

图 24.14 是单个孔时的局部变形形态。图 24.14(a) 是孔边水平加强后发生的标准的空腹桁架破坏模式，图 24.14(b) 是用简图描绘了孔上楼板的破坏。图 24.15 和图 24.16 示出了可能的关键部位。本节内容参考英国 Steel Construction Institute(SCI) P355 开孔组合梁的设计指南，出版于 2012 年。本节只介绍矩形孔，圆孔时将圆孔看成宽度是 $l_0 = 0.45D$、高度是 $h_0 = 0.9D$ 的孔进行计算。

24.5.2　开孔规定

开孔后，各个尺寸符号如图 24.17 所示，开孔的布置要求见表 24.6。

(a) 开孔未设加劲肋

(b) 开孔仅纵向设加劲肋

(c) 规则多孔未设加劲肋

(d) 多孔仅纵向设加劲肋

图 24.13 组合梁的开孔及开孔加强

(a) 空腹桁架破坏模式

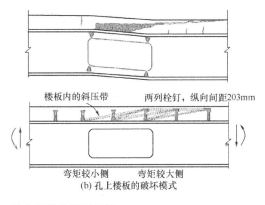

(b) 孔上楼板的破坏模式

图 24.14 单个开孔的破坏机构

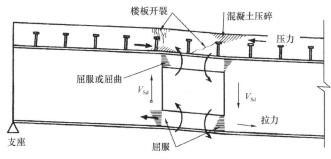

图 24.15 单孔破坏模式

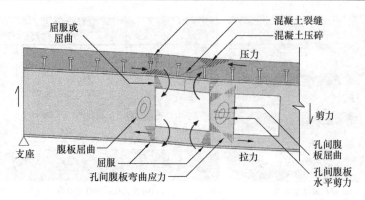

图 24.16　双孔破坏机构

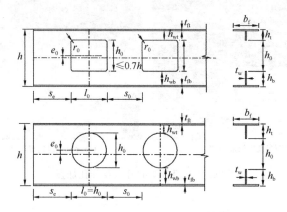

图 24.17　开孔梁的尺寸

钢梁腹板开孔的布置要求　　　　　　　　　　表 24.6

布置项	圆孔	矩形孔	备注
最大孔高 h_0	$\leqslant 0.8h$	$\leqslant 0.7h$	
T 形截面最小高度	$\geqslant t_f + 30\text{mm}$	$\geqslant 0.1h$	
上弦 T 最小高度	$\geqslant t_f + 30\text{mm}$	$\geqslant 0.1h$； 未加劲时尚应 $\geqslant 0.1l_0$	
上弦 T 与下弦 T 截面高度的比例	$0.5 \leqslant \dfrac{h_b}{h_t} \leqslant 3$	$1 \leqslant \dfrac{h_b}{h_t} \leqslant 2$	所有剪力由上弦承担时，下弦截面高度可小
未加劲时孔宽 l_0 最大值		高剪力区 $\leqslant 1.5h_0$ 低剪力区 $\leqslant 2.5h_0$	高剪力区是剪力大于最大剪力的 0.5 倍的区域
水平加劲时孔宽 l_0 最大值		高剪力区 $\leqslant 2.5h_0$ 低剪力区 $\leqslant 4h_0$	
相邻孔间桥墩最小宽度 s_0	低剪力区 $\geqslant 0.3h_0$ 高剪力区 $\geqslant 0.4h_0$	低剪力区 $\geqslant 0.5l_0$ 高剪力区 $\geqslant l_0$	
矩形孔四角圆弧半径		$\geqslant \max(2t_w, 15\text{mm})$	建议四角预先钻孔，再开大的矩形孔
第一个孔离端部距离	$\geqslant 0.5h_0$	$\geqslant \max(l_0, h_0)$	
离集中荷载的最小距离	未加劲 $\geqslant 0.5h$ 加劲孔 $\geqslant 0.25h_0$	未加劲 $\geqslant h$ 水平加劲孔 $\geqslant 0.5h_0$	

24.5.3 开孔梁的整体抗弯承载力

如图 24.18 所示,开孔截面有弯矩和剪力,下弦 T 产生拉力,楼板内产生压力,上弦 T 可能受压也可能受拉。剪力在孔的范围内产生空腹桁架作用,其中上弦 T 与混凝土楼板产生局部的组合作用(小组合梁)。开孔截面整体承载力在孔的中心截面计算,如图 24.18所示。

对照图 24.15 和图 24.16,混凝土楼板也参与抵抗一部分竖向剪力,这使得剪力在孔下部的 T 形截面段(简称下弦 T)、孔上部的 T 形截面段(简称上弦 T)和混凝土楼板间的分配变得不明确,特别是混凝土楼板与上弦 T 还通过栓钉形成一定程度组合的构件。因此引入一些简化假定是必要的,其中最重要的假定是关于开孔段楼板部分参与上弦 T 分担的竖向剪力的有效宽度和剪力的大小。

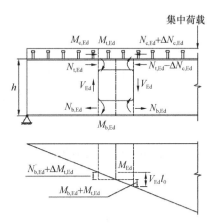

图 24.18 孔边内力分析

反弯点位于孔中心截面,孔中心截面的总弯矩(整体性的弯矩)由下翼缘的抗拉和上翼缘的抗压来计算,其中混凝土楼板内的压力以这个截面在整根梁中的位置决定的整体计算的有效宽度(与跨中截面的有效宽度不同)的屈服承载力和这个截面到梁端之间的栓钉数量所决定的受压承载力,两者之中取较小值。

设孔中心离支座的距离是 x,该处整体抗弯强度计算采用的楼板有效宽度为:

$$b_{e,x} = \frac{3}{16}L + \frac{1}{4}x \leqslant \frac{1}{4}L \tag{24.36}$$

有效宽度确定后,参照图 24.19 可以计算截面的塑性承载力。其中 $N_{c,Rd} = \min(b_{e,x}h_c f_{ck}, n_s N_v^s)$,$h_c$ 是受压区高度($= z_c$ 或 h_{slab}),n_s 是孔中心到支座这一区段内栓钉的数量。如果孔离支座很近,n_s 可能仅为 3~6 颗,此时 $n_s N_v^s$ 控制着开孔截面受压楼板内的轴力,见式(24.41)的要求。

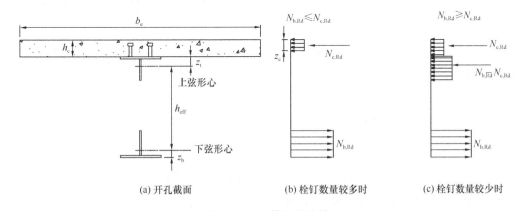

(a) 开孔截面   (b) 栓钉数量较多时   (c) 栓钉数量较少时

图 24.19 整体抗弯计算

端部是剪力较大区,栓钉在全跨均布可能导致 $n_s N_v^s$ 偏小,所以可能会要求开孔截面到梁端的范围内栓钉加密或增加列数。n_s 影响开孔截面抗弯能力,进而影响下弦 T 的拉力，从而影响开孔截面的抗剪能力（指下弦 T 拉力大了，抗弯抗剪能力就小了）。

要判断是图 24.19(b) 还是图 24.19(c)，比较屈服承载力（但是实际上又不能够屈服，因为还要留下一定的余量来抵抗空腹桁架的单肢局部弯矩）。$n_s N_v^s \geqslant A_{bT} f$ 时是图 24.19(b)，塑性中性轴在楼板，抗弯承载力是：

$$M_{O,P,Rd} = A_{bT} f(h_{eff} + z_t + h_{slab} - 0.5 z_c) \tag{24.37a}$$

$$z_c = \frac{n_s N_v^s}{b_e f_c} \leqslant h_c \tag{24.37b}$$

式中，h_{slab} 是楼板厚度，h_{eff} 是上下 T 形截面形心之间的距离，z_t 是上弦 T 形心到翼缘上表面的距离，z_c 是楼板内混凝土受压区的高度。

荷载作用下下弦 T 真正的拉力是：

$$N_{b,Ed} = \frac{M_{Ed}}{(h_{eff} + z_t + h_{slab} - 0.5 z_c)} \tag{24.38}$$

式中，M_{Ed} 为孔中间截面的弯矩设计值。

$n_s N_v^s < A_{bT} f$ 时，就是图 24.19(c)，塑性中性轴在上弦 T（注意永远不会在下弦），塑性承载力是：

$$M_{O,P,Rd} = A_{bT} f h_{eff} + \min(n_s N_v^s, b_e h_c f_c)(z_t + h_{slab} - 0.5 h_c) \tag{24.39}$$

要求 $A_{tT} f_y \geqslant A_{bT} f_y - N_{c,Rd}$（一般总能满足）。下弦的拉力通过对上弦截面形心取力矩得到，此时假定楼板已经达到栓钉能够提供的承载力，下弦则还没有达到抗拉承载力：

$$N_{b,Ed} = \frac{M_{Ed} - N_{c,Rd}(z_t + h_{slab} - 0.5 h_c)}{h_{eff}} \tag{24.40}$$

如果上式计算结果出现负值，表示上弦钢截面与楼板混凝土组成的组合截面就能够抵抗外弯矩。

当开孔部位离支座比较近，应满足下式，以保证开孔截面仍然存在组合作用：

$$N_{c,Rd} = n_s N_v^s \geqslant 0.4 \frac{M_{Ed}}{h_{eff}} \tag{24.41}$$

否则应按照纯钢梁来设计。

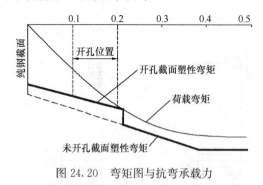

图 24.20　弯矩图与抗弯承载力

作为简化计算，可以采用如下公式粗略地计算开孔中间截面的抗弯承载力（图 24.20）：

未加强孔：

$$M_{o,Rd} = M_{Rd}\left(1 - 0.35 \frac{h_0}{h}\right) \tag{24.42a}$$

孔上下水平加劲的：

$$M_{o,Rd} = M_{Rd}\left(1 - 0.2 \frac{h_0}{h}\right) \tag{24.42b}$$

式中，h_0 是孔高，h 是钢梁高，M_{Rd} 是未开孔组合梁的承载力，$M_{o,Rd}$ 是开孔组合梁的承载力。

24.5.4　开孔部位的整体抗剪强度

1. 开孔部位产生空腹桁架弯曲。这种局部单肢受弯计算可以考虑上弦未加劲或孔边水平加劲 T 形截面与楼板的组合作用，楼板参与这种开孔范围内上弦弯曲的有效宽度 b_w

取为钢梁上翼缘两列栓钉间距 b_{st} 再加 3 倍楼板厚度：

$$b_w = b_{st} + 3h_{slab} \tag{24.43}$$

如果在开孔范围内栓钉数量不多（例如 $l_0 = 700mm$，栓钉间距 $200mm$，栓钉仅 3 个或 6 个），在这个有效宽度范围内，楼板能够承担的竖向剪力是一个截面上的栓钉能够承担的拉力（即 1 个或 2 个栓钉的抗拔承载力）。这是因为，孔两侧的栓钉起着这种局部弯曲的混凝土梁的支座的作用，支座能够承担多少拉力，决定了楼板内能够承担的剪力。但是如果在 $l_0 + 4h_{slab}$ 范围内栓钉加密和/或增加了栓钉的列数，开孔部位两侧一定长度和宽度范围内楼板有完整的上下层楼板配筋，楼板就能够与上弦 T 形成很好的组合作用，可以充分考虑组合作用来计算上弦组合构件的抗弯和抗剪承载力，如图 24.21 所示。

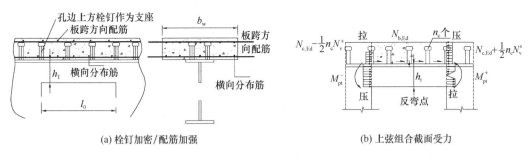

(a) 栓钉加密/配筋加强　　　　　　(b) 上弦组合截面受力

图 24.21　增强上弦 T 与其上楼板组合作用的措施和受力

2. 开孔段的总体抗剪承载力，是上弦 T 和下弦 T 的抗剪承载力加上楼板的抗剪承载力。

通常上弦 T 提供的抗剪承载力占主要部分，这是因为上弦 T 的正应力较小，因而其两端可以充分形成塑性铰弯矩，提供抗剪承载力。另外一方面，上弦 T 与楼板有组合作用，竖向抗剪刚度较大，能够分摊到更大的剪力。而下弦 T 有较大的拉力，拉力减小了其两端的塑性弯矩（孔边纵向加劲后形成的不对称工字形截面的塑性弯矩和轴力相关关系与图 10.31 类似），拉应力也减小了其腹板的有效剪切屈服应力，所以抗剪能力较小。

（1）上下 T 形截面腹板的抗剪承载力设计值的上限是（是真正承载力的上限，真正的承载力还要由上下弦两端的抗弯承载力决定，取两者的较小值）：

$$V_{s,Rd} = (h_{wb} + h_{wt})t_w f_v \tag{24.44}$$

（2）混凝土楼板的抗剪承载力（参考欧洲混凝土规范 Eurocode 2）是：

$$V_{c,Rd} = \left[\frac{0.18}{\gamma_c}k\left(100\rho_1 f_{ck}\right)^{1/3} + 0.15\sigma_{cp}\right]b_w h_c \tag{24.45a}$$

$$V_{c,Rd,min} = \left[0.035k^{1.5}\sqrt{f_{ck}} + 0.15\sigma_{cp}\right]b_w h_c \tag{24.45b}$$

$$k = 1 + \sqrt{\frac{200}{h_c}} \leqslant 2 \tag{24.45c}$$

$$\rho_1 = \frac{A_{sl}}{b_w h_c} \tag{24.45d}$$

$$\sigma_{cp} = \frac{N_{c,Ed}}{b_c h_c} \leqslant 0.2f_c \tag{24.45e}$$

式中，A_{sl} 是抗裂钢筋网提供的有效宽度 b_w 范围内平行于钢梁的钢筋面积，也包含开孔部位额外增加的配筋，这些额外增加的配筋必须外伸到有效宽度范围外三倍楼板厚度以上。

$\gamma_c = 1.4$ 是抗力分项系数。

式（24.45a，b）来源于 Eurocode 2-1-1，是钢-混凝土组合梁整体弯曲时楼板对抗剪能力的贡献，通常是忽略的，但是在开孔部位，因为钢截面的抗剪承载力被削弱，这部分又变得相对重要起来。

我国《混凝土结构设计规范》GB 50010—2010 对这部分没有直接规定，但是参考偏压杆的抗剪强度计算公式，可以给出下式（未考虑楼板配筋的贡献）：

$$V_{c,Rd} = (0.45 f_t + 0.07 \sigma_{cp}) b_w h_{slab} \tag{20.46}$$

（3）接下去是下弦 T 由两端塑性弯矩决定的抗剪承载力：首先判断截面剪力与截面抗剪承载力的值 $\mu = \dfrac{V_{Ed}}{V_{s,Rd} + V_{c,Rd}}$，如果 $\mu > 0.5$，则计算腹板的折算厚度：$t'_{wb} = t_w [1 - (2\mu - 1)^2]$，重新计算抗弯承载力，由单肢两端的抗弯承载力决定真正的抗剪承载力，否则厚度不变。

（4）下弦 T 截面承受拉力 $N_{b,Ed}$，计算其正负塑性弯矩 M^+_{pb} 和 M^-_{pb}（两个塑性弯矩不相同，见图 10.31），计算对应的抗剪承载力 $V_{pb} = \dfrac{1}{l_0}(M^+_{pb} + M^-_{pb})$，与 $V_{yb} = h_{wb} t_w f_v$ 对比取较小值：

$$V_{b,R} = \min(V_{pb}, V_{yb}) = \min\left[\frac{1}{l_0}(M^+_{pb} + M^-_{pb}), h_{wb} t_w f_v\right] \tag{24.47}$$

（5）然后计算上弦 T 由两端塑性铰弯矩决定的抗剪承载力。此时需要知道上弦 T 的压力（或者拉力），上弦组合截面内的总的轴力与下弦拉力是相等的，因此上弦 T 截面内的压力（或拉力）是：

$$N_{t,Ed} = N_{c,Ed} - N_{c,Rd} = N_{b,Ed} - n_s N^s_v \tag{24.48}$$

即下弦拉力（等于上弦总压力）扣除楼板能够承担的部分，剩余的就是上弦 T 承担的压力（也可能是拉力）。计算上弦 T 在存在轴力 $N_{t,Ed}$ 时的正负塑性弯矩 M^+_{pt} 和 M^-_{pt}（参考图 10.31），计算上弦 T 抗剪承载力：

$$V_{t,R} = \min(V_{pt}, V_{yt}) = \min\left[\frac{1}{l_0}(M^+_{pt} + M^-_{pt}), h_{wt} t_w f_v\right] \tag{24.49}$$

总的抗剪承载力是：

$$V_{Rdl} = V_{c,Rd} + V_{b,R} + V_{t,R} \tag{24.50}$$

3. 上述计算未考虑上弦 T 与宽度为 b_w 的楼板的组合作用（图 24.22），而仅仅是考虑了楼板减除了上弦 T 内的压力。设开孔宽度范围内的栓钉数量是 n_c（注意不是 n_s），其承载力是 $n_c N^s_v$，它是开孔范围内的栓钉能够承担的楼板压力的增量，位于上弦的大弯矩端（靠近跨中的一侧），对上弦 T 截面的形心取力矩得到：

$$\Delta M_{cs,R} = k_0 n_c N^s_v (h_{slab} + z_t - 0.5 h_c) \tag{24.51a}$$

式中，k_0 是考虑开孔段长度的影响系数，$k_0 = 1 - l_0/25 h_t$，$l_0 \leqslant 5 h_t$ 时取 1.0。这个弯矩相当于是组合作用的弯矩，计算对应的剪力：

$$V_{cs,R} = \frac{\Delta M_{cs,R} + M_{P,Top}}{l_0} \tag{24.51b}$$

式中，$M_{P,Top}$ 为上弦低弯矩端的 T 形弦杆的塑性弯矩（靠近支座的一侧），支座这一侧的楼板属于局部弯曲的受拉区，不考虑混凝土楼板与上弦 T 形钢的组合作用。这样总抗剪

承载力是:

$$V_{Rd2} = V_{cs,R} + V_{b,R} \quad (24.52)$$

栓钉较密[判断标准是 $n_c N_v^s = (0.8 \sim 1.2) A_{tT} f$],可以取用 $V_{Rd,2}$ 作为开孔段的抗剪承载力。

4. 为了获得直观的概念,举例计算:设 $h_{slab} = 110mm, C30, b_{st} = 80mm, l_0 = 700mm$,栓钉布置纵向间距 150mm,则孔上有 $n_c = 8$ 颗栓钉,$\phi 19$ 栓钉的承载力是 $N_v^s = \min(N_{v1}^s, N_{v2}^s) = \min(79.85, 71.26) = 71.26kN, b_w = 410mm, 410 \times 110 \times 14.3 = 644.93kN, 8N_v^s = 570.08kN$,可见需要两列稍密的布置才能够

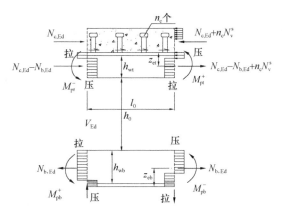

图 24.22 开孔部位空腹桁架机构的设计计算

与有效小宽度范围内的楼板受压强度设计值接近,所以一般是 $n_c N_v^s$ 控制。

设钢梁是 $H600 \times 8 \times (120 \times 10)/(200 \times 14)$,Q355,$h_0 = 380mm$,上下各留 110mm。

下弦 $T110 \times 200 \times 8/14$,抗拉承载力设计值是 $3568 \times 310 = 1106.08kN$,整体计算的有效宽度设为 1562mm,$1562 \times 110 \times 14.3 = 2598.6kN$,远大于下弦抗拉承载力,设开孔开在离支座 2m 处,$n_s = 13 \times 2 = 26$ 颗,$26 \times 71.26 = 1852.76kN$,所以楼板确实能够为开孔部位的上弦 T 型钢卸载,使其在整体受弯时受力很小,因为它位于整体弯曲的中性轴附近。

上弦 $T110 \times 120 \times 8/12$,$A_t = 2000mm^2$,上弦屈服轴力设计值是 $N_{t,Rd} = 620kN$。这个轴力与栓钉的抗剪承载力接近,基本能够形成一对力偶(注意整体的计算采用的是有效宽度 b_e,整体计算中,上弦 T 型钢的轴力很小,从而有余量在开孔的根部与楼板的局部小宽度 b_w 范围的压力形成力偶,形成组合作用)。于是式(24.51b)就基本成立。

设 $z_t = 25mm$,$h_t = 110mm$,$k_0 = 1 - \dfrac{700}{25 \times 110} = 0.745$,$\Delta M_{cs,R} = 0.745 \times 570.08(110 + 25 - 55) = 34kN \cdot m$,上弦纯弯塑性弯矩是 $14.16kN \cdot m$,$V_{cs,R} = (34 + 14.16)/0.7 = 68.8kN$。

上弦 T 抗剪承载力的上限是 $8 \times 100 \times 180 = 144kN$,所以也无须折减上弦的抗弯承载力。下弦纯弯塑性弯矩为 $15.9kN \cdot m$,注意下弦面积 $3568mm^2$,是上弦面积的 1.75 倍,塑性弯矩增加不多,说明塑性弯矩主要由腹板高度控制。

如果不考虑组合作用,则抗剪承载力的楼板部分,按照中国规范计算是:$V_{Rc} = 0.45 b_w h_c f_t = 0.45 \times 1.43 \times 410 \times 110 = 29.0kN$,上弦弯曲机构的剪力是 $2 \times 14.157/0.7 = 40.4kN$,与混凝土部分合计 69.4kN,与考虑组合作用的相当。

下弦纯弯塑性机构的剪力是 45.44kN。参考图 10.31,正负弯矩时轴力对塑性弯矩的影响不一样,设下弦轴力与抗拉强度比是 0.5,则一侧塑性弯矩影响会达到 50%,另一侧不到 20%,所以平均是 35%,则下弦的抗剪承载力是 $0.65 \times 45.44 = 29.5kN$。

总计抗剪承载力约为 97kN。如果是跨度 9m、间距 3m 的次梁,均布荷载设计值为 10 kN/m²,梁端反力是 135kN,开孔部位离开梁端是 2m,截面剪力是 $(4.5 - 1.65)/4.5 \times 135 = 87.6kN$,基本上开孔上下边缘不需水平向增加加劲肋,如果开孔在离开支座 1m 处,剪力是 118kN,就需要增加加劲肋,增加上下弦抗弯能力从而增加抗剪能力,或者将孔的长度减小到 0.55m。

24.5.5 截面开孔导致栓钉受拉

图 24.14~图 24.16 都表明，开孔段弯矩较大侧楼板内的栓钉承受了拉力，拉力可按照下式计算：

$$F_{\text{stud}} = \frac{\Delta M_{\text{cs,R}}}{n l_0} \tag{24.53}$$

其中，n 是 1 或者 2（栓钉的列数）。这样一来，此处的栓钉是拉剪共同作用。这就要求对其拉剪强度进行验算，验算公式是：

$$\left[\left(\frac{N_{\text{v}}}{N_{\text{v}}^{\text{s}}} \right)^{1.5} + \left(\frac{F_{\text{stud}}}{0.8 N_{\text{v}}^{\text{s}}} \right)^{1.5} \right]^{2/3} \leqslant 1 \tag{24.54}$$

因此，在开孔段弯矩较大侧增加一排栓钉有利于开孔段的抗弯和抗剪承载力。否则栓钉的抗剪承载力应进行折减：

$$k_0 = \left[1 - \left(\frac{F_{\text{stud}}}{0.8 N_{\text{v}}^{\text{s}}} \right)^{1.5} \right]^{2/3} \tag{24.55}$$

此 k_0 即为式（24.51a）中的 k_0。上述计算取栓钉抗拉承载力是抗剪承载力的 0.8 倍。

24.5.6 弹性设计

T 形截面塑性弯矩计算比较复杂，且对宽厚比要求严格，所以也可以偏于安全采用边缘屈服准则计算抗弯承载力（图 24.23）。

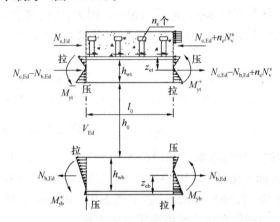

图 24.23 弹性设计

$$A = b t_{\text{f}} + h_{\text{w}} t_{\text{w}} \tag{24.56a}$$

$$z_{\text{e}} = \frac{1}{A} \left[0.5 b t_{\text{f}}^2 + h_{\text{w}} t_{\text{w}} (t_{\text{f}} + 0.5 h_{\text{w}}) \right] \tag{24.56b}$$

$$I_{\text{x}} = I_{\text{x0}} - A z_{\text{e}}^2 \tag{24.56c}$$

$$I_{\text{x0}} = \frac{1}{3} b t_{\text{f}}^3 + \frac{1}{3} t_{\text{w}} (h^3 - t_{\text{f}}^3) \tag{24.56d}$$

$$W_{\text{xf}} = I_{\text{x}} / z_{\text{e}} \tag{24.56e}$$

$$W_{\text{xw}} = I_{\text{x}} / (h - z_{\text{e}}) \tag{24.56f}$$

对于下弦：

$$V_{\text{yb2}} = \frac{M_{\text{yb}}^+ + M_{\text{yb}}^-}{l_0} = \frac{W_{\text{xw}} + W_{\text{xf}}}{l_0} \left(f_{\text{y}} - \frac{N_{\text{b}}}{A} \right) \tag{24.57a}$$

对于上弦：

$$V_{yt2} = \frac{M_{yt}^+ + M_{yt}^-}{l_0} = \frac{W_{xw} + W_{xf}}{l_0}\left(f_y - \frac{N_t}{A}\right) \tag{24.57b}$$

对上弦 T 和下弦 T 分别采用上述公式计算抗剪承载力，并与屈服承载力比较，取较小值，然后三部分抗剪承载力叠加获得总抗剪承载力。

24.5.7 孔上下的水平加劲肋

水平加劲肋的作用是：（1）增加空腹桁架上下弦的单肢抗弯承载力，从而增加组合梁截面的抗剪承载力；（2）改善腹板的局部稳定。

如果仅为了改善局部稳定，加劲肋应优先采用单侧加劲肋，如图 24.24(a) 所示。单侧加劲肋厚度不小于 8mm，宽度不大于 10 倍厚度，加劲肋延伸过孔边的距离不小于 150mm，且应满足 $l_r/b_r \geqslant 2.5$ 的要求，外伸部分可以切斜角，加劲肋与腹板的焊缝的厚度应采用水平加劲肋的抗拉屈服强度进行计算。

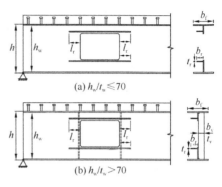

图 24.24　孔边加强

当腹板的高厚比大于 $70\sqrt{235/f_{yk}}$ 时，尚应在背面增加竖向加劲肋，竖向加劲肋的作用是减小单侧横向加劲肋带来的截面受力偏心的影响，竖向加劲肋的厚度 $t_v \leqslant t_r$，$b_v = b_r \sim (b - t_w)/2$ 可以取得较小较宽。

计算空腹桁架的拉弯承载力时考虑加劲肋作用时，加劲肋应双侧布置。

24.5.8 并排孔的情况

此时需要计算孔与孔之间的桥墩的强度和局部稳定。如图 24.25 所示，假设两个相同的孔，两个孔中心间距是 s，桥墩水平截面的剪力是 V，则桥墩水平截面的剪力是：

$$V_h = \frac{V_{b,R}}{V_{b,R} + V_{t,R}} V \cdot \frac{s}{0.5h_0 + h_b - z_b} \tag{24.58}$$

或偏安全地取：

$$V_h = \frac{0.5Vs}{0.5h_0 + h_b - z_b} \tag{24.59}$$

计算抗剪强度：

$$\frac{1.5V_h}{s_0 t_w} \leqslant f_v \tag{24.60}$$

式中，s_0 是桥墩的宽度。

桥墩在孔根部截面的压弯强度为：

$$\frac{0.5V_h h_0}{t_w s_0^2/6} \leqslant f \tag{24.61}$$

桥墩截面的稳定性通过控制桥墩截面的宽厚比来保证：

$$\frac{\sqrt{s_0 h_0}}{t_w} \leqslant 26\sqrt{\frac{235}{f_y}} \tag{24.62}$$

不满足时应按照下式计算稳定性：

$$\tau \leqslant \frac{1}{3\sqrt{0.84+\lambda_k^2}} \frac{s_0}{h_0} f \tag{24.63a}$$

$$\lambda_k = 0.2\sqrt{\frac{h_0 s_0 f_{yk}}{E t_w^2}} \tag{24.63b}$$

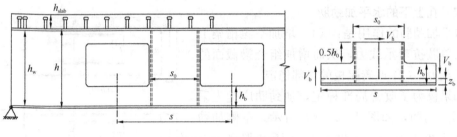

图 24.25　孔间桥墩

或设置孔口竖向边缘加劲肋。

24.5.9　开孔带来的挠度增量

本节通过算例了解开孔引起的挠度增量。图 24.26(a) 所示跨度为 4.9m 的简支梁，承受 $q = 125\text{N/mm}$ 的均布荷载，钢梁截面是 H376×200×8/16，实腹梁挠度标准值是 $L/318.88 = 15.366$（梁理论的计算值，其中剪切变形产生的挠度 1.22mm）。在离开支座净距 700mm 处开 180mm×700mm 的矩形孔，分未加劲和水平加劲两种，梁的编号为 L0（未开孔）、Lc0（开孔未加劲）和 Lc2（水平加劲）。

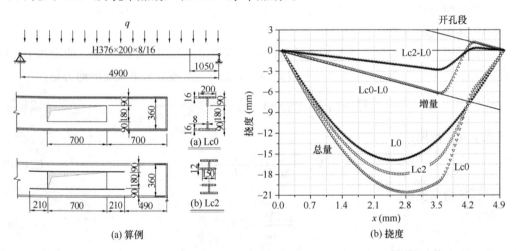

图 24.26　开孔梁挠度算例

纵向加劲肋的截面是 −75×12，双侧布置，长度是伸出孔边 210mm。挠度结果由图 24.26(b)给出，中心开孔梁挠度的增大非常显著，增大了 29.1%，这主要是因为孔比较长。设置了加劲肋后（Lc2），挠度增量是 8.3%，可见加劲肋对挠度减小的作用非常明显。设置加劲肋后，一般较易满足强度的要求，也容易满足挠度限值的要求。图 24.26(b)中给出了开孔梁相对于未开孔梁的挠度增量曲线，开孔范围内的挠度增量接近于线性，而无孔部分的增量也接近于直线，左侧增量是向下（挠度增加），右侧是向上（挠度减小），斜率相同。这为我们提出如下的挠度近似计算方法给出了提示。

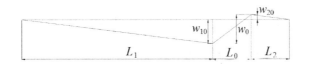

图 24.27 开孔引起的增量挠度

记 Q_h 为开孔截面剪力，开孔部位挠度增量计算公式是：

$$w_0 = \frac{Q_h l_0^3}{12E(I_b + I_t)} + \frac{Q_h l_0}{G(A_{wb} + A_{wt})} \tag{24.64}$$

式中，I_b，I_t 分别是下弦和上弦截面绕自身弹性形心轴的惯性矩，包括加劲肋的贡献，上弦考虑混凝土楼板的组合作用时，楼板参与工作的有效宽度由式（24.43）给出，并按照弹性模量比换算成钢截面参与计算；A_{wb} 是下弦腹板面积；A_{wt} 是上弦参与抗剪的有效面积，包括上弦钢截面腹板面积和楼板换算成钢截面的面积除以系数 1.2；l_0 是孔的长度；E，G 分别是钢材的弹性模量和剪切模量。

w_0 在孔两侧的分配是 w_{10}，w_{20}，如图 24.27 所示：

$$w_{10} = \frac{L_1}{L_1 + L_2} w_0, w_{20} = \frac{L_2}{L_1 + L_2} w_0 \tag{24.65}$$

孔两侧的较长段，设 $L_1 > L_2$，挠度增量公式是：

$$w_1(x) = \frac{x}{L_1} \frac{L_1}{L_1 + L_2} w_0 = \frac{x}{L_1 + L_2} w_0 \tag{24.66}$$

式中，L_1，L_2 是孔边到两端支座的净距离，L 是跨度，$L = L_1 + l_0 + L_2$。

忽略开孔对截面整体抗弯刚度的削弱（此部分影响很小），并且整体的剪切挠度也不考虑削弱的影响，则开孔梁的总挠度 $w_h(x)$ 是：

$$w_h(x) = w(x) + w_1(x) \tag{24.67}$$

式中，$w(x)$ 是实腹梁的挠度。最大挠度出现在孔边和跨中截面之间，开孔引起的挠度增量取跨中和孔边值的平均。这样均布荷载的简支梁的最大挠度为：

$$w_{h,max} = w_{max} + \frac{L + 2L_1}{4(L_1 + L_2)} w_0 \tag{24.68}$$

w_{max} 是实腹梁的最大挠度。对于挠度最大的 Lc0，按照式（24.68）计算的挠度是：$w_0 = 6.161mm$，$\frac{L + 2L_1}{4(L_1 + L_2)} = 0.7083$，实腹梁的挠度采用有限元计算的结果 15.90mm，则式（24.68）的计算结果是 20.26mm，开孔梁采用板件有限元计算的结果是 20.53mm，两者基本符合。对 Lc2，式（24.68）的计算结果是 17.11mm，有限元计算的结果是 17.23mm，可见式（24.68）有良好精度。

24.5.10 大偏心孔

允许在腹板的受拉侧单侧开孔（图 24.28），此时孔的总高度仍不能超过钢梁高度的 0.7 倍。受压边缘应布置水平加劲肋，以满足受压侧 T 形截面的腹板宽厚比要求，并增强单侧抗弯能力。此时上弦截面与楼板一起形成新的组合截面，承受压弯作用，宜适当加密栓钉或增加列数。计算方法仍可以参照 24.5.3 和 24.5.4 节，整体计算时平截面假定仍然适用，且下弦不再分担剪力。当两个孔并排时，此时桥墩的宽度应增加 25%，高剪力区桥墩宽度不应小于梁高。

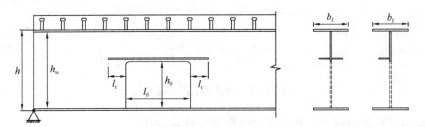

图 24.28　腹板单侧开孔

　　在受力上，这样的单侧孔具有的优越性有：抗弯刚度类似但较空腹桁架的刚度增加了，特别是增加栓钉数量使得组合作用提供的抗剪能力大幅增加。

参 考 文 献

［1］　劳埃·扬. 钢-混凝土组合结构设计［M］. 张培信，译. 上海：同济大学出版社，1991.

［2］　中华人民共和国建设部. 钢结构设计规范：GB 50017—2003［S］. 北京：中国计划出版社，2003.

［3］　周起敬，姜维山，等. 钢与混凝土组合结构设计施工手册［M］. 北京：中国建筑工业出版社，1991.

［4］　LAWSON R M，HICKS S J. Design of composite beams with large web openings［M］. Ascot：Steel Construction Institute，2011.

［5］　童根树，陈迪. 腹板开孔的钢-混凝土组合梁的挠度计算［J］. 工程力学，2015(12)：168-178.

［6］　CHUNG K F，LAWSON，R M. Simplified design of composite beams with large web openings to Eurocode 4［J］. Journal of constructional steel research，2001，57(2)：135-163.